ALBERTI MAGNI

EX ORDINE PRAEDICATORUM

DE VEGETABILIBUS LIBRI VII,

HISTORIAE NATURALIS PARS XVIII.

EDITIONEM CRITICAM AB ERNESTO MEYERO COEPTAM

ABSOLVIT

CAROLUS JESSEN.

BEROLINI

TYPIS ET IMPENSIS GEORGII REIMERI.

1867.

COLLEGIIS ANGLICIS,

CANTABRIGIENSI AD DOMUM SANCTI PETRI

ET

OXONIENSI BAILLIOLENSI,

QUAE

EDITIONEM HANC SUMMA LIBERALITATE PROMOVERE,

IPSE IAM LIBER

GRATO ANIMO

DEDICATUS SIT.

Editionis ratio.

Albertus de Lauingen[1] e gente Bollstädt Aristotele nec ingenio nec studiis inferior, quem Magnum nominaverunt coaevi, merito admirantes eruditissimi illius viri modestiam atque pietatem summam a superbia superstitionibusque remotissimam, a posteris adeo neglectus est, ut magum eum atque fabulatorem dixerint vel peritissimi scientiarum homines, eique spurios libellos nugis fabulisque repletos incaute attribuerint.

Quo factum est ut studii naturalis in occidente antesignanum perspicacissimum, qui primus religioni christianae adsimilavit atque iniunxit sublimes illos Graecae sapientiae fontes, qui primus naturalem historiam doctrinae ecclesiasticae parem posuit, qui primus res naturales Germanicas ex arte descripsit, qui primus rerum creatarum formas ad rationes morphologicas revocare conatus est, denique qui primus atque unus historiam totius naturae per omnes explicuit partes, quasi inanem atque garrulum imitatorem et saeculum illud ipsum, quo vere Albertus eminuit, quasi solis disputationibus schola-

[1] Ita Albertus, minime comes, ex oppido natali seipsum sigillo suo signavit. Conf.: Ennen et Eckertz Quellen zur Geschichte der Stadt Cöln. Vol. II.

sticis occupatum despexerint. Neque hoc de vegetabilibus opus quamvis bis impressum viris historiam botanices diligenter describentibus Hallero Sprengelio aliis sub oculos venit, qui libellis illis spuriis ,decepti Albertum ut auctorem levissimum, botanicum ignobilem vix verbo tetigerunt.

Nostro demum saeculo subtilissimi historiarum naturalium scrutatores Schneiderus Alexander de Humboldt alii nonnulli ad vera Alberti opera recurrebant, inter quos Ernestus Meyer noster ante triginta hos annos opus nostrum ne a titulo quidem satis notum primus denuo quasi detexit. Qui protinus annis 1836 et 1837 in diarii botanici „Linnaea“ dicti vol. X pag. 641—741 et vol. XI pag. 545—595 atque fusius postea anno 1857 in Historiae suae botanices parte IV exposuit memoriae dignissima, quae ab Alberto in opere hoc genuino aut nova observata aut vetera dilucidata fuerint, nec dubitavit, Albertum ingenii acumine plantarum indigenarum peritia oculorum acie celeberrimis botanicis aequalem atque inde ab Aristotele usque ad Caesalpinum triginta saeculorum summum botanicum dicere. Quem qui refutet vix invenietur.

Simul autem Meyerus editionem operis utramque, de qua infra pag. 669 diximus, tam indiligentem et fallacem esse perspexit, ut novae editionis consilium caperet. Quam ut pararet, recentiorem editionem (J) describendam curavit, et tam ex vetustiore editione (Z) quam ex aliis libris corrigere atque emendare tentavit. Mox vero meliore consilio ad codices manuscriptos refugit, quos amicorum opera aut ipsos nactus est aut conlatos curavit. Quatuor igitur codicibus in Galliae et Helvetiae bibliothecis ab amicis repertis (A, B, C, V) sedulo usus est, qua de re conferas et pag. 663—665 et quae ipse Meyerus l. c. dixit. Postquam vero, ut ipsius verbis utamur[1], operi huic vere aureo et nihilo secius ab ingrata posteritate abiecto, ita ut meretur, restituendo adornando omnium in usum publicando enixe incubuit; mox intellexit, amissa accuratiore recensione opusculi illius: De plantis, cui hoc Alberti opus inde a lib. I cap. 2 superstructum esset, nullo id pacto ad finem perduci posse. Neque huic vero negotio meram lectionem sufficere, quum tanta et tam molesta versionum discrepantia existeret, sed arte opus esse critica. Qua rite adhibita accidere posse, ut vice versa ab Alberto operi illo Pseudo-Aristotelico aliquid lucis affulgeret. Ergo etiam hunc laborem ultro suscepit. Neque recusavit negotium satis magnum quo singula verba Pseudo-Aristotelis, quem Nicolaum Damascenum esse demonstravit, summa arte ab Alberto suis verbis intexta expiscaretur.

Cuius operis editionem accuratissimam notisque optimis illustratam postquam anno 1841 perfecit, denuo ad opus nostrum animum advertit. Locos permultos corruptos e codicibus aut coniecturis emendavit, obscuros eruditione sua ex Alberti aliorumque scriptis illustravit, plantas permultas enarravit, quae omnia in paginis insequentibus lectori in conspectu erunt. Dubitationibus autem deinde et de locis multis obscurioribus lacunosisque et de orthographia vexatus est. Primo enim sola plantarum nomina, dein vero, ne inaequalis evaderet operis orthographia, omnia operis verba non

[1] Conf. Nicolai Damasceni De plantis. Recensuit E. Meyer 1841 pag. II.

cum Jammy recentioris aevi more describenda esse sed ad modum codicum manuscriptorum duxit. Laboriose igitur scriptionem codicis Basileensis, quem optimum atque vetustissimum habuit, per libros priores quinque restituit, per ultimos duos libros, quibus ille caret, quam maxime imitatus est coniciendo. Qua in re quum minus sibi satisfaceret, opus differebat atque indefessus ad studia historica redibat, ex quibus opus illud egregium Historiae botanices inde ab anno 1854 prodiit. Quo opere quamvis totus distentus, minime tamen Alberti oblitus erat, sed et mihi opus perficiendum tradidit et ipse nummorum subsidia colligere tentavit, quibus publici iuris fieret editio nostra. Hac in re autem minus profecimus atque eodem iam anno mihi eheu! morte ereptus est dux atque amicus summopere colendus.

Tum ego de opere hoc utrum meis viribus perficiendum et quo modo evulgandum esset, diu dubitavi. Attamen pietate erga amicum motus ne diuturni eius labores perirent, neve omnino frustra essent quae nimia fiducia ille de me sibi persuasisset, neve Alberti fama opusque botanicis denuo subtraheretur, editionem pro viribus meis ad finem perduxi, quamvis nec linguae latinae tam diu neglectae satis peritus, nec in scriptis ab Alberto lectitatis codicumque scriptura enucleanda satis versatus. Atqui susceptum opus perficere non potuissem nisi favente liberaliterque adiuvante regia academia Berolinensi. Cuius auxilio praesidia operi necessaria per longos annos a Meyero assidue collecta, quum bibliotheca eius dispergeretur, acquirere potui. Mox vero opus sedulo perlustrantem vexabant me lectiones saepissime dissentientes atque evidenter vitiosae, quare denuo de codicibus manuscriptis a Meyero fortasse neglectis inquirere coepi. Nec frustra, tres enim in Angliae bibliothecis, quartum in Mediolanensi asservatos esse reperi. Ex Mediolanensi quidem praesidium petendum non esse, mox certiorem me fecit amicus P. Jaffé indefessus medii aevi investigator. Per regiam vero liberalitatem Angliae bibliothecas anno 1861 adire mihi licuit, ubi quum duos codices, quos infra pag. 665—666 descripsi, reliquis multo meliores, tertium nullius momenti recognovissem, comitate collegiorum, quorum fuerunt codices illi, bonum utrumque sicut volui commodatos adhibui.

Alterum enim magister sociique collegii Cantabrigiensis ad Sancti Petri domum perlustrandum mihi tradiderunt, in hospitium per 5 hebdomades aedium suarum recepto iucundissimum. Alterum operis codicem, illo vel meliorem, quum otii tempus iam defecisset, inaudita fere in Anglia benignitate a collegii Balliolensis Oxoniensis magistro sociisque ultra mare transmissum accepi, ut domi eo uterer. Quibus viris clarissimis et amicissimis opus nostrum dedicavi meritissimas eis gratias laete libenter relaturus.

Postea codices Parisienses quoque liberalitate bibliothecarii imperialis Francici et Borussici regii ministerii non sine magno commodo nactus sum. In his libris multa quidem deprehendi emendata atque aucta, multa, quae dubia fuerant, confirmata. Itaque opus tandem a mendis atque lacunis liberatum restituere licuit ita ut Alberti verba integra fere nec nisi perpaucis locis obscura habeas.

Summopere vero et ipse orthographia quum aliorum verborum tum nominum plantarum perturbatus sum. Qua in re quum codices nec sibi nec inter se satis congruerent, tandem contigit, quam rem desponderat Meyer, ut codices duo Alberti ipsius manu exaratos, Coloniae usque asservatos exstare audirem, quorum alter historiam animalium continens quum veram Alberti orthographiam tum plurima plantarum nomina per totum opus dispersa praebebat. Quae summo negotio singula a me excerpta et in notis et in indice rerum habebis. Quo negotio perfecto facile intellexi nec illum, quem e codice Basileensi receperat Meyer scribendi modum, verum Alberti modum esse, nec Albertum ipsum de modo, cum quo nomina vel latina vel barbara scriberet, sibi satis constitisse, qui exempli gratia hic jusquiamum illic hyoscyamum dixit, ita ut caute tantum nomina ex animalium historia deprompta operi nostro inserenda essent. Minutias igitur Albertus verborum orthographiam credidisse videtur. Quare neminem fore spero, qui reprehendat, quod Meyeri vestigia relinquens, in libro nostro non studui ipsius Alberti orthographiam ex opere illo autographo frustillatim quasi conrodere. Laborem enim quamvis gravem non recusassem nisi timuissem, ne orthographia Alberti botanicis similibusque lectoribus incommodior futura esset, quam commoda eis, qui linguae historiam et grammaticam curant. His ut consulatur necesse erit, historiam illam animalium edi, sicut in Coloniensi libro ipsius Alberti manu exarata est.

Itaque usitatam per totum opus restitui orthographiam nec nisi nominibus plantarum vocibusque paucis singularibus formas veteres aut codicibus aut Alberti autographo proditas reliqui, easque in notis atque indice rerum enotavi. Praeterea orthographia et grammatica Alberti non multum differt, id quod consentaneum est, ab ea qua coaevi eius usi sunt. Siquem vero opus erit quasi elementa dictionis Albertinae edoceri, is haec potissimum suadeo ut recordetur: ut cum coniunctivo atque accusativum cum infinitivo paene ignotum credes Alberto qui talia voce quod saepissime indicat; voces quod quia quoniam Albertus quidem aliquatenus, codices vero vix distinguerunt, quare de eis saepius ambigimus; participiis saepissime vario atque barbaro modo usus est e. g. est habens = est qui habet; infinitivus teutonico more substantivi dignitatem obtinet e. g. dans esse = quae dat existentiam I 7, est inveniri = potest inveniri, distare facit deficere I 65; coniunctivus plerumque res dubias falsasve indicat, nec coniunctiones certo modo sequitur; voces hic is ille iste more linguarum recentium saepissime atque promiscue adduntur, ita ut saepius fallatur lector; comparativus pro superlativo saepissime e. g. nobilior, quae VI 46, maiores omnium VI 141, fortius quod est in eo VI 425, prae omnibus peior VII 41.

De dictione Alberti vero verba addam, quibus quondam Bernardinus Plumatius Veronensis, logica Alberti opera editurus[1] usus est: „hic doctor fundatissimus Aristotelicis verbis utitur tanquam suis et ea propter difficilis inordinatus obscurus et bar-

[1] Editio haec impressa est anno 1506 Venetiis ab heredibus Octaviani Scoti. Incipit: Ista sunt opera Alberti magni ad logicam pertinentia, exhibet in fol. 176: commentum super libris priorum analecticorum Aristotelis sumptum ex originali scripto propriis manibus eiusdem Alberti.

bariem quandam sapere videtur. Siquis tamen absque omni livore doctrinam eius recte consideraverit: non solum inveniet hunc solertissimum interpretem Aristotelicos sensus enodare, sed singula eius verba exponere et considerate vel (ut dicunt) ponderatissime declarare, dubitationes cum questionibus ac digressionibus iuxta locorum exigentiam nullatenus omittendo, quapropter non solum expositor absque omni confusione vocandus est, sed distinctissimus interpres ac lucidissimus plus quam commentator." — Haec Bernardinus, qui profecto rem acu tetigit.

Superest ut viris doctissimis et celeberrimis gratias agamus, qui vel Meyerum vel meipsum libenter consilio et opera et aere adiuverunt, ut disquisitiones varias atque longinquas, quas opus postulabat, perficere potuerimus.

Dabam ex horto botanico Academiae Hildensis.

Idibus Septembribus anni 1866.

Carolus Jessen.

Botanicae Albertinae conspectus.

Capitulum I.

Generalia.

Postquam auctor libros XVII maiores minoresque — quos mox in Praelibandorum particula prima ab auctore ipso enumeratos invenies — de rebus inanimatis et de anima eiusque operationibus in corporibus animatis praemisit, nunc ad singulos vivorum ordines describendos procedit I §. 1, ab infimis, quae sunt plantae incipiens I §. 3.

In quibus dicendis quum Aristotelem sicut in ceteris scriptis ducem sequi decrevisset, incidit in opus illud Pseud-Aristotelicum Nicolai Damasceni (conf. pag. 5 not. a), quod suo more et emendare et augere incepit. Mox vero opere ambiguo neque sano turbatus, „omnia“ inquit, „quae dicta sunt satis obscura esse videntur; et ideo summatim recapitulanda sunt et clarius dicenda“ I §. 58—109. Quae postquam perfecit, denuo eidem duci se committens anatomiam physiologiam morphologiam breviter tractavit I tract. II §. 110—206. Denuo vero subsistit sermo. „Haec omnia,“ inquit, „videntur habere quandam confusionem, et ideo iterum incipientes communia plantarum referemus secundum ordinem naturae.“ lib. II §. 1. Succincte dein atque dilucide in libro II de partibus plantarum reliquis, in libro III de fructibus agit, quorum sapores ad Avicennae Canonem tractati sunt, lib. II tr. II. Tunc postquam iterum Nicolaum ducem secutus chemicam plantarum physiologiam in lib. IV exposuit, suo iudicio paucis descripsit quaenam actiones formae termini plantis sint proprii, quaenam sit plantarum propria natura lib. V tr. I (§. 1—69), quinam effectus medicus lib. V tr. II (§. 70—118) et lib. VI §. 263 —271, §. 483—492. Haec ad botanicam generalem spectant.

Posthac in lib. VI et VII ad singulas plantas descendit „magis ut curiositati studentium quam philosophiae satisfaciatur. De particularibus enim philosophia esse non poterit.“ Arborum in lib. VI tr. I et herbarum in lib. VI tr. II, formas ususque ex ordine alphabeti aut diligentissime observatos aut accurate ex aliorum scriptis relatos descripsit. De medico usu Avicennae aliorum verba retulit. Morphologiam saepius tangit. Denique in lib. VII de frugibus atque hortensibus Palladio duce egit, quae ex rationibus vitae vegetabilis antea expositis docet quomodo colenda sint, a generalibus in lib. VI tr. I profectus ad plantas singulas in lib. VII tr. II.

Haec sunt quae libris nostris continentur. E quibus quae sparsa et plurifariam de vita plantarum leguntur, ad hodiernae scientiae botanicae rationes revocare iuvabit.

Capitulum II.

Vita et anima plantarum.

Corpora vivorum quum sint permixta magis quam mineralia atque composita, ab elementis sunt remotiora vitaeque coelesti propinquiora I §. 2. Sunt et vegetabilia et sensibilia et rationabilia I §. 3, quorum illa inferiora, haec superiora, quae vires inferiorum materia deligatorum possident sed illas valentiores et ampliores I §. 4, 5. Ab infimis ergo, quae sunt vegetabilia, incipiendum, quorum commune atque primum principium vita I §. 6, vel potius natura II §. 1—3 est.

Vita plantarum occulta est I §. 18—25, 103—109, inferior quam vita animalium I §. 7—13, 51—57, 94—102, actus eius sunt augeri ali generare II §. 5—9.

Anima plantis inest I §. 26—32, 58—66, quae caret sensu, desiderio I §. 14—17, 33—34, 67—74, somno §. 35—38, 75—83, sexu I §. 39—50, 84—93, 100—102, 189—191. Natura eius in plantis unitis divisisque difficulter comprehenditur V. §. 28—43.

Natura et nomen plantae II. §. 1—4.

Capitulum III.

Divisiones genera species plantarum.

Genera summa: arbores, arbusta, frutices, olera, herbae fungi I §. 151—162, II §. 20—28, V §. 12—18, variantur ex cultu et ex locis I §. 163—174, 190—198, IV §. 48—84, V §. 65—68.

Genera et species secundariae innumerae inveniuntur II §. 28.

Arbores plantarum perfectissimae sunt I §. 111—118.

Plantae imperfectae carent vel radice et foliis vel foliis et fructu IV §. 94, vel flore vel flore et fructu IV §. 105—110.

Mares et feminae quodam modo distinguuntur I §. 41, 189—191, 203.

Species transmutantur V §. 54—64.

Individua uniuntur V §. 19—37, sicut parasitae spuriae V §. 20—23, sicut parasitae verae V §. 24, per insitionem I §. 184, V §. 25, dividuntur V §. 38—43, persistunt et renovantur V §. 44—53.

Capitulum IV.

Morphologia plantarum.

Variae foliorum florum fructuum seminum figurae diligentissime observatae ab Alberto primo ad formas geometricas referuntur. Qui quum sole formas plantarum miro modo productas videret, easdem vires lunae quoque stellisque planetis imprimis attribuit, earumque coniunctiones magni habuit II §. 64—78, 104—106, 134—138, III §. 21—34, VI §. 129, 203—204, 489.

Quam opinionem strenuis atque ingeniosis argumentis confirmatam nec illa nec sequentia saecula refutabant, quae vel res humanas planetis regi crederent, nostra tempora vero thermometris inventis atque accuratissime adhibitis falsam demonstraverunt, ita ut iam edocti simus, solis quidem radios summi, ceterorum vero siderum vix ullius momenti ad plantarum incrementa esse.

Manebit vero in scientia memoria Alberti qui, quum primus singulas plantae partes ad legem communem formatas cognovit, easdem diversarum plantarum partes, quamvis forma differentes, eodem nomine significare studuit, ita ut primus illam terminologiae rationem bene perspexisse videatur, quam hodie scientiae naturalis fundamentum habemus: non quae forma, sed quae indole differant partes, diversis nominibus esse distinguendae. Ita ab Alberto coepta sunt, quae ab Jungio Linnaeo Goetheo ad finem sunt perducta.

De singulis, quae multis locis dispersa sunt, et insequens capitulum et indicem rerum quaeso adeas. Graviora haec sunt:

Plantarum incrementum aut sursum aut deorsum tendit, figurae praesertim e seminum viribus pendunt IV §. 122—129.

Planta foliis procreatis quasi purgatur ita ut superius quodque folium inferioribus tenuius atque gracilius evadat II §. 43, VI §. 348.

Folium in corticem desinit VI §. 56 seq., 233, cum fructu comparatur IV §. 103—104, eique vario modo appropinquat II §. 92 seq., 109, IV §. 94 seq.

Spinae et aculei optime distinguuntur IV §. 111—117.

Flos foliis formatus est IV §. 110, VI §. 159, partes eius alterno ordine se excipiunt VI §. 213—215, 291, triplex eius figura exstat II §. 133—140, passim stamineus est VI §. 246, fructum aut superum profert aut inferum II §. 117, 128—133, VI §. 53.

Petiolum communem, ab antiquis neglectum, et florum rachin (culmi praesertim nomine) bene descripsit (conf. indicem), vitis capreolum (ancham) racemum incompletum esse primus recte vidit VI §. 246.

Fructuum[1] et seminum formae partes sedes et embrya sive germina accurate disquiruntur et universe III §. 1—62, IV §. 99—102 et singulatim libr. VI (conf. indicem).

Germina sive embrya e diversis seminum locis emittuntur III §. 23, IV §. 99—102, saepe sunt sterilia I §. 185 vel debilia, ita ut plura in unam stirpem evalescant I §. 186—187, VI §. 169—171. Semina nonnulla, praesertim tritici, duo germina emittunt[2] III §. 23.

[1] *His addimus verba Alberti e XV libri De animalibus tract. II cap. 5, descripta, ad autographum a cl. Ennen emendata:* „In plantis tamen inter semen et fructum aliquando est diversitas et aliquando sunt idem secundum subiectum. Fructus enim est id quod primum exit ex planta sicut mala et pira et citonia et malangi (? = melangula s. citrangulus) et huiusmodi et ideo fructus quoddam principium est seminis. Semen autem est, quod est completum ultimum et finis, quod — ut germinativum similis sibi — producit planta.

[2] Cuius rei diu mihi dubiae (conf. notam III §. 23k) ansam tandem reperi. Germini enim vel cauliculo primo alter tam celeriter succrescit, ut segete frondescente duo revera deprehendantur cauliculi magnitudine vix inaequales.

Capitulum V.

Anatomia plantarum.

Plantarum corpora e partibus cognoscuntur I §. 110, quae sedulo describuntur. Succus potentiâ quaelibet pars plantae est, radix vero et stipes et ramus et cetera huiusmodi actu partes plantae sunt II §. 29.

Partes materiales I §. 110—124, 136—141, 149, II §. 36, 58—63, sunt: humor sive succus nutriens I §. 148, 198, II §. 29—35, partes ligneae vel herbales I §. 112, II §. 58, IV §. 143.

Partes organicae sive officiales, membris animalium comparandae I §. 125—135, 149, II §. 35—63, sunt:

nodus I §. 112—113, 119—121, 149, II §. 30—35;
vena sive via nutrimenti I §. 112, 114, II §. 49—50;
medulla I §. 112, 117, II §. 35, 51—54;
cortex I §. 112, 116, 125, II §. 55—77;
spinae IV §. 111—117;
radix I §. 125 seq., 144, II §. 44—48;
stipes et rami I §. 143 seq., II. §. 64—78;
folium, cuius natura II §. 89—91, figura I §. 110—116, II §. 70—72, 100—116, situs (erga fructum) I §. 142, 199, II §. 92—99, 109, casus IV §. 130—134;
flos, cuius natura II §. 117—127, figura II 135—140, situs I §. 142, II §. 128, partes VI §. 291, colores II §. 141—148, odores II. §. 134;
stamina II §. 131—133;
fructus et semina I §. 122, 175—179, eorum nomina et naturae III §. 1—9, partes et nutritio III

§. 10—20, 28—33, 41—45, 49—56, figurae III §. 21—34, colores variantes III §. 35—45, casus III §. 46, germen sive embryum III 57—62, IV 99.

Colores communes II §. 79—88, IV §. 118—121, 135—153, florum II §. 141—148, fructuum III §. 35—45.

Capitulum VI.

Generatio plantarum.

Sexum plantarum non sine causa negavit Albertus, qui quidem sexus organa in plantis indigenis accuratius quam veteres botanici descripsit, sed neque vires eorum cognovit neque de phoenicis praegnatione nisi obscura acceperat I §. 189. Terrae igitur cum antiquis philosophis matris, soli patris partes tribuit, per quos plantarum species aut e semine aut sine semine procreari posse, perinde persuasum habebat ac saeculorum posteriorum viri oculatissimi. Quare non dubitavit, plantarum species minus sibi constare atque facile inter se transmutari V §. 34, 38.

Plantae, inquit, generationem habent velociorem quam animalia, quia materia sua simpliciores sunt similioresque elementorum et partibus rarioribus et minus densis exstructae IV §. 12—14. Commixtione elementorum generantur sive ex semine sive sine semine. Vapores enim e profundis terrae ascendentes in se habent vim seminum formantem IV §. 43—47. Quare locorum natura in plantarum generationem maxime valet atque longius exponitur IV §. 48—84.

Generantur autem plantae aut semine aut putredine, in qua stellarum virtus generandi partes agit, aut insitione I §. 182—187, IV §. 47, 85—93, V §. 10.

Aqua autem et humoris cibo indigent ad generationem IV §. 85—87.

Generatio autem e semine vel e virtute stellarum praeter materiam indiget septem rebus, calore nempe, quae agat, triplici, coelestis circuli loci materiae seminalis, atque triplici humore, quae materiam ministret; seminis loci pluviarum, quibus septimus aër conveniens accedit V §. 2—5. Materiae autem opus est inesse et elementa proportionaliter mixta et animam vegetabilem et justam quantitatem et figuram sicut in semine invenitur V §. 6—9.

Capitulum VII.

Nutritus plantarum.

Multum desudavit Albertus in rationibus chemicis, quas plantarum nutritui, et colorum succorumque generationi nec non formarum viriumque medicinalium varietati supponat. Nil tamen habuit unde hauriret, nisi doctrinam Aristotelicam de digestione et compositione e quatuor elementis — quam in Praelibandorum nostrorum particula VI a Meyero expositam invenies. Qua nisus, mira certe constantia et, quanta potuit in obscuris intricatisque, perspicuitate omnia ad unum principium reducere tentavit.

Per libros omnes, praesertim vero in libri II tractatu II, in libris III, IV, V totis de digestione, tamquam de primaria physiologiae plantarum ratione egit, dein passim vires medicas in libro VI, atque cultus effectus in libro VII explicare conatus est.

Corpora, inquit, naturalia ab elementis quatuor vires habent, scilicet a terra fixionem (i. e. materiam fixam), ab aqua conglutinationem (i. e. cohaerentiam), ab igne coadunitionem sive unitionem fixionis et continuationis. Digestione vero coniungit calor humida IV §. 1—7, 15. Ab aere corpora animalium et plantarum, non tamen lapidum, accipiunt raritatem sive aëritatem, qua nutrimenta in se recipiunt et exsudant IV §. 8—26.

Elementa duo ignis et aër commixtum allevant IV §. 20—26, duo terra et aqua deprimunt, sed tamen aqua minus, nam ascendit super terram IV §. 22. Aquae vero principium aqua dulcis est IV §. 27—41, cum terra commixta salsa et gravior evadit, sed terra quoque naturâ dulcis est IV §. 28—29, 34—38.

Elementa vero mixtione vires miras accipiunt, unde vires plantarum in corpus humanum cadunt VI §. 71, de quibus conferas postea.

Ut alimentum a calore digestivo formatum ad membra cibum adtollit, ita membrum alimento egens ad se trahit alimentum IV §. 11.

Flores nutrimento grosso opprimuntur IV §. 142.

Fructificant aliae plantae saepius in anno, aliae nunquam, aliae melius vetustae, aliae iuvenes I §. 200—203.

Spinae calore generantur IV §. 111—113.

Colores digestione diversa oriuntur IV §. 118—121, lignum calore nigrescit §. 135—141, stipites vero colore humiditateque varia vario colore corticis et lactis induuntur §. 143—153.

Capitulum VIII.

Succi viresque plantarum.

Succus qui sapores continet, maturus vel perfectus non nisi in fructibus et seminibus invenitur VII §. 110—116. Sapores plantarum vires optime indicant III §. 63—71, varii sunt §. 72—93, et varios effectus habent in corpus humanum §. 94—102.

Sapores plantarum fructuumque calore locisque commutantur IV §. 154—161, miro modo vero sapores mirabolanorum §. 162—164.

Odores inferiora praebent indicia III §. 103—109, in flore et fructu praesertim inveniuntur III §. 109, multae plantae tamen sunt aromaticae I §. 180—181, III §. 103—109.

Vires plantarum medicinales, quae complexionales dicuntur, consistunt quinque viribus, vi elementi quod praevalet in compositione plantae alicuius, vi elementorum reliquorum, vi mixtionis eorum, vi coelesti, vi animae vegetabilis. Adjuvant eas vis loci et aëris V §. 75. Vires illae sunt aut calidae V §. 78—82, aut frigidae §. 83—92, aut humidae §. 94—101, aut siccae §. 102—111, aut aliae §. 113—118.

Cultu plantarum succi vires formae vario modo mutantur I §. 188—198, IV §. 117, V §. 65—68, VII tract. I.

Praelibanda.

Librorum de vegetabilibus conscriptorum initium inde petit Albertus, ut ad opera sua generalia de rebus naturalibus respiciat; quare ut liqueat quaenam illa sint, praemittamus nonnulla capitula librorum de physico auditu vel physicorum, unde Aristotelem secutus scientiam naturalem orditur autor noster. His enim operis ingentis introductio ratioque continetur atque partium omnium ordo praenuntiatur. Quibus addemus, quae ex operibus et Alberti et Isaaci Iudaei et Aristotelis excerpta, librosque nostros illustrantia, atque suis locis laudanda longiora sint, quam quae commode notis inserantur.

Particula I.

Alberti magni verba de praelibandis ante scientiam.

Physicorum sive de physico audito lib. I tract. I capitulum I.

Et est digressio declarans, quae sit intentio in hoc opere, et quae pars essentialis philosophiae sit sciencia naturalis et cuius ordinis inter partes.

Intentio nostra in scientia naturali est satisfacere pro nostra possibilitate fratribus ordinis nostri, nos rogantibus ex pluribus iam praecedentibus annis, ut talem librum de physicis eis com-

[1] Operis huius sola mihi adest editio, quam curavit Jammy, cuius errores quantum potui coniecturis emendare tentavi.

poneremus, in quo et scientiam naturalem perfectam haberent, et ex quo libros Aristotelis competenter intelligere possent. Ad quod opus licet non sufficientes nos reputemus, tamen precibus fratrum deesse non valentes, opus, quod multoties abnuimus, tandem annuimus et suscepimus devicti precibus aliquorum ad laudem primo Dei omnipotentis, qui fons est sapientiae, et naturae sator et institutor et rector, et ad utilitatem fratrum, et per consequens omnium in eo legentium et desiderantium adipisci scientiam naturalem.

Erit autem modus noster in hoc opere: Aristotelis ordinem et sententiam sequi et dicere ad explanationem eius et ad probationem eius, quaecunque necessaria esse videbuntur, ita tamen, quod textus eius nulla fiat mentio. Et praeter hoc digressiones faciemus, declarantes dubia subeuntia, et supplentes quaecunque minus perspicue [1] dicta in sententia Philosophi obscuritatem quibusdam attulerunt. Distinguemus autem totum hoc opus per titulos capitulorum: et ubi titulus ostendit simpliciter materiam capituli, signatur hoc capitulum esse de serie librorum Aristotelis, ubicunque autem in titulo praesignatur, quod digressio sit [2], ibi additum est ex nobis ad suppletionem vel probationem inductam. Taliter autem procedendo libros perficiemus eodem numero et nominibus, quibus fecit libros suos Aristoteles. Et addemus etiam alicubi partes librorum imperfectas et alicubi libros intermissos vel omissos, quos vel Aristoteles non fecit, et forte si fecit, ad nos non pervenerunt: hoc autem, ubi fiat, sequens declarabit tractatus.

Cum autem tres sint partes essentiales philosophiae realis — quae, inquam, philosophia non causatur in nobis ab opere nostro, sicut causatur scientia moralis, sed potius ipsa causatur ab opere naturae in nobis —, quae partes sunt naturalis sive physica et metaphysica et mathematica: nostra intentio est omnes dictas partes facere Latinis intelligibiles. Inter vero partes illas prima quidem secundum ordinem rei est, quae est universalis de ente — secundum quod ens —, quae [3] non concipitur cum motu et materia sensibili secundum se et secun-

[1] *E conject. inserui.* [2] fit — inductum *J.* [3] quod *J.*

cundum sua principia, nec secundum esse nec secundum rationem: et haec est philosophia prima, quae dicitur metaphysica vel theologica. Secunda autem in eodem ordine rei est mathematica, quae quidem concipitur cum motu et materia sensibili secundum esse, sed non secundum rationem. Ultima autem est physica, quae tota secundum esse et rationem concipitur cum motu et materia sensibili. . . .

Est autem in his tribus philosophiae partibus adhuc advertere, quod — secundum dicta — ea, quae abstrahuntur a motu et materia secundum esse et definitionem, sunt intelligibilia tantum. Ea vero, quae abstrahuntur a motu et materia secundum definitionem et non secundum esse, sunt intelligibilia et imaginabilia. Quae autem concepta sunt cum materia per esse et definitionem sunt simul intelligibilia et imaginabilia et sensibilia. Si enim accipiatur definitio substantiae secundum quod substantia est, ipsa erit abstrahens ab omni magnitudine et sensibilibus et ideo dabitur definitio illa per quidditates simplices, quae simplicia concepta sunt intellectus. Si vero definiantur figurae sphaerarum et circulorum, non potest esse quidditas eorum, nisi in quantitate. Quantitas autem secundum omnes partes sui imaginabilis est. Et ideo in eo, quod quidditates talium sunt, intelligibilia sunt, sed in eo, quod quidditas est horum quidditas, necessario imaginationi imprimuntur. Physicorum vero quidditas — in eo quod quidditas est — in intellectu est, quia omnis rei ratio in intellectu est; in eo autem quod talia quantitate distincta sunt, imaginabilia sunt, in eo autem, quod sunt distincta formis activis et passivis sunt sensibilia, quia agere et pati non convenit nisi secundum aliquam qualitatem sensus.

Adhuc autem cum prima simpliciter quidditas primum det esse, a quo fluit esse huius quantitatis in mensurato per quantitatem, a quo ulterius etiam profluit esse huius sensibili distincti per quantitatem et distincti per formas activas et passivas, erit primum absque dubio causa secundi et tertii: unde tam mathematica quam naturalia causantur a metaphysicis et accipiunt principia ab ipsis et quia ibi probata sunt ideo non peccant supponendo ea.

Adhuc autem cnm quidditas essentiae absolute sit entis in

universali, non contracti in partem aliquam, quidditas autem essentiae contractae ad materiam quantitativam vel contrarias formas passionis et actionis habentem, sit entis secundum partem accepti, sequitur necessario quod metaphysica sit scientia universalis, speculans ens in quantum ens. Aliae autem duae sunt scientiae particulares non speculantes ens in quantum ens, sed quasdam partes entis, scilicet subiectum quantitati vel subiectum quantitati et motui. Cum ergo ens universale dividatur in principium et de principio esse, competit primo philosopho quaerere de principiis, et mathematico et naturali non[1] competit hoc, quia non haberent viam ad probandam nisi per ens et differentias entis in quantum est ens. Et hoc non considerat, nisi primus philosophus. Et ideo nullius scientiae particularis disputatio est ad describendum[2] principia, sed primae philosophiae solius. Ex dictis autem facile innotescit, quo ordine se habet ad alios partes philosophiae realis. Est enim ipsa ordine sui quaesiti et scibilis ultima, sed tamen ordine doctrinae est ipsa prima. Doctrima enim non semper incipit a priori secundum rem et naturam: sed ab eo, a quo facilior est doctrina. Constat autem, quod humanus intellectus propter reflexionem, quam habet ad sensum, a sensu colligit scientiam, et ideo facilior est doctrina ut incipiatur ab eo, quod possumus accipere sensu et imaginatione et intellectu; quam ab eo, quod possumus accipere imaginatione et intellectu; vel ab eo, quod accipimus intellectu solo. Et ideo etiam nos tractando de partibus philosophiae primo complebimus, Deo juvante, scientiam naturalem, et deinde loquemur de mathematicis omnibus et intentionem nostram finiemus in scientia divina.

Capitulum IV.

Et est digressio declarans scientiae naturalis divisionem, ut sciatur numerus partium scientiae naturalis; et de titulo libri et de ordine et divisione librorum physicae sive primi libri naturalium.

Ut autem sciamus, ad quem finem intendimus in scientia

[1] *Om. J, at certe inserenda est negatio.* [2] destruentem — primi philosophi *J.*

naturali, et quando habemus omnes ejus particulas, et quando non habemus eas, et quae earum deficiunt et quae non, volumus ex divisione subiecti, quod induximus, ostendere libros omnes scientiae naturalis. Dicamus igitur, quod cum corpus mobile sit subiectum, ipsum habere cousiderari in scientia naturali secundum omnes differentias et divisiones eius. Est autem prima eius divisio, quod ipsum potest considerari in se et absolute — sive simpliciter et universaliter — vel ad materiam contractum.

In se quidem absolute et simpliciter et universaliter consideratum habet tractari in libro qui dicitur de auditu physico[a] (I). Corpus autem mobile contractum ad materiam habet primam divisionem secundum materiae differentiam: hoc enim est corpus simplex, vel corpus commixtum et compositum ex simplicibus. Si autem est corpus simplex, hoc adhuc habet duas differentias; quoniam ipsum potest esse mobile ad situm tantum vel ad formam, quia istae duae potentiae motus sunt in mobili. Et una earum causatur ex alia, et una earum quae est sicut causa est simplicior, et alia est minus simplex. Corpus autem mobile ad formam determinatur in libris de generatione et corruptione (V), sed mobile ad situm — sive sit circulariter mobile, sive in rectum — determinatur in libris de coelo et mundo. Sed tamen illud mobile ad situm duplicem habet considerationem. Potest enim considerari in se, vel secundum quod habet ordinem ad mobile secundum formam, quod recipit impressiones eius. Et priori quidem modo considerandum est in coelo et mundo (II). Secundo autem modo adhuc dupliciter consideratur, quia ad hoc sciatur impressio, quam coeleste corpus relinquit in elementis, quae moventur ad formam et etiam in corporibus commixtis oportet quod sciatur eius habitudo, quam habet ad locum generationis impressionem illarum. Habitudo autem illa determinari

a) *Ab ordine hic proposito dein saepius digressus est autor.* Attendimus enim, *inquit in libro de intellectu et intelligibili,* sicut saepe protestati sumus, principaliter facilitatem doctrinae, propter quod magis sequimur in traditione librorum ordinem, quo facilius docetur auditor quam ordinem naturalium. Et hoc de causa non tenuimus in exequendo libros ordinem, quem praelibavimus in proemiis nostris ubi divisionem librorum naturalium posuimus. *Quare numeris oppositis et in textu et ad finem capituli seriorem hunc librorum ordinem indicabo, quem post Jourdainium Meyerus (Geschichte der Botanik. Königsberg* 1857. *Vol.* 4. *pag.* 30—33) *ostendit.*

habet in quodam libro qui dicitur esse de longitudine terrarum et civitatum et de locis habitabilibus (III De natura locorum). Impressiones autem tractari habent in libro, qui dicitur de causis proprietatum elementorum et planetarum (IV).

Corpus vero mobile commixtum consideratur dupliciter. Aut enim est in via mixtionis, aut in specie vel genere constitutum in esse mixti. Et primo quidem modo sufficienter tradita est corporis, scilicet mixti, scientia in quatuor libris metheororum (VI). Secundo autem modo variatur per duas differentias. Corpus enim mixtum — in specie naturae constitutum per mixtionem — vel est inanimatum vel animatum. Et non animatum quidem simplicius est et scientia ipsius spectat ad libros de mineralibus (VII).

Sed scientia de animatis habet duas partes. Cum enim anima sit principium animatorum et principium oporteat cognosci ante principiatum, oportet haberi scientiam de anima antequam habeatur scientia de corporibus animatis. Scientia autem de anima duas necessario habet partitiones. Quoniam aut est de ipsa anima et potentiis sive partibus eius aut scientia de operibus animae, quaecunque habet in corpore et de passionibus ejus, quas patitur in corpore. Et scientia quidem de anima secundum se et potentias eius habet tradi in libris de anima dictis (VIII). Opera autem eius duplicia sunt, quia aut sunt animae in corpus ita quod non per potentias sed per se operatur anima, aut operatur secundum potentias. Et opus animae quidem per substantiam animae factum in corpore est vita, cui mors opponitur. Et hoc opus determinatur in libro (XVII) de causa vitae et mortis et (XIV) causis longitudinis vitae. Opera vero animae alia sunt multiplicata secundum potentias vegetabilis sensibilis et intellectualis animae partis et opera quidem vegetabilis sunt nutrire et augere et generare. Sed duo illorum sufficienter in libro (V) de generatione, scilicet generatio et augmentum, tertium autem in genere habes determinatum in libro (IX) de nutrimento. Opera autem sensibilis secundum sentire tripliciter variatur; aut enim accipitur secundum comparationem sensus ad animal; scilicet secundum quod sensus egreditur vel ingreditur in animal, aut secundum comparationem sensus ad sensibile; aut secundum reditum ex specie sensibili servata apud animam in rem prius acceptam in sensu. Et horum trium primum quidem in libris (XIII) de somno et vigilia traditur; secundum autem in libro (X) de sensu et sensato; tertium autem in libro (XI) de memoria et reminiscentia. Secundum autem quod motiva est anima sensibilis dupliciter movet, scilicet secundum locum aut mutando locum, aut dilatando et constringendo corpus in eodem loco, et utrumque horum traditur in libro (XVI) de motibus animalium. Hic autem motus est generalis omnibus animalibus sub disiunctione acceptis, quoniam omne animal aut movetur motu processivo aut dilatationis et constrictionis motu aut utroque. Facit autem specialem motum in habentibns pulmonem, qui est ad refrigerium pectoris per spiritum attractum, quem movet trahendo et retinendo et emittendo. Et huiusmodi scientia traditur in libro (XV) de respiratione et inspiratione. Et adminiculum eius est liber, quem Costabenluce composuit de differentia spiritus et animae. Opus autem animae secundum partem intellectualem tractatur in scientia subtili (XII) de intellectu et intelligibili.

Quibus habitis sufficit addere scientiam de corpore animato vegetabili et sensibili, cujus differentiae quoad vegetabilia traduntur in libris (XVIII) de vegetabilibus. Et quoad differentias animalium traditur scientia sufficiens in libro (XIX) de animalibus. Et ille liber est finis scientiae naturalis.

Ex his omnibus colligitur, quod quasi tres partes sunt scientiae naturalis; est enim scientia de mobili simplici, et de mobili simplici faciente compositionem, et est scientia de composito et commixto. De mobili enim simplici prima est pars scentiae naturalis tractanda in physicis et de coelo et mundo, et libro de generatione et corruptione. De mobili autem simplici faciente commixtionem habebimus tractatum in metheoris. Et de mobili commixto et composito in libris qui sunt deinceps post scientiam metheororum.

Libri ordine quem postremo secutus est Albertus collocati.

I Libri physicorum *sive* de physico audito.

II De coelo et mundo.

III De natura locorum.
IV De causis proprietatum elementorum.
V De generatione et corruptione.
VI De meteoris (metheoris Alb.)
VII De mineralibus *sive* de lapidibus.
VIII De anima.
IX De nutrimento et nutribili.
X De sensu et sensato.
XI De memoria et reminiscentia.
XII De intellectu et intelligibili.
XIII De somno et vigilia.
XIV De aetate *sive* de iuventute et senectute.
XV De spiritu et respiratione (*sive* de inspiratione et exspiratione).
XVI De motibus animalium.
XVII De morte et vita.
XVIII De vegetabilibus.
XIX De animalibus. *In quod opus postea inserti sunt:*
Liber de natura et origine animae,
Liber de principiis motus progressivi.
XX Metaphysica *sive* philosophia prima.
XXI De causis et processu universitatis.
XXII De unitate intellectus contra Avicennam.
XXIII Ethica.
XXIV Politica.

Particula II.

Alberti magni verba de virtutibus animae et imaginativa et aestimativa.

De anima liber III tract. I capitulum I.

Et est digressio declarans libri intentionem et de imaginatione.

. . . Dicimus igitur imaginativam [virtutem animae sensibilis] esse, in qua imagines sensibilium rerum sensibilibus absentibus reservantur. Haec autem imaginativa plus abstrahit, quam sensus; quoniam sensus non accipit formam nisi re praesente, ista autem reservat eam etiam re absente propter quod etiam secundum Avicennam et Algazelem alia potentia est a sensu communi. Bonitas autem huius organicae virtutis alia est a bonitate sensus, quia bonitas sensus est in recipiendo et bonitas huius in retinendo est et pure repraesentando propter quod et plures videmus esse subtiles in discretione sensibilium et non bene imaginantes. Bene autem imaginantes ad duo disponuntur, quorum unum est in mathematicis, quia tales bene distribuunt figuras.

Capitulum II.

Et est digressio declarans ea, quae conveniunt ex aestimatione.

Ea autem potentia, quae aestimativa dicitur, ab imaginativa differt in ipsa specie, quae comprehenditur. Quoniam, sicut in praelibatis est determinatum, ista elicit intentiones, quae in sensu non sunt scriptae. Nec potest dici, quod hoc sit sensus officium — secundum quod determinavimus sensatum per accidens in superioribus —, quoniam nunquam contingit cognoscere: quod iste est filius Dionis; nisi habeatur notitia filiationis secundum quod est in isto; — nec unquam lupus miseretur nato suo; nisi habeat cognitionem et huius individui et quod hoc individuum est natus eius. Oportet ergo: aliquam esse virtutem animae elicientem huiusmodi intentiones et quod non potest esse imaginatio nec penitus separata ab ea. Quod enim non sit imaginatio patet, quoniam ad imaginem rei solam non sequitur motus vel effectus vel minae vel tristitiae vel fuga vel insecutio. Ad aestimationem autem mox sequitur istorum quoddam vel quodlibet. Separata autem ab ipsa penitus esse non potest, quoniam huiusmodi intentiones non accipit secundum rationes communes et universales, sed potius in hac imagine vel illa nihil continens de communi. Oportet igitur quod sicut intellectus practicus se habet ad speculativum, ita se habet aestimativa ad imaginationem. Et ideo haec virtus non penitus apprehensiva est sed et motiva est, per hoc, quod determinat ad quid movere debet animal et quo fugere · · ·

Superius enim diximus, omnia quae habent sensum, habere motum dilatationis et constrictionis ad minus. Et cum ista aliquo modo motus moveantur ad cibum, oportet imaginationem cibi esse apud ea[1]. Sed imaginatio sola non movet ut dictum est. Oportet igitur ista animalia[2] omnia habere aestimationem qua moveantur. Tres ergo istos inferiores sensus, sensum communem scilicet et imaginativam[3] et aestimativam habet omne animal, quod aliquem vel aliquos habet de sensibus exterioribus. Propter quod supra diximus, quod omne habens sensum habet desiderium cibi, quod est fames, et omne habens desiderium habet imaginationem et aestimationem, quae non substantia sed secundum esse differt ab imaginatione sicut iam diximus. · ·

De animalibus lib. VII tract. I cap. I.

Passiones enim virtutum animae in animalibus inveniuntur multis. · · · Passiones autem dico sicut est timor audacia ira libido luxuriae. · · · In quibusdam autem eorum invenitur etiam quaedam vis, quae est sicut cogitativa et compositativa sive collativa, in homine et haec vocatur a quibusdam cogitativa sensibilis, a quibusdam autem phantasia componens et dividens, ab aliis vocatur aestimativa et hoc nomen est ei magis conveniens, sicut in his, quae de anima disputata sunt, dictum est. Aestimatio autem talis maxime inest apibus propter opera artificiosa quae faciunt et propter oeconomiam et regnum, quod custodiunt domestice et civiliter collaborantes. · · · Sicut enim in homine invenitur sapientia: · · ita inveniuntur in aliis quibusdam animalibus aliae quaedam virtutes his proportionatae. Hoc autem manifestum est ex inspectis puerorum operibus, qui secundum tempus infantilis aetatis — quantum ad vires animae — non utuntur intellectu sicut nec bruta.

[1] eam *J.* [2] talia *J.* [3] imaginationem *J.*

Particula III.

Alberti magni verba de causa longioris vitae arborum.

De morte et vita tract. II capitulum XI.

De eo autem quod multo tempore contingit esse et durare arborum naturam, non comparatione facta ad animalia, sed in se ipsis oportet nunc aggredi dicere causam naturalem. Hanc autem causam arborum sumemus ex eo, quod plantae habent proprium, quando ad animalia comparantur. Non enim contingit animalibus sed solum plantis [1], nisi forte commune sit incisis animalibus, quae rugosa vel anulosa vocantur, ut saepe diximus. Causa igitur, quam ex hoc proprie plantis convenire sumimus, est, quod ideo multo tempore plantae sunt in esse et vita durantes, quia sunt semper novae, ad quas iuventus earum redit, sicut diximus in libro de aetatibus. In plantis enim in omnibus partibus suis sunt continue alterae novae productiones, ita quod radix radicem et stipes stipitem et ramus producit ramum, et iterum radix stipitem et stipes radicem et utrumque horum ramos, et sic de aliis, ita quod semper novum exit de veteri. Et ideo non senescunt. Rami autem plantarum in hac virtute radicibus similes sunt, eo quod vis et natura pullulativa est in eis et in radice et in stipite et in ramis. Non autem simul fiunt huiusmodi productiones novorum, sed successive uno senescente alterum productum pullulat ex illa, et sic successive se planta totam renovat, et totam abiicit vetustatem. Cum enim productio est per pullulationem, tunc rami novi primo producuntur, et cum isti senescunt, alteri germinant renovati ex ipsis. Cum autem sic faciunt et generant sibi organa, tunc etiam novae radices fiunt, pullutantes ex eo, quod est iam vetus. Et sic plantae semper proficiunt ad dies iuventutis earum: sed una pars vetus est tota et abjecta et arefacta tota; altera vero pullulans est, tota nova et iuvenis facta. Et causa est similitudo corporis et naturae arborum, ut diximus in libro de aetate. Haec igitur est causa longioris vitae ar-

[1] *scil.* longaevitas.

borum multarum. Plantae enim quantum ad similitudinem corporis comparantur animalibus decisis, sicut dictum est. Illa enim actu decisa et divisa vivunt, et ex uno fiunt per divisionem vel duo vel multa, secundum quot[1] partes facit divisio ex eis. Et omnes partes vivunt et sentiunt et moventur secundum locum. Sed in hoc differentia est, quod anulosa similia decisa et divisa non perveniunt nisi ad hoc, quod vivere contingit partibus abscisis, et non salvantur in esse; multo enim tempore salvari non possunt in vita. Hêc enim decisa in partibus divisis, neque organa habent salvantia, ut os et cor et digestionem operantia; neque etiam principium vitae, quod est in ipsis, organa talia producere potest per pullulationem ex partibus decisis factam in unaquaque partium dividentium, sicut determinatum est in fine primi de anima. Sed decisio facta in planta potest producere organa salvantia ex qualibet parte propter majorem arborum similitudinem, quam sit in corporibus animalium. Planta enim undique in suis partibus — potentiâ pullulationis — habet in se radicem et germen et granum seminale, ex quo pullulat. Et ideo ab hac virtute pullulandi provenit semper in qualibet parte unum novum ad[2] aliud vetus. Et vetus quidem siccatum cadit, novum autem viret et germinat et tenet vitam plantae. Et est quidem planta secundum totum eadem, secundum partes autem diversa. De hoc tamen subtilius in libris de plantis disputabitur. etc. — *Eadem fere paulo brevius dicta sunt in Alberti de aetate sive de iuventute et senectute tract. II cap. 1.*

Particula IV.

Alberti magni verba de genere primo, de generibus subalternis, de ultimis specierum differentiis.

Metaphysic. lib. VII tract. IV cap. II medio et III.

··· Divisione enim venamur definitionem ···; nihil enim aliud est in definitione nisi genus, quod primum genus dici-

[1] quod *Edd.* [2] *J*; et *Z*.

tur, eo quod non in alio aliquo est genere, et ultima differentia est. Hoc enim genus, quod dicitur primum, est simplex genus solum, sine compositione differentiarum. Alia vero genera, quae sunt species et genera, et vocantur genera subalterna, sunt primum genus et cum hoc comprehensae differentiae, quia aliter non essent species ··· Ex his enim accipitur, quod definitio est ex genere et differentia, quae sit essentialiter in genere per inchoationem et confusionem ··· (Cap. 3.) Sed adhuc, antequam solvamus praedictam dubitationem, oportet dividi omnia formaliter differentia. Differentiae cum genere comprehensae sunt sicut diximus ··· Similiter autem ulterius ·· suis essentialibus differentiis differentes species oportet sic scire per divisionem ··· Sic enim ex forma communi et confusa et indeterminata et in potentia existente semper per actum intelligendi reducitur forma specificans et distincta, sive distinguens et determinata et quae actu fuit ··· Sic autem vult semper procedere divisio, quousque veniat determinata ad ea quae non sunt differentia secundum formam, nec formalem habent divisionem; sed, si dividantur, hoc erit per materiam — sicut individua dividuntur —, et tunc in ultimis differentiis, in quibus stat divisio, tot erunt secundum actum species ··, quot sunt ·· differentiae; ··· si ista, quae dicta sunt[1], hic se habent, quod verae sunt ultimae differentiae; hoc enim per hypothesim petivimus. Ex dictis igitur palam est, quod[2] finalis — quae indivisa est — differentia substantia et actus rei est et definitio hoc modo[3], quia definiens et ultimo terminans diximus esse definitionem. Hoc enim non est genus, quod terminatur, sed differentia terminans. Unde etiam ulterius ex hoc patet, quod differentia ultima unica et convertibilis cum specie definita. ··· Ex omnibus autem his ··· patet, quod differentia ultima ex omnibus exit, ut actus ex potentia et quod actus ille non est alia essentia a potentia, sed esse eius est aliud et aliud. ··· Amplius autem cavendum est, quod ··· non sit accidentale dividens diviso[4]: quia sic unum non esset

[1] *i. e.* si verae sunt inductae differentiarum causae.

[2] quia *J*.

[3] *i. e.* atque definitio quoque est, quia definitionem diximus esse id, quod est definiens *etc.* — Hoc definiens enim *etc.*

[4] *i. e.* cavendum ne quid sit dividens, quod diviso sit accidentale.

in alio essentialiter, quia accidens, quod cum sit in aliquo, non est in eo ut pars quaedam essentiae.

Particula V.

Isaaci Israelitae verba de sensu arborum et plantarum.

E media fere parte tertia eaque ultima[α]) libri cui titulus: „Incipit liber aggregatus ex dictis philosophorum antiquorum de elementis secundum sententias[1] Aristotelis, Ypocratis et Galieni, de quarum agregatione et compositione sollicitus fuit Ysaac Israëlita filius Salomonis adoptivus.“

Quodsi dixerit: cum[2] homo secundum te non fiat sentiens, apprehendens dolorem et delectationem, nisi quia ille est compositus ex diversis[3] elementis diversarum naturarum, quarum unaquaeque eo delectatur, quod sibi similatur[4] et convenit, et refugit et dolet ex hoc, quod est sibi diversum et contrarium: quare ergo non sunt arbores et plantae etiam similiter, cum ipsae sint compositae ex elementis diversis? — Dicemus[5] ei, quoniam sensus est secundum tres modos: ipsius enim est naturalis et animalis et intellectualis. Et dolor[6] quidem absolutus est sensus rei absolutae cum dolore exitus a natura et essentia sua ad diversum, secundum quod ipsa est

α) *Locum ad rem nostram facientem integrum, quem olim e codice manuscripto [R] rescripsit Ernestus Meyer, hic proferimus collatum cum folio X editionis [Ed.], Lugdunensis anni* 1515, *quae inscripta est:* Omnia opera Ysaac in hoc volumine contenta. *De codice illo haec monuit Meyer: „Est bibliothecae regiae Regiomontanae codex manuscriptus (Ddd.* 17, *nunc* 137) *membranaceus satis nitidus, prima, ni fallor, saeculi decimi quarti parte, in folio, ut dicunt, columnis geminatis scriptus. Continet Isaaci librum diaetarum universalium, librum diaetarum particularium, quem utrumque non sine mutationibus crebris et admodum arbitrariis Basileae* 1570 *edidit Joannes Posthius. Continet dein librum de urinis, librum de febribus, librum de elementis, librum de definitionibus“. — Qui libri omnes in editione iam laudata reperiuntur.*

[1] -tiam Ar. et Yp. .., de quorum ag. et appos. *Ed.*, *quae om.* adoptivus. [2] quod *R*, *om.* te. [3] *Om. Ed.* [4] eo quod sibi delect. simil. — et dolet ex eo *Ed.* [5] Dicamus *R*; — modos. Ipse *Ed.* [6] *M. e conj.*; sensus *R Ed.*

eius contrarium. Et delectatio quidem absoluta est sensus rei absolutae cum delectatione eius, quod convenit[7] naturae et essentiae eius. Si igitur sentiens fuerit naturale, eius sensus erit[8] naturalis; et si fuerit animale, erit sensus eius animalis; et si fuerit intellectuale, erit sensus ejus intellectualis. Et sensus quidem naturalis est, qui est proprius arboribus et plantis. Et quoniam ipsa[9] sunt naturalia et non animalia: propter hoc sentiunt sensu naturali, quod[10] convenit[β]) naturae et complexioni suae ex nutrimento, et delectantur eo, et recipiunt ipsum assidue sibi, et refugiunt ab eo[11], quod diversum est a natura et complexione ipsorum, et expellunt ipsum a se. Significatio autem illius est, quod[12] ipsa recipiunt aquas dulces, et delectantur aqua dulci et pingui terra et aëre temperato et caliditate leni, et refugiunt ab aquis nitrosis et[13] aluminosis et sulphureis et terra calefacta et aëre superfluae caliditatis et frigiditatis. Et ex eis iterum[14], quae significant illud, est, quod videmus de augmento et fructificatione ipsarum in terra pingui et aqua dulci et aëre commensurato; et de exsiccatione ipsarum, penuria nutrimenti, et[13] extenuatione et infructuositate[15] in terra et aquis et aere diversis ab illis. Jam igitur manifestum est, quod arbores et plantae, quamvis non sentiant sensu animali, tamen sentiunt sensu naturali, et delectantur eo, quod eis est conveniens ex nutrimento et refugiunt ab eo, quod ab eis diversum est[16]. Et illud quidem significatur ex membris nostris. Invenimus enim ipsa delectari[17] eo, quod convenit complexioni eorum et recipere ipsum ad se, etsi non sentiant illud, et refugere ab eo, quod ab eis diversum est, et expellere ipsum a se, etsi non sentiant illud sensu animali.

Quodsi contradixerit nobis per elementa ipsa, et dixerit: quid ergo dicis de elementis? Sunt ipsa sentientia aut non sentientia? Et si sentientia sunt, quae est significatio sensibilitatis

β) *i. e.* quid nutrimenti conveniat *etc.*

[7] contingit —. Si ergo *Ed.* [8] est *R*; — ipsius — ipsius pro eius *R*; — si fuerit animalis — si fuerit intellectualis *Ed.* [9] ipsae *R*; *om. Ed.* et non animalia; et propter *R.* [10] Quodsi nat. et compl suae conveniens est *Ed.* [11] Si vero diversum sibi et refug. ab ipso eo *etc. Ed.* [12] quoniam *R*; — *om. Ed.* dulci et [13] *Om. Ed.* [14] *E conj.*, autem *R Ed.*; — id est *R qui om.* ipsarum. [15] *M. e conj.* fructuositate *R Ed.*; diversis ab aliis *Ed.* [16] quod est eis div. *R.* [17] delectantia *Ed.*; id *pro* illud *R*; — a se *addit R.*

ipsorum? Et si non sunt sententia[18], qualiter ergo est possibile, ut fiat sentiens ex non sentiente? — Dicemus ei: nos non dicimus, quod sensus insit corporibus generatis ex elementis, et consequenter[19], quod nos interrogas, in ipso sermone[20] nostro non est manifestum, nisi quod sensus inest animabus tribus, scilicet animae vegetabili et animae animali et animae rationali. Et vegetabili quidem inest sensus naturalis, quo sentit in nutrimento et augmento suo. Et animali inest cum sensu naturali sensus animalis, quo sentit dolorem corporeum et movetur voluntarie. Et rationali inest cum sensu naturali et sensu animali intellectualis sensus, qui[21] est interpretatio et discretio et perscrutatio et solutio et ligatio et cogitatio rerum secundum veritatem. Ex eis autem[22], quae significant illud, est: quod invenimus a corporibus, cum ab eis separentur animae, removeri sensum. Sensus igitur inest animabus[23] non corporibus, et anima non est generata ex elementis, immo ex creatione et novatione. Et propter hoc facta sunt vegetabilia - propterea quod in eis non est nisi anima vegetabilis tantum — habentia sensum naturalem tantummodo, sicut desiderium[24] nutrimenti et eius, quo fiunt fortiora et mansiva, et completur motus naturalis, scilicet augmentum. In animalibus vero cum sit[25] cum anima desiderativa anima animalis; aggregantur in eis cum nutrimento et augmento et motu naturali motus voluntarius et sensus corporeus, sicut visus auditus et gustus et[26] quae sunt illis similia. In homine autem propterea, quod[27] est cum duabus animabus anima rationalis, aggregantur in ipso cum nutrimento et augmento et sensu corporeo sensus spiritualis et investigatio et discretio, et propter hoc factus est, cui praecipue[28] prohibetur remuneralibilis et damnabilis.

[18] *Om. Ed.* Et . . sentient. [19] consequatur *Ed* [20] immo ex serm. *Ed.*; — animae veg. animal. et rat. *Ed. om. bis* et animae. [21] que *Ed.* [22] Et ex eis autem *Ed.*; — id *R*; – in corp. *R.* [23] animali *Ed.*, *om. dein* et. [24] *Om. Ed.*; — fortia *Ed.* [25] vero crescit — Aggreguntur enim *R.* [26] *Om. Ed.* [27] quoniam *R.* [28] cui cum precipitur prohibetur *Ed* ; — et *om. R.*

Particula VI.

Aristotelis doctrina de digestione, quam illustravit E. Meyer.

1. De molynsi, pepansi et reliquis sive digestionis sive indigestionis speciebus Aristotelicis, absque quarum cognitione Alberti physiologia vegetabilis intelligi plane nequit, hoc iam loco paucis agere iuvabit. — Sunt autem quatuor, secundum Aristotelem, et elementorum et reliquorum omnium causae: caliditas, frigiditas, siccitas, humiditas. Ex caliditate et siccitate ignis, ex frigiditate et siccitate aër, ex caliditate et humiditate terra, ex frigiditate et humiditate aqua, ex repetitis istorum coniunctionibus reliqua denique corpora constant, licet propter praevalentem unius alteriusve dictarum causarum potestatem simpliciter aut calida aut frigida aut sicca aut humida dici soleant. — Causarum illarum duae, caliditas atque frigiditas activae sunt, reliquae duae, siccitas atque humiditas, passivae, ita tamen ut caliditas frigiditate vehementius agat, et humiditas siccitate facilius ab agente quodam determinetur. Caliditatis autem actio princeps, ut reliquas taceam, *πέψις* est sive digestio sive, ut alii interpretantur, concoctio; frigiditatis vero *ἀπεψία* sive indigestio sive, ut alii malunt, inconcoctio. Digestionis definitio est: materiae alicuius per calorem naturalem perfectio; indigestionis definitio haec: materiae alicuius propter caloris naturalis sufficientis defectum, id est propter frigus, imperfectio. Unde apparet, indigestionem aeque ac digestionem esse in passiva actionem, sed debiliorem, quam quae ad finem sibi propositum pervenire valeat. — Species utriusque numerantur tres, per paria sibi oppositae: digestionis quidem *a*) *πέπανσις*, maturatio, *b*) *ἕψησις*, elixatio, *c*) *ὄπτησις*, assatio; indigestionis *d*) *ὠμότης*, cruditas, *e*) *μόλυνσις* (*μώλυσις* Arist. edit. Bekkeri contra totius medii aevi ipsiusque Alexandri Aphrodisiensis usum), inquinatio, *f*) *στάτευσις* excaldatio sive, ut cum Alberto loquamur, semiassatio. Nomina vero specierum ipsis non pro-

pria sunt, sed pro parte ab arborum fructibus, pro parte a re coquinaria desumta, ad quaecunque alia transferuntur. —

a) Pepansis proprie de fructibus, inproprie de quacunque dicitur re, quando calor ei innatus substantiam eius sive aëream in aquosam, sive aquosam in terream, sive utramque simul dicto modo mutat, et tunc perfecta est, quum maturum sive semen sive quicquid sit, sibi ipsi simile proferre valet.

b) Omotes pepansi opposita indigestionis species contingit, quando calor substantiae innatus eodem quidem modo agit, sed ad maturitatem perficiendam non sufficit, ideoque a mole passiva tanquam vincitur.

c) Hepsesis aeque ac pepansis est actio perfecta caloris in substantiam passivam, neque tamen caloris ei innati, sed exterioris in humido quodam circumdante contenti, perinde ac caro aqua fervida circumdante elixatur sive coquitur.

d) Molynsis, hepsesi opposita, ejusdem humoris calidi circumdantis actio est, sed ad hepseseos perfectionem non sufficiens.

e) Optesis convenit cum hepsesi in eo, quod calor agens sit externus, sed eo differt, quod per siccum nec per humidum circumdans agat, sicut caro non aqua submersa, sed sartagini libere injecta assatur. Assationis excessus autem adustio dicitur. Qua de causa etiam optesin nimiam passa dici solent adusta.

f) Stateusis denique opposita, optime definitur per semiassationem seu assationem imperfectam.

Quae quomodo plantarum vel etiam animalium physiologiae adaptentur, uno alterove exemplo demonstrabimus. — Plantarum semina per pepansin perficiuntur, id est per calorem ipsis innatum; et hinc fit, ut germinantes plantam sibi similem proferre valeant. Quae vero pro pepansi omotem tantum experta sunt, germinandi vi carent. Attamen semina carne dulci inclusa simul hepsesin, carne austera involuta molynsin tantum passa sunt. Iis denique, quibus carnis loco pericarpium durum est, optesis contigit, quibus minus durum, stateusis. Pariter homo fit per pepansin, sed nutritur, dum infans est, corpore adhuc molli succoso et tanquam aqueo, per hepsesin, postquam vero adolevit, corpusque durius et siccius factum est per optesin. — Iamque apparet, quamvis sive digestionis sive indigestionis speciem aut solam dari, aut rato ordine alteram ab altera excipi posse, atque ita quidem ut pepansis semper incipiat claudatve seriem, optesis autem heptesin, nec unquam haec illam sequatur. — De quibus meum interponere judicium, hoc loco supervacaneum esse duco. Id tantum praeterire nolo, intimae illi generationis nutritionisque affinitati, quae hercle summi momenti est, hanc doctrinam Aristotelicam multo magis favere, quam quae ei per longum temporis intervallum secutae sunt. — Legitur haec Aristotelis doctrina libro meteorol. IV. Conferantur insuper et Albert. meteor. lib. IV tract. I. et Alexandri Aphrodisiaci in hunc librum commentarii, quibus etiam Albertus usus est.

Sigla explicantur.

A = Codex Argentinensis, completus Conf. pag. 663.
B = - Basileensis, lib. I—V continens. Conf. pag. 664.
C = - Colbertianus sive Parisius I, completus. Conf. pag. 664.
J = Editio a Jammy 1651 curata. Conf. pag. 671.
L = Codex Balliolensis Oxfordiensis, completus. Conf. pag. 665.
M. = Meyeri adnotationes.
O = Codex Orielensis, vilis. Conf. pag. 666.
P = - Petri domi Cantabrigiensis, inde a lib. I fine (§. 205—206) integer. Conf. pag. 666.
V = - S. Victoris vel Parisius II, completus. Conf. pag. 665.
V ind. = Codicis eiusdem index secundus. Conf. pag. 665.
Z = Editio a Zimara 1517 curata. Conf. pag. 669.

Codices adhibiti sunt sex, neglecto septimo (O), quorum quinque, ABCLV, librum I, cuncti sex libros II—V, quinque iterum, ACLPV, libros VI—VII exhibent.

Alb. = Alberti Magni scripta varia.
Alb. Autogr. Animal. = Alberti autographa animalium historia. Conf. pag. 672.
Avic = Avicennae Liber Canonis. Conf. pag. 189.
Avic. lat. } *Avic. vet.* } = eiusdem libri editiones latinae et veteres.
Avic. arab. = eiusdem libri editio arabica a Meyero conferta.
Barthol. = Bartholomaeus Anglicus.
Cantipr. vide *Thom.*
Edd. = Editio utraque J et Z. Conf. pag. 669.
Isid. Orig. = Isidori hispalensis Origines.
Petr. = Petri de Crescentiis Opus ruralium commodorum. Conf. pag. 667.
Plemp. = Avicennae Canon interprete Plempio Lovanii 1658 editum.
Reliq. = Codices reliqui.
Thom. = Thomas Cantipratensis in libro inedito: De naturis rerum.
Vocab. simpl. — Vocabularius simplicium. Conf. ind. pers.

De reliquorum autorum nominibus indicem personarum adeas. Varias plantarum aliorumque nominum scripturas ultimo plerumque loco, praesertim lib. VI, ascriptas reperies.

Contenta.

Alberti magni de vegetabilibus.

ALBERTI MAGNI

DE VEGETABILIBUS LIBRI VII.

Incipit

Primus Noster Liber

De Vegetabilibus,

cujus

Tractatus I.

est:

An vivat planta

vel non.

Capitulum I.

Et est digressio, declarans

modum et ordinem et materiam hujus libri[1].

Universalibus[2] principiis vivorum omnium et operibus eo- 1
rum executis[α]), quae de animabus et operationibus[3] communibus animae et corporis fuerunt[4]: nunc philosophandum est de particularibus, quae sunt corpora animatorum et partes eorum et propriae operationes eorum. Haec enim sunt ultima, de[5] quibus est philosophia naturalis, in quibus compositio major invenitur et diversitas quam in corporibus mineralium[6]. Et ideo etiam tam ante

α) *i. e. nisi fallor:* Postquam in libris praecedentibus universalia viventium vitaeque principia nec non ea opera ostendimus et executi sumus, quae scilicet aut ab anima una aut ab anima et corpore coniunctim operantibus (agentibus) effecta nobis nota fuerunt: *etc. Quos libros praecedentes indicatos invenies in Praelibandorum particula I.*

§. 1: 1 noster *L solus offert;* De Veget. et plantis *V nec V index*; Vivat planta an non, *A omisso priore* an; an non *V nec V index*; *de lectione conf.* §. 8 not. 16; istius libri *L.* 2 *L*; In univers. *Reliq.* 3 *B Edd.*; operibus *Reliq.* 4 fuerint *A B.* 5 in *L.* 6 animalium *Edd.*

scientiam de anima quam ante[7] scientiam de corporibus animatorum scientiam de mineralibus[8] tradidimus; eo quod potissimum[9] principium cognoscendi corpora vivorum est anima, sicut saepe probavimus in antehabitis libris. Et ideo, postquam scimus principia eorum, statim procedimus ad cognitionem corporum a[10] talibus principiis fluentium. Anima enim operatrix est omnium ipsorum[11], propter quod etiam ab Aristotele[β]) egregie[12] in semine esse dicitur, sicut artifex est in artificiato.

2 Quamvis autem unumquodque vivorum habeat corpus heterogeneum magis, quam aliquod corporum sit[1] non vivum — tam[2] in complexione quam etiam in compositione —: tamen in hoc ad simplicitatem omnium vivorum[3] corpora revertuntur mirabiliter; quod medium — ad quod reducuntur miscibilia, ex quibus generantur —, magis recedit ab excellentia[4] contrariorum[γ]), quam aliorum quorumcunque naturalium corporum. Et quoad hoc proximiora naturae coelesti existentia, quam alia quaecunque materialia corpora[5], principium vitae sortiuntur a natura, quod simile est principio vitae coelestis secundum analogiam, qua quodlibet corporum animatorum plus et minus illam similitudinem per aequalitatem complexionis participat. Illud autem principium magis in potestate habet materiam corporis sibi conjunctam, quam natura formae corporalis habeat materiam corporis; et ideo magis imprimit in naturam et materiam corporalem, quam natura corporalis imprimat in materiam corporis; et ideo movet eas[6] ad formas, quae nihil sunt elementorum[7], nec mixtiones eorum sunt consequentes[δ]); et operatur in eis per se, non unicum, sed multa valde, quorum neutrum natura corporalis facere praevalet. Principio igitur illo et operibus

β) De gener. anim. lib II cap 1. γ) *i. e* contrariae elementorum, quae componunt corpus vivum, vires vel impetus (excellentiae) cohibentur commixtione et conjunguntur in unam mediam simplicemque vim *Conf.* Physic. lib. I tract. III cap. 6, lib. V tract. I cap 4 *et alia loca* δ) *i. e.* formae quae nec a singulis nec a commixtis elementis oriri possunt

§ 1: 7 *L*; *om. Z*; *om. C* sicut ... ante; etiam *Reliq.* 8 universalibus *L.* 9 *Om. Edd.* 10 et *superscripto a manu sec.* ex *C*; a natalibus *A.* 11 operum *V.* 12 egregio *A*; — in seminibus eorum esse *L*, *om. dein* est.
§. 2: 1 sic *V*; quod sit *L.* 2 tum *V*; — *om CZ* etiam. 3 divinorum *A*, — reducuntur *L*; — quia *A V.* 4 intelligentia *Edd.* 5 quaec. corp. naturalia *L* 6 eam *L.* 7 non sunt formae elementorum *A*

ejus[8] praecipuis jam cognitis, — secundum quod potuerunt cognosci per philosophiam brevitati[9] compendii studentem — consequentiae expostulat ordo, ut de corporibus his perquiramus[10].

Cum autem vivorum corpora incidant in duo vel tria ge- 3
nera, secundum quod etiam principia eorum in tribus generibus vel duobus existunt; — sunt enim viva vegetabilia, et sunt sensibilia, et rationabilia — primum inter haec de natura vegetabilium est pertractandum, cum propterea[1], quod invenitur corpus hoc separatum subjecto et loco a corporibus sensibilibus, sensibile autem non separatur ab ipso; tum etiam[2] propter hoc, quod in genere heterogeneorum planta minoris est diversitatis quam animal.
Sed quod[1] considerandum est in his, est[1], quod — sicut in 4
scientia de anima[ε]) dictum est — quod eadem[2] est determinatio animae quam[3] figurae, eo quod, sicut in generibus figurae trigonum est in tetragono[4], ita in generibus animae vegetativum est in sensitivo, et haec duo in rationali; ita per omnem modum est determinatio de corporibus, quia natura et principium corporis vegetabilis est in sensibili, et haec duo — secundum omnia opera sua et principia — sunt in rationali. Causa autem est, quod[5] in omnibus principiis coelestibus sic est, quod perfectiora inter ea virtutes et operationes inferiorum participant excellentius et[6] eminentius et nobilius quam ipsa inferiora, non autem[7] inferiora participant virtutes et operationes superiorum. Hujus autem ulterius causa est, quam in libro de intellectu et intelligibili[ζ]) assignavimus, quod scilicet superiora ideo sunt superiora, quia pluribus nobilitatibus accedunt ad primam totius universitatis causam — quam[8] inferiora — immediatius. Quippe a primo universitatis principio exeuntia minus involvuntur umbris et privationibus materiae, et eminenter elevata super materiam habent in potestate materiam transmutare, cum non sint vice versa materiae obligata; et sic descendendo secundum quod magis in materiae potestate[5] efficiuntur, minus habent in potestate

ε) Lib. II tract. I cap. 11 medium. ζ) Lib. I tract. I cap. 5.

§. 2: 8 est *Z*. 9 -tatem *A*; -taci *V*. 10 *L*; percurramus *Reliq.*
§. 3: 1 *ABJ et in margine CV*; proxima *Z et in textu CV*; propter hoc *L*. 2 cum est *Z*.
§. 5: 1 *Om. L*. 2 cadet *Z*. 3 que *AZ*; quam est *L*. 4 tetragonum *Z*. 5 autem quia, *om.* est, *A*. 6 tamen et *A*. 7 autem ipsa *A*. 8 *Om. L*; — tanquam *pro* causam quam *J*; *om. Z*. 9 -tatem *A*; *om. L*.

materiam, et minus transmutant eam[10]. Haec autem omnia in
5 libro de motibus animalium[η]) determinata noscuntur. Imago autem hujus coelestis ordinationis resultat[ϑ]) in animabus et corporibus animatorum. Propter quod superiora in se habent vim inferiorum excellenter et eminenter; et non e converso inferiora — impediente[1] materiae obligatione — possunt accipere superiorum vires et operationes. Et est hic videre mirabilem coelestium congruentiam. Sicut enim in coelis virtus inferioris est non per modum inferioris, sed per modum[2] superiori coelo congruentem; ita virtus vegetabilis est in sensibili, non operans ad vegetandum tantum, sed per modum sensibilis; et ideo digerens[3] convertit digestum in organi sensibilis formam, et non in id, in quo[ι]) possit fieri opus vegetabilis principii opera[4] tantum. Similiter autem se habet sensibile ad rationale. Causa autem hujus est pro certo hoc, quod diximus in libro de anima[κ]), quod scilicet vegetabile in sensibili est potentia sensibilis[5] et non anima sive principium, per essentiam separatum ab ipso. Et similiter inest[6]) sensibile et vegetabile in rationali.

6 Propter igitur hanc[1] causam incipiendum est a corporibus plantarum. De[2] quibus in hoc libro intendimus secundum totalitatem et partes ipsarum[3] communia — quaecunque sunt plantis convenientia — prosequentes; eo quod particularia sunt infinita, nec eorum, sicut Plato[λ]) bene dicit[4], potest fieri disciplina. Quia vero[5] commune primum principium, quod omnibus convenit plantis et partibus earum, est vita, quae invenitur in plantis; ideo de vita plantarum primo inquiremus.

η) Tract. I cap. 2. ϑ) *i. e.* redit *vel* efficitur. ι) *i. e.* nec in talem formam digerit digestum, in qua nonnisi operâ vegetabilis principii perfici possit opus. κ) Lib. I tract. II cap. 15, lib. II tract. I cap. 12, lib. III tract. V cap. 4. λ) Apud Aristotelem, in metaphysic. lib. I cap. 6, *ubi tamen, non propter numerum indefinitum, sed propter fluxum sempiternum, rerum sensibilium non esse scientiam contenditur.*

§. 4: 10 ea *CZ.*
§. 5: 1 in predicta *B Edd.* 2 sed infer. habet virtutem *A;* mod. superioris *L.* 3 et non degerens *C.* 4 operacio *L;* operum *C;* operativum, *om.* tantum *V.* 5 -bile *A.* 6 est *V Edd.*
§. 6: 1 istam igitur *L.* 2 *A L;* et de *Reliq.;* — in isto libro *L.* 3 ipsorum *L;* — naturaliter *A pro* comm. 4 dixit *A B.* 5 enim *L.*

Capitulum II.

De opinionibus eorum, qui vitam et animam plantis inesse dixerunt.

Vita[μ]) quidem communiter in animalibus et plantis 7
inventa est, licet[1] haec communitas sit secundum analogiam sive[2] proportionem dicta. In animalibus[3] enim est vita manifesta per causam vitae, et apparens per evidentes operationes[4] ejus, quae nullo conveniunt naturali principio. Sensus enim manifesta causa est vitae, cui nihil invenitur convenire[5] in corporibus simplicibus et mixtis, quae non vivunt. Similiter autem moveri secundum locum, imaginari, habere acceptionem et judicium sensibilium est adeo manifestum opus vitae, quod nihil non vivorum illud participat. Sed evidenter patet, ista ab alio esse principio quam illud, quod naturalium corporum principium[5] esse dicimus — quod est forma, dans esse et rationem corporibus naturalibus omnibus, sicut determinatum est in scientia, quae vocatur auditus physicus[ν]).

In plantis autem est vita per principium vitae occulta[1] 8
in causa vitae et non evidens in operationibus ejus[2], quoniam principium vitae plantae fere immergitur materiae et obligatur, sicut formatio[3] naturalis corporis physici; et ideo non movet id[4],

μ) *Verba latini interpretis Nicolai Damasceni de plantis, quae suis intexuit Albertus, capitulum capitulo excipiens, passim vel ordinem invertens vel sermonem corrigens et immutans vel singula omittens, lectoribus literis laxius dispositis conspicua faciamus, subjicientes in notis, siqua Nicolai verba gravius mutavit Albertus. Editionem autem laudemus criticam argumento botanico plenissimam:* Nicolai Damasceni de plantis libri duo Aristoteli vulgo adscripti. Ex Isaaci ben Honain versione arabica latine vertit Alfredus. Ad codd. fidem rec. E. H. F. Meyer. Lipsiae 1841; *cujus lib. I cap. I respondet capitulum nostrum.* ν) Alberti physicor. lib. I tract. III cap. 17, et priora. *Conf. etiam* lib. II tract. I cap. 2, 3.

§. 7: 1 sed *Edd.* 2 sive secundum *L.* 3 in talibus *B C Edd.; enim L solus profert;* — est *om. Edd.* 4 apparitiones *A;* quod *pro* quae *Edd.* 5 aut nihil inven. commune *Codd., quae verba aperte falsa emendanda putavi. Difficillime autem distinguuntur in autographo Alberti* commune *et* convenire.

§. 8: 1 occulta *Nicol.;* occultum *Alberti Codd. omnes.* 2 ipsius *L; om. J* principium .... quon. 3 forma *L.* 4 ad *C.*

cujus ipsum est principium; nec manifestatur ad sensum aliquid esse coelestium principiorum[5] in planta. Operationes autem ejus similiter[6] sunt trahere alimentum et augere et generare[7], quibus per aliquem modum videntur communicare corpora physica inanimata[8] et non viva. Illa enim generantur[9], et quantitates accipiunt; et cum[10] quantitas non accipiatur sine[11] aliquo attracto quod in substantiam convertitur, videtur, quod haec etiam alimentum accipiant[12]. Propter quod non evidens est vitae principium in plantis sicut in[14] animalibus, et ideo ad ejus assertionem[14] per syllogismum et rationem, multam[15] necesse est praecedere inquisitionem, an insit eis tale principium aut[16] non. Si enim plantae haberent vitam manifestam et apparentem modis, quibus dictum est; tunc constaret sine magna inquisitione, utrumne plantae haberent animam et virtutem animae discretivam ξ) desiderii et doloris et delectationis. Nunc autem, quia hoc evidens non est, multa multorum[17] judicia valde diversa inveniuntur circa illud ad utramque partem contradictionis, quibusdam dicentibus, quod habent[18] talem animam, quibusdam autem e contrario negantibus.

9 Inter eos autem, qui dicunt plantam[1] animam habere, antiquior[2] fuit Anaxagoras, quem postea imitatus est Protagoras[3], quem Arabes corrupte Abrutalum o) vocant, quidam Abrucalem. Hi enim dicunt, plantas desiderio moveri a

ξ) *i. e.* quae discernit desiderium *etc.* o) Anaxag. autem et Abrucalis *Nicol., quo nomine* Empedoclem *latere nec* Protagoram *Meyer demonstravit in notis ad Nicol. p.* 47. *Conf.* §. 56 *not.*

§. 8: 5 esse princip. naturalium *L.* 6 substantie *L; om. C V Edd.* ejus; *om. B* autem ejus. 7 augeri et generari *A.* 8 manifesta *L.* 9 Substantia enim generatur *L.* 10 cum enim *Edd.* 11 cum *A.* 12 videntur hec etiam alim. recipere *L.* 13 est in *L.* 14 *L V Nicol.*, apparitionem *Reliq.*; per *pro* ad, intellectum *pro* syllog. *A.* 15 multum .. precedere per *ing. L;* procedere *A.* 16 vivere princ. aut *L V;* an *Reliq. Inserendam censui codd. duorum optimorum lectionem* aut *quamquam vix latinam; quam si nolis, et in titulis libri et cap.* 11 *contra codd.* an *scribes.* 17 et multorum *A;* — indicia *Edd.;* multorum multa jud. et valde *B.* 18 habet *J; om. L addens* hoc *post* autem.

§. 9: 1 plantas *C V Edd.* 2 antiquorum *L;* autem *add. C V.* 3 *De lectione nominis dubium non est, quamquam codd. omnes et hoc loco et bis infra,* §. 15, 48 *et A J ubique scribant vel* pytagoras *C V more Alberti, vel* pittagoras *L P, vel* pitagoras, *quum et reliquis iisque plurimis locis operis nostri, quos indicat index, a codd., rarissime uno alterove excepto, et in aliis Alberti scriptis legitur* protagoras; — *scribunt porro codd. promiscue* abrutalum *et* abrutallum, abrucalem *et* abrutalem; — est *om. C L V, et Z scribens* imitatur.

delectabilibus[4], et sentire et tristari et delectari; et, sicut invenitur in scriptis antiquorum Platonicorum, rationem ad hoc ab expertis accipiebant, quoniam, nutrimento delectabili[5] circa radices earum fuso, quod bene[6] temperatum est ad modum complexionis[7] earum, inventum est, quod trahit illud radix. Tractus autem alimenti pars desiderii est — ut diximus in scientia de anima[π]), de fame et siti loquentes — sensus autem, qui est tactus quidam, est[ρ]), quando objectum tactus accipitur. Non enim potest[8] esse, quod unum specie et forma, agens per se, duobus — genere passivis — inferat propriam passionem. Cum igitur tactivae qualitates specie et forma inferant suas passiones tactui; videtur: quod, quicquid patitur per se a talibus — modo animati, quod habeat tactum et gustum — secundum quod est quidam tactus et sensus alimenti. Tristitiam autem et delectationem inesse, probabant[9] per hoc, quod ad convenientia[10] dilatari inveniuntur, et quasi expandere se ad illa, et ad nociva[11] inconvenientia restringere se in se ipsis, ita ut etiam quantitate minora[12] inveniantur. Et haec sunt, propter quae sensus et desiderium inesse quibusdam animalibus imperfectis dicuntur.

Fuerunt tamen quidam antiquorum, qui hoc[1] naturaliter ipsis 10
inesse dicebant, quos secutus est Isaac Israelita[2] philosophus in libro de elementis[σ]); et ideo non dicebant, ipsas esse animalia. Sed Anaxagoras dixit, hoc eis[3] inesse animaliter et per spiritum animalem et sensum: et ideo dixit, eas esse animalia, et animaliter laetari dixit eas et[4] tristari. Dico autem animaliter, secundum quod in antehabitis libris distinximus operationes animales a naturalibus, etiam in his, quae sunt animata[τ]); tunc enim sensibilis[5] animae operationes dicuntur animales, et

π) Lib. II tract. II cap. 8. ρ) De anima lib. III tract. V cap. 1. — De sensu lib. I, cap. 1. σ) *Quem locum exscriptum invenies in Praelibandorum particula V.* τ) *Conf.* §. 4.

§. 9: 4 delectationibus *Edd.* 5 nutrimenti *B*; delectabile *Edd.* 6 quod non bene *Edd.* 7 ad movendum complexiones *Edd.*; compl. est earum perventum est *A.* 8 *Om. C.* 9 probant *A C.* 10 convenientiam *C V*; — delectari *A.* 11 ad alia et aliud nociva *Edd.* 12 *C V*; quant. et majora *L*; minori *Reliq.*
§. 10: 1 hec *C.* 2 *Om. C Edd.* 3 ei *B C*; enim *Edd*; *om. L.* 4 *Om. J*; aliter locari dix. eas trist. Dico. aliter *CZ.* 5 sensibiles *A*; insensibilis *L.*

vegetabilis[6] naturales dicuntur operationes propter rationem, quam in libro de spiritu et inspiratione[υ]) assignavimus, nec oportet hic[7] iterari. Sumpsit autem Anaxagoras dicti sui rationem a fluxu foliorum[φ]). Illa enim non fluunt, nisi humido et calido plantae se interius retrahente, sicut in somno quodam[8]. Quae retractio motus est per fugam, sicut motus systoles cordis; et haec folia non crescunt, nisi per emissionem et expansionem caloris et humoris et spiritus, siquis[9] tamen spiritus est in plantis; et hic motus est[10] delectationis et vigiliae proprius[11], quorum
11 nullum fit sine sensu, ut alias probatum est. Prothagoras autem, quem corrupte vocant Abrutalum, ultra hoc etiam dixit plantis[1] inesse sexum masculinum et femininum, sed[2] permixtum, sicut est in hermaphroditis[3], praeter hoc, quod membra discretiva[4] sexus extrinsecus non protendunt[5]. Sed de
12 hoc inferius erit inquisitio. Sed Plato, tolerabilius[1] dicens, desiderare tantum dicit eas, neque sensum neque sexum[2] eis attribuens, sumens rationem ex vehementi necessitate, quam protendunt[3] in tractu nutrimenti. Tractus enim non videtur esse nisi desiderii, quia tractus est motus ad moventem, non defluens[4] ab eo, quod movetur, donec moventi conjunctum sit. Et hunc motum nihil simpliciter naturalium habet, nisi sit animatum; animatum autem non videtur ipsum habere nisi per desiderium trahentis, quod movetur a specie rei, quae desideratur. Et haec positio[5] Platonis hanc, quae dicta est, habuit rationem, sicut apparet ex libris ejus. Tamen licet Plato inficiatur, plantas habere sensum et animalia esse plantas, tamen, si constat, eas gaudere et tristari, constabit eas sentire, quia hoc[6] necessario sequitur ad gaudium

υ) Lib. I tract. II cap. 5   φ) fluxum [*vel potius e Meyeri conjectura* l. c. p. 48 flexum] foliorum argumentum assumens *Nicol.*

§. 10: 6 vegetabiles *A L.* 7 hoc *A;* op. quod hic iteretur *L.* 8 *L;* quaedam *Reliq. Quare J omittens* Quae, *et cum Z legens* etiam *pro* est, *scripsit* Quaedam est retr.; — per *L*; secundum *Reliq.* 9 quum *L.* 10 *L V;* est motus *A;* est *om. Reliq.* 11 *L V;* potius *A;* prius *BCJ*; pius *Z;* sit pro fit *Edd.*

§. 11: 1 plantas *L;* — *om. C* inesse. 2 si *Z.* 3 hermafroditis *Z;* ermafroditis *C V.* 4 discreta *L.* 5 *C L V;* procedunt *Reliq.*

§. 12: 1 rationabilius *et in marg.* alias toler. *V*; — dixit *Edd.* eas tant. dicit *L.* 2 sexus *C V Edd.;* eis *om. L.* 3 nativitate qua procedunt *Edd.;* — in tractu *V; om. L;* in actu *Reliq.* 4 *E conject.*; deficiens *Codd. et Edd., quod sensu certe caret.* 5 ratio *L.* 6 sentire, quod *A.*

et tristitiam[7], ut in scientia de anima$^{\chi}$) probatum est. Et ulterius sequitur, plantas esse animalia; et ideo constare, plantas desiderare, et quod somno$^{\psi}$) reficiantur post cibum, calore circa locum digestionis aggregato[8]; et quod excitentur[9] vigiliis, rursus effuso calore ad exterius. Et utrum habeant spiritum animalem, non modo naturalem tantum[10], et utrum habeant sexum secundum permixtiones sexuum in uno corpore, sicut diximus superius aut habeant[11] contraria omnium istorum, est ambiguum valde ex dictis antiquorum; et haec ambiguitas multam facit inquisitionem. Et hoc quidem non est opportunum practermittere; neque iterum opportunum est, circa singulas antiquorum de hoc positiones et perscrutationes[12] immorari. Non igitur praetermittamus eas, quaecunque cum ratione dictae sunt; quae autem manifestae sunt irrationabilitatis, abjiciantur. Quidam au- 13
tem satis rationabiliter plantas animas habere dixerunt, eo quod generari et nutriri et augeri, et in[1] juventute virescere, et in senectute dissolvi plantas conspexerunt, videntes, quod nullum omnino inanimatum habeat haec communia cum animatis. Ulterius etiam intulerunt quod, quia haec[2] habuerunt plantae, quod et desiderio afficerentur.

Capitulum III.

In quo arguuntur,

qui plantas animam sensibilem habere dicebant[1].

His autem opinionibus sic habitis, oportet, quod primo$^{\omega}$) 14
manifesta prosequamur; et sic[2] mox post illa loquemur[3]

χ) Lib. III tract. I cap. 6 et tract. III cap. 3. ψ) Id quoque constare desiderem, an somno *etc. Nicol.* ω) Nicol. Lib. I cap. 2.

§. 12: 7 tristitia *Z; om. A.* et trist. 8 congreg. *L.* 9 *AL;* exercitentur *Reliq.*; — vigilii *Z*, vigilia *J.* 10 *L;* et eodem modo naturalem peralem [!] tactum *A;* tactum *Reliq.* 11 *Om. J;* — contrariam istarum omn. *Edd.*; illorum *V;* et *pro* est *A.* 12 de hoc *repetit L;* morari *V.*
§. 13: 1 *Om. L.* 2 hoc *V*; *om. Edd.*
§. 14: 1 dixerunt *A L.* 2 *Om. L.* 3 loquimur *Edd.*, prosequimur — loquimur *CL.*

de occultis. Dico[α]) igitur, quod manifestum est, — ut videtur multis philosophorum —, quod, quicquid cibatur, desiderat cibum, sicut videtur ex superius[4] inductis rationibus Platonis comprobari; et ita, quicquid[5] desiderat cibum, videtur ex saturitate delectari, et tristari ex esurie[6], quandoque[7] cibus defuerit, secundum Platonis sententiam; et in virtute hujusmodi dispositiones[8] delectationis et tristitiae non accidunt nisi cum sensu. Sed aliquod[9] principium animae ex his syllogizari plantis inesse non potest, etiamsi[10] desiderium esset animae cognoscentis desiderabile et non naturae solius, vel naturali desiderio simile, sicut est appetitus[11] vegetabilis animae. Hujus igitur hominis mirabilis erat opinio, qui eas sentire et desiderare opinabatur, cum haec omnia possint[12] esse a natura, et non ab anima, vel ab anima, quae[13] movet per similitudinem naturae in hoc, quod desideratum non apprehendit.

15 Sed omnino contra rationem est, quod[1] Anaxagoras et Democritus et Prothagoras seu[2] Abrutalus plantas habere dicebant[3] intellectum et intelligentiam secundum[4] actum; cum etiam mirabile sit, quod sensus et desiderium ex tam dubia causa[5] appetitus[6] a quibusdam Platonicis plantis inesse dicebantur. Nos vero, haec ut absurda et foeda repudiantes[7], his opinionum sermonibus insistamus, qui sani sunt. Sanos autem dicimus, quos aliqua rationum medicina ab infirmitate absurditatis liberavit.

16 Dico igitur, plantas nec sensum nec desiderium habere. Desiderium enim, quod[1] nunquam fit in[2] desiderante, nisi prius apprehenso desiderabili, non potest fieri nisi per sensum, per quem primum[3] deprehenditur desiderabile.

α) Dicit Plato quicquid cibatur desiderat cibum et delectatur saturitate tristaturque cum esurit *Nicol.*

§. 14: 4 *L*; supra *Reliq.*; — dictis *Edd.* 5 et quicq. ita *L.* 6 tristari et esurire *Edd.*. 7 quando *L*; cui voculae *addunt A* tamen, *Reliq.* cum, *quod delevit V*; quandoque *e conject. scripsi.* 8 *L*; hujus dilectationis dispositiones *Reliq.*; hae *Nicol.* 9 aliud *A C L*; aliud princ. vel anime commune *L.* 10 etiam *Z*; nisi *J.* 11 apparens *Edd.* 12 possent *L.* 13 qua *J omittens* vel ab anima.

§. 15: 1 *Om. A.* 2 *Om. Edd.* 3 dicebat *B*; dixerunt *A.* 4 per *L.* 5 ex causa dubia tamen *A.* 6 apparens *Edd.* 7 feda et abs. reputantes *L.*

§. 16: 1 quia *A.* 2 a *A.* 3 primo *L.*

In nobis autem hoc experimur, quia etiam[4] in nobis nostrae voluntatis finis, quae appetitus pars est, convertitur ad sensum: quia primum ex sensu incipit, et postea in acquisitione rei desideratae[5] convertitur ad sensibile, ut fruamur illo, quod ante desideravimus. Sensus[β]) autem in plantis non invenitur. Natura enim non deficit in necessariis. Si autem daret sensum, et non daret membra et organa sentiendi[6], sicut oculos et aures et hujusmodi, ipsa proculdubio in necessariis deficeret. Cum igitur in plantis nihil horum sensus[7] membrorum sive organorum inveniamus, constat, quod plantis nullus omnino inest sensus. Non enim habent[8] aliquam similitudinem talium membrorum, nec formam aut[9] figuram terminatam[10] ad organorum convenientiam, neque apprehensione aliqua videmus eas res sensibiles consequi, nec etiam per desiderium motum habere ad res hujusmodi in corpore, neque in vita[11] earum deprehendere possumus vim et virtutem aut aliud[12] hujusmodi plantis inesse, neque omnino et universaliter loquendo invenimus signum aliquod, per[13] quod possumus judicare sensum inesse eis, sicut signa expressa invenimus in eis, per quae judicamus, eas nutriri et crescere sive augeri. Haec enim non constant nobis inesse plantis, nisi quia scimus, quod nutrimentum et augmentum proprie dicta non sunt nisi animae partes, et non naturae corporeae alicujus[14]; et cum invenimus, plantam omnem[15] talem esse, quod nutritur et augetur[16], scimus, aliquam partem animae inesse plantae. Scimus igitur, 17
quod planta[γ]) sensu careat, per oppositum istius, quia scimus, quod sensus est causa[1] primae illustrationis operum vitae quae facit anima in corpore. Prima enim cognitio, quae est in animatis, est apprehensio sensibilium[2], quae non fit nisi

β) Nec invenimus in eis sensum nec membrum sentiens nec viam ad aliquid sensatum neque signum *etc. Nicol.* γ) sensuque carentem sensatum esse contendere non oportet, quia sensus est *etc. Nicol.*

§. 16: 4 *L*; et *Nicol.*; enim hoc exp. quando *Reliq.* 5 desiderare *L.* 6 sent. et organa *L.* 7 *Om. L.* 8 *Om. A.* 9 ante *C.* 10 determinatam *A.* 11 hujusmodi, nec in corp. aut in vita *A*; — earum *L e correct.*; eorum *Reliq.* 12 *L*; virt. per aliquid *Reliq.* 13 *Om. L.* 14 aliter *A.* 15 enim *Z*; *om. J.* 16 augere *Z.*

§. 17: 1 *L*; *om. Reliq.*; — quia *pro* quod *C.* 2 est apprehensibilium *C.*

luce sensus. Nutrimentum autem non oportet fieri tali illustratione nutrientium, quia[3] ipsum non est causa apprehensionis, sed augmenti tantum, inquantum est potentia quantum, ut diximus in libroδ) peri geneseos[4]. Nutrit[5] enim, inquantum est potentia pars nutriti, et auget, inquantum est potentia quantum.

Capitulum IV.

De positionibus[1] eorum, qui negant, vitam inesse plantis.

18 Istaeε) autem diversitates positionum pro certo proveniunt in loco suo proprio, in quo disputatum[2] est de ipsis. De sensu autem qualiter constituit animal, et quam confert[3] vitam in libro de animalibusζ) habet determinari. Sed quod difficile omnino videtur, est[4], quod non est facile indicare[5] et invenire medium inter vitam et ejus privationem. Vivum enim in graeco sonat animal: zoa[6] enim animalia sonant, et zoticum[7] est idem quod vitale; et ideo vivum converti secundum nomen videtur cum animali, et non vivum cum[8] non animali. Propter quod, cum non sit medium[9] inter vivum et non vivum, videtur debere nullum esse medium inter animal et non animal, quin[10] omne vivum sit animal, et omne non animal sit
19 non vivum. Et ideo pro certo dixerunt multi Graecorum et Latinorumη) plantam non esse vivam[1], quia est non[2] ani-

δ) De generatione et corruptione lib. I tract. III cap. 12. ε) Nicol. lib. I cap. 3 et c. 4 initium. ζ) *In* lib. XII tract. I cap. 2, tract. III cap. 1, lib. XXI tract. I cap. 1, 2 *passim hanc quaestionem tangit autor.* η) Dicet quoque aliquis plantam, si sit vivens, sit animal. *Nicol.*

§. 17: 3 illustr., quia nutrimentum *A.* 4 perigeneos *CL VZ et hic et infra scribunt.* 5 nutrimentum *A omittens* auget.

§. 18: 1 opinionibus *A;* esse in *BZ.* 2 disputatio *A.* 3 *L;* De sensu enim et qual. const. animam et qualiter conf. *Reliq.; om. Edd.* et .. vitam. 4 *om. Edd.;* esse *C.* 5 judicare *CEdd.* 6 zodian autem *A;* zoon *Z;* zoon en. animal sonat *J.* 7 *L;* zonum *Reliq.;* vel zodiacum *addit A.* 8 quod *Z;* om *A* et non ... anim. 9 vivum *BZ.* 10 cum *A;* quia *L, qui solus verba* inter an. et non animal *profert, omittens* debere.

§. 19: vivum *B.* 2 eo quod non est *L.*

mal; et si vivere dicatur planta, erit[3] vita aequivoce dicta ad vitam animalium. Dicunt enim, quod vivit[4] planta non per animam, sed per vigorem virendi et florendi ex calore et humore naturali. Difficile namque esse[5] videtur, assignare plantis regimen vitae. Regimen enim tantum in his, quae fieri possunt et non fieri, est[6], et in his, quae plura sunt in operationibus. Talia autem sunt opera animatorum, ut in libro[7] de anima[ϑ]) dictum est; haec enim fieri possunt et non fieri, et multa sunt, quorum quodlibet per se fit ab anima, et ideo virtute regente indigent. Sed non sic naturalia, quae fiunt uno modo et ex necessitate. Et cum plantarum operatio sit necessaria, et uno modo, ut videtur, naturalis esse judicabitur, et non assignabitur ei regimen ex virtutibus animae; aut si assignabitur[8] ei regimen, videbitur hoc esse regimen[ι]) altricis[9].

Causa autem, quare isti plantas negant vivere, ideo 20
est quia non sentiunt, ut diximus. Argumentantur enim isti[1], quod defectus aliquarum virium animae non tollit regimen vitae animalis; videtur[2] enim, quod quaedam carentia sunt[κ]) sapientia et intellectu. Tamen in talibus est natura sive forma animalitatis, quae animalis esse conservat[3], per generationem constituti in vitam[λ]) quam eadem formalis natura absentia sua[4] in morte corrumpit. Idem quippe est causa oppositorum per praesentiam sui et absentiam. Cum igitur inconveniens sit, medium ponere inter animatum et inanimatum, eo quod habent oppositionem per modum contradictionis, et esse animalis, ut diximus, praesens per generationem ponit vitam, et absens per mortem destruit eam, videbitur etiam

ϑ) Lib. III tract. I pluribus locis. ι) praeter regimen vitae altricis *Nicol.* κ) quamquam sunt quaedam animalia sapientia et intellectu carentia. Natura tamen animalis vitam in morte corrumpens, ipsam in genere suo conservat; estque inconveniens *etc. Nicol.* λ) *i. e.* talibus inest natura, quae eis per generationem in vitam procreatis (constitutis) animalis indolem conservat et decessu suo vitam terminat.

§. 19: 3 erat *ABZ.* 4 vivat *AB;* — *om. Edd.* et flor. 5 *Om. Edd.* 6 *Om. B;* est, que fieri poss. et non fieri, et in illis, que plena sunt *L.* 7 scientia de an. *L.* 8 assignatur *CLZ; om. J.* ex virtut. .... regimen. 9 animalis *Codd. Alberti, quam lectionem aperte falsam e Nicolao emendavi.*

§. 20; 1 illi *L;* — quia *pro* quod *A.* 2 vident *L;* animalia quedam *addit A.* 3 cognoverat *L.* 4 *Om. L.*

inter animal et non animal talis[5] esse oppositio, qualis est inter vivum et non vivum, et qualis est inter animatum et inanimatum.
21 Scimus autem, quod[1] conchylia sunt animalia, sapientia intellectuque[2] carentia; et sunt secundum aliquid plantae[3] et secundum aliquid animalia, ut in libro de animalibus[μ]) dicetur; et solus sensus est causa, quare animalia illa dicantur esse[4]. Et tunc ex inductis[5] sequitur, quod sensum non habentia non sunt animalia neque viva neque animata, quia ista se consequuntur. Non enim sapientia et intellectus[6] posita ponunt animal[7] et vivum et animatum, et perempta perimunt ea[8]: sed solus sensus secundum inducta. Sensus enim solus est causa, quare illa animalia esse[9] dicantur et viva et animata.

22 Formae enim, quae sunt genera, dant nomina sua et rationes suis speciebus, eo quod genus per unam naturam communem[1] de speciebus praedicatur; species autem nomina sua dant suis[2] individuis et rationem plenam, quia species est totum esse individuorum. Genus autem non est totum esse specierum, sed potius est pars ejus, quod est[3] esse specierum. Tamen genus, sicut diximus, ex una causa debet esse omnibus speciebus conveniens[ν]); quae causa est natura communis in omnibus speciebus univoce inventa; sed quia non est totum esse specierum, sed per differentiam ultimam[ξ]) cum specie convertibilem confirmatur[4] et[5] coarctatur ad quamlibet specierum, et illae differentiae ultimae non sunt notae: ideo[6] dicunt isti, et

μ) Lib. XXI tract. I cap. 6. ν) esse in multis et non ex multis; intentio autem causae, per quam confirmatur genus, non cuilibet *etc. Nicol.* ξ) *i. e.* Generis notio non totam specierum naturam continet vel exprimit sed excludit et eas specierum notas, quae species ut singulas destinguunt, et eas, quae accidunt singulis. Quarum notarum ultimae, *i. e.* species ultimas et infimas distinguentes, sunt ignotae, nisi prius ad quamlibet speciem exactae et adaptatae sunt, ideo intentio (*i. e.* ratio *vel* magnitudo) differentiarum earum generibus varia est et accurate inquirenda. *Conf. Metaphys. locum, quem exscriptum offert Praelibandorum nostrorum particula IV et* De animal. lib. XI tract. II cap. 1.

§. 20: 5 *Om. V.*
§. 21: 1 *Om. Edd.* quod *et* sunt. 2 et int. *L Nicol.* 3 *Om. V* et ... plantae. 4 *Om. L.* 5 dictis, *in marg.* ductis *A.* 6 intellectu *B Edd.* 7 animalia *A;* — et vivunt *Z.* 8 *Om. A.* 9 anim. illa *omisso* esse *Edd.*
§. 22: 1 commune *V.* 2 *Om. L.* 3 eum *pro* est *Z; quare J scripsit* constituit; *L repetit* pars .. est; *om. A* sed .... specierum; *om. Z* sed potius; *om. J* sed pot. est. 4 al. consumatur *V in marg.* 5 quia *B.* 6 et ideo *L.*

verum dicunt in hoc, quod intentio differentiae[7], quae est causa confirmationis generis ad hanc speciem vel ad[8] illam, non cuilibet est pervia, sed oportet, quod per circumlocutionem[9] accipiatur.

Et sicut nos diximus, quod sunt[1] animalia sapientiae et in- 23 tellectu carentia, eo quod sapientia et intellectus animal non constituunt: ita sunt etiam animalia sexu femineo carentia, et omnino non habentia sexum, sicut dicitur de anguilla; et sunt quaedam, quae non generant sibi similia, sed sunt imperfecta, nata ex putrefactione, et haec non indigent sexu, cum non generent. Et sunt animalia localem motum non habentia, et sunt in accidentibus communibus diversa, quia sunt diversorum colorum; et similiter differunt in accidentibus propriis, quia sunt, quae non generant sibi[2] similia, sicut eruca et bombyces volantes generant ex ovis suis non volantia, et pediculus lendem[3], et apis gusanes[4], et alia multa inveniuntur hujusmodi[o]); et sunt quaedam, quae crescunt in terra plantata ad modum plantarum[π]), et tamen haec sunt animalia, quia[5] nihil horum constituit animal, nisi sensus, ut diximus. Cum igitur animal ab anima primum denominetur[6] in Latino, et Graeco a vita, non videbitur esse animatum[ρ]), quod sensu careat[7], nec videbitur esse vivum.

Ex omnibus autem inductis patet, quod ab[σ]) intricata 24 valde ambiguitate oportet, quod quis extrahat, quid sit principium vitae[1] animalium, et quid sit animal sive animatum nobile, quod circumeundo coelum continet et solem et stellas et planetas[2] tanquam partes sui.

o) *Huc faciunt verba autoris, De animal. lib. XVII tract. II cap.* 1—3: Licet e putrefactione aliquando hujusmodi nascantur animalia, nunquam tamen fit generatio ex semine nisi generans et generatum sunt ejusdem speciei aut immediate aut per medium. π) quae crescunt ex arboribus *Nicol.* ρ) *sc.* ullum. σ) Nicolai Lib. I cap. 4 initium, *quod huc trahit Alb.*

§. 22: 7 deficit *L.* 8 *L; om. Reliq.* 9 circumloquation. *B.*

§. 23: 1 sicut *Z.* 2 *Om. Edd.*; *C repetit* sibi. 3 lendinem *Edd.* 4 *Redit vocula haec, de qua conf. indicem, lib. III* §. 25. *Veram lectionem hic A solus, infra ABLV offerunt; scribunt hic* gusones *L,* gulares *Reliq.; infra* gusacies *P,* gausacies *CEdd.* 5 eo quod *L.* 6 prim. denom. ab anima *L.* 7 *L;* caret *Reliq.*

§. 24: 1 *Om. V.* 2 plantas *BCVEdd.*

Si enim est[3] idem principium vitae universaliter et animalis, quod est sensus, tunc, quae non habent sensum, non erunt viva[4] neque animata: et sic neque plantae[5] neque coelum erunt viva, vel animata; animal enim habens animam[6] dicitur, ut videtur sonare nomen in omnibus linguis. Coelestia igitur animata non erunt, eo quod sint[7] impassibilia, non recipientia impressiones formarum extranearum[8]. Sensus autem omnis est passio quaedam sentientis[9], formas extraneas recipiens et patiens ab illis ab agente sensibili. Cum autem animatum ab inanimato differre videatur duobus maxime, sensu scilicet[1] et motu secundum locum; plantae autem non habent motum illum, quo aliquid ex se vel per se movetur sine motore exteriore — eo quod planta est affixa terrae in loco uno, immobilis[τ]), et semper manens ex seipsa —: ex qua igitur causa formali — qua differat[2] animatum ab inanimato[3] — per syllogismum[4] probabimus[υ]), inesse plantae vitam et animam; ut[5] saltem habeat consequentia syllogismi aliquam[6] verisimilitudinem, etiamsi[7] demonstrationis non habeat necessitatem? Res enim una[φ]) communis, qua omne[8] animatum ab inanimato differre videtur, non continet plantas. Dicimus enim secundum inducta, quod res illa, quae est causa vitae communis omnium animatorum, videtur esse sensus, quo animatum ab inanimato differre videtur. Haec enim discretionem et separationem facit inter vitam et mortem, — hoc est non vitam — et inter viva et ea, quae mortua dicuntur; non quidem propter privationem vitae, quae infuerit talibus, sed propter privationem potentiae ad vitam, sicut Aristoteles in prima philosophia[χ]) dicit, quod planta dicitur coeca[9] propter privatio-

τ) terrae enim affixa est, haec autem immobilis *Nicol.* υ) Unde ergo syllogizabimus ei vitam, ut faciamus aliquid verisimile? *Nicol.* φ) *i. e.* sola. χ) Metaphysic. V cap. 22.

§. 24: 3 *AB; om. Reliq.* 4 vita *Edd.* 5 planta *AB.* 6 animal *A.* 7 *CL;* sunt *Reliq.* 8 extrincecarum *L.* 9 *LV;* sentiens *Reliq.*

§. 25: 1 videlicet *L.* 2 differant *Z.* 3 animato *L.* 4 syl—mos *Edd.;* probavimus *Codd. omnes, quod e Nicolao emendare non dubitavi.* 5 vel *Edd.* 6 *Om. BV;* hab. silogismus aliq. consequentiam vel *A.* 7 etiam *C.* 8 etiam *Edd.* 9 cera *Z.*

nem potentiae ad visum, et non propter visus privationem solius[10].

Istae igitur sunt rationes ponentium, non vivere plantas.

Capitulum V.

De contradicendo his, qui plantas animatas esse negant[1].

Sed[ψ]) nos dicimus circa istam quaestionem, quod coelum 26
habet regitivam virtutem et regimen nobilius et dignius regimine nostro et inferiori, in eo quod[2] est elongatum ab inferioribus, quia, sicut diximus, ista regimina inferiorum obligata sunt materiae et privationi; propter quod in eis multa sunt impedimenta operationum, quod non contingit[3] superius in coelestibus. Superiora ergo habent vitam, et tamen[4] non habent sensum. Similiter autem oportet, quod animal perfectum[5] et diminutum, in eo quod utrumque[6] animal, habent unam aliquam naturam communem, et in eo quod vivunt[7], habent naturam aliquam communem cum[8] vivis omnibus. Cum igitur non omnibus vivis conveniat[9] sensus — sicut patuit in exemplo inducto de coelo — non est haec[10] natura communis vivorum sensus[ω]), sed potius est intentio[α]) et causa vitae
communis, cujus[11] privatio est mors. Propter superius au- 27
tem inducta non oportet, ut quisquam[1] recedat ab his nominibus vitae et animati, et quaerat aliam naturam, in qua viva conveniant, quia bene concedimus, quod non est medium inter animatum et inanimatum nec inter vitam et

ψ) Nicol. Lib. I cap. 4 a medio ad finem. ω) *i. e.* hanc naturam non sistit sensus sed intentio vitae *etc.* α) inventio *Nicol. errore certe.*

§. 25: 10 *L*; solum *A*; solutionis *BCZ*; *om. J.*

§. 26: 1 negabant *Edd.* 2 inferiorum eo quod est el. ab iterum infer. *L.* 3 convenit *L.* 4 *Om. A* habent .. tamen. 5 imperfectum *L.* 6 est *addit B.* 7 volant vel valent *L;* volunt *V*, *et superscripto* vivunt *C*; nolunt *Z.* 8 unam nat. aliquam cum *L.* 9 conveniant *Edd.* 10 *Om. Edd.;* hic *L;* — *om. C* comm. 11 *A addit* vite.

§. 27: 1 quisque *J;* — credat *Edd.*

non vitam sive vitae privationem. Sed inter inanimatum[2] et vitam, secundum quod animal vivum graece dicitur, est medium, quia inanimatum est, quod non habet animam nec aliquam[3] partium ejus; vivum autem, hoc modo dictum a vita manifesta, est hoc quod[4] habet animam perfectam per sensus naturam. Planta igitur non est de numero eorum, quae carent anima; est enim de his, quae aliquam habent partem animae, et sic est animata: et non tamen[5] dicitur vivum prout animal dicitur vivum, quia[6] in illa non est sensus. Si autem dicatur[7] vita actus cujuslibet partis animae in corpus, tunc planta vitam[8] habet, ut superius diximus, et per[9] corruptionem exit de vita ad non vitam; ut singula vivorum ex juventute scilicet[10] in statum, et sic per alios gradus aetatis proficiscitur[11] ad mortem. Per hoc autem patet solutio dubitationis inductae.

28 Possumus tamen et aliter solventes dicere: scilicet quod dicamus, quod planta est animata simpliciter, et non tantum, quod habeat partem animae; et ideo non potest dici, quod sit inanimata, si conceditur[1] habere animam. Similiter autem quod conceditur, habere aliquem sensum, ut naturalem plantas habere dicit[2] Isaac[β]), sequitur, quod sint animatae, licet non perfecte sensus habeant, secundum quod sensus est judicium sensibilium[3] et cognitio. Non enim possumus dicere[4] rem illam inanimatam, quae cibatur; quicquid enim cibatur, non est sine anima sicut et omne animal
29 habet animam. Sed in habendo[1] vires animae est differentia

β) *Ipsius Isaaci verba Praelibandorum particula V praebet.*

§. 27: 2 *CV Nicol.;* animatum *Reliq.* 3 aliqua *ABEdd ;— C repetit* quia ..... animam. 4 est hoc et hoc, quod *Codd. praeter L et V qui delevit* et hoc; est hec. Et hoc quod *Z;* est, et hoc quod *J. Verba* hoc et hoc *ex Germanismo* dies und jenes *interpretanda existimavit M.* 5 *Om. Z* non; *om. J.* tamen; tamen non *L.* 6 eo quod *L.* 7 sensus *addit Z.* 8 vita *V;* — ut dix. supra *ABCVEdd.* 9 propter *A;* · conjunctionem *Edd.;* ruptionem *C?*, *lego* iuptionem; — *om. L* singula. 10 videlicet *pro* scil. *L et hic et postea passim.* 11 proficitur *CV;* perficitur *Edd., omitt. ulteriora* §. *verba.*

· §. 28: 1 concedatur *Edd.* 2 *L Edd.; Reliq. sic disponunt verba:* aliq. hab. sens. *etc. CV;* hab. sens. nec natur. *etc. A;* plant. hab. sens. aliq. nat., ut dicit *B.* 3 *L;* sensitivorum *A;* sensitivum *BCV;* est viventium sensitivum *Edd.* 4 *Om. V.*

§. 29: 1 alendo *BEdd.;* alento *C.*

magna in his, quae sunt animata[2]; quia planta est res imperfecta tam in viribus animae quam in operationibus earum: in viribus quidem eo, quod caret viribus nobilioribus, quae magis per aliquem modum a materia separatae sunt, et non habet nisi eas, quae[3] in materia immersae, neque cognitionem neque movere in potestate habent; in operibus autem imperfecta est, quia non operatur aliquid nisi operatione corporali, cum anima sensibilis operationes habeat, quae non fiunt operatione qualitatis corporeae, sicut imaginari et caetera hujusmodi[4]. Imperfectionis 30
autem hujus[1] est indicium[2], quod planta[γ]) non habet membra determinata ad aliquem actum, qui magis sit animae[2] quam corporis, sed similis quasi est in toto. Animalia autem, quae habent actus, qui magis sunt animae quam corporis, habent organa determinata. Habet autem utrumque istorum vim propriam sive virtutem ex motu, quem habet in se ipso, planta quidem secundum motum nutrimenti et augmenti, animal autem secundum motum sensibilium.

Posset etiam[1] aliquis dicere contra istos, qui negant, 31
plantas habere animam, secundum Platonem solvens objecta eorum, quod planta habet animam. Anima enim est, quae facit nasci motus attractionis nutrimenti in locis, in quibus fixae[2] sunt; et secundum Platonem est iste motus desiderii; et secundum Platonem quidem desideria et motus tales non erunt plantarum in talibus locis sine sensu[3] per modum, qui superius dictus est. Sed tamen secundum veritatem attrahere cibum contingit[4] ex principio, quod vocatur naturale, eo quod vix aliquid habet potentiae supra naturam in modo operandi; operatur enim ex necessitate sicut et[5] natura. Sed operatur plura, quod non facit natura; quae tamen ex uno fiunt, quod est nutrimentum, sicut alibi[δ]) determinatum est. Et 32

γ) Sed planta est res imperfecta et animal habet membra determinata et planta indeterminata et habet planta naturam propriam ex motu *etc. Nicol.*

δ) De anima lib. II tract. I cap. 3, et tract. II cap. 1.

§. 29: 2 in anim. *BCV*; anim. et pl. cum res *Edd.* 3 nisi que est *A omittens* habent; — immersae *L V soli offer.* 4 *Om. L* et huj.
§. 30: 1 *L: om. Reliq.*; — judic. *AEdd.* 2 animale *CEdd.*
§. 31: 1 autem *L.* 2 facti *A.* 3 consensu *V.* 4 *Om. Edd.* 5 *L*; *om. Reliq.*

hoc principium commune est tam plantis quam animalibus; et quia est ad modum naturae, ideo non est necesse, quod cum attractione cibi[1] in eodum subjecto sit[2] sensus universaliter et omnino. Omne enim, quod cibatur, non utitur in sua cibatione nisi duabus rebus[3], ad quarum neutram[4] exigitur sensus. Duae autem[5] res sunt calidum et frigidum; et utrumque ipsorum est duplex, secundum quod etiam[6] id, quod nutritur, componitur; ex eisdem enim nutriuntur res et generantur. Et ideo animatum[7] eget cibo humido et sicco commixtis; quia[8] frigida natura[ε]) terrestris, ex qua componitur animal, oportet, quod in cibo sicco inveniatur; sicut et animal ipsum[9] et quodlibet animatum componitur ex natura terrestri sicca et frigida[10]. Et ideo in compositione animatorum non separatur siccum a frigido, neque econverso. Et haec est causa, quod cibus continue sumitur usque ad corruptionem animatorum. Ex cibo enim[11] restauratur et conservatur substantia eorum. Oportet enim, quod et[12] planta et animal utantur taliter commixto cibo, qualiter et substantiae eorum commixtae sunt.

Capitulum VI.

De rationibus Aristotelis, quibus probat, plantis neque sensum neque somnum inesse.

33 Nos autem perscrutemur[ζ]) modo secundum intentionem nostram problema, de quo[1] praecedens sermo mentionem

ε) quia frigiditas inventa est in cibo sicco, quia nulla istarum naturarum separatur a suo et ideo [*alias* proprie] factus est cibus cibanti continuus usque ad horam corruptionis et debent uti animal et planta tali, quale est illud. *Nicol.*

ζ) Nicol. lib. I cap. 5.

§. 32: 1 sibi *V.* 2 ut *L.* 3 *Om. BV* nisi; *om. CZ* nisi *et* rebus; *addidit J* nisi. 4 ex qu. neutra *A.* 5 aut *Edd.* 6 est *expunxit L.* 7 anima cum *B.* 8 et *A.* 9 *Om. L.* 10 nat. sic. terr. frig. *L.* 11 *Om. C*; serv. *pro* conserv. *BEdd.* 12 *Om. L.*

§. 33: 1 sec. interiorem materiam problemate, quo *A.*

fecit: utrum scilicet plantae desiderium habeant[2] et motum animalem et animam, et[3] de eo, quod a planta resolvi dicebatur in causam somni et vigiliae, sicut causatur somnus in animali ab eo, quod resolvitur a[4] loco digestionis per
evaporationem[ϑ]). Quod autem planta non habeat spiri- 34
tum talem, qui attrahitur[1] per inspirationem et respirationem[2], sicut dixit Anaxagoras, ex hoc probare possumus, quod[3] multa animalia invenimus, quae inspirationem et respirationem[2] non habent; cum tamen talis spiritus magis animalibus conveniat quibuscunque[4] quam plantis, eo quod animalia secundum se sunt magis calida et participantia superiora elementa[ι]) quam plantae, quae sunt terrestres et frigidae. Propter quod animalia indigent spiritibus animalibus[5] plus quam plantae.

Similiter autem visibiliter[1] invenimus, quod plantae 35
neque dormiunt, neque vigilant, cum non fiat ex eis evaporatio a loco digestionis ad aliquem locum frigidum in corporibus eorum constitutum, unde evaporatio in se revoluta[2] descendat et immobilitet exteriores partes plantae, quae semper secundum naturam et immobiles et insensibiles[3] existunt, praecipue cum, sicut patet ex his, quae in de[4] somno et vigilia[ϰ]) dicta sunt, vigilare sit facultas[5] quaedam et vigor et effectus[6] sensuum, dormitio autem per contrarium est debilitas quaedam et sensuum destitutio. Plantae autem, cum sensum nullum omnino habeant, non[7] possunt participare sensuum accidentia per vigorem et defectum sensus.

Somnus praeterea[1] et vigilia in nulla rerum natu- 36
ralium inveniuntur omnino[2], quae in omnibus horis uno modo aequaliter[3] vegetatur actibus digestionis et[4] nutri-

ϑ) *Conf.* De Somno et vigil. lib. II tract. I cap. 3, 4. ι) *i. e.* plus continent superiorum elementorum, *quae sunt imprimis aer et ignis.* ϰ) Lib. I tract. I cap. 9.

§. 33: 2 *L*; habent *Reliq.* 3 *Om. CEdd.*; *om. L* et de; — a *om. A BCEdd.* 4 in *V*.

§. 34: 1 attrahatur *L*. 2 exsp. *L utroque loco.* 3 quia *L*; — inveniuntur *Edd.* 4 quib. conveniret *L*. 5 animalium *Edd.*

§. 35: 1 visibilem *L*. 2 *L*; resol. Reliq. 3 immobilem et -bilem *Edd.* 4 *A. inde? L*; *om. B et CEdd.* 5 facilitas *L*. 6 affectus *Edd.* 7 nec *A*.

§. 36: 1 *L*; autem *V in marg.*; enim *A*; *om. BCEdd.*; Adhuc somnus *J.* 2 in nullo omn. rer. nat. inv. *L*; invenitur *CVEdd.* 3 qualiter *C*. 4 *Om. L*.

menti, et quae sensu caret. Probatum est autem[5] in libro de somno et vigilia[λ]), quod omnes vires animae vegetabilis magis intenduntur in somno quam in vigilia, et quod[μ]) sunt sensus passiones. Planta autem talem differentiam vegetationis non habet, et iterum sensum[6] invenitur non habere: et ideo per consequens neque somnus neque vigilia conveniunt[7] plantae.

37 Amplius autem quando cibatur animal, evaporatio, sicut diximus, ascendit[ν]) a loco digestionis ad caput, quae somnum facit, et eadem attenuata facit[1] vigiliam; licet quaedam animalia, multas tales evaporationes habentia, parum dormiant ex diversis accidentibus, quae impediunt somnum, sicut parvitas capitis, aut calor innaturalis[2], aut aliquid aliorum talium accidentium. In plantis autem, ut diximus, impossibile est aliquid talium invenire. Adhuc autem a fine somni hoc syllogizabimus[3]: quoniam dormitio est compressio et[ξ]) quies motus lassitudinem et dissolutionem inducentis, propter quam quietem animal dormire desiderat. Nullus autem talis[4] lassitudinem inducens motus est in planta. Et causam hujus diximus in libro de somno et vigilia[ο]), ubi assignavimus causam[5], quare animales virtutes in vigilia lassantur et non naturales, quae potius in somno agunt fortius quam in vigilia.

38 Istae autem, quas induximus[1], sunt rationes Aristotelis contra eos, qui plantas sensum et desiderium habere dicebant propter quaedam signa sensus et desiderii et somni et vigiliae, quae inesse plantis videbant. Nos autem inferius etiam[2] de his perfectius considerabimus, ostendentes, quid veritatis et quid falsitatis sermo inductus contineat. Interim autem dicta antiquorum

λ) Lib. I tract. I cap. 6. μ) *suppleas* quod somnus et vigilia sunt. *Redit autem sententia in* §. 81. ν) ascendit vapor a cibo ejus ad caput; et quando consumitur vapor ascendens ad caput vigilat *etc. Nicol.* ξ) et compressio est quies rei motae *Nicol.* ο) Lib. I tract. I cap. 3, 4, 6.

§. 36: 5 *L*; enim *Reliq.*; — *om. L* libro. 6 *Om. B.* 7 -niant *C*; -nient *V*.

§. 37: 1 *Om. A.* et .. facit. 2 materialis *BJ*; — aliorum *L solus profert.* 3 sillogizari potest *L*; *om. B* hoc. 4 talem *A* Null. tal. motus *etc. L.* 5 *Om. C.*

§. 38: inducimus *L*; diximus *A Edd.* 2 *Om. Edd.*

et rationes eorum et contradictiones, quibus sibi contradixerunt[6], prosequimur, praecipue ea, in quibus de anima plantae aliquid dixisse inveniuntur.

Capitulum VII.

De sexu plantarum secundum dicta antiquorum[1].

Quia igitur sexus est accidens animati, loquamur de sexu 39
plantae, adducentes de[2] hoc quicquid dixerunt antiqui secundum
rationem. Hoc enim videtur[π]) esse maxime in hac scien-
tia[3] inquirendum, utrum scilicet sexus masculinus et
femininus vel promiscuus sive commixtus ex his duobus
inveniatur[4] in plantis, sicut dixit Prothagoras, quem Ab-
rutalum vocant. Si enim consideremus[1] definitiones horum 40
sexuum, tunc masculinum est, quod ex suo semine in
alio suae speciei generat individuo, per modum agentis in
generatione se habens; femininum autem est, quod, ex
alio suae speciei individuo suscepto semine, generat in se ipso,
per modum materiae et patientis in generatione se habens. Et 41
si ista[1] secundum omnia definientia[2] consideremus, absque dubio
sexus in plantis non invenitur, sed[3] forte aliquas proprie-
tates sexum participantium possibile est[4] in plantis invenire.
Sexus enim proprie sumpti separantur ab invicem subjecto
et loco; sed proprietates aliquae communes inveniuntur utrius-
que sexus etiam in[5] plantis. Masculinum enim, eo quod[6] est
formans et quasi sigillans in generatione, est[7] durius et siccius,
et per consequens asperius in tactu; femininum autem, eo quod
formatur et sigillatur, habet proprietates his oppositas, sicut[8]

π) Nicol. lib. I cap. 6.

§. 38: 3 -rint *Edd.*; — prosequemur *Z.*
§. 39: 1 De sensu *A*; sec. antiquos *V.* 2 ad *L.* 3 in sc. hac *Edd.* in hac sc. esse max. *L*; — *om. V* scil. 4 -niantur *V.*
§. 40: 1 -ramus *L.*
§. 41: 1 ita *L.* 2 differentiam *VZ*; omn. sec. differ. *J.* 3 *L V*; si *BC*; licet *A*; *om. Edd.* 4 *Om. C.* 5 in *om. B*; etiam *om. Reliq.* 6 eorum *Codd.*, quod certe emendandum. 7 et *L*; et est *V.* 8 *Om. A.*

mollitiem humorem lenitatem[9], quia ista bene faciunt[10] suscipere formationem. Et invenimus in plantis, quae dicuntur masculinae[ϱ]), quia[11] omne, quod generatur ex eis, est[12] durius et asperius; et[σ]) quicquid generatur ex his[13], quae dicuntur feminae[14], est mollius et lenius[15]. Et est magis fructifera[16] femina, et grossiores habet fructus propter abundantiam humoris. Hoc[17] autem inferius ostendemus. Per inducta tamen[18] patet, quod sexus distinctus non sit in plantis.

42 Inquiramus autem, utrum sexus commixtus sit in plantis, sicut dixit Prothagoras. Non est autem opinandum quod, vere[1] et proprie accipiendo commixtionis rationem, sexus commixtus sit in plantis. Quaecunque enim commixta sunt, prius fuerunt[2] separata, et iterum sunt post mixtionem separabilia, sicut in fine primi[3] peri geneseos[τ]) est probatum. Si igitur sexus in plantis misceri diceretur, oporteret, quod prius in materia vel[4] natura vel genere plantarum esset per se masculus et per se femina distincta, et postea commiscerentur per generationem[5]; nihil enim mixtum ex miscibilibus producitur, nisi per generationem[υ]), in qua miscibilia ad invicem alterantur. Et si ita[6] esset, tunc inventa esset planta[7] in sexu distincto ante talem sexuum[8] commixtionem, quod omnino est ab-
43 surdum. Est autem[1] et aliud inconveniens, quod videtur sequi ad istus, quia — cum masculinum sit agens et femina[2] patiens — si mixti sint[3] sexus in planta, videbitur idem esse agens

ϱ) Quia quaelibet species plantae masculinae, quod erit ex ea, erit asperius durius rigidius *Nicol.* σ) et femina erit debilis et fructifera *Nicol.* τ) De generatione et corruptione lib. I tract. VI, *qui totus* de mixtione *agit.* υ) et commixtio rei non erit nisi per suam generationem. *Nicol.*

§. 41: 9 et len. *L.* 10 vel possunt *addit V.* 11 quod *L.* 12 *et A.* 13 *L V*; eis *Reliq.* 14 femininae *L.* 15 *L*; mollius et mollius *CZ*; planius *B*, *unde Meyer haud male scripserat* plenius; *om. Reliq.* et lenius. 16 fructiferum *Edd.* 17 Hec *C.* 18 *Om. L.*

§. 42: 1 nature *Edd.* 2 *L V*; fuere *Reliq.* 3 prime *Edd.* 4 et — et *C*; vel — et *V*, *om. L* mat. vel. 5 *Om. A Edd.* per gen. 6 et supra *Z*; et si hoc *J.* 7 invenire esset plantam *L.* 8 suam *Nicolai codd. et edit.*, *errore certe.*

§. 43: 1 enim *L.* 2 sit *addit L.* 3 *V*, sunt *Reliq.*; — videtur *L.*

et patiens[φ]) quod est impossibile, sicut in primo peri geneseos[χ])
est ostensum. Amplius autem ostenditur, in plantis non esse
permixtum masculinum cum feminino, quoniam, si sic
esset, non indigeret planta ad generandum[4] aliquo,
extra se ipsam. Cum igitur perfectum sit, cui nihil deest[1], 44
esset planta in generatione perfectior animali[2], in quo
femina, ut imperfecta ad generationem, desiderat masculinum,
sicut materia formam et[3] turpe bonum; masculus autem quaerit
feminam in generationis adjutorium, licet non sit imperfectus[4],
nisi per accidens, ex parte scilicet ejus, in quod agat, sicut forma
per accidens quaerit materiam, in qua esse[5] materiale habeat.
Hoc autem omnino improbabile est, cum videamus plantas multis
indigere, sicut tempore anni speciali, in quo pullulet[ψ]),
et[6] loco speciali. Cujus causa est, quod principium cibi
plantarum, ex cujus superfluo generant, est a terra, et prima
ejus digestio est in terra[7]; principium autem activum generationis[8]
fructuum plantae est a sole. Et[1] ideo dixit 45
Anaxagoras, quod frigus plantae est ab aëre, per[2] quod
constant partes ejus et fructus; Lycophron[3] autem, quem Lecineon[ω])
Arabes vocant[4], quod terra mater est plantarum,
materiam per modum patientis ministrans, et sol pater,
per modum agentis generans. Et[5] ex omnibus his constat, plantam
indigere in sua generatione tempore accessus solis in[6] obliquo
circulo, et tempore quo terra evocatur et aperitur in pro-

φ) et oportet ut sit efficiens et patiens in una hora *Nicol.* χ) De gener. et corrupt. lib. I tract. V cap. 4. *Quo quidem argumento denuo insistens nuper Schelver plantis sexum derogavit.* ψ) et ipsa indiget temporibus anni et sole et temperantia naturali plus omni re. His ergo indiget in hora pullulationis arbor. *Nicol.* ω) et ideo dicit lechineon *Nicol.*; *quam vocem arabicam* leqin-aun لقن‌عون *esse, designantem* philosophi discipulos *vel* sectatores, *neque viri cujusdam nomen, verbaque adducta inveniri apud Aristotelem, de gen. anim. lib. I cap.* 2, *Meyer in edit. Nicol. pag.* 57—58 *probavit.* — *Albertus vero dein Prothagorae suo eandem sententiam tribuit. Conf.* §. 96 *et indicem.*

§. 43: 4 *Om. B* ad gen.; — aliqua *V.*
§. 44: 1 Cui .. fit, .. desset *Z.* 2 *Om. Edd.* 3 sicut *addit L.* 4 perfectus *Edd.* 5 est *Z.* 6 in *A.* 7 *Om. B* et ..... terra. 8 gener. activ. *L Edd.*
§. 45: 1 *Om. C.* 2 propter *Edd.* 3. lycrofon *B*; licrofon *A*; licofron *L*; lycofron *Reliq*; — lecineon *L*; leucineon *Edd*; leucineom *BV*; leucimeon *A*; lemineon *C*; — arabice *pro* Arabes *L.* 4 *addunt*: dixit *B*, dicit *A.* — quod terminatum est *C.* 5 *Om L.* 6 etiam *B.*

ductionem. Propter quod etiam poetae dicunt, taurum coelestem cornibus[7] auratis annum aperire[α]), et terram evocare in productionem; et Dianam, quam aërem intelligunt esse elementum[8], obstetricare terrae[9] ad partus emissionem. Horum autem nullo ad necessitatem videmus egere animalia. Non igitur sexus vere est in plantis, neque separatus, neque mixtus[10].

46 Si autem mixtionem[1] sexuum dare volumus plantis, per alium modum[2] est hoc imaginandum[β]). Sexus enim, secundum quod est in substantiis[3] individuis completis[4], nullo modo est in plantis aut separatus aut mixtus. Sed sexuum vires sunt in seminibus embryis[5] sive impraegnationibus. Embrya autem sive impraegnationes dico concepta semina. In illis enim vis masculi est formans et agens; semen autem feminae[6] illi permixtum est formatum et patiens. Et semen quidem masculi est sicut artifex, semen vero feminae sicut artificiatum, in quod forma producitur artificis. Et sanguis menstruus est[7] sicut cibus attractus in supplementum ma-

47 teriae, in qua formetur[8] partus. Sicut videmus in uno ovo, quod ovatum a gallina vel ab alia ave, in quo[1] in albo spisso viscoso est[γ]) virtus galli; et semen feminae est albumen ovi, in quo formentur[2] membra pulli; vitellum autem citrinum praeparatum est in supplementum et in cibum pulli, quousque egrediatur[3] de testa. In embryis igitur omnibus virtus est utriusque sexus per modum agentis et per modum patientis. Et per hunc modum imaginabimur, sexuum virtutes esse in plantis permixtas, quia non dubitamus, in eis esse agens et formans, et aliquid esse materiam, quae actionem suscipit et for-

α) Candidus auratis aperit quum cornibus annum Taurus, etc. *Virg. georg. I vers.* 218. β) *longius recedit autor in sequentibus a verbis Nicolai, quae sunt:* debemus imaginari alio modo, quia semen plantae simile est impraegnationi, quae est mixtio masculi et feminae. *Conf. Aristot. de generat. anim. lib. I cap.* 23. γ) est vis generandi pullum et materia cibi ejus usque ad horam sui complementi et sui exitus ab eo, et femina ponit ovum in una hora: ita et planta. *Nicol.*

§. 45: 7 carnibus *C.* 8 *L*; clementer *Reliq.* 9 terram *A Edd.*; terrei *C.* 10 *CL*; commixt *Reliq.*
§. 46: 1 *CL V Nicol.*; commixt. *Reliq.* 2 *Om. B C V Z.* 3 est membris *Edd.* 4 complexus *L.* 5 ebriis *et dein* ebria *V*; — impregnantibus *Edd.* 6 forme *C Edd.* 7 et *A.* 8 *L*; -matur *Reliq.*
§. 47: 1 ave, qua *Edd.*, quae *C.* 2 *L*; -mantur *Reliq.* 3 *L, omittens* in cib. pulli; egreditur *Reliq.* quo cibatur usque *B*; — a testa *L.*

mationem. Hoc autem innuit[1] Prothagoras, dicens, quod 48
arbores altissimae non generant pullos[δ]), quos[2] vocavit surculos, quos[2] tamen plurimos parva frutecta[3] producunt; causam assignans bene[4] et congrue, quia scilicet non fit generatio vel pullulatio, nisi ex semine, semen autem est superfluum cibi. In talibus autem arboribus altis et magnis totum, quod remanet, convertitur in cibum radicis, quae transmittit stipiti et[5] ramis, et parum vel nihil transmittit in surculorum generationem. Nascens enim planta statim movet se ex terra, quando[6] non attrahitur in cibum alterius[ε]). Et ideo fit, quod quando praescinduntur[7] magnae arbores, et succus radicis non attrahitur in stipitis et ramorum cibum, statim plurimae pullulationes de radicibus nascuntur. Sic[8] igitur imaginari debemus sexuum mixtiones[9] in plantis, sicut in animalinm generatione quaedam est sexuum[10] permixtio.

Causa autem, quare plantae sunt in dispositione 49
una sexus, et non animalia[1], haec est: quia secundum rei veritatem, quando per coitum miscentur sexus animalium, tunc miscentur vires sexuum in seminis substantiam[2], cum, antequam coirent, essent istae vires separatae, et nisi miscerentur, non fieret generatio, sicut diximus superius[3]. Et ideo recte et sapienter fecit natura, faciens sexuum mixtionem. Quia tamen non invenimus aliquam operationem nobilem in plantis nisi generationem, et generatio immediate fit a viribus sexuum permixtis, ideo natura[4] in una et eadem planta miscuit masculinum et femininum[5], quia tota planta concipit[6] semen fructuum et pullulationum[7] propter suae

δ) *Verba sunt Empedoclis, si deleas vocem non, quam facili interpretis errore* (οὔτοι *forte pro* οὕτως *legente*) *additam esse, Meyer in edit.* Nicol. *p.* 58, 59 *probare conatus est. Albertus vero cum priora tum ultima sententiae verba inde a* Nascens *in contraria interpretans, hoc loco opinionem veram restituit, in libr. XV de animalibus tract. II cap.* 9 *autem et locum integrum et Empedoclem autorem laudat.* ε) *Qua de re conf. notam nostram ad* §. 186, *de palmae germinatione agentem.*

§. 48: 1 ĭnut *L.* 2/2 quas *L*; — vocant *C.* 3 fructeta *V Edd.* 4 et bene *L.* 5 *BL*; *om. Reliq.* 6 que *Z*; qua *J*; — extrah. *A* trah. *B*; *om. C.* 7 praescid. *C*; scind. *Edd.* 8 Sicut *BZ.* 9 *CLV*; -tionem *Reliq.* 10 est in sexu *A.*
§. 49: 1 alia *B.* 2 -tia *C.* 3 supra *ABCV Edd.*; — *om. L* recte et. 4 *Om. Edd.* 5 *Om. C* et fem. 6 accipit *A.* 7 -tionem *L Edd.*

50 substantiae homogeneitatem. In animalibus autem non sic fieri[1] potuit, quia licet sexus animalis permixtus sit[2], quando est coitus animalium, in aliis tamen horis est separatus. Et hoc quidem esse oportuit propter multa opera nobiliora et scientias[3] cognitionum conceptarum in animalibus, quae perfectae non[4] essent in una individuo, in quo esset permixtus sexus: quia humidum et frigidum femininum[5] impedirent actionem et constantiam virtutis, quae exiguntur ad operationes nobiles masculorum, quae non conveniunt plantis, et animali masculo dantur in perfectionem naturae, et ut per ea ordinentur et defendantur partus sui et feminae[6].

Capitulum VIII.

De contradictione Aristotelis contra eos, qui plantas perfectas et dormientes esse dixerunt[1].

51 Sunt[ζ]) autem quidam antiquorum opinantes, plantam esse perfectam et perfectiorem[2] quam sit animal, propter commixtionem duarum virium[η]) sexus in ipsis et propter cibum, qui[3] completur prima digestione, quando accipit eum; quorum neutrum[4] est in animali. Et tertiam causam assignant longitudinem existentiae et vitae quarundam plantarum. Videmus enim, quod, quando multo tempore fronduerit[5] et fructicaverit, usque ad sterilem[6] aetatem et decrepitam adhuc[7] durabit vita ejus, et iterato convertetur ad eam juventus ejus, sicut in libro de morte et vita[ϑ]) deter-

ζ) Nicol. lib. I cap. 7. η) plantam completam et integram esse propter duas vires et propter cibum, qui adaptatus est ad cibandum illam et longit. *etc. Nicol.* ϑ) Tract. II cap. 11; *quem locum invenies exscriptum in Praelibandorum nostrorum particula III.*

§. 50: 1 *Om. A.* 2 fit *Edd.*; sic *V.* 3 scientia *C*; sententias *L, at conf.* §. 90 *nota* 2; — *om. L* et. 4 *Om. B.* 5 et humida et frigida femina *A*; feminam *Z*; feminina *C.* 6 *L*; scientiae *Reliq.*

§. 51: 1 perf. et sensatas *V*; — *om. L* dixer. 2 *V addit* esse. 3 quem *V et in marg.* al. qui. 4 utrumque *Edd.* 5 temp. frigido durit *BJ*; t. f. duret *Z*; quod non multo t. f. duret *C.* 6 et multiplicaverat usque ad senilem *L.* 7 et adhuc *L.*

minatum est. Et quartam causam assignant, quod **non generantur** in ea **superfluitates** humidae et siccae, sicut in animalibus est purgatio per urinam et stercus. Haec autem omnia[8] abusiva sunt, sicut et id, quod planta dormire dicebatur a quibusdam[9]. Planta enim[1] non indiget somno, eo quod 52
alligata est terrae in qua[2] semper quiescit; et ideo quiete somni non indiget. Nec habet motum[3], quo per se moveatur; nec habet figuram terminatam[4], alicui speciei animalis propriam[t]) in toto et in partibus, sicut videmus, omnem speciem animalis ab alia[5] differre in figura, sicut differt in specie. Plurimae autem plantae unam figuram praetendunt tam in toto quam in partibus, sicut in radicibus et in ramis et in foliis, sicut omnes piri et omnes mali, cum tamen sint diversarum specierum. Neque iterum planta[6] habet sensum, sicut superius probatum est, neque habet motum voluntarium, neque habet[7] animam perfectam, sed tantum habet[7] partem partis animae. Et horum omnium rationem inferius ostendemus.

Amplius autem imperfectior est planta omni[1] animali, quoniam 53
planta non est creata[2] nisi propter animal, et animal non est creatum propter plantam; quoniam planta conveniens cibus est animalium multorum, vel potus, sicut est vinum[3], et animal non est cibus alicujus plantae. Et ideo, sicut in ovo vitellum praeparatur[4] et albumen[5], ex quo formantur membra pulli, ita planta propter animal produci videtur. Est autem hic finis[6] quo planta est propter animal, talis finis, quem ordinat universalis natura, non particularis, sicut inferius exponemus; sicut femina est propter masculum, et non propter se ipsam. Et 54
si tu dixeris, quod planta indiget cibo vili malo[1], nec oportet, quod ita praeparetur diligenter, sicut cibus animalis[2]; pro-

t) *i. e. nisi fallor*, qualis cuique speciei animalium est propria; *et forte legendum est* aliquali.

§. 51: 8 *L V; om. Reliq.*; — quod *Edd. pro* sicut et. 9 *Om. L.* a quib.
§. 52: 1 *L*; autem *Reliq.* 2 quo *B Edd.*; terre *expunxit B*, *om. C Edd.* 3 votum *B*; votum quod *Edd.*; *om. L* per se. 4 *Om. L.* 5 alio *L.* 6 plantam *Z*; *om. Edd.* sensum *quare J pro* iterum *scripsit* desiderium; — supra *B C V Edd.* 7/7 *Om. L.*
§ 53: 1 omnium *Z*; — quia planta *V.* 2 causata *B Edd. et dein* causatum *B.* 3 virium *Z*; *om. J* vel ... vin. 4 preparat *C Edd.* 5 album *B Edd.*; albedinem *C.* 6 *Om. C.*
§. 54: 1 uni malo *B C Z*; unimodo *J.* 2 plante *C L Edd.*

pter quod perfectior videtur, eo quod[3] pauciora ad praeparationem cibi ejus exiguntur; dicemus ad hoc, quod planta indiget tali cibo[4] continuo non interrupto propter continuam indigentiam et imperfectionem ejus; animal autem non indiget nisi interrupto et interpolato[5] propter minorem ejus imperfectionem. Quae autem sit causa hujus, alterius est speculationis, et in libro de animalibus[x]) determinabitur. Si enim pro certo constaret, plantam esse meliorem et perfectiorem, quam sit animal, tunc eadem ratione res inanimatae, quae nullo omnino cibo indigent neque aliquo[6] exteriori ad suae naturae consistentiam, essent[7] etiam nobiliores quam plantae, quod omnino absurdum est. Res enim inanimatae imperfectiores[8] sunt rebus animatis et res habentes partem partis animae imperfectiores[8]
55 sunt his rebus quae habent animam perfectam. Amplius autem opus animalis — secundum quod est animal — nobilius est omni opere[1] plantae — secundum quod est planta[2] —; quoniam sentire nobilius est quam simpliciter vivere, sicut manifeste vivere nobilius et perfectius est[3] quam vivere occulte et diminute. Et sic perfectius est animal quam planta. Adhuc autem in animali invenimus omnes vires animae[4], quae sunt in planta, et multas alias, quoniam superiora habent omnes potentias inferiorum et insuper multas alias, sicut saepe diximus: animal igitur perfectius est[5] planta, sicut abundans per-
56 fectius est diminuto[6]. Et hac de causa dixit Protagoras, quod plantae creatae fuerunt[λ]) mundo adhuc imperfecto et diminuto, cum deus deorum non adhuc produxerat animas perfectas; et completo mundo generatum fuit animal ex anima perfecta, qua[1] sentire et movere potest[2] animal; volens, mundum tempore aliquo fuisse, in quo non produxit nisi plantas, et post illud tempus animalia produxisse. Sed hic

ϰ) *Quo loco frustra quaesivi.* λ) quod plantae habent generationem *Nicol. Quam opinionem et a Graeco Nicolai interprete et a Galeno et a Plutarcho Empedocli tribui Meyer in edit. Nicolai p.* 62 *docuit. Conf.* §. 9 not. *o.*

§. 54: 3 eo, *omisso* quod *Z;* quo *J.* 4 *L; om. Reliq.* 5 interpollata *L;* -pollato *V.* 6 alio *CJ.* 7 erunt *BEdd.* 8/8 -tiones *Z.*

§. 55: 1 parte *Codd., quod emendavit Meyer.* 2 plante *Edd.* 3 *Om. CEdd.* 4 *Om. L.* 5 est perfectius quam est *L.* 6 diminutio *Edd.*

§. 56: 1 que *Codd.* 2 *Om. Edd.*

sermo inconveniens est[3] ut ostendimus in octavo physicorum[μ]).
Mundus enim totalis est perpetuus, semper in tem-
pore permanens, nec unquam in aliquo tempore cessavit
generare plantas et animalia secundum omnes species
animalium et plantarum. Licet autem mundus sic[1] sit perpe- 57
tuus secundum species plantarum et animalium, tamen in quo-
libet individuo specierum suarum est[ν]) calor et humor
naturalis, qui[2] quando consummabuntur[3], post infirma-
bitur in viribus planta et etiam animal. Et hoc est in aetate,
quae est post[4] statum[ξ]); et postea veterascet per diminutio-
nem non modo virtutis sed substantiae; et postea[5] corrumpe-
tur per putrefactionem, et tandem arescet[6], exhalato jam hu-
mido, sicut diximus in libro de aetatibus[o]) et in libro de morte
et vita[π]). Et hoc[7] quidam vocant, vere dicentes, corru-
ptionem secundum naturam, quidam autem dicunt hoc non
esse corruptionem secundum naturam[8]; volentes, corruptionem
secundum naturam nullam omnino esse; sed alterationem quan-
dam esse dicentes corruptionem in segregatione[9] atomorum,
sicut fecerunt Democritus et Leucippus, sicut dictum est[10] in
primo peri geneseos[ρ]).

μ) Per totum fere tract. I. ν) Et in qualibet specie plantarum est *etc. Nicol.* ξ) *Conf. indicem.* o) Tract. I cap. 5 et 6 π) Tract. II cap. 8. ρ) Tract. I cap. 8.

§. 56: 3 *V*; *om. Reliq.*

§. 57: 1 *Om. C V Edd.* 2 que *Codd. omn.* 3 consumabuntur *Codd. An revera auctor* consumare *pro* consumere *scripsit?* 4 *Om. C Edd.* 5 posita *Z*; — corrumpere *C Edd.*; corrumpitur *A L.* 6 arescit *A C Z*; — exalato *B L*; ex alto *Z*; exacto *J*; exinanito *A.* 7 hec *Edd.*; *om. A.* 8 quidam autem ...... naturam *L et in marg. V soli offerunt*, *omittentes L* autem, *V* dicunt. 9 -tionem *Z.* 10 sicut in pr. perigen. demonstratum est *L*.

Capitulum IX.

Et est digressio declarans de[1] anima plantae sententias peripateticorum.

58 Omnia autem, quae a principio libri hujus[2] dicta sunt, satis obscura videntur esse, praeter ea sola, quae in primo capitulo ex nostra sententia[3] tradidimus. Hanc autem obscuritatem accidisse arbitror ex vitio transferentium librum Aristotelis de plantis, cujus ego sum interpres et relator in capitulis inductis. Aut enim non intellexerunt[4] philosophum, aut forte idioma, ex quo transferre debuerunt[5], non perfecte cognoverunt. Et ideo summatim, quae dicta sunt a principio, recapitulanda sunt et clarius dicenda. Tunc enim et melius[6] docebimus hoc, quod intelligimus, et clariora erunt verba philosophi.

59 Omnia autem, quae a principio sunt dicta, ad sex reducuntur problemata; quorum unum et primum est de animabus plantarum; secundum[1] autem[2] de viribus animae plantae, quae exercentur per corpus, sicut desiderare sentire nutrire et hujusmodi, quae quidam plantis attribuerunt[3]; tertium est de eo, quod a corpore incipit[4] et terminatur ad animam[σ]) sicut somnus et vigilia, quae quidam plantis[5] attribuerunt; quartum est de sexu; quintum[6] de perfectione plantae, quam quidam[7] majorem plantae quam animali attribuere volebant; sextum est, quod antiqui primum ponebant de modo[8] vitae plantarum.

60 Multi vero antiquorum dubitabant, an planta haberet animam. Sed hoc citius determinatur per ea, quae in scientia de anima[τ]) dicta sunt; quoniam ibi dictum est, quod omnis forma, quae[1]) multa per se operatur, sive in[2] illis utatur corpore sive

σ) *Conf.* De sensu et sensato tract. I cap. 1. τ) Lib. II tract. I cap. 1, 2, 3.

§. 58: 1 *Om. Z*; *quare J* decl. animam pl. secundum sent. perip. 2 istius *L.* 3 *Om. Z*; *quare J* ex nostro. 4 -xerit *L*: -xere *A B Edd.* 5 *Om. Edd.* 6 *Om. A* et mel.

§. 59: 1 *Abhinc incipit codex O qui paucis tantum locis exempli gratia adductus est.* 2 vero est *L.* 3 attribuunt *Edd.* 4 incipit *L J et V expuncta litera* a; incipiat *Reliq.* 5 *Om. L.* 6 et quint. est *L.* 7 quidem *A*; — majores *Z.* 8 materie *C.*

§. 60: 1 *Om. A*; que per se multa *L.* 2 et *Z.*

non, est[3] anima, et in hoc differt a natura, sicut determinatum[4] est in principio secundi nostrorum physicorum$^{\upsilon}$). Adhuc autem omne, quod per se ipsum movet aliquo motu corpus, in quo est, anima est. Principium autem, quod plantis inest, per se ipsum movet corpus nutriendo et augendo et generando: oportet igitur, illud principium esse animam. Amplius autem omne principium formale, utens corpore diversificato in organis, est anima. Principium autem formale plantarum tali utitur corpore; propter quod in ipso sunt radices — ori similes — et stipites et rami et cetera organa, diversa officia habentia: ergo principium illud est anima, et non forma naturalis tantum.

Hoc autem sic supposito, videamus, quali anima vegetatur 61
planta. Quod[1] enim Democritus et Anaxagoras dixerunt[2] plantas intellectualem[3] animam habere, sed opprimi pondere materiae[4], ne ad actum procedat, omnino est absurdum, cum sciamus jam ex his, quae tradita sunt in libro de anima$^{\varphi}$), quod intellectus non utitur nec alligatur corpore vel corporis organo; et ideo nec opprimi posse[5] intellectum a corpore. Amplius autem determinatum est saepius$^{\chi}$), quod vegetativum a sensibili et intellectuali[6] separatur loco et subjecto, et non e converso; si autem separatur in aliquo, non videtur[7] separari nisi in plantis. Et ideo constat, plantam non habere intellectualem animam vel sensibilem.

Qualis autem sit quaedam vegetabilis anima plantarum, ex 62
hoc constat, quod non invenimus, hanc animam vitae actum aliquem operari[1] in corpore plantae, nisi tantum operationem[2] nutritionis et augmenti et generationis. Ergo erit[3] anima plantae entelechia[4] et perfectio corporis plantae, talia opera vitae in ipsa principians et terminans[5]. Quae quidem anima non anima vel

υ) Trat. I cap. 2 et seqq. φ) Lib. III tract. II cap. 14. χ) *Conf.* De anima lib. II tract. II cap. 4.

§. 60: 3 Sic est *A.* 4 dictum *L.*

§ 61: 1 Licet *A.* 2 dixere *Edd.* 3 *L*; intelligibilem *Reliq.*, *conf. indicem.* 4 videtur *Edd.* 5 potest *J*; intellectus *Edd.* 6 intelligibili *A.* 7 videretur *V Edd.*; videntur *A*; — separatum *L.*

§. 62: 1 comparari *Z*; comparare *J.* 2 -tiones *Edd.* 3 erat *Edd.*; Erit ergo *L.* 4 enthelechia *Alb. C*; enthelichia *L*; endelechia *Reliq.* 5 *L*; causans *Reliq.*

pars animae dicitur[6], sed potius pars partis animae; ideo[7] quia
anima nobilis tres habet operationes, animalem scilicet[8], intel-
63 lectualem et divinam. Intellectualem autem operationem animae
planta nullam omnino habet, ut jam dictum est; divina autem
operatio[1], ut alibi ψ) diximus, consistit in formando formas, ad
quas induendas obedit materia, quae animae subjicitur. Et for-
mas quidem verissimas, quae separatae sunt, facit intellectualis
anima; et post illam[2] perfectior est in formando sensibilis, quae
ad formas imaginatas et aestimatas[3] totum commovet corpus;
sed[4] vegetabilis non format aliquid, nisi per generationem in
parte suae[5] materiae, per decisionem ab eodem corpore sepa-
ratae. Et hoc facit per modum naturae potius, quam per inten-
tionem formae alicujus. Non enim planta ad generandum mo-
vetur intentione formae, sed naturae; et hoc exigit calidum lo-
64 cum[6] et tempus, quando[7] movetur ad generandum. Animalem
autem habet operationem in corporis[1] vita, in qua imprimit in
naturam, cujus qualitates et vires corporeas facit subministrare
ut instrumenta. Et hoc quidem perfecte per spiritus animales
faciunt intellectualis et sensibilis; sed vegetabilis per se sola vix
apparet in opere[2], et quasi vincitur corpore, ut sequatur opus
instrumenti ω). Et ideo[3] calidum suum et humidum parum ha-
bent de specie animae moventis. Et ideo multum sunt similes
vires plantarum viribus elementorum, praecipue autem[4] terrae;
propter quod figurae plantarum multarum parum differunt, et
partes plantarum ab invicem differunt parum. Et[5] in hoc anima
plantae aliquo modo accedit ad similitudinem formae corporeae
naturalis, quae non perficit materiam, nisi homogeneam totam
reddat eam[6], sive sit forma simplicis, sicut est forma elemento-
rum, sive sit forma commixti, sicut lapidum[7] et metallorum. Et

ψ) De motib. animal. lib. I tract. I cap. 2. *Conf. etiam* Physic. lib. VIII trat. I cap. 13, 15. ω) *i. e.* corporis, quod est animae instrumentum.

§. 62: 6 *L V*; *om. Reliq.*, *quare A B scripserunt* non est. 7 et ideo *L.* 8 *om. V.*

§. 63: 1 Divinam — operationem, —, cons. formas informando *Z*; in form. inform. *J.* 2 illa *Z*; — informando *Edd.* 3 exterminatas *A*; extimatas *C V*; *conf. indicem.* 4 si — formet *Edd.* 5 que *L*; — derisionem *Z*; desision. *L.* 6 et locum *Edd.* 7 quoniam *Edd.*; quo *A.*

§. 64: 1 corporibus *J.* 2 operatione *A.* 3 *Om. V.* 4 *Om L.* 5 *Addunt* ideo *B J*, non *Z*; *om. A* Et in hoc *scribens* Anima autem. 6 causa *Edd.*; *om. C* totam. 7 *C L V*; lapidis *Reliq.*

hoc fit ideo, quia minime separata est inter omnes formas, quae non sunt sequelae harmoniae commixtionis corporum. Si enim esset separata per gradus separationis, tunc esset vicinior primae causae; et quo esset vicinior illi, eo[8] esset multiplicior in virtutibus nobilibus[α]): et tunc oporteret, quod in corpore, cujus ipsa est perfectio, esset multiplicitas figurarum in toto et in partibus; quibus figuris virtutes suae perficerent[9] officia et actus proprios, sicut visus in oculo, et auditiva virtus in aure, et ambulativa in pedibus, et sic de aliis. Nunc autem longe distare[β]) 65
a principio universitatis facit eam in viribus deficere, et ideo corpus, quod movet, magis[1] homogeneum esse. Et ideo ubique est planta aequaliter mollis, vel aequaliter dura, et una planta in dipositione radicum et ramorum aequalis figurae cum[2] multis, sicut sunt piri[3] ad invicem et mali[4] ad invicem, cum tamen non sint ejusdem speciei, sicut patet[5] ex fructuum diversitate. Hinc est etiam, quod non habet hepar et venas et nervos, nec aliquid talibus membris simile. Nutrimentum enim digestum in uno membro parum differt a similitudine ad omnia membra. Et ideo non[6] oportet novas figuras praeparare in membris, in quibus fiant decoctiones[7] speciales. Hujus autem signum est, quod[8] ubique in toto corpore generat planta ex semine[γ]), quod assimilandum est cuicunque[9] parti; cum tamen[10] animalia facere hoc non possint, nisi per vasa seminaria virtus[11] formativa conferatur semini, quod a corporibus animalium descinditur[12].

Haec autem, quae hic dicuntur, conjungenda sunt his, quae 66
de anima vegetabili in libris de anima[δ]) et de nutrimento[ε]) dicta

α) Physic. lib. VIII tract. I cap. 15. β) distare — facit eam — deficere, et — esse *i. e.* quia distat — desunt ei vires, quare corpus, quod ab anima vegetabili movetur vel generatur, magis homog. est. γ) *i. e.* plantae in quacunque parte seminiferae procreant in seminem materias omnes, quae cuicunque parti corporis vegetabilis sunt necessariae. δ) Lib. II tract. II. ε) De nutrimento et nutribili tract. I cap. 2.

§. 64: 8 *Om. A.* 9 profic. *Z*; — actus suos propr. *L perperam scripsit.*

§. 65: 1 *A addit* oportet. 2 est in *AB*, in *Reliq.*, *quod emendandum credidi.* 3 pici *J.* 4 nulli *J.* 5 deprehenditur *L.* 6 *Om. Edd.* 7 *LV*; additiones *Reliq.* 8 quia *L.* 9 cuique *CV.* 10 *Om. B*; hec *addunt ABCEdd. omittentes dein* hoc. 11 *Om. Edd.* 12 decinditur *ACV*; deciditur *Edd.*

sunt, et quibusdam, quae in libro de intelligibilibus[ζ]) dicta sunt. Tunc enim[1]) scietur perfecte, quod sciendum est de anima vegetabilium, quae principium[2] est, quo cognoscuntur plantae; sicut res omnis rationem et[3] cognitionem habet ex principio suo formali, quod dat ei esse et rationem.

Capitulum X.

Et est digressio, declarans modum et rationem virium animae plantarum[1].

67 De viribus autem animae istius, planum est determinare. Quod enim Plato dixit[2] desiderium inesse plantis et appetitum, et alii quidam sensum, planum est intelligere, si quis inspiciat rationes eorum. Ipsi enim, sicut testatur Isaac[η]), duplex[3] distinxerunt desiderium et duplicem sensum, unum quidem, quod est cum apprehensione desiderati et sensibilis; et aliud, quod est sine apprehensione omni. Et ideo quando sensum attribuerunt plantae, non dederunt ei sensum et desiderium cum apprehensione sensibilis et desiderati, sed sine his. Et ideo non dederunt[4] plantis sensum, quo utuntur animalia[5] perfecta, qui est per medium extrinsecum; sed tantum illum, quo utuntur animalia imperfecta, qui est per medium intrinsecum, sicut tactus et gustus, secundum quod est quidam tactus. Et ideo dixerunt radices ori similes, et plantam esse conversum animal, eo quod superius plantae deorsum est animalis, et econverso, sicut in libro de
68 anima[ϑ]) dictum est. Cum autem sensus tactus et gustus dupliciter animalibus insint; uno modo quidem animaliter, et alio[1] naturaliter, dixerunt, hos naturaliter et non animaliter inesse

ζ) De intellectu et intelligibili tract. I cap. 5 et alibi. η) *Conf. Praelibandorum particulam V.* ϑ) Lib. II tract. I cap. 3.

§. 66: 1 que *C*; *om L.*; — sciret *B C Z.* 2 primum *Edd.* 3 *Expunxit A* rat. et.
§. 67: 1 *V*; *om. Reliq.* 2 dicit *V*; des. in. dixit *Edd.* 3 *Om. C*; dupl. dixerunt dixere *Z*; dupl. dixere *J.* 4 -rant *C.* 5 alia *L.*
§. 68: 1 modo *addit L*; — materialiter vel nat. *V*; *om. B* hos.

plantis. Animaliter autem inesse dicunt sensum, quando inest secundum solum animae actum vel passionem; et hoc est judicium sensibilium et apprehensio[2], quam sola facit anima, quando[3] recipit formam sigilli immaterialiter omnino, sicut cera figuram sigilli, nihil omnino recipiens de auro vel alia[4] sigilli materia. Naturaliter autem inesse sensus dixerunt, quando sensibilia insunt per actiones qualitatum materiae et per esse materiale, quod habent in materia extra, sicut calidum inest calefacto, et dulce ei, quod infunditur dulci substantiae[5], et sic de aliis; quia per talem naturam agentis et patientis constituitur sensibile in esse[6] materiali et naturali. Nec[7] fuit alia ratio eorum, quare hos sensus duos naturaliter inesse plantis dicerent[8], nisi quia per tales modos[9] agentium naturalium et patientium qualitates[10] talium sensuum efficiuntur in plantis, quando aluntur et nutriuntur.

Si autem aliquis[1] objiciat, quod per eandem rationem etiam 69
inanimatis rebus[2] hi sensus inesse debeant, quia[3] per taliter agentia et patientia naturaliter efficiuntur calidae et frigidae et[4] dulces et amarae: respondent ad hoc philosophi, quod hoc[5] in nullo est simile, quia[6] agens et patiens in tangibilibus et gustabilibus in his, quae animata[7] sunt, est anima, quae nec[8] corpus est, nec forma quae sit mixtura corporum vel sequela mixtionis alicujus. Et illa est in eis primum agens, cujus agentis forma informat omnes qualitates activas corporeas, sicut ars informat instrumentum artificis. Et ideo, licet non agant animaliter sed corporaliter, agunt tamen informata ab anima. In animalibus 70
autem, in quibus magis separata est anima, agit multa animaliter sine qualitatibus activis et passivis. Et hoc patet ex hoc — quod non denominatur ab eis — quod[1] imaginatio neque est calida, neque est dulcis; et similiter est de phantasia et memoria et de sensu, secundum quod judicium est sensibilium. Sic autem non est in plantis, quia digestio est calida, et indigestio est[2] frigida, et sic

§. 68: 2 compreh. *C.* 3 ipsa *L*; — *om. V* sigilli. 4 *L*; *om. Reliq.* 5 -tia *Codd. omn.* 6 inesse *L.* 7 Nature *C.* 8 dixerunt *L*; modo *C pro* nisi, *quod om. Edd.* 9 modo *B Edd.*; naturas *A.* 10 -tatis .. efficiunt *L.*

§. 69: 1 quis autem *L.* 2 *Om. Edd.* 3 quod *B*; — per talia *V.* 4 *Om Edd.* 5 *L*; *om. Reliq.* 6 quod *Edd.*; — *om. A* et gust. 7 inanim. *A B C Z.* 8 nature *C.*

§. 70: 1 quia *A L V*; — neq. cal. est neq. dulcis *L.* 2 *Om. L.*

de aliis; nec[3] est invenire aliquem actum vel passionem plantae, quae non fiat his instrumentis corporeis et hoc modo, ut dictum
71 est de nominatis[4]. Sicut autem diximus de actione, ita dicimus[1] etiam de passione, quia in animalibus[2] ultimum[3] sensibilia abstracta recipiens est anima et non organum corporis; et ideo judicium totum est animale et non corporale. Sed in vegetabilibus ultimum suscipiens est corpus animatum, et nunquam anima sola. Haec igitur[4] est causa, quod hos sensus naturaliter acceptos plantis attribuerunt[5], non autem rebus inanimatis, quia in eis nulla est forma animae, primo informans agentia, aut secundum cujus[6] naturam corpus ipsum suscipiat sensibilium passiones; sed
72 suscipiunt eas ut corpora[7] tantum, ut diximus. Similiter autem dixerunt[1] de desiderio. Non intellexerunt de desiderio[1]), quod est sequela sensus communis, nec[2] etiam de desiderio vel appetitu animae materiae naturalis primae, sed de desiderio, quod est medium inter haec[3]; quod scilicet est sine[4] apprehensione desiderati, et tamen cum aliquo appetitu animae, qui tamen a corpore non separatim agit vel patitur. Grossiores autem, dixerunt, plantas animas habere apprehensivas, sed non apprehendere, quia[5] a mole corporis impediuntur. Sed hoc superius est improbatum[6]. Antedictam autem opinionem multi valde in philosophia excellentes defenderunt, et rationes inductas superius[7] contra eos ex dictis solvere non est difficile, eo quod[8] fere omnes peccant secundum sophisma aequivocationis in nomine sensus et appetitus.

73 Aristoteles autem negat plantas habere sensum et desiderium subtili multum ratione. Et est: quoniam licet concedamus[1] cum Platone omnia agentia et patientia in plantis informata esse secundum animae rationem, et non naturae[2] corporeae

[1]) *i. e.* non locuti sunt de eo desiderio, quod — nec de eo *etc.*

§. 70: 3 et non *Edd.* 4 denominativis *Edd.*; denominatis *L V.*
§. 71: 1 dixim. *V.* 2 animabus *B L Edd.* 3 *V Edd.*; ml'cin'iū *B*; m[lum] *L*; *om. C*; multum insensib. *A.* 4 autem *A.* 5 -buunt *L.* 6 *L*; ut sec. cuj. *C V*; ut sec. ejus *Reliq.* 7 corpus *L.*
§. 72: 1 *Om. Edd.*; *om. C et hic et sequenti loco* de; non dixer. *A qui om.* Non intellex. de des. 2 *E conject.*, aut *Codd. et Edd.*; — *om. L* de; *om. Edd.* de desiderio .... de; animae *L solus offert*; virtutis *pro* materiae *A.* 3 hoc *Edd.* 4 *Om. L.* 5 eo quod *L.* 6 p̄p̄batū *B.* 7 *L*; *om. V*; supra *Reliq.* 8 quia *V.*
§. 73: 1 Et est, licet accedamus, *A.* 2 *L*; materie *Reliq*; ut *pro* non *Edd.*

alicujus; tamen subtiliter formam istam considerantes, invenimus, hanc non esse formam desiderii vel sensus, sed alterius principii. Sensus enim, secundum suum nomen, animalem quandam[3] dicit esse sensibilium perceptionem, et non naturalem solum. Similiter autem desiderium dicit appetitum excitatum ex delectabili nuntiato. Et neutrum horum convenit plantis, et ideo 74
neque sensus, neque desiderium insunt eis. Sed vires plantarum sunt nutritiva et augmentativa[1] et generativa, quam materialiter[2] participant propter causam quam alibi diximus. Et una istarum subservit alteri, cum tamen omnes insint materialiter, et non habeant de ratione formae, nisi quandam informationem. Cum enim intellectus sit[3] separatus actus sui, non habet instrumentum corporis[4] omnino. Anima autem sensibilis, cum sit minus separata, accipit in instrumento, sed judicat in seipsa de conceptis. Vegetabilis autem neutrum horum facit, sed tantum secundum posse ipsius agunt agentia[5] instrumenta ipsius, et secundum posse et congruentiam ipsius[6] patiuntur ea, quae patiuntur in vegetabilibus, sicut superius[7] diximus.

Istae igitur sunt sententiae philosophorum de viribus vegetabilis[8] animae, quae est in plantis secundum duas philosophias Platonis et Aristotelis.

Capitulum XI.

Et est digressio declarans,

an plantis conveniat somnus vel non, et quae fuerit intentio philosophorum, somnum convenire plantis affirmantium vel negantium[1].

Somnum autem et vigiliam nonnulli philosophorum[2] plantis 75
attribuerunt, quorum dictum etiam confirmavit Socrates et post

§. 73: 3 quendam *V*; — *om. L* esse.

§. 74: 1 *L*; augmentiva *Reliq.* 2 *L*; multipliciter *Reliq.* 3 Cum enim intersit *Edd.*; qui *pro* sui *A.* 4 *L*; corpus *Reliq.*; *conf. indicem.* 5 ipsius agentis agunt *A.* 6 *Om. A.* 7 *L*; supra *Reliq.* 8 de vegetabilibus *Edd.*, *om.* viribus.

§. 75: 1 *Om. L.* declarans; — quod *pro* an *C*; — fuit *V Edd.*; — rationem convenire *A C*; rat. in plantis affirmativum vel negativum *Z.* 2 *L*; -sophi *Reliq.*; — attribuunt ... confirmat *L.*

eum[3] Plato, utentes pluribus signis. Cum enim[4] constet, frigiditate descendente ad exteriora organa somnum fieri, et vigiliam, cum haec[5] frigiditas defecerit, videntur quaedam somno et vigiliae esse essentialia[6], quaedam autem accidentalia. Quod enim frigiditate claudantur exteriora corporis, solum est somno essentiale. Quod[7] autem illa frigiditas descendat a capite vel ab alio loco, vel etiam aliunde causetur, somno[8] accidentale esse in quibusdam animalibus, dixerunt multi philosophorum. Si enim, ut inquiunt, essentiale esset somno, quod a capite frigiditas illa descendat, non dormirent unquam animalia capita non habentia. Constat igitur, hoc non esse substantiale somno. Tempus etiam somni, ut inquiunt, non est eodem modo determinatum animalibus, quoniam quaedam per sex menses, quaedam[9] per quatuor, quaedam autem[10] per tres, quaedam per[11] duos, vel unum et
76 semis mensem dormiunt animalia. Videntes igitur, plantas in hieme frigiditate constringi[1] exterius, et humorem et calorem subtrahi ab exterioribus ad interiora, dixerunt, eas somno gravari. Aliquas etiam in nocte videntes contrahere flores, et de die aperire, somno easdem in nocte deprimi, et de die excitari[2] tradiderunt, addentes his signis rationem per similitudinem. Dicunt enim, quod omne, quod cibatur, cibo distributo per omnes partes proportionaliter, aliquando intrahit[3] calorem et spiritum ad[4] locum, unde hauritur cibus distributus, et aliquando emittit calorem et spiritum in membra et partes[5], quibus cibus distribuitur. Planta autem praedicto modo cibatur: oportet igitur, quod dicto modo calorem et spiritum intrahat et emittat. Talis autem intractus caloris et spiritus et emissio eorundem causant somnum et vigiliam, sicut patet per dicta[6] in primo de somno et vigilia*). Hac igitur ratione et signis inductis, plantis somnum
77 et vigiliam inesse dixerunt. Si autem quis instet et dicat, plantam uno modo semper trahere cibum; quod autem uno modo et

*) Lib. I tract. II cap. 9.

§. 75: 3 postea *A.* 4 igitur *L*; — constat *B.* 5 ista *L.* 6 essentiale *L.* 7 Quia *Z*; — descendit *L Edd.* 8 *Om. Edd.*; — *om. L* esse; et *pro* in *A.* 9 autem *addunt A B Edd.* 10 *Om. L*; autem quod. sunt *C.* 11 *L*; tres vel duos *Reliq.*; — et semi mensem *Edd.*; vel semi m. *A.*

§. 76: 1 et *addit A.* 2 excitare *B C Edd.*; — adjungentes *pro* addentes *L.* 3 retrah., *dein bis* vi trah. *Edd.*; retrah. *ubique B.* 4 in *L.* 5 parte *Z.* 6 per ea quae dicta sunt *L.*

aequalibus viribus trahit cibum, non dormit et vigilat, sed aut[1] semper dormit, aut semper vigilat, aut neutrum horum participat: solvunt hoc per interemptionem, dicentes, plantam non uno modo cibari die ac[2] nocte, et hieme et aestate. Plantae enim vegetantur in calido tempore in[3] umbra noctis, et languescunt ad solis fervorem, eo quod tunc calore et humore per evaporationem destituuntur[4]. In hieme etiam, quando constringuntur plantae exterius, intus inveniuntur succosae valde magis, quam in aestate. Ex quo, ut dicunt, ostenditur, eas non uno modo cibari[5], sed tempore somni plus et tempore vigiliae minus. Haec igitur et hujusmodi Socratici quidam in confortationem[6] suae opinionis adducunt.

Contra haec[1] autem subtiliter multum quidam Peripatetico- 78
rum objecerunt[2]. Cum enim duplex sit frigiditas, stupefaciens scilicet sive mortificans, et illa, quae vocatur frigiditas complexionalis, quae quidem simpliciter[3] membra continet, ne aliquid effluat ex ipsis: illa duarum frigiditatum, quae est stupefaciens[4] et mortificans non facit somnum in animalibus; sed potius, tangens membra eorum extrinsecus, paralyticat ea et stupefacit, et non inducit aliquem somnum, sed potius excitat somnum, si animal dormiens
sit. Sed frigiditas interior[1] complexionalis, quae est in membris 79
et[2] membrorum partibus — commixtis ex inferioribus elementis — terra scilicet et aqua — claudit membra et comprimit, et hoc modo facit somnum; et ideo somnus naturalis quies[3] et salvans, quod non esset, si esset ab exteriori frigiditate. Et hic[4] reducitur in actum ex sola subtractione spiritus et caloris, cum ad interiora revocantur; sicut omne[5] illud, quod per naturam est frigidum, subtracto sibi[6] calore, qui influit super ipsum alimen-
tum[7], ad naturalem redit frigiditatem. Hoc autem et isti pro- 80
bant signis et syllogismo. Et signa quidem in hominibus[1] sumpta sunt: quod tempore somni cooperiunt se homines, ita quod fri-

§. 77: 1 si autem dormit, aut *A.* 2 et *L.* 3 et in *A.* 4 descendunt destit. *L.* 5 *Om. L.* 6 -tione *Edd.*

§. 78: 1 *CL*; hoc *Reliq.*, in *V locus a verme perrosus est.* 2 abjec. *C.* 3 simplex *Edd.* 4 *L*; -factiva *Reliq.*

§. 79: 1 -riorum *A.* 2 et in *V.* 3 *L*; est quietus *A*; qui est *Reliq.* 4 hec *CV*: hoc *Reliq.* 5 esse *V.* 6 igitur *L.* 7 aliunde *L*; *om. Edd.* ad nat.; *unde J scripsit* redit ad; — recedit *A.*

§. 80: 1 omnibus *L.*

gus exterius non potest agere in eos; adhuc autem: quoniam labor et vinum et motus et quaedam[2] alia calida somnifera sunt per hoc quod sunt colliquativa vel evaporativa. Et per colliquativa[3] quidem evaporans desiccatur[4] spiritus, et marcescit et languescit[5] calor, ita quod[6] oportet eum ad principium recurrere[6] propter restaurationem sui et spiritus. Evaporantia[7] autem oppilant meatum sensuum et spiritus, et tunc complexionale incipit dominari frigidum. Syllogismus autem, per quem probant, est[8]: quod nihil omnino participat somno[9], quod nunquam quiescere[10] indiget; sed vegetativum solum[11] nunquam quiescere[10] indiget: igitur, ut inquiunt[12], vegetativum solum nunquam dormit. Quod autem vegetativum nunquam quiete indigeat, satis probatum est in libro de somno et vigilia[λ]).

81 Et istae rationes absque dubio praevalent illis, quas Socratici induxerunt[1]; et ideo pro certo relinquitur, plantas nullo modo[2] somno participare, neque vigilia, praecipue propter hoc: quod probatum[3] est, has passiones esse sensus; sensus autem aut[4] non inest plantis omnino, aut aequivoce inest plantis et animalibus. Et quod[5] dicunt, frigiditate plantam comprimi, sive hoc sit frigus noctis, sive frigus[6] hiemis, pro certo nihil confert ad propositum, quia[7] exterior frigiditas magis excitat et[8] magis excitabilem facit somnum, quam sit somnifera, sicut bene probatum est. Omnis tamen frigiditas comprimit et continet[9] sed illa, quae est exterior, cum hoc etiam stupefacit et mortificat, quando vincit[10]. Et quia[11] frigiditas comprimit, ideo contrahuntur flores in nocte, et de die, laxante et extendente calore[12] partes exteriores et subtiliante humorem et tumefaciente eundem, extenduntur flores
82 et dilatantur. Quod autem non eodem modo plantam cibari dicunt, hoc non provenit ex diversitate somni et vigiliae, sed po-

λ) Lib. I tract. I cap. 3.

§. 80: 2 quidam *C.* 3 colloquat. *C, et L qui om. priora* coll. .. Et per. 4 destituitur *L*; desiccat *C.* 5 emar. *et* elang. *Edd.* 6/6 *Om. L.* 7 *LV*; Vap. *Reliq.* 8 probatum est *B C Edd.* 9 sompnum *A*; *om. Z, unde J pro* omnino *scripsit* somno. 10/10 *priore loco L solus* quiescere, *secundo B solus* quiete *legunt.* 11 *L*; *om. Reliq.*; *quare J non sine causa delevit insequens* solum. 12 ut in quantum *L.*

§. 81: 1 induxere *Z*; dixerunt *L.* 2 *Om. A.* 3 improbatum *L*; hee *pro* has *B C Z.* 4 *Om. A.* 5 quidam *Z*; quod quidam *J.* 6 *Om. V Edd.* 7 quod *B Edd.* 8 *L*; *om. Reliq.* mag. exc. et. 9 contrahit *A.* 10 vivit *Edd.* 11 quando *L.* 12 colore *C.*

tius ex diversitate succi[1] magis et minus similis et[2] decocti, super quem[3] aliquando assimilandum et digerendum calor adunatur magis, et aliquando illum[4] movet in partes plantae[5], quae cibantur. Et quia umbra[6] continet et adunat calorem, et fervor solis evocat eum et facit evaporare, et similiter humorem: ideo aliquando magis vegetantur in umbra quam in sole, praecipue quando[7] recentes et non multum humidae, sed calidae[8] sunt plantae; sicut, plantae aromaticae recentes. Et ideo cum tales plantulae sunt tenellae recentes[9], expedit, ut veste vel alio quodam[10] protegantur a fervore solis, et si hoc non fiat[11], arescent. Cum enim sint[12] aromaticae, sunt calidae et habent humidum valde evaporativum, quod faciliter extrahitur calore solis. Fit[13] autem hoc idem etiam in aliis plantis tenellis secundum plus[14] et minus. In vitibus tamen, quae jam convaluerunt, et in aliis 83
humidis plantis, in quibus superabundat humor, non fit sic; sed potius in maximo solis fervore et reflexione radiornm, quae fit ad montes et ad cornua et clivos montium, virescunt et vegetantur magis, quoniam[1] superabundantiam humoris evocando[2] calor solis terminat et digerit et convertit[3] in nutrimentum, et sic planta majorem accipit vegetationem.

Capitulum XII.

Et est digressio, declarans
dicta antiquorum de sexu plantarum.

Differentia autem[1] sexus plantis attributa est ab antiquis[2] 84
sapientibus, sicut patet per ante dicta. Et consideratur diffe-

§. 82: 1 sicci *CLVEdd.* 2 *Om. L.* 3 supra *V*; — quod *L.* 4 illum (*scl. succum*) *legere non dubitavi M.*; illud *Codd.*; illud quod *Edd.* 5 *Om. V*; super pl. part. *L.* 6 multa *C.* 7 autem *L.* 8 humidum sed calidum *CEdd.* 9 Et ...... recentes *L et in marg. V*; *om. Reliq.* 10 aliquo alio *L*; alio qued. *C.* 11 hec . fiant *C*; ut hec . fiant *Edd.*; *om. B* non. 12 *A*; sunt *Edd.*; sicut *Reliq.*; — calidum *CEdd.*; *om. L* enim .... extrahitur. 13 sit *CEdd.* 14 magis *L.*

§. 83: 1 *V* ; que *L*; quam *Reliq.* 2 vocando *Edd.*; fervor *pro* calor *L.* 3 avert. *C.*

§. 84: 1 etiam *L.* 2 antiquitis sap. sic. per antecedentia *C.*

rentia in quibusdam plantis, sicut in pyonia masculina et feminina[μ]), quoniam pyonia masculina habet folia multo strictiora, et grana seminis sunt minora satis quam in[3] feminina, valetque masculina masculis et feminina feminis. Similiter autem[4] est in oliva masculo et oliva femina et[5] omnibus aliis plantis; in una specie invenitur multoties proprietas masculi in strictura foliorum et parvitate seminum, et in alia proprietas feminae in latitudine foliorum et quantitate[6] et in digestione fructuum.

85 Addunt autem isti, quod membra genitalia feminae et masculi in animalibus per[1] accidens attribuuntur sexui, quod accidens[2] esse dicunt, non habere semen in se ipso; et si in se ipso[3] — ut planta — haberent[4], non coirent ad seminis receptionem, nec natura eis talia membra genitalia praeparasset. Hi autem dicti sui talem inducunt rationem, dicentes — quod et verum est — quod omne, quod generatur, habet agens proprium, quod generat ipsum. Hoc autem in his[5], quae inanimata sunt, est extrinsecum propter duas causas. Quarum una est, quia inanimatum generans generat super materiam alienam a se, suam[6] formam inducendo; sicut ignis generat in aëris materiam ignis formam[7] inducendo. Alia est causa istius: quia, cum nihil generetur nisi ex potentia, et inanimatorum partes sint[8] homogeneae; omnes sunt[9] in actu formae substantialis, et sic ex nulla earum potest fieri generatio, et ideo oportet, quod potentia — in qua est forma generantis potentiâ, et[10] non actu — sit extra ipsas substantias generantium. In his[11] autem, quae sunt animata, multa sunt, quae non nisi potentia habent formas animatorum, sicut semen, et hujusmodi: et ex illis generantur eis similia in specie.

86 In utrisque autem verum[1] est, quod omne generatum habet agens proprium. Adhuc autem[2] agens non idem est in sub-

μ) *Sunt: Paeonia corallina Retz. et P. officinalis Willd.*

§. 84: 3 *Om. Edd.*; pyonia *addit L*; — femina *V*. 4 *Om. L V Edd.* 5 et in *L*. 6 *Om. L* et quant.

§. 85: 1 masculi an. et per *Edd.* 2 sexui, accidens autem hoc *L*. 3 *Om. C* et ... ipso. 4 haberet *L*; coiret ..... ei *C L V Edd.* 5 ipsis *C*. 6 *Om. A*. 7 materia formam ign. *L*; — causa causa *L*. 8 *V*; sunt *L*; sicut *Reliq.*; — *om. Z* partes, *om. J* sint. 9 *C L V*; sint *Reliq.* 10 *L V*; *om Reliq.* 11 *Om. B.*

§. 86: 1 unum *Edd.* 2 *Om. L.*

stantia cum[3] patiente, quia aliter idem ageret et pateretur, et idem esset actu et potentia, et idem esset et non esset. Generans[4] enim est; et generabile, secundum quod generabile est[5], non est, sed erit. Oportet igitur, generans active et generans[6] passive esse distincta et separata per substantiam. Generans autem active et generans passive sunt in eadem forma et specie; quod ideo est[7], quia passivum non habet speciem, nisi agentis.
In plantis[1] igitur erit generans activum et generans passivum 87
in una specie, distincta per substantias. Generans autem activum est masculinum in his, quae de substantia propria generant, et generans passivum est femininum in eisdem. Cum igitur ex substantia propria generet[2] planta, oportet, quod habeat sexuum separationem[3] et distinctionem. Et haec fuit ratio, quae maxime movit Platonem ad dicendum, quod sexus esset in plantis.

Aristoteles autem tradidit, masculinum[1] et femininum esse 88
inseparabilia[2] accidentia et propria animalium, et non plantarum; et haec plantis non convenire, propter plantarum imperfectionem videlicet; animalibus plurimis autem[3] convenire dicit sexum, propter perfectionem. Quam rationem supra [ν]) in[4] sententia Aristotelis tetigimus secundum expositiones communes quorundam[5], ubi videtur Aristoteles dicere, quod animal[6] habet perfectiores[7] operationes et scientias[8] quam planta. Quae verba non provenerunt[9], nisi ex imperitia transferentium. Aristoteles enim in libro de animalibus [ξ]) suam de hoc explanat intentionem, dicens, quod distinctus masculinus[10] a feminino sexus non

ν) §. 50. ξ) Arist. de gener. anim. lib. I cap. ult.; *unde et Nicolaus haec sua depromsisse videtur.*

§. 86: 3 omni *BCZ*; — ageretur *C.* 4 generari *L.* 5 *L*; *om. Reliq. om. Z* non; — sed erat *CVEdd.*; et erat *J.* 6 *Om. Z* act. et gen.; *om. J* gen. 7 passive quod est *omissis intermediis L.*

§. 87: 1 planta *L*; — erat *VEdd.* 2 *CLV*; generetur *Reliq.* 3 operat. *V e correct.*; — *om. C* et dist.

§. 88: 1 tradit masculum *Edd.* 2 inparabilia (!) *L.* 3 imperf. set animalibus. In animalibus *A*; imperf. vel animalibus. Plantis autem *BCZ*, et *V nisi quod legit* plantas, *e correct. autem scripserunt*; anim. autem *CJ*; sed anim. *V.* *Om. L.* videlicet .... perfect. *Conjecturam Meyeri, de qua ipse postea dubitavit, retinui.* 4 *Om. L.* 5 quar. *L.* 6 anima *Edd.* 7 *LV*; exteriores *Reliq. A addit* op. plures. 8 sententias *et Codd. et Edd.*, at conf. §. 90 not. 2. 9 *CLV*; proveniunt *Reliq.*; perveniunt *J.* 10 masculus *Edd.*; et *pro* a *L.*

exigitur, nisi propter animam sensibilem; et si esset anima generati tantum[11] vegetabilis, non exigeretur sexus distinctus. Cujus dicti causa haec est, quod[13] anima sensibilis magis format et distinguit quam vegetabilis; — quod ostendit diversitas figurarum animalium tam in toto corpore, qua[14] unum animal unius speciei differt ab alio alterius speciei; quam etiam in partibus, qua figurâ unum ejusdem animalis membrum differt ab alio membro animalis ejusdem —; et haec[15] est magis separata anima,
89 quam sit[16] vegetabilis, sicut in antehabitis probatum est. Propter quod subtiliter valde[1] ratiocinatus est Aristoteles[o]), quod anima sensibilis, quae potentia habituali est in semine, non potest esse in semine, quod est ut passivum tantum, sicut est semen feminae; et ideo dicit, quod ovum venti non vivit, nisi vitae[2] plantae potentia, et non vita[3] animalis; vocans ovum venti, quod[4] non habet semen galli conjunctum sibi. Exigitur igitur ad hoc[π]) generans magis perfectum et magis formatum, quod de sua[5] substantia generat: et hoc est masculinum, in cujus semine glandulositas[6] major existit, et major spiritus in viscositate ejus continetur; et ideo etiam, quod producitur ex ipso in actum, magis est formale et magis determinatum et plus sepa-
90 ratum. Haec igitur est ratio Aristotelis, quare plantis non conveniat masculinum et femininum[1], sed animalibus solum[2] propter perfectionem animalis. — Et si scientias[3] illi[4] attribuit, quod tamen ego opinor dictum esse ex ignorantia interpretis, tunc scientia sumitur metaphorice, quoniam — sicut scientia est veritas elicita ex pluribus hinc inde prolatis[5] ad utramque partem contradictionis, ita — sensibile ad scientiam eductum est de materiae indeterminatione[6] ad formam, quae imitatur coelestem no-

o) De gener. animal. II, 5, pag. 741 a Becker. π) *i. e.* ad generandam animam sensibilem.

§. 88: 11 ante *Edd.* 12 quia *Edd.* 13 per quam *A*; quam *LVZ.* 14 hoc *B.* 15 est *A.*

§. 89: 1 *Om. Edd.* 2 *B*; vita *Reliq.* 3 *Om. A.* 4 ovum quod *L addit.* 5 perf. et mag. perfectum quam quod sua *Edd.* 6 landulositas *Edd.*

§. 90: 1 non fem. *Edd.* 2 solis *ABC Edd.* 3 sententias *legunt et in* §. 88 *et per totam hanc* §. *Codd. omnes, dein in* §. 98[4] *omnes praeter A, in* §. 50[3] *L solus, nec obstat definitio, quam infra dat autor; tamen* scientias *contra codd. plurimos optimosque legendum videtur.* 4 isti *L.* 5 probatis *AL.* 6 actione *L.*

bilitatem et firmitatem[7]. — Et ideo perfectio operum[8] animalis exigit masculi[9] et feminae distinctionem per substantias separatas.

Et secundum hanc veritatem[1] distinguendum est, quod aliud 91
est sexus, et aliud vera[2] sexus virtus, et aliud resultatio quaedam et imitatio virtutis sexus et non vera[3] virtus ejus. Sexus[4] autem est in substantiis generantibus per coitum[5] ita, quod una differentia est ad projiciendum, et alia ad recipiendum sexus semen[6]. Et sic sexus[7] nullo modo est in plantis. Virtus autem vera[8] sexus est in seminibus taliter commixtis per coitum[9]; quorum unum est ut formans et operans animam sensibilem ex semine, in quo est potentia. Et hoc est semen masculi. Et aliud est semen operatum et formatum in organa[10] ejusdem animae. Et hoc est semen feminae secundario, et semen masculi principaliter[ρ]) — quantum ad substantiam corpulentam, quae est in ipso —; et tertio loco obsequitur sanguis menstruus in supplementum sicut cibus. Et iterum hoc modo in seminibus plan-
tarum non sunt vires sexuum. Tertio autem modo agens in 92
semine[σ]) non habet[1] virtutem formandi et operandi ex aliquo, specialiter plus distincto, quam sit distinctio communis speciei; sed sufficit ei[2] calor solis excitans et calor naturae communis operans. Et sic similitudo quaedam masculini sexus et feminini[3] est in semine plantarum, quia ibi est aliquid reliquo calidius, et hoc est formans et operans, et[4] aliquid humidius et frigidius, et hoc est sicut semen[5] femininum operatum et formatum. Et hoc modo solo[6] sexus virtus, non[7] vera, sed longe imitativa ejus, est[8] in plantis.

ρ) *i. e.* Haec, quae praebent materiam, sunt et semen feminae et semen masculi et sanguis menstruus. σ) *i. e.* resultatio et imitatio *illa, quam tertio loco enumerat* §. 91 *initium.*

§. 90: 7 *Om. V* et firm. 8 operis *L.* 9 -la *C.*

§. 91: 1 *CLV*; virtutem *Reliq.*; et non sec. virt. hanc *Z*; et non sec. virt. Hinc etc. *J*; — *om. L.* disting. est quod. 2 aliud est natura *Edd.* 3 *Om. Edd.* 4 Sensus *C*; Sex. enim *V.* 5 per totum *A*; *om. B.* 6 *B*; *om. A L* sexus: *om. C V Z* semen. 7 *V*; Et hoc modo sexus *etc. L*; semen *Reliq.* 8 natura *Edd.* 9 totum *A*; per coit. permix. *L.* 10 organo ej. in quo est potentia *L addit.*

§. 92: 1 habens *Codd. et Edd.* 2 *Om. L* ei *et* excitans. 3 et semini *C omittens* est. 4 non *Z.* 5 *Om. BJ.* 6 hoc solummodo *L.* 7 vero *C Edd.*; *om. B.* 8 *Om. L*; est ejus *C.*

93 Est igitur determinatio hujus quaestionis[1] secundum prudentiam peripateticorum haec[2]: quod sexus nullo modo convenit[3] plantis, secundum quod convenit animalibus. Sed neque vires sexuum permixtae naturae[4] conveniunt sementinae naturae plantarum simpliciter, sed quodammodo quaedam[5] resultatio virtutum sexuum permixtorum secundum similitudinem remotam convenit seminibus plantarum. Et per istam distinctionem patet solutio objectorum et causa contradictionis antiquorum.

Capitulum XIII.

Et est digressio, declarans imperfectionem[1] plantae in comparatione animalis.

94 Nunc autem de perfectione, quae plantis attribuitur magis quam animalibus a quibusdam antiquis, facile est[2] determinare, quoniam ad hoc non fuerunt moti[3] nisi rationibus sophisticis et vulgaribus; sicut et[4] adhuc consuevit dicere vulgus, perfectiora esse animalia bruta quam homines, quia statim nata[5] ambulare possunt et sumere[6] cibum; quorum neutrum natus homo mox potest facere. Hoc autem dicentes ignorant, hujusmodi[7] potentiam ex ignobilitate[8] naturae durae et terrestris provenire, et impotentiam[9] hominis ex humore subtili non cito siccabili causari, ex quo, cum[10] ad statum redigitur, causantur nobiles operationes sensuum[11] et intellectus.

95 Antiqui autem dictum suum probare videntur ex hoc, quod planta non indiget aliquo[1] ad generandum extra se, quo quidem videtur indigere animal. Et hoc omnino ignorantiae deputandum est, quoniam[2] indigentia distincti sexus in animali causatur

§. 93: 1 huj. determ. quest. *L*, *et Z legens*. 2 hic *Edd.* 3 conveniat *A*; *om.* *L* conv., plantis sec. quod; sed *pro* sec. *V.* 4 vere *L.* 5 *Om.* *L.*
§. 94: 1 de -tione *V.* 2 esse *J*; — demonstrare *Edd.* 3 antiqui *addit L.* 4 *Om.* *V Edd.* 5 eo quod mox nata *L.* 6 et quaerere *J*; *om.* *Z.* 7 hujus *Edd.*; hanc *B.* 8 nobil. *BL Edd.*; *om.* *A* durae. 9 in potent. *CZ.* 10 tamen *Edd.*; — redigerit *CLVZ*; redierit *A.* 11 sensus *A.*
§. 95: 1 *Om.* *A*; ad operandum aliquo extra se ipsam, quo *L*; — quo *pro* quod *Z.* 2 quia *L.*

ex nobilitate et distinctione formae, quae datur generato per generationem; quae non potuit educi de semine, quod communiter passivum est tantum, et recipiens ex alio formarum impressionem. Nec potuit ad eam agere[3] commune agens ex natura speciei solius, — sicut in plantis per virtutem[4] solis fit generatio, propter quod Protagoras[τ]) solem patrem vegetabilium esse dicebat —: sed oportuit esse virtutem diviniorem[5] in generante active[6], quae majoris virtutis esset in formando et distinguendo[7], sicut diximus. Quod igitur[8] planta hoc non indiguit, non fuit ex perfectione, sed ex imperfectione generati, cujus imperfectio non requirebat agens perfectum; sed sufficit ei agens, quod simpliciter speciei habeat[9] virtutem, excitatam a virtute coelesti. Et causa hujus est[1], quod, quando animalia aliqua ge- 96
nerantur ex putrefactione, quibus non infunditur virtus divina ex agente divino et perfecto, illa non[2] generant sibi similia. Femina enim ad generandum[3] imperfecta est, sicut materia ad concipiendum formam. Masculus[4] autem est sicut dator formae per actum generationis; et in quibuscunque est forma immaterialis et aliquantulum separata, ad illam oportet habere datorem[5] formae specialem.

Et ideo tres ordines formarum generabilium[1] ex materia 97
eductarum inveniuntur. Quaedam enim est actus materiae tantum, et secundum[υ]) se totam materialis et immersa[2] materiae: et haec tota educitur de materia[3] homogenea, quae simplex est vel mixta. Quaedam autem est, cujus opera non finiuntur[4] ad naturam modo naturali, licet nullum eorum fiat nisi[5] agente instrumentaliter aliqua forma et qualitate corporis; et ista non educitur, nisi de materia prius assimilata[6] generanti et ei[7], ex quo fit generatio. Sed sufficit assimilatio haec sola, eo quod

τ) *Conf.* §. 45. υ) *i. e.* simpliciter et tota materialis est.

§. 95: 3 *L*; *om. Reliq.* ad eam; agere supra com. *A.* 4 *Om. L* p. virt. 5 digniorem *L.* 6 *L*; animal *AJ*; aerem *BCVZ.* 7 *Om. L* et dist. 8 autem *L.* 9 *L*; simplicis sp. habuit *Reliq.*; — excitativam *Edd.*

§. 96: 1 *Om. Edd.* 2 *Om. Edd.* 3 generationem *Edd.* 6 mascula *CZ.* 5 doctorem *L.*

§. 97: 1 generalium *L.* 2 immixta *B*; respectu *A*, *omitt.* et. 3 potentia *Edd.* 4 sumuntur *Edd*; — ad materiam *V*; — nisi *A pro* modo, *quod om. CEdd., unde J scripsit* naturaliter. 5 nullo *Edd.* 6 -lato *Z*; Et ex quo fit gen. non efficitur assimilatio et haec *etc. Z, et omittens* non *J.* 7 *LV*; non *A*; *om. Reliq.*

operationes ejus, ut diximus, omnes sunt quasi materiales et na-
98 turalibus similes. Quaedam[1] sunt eductae de materia, quae secundum se habent operationes aliquas, sicut est judicium formarum et rerum[2] in eo, quod aliquid componendo et dividendo eliciunt aestimationes[3] rerum[2], quod vocant quidam scientias[4] improprie. Et ad materiam illarum oportet fieri assimilationem et collationem virtutis specialis formantis. Et ideo, cum semen, ex quo educuntur tales formae, descenderit[5] per totam corporis spongiositatem, et assimilatum fuerit toti corpori generantis active vel passive, tunc nihilominus ultra hoc oportet, quod attrahatur ad vasa seminaria, in quibus a testiculis infundatur ei virtus divina, quae formativa vocatur. Et in[6] hoc solo gradu formarum exigitur distinctio sexus. Et quaecunque forma est in toto incorporea[7], ita quod nec sit virtus in corpore aliquo operans: ista[8] procul dubio non ex materia educitur, sed ab extrinseco principio aliquo datur generatis[9]. In materiam tamen infunditur assimilativa et informativa[10] per virtutem divinam in testiculis existentem.

99 Et sicut sunt gradus formarum, ita sunt gradus materiae. Tota enim communitas formarum materialium omnino et[1] naturalium φ) super materiam generatur alienam, quae[2] nunquam — antequam actu generatur[3] — assimilatur ab aliquo ipsi generanti[4], sed ex contrario fit[5] generatio talium χ). Communitas autem tota formarum non naturalium, materialium tamen ψ), quae[6] nihil omnino operis habent nisi in[7] instrumentis corporis, non ex aliena, sed ex materia propria, ipsi generanti[8] prius assimilata, producuntur. Tota autem communitas earum[9], quae ω) — licet virtutes sint in corpore operantes et non sine corpore,

φ) *i. e. regnum minerale.* χ) *Conf.* §. 85. ψ) *i. e. regnum vegetabile.* ω) *i. e. regnum animale.*

§. 98: 1 autem *addunt Edd.* 2/2 *utroque loco:* rerum *L et in marg. V*; esse *V in text. et Reliq.*; est *Edd. priore loco.* 3 -matiores *C.* 4 *Conf.* §. 90[3]. 5 descendent *CZ*; descendit *J*; — fuit *Edd.* 6 *Om. L.* 7 corporea *B.* 8 ita *Z.* 9 generantis datur *L.* 10 assimilatam *CL V*; — informatam *L V*; — *om. Edd.* in.

§. 99: 1 *Om. A* mater. omn. et. 2 et *V.* 3 generantur ... ipsam *L.* 4 generati *Z* generant *J* 5 *L*; sed e contro *V*; si e contro fit *BCZ*; licet e qua sit *A*, *addito ad marginem dubitationis signo*; nisi e contra fit *J.* 6 quando *C*; *om. L* tamen. 7 *Om. C.* 8 generata *Edd.*; — producantur *B.* 9 E conj., *om. L*; eorum *Reliq.*; — quelibet *L Z*, — *om. Edd.* sint; sunt *L*; — in corpus *B.*

tamen — aliquid proprium habent[10] in operibus et passionibus, nec[11] in materia aliena, nec in propria assimilata tantum corpori, producuntur; sed oportet ulterius[12] infundi virtutem divinam a membro speciali ad hoc deputato: et propter hoc exigitur distinctio sexus. Et haec[13] est perfectior omnibus, et a materia remotior; propter quod in plerisque magis perfectis animalibus testiculi sunt sphaerici[14], propter figuram, quae competit virtuti[15] divinae coelesti, quae est in eis. Hoc autem in libro de animalibus[α]) habet determinari.

Distinctio autem sexus est propter rationem perfecti et im- 100
perfecti, et agentis et patientis. Cum enim naturae materia[1] sit formativa, ut dictum est, in talibus generatis, oportet, ipsam habere instrumenta artificiosae[2] formationi activae congruentia. Haec autem sunt calidum bene movens et siccum bene penetrans; et quando hae duae qualitates vincunt[3] in aliquo, non potest cum his vincere frigidum bene tenens[4] formas, et humidum bene recipiens. Oportet[5] igitur, in talibus sexum masculinum esse distinctum per subjectum, quia forma activa[6] eget calido et sicco; et ideo de materia generati est in masculo pa-
rum, et est spissa, glandulosa, fortiter cohaerens. Et si esset 101
solus masculus, impediretur generatio ex insufficientia[1] materiae, quae in masculo nullo modo[2] poterat contineri propter oppositionem eorum, quae ad generationem exiguntur. Et ideo in alio sexu oportuit fieri feminam, cujus semen passivum et susceptivum esset in generatione, et essent in ea duae qualitates ad susceptiones formarum et figurarum aptae[3], frigidum scilicet complexionale, et humidum materiale. Et oportuit, illam assimilari et attrahi ad locum, in quem projicitur semen maris formans et sigillans. Et haec fuit necessitas coitus et matricis et sexus et omnium eorum, quae talium circumstant generationem.

α) Lib. XX tract. II cap. 3; lib. XVI tract. I totus.

§. 99: 10 *E correct.;* habentes *Codd. et Edd.;* — passione *C.* 11 et *Edd.;* — assimilativum *A pro* assim. tantum. 12 *L et in marg. V; om. Reliq.;* — e membro *A.* 13 hoc *L; om. A.* 14 propria *A.* 15 -tutem *A.*

§. 100: Cum en. necessaria *L et e correct. C;* Cum en. nec materia *V.* 2 -ciosa *Edd.; cui J addit* et. 3 conveniunt *A.* 4 tenens formam *L;* movens tenens formas *V;* movens formas *Reliq.* 5 Sic *A;* — *om. L* in talibus. 6 quia formativa *L.*

§. 101: 1 influentia *C.* 2 naturali *L.* 3 active *Edd.*

102 Ex his autem omnibus colligitur de facili, quod propter perfectionem animalia[1] habent sexus distinctionem, qua carent vegetabilia propter ipsorum imperfectionem et materialitatem[2]. Ista autem hic induximus per accidens propter doctrinae bonitatem[3], quia in scientia de animalibus[β]) magis erunt[4] dicenda. Et ideo in scientia illa iterum[5] considerabimus de his[6] completa subtilitate.

Capitulum XIV.

Et est digressio declarans hoc quod philosophi[1] dixerunt de vita occulta plantarum.

103 Non est autem nobis adeo[2] difficile determinare de modo vitae plantarum. Sicut enim in libro[3] de anima[γ]) diximus, omnis[4] operatio animae in corpus est operatio vitae. Est igitur vita occulta procul dubio, quando in operibus animae in corpus occultae sunt proprietates animae, et manifestae proprietates corporis. Cum autem sint tres operationes animae vegetabilis in plantis, nutrire scilicet et[5] augere et generare, in omnibus eis occultatur virtus animae, et[6] manifestatur virtus corporea.

104 Nutrimentum enim alterat et indurando[1] inspissat calor naturalis. Et haec sunt opera[2] caloris ignei, nec aliquid manifestatur hic, quod sit vitae[3], et quod etiam in re inanimata[4] non sit. Si enim aliquid esset animae opus, hoc esset convertere nutrimentum ad speciem animati corporis, et non agere[5] in infinitum, sicut agit calor ignis semper, donec[6] convertat in simile

β) Lib. XVI tract. I cap. 1. γ) Lib. II tract. I cap. 2.

§. 102: 1 animalium *L.* 2 materialem *Edd.* 3 facilitatem *L.* 4 erant *L.* 5 *Om. L.* 6 istis *L.*

§. 103: 1 phisici *A.* 2 *E conject.*, modo *Codd. et Edd.*, *in contraria convertentes sententiam, nisi pro* admodum *dictum esse credas.* 3 scientia *L.* 4 Omnis enim *A qui priora verba sententiae praecedenti annexit omittens* enim. 5 *Om. V.* 6 *Om. Edd.*

§. 104: 1 alteratum ind. *A;* alterat inducendo *Edd.;* — in seipsum *J.* 2 *L; Om. Reliq.* 3 inde *L;* — et *om. L V Edd.*. 4 *L V;* in esse inanimato *A B J;* inesse in anima *Z;* etiam in animata *C.* 5 augere *Edd.* 6 dicto *B C V;* ignis super dicto querat *Edd.*

sibi. Sed hoc[7] licet faciat anima, sicut dicit Aristoteles, tamen hoc non manifestat animam. Idem enim facit virtus generativa lapidis et metalli, sicut dictum est in libro de[8] minerabilibus[δ]). Sed solum videmus nutrire ipsum[9] esse animae[ε]), et hoc occultum, quia virtutibus corporeis totum est celebratum. Non enim nutritur[10] proprie aliquod inanimatorum, ita quod[11] trahat cibum et convertat in se ipsum et assimilet sibi ipsum.

Eodem autem modo occultatur animae virtus in augmento 105
plantarum, quoniam omnium natura constantium ratio est[1] et terminus magnitudinis et augmenti, qui terminus est inter maximum et minimum illius speciei, sicut alibi[ζ]) diximus[2]: et hi termini sunt[3] multum et quasi sine proportione distantes in plantis, — ita quod quidam dixerunt, quod sine termino plantae augerentur[4] —; sicut patet in pino et quercu et palma et cedro et multis aliis, in quibus primae plantulae sunt ad[5] modum parvorum graminum, et ultimum suae staturae est permaximae[6] quantitatis; ita quod augmentum earum multo[7] magis sequitur similitudinem materiae et effectum corporalium qualitatum agentium et patientium, quam sequatur ordinem et rationem animae. Nec invenimus, illud esse[8] animae, nisi in hoc, quod augmentum fit ex cibo, et quia stat[9] aliquando ex defectu aetatis, quod non accidit alicui inanimatorum. Est igitur etiam[10] haec operatio vitae occulta.

Generatio vero[1] plantarum multiformitatem habet, produ- 106
cendo radices stipites et[2] virgas et flagra et folia et flores et

δ) Lib. I tract. I cap. 5. ε) *i. e.* Sed harum rerum nulla animae tribuenda est, nisi ipsa nutriendi actio sola. *Conf.* De nutrim. et nutrib. tract. I cap. 1. ζ) De nutrimento et nutribili tract. II cap. 1.

§. 104: 7 hec *Edd.*; — facit *A*; — *om. L* anima. 8 *A*; *om. Reliq.* libro de. 9 videmus ipsius nutrire esse — celebratur *A*, *apposito dubitationis signo.* 10 nutrimur *CZ.* 11 *Om. C*; — attrahat cib. in se ips. et convertatur et assimilat *L.*

§. 105: 1 esse *Edd.*, *omittentes* ratio; — *om. L* ratio ...... qui. 2 sc. in secundo de anima *addit V, et agit in eo libro tract. II cap.* 6 *de augmento animalium non vero plantarum.* 3 in plantis sunt *L*, *anticipans haec verba.* 4 augentur *A.* 5 per *B Edd.* 6 permaximum *C Edd.* 7 multum *A*; — *om. L* materiae; — effectuum *A B C V*; — corporearum *L.* 8 inesse *L*; — sit *pro* fit *L Edd.* 9 al. constat *V in marg.* 10 *Om. L*; — vis *pro* vitae *Edd.*

§. 106: 1 *E conject.*; etiam *L*; enim *Reliq.* 2 *L*; *om. Reliq. et scribunt dein inverso ordine* et flores et folia.

fructus et multa alia, et est ubique fere in toto corpore plantae. Et haec difformitas et multiplicitas non accidit nisi[3] ex materiae similitudine, quae ubique est in potentia ad alterum quodlibet η): et ideo parum manifestat de hoc, quod est animae: sed potius hoc est[4] in occulto ipsius; praeter[5] hoc tantum, quod ex materia propria et assimilata ab ipsa diversa[6] generat, quod non convenit alicui inanimatorum.

107 Vita autem animalium in his omnibus est manifesta valde per opposita istorum, quae sunt in animalibus proportionaliter[1]; et ideo in eis vita est manifesta apparens. Et haec est causa, quod[2] diximus, vitam vegetabilem ibi oriri[3], ubi recedit[4] sensus, sicut determinatum est in libro de intellectu et intelligibili ϑ). Et ita[5] planta caret sensu et motu, et non retinuit nisi solum[6] hoc, quod trahit cibum in se ipsam, et proficit[7] et deficit augendo per aetatis incrementum[8], et quod ex assimilato sibi di-
108 versa producit genimina[9]. Et haec[1] imperfectio vitae causa est, quare conversa est; quod os habet inferius, et extremitates versus coelum; quoniam non traheret cibum nisi sibi[2] affluentem et contentum aliquamdiu circa eam[3]; et non esset continens ι) nisi terra; attractus[4] autem ex viribus suis imperfectis[5] nunquam sufficienter praeparetur[6] nutrimento et augmento et generationi[7], nisi calore aëris et solis juvaretur calor sibi innatus[8]. Et ideo alias[9] partes extendit, ut frequenter, in aërem et ad[10] solem, ut subtilietur succus attractus, et evaporet superfluum ejus[11]; nec habet in se virtutem divinam specialem, sed potius assimilata[12] materia in corpore plantae movetur virtute coelesti; et haec virtus

η) *i. e.* ad procreandam partium aliorum jam enumeratarum quamlibet.
ϑ) Lib. I tract. I cap. 5. ι) *i. e. nullum ei esset cibi attracti receptaculum etc.*

§. 106: 3 difform. non est nisi *L.* 4 hoc, quod est *B.* 5 *E conject.*, secundum *Codd.*; secundum enim *Edd. Habent autem sigla vocarum illarum apud Albertum quandam similitudinem.* 6 *E conject.*, *quam non sine dubio textui inserui*, *at inanes videntur lectiones* ab ipso deciso *V*, ab ipso decisa *Reliq.*

§. 107: 1 -nabiliter *Edd.* 2 quam *Z*; propter quam *A B J.* 3 ordinari *Edd.* 4 *E conject.*, occidit *L V*; cecidit *Reliq.* 5 ideo *L*; *om. A* planta. 6 *L*; *om. Reliq.* 7 perfic. *Edd.* 8 nutrim. *A.* 9 germina *Edd.*

§. 108: 1 hoc *A.* 2 *Om. B Edd.* 3 ea *Edd.* 4 tractus *A.* 5 *Om. L.* 6 prepararetur *B J*; preparentur *Z*; praepararet nutrimentum augm. *A*; *om. L* et. 7 -tionem *L.* 8 calor igitur inn. est *L.* 9 illas *A.* 10 *Om. L.* 11 ipsius *L.* 12 destillata *L.*

coelestis est agens[13] in semine plantae. Propter quod etiam sol pater vocatur plantarum, et terra mater, quae ministrat ei humorem, qui recipit formas et figuras, sicut recipit semen feminae a semine[14] masculi.

Haec igitur est vera[1] causa, quod vita animae est occulta 109
in planta[2] etiam in operibus vitae, quae habet, et non tantum ex his, quibus[3] caret. Et ex his patere potest satis intellectus omnium eorum, quae de anima plantae dicenda erant; sine quibus corpora plantarum cognosci non poterant, eo quod anima principium est cognitionis corporis animati, sicut alibi*) determinatum est.

*) De anima lib. I tract. I cap. 1.

§. 108: 13 agentis *C.* 14 et semen *A.*
§. 109: 1 una *Edd.*; — causa quae de *L.* 2 *Om. B L V Edd.* in planta; — et *pro* etiam *L.* 3 ex quibus *L V Edd.*

Tractatus II.

Primi Libri Vegetabilium.

De diversitate et anatomia plantarum[1].

Capitulum I.

De absoluta diversitate partium arborum, quae potiores sunt in generibus plantarum[2].

110 Quaerendo[3] autem de corpore plantarum, oportet nos, via naturae procedere[4]. Secundum autem hanc[5] viam principia compositi sunt partes, ex quibus componitur. Per illas enim habet[6] cognosci, quia compositum, ut eleganter Aristoteles[λ]) dicit, cognoscimus, quando scimus, ex quot et qualibus[7] compositum est. Unde sicut anatomia[8], quae divisio vocatur, cognoscuntur animalium corpora; ita per divisionem corporum plantarum cognoscitur natura corporum plantarum. Et ideo de partibus est considerandum primo secundum omnem partium diversitatem. Tamen prius

λ) Physic. audit. lib. I cap. 6.

§. 110: 1 *De titulo haec moneo. Offerunt:* primi lib. veg. *C*; lib. primi veg. *L*; lib. primi *V*; *quae verba om. Reliq.; Albertus autem in titulis autographae animalium historiae nunc scribit* de animalibus *nunc* animalium, *quare et in nostro opere utramque formulam, quam proferunt codices,* vegetabilium *nempe et* de vegetabilibus *retinens, illam tractatuum, hanc librorum titulis tribui omnibus, persuasus quidem non tam constanti titulorum forma usum fuisse autorem. Scribunt porro:* diversitatibus *Codd. omnes praeter L;— om. C* et; *om. C Edd.* plant. 2 *Om. V ind.* absoluta; — partium *om. A*; arb. et part. earum *V*; arb. part. *C V ind. Edd.*; — *om. C* quae; — portiones *Edd.*; — genere *L*. 3 Loquendo *L*. 4 incedere *O*. 5 Sec. hanc autem *C O V Z*. 6 *Om. Z*, *quapropter J* cognoscitur; — quod *pro* quia *Edd.* 7 quibus *A*; — *om. O* est. 8 *Scribunt hic et ubique:* anathomya *Alb.*, anothomia *Z*, anathamia *O*; anathomia *Reliq.*; — *om. Edd.* quae, *quare J* qua cognoscuntur; cognoscimus *A O*.

assignabimus tantum[9] referendo diversitates has; et postea revertemur, assignando causas omnium diversitatum. Si tamen non[10] Aristotelem, sed nos ipsos sequeremur, pro certo aliter procederemus.

Dicamus igitur cum Aristotele[μ]), quod quaedam plantae, 111 quae arbores vocantur, habent gummas, — sicut est pix de abiete et resina et gummi[1] amigdali et mirra et thus et gummi arabicum et hujusmodi alia, de quibus inferius specialem faciemus tractatum[2]. Et quaedam non habent, aut parum[3] habent, sicut buxus et quercus et ceterae[4] hujusmodi, compactum valde lignum habentes. Et haec est prima diversitas ex ipso nutrimento arborum accepta.

Secunda autem est, quod quaedam arbores habent no- 112 dos[1] et venas et ventres et lignum et corticem et[2] medullam interius, quae omnes partes sunt quaedam organa, in quibus completur nutrimentum[3]. Quaedam autem[4] deficiunt in aliqua istarum partium vel in[5] pluribus earum, eo quod quaedam secundum plurimum sunt[6] cortex.

Nodos[1] autem voco juncturarum[2] colligationem, sicut sunt 113 nodi in vitibus; et hi nodi malleoli[3] vocantur. Id autem, quod est inter nodos, subtilius est, et in nodo ingrossatur; et nodus ille est, in quo congregatum nutrimentum quandam[4] majorem, quam prius habuit, accipit — ad sequens lignum — assimilationem per digestionem, quae est in nodo. Quaedam autem plantae rarae[5] substantiae et valde similis omnino carent hujusmodi nodis, sicut cirpus[ν]). Propter quod proverbium est, quod quaeritur[6] nodus

μ) Nicol. lib. I cap. 8. ν) *Scirpus Lin. De quo* Isidor. Etym. lib. 17 cap. IX, 97: Scirpus quo tegetes texuntur sine nodo, de quo Ennius: Quaerunt in scirpo, soliti quod dicere, nodum. Et in proverbio: Qui inimicus est, etiam in scirpo nodum quaerit.

§. 110: 9 *Om. L.* 10 *Om. O*; — sequamur *Edd.*

§. 111: 1 et *add. Edd.* 2 specialiter tractabimus *A* 3 parvum *Edd.* 4 ceteri *C O Edd.*; cetera *L V.*

§. 112: 1 modos *O V.* 2 *Om. O.* 3 complementum *pro* compl. nutrim. *C.* 4 Que aliquando *O.* 5 *L*; *om. Reliq.* 6 eo quod que sunt cortex *O*

§. 113: 1 nos *O.* 2 junctarum *Edd.* 3 mallioli *O.* 4 *Om. L.* 5 *L V*; materie *Reliq.*, *unde A pergit.* et subst valde. 6 dicitur *L*; querit nodos *Edd.*; *om. O* nodus.

in cirpo, cum inaniter quaeritur aliquid, cujus oppositum est manifestum.

114 Vena autem in nulla plantarum est vere, et secundum perfectam venae[1] rationem. Sed sunt viae rectae, in quibus decurrit nutrimentum, sicut est videre in foliis plantaginis, quando[2] paulatim decerpuntur. Apparent enim fila[3] quaedam ξ) quae sunt viae, in quibus nutrimentum decurrit, ad modum[4] linearum rectarum et curvarum extensa per plantas. Et aliquando sparguntur, aliquando autem congregantur in unum, sicut venae. Et non invenitur planta, quae his[5] careat, nisi illa, quae fere in toto est cortex; et tamen etiam[6] in illa aliquid simile viis[7] nutrimenti invenitur, sed minus quam in aliis o). Inveniuntur autem istae venae a duobus principiis in plantis oriri. In his, quae nodosae[8] non sunt, et sunt rarae substantiae o), extenduntur viae illae a radicibus in altum, per stipitem et per ramos et per folia divisae et sparsae[9]. Aliquando autem derivantur ex medulla, et protenduntur ad superficiem plantae o); et hoc[10] cognoscitur, quia, quando inciduntur plantae, apparent in talibus lineae albae[11] per modum stellae a medio medullae ad corticem plantae protensae; sicut est[12] in vite et aliis nodosis, praecipue in nodo, et juxta nodum.

115 Venter etiam plantae metaphorice convenit plantae. Uno

ξ) *Quo modo fasciculos ligneos exhiberi notum est.* o) *Plantae, quae totae fere cortex sunt, quas ultra dimidium annum non durare* §. 169 *perhibet, monocotyledoneae plantae fuisse videntur Alberto, quae sicut arundo nostra stipites ferunt intus aut omnino cavas aut medulla tenuissima repletas, circumclusas vero et quasi corticatas strato tenaci et duro, contexto e fasciculis ligneis et parenchymate indurato. Ab his dein distinxit plantas dicotyledoneas, cum herbaceas, quae non sunt nodosae, ut monocotyledoneae illae, et rarae i. e. mollis substantiae, tum lignosas, quarum radios seu insertiones medullares vel corticales, in vite praesertim conspicuas et latiores et continuas, nec non processus medullares, qui ad gemmas ramosve singulis nodis insidentes excurrunt, bene descripsit, deceptus quidam qui has partes fasciculis ligneis annumerat.*

§. 114: 1 *Om. J.* 2 que *Edd.*; — decerpitur *V*; decrepuntur *C Edd.* 3 *Om. Edd.* 4 medium *Edd.* 5 hoc *Codd. et Edd.*; — nisi in illa q. f. est in toto cort. *L.* 6 *L*; in illa etiam *Reliq.*; est etiam *O.* 7 vis *B V Edd.*; *om. L*; — nutrimentum *J*; — nunquam *pro* minus quam *Edd.*; — alluct (?) *pro* aliis *O.* 8 nodo *V.* 9 super se *Edd.*; per se *C*; superiorem (?) *O.* 10 *Om. Edd.*; — *om. O* plante. 11 aȝe (?) *O*; et *addit A.* 12 *Om. A B J.*

enim modo est generalis[1] venter omnium plantarum terra, sicut inferius ostendetur. Sed quaedam plantae intus sunt molles[2], et vacuitates habentes, in quibus attractum nutrimentum decoquitur, ut[3] post per totam plantam dirivetur; sicut[π]) est cassia fistula[4] et planta, quae fert zucarum[5], et aliae multae.

Cortex autem duplex est in plantis magnis[1], exterior scilicet 116
durior, et interior mollior et succosior; et exterior quidem siccus, et interior viscosus frequenter.

Medulla autem[1] aliquando est quasi[2] quidam purpureus ad 117
nigredinem declinans pulvis, parvo humore continuatus; aliquando autem est humida[3] magis et mollis, vel forte aliquando fluida; aliquando autem[4] est rarae valde substantiae et albae, vel alterius coloris.

Haec igitur est diversitas secunda plantarum, et praecipue 118
in arboribus inventa, quia arbores solae sunt perfectiores plantae, sicut et animalia magnorum[1] corporum perfectiora inveniuntur, quam alia[2]. Et ideo etiam[3] diversitas plantarum, quae sunt arbores, in primis[4] hic ponitur, quia diversitas major in eis invenitur, et notiores sunt partes earum[5]; et ex illis proportionaliter[6] oportet intelligere etiam de partibus plantarum parvarum, quarum partes non ita notae sunt[7] nobis.

Sed de nodis[1], de quibus praediximus, adhuc notandum, 119
quod nodi secundum tres modos[2] in arboribus et plantis inveniuntur. Unus autem est[3], qui superius dictus est, et ille solus est in toto naturalis[4], et a natura intentus. Alius autem modus

π) *Describit autor loculosum* Cassiae fistulae *fructum lib. VI* §. 75 *et* Zucarum *lib. VI* §. 260.

§. 115: 1 Vocatur enim gen. *L*; — terre *Edd.* 2 nulles *Edd.*; plante insunt partes molles *A*; Sed quod intus sunt et vacuit. *O*, *om. intermediis.* 3 aut *B Edd.*; — derivetur *Z*; derivatur *J*. 4 cassia et fistula *V*; casia pilula *L*. 5 que sunt guttarum *C Edd.*; q. fert guttam *V e correct.*

§. 116: 1 magnus *B*; — videlicet exterior *L*.

§. 117: 1 *C*; autem etiam *V*; etiam *Reliq.* 2 sicut *A*. 3 humidus — fluidus *Codd. et Edd.*; *om. O* aliquando .... fluida. 4 *Om. Edd.*; *om. C* rarae; aliquando etiam cum rare *L*; aliq. autem rare est rare *O*.

§. 118: 1 majorum *Edd.* 2 animalia *L* 3 *Om. A O.* 4 *Om. Edd.* in prim.; — hec *pro* hic *V*; — quia *om. O.* 5 eorum *Z.* 6 propositum *O*; — etiam *om. L V.* 7 *Om. Edd.*

§. 119: 1 modis *O.* 2 nodoli modo tres in arb. et in pl. *L*; — *om. O* et pl. 3 *Om. A Edd.*; — supra *A B C V Edd.*; supra dictum ille solus *O*. 4 natura *C*.

nodorum[5] est, qui causatur ex siccitate et terrestritate arboris et nutrimenti, quod[6] nutrit eam. In illa enim arbore[7] stringuntur pori valde propter constantiam et compactionem partium ipsarum[8]; et cum nutrimentum sit terrestre et grossum, ubique claudit sibi viam rectam per venas ligni, et ideo[9] divertit ad alteram partem, et ibi conglobatur in nodum; et efficitur totum lignum nodosum, repugnans scissibilitati[10], sicut diximus in quarto
120 meteororum[ρ]). Tertius autem modus nodorum est[1] nascentiae quaedam, quae ebulliunt extra in arboribus, et convertuntur[2] in lignum totum reticulatum[3], sicut sit contextum ex nervis ligneis, propter multiplicem revolutionem, qua revolvitur humor ligni in se ipsum; et hic nodus vocatur latine murra[4]. Et fiunt inde scyphi[5] pulchri ad bibendum, qui etiam in prima[6] infusione vini inspissantur, eo quod humorem venae multiplices attrahunt, et ex ipsis tumescere videntur; et propter tortuositatem ipsarum, quae causatur ex dicta revolutione, humorem retinent, ita quod non[7] effluit ex ipsis, nec cito evaporat, propter ligni illius spis-
121 situdinem. Vocatur[1] igitur primum genus nodi malleolus; secundum autem proprie vocatur nodus, et lignum, in quo est, vocatur nodosum[2]; tertius autem modus murra proprio nomine appellatur[σ]).

122 Tertia autem diversitas est, quod **quaedam arbores habent fructum suum inter lignum et corticem** — hoc[1] est,

ρ) Lib. IV tract. III cap. 12, 13. σ) *Alberto igitur est* malleolus, *qui nobis nodus stipitis, et lignum* nodosum, *quod fibris undulatis, nec rectis, contextum est;* murra *denique protuberantia ligni, fibris varie perplexis.*

§. 119: 5 minor *O.* 6 et *B.* 7 *Om. A;* — constring. *V e correct.* 8 part. et parum *C;* — et est nutrim. sic *L;* — seque *pro* ubique *O.* 9 non *L Edd.*; et ibi congl. et nodum facit *V.* 10 siccibil. *Edd.*

§. 120: 1 et *A;* — *om. O* quaedam. 2 revert. *A.* 3 recticul. *Edd.* 4 *Redit vox et paulo post et in lib. VI* §. 46 *et* 184. *Scribunt autem quatuor his locis, quos numeris* 1, 2, 3, 4, *indicabo:* murra *A* 1, 2, 3, *B* 1, 2, (3, 4 *desunt*), *C* 2, *L* 2, 4, *Z* 1, 2; murca *C* 1, *V* 1, 2, *O* 1, 2, (3, 4 *non contuli*); mirca *C* 4, *V* 4; mirra *A* 4, *C* 3, *L* 1, 3, *P* 3, 4, (1, 2 *desunt*), *V* 3; myrrha *Z* 3, 4. — *Conf. indicem.* 5 *Scribunt:* cyphy *Alb. Animal. lib.* 23 *Dyomed.*, cifi *ibid. Grifes;* cifi *B*, ciphi *Reliq. et hic et infra VI* §. 184; — bibendi vel ad bib. *A.* 6 primo *C*; fusione *C L V Edd.* 7 *Om. B;* — propter *om. B C O Edd.;* lig. ipsius *A B Edd.*

§. 121: 1 Notatur *Edd.;* — primus *L;* — nodorum *A B; om. Edd.* 2 nodolum *L;* nodus *pro* mod. *L O V.*

§. 122: 1 et hujus est … cujusdam *O pro* quibusdam.

in lignosis corticibus quibusdam —, quae in pomis[2] suis in medio lignum habent, et[3] corticem lignosum, sicut est abies et pinus et aliae arbores quaedam[4] poma lignea habentes. Quaedam autem in aliis locis proferunt[5] suos fructus; et hoc est multis modis, sicut inferius ostendetur.

Quarta autem diversitas est in plantarum partibus ad invicem comparatarum[1]. Quaedam enim partium ipsarum sunt simplices, quae divisione[r]) continui[2] dividuntur in partes, quae nomen et rationem habent totius divisi; sicut humor, qui invenitur in planta in vena ipsius, et etiam nodi; sed minus convenit hoc[3] nodis, quam aliis partibus. Quaedam autem partium compositae sunt ex istis, sicut rami et[4] virgae et similia, quarum quaelibet habet in se nodos et venas et humorem; sed tamen[5] humor est potentia pars, aliae[6] autem sunt actu partes. Partes autem[7] compositae dividuntur divisione hetherogenei[8] in ea, ex quibus componuntur, hoc est, in nodos et venas et ceteras hujusmodi partes. Omnes autem inductae hic partes non simul[10] inveniuntur in omnibus plantis[v]), sed[11] in perfectissimis tantum et maximis, sicut superius diximus[12]. 123

Et diversitas quinta[1] in his est, quod[2] habent illae perfectiores plantae alias partes officiales ab his, quae dictae sunt: sicut radices, et virgas radicum; et folia in[3] coopertaram fructuum; et ramos tanquam sustentacula virgarum; et flores tanquam purgamenta menstruorum; et pullulationes surculorum in diversis locis corporum suorum[4] — quae sunt flagra quaedam aquatica, in primo anno vel forte pluribus annis fructum 124

r) divisionem continui *i. e. materiae continuae*, *opponit autor* divisioni heterogenei. v) *pergit Nicol.* quia quaedam habent has partes quaedam illas, quaedam non.

§. 122: 2 positis *COZ;* poris *B.* 3 *AL;* lign. non tiane *BCO;* lign. non tertane *Z;* lign non nuttrit *V; oppressit J sententiam* quae — lignosum. 4 que *L.* 5 posuerunt *Edd.; om. L* suos.

§. 123: 1 compositarum *A.* 2 continue *O;* — dividitur *Z.* 3 *Om. A V;* — *om. C,* nodis. 4 *Om. O.* 5 cum *Edd.* 6 alia *ABCOV;* et alie sunt *L.* 7 *Om. O.* 8 etherogenee *A;* etherogenea *B;* ethroniogenei *LO;* — in eo *Edd.;* et ea *L.* 9 nodo *Z.* 10 similis *L; om. V.* 11 sed est *L.* 12 dictum est *L.*

§. 124: 1 que *O.* 2 quia *O Edd.;* his quia ille *L omissis intermediis.* 3 et *A.* 4 *Om. A.*

non ferentia, sed cum convaluerint[5], fructificabunt. Et de genere harum partium est rotunditas figurae[6], quae in magnis[7] plantis invenitur φ); et similiter cortex — operiens[8] corpus plantae ab exterioribus nocumentis, et in quem expellitur illud, quod purgandum est de corpore arboris —; et similiter cortex, qui circumdat fructum[9] propter eandem causam.

Capitulum II.

Qualiter partes plantarum magnarum proportionantur partibus animalium et qualiter non[1].

125 Sicut χ) autem sunt in animali membra quaedam similium partium, quae dicuntur membra similia, et quaedam dissimilium partium, quae dicuntur membra organica sive dissimilia: ita sunt in plantis ψ) perfectis. Partes enim talium plantarum comparantur per imitationem quandam imperfectam membris animalium. Cortex enim in planta tali[2] comparatur cuti in animali. Et radices habet ori in animali[3] similes, nodos autem habet comparabiles nervis ω), non quidem sensitivis et motivis[4], sed illis, qui dicuntur ligamenta, quae ex una extremitate ossis protenduntur[5] in alterius conjuncti ossis extremitatem, et colligant ea; et sunt[6] illi nervi insensibiles, et vocantur ligamenta articulorum. Et similiter malleolus est col-

φ) *Dubito utrum de globosa arborum fronde, an de virgulis illis deformibus agat autor, quae nomine magarum scopae* (Hexenbesen) *inditae, in modum fere scoparum passim circumdant rami partem aliquam.* χ) Nicolai lib. I cap. 9. ψ) *Nicol. addit,* et quaelibet partium plantae compositae sunt membris aliis. ω) musculis *Nicol., quibus optime Alb. hic supposuit* ligamenta.

§. 124: 5 valuerint *BCOEdd.* 6 fine *O.* 7 non magnis *Edd.* 8 cooperiens — repellitur *L.* 9 *Om. Edd.*

§. 125: 1 proportionentur *L; V addit* Alius titulus: Quales partes et operationes planta habet animali similes *quem titulum in indice solum profert.* 2 *Om. A;* — cuti in *om. Edd., atque C, cui manus secunda supplevit* corio. 3 in anim. ori *L.* 4 sensitivus et nocivus *Edd.* 5 procedunt *BCO;* protendunt in aliam superius conjuncti *A.* 6 sicud *A, quam vocem ubique hoc modo scribit;* — ibi *Edd. pro* illi; — sensib. *L pro insensib.*

ligatio duorum lignorum in stipite vel ramo uno, vel stipite et ramo[7] sicut diximus in praecedentibus[α]). Similiter autem est de aliis partibus, quae similiter[8] reliquis membris comparantur.

Sicut autem est in animalibus, quod scilicet quaelibet[1] 126 pars ejus similis dividitur duabus divisionibus, quarum una est in partes similes aliquo modo, et alia est in partes dissimiles: ita etiam[2] est in plantis, et sic est in omni corpore mixto. Si enim hoc accipiatur ut integrum[3] ex suis partibus quantitativis constans, dividitur[4] per similia, sicut lutum[β]) dividitur in partes luteas; si autem[5] accipiatur ut mixtum[6] essentiale, totum dividitur in miscibilia, quae diversa sunt in forma, sicut[7] lutum dividitur in terram et aquam. Similiter autem pulmo et caro dividuntur, ut sunt tota integra[8], in carnes et partes pulmonum, in forma a pulmone non discrepantes; et dividuntur ut mixta in elementa, ex quibus essentialiter et materialiter commixta sunt. Unde etiam haec elementa radices eorum[9] sive prima principia materialia esse dicuntur.

Officialia tamen tam in animalibus quam in plantis integra- 127 lis totius divisione dividuntur etiam[1] per dissimilia. Manus enim non dividitur in manus, sed in digitos et volam[2], et pecten manus, quorum[3] nullum habet rationem manus vel nomen. Hoc tamen posterius convenit organicis partibus plantarum, quia, licet radix non proprie dividatur in radices, tamen pars radicis plus convenit cum radice, quam digitus cum manu[4]. Minus enim diversificatur planta in[5] partibus quam animal, sicut in antehabitis[6] dictum est. Similiter autem folium non dividitur in folia, sed tamen partes naturam quandam folii videntur habere et similitudinem. Nec deficiunt tales partes a totius

α) *Cap.* 1 §. 113. β) quasi lutum uno modo per terram tantum, et alio modo per aquam. *Nicol.*

§. 125: 7 *Om. A* vel st. et ram. 8 *Om. L.*

§. 126: 1 quod quelibet videlicet *L.* 2 *Om. L.* 3 integer *CZ.* 4 dividetur *L.* 5 *Om. BJ.* 6 lutum *A.* 7 in *addit A.* 8 integralia *A* 9 *Om. O.*

§. 127: 1 et etiam *O.* 2 digitos molam *O.* 3 quoque *O;* — nullam *BCV Edd.* 4 ad manum *A.* 5 suis *addit A; om. L* in part. 6 *L; om. C* in antehab.; sicut ante *Reliq.*

nomine in natura, sed in figura solum. Unde omnes[γ)] tales partes habent compositionem[7] similium membrorum, quae est commixtio ex elementis, ex quibus immediate componuntur; quod non est in membris dissimilibus animalium, quae proxima compositione constituuntur ex similibus, et similia eorum constituuntur ex elementis.

128 Talis autem compositio heterogeneorum est etiam[1] in fructibus plantarum, licet quidam fructuum[2] componantur ex paucis dissimilibus in forma, quidam autem[3] ex multis. Ex multis quidem, sicut fructus olivae, qui olea dicitur. Ille enim[4] habet corticem et carnem et testam durissimam et nucleum[5], qui est semen ejus, qui et ipsa habet pellem extra in testa[6] circa se, in qua involvitur. Similiter autem est[7] in persicis et prunis secundum omne genus prunorum, et cerasis[8] et omnibus similibus istis. Fructuum enim habent aliqui tres coopertura s; — sicut nuces habent circa testam carnem quandam et testam[9] et interiorem pellem, et amigdala similiter et persica et multa alia. Sed hoc generale est ad minus, quod semina omnia ex duobus corporibus constituuntur, quorum unum est terrestre, et est cortex seminis, et alterum est farina[10] ipsius seminis ex subtili terreo et calido aëreo confecta.

129 Istae igitur sunt plantarum partes, quas hic diximus per enumerationem. Summatim autem sermo tendit ad hoc, quod propter vicinam diversitatem partium[1] plantarum ad invicem difficile est valde determinare omnes partes plantae, et omnes coopertura s partium diversarum, et alias ejusdem[2] diversitates. Quod autem praecipue difficile est, hoc est determinare essentialia principia — quae sunt propria materia et propria forma cujuslibet —; et quis[3]

γ) *Nicol. verba haec* sed in his radicibus et foliis est compositio *a lacuna excepta profert.*

§. 127: 7 *COV;* opposit. *L;* comparat. *Reliq.*

§. 128: 1 *Om. A.* 2 fructus *L.* 3 autem quidam *A;* — *om. C* ex; *om. A V* Ex mult. quid. 4 *Om C;* — habet et *BJ.* 5 malleum *Edd.* 6 *L;* pellem intra testam *Reliq.;* — volvitur *L. Conf. lib. VI* §. 158. 7 *Om. L.* 8 causis *CEdd.;* ceresis *L.* 9 recta *C;* rectam *Edd.* 10 forma *V; om. Edd. dein* et; confecta *Meyer conjecit,* confecto *Codd. et Edd.*

§. 129: 1 propter nimiam div. part. pl. et plantarum *L;* — *om. A* partium; *om. Edd. dein* est. 2 ejus *L.* 3 quid *BCEdd.*

sit calor[δ]) naturalis privatim conveniens cuilibet plantarum[4]; et quid sit tempus durabilitatis et aetatis earum; et quae sunt aliae impressiones et accidentia, quae plantis ex diversis eveniunt causis. Cujus una causa est, quia cum anima sit principium cognoscendi, animatum non potest clare cognosci ex hoc planta, eo quod non habet actus et consuetudines animae manifestae. Sunt enim opera animae in ea occulta, 130
sicut superius[1] dictum est[ε]), quod non habet anima plantarum effectum vitae, qui sit aequalis effectui vitae[2], quae est in animalibus. Si autem aliquis dicat, quod, licet occultior sit vita plantarum quam animalium, tamen proportionaliter potest accipi actus et opus organicarum partium plantae ad organicas partes animalium[ζ]): dicemus, hoc esse difficile valde. Cum hoc non fiat proprie, sed per similitudinem et translationem metaphoricam[3]; multum prolongabitur sermo, nec erit[4] proprius ille sermo philosophiae[5] sed poematibus. Amplius autem fortasse non evademus magnas valde et innumerabiles[6] diversitates, cum[7] enumeramus partes plantarum diversarum secundum genus et species differentes.

Pars enim rei cujuslibet est de natura et genere to- 131
tius et de substantia generis[1] illius propria; et ideo, sicut est alius leo ab homine, ita est alia natura carnis[2] et ossis leonis a natura carnis[2] et ossis hominis. Cum enim res[3] generatur ex natura substantiae alicujus, tunc partes habebunt naturam substantiae illius specialem et dispositionem[η]), nisi chronica infirmitate corrumpatur pars, et amittat naturales dispositiones, quibus constituta fuit in generatione substantiae, cujus ipsa est pars. Et hoc modo, si loquamur[4] de

δ) et colorem *Nicol.* ε) §. 103 *et seq.* ζ) Et si proportionaverimus partes animalis cum partibus plantae *Nicol.* η) remanebit in sua dispositione species *Nicol.*

§. 129: 4 plante *A.*

§. 130: 1 *L*; supra *Reliq.*; — eo quod *ABEdd.* 2 *om. A* sit ... quae; *om. Edd.* qui ... vitae. 3 methaphysicam *Edd.*; — et multum *A*; multam *B.* 4 erat *BCEdd.*; est *L.* 5 physice *A.* 6 numerab. *L.* 7 et *A.*

§. 131: 1 genere *C.* 2/2 *L*; cruris *Reliq.* 3 rex *B*; gen. res *L.* 4 Et si hoc m. loquimur *L.*

diversitate partium plantarum, alterius naturae erit[5] radix olivae et alterius piri, et sic de aliis; et secundum hoc oporteret[6] de cujuslibet plantae partibus divisim tractare, quod ultra modum magnam generaret diversitatem.

132 Et secundum eandem rationem magna[1] diversitas est inter membra plantarum et animalium, quae impedit proportionem et comparationem unius ad aliud, quia comparatio et proportio non est inter ea, quae non participant unum aliquid[2], aut univoce, aut secundum prius et posterius. Hinc[3] autem in partibus plantarum et partibus animalium non potest fieri comparatio secundum unitatem[4] substantiae et naturae, sed tantum secundum operationem[5] ad unum actum. Sicut radices ori dicimus similes non ideo quod sint[6] ejusdem naturae vel substantiae radix et os, sed quia sunt ejusdem officii in tractu alimenti; licet non omnino sit similis tractus — quia os trahit indigestum et impurum, radix[7] autem digestum et depuratum. Et ideo radix[7] verius cordi comparatur; hoc enim, sicut in libro de somno et vigilia[ϑ]) diximus, ad medium sui thalami trahit nutrimentum, et ibi complet ipsum et transmittit membris per utramque venam, per eam, quae vocatur magna, et per eam[8], quae vocatur graece orthy[9], quae minor apud nos vocatur.

133 Sunt autem etiam[1] quaedam partes plantarum differentes valde, cum tamen sint[2] ejusdem nominis, sicut flores et fructus et folia plantarum. Haec[3] enim in quibusdam plantis omni anno[4] fiunt et renascuntur, veteribus abjectis; quaedam autem non omni anno producunt nova folia vel[5] flores vel fructus. Nec tamen istae partes remanent in eis, ut cortex, qui[6] magis esse videtur de substantia individuali plantae,

ϑ) Lib. I tract. II cap. 3.

§. 131: 5 erat *Edd.*; *om. A B Edd.* et; — piri *L*, pini *Reliq.* 6 oportet *A L Edd.*

§. 132: 1 *Om. A.* 2 *Om. L; om. C* aut univoce; — prius aut *A.* 3 *E conject.*, Hic *Codd. et Edd.* 4 veritatem *A Edd.;* virtutem *B;* virilitat. *C.* 5 *L*; comparat. *Reliq.* 6 *L;* sit *Reliq. omitt.* ideo; quod non sit *C.* 7/7 *utroque loco legunt:* radix *L*, radical *B*, radicalis *Reliq.*, *quare sigla verbi* radices *legisse crederes, ni obstaret* comparatur; — autem non set *pro* autem *et dein* virtuti cordis *pro* verius cordi *A.* 8 omni *B.* 9 ozthi *L*; orchi *V*; orthi *Reliq.*; *at ipse Albertus in libris de animalibus* orthy *pro* ὀρθή.

§. 133: 1 *Om. A L.* 2 sunt *A.* 3 Hoc *B.* 4 *Om. Edd.* anno. 5 et — et *Edd.*; et — vel *V.* 6 que *V.*

quam istae partes, quia illae[7] sunt corpora[ι]) quaedam cadentia, a re aliqua, quae causa est suae abjectionis[8]; sicut frigus, vel obstructio[9] pori, unde trahitur alimentum, aut etiam succosae substantiae spissitudo. Hae enim sunt causae casus foliorum et florum et fructuum, ut inferius[κ]) explanabitur. Et 134
partes tales absque dubio[1] non sunt in planta sicut constituentia individuam substantiam plantae ipsius[2]. Partes enim multae multotiens cadunt de planta[3] integra manente, quae quidem sunt partes indeterminatae, quae non sunt officio[4] alicui secundum opera plantae determinatae nisi quam[5] ad bene esse; sicut etiam sunt in animalibus pili hominis et ungues. Tales enim[6] partes, non existentes de esse plantae vel animalis, saepe projiciuntur et renascuntur, aut in eodem loco, in quo fuerunt priores[7], aut in alio sine augmento et diminutione partium essentialium animalis vel plantae. Et ideo dicit Aristoteles in quinto[8] primae philosophiae[λ]), quod calvus ex capillorum amissione in fronte non est colobon, hoc est[9] diminutus membro. Licet[1] autem taliter se habeant hae partes[2] 135
in animalibus et plantis, tamen certum est, quod aliquo modo sunt partes, quia non omnes partes alicujus sunt partes determinatae, manentes[3] in substantia ipsius, ita quod non removeantur[4] ab ipsa. Sive ergo talia sint partes plantae, sive non sint partes plantae[5] sed animalis, turpe[6] sive irrationale est dicere, quod ea[7], cum quibus crescit animal vel[8] planta et completur cum eis, non sint partes ejus. Sed potius folia et omnia, quae sunt in planta, cum qui-

ι) *Nicol. verba:* ut cortex et corpus cadens a re abjiciente ipsum propter causam *a lacuna excepta offert. Albertus autem verba* cadens a re *interpretatus est in* cadens *vel* abjectum per *vel* ob rem. κ) Lib. IV tract. III cap. 6 (§. 130 *etc.*). λ) Methaphys. lib. V editionum priorum, lib. IV c. 27 edit. Beckeri.

§. 133: 7 *L*; illa *Reliq.*; *om. C* cadentia. 8 adjectionis *B*. 9 per obstructio porri *Z*, per obstructionem *J*.

§. 134: 1 *Om. B.* 2 *L*; *om. Reliq.* 3 parte *A*. 4 officia *L*. 5 *L*; determinata nisi ad *Reliq.* 6 etiam *ABC*. 7 *L*; *om. A*; ȳbes *B*; ymbres *C*; imbres *VZ*, *unde J* veteres; — in aliis *A*. 8 *L*; quinto metaphysice *Reliq.* 9 *Om. CL.*

§. 135: 1 Hoc *Edd.* 2 plante *CVZ*. 3 moventes *L*; in substantia, manentes in subst. *B*. 4 removeatur *L*; demoveantur *V*; — ad ipsa *C*. 5 *Om. C* sive ... plante. 6 tamen *addit A*. 7 est *L*. 8 *L*; et *Reliq.*

bus crescit et completur, et sunt in ea; sunt[9] partes ejus, licet non sint semper determinatae eaedem in ea secundum numerum. Et licet paulatim decidant hae, et aliae re crescant[10], non eaedem in numero, sed in[11] specie existentes, et sic indeterminatae; [cum[12]] planta non sit sine talibus partibus, tamen[13] dicendae sunt partes quaedam; sicut et cornua cervorum partes sunt, licet non determinate semper eadem habeant[14] secundum numerum. Cadunt enim cornua cervorum[15] et succrescunt alia; et similiter[16] pili quorundam animalium, quae in cavernis abscondita latent[17] tempore hiemis sub terra[μ]). Et haec[18] habent similitudinem quandam ad casum foliorum.

Capitulum III.

De generali diversitate [partium] plantarum, accepta per communia, quae omnibus plantis in genere conveniunt, vel pluribus earum[1].

136 Obmissa[2] autem comparatione partium[3] plantae ad partes animalium, loquamur nunc de generali diversitate partium plantarum et[4] speciali sine comparatione. Nos[ν]) enim in scientia de plantis oportet loqui de partibus supra memoratis[5], et enumerare partes proprias quibusdam, et communes omnibus vel multis, et diversitates earum.

137 Dicamus igitur, in primis de communibus loquentes,

μ) *Theophrasti hist. plant. lib. I cap.* 1 *secutus est hoc loco ut saepius Nicol.* ν) Nicol. lib. I cap 10.

§. 135: 9 *V et Nicol.*; sint *L*; ut *Reliq.*, *unde B om. praecedens* et. 10 cresc. *C V*. 11 *L*; *om. Reliq.*; *om. C praecedens* in. 12 *E conjectura adjeci* cum, *Meyer adjecerat* et non possit dici quod. 13 tantum *B C*. 14 habent *V*. 15 *Om Edd.* partes .... cervorum. 16 aliter *C*, *om. B* pili. 17 *L*; jacent *Reliq.*; se abscondunt *Nicol.*; — tempore semis *C*. 18 *Om. L*; *om. A B Edd.* quandam.

§. 136: 1 partium *ubique omissum e sequentibus restituendum duxi;* omnia *Edd. pro* commun. 2 Admissa *Edd.* 3 *Om. A.* 4 *Om. B C Edd.* 5 enumeratis *L*.

quod partibus plantae in genere plantae, prout genus ejus continet plantas perfectas et imperfectas, inest magna diversitas in multitudine partium et paucitate earundem, et magnitudine partium et parvitate earundem, et fortitudine[1] partium et debilitate earundem. Haec autem tota triplex diversitas est ex humoris abundantia vel defectu in plantis[2] secundum diversitates humoris, quia humor multus in planta multum porosa[3] multitudinem facit magnam ramorum et partium, praecipue quando humor acutus fuerit, qui potest penetrare per poros. Quando autem multus est et grossus et hebes, facit partes grossas et magnas; quando vero est terreus fortiter decoctus calido[4] multo et insuper multus, facit fortes[5] partes valde. Contraria autem horum[6] faciunt partes paucas et parvas et debiles. Et est[7] illud proportionaliter in omnibus plantis.

Humor vero[1] magnarum arborum, quae habent partes 138
magnas et multas et fortes, in quibusdam est, sicut lac, spissus et albus et viscosus et digestus dulcis, sicut in ficulneis, in quibusdam autem est acutus abundans et viscosus, sicut pix[ξ]). Et talis humor aliquo modo est in vite, licet sit magis aquosus. Pix enim terrestris est[2] humor unctuosus et pinguis et spissus; vitis autem humor est subtilis et aquosus magis et[3] pinguis aërea pinguedine. In quibusdam autem est humor, qui vocatur a quibusdam originalis, eo quod, ut dicunt, est calidus et humidus; verius tamen origanalis[4], quia est similis ei, qui est in origano[o]) qui est calidus et siccus et aperitivus valde. Et talis est in planta, quae graece voca-

ξ) *Opinionem Theophrasti, qui hist. plant. lib. I cap.* 12 *succum resinosum tribuit coniferis omnibus, aquosum viti aliisque plantis, in codicibus Nicolai nimis decurtatam, in integrum fere restituit Albertus.* o) *i. e. Origanum vulgare Lin.*

§. 137: 1 earundem *addit L.* 2 et *addit A.* 3 plantis . porosis *B Edd.* 4 calore *A*; a calido *V*; et multo *B Edd.* 5 *L*; multas *Reliq.*; *at oppununtur iis partes debiles.* 6 istorum *L*; — *om. Edd.* et parv. 7 *L*; Et *A*; illud prop. est *A B*; *om. Reliq.* Et est.

§. 138: 1 *E conject.; autem A; enim Reliq.; difficillime autem discernuntur in autographo Alberti sigla vocum* enim *et* vero. 2 *Om. Edd.*; est terr. *L.* 3 et magis *V.* 4 *Legunt codicum Nicolai* origanalis *unus,* originalis *reliq. omnes; codicum nostrorum priore loco* originalis *B L Edd.*, original *A*, origilis *C V secundo loco pro* origanalis, *quod Meyer e sequentibus restituit,* originalis *B C L V*, origil *A*, *om. Edd.* eo quod .... origanalis.

tur epygradium[5], quod aliqui serpillum[6] esse dixerunt[π]); est autem etiam[7] talis in thimo et epithimo[8] et in multis aliis plantis. Et hic[9] causat praecipue ramusculorum et foliorum multitudinem propter sui penetrationem. Lacteus autem grossitiem causat[10] partium, et acutus longitudinem, et origanicus[11] causat multitudinem et parvitatem. Lacteum enim viscosum non longe extenditur, acutum autem aqueum vel[12] viscosum terreum multum extenditur in longum, et acutum siccum in multa valde dividitur, quia divisio est effectus siccitatis. Amplius autem dividitur planta generaliter, quia quaedam est, quae habet partes valde siccas, sicut canuca[ρ]) herba et multae aliae plantae[13] in regionibus calidis et siccis, de quibus inferius dicetur[14].

139 Quaedam autem habent[1] partes terminatas[2] in numero et specie, quibus in tota vita secundum numerum et speciem nihil additur vel diminuitur, sicut dicunt quidam de palma[σ]). Et talis planta licet habeat partes sic terminatas, tamen nec sunt similes in forma, nec aequales in quantitate[3]. Quaedam autem habent partes ad invicem similes, sicut est beta et caulis, quamdiu est herba, antequam olescat sive in figuram oleris convertatur; tamen non sunt terminatae necessario in numero, neque aequales. Et quaedam sunt, quae habent partes aequales non necessario similes, sicut[6] de fruticibus quidam dicunt, licet verum non videatur, quia[7] frutex est, quando palmites multi egrediuntur[8] de radice una, et illi sunt et[9] similes et ae-

π) *Plantarum harum, quas omnes Labiatis adscribimus,* serpillum *procul dubio est Thymus serpyllum Lin.;* thimus *Thymus vulgaris Lin. dubiae sunt* epithimum, quod redit *lib. VI* §. 330, *et* epygadrium, quam vocem *corruptam fortasse Saturejae thymbrae Lin. respondere Meyer in edit. Nicol. p.* 69 *suspicatus est.* ρ) *Planta dubia, de qua conf. lib. VI* §. 326. σ) *Conf.* lib. VI §. 182.

§. 138: 5 *L*; epigradrium *A; epygradrium Edd.;* epigadrium *B;* epygradium *CV;* opigaidum *Nicol., si lectio vera.* 6 ypillum *C, quod B supra lineam in* serp. correxit; hypillum *Edd.* 7 *Om A* autem; *om. Edd.* etiam. 8 ephyteon *L.* 9 hoc *A*; — causant *Z.* 10 Lact. ergo gross. generat *L.* 11 *B*; organ. *Reliq. Apud Catonem quidem de re rust. cap.* 127 *vinum* origanitum *pro* origanites *legitur. Cujusmodi autem formae graecae a nostro auctore prorsus alienae sunt. Mey.* 12 et *A.* 13 *Om. L.* al. pl. 14 *L; infra* habebitur *Reliq.*

§. 139: 1 *Om. A.* 2 quadratas *Edd.* 3 *CLV;* qualitate *Reliq.* 4 tamen *L.* 6 sint *Z;* de fructibus *CV;* — dixerunt *A.* 7 set *A;* — palmates *L.* 8 et *addunt B Edd., delevit V.* 9 *Om. A L.*

quales. Sed in multis aliis plantis est hoc invenire, quod partes sunt aequales et non similes, quia forte aequales sunt[10] radices ramis, cum[11] tamen dissimiles sint valde.

Plantae autem locus generationis et salutis non est in 140
situ uno terrae, sed in multis.

Et[1] generaliter loquendo plantarum generalis diversitas 141
cognoscitur in figura et[2] colore et raritate substantiae ipsius et spissitudine et asperitate et laevitate et omnibus, quae accidunt plantis secundum[3] omnes diversitates inaequalitatum et augmentorum et numerorum partium ipsarum, et per ea, quae sunt his[4] opposita, sicut est detrimentum numeri[5] sive paucitas et magnitudo et parvitas. Et quaedam planta[6] etiam ad alias non comparata, sed in se ipsa considerata, non est omni tempore unius modi in istis, sed habebit in dictis[7] multas div|ersitates quas praediximus.

Capitulum IV.

De diversitate[1] essentialium et principalium partium plantae.

Secundum diversitatem autem[2] magis specialem quaedam 142
plantarum[τ]) producunt fructum super folia, sicut piri et mali et cini[υ]) et pruni[3] et amigdali, in quibus invenitur folium a radice cotyledonis[φ]) fructus; quaedam autem producunt sub[4] folio suo et illae sunt rarae in nostris climatibus; et quae-

τ) Nicol. lib. I cap. 11. υ) *i. e. Prunus insititia Lin.* φ) *i. e.* a basi pedunculi fructus, *conf. indicem.*

§. 139: 10 sicud *A omittens* et .... aequales. 11 *Om. L legens* sunt.
§. 141: 1 *Om. A.* 2 in *V*; — *om. Edd.* substantiae ...... laevitate. 3 plante sed *Edd.* 4 *Om. C*; eis sunt *L.* 5 numero *A.* 6 *Om. A*; — *om. L* ad. 7 *A addit* partibus.
§. 142: 1 *L V text.*, De causa diversitatis corporalium et princ. *etc. A*; De corporalium et ... divers. *Reliq.*; plantarum *V ind.* 2 *Om. C*; — quam *pro* quadam *Z*; — *om. L* fructum. 3 prini *A B*; rumi *L*; pini *C V Edd. Sed ubique fere pruno cinum adjungit Albertus.* 4 *L Nicol. et Vincent. Bellovac.*; sine *Reliq.*, *cui superscripsit A* vel sub.

dam producunt[5] ex opposito folii sui, sicut vitis: est enim pampinus frequenter ex opposito racemi in vite χ). Adhuc autem quarundam fructus pullulat pendens a stipite, et quarundam a radice, sicut fructificantur[6] arbores Egyptiae, quae vargavariton[7] graece dicuntur ψ). Quarundam autem fructus est in medio earum inter corticem inclusus, sicut est in canna mellis, quae fert zucarum. Quarundam etiam folia et nodi sunt indistincti secundum locum, sicut in edera[8]. Et quarundam folia sunt aequalia et[9] ad invicem similia. Quaedam autem et[10] ramos aequales habent inter eas, quae habent ramos.

143 Partes autem, quas dicemus et diximus, omnium sunt[1] plantarum, quae crescentes sunt et auctae cum ipsis crescentibus et auctis: et istae[2] sunt partes essentiales plantarum, et istae sunt radices et virgae et stipites plantarum et rami. Istae[3] enim partes praecipue sunt in plantis, et assimilantur membris animalium, quae continent[4] tota animalia vel membra partialia ipsorum.

144 Radix enim plantae est mediatrix organice inter plantam et cibum. Et ideo Graecorum praecipui in academicis[1] studiis florentes, sicut Plato et Speusippus[2] principium secundum[3] Arabes radicem vocant, et dicunt, eam esse principium sicut causam vitae, quia per vivificum nutrimentum causam vitae plantis continue adducit.

145 Stipes autem plantae est, quae sola a terra nasci-

χ) *Characterem hanc Ampelideis omnibus communem (Jussiaei genera plant. p.* 296 *et* 297) *Albertus primus observasse videtur.* ψ) *Meyer in edit. Nicol. p.* 71 — 72 *conjecit vocem hanc compositam esse e vocibus* vignum et arachidna, *et priorem plantam quidem nobis esse Cichorium Intybus Lin.,* arachidnam *vero pro planta quadam cichoracea habet.*

§. 142: 5 *Om. A*; — opposita *L.* 6 fructificant *L et e corr. V*; — Egypte *C* 7 vargavaticon (*vel* narganat.) *L omisso* graece; nargavariton *Edd.*; naragavariton *V*; naragavaricon *C*; margavaricon *A* 8 odea *V*; edas *CZ*, eadem *A.* 9 *Om. AB.* 10 *Om. A.*

§. 143: 1 *Om. L* 2 *L*; ille *Reliq* ; - *om. C* plantarum .... stip. 3 et iste *L.* 4 continet *Z*; attinent *C.*

§. 144: 1 achodomitis *L*; ach adem. *Reliq.* 2 leuctippus *L*; dicunt *addit A.* 3 *E conject.*, quod *Codd*, *difficillime autem distinguuntur utriusque vocis sigla.*

tur, a radice quasi perpendiculariter ad rectos angulos erecta, et est sicut statura erectionis plantae ω).

Surculi vero proprie sunt virgae a radice arboris 146 circa stipitem pullulantes; improprie tamen surculi etiam[1] dicuntur palmites, qui pullulant a stipite et a ramis in diversis partibus plantae.

Rami autem sunt partes illae, quae[1] immediate a stipite, 147 non in loco surculorum, superius vero supra stipitem oriuntur; et talis rami non in omnibus, sed in magnis plantis frequenter inveniuntur. Ramos autem habentium[2] plantarum quaedam non sempiterne retinent eos, sed anno post annum renovant.α) — sicut feniculumβ) et livisticum[3] et siler montanum, et valeriana[4] et hujusmodi — quaedam autem retinent eos[5] sempiterne. Et quaedam nunquam habent ramos et folia, ut[6] fungi et tuberes et omnia genera boletorum[7]. Tamen propriissime rami dicti non sunt nisi arborum, et non arbustorum vel fruticum vel olerum vel herbarum.

Cortices autem et[1] lignum et medulla et omnia hu- 148 jusmodi essentialia plantae nascuntur ex humore seminario et cibali plantae[2]. Medullam autem[3] quidam vocant arboris matricem, eo quod in ipsa videtur concipi et formari semen conceptum. Cujus signum est, quod vitis et quaedam aliae[4] plantae evacuatae medullis non concipiunt semen, sed faciunt uvas sine arillis[5], qui tamen arilli pro certo sunt[6] semina vitium. Quidam autem[7] vocant viscera, eo quod primum

ω) Statura erectionis *pro statu erecto Arabismus est.* α) *Quibus verbis herbae perennes vel suffrutices describuntur, quae caulis partem alteram sparsim ramosam subterraneam et perennem, alteram vero saepius ramosiorem aëream et cum fructibus deciduam marcescentem gerunt.* β) *Nobis sunt Foeniculum officinale All. conf. lib. VI* §. 346 *et Ligusticum levisticum et Laserpitium siler et Valeriana officinalis Lin.*

§. 146: 1 *Om. L.*

§. 147: 1 *Om. Edd.*; ille part. q. *L.* 2 -tia *Z*; -tes *J.* 3 *Scribunt* livisticum *Alb. et Edd. ubique*; libisticum *hic A et* §. 170 *A C V*; lybisticum *hic C V*; levistieum *his locis Reliq. et lib. VI* §. 349, 414 *Codd. omn.* 4 vällana *C*; vallana *V Edd.* 5 eas *A.* 6 et *Z*; - tubera *B.* 7 holerorum *V.*

§. 148: 1 nisi arborum cortices et *L omittens intermed.* 2 *Om. A.* 3 *arboris addit A.* 4 *alia C.* 5 alias apillis *V in marg. addit*; uvam sine arillo *A.* 6 *Om. C.* 7 vero *A.*

nutrimentum decurrit in ea in quibusdam plantis, quae cibantur a medio ad superficiem digerendo nutrimentum, sicut diximus$^{\gamma}$) superius[8]. Et quidam vocant cor[9], quia vitalem virtutem confert nutrimento attracto, in his, quae habent medullam; in his autem[10], quae non habent, confert id, quod est loco medullae, sicut ligni medium.

149 Nodi autem et venae et caro, lignea vel herbalis[1], plantarum — quae supplet id, quod[2] est inter venas et nodos —, constant omnia ex quatuor elementis, et in ipsis virtutes inveniuntur elementorum magis quam in partibus animalium, eo quod plantae materialiores[3] et viciniores sunt elementis, et minus in eis quam in animalium corporibus elementa sunt alterata.

150 Inveniuntur autem quaedam plantarum partes, quae facile valde generantur, sicut folia et flores et virgulae parvulae, quae sicut flores sunt praeter essentialia plantae$^{\delta}$), quae etiam proprie[1] non virgulae sunt, sed sunt[2] stipites, in quibus figuntur multi flores, et postea fructus, et aliquando multa[3] folia$^{\epsilon}$); sicut est id, quod vocatur racemus in vite, hoc est id[4], in quo figuntur multae uvae in botro; et sicut est id, quod est in arbore nucum, in quo figuntur multa folia, et cadit cum foliis, sicut flores et fructus. Eodem autem modo sunt facilis generationis fructus et rami quidam et semina et cortices, quae[5] circumdant semina; haec enim omnia facile generantur propter similitudinem suae materiae.

γ) *Cap.* 1 §. 114. δ) praeter plantam *Nicol.* ε) *Pars utraque et hodie eodem nomine rachis designatur, quamquam inflorescentiae rachis stipiti, folii compositi rachis vero, quae foliola nec* folia *multa fert, folio adnumeratur.*

§. 148: 8 *L*; supra *Reliq.* 9 *Om. Z*, *unde J* quidam causam vitae; vocant coram eo qui *L*; — vitam *pro* virtutem *A*; affert *pro* conf. *A B.* 10 *Om. L*; — *om. Edd.* habent; — illud q. e. in loco *L.*
§. 149: 1 vel *add. Edd.* 2 medium *add. A.* 3 -riales *Edd.*
§. 150: 1 proprie et *Z*, parvulae et *J.* 2 *Om. A*; — in qua *V.* 3 *Om. V.* 4 *Om. L.* 5 qui *L*; — circumstant *Edd.*

Capitulum V.

In quas species dividitur[1] genus plantae, et propter quam causam.

Si autem consideramus plantam[2] secundum communitatem 151
et ambitum suae praedicationis, tunc partes ejus sunt de quibus
univoce nomine et ratione praedicatur. Et harum quaedam
sunt arbores ζ). Quaedam[3] inter arbores et herbas[4] ipso
nomine suo se medias demonstrant esse, quae graece quidem[5]
ambragyon η), latine autem arbusta dicuntur communi nomine[6].
Quaedam autem sunt herbae, et quaedam olera virentia.
Fere autem omnis planta sub his cadit nominibus. Fere
autem dico propter fructicem[7] magnum ϑ), qui medius inter arbustam et arborem esse videtur, plus tamen ad arborem declinans.
Et secundum hoc summum[8] plantae est arbor, et infimum herba.
Et quia natura non subito transit de extremo ad extremum, sed 152
transit per omnia media, quae congruum est fieri inter ea, ideo
fecit media multa, quorum quidem unum solum per aequidistantiam et medium, et alia sunt, quae magis vicinantur extremis.
Hoc autem patebit in exemplis et definitionibus nominum inductorum.

Arbor enim est, quae habet ex sua radice stipitem 153
fortem, super quem[1] nascuntur rami plures, et in ramis
virgae plurimae, et in virgis ea, quae vocantur flagra[2] plurima,
sicut oliva et cypressus et fici sive ficulneae.

Plantae autem, quae sunt mediae inter arbores et 154
herbas, quae dicuntur[1] ambragyon graece, et latine ar-

ζ) *Nicolai lib. I cap.* 12. η) ambrachium *Nicol. I cap.* 12, *vox haud dubie arabica, cui apud Theophr. hist. plant. I cap.* 3 §. 1 *θάμνος respondet. Conf. infra adnotatio nostra ad* §. 15. ϑ) *i. e. cujus nomen est* Magnus. *Conf.* §. 154.

§. 151: 1 dividatur *AB.* 2 plantas *Edd.* 3 que *L.* 4 que *addit A.* 5 quidam *A*; — ambragion *LV.* 6 lat. arb. com. nom dic. *L.* 7 fructum *CEdd.*, quod *correxit V.* 8 summe *B*; — arborum *J*; — herbe *Codd. omn.*

§. 153: 1 quam *L.* 2 fragra *CZ.*

§. 154: 1 et vocantur *L*; — *om. Edd.* graece.

busta, habent emissos a radicibus suis multos ramos per modum palmitum. Et[2] sunt trium generum, quoniam quiddam[3] est sicut id, quod graece dicitur magnus[4], et aliud est sicut cannae arundinum magnarum[ι]), et tertium est sicut frutex. Vocamus enim frutices ea[5], quae multos ex una radice ramos emittunt, cum tamen sint lignei rami, sicut sunt spineta quaedam. Sed medium inter haec[6] habet nomen proprium apud nos, et vocamus ipsum rubum[κ]), et hoc est, quod longitudinem magnam habet in ramis, et minorem ligneitatem quam frutex. Et quia ex longitudine saepe prosternitur, ideo quidam auctores vocaverunt ipsum labra[7], quia lambit alia[λ]), super quae rependo nititur. Et in hoc genere cadit edera, et alia quaedam. Omnia tamen haec, quando antiquantur multum, lignescunt[8] magis et magis, licet a principio originis suae parum aliquando habeant ligneitatis.

155 Est autem et aliud medium, sed multum ad herbae accedit proprietatem[1], quod vocatur olus virens[μ]) ab auctoribus, quod quidem[2] multos stipites projicit ex una radice, et in stipitibus ramos diversos, sed parum aut nihil habet ligneitatis, licet quaedam[2] eorum durescant ad modum ligni in senectute

ι) *Nicolaum hic Theophrasti verba, hist. pl. lib. I cap.* 3 §. 1, *interpretantem pro παλίουρος scripsisse* mogânas-el-ʿhenna *i. e. similis Lawsoniae inermi; indeque ortum esse* „magnus cannae“ (*pro* ʿ*hennae*) *Meyer in edit. Nicol. p.* 78 *probavit. Verba Theophrasti autem eo ordine disposita invenis, quem Wimmer in edit. contra codicem Urbinatem quidem at jure certe secutus est; praecedunt exempla fruticis i. e. θάμνου, secundum locum tenent exempla oleris i. e. φρυγάνου. Quare vix accipienda sunt, quae Meyer l. c. proposuit, vocem* ambrachion (= al-brachion) *nil esse nisi vocem φρύγανον literis arabicis incongrue rescriptam.* κ) et rubus *Nicol. Βάτος Theophr.* λ) *Frustra quaesivi autores laudatos. Labruscae nomen autem a labris vel marginibus terrarum, in quibus crescat planta, derivat Isidorus Hisp. Etym. lib. XVII cap.* 5, 3. μ) *Φρύγανον Theophr. Nomen olus virens, quo hic usus est Albertus pro* olus *Nicolai, eo tempore usitatum et ortum esse e nomine arabico* chadir, *quod a radice* chadara *i. e. viruit, derivatum sit, Meyer monet.*

§. 154: 2 *Om. L.* 3 quidam *BZ.* 4 ingravus *vel* mgranus *CV*; in generali *L.* 5 eas *B.* 6 hoc *ABZ.* 7 lambra *A.* 8 liquesc. *C.*

§. 155: 1 -tates *L.* 2/3 quidam *V.*

longa. In quo genere sunt ruta[ν]) et caulis[3] et plura alia.

Herbae autem infimum locum plantae retinere videntur, quae sunt id, quod ex una radice non profert nisi folia, sicut rapa[1] porri et quaedam alia. 156

In hac[1] autem divisione non sunt fungi et tuberes[2] et boleti secundum omnia genera sua, eo quod videntur minime habere de vita plantae et viribus ejus, ita quod nec folia formare valent, sed esse dicuntur[4] quaedam plantaliter exhalantia et evaporantia ex aliis plantis; propter quod raro, nisi inter alias plantas, inveniuntur, et parum durant valde. 157

Quaedam[1] etiam omni anno nascuntur ex supra dictis, et praecipue de oleribus, et arescunt eodem anno, sicut triticum et alia quaedam herbarum et olerum. Quaedam autem manent continue. 158

Haec autem nomina[1] de speciebus plantarum posuimus, ut, his[2] exemplariter propositis et descriptis, syllogozemus[ξ]) ex his de naturis et proprietatibus omnium aliarum plantarum, quae convenientiam habent cum aliqua istarum[3]. Omnia enim habent convenientiam cum aliquo istorum hic[4] inductorum aut cum pluribus eorum. Quaedam enim, quae videntur esse in genere herbarum, ad duas declinant extremitates, sicut olus, quod vocatur olus regis[o]); hoc[5] enim est et 159

ν) *καὶ γάμβρη καὶ πήγανον Theophrast l. c, quam codicis Urbinatis lectionem procul dubio falsam ex his Nicolai verbis in καὶ κράμβη καὶ πήγανον emendare, Meyer jam in edit. Nicol. p.* 78 *proposuit. Audit enim caulis apud Aristotelem ῥάφανος, de quo egi in diario botanico* (*Bonplandia* 1857 *p.* 4), *et κράμβη.* ξ) Et non possumus haec omnia nisi per syllogismos et exempla et descriptiones manifestare. Et quaedam herbae *etc. Nicol.*
o) Olus regis *vel* baqla el-malek *Arabibus sunt Fumariae Lin. species tenerae nec unquam lignescentes, quas hic pro μαλάχη Theophrasti hist. pl. lib I cap.* 3 §. 2, *i. e. Malva introduxit interpretis error. Conf. Meyer. edit. Nicol. p.* 79.

§. 155: 3 rutha et caula *C Edd.* (*et forte A B*).

§. 156: 1 raba et *L*; porrum *A*; pori *V*.

§. 157: 1 hanc *C*. 2 tubres *C V Z*. 3 *Om. L*. 4 differenter *Edd.*; — plantabiliter *L*; — evap. *L V*, vapor. *Reliq.*

§. 158: 1 *Om. L*.

§. 159: 1 habitu *A*. 2 *L*; *om. A*; ex his *Reliq.* 3 illar. *V*. 4 jam *A*; *om. L* istorum. 5 hujus enim est et olus et herba *Edd.*, — *om. L* quod vocatur .... et olus: — olus similiter, *omisso* et *V*; — adelga *A*.

herba et olus, et similiter acelga[π]), et multa alia, quae primo sunt herbae, et postea sunt olus, sicut sinapis et coriandrum et petrosilinum si usque ad secundum steterit annum, et multa alia. Dico autem, haec[6] declinare ad extremitates, non quidem ad eas, quae maxime distant in genere plantae, sicut arbor et herba; sed potius secundum quod medium comparatum extremo est extremum, et sicut olus et herba sunt extrema quaedam.

160 Istorum igitur[1] etiam quaedam primo[2] nascuntur sic, quod declinant in naturam eorum, quae simpliciter extrema sunt, scilicet[3] arboris et herbae. Primo enim[4] nascuntur herbaliter ex granis seminatis, sicut germina granorum, et post declinant ad naturam perfectam arborum[ρ]), sicut id quod graece vovet[5] dicitur et fingekest[6], quod quidam pentafilon[7] vocant, et id, quod vocatur bacca[8] caprarum, et alia plurima. Expertum enim est a nobis, ita crescere ficulneas

161 et cypressos, et alia plurima genera arborum. Quod autem[1] expressissime in haec extrema per diversitatem declinat, est id, quod vocatur arbor trifolii[σ]), et arbor, quae vocatur arbor malvae[τ]), quae pro certo experti sumus primo esse herbam tenellam, et postea fere per omnia media transeundo efficiuntur magnae arbores ad longitudinem forte duodecim pedum vel plurium; et unius quidem folia sunt directe sicut[υ]) trifolium, et

π) *i. e.* Beta vulgaris *Lin., quae Hispanis et hodie* acelga est.
ρ) vovet et fingekest, *i. e.* pentapyllon, et planta, quae dicitur bacca caprarum, *Nicol. A Theophrasto, hist. lib. I cap.* 3 §. 2, *istarum loco laudantur* Vitex, Paliurus, Hedera et paullo post Avellana. Paliurus, *quae alibi* Canna (*Henna*) *interpretatur, hoc loco desideretur.* Fingekest *Persicum Viticis agni casti Lin. lib. VI* §. 23 *nomen est. Vovet ex arabico* Faufel (*nux Arecae catechu Lin.*) *degeneratum et pro* Avellanà *positum esse autumo. Quae si ita se habent,* baccam caprarum *Hederam helicem Lin. exprimere vix dubium est. M.*
σ) *Cytisum laburnum Lin. esse non dubito. M.* τ) *Althaea rosea Lin., quam paulo ante olus regis, quid esset nescius, dixerat. M.* υ) *i. e. Germanismus* (gradezu wie Klee) *pro* sunt simillima trifoliis.

§. 159: 6 *Om. L.*
§. 160: 1 *Om. A L*; ergo *V.* 2 post nasc. sicut que decl. in natura *Edd.* 3 *Om. L.* 4 *L*; igitur *Edd.*; ergo *Reliq.* 5 venet *A*; voveth *L*; movet *V.* 6 fingelzest *B*; fingelkest *A*; singekest *Edd.*; singelest *V*; fingebant *C*; fenchier est *L.* 7 *A*, petrosilon *B*, petrosillum *Edd.*, petrofilon *L*; pet'ssilon *V*; pet'silon *C.* 8 baca *A C L*; bata *V.*
§. 161: 1 *Om. C*; autem etiam *V*; — impress. *A*; — in hoc *L.*

fructus ejus sicut fructus viciae[2]; altera autem habet directe folia malvae parvae, et non vidi unquam fructum in ea. Mirtus φ) quoque et pirus et malus ex granis pullulantia sub hoc genere contineri dicuntur, quia quodlibet istorum generum primo emittit[3] multos ex radice ramos, qui post lignescunt, et ad stipites mutantur[4]; et tunc efficiuntur in arborum figura et natura[5].

Has autem plantas ideo[1] determinare oportuit, ut 162
sint[2] exemplariter propositae, ex quibus syllogizemus causas proportionaliter omnium aliarum, sicut diximus, eo[3] quod non omnes in specie et numero plantas definiendo determinare possumus. Hoc enim est infinitum, de quo secundum Platonem non potest fieri disciplina.

Capitulum VI.

De diversitatibus plantarum ex cultu praecipue provenientibus[1].

Accidens[2] autem, quod multum variat et adjuvat naturam[3] 163
plantarum, est cultus hominis. Et hoc est ideo, quia plantae in genere animatorum juxta elementa sunt, et elementorum vires, et materiae multum[4] habentes; et ideo, quod mutat qualitatem terrae et humoris, in qua sita est planta, multum mutat naturam plantae. Oportet igitur prosequi etiam diversitates plantae ex hoc causatas et dicemus[5], quoniam plantarum quaedam est domestica χ), quae cultu nutritur adhibito; |quaedam autem

φ) *i. e. hoc loco Myrtus communis Lin., sed conf. lib. VI* §. 138.
χ) Nicol. lib. I cap. 13.

§. 161: 2 *CL*; vitis *Reliq.*; — Et altera autem *L.* 3 emittat *C.* 4 imitantur *Edd.*; mittantur *C.* 5 *L*; materia *Reliq.*
§. 162: 1 *Om. A.* 2 sic *L*; sicut *BC*; et sicut exemplantur proportionate *Edd.* 3 *Om. Edd.*
§. 163: 1 et *pro* ex *CZ*; *om. Edd.* praecipue; De diversitate pl. et in cultu eis conveniente *Vind.*, provenientium *Reliq.* 2 Acced. *L.* 3 et juvat ad nat. *A.* 4 intellectum *addit L.* 5 *V*; dicimus *L*; dictas *B*, *et manus sec. C*; causatus et dictus *C manus prima*, *Z*; diversitatem plante que ex causata est et dicta *A*. *Supplendum est* eas.

cum hoc[ψ]) hortensis vult esse, quae defendi vult a communi[6] frequentatione animalium; et quaedam est silvestris, omnino sine[7] cultu et protectione germinans. Et in his differentiis sunt etiam animalia, quoniam quaedam sunt domestica et quaedam sunt cum hoc[ψ]) protegente indigentia, quae in aëre sub divo perirent; et quaedam sunt silvestria omnino[8]. Est autem opinabile, quod omnes species plantae, cum[9] non coluntur, efficiuntur silvestres, et mutant sapores, sicut mutatur dispositio animalis per cibum diversum et incom-
164 petentem. Similiter autem tam domesticarum[1] quam hortensium quam etiam silvestrium quaedam faciunt fructum, ut piri et mali; et quaedam non, sicut salix et[2] oleaster et ficus fatua[ω]). Similiter autem quaedam faciunt folia, et sunt notae, et quaedam non, sicut fungi. Folia autem facientium[3] quibusdam[3] cadunt folia sicut vitibus; quibusdam autem non, sicut lauro et abieti[4] et pervincae[α])[5]. Et harum omnium plantarum plurimae[6] sunt diversitates, ut supra diximus, in magnitudine et parvitate et pulchritudine et deformitate. Et multa diversitas plantarum est ex diversitate fructuum[7] in bonitate et malitia ipsorum. Arbores enim silvestres magis fructificant quam domesticae et hortenses; sed tamen fructus hortensium[8] majores et meliores sunt quam silvestrium. Causas autem horum omnium inferius[9] assignabimus.

165 Amplius autem plantarum diversitas est aliquando non solum ex cultu, sed etiam ex locis, in[1] quibus sunt. Quaedam enim[2] non nascuntur nisi in suis[β]) locis determinatis et propriis, et ad alia loca transplantari[3] non possunt; et quaedam

ψ) *i. e. insuper.* ω) *Sunt: Oleae europaee Lin. var. oleaster, conf. lib. VI* §. 167, *et Ficus carica Lin. var. silvestris sive caprificus, conf. lib. VI* §. 103. *Omisit Albertus sequentia Nicolai verba* et quaedam faciunt florem et quaedam non. α) *Vinca minor Lin.* β) suis *pro* siccis *Nicol. legisse videtur Alb.*

§. **163**: 6 *Om. Edd.* 7 omni *addit L.* 8 omnia *L*; *om. Edd.* 9 que *L.*

§. **164**: 1 -corum *Z.* 2 *Om. A B*; — oliaster *L.* 3 in *addit A.* 4 abiete *A.* 5 pvince *L*; perjunte *Edd.* 6 plurimum *Edd.* 7 fructus *Edd.* 8 in *addit L.* 9 *L*; infra *Reliq.*

§. **165**: 1 in locis, ex *L.* 2 autem *L.* 3 transmutarī *A omittens* loca.

nascuntur in aquosis locis, sicut in maribus et fluminibus. Et earum[4], quae nascuntur in maribus, illae, quae nascuntur in mari rubeo[γ]) sunt maximi[5] corporis propter calorem et humorem illius maris; et quando transplantantur ad alia loca, aut etiam quae non plantantur, sed per se crescunt in aliis locis, licet sint ejusdem speciei cum illis, tamen parvae sunt propter defectum augentis, quod secundum naturam congruit eis. Ex his autem[6], quae in fluminibus vel aquosis locis dulcibus nascuntur, quaedam nascuntur[7] in ripis fluminum, et quaedam in stagnis; et sunt[8] multa genera et nota. Ea- 166
rum[1] autem, quae in compestribus siccis nascuntur, quaedam nascuntur in montibus, et quaedam in planis[2], et quaedam in locis siccissimis et combustis sub cancro[3] in terra Ethiopum. Et sunt fructus illarum[4] crispi et calidi et folia contracta, sicut diximus in libro[δ]) de natura locorum[5]. Similiter etiam est de plantis, quae nascuntur in terra, quae dicitur[6] arabice Zahdia[ε]) quae est calidissima; et illae plantae melius in dictis locis nascuntur quam alibi. Quaedam autem vivunt in locis aliis[7] non adeo calidis; et harum quaedam non vivunt nisi in loco humido, et quaedam non nisi in loco sicco, quaedam autem[8] vivunt in utroque istorum locorum, sicut salix et atharafa[9], quam quidam populum esse existimant[ζ]) apud latinos, quia[10] populus tam in humidis crescit, quam in siccis locis.

Planta enim multum[1] permutatur secundum proprie- 167
tates naturales, secundum diversitatem locorum; et ideo in scientia plantarum oportet aliquid considerari de diver-

γ) *Hae et sequentes Nicolai opiniones profectae sunt ex Theophr. hist pl. lib. I cap. 4.* δ) *Tract II cap. 3.* ε) *Cl. Jourdain Thebaida seu Arabum Saïd esse putavit; equidem pro deserto Sahara habeo. Meyer.* ζ) *Sunt generum Salicis et Tamaricis Lin. species diversae, aliae sicca aliae humida loca incolentes.*

§. 165: 4 illarum *et dein* illa *pro* illae *L.* 5 magni *L.* 6 *Om. L;* — quedam *A.* 7 *Om. A C* qued. nasc.; — fluminis *L.* 8 *Om. L.*
§. 166: 1 *L;* plantarum *Nicol.*; eorum *Reliq.* 2 plantis *L.* 3 comb et hic cāt? causatur *L.* 4 Et fr illarum sunt *L*; illorum *Reliq* 5 locorum et locatorum *L.* 6 dicuntur *B Edd.*; arab. dic. zadhia *L*, cyadia *A*, zabbia *V*; ziara *optimi Nicolai codd.* 7 ab his *Edd.*; altis *A B et Nicol.* 8 et qued. viv. *V*; — *om. L* nisi .... autem; — in utrorum *Edd.* 9 atarapha *Edd.*; acarafa *L*; catharafa quam quidem *V.* 10 et *A.*
§. 167: 1 *L V*; *om. Reliq.*

sitate locorum. Causa autem est, quia planta terrae affixa est, sicut embrya[2] matrici, et non separatur ab ea unquam. Et ideo cum quaedam loca sint meliora quibusdam aliis, accidit, quod etiam[3] fructuum ejusdem speciei plantae meliores sunt in uno loco quam in alio.

168 Tam ex loco autem quam ex[1] natura plantae est diversitas in foliis plantae. Quarundam enim plantarum folia sunt aspera, et quarundam laevia[2], sicut daxus[ϑ]) habet asperum folium valde, et similiter bedegar[3]. Laevia autem habet populus, et quasi sint peruncta. Quarundam autem[4] sunt stricta[ι]) valde, sicut juniperi et abietis; et quarundam sunt diffusa valde, sicut vitis et platani[5], et arboris, quae vocatur arbor paradisi[κ]), cujus folium habet latitudinem quasi[6] cubitalem.

169 Ex his etiam accidit diversitas in corticibus[1], quia quaedam habent unum corticem, ut ficus; quaedam plures, ut pinus et totum genus abietis; quaedam autem sunt fere in toto cortex, et sunt ita[2] per dimidium annum durantes,
170 propter quod et mediannes[λ]) dicuntur. Et ex[1] eadem causa quaedam habent nodos, a quibus emittunt ramos et folia, sicut cannae[μ]) omnes et[2] valeriana et livisticum et siler mon-

ϑ) *Sunt: Ilex aquifolium Lin., conf lib. VI* §. 229 *et Rosa rubiginosa Lin., conf lib. VI* §. 42. ι) *i. e. angusta. Nicol hic* parva, *infra pro* diffuse *scripsit* scissa κ) platanus *est Acer Lin. et* arbor parad *Musa paradisiaca Lin. Hoc loco Theophr. hist. lib. I cap* 10 §. 4. Ficum *laudat.* λ) ut mediannus [*al.* medianus] *Nicol., quod fortasse est arabicum nomen* Mâhûdâne *i. e. Euphorbia lathyris Lin. cum similibus speciebus. Conf. Meyer in ed. Nicol. p.* 82—83. μ) ὁ κάλαμος *Theophr. hist. I cap.* 5 §. 3. *Quas* cannas *cave ne confundas cum* canna, *quam in* §. 154 Hennam *Arabum esse suadere ausus sum. Meyer. Redeunt praeterea plantae in* §. 147 *jam adductae.*

§. 167: 2 embrio *B*; embria *Reliq. Retinui autem lectionem vulgatam, quum et priori loco* embria *Codd. omnes legant, quamvis Alberti autographa animalium historia ubique quantum vidi,* embrio, embrionis *legat.* 3 et *V*, — fructus *A B Edd.*

§. 168: 1 *Om. Edd.* 2 lenia *B et hic et paulo post. Sed Nicolaus* laevia; *quod etiam L, quantum liquet, legens* leuia sicut diximus. Asperum hab. fol.; — doxus *Reliq.* hoc *loco, dein vero* daxus *legunt.* 3 begedar *A*, redegar *L.* 4 *L*; etiam *Reliq.* 5 palmitani *Edd.* 6 *Om. L.*

§. 169. 1 *Om. A* Ex ..... cort. *lacuna indicata.* 2 ista *Edd.*

§. 170. 1 *Om. C.* 2 ut *B Edd.*; libisticum *A C V.*

tanum[3] et feniculum et alia[4] talia. Ex eisdem autem accidit 171
causis, quod quaedam sunt spinosae — ut ramnus qui alaz[1]
arabice dicitur[ν]), et aliae multae spinae, ut tribulus[ξ]), et car-
duus[2] —; quaedam autem non habent spinas.

Similiter autem quaedam sunt ramosae valde, ut mo- 172
rus silvestris, quae siccomorus[1] vocatur[ο]); et quaedam ca-
rent ramis omnino, aut paucos habent, et sunt notae. In
aliis autem multis consideratur diversitas plantarum,
quoniam ex quibusdam multi prodeunt[1] surculi, et ex 173
aliis non procedunt, aut pauci. Contingit autem hoc ex
diversitate radicum, quae diversimode ita habent nutrimen-
tum, sicut in sequentibus explanabitur[2]. Quaedam autem[1] ista- 174
rum non habent nisi unam solam non[2] ramosam radicem,
sicut squilla[π]). Illa enim cum nascitur, non emittit
nisi unum ramum[ρ]) tantum, et procedit dilatando se[3]
juxta radicem, et quanto magis creverit[4], et directius
contra solem[σ]) plantata[5] fuerit, tanto magis augebitur.
Et tunc sol elicit surculos ex eo, quod dilatatum est in-
ferius.

ν) ólik *Arabum, nobis Rubus fruticosus Lin., conf. lib. VI* §. 210. ξ) *i. e. Rosa canina Lin. lib. VI* §. 43. ο) *καθάπερ ῥόα i. e. sicut Punica granatum Lin., Theophr. hist. lib. I cap.* 9 §. 1. *Sed ex Galeni in Hippocratis dictiones exegesi (vol. XIX p.* 135 *ed. Kühn) compertum habemus, eandem vocem quondam semimaturos Mori fructus indicasse. Quo factum, ut aut ipse Nicolaus aut Arabs ejus interpres pro Punica Morum, eamque sylvestrem posuerit, quam Albertus recte pro Sycomoro habet. M.* π) *i. e. Scilla maritima Lin., conf. lib. VI* §. 431. ρ) *i. e.* scapum floriferum. σ) creverit, solique accesserit, augebitur, quia sol circulos [alias surculos] elicit. *Nicol.*

§. 170: 3 semilontanum *L.* 4 similia alia *L.*
§. 171: 1 alam *L.* 2 cardius *CV.*
§. 172: 1 sicom. *L hoc loco solo*; siccomorus *Reliq.*
§. 173: 1 procedunt — aut pauce *L.* 2 demonstrabitur *A.*
§. 174: 1 ante *addit Z.* 2 *Om. L.* 3 sicut *L.* 4 creverat *BZ*; fuerit *A, opprimens dein eandem vocem.* 5 directius *repetunt CVZ.*

Capitulum VII.

De diversitate fructuum plantarum, ex succo et componentibus et figuris proveniente[1].

175 Ea autem, quae naturaliter faciunt fructuum diversitatem in plantis, sunt aut nutrimenta eorum, ut succus[2], aut componentia ipsos, ut caro et testa[3] et granum.

176 Succorum[τ]) enim, qui[1] fructibus insunt, et exprimuntur ab ipsis, quidam sunt potabiles, ut succus uvarum et malorum granatorum et mororum et mirti[υ]); et quidam sunt unctuosi[2] et pingues, ut succus olivarum, lauri et nucum et pinearum fructuum, qui fructus pineoli[3] vocantur, et exprimitur ex eis oleum clarum, sicut ex nucibus, et ipsi fructus nuces quaedam sunt. Quidam autem habent melleam dulcedinem, sicut dactyli[4] et canna mellis[φ]) et ficus; et quidam sunt calidi[χ]), sicut succus origani[5] et sinapis; quidam vero valde amari, sicut[6] absinthii[ψ]) et fumi terrae et ysopi et centaureae et celidoniae[7] et multarum aliarum plantarum, et praecipue coloquintidae, quae prae omnibus amara esse videtur, etiam supra[8] amaritudinem fellis.

177 Ex componentibus autem diversificantur fructus, quoniam quidam[1] componuntur ex carne et osse et grano, sicut pruna secundum omne genus suum; quidam autem ex carne

τ) Nicol. lib. I. cap. 14. υ) *Eosdem fructus Theophr. hist. lib. I cap.* 12 §. 1 *profert. De moreto Alberti vero conf. lib. VI* §. 144. φ) *Non liquet, num Alb.* cannae mellis *i. e. Sacchari officinarum Lin. partem dulcem fructibus annumeret, cum mox et herbarum succi adducantur.* χ) et acuti *addit Nicol.* ψ) *Linnaeo sunt: Artemisia absinthium, Fumaria officinalis, Hyssopus officinalis, Erythraea centaurium, Chelidonium majus.*

§. 175: 1 *Om. A* plant.; — et succo *L*; — *om. A* et figuras; figura *L*; provenientium *B*; — De div. pl. fruct. et succuum (!) et operationibus et signis provenientibus *V ind.* 2 succos *A*; sucus *C.* 3 *A L V*; teca *B*; tecta *Edd.*; recta *C.*

§. 176: 1 *Om. C V Edd.*; quidam qui *L*; — *om. B* insunt. 2 vānosi *L.* 3 pinteli *B L V*; pintelli *C Edd.* 4 dactrali *C.* 5 organici *Edd.* 6 succus *addit B.* 7 celidonii *A.* 8 super *Z.*

§. 177: 1 quedam —, quedam — et quidam *Z*; quidam —, quedam — et quedam *A C*; quedam —, quedam — et quedam *V.*

et grano, sicut cucumeres; et quidam ex carne et osse, sicut dactili; et quidam ex humore et grano duro, sicut mala granata[2]; et quidem corticem habent extra, et carnem[3] intra, sicut muscata; et quidam extra carnem et intus corticem[4] cum grano, ut pruna et acacia[ω]) et hujusmodi. Adhuc autem in[5] quibusdam fructibus statim formatur semen cum[6] suo cooperculo, quo operiuntur semina, sicut in dactilo et amigdalo[α]). Hoc[7] autem cooperculum in quibusdam est vocatum siliqua, sicut in pisa et faba; in quibusdam[8] vero est per modum telae et ideo vocatur tela, ut in tritico et siligine[β]) et ordeo et hujusmodi; in quibusdam autem[9] vocatur casta[10], ut in glande et castanea; et in quibusdam vocatur folliculus[11], sicut in viola; et in quibusdam vocatur testa, quando est durum terrestre, sicut in avellana. Adhuc autem plura istorum simul sunt in aliquo genere fructus, sicut in nucibus magnis est casta[10] et testa et tela circa[12] nucleum[γ]).

Fructus[1] etiam diversitas est secundum usum[2] animalium. 178
Quidam enim[3] sunt comestibiles, et quidam incomesti-

ω) *i. e.* *Prunus spinosa Lin.*, *Acacia nostras officinarum.* α) *Nicolai verba a verbis Theophr. hist. pl. lib. I cap.* 11 §. 1 *longe recedere Meyer in edit. p.* 85—86 *monuit.* β) *Est Secale cereale Lin., conf. autem* §. 191. γ) *Itaque pericarpii species apud Albertum sunt:* siliqua, *quae hodie legumen* dicitur; tela, *quae hodie caryopsis, et quae seminis testa;* casta, *quae drupa exsucca;* folliculus, *quae capsula;* testa, *quae putamen. Nec tamen semper sibi constat. Recedit autem a Nicol., cujus verba sunt:* Fructuum iterum quidam sunt in siliqua ut grana; quidam in coopertura sicut tela ut triticum; quidam in carne ut dactyli, et quidam in casta [*alias* cascha, tasca, casia, cassa] ut belotae (glandes) [*alias* et glandes] et quidam in castis multis et tela et testa ut glandes.

§. 177: 2 malo granato *CZ.* 3 *Om. A* muscata ... carnem *lacunam indicans; conf. lib. VI* §. 146. 4 et carnem intra *B; om. L* c. grano. 5 *Nicol.*, cum *et Codd. et Edd.* 6 *L V Nicol.; omni Reliqui;* — coagulo vel cooperculo quo aperiuntur *A;* coagulo *C V Edd.; om. B* et amigd. 7 Hujus *Edd.* 8 *A L;* quibus *Reliq.; L omittens* vero *solus offert* et. 9 *Om. L.* 10 *E voce arabica* geft *ortam esse* cafta, *indeque* casta *vel* casca *Meyer in edit. Nicol. proposuit. Albertum* castanea *exemplum adducentem* castam *neque* cascam *scripsisse crediderim. Codicum lectiones ambiguae sunt, nempe hoc capitulo* casea-rasta *L,* casca *B,* casta *Reliq.; lib. VI* §. 372 capsa *L,* casta-costa *Edd.,* casa *P e rasura,* casca (*vel* casea?) *Reliq.;* §. 401 casca *A,* coxa *V,* taxa *Reliq.;* §. 472 casta *L,* capsa *Edd.,* casa *P, e rasura* casca (*vel* casea?) *Reliq.* 11 folliciIlus *L;* — mola *C V Edd. pro* viola; — teste *pro* testa, est avell. *pro* in avell. *L.* 12 intra *A.*

§. 178: 1 Fructuum *L.* 2 sec. quod *A;* circa us. *B.* 3 autem *C.*

biles per accidens[δ]) quod est, quia venenosi vel abominabiles sunt comedenti eos. Et quidam homines comedunt quosdam fructus[4], et quidam homines[5] non possunt comedere eosdem, sicut quidam, quem ego vidi, qui[6] totiens syncopizabat, quotiens mala odorabat, quae tamen boni odoris[7] et valde esibilia fuerunt aliis. Similiter autem quaedam animalia comedunt quosdam fructus, et quaedam non possunt comedere eosdem; sicut passer jusquiamum[ε]) comedit, qui homini nocet valde.

179 Amplius autem fructuum quidam cito maturantur, ut mora[ζ]) et cerasa; quidam autem tarde, sicut silvestres aut omnes aut ut in pluribus[1]. Adhuc autem et ipsae plantae videntur hac differre differentia, quia quaedam earum[2] cito producunt folia et fructus, et quaedam valde tarde, ita quod earum quaedam hiemem consequuntur, antequam maturescant. Colores autem foliorum et[3] fructuum valde sunt diversi. Aliqua enim planta cum totalitate[4] est viridis, et quaedam declinat ad nigredinem, sicut menta[η]) et[5] quaedam ad rubedinem, sicut rubea[6] maior[ϑ]), et quaedam ad albedinem, sicut canuca[ι]). Fructus etiam, sive fuerit[7] silvestris sive domesticus, est diversus in figura[8] valde. Neque enim omnes fructus angulosi sunt, neque omnes recti, neque omnes rotundi, neque omnes pyramidales, neque omnes columnales, sicut[9]

δ) *Haec in mediam* §. *praecedentem perperam intulerat Nicol.* ε) *i. e.* *Hyoscyamus. Conf. lib. VI* §. 362 – 363. ζ) *i. e. Morus Lin. Conf. lib. VI* §. 143. η) *Sunt Menthae Lin. species in lib. VI* §. 386—388 *descriptae.* ϑ) *Est Rubia tinctorum Lin., et distinguitur in Vocab. simplic. a* rubea minore *vel* agresti, *quae nisi fallor apud Alb. in hist. animal. lib. XXII cap. de equo* rubea campestris *nominatur et varias Galii et Asperulae L. species designat.* ι) *Planta dubia, de qua conf. lib. VI* §. 326.

§. 178: 4 *Om. Edd.* Et .... fruct. 5 *Om. L.* 6 *Om. A L Edd.*; — sincopizabatur quociens odorabat ea *A*; sincopisabat *V.* 7 *L*; saporis *Reliq.*; *om. C* et; — erant *L pro* fuerunt.

§. 179: 1 vel omnes vel in pluribus *A.* 2 *L V*; quidam eorum *Reliq.* 3 *L*; fructuum et florum *Reliq.*; *Nicolai codicum alius* foliorum *alii* florum. 4 sua *addit A.* 5 *Om. V.* 6 rutha *Edd.*; rupta *C*; erupta *V*; ruta maior *A.* 6 *Om. Edd. et lacuna relicta C.* 8 in infinita *L.* 9 est *addit L.*

pomum cedrinum[κ]); sed quidam sunt rotundi, et quidam aliarum diversarum valde figurarum.

Capitulum VIII.

De diversitate plantarum aromaticarum.

Arborum[λ]) autem est alia diversitas et universaliter plan- 180
tarum, quoniam quaedam sunt aromaticae, et quaedam non. Aromaticarum autem[1] quarundam radix est aromatica, sicut galangae; et quarundam cortex, ut cinamonum; et quarundam folia, sicut lauri; et quarundam flores, et illae sunt multae valde; et quarundam lignum, sicut aloë; quarundam autem simul omnes partes sunt[3] aromaticae, sicut balsami. Odoris autem fragrantia[4] generaliter convenit eis ex calido aliquantulum ignito et humido vaporativo bene digesto et passo[5] a sicco terreo aliquantulum. Causas autem omnium istorum infra determinabimus[6]. Sunt autem differentiae odorum in eis secundum differentias saporum. Et aliquando convertuntur in aromaticas[7] ex loco calido vel tempore calido, quae aromaticae ante[8] non fuerunt. Est autem haec differentia non solum in arboribus, sed etiam in herbis et aliis[9] plantis ex eadem causa in genere, quae in specie recipit diversitates secundum diversitatem calidorum et humidorum.

Differentiae autem odorum et saporum cum sint sequelae com- 181
plexionatorum omnium, tamen expressius in nullo inveniuntur complexionato quam in plantis. Mineralia nempe[1] dura sunt, et vincit in eis aliquod unum inferiorum elementorum; et ideo etiam recedunt multum a proprietatibus aliorum et a complexione, quae est aequalitas, proportionaliter in se habens[2] omnes qualitates

κ) *i. e. Citrus medica Lin.* λ) Nicol. lib. I cap. 15.

§. 180: 1 aut *Edd.* 2 sicut lange et quar. cortex cinamomi *L.* 4 omnes simul partes sicut ar. sicut lusun *L.* 4 flagrantia *AL.* 5 bene *addunt Edd.*; — suo *C pro* sicco. 6 -navimus *Edd.* 7 *CVJ*; -tica *Reliq.* 8 autem *C*; *om. A.* 9 *Om. L*; — et *pro* ex *A omittens* in gen.; — vel *pro* secundum *Edd.*

§. 181: 1 enim *L.* 2 habent *C*; *om. V.*

elementorum. Propter quod etiam sequelam[3] complexionis in saporibus et odoribus secundum differentias saporum et odorum parum participare inveniuntur. Sunt praeterea dura[4], ut diximus, et multum constantia[5] et compacta in partibus, et ideo parum[6] in actu humidum vaporativum habentia, et ideo iterum nec sapores multos neque odores diversos habentia. Animalia autem propter nimiam aequalitatem suae complexionis etiam participant quidem[7] saporem et odorem, sed non secundum omnem saporis et odoris diversitatem. In plantis autem propter diversitatem digestionis humidi tam radicis[8] quam stipitis et ramorum et[9] fructuum, fere innumerabiles et saporum et odorum inveniuntur diversitates.

Capitulum IX.

De diversitate generationis plantarum [x]).

182 Considerandum autem est[1] principaliter de diversitate generationis plantarum. Ex diversitate enim generationis ejus fere[2] scietur tota natura plantarum. Et de hac quidem diversitate ab antiquis fere nihil amplius[3] invenitur, quam quod dixit Aristoteles, quod arborum scilicet et plantarum quaedam[λ]) generantur plantatae[4], quaedam autem ex semine, et quaedam per se ipsas ex ipsorum elementorum commixtione et[5]

x) *Petro de Cresc. est lib. II cap.* 2. λ) Nicol. lib. I cap. 16.

§. 181: 3 sequela — differentiam *Edd.* 4 odoribus parum pariicipate (!) inven. sec. diff. sap. et odorum. Sunt praeterea dura *L*; inven. ut sunt p^a dura *V*; inven. cum sint omnia dura *B*; inven. cum sint dura *A*; participare. Invenimus enim pina (!) dura *C*; inveniuntur — dura *Edd. lacunam indicantes. Quo loco ad modum dubio, in quem nec* ut *nec* cum *recipiendum videtur, secutus sum codicem L, qui tamen priorum verborum ordinem suo more invertit, Albertum autem crederem scripsisse* Et sunt praeterea. 5 *Om. A et lacunam indicantes C Edd.*; — compactum *Edd.* 6 nullum *A*; *om. lacunam indicantes C Edd.* 7 quendam *Edd.*; quidam *A C V*; *om. L.* 8 in radicibus *L.* 9 *Om. Z.*

§. 182: 1 *Om. A*; *removerunt post verbum* principaliter *L*, *post* diversitate *Edd.* 2 vere *Petr.*; — scitur tota pl. nat. De *L.* 3 fere vix inven. ampl *L*; — quorum arbores et *A omittens* scil 4 plante *C Edd.*; pluralite *A*; — *om. Edd. Petr.* autem. 5 ex *A*, ut *Z*.

virtute coelesti, quae tali commixtioni[6] vitam influit vegetabilem;
et quod ea, quae plantatur[7], aut a radice plantata evel-
litur — sive pullulat —, aut a stipite, aut[8] a ramis, aut
a semine plantata, aut tota transfertur de loco ad locum.
Sed haec proprie non plantatio, sed transplantatio vocatur. Et 183
istae[1], quae sic transplantantur, quaedam totaliter integrae trans-
plantantur et quaedam propter duritiam suae substantiae et
corticis aliquantulum contunduntur et scinduntur inferius,
ubi infiguntur terrae, ut facilius et citius trahant nutrimentum.
Adhuc autem earum[2], quae secundum partem aliquam plantantur,
quaedam plantantur in terra, sicut[3] fit de vite et salice et
buxo frequentius; quaedam autem plantantur in aliam arbo-
rem, et haec plantatio vocatur insitio proprio nomine[μ]).
Estque melior insitio[1] similium in genere proximo 184
in[ν]) similia[2] sibi secundum proximum genus, quam diversorum
in genere proximo insitio sit ad invicem[3]. Haec enim, quae
est[4] similium, et citius convalescit propter similitudinem or-
ganorum et nutrimenti[5] similem digestionem, et melius fructificat,
et diutius durat, quam illa, quae est dissimilium[6] et non proportio-
nalium secundum genus proximum. Dico autem insitionem simi-
lium[7], quando malus in malum et[8] pirus in pirum et ficus
in ficum et vitis in vitem inseritur; insitionem autem
in dissimilia et non proportionalia secundum genus proxi-
mum voco, sicut si artemesia in absinthium[9], et oliva
in morum[ξ]) inseratur, et morus in multas[10] arbores ab

μ) *Petrus his* §. 185 *annectit.* ν) in similia et proportionalia; talia enim optime proveniunt ut mali in pirum *etc. Nicol.* ξ) Artemisia in adul silvestre (*alias* artemisiam silvestrem), olea sativa in botam (*alias* oleastrum) *Nicol.* Botham *quidem* terebinthum *esse priora nomina autem arbores quasdam designare nec herbas nostras Meyer in ed. Nicol. p.* 93—94 *docuit.*

§. 182: 6 omni *addunt A B Edd.*; — vegetabile *A*; — et ea *L Petr. omittentes* quod. 7 plantat *Z*; plantantur *B C L V*; plantatis *Petr.* 8 sive — plantato *L.*

§. 183: 1 ille *V*; — quodam .. transplantatur *L*; — *om. A* et. 2 eorum *et Codd. et Edd.*; *om. Petr.* 3 sic *L.*

§. 184: 1 insisio *L.* 2 similium *L.* 3 *locus ubique corruptus sic audit:* diversorum genera insitio sunt ad inv. *L*; diversorum genere proximo insitio in ad inv *Reliq., nisi quod A B legant* diversarum, *et quod B om.* in. 4 Hecque est *L.* 5 *L*; et *addunt Reliq.* 6 similium *L*; eis similium *C.* 7 *om. C Z*; insit. in similia secundum genus proximum *B.* 8 *Om. C V Edd.* 9 *Lacunam hic perperam indicat C.* 10 in multa. Arbores *etc. Z*; — diversas *L V soli offerunt.*

ipsa moro in genere diversas; talis enim insitio fit aliquando. Insitio autem, quae fit frequentius, est, quod silvestres in hortenses inseruntur, sive sint similes in genere, sive diversae. In hac tamen insitione sunt plurimae diversitates, quas jam hic non exsequimur, quia hic[11] non facimus, nisi exponere diversitates plantarum, quas antiqui sapientes in physicis tradiderunt.

185 Quod autem valde in generatione plantarum notandum[1] nobis occurrit, est, quod plantarum, quae ex semine habent generationem, quaedam non producunt semen simile[2] illi semini, ex quo generationem acceperunt; quaedam enim faciunt semen melius, et quaedam pejus. Aliquando enim a[3] quibusdam malis seminibus bonae arbores proveniunt[o]), ut ab[4] amigdalis amaris et acidis[5] aliquando fiunt dulcia, et similiter a malis granatis[5] sive punicis amaris et acidis[6] aliquando fiunt dulcia, et aliquando e converso.

186 Quarundam autem[1] plantarum semen, cum debile fuerit[π]) aut ex loco aut ex aëre temporis inconvenientis, deficit; et illarum generatio in tali loco non est ex semine, sed ex aliqua[2] alia plantatione sive ramorum sive radicis; et hoc praecipue est[3] in pineis et palmis, et similiter[4] in omni abietum natura[ρ]). Nulla enim illarum semen facit tantae efficaciae, quod pullulare valeat. Palmam autem iam[5] vidi pullulare ex semine, et convalescit frequenter, et similiter[6] cypressus. Oportet

o) *Theophrastum hist. lib. II cap. 2 contraria fere docentem Nicolaus correxisse magis quam secutus esse videtur.* π) cum debiles fuerint *sc. plantae. Nicol.* ρ) *Theophr. quidem in hist. lib. II cap.* 2 §. 2 *et coniferas omnes semper et palmam saepissime* ex semine *nasci sed alio loco, hist. II cap.* 6 §. 1, *de palma verbotenus fere docet quae hic autor noster, afferens hanc rationem:* Plura simul seruntur .. Horum enim radices amplexu mutuo connectuntur atque ilico prima germina coalescunt ut unus ex cunctis stipes fiat, *ad quae respicere videntur verba Alberti lib. I* §. 48. Nascens planta ... attrahitur in cibum alterius.

§. 184: 11 *L*; *om. Reliq.*

§. 185: 1 *L V*; *om. Reliq.* — incurrit, *omittens* nobis *et* est *L.* 2 *Om. C V*; *om A* illi. 3 *L Nicol.*; de *V*; ex *A B*; *om. C Edd. Petr.* 4 ex *Nicol.*; *om. L*; — accidis *V*; asidis *L*; acerbis *A.* 5 granis *Edd.* 6 aridis *V*; — et dulcia et *L.*

§. 186: 1 item *Nicol.*; — tamen *L pro* cum. 2 *Om. L*; — *om. V* sive ramorum. 3 *Om. A*; *om. L* est in; — pigneis *V.* 4 generaliter *L.* 5 ita *A B*; *om. Edd.* 6 et etiam *A.*

autem, quod in palma[7] plurima semina simul componantur, si debeat pullulare; ex uno enim simplici semine raro pullulat. Sed cypressus et ficus pullulant ex uno grano seminato ad modum herbae primum, et convalescunt paulatim. Non autem de 187
facili fit, quod[1] ex semine malo proveniat planta bona, neque econverso[2], licet aliquando hoc fiat. Sed in animali^σ) hoc contigit multotiens[3]. Propter diversitatem enim habitationum et aëris et ventorum et nutrimenti, cum animal sit facilis alterationis, frequenter fit, quod semen male complexionati animalis alteratur et[4] fit melius, et bene[5] complexionati alteratur et fit pejus, et animal generatum fit secundum seminis, ex quo generatur, dispositionem vel pejus vel melius. Cujus signum est, quod omnia domestica animalia videmus valde differentia in quantitate et colore; quod non accidit eis, nisi propter sui nutrimenti multam diversitatem et diversa fomenta stabulorum et aliorum locorum, in quibus conversantur[6]. Propter quod etiam carnes eorum in sapore diversificantur a carnibus animalium silvestrium. Talis autem diversitas in plantis non est, aut tanta non est in eis, quae radicibus terrae affixae[7] sunt, et neque loca mutant[8] neque nutrimenta; et ideo non tanta diversitas seminum provenit in eis, quanta provenit[9] in animalibus.

Capitulum X.

De alterationis diversitate, quae fit in plantis[1].

Secundum generationis autem diversitatem notanda etiam[2] 188
occurrit alterationis diversitas in plantis, eo quod ipsa frequenter

σ) *Conf. Theophr. hist. lib. II cap.* 4 §. 4.

§. 186: 7 Op. in palma quod *L*; — *om. A* simul.

§. 187: 1 ut *A Edd.*; *om. L.* 2 econtrario *V*; bona, licet econverso aliq. *A.* 3 multo multociens *B.* 4 quod *A C.* 5 bene complex. et fit pejus et alteratur et anim. quod generatur fit sec. sem. disp., ex quo gen., ut melius vel pejus *L*; *om. Edd.* vel melius. 6 convertantur *Z.* 7 infixe *V.* 8 nutriant *Z.* 9 *Om. L* in .. prov.

§. 188: 1 De div. alterat. plantarum *A V*, *nec V ind.* 2 *Om. L.*

causat generationis diversitatem. Et de hac[3] traditum est ab antiquis, quod[4] arbor[τ]) loci frigiditate et antiquitate nimis induratur; et compactum habens corticem, qui concludit poros radicis, per quos nutrimentum habere debet[5], [sterilis efficitur][6]. Et si[7] scindatur radix ejus, praecipue in ramis majoribus ipsius radicis, et scissurae[8] illi lapis immittatur[υ]), ne iterato claudatur et consolidetur: incipit trahere nutrimentum per poros partium scissurae[9], et iterato vegetari et fructificare; et sic de sterili arbore aliquando fit fertilis[10], praecipue si per accidens et non ex natura sterilis fuerit.

189 Alteratio autem fit in quibusdam[1] arboribus ex aliis causis. Diximus enim superius[φ]) quod quaedam arbores dicuntur masculinae et quaedam femininae, et assignavimus signa[2], ex quibus cognoscuntur. Dicitur autem, quod, si folio vel cortex aut etiam pulvis foliorum vel[3] corticis masculae palmae foliis feminae[4] apponatur[χ]) ita quod cohaereant simul, citius maturabuntur fructus feminae palmae, quam si hoc non fieret; et non ita de facili cadunt ante maturitatem, sicut facerent, si pulvis ille[5] non apponeretur eisdem. Mascula autem a femina discernitur in hoc, quod prius[6] pullulat mascula propter calidum fortius movens, et quod folia ejus strictiora et minora sunt propter siccitatem masculi, et quod[7] magis est odorifera[ψ]) propter humidum suum vaporans ex calido sibi conjuncto. Aut ex quibusdam horum, aut forte ex omnibus dictis, discernitur inter masculum et feminam in palmis et aliis plantis. Contingit autem aliquando,

τ) Nicol. lib. I cap. 17. υ) *Sunt quae docet Theophr. hist. lib. II cap.* 7 §. 6, *de caus. lib. I cap.* 17 §. 10. φ) Cap. VII §. 39 seqq. χ) *Nicolaum loeus Theophrasti, hist. lib. I cap.* 4 §. 4 *ἀποτέμνουσι τὴν σπάθην ..., τόν τε χνοῦν καὶ τὸ ἄνθος καὶ τὸν κονιορτὸν κατασείουσι ... fefellit interpretantem:* abscindunt spatham .. lanuginem florem; et pulverem decutiunt super fructus femineae. *At audit locus:* abscindunt spatham; lanuginem vero et florem et pulverem decutiunt etc. ψ) et per odorem *Nicol.*

§. 188: 3 hoc *L V.* 4 cum *addit A.* 5 deberet *Edd.* 6 sterilis effecta est *Nicol., quam sententiam in Codd. ubique omissam quin restituam non dubitavi.* 7 *Om. C.* 8 fissure *L hic et paulo post;* — lapidis *C;* — iterate *Edd.* 9 sulfure *CZ;* — *om. B* partium. 10 sterilis *Edd.*

§. 189: 1 *Om. L.* 2 causas *L.* 3 aut *B.* 4 femine fol. plante ... coeant *pro* cohaereant *L.* 5 *Om. Edd.* 6 plus *Edd.* 7 quia *et Codd. et Edd.*

quod ventus, praecipue australis, qui aperitivus est[ω]), defert odorem masculae palmae ad feminam; et tunc citius maturabuntur[8] dactili feminae. Et contingit frequenter, quod, quando folia masculae plantae fuerint apprehensa inter folia sive spatulas feminae[α]), quod aliquantulum[9] simul sentiuntur cohaerere quasi coeuntia. Et hoc[10] ideo fit, quia spatulae masculae sunt calidae et[10] siccae penetrantes, et spatulae feminae sunt frigidae humidae recipientes et tenentes; et ideo ex utrisque his convenientibus cohaerent sibi ad invicem aliquantulum, sicut diximus.

Fit etiam alteratio haec[1] per modum expertum, qui est per 190
viam nutrimenti. Cum enim ficus silvestres colliguntur et expanduntur in terram super radicem ficuum hortensium, conferunt multum fructificationi[2] earum propter velociorem et convenientiorem assimilationem nutrimenti. Hoc autem modo[3] etiam balaustiae — qua sunt flores malorum granatorum — conferunt olivis, quando fimantur[4] radices earum ex balaustiis, aut plantantur juxta olivas arbores malorum punicorum[5], ut vapor balaustiarum ad olivas feratur[6]. Et per oppositum quaedam plantarum conjunctae aliis impediunt et generationem et fructificationem earum; sicut corilus[β]) impedit vitem, et nux fere impedit omnem aliam plantam propter per-

ω) — Et ideo, quia ipse [auster] plus et plus est calidus ex loco, tunc aperit plus aquas et terram, et attrahit continue vaporem humidum ad pluvias, et vaporem calidum et siccum quasi ad nutrimentum sui extrahit ex terra etc. *Alb. meteor. lib. III tract. I cap.* 2. α) *Codd. Nicolai legunt* quando folia masculi in illa fuerint appensa (apprehensa *codd. tertius solus*, suspensa *interpres recentior*) *quae ex verbis Alberti perperam mihi in* inter illa fuerint apprehensa *mutasse videtur Meyer in edit. Nicol. Graecos vero philosophos a justo de sexu palmarum aliarumque plantarum judicio impedivit cum incerta rei distantis fides tum caprificatio, quae sexus speciem quidem prae se ferens, ab Aristotele jam a muscarum vel cynipis genere, ficos silvestres vel caprificos incolente, causata agnoscebatur. Nicolao vero caprificatio aditum dedit a fructificatione ad fimationem.* β) *Est Corylus Lin. et Iuglans regia Lin., de quibus agunt lib. VI cap.* 27 §. 147—150.

§. 189: 8 *L Nicol.*; maturantur *Reliq.* 9 alios aliquando *V in marg. addit.* 10 10 *Om. L.*

§. 190: 1 hic *A.* 2 -nem *L.* 3 *Om. L* aut. modo; *om. A* etiam. 4 *V e correctura*; fumantur *Reliq.*; — rad. olivarum *L.* 5 *Om. A* mal pun. 6 deferatur *L*; — *om A* Et.

191 necabilem[7] amaritudinem, quam habet γ). Ex alteratione[1] etiam aliquando contingit, quod tantum δ) aliquando — ex frigiditate[2] vel alia causa — alteratur planta, quod mutatur[3] omnino in aliam speciem plantae, aut secundum totum, aut secundum partem, sicut nux ε) inveterata. Et hoc modo dicitur calamentum in mentam aliquando transmutari. Similiter autem turego ζ), — quae planta[4] est, quam quidam terugam[5] vocant, frigida et sicca, — abscisa et transplantata juxta mare viride, — de quo mari alibi η) fecimus mentionem —, mutatur[6] etiam in eam plantam[7], quae vocatur sesebra ζ), quae est calida et humida. Similiter autem triticum in siliginem mutatur aliquando, et[8] e converso siligo in triticum, et linum in linariam ϑ), et aliquando e con-

γ) Terrae autem sitae in medio magnarum silvarum vel juxta silvas ... multas habent nebulas et turbines. ... Nocent autem in arboribus praecipue nux et quercus et ceterae arbores, quae vel amaritudine sua inficiunt aërem, vel proceritate sua concludunt eum, et eventari et purificari non permittunt, etc. *Alb. de natura locorum tract. I cap.* 13 *ad fin.* δ) *i. e.* quod tantum alteratur planta ut omnino mutetur *etc.* ε) *Qua literarum arabicarum confusione e sententia Theophrast. de caus. lib. II cap.* 16 §. 2, 3 populum albam in nigram mutari *orta esse Nicol. verba* nux, *i. e. Juglans*, cum inveterata fuerit, *Meyer in edit. p.* 97—98 *docuit.* ζ) *Plantas autem a Nicolao vel potius a Theophrasto hic adductas dubias Labiatarum species censuit Meyer in edit. Nicol. p.* 98. *Postea Fraus* sesebram *i. e.* ἕρπυλλον *Thymum serpyllum L. et glabratum Link*, calamentum *i. e.* σισύμβριον *Mentham aquaticam Lin. fecit et priorem majore forsan jure quam secundum. Alberto autem* turego *est Melissa officinalis, cujus synonyma in Vocabulario simplicium*, citrago, curago, turago *respondent codicum nostrorum lectionibus:* citrago *A*, turego *B*, titrego *CV*, ruregio *L*, citrigo *Edd.*
η) Meteoror. lib. II tract. II cap. 17, *unde apparet, esse idem ac mare rubrum, cujus color initio viridis fuisse, postea in rubrum transiisse credebatur. M.* ϑ) triticum quoque et linum transmutari in seilam. *Nicol. Quibus verba Theophrasti hist. lib. II cap.* 16 §. 2 *ἔτι δὲ καὶ τὸν πυρὸν ἐξαιροῦσθαι, καὶ τὸν λίνον reddi, atque* seilam *esse* شيلم schailam *i. e. lolium, aïra vel aliud quoddam segetum vitium Meyer in edit. Nicol. p.* 101 *monstravit. Quae autem Albertus profert, satis vulgata usque ad nostra tempora sunt. Olim quidem agricolis latinis usque ad Petrum de Crescentiis* siligo *fuit Tri-*

§. 190: 7 penetrabilem *V e correct.*
§. 191: 1 Alteratio *A.* 2 etate *L.* 3 mutatur omn. ad *L*; videtur *Reliq., quare AB post* plantae *addunt* mutari; — autem *V* pro aut. 4 plantata *Edd.* 5 trengam *L*; cerugam *Edd.* 6 videtur *BCV Edd., unde Biterum post* humida *addit* transmutari *omittens* etiam. 7 ea planta *Edd.* 8 *om. Edd.*; — e contrario *V.*

verso. Aliquando autem haec transmutatio[9] non fit ad aliam speciem, sed ad aliam complexionem, sicut belenum[10] natum in Perside venenosum est, quod, cum[11] in Egyptum vel Jerusalem transplantatur, fit comestibile non perniciosum[ι]).

Causa autem maxima alterationum istarum est per cultum 192
et nutrimentum et locum[1]. Amigdali enim et mala granata et quaedam aliae plantae a sua malitia de facili[2] mutantur per culturam. Mala granata enim, stercore[3] porcino fimata, et aqua dulci frigida irrigata, meliorantur[κ]). Amigdali autem, praecipue quando humido superabundant, si clavis configantur[4], vel etiam perforantur in[5] aliquot locis — ut distillet superfluum humidum[6] cum gummi, quod multo tempore emittunt[7] post confixionem et perforationem — emundationem[8] recipiunt. Sic etiam plantae, quae 193
vermiculosos[1] faciunt fructus, curantur; et hanc curam rustici periti in plantis vocant plantarum minutionem. Sed rustici[2] non faciunt nisi unum foramen, per quod distillat superfluum humidum, quod cum emittitur[3], aliud[λ]) melius digeritur a calore complexionali. Hoc etiam artificio plantae silvestres in hortenses frequenter convertuntur. Educitur enim ex ipsis[4] humidum incultum, et per cultum alterantur corpora ipsorum, sicut per medicinam; et tunc ad aliam complexionem con-

tici sativi Lan. varietas vulgaris et vilior, Alberto autem est *Secale cereale Lin.*, cui cum *Tritico, aeque ac Lino usitatissimo Lin. cum* linaria *i. e. Linaria vulgari Mill. nihil* est *commune quam folia et caulis satis similia nec facile cuique distinguenda.* ι) *Confusa esse olim* perseam, *quam vocem hic in* belenon *corrumptam invenis, i. e. Balaniten aegyptiacam de Lille, et* persion, *quod Sprengelio est Solanum sodomeum, indeque ortam narrationem hanc et alii et Meyer, edit. Nicol. p.* 101—102, *probaverunt.* κ) *Vid. Theophr. hist. lib. II cap.* 2 §. 11. λ) *Germanismus* (das Andere) *pro* reliquum.

§. 191: 9 mutatio *L.* 10 bolenum *A*; helenum *L.* 11 autem *L*, *qui dein siglis deceptus,* vel in ulium.

§. 192: 1 est occultatum nutr. et locus *L.* 2 *Om. L* de fac. 3 stercorum *L omittens* enim. 4 *Om. L.* Amigdali .... config. 5 et *Edd.*; — aliquibus *V.* 6 *Om. B Edd.*; — inde, *at in marg.* al. cum *V.* 7 omittunt *Edd.*; in gummi vel humorem multo tempore mittunt post commixtionem *A.* 8 emendat. *A L.*

§. 193: 1 vermiculos *L Edd.*; — curentur *Edd.* 2 multi *A.* 3 emittetur *L*; — alius bene, *et in marg.* al. melius *V.* 4 istis *L.*

vertuntur, sicut medicus educit humorem malum, et postea nu-
trimento et alterantibus[5] studet ad generationem sanguinis boni.
194 Locus tamen et labor industrius in cultu maxime con-
ferunt ad[1] tales alterationes, et praecipue tempora anni,
in quo fiunt huiusmodi plantationes et alterationes.
Quaedam enim plantarum non emundantur, nisi trans-
plantentur[μ]); sicut lactuca, et caulis[2] non bene emundantur[3],
195 nisi transplantentur. Tempus autem, in quo plurimae plan-
tantur[1], est in principio veris, cum tota adhuc virtus est
in planta. Tunc enim transplantata convalescit, quia jam in se
attraxit[2] humorem et calorem, ex quibus pullulat[3], et adhuc fri-
gore aëris[4] juvatur, ne[5] humidum et calidum ejus[6] evanescat
196 per evaporationem. Paucae[1] autem plantantur in hieme.
Tamen jam facta est insitio[2] in hieme, et melius convaluit quam
illa, quae facta fuerit[3] in vere. In hieme enim calidum naturale
clausum est in visceribus plantae[4]; et calidum, quod est in vis-
ceribus terrae conclusum, facit evaporare subtile humidum ad
radicem, quae in locum calidum[5] terrae infigitur: et ex his planta
convalescit. Diximus enim in libro meteororum[ν]) quod viscera
terrae magis calida sunt hieme, quam aliquo alio[6] tempore anni.
Cum autem viscera plantarum sic humido[7] vaporante implentur
et impraegnantur, sole appropinquante emittunt et convalescunt.
Et haec est causa, quod[8] plantatio, quae profunde fit in viscera
197 terrae, optime convalescit in hieme. In autumno autem pau-
cissimae plantantur, quia tunc humor evanuit et calor, et

μ) Plantarum quoque quaedam indigent plantatore, quaedam non *Nicol.*
ν) *Lib. II tract. II cap.* 12: in hieme est quidam alius calor in extrema superficie terre diffusus, a quo plantae nutriuntur et convalescunt; et ille compressus per gelu terre, exterioribus poris conclusis, vertitur in aquas, et facit eas tepidas *etc.*

§. 193: 5 alterationibus *L.*

§. 194: 1 *L*; multum conferunt maxime ad *Reliq. at* multum *ex* cultu *ortam esse videtur, nam Nicolai verba sunt* et labor huic rei conferunt et maxime tempus anni *unde etiam contra Codd. et Edd.* tempore *legentes scripsi* tempora; — *om. autem L* et praecipue .... alterationes. 2 caule *Edd.* 3 emend. *Edd.*

§. 195: 1 plantentur *Edd.*; in quo transplantantur *A.* 2 attrahit *V.* 3 pullulant — juvantur *Edd.* 4 *L*; *om. Reliq.* 5 nec *A.* 5 cicius *A.*

§. 196: 1 Plante *V.* 2 et *addit A.* 3 est *L*; fuit *C V.* 4 cal. est in visc. pl. clausum *L omittens* naturale. 5 *Om. L.* 6 *Om. A.* 7 humida *A*; — evapor. *Edd.* 8 quare *A B.*

terra redacta est in cinerem frigidum per calorem aestatis; et sic nec[1] ex parte terrae nec ex parte plantae convalescere potest. In aestate autem generaliter[1] mala est plantatio 198
propter calidum et siccum, quod evanescere facit vigores plantarum; praecipue tamen in cancro et leone, postquam heliaco ortu[ξ]) oritur stella, quae dicitur canicula, quia tunc tempus calidissimum est, et siccissimum, et[2] sunt corpora plantarum eo[3] arida et virtutes earum debiles et terra privata humido nutrimentali. In paucis tamen locis, quae tanto fervore[4] temperantur, fit plantatio in tempore dicto, sicut est locus, qui vocatur Coronya[o]), frigidus valde et humidus aut ex montibus[5], aut quia multum est juxta[6] polum aquilonarem, sicut diximus in libro de natura locorum[π]). In Egypto autem non fit plantatio, nisi semel in anno[ρ]) ante exitum Nili sub cancro, quia aliter planta non haberet sufficientem irrigationem propter climatis illius caliditatem et siccitatem.

ξ) *Ortus stellae* heliacus *dicitur ortus ejus una cum sole, cujus luce superata nudis oculis conspici nequit. Opponitur ei ortus* acronychicus, *qui fit eo tempore, quo sol occidit. Sirius seu* stella canicularis *heliace oritur, seu una cum sole culminat circa diem ultimum Junii vel primum Julii mensis, quo tempore sol est in leone. Paulo post autem, circa diem* 23. *Julii mensis, quo tempore sol transit in cancrum, Sirius vespere in conspectum rediens diebus canicularibus nomen impertit. M.* o) Laconiam *laudat Theophr. de caus. lib. III cap.* 3 §. 6, *cujus nominis vestigia ostendunt Alberti codd. et Edd. legentes:* coronia *B*, Coronyam *Edd.;* coronya *Reliq.; Nicol. codd. autem alii, quas optimos habet Meyer, legunt* Coruma *quod* Rumi *i. e.* Roma *interpretatur.* π) Tract. I *inprimis* cap. ultim. ρ) *Conf.* Theophrast. de caus. lib. III cap. 3.

§. 197: 1 non *L.*
§. 198: 1 *Om. V.* 2 est *A.* 3 *Om. A;*— avida .. eorum *L.* 4 furore *B Edd.* 5 motibus *Z.* 6 versus *L.*

Capitulum XI.

De diversitate plantarum, quae sumitur juxta foliorum et fructuum productionem diversam[1].

199 Ex diversitate autem alterationis simul et generationis fit diversitas plantae in foliis et fructibus. Quaedam enim ex suis radicibus statim folia producunt[σ]), sicut illae, quas superius[2] herbas vocavimus. Quaedam autem producunt ea ex suis[3] gemmis; et hoc est commune fere omnibus arboribus quae gemmas habent, ex quibus et folia formantur et flores, praeter eas, quae nuces ferunt[4]. Illae enim non ex gemma producunt folium et florem et fructum, sed ex locis aliis. Quaedam autem folia producunt ex suo ligno, sive illud sit stipitis, sive ramorum; et harum quaedam prope terram statim[5] incipiunt folia producere, et quaedam longe a terra, sicut magnae[6] arbores, et quaedam in medio inter summum et imum multiplicant et producunt folia sua, quaedam autem ex diversis partibus[τ]) folia pauca producunt.

200 Similiter autem diversificantur in fructificando. Quaedam enim fructificant semel in anno tantum; et hae[1] sunt notae, sicut cini[υ]) et pruni et mala punica et hujusmodi. Quaedam autem pluries, sicut ficus et quaedam piri, quae ter in anno fructificant, et per totam aestatem habent fructum diversum successive in se florentem; quae abundant in Colonia et in partibus Reni[2] circa Coloniam. Et aliquando non maturantur aliqui[3] posteriores fructus, sed remanent crudi, praecipue ultimi, qui propter[4] frigus hiemis vel autumni maturari non pos-

σ) Nicol. lib. I cap. 18. τ) quaedam quoque diversis temporibus *Nicol.*
υ) *Sunt: Pruni insititiae Lin. varietates.*

§. 199: 1 florum *pro* foliorum *A C Edd.*; — diversarum *A*; De div. pl. penes fructuum productionem *Vind.* 2 *L*; supra *Reliq.*; — notav. *Edd.* 3 his *Edd.* 4 fuerunt *et Codd. et Edd.*; — *om. Edd.* Illa .... fructum. 5 *Om. Edd.*; statim producunt folia et *A*; — *om. L* quaedam ..... producere et. 6 longe *A*.

§. 200: 1 haec *V*; *om. L* et .. notae. 2 *Codd.*; Rheni *Edd.*; *om. L.* 3 *Om. A*; antiqui *et ad marg.* al. aliqui *V*; — posteriore *L.* 4 ultimi, propter quod *C.*

sunt. Quaedam etiam[1] sterilesφ) sunt per multa tem- 201
pora, sicut quaedam ficus in terris frigidis. Quaedam autem uno anno fructificant, et in[2] alio reficiuntur, et tales sunt multae, praecipue magnae arbores, sicut olivae[3] et piri et ficulneae et hujusmodi; quae licet multos ramos producant, quibus cooperiuntur et dilatantur, tamen in ramis illis non est abundans fructus, nisi alternis annis[4], eo quod multitudo ramorum trahit succum ad sui nutrimentum, et non permittit pullulare fructum, nisi in altero anno, cum redundat humor in arbore; sicut etiam magna animalia minus ponunt in
semine quam parva. Amplius autem quaedam in juventute 202
steriliores[1] sunt quam in provecta aetateχ) quod[2] ideo contingit, quia succus totus transit in incrementum[3] earum. Cum autem steterit incrementum, tunc jam provectae melius fructificant, sicut vitis, quae vetula et[4] meliores et uberiores producit uvas quam juvenis, dummodo[5] ad extremam et decrepitam non pervenerit senectutem. Illa enim in omnibus est[6] sterilis propter frigidum et siccum, quod abundat in ea, sicut in libro de aetatibusψ) dictum est. Quaedam autem econtrario melius fructificant in juventute quam in senectute sicut amigdali[7], piri et ilices[8], quas quidam quercus esse dixerunt ω), licet non verum dixerunt[9]. Harum autem plantarum[10] natura profecto est calida et humida in juventute, a[11] quibus qualitatibus post juventutem mutantur in frigidum et[10] siccum: et ideo primum tunc[10] steriles, deinde in toto aridae efficiuntur, et hoc plus pa

φ) sterilis *unus*, fertiles *duo Nicol. codd. et Meyer.* χ) *His plane contraria sunt verba et codicum meliorum Nicolai, quae legunt* fertiliores (*nec* steriliores) quam in senectute, *et Theophrasti, qui in lib. II de caus. cap.* 11 §. 10 Quaenam *inquit*, fructu exuberantes nec sunt brevis vitae, nec cito senescunt, ceu pirus amigdala quercus hae aetate provectae vel foecundiores fiunt.
ψ) De juvent. et senect. tract. I cap. 6. ω) *Est Quercus esculus L.*

§. 201: 1 et *V;* — *om. A C V Edd.* sunt. 2 *Om. V.* 3 oliva *L;* olive vel pipi vel piri *V;* pini *B;* pipi *C Edd.* 4 *Om. L lacuna relicta.*

§. 202: 1 steriles *L.* 2 quia .. quod *B Edd.;* quod .. quod *C V.* 3 crementum *V;* — eorum *A B C Edd.* 4 *Om. Edd.;* est, et uber. et mel. *L.* 5 que *A.* 6 *Om. C V Edd.;* est in omn. *A B;* Ista enim in omn. est *L;* — sterilibus *B.* 7 et *addit L.* 8 in ilicibus *Alb. autographa animal. hist. lib.* 25. *cap. de Illicino;* ylices *Codd. nostri omnes;* ilices *Edd.* 9 *Om. B Edd.* licet .. dix. 10 *Om. L.* 11 ex *A B;* et *C Z.*

tiuntur amigdali quam piri et ilices, licet in communi et[12] piri et ilices hoc patiantur.

203 Ex ista autem foliorum et fructuum diversitate cognoscuntur masculae[1] plantae a feminis tam in hortensibus quam in[2] silvestribus plantis, secundum proprietates competentes masculino et feminino. Masculus enim propter siccitatem durior, et propter caliditatem ramosior, quia calidum et siccum de facili dividitur et scinditur in multa; habet enim minus humoris quam femina. Et ideo fructus non est adeo vermiculosus sicut feminae; et fructus est brevior et rotundior quam feminae; et non ita cito maturantur propter siccitatem, quae non[3] de facili suscipit alterantem se[4] digestionem. Folia etiam et surculi sunt diversa, diversitate[5] quam supra, de masculis et feminis loquentes, enumeravimus.

Capitulum XII.

De modo perscrutandi de omnibus praedinductis[1].

204 Omnibus his diversitatibus executis, ut bene et subtiliter consideremus ea[α]), quae dicta sunt; oportet conjecturas facere et experimenta, ut cognoscamus naturam arborum per se, et quodlibet genus arboris secundum arborum diversitatem. Et huiusmodi coniecturas oportet etiam facere in herbis minutis et etiam[2] in oleribus et in fruticibus[3] et fungorum generibus, licet sit valde difficile et dispendiosum. Valet tamen ad hoc nobis, ut consideremus, quid de his dixe-

α) Nicol. lib. I cap. 19.

§. 202: 12 *Om. V*; hic *pro* hoc *A*.

§. 203: 1 et masc. *V*. 2 *Om. L*. 3 est *addit A*. 4 *L;* alterantem et *C Edd.;* alterationem et *Reliq.* 5 diversa diversimode *CZ;* div. diversimode quam diversitatem supra *B;* — *om. A* loquentes.

§. 204: 1 *L;* predictis *Reliq.* 2 *L; om. Reliq.* 3 fructibus *C et V qui in marg. addit* al. fructicibus, *et L qui pergit* ut ostendamus, quid *omittens* et .... consideremus.

runt antiqui experti, et inspiciamus libros, quos conscripserunt de his, ut bene quidem[4] dicta accipiamus. Per nos enim haec omnia vix vel nunquam bene[5] experiri possemus. Medullam[β]) tamen physicae plantarum in communi de[6] his omnibus compendiose satis poterimus perscrutari, cum causas reddemus de his, quae faciunt oleum[γ]) vel unctuosam humiditatem, et de his[7], quae faciunt semen, et de his, quae faciunt vinum, et de his, quae sunt interficientes[8] et venenosae, et de his, quae sunt medicinales. Haec enim omnia nota[9] sunt convenire arboribus et plantis aliis fere omnibus.

Sed ad sciendam causam omnium eorum, quae dicta 205 sunt, oportet inquirere generationem et modum generationis earum[1], quare scilicet quaedam[2] nascuntur in quibusdam locis et non in aliis, et quare quaedam nascuntur in quibusdam temporibus et non in aliis. Et ideo oportet inquirere modum plantationis earum, et naturas radicum, et diversitates succorum et odorum, et diversitates[3] lactis earum, et diversitates gummarum. Et oportet considerare bonitatem et malitiam[4] singulorum istorum, et[5] diversitatem durationis[6] fructuum quorundam, cum[7] alii non durent vel parum durent. Et inter illos[8] inquiremus, quare quidam citius putrescunt, et quidam tardius. Sic 206 enim inquiremus diversitatem[δ]) omnium plantarum in communi, et praecipue radicum, ex quibus tota oritur planta; et sciemus, quare quidam fructus mollescunt[1] et quidam

β) *Cum Alberto tum Nicolao* medulla *hic est* librorum summa, *neque* plantarum pars. γ) herbas oleares et herbas semina facientes et plantas vinales etc. *Nicol.* δ) proprietates *Nicol.*

§. 204: 4 quedam *L V.* 5 *Om. B.* 6 et *add. A.* 7 *L V;* eis *Reliq.* 8 inter sitientes *Z;* et *om. Edd.;* medicinales int. et ven. sunt *L.* 9 nata *et Codd. et Edd.;* — prosunt *A.*

§. 205: 1 eorum *L.* 2 eorum *C V Edd.; om. L.* 3 -tatem *B Z; om. A* et div. succorum .... gumm. 4 malitia *C.* 5 *Abhinc incipit P.* 6 et *add. Edd.* 7 tamen *lacunula praecedente, cui superscriptum est* cum *P.* 8 istos *L.*

§. 206: 1 molescunt *L; om. A* ex quibus .... mollesc.

non et quare quidam provocant venerem[2] et quidam non, et quare quidam somnum provocant[3], et quidam interficiunt, et multas alias diversitates; sicut est, quod quidam lac faciunt, et quidam non, praecipue ex semine expressum, sicut amigdala. Explicit primus[4].

§. 206: 2 ventrem *B Edd.*, venerem *Reliq.; quam lectionis varietatem et Nic. codd. offerunt; om. L* et quidam .... interficiunt. 3 *A addit* et quidam non. 4 Expl. primus incipit *etc. L;* Expl. pr. de plantis *Reliq. Addit Alb. in autographa animal. hist. libris plerisque clausulam talem nunc breviorem nunc longiorem, nec inconsultus, qui argumenta non praeposuit libris capitulisque, sed paginae subdidit, cujus exemplum operi nostro praefixum est.*

Incipit

Liber Secundus

De Vegetabilibus,

qui totus est digressio;

cujus

Tractatus I.

est:

De origine diversitatum plantae supra enumeratarum, et de his quae conveniunt eisdem, ut ordinatius sciantur causae earum[1].

Capitulum I.

De plantae substantia et origine et de operibus ejus in communi[2].

1 Haec omnia tradita sunt ab antiquis physice de plantis loquentibus, et videntur quandam habere confusionem. Et ideo iterum incipientes, communia[3] plantarum referemus secundum

§. 1: 1 de Veget. *ACL; om. P;* vegetabilium *Reliq.;* — disgressio *L;* digressio tractatus II de origine diversarum plantarum *V;* digress. et est de ordine diversitatum plante *Reliq.;* div. pl. enumeratarum *P omittens reliqua;* — eis *pro* eisdem *V;* — ordinatim *A;* — *Jammy ultima tractatus verba in argumentum praesumens addidit* Tractatus I. De his, quae in plantis secundum individuam ipsius substantiam inveniuntur. *Egomet codicis V vestigia secutus atque scribens* cujus Tract. I est, *verbis* De origine — earum *argumentum non libri sed tractatus proponi statui; quod rectene an secus fecerim, dubius sum. Poterat enim Albertus ipse dormitare, quem identidem tractatuum semel libri simul et tractatus et capituli argumenta praetermittere in autographa animalium historia videmus.* 2 De subst. pl. et or. et de oper. *L*, et oper. *Reliq.;* ordine *expuncto* d, *pro* origine *C; om. Edd.* et op. .. comm. 3 aliquid *L; om. Edd.* communia ..... incip.

ordinem naturae, incipientes ab universalioribus, et[4] usque in particularia tractatum deducentes. Cum igitur in genere plantae nihil communius inveniatur, quam ipsa natura, a qua planta dicitur, primum investigandum est, quae sit natura illa, a qua planta est et vocatur, et quae sint[5] sibi primo et per se convenientia, et quae sibi et aliis quibusdam attributa.

2 Natura autem, qua planta planta[1] est, sumenda proportionabiliter est ex natura animati, secundum quam[2] est animatum. Natura autem haec[3] est actus corporis physici organici, potentia vitam habentis. Omne enim, quod habet operationem et potentiam secundum actum vitae animatum est; et si habeat operationem[4] secundum actum vitae occultae, erit planta; et natura communis, qua planta dicitur, est secundum formam quidem actus ad potestatem vitae occultae, secundum materiam autem est
3 susceptibilitas huiusmodi[5] actus vitae. Quae quidem susceptibilitas in duobus consistit; in complexione videlicet, — in qua dominantur terrae virtutes, et [quae][1] inter complexiones minus recedit[α]) a contrariorum excellentia — propter quam complexionem non suscipit nisi vitam occultam. Alterum autem est compositio organica, qualem habet compositum[2] ex officialibus partibus; sicut est radix et stipes, et rami et folia, et huiusmodi; quibus explentur[3] particulares potestates huius vitae occultae. Haec igitur est natura, per quam planta est planta.

4 Plantae tamen nomen[1] ab actu artis imponitur, qui est plantare; et ideo hoc nomen[2] non convenit plantae secundum suum genus, sed secundum accidens. Et si volumus nomen fingere[3]

α) *i. e.* nullae sunt corporum animatorum complexiones, in quibus contrariae elementorum vires minus sint temperatae, quam in plantis, quae est causa, cur non nisi occulta sit earum vita. *Conf. pag.* 2 *not. γ.*

§. 1: 4 *Om. A L;* usque ad, *et in marg.* al. in *V;* — reducentes *A.* 5 sunt *L;* — primo *LP;* prima *Reliq. unde M. conjecerat* priva.

§. 2: 1 *Om. A C Edd.;* pl. est pl. *L.* 2 quod *L.* 3 hic *A;* hujus *B Edd.* 4 et potentiam *iterum addit B;* sec. actum *om. A*; animatum .... vitae *om. J*; — erit *om. L Edd.*; — plante *pro* -ta *L*; natura communius quam *Edd.*; — et *pro* est *J*; — quidam *pro* -dem *A*; *om. L qui pergit* actus quod est ad. 5 hujus *A B P Edd.*

§. 3: 1 *E conj. adjeci* quae. 2 -sitiones *A.* 3 *L V*; in quibus explicantur *A*; in quibus expelluntur *Reliq.*; — hujus *L*; hujusmodi *Reliq.*

§. 4: 1 *Om. P.* 2 *Om. L.* 3 *L*; signare *et in marg.* al. fingere *V*; signare *C P*; significare *Reliq.*

secundum genus, dicemus, quod illud vocamus plantam proprie, quod vocatur vivum vel animatum[4] occultum; et definitio ejus est compositum ex corpore virium terrestrium et anima, quae est principium vitae occultae. Quae autem sit vita occulta, et quae eius causa, ex supra dictis[β]) est manifestum.

Conveniunt autem plantae[1], secundum quod planta est, ve- 5
getari tantum, et exercere actum vitae secundum augmentum et alimentum et generationem tantum. Secundum causam autem agentem plantae convenit[2], a sola virtute coelesti et elementorum commixtione pullulare. Forma enim prima[γ]) vitae operationem habens invenitur in planta; et haec non habet magnam suarum potestatum[3] diversitatem, propter quod etiam ex parte corporis plantae non requirit magnam suarum partium diversitatem in complexione[4]. Et cum[5] complexio tanto sit facilior, quanto est similior, sufficit in productione ejus agens unum commune, quod est virtus coelestis cum materia convenienter commixta. Et ideo 6
planta omnis caret sexu, quia sexus femineus est propter principii generationis susceptionem et praeparationem. Et haec potestas est[1] in terra convenienter commixta et praeparata; et ideo locus[δ]) terrae[2], in quo oritur planta, est sicut matrix in animalibus; et succus sive humor in tali loco praeparatus et attractus est sicut sanguis menstruus in matricibus animalium. Vis autem coelestis in[3] eis[ε]) est sicut virtus masculi, indistincta et non determinata ad speciem, quae, quantum ad naturam[4] plantae partium, sufficienter determinatur[5] et distinguitur per qualitates elementorum et modum commixtionis eorum in materia siminis plantae. Pro- 7

β) *Haec ad cap. II, sequentia ad* §. 91—92 *lib. I respiciunt.* γ) *i. e* infima. δ) *Sequentia cap. verba profert Petr. lib. II cap.* 3, *in epitomem pleraque cogens, ad verbum vero et posteriorem* §. 13 *partem, et* §. 16 *totam reddens.* ε) *i. e.* in plantis.

§. 4: 4 *L*; occult. animat. *Reliq.*; — *om. A et* est *et* virium.

§. 5: 1 *Om. C.* 2 -niunt *L*; convenit solum *A.* 3 *L*; suar. pot. magn. *B*; suar. magn. pot. *Reliq.* 4 *L*; magn. in compl. part. div. *Reliq. omitt.* suarum. 5 *Om P*; Et cum; — complexionato sit *Edd.*; — est *om. B Edd.*; — suff. enim in productionem agens *L*; — *om. C* unum; — Unum comm. est quod est *Z.*

§. 6: 1 *L*; est pot. *Reliq.*; — conveniente *Z.* 2 *Om. A*; — aritur *V*; — *om. Edd.* est. 3 *Om. L* in eis *atque dein* et. 4 *L*; ad plante naturam suff. *Reliq.* 5 -minare *L*; — et *pro* per *Edd.*; qualitates *L*, -tem *Reliq.*; — eorum *om. A B Edd.*; earum *Petr.*

pter quod dixit Protagoras, omnium plantarum solem esse patrem, et terram esse[1] matrem. Et est verum, quod dixit, praeter hoc solum, quod sol[2] deficit in altero paternitatis principio. Ministrat enim pater et[3] substantiam seminis et virtutem activam generationis in conceptu; sol autem virtutem[4] solam; et ideo non convenit in substantia in[5] plantis. Et cum virtus universaliter, et active solum sit[6] in sole, in semine autem plantarum et in plantis sit percepta[7] materialiter et determinata et infirmata et occulta: consequens est, solem etiam affinitatem cum plantis proprie[8] non habere. Et ideo procul dubio coelum nihil univocum sui habet[9] in planta: pater autem et substantiam et virtutem univocam habet in conceptu. Ex quibus duabus proportionibus necessario concluditur, quod sol vel coelum non est
8 pater plantarum nisi metaphorice et aequivoce. Terra autem magis accedit ad rationem matris, quoniam ministrat materiam[1] et fomentum et cibum: et haec omnia facit mater. Sed deficit in hoc, quod figuram instrumentalem, quemadmodum feminae animalium[2], non habet. Sed secundum modum commixtionis terrae cum elementis, ita quod semper terrae virtutes emineant et vincant, terra[3] concipit et impraegnatur virtute coelesti. Haec igitur plantae conveniunt secundum substantiam et generationem.

9 Opera autem ejus, quae secundum potestatem vitae[1] exercentur omnia, in multis sunt ad modum naturae. Cum enim natura in multis operetur[2] unum et uno modo per se et ex necessitate, hoc fere habet planta in omni opere suo, quod[3] est secundum principium unum et idem. Cum enim[4] vegetatur, non quandoque quidem vegetatur, quandoque autem non, sed semper et ex necessitate vegetatur. Sed in hoc differt, quod non ad speciem corporis[5] elementi vel elementati tantum vegetatur[ζ]), sed ad speciem vivi secundum aliquam[6] potentiam vitae;

ζ) *Conf.* De animal. lib. XX tract. I cap. 5.

§. 7: 1 *Om. L.* 2 *Om. A.* 3 *L.; om. Reliq.* 4 virt. virt. *repetit L.* 5 *L;* cum *Reliq.;* Et cum virtus *om. Edd.* 6 *L V;* fit *Reliq.* 7 preceptum *Z.* 8 *L;* prop. c. pl. *Reliq.* 9 sustinet *B pro* sui habet.
§. 8: 1 naturam *L.* 2 *Om. L.* 3 tamen *V;* — accipit *P;* terra ergo conc. et inde pregn. *A;* — et hec igitur *L.*
§. 9: 1 vere *Edd.;* — exercent omnia *L; om. Reliq.* omnia. 2 operatur *Edd.;* — *om. L* unum 3 que *Codd. et Edd.;* — in unum *A.* 4 igitur *P;* — autem autem *C repetit C.* 5 vel *add. B C V Edd.* 6 aliam *B L Edd.;* — elementa instrumentalia *Edd.*

nec operatur actum vitae nisi per instrumenta elementalia, quae
sunt qualitates elementales quas movet et ordinat et dirigit ad
opus vitae anima vegetabilis, quae est in eis. Quod autem planta 10
diversa operatur[1] cibando augendo et generando, hoc non indicat recessum eius magnum a natura, quoniam omnia haec operatur ex uno et eodem nutrimento secundum substantiam, licet esse ejus sit diversum. Et ideo etiam in hoc planta fere unum modum tenet operis sui. Sic autem in animalibus non est, in quibus magna est operum[2] diversitas, quae nec ex uno materiali, nec ad unum finem proximum diriguntur. Opera autem plantae, secundum quod planta est, sicut alibi determinatum est, sunt tria[3]: uti alimento, et augere, et generare.

Et alimento quidem[1] utitur planta speciali modo, qui non 11
nisi plantae convenit. Cum enim alimentum, conveniens animalibus, tribus ingrediatur viis in animal, quod[2] nutritur, per poros videlicet manifestos — sicut est os, et oesophagus[3], et alia talia, et per venas concavas —, per quas[4] et attrahitur et diffunditur ab hepate vel a corde secundum modos diversos, et per poros occultos, qui sunt in ipsa membrorum spongiositate: oportet, quod propter primum tractum habeant animalia receptacula superfluitatum suarum[5] et vias, per quas illae emittuntur, quia per poros manifestos substantia nutrimenti materialis ingreditur, magis habens de impuro et inconvenienti, quam de puro et conve-
nienti[6]. Propter secundum autem[1] modum exigitur colatio am- 12
plior et separatio, eo quod, licet venae angustae sint, tamen intra concavum suum trahunt impurum subtile[2] cum puro. Et hoc separatur per urinam et sedimen, quod in urina cernitur, in habentibus receptaculum superfluitatis humidae, quod est vesica; aut redundat ad stomachum et intestina, et per illa cum sicca
superfluitate emittitur, sicut fit in non habentibus vesicam. Sed 13
ratione tertii modi trahendi alimentum non exigitur receptaculum

§. 10: 1 in *addit B*; aug. et operando *L*. 2 *Om. L*; — *post* materiali *addunt* principio *A*. 3 scilicet *addit B*; — et non augere *A*.

§. 11: 1 quod *A*; quo *L*; *om. P*. 2 quaedam — eos *pro* os *L*. 3 ysophagus *Alb. A P*; ysofagus *B L*; isophagus *Reliq*. 4 aquas *A*; quas etiam *V*; et *om. P*; — epate et corde *A*; et a corde *V*. 5 suas *L*. 6 et de conv. *L*; et inconv. *A*; *om. C P Edd.*, *quae verba V in marg. supplevit*, et inconv. quam de puro; *unde J scripsit* de impuro quam conv.

§. 12: 1 *Om. B*; collatio *A*; collacio *C P*; incollatio *Z*; incolatio *J*; — sint *om. Edd.* 2 subtilem *A*.

alicuius superfluitatis, quoniam membra spongiositate sua non trahunt nisi purum conveniens et simile sibi, et hoc totum est convertibile in substantiam membrorum. Et hoc tertio solo[1] modo trahunt plantae alimentum, et ideo non habent ventres et venas, sed tantum poros; et[2] terra est eis pro ventre, in qua dimittunt utramque impuritatem, siccam videlicet et humidam. Et haec est causa, quod infigunt radices ori suo similes in terram, ex qua[3] sicut ex stomacho sugunt nutrimentum, et dirigunt radices deorsum majores plantae omnes[4] ad locum calidum terrae, ubi calor melius commiscet et digerit nutrimentum; et si aliquae plantae magnae in superficie spargant radices et non in profundum dirigant, cito arescunt, quia nutrimentum, quod est in superficie terrae, evanescit ab eis in fumum[5] per calorem solis, et non cogitur spirare in radices earum per loci[6] continentiam. Iste igitur modus nutrimenti est plantae, secundum quod est planta.

14 Augere autem ipsarum plantarum dicunt[1] quidam esse in infinitum, asserentes, plantam augeri, quamdiu radicitus terrae adhaeret. Cujus dicti sui tres inducunt[2] rationes. Quarum una est, quia ex humido nutrimentali augeri videntur ad oculum; hoc autem est continuum plantis[3], et non deficiens. Altera est similitudo, quae est in partibus plantae, propter quam nutrimentum, digestum in una qualibet[4] parte, potentia est tota planta, et sic ex nutrimento continue[5] adgenerantur ei partes, ex quibus augetur. Tertia est, quod, sicut dicunt, calor in plantis[6] est modicus, eo quod vires terrae, quae praecipue dominantur in planta, impediunt virtutem caloris, et ideo[7] calore aut nihil aut parum deperditur in ipsis; ad quod etiam cooperatur durities plantae, quae etiam[8] generaliter in omnibus plantis maior est, quam sit

15 durities carnis in animalibus. Cum igitur, ut inquiunt, non sit[1] deperditio in plantis, ex nutrimento non fit restauratio deperditi:

§. 13: 1 solum *L;* ventrem *A.* 2 set et *A.* 3 *Om. V*; ex aqua *CZ.* 4 omnis *pro* omnes *P et hoc et multis aliis locis.* 5 tantum *L.* 6 locorum *A*; convenientiam *et in marg* al. contin. *V.*

§ 14: 1 debent *A*; — asserentes *L, V e correct., J Petr.*; assumentum *Z*; assumentes *Reliq.* 2 assignant *A.* 3 *Om. Edd.* 4 unaquamque *L.* 5 continuo *L*; — agenerantur *P V*; aggregantur *J* (*et? A B*). 6 *L*; *om. Reliq.* in pl.; *Meyer e conject. suppleverat* plantae; — *om. P* terrae. 7 de *addit B.* 8 *Om. L repetens dein* carnis carnis.

§. 15: 1 *CPV*; fiat *L*; fit *Reliq.*

sequitur igitur, quod fiat[2] tantum secundum additionem ad praeexistentem substantiam et quantitatem plantae; ex quo[3] relinquitur, ut dicunt, plantas augeri continue. Dicunt autem, Plinium[4] apud Latinos et Theophrastum[5] apud Graecos hanc tenuisse sententiam[η]). Non autem consentiendum videtur huius- 16
modi[1] rationibus, eo quod iam probatum est, omnium natura constantium esse quantitatem determinatam inter duos terminos maximi in suo genere et minimi. Habent enim, sicut egregie dicit Aristoteles, omnia rationem et magnitudinis et augmenti. Licet enim ex nutrimentali humido formentur et augeantur[2] plantae, tamen pars, cui facienda est additio, intantum induratur processu temporis, ut[3] extendi non possit; et tunc stat augmentum in longum, et tandem ex eadem causa stabit[4] etiam ad alias duas diametros, quae sunt in latum[5] et in profundum. De his autem alibi satis dictum est[θ]). Quod autem dicunt calorem nihil 17
consumere de planta, omnino falsum est, quia calor, qui non potest aperire poros et dividere substantiam nutriti[1], impotens est nutrire; calor autem plantae utrumque facit. Apertio autem pororum et divisio per calorem nunquam fiunt nisi per consumptionem partium humidarum, et etiam aliarum, quae sunt in humidis permixtae; et ideo, istis consumptis, restauratio fit ex cibo. Sed verum est, quod minor fit consumptio: et ideo nova generatione[2] partium plantae redit ad eam juventus ipsius, sicut dictum est alibi[ι]). Similitudo autem corporis plantae non causat perpetuum ejus incrementum, eo quod similes ejus partes indurescunt, et extensioni[3] non semper obediunt. Stabit igitur augmentum plantae[4], licet pluri, tempore quaedam earum extendantur quam animalia. Hic ergo est modus conveniens plantis

η) *Locus eam ob causam imprimis memoratu dignus, quoniam nec Plinii nec Theophrasti libros ad Albertum pervenisse docet. M.* θ) De anima lib. II tract. 2 cap. 6. — De nutrim. tract. 2 cap. 1. ι) De juvent. tract. II cap. 1.

§. 15: 2 fiet *Edd.*; — ad *om. L.* 3 qua *BCPZ.* 4 plurimum *A*; *Om. L.* 5 theophrast. *Alb. CV*; theofrast. *BP*; teofrast. *L.*

§. 16: 1 his *L.* 2 *L*; for. et aug. hum. *Reliq.* 3 quod *P in marg.* 4 constabit *L.* 5 altum *A*; et prof. *AP omittentes* in.

§. 17: *L Edd.*; nutrimenti *Reliq.* 2 generatio *ABCPZ*, *quare addunt AB* fit nova gen., *atque A dein* et redit; *om. L* plantae. 3 exversioni *CVZ*; convers. *J.* 4 *Om. L*; licet pleri *L*; — *om. A* tempore.

18 in eo, quod sunt plantae. De operatione autem[1] generationis plantarum multa dicta sunt in locis aliis. Sed hoc, quod hic observandum[2] est, — quantum ad corpus plantarum pertinet, — est[3], quod in nullo genere tantum in quantitate distant ab invicem perfecta[4] secundum aetatem, et incipientia primo generata, sicut*) in plantis. In his enim[5] ultimum perfectum maximae est aliquando quantitatis, et in prima sui pullulatione est[6] mininum, vix sensu discernibile. Adhuc autem omnia animalia[7] generantia receptaculum habent, in quo formant partum figuratum[8] aut illud, ex quo fit partus, partus enim[9], sicut ovantia formativa
19 ovorum, habent intra se: sed plantae nihil habent istorum. Cujus causa est, quia[1] sugendo per poros hauriunt nutrimentum, et hoc modo emittunt id ipsum. Propter quod etiam pariter[2] extrinsecus — in gemmis elevatis a spiritu egrediente — per poros formant omne, quod gignunt. Et ideo proprie loquendo non concipiunt, nec pariunt, sed modus generationis earum est pullulatio proprie dicta.

Haec igitur sunt essentialia, et communiter omni plantae, in quantum planta est, convenientia.

*) *lege* quantum distant in plantis.

§. 18: 1 *Om. L.* 2 conserv. *L.* 3 eo *L.* 4 *Om. Edd.* 5 *Om. L.* 6 multum *addunt Edd.* 7 alia *L. Edd.* 8 figurarum *C V*; — aut id *L.* 9 *L*; partus enim *om. Reliq.*; — formativam *C P V Edd.*; *om. A* ovorum.

§. 19: 1 quod *Z*; hauriunt *Mey. e conj.*; habent *Codd. Edd. Petr.*; — ad ipsum *L.* 2 *E conj.*: Propter *L et V in marg. soli proferunt*; — autem parum *Codd. omnes nisi quod A scripsit* pariunt. *Hanc autem lectionem ex illa,* parum *ex voce* pariter *ortum crediderim, nam sigla utriusque apud Albertum sat sunt similia. Si vero retineas codicum optimorum lectionem* propter, *certe pro* autem *legendum est* etiam, nec *leviore manu sententiam continuam reddere valui. Legit autem Petrus:* Et de eo quod extrinsecus in gemmis elevatur a spiritu egrediente formant *etc.* — formatione *pro* formant omne *A.*

Capitulum II.

De divisione plantae prima per suas partes subiectivas[1].

Dividentes plantam[2] in subjecta sibi proxime genera, divi- 20
dimus eam in arbores et arbusta et frutices et olus et herbam et fungum et alia huiusmodi. Quae tamen divisio non est vere generis[3] in species, quoniam planta magis habet de ratione nominis sui in arbore, quam in fungo; et[4] aliis plantis proportionaliter convenit. Propter quod etiam ceterae plantae non ita permanent sicut arbores, nec[5] ad eas ita redit juventus earum sicut ad arbores. Videtur enim esse in plantarum generibus, sicut est in generibus animalium, quod videlicet quaedam sunt perfecta in participando potentias animales, et quaedam sunt imperfecta. Licet enim omnia vegetabilia nutriantur et augeantur et generent, non tamen habent tam perfectos modos nutritionis et augmenti et generationis ceterae plantae sicut arbores; et ideo posterius λ) in eis invenitur ratio generis.

Fungus enim non videtur esse nisi quaedam exhalatio hu- 21
moris, ex putredine ligni vel alicujus alterius commixti et putridi evaporans, et[1] ad frigus aëris constans et coagulata. Propter quod et[2] infirmi sunt generaliter fungi, et quidam eorum venenosi propter putridum[3] humorem, ex quo generantur.

Subtiliatur autem humor in nativitate[1] arborum μ) et dige- 22
ritur et formatur vigore naturae, et non exhalat ex putredine humoris superflui. In mediis autem generibus proportionaliter puto[2] esse vires plantarum. Arbusta enim sunt quasi busta arborum dicta, quae[3] siccitate terrestri et forti calore adurente ad

λ) *i. e.* minus perfecta. μ) *i. e.* ubicunque enascuntur arbores.

§. 20: 1 *Nonnullorum libri I, et plurimorum sequentium capitulorum usque ad lib. V tract. I cap. 4 argumentis praefingit L verba* et est, *quae tamen nec Reliqui nec autographum Alberti opus ulli argumento praeponunt, nisi addunt* et est digressio. *Om. A L* prima; — subject as *C*, *om. A.* 2 plantas *B Edd.*; — dividimus e a s *J.* 3 *L*; non est div. gen. vere *Reliq.* 4 *Om. A* in fungo et; — et i n aliis *A L Edd.* 5 nisi *A.*

§. 21: 1 *Om. B.* 2 *Om. L.* 3 h u m i d u m *C Edd.*

§. 22: 1 in v a c a n t e *A.* 2 *L*; puto proport. *Reliq.* 3 de *addit A*; — calore ad h e r e n t e *L.*

perfectionem arborum non perveniunt, licet figuras arborum habere videantur. Constat autem, diminutionem ipsorum[4] arbustorum esse a diminutione virtutis plantae et confusione materiae corporis eorum; propter quod[5] etiam plantae nomen non nisi secundum proportionem recipiunt.

23 Idem autem est de frutice, quia pro certo non multa imperfecta ex radice emitteret, nisi quia radix succum ad unum non dirigit sed per omnia[1], et in multis partibus existens imperfecta emittit, nulli sufficiens ad debitum robur et incrementum.

24 Olus autem etiam complexionem[1] perfectam non attingit, et ideo destituitur a ligni soliditate. Magis autem[2] mollis propter incompletum et interminatum humorem remanet herba, cujus succus non videtur esse[3] nisi aqua parum passa et pinguescens a sicco. Ultima igitur perfectio plantae[4] in arborum soliditate et vita, proportionaliter autem et quodammodo est in aliis enumeratis generibus.

25 Propter uniformitatem tamen[1] materiae corporum plantarum herbae mutantur[2] in olera, et lignescunt processu temporis; ut[3] arbusta et forte arbores efficiuntur quaedam earum, sicut ruta, cum remanserit et antiquata fuerit. Sed fungi propter defectum naturae non inveniuntur mutari ad aliquod[4] aliud genus plantae, sed mox nati putrescunt, nec sibi similia generant, neque semen faciunt, quemadmodum imperfectissima animalium ex putrefa-
26 ctione natorum, sicut sunt lumbrici et gurguliones. Sed cum plantae ad invicem transmutantur, duas habent mutationes: aliquando enim[1] processu solo temporis per incrementa virium et consolidationem corporis[2] ascendit ad naturam plantae superioris, sicut diximus de ruta; aliquando autem propter nutrimenti complexionem transit in aliam sibi affinem secundum speciem, sicut[3]

§. 22: 4 istor. *L*; — arborum *B*, *om. Edd.*; — pl. virtut. *L*. 5 hoc *A*.

§. 23: 1 *L V*; sed porosa *Reliq.*; diriget *Edd.*; — mali *pro* nulli *L*.

§. 24: 1 -pletionem *A B P*; *om. A* perf. 2 enim *A*. 3 *L*; *om. Reliq.*; *om. A* aqua. 4 est *addit B*.

§. 25: 1 cum *Edd.* 2 nutriantur *Edd.*; — liquescunt *C Edd.* 3 *L V*; et *Reliq.*; — frutices *A*, formate *B P Edd. pro* forte; — eorum *V*; — antiqua *V Edd.* 4 *Om. Edd.*; — alius *L*.

§. 26: 1 *L V*; autem *Reliq.* 2 *L*; *om. Edd.*; per .... corp.; vaporis *A in marg.*; temporis *A in textu et Reliq.* 3 *Om. B*.

siligo mutatur in frumentum[ν]) in quibusdam terris spatio duorum aut[4] trium annorum, et e converso frumentum in siliginem ex malitia nutrimenti. Nutrimentum enim[5] frigidum et ventosum et terrestre triticum convertit in siliginem; calidum autem et humidum bene digestum transponit siliginem in tritici naturam et speciem. Et hoc invenitur in multis aliis speciebus plantarum, et praecipue in his[6], quarum herba concava est, sicut stipula. Propter quod ordeum[ξ]) saepe degenerat in quandam speciem graminis, quod[7] hirsutas[8] et hispidas habet aristas. Ex quibus 27
colligitur, quod plantarum materia valde est conformis, et unius plantae materia[1] non multum distat a materia alterius: et ideo, facta parva mutatione circa eam, efficitur in[2] proxima potentia ad aliam, et statim illa pullulat ex ipsa. Hinc est, quod quidam theologizantes Platonici dixerunt, quod Deus, creata[3] terra, indidit ei sementinam causam omnium plantarum, sed non indidit ei semina[4] animalium; volentes dicere, quod materia, quae est potentia, ex qua pullulat planta, est terrae aliqua contemperantia[5] cum coelesti effectu, et quod non sufficit hoc in[6] animalium productionem.

Haec autem genera plantae, quae dicta sunt, plurima sub 28
se habent alia genera et species, quae, si[1] ponantur per singula, modum voluminis excederet[2], etiamsi nomina solum ponantur plantarum. Nos autem[3] secundum propositam philosophiam non quaerimus nisi causas eorum, quae in plantis apparent, et non enumerationem diversitatis earum per singula. Singula enim talia dicere non est philosophicum[4]. Sufficiant igitur ea, quae dicta sunt de divisione generis plantarum.

ν) *i. e. Triticum sativum Lamark. De siliginis mutationibus conf.* pag. 94 not. ϑ. ξ) *Est Hordeum Lin.* Gramen, quod habet aristas, *i. e. spicas*, hirsutas et *aculeis tenuibus longisque, quae apud nos audiunt aristae*, hispidas, *Hord. murinum Lin. esse videtur, quae species, in viis et semitis frequentissima, utrique sativi Hordei speciei cum disticho Lamark, tum polysticho Döll. simillima est, praeterquam quod vix in graminum pratensium nedum in frumenti proceritatem accrescit.*

§. 26: 4 vel *Edd.*; e contrario *V.* 5 *Om. Edd.* 6 illis *L.* 7 germinis quia *Edd.* 8 irsutas *L*, hirsidas *B.*

§. 27: 1 *Om. Edd.* valde ..... mat. 2 *LPV*; et *Reliq.* 3 tanta *P.* 4 omnium *addit L.* 5 temper. *Edd.* 6 ad *L*; — productione *P.*

§. 28: 1 sp. quasi *Z.* 2 excedet *Codd. et Edd., quam lectionem a more autoris alienam emendavi.* 3 enim *L V.* 4 phisicum *L.*

Capitulum III.

De divisione plantae secunda per suas partes integrales essentiales sibi, quae officiales dicuntur, et ad officia animae sunt duputatae[1].

29 Consequenter autem his[2] determinandum est[o]) de partibus integralibus plantarum et de his, quae accidunt eis ex natura et non ex cultu. De fructibus enim et cultu tangemus posterius. Oportet igitur scire, quod sicut in animalibus ita et[3] in plantis quoddam est, quod est potentiâ quaelibet pars plantae, quod[4] vocatur succus; et quoddam est, quod est pars plantae actu[5], sicut radix et stipes et ramus et huiusmodi.

30 Est autem succus humor[1] per poros radicis attractus; et ad nutriendam totam plantam per plantae partes a virtute nutritiva distributus[2]. Necesse est igitur, quod ad plantae similitudinem calore digestivo sit terminatus. Ex his enim[3], quae in quarto meteororum[π]) bene dicta sunt, scitur[4], quod humor nullus completur calido digestivo, nisi qui passus est a sicco. Oportet igitur, hunc humorem a sicco terrestri passum esse, et digestionem variari et passionem secundum diversitatem complexionis corporum plantarum in caliditate et humiditate et frigiditate et siccitate. Non enim nutrit nisi simile, quod ex contrajacentibus passionibus per digestionem ad similitudinem complexionis ejus membri vel partis,
31 quae nutritur, alteratum est. Ex his autem necessario relinquitur, quod humor cibalis plantae magis sit insipidus in radice; et secundum quod magis et magis a[1] radice procedit, sic plus et

o) *Petrus in lib. II cap.* 4 *contulit* §. 29—32, 35—37, 44, 46—50, 52—55, *fere integras*, §. 57 *initium.* π) Alb. Meteor. lib. IV tract. I cap. 18 *vel potius, ut ex epitheto* bene dicta *colligendum*, Aristotelis Meteor. lib. IV cap. 3.

§. 29: 1 *Om.* secunda *P Petr.*, *et scribens* secundum suas *A*; in suas *L*; *voce* integrales *finem argumento imponunt P Petr.*; *verba* anim. s. dep. *cum margine abscisa sunt codici B*; sunt deputata *A*; *om. L* sunt. 2 de his *B*, *Edd.*, de *expunxit P.* 3 quod in an. sicut ita et *L*, et *om. Reliq.*; — quiddam *A C*; qui dam *L*. 4 que *B C P V Edd.*; — et quiddam *C L*; est *L Petr.*, *om. Reliq.* 5 in actu — stipites *V*, *omittens* et ramus.
§. 30: 1 qui *addit J*; contractus *A*; — et *om. Edd.* 2 *L V*; -buitur *Reliq. unde Petrus* quae per *etc.* 3 autem *L*; *om. C Z* quae; — methaurorum *P*, metheor. *Reliq. ubique.* 4 sicut *C*; *om. Z*; — calido digestus *L*.
§. 31: 1 *Om. L* radice ...... a.

plus accipit saporem plantae convenientem[ρ]). Sicut autem accipit saporem, ita accipit etiam[2] inspissationem et subtilitationem et acumen. Ex actione[3] enim caloris in ipsum omnia haec necesse est evenire[4] circa ipsum, nisi per accidens impediatur, ut infra docebi-
tur[5]. Et in quibusdam quidem plantis, calore exhalante plurimum 32
humidum, remanet terrestre viscosum, lucidum propter multam diaphani naturam in ipso; et est odoriferum propter actionem caloris in ipsum; et quod[1] quidem convenienter digestum est, est[1] aromaticum, quod autem corruptum est[2], est foetidum. Et hoc humidum, quando calore aperiente parum stillat, frigiditate aëris exsiccatur[3], et vocatur gummi secundum omnes sui diversitates. Aliquando etiam destillat[4] per vulnus factum ferro in planta, et tunc etiam gummi vocatur, sed non est tantae virtutis sicut illud,
de quo dictum est prius. Sunt autem quaedam plantae tam 33
aquosum habentes succum, qui[1] sicco coagulari vix vel nunquam poterit; et illae gummi non habent. Tamen succus illarum secundum quod diutius agit in ipsum calor, sic etiam mutantur sapores ejus et odores. Quia tamen[2] omnium plantarum maxime est humidum terreo commixtum, ideo sapor humoris earum est insipidus primo, et[3] in processu quandam accipit ponticitatem.
In exterioribus autem plantae propter calorem solis, nisi mul- 34
tum[1] obviet plantae contraria complexio, digeritur succus in dulcedinem, sicut apparet in succo arboris, quae tremula[σ]) vocatur[2], cuius succus, qui est inter lignum et corticem, est dulcissimus. Idem autem experimur multotiens[3] in succo fibicis[τ]) quae est arbor album extra habens[4] corticem, qui liber ab antiquis vocatur; arborem autem ipsam quidam antiquorum sapientium[5] miricam vocaverunt. Nos autem de diversitate omnium

ρ) *Quae bene observata botanicis ineunente saeculo nostro Knight summus Anglorum physiologus denuo in mentem revocavit.* σ) *Populus tremula L.* τ) *Betula alba Lin.*

§. 31: 2 *Om. L*; etiam accipit *Petr.* 3 acumen operatione *P.* 4 *A V Petr.*; venire *L*; inven. *Reliq.* 5 dicetur *L.*

§. 32: 1/1 *Om. L.* 2 quod *L*; — fetid. et humidum. Quando *Petr.* 3 -centur *L*; — omnes *om. Edd.* 4 stillat *L*; — et *om. A.*

§. 33: 1 quod *Edd.*; — poterint *L.* 2 non *Z*; vero *J*; — maximum *A.* 3 postea *addit B.*

§. 34: 1 *Om. B.* 2 temula *B*; *Edd. hic* cremula, lib. V §. 57 tremisce, *reliquis locis, ut et Reliq.* tremula; quam tremulam vocamus *A.* 3 *Om. P*; — in sicco *V.* 4 *L*; alba hab. extra *Reliq.*, *at V in marg.* al. album.; — que *pro* qui *Z.* 5 *L*; sapienter *CEdd.*; sapientum *A*; sapient⁀*V*; sapientes *Reliq.*

saporum et causa diversitatis eorum inferius, cum[6] de fructibus plantarum agemus, faciemus mentionem. Haec igitur hic[7] sufficiant de eo, quod potentiâ quaelibet pars est[8] plantae, eo quod est ultimum nutrimentum ipsius.

35 Partes autem, quae actu sunt partes plantae, dividuntur in duo genera: quaedam enim sunt sicut membra officialia in animalibus, quaedam autem sicut similia. Nodi enim et juncturae et viae per modum venarum extensae[1] et radices sunt sicut membra officialia ad nutrimenti officium deservientia; sed lignum — in habentibus lignum — vel caro herbalis[2] — in non habentibus lignum —, est sicut membrum simile in animalibus; cortex autem sicut pellis[3] in animalibus; et ad hunc modum est de ceteris partibus plantae.

36 Nodi enim licet triplices inveniantur in plantis, tamen nodus ille, qui vocatur malleolus, est factus a natura, ut in ipso stet succus, et ampliorem accipiat digestionem[v]). Cujus signum est, quod[1] si in ramo silvestris arboris fiat incisio ultra[2] medium, ita quod medulla sit abscissa, et postea ligatus ramis[3] consolidetur, temperabitur malitia fructuum, et meliorabitur sapor eorum. Et hoc est expertum in arboribus juvenibus, de quibus fiunt[4] insitiones, quando fit incisio praedicta in ramis, qui directe — tanquam stipites quidam — stipiti[5] sive trunco primo sunt infixi; est autem probabile, quod et in aliis praedicto modo incisis contingat[6]. Causa autem est, quod ibidem retortum porum inveniens nutrimentum ascendens per truncum stat, et diutius

37 digestum in meliores digeritur[7] et transformatur fructus. Huiusmodi autem nodos praecipue[1] in plantis habent eae, quae rarae

v) *Conf. lib. I* §. 113.

§. 34: 6 *Om. Z.* 7 *Om. L*; Hic ig. hec *Edd.* 8 est *supplent L omittens* plantae, *V in marg., om. Reliq.*; *P in marg. ante* potentia *offert verba* succus est, *quae pro glossa habeo.*

§. 35: 1 existentes *B*; *om. Edd.* sunt .... ext. et radices. 2 verbal. *L*; cibal. *Petr.* 3 *Om. P* in non .... pellis.

§. 36: 1 *L omittentes* si; quoniam si *Reliq.*; quia si *Petr.* 2 juxta *P.* 3 *L*; *om. Reliq.* 4 *Om. L*; incisiones *C L V.* 5 stipitis *C Z*; quidem stipitis sicut *V.* 6 -gatur. causa que est — parum *pro* porum — trunicum *L.* 7 dirigitur *Edd.*

§. 37: 1 *Om. Edd.*; ea — concava — longa *pro* eae *etc.*, *et Codd. et Edd. quae utrum Germanismo* (das, was) *an scribarum errore adscribenda sint, dubito.*

sunt substantiae, et habent magnas medullas, aut in toto sunt concavae, et cum hoc sunt longae valde, sicut est vitis et viticella[2] et vitis alba[φ]) et cucurbita, et in cannis arundo et genera frugum, ut triticum, et siligo[χ]) et ordeum et[3] avena et milium et alia huiusmodi. Si enim in illis per multos nodos non retineretur[4], nutrimentum indigestum usque ad germen cito ascenderet, ut inutile semper germen et semen proferretur. Cirpus[ψ]) 38
tamen nodum non habet, et fere omnia genera juncorum[ψ]), propter hoc, quod sunt debilis substantiae[1] valde et aquosae; et ideo nutrimentum ejus est aquosum et terrestre valde rarum, sicut apparet in interiori[2] substantia ipsius; et ideo si hoc retentum esset a nodo, totum retineretur et non ascenderet ulterius propter modicum calorem quem habet; et ideo etiam ejus germen[3] quasi nullum esse videtur, nisi lanugo quaedam ad modum rarae stupae apparens in summitate ipsius[ω]).

Multiplicantur autem nodi[1] isti secundum quantitatem ex- 39
tensionis plantae, sicut apparet in centinodia[α]), in qua, quando extenditur, vix numerabiles efficiuntur nodi. Et sic est in aliis, ut in feniculo, et valeriana, et in[2] aliis concavis majoribus oleribus. Sed in genere frugum[β]) vix invenitur numerus nodorum 40
quaternarium excedere, et citra eundem numerum vix unquam[1] deficit; quin semper calamus quatuor nodos inveniatur habere. Cujus causa est, quod illud[2] genus plantae habet grana solida multae[3] farinae, respectu suae quantitatis, et purae farinae valde;

φ) *Sunt: Bryonia alba Lin. et Clematis Vitalba Lin.* χ) *Sunt: Secale cereale Lin. et Hordei species sativae et Avena sativa Lin. et Panicum miliaceum Lin.* ψ) *Conf. lib. VI* §. 320. ω) *Florum spiculae hic descriptae videntur, nisi forte hypogynas ipse Scirporum setas Alberto observatas credas; nam ne de Eriophoris sermonem esse putes, culmus enodis prohibet.* α) *Polygonum aviculare Lin. Conf. lib. VI* §. 322. β) *Sunt* frumenta, *quae nobis Gramina cerealia.*

§. 37: 2 vitescilla *L*; viciella *P*; vinella *Edd.*; *om. V* vitis et vitic. et; — vites alba *L*; — et *pro* ut *Edd. Petr.* 3 *Om. P*; — et milium *L solus offert.* 4 retinentur *L*; — ascenderent *C*; — ut *L*; et *Reliq.*; — *om. Edd.* et semen; — proferetur *C V*; proferret *A B Edd.*
§. 38: 1 debiles *L omitt.* subst.; — et valde aquos. *A.* 2 -riora *B*, si hic *L.* 3 semen *L.*
§. 39: 1 modi vel nodi *V*; — apparent *C V.* 2 *Om. V, qui priora in marg. suppleverat.*
§. 40: 1 vix aut nunquam *V*; — invenitur *A C P V Edd.* 2 quia illus *L.* 3 valde multe far. *L omittens* respectu ..... valde.

propter quod oportet habere[4] organa depurantia completa puritate, quod non fit, nisi per quatuor digestiones; quarum prima separat[5] terrestre grossum; et secunda aquosum quod calore compleri non potest; tertia autem alia[6] quaedam incensa ventosa absumit, et quarta complete terminat ad speciei similitudinem, sicut etiam in animalibus fit. Signum autem huius est, quod situs[7] nodorum non est per aequidistantiam in calamis, sed primus magis vicinus terrae. Et[8] sub ipso est substantia terrestris dura, magis ad nigredinem terrestrem ut frequenter declinans. Secundus autem plus distat a primo quam primus a terra, et sub ipso[9] est substantia plantae grossa, latitudinem habens foliorum propter multum aqueum facile dilatabile. A secundo autem in tertium[10] incipit contrahi stipes plantae in frugibus, et a tertio in quartum adhuc plus, et ab illo usque ad aristam sive[11] ad culmum γ) subtiliatur valde et acuitur propter
41 caloris actionem in humidum subtile optime digestum. Si autem sit planta in multis locis emittens[1] semen, sicut faba et faseolus et pisa et alia genera leguminis δ): tunc erit farina seminis ejus impura et ventosa valde et terrestris propter hoc, quod non suf-
42 ficienter depuratum est. Sunt autem quaedam plantae aliquid simile nodis habentes, quod tamen verissime[1] nodus non est, sicut edera ε) et quaedam herbae aquaticae longae, quae radices habent acutas et parvas[2], quas infigunt lapidibus et lignis, super quae repunt ζ); et locus illarum radicum quandam[3] exprimit figu-
43 ram nodi. Illae autem, quae vere nodos habent, habent eos propter causam, quae dicta est; et ideo in nodis folia emittunt,

γ) aristam *Alberto esse spicam multis locis,* culmum *esse rhachin vel pedunculum communem crassioremque et firmiorem lib. VI* §. 20 *confirmatur.* δ) *Sunt: Vicia faba, Phaseolus vulgaris, Pisum sativum Lin.* ε) *Hedera helix Lin.* ζ) *Fuci Lin. mihi esse videntur, quae basi in formam clypei expansa saxis marinis insident; Muscos vero, inprimis Fontinalem antipyreticam intelligendos esse Meyer censuit.*

§. 40: 4 grana *addit L.* 5 semper ac *Edd.*; — *om. L* et sec. aq. 6 *M. e conjectura*; alba *et Codd. et Edd.*; — assumit *L.* 7 sicut *L dein emittens* in. 8 *L*; *om. Reliq.* 9 *Om. BCPEdd.* 10 *Meyer e conj.*; ad tertium *LJ*; autem *om. Z*; autem nutrimento *A*; autem nutrimentum *Reliq.*; — nutrim. habet, *et in marg.* alias incipit *V.* 11 sive usque *repetunt ABEdd.*; — culmen *BEdd.*; culicium *L.*

§. 41: 1 eminens — leguminum *Edd.*

§. 42: 1 verisimile *L.* 2 parvulas *L.* 3 quam *L.*

per quae fit superfluitatis purgatio. Et in frugibus quidem folia nodorum inferiorum sunt grossiora et terrestriora, et secundum quod ascendunt nodi in calamo, sic et[1] purgamenta foliorum fiunt minus grossa et minus terrestria η). Superfluitatem autem[2] hanc natura convertit in folia; quia — cum sit ingeniosa et regitiva plantae ad finem ϑ), quem intendit[3] — illud, quod tamen purgandum erat, convertit in cooperturam substantiae, ut a laesura et caumate[4] defendatur substantia. Et haec quidem est natura[5] nodorum.

Radices autem, ut[1] superius diximus, habet planta ori simi- 44 les, quantum ad tractum nutrimenti. Habent autem secundum alium modum[2] similitudinem et effectum cordis radices plantarum, quoniam, sicut in antehabitis libris determinatum est, cor nutrimento attracto[3] primum infundit calorem vivificum, per quem ad membra moveri incipit; et hoc facit radix in plantis, quoniam ex radice datur ei calor et forma vitae potentialis, per quam ad omnes partes plantae naturali motu movetur. Cujus signum est, quoniam cum planta in aliqua[4] alia parte sui quam in radice humorem recipit, putrescit; sed convalescit per humorem, quem accipit ex radice, etiamsi radix ipsa violenter vulnerata scindatur. Et his duabus de causis multi physiologorum 45 radices et ori et cordi attribuerunt; sed nulli omnino attribuerunt eas stomacho vel hepati, quoniam[1], sicut diximus, omnis planta terra utitur pro stomacho[2] et hepate. Eo quod in ipsa[3] separatio fit impuri terrei a massa[4] nutriente pura, quae fit in stomacho in animalibus. Et similiter fit in ipsa[5] colamentum

η) *Ecce totius plantarum metamorphoseos fundamentum physiologicum, claris expressum verbis, licet perceptis temporum illorum propriis quasi intertextum. M.* ϑ) *i. e.* quia plantam ad certam finem ingeniose adducens, convertit id quod *etc.*

§. 43: 1 *L*; *om. Reliq.*; sit *vel* fit *V*. 2 Et superfl. *A*; — nat. quid conv. *P*; — in fol. *om. L*. 3 tendit *C*; que tendit *Z*; ad quem tendit *J*; — id quod tamen *L*; illud tamen quod *Reliq.* 4 taumate defendantur *V*; *om. A* et caum.; — *om. B V Edd.* substantia. 5 sensus *L*.

§. 44: 1 *Om Z*; sicut. *J*. 2 *Om. C Edd.* 3 ab tracto *C*; abstracto *Edd.* 4 *Om A*; alia *om. L*.

§. 45: 1 quod *L*. 2 *L addit* in animalibus et similiter in animalibus et similiter fit in hepate, *quae verba e sequentibus huc migrasse videntur.* 3 ipsa — quae *L*; ipso — quod *Reliq.*; *est autem* terra. 4 terrena massa *B*. 5 *Meyer e conj.*; epate *et Codd. et Edd.*; — ejus *A B Edd.*; massae *om. L*.

ejusdem massae a superflua aquositate, quod in animalibus in
hepate fieri consuevit. In ipso[6] enim tractu trahitur ab utraque
superfluitate separatum, eo quod per poros trahitur[7] nutrimen-
46 tum. Sunt autem plantae voraces dictae et abstinentes propter
suarum radicum dispositiones contrarias. Raras enim et porosas
et calidas habentes radices multum trahunt de nutrimento, plus
aliquando, quam converti possit et terminari a natura arboris:
et tunc arbor generabit fructus vermiculosos et putrescentes, si[1]
non exsudet vel aliter emittat superfluum humidum. In juven-
tute autem plantarum hoc maxime accidit propter calorem ju-
ventutis earum. Aliquando autem curantur ex hoc[2], quod per-
forantur iuxta radicem: ibi enim exit superfluum humidum, sicut
47 per phlebotomiam[3]. Si autem planta calidae et[1] rarae radicis
sit in terra sicca, in qua pluit raro, et, quando pluit[2] cadit cum
impetu multa pluvia — sicut est terra climatis secundi et tertii
et forte quarti pro aliqua sui parte — trahet radix plantae
multis vicibus interpolatis ex multa[3] et abundante pluvia mul-
tum[4] nutrimentum, quod antequam pluvia alia superveniat, tra-
hitur ad partes superiores, et completa digestione perficitur: et
ideo tales in talibus locis plantae saepius forte[5] florent, et fructus
emittunt. Et haec est causa, quare in terra Maurorum saepe[ι])
florent arbores in uno anno. Fit autem etiam[6] hoc in nostris
climatibus, licet non producant plantae nostrae nisi paucos flores,
quando post aestatem[7] humidam sequitur autumnus valde cali-
48 dus siccus. Sunt autem quaedam plantae humidae[1] aquaticae
molles, et illae, quocunque modo infigantur[2] terrae, de facili ra-
dices emittunt et convalescunt. Hoc autem etiam[3] faciunt quae-
dam durae propter similitudinem ligni radicis et[4] corporis plantae,

ι) *i. e.* saepius in anno.

§. 45: 6 illo *B.* 7 contrah. *Edd.*

§. 46: 1 sed *Z.* 2 curatur hoc *L.* 3 flebothom. *B*; flobotom. *Edd.*; fleubotom. *Reliq.*

§. 47: 1 *AL*; vel *Reliq.*, *an jure?* 2 et plus *P*; raro, plus *Z*; et in qua *Petr.*; — multum *Edd.*; *om. L.* 3 *L V*; multis *BCP Edd.*; et humidante *C Edd.*; ex habundantia pluvie *Petr.* 4 *Om. P Edd.*; — alia *om. L.* 5 formate *CP V*; plante formare sepius florent arbores *A.* 6 et *Edd.*; *om. Petr.*; mīs *pro* nostris *C.* 7 etatem *A.*

§. 48: 1 de *L pro* humide. 2 -guntur *V.* 3 *Om. P.* 4 *Om. L* Hoc .... radicis et.

sicut buxus, cujus ramus in terram infixus[5] convalescit de facili. In quibus autem hoc[6] non fit, causa est, quod destituitur lignum nutrimento, antequam ex se formare possit radicem; eo quod aut porosum non est, aut non habet calorem sufficienter trahentem; et ideo arescit, antequam ex se emittere possit radicem[7]. Et ideo quaecunque calidae sunt infixis ramis in terram convalescunt, sicut buxus[x]), et savina[8], et multae aliae. Et iterum[9] quaecunque molles sunt tactae, ab humore terrae nutriuntur et implentur et convalescunt, sicut salix et tilia. Quaecunque autem neutram harum habent dispositionem, frequenter arescunt, quando rami earum terrae infiguntur. Haec igitur est dispositio radicum.

Vena autem in[1] planta proprie loquendo non est[2], neque se- 49
cundum multum manifestam similitudinem. Sed[3] viae nutrimenti dicuntur venae ejus, quae aliquando sunt directe ascendentes — et tunc crescit planta quasi[4] per quasdam tunicas herbales vel ligneas, quarum una superponitur[5] alteri[λ]) —; aliquando sunt tortuosae — et tunc efficitur planta nodosa —; aliquando autem reticulatim diffunduntur[6] per plantam — et tunc per vias directas

x) *Sunt Buxus sempervirens et Juniperus sabina Lin.*

λ) *Conf. Alb. Meteor. lib. IV tract. III cap.* 13. Talia (scissibilia) autem sunt, quaecunque habent poros longos ab imo transeuntes in concavum, secundum quos poros commensurantur ab invicem partes eorum; et minime vel parum habent poros secundum latitudinem. Et hoc exemplum est in ligno abigeno, quia illius pori subtus incipiunt et quilibet eorum vadit per totam longitudinem. Et quod sic nascantur partes patet, quia siquis consideret tunicas ejus ligneas, quarum quaelibet super aliam est vestita — ita, quod exterior semper est super interiorem, secundum quod accepit lignum incrementum —, inveniet semper poros in longitudinem tunicarum illarum ascendere per ligni quantitatem, per quos spiritus portans nutrimentum decurrebat. Addatur ergo huic, quod illo spiritu ligna illa sunt plena, qui spiritus prae omnibus est juvans ad divisionem et parvo impetu facto movetur totus, et dividit lignum; et exit spiritus cum sono, propter quod lignum illud sonum majorem habet aliis lignis quando dividitur. Idem autem spiritus est sibi (*i. e.* illi) causa rectitudinis, quam habet per naturam, quia fluit secundum rectum ante se portans nutrimentum, et ideo est lignum altum valde, et quando ponitur in trabibus non facile incurvatur.

§. 48: 5 affix. *V.* 6 *Om. B.* 7 radices *Z Petr.*; Et id. que *A.* 8 sauma *Edd.* 9 ideo *A*; — tacte *L V*; tactu *Reliq.*; — ad humorem *L.*

§. 49: 1 *Om. A.* 2 *P*; *Reliq. addunt* sed. 3 sive *Z*; Sed venae nutr. dic. viae *L.* 4 quia *L*; *om. P.* 5 *L*; suppon. *Reliq.*; *conf. not.* λ. 6 -ditur *L.*

nutrimentum trahitur, et per transversales retinetur et reprimitur in partes plantae[7] ipsum nutrimentum. Veniunt etiam viae istae aliquando a radice ascendentes, aliquando autem[8] ex medulla ad exteriora plantae, sicut lineae multae productae ab eodem centro, sicut et in antehabitis dictum est. Talis igitur est dispo-
50 sitio venarum in planta. Sed hoc est addendum, quod, sicut in animalibus venae solidae sunt, ita etiam viae istae solidae sunt, ut possint continere nutrimentum. Sed vias pulsatiles plantae non habent, quia spiritum pulsatilem non habent. Sed siquis est in planta spiritus talis, ille conclusus est intra succum plantae. Cujus signum est, quod, quando in prima parte veris plantae multum humoris habentes inciduntur, sicut vitis est, humorem spumosum emittunt quasi[2] bulliendo; quae bullitio et spumositas sunt propter spiritum intra succositatem interclusum. Haec igitur est dispositio[3] viarum plantae.

51 Medullae autem plantarum videntur esse[1] vicarii virtutis radicalis, sicut nucha[μ]) in animalibus est vicarius cerebri; et per medullam arboris decurrit et pulsat plus de spiritu plantae, quam per aliquam aliarum viarum; et in ea est vigor[2] spiritualis plantae, quia aliter partes distantes nimium a radice, non bene vivificarentur ad formam speciei plantae. Et ideo plantae habent ortum et principium ramorum, qui oriuntur lateraliter a corporibus plantarum, a medulla quasi ex[3] vicario radicis; et quando ligna scinduntur per ariditatem, profundatur frequenter scissura continue usque[4] ad medullam, et ultra non invenitur continuari[5]
52 scissura, nisi raro. Plantae autem, quae nutriuntur ex medulla per poros transversales, habent medullas maiores; et quae nutriuntur per poros directe ascendentes, habent medullas minores; et quandoque[1] videntur non habere medullas, — quando magnae

μ) *i. e.* medulla oblongata. *Conf.* Alb. Animal. lib. I tract. II cap. 17.

§. 49: 7 in planta *A.* 8 *Om. L Petr.*

§. 50: 1 *CLV*; inter *Reliq.* 2 et *L.* 3 divisio *L*; — uarum *man. prima*, venarum *secunda P.*

§. 51: 1 *Om. C*; vicarie *Codd. et Edd. hoc loco, aliis locis vero cum Alberti autographo* vicarius, -i; — nuca *CLP*; nuta *V*; intra *Z*; nucha *Reliq. et Alb.* 2 rigor *C Edd.* 3 a *V.* 4 *Om. Edd.* 5 -nuata *ABP.*

§. 52: 1 *ABP*; aliquando *J*; quando *Reliq.*, *quam meliorum codd. lectionem si retineres, dein contra codd. legendum esset* est propter hoc quod; — videntur non *L*, non vid. *Reliq.*

efficiuntur et propter hoc[2] ligneae tunicae, artatae per alias sese
circumvestientes, comprimunt et quasi insensibilem faciunt viam
medullarum. Et probabile est, quod hoc[3] sit una causa cor-
ruptionis magnarum plantarum interius[ν]), suffocatio videlicet
spiritus vitalis in medulla conclusa per[4] hoc, quod comprimitur
per circumstans induratum et constrictum lignum. Ipsa autem 53
substantia medullae videtur esse sicut purgamentum quoddam
cholericum, quod projicitur de auribus animalium: et hoc fit pro-
pter calorem spiritus et motum, qui pulsat in medulla. Cujus
signum est, quod fere omnes medullae plantarum perfectarum
inveniuntur a principio juventutis plantarum[1] albae et humidae,
et[2] in processu aetatis declinant ad citrinitatem et siccitatem.
Sunt autem plantae quaedam fere totam substantiam habentes 54
medullosam, sicut sambucus et ebulus[ξ]) et huiusmodi; et omnes
illae nodos habent multos, et nutriuntur ex medulla, et ideo
multa est[1] in eis; et de hoc genere est vitis, sed minus est me-
dullosa quam sambucus et ebulus. Alias autem experimur plan-
tas in toto[2] concavas, sicut fistulas quasdam et calamos; et hoc
fit ideo, quia illae multo indigent spiritu fumoso libero, qui ele-
vatur in concavo plantarum illarum ex nutrimento, quod ascen-
dit per[3] directos poros laterum plantae, sicut arundo et calamo-
rum genus et hujusmodi. Haec igitur est dispositio medullarum
plantae[4] et necessitas.

Sed cortices in plantis sunt sicut coria in animalibus, nisi 55
quod non adeo cohaerent plantis quemadmodum[1] coria animali-
bus. Et sicut in animalibus pars corii excorticata et abscissa
non recrescit sine magna animalis cicatrice, sed fissa per lon-
gum et latum pellis cito consolidatur, ita[2] est in corticibus plan-

ν) *i. e.* interioris. *De arboribus carie exesis agit autor.* ξ) *Sunt: Sambucus nigra et S. ebulus Lin.*

§. 52: 2 *L V*; quod *addunt Reliq. graviter turbantes sententiam*; — ar-rate *P*; — exprimunt *V*. 3 *Om. Edd.* 4 propter *B Edd.*

§. 53: 1 *E conject.*; plante earum *B et V qui expunxit* pl.; earum *A J*; eorum *L*; plante eorum *Reliq.* 2 *Om. C*; in *om. P*; processu existentis *Z*; declin. perveniuntque ad citr. et ad sicc. *P*.

§. 54: 1 *L P*; est multa *Reliq.*; — de hoc *L*; in *Reliq.*; — sicut sambuc. *A*. 2 *Om. P* in toto *et dein* illae; — indig. multo *L*. 3 et *add. Edd.*; — plantae *om. L*; sicut est *A omitt.* arundo. 4 *Om. L*.

§. 55: 1 sicut *L*; coria in *L Petr.* 2 sic *B P Z*; *quod in* ita *correxit C.*

tarum. Propter quod exsiccantur plantae frequenter, quando in stipitibus in circuitu[3] cortex ab eis abraditur usque ad carnem plantae ligneam vel herbalem. Non est autem cortex ex contextione[4] venarum plantae[o]), sicut corium[5] in animalibus est ex contextione venarum animalis, sed substantia corticis generatur ex terrestri plantae expulso[6] ad superficiem ipsius. Cujus signum est, quia inspissatur et induratur et scinditur, et sicut scabies
56 quaedam cadens[7] efficitur in processu aetatis plantae. Et scissura corticis invenitur esse duorum modorum. Est enim cortex in principio juventutis plantae in pluribus cessilis[1] in longum, ac si poros habeat ex directo ascendentes, et sic est cortex quercus et tremulae[2] et vitis. Et hoc retinet cortex vitis etiam in senectute; et ideo frequenter invenitur cortex magnae et antiquae vitis superius et inferius viti cohaerens, et in medio solutus. Quod autem in senectute quarundam plantarum nec ita scindi potest cortex, accidit propter exsiccationem ipsius et terrestreitatem, propter quam primo frangibilis et postea comminuibilis efficitur. Secundus autem modus corticis est, quod scissura ejus nullo modo ascendit sicut scissura ligni, sed frangitur in circuitu plantae per transversum[3], sicut est in cortice cerasi et pruni et aliarum multarum plantarum. Cuius causa est[4], quia talis cortex quasi ex sudore nascitur terrestreitatis nutrimenti; et ideo una[5] pars potius supponitur alteri, quam crescat ex poris ejus. Et quod continuatur scissura per circuitum circa plantam, quando evellitur talis cortex, est[6] ex viscositate humoris, qui fluxit in
57 circuitu plantae. Est autem cortex duorum modorum, interior videlicet et exterior. Interior mollior, et[1] exterior durior et asperior fere in omnibus; sicut etiam in animalibus est pia mater interior, et dura[2] exterior.

o) *Optime cum vulnera plantarum cicatricem ducentia, tum cortices fasciculis ligneis carentes et emorientes desquamatas observavit autor.*

§. 55: 3 incircuitur *C;* incluitur *Z, unde J* inciditur, cortex et. 4 contexione *CLV utroque loco.* 5 cortex *L;* cornu *Petr.* 6 adpulso *L.* 7 *L;* tandem *A;* effic. cadens *Reliq.;* sic sc. q. effic. cadens et in proc. existentis pl. *Edd.*

§. 56: 1 cellulis *Edd.;* cessilis *CLP;* cessibilis *V;* scissilis *AB.* 2 tremula *Edd.;* — et *om. CP Edd.* 3 transversumsum *V.* 4 *Om. Edd.* 5 utraque *P;* — crescant *AB.* 6 *Om. Edd.*

§. 57: 1 *Om. V;* — sicut *om. A.* 2 durior *L et e correct. V; sed celebratum est* durae matris *nomen.*

Istae igitur sunt partes officiales ad officia vegetabilis[3] animae in plantis propter salutem individuae substantiae plantae deputatae.

Capitulum IV.

De diversitate materialium simplicium et formalium et officialium partium plantae essentialium[1].

Sicut autem[2] in animalibus inter reticulationes venarum et 58
nervorum sunt supplementa partium simplicium, quae sunt carnes, vel ea, quae sunt loco[3] carnium in non habentibus carnes: ita sunt in plantis ligneae partes vel herbales, quae simplices sunt et materiales partes plantarum π) quibus auctis augetur planta, et quibus exsiccatis et diminutis planta videtur exsiccari et diminui. Et talia proprie dicuntur partes simplices in plantis et materiales, eo quod illae influunt per nutrimentum et effluunt per exsiccationem plantarum, sicut materialia supplementa in animalibus. Hoc autem quadam[1] communi et usitata anatomia 59
cognoscitur in urtica majore ϱ) et canabo et lino et linaria[2], et in multis aliis plantis, quae vias venales habent multum[3] fortes et viscosas et directas. Et quando in aqua computruit in eis[4] caro materialis, et postea exsiccatur, comminuitur tunsionibus et[5] confricatur et excidit[6]; et remanent venae plantarum illarum

π) *Petrus in lib. II cap.* 5 (*quae est edd. latin. cap.* 4 *pars posterior*) *contulit hujus capit.* §§. 58—60 *et ultima* §. 61 *verba, sequentis* §§. 67—68; *hic vero inseruit verba aliqua et sequentis sententiae et sequentis* §., *suo loco dein repetita.* ϱ) *Sunt: Urtica dioica, Cannabis sativa, Linum usitatissimum Lin., Linaria vulgaris Mill. Conf. lib. I* §. 191, *not.* ϑ.

§. 57: 3 vegetative *L*; — indiv. alias in divisione *V*.
§. 58: 1 diversitatibus *B*; — mat. official. formal. et simpl. plante essencialium *V ind.*; *om. B* materialium; *om. L* plantae; De div. partium mater. formal. et organicarum in plantis *P*. De div. naturalium et simpl. partium plantae et de causa augmenti ejus *Petr. II c.* 5 (4 bis). 2 *Om. P.* 3 in loco *A*, *et Petr. qui dein om.* in.
§. 59: 1 *Om. A.* 2 linario *CPEdd*; linacio *V*; et linar. *om. Petr.*; — in *om. P.* 3 multas *A*. 4 *Om. L.* 5 *V*; extensionibus et *L*; mersionibus vel *Reliq.*, *om. Petr.* 6 *L V*; excedit *CPZ*; exeditur *BJ*; recedit *Petr.*; confricatum recedit *A*.

ad modum lanae longae et[7] candidae, mollis propter viscosum
60 substantiale, quod est in eis, et fiunt ex eis panni. Et hic est modus, quem antiqui physiologi[1] habebant in corporibus hominum[2] et aliorum animalium, quibus abstrahebant pelles, et postea corpora ligabant contra ictum aquae vehementis; et tunc, abluta[3] carne materiali nutrimentali, tanquam molliori et minus subtile[4] cohaerenti, remansit reticulatum ex venis et nervis animalis[5]; et demonstrabatur modus divisionis earum in corporibus animalium. Sicut autem est in urtica et canabo et aliis[6] supra enumeratis, ita etiam est in aliis plantis absque dubio, licet materiale non ita possit ab officialibus partibus separari in eis. Ex his enim, quae in primo libro peri geneseos[σ]) dicta sunt, certissime constat in omni eo, quod nutritur et augetur, haec duo genera partium inesse.

61 Dicitur autem pars materialis simplex, non quia non habeat diversa materialia[1] in commixtione sui, aut quod non dividatur per resolutionem ad formam aliam corporis priorem sua forma: sed quod in ipsa planta dividitur divisione homogenei[2], scilicet quod quaelibet pars dividens habeat nomen et rationem totius divisi. Non tamen dividitur in infinitum, sicut nec aliquod corpus physicum ad formam determinatum, sicut in physicis[τ]) declaratum[3] est a nobis: sed dividitur ad minima sui generis, in quibus species salvari potest per virtutem et essentialem ipsius operationem. Pars autem non simplex in planta dicitur ea[4], quae ex pluribus simplicibus est composita, sicut radix et ramus et stipes et huiusmodi. Haec enim non dividuntur nisi divisione hetherogenei, in partes videlicet, quae non habent nomen et rationem totius.

62 Ex his apparet, quoniam pars[1] simplex in plus est, quam

σ) De generatione et corruptione lib. I tract. III cap. 8. τ) Lib. III tract. II cap. 7.

§. 59: 7 *Om. L.*

§. 60: 1 philosophi *A Edd. Petr.* 2 *A L V Petr.*; animalium *B C P*; avium *Edd.* 3 ablata *V e corr.* 4 sub cute *J.* 5 animalium *Edd.*; — ut demonstrab. *C.* 6 *Om. L* Sicut .... aliis.

§. 61: 1 membra *Edd.* 2 *C V*; -genii *Reliq.*; — sc. quod in animalibus pars *A.* 3 determinatum *L*; — ad minimam *Z.* 4 *L*; esse *Reliq.*; — simpl. *om. P.*

§. 62: 1 plus *A.*

materialis, quando[2] vena et medulla et hujusmodi sunt partes officiales plantarum simplices et non materiales. Similiter constat, quod non omnis officialis pars est composita; sed composita aliquando habet officium, et aliquando non habet, nisi ad speciem et[3] ad salutem speciei ordinetur, sicut stipes habent[4] officium sustentandi et radix, cum[5] utrumque istorum sit[6] pars composita. Virga autem et rami non ordinantur ad officium, quod ad substantiam individualem plantae[7] pertineat, sed ad frondendum et florendum et fructificandum, quae omnia sunt[8] propter salutem speciei.

Ex his autem est advertere[1], quod omnes partes plantae 63
compositae referuntur ad radicem sicut ad unum patrem et procuratorem, a quo recipiunt substantiam nutrimenti et virtutis, quam propriis et[2] deputatis sibi officiis convertunt in lucrum et in divitias speciei et perpetuitatis; sicut est in oeconomicis, ubi[3] diversitas filiorum et servorum ex substantia accepta ab uno patre familias, deputatis singulorum officiis[4], intendit ad unam domus salutem per divitias et copias alias, ex quibus salvatur domus.

Hoc igitur[5] dictum sit de partibus plantarum et diversitate earum, quae[6] sunt partes plantae integrales. Qualiter autem istae[7] partes partibus animalium adaptentur, non oportet intendere, quia hoc satis[8] constat ex superius inductis.

§. 62: 2 *L V Edd* ; quoniam *Reliq.* 3 que *A.* 4 *E conj.*; hr̄et = haberet *L quod pro* hn̄t *scriptam dixerim*; *om. Reliq.* 5 *L*; est *B C P V*; est secundum *A*; *om Edd.* 6 *L*; sicut *P*; *om. A*; sic *Reliq.* et sic *J.* 7 *Om. Edd.* 8 *L*, et ad fruct., que sunt omn. *Reliq.*

§. 63: 1 avertere *Z* 2 *Om. L.* 3 ut *B C Edd. et V, qui in marg.* alias ubi 4 officiorum *L.* 5 *L*; autem *Reliq* 6 et que *L*; *om Z* quae s. part.; *quare J verba* pl. integr. *paulo inferius exhibit.* 7 ille *A.* 8 *Om. Edd.*

Capitulum V.

De naturali figura plantarum tam in toto quam in partibus earum[1].

64 Sed quod his consequens secundum ordinem naturae esse videtur, est[2] de figura et coloribus plantarum et partium earum. Figura autem[3] plantarum multotiens[υ]) invenitur, rotunda videlicet et[4] trigona et quadrata et aliquando polygonia, sed rarius.

65 Rotunda autem in pluribus invenitur; quae est per modum columnalis corporis, quia altitudo columnalis competit incremento[1] plantae. Rotunditas autem competit motui caloris[2] vivifici, cujus motus est ex centro ad circumferentiam. Haec autem figura etiam competit motui nutrimenti, quod in strictura[3] angulorum impediretur de facili, et retentum[4] putresceret. Et istae[5] occasiones non accidunt in rotundo, quod ubique est capax, et ideo non stringens et prohibens[6] elevationem nutrimenti.

66 Figura autem haec[1] columnalis est una[1] regularium figurarum, quae causatur a motu circumferentiae aequali sursum, qui est motus primus circuli in corpore superficierum rectarum: quales superficies sunt elementorum, sicut in[2] primo de coelo et mundo[φ]) probatum est. Cum enim virtus et lumen coelestis circuli pyramidaliter impendeat loco generationis, est virtus ejus fortior in circulo, qui est basis luminis pyramidalis, ét in centro ejusdem pyramidis fortissima. Propter quod, cum[3] coelestis circulus sit pater vegetabilium secundum Protagoram, faciet pullulare corpus plantae ex circulo basis luminis pyramidalis, et medullam ipsius ex centro pyramidis ejusdem; et fiet elevatio columnalis a circulo corporis plantae, linearis[5] autem a centro ejusdem circuli medullae plantae ejusdem. Haec autem figura

υ) *i. e.* valde diversa. φ) Lib. I tract. I cap. 3.

§. 64: 1 tam *om. C*; — earum *V ind. solus offert.* 2 *Om. A.* 3 *L*; *om. Reliq.* 4 in *C*; *om. A*, *derasit P.*

§. 65: 1 nutrimento *AB.* 2 coloris *L*; *om. A*; — vivificati *C.* 3 struct. *V.* 4 recenter *CP Edd.* 5 *Om. Edd.* 6 probans *B.*

§. 66: 1/1 *Om L*; *derasit V.* 2 libro *addunt BJ.* 3 quod est .. sicut *C*; sicut *A omittens* prop. quod cum; quod est .. sic *Edd.* 4 lineas *Edd.*; autem ex *A.*

plantae et in planta et[5] in partibus ejus divisim invenitur, et in tantum imitatur pyramidem luminis coelestis, quod, si stipes sine ramis et rami[6] sine stipite accipiantur, omnia, quae in planta sunt, superius inveniuntur acui in punctum, et inferius dilatari in circulum. Virtus enim coelestis, ut dictum est, operatrix est et formatrix in plantis, sicut virtus masculi in menstruo[7] feminarum; et ideo trahit in figuram sui luminis fere omnia, quae format, quantum patitur materiae[8] confusio.

Si tamen omnes partes simul accipiantur, tunc[1] planta dici- 67
tur a Platone esse figurae hominis conversiχ). Radices enim habet subtus ori similes, sed dilatantur, ut undique nutrimentum accipiant; et ideo dilatatur planta inferius. Superius autem dilatatur propter ramorum diffusionem, qui multiplicantur ex duabus causis. Quarum una est materialis, quae est nutrimenti abundantia; altera est efficiens, quae est[2] calor solis exterius undique tangens arborem, et bullire faciens succum, et evocans ad exterius. Et ideo erumpit in ramorum multitudinem in superioribus, ubi magis constringitur, et per digestionem[3] amplius subtiliatur. Et hujus[1] signum est, quod plantae, quae circum- 68
septae[2] sunt multis aliis plantis, sicut arbores in nemoribus spissis et umbrosis, crescunt in altum, et non multiplicantur in eis rami, nec multum ingrossantur earum stipites. Et carentia quidem[3] ramorum est, quod per calorem solis non potest in eis evocari et ebullire succus ad superficiem; sed potius frigus umbrae[4] concludit calorem interius, qui, intus multiplicatus, ex fuga contrarii elevat totum nutrimentum in altum. Et cum motus frigoris sit ad centrum, quotiens motus caloris a[5] centro expellit nutrimentum ad circumferentiam, ut impinguetur et dilatetur stipes, totiens reflectitur a frigore loci umbrosi in se ipsum nutrimentum, et im-

χ) *Non Platonis est sententia, sed Aristotelis. De juvent. et senect cap.* 1 *vol. I pag.* 468 *a. edit. Beck.*

§. 66: 5 *Om. Edd.* et in pl. et. 6 ramus *A.* 7 in instrumento *Edd.* 8 *A L V*; *om. Reliq.*

§. 67: 1 Propter quod *omissis prioribus* § *verbis A.* 2 alt. est que est efficiens *V.* 3 egest. *V.*

§. 68: 1 hoc *Edd.*; hujusmodi *Petr.*; – Et *om. A.* 2 circumscripte *L.* 3 quedam *A Petr.* 4 umbra *A omittens* frigus; — excludit *Edd.*; — multiplicatur *L.* 5 in *A.*

pedit ingrossationem[6] stipitis fieri ψ). Et haec est causa, quod ligna et aliae plantae locorum frigidorum umbrosorum solidissima[7] sunt secundum sua genera et parva; et carbones, qui fiunt ex ipsis, magis sunt solidi et sonori[8], quam alii lignorum in locis
69 calidis[9] et soli expositis generati. Figura igitur totius arboris est[1] quasi semisphaerae sive hemisphaerii, si tota simul consideratur. Quae figura procul dubio causatur ex figura circulorum sex signorum, quae per modum diversum se intersecant in arcubus — super quos moventur[2] super hemisphaerium — quando influunt et infundunt virtutes coelestes hemisphaerio. Inter omnia enim[3] mixta plus obedit coelesti effectui materia plantarum propter similitudinem ipsius; et ideo etiam solus coelestis circulus est effector et formator[4] earum, quod[5] non est in animalibus, quae digniores et potentiores habent motores. Haec igitur figura duplex scilicet pyramidalis, quae facit columnalem, et hemisphaerialis[6], quae est signorum extensorum super hemisphaerium, faciunt duas dictas figuras plantarum; et quia istae potentiores sunt et universaliores in[7] influendo effectum coelestem, ideo etiam istae figurae[8] omnibus aliis frequentiores in plantarum generibus inveniuntur.

70 Inveniuntur autem quaedam plantarum trigonae, licet paucae. Et cum figura trigoni sit[1] duorum generum, rectilinea videlicet, et ex arcubus composita: non[2] est expertum in plantis, quae in nostris sunt climatibus, quod trigonae sunt[3] ex rectis lineis aequalibus vel inaequalibus compositae, sed potius trigonae sunt sicut[4] ex tribus arcubus superficies earum componatur. Et in hac figura plurimae herbae in silvis inveniuntur, et in hortis

ψ) *Praecedentes* §. 67 *et* 68 *sententias conjunxit Petrus cum* §. 61. *Conf. pag.* 125 *nota* π.

§. 68: 6 grossat. *ABEdd.* 7 -sime *L.* 8 *Om. L.* 9 calidi *L*; — generari *B.*

§. 69: 1 *Om. CVEdd.*; — sic *pro* simul *L.* 2 moveretur *C.* 3 *L*; autem *A*; *om. Reliq.* 4 *AV*; efficatior et formatior *BEdd.* effectior (*ad marg.* efficacior) in formatione *P*; effectior et fortior, eorum *L*; effectior et formatior *C.* 5 quam *B*; que *CPEdd.* 6 emisperialem *A*; — in *pro* est *Z*, *quod posteriore loco supplevit J.* 7 *Om. LEdd.* 8 figure *VEdd.*; — sint *V*; sunt *CEdd.*

§. 70: 1 figura sunt *C*; figure . sunt *Edd.*; figure . sint .. recta linea *V.* 2 et non *BCVZ*; ut non *L.* 3 sint *B.* 4 sicud si *A.*

stipites[5] foliorum betae et caulis hanc habent figuram. Causa 71 autem hujus profecto est[1], quia formatrix virtus coelestis simul influit[2] a polo hemisphaerii et signi. Si enim signentur arcus meridionales[3] a puncto poli ad extremitatem cujuslibet signi terminati, figuratur trigonus ex arcubus tribus, qui procul dubio lumine suo talem plantis imprimit figuram. Et ista influentia luminis est una, quae semper in omni revolutione solis iteratur[4], et variat effectum ejus in circulo declivi, qui, sicut in secundo peri geneseos[ω]) determinatum est, causa est terraenascentium generationis et corruptionis. Scimus autem ex his, quae in antehabitis libris determinata sunt, quod dator formalis formae et speciei est etiam formator figurae. Haec igitur est causa figurae triangularis in plantis, quae, quia debilior est in coelo duabus superius inductis, rarior est etiam haec figura in plantis.

72 In figura etiam ista notandum est quod[1] — ut frequenter in planta triangula[α]) — duo arcus, qui componunt figuram in exterioribus plantae, convexa sua habent in exteriori superficie; sed tertius arcus[2], qui est ad domesticum[β]) plantae, concavum habet in exteriori superficie, et convexum convertit superius.

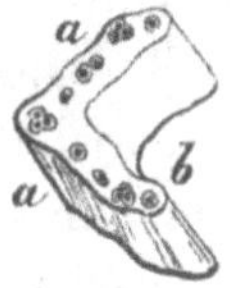

Non autem oportet, ut aliquis obiiciat, quod istae figurae in 73 plantis regulariter non inveniuntur, sed resultationes et similitudines istarum figurarum: quoniam hoc certissimum est ex omnibus in scientia naturali determinatis, quod figuras et effectus coelestes materia generabilium non suscipit, nisi sub quadam confusione, propter contrarietatem agentium et patientium in ipsis. Et ideo, si figurae istae non omnino regulariter lineantur

ω) De gener. et corrupt. lib. II tract. III cap 4 et 5. α) *Nisi in planta integra, certe tamen in petiolis betae, caulis, aliarumque plantarum canaliculato trigonis, de quibus hic sermonem esse, ex* § 70 *apparet. M. Cujus rei in exemplum proferimus imagiunculam, quae sistit petiolum folii brassicae transverse sectum. In qua indicantur:* a *arcus ambo lateris exterioris vel inferioris,* b *arcus lateris interioris qui aspicit stipitem.* β) *i. e. ad partem interiorem sive ad axin plantae. Conf. indic.*

§. 70: 5 *Om. L*; — hanc *om. BPEdd.*

§ 71: 1 profectio est *C*; est perfectio *Edd.* 2 *LV*; fruit *P*; fluit *Reliq.* 3 at *addit V.* 4 terminatur *A.*

§. 72: 1 *Om. L.* 3 *E conj.*; sed triangulus *Codd et Edd.*; arcus *quum restituisset Mey.*, *e lectione codd. addidi* tertius. 2 interius *L.*

a natura, sicut intenduntur, hoc accidit, sicut diximus, ex materiae inaequalitate.

74 In fungis autem et tuberibus[1] et boletis et hujusmodi plantis, quae generantur ex vapore, qui passus est a terrestri sicco[2], omnino resultant duae figurae primae, columnalis videlicet in stipite, et hemisphaerialis in capite, ubi fluens dilatavit se vapor. Cujus causa est, quod vapor est materia obediens figuranti virtuti plus, quam materia commixta corporalis et grossa.

75 Figura autem quadrati figuratur in mentastro[γ]) et stipite urticae mortuae et in[1] pluribus aliis oleribus silvestribus, quod facile patet omni diligenter consideranti diversitates plantarum. Causa autem est ex quatuor punctis coeli[2], qui vocantur loca vaporum elevatorum sub terra[3] vel in terrae superficie ab his, qui periti sunt in astrorum effectibus. Puncta autem haec sunt orientis[4], in quo est virtus ortus vaporis; et occidentis, quod est oppositum vaporis, in cujus virtute sunt ea, quae terminant esse vaporis ipsius[5] ex reflexione completa duodecim arcuum sive circulorum se intersecantium; quorum sex antecedunt oriens signum tendentia in occasum, et sex succedunt contendentia ad ortum, et imprimunt generatis ex vapore coelestem effectum. Duo autem alia sunt puncta solstitialia solis, qui, in signis[6] inter puncta solstitialia decurrens, omnes vapores causat, et ex vaporibus ge-
76 nerata. Haec igitur figura quadrata sive triangula[1], quia semper in motu describitur a parte[2] vegetabilium, ideo etiam frequenter invenitur in plantis ex vapore, qui terrae[3] superficiem attingit de profundo elevatus, generatis. Rationabilissimum[4] autem est, quod — sicut in omnium animatorum videmus figuris, quod potissimum sequuntur figuram patris propter virtutem formantem in generatione, quae est ex patre; et si deflecti[5] contingit ab illa, hoc erit per accidens, ex inobedientia materiae

γ) *Sunt: Mentha sylvestris et Lamii species Lin.*

§. 74: 1 cucuberibus *L*; cuberibus *V*. 2 succo *Edd.*; — primo *A*; — ex stip. *L*.

§. 75: 1 vel *B Edd.* 2 *Om. Edd.* 3 *B L Edd.*; super terram *Reliq.*, *at conf.* §. 76. 4 orientes *L*. 5 *Om. L*; — inflexione alias refl. *V*. 6 *verba* in signis *loco paulo posteriori inserta delevit A*.

§. 76: 1 quadrangula *L*. 2 *V in marg. addit* alias patre. 3 que est sup. *Z*; qui ad sup. *J*; — atting. et de *V*. 4 *L V*; Rationabilium *C Z*; Rationabile *Reliq.*; — *pro* autem *legunt* que *C*, quoque *A*, quidem *e rasura P*; — in *om. L*; — in omnibus *A B J*. 5 delicti *Z*.

propter contrarietatem agentium et patientium in ipsa: ita etiam[6] — figura plantarum figuram formantis suae virtutis sequatur, ut diximus; et deflexio, quae est ab ipsa, contingit per accidens.

Figurae autem polygoniae[1], in plantis secundum aliquod genus aut speciem aut semper aut frequenter inventae, causam[2] necessario habent figurantem se. Et hoc pro certo est ex virtute solis et lunae, secundum quod lumina eorum coniunguntur imaginibus stellarum multarum, sub quibus decurrunt. Ex tali enim radiatione defluens virtus facit polygonium propter multas virtutes coelestes in ea adunatas. Est autem et haec[3] frequens et assidua in coelo, et propter hoc etiam[4] in terris secundum quaedam genera plantarum aut semper aut frequenter inventa. 77

Dubitabit autem fortassis[1] aliquis, an istae[2] causae figurarum sint ex ipsis plantis sumptae, aut[3] sint mathematicae, quoniam mathematicorum intentio studet circa hujusmodi[4] coeli figuras; physicus autem causas, quae in materia sunt, considerat. Sed haec citius determinantur[5], quoniam, secundum praedicta, licet figura propria[6] in concavo coelestis circuli est, sicut extra plantam, et secundum aliquid sui mathematica: tamen virtus defluxa[7] in locum generationis naturalis est et formatrix et proxima in materia existens; sicut in generatione animalium virtus, quae est in semine masculi, est in materia feminae. Haec igitur de figuris plantarum in communi dicta sufficiant[8]. 78

Capitulum VI.

De naturali colore et communi plantarum[1].

His habitis, de coloribus, qui aut semper aut frequentius inveniuntur in plantis, exequendum est. Color autem omnibus 79

§. 76: 6 *L V*; *om. B lacunam indicans*; et *Reliq.*; — formatique *A*.
§. 77: 1 pilogome *Z*; pilogone *J*. 2 tamen *A*; *om. L*. 3 Est etiam hec *P*; et hec et freq. et *L* 4 et potest etiam *L*
§. 78: 1 utique *P*. 2 ille *Edd.* 3 an *A*. 4 hujus *Edd.* 5 hoc determinatur *V*; — *om. P.* sec. praedicta. 6 prout *L*. 7 *L*; defluxu *B*; defluxus *Z*; — in *om. Edd.*; in locum *L*; in loco *Reliq.* 8 *L* · sunt *Edd.*, sint *Reliq.*
§. 79: 1 De nat. col. plant. comm. *P*; De nat. et comm. colore pl. *AB*.

communior[2] exterior est viridis, licet processu temporis in corticibus quarundam magnarum plantarum declinet ad glaucum et ad nigrum colorem. Invenitur autem et rubeus, sicut in rubea majore[δ]) cernitur inter herbas, et in quibusdam[3] generibus mentae aquaticae. Interior autem color carnis plantarum albus et croceus est[4], sicut in buxo et ruta, et aliquando rubeus, sicut[5] in carne cedri et brisilii[ε]), et aliquando quasi glaucus, sicut in ligno aloës, et aliquando niger, sicut in ebeno nigra. Et isti sunt colores, qui frequentius extra et intus[6] inveniuntur.

80 Viridis autem color consistit ex hoc, quod aliquid albi in profundius[1] nigri aquosi penetravit, quod, a profundo ejus obumbratum, aliquid claritatis relinquit in superficie[2] nigri. Et causantur diversi virides colores secundum diversas penetrationes albi in hujusmodi nigrum; et si emineat album, quasi sub[3] superficie nigri aquosi jacens, causabit croceum. Et huiusmodi viridis color in oleribus et herbis per totam substantiam est[4] frequentissimus, propter aquosum humidum et terrestre opacum, ex quibus est plantarum generatio. Aquosum enim est substantiae perspicuae, quae, cum terminatur in commixto, albescit, et, penetrans in opacum[5] terrestre, facit colorem viridem; qui tamen griseitatem et glaucedinem accipit[6], evaporante humido perspicuo terminato, et combusto aliquantulum terrestri opaco: et hoc[7] praecipue in arborum corticibus, qui multis annis manent cooperientes arbores. Nam in herbis et oleribus, nisi lignescant, ut ruta facit, singulis annis quasi a generatione nova renovatur color viridis; et ideo continuus[8] et permanens videtur esse color talium.

δ) *Sunt:* *Rubia tinctorum et Mentha aquatica Lin.* ε) *i. e. in ligno tinctorio Coesalpiniae Sappan Lin., ab antiquissimis temporibus in Oriente* brasil *denominato. Scripsit autem L bis* brasilium, tertio vero *loco* §. 82, *quo Edd.* brisillo *legunt* brisilium, *quod Reliq. more tempore illius ubique.*

§. 79: 2 *L*; -munibus *C V Edd.*; -munis *Reliq.* 3 aliis *addunt et Codd. praeter A*, qui *legit* in aliquibus, *et Edd.*; *quam vocem ex literis praecedentibus* am *forsitan ortam delevi, quum autor in lib. VI* §. 386 *omnem mentam aquaticam rubere doceat, nec unquam rubeam mentis annumeret.* 4 *Om. A.* 5 fit *B C V Edd.* 7 frequentius — intra *L*; frequenter — intus *Reliq.*; *at legitur* §. 85 tam intus quam extra.

§. 80: 1 *L*; profundo *Reliq.*; — penetrabit *L*; — a *om. A.* 2 *Om. Edd.* in sup. 3 *Om. L.* 4 et *Edd.*; herbis pro causa est *L.* 5 operatum *A.* 6 accepit *L.* 7 hec *A B*; *om. Edd.*; — qui *L V*; — in *Reliq.* — manens *L.* 8 communis *L omitt.* et.

Rubeus autem[1] causatur ex albedine lucente, superducto 81
humido fumoso et incenso[2]. Albedo autem est humidi terminati nutrientis[3], quod est nutrimentum talium, cujus fumosum incensum expellitur ad superficiem. Et ideo talis rubedo frequenter incipit esse obscura, ex altera duarum causarum. Aliquando enim fit ex calido, humidi partes albas educente et incendente[4]: ex hoc enim[5] incenditur, et inspissatur fumosum incensum. Fit[6] aliquando autem ex frigore, fumosum rubeum reflectente ad partes superficiei et coagulante. Tunc enim convertitur in nigrorem[7], sicut fit in manu vel carne frigidati exposita. Sed color, qui 82
est in cedri carne et brisilii, causatur[1] ex multa actione caloris in nutrimentum intra[2] venas arborum. Ex hoc enim contingit, multiplicari fumosum rubeum[3] incensum et totum nutrimentum tale effici, sicut est spissus sanguis in animalibus. In ebeno autem nigrâ multa vincit terrestreitas[4] subtilis commixtionis, et ideo nigra efficitur. Cujus signum est, quia humor ejus oleagineus est et viscosus valde; quod contingit propter partes terrestres, sese[5] fortissime tenentes in humido, per quod commixtae sunt: et ideo mergitur sub aqua. In brisilio autem vincit aliquantulum humidum[6] fumosum incensum, et sic a sicco terrestri est retentum et terminatum ad naturam ligni. Et ideo melius tingit[7] ceteris lignis, quia humidum fluit ad aliud, et ex sicco cohaeret, et stare incipit in ipso.

Albus autem color plus omnibus aliis in carnibus arborum[1] 83
invenitur, eo quod talis color est humidi succosi, terminati per terrestre non opacum, sed digestum et emundatum[2] a faeculentia terrestreitatis. Declinat autem aliquando ad rubedinem in interioribus quorundam lignorum versus medullam: et hoc fit in quercu et multis generibus abietis et pinearum generibus. Quod

§. 81: 1 color *add. Edd.* 2 *Scribunt nunc V nunc C L Edd. hoc et sequentibus locis passim* intensum, intendere *pro* incen. 3 nutrimentis *Z*; nutrimenti *J.* 4 deducente et intend. *Edd.* 5 *L V*; *om. Reliq.*; et ex hoc inspissatur *omissis intermediis A.* 6 *Om. L.* 7 ruborem *P ad marg.*; nigriorem *L*; vigorem *C V.*

§. 82: 1 est *A.* 2 inter *Edd.* 3 rubeum *L*, tale *L V soli proferunt.* 4 -stritas *C P*; -stricas *V*; -streitatis *J quod recipit Meyer, nullam codicum A B varietatem indicans.* 5 invicem *addit A.* 6 *Om. Edd.* 7 tangit *Edd.*; — ex *om. P.*

§. 83: 1 alborum *C Edd.*; alborum aliorum, *expuncto priore A*; — sicci *pro* succosi *L.* 2 dig. etenim datum *Z*; emendatum *J*; — terrestritatis *C Z.*

profecto contingit propter[3] calorem in interioribus nutrimentum incendentem.

84 Sed ille, qui croceus esse videtur, profecto fit ex nutrimento cholerico, quando in bene[1] digesto succoso quaedam partes quasi pulmentatae[2] minus ebulliunt. Et hic est color carnis buxi. Et quod ita sit, significat[3] acumen odoris buxi, quod acumen a colore cholerico habet procul dubio. Quod autem in altum ab eodem calore elevari non potest, non obstat, quia hoc contingit propter nimiam constrictionem[4] et duritiam partium ejus.

85 Istae igitur sunt causae colorum plantarum tam intus quam extra ipsis inventarum in eis, quae perfectiores sunt plantae.

86 Fungi enim et tuberes et boleti fere omnes albi sunt, habentes in superficie revolutionis, ubi dilatantur, quandam rubedinem. Cum enim ex humido aquoso putrescente et vaporante nascantur, habent[1] in se multum perspicuum terminatum: et ideo candescunt. Partes autem igneae magis obtinent[2] superficiem, et illae sunt causa ruboris, sicut et in rosa[3]. Sed quia habent humidum valde vaporosum, ideo cito evolante humido siccantur, et tunc decidunt in pulverem nigrum fuliginosum, eo quod vaporis[4] colorζ) et solis et loci combussit partes terrestres, quando evaporavit humidum. Hic enim[5] est modus omnium putrescentium, sicut dixi-

87 mus in quarto meteororum η). Signum autem[1], quod habent humidum vaporosum, est, quod comesti frequenter oppilant vias spirituum animalium in capite, et inducunt insaniam. Quia vero humidum jam putredinis naturam habet in eis, ideo infirmi et

ζ) *i. e. calor intrinsecus vaporis sicci ventosi, de quo agitur et in* §. 92 *et in loco citato.* η) Lib. IV tract. I cap. 6, 7.

§. 83: 3 per *Edd.*

§. 84: 1 bene alias non *V*; — succo *e rasura P*; — quasi *om. A.* 2 *L*; pulverizatae *Reliq. Lectionem codicis L recepi, quum neque verisimile sit, eam ex vulgata et communi voce* pulverizatae *ortam esse, neque pulvis in ebulliente succo minus ebulliat. Pulmentum autem, ait Jo. de Janua apud Du Cange,* dicitur cibus delicatus et suavis a pulpa, *unde hic partes pulposas vel in pultem redactas designari dixerim.* 3 signat *L*; — hab. chol. *omnes praeter L.* 4 confectionem *V*; contritionem et divisionem *L.*

§. 86: 1 habente *L.* 2 optin. mag. *P*, mag. optin. *L*; — cause *B.* 3 et virosa *BPEdd.*, *et C qui correxit* et in rosa; et rosa *L*; est in rosa *V*; ruboris, que est in rosa *A*; virositatis *conjecerat Mey., quam vero a putredine nec a calore causari docet Alb.* 4 *Om. A*; quod cal. vap. *V*; — comburiunt *L*; — evaporat *V.* 5 *Om. Edd.*

§. 87: 1 *Om. L.*

aliquando venenosi sunt ad comedendum. Tuber enim, quod vocatur muscarum[ϑ]), venenosum est; et si lacti[2] immisceatur, et muscae cadant super lac illud[3], gustantes ipsum, inflantur et moriuntur. Est autem illud tuber in superficie latum, et ad[4] rubedinem declinans, habens in superficie ampullas, sicut sunt ampullae in pelle valde leprosi hominis, in quibus non est humor, sed ventositas[5] quaedam interclusa.

Particulares[1] colores plantarum plurimi sunt; sed de his 88 disciplina propter infinitatem fieri non potest.

De odoribus autem et saporibus plantarum hic tradi doctrina non potest; sed in libris consequentibus[2], postquam virtutes plantarum sciverimus, de talibus opportunum[3] erit tractare.

Haec igitur dicta sunt[6] de his, quae in planta secundum individuam ipsius substantiam inveniuntur.

ϑ) *Agaricus muscarius L.*

§. 87: 2 lata *L.* 3 id *BCEdd.* 4 *Om. L*; — rubedines *A omittens* declinans. 5 venenositas *BEdd.*; unctuositas *C.*

§. 88: 1 autem *addit A*; — fiunt *ABEdd.*; — infirmitatem *V.* 2 *BC VEdd. addunt plantarum, quod dein expunxit V.* 5 optimum *BEdd.* 6 *Om. A*; — ejus subst. *L.*

Tractatus II.

Secundi Libri Vegetabilium.

In quo quaeruntur ea:

quae naturaliter conveniunt plantis secundum ea, quae faciunt ad fructificationem vel generationem ipsarum[1].

Capitulum I.

In quo determinatur[2]

de dicendis in hoc tractatu et de natura etiam foliorum.

89 Perscrutabimur autem nunc communia, quae et essentialiter et naturaliter accidunt plantis quoad generationem ipsarum, secundum quod intendit natura salvare speciem unius cujusque earum. Nec[3] quaeremus hic locum generationis plantarum vel modum, sed tantum naturas partium illarum hic desideramus[4] cognoscere, quae stant in ipsis, quando sunt in generatione. Hae autem[5] partes sunt folia, quae sunt propter fructuum cooperimenta, et flores, qui sunt indicia fructuum, et fructus et semina. Horum enim oportet cognoscere naturam in communi et diversitatem, ut, his consideratis, earundem corporis[6] partium diligentius[7] et ordinatius causae reddantur. Frustra enim quae-

§. 89: 1 Sec. lib. veget. *om. A B Edd.*; secundum .... ipsar. *om. P*; gemmationem ipsius et est *L*; ipsius *B*. 2 determinatur *V*; in quo est *Reliq.*; — et .. fol. *om. P*; — etiam *L solus offert.* 3 Ne *Z*; non *J*. 4 consider. *A*; designam. *V*. 5 *Om. L*; fructum *Edd.*; — flores que *V*. 6 *E conj.*; ear. partium causas *B*; ear. causas part. *Reliq. Meyero placuit* partium omnes (*sc.* causae) *duce cod. B, suspicatus enim est, codicem habuisse* oēs *pro* cās. *Sed quominus eum sequamur codd. reliquis prohibemur. Quae cum ita sint, non dubitavi recipere* corporis *quum in autographo Alb. facillime* corpis *cum* causas *commutari potest.* 7 diligentium *L*; — ordinat. esse *et in marg.* alias cause *V*.

ritur causa, si, de quo[8] causa quaeritur, non praescitur. Philosophari enim est, effectus jam cogniti certam et manifestam et veram[9] causam investigare, et ostendere, quomodo[10] illius causa est, et quod impossibile est, aliter se habere.

Dicamus igitur[1] communiter de folio[ι]), quod folii in omni- 90
bus plantis materia est humor aquosus non bene digestus, a
terrestri sicco — non bene a faece terrenitatis[2] purgato — aliquantulum passus et commixtus. Hujus autem signum est, quod de foliis plantarum magnarum lata et tenuia folia habentium cito epotatur[3] humidum, et tunc folia fere omnia foraminosa efficiuntur. In his autem, in quibus humor magis viscosus est et aquosus et acumen habens ex calido intra viscositatem suam retento, spissiora efficiuntur[4] folia, et magis ipsis plantis adhaerentia[κ]). Sed quod[5] in herbis et oleribus spissa frequenter sunt folia, ideo est, quod propter vicinitatem et continuitatem suam cum radice
ubertim infunditur[6] eis humor et multiplicatur in eis. Finalis 91
autem intentio[1] foliorum est ad fructuum cooperimentum, eo[2] quod natura purgatione indigeat a superfluitate humidi aquosi. Et cum sit sagax et ingeniosa, eodem purgamento utitur ad fructuum defensionem; et ideo[3] in pluribus plantis folia sub fructu producit, ut folium dilatatum ultra fructum porrigatur.
Est autem generalior[1] hujusmodi productio et situs foliorum, 92
quod videlicet inferius ad basim cotyledonis[2] fructus[λ]) folium erumpat. Hoc enim congruit materiae folii et fini. Materiae quidem, quoniam duo sunt vapores in genere tam in ventre plantae quam in aliis vaporantibus omnibus; vapor videlicet humidus et aquosus, et vapor siccus ventosus. Et vapor humidus

ι) *E sententiis singulis* §§. 90, 91, 92, 97 *Petrus lib. II cap.* 6 (5 *Edd.*) *initium contexuit.* κ) *Haec sunt, ad quae tendit autor: arborum nostrorum fruticumque folia defluentia ex articulis quasi solvuntur; herbarum vero plurimarum folia arctius et basi saepius latiore stipitibus ramisve insidentia non defluunt, sed stipiti adhaerentia aut marcescunt, aut putrescunt.* λ) *i. e.* pedunculi fructus.

§. 89: 8 sed de quo *L*; si de qua *Reliq.* 9 cert. manifestantis ver. *A.* 10 quoniam *C V*; — et *om. L.*
§. 90: 1 ergo igitur *B*; — de filio quod filii *Z*; — in materia *C V Z.* 2 terreitatis *L.* 3 evaporatur *et in marg.* alias epotatur *V*; — fol. fer. om. *L*; fere omn. fol. *Reliq.* 4 ipsa *addit A.* 5 *Om. L.* 6 -datur *V.*
§. 91: 1 intensio *L.* 2 ea *L.* 3 *Om. L.*
§. 92: 1 generabilior *Z.* 2 coctilidonis *Alb. et Codd. ubique nisi quod hic L* basan rotlindonis; *dein V* cottiledonis, *L bis* totlidonis.

est[3] materia folii, vapor autem siccus ventosus est materia fructus; propter quod etiam fructus secundum genus suum ventosi esse judicantur. Acutior autem est vapor siccus, digestus in ventre arboris, et hebetior est vapor humidus; propter quod cum acumine suo scindit[4] corpus plantae, ut erumpat uterque istorum vaporum[5]; altius ascendit vapor fructuum, et sub ipso erumpit foliorum vapor. Quia tamen[6] vapores isti permixti sunt in ventre plantae, oportet, quod motum habeat vapor humidus per ventosum vaporem sibi permixtum; et ideo contingit, erumpere folium, quod generatur a vapore humido, juxta fructum, proxime in loco basis ejus, ut in pluribus.

93 Folii tamen situs variatur tripliciter. Sicut enim dictum est[μ]) aliquando est sub loco fructus ad basim cotyledonis ejus, sicut in piro et malo et cino et pruno et aliis multis arboribus; aliquando autem est ex opposito fructus, sicut in vite; aliquando autem est[1] super fructum, sicut in viola et multis aliis herbis.

94 Et causa quidem ejus, quod est ad basim fructus, ex materiae congruentia supra assignata est. Qui situs etiam congruit fini[1] eo, quod subtus exortum folium versus fructus dilatatur et utilius cooperit et defendit fructum.

95 Ex opposito autem fructus frequenter exoritur[1] in plantis multum humorem attrahentibus, et praecipue quarum fructus multum abundat humore subtili vaporoso et ventoso. Ab illo enim vapore aqueus vapor minus digestibilis et minus subtilis, sicut a quodam contrario, expellitur ad suum[2] oppositum a virtute formativa; et hac de causa erumpit in situ opposito. Fini[3] etiam folii hoc congruit, quoniam fructus talis propter humoris abundantiam magna[4] indiget decoctione solis, quam impediret folium expansum super fructum: et ideo expanditur ad oppositum situm, ne digestionem, quae fit per solem, impediat.

96 Demonstrat autem hoc opus artis, quod naturae opus imitatur. Vinitores enim periti pampinos[1] in parte abrumpunt, ut liberior

μ) *Conf.* lib. I §. 142.

§. 92: 3 in *addit L.* 4 scindat *L*; et *pro* ut *V.* 5 et *addit A*; — ascendet *Edd.* 6 vap. fol. Quia tunc *L.*
§. 93: 1 *Om. L, legens* aliq. etiam est —; aliq. etiam, *om. dein* aliis.
§. 94: 1 fini *et in marg.* vini *A*; cum *L*, *quod ex* uini *ortum videtur.*
§. 95: 1 folium *addit B.* 2 *L*; situm *Reliq.* 3 sui *L*; Et hoc fini (*ad marginem* vini) folii congruit *A.* 4 magnam *L.*
§. 96: 1 pampinosi — ut uberior *L.*

sit accessus radiorum solis ad botrum. Siquis autem obiiciat: quod secundum haec[2] hujusmodi plantae utiliter carerent foliis; et cum natura sagax faciat, quod utilius est in omnibus: videtur, quod aut natura[3] erret; aut quod foliorum operimentum utile sit fructibus, et sic[4] ad basim fructus videtur debere produci folium. Sed ad hoc solvitur[ν]), quod foliorum generatio, 97
licet sit purgamentum quoddam plantae ab humore aqueo, tamen[1] intenditur a natura propter salvationem fructus, ut saepius dictum est. Sed cum fructus multa indiget vi[2] solis, producitur folium ex opposito, ubi[3] quidem aliqualiter cooperiens impedit ardorem[4], et aliqualiter distans non obstat digestioni, quae fit[5] per solem, ut sic situs oppositus det locum soli quoad necessitatem digestionis, distantis[6] tamen folii remedium per umbram temperatam restringat arsuram. Sunt etiam alia[7] plurima nocumenta fructuum, sicut arsura fulguris, et impetus tempestatis et grandinis, contra quae producuntur folia in quocunque sint situ.

Folia autem, quae eminent[1] super fructum, maxime fructum 98
operiunt ita quod fere semper est in umbra. Et illius causa ex materia est, quia[2] fructus illi multum habent terrestreitatis; et ideo humor aquosus in eis, interclusa[3] ventositate, altius ascendit, et in inferioribus sui quasi cum violentia tractus erumpit vapor, ex quo generatur fructus. Ex fine autem[4] utilitas etiam hujus operis naturae perpenditur, quoniam tales fructus frigidi sunt et humidi ut frequenter; ad quae duo perpetua opitulatur[5] umbra foliorum.

Hi igitur[1] tres generaliores sunt situs foliorum, et ex ho- 99

ν) *i. e.* respondetur. *Conf. indic.*

§. 96: 2 *L*; hoc *V*; *om. Reliq.*; utiliter *om. L.* 3 non *Z.* 4 sit *L.*

§. 97: 1 *L V et J*; non *Reliq.*; — ut *om. L.* 2 in *L.* 3 *B L*; nisi *A C Z*; non *V*; nisi quod *P e rasura*; et siquidem *J.* 4 arborem *A*; et aliqua habet distans *Z*; aliquam habens distantiam *J*; aliquantulum distans *Petr.* 5 *Om. L*; — ut sit *L V*; — debet *pro* det *L.* 6 *E conject.*; distantia *Codd. et Edd.*; *quare A minus apte inseruit* remedium est, ut; — restringit *Edd.* 7 aliqua *B Edd.*

§. 98: 1 emittent *Z*; — *om. L* max. fr.; *om. Edd.* fr. *legentes* cooper. 2 quod *L Edd.*; — terrestritatis *C L V et saepius Z.* 3 *C L V*; inclusa *Reliq.*; — ventosit. alicujus *Edd.*, alterius *L*; — sui *om. A*; suis *V.* 4 *Om. Edd.*; etiam *om. L*; *utilitas* est *C Z*; *quem vocem expunxit V.* 5 perpetuanda *L*; — opitulantur *B.*

§. 99: 1 autem *A.*

rum[2] causis facile scitur variatio situs folii secundum alios modos, siqui tamen aliquando forte alii ab his, qui dicti sunt, in quibusdam plantis inveniuntur[3].

Capitulum II.

De figura foliorum tam in magnis plantis quam in parvis, et quare quaedam folia habent quaedam[1] cooperimenta et quaedam non.

100 Sicut autem jam in praecedentibus dictum est, folium exoritur ex vapore humido permixto, et passo a sicco terrestri faeculento. Et videntur omnia folia molinsim ξ) esse passa, sicut et[2] fructus completi sunt per pepansim. Formans autem folium est formativa virtus plantae, quae quidem[3] virtus est generativae potestatis. Locus autem est porus plantae, per quem[4] quasi exsudando et exspirando progreditur materia foliorum.

101 Plantarum autem, quae[1] longe folium distans habent a radice, quarum sunt lignea corpora, in folliculo cooperta o) producunt folia. Cujus quidem causa materialis est, quoniam id, quod est terrestrius[2] in materia folii, natura ponit extra in[3] cooperimentum, sicut facit in animalibus ungues. Hoc enim minus obedit formationi, et ideo non congruit folio; et magis sustinet injurias exterius incidentes, et ideo melius defendit a frigore:
102 et hac de causa extrinsecus ordinatur circumdans. In aliis autem

ξ) *Doctrinam Aristotelis de digestione illustratam reperies in Praelibandorum nostrorum particula VI.* o) *i. e.* Arborum fruticumque folia procreantur in gemmis involucro squamoso tectis, quo carent gemmae herbarum. *Qua nota, ab Alberto quod sciam primo observata, Ray post saecula quatuor arbores herbasque distinguere studuit, inscius permultas arborum tropicarum gemmas herbarum more producere.*

§. 99: 2 eorum *L.* 3 invenitur *CVZ.*

§. 100: 1 *L*; *om. Reliq.*; cooperimentum *V nec V ind.*; — et quaed. non *om. P.* 2 etiam *AB*; — epansim *L.* 3 quedam *ACP Edd.* 4 quam *A.*

§. 101: 1 quedam —, quare sunt *L omittens dein* prod. folia. 2 terrestris *L.* 3 *AL*; *om. Reliq.*; — operimentum *Edd.*

plantis, herbalia corporea habentibus, aut etiam in oleribus, ma-
teria foliorum stat in ipsa radice vel stipite — eo quod illa sunt
mollia — et facile ab eis exsugitur calore solis[1]; et ideo tali
folio[2] terrestri non indigent, et materia totius quasi plantae talis
est humor aqueus, et ideo non[3] separatur in aliquam partem
specialem a terrestri, nisi quando exsugitur a calore solis. Quod 103
autem dixi, molinsim passa[1] esse omnia folia, ideo dictum est,
quia indigestum habent humorem valde; quod ipse color indicat
viriditatis[2] eorum. Hic[3] enim proprius est color humoris terre-
stris indigesti. Dico autem terrestrem humorem illum, qui pa-
rum passus est a terrestri sicco. Signum hujus est, quia omnis
terra discooperta, cum primum[4] plantae exoriri in ea incipiunt,
quasi cooperitur primum virore quodam humido[π]), propter hu-
midum aqueum a terreo sicco passum, quod semicrudum ad su-
perficiem per calorem terrae[5] evocatur. Hic igitur humor, mo- 104
linsim[1] passus, per porum calore et ventositate expellitur de
planta. Et ab humido quidem aqueo facilem habet dilatationem[2],
et a defectu materiae in superioribus habet constrictionem; a
calore autem movente ipsum superius constringitur[3] in acumen,
quasi in punctum sit coarctatus. Et haec est causa, quod, ut
in pluribus, folia perfectarum[4] plantarum et majorum figuram
habent, quae componitur ex duabus aequalibus proportionibus
duorum arcuum ex una linea recta inferius egredientibus, et su-
perius in puncto convenientibus.

Venae autem, quae sunt in foliis, et reticulatio causantur 105
ex terrestri sicco, et quod non bene cum humido aqueo[1] in com-
plexione folii permixtum est. Et hujus causa est, quia humidum
aqueum[2], eo quod male est terminabile, proprio termino non

π) *Sunt Muscorum aliarumque plantarum cryptogamicarum primordia.*

§. 102: 1 cal. sol. *om. L.* 2 *A*; felle *Reliq.* 3 *Om. L*; — in aliam *L.*

§. 103: 1 molysim passam *L*; — molisim *Z hic et infra.* 2 viriditas *L.* 3 his *J.* 4 *L*; prime *Reliq.*; — exoriri *om. A.* 5 *Om. Edd.*

§. 104: 1 molisim *L*; emolisim *Z*; per molins. *J*; — per pororum *Z*; per rarum por. *A*; perperam *L.* 2 dilationem *L*; et ad effectum *CLP Edd.* 3 *Om. Edd.* sup. const.; — in puncta *Z*; in puncto *J*; — sit *om. A*; sic *L.* 4 factarum *Edd.*; — exponitur *Z.*

§. 105: 1 hum. aq. *L omittens* in; aq. hum. *Reliq.* 2 *Om. Edd.*; — est cremabile propr. citrino *Edd.*

flueret in formam et in[3] figuram aliquam, nisi in terrestri sicco terminato quasi in vase quodam deduceretur. Et haec est causa, quare non bene permixtum fuit terrestre[4] humido in folii generatione. Non enim posset distingui in vias humidi, si fortiter subtili permixtione cum humido fuisset unitum. Reticulatur autem ubique per folii substantiam siccum[5] terreum, ut ad omnem partem possit decurrere humidum: et quotiens ex[6] extremitate arcus folii transit vena, totiens vi calidi impellentis aliquantulum egreditur arcus circulationem, et tractum utrinque refluit[7] humidum; et ideo folium efficitur angulosum et circumpositum[8] quasi angulis acutis, sicut plane videtur in foliis quercus et platani et[9] vitis et multarum aliarum plantarum.

106 Sunt autem quaedam folia non habentia[1] hujusmodi angulos circumpositos partionibus[2] arcuum, inter quas continetur substantia folii. Quod ex una duarum causarum necesse est accidere: quod videlicet aut[3] est multum aqueum[ρ]), parum habens de sicco terreo, sicut sunt plantae multae in superficie aquae natantes, sicut illa, quae vocatur nenufar[σ]); aut etiam[4] natura folii multum est permixta, et ideo siccum[5] ultra fluxum humidi elevari non potest, sicut est in buxo et aliis foliis quarundam arborum. Si autem vincat in quibusdam foliis[6] humidum frigidum, carebunt etiam acumine puncti[τ]) superiori[7], et folium habebit figuram partionis[8] circuli majoris semicirculo, sicut est videre in folio malvae. Et siquidem humidum aqueum fluat ultra venam mediam[9] folii, ita quod in extremitate venae exsudet, erit

ρ) *scil.* folium. σ) *Sunt Nymphaeacearum species. Conf. lib. VI* §. 345. τ) *Conf. verba* §. 104 superius constringitur in acumen, quasi in punctum *etc.*

§. 105: 3 *C V*; *om. Reliq.*; — *Edd.* voce sicco *annectunt ultimam sequentis enunciationis vocem* generatione, *omittunt intermedia.* 4 terrestri *A.* 5 *L V*; sicut *Reliq.* 6 *Om. L.* 7 utrumque *A*; — fluit .. ideo solum *Edd.*; — reficitur *V.* 8 -positis *A B Edd.*; — quasi angulus -tus *L*; quasi *om. Reliq.* 9 plantani et *hic et infra* §. 107 *V*; plantam et *C Z*, *quae om. J*; planta vitis *L.*

§. 106: 1 folia, que non sunt habentia *A.* 2 *C L V more temporum*; portion. *Reliq. et hic et infra*; *om. Edd.* arcuum. 3 *Om. A.* 4 *E conj.*, in *Codd. et Edd.*, *sunt enim sigla utriusque voculae sat similia*; *quae autem legit A* aquositas in nat. *nec genuina nec congrua videntur*; — sunt *pro* est *J.* 5 succum — buxo et buxis foliis *L.* 6 in qu. fol. vinc. *L*; — frigidis *P.* 9 -rioris *A B*; *om. P.* 8 *C L V*; proport. *A*; port. *Reliq.* 9 medii *A B C J*; — in *om. L.*

figura folii in extremitate sicut duo arcus contingentes se in puncto lineae rectae, quae protrahitur per medium folii, sicut est videre in folio trifolii et melliloti υ) et plurium[10] aliarum plantarum.

Sunt etiam plurimarum plantarum folia trifurcata, aut in 107
tria folia divisa; pauca autem nota sunt bifurcata φ), licet quaedam inveniantur in duo divisa[1]. Trifurcata enim sunt, sicut vitis pampinus, et folium ficus, et folium platani et plurium aliarum plantarum. Et causa hujus est humor multus[2] aqueus in vite et platano χ), aut viscositas multa cum abundantia humoris in ficu. Humor enim multus per unum simplicem porum[3] effluere non potest, et ideo erumpit utrinque[4] in vena media folii; propter quod in tres partes dilatatur, cohaerentes tamen[5] juxta cotyledonem folii propter humoris abundantiam ad se fluentis, cui cooperatur[6] vicinitas trium venarum talis folii. Quae venae cum magis distare incipiunt, humor ad se fluere non potest: et ideo trifurcatur folium. Sed in ficu spissius[7] et asperius est folium, eo quod humor viscosior est et terrestrior. Ex eadem causa 108
autem[1] aliquando in radios multos distribuitur folium, et praecipue in cannis quibusdam ψ), in humorosis locis crescentibus; sed in omnibus his longiores sunt, qnae mediae venae plus appropinquant, sicut et in circulo longiores sunt lineae[2], quae diametro sunt viciniores; inferiores autem rami sunt breviores. Causa autem hujus est, quod facilior est fluxus humoris et caloris hu-

υ) *Describuntur foliola lanceolata vel elliptica, quibus indigenae generum Trifolii et Meliloti Lin. species sunt ornatae.* φ) *Albertum foliorum compositorum foliola pro foliis habere, ex iis, quae modo dixit, liquet. Quare folia ab illo* trifurcata vel in tria divisa *appellata nobis sunt folia trilobata vel tripartita; et recte quidem monet, folia bipartita rarissim aesse. Siquidem experientia docet folia bipartita in plantis indigenis (exceptis minutis Muscis Hepaticisque) non inveniri nisi monstra, petalas vero saepissime occurrere.* χ) *i. e. Acer Lin. Conf. lib. VI* §. 183. ψ) *Autor aut ad Scirporum aliarumque Cyperacearum bracteas saepius radiatim dispositas aut ad Equisetorum ramos respicere videtur.*

§. 106: 10 *L;* plurimarum *Reliq.*

§. 107: 1 *Om. ACP Edd.; V in marg. supplevit.* 2 *L;* multum *Reliq.;* — aut in plat. *V;* — et ficu *Z.* 3 parum *L.* 4 utrumque *V;* — medii *A;* — folia *L.* 5 tum *et in marg.* alias tamen *V.* 6 operatur *Edd.* 7 in situ spissus *C;* — est *om. CP Edd.*

§. 108: 1 est aut *Z,* aut *J.* 2 uve *Edd., quod correxit C.*

midum impellentis per venam rectam, quam per venam, quae divertit in angulum, et meatum habet anfractuosum.

109 Herbarum autem[1] folia frequentissime disponuntur sic, quod ex utraque parte stipitis hinc et inde unum contra unum egreditur omnino aequalis[2] quantitatis et dispositionis. Et folia illa sunt frequenter lata superius, et strictiora[3] inferius, sicut caulis et blitus[ω]) et plantago et hujusmodi. Et[4] hujus causa est abundantia humoris, et vicinitas[5] radicis humorem ministrantis. Et tunc in secundo anno, quando[6] in naturam oleris transeunt, folia multum contrahuntur; eo quod duriores efficiuntur, et stipitum[7] substantia ad se humorem trahit.

Ex his autem et hujusmodi potest natura foliorum sciri[8].

Capitulum III.

De spissitudine et tenuitate et latitudine et strictura foliorum[1].

110 Spissitudo autem et tenuitas foliorum, similiter autem[2] et latitudo et strictura eorundem in plantis invenitur.

Et spissitudo quidem ex altera duarum aut duabus simul fit causis. Aliquando enim fit[3] ex viscositate sola; et hoc frequentius in plantis invenitur, sicut in foliis olivae in arboribus, et in foliis saponariae[α]) in plantis, et in multis aliis, sicut est in planta, quae pervinca[4] sive sempervivа[β]) vocatur. Aliquando autem fit ex frigiditate complexionali, humorem comprimente, sicut est in ea, quae vocatur crassula[γ]), et in barba jovis, si tamen barba

ω) *Est* ***Beta vulgaris*** *Lin. Conf. lib. VI* §. 292. α) *Est* ***Saponaria officinalis*** *Lin.* β) ***Vinca minor*** *Lin.* γ) *Sunt* ***Sedum telephium*** *et* ***Sempervivum tectorum*** *Lin.*

§. 109: 1 *Om. L;* folia *om. CVEdd.* 2 qualis *L.* 3 stricta *V;* — *om. L* et blitus. 4 *Om. Edd.* 5 vicinitatis *L;* vic. et hum. rad. *Z;* vic. hum. rad. *J;* vic. rad. et humor est min. *P.* 6 *LV;* qui *BCZ;* quo *J;* que *correctum ex* qui *P;* eorum que *A.* 7 stipitis *A.* 8 scire nat. fol. *L.*

§. 110: 1 *V; om. L* foliorum; latit. fol. et struct. eorum *V ind.;* lat. fol. et strict. *Reliq.* 2 *L; om. Reliq.;* — inveniuntur *Z.* 3 *Om. L.* 4 periunca *CEdd.;* rūca *V;* — sive semper voc. *L;* — trassula *pro* crass. *V.*

jovis vere folia dicatur habere; sed de[5] hoc in sequentibus erit
discutiendum.

Latitudo autem foliorum generaliter in omnibus causatur ex 111
abundantia humoris aquei[1], qui facile dilatatur, et viscositatem
non habet. Cujus signum est, quod omnia fere talia folia insi-
pida in gustu inveniuntur, quando sunt arborum folia. In herbis
autem, sicut in lappa et nenufar, lata[2] quidem inveniuntur ex
loco humoroso, in quo tales herbae generantur. Strictura autem 112
foliorum ex siccitate et viscositate calidi humoris generaliter fit[1].
Propter quod talia folia acuuntur[2] in punctum ex parte supe-
riori, et adhaerent corpori plantae, sicut pili adhaerent animali-
bus, nisi spissitudo corticis impediat; sicut est in foliis abietis[3]
et pini et juniperi et aliarum plantarum multarum.

Quia autem complexio folii generaliter est ex humido aqueo 113
et terrestri faeculento, non bene digestis et non bene permixtis,
ideo, evaporato[1] humido aqueo per calidum aestatis, cito scin-
duntur folia, cum sol cancrum attigerit, aut etiam ante, quando
est in ultima parte geminorum[δ]). Et cum ceciderint, natant[2]
primo super aquam, propter multum aqueum humidum[3] aëri per-
mixtum, quod est in complexione eorum[4]; quod cum evaporaverit,
merguntur sub aqua, propter terrestre faeculentum[5], quod solum
remanet in ipsis. Signum autem hujus est, quod loca[1], ad quae 114
cadunt multa folia, sunt multorum vaporum[2], propter humidum
aqueum, quod continue evaporat ex ipsis; et quandoquidem sunt
viridia, propter praesentiam intrinseci[3] humoris sunt mollia;
quando autem evaporavit humor, sunt aspera comminuibilia, et
comminuta in pulverem decidentia[4].

Folia autem herbarum ut frequentius longa sunt, et folia ar- 115
borum brevia. Cujus causam jam superius[ε]) diximus esse vici-

δ) *i. e. in mensibus Julio vel Junio.* ε) §. 109.

§. 110: 5 *L; om. Reliq.*
§. 111: 1 aque *L, om.* dilatatur. 2 sata *C Edd.;* — in loco *V;* — tabes herbe *Z.*
§. 112: 1 hum. generatur *A;* hum. sic generare *L.* 2 accuuntur *V J.* 3 *Om. B Edd.;* — et piniti juniperii *V;* — multarum *om. L.*
§. 113: 1 epotato *Edd. L et P e rasura et V, qui in marg. addit* alias evaporato. 2 *Om. A.* 3 hum. aq. *om.* est *L.* 4 supernatant *addit A.* 5 fetulentum *V hic et ubique fere legit;* — in illis. *L.*
§. 114: 1 locum *L.* 2 foliorum *L.* 3 intrinsici *P.* 4 *C L V;* deceden. *Reliq.*

nitatem radicis et abundantiam humoris. Qui humor in oleribus et maxime in fruticibus[1] et arboribus ad stipitem et ramos attrahitur, quorum durities decursum[2] humoris aquei abundantis attrahi ad magnitudinis foliorum generationem non permittit.

116 Cum[1] autem in planta generaliter inveniantur quatuor aut quinque, — ut[2] in pluribus —, quae humorem plantae diversimodo participant: corpus videlicet plantae, quod est lignum aut herba; et cortex; et folium[3]; et fructus; et ut in pluribus flos: humor in his invenitur in cortice[4] magis ponticus aut ad amaritudinem declinans, propter terrestre faeculentum et grossum, aliquando[5] calore aëris et solis adustum; in corpore autem plantae magis constans et spissus et coagulabilis invenitur, propter naturale[6] calidum, quod commiscuit eum et terminavit, et calore hepsesis[7] inspissavit in naturalibus vasis plantae[ϛ]; sed in foliis invenitur magis incompletus humor[8] et indigestus; in fructibus autem maxime completus et ad determinatum saporem deductus; et in floribus plus est completus quam in foliis, et multo minus quam in fructu.

De foliorum igitur natura dictum sit hoc modo. In[9] sequentibus enim de causa casus foliorum inquisitio propria erit.

Capitulum IV.

De natura et generatione florum[1].

117 In plantis autem invenitur flos, qui est indicium fructus. Florum[2] autem generatio ut in pluribus est ex eadem substantia

ϛ) *De hepsesi agit Praelibandorum nostrorum particula VI.*

§. 115: 1 fructicib. *V;* fructibus arboris *P;* fructibus et arboris *Z;* frut. et arbustis *A.* 2 discursum *B Edd.;* aq. hum. *L.*

§. 116: 1 Causa *Z;* causae — inveniuntur *J.* 2 aut *L; om. P;* — quare humorem *J.* 3 *L;* folia *Reliq.* 4 *Om. B C P Edd.* in cort. 5 aliquantulum *A.* 6 *L V;* naturae *Reliq.* 7 opsesis *A;* — vasibus *vel* basibus *pro* vasis *L.* 8 incompetens *L;* — humor *L V, om. Reliq.* 9 et in *Edd.;* — causis *V;* — erit pr. inq. *L.*

§. 117: 1 De gener. et nat. fl. *A B;* — foliorum alias florum *V;* foliorum *L.* 2 horum *A.*

cum fructu; propter quod etiam[3] frequentius superiori parti fructus adhaeret flos, ut in arboribus. Aut etiam[4] in medio floris fructus formatur, sicut in oleribus et herbis. Et id, quod diximus de arboribus, quarum[5] fructui primitus formato flos adhaeret, apparet maxime in balaustiis malorum punicorum et in piris et in malis; sed non generaliter convenit, quia in omnibus fere fructibus ossa intus habentibus flos formatur circa fructum, et in medio floris formatur fructus, ut in prunis omnibus et acaciis η). Et hoc convenit[6] oleribus omnibus, ut papaveri, et herbis fere omnibus, quarum siliquae, in quibus semina formantur, de medio floris egrediuntur.

Ex his autem facile conjicitur[1], quoniam flos nascitur de 118
natura humoris subtilis aquei, bene cum[2] terrestri commixti. Et ideo in substantia flos, ut in pluribus, est[3] valde solidae et planae substantiae. Propter quod etiam mergitur in aqua, eo quod soliditas et compactio substantiae eorum[4] prohibet aërem ingredi in eam, et elevare eam super aquam.

Quod autem ad alium colorem quam ad viridem[1] mutantur 119
flores, contingit propter humidum diaphanum in ipsis, et terrestre bene digestum et permixtum cum illo. Omnes enim diversitates colorum[2] causantur ex diversa supernatatione terrestris vaporaliter expansi in[3] humidum, aut in fumo incenso aut claro aut magis terrestri combusto, sicut diximus in his, quae de sensibilium generatione ϑ) sunt dicta.

Florum ι) igitur substantia generaliter est facta ex humido 120

η) *Est* **Prunus spinosa** *Lin.* ϑ) De sensu et sensato lib. I tract. II — Qui est de sensibilium generatione. — cap 1—5, *ubi quidem de coloris natura agitur, sed, quod ad singula nihil invenitur. Infra vero in libri nostri cap.* 7 *praecipuorum colorum causae secundum hanc doctrinam exponuntur.*
ι) *Petr. in lib. II cap.* 6 (*Edd. lat. cap.* 5) *ad* §§. 90 — 97 *adjunxit* §§. 120, 121, 123, *dein lib. III* §. 12.

§. 117: 3 *L;* et *Reliq.;* — parte *A.* 4 *Om. L;* — floris fructus floris *B Edd. et V, qui expunxit* floris; — *om. P* fructus. 5 quorum *C L V Z;* — formata *P Z;* formatus *A B Edd.* 6 *L V,* contingit *Reliq*; oleribus *om. B C P Edd.;* omnibus *om. V;* alique *pro* siliq. *L;* siliqua *Z.*

§. 118: 1 concluditur *L;* quomodo *A B J.* 2 tamen *L Edd.* 3 *L P V; ad finem sententiae removerunt A B; om. C Edd.* 4 *L V; om Reliq.;* — eam *om. L.*

§ 119: viredinem *A Z.* 2 colore *L;* — natatione *A;* — vaporabiliter *Z.* 3 et *Edd.;* — fumo *et in marg.* alias humido *V.*

subtiliori, quod calore primo ebullit, et propter abundantiam aquei[1], quod est in ipso, dilatatur ad modum folii. Ideo tamen, quia humidum habet magis digestum, flos fere[2] universaliter est odoris boni; quod nullo modo esset, nisi humidum optime digestum et subtile haberet, sicut[3] et terrestre, quod est in ipso, subtilissimum est et valde commixtum cum humido. Cum[4] enim ex vapore terrestri ventoso sit creatio fructuum, est in ipso vapore subtilius aliquid et humidius et minoris etiam[5] terrestreitatis, quod non de facili constat[κ]) et inspissatur calido digestivo; et hoc, cum sit magis vaporabile quam residuum ejusdem[6], quod est in substantia plantae in loco gemmae, in quo erumpit fructus, primo calore statim erumpit et formatur in florem.

121 Propter quod adhaeret flori ros[λ]), qui mel producit et ceram. Et haec inveniuntur in interioribus florum in profundo, quia, cum natura format subtile humidum, quod passum est a subtili et bene commixto sicco, fluit ex ipso subtile et bene decoctum quoddam[1] humidum aqueum — per modum dulcis phlegmatis[2] in creatione humorum in animalibus — et hoc, collectum et fotum[3] apum opere, in mellis convertitur naturam. Signum autem ejus, quod dictum est, videtur[4], quod flores urticae mortuae, quando decerpuntur et suguntur ex parte illa[5], qua stipiti urticae adhaeserunt, humorem subtilem et dulcem emittunt.

122 Cera autem, quae est in inferioribus[1], est quasi purgamentum cholerae, quod distillat ab auribus animalium in purgatione cerebri animalium[μ]). Dum[2] enim formatur flos, id, quod habet terrestre, cum pingui facile inflammabili rejicitur, et ad modum farinae respergitur super interiora[3] floris, eo quod inflammabile in nullo naturali aut alkimico opere potest sustinere actionem

κ) *i. e.* solidescit. *Conf. indic.* λ) *De succo illo melleo, quem a nectariis secerni docuit Lin., agit autor. Et fieri potuit, ut locum Virgilii* mellea roscida *respiceret.* μ) *Conf. ind.*

§. 120: 1 *L V; om. Reliq. et Petr.;* — que *pro* quod *A B Edd. Petr.* 2 enim *A;* naturaliter *Petr.* 3 *Om. A.* 4 Est enim .... sic *Edd.* 5 *V in marg.; om. Reliq. et Petr.;* — terrestritas *Z.* 6 et *add. Edd.*

§. 121: 1 quemadmodum *P.* 2 flegmat. *Z*, phlegmatis *J*, fleumat. *Codd. ubique.* 3 focum *L Z;* factum *V;* — apum operire *Z.* 4 *Om. L;* esse vid. *V in marg. addit;* — decrepuntur *Edd.* 5 *Om. V;* — subtilem *om. Edd.;* — emittunt *om. L.*

§. 122: 1 floribus *L omisso* est. 2 cum *A.* 3 inferiora *B J;* indicia *A;* — alkymico *V.*

caloris naturalis terminantis et formantis[4] esse rerum. Ante enim incenditur et ad[5] croceitatem cholerae convertitur, quam formari possit. Videtur autem hujusmodi[6] formale croceum maxime in floribus papaveris et tiliae et miricae; est autem secundum plus et minus in omnibus, et adhaeret posterioribus cruribus apum, quando mella colligunt. Ex ipso[7] enim componunt casas ad mellis conservationem. Probatur autem hoc et[8] ex ipsa mellis natura. Antiquatum enim mel granulatur ad modum cerae, et amaritudinem aliquam[9] accipit cholerae, propter hoc [quod][10] ad naturam convertitur cerae, cum ex ipso evaporaverit subtile humidum aqueum dulce.

Ex omnibus autem his constat, quod florum substantia sit 123
ex subtili aqueo, commixto cum subtili terreo, quod subtilitate sua potius formabile est in figuram folii, quam in grossitiem fructuum. Et ideo primo calore veris flores erumpunt propter subtilitatem substantiae suae materialis, et facilius laeduntur a frigore quam folia vel fructus propter eandem causam, et sunt multum redolentes, propter subtile humidum, quod a sicco convenienter passum est, quod quasi spiritualiter jam[1] resolvitur in ipsorum substantia. Humidum autem[2] foliorum magis est grossae aquae[3] indigestae, et humidum fructuum in principio sui magis est stypticum et terrestre, indigens multa digestione; propter quod ultimo completur post folia et flores.

In folliculis autem et siliquis[ν]) flores formantur propter te- 124
neritudinem ipsorum[1]; aliter enim frequenter laederentur frigore. Et quidem siliqua substantialiter[2] formatur ex terrestri grosso, quod natura sagax in cooperturam determinat, sicut in superioribus dictum est: et hoc terrestre, quod est[3] siliqua, aliquando

ν) *i. e.* in calycibus.

§. 122: 4 et formam *Z*; formam et *J*. 5 Aut enim incenditur ad *L*; Ante . incendetur et ad *Reliq.*; — colere *L et V qui in marg. addit* alias colorem; colore *e rasura C*; colorem *Reliq.* 6 hujus *Edd.*; — *om. L* max. .... til. 7 *CLV*; ipsa *Reliq.* 8 *Om. A*; tamen hoc et *L.*; autem et hoc *Reliq.* 9 aliquod *Edd.* 10 quod *e conj. inserui, ne nexus verborum desit, quem A verbis et* propter hoc *consecutus esse falso sibi videbatur.*

§. 123: 1 ĩa = jam *L*; ita *et in marg.* al. jam *V*; ita *Reliq.* 2 et hum. autem *V et om.* autem *Petr.* 3 aqueo *ABJ*, *quare M. addiderat* substantiae.

§. 124: 1 propt. teneritatem ipsarum . . . sederentur frigore et siliqua quod subst. *L.* 2 similiter *V.* 3 ex *BCZ et P cui manus sec. addidit* est; — in florem *L Edd.*

in flore aperitur inferius ex parte cotyledonis, sicut in papavere, et tunc cadit aperto[4] flore[ξ]); aliquando autem aperitur ante, et tunc flos dilatatur super partes ipsius extensas, sicut super quibusdam sustentaculis[5], sicut in rosa et multis aliis floribus. Cujus causa esse videtur, quoniam in frigidis citius oppilatur porus siliquae, praecipue cum[6] multum nutrimentum trahitur ad fructuum formationem; et ideo inferius, quasi a nodo quodam abscisa[7], solvitur siliqua floris. Et talis est natura papaveris secundum omne genus suum. In aliis autem paulatim arescit non abscisa, eo quod non sic viscosam[8] et facile inspissabilem habent humiditatem.

125 Casus[1] autem florum fit eo, quod deficit materia[2] subtilis, quae est nutrimentum ipsorum. Convalescente enim calido, magis[3] terrestri substantiae commiscet humidum[o]); et hoc est, ex quo crescunt fructus: et ideo arescunt et cadunt, et tanto citius, quanto aër circumstans[4] fuerit calidior et siccior. Et hoc quilibet etiam in ipso visu experiri poterit. Rosae enim, si multo humido infundantur frigido, diutius permanent; et si exhibeantur solis fervori, citissime cadunt et arescunt.

126 Ex omnibus autem his, quae dicta sunt, patet, quod arbores illae, quae non florent[1], et tamen fructum producunt, sicut ficus[2], et quaedam mali[π]), carent floribus propter alteram duarum causarum, aut propter utramque simul. Aut enim[3] valde viscosam habent humiditatem, cujus partes sibi conjacent sicut ansis cathenarum colligatae, ita quod subtile aqueum non est resolubile a grosso humido et terrestri, quod est in ipsis, sicut est[4] in ficulnea: propter quod etiam fructus ejus dulcissimi sunt propter

ξ) *Calyces liberos polyphyllos multarum plantarum deflorentium deciduos, quin Papaveracearum florentium caducos esse, inter botanicarum rerum peritos constat. Mey.* o) *i. e.* calido accrescente commiscetur humidum cum substantia terrestri. π) *Varietas malorum* flore *i. e. corolla carens eaque rarissima hodie quoque **Pomonae** cultoribus est nota.*

§. 124: 4 cadit a parte florum *L;* — autem *om. Edd.;* — super res *L.* 5 sustentulis ... et in *L.* 6 si *e rasura P.* 7 abscissa *ABJ.* 8 -sum *V.*

§. 125: 1 Causa *CL;* causa autem casus *A;* — deficit natura *Edd.* 2 quam *addit L.* 3 subtrahunt florum *L;* subtrahuntur flori *A; om. BJ* et ... subst. 4 circumdans *Edd.;* — *om. A* et siccior.

§. 126: 1 flores *ACVEdd.;* — ficus *om. A.* 2 *Om. P et ad marg. supplevit man. sec.* unam alt. 3 *Om. BCEdd.* 4 *Om. PV.*

dulce humidum diu decoctum, quod totum[5] remanet in ipsis. Aut contingit[6] hoc propter raritatem substantiae arborum, per quam simul[7] elargatis poris fluit utrumque humidum; et ideo formatur in fructum sine flore, sicut contingit in quibusdam malis. Sed rarum est[8] hujusmodi genus arboris.

Arbores autem, quae[1] multum amarum habent succum cum 127
plurima terrestreitate, aut parvum[2] aut nullum habent florem, propter subtilis humidi defectum, sicut nuces. In talibus enim[3] purgatio fit per emissionem terrestris facculenti viridis[ϱ]) et post illud sine floribus formantur nuces. Avellanae tamen[4] parvulum et rubeum habent florem, qui a calore arboris adurente emittitur tempore magni frigoris sub aquario[5], et capricorno aliquando[σ]). Et fit ex aqueo incenso[6]; propter quod etiam tunc fit, cum arbor succum attraxit, et circumstans frigus calorem arboris[7] in interioribus multiplicavit. Propter[8] quod etiam ipse flos rubicundissimus et parvissimus est, eo quod formatus est de residuo incensi subtilis humidi.

Haec igitur de florum natura et generatione dicta sint[9].

Capitulum V.

De situ florum et odore ipsorum[1].

Situs autem florum[2], ut superius diximus, aliquando est ante 128
fructum, in principio fructus ex parte suprema ipsius; et iste

ϱ) *Flores femineas exiguas, non quidem viridulas Juglandis regiae Lin., sed rubore speciosas Coryli avellanae observavit autor, qui hoc loco prioris, in lib. VI* §. 150 *alterius arboris* purgamenta *i. e. amenta mascula descripsit.* σ) *i. e. in mense Februario, raro in Januario.*

§. 126: 5 hum. cui decoctum est totum quod *L.* 6 contingit *exhibet L post* arborum. 7 sit *L;* simile largatis *Edd.* 8 ejus *Z;* — hujus *Edd.;* hujusmodi secundum *AB.*
§. 127: 1 qui *P; om. Z, et scribentes* habentes *L V.* 2 *L;* parum *Reliq.* 3 *Om. P;* fit *om. L;* — fetulenti *pro* fecul. *V hic et saepius.* 4 autem *Edd.*; florem et cal. *L;* quia calore *CPVEdd.* 5 caprario *L;* — aliq. enim fit *V.* 6 extenso *Edd.*; intens. *V hic et infra.* 7 arboribus *A;* — in *om. L.* 8 formatum *L;* — incensum *Z.* 9 sunt *L.*
§. 128: 1 abie *pro* odore *BCZ;* odoris *L; om. A* et od. ips.; *V ind. vocem* florum *in fine posuit.* 2 foliorum *Z.*

modus in omnibus notis apud nos invenitur piris[3] et malis et malis granatis. Aliquando autem est post fructum subtus[4] ita quod formatio fructus fit[5] de medio floris τ), sicut in cinorum et prunorum floribus invenitur, similiter autem in herbis et oleribus multis, ut in papavere secundum totum genus suum et nenufar et aliis pluribus. Aliquando autem velut lanugo quaedam[6] crocea dependet ex loco fructus υ), sicut in multis, quae sunt de genere granorum, sicut in frumento et siligine et hujusmodi. Aliquando autem sicut pulvis croceus spargitur in loco formandi fructus, sicut in vite[7] et paucis aliis fructibus. Et isti sunt situs florum[8] vegetabilium notorum apud nos, in sexto et septimo climate inventorum.

129 Ratio autem eorum, quorum situs est in prima parte fructus φ), est[1], quod formatio florum est ex ipso eodem humido, ex quo formatur[2] fructus. Subtile namque ejusdem[3] humidi magis spirituale calore solis et arboris ad anteriora propellitur; et ideo in principio statim erumpit, connexum tamen cum hu-
130 mido, quod est materia fructus. In his autem, in quibus[1] flos formatur post fructus locum et sub ipso χ), impeditur a grosso terrestri, quod obcludit vias processus ejusdem ad anteriora fructus; quoniam tales plantae multos habent humorum modos, sicut patet[2] in effectibus eorum; quoniam ex quodam fit caro, et ex quodam[3] testa, et ex quodam nucleus. Multitudo enim et diversitas substantiarum, quae sunt circumstantes fructum, ostendit, in materia multam esse diversitatem humorum[4] materialium; et cum natura formans primum incipit separare humores illos, simul aliquamdiu stant grossiores quasi

τ) *Florem superum et inferum optime distinguit autor.* Principium fructus *ergo est pars supera, et* locus post fructum *indicat partem inferum vel potius receptaculum fructus.* υ) *Describuntur stamina Graminearum dependentia.* φ) *i. e. floris superi.* χ) *i. e. flos inferus.*

§. 128: 3 picis *C*; *om. VEdd.* et malis; — generatis *pro* granatis *Edd.* 4 *V*; Aliq. aut est post fructus sumptus *L*; Aliq. autem primus intus subtus *Reliq.* 5 sicut *add. Edd.* 6 *L*; *om. Reliq.*; — sicut ex mult. *L.* 7 vice *V*; vitibus *B.* 8 foliorum *Edd.*

§. 129: 1 *Om. L.* 2 *CVZ*; formatus *L*; formantur *Reliq.* 3 hujusmodi ejusd. — caloris *L.*

§. 130: 1 quibusdam *Z.* 2 apparet *Edd.* 3 quadam *V.* 4 humidorum *L.*

in globo uno, eo quod simul ex his natura operatur carnem et os[5] et nucleum. Et ex hoc contingit, quod id[6], quod est subtilius, in prima[7] separatione cedit ad inferius, et fit inde flos, in cujus medio totus formatur fructus, sicut in papavere et amigdalis et prunis omnibus et multis aliis plantis. In granis au- 131
tem[1] flos a loco formandi grani dependet quasi lanugo[ψ]), exspirans de illa materia humoris, ex quo generari debet granum. Et hujus causa est sicut in his, quae florem habent ante vel supra fructum. Ex ipso enim spirituali hic flos exspirat humido[2], et aërem tangens exsiccatur[3] sicut pilus in animalibus. Propter quod etiam[4] longitudinem quandam flos iste praetendit, eo quod talis figurae est ipse spiritus, qui exspirat ex humore grani, quod[5] formari debet.

Respersus autem flos ad modum pulveris[ω]) ex multitudine 132
est[1] humoris dispersi et distributi ad fructus formationem, in quo[2] vincit grossities et ponticitas multa. Propter quae[3] parum ex ipso exspirare potest, et non in loco uno, sed ubique, per omnia loca granorum. Et ideo parvitas ejus, quod exspirat, facit pulveris quantitatem et divaricatio[4] facit pulveris multitudinem. Et ideo dixerunt quidam Egyptii philosophi[5], quod non est flos, sed pulvis quidam non adhaerens viti in aliqua parte, sed tantum generatus ex humido exspirante[6] exsiccato; sicut etiam ros aliquando relinquit reliquias pulveris, cum evaporaverit ex ipso humidum, et remanenserit terrestre faeculentum. Sed hoc verum non esse, quilibet probare poterit per vitis, cum primo floret, inspectionem. Tunc enim invenit[7], adhaerere granulis pulverem illum per cotyledones parvulos[α]), et granum botri,

ψ) *Sunt stamina.* ω) *i. e. flos staminiferus.* α) *Non est cur dubitemus*, cotyledonibus parvulis *significari et in ultima* §. 132 *et in prima* § 133 *sententia staminum filamenta. Quae cum ita sint; non pos-*

§. 130: 5 *Om. Edd.* et os. 6 *Om. L.* 7 *L V*; propria *Reliq.*

§. 131: 1 aut *Z.* 2 humido hic fl. exsp. *B.* 3 *L V*; exudatur *Z*; exsudatur *CPJ*; exsudat *B.* 4 in *Z*; in .... protenditur *J.* 5 qui *L.*

§. 132: 1 *A P*; *om. Reliq.*; — humoris ad mod. pulveris dispersi *etc. L invertens ordinem.* 2 qua *C P Edd. et V, qui in marg.* alias quo. 3 quod *L*; — in loco grano *A.* 4 *L P V*; ditiñatō *C*; *om. A B Edd.* quant. .... mult., *servantes A* quantit., *Reliq.* multitudinem. 5 phisici *A.* 6 *L*; inspir. *Reliq.*; — sic. enim *Edd.* 7 inveniet *A B*; *in cod. P vox* invenit *correctione quadam corrupta est.*

quod uva vocatur, ex medio ipsius formari, sicut formatur amig-
133 dalus vel alius fructus, qui florem habet sub fructu. Est tamen non praetereundum hic[1], quod omnis fere flos, cujuscunque sit plantae, in medio sui[2] hujusmodi habet granulorum congeriem per parvulos cotyledones fundo floris infixam[α]). Et haec congeries in quibusdam floribus est multa, aliquando autem est[2] pauca: et ideo forte[3] praedicti philosophi Egyptii vitem scripserunt non habere florem, quia non habet specialem figuram floris, sed tantum granulosam illam congeriem, quae fere in omni flore invenitur, sicut patet in medio rosae et lilii et omnibus floribus. Et forte causa hujus est multus humor vitis[4] grossus per vacuitatem ligni ascendens, qui[5] subtiliari non poterit, nisi per longam et magnam caloris decoctionem. Propter quod nihil separatur in florem distinctum, sed granulositas quasi[6] incensi cholerici humoris invenitur, quae fere omni flori est communis, sicut superius est manifestatum[7].

134 Aromaticitas[1] autem florum ostendit ea, quae dicta sunt. Spirituale enim[2] humidum quasi semper evaporat; et cum sit subtile et bene completum calido, et quasi ad fumum redactum, erit aromaticum, delectabilem habens odorem, licet haec delectatio non conveniat nisi soli homini, sicut ostensum est in libro de sensu et sensibili[β]). Et haec est causa, quare etiam venenosa[3] fugere dicuntur odores florum quorundam, sicut vitis et olivae. Quod contingit ideo, quia[4] talia animalia ut frequenter frigida sunt et palustria, habentia vapores grossos sibi connaturales; odores autem hujusmodi plantarum aromatici et subtiles

sumus, quin priore loco pulverem *antherarum pollinem*, granula *vero primordia vel germina uvarum judicemus, quas dein* grana botri *vocat autor. Nec obstat quod altero loco antherae, quae staminibus insidentes granulorum vel globulorum speciem habent, eodem* granulorum *nomine designentur.*

β) Tract. II cap. 12 et 13.

§. 133: 1 hoc *AB*; hic non praet. hic *Z.* $\frac{2}{2}$ *Om. L.* 3 forma *Z.* 4 nicis *V*; — per vicinitatem ascendit *L.* 5 quod *CPV Edd.*; — long. magnamque *V.* 6 quedam *B Edd.*; — invenitur *om. L*; inv. hum. *V.* 7 manifestum *Edd.*

§. 134: 1 Aromaticas *L.* 2 autem *Edd.*; — humid. quia *L*; — vaporat *CPV.* 3 etiam in ven. *Z*; etiam animalia ven. *J*; ven. suggrediuntur (!) odor. *L.* 4 quod *Edd.*

et calidi sunt, et ideo venenosorum[5] sunt, corruptivi propter quod fugantur ab eisdem.

Haec igitur de situ et odore florum in communi dicta sufficiant[6].

Capitulum VI.

De figura florum in genere.

Figura autem florum diversa est quidem[1] valde in specie et 135
numero, sed tamen in communi, ut quidam sapientium tradiderunt, triplicem habet differentiam. Aut enim praetendit[2] obscuram quandam convenientiam cum avis[3] figura, sicut flos oleris, qui vocatur aquilea[γ]) eo quod quatuor aquilas flos ejus figurare videtur. Aliquid autem simile hujus habet flos urticae mortuae et violae, nisi quod alas avis non ita exprimit sicut aquilea. Aut praetendit figuram campanae sive[4] pyramidis, sicut ligustrum[δ]) et flos enulae campanae[ε]) et multorum aliorum vegetabilium. Aut etiam praetendit figuram radiorum stellae, sicut rosa; et haec figura omnibus quidem[5] communior in vegetabilibus invenitur. Sunt autem quidam flores aliquid convenientiae tam cum

γ) *Aquilegiam vulgarem Lin. facile agnoscimus, licet ei numerus quaternarius pro quinario adscribatur. Errare autem eos, qui hodie nomen plantae ab urbe Aquilegia deductum perhibent, et Alberti verbis et voce ipsa edocti scimus. Scribunt enim ubique Codd. omnes* aquilea, *nisi quod B V in lib. III* §. 36 *legant* aquileia, *cum et B utroque* §. *hujus loco eandem et P in illo loco lectionem* aquilie e *in* aquilec *correxerint. Nec tamen Albertum verum dixisse crediderim, vocem ab* aquila *deducentem, quae, si quid video, e voce germanica* Akelci, *i. e. hamulus vel aculeus, orta est, qua de re conf.* Kosegarten, Wörterbuch der niederdeutschen Sprache. Greifswald 1859, pag. 170. δ) *Convolvulum sepium Lin. esse, jam apud Virgilium hoc nomine occurrentem, docuit Bodaeus a Stapel ad Theophrasti hist. plant. pag.* 63, *et longe antea Simon Januensis sub voce* Ligustrum. ε) *Inula Helenium Lin., de qua conf. lib. VI*§. 332.

§. 134: 5 venenorum *L*; *om. Edd.* sunt .. ven.; — corumptivi *P*; — fugiuntur *L et e correct. V*; fuguntur *CZ.* 6 *L*; sint *CV*; sunt *Reliq.*

§. 135: 1 tamen *P*; quidem cum *Z*; quidem est valde est *L.* 2 precedit *L.* 3 ejus *L*; — oleris quod *BP.* 4 aut *A*; — multar. aliar. *ACP Edd.*; musicorum alior. *L.* 5 *AJ*; quibus *CZ*; *expunxit V*; *om. L et legens* communibus *B.*

campana quam cum stella habentes, sicut flos lilii et nigellae ζ) et balaustiae et plures alii. Et causas harum figurarum non oportet praeterire.

136 Sciendum igitur, quod [1] materia floris in communi tres habet diversitates. Licet enim universaliter subtilis sit, tamen quaedam est magis viscosa in genere suo, et quaedam minus et quaedam medio modo se habens. Est illa quidem, quae magis viscosa est, calore solis evocante eam, producitur in longius, et cohaeret sibi in circuitu; et quando in partibus non est aequalis viscositatis, efficitur anfractuosa [2] oblonga, et forte separantur ex ea quaedam sursum ut alae quaedam, vel [3] cauda avis, vel sicut utrumque illorum, et in parte illa, quae magis est viscosa, acuitur ut rostrum avis, et forte curvatur per calidum exsiccans et nimis extrahens [4] humidum: et tunc praetendit quandam avis
137 figuram. Si autem sit aequaliter subtilis, perparvam [1] aut nullam habens viscositatem sensibilem, undique per circuitum evocatur aequaliter, et statim aperitur et dilatatur: et tunc praetendit [2] radios ex uno puncto corporis lucidi egredientes. Si vero sit [3] undique aequalis viscositatis, evocabitur a sole in figuram campanae. Et si [4] sit medium habens humorem inter haec, in inferioribus praetendit campanae figuram, ubi humor magis sibi cohaeret [5]; et in superioribus, ubi magis dissoluta est viscositas, divaricabitur sicut radius stellarum.

138 Protagoras tamen et sui [1] sequaces stellas terrae flores esse dixerunt, asserentes, omnem stellam convenientiam habere cum flore aliquo, sicut parentem [2] cum prole. Dixerunt enim, omnem florem pyramidaliter ad stellae tendere figuram; et ex [3] materia quidem habere constrictionem et coarctationem ad punctum unum, sicut habet pyramis, ex virtute autem [4] coelesti dilatationem similem radiationi corporis luminosi, quod stellam vocaverunt. Omnia enim [5], ut inquiunt, moventur, ut divino et coelesti simile

ζ) *Agrostemma Githago Lin.* *Conf. lib. VI* §. 396.

§. 136: 1 cum *V.* 2 amfractuosa *C L V*; — oblongna *V*, olero longa *L*; — ab ea *V.* 3 *L*; *om. A*; ut *Reliq.* 4 trahens *Edd.*

§. 137: 1 *L*; parv. *Reliq.* 2 precedit *L*; — corp. nitidi *P.* 3 fit *Z*; — evocatur *L.* 4 sic *Z*; — habens *om. L*; — inter hoc *V*; — poscere debet *pro* praetendit *Edd.* 5 ubi (*vel* nisi) magis humidi coh. *L.*

§. 138: 1 si *L.* 2 parentes *L.* 3 est *V.* 4 enim *L*; — radiationem *L Z.* 5 *Om. Edd.*; — participant *L V.*

aliquid participent. Et cum terra percipere[6] hoc secundum se non possit, studet hoc acquirere in suis generatis; et ideo, sicut ea sursum versus coelum porrigit, ita etiam coelestem in eis figuram, quantum possibile est sibi, imitatur. Hujus autem signum 139
dixit esse Protagoras, quia flores clauduntur nocte, cum subtrahitur lux, et aperiuntur die ad ejusdem praesentiam[1] solis. Hujus autem causam nullam aliam esse volebat, nisi quod natura florum gaudet convenienti, et exsultat et se aperit ad illius perceptionem, et tristatur contrario, et claudit et contrahit se in praesentia contrarii. Motum enim contractionis et dilatationis, et sensum convenientis et contrarii dixit inesse vegetabilibus, et maxime[2] floribus, in quibus dilatatio et contractio sensibiliter apprehenduntur. Quod autem vegetabilia sensum non habeant, neque motum, jam satis in praehibitis declaratum[3] est. Dicemus igitur, hujusmodi[4] dilatationis et constrictionis et contractionis non esse causam sensum vel motum aliquem animalem. Sed potius sole praesente multiplicatur calor, et[5] in spiritum diffunditur humidum, quod est in substantia florum, et, quaerens majorem locum, dilatatur sole praesente; frigore autem noctis per contrarium inspissatur et comprimitur[6], et ideo in se ipsis contrahuntur et clauduntur.

Latere autem non oportet, quod omni floris figurae, ut in 140
pluribus, accidit concavitas[1]. Concavus enim invenitur[2] omnis flos notus apud nos. Et illius causa pro certo est, quod humidum subtile[3] spirituale, quod est materia florum, vaporat facillime, et ventus generatus in ipso concavum facit florem — viscositate humoris se continente[4] circa ventum in interioribus sui generatum —, et hoc vento phlegmaticum dulce et[5] incensum cholericum ad interiora floris deducitur, et in concavitatibus ipsius floris colligitur ab apibus et aliis parvis animalibus.

§. 138: 6 *Quum et praecedat* participent, *et voce* percipere *plerumque pro* animo percipere *utatur autor, fortasse Meyer recte* participere *proposuit.*

§. 139: 1 *L*; *om. Reliq.* et aper. ... praes.; — *om. L* aliam. 2 in *addit A*; — deprehend. *V*. 3 determinatum *L*. 4 hujus *Edd.* 5 sed *A*; — in ipsum *L*; — qui *A P Edd.* 6 opprim. *B P Edd.*; — contrahunt *L*.

§. 140: 1 *Om. A.* 2 Concavitas en. inungitur *Z*. 3 *A addit* et. 4 optinenti *L*; — contra vent. *V e corr.* 5 dulcet et *P*; *om. A* hoc .. dulce et; — ad interius fl. reducitur *L*.

Haec igitur in communi de figura florum sit dicta a nobis, quoniam ex his et aliae figurae facile poterunt adverti.

Capitulum VII.

De coloribus florum communibus.

141 De coloribus autem florum difficile non est disputare secundum praedicta. Duo enim colores apud nos in floribus, aut raro aut nunquam inveniuntur, viridis videlicet et[1] niger. Et viridis quidem nunquam inventus est in aliquo flore η), eo quod ille causatur[2] ex grosso humore aqueo indigesto, supernatante terrestri faeculento; qui humor nunquam est materia florum, sicut patet ex[3] antehabitis. Niger autem in partibus aliquorum florum aliquando invenitur, sicut in inferiori parte papaveris, nigri aliquando, cum tamen frequentius rubea sint vel[4] rufa. Sed fere omnes alii colores expressissime inveniuntur in floribus, praecipue tamen[5] quinque communius in floribus videntur; albus videlicet et croceus ϑ) et rubeus et iacinctinus ι) et purpureus.

142 Albus autem causatur ex luminoso aqueo humido, cui nihil terrestreitatis supernatat, sed terrestre, quod est in ipso, tantum est ad terminationem multi humidi perspicui, quod est in substantia ipsius: propter quod albus[1] remanet, lucentis albedinis.

143 Croceus ϑ) autem causatur ex humido terminato lucido, cui supernatat fumus sive terrestris substantia fumosa[1], non incensa

η) *Probe tenendum est, calycem secundum Albertum non esse floris partem. Corollam viridem rarissime, penitus nigram vix unquam occurrere, notum est.* ϑ) *Meyer e conj. pro lectione* cerulius *L vel* ceruleus *Reliq., quam aperte falsam demonstrat auri exemplum mox allatum. Colorem luteum Albertus in ceteris operibus fere ubique* croceum *dicit.* ι) *Ita more temporum pro* hyacintinus, *quod scribunt Edd., dictus est color, qui vulgo* caeruleus. *Hunc ipse Albertus infra et Boraginis et Cichorii floribus tribuit, ubi eundem colorem etiam* azurinum *dicit.*

§. 141: 1 aut *A*; — quod *pro* quidem *L Edd.* 2 tangatur *L*; — digesto *B.* 3 in *L.* 4 ut *L.* 5 *Om. P*; quinque *om. L.*

§. 142: 1 album *L Edd.*

§. 143: 1 famosa *L*; — multa *B*; — auri speciem *Edd.*

quidem, sed multum decocta: et ideo accedit ad auri splendorem. Ex hoc autem [2] cognoscitur, in hoc flore duplicem esse substantiam, terrestrem et simplicem aqueam. Una quidem terrestris est terminans aqueam [3] perspicuam; altera autem est amplius calefacta, non tamen incensa, et supernatat in superficie et lucet per eam perspicuum terminatum, sicut argentum lucet per vaporem subtilem [4] sulphureum. Flos autem albus duarum est substantiarum, aqueae videlicet perspicuae et terreae [5] subtilis bene digestae, quae terminat aqueam, ne sit transparens.

Color autem iacinctinus [a]) causatur ex compositione trium 144
substantiarum. Quarum [1] una est aquea lucida; et altera subtilis terrea, terminans aqueam: et tertia est terrea, quasi cinerea [2] adusta subtilis et tenuis, dictis duabus substantiis supernatans, quae radios inferioris per ipsam lucentis obscurat: et ideo iacinctinus in eis color resultat.

Rubeus similiter ex tribus [1] causatur substantiis, ex aquea 145
videlicet lucida, et terrea subtiliter cum [2] illa commixta, et ex incensa fumosa supernatante duabus dictis, in quam offendens lumen inferiorum substantiarum ad ruborem convertitur [3]. Rubeus [4] autem plures habet differentias secundum intensionem et remissionem et spissitudinem et tenuitatem [5] substantiae humidae fumosae supernatantis. Et hoc apparet in rosa, quae, cum applicatur super fumum sulphuris, in modico tempore convertitur ad albedinem, eo quod vapor sulphuris educit fumosam substantiam, quae natat in rosae superficie: et tunc resultat albedo in rosa ex duabus inferioribus substantiis, quae sunt in compositione rosae. Aliquando autem rubor [1] in nigrorem quaendam 146
convertitur, ex una duarum causarum. Aliquando enim [2] substantia natans in superficie in se ipsam frigore comprimente convertitur et inspissatur, et tunc quasi in toto facit occumbere lumen inferioris perspicui terminati; et ideo apparet nigredo,

§. 143: 2 etiam *L.* 3 *Om. A lacuna relicta* Una .... aequeam. 4 sbālē = substantialem *V.* 5 aque ... terre *L.*
§. 144: 1 subst. aquarum *Z.* 2 et *add. V*; — superenatans *CPVZ*; — inferiores *L.*
§. 145: 1 rubiis *L scripsisse videtur*; — est *pro* caus. *A.* 2 tamen *Edd.*; — duobus *L.* 3 *L V*; convertit *Reliq.* 4 Rubicundus *Edd.*; Rubeus igitur *L.* 5 *Om. Edd.* et spiss. et ten.; — superenat. *Z*
§. 146: 1 *L*; *om. Reliq*; — nigriorem *Z*; vigorem *L*; — convertit quandam *V*; — convertit *C.* 2 autem *ACPZ*; *om. L.*

quae est privatio albedinis lucentis in corpore terminato, et ideo rosae decerptae[3] diu servatae nigrae efficiuntur. Et simile huic accidit in corpore hominis infrigidati vel mortui, qui ad nigredinem convertitur. Aliquando autem contingit ex abundantia pinguis nutrimenti, ex quo crassatur[4] substantia supernatans, et obumbrat lucidam in fundo radiantem[5]. Et hujus signum est, quod rosae multum fimatae[6] humido et pingui stercore nigrorem habent pro rubore, et spissiora producunt folia.

147 Purpureus autem color causatur quasi ex tribus substantiis. Quarum duae primae sunt, quae omnibus sunt communes, de quibus saepe jam[1] diximus; tertia autem terrestris est fumosa, — adusto et obscuro fumo, non tamen fuliginoso, superenatante. Et ideo quasi mediat inter rubeum et nigrum, plus habens de rubeo, quam de[2] nigro.

148 Licet autem talis substantiarum diversitas sit in floribus[1] omnibus, tamen per sublimationem et distillationem non educitur ex eis, nisi substantia aquea perlucida et valde clara[2]. Illa enim, quae supernatat, aduritur tota; et ea terrestris, quae terminat aqueam, residet in fundo, ad modum faecis descendens, cum separatur ab aquea[3]. Virtus tamen remanet in aqua, quae distillat[4], sicut in omni eo, quod originem ducit ex aliquo, remanet virtus ipsius.

Haec igitur de floribus in communi dicta sufficiant. Explicit liber secundus de vegetabilibus[5].

§. 146: 3 *L*; decrepite *Reliq.* 4 nutr., excrassatur subst. superenat. *Z*; — super substantia enatans *L.* 5 radicem *A*; — Et *om. Edd.* 6 *AB*; fumate *Reliq.*

§. 147: 1 *Om. L*; et *pro* est *B Edd.* 2 *Om. V.*

§. 148: 1 in inferioribus *L.* 2 elata *L.* 3 *Om. L* ab aq.; non *pro* tamen *Edd.*, *quare J om.* Virtus. 4 destillatur *P man. sec.*; — deducit *L.* 5 *V*; *om. Reliq.* de veg.

Incipit

Liber Tertius

De Vegetabilibus,

qui totus est digressio;

in quo terminatur:

De fructibus et seminibus et saporibus[1].

Tractatus I.

De fructibus et seminibus.

Capitulum I.

De intentione nominis[2] fructus et diversitate fructuum in genere.

De fructibus autem et saporibus fructuum tractaturi dein- 1
ceps aliud[3] ordiemur libri principium, propter speciales causas diversitatis, quae aliis partibus plantae non conveniunt. Fo-

§. 1: 1 *Titulus hujus aeque ac prioris libri in omnibus codicibus incompletus est. Quae cum ita sint, certo dejudicari nequit, utrum Alb. titulum tractatus oblitus sit, an tractatui uni neque vero libro argumentum adscripserit. V solus post digressio inseruit* Tractatus I in quo determ. de fruct. et sem.; *omittens verba* et sapor.; *cum Reliq. verbis* Tract. I *omissis, argumentum totum libri argumentum reddant. Ipse vero non dubitavi, secundum V tractatus argumentum efficere, secundum Reliq. argumentum libri recipere; cum Alb. ipse primis cap. I verbis tale libri argumentum significet. Jammy simili modo ex ultimis tractatus verbis suppleverat hoc argumentum:* Tract. I De dispositione fructuum et seminum secundum naturam. *Praebent porro:* Vegetabilium *Codd. et Edd.* — Inc. 3us tractatus (*lacuna*) et est de fr. et sem. et sap. earundem *V ind.*; — in qua tractatur de fr. et sem. et floribus et sap. *L.* — *addunt* sap. eorum *B*, eorundem *ACEdd.* 2 et *add. L*; *om. P* et ..... gen. 3 alia *BCZ*; — ordiemur *V*; ordiamur *A*; ordinemur *CLZ*; ordinemus *PJ.*

lium[4] enim et flos magis adhaerentia sunt corporibus plantarum, propter quod etiam non separantur a planta, nisi corrupta. Fructus autem, licet in planta completionem accipiat, tamen separatur incorruptus, et non agit[5] operationem suam, nisi postquam a planta separatus est, aliquid habens simile ovis animalium ovantium, quae licet intra animal compleantur[6], tamen ex ipsis non producitur animal, nisi postquam ab animalibus separata sunt. Propter quod etiam de fructibus et dispositione fructuum et saporibus eorum[7] et odoribus oportet hic specialem inducere librum.

2 Primum igitur de fructibus est sciendum, quod nomen fructus plus[1] convenit artis intentioni quam naturae. Fructus enim est[2] illud, quo fruitur agricola post laborem agriculturae, et[3] finis laboris et operis ejus. Secundum autem intentionem naturae semen vocatur, in quo natura intendit conservare et multiplicare speciem, propter potentiam generationis completam, quam ponit in ipso. Propter quod etiam fructus inutiles dicuntur acerbi vel[4] venenosi ad manducandum, cum tamen non sint
3 inutiles[5] ad speciei conservationem vel multiplicationem. Dixit tamen non inconvenienter[1] Hesiodus[x]), quod omne semen plantae fructus est secundum benignam Jovis ordinationem. Cum[λ]) enim opera elementorum mirabilis sint[2] virtutis in commixtis et complexionatis, ut dicit Alexander[x]), non possunt haec mirabilia perficere, nisi multis gradibus mixtionum distent a simplicitate prima[3] sua. Propter quod vegetabilium mixtio, ut dicit Hesiodus, elementalis est ad animalium mixtionem; et elementa, quae virtutes quasdam habent[4] in vegetabilibus et debiles et paucas,

x) *Neque inter Hesiodi reliquias neque in variis Alexandri Aphrodisiensis in Aristotelem commentariis reperi, quae hic ab eis repetit Albertus. Sed ab illo ad Albertum nostrum locos quosdam Hesiodi pervenisse autumo. Mey.*
λ) *Intellige* quamvis.

§. 1: 4 folia *B.* 5 *Om. L.* 6 complantatur *Z*; complantantur *J.* 7 earum *L*; fruct. et eorum odor. *om. intermediis A.*

§. 2: 1 potius *L*; — artis *om. A.* 2 quia fructus est *A*; — id *pro* est illud *L.* 3 est *addunt ABJ*; et sinu (!) lab. *L.* 4 et *BJ.* 5 *J*; fiunt inutiles *P*; sint utilia *Z*; sunt utilia *V*; sunt inutilia *AL*; tamen sint utiles *B*; cum sint non sint utilia *C.*

§. 3: 1 dixit enim non convenienter *A*; — Ysiodus *L*; Esyodus *Reliq.*; *quod nomen in autographo Alberti non inveni.* 2 sunt *V.* 3 *L*; propria *Reliq.* 4 dicunt *CEdd.*; dant *B.*

majores et efficaciores habent[5], quando per cibum digesta et decocta fuerint in corporibus animalium; et haec iterum plures accipiunt, cum alterata fuerint ad hominum corpora. Et fit[1] modo 4
mirabili, ut elementum, quod parvae virtutis est in se, pluris sit virtutis in commixtione[2] prima, et iterum majoris in secunda, et maxime in ultima, propter diversas[3] virtutes coelestium et animalium, quas assumit in qualibet alteratione. Ex his enim fit, quod ignis commixtus acutior est igne simplici et spiritualior, sicut patet in erysipila[4], quae est de cholera incensa, quae vix aut nunquam extingui potest, cum tamen ignis simplex[5] facile extinguatur. Similiter[6] est de aëre, qui, digestus et alteratus in animali, vehiculum vitae efficitur, quod non potest perficere simplex aër et non digestus. Similiter autem est[7] de aqua, quae, humore digesto, est principium vitae; et terra, quae efficitur substantia vitam participans. In tantum autem nobilitari asserunt praedicti viri, sequentes antiquum Protagoram, virtutes elementorum, quod etiam animas nihil aliud[8] esse dicunt nisi virtutes, quae sunt harmoniam mixtionis elementorum sequentes; ita quod etiam ipsum intellectum possibilem relinqui dicunt ex elementorum[9] harmonia. De hoc autem errore satis disputavimus in primo de anima[μ]). Sed hoc[1] ad praesens sufficit, quod philo- 5
sophi praememorati[2] secundum universalis naturae[3] ordinationem volunt, omne semen vegetabilium esse fructum, quo frui convenit animalia; et[4], quod venenosum vel inconveniens est uni, conveniens et non nocivum est alteri, sicut iusquiamus[ν]), qui cibus est passeris, licet inconveniens valde sit homini. Dicunt enim hi, creari[5] vegetabilia non propter se, sed propter ani-

μ) Lib. I tract. II cap. 2, *ubi jure Empedoclem autorem laudavit, nec Protagoram*, et cap. 8—13. ν) *i. e. Hyoscyamus Lin.*

§. 3: 5 haberi *L*; — et hoc *PVEdd.*

§. 4: 1 sit *C*; sic *APV*; sicut *L*; — hoc *add. Edd.*; — prave virtutis *Edd.* 2 mixt. *CV.* 3 duas *Edd.*; — virtutes corporum *addidit man. sec. P.* 4 erisipila *Codd.*; herisipila *Edd.*; — intensa *V.* 5 simpliciter *V.* 6 autem *add. A.* 7 *Om. L.* 8 *Om. A*; — harmonia *L.* 9 *L*; *om. Reliq.*; — in tertio de anima *L.*

§. 5: 1 *LV*; secundum quod *CZ*; sed quod *Reliq.*, *quare AJ post* sufficit *inseruerunt* est. 2 memorati *BEdd.*; premem. phil. *L.* 3 intentionem *addit L*; — fieri *L pro* frui. 4 *LJ*; ut *A*; vel *Reliq.*; vel que *Z*; — vel *pro* uni *L.* 5 hunc *L*; creari *inserui e conj. pro* causari, *quae voculae saepissime commutantur.*

malia, eo quod animalia fieri non possunt ex prima mixtione elementorum; ignobiliaque[6] animalia creari perhibent propter nobilia, omnia[7] autem nobilia propter hominem. Sive[8] autem hoc verum sit sive non secundum ordinationem naturae universalis, tamen scimus particularem intentionem, quae individuis generatorum affixa est, non hoc intendere[9], sed per semina intendit multiplicare et conservare se ipsam. Et quoad hoc alia est intentio seminis, et alia intentio fructus, quemadmodum superius dictum est.

6 Est autem multiplex fructuum diversitas. Quidam enim fructus maxime[1] sunt semina, nihil aliud habentia admixtum, nisi solam et simplicem seminum substantiam, licet in siliquis et pelliculis quibusdam semina sint involuta. Quidam autem fructus vocantur semina ipsa, in aliis quibusdam substantiis involuta[ξ]).

7 Et hac[1] ipsae substantiae, quibus involvuntur, multiplices sunt. Quoniam quaedam extra siliquam, in qua sunt semina, habent carnem, sicut poma omnia, quae mala dicuntur vel pira, aut etiam citonia[o]), in quibus omnibus siliqua interius est dura[2], per quinque ut in pluribus cameras divisa, et in qualibet camera grana aliquot seminum continens; extra autem habet[3] carnem saporosam multum illi siliquae circumpositam. Aliae autem plantae habent semen in osse testeo, et huic testae circumponitur caro extra, quae aliquando mollescit maturato semine, sicut in omnibus cinis et[4] prunis et cerasis; aliquando autem dure-
8 scit et arescit[5], sicut in nucibus et amigdalis. Aliquae autem habent semen in simplici testa et nuda[1], quae, quanto plus semen tendit ad maturitatem, tanto plus testa durescit. Aliae[2]

ξ) *i. e.* nonnunquam semina una cum substantiis ea involventibus dicuntur fructus. o) *Sunt* mala cydonia.

§. 5: 6 ignob. autem *L V*; ign. quae *Z*; element. ignobili. Que animalia causari, *adjecto dubitandi signo*, *A*. 7 *Om.* *L*; omn. enim *A Z*; — nobil. sunt pr. *A*. 8 Si *Edd.* 9 attendere *A*.

§. 6: 1 *E conj.*; mox *Codd. et Edd.*; — fiunt *L*; — nihil aliud *V*; nec aliquid *L*; vel *A*; nihil *Reliq.*

§. 7: 1 hec *Z*. 2 divisa *B*. 3 *L P Z*; habent *Reliq.* 4 *Om.* *P*; prunis *in marg. supplens.* 5 amarescit *B e correct.*

§. 8: 1 in testa nuda, *om. intermediis A*. 2 Alia *Z*; — semina testa *add. C B P Z*, *quod expunxit V*.

autem semina sua proferunt in testis quibusdam, quae maturato
semine arescunt et aperiuntur — et impetu ventositatis ejicitur
granum —; aut etiam ariditate scinduntur — et solvitur a sili-
qua —, sicut genera[3] leguminum omnia, ut cicer faba faseolus[π])
pisa et lens. Sed et cassia fistula et pyonia[ρ]), et mala punica
in arboribus his sunt similia. Aliae autem plantae sine sili- 9
qua[1], in simplici pellicula grani, nuda proferunt grana, in culmis
infixa[2], sicut carduorum genera, et multarum herbarum genera[σ]),
quae vocantur endiviae[τ]) apud quosdam, sicut rostrum porcinum
et id, quod vocatur cauda porcina; et porri sunt de genere illo,
quia, licet primum contineantur in siliqua quadam, tamen post-
quam maturantur, stant culmo affixa. Simul et[3] de hoc genere
est petrosilinum et feniculum et anisum et siler montanum et
aliae[4] huiusmodi.

Et istae generales sunt diversitates, inventae in fructibus et seminibus fructuum.

π) *De his leguminum generibus conf. lib. VI* §§. 337—341. ρ) Est *Paeonia Lin.* σ) *Fructus Compositarum et Umbelliferarum, quarum exempla hic commemorantur, non Alb. solum sed vel Linnaeus seminibus adnumeravit, quod pericarpio tenui sicco arte cinguntur. Porrorum vero, quae sunt Allium porrum Lin. et consimiles species non est eadem dispositio, cum florum fructiferorum capituli in spatha quidem, quam* siliquam *vocat autor, primo sint inclusi et cauli affixi, fructus vero dehiscant semina plura emittentes.* τ) *De speciebus* endiviae *conf.* lib. VI §. 331.

§. 8: 3 grana *Edd.*

§. 9: 1 aliqua *V*; et *pro* in *P*; — proferent *L*. 2 affixa *BJ*; — sicut cardiorum *CPVEdd.*; — harum *pro* herbarum *A*; portinum *pro* porcin. *V*. 3 etiam *ABP*. 4 alia *L*.

Capitulum II.

De causa diversitatis fructuum et seminum quoad humores, qui sunt in ipsis et in circumstantibus ea[1].

10 Harum[2] autem omnium diversitatum causae multae sunt valde. Sed per aperta et magna nota nobis[3] ratiocinabimur, parvas et occultas dispositiones seminum similes esse[4] magnis et manifestis. Dicamus igitur, omnia semina et fructus plantarum non compleri nisi[5] digestione, quae pepansis[υ]) vocatur.

11 Quaecunque[1] autem ipsorum circumpositam siliquae suae habent carnem, absque dubio non complentur, nisi sint digesta et decocta circumfuso sibi tali humido, quod est in carne circumposita siliquae. Et ejus opus non est ad aliud; quoniam[2], cum cadunt, putrescit caro circumposita, et germinant tunc semina, quae sunt in siliquis interioribus. Et nutrimenta nulla accipiunt semina ab humido carnis circumposito[3]: quoniam, quamdiu stant in plantis, convertuntur inferius per acumen sui, ubi per porum sugunt nutrimentum a cotyledone carnis, et non a carne circumposita vel circumfusa; et nullum omnino porum habent versus carnem, sed versus cotyledonem, qui adhaeret plan-
12 tae. Et ideo humidum malorum et pirorum et ceterorum illis similium non nutrit semina. Similiter autem, cum decidunt et germinant[φ]), non trahunt augmentum vel nutrimentum a carne illa, sed a terra. Cujus signum est, quod, cum aufertur tota caro circumposita, melius germinant semina, quam quando in ea remanent. Quod autem[1] maxime attestatur ei, quod dictum est, hoc est, quod planta exorta de semine talium fructuum non est

υ) *De hac et sequentibus digestionum speciebus Aristotelicis conf. Praelibandorum nostrorum part. VI.* φ) *Quam sententiam Petrus in lib. II cap.* 6 (5 *Edd. latin.*) *medio protulit.*

§. 10: 1 ejus *A*; ea *om. B Edd.*; De diversitate seminum et fruct. circa hum. qui s. in eis. *V ind.* 2 Earum *B Edd.*; — omnium *om. L*; — diversitates *V*. 3 et magis nobis nota *A*. 4 *Om. Edd.*; sim. esse *L*; esse sim. *Reliq.* 5 ut *Z*.

§. 11: 1 que *L*; que cum *Z*. 2 quam *P*; aut *add. Z*. 3 composito *Z*; composita *P*.

§. 12: 1 *A L V*; quodque *Reliq.*

de natura fructus in quantitate vel sapore, sed potius de natura radicis arboris, in qua stant fructus hujusmodi χ). Est igitur[2] hujusmodi caro procreata a natura ut vas et instrumentum, a quo fit digestio conveniens talium seminum; et cum digestio perfecta est, abjicitur[3], ut non necessaria generationi, quae fit ex seminibus talibus.

Duo autem dicti humores, unus videlicet seminum, et alter carnis circumpositae seminibus, sunt sicut duo humores in animalibus, materialis videlicet — qui nutrimentalis vocatur — et formalis — qui est radicalis, ex quo fit prima rei formatio. Sic[1] etiam humor ex radice prodiens circumfunditur humido nutrimentali, qui virtutem generativam nullo[2] modo habet. Et ambo pertingentes ad locum gemmae simul exsudant in[3] cotyledonem fructus. Deinde a[4] natura formante separantur, et unus, in quo est generativa virtus[5], ad semen deputatur, alter autem, qui est nutrimentalis, circumfunditur; et terreste durum in substantiam siliquae deputatur, ne[6] unus cum altero substantialiter misceatur; et maturatur seminum humor in decoctione humidi circumfusi, sicut maturantur ψ) pepana[7] in humoribus sibi per naturam deputatis et circumfusis, et[8] indurantur semina, calore decoquente ea[9] constare faciente. 13

Aliquando autem inter unum humorem et alterum interponitur testa, quae est de terrestri substantia fortissime decocta, — eo quod talium humor acutior sit, et[1] per siliquam mollem penetratio ejus ad humidum seminale impediri non posset —, sicut in cinis et prunis. Est autem hujus et[2] alia valde ratio- 14

χ) *In qua re, per saccula dubia, haec, siquid video, autor docuit: novas formas exoriri e seminibus fructui materno dissimiles, similes vero formae, cui insitus sit ille. Et illa quidem vera sunt, haec falsa, siquidem alia ratione non nituntur, nisi ea, quod stipites quibus inseruntur semper fere, sementivi vero saepius fructus vilioris sunt.* ψ) *i. e.* matura *seu* per pepansin perfecta.

§. 12: 2 *Om. B*; — et *pro* ut *Edd.* 3 abuturi *Z*; labitur *J*; — sicud non *A*, *om.* necess.; — generatione *L.*

§. 13: 1 Sicut *L V.* 2 ullo *P*; nullam hab. *L.* 3 exsudando ut coct. *L.* 4 *L*; *om. Reliq.*; — separatur *C P.* 5 *Om. P*; — *om. L* alter .... deputatur; — quod *pro* qui *Z.* 6 ut .... non misc. *A.* 7 alias papavera *V in marg.* 8 *Om. Edd.* 9 et ea *A.*

§. 14: 1 fit *Z*; — et *om. Edd.*; sit quam et *L.* 2 *L*; et hujusmodi *P Edd.*; et hujus *Reliq.*

nabilis causa: quoniam talium plantarum semina duplici indigent digestione, quarum una fit[3] in humido circumfuso, et est similis hepsesi; altera autem est in vapore calido sicco[4], qui est sub testa, et est similis optesi. Propter quod natura duo talibus seminibus circumponit vasa, unum humidum, et alterum durum siccum.

15 Sed mirabile est valde in vitium[1] semine. Arilli enim uvarum natant[2] in ipso humido. Sed in hoc conveniunt cum aliarum[3] plantarum seminibus, quod acumen, unde trahunt nutrimentum, versus cotyledonem uvae[4] porrigunt. Et inde proculdubio trahunt nutrimentum, et non ab humore uvae circumfuso, quoniam, si ab illo nutrimentum traherent, aut natura abundaret[5] superfluis, aut oporteret, quod maturatis arillis nihil omnino remaneret de humido uvae: et hoc falsum esse, probatur ad visum. Similiter autem est in semine solatri et lactucae agrestis et in serpentariae[ω]) semine et in[6] multis aliis, quae sunt istis similia. Haec igitur est[7] causa omnium eorum, quae circumfusum habent humidum.

16 In omnibus autem istis[1], in quibus durescit extrinseca caro, et[α]) induratur paulatim testa interposita plus et plus, secundum quod semen tendit ad maturitatem, sicut in[2] amigdalis et nucibus et aliis similibus istis, in quibus duplex digestio exigit humidum terrestre valde extrinsecum, in quo fit[3] decoctio similis hepsesi. In illo enim decoquitur tota nux tanquam in aliena humiditate, et secunda digestio, similis optesi[4], est in testa tan-

ω) *Quarum plantarum prima est* Solanum, *lib. VI* §. 441, *ultima* Arum maculatum *Lin., lib. VI* §. 290, *quae in* §. 29 dracontea *dicitur. Admodum dubium autem est* lactucae agrestis *nomen, quod redit in* §. 29, *quum acetariorum vel lactucarum nulla sit baccifera. E numero plantarum nostrarum bacciferarum exiguo vero olitoriae nullae sunt, siquid video, nisi* Blitum virgatum *et* capitatum *Lin., quae species simillimae et olim usitatae, perianthio succoso a semine denique soluto instructae optima doctrinae nostrae exempla exhibent.* α) *i. e.* testa etiam induratur.

§. 14: 3 sit *VZ.* 4 *Om. Edd.*; — testa que *B*; — epsesi *L.*

§. 15: 1 Sed valde mir. est ut. vit. *L.* 2 vocant *L.* 3 illarum — unum *pro* unde *L.* 4 vite *Z*, vitis *J.* 5 superhabundaret *A*; — naturatis *L*; maturis *B Edd.* 6 *L*; *om. Reliq.* 7 *Om. P.*

§. 16: 1 *L Edd.*; aliis *B*; illis *Reliq.*; in quibus *om. J.* 2 *L*; de *Reliq.* 3 sit *Z.* 4 aptesi .... in frigido resultante testa *L*, *om.* in.

quam in fumo, resultante in testa ex decoctione exterioris humiditatis; sicut quando[5] per artem decoquitur caro una in fumo alterius alicuius rei, sicut diximus in[6] meteoricis$^{\beta}$). Tunc enim nucleus interior optime completur. Et agens decoctionem suam est fumus, sub testa elevatus ex decoctione humiditatis extrinsecae. Et signum maturitatis est evaporatio humidi[7] exterioris, quando denigratur terrestre extrinsecum adustum[8], et induratur
et exsiccatur, ita quod scinditur. Arilli autem[1], qui sunt in gra- 17
nis uvarum et aliorum talia grana habentium, habent decoctionem similem hepsesi tantum, praeter[2] hoc solum, quod natura fervens extrinsecum[3] pelle forti claudat humidum, extrinsecus cui si[4] evaporare liceret, calore suo extraheret interius humidum seminum, et remanerent intrinsecus arida, et exterius[5] humida, et non proficerent generationi. Propter quod natura forti pelle claudit fervens ad solem humidum, ut[6] evaporatio veniens ad pellem reflectatur ab ipsa ad interiora seminum, et remaneat in eis humor optime completus proficiens generationi[7]. Per hunc autem[8] modum potest quis coniicere de omni semine, quod completur per digestionem circumpositi sibi[9] humidi.

Quae autem nullum habent circumpositam sibi carnem, sed 18
in siliquis complentur, sunt, quae interiori[1] et maturo abundant primo humido. Haec enim non digeruntur[2], nisi per talis humidi diminutionem et digestionem. Haec igitur, ne omnino interiorem patiantur siccitatem, circumponuntur[3] siliquâ, in qua

β) *Lib. IV tract. I cap.* 24 *sqq., quae de optesi agunt, an huc pertineant, nescio. De digestione enim per fumum i. e. per vaporem fluidi alieni in meteorologicis suis neque Aristoteles neque Albertus egerunt; sed uterque hepsesin calido humido, optesin calido sicco circumdante perfici asseverant.*

§. 16: 5 quasi, sicut *L*; — caro viva *Edd.* 6 in metheoribus ūc *pro* tunc *L.* 7 hujusmodi *L.* 8 adust. terr. extr. *L.*

§. 17: 1 *L*; enim *Reliq.* 2 tripliciter *pro* tantum praeter *Z*; praeter *J.* 3 *om. J*; extrinsecus *A*, *quod recipiens Meyer legerat* natura, fervens extrinsecus, — claudit humidum extrinsecum, *quem ne sequar, et prohibent me verba sententiae insequentis* natura claudit fervens humidum *neque crederem Albertum* naturam ferventem *dixisse. Utrum vero recte scripserim* extrinsecus cui evaporare *etc. pro* extrinsecum *Codd. omnium, an non, alii videant.* 4 se *Z*; si se *V*; — licent ... hum. int. .. remaneret *L.* 5 extrinsecus *Edd.* 6 et *L V.* 7 perficiens generationem *P.* 8 quidem — quis dicere *L.* 9 cibi *L.*

§. 18: 1 in anter. et immat. (*sive* in mat.) *L.* 2 diriguntur *L.* 3 -nantur *Z*; — compressus *et in marg.* al. comprehensus *V*; *om. B.*

vapor propriae humiditatis comprehensus reflectatur, et decoquat semina, et compleat ea. Et completis illis, desiccata sole et contracta scinditur siliqua, et excidunt tunc grana, sicut grana[4] leguminum, de quibus supra dictum est. Aliquid autem huic simile patiuntur genera[5] granorum, quae maturantur in paleis et quisquiliis[6] palearum. Similiter autem[7] papaver secundum genus suum talibus completur siliquarum circumpositionibus.

19 Ea vero, quae nuda exhibentur[1] soli, pro certo optesi quadam habent[γ]) compleri, et intrinsecus oportet habere suum humidum, sicut omnia, quae optesi complentur, interiora habent humida, nisi sint combusta. Tamen ne exteriora eorum omnino[1] remaneant arida, aut efficiantur combusta, natura talibus seminibus facit corticem durum terrestrem, ad quem veniens evaporatio incompletae et immaturae humiditatis interioris retineatur et reflectatur et humescat, et remaneant sic humidae substantiae eorum. Haec enim est natura evaporationis, quod, quando reflexa tenetur[3], humescit et facit humida, quae tangit, sicut patet in olla fervente cooperta. Et[4] de hoc satis dictum est in quarto meteororum[δ]).

20 Completa autem semina aut arefacta decidunt[1], et hoc fit in pluribus eorum: aut etiam humiditas nutriens[2] — per cotyledonem de substantia stipitis veniens —, quando deficit, et non attrahitur a semine jam arefacto et completo, calore loci et aëris circumstantis[3] in vaporem convertitur, et suo impetu longe projicit semen arefactum, et erumpens humiditas sonum facit. Et hoc modo esula major[4], quae a quibusdam titimallus dicitur, projicit semen suum; propter quod a quibusdam herba saltans

γ) i. e. indigent optesi ut compleantur. *Quo dicendi modo more temporum autor saepius utitur.* δ) *Loco in pag. praecedenti laudato.*

§. 18: 4 genera *BCL*; — *om. A*; tunc ... legum. 5 *L*, -quileis *Reliq.* 6 et *add. Edd.* 7 *Om. A*; — circumponentibus *BJ*.

§. 19: 1 extrahuntur *L Edd*; — obtesi *V*. 2 omnia *BCV Edd.* 3 *Om. Edd.*; humescat *P*; et fit . tangitur quod pat. *L*. 4 *Om. Edd.*

§. 20: 1 desidunt *V*; — eorum locis *add. L*. 2 nutriens, veniens — stip. veniens *repetunt Codd. et Edd. nisi quod A priore, J secundo loco om. vocem.* 3 -stantiis — impetu suo *L*. 4 esula manet *L*; catapucia *add. A in marg.*; *pro* titimallus legunt novinallus *BP Edd et V qui in marg.* al. citimallus.

vocatur[ε]). Sunt autem plures aliae[5] herbae, hoc modo semina sua excutientes.

Ex his igitur et talibus physicas causas potest aliquis scire fructuum et seminum secundum diversitates superius enumeratas in genere. Dispendiosum autem esset, ad speciem descendere singulorum per ordinem[6].

Capitulum III.

De ratione figurae seminum plantarum, et de quantitate eorum[1].

Fructuum autem et seminum figurae omnes fere sunt sphae- 21
ricae aut columnales. Columnalia enim videntur grana quaedam siliginis et tritici et rizi[ζ]) et aliquorum ceterorum. Similiter autem ossa dactilorum columnalem figuram praetendunt. Si autem aliqua de granis lata esse videntur, sicut sphaera ad utrumque polum abscisa[2], aestimandum est, hoc accidisse ex compressione aliorum juxta se utrimque positorum granorum, sicut in pisa[η]) et in[3] faba aliquando contingit. Cicer[4] autem figuram quandam pyramidis praetendere videtur. Papaver autem videtur sphaerae figuram habere, quae in angulo sphaerae[ϑ]) sicut in[3] puncto quodam compressa[5] sit. Triticum[6] autem columnalem suam figuram in duo ex parte una dividit, et in[7] alia[ι]) non videtur recedere a figura columnae. Istae igitur apud nos no-

ε) *Est* *Euphorbia lathyris* *Lin.*, *cujus nomen* herba saltens *alias ignotum nil esse nisi nomen germanicum* Sprincwort cum *Meyero persuasum habeo.* ζ) *Oryza sativa Lin. Conf. lib. VI* §. 427. η) *Quod vel notissimum est in Piso sativo quadrato.* ϑ) *Quum fructus papaveris ab apice et a basi compressum sit, Albertus, siquid video, axin dixisse videtur* angulum sphaerae. ι) *i. e.* altera parte.

§. 20: 5 *Om. L.* 6 *L*; *om. Reliq.* p. ord.

§. 21: 1 qualitate *A P*; — earum *CL Vind. Edd.* 2 abrasa *L*; abscissa *Edd.*; compressa alias abscissa *V*; — comprehensione *L*; — utrumque *Z.* ⅗ *L*; *om. Reliq.* 4 Eicit *PZ*; ficus *et in margine* pisa *A*; Similiter *L*; hordeum *J.* 5 expressa *P.* 6 3[m] autem *Z.* 7 *Om. Edd.*

torum seminum sunt diversitates[8] secundum figuram; et oportet horum scire rationes physicas.

22 Dicendum igitur videtur, omnem[1] virtutem divinam — quae formare habet omne, quod in natura formatur, sicut creator primus creat omne, quod est in mundo[2] —, esse in circulari corpore, vel corpore, quod generatur ex circulo. Aliter[3] enim non haberet aequalem influentiam super omnem partem materiae suae. Sicut et motor primus, dans cuncta moveri, secundum naturam est in circulo et in[4] sphaera; propter quod etiam in animalibus haec[5] divina virtus in globulis est testiculorum sita. Congruit ergo virtuti seminum, quae[6] formatrix virtus est, prae omnibus figuris figura sphaerica: et ideo in fructibus et seminibus haec figura generalior invenitur. Columna[7] autem generatur ex circulo sursum super lineam rectam moto, et est haec figura eorum, in quibus virtus formatrix est cum motu elementi, quod[8]
23 movetur ad rectam lineam. Nec dividitur[1] altera istarum figurarum divisione lineae, — sicut in tritico —, aut divisione puncti — sicut in papavere —, nisi ideo, quod[2] geminatur in grano tali virtus divina creans[3] et formans. Quod experimento cognoscitur, si plantentur[4] semina multa. Ut in pluribus enim quodlibet illorum granorum statim duas emittit plantulas[5]. Si autem objiciat aliquis, multa granorum emittere plantas plures duabus, et multa unam solam, et secundum hoc non debere[6] esse verum, quod dictum est: dicemus, quod dupliciter semen emittit, ex virtute videlicet formatrice prima et multiplicatione radicis. Et[7] ex virtute quidem formatrice prima non emittit nisi duo*); mul-

*) *Acutissime quidem autor noster distinguit inter evolutionem plumulae vel axis primariae et axium secundariorum, i. e. subolum ex infimis plumulae gemmis protinus pullulantium. Cur vero duas plantulas vel plumulas frumentis adscripserit, ipse non perspexi, revera enim nullum eorum plus una plumula unquam emittit.*

§. 21: 8 et *add. Codd. et Edd.*, *quod delevit V.*
§. 22: 1 enim *Z*, *quod om. J*; — forme *pro* formare *Z.* 2 *L*; in m. est *Reliq.* 3 alter ... equalitatem in fluentia sup. *Z.* 4 *L*; *om. Reliq.*; — etiam *om. L.* 5 est *quod omisit inferius*, *L pro* haec. 6 quod *A*; — virt. est *L*; est virt. *Reliq.* 7 columpnalis *A.* 8 c. motu circuli qui *B Edd.*, *at. conf.* §. 24.
§. 23: 1 dr̄ = dicitur — vince *pro* lineae *Z.* 2 quia *Edd.* 3 causans *A.* 4 -tantur *V Edd.* 5 plantas *Edd.* 6 deberet *A.* 7 *Om.* videl. ..... radicis. Et ex virt., *pergit L* quid. forme terre propria non emitt. — Et *om. P.*

tiplicata autem radice[8] propter multum attractum nutrimentum multiplicatur in radice virtus formans: et tunc emittit plurimas plantulas ex diversis partibus radicis. Visi sunt enim viginti duo calami exorti fuisse ex unius grani tritici radice. E contra etiam[9] propter defectum nutrimenti aut corruptionem unius partis grani non emittit, nisi unum, aut forte nullum. Pyramidalis au- 24
tem figura etiam[1] fundatur in circulo, et elevationem habet motuum elementalium, quantum possibile est circulum imitantium[2] et sphaeram; et ideo conveniens[3] virtuti formatrici, quae est in ipsis.

Quaeret autem fortassis aliquis, quare semina plantarum om- 25
nium[1] minutissima sunt respectu quantitatis plantarum, quae generantur ex ipsis, cum non sic sit[2] de ovis ovantium animalium[3], respectu quantitatum animalium, quae oriuntur ex ipsis, nec etiam[4] de his, quae generant gusanes sive vermes quosdam. Hi enim etiam habent quantitatem majorem respectu animalium, quae procreantur ex ipsis, quam semina plantarum respectu corporum plantarum, quae nascuntur ex seminibus earum. Plurimae enim magnae valde arbores minutissima habent semina. Similiter autem ad hunc modum forte[5] dubitabit aliquis, propter quod dicitur[6] semen plantarum frequentius in plures exire pullulationes, cum hoc raro inveniatur[7] in animalium ovis aut seminibus. Haec autem ambo solvuntur una quadam solutione. Se- 26
mina enim plantarum vicina sunt elementis[1], habentia in se et virtutem masculi et feminae, sicut dictum est in antehabitis. Et ideo, cum sint unius simplicis substantiae formalis, semina autem animalium duarum substantiarum unius materialis et alterius formalis[2], decet[3] esse semina plantarum minima respectu seminum

§. 23: 8 cortice *Edd.*; —. propter quod. *Codd. et Edd.*, quod *delevit Mey.* 9 enim *L.*

§. 24: 1 *L*; etiam fig. *om.* autem *Reliq.* 2 mutant. *Edd.* 3 *L*; convenientes *B V Z*; conveniens est *Reliq.*; — formanti *V*; — in *om. C.*

§. 25: 1 *L*; omnia *Reliq.*; *om. Edd.* omnium ... plant. 2 *V*; sit ita *L*; *om. Edd.* sit; *om. Reliq.* sic. 3 naturalium *Edd.*; — *om. L* anim. resp. quant. 4 *C L V*; *om. Reliq.* 5 *Om. A*; forte ad h. mod. *L*; dub. forte *Edd.* 6 *E conj.*; dicit *L*; dividitur *omittentes* exire *Reliq.* 7 invenitur *L.*

§. 26: 1 circulis *Z.* 2 *L V*; *om. Reliq.* semina .... form. 3 daret *Z*; debent *J.*

animalium. Materiam[4] enim, quam format virtus seminis plantae, trahit a terra sicut a matrice ministrante materiam; et ideo hanc non fert secum ex[5] corpore plantae; hanc autem secum[6] a corporibus feminarum ferunt in se ova animalium. Alia autem animalia in feminarum matrices projiciunt semina parva formalia,
27 et ex illa trahunt materiam generationi congruentem. Totam[1] autem hujus materiam, aptam generationi, invenit semen plantae in terra; et ideo quantitas eorum non habet nisi id, in quo radicatur virtus formans[2] prima; et id minimae convenit esse quantitatis. Ex eadem autem elementorum[3] vicinitate habet, quod virtus formans multiplicatur in attracto[4] ex terra, et, multiplicata illa, multiplicatur opus ejus et producit pullulantia multa. Non autem sic est in virtute, quae remota est ab[5] elementorum materialitate. Haec enim non multiplicatur, nisi multiplicata materia sibi propria — quae non multiplicatur, nisi prius maturetur in testiculis, et effundatur in vas debitum — et ideo ex una sibi[6] propria materia non producit, nisi unum.

Ex his igitur et talibus sciet aliquis seminum figuras convenientes.

Capitulum IV.

De ratione figurae fructuum[1].

28 Fructuum autem figurae multae[2] sunt valde. Fructum enim hic vocamus illud[3], quod circumponitur seminibus, quo pecora vel homines fruuntur. Alia enim est figura in genere malorum, alia pirorum, alia ficuum, et[4] alia · uvarum, et malorum punicorum; et similiter in aliis fere omnibus invenitur figura propria.

§. 26: 4 materia en. *Edd*; materia en. in qua est formativa virt. sem. pl. trahitur *A*. 5 in *L*. 6 secuntur *Z*.

§. 27: 1 Totum *V*; — hujusmodi *A*. 2 formalis *V*; *om*. *L* esse quant. 3 circulorum *Z*. 4 *L V*; extracto *Reliq*.; — ejus *om*. *L*. 5 *L V J*; in *Reliq*.; elem. natura *L*. ·5 *Om*. *L*.

§. 28: 1 fructus *V ind*. 2 *Om*. *Z*; fruct. aut seminum multe figure s. v. *A*. 3 id *L*; — feruntur *Z*. 4 *Om*. *V*; — alia malor. *L*.

Sed et[5] dispositio carnium in fructibus diversa est valde. Alia
enim laxa est, quasi corpus femineum, sicut sunt[6] carnes malo-
rum; alia autem dura et compacta magis, sicut caro masculina,
sicut sunt in genere carnes pirorum et citoniorum[7]; alia autem
in toto mollis et humida, sicut carnes prunorum et ficuum; et
multae aliae praeter inductas in carnibus fructuum inveniuntur
diversitates, de quibus oportet quaerere in physicis.

Et[1] primo de diversitate figurae fructuum satis patet, quod 29
mala omnia magis sunt sphaerica quam pira, et ambobus plus
praetendunt sphaeram pruna secundum suum genus, et omnibus
his[2] expressius habent sphaerae figuram uva[3] et ea grana, quae
uvis sunt similia, sicut grana lactucae agrestis et draconteae[λ])
et aliarum quarundam. Pira enim magis videntur esse pyrami-
dalia secundum genus suum, exceptis paucis, quae sphaerica
sunt, aut ut sphaera ex parte utriusque poli abscisa.

Causa autem omnium horum ex dictis cognoscitur, quoniam 30
vas seminum necesse est habere seminum figuram. Est autem
et ex parte materiae causa, quia nutrimentum decurrens[1] per
cotyledonem aequaliter manat ab illo per circuitum, cum sit
unius gravitatis, et unius levitatis, et unius et[2] ejusdem com-
mixtionis per totum. In tali enim homogeneo corpore non esset
ratio, quare una pars ad angulum elevaretur longius a centro
distantem, et alia[3] sub angulo deprimeretur magis centro vicina.
Est autem et adhuc alia ratio ex parte virtutis formantis. Haec 31
enim absque dubio sita[1] est in centro in loco et in[2] materia[μ])
seminum, et ideo, aequaliter per circuitum in materia homoge-
nea operans, facit rotundam, aut id[3], quod crescit ex circulo,
sicut pyramis et sphaera decurtata in polis. Est autem et adhuc
de hoc quorundam antiqua ratio: quoniam figurae istae capa-

λ) *De quibus plantis egimus in pag.* 170 *not.* ω. μ) *i. e.* in centro quoad locum et quoad materiam sita efficit figuram aut rotundam aut quae e rotunda deduci potest.

§. 28: 5 etiam *AB.* 6 in *Z*; — alia enim *CPEdd.*; et alia autem *L.* 7 sicomororum (!) *L*; cicomorum *aut* ciconiorum *V*; cimorum *C.*

§. 29: 1 *Om. A.* 2 *Om. L.* 3 ova *Z*; uvae *J.*

§. 30: 1 currens *Edd.* 2 *L V*; *om. Reliq.* 3 et alia et alia *repetit L.*

§. 31: 1 scita *Z.* 2 *L*; *om. Reliq.* 3 ideo *Edd.*; — ex circulis *A*; — sphaera detracta *L*; decurvata polis *et in marg.* alias decurtata in *V.*

ciores sunt figuris angulosis; et ideo plenitudinem perfectionis
32 suae natura producit in eis. Id autem, quod vocatur pomum cedrinum et cucumer et quaedam alia, columnalia sunt[1]: quae figura crescit ex circulo regulariter super lineam perpendicularem in centro stantem moto. Quae[2] figura competit virtuti coelesti, quae incorporata est elementis, quae[3] moventur motu recto[ν]). Et ideo aliquid columnae habet fere omne naturae opus, eo quod aliquid longitudinis habet extra sphaeram[4], in qua continetur; quia, licet virtus coelestis in talibus formalis sit et operativa, tamen quia[5] inviscata est et incorporata mixturae elementorum[6], oportet, quod motus elementi ascendentis vel descendentis, aliquo
33 modo in tali commixto manifestetur. Si autem aliqua trigona vel quadrata inveniuntur secundum suum genus, non erit hoc ab aliqua accidentali[1] causa, sed similis erit causa, quam supra[ξ]) de figura plantarum assignavimus.

34 In omnibus tamen vegetabilibus minor est declinatio a figuris regularibus sphaericis aut pyramidalibus aut columnalibus, quam in animalibus[1], propter materiae aequalitatem, quae major est in vegetabilibus quam in animalibus. Spermata enim animalium valde differentis[2] sunt materiae propter diversorum generum membra, quae sunt in ipsis, sicut est[3] caro nervus et os et vena et huiusmodi, maxime propter diversitatem officialium membrorum, quae sunt in animalibus, propter quae una[4] figura in animalibus a natura fieri non potest. Vix enim aut nunquam invenitur animal[5] regularem habens figuram.

Haec igitur dicta sint[6] de figura fructuum et seminum: ex his enim et alia facile est coniicere.

ν) *Elementa motu recto moveri dicuntur, quoniam, impedimento nullo obstante, directe terra et aqua descendere, aër et ignis ascendere putabantur.*
ξ) Lib. II §. 70—73.

§. 32: 1 et *add. Edd.* 2 motoque *Z.* 3 circulis, qui *Edd.*; — in motu *L.* 4 ex sphera *Edd.* 5 quia tam. *V.* 6 circulorum .. mot. circuli — in talibus, *om.* vel descend. *Edd.*

§. 33: 1 occid. *Z.*

§. 34: 1 *L V*; *om. Reliq.* quam in anim. 2 -rentes *A Z.* 3 *Om. A*; — vermis *pro* nerv. — et hujus *Z.* 4 vena *Z*; vera *J*; — a nat. *om. L.* 5 *Om. P.* 6 sunt *C L V*; — enim *om. B.*

Capitulum V.

De naturali colore seminum et fructuum et maturitate eorundem[1].

Non est autem praetereundum, quod omne semen cujuslibet 35
plantae sementinam habet virtutem in quadam quantitate fari-
nae[2], quae est intra corticem seminis. Et haec farina in om-
nibus notis[3] apud nos seminibus albissima esse videtur, licet
alterius coloris aliquando sit cortex, continens farinam illam. In
seminibus tamen ex India, quae sub cancro[4] est, venientibus
apparet farina fusca ad nigredinem declinans, sicut in pipere
cardamomo et cubebis et granis gariofilorum[o]) et nucibus mu-
scatis apparet. Causa autem hujus est optima digestio, quae
est in pepanis seminibus[5]. Subtilissimum enim terrestre a faece
purgatum, intra se naturale habens humidum, est subtile et al-
bum, nisi nimia[6] decoctione adustum sit, sicut ea, quae sub can-
cro nascuntur. In locis enim illis aduruntur semina, sicut et
spermata hominum in matricibus[7] mulierum, sicut diximus in
libro de natura locorum[π]). Haec igitur verissima causa est co-
loris seminum in farina sua.

Cortex autem multos recipit colores, quia ille terrestris est, 36
et aliquando adustus valde et exsiccatus; et tunc[1] niger efficitur
quasi micantis nigredinis, sicut in semine pyoniae et aquileae.
Et hujus causa est, quia pellicula illa optime commixta est, et
planitiem et politudinem[2] habet ex humido, et cum evaporavit[3]
humidum et arefactum terrestre, remansit pellis nigra et polita
in superficie. Nigra, autem non[1] polita, est pellis sicut in faba 37
nigra et papavere nigro et nucleis malorum et pirorum apud

o) *i. e.* caryophyllorum. π) Tract. II cap. 3.

§. 35: 1 De nat. hedere *Z*; maturatione *P*; earundem *Z*; *argumentum cum margine decisione amisit B.* 2 forme *Edd.* 3 *Om. A.* 4 centro *L.* 5 est pepansis in sem. *B.* 6 in una *L.* 7 matrice *A*; matrices *L.*

§. 36: 1 sic *C.* 2 pollitud. *CPV*, et dein pollita *CV.* 3 *CLV*; vapor. *Reliq.*

§. 37: 1 si *L*; — est pellis est *PZ.*

nos notorum. Et causa coloris talis est[2], quia est ex terrestri grosso non bene commixto, quod calor digestivus adussit[3], et ideo nigrum effectum est. Fuscus autem[4] color est in similiter
38 male commixto et faeculento terreo, sed minus adusto. Albus autem est in his, quae subtilem[1] habent pellem mollem, quae multae fuit aqueitatis: et ideo calore digestivo non denigrata, sed indurata est tantum. Et frequenter talis pellicula radiosa est aliquantulum, eo quod politiem ex aquae planitie factam non
39 amisit[2], sicut apparet in semine violae et milii. Rubeus autem color in seminibus est fere[1] omnibus ante nigredinem. Cum enim inflammatur et vinci incipit in ea[2] humidum calore digestivo, rubet ex causa, quam ante[3] saepius diximus, cum causam rubei coloris assignavimus ϱ). Et[4] aliquando remanet hic color, et maxime in naturaliter calidis et humidis, sicut in tritico, et grano quod vocatur siricum[5] et alio nomine miliga σ); aliquando autem fortiori adustione decoquitur, et convertitur in fuscum vel
40 nigrum colorem. Operatio enim caloris digestivi est segregativa[1] hetherogeneorum, sicut ostendimus in quarto meteororum τ), et ideo terrestre grossum non conveniens separat a terrestri subtili non faeculento, quod permixtum est humido naturali; et in tempore, quo digerit nutrimentum conveniens[2] semini, adurit terrestre faeculentum et indurat et ad aliquem dictorum colorum convertit; sicut in arte alkimiae[3] eodem calore segregatur subtilitas auri vel argenti et depuratur, et aduritur grossities plumbi[4] vel alterius substantiae in camino ignis.

41 Fructuum autem pepanorum color ut in pluribus est croceus vel rubeus, et immaturorum[1] color est viridis, sicut apparet in

ϱ) Lib. II §. 145—147, σ) *Est Sorghi Pers. species*, milium indicum *Plinii*, melica (*alias* milica) *Petr. lib. III cap.* 17; *de qua fusius agit Beckmann Geschichte der Erfindungen, T. II pag.* 542—547. τ) Tract. I cap. 15.

§. 37: 2 est talis *A*. 3 adduxit *B Edd.* 4 *L*; enim *Reliq.*; — est visibiliter *L*.

§. 38: 1 *Om. A*. 2 admisit *L*.

§. 39: 1 *L V*; fere est *Reliq.*; — ante nigrum *A C*; aut niger *V*. 2 *L*; *om. Reliq.* in ea. 3 *L*; *om. Reliq.* 4 *Om. P*; — manet *L*; — color rubeus *addit V e correct.* 5 suricum *L*; — maliga *L*; miligata *P*.

§. 40: 1 est segr. est *V*; est segr. esse *P*; segr. est *L*; — metaphysicorum *L*. 2 est *add. L*. 3 albimie *L*. 4 plombi *V*.

§. 41: 1 *L V*; maturorum *Reliq.*

malis simplicibus et malis punicis et in his, quae testas habent, et piris et ficubus et pomis paradisi et multis aliis. Causa autem huius profecto[2] est, quoniam humor aqueus, commixtus terrestri indigesto, virorem[3] praetendit; cujus causa alibi[v]) est praedeterminata. Paulatim autem terminato[4] humido et terrestri sicco, quod sibi permixtum est, inflammari incipit humidum et evolare ad superficiem[5], et tunc inducitur rubor; croceitas[6] autem cum terrestre subtile, decoctum per modum cholerae, natare in humido, et respergere humidum inceperit. Tunc crocei et[7] maturi apparent fructus; propter[8] quod iste color desiderium movet in sensu, quando est[8] in fructibus, quia perfectam indicat maturitatem. Esui autem fructus habiles non sunt, nisi habeant tri- 42
plicem completionem; unam[1] quidem, quae est per digestionem, ut dictum est. Alia[2] autem est, cum ex jacentibus fructibus evaporaverit innaturalis[3] calor, qui est ex loco et aëre maturante. Hic enim calor facit inordinate in fructu moveri quoddam vaporosum humidum, quod oportet cum ipso exspirare. Tertia autem completio[4] est, quod jacere debent fructus, donec resideat in eis humidum, et condensetur[5] frigiditate vincente, et adunetur cum terrestri sicco, et faciat illud[6] mollescere. Sicut enim panis 43
recenter pistatus[1] et decoctus durus est, et postea, cum jacuerit, efficitur mollior cortex ejus — eo quod frigiditas claudit[2] poros — et, clausis illis, spirans in ipso humidum reflectitur ad interiora, et inducit mollitiem in cortice: ita est in[3] fructibus, quod vaporans in ipsis humor, clausis poris, convertitur ad interiora fructuum, et mollificat; et tunc suaviorem gustum et perfectius nutrimentum praebent animalibus. Signum aut hujus est, quod, cum per frigus jacuerint fructus, molliores inveniuntur. Hae 44
etiam tres digestiones, in vino potentes, vinum perficiunt[1]. Maturatur enim primo in uva; deinde bullit in vasis, in qua bulli-

v) Lib. II §. 80.

§. 41: 2 perfectio *Edd.* 3 nitorem *Edd.*; — causa cujus *BP.* 4 *Om. CV.* 5 superiorem *Edd.* 6 croceas *L.* 7 ac *BCVZ.* 8 *Om. L.*

§. 42: 1 una *Edd.* 2 aliam *A*; Al. est autem *V*; cum adjacentibus *P*; — fructibus *om. Edd.* 3 autem *add. L.* 4 complexio, *om.* donec *L.* 5 -satur — adjuvetur *L*; — cum *om. J.* 6 *L*; id *Reliq.*

§. 43: 1 pinsatus (!) *Edd.* 2 clausit *A.* 3 de fr. — clausus *L.*

§. 44: 1 *Meyer e conj.*; Has enim tres digest. in vino potantes vin. perf. *Codd. et Edd.*, *nisi quod V* patentes.

tione exspirat calorem loci et solis[2] innaturalem; et tertio residens in se ipso convertitur ad se ipsum[3] calor ejus, et facit ipsum
45 suave ad bibendum. — Color autem niger, qui inducitur in quibusdam fructibus pepanis, ut frequentius sequitur rubeum, quando humidum inflammatum aduritur, et per adustionem[1] calidi naturalis denigratur.

46 Omnium autem fructuum pepanorum proprium est cadere, sicut cadit completus partus ab alligatione[1] matricis. Et causa hujus est, quoniam in omnibus his quatuor sunt status convenientes perfectioni eorum. Unus quidem, qui est status formationis ipsorum, qui exigit attractionem[2] multi humidi, ex quo completur formatio. Et oportet, quod hoc sugatur ex planta, sicut ex matrice, ministrante semen conveniens formationi; sicut et femina[3] animalium suum semen ministrat formativae virtuti,
47 quae est in semine masculorum. — Secundus autem status est status[1] augmenti, ad quem etiam exigitur humoris affluentia, qui ministratur a planta, sicut ministratur sanguis menstruus ad incrementum[2] embryonis. — Tertius autem est[3] status perfectae quantitatis, quando jam cessat nutrimenti fluxus. — Quartus autem est status[4] maturitatis, quando calor totum[5] terminavit hu-
48 midum attractum. Et quia non poterat ex plantis extrahi humidum, nisi spirante calido, oportuit, quod quanto magis extraheretur a planta humidum, tanto magis exsiccaretur locus plantae, ubi fuit corporis[1] porus, per quem exivit humor; et cum exsiccatione[2] infrigidatur, quia calor cum humido, sicut vectus in propria materia, extrahebatur. Educto igitur humido, per frigidum et siccum remanentia constringitur porus, ad quem[3] affixus erat fructus vel[4] seminis cotyledon; et constricto illo, necesse est cadere fructum et semen a planta[5].

§. 44: 2 et *add. A B Edd.* 3 ad ipsum *L.*

§. 45: 1 *L*; ustionem *Reliq.*

§. 46: 1 aligacione *P.* 2 extract. — compleatur formationi *L.* 3 semina *Z*; forma alium *L.*

§. 47: 1 *om. Edd.* est st. 2 *C L et V qui in marg. add.* alias nutrimentum; nutrim. *Reliq.* 3 *Om. B C V Edd.*; — nutrimentum *B.* 4 *Om. Edd.*; — status *om. P.* 5 *Om. Edd.*

§. 48: 1 *E conj.*; corpus *L, quod om. Reliq.* 2 exsiccatur *C.* 3 quam *V.* 4 et *Edd.* 5 a terra *L.*

Capitulum VI.

De[1] causa, quare fructus maturi mollescunt et semina durescunt.

Sed attendendum est, quod mollescunt fructus maturi, semina 49
autem indurantur et exsiccantur. Mollities[2] autem fructuum pepanorum videtur provenire sicut mollities apostematum et nascentiarum φ), quoniam a principio humor[3] crudus grosso terrestri infusus est. Quod probat nimia ponticitas omnium fructuum novellorum[4] a principio suae generationis. Vincens enim in ipsis[5] frigiditas rigorem et duritiam inducit: quam postea[6] adjutus per solem calor digestivus dissolvens χ), et subtiliter cum humido commiscens, et subtilians grossitiem terrenae substantiae, quam subtiliatam vincere maturata et ad spiritualitatem conversa incipit, per quam maturescunt et mollescunt fructus pepani[7]. Oportet enim, ut diximus, in fructibus multum inesse humidum, in quo semina quasi[8] completione hepsesis compleantur et digerantur.

In seminibus autem non est nisi substantia, quae est sub- 50
jectum[1] formativae virtutis; et cum plantae omnes materialiter[2] terrestres sint valde, oportet in seminibus vincere[3] terrenam subtantiam subtilem et digestam, cujus proprium est indurari calore[4] digestivo et exsiccari. Ex hoc autem eodem manifestatur causa ejus, quod animalium semina secundum actum sunt humida, et plantarum secundum actum frequenter aut semper sunt[5] sicca et dura. Sunt enim animalium corpora secundum plurimum suae

φ) *i. e.* tuberculorum. *In meteorolog. enim Alberto* nascentia, *quod* φῦμα *Aristoteli est.* χ) *Pro* dissolvens, commiscens et subtilians *legendum esset* dissolvit, commiscet et subtiliat, *nisi auctoris oratio saepius hoc modo aberraret, ut conclusione careret.*

§. 49: 1 Quod *C*; Que *V ind.*; Quare *Z*; *om. P* De causa. 2 Meliores *CZ*; praevenire *L.* 3 humorum *Z*; crud. hum. *L*; — infusa *CPZ*; infuso *ABJ.* 4 -llarum *CPZ.* 5 *CLV*; his *Reliq.* 6 qu. post. *om. L*; — ad intus *Edd.*; — digestus *Z.* 7 pepanicorum enim fructus ut dix. in fr. *Z*; pepanis enim fruct. ut dix. oportet *J*; — in fruct. ut dixim. *ABCV.* 8 in *add. L*; complexione *LZ.*

§. 50: 1 *Om. L* nisi ... subj. 2 in *add. BCZ.* 3 *Om. Edd.*, *quare J* inesse; — subst. semin. *om. L.* 4 colore *L.* 5 sunt fr. a. semp. *L.*

materiae mollia, et valde liquida, sicut[1] carnes medullae et cere-
bella et humores et cetera his similia, et nutriuntur ex humido
ad[2] membra eorum fluente: ut ideo tum propter substantiam,
tum propter nutrimentum — quod non est[3] extra se, sed secum
ferunt, semina animalium[4] humida secundum actum — oportet
habere[5] semen, in quo siccum glandulosum respersum sufficit ad
52 substantificandum membra dura, quae fiunt in animalibus. Sed
in plantis totum corpus est durum terrestre secundum substan-
tiam. Nutrimentum autem, ex quo cibatur planta, licet sit hu-
midum secundum actum, non tamen est intra substantiam semi-
num, sed a terra attractum, sicut superius determinatum est.
Et ideo remanent semina plantarum secundum actum sicca ter-
rena valde, ita quod aliquando valde dura sunt, sicut ossa dacti-
lorum.

53 Licet autem dixerimus, maturari fructus ad esum, non tamen
aliquem fructum de his, qui noti[1] sunt in nostris climatibus, pu-
tamus unquam compleri adeo, quod conveniens edulium praestet
homini: sed conveniens forte edulium praebet aliis animalibus,
sicut etiam supra[ψ]) testatus est Hesiodus. Ficus tamen et uva
sunt, quae ad edulium hominis magis accedunt, licet non per-
fecte conveniant. Cuius signum est, prurientes fieri homines
54 fructus comedentes, et languidos. Nutrimentum[ω]) enim fructuum
putrescit facile, eo quod natura non excogitavit illud, nisi ut
putrescat[1] completo semine, et, cadens in loco seminis, fimet et
infundat lutum, in quo semen facilius convalescat. Cuius signum
est opus rusticorum. Cum enim vites feraces volunt facere,
fimant eas ex pampinis et acinis[2], quae colligunt ex ipsa eadem
vinea, cujus vites feraces esse intendunt. Hoc etiam conside-
ratur in operibus naturae. Si enim caro fructus ad fecunditatem
seminis non conferret[3], cum natura nunquam deficiat in neces-

ψ) Cap. 1 §. 3. ω) Petrus lib. II cap. 6 (5 *Edd.*) post medium haec profert.

§. 51: 1 mollia valde sicut *L omissis ceteris.* 2 et *L*; — tam — tum *L*; tam — tam *V*. 3 *Om. L*; — scire pro secum *Z*. 4 animal. sem. *A B Edd.*; — humidum *A*. 5 esse *A*; — in quo situm *L*.

§. 53: 1 *Om. A*; non *B C L P*; que non *J V*; que modo *J*; — nunquam *Z*; — inpleri *V*.

§. 54: 1 putrefiat — finiet *Z*; — convalescas *L*. 2 *C P V*; pamp. et a curis *L*; pepanis uvis et ac. *A*; seminant eas et ac. *Z*; *om. B J* pamp. et. 3 non confert *Z Petr.*; — confert *J*; in *om. Petr.*

sariis, procul dubio[4] separaret semina per cessuram[5] et aperturam
a carne fructuum cadentium: et hujus contrarium videmus in
naturae operae[6]; oportet enim, quod fimatio terrae, quae fit per
putridam carnem[7] fructus, ad fecunditatem seminis ejusdem fru-
ctus cooperetur[8].

Est autem non praetereundum, quod quidam fructus nequa- 55
quam maturescunt in planta, nisi[1] prius calido sicco et postea
frigido operantibus, sicut acacia[a]) et quaedam mala[2] silvestria
et quaedam pira et multi alii fructus, et etiam quaedam uvae.
Oportet enim in talibus primum[3], calidum siccum fortiter deco-
quere humidum. Quod, cum[4] decoquitur, dispergitur et dividi-
tur, ita quod virtus ejus non est adunata, sed exspirat et dis-
solvit[5] — et non complet — naturale humidum, quemadmodum
in hepate nimis calefacto et incenso. Frigiditate autem pruinae
et temporis superveniente, restringitur ad interiora calor natu-
ralis et digerens, et adunatur virtus ejus; et tunc complet et
perficit digestionem, quam calidum siccum aestatis inceperat. Et
tunc primo mollescere incipiunt hujusmodi fructus, et incipit sub-
tiliari pellis eorum. Sed in his, qui[1] complentur calido sicco, 56
minor est[2] ponticitas; et ideo, postquam completi sunt calido
sicco, si remaneant in plantis usque ad tempus frigiditatis, in-
cipit inspissari pellis eorum, propter repressum ab ea humidum.
Et hoc[3] patiuntur ficus in ficulnea tempore frigoris remanentes.

Iste igitur est modus et causa fructuum pepanorum.

α) *Sunt fructus* Pruni spinosae *Lin.*

§. 54: 4 non *add. J.* 5 *L C V Z Petr.*; ciss. *P*; sciss. *A B J.* 6 operatione *V*; oportet etiam *L.* 7 per putredinem *A*; — fructuum *A B Edd.* 8 *V*; operatur *L*; non operetur *Reliq.*

§. 55: 1 ubi *Z*; — ferre *pro* frigido *L*; — operante *Edd.* 2 *Om. P.* 3 primo *V* (? *aut fortasse C*). 4 *Om. A.* 5 -vitur *A.*

§. 56: 1 que *A L V.* 2 minorem pont. *V.* 3 *L C V*; sic *Reliq.*

Capitulum VII.

Secundum quid fecunditas inest semini[1] plantarum.

57 Fecunditas vero plantarum non est in solo semine, sed aliquarum melior fecunditas est in radice, sicut citonii[2]; aliquarum autem[3] melior fecunditas est in stipite, sicut vitis; aliquarum autem[3] melior fecunditas est in semine, et illae notae sunt et multorum generum. Quare autem quaedam plantae nulla omnino habent semina, quaedam autem proferunt semina inutilia et infecunda, quaedam autem[4] utilia et fecunda, in sequenti post istum libro[5] hujus scientiae docebitur, ubi etiam causas dabimus hic inductae divisionis.

58 Earum autem[1], quae in seminibus fecunditatem habent meliorem et utiliorem[2], quaedam faciunt germen suum in summo farinae suae, sicut cicer[3] faba et glandes nux et avellanae, et muscatae sicut dicitur sunt ejusdem naturae. Quaedam autem germen producunt ex infimo farinae suae, sicut grana tritici et ordei et avenae, quaedam autem faciunt in circuitu suae farinae[4], sicut oliva et allium. Allium tamen est de his, quae in radice sua meliorem habent germinis sui virtutem, sicut et[5]
59 lilium et quaedam alia hujusmodi. In quacunque autem parte incipit germen, in eadem[1] parte constat, quod sita est vis formativa et ibi incipit opus suum, et residuum substantiae seminis trahit ad nutrimentum radicalium[2] partium plantae. Non autem diu germinat sursum planta, nisi[3] statim acumine suo[4] semen scindat et inferius in terram porrigat, formando radices ori plantae similes, ex matrice terra sugentes humorem,

§. 57: 1 inest fecund. *V ind.*; seminibus *P.* 2 *E conj.*; cituarii *L V*; situarii *C Edd.*; sicuarii *B*; in ficuarii *A*; *quae lectiones ortas esse crediderim e siglis* citu'ii *et* citōii commutatis; *cydoniam enim et Palladius et Petrus subolibus radicatis plantandam esse praecipiunt.* $\frac{3}{3}$ aut *Edd.* 4 *L*; *om. Reliq.* 5 librum *A B Edd.*; — hujusmodi *Edd.*

§. 58: 1 enim *L.* 2 *Om. B P Edd.* et util. 3 $\overline{\text{nc}}$ *C*; cetera *L*; et *om. A B.* 4 *L*; *om. Reliq.* quaedam ..... farinae; *et A ad marginem addit.* desunt. 5 est *V*; — *om. L* lil. et.

§. 59: 1 ea *B.* 2 calidum *Edd.* 3 ubi *Edd.* 4 *Om. B P Edd.*; — scindit *Edd.*; — porrigit *J.*

qui suppleat[5] defectum, qui accidit ex parva quantitate seminis.

Omnes autem[1] pullulationes semina[2], quae sunt acuta py- 60
ramidalem figuram habentia, emittunt ex parte acuta: eo quod illuc pro certo major tendit impetus caloris naturalis, et basim dividit in capillares radices, intendens[3] quantitatem nutrimenti attracti in theca[4] majoris capacitatis reponere, ne[5] statim arescat, si superveniat terrae ariditas[β]). Et quia omne semen hoc modo[6] aperitur superius, et emittit farinae suae substantiam in primam sui generis pullulationem, et divaricat basim suam in[7] radices suas capillares, per quas thecam suam implet nutrimento humido secundum actum: ideo omne semen in esse suo singulari, quando fructificat, moritur, et nisi moriatur nequaquam[8] fructificabit. Sic 61
autem pullulans corrumpitur quidem[1] in esse seminis, sicut dictum est, quoniam esse seminis est esse potentiale. Sicut enim ovum nihil[2] completum est in esse naturae, et ideo per actum naturae perficitur, quando producitur ex eo animal: sic[3] etiam semen nihil completum est in esse naturae, sed potentiâ est planta aut id, in quo planta est secundum potentiam[4]. Neque enim potest dici planta[5] vel non planta, eo quod dicitur[6] illud, quod potentiâ est planta, et non secundum actum est planta. Neque proprie est animatum aut inanimatum, quoniam animam non habet ut[7] actum sui, sed habet animam, ut artificiatum — in quo intrinsecus esset artifex movens ipsum ad esse artificiati — habet[8] artificem. In hoc enim perfectius[9] est opus naturae quam artis, quia[10] opus naturae habet motorem ad esse spe-

β) *A ad marginem adnotavit:* non hujus intellectum dicti scimus elicere. *Mihi videtur Albertus cotyledonum intumescentiam sub germinatione observasse, atque radiculae suctui tribuisse, quod ipsarum cotyledonum actu endosmotico, ut dicunt, efficitur. M.*

§. 59: 5 suplet *L.*

§. 60: 1 enim *add. V.* 2 *E conj.*; seminis *BCZ*; seminum *Reliq.*; — emittuntur *P*; germen *addunt AB*; *quae lectiones mihi rejiciendae videbantur, quum a germine pullulationes quidem, non vero a pullulationibus germina emitti possint.* 3 *L*; incendentes *C*; intendentes *Reliq.* 4 theca *V hoc solo loco*; teca *Codd. ubique*; deca *Z.* 5 *A*; ut *Reliq.* 6 sem. sic *A.* 7 et *Edd.*; — suas *om. L.* 8 nunquam *Edd.*

§. 61: 1 quod *L.* 2 nil *L.* 3 sicut *B*; sicut est sem. *C.* 4 subst. *L.* 5 *Om. Z*; *om. A* vel non pl. 6 dicet *B Edd.*; dicit *CLV*; — id *L.* 7 nec ...., sicut *L.* 8 in quo si . esset ......, haberet *A*; artificiatum *Z.* 9 In quo perf. *Edd.* 10 eo quod *L.*

ciei se moventem; opus autem artis suum extra se habet motorem.

62 Haec igitur est dispositio seminum et fructuum secundum naturam. Quare[1] autem quaedam plantae faciunt semina inutilia ad fructificandum, in sequenti libro determinabitur: nunc enim de saporibus succorum et fructuum dicendum esse videtur.

§. 61: 10 *L V*; *om. Reliq.* ad esse; motorem suum intra se *A*; mot. intra se *J*.

§. 62: 1 et q. *L*.

Tractatus II.

Tertii Libri Vegetabilium.

Qui est:

De saporibus succorum et fructuum et seminum plantarum[1].

Capitulum I.

De eo, quod sapor ceteris sensibus magis naturam vegetabilium certificat[2].

Nos quidem jam in libro de sensu et sensato et in secundo de anima de saporibus in universali fecimus tractatum[γ]). Hic autem oportet dicere de saporibus succorum et fructuum plantarum, eo quod diversitas saporum in nulla[3] re ita manifestatur, sicut in fructibus et succis plantarum. Maximum enim indicium[4] virtutis plantarum consistit in saporibus[5] et odoribus earum, et minimum consistit in colore et figura. 63

Color enim in corpore[δ]) quod ex[1] contrariis com- 64

γ) De sensu tract. II cap. 7 et 11. et De anima lib. II tract. III cap. 27—29.
δ) *Quum Albertus per totum hunc tractatum, si excipias capitulum ultimum, Avicennam, Canonis sui, quem latino sermoni tradiderat Gerardus Carmonensis, lib. II tract. I cap.* 3 *de simplicium medicamentorum et saporibus et odoribus agentem, secutus sit, non quidem verbotenus, sed emendans contrahens omittens, quae permulta in editionibus veteribus (quarum adhibui antiquam* 1490 *Venetiis per Dion. Berthocum impressam) sat obscura et confusa reprehenduntur; literis laxius dispositis indicavi ut alias Nicolai ita hic sententias, quas ab Avicenna depromptas deprehendere poteram.*

§. 63: 1 *Omisi* Incipit, *quod L solus servavaverat*; *om.*: *A B J P* tert. lib. veg., *L P V* qui est, *C Z* est, *P* et fruct. et sem. pl. 2 *Om. P* De eo *atque* cet. sens.; sensibilibus *A B V text. J.*; — natura *C*; — et certif. *V*. 3 ulla *Z*. 4 radicum *Z*. 5 *L*; od. et sap. *Reliq.*; *om. Edd.* in odor. ..... consist.
§. 64: 1 *Om Edd.*

mixtum est, aliquando causatur ex calido, aliquando ex frigido. Calidum enim albificat corpora terrea subtilia et defaecata, sicut apparet[2] in albedine calcis et cineris; et idem denigrat aut obfuscat corpora perspicua et aquea. Frigus autem ut in pluribus facit e contrario. Et ideo, cum miscentur in complexionem unam substantia calida et frigida — sicut in omnibus vegetabilibus — forte secundum quantitatem vincit in commixtione illa aliquod simplicium album, et colorat totum compositum; cum tamen aliud — componentium idem[3] compositum — vincat secundum virtutem calidi, et[4] efficiatur totum calidum; et tunc albedo, quae proprie indicat frigus in com-
65 positis[5], erit nuntius fallax. Exemplum autem hujus in artificialibus est, quod si accipiatur lac in bona quantitate, et permisceatur illi forti mixtioni, ita quod totum transeat in unum actum mixti, euforbii parva quantitas[1], erit quidem totum mixtum album, et non tamen est[2] frigidum, sed calidissimum, propter virtutem euforbii, quae vincit frigiditatem lactis. In naturalibus autem est exemplum hujus in pipere albo, quod licet ex aliquo componentium sit[3] album, et albedo sua dicat ipsum frigidum, tamen[4] caliditas vincit in eo propter componentia calida, quamvis non vincentia colorem[5] frigidorum, vincentia tamen secundum caliditatis virtutem. Et hujus simile invenitur in
66 multis. In saporibus autem certum habetur indicium naturalium qualitatum[1] plantarum, eo quod saporosum per suam ipsius substantiam tangit gustum, et sapor accidit ei, in quantum est[2] complexionatum, cum sit proxima sequela complexionis, sicut in antehabitis libris dictum est.

67 Odor autem est quiddam[1] saporem consequens, praeter hoc solum, quod odor est sicci et sapor humidi; et fortis

§. 64: 2 patet *A*. 3 est *add. P*; id. componentium *B*. 4 ut *A*; — callidum *V*. 5 frig. in comp. ind. *A*.

§. 65: 1 quantitate *Edd.*; — erit quoque *L*. 2 erit *B J*; — sed frigidiss. *Edd.*; sed calidum calidiss. *V*. 3 fit *Z*. 4 cum vincat *Edd.*; — *post* vincit *repetit C* dicat ips. frig. tam. calid.; — in ea *A*. 5 calorem *Edd.*

§. 66: 1 *L V*; quantit. *Reliq.* 2 *L*; *om. Reliq.*

§. 67: 1 quidam *Edd.*

odor[2] est sicci vaporantis et fumantis: propter quod frigida non satis[3] indicat odor. Amplius autem, cum fortis odor sit cum aliqua fumali evaporatione, — quamvis non sit[4] fumalis odor evaporatio, potest contingere, quod in commixto, in cujus mixtura[5] multa conveniunt contraria, unum vaporet et alterum non, aut unum magis vaporet quam alterum, eo quod virtus ejus est magis resolubilis quam alterius —: et tunc odor non nisi falliciter indicabit[6] complexionem ejus, quod commixtum est, quia non indicat nisi ejus miscibilis[ε]) naturam, quod subtilioris erat substantiae, et facilius resolubile: et hoc non est natura et complexio compositi[7], cum ipsum proportionaliter constituatur ex omnium[8] suorum componentium substantia et virtute.

Sed in gustu nihil horum fallere potest, eo quod gustabile 68
per sui[1] substantiam venit ad gustum. Et cum plurimum unius cujusque componentium sit cum plurimo[2] cujuslibet componentium aliorum; impossibile est, quod virtus unius sine virtute[3] alterius gustui per saporem manifestetur. Et ideo sapor
est, qui certissimum dat experimentum virtutis plantarum. Quam- 69
vis enim tactus etiam per tactum substantiae rei certificat, tamen non manifestat nisi exteriora rei in corporibus tactis; qualitates enim primorum componentium. Similiter autem et qualitates secundae, quae sunt ipsius compositi, potentiâ sunt in ipso tactu et non actu: et ideo non percipiuntur per tactum, qui non percipit nisi qualitates, quae sunt in actu. In gustu autem propter contritionem[1] et humidum salivale, quod est medium, in actu efficiuntur qualitates[2], quae fuerunt in potentia; et certificantur per gustum intimae et primae consequenter[3] complexionatorum qualitates. Odores autem post sapores[1] certius certificant, 70

ε) *i. e.* ejus elementi.

§. 67: 2 *Om. Edd. et inserunt verba* et sap. humidi et fortis et sicci *ante* praeter hoc. 3 frigidida *C*; non frig. non fortis *Edd.*; satis indita *L*. 4 sic *V*. 5 *L V*; -turam *Reliq.* 6 indicat *A*. 7 *A L*; composita *Reliq.* 8 omni *C V Edd.*

§. 68: 1 suam *L*. 2 complurime *L*. 3 *L P V*; sive virtus *A B C*; sive alt. cum gust. *Edd.*; *quare J* quod *commutavit in* quin.

§. 69: 1 constrictionem *B*; — salivabile *P*. 2 medium in actu, eff. qual. actu *A*. 3 -quentes *A J*.

§. 70: 1 *Addunt:* sicut *Z*, sic *J*.

sed non sicut sapores, sicut ante jam ostendimus. Qualitates enim[2] secundae, causatae a primis, per ipsum certificantur gustum, in quantum est discretus a tactu. Primae autem[3] qualitates aut per operationes saporum sciuntur, de quibus inferius faciemus mentionem, aut per ipsum gustum, in quantum est quidam tactus, aut utroque modo certificantur. Et ideo scire volens vegetabilia intentissime debet attendere sapores eorum, quoniam per sapores magis quam per anatomiam vel aliquod aliud indicium conjiciuntur[4] naturae eorum.

71 Licet enim[1] aliquando res integra forte non suum manifestet saporem, sed forte videatur insipida, tamen, quando conteritur et pulverizatur[2], fortissimum tunc indicat saporem. Et exemplum hujus est[3] in ferro et aere, quae aut insipida sunt, aut debilem habentia saporem in lingua; et cum per artificium redigantur[4] in pulverem, fortissimos habere sapores cognoscuntur. Et ita[5] est de lignis multis. Et dum sapores fortes inveniuntur in contritis et pulverizatis, certissime conjicietur[6], quod res integra eosdem sapores habuit multo majores, antequam contereretur, quoniam omnis rei unicae[7] et integrae major est virtus complexionalis quam divisae et contritae, licet forte minus manifestetur, eo quod integra in linguis animalium penetrare non potest.

Capitulum II.

De propriis subjectis saporum secundum antiquos philosophos[1].

72 Quid autem sit sapor, et quae sit compositio saporum mediorum per extremos et[2] qualis, jam in scientia de sensibilibus[ζ])

ζ) *Loco in pag.* 189 *not. γ citato.*

§. 70: 2 *L*; autem *Reliq.* 3 *Mey. e conj.*; enim *Codd et Edd.*; — per *atque* sap. *om. A.* 4 alias cognoscuntur *V in marg. add.*

§. 71: 1 *Om. P.* 2 -ris atur *V hoc solo loco.* 3 *Om. P*; — ere et ferro *L.* 4 -g u ntur *A.* 5 i d e m *A*; — ling u is *L C et deleta litt.* n *V.* 6 con ti n etur *V*; con v i n ci tur *Edd.*; con n ici tur *L*; con mi tur *C.* 7 *L*; juncte *C V*; vincte *Reliq.*

§. 72: 1 *om. V ind.* subjectis; — phil. antiq. *P.* 2 *Om. Z*; — sc. de sens ibus *B Edd.*

expeditum est[3] a nobis. Hic autem de saporibus in vegetabilibus causatis[4] intendimus.

Est autem sententia Galeni η) et fere omnium Peripatetico- 73
rum de saporibus loquentium, quod dulcis et amarus et acutus sunt in substantia calida, stypticus autem[1] et acetosus et ponticus sunt in substantia frigida. Tamen in isto dicto antiquorum est probabilitas, et non necessitas. Invenitur enim instantia, quoniam opium[2] est amarum valde et habet superfluam[3] frigiditatem. Error autem iste frequentius fit ex parte frigoris, quam ex parte caloris. Dico autem ex parte frigoris, ut videlicet res aliqua[4] habeat saporem significantem substantiam calidam, cum sit frigida, frequentius, quam quod habeat saporem significantem
substantiam frigidam, cum sit calida. Hoc enim[1] contingit 74
ex hoc, quod quidem[2] res aliqua componitur ex frigidis et calidis, sed[3] in ipsa vincit frigidarum[4] proportio calidarum proportionem. Cum enim[5] calidum sit vehementioris actionis et motus quam sit frigidum, contingit, quod pauca calida[6], quae sunt in re illa, sapore et odore vincunt multa frigida, quae sunt in ea. Et ideo aliquando judicatur res calida, quae in pluribus componentibus suis est[7] frigida. Nunquam autem judicatur res frigida, quae in pluribus componentibus suis est calida.

Sapor autem, quem vocant antiqui insipidum, in 75
substantia aquea invenitur superfluae aqueitatis, licet[1] insipidum dicatur dupliciter, simpliciter videlicet insipidum, et insipidum quoad nos. Simpliciter autem insipidum ϑ) non videtur esse aliquod complexionatum[2]; sed

η) Galeni de simpl. med. facult. lib. II cap. 15 (cap. 14 *Edd. vet*).

ϑ) Insipidum autem secundum veritatem est, cui non inest sapor secundum veritatem *Avic. vet.*

§. 72: 3 jam *repetunt CP VZ.* 4 cātis = causatis *L*; sitis *A*; satis *Reliq.*

§. 73: 1 *L*; *om. Reliq.* 2 apium *V.* 3 humiditatem et *add. cod. A* (*siquidem sigla Meyeri* Alb., *lapsu calami certe orta, recte interpretatus sim.*). 4 *Om. Edd.* res aliqua — calida (§. 74). Hoc — quidem; *om. L* hab. sap. .... quam quod.

§. 74: 1 autem *P.* 2 *M. e conj.*; cum *Codd. et Edd.* 3 et *add. A.* 4 frigidorum *LP*; pr. calidorum *L.* 5 ejus *Edd.* 6 talia *Edd.* 7 *Om. P lacuna relicta*; *om. Edd.* Nunquam .... cal.

§. 75: 1 *Om. J* insip. ......, licet. 2 complementum *Edd.*; — illud *L*; id *Reliq.*

quoad nos illud dicitur insipidum, cujus sapor non manifestatur, sicut albumen ovi insipidum aliquando vocatur, propter superfluitatem suae aquositatis[3]. Hoc autem, quod dicunt, insipidum esse saporem, cujus proprium subjectum est superfluam aquositatem habens indigestam[4], non est dictum nisi quoad hoc, quod saporem large vocant omne, quod renunciat gustus. Sic[5] enim privatio saporum est sapor, et illud vocatur insipidum, quod nullum habet saporem; cum tamen probatum sit, quod hoc[6] non sit sapor, sed omnis saporis susceptibile. Haec autem omnia probata sunt in scientia de sensibilibus[7], tam in libro de anima, quam in libro de sensu et sensato[ι]).

76 Salsum autem reduxerunt ad subjectum calidum terreum, cujus amaritudo vincitur et frangitur aqueitate. Et ideo proprium ejus subiectum est combustum, cujus combustio praeventa est influxu humiditatis aqueae, antequam totum in amaritudinem converteretur. Propter quod etiam[1] salsus sapor juxta amarum esse dicitur, sicut subjectum salsi est juxta subjectum amari. Hujus autem signum est, quoniam si salsum soli vel igni exponatur diu, transit in amarum; sicut est videre in sale fortiter combusto, quod efficitur amarum; et idem in eo facit sol[2], si diu soli exponatur. Hic tamen[3] sapor in vegetabilibus rarissime invenitur, nisi hoc sit verum[4], quod juxta mare mortuum quidam fructus inveniuntur multum salsi, et alii multum amari et cinerei. Hoc enim quidam philosophi tradiderunt. Sed apud nos tales fructus nulli sunt omnino.

77 Acetosus autem sapor a philosophis reducitur ad subjectum subtilis substantiae frigidum[1]. Et ideo posuerunt, acetosum esse in actione quidem[2] acutum, propter suae substantiae subtilitatem, quamvis sit frigidum et constrictivum. Tale autem subjectum praecipue est illud, quod subtiliavit calor, et[3] a quo postea par-

ι) De anima lib. II tract. III cap. 28 *et* De sensu tract. II cap. 6.

§. 75: 3 aqueitatis *A.* 4 -gestum *P Z;* — large *om. A B C P Edd.* 5 sit .. saporis *V.* 6 cum non pr. sit, cum hoc *L;* — susceptibilis *Z.* 7 de sensibus *B.*

§. 76: 1 est *Z.* 2 *L V;* sal *Reliq.;* salsi diu si soli *Z.* 3 autem *A B Edd.;* Et hic tam. *L.* 4 inv. nihil h. s. juxta ver. *Z;* — juxta amari *P.*

§. 77: 1 -gide *A.* 2 quoddam *A L.* 3 *Om. Edd.*

tes calidae evaporant, et sic[4] frigidis solis relictis frigidum effectum est, sicut ipsum acetum, in quo iste sapor melius et verius dignoscitur.

Haec igitur subiecta saporum ab antiquis posita propria sunt saporum subiecta, quae non tam proprium[5] suscipiens dant[6], quam etiam causam propriam horum in subiectis.

Pinguem autem saporem, qui et unctuosus a quibusdam vo- 78
catur, posuerunt juxta dulcem, dicentes suum proprium subjectum esse calidum humidum bene digestum, habens humiditatem, cujus caliditas fracta est humiditate aërea; propter quod etiam est[1] supernatans in lingua, et repletionem et satietatem provocans. Qui sapor frequens in fructibus invenitur, licet non sit[2] adeo manifestus, sicut in pinguedine animalium.

Omnium autem fructuum fere sapor[1] primus est ponticus 79
vehementis frigiditatis. Sed paulatim inducta in eis humiditate aquea et aërea temperante eam, calefactio solis digerit humidum; et tunc declinant[2] ad acetositatem, et acquirunt saporem acetosum, qui est sapor sicut sapor agrestae[κ]), quae fit ad condimentum ciborum, quae trahit parum ad stypticitatem, amissa ponticitate prima, quam habuit omnino crudus humor. Et tandem permutantur in dulcedinem[3], cum agit calor digestivus usque ad perfectam digestionem humoris naturalis: et talis permutatio saporis[4] fit in uvis, et fere omnibus fructibus dulcibus malorum et pirorum.

Aliquando autem maturitas terminatur ad acetositatem pro- 80
pter multum humidum, quod a calido omnino vinci non potest, sicut in malis acetosis et cerasis, quae vocantur amarena[λ]). Quod enim illa non dulcescunt, nulla[1] causa est, nisi quia calor dige-

κ) *Conf. ind.* λ) *Nec plura de hac* *Pruni cerasi Lin. varietate profert autor, quae Italis nomine* Amarino, *Germanis nomine* Amarellen *nota est, unde lectionem cod. A* amarella *ortam esse crediderim.*

§. 77: 4 *E conj.;* evaporantes, frig. *Codd. et Edd.* *Quae Meyer proposuerat* postquam — evaporatae sunt, *cum et a codd. magis recedant et enunciationem minus ordinatam faciant, emendare studui.* 5 propria sus. d. enim caus. *A.* 6 dicunt *C L V Edd.*

§. 78: 1 *Om. B C P Edd.;* sup. est *A;* — societatem *Z.* 2 *L;* adeo non sit *Reliq.*

§. 79: 1 saporum *Edd.; om. L.* 2 -nat *L;* -nans *A C Z;* — *dein om. A* et. 3 *L V; om. Reliq.* in dulc. 4 saporum *Z.*

§. 80: 1 alia *add. B J;* — est *om. A.*

stivus in eis vincere humidum naturale non potest. Et ideo[2] cum assantur in igne, aut elixantur, optesis vel hepsesis[3] digestione convertuntur in dulcedinem amissa acetositate. Aliquando autem convertuntur in dulcedinem[4], venientia ex ponticitate in stypticitatem parvam, et ex illa[5] in dulcedinem absque acetositate, praecipue si sunt pinguia, sicut oliva et ficus.

Capitulum III.

De speciebus saporum, et multiplicatione eorum penes subiectum et causam, et de differentia eorum ad invicem[1].

81 Novem autem species vel genera saporum fere omnes antiqui tradiderunt, ponentes primo insipidum, sive[2] simpliciter sive quoad nos insipidus dicatur[3]; deinde duos extremos, qui sunt dulcis in[4] parte una, et amarus in parte contraria. Inter hos[5] autem posuerunt acutum et salsum et acetosum et ponticum et stypticum et pinguem sive unctuosum[μ]). Posteris tamen, qui subtilius naturas rerum rimati

μ) *Quorum saporum nonnullos paulo aliter nominare solent recentiores Graecorum Arabumque interpretes, Plinium secuti, qui tamen, lib. XV cap.* 27 (32), *tredecim vult esse saporum genera. Apud illos vero sapor* acutus *acer appellatur*, acetosus *acidus*, ponticus *acerbus*, stypticus *austerus. Plinius minus accurate dulci suavem, acri acutum subjungit, unde, insipido oppresso, fiunt decem; quibus tres, vini, lactis et aquae, sapores addit, quorum sapor aquae pro insipido est. In numero vero eorum, qui* 8 *tantum sapores statuerunt, sunt et Avicenna et Aristoteles De Anima lib. II cap.* 10. *Novem vero*

§. 80: 2 *L; om. Reliq.*; – in *om. A.* 3 eptesis vel opsesis *C; om. V* vel heps. 4 *L; om. Reliq* amissa .... dulc. 5 illas *Z*; — si sint *J*, non sint *Z*.

§. 81: 1 eorum *atque* et causam *om. A*; verba penes — ad invicem *margine abscisâ amisit B*; penes rationem et caus. et differentiam *V ind.*; pen. subj. et rationem *P omissis reliquis*; rationem alias causam *V*; et de differ. *L V*, et differ. *Reliq.* 2 qui *add. A.* 3 vocatur *A* 4 ex *B* 5 has *L*; — pingue *A B J*.

sunt[6], non videbatur insipidum ponere in numero saporum, propter rationem superius inductam, et illi ideo[7] non nisi octo saporum species[8] esse tradiderunt. Et[9] licet nos jam harum specierum multiplicationem et generationem[10] formalem ostenderimus in scientia de sensibilibus, tamen et hic inducemus horum saporum generationem et multiplicationem ex materia et ex[11] subjectis eorum, secundum quod nos accepimus eam a peritioribus antiquis.

Dixerunt enim, quod subiectum ferens saporem aut 82
est substantia grossa terrea — grossae videlicet et spissae terreitatis — aut est subtilis, aut media inter grossitiem et subtilitatem. Ad hoc autem aut est calidum aut[1] frigidum — sive sit grossum in substantia, sive subtile, sive medium[2] — aut etiam est aequale sive medium inter frigidum et calidum. Substantia igitur grossa sive spissa terrea calida[3] est amara; substantia autem grossa terrea frigida est pontica. Et ideo amarum et ponticum[4] contrariantur per qualitates activas primas, et non per substantias eorum. Substantia autem grossa[5] terrea aequalis — sive media inter calidum et frigidum — est dulcis. Ex quo patet, dulce et amarum contrariari per formas saporum, et non per subjectum aut qualitates[6] primas subjecti. Sic igitur 83
in substantia spissa terrea per differentiam qualitatum primarum activarum tres efficiuntur sapores. Substantia autem subtilis per differentias earundem tres suscipit sapores: quoniam si substantia subtilis est calida, habet saporem acutum, sicut sinapis[1]; et si est frigida, habet saporem acetosum, sicut acetum vel agresta[1]; et si est aequalis[2] inter calidum et frigidum, tunc

ab Alberto postero loco prolatos quo melius intelligas, hanc tabulam Meyer posuit:

Substantia	1. *grossa,*	2. *intermedia,*	3. *subtilis,*
a. *calida,*	amara,	salsa,	acuta,
b. *intermedia,*	dulcis,	insipida,	pinguis,
c. *frigida,*	pontica,	styptica,	acetosa.

§. 81: 6 *Om. A.* 7 *V unus in marg. supplevit.* 8 genera *Edd.* 9 *Om. L.* 10 *Om. B* et gen ; — ostendimus *Edd.*; — de sensibus *Edd.* 11 *Om. Z.*

§. 82: 1 est *repetit V.* 2 *Om. A B P Edd.* sive med. 3 *Om. L.* 4 -cus *V.* 5 et *add V.* 6 *E conj.*; quantit. *Codd. et Edd.*

§. 83: 1 aggresta *L*; agrestam *Z.* 2 *A, Avic. et hic et infra*; equaliter *Reliq.*

habet saporem pinguem sive unctuosum. Substantia autem media inter grossitiem et subtilitatem, si est calida, est salsa, et si est[3] frigida, est styptica; si autem est aequaliter media inter calidum et frigidum, tunc dicunt, quod est insipida[4]. Sic igitur novem sunt differentiae[5] saporum secundum antiquos.

84 Trium autem saporum, qui causantur ex diversis substantiis a[1] calido, acutus est calidioris substantiae, et sub illo est amarus, infimum autem gradum caliditatis habet salsus. Acutus enim sapor inter hos fortioris est virtutis ad resolvendum et ad incidendum et ad abstergendum[2], quae omnia conveniunt ignis calori aut siccitati. Diximus autem superius, quod salsum sit amarum confractum cum humiditate frigida; propter quod minoris caloris convenit[3] ipsum esse, quam amarum.

85 Inter eos autem, qui causantur[1] a frigido, ponticus sapor est in supremo gradu frigiditatis, et sub illo stypticus, et in infimo est acetosus. Cujus probatio accipitur in exemplo superius inducto de fructibus, qui, cum omnino frigidam et nihil[2] passam a calido digerente habent humiditatem, pontici sunt; et cum pati coeperit humiditas[ν]), efficiuntur styptici[3]; cum autem dissolvi et subtiliari et acui[4] coeperit humidum, incipiunt esse acetosi[5]. Licet autem

86 acetosum corpus minus sit frigidum quam stypticum, tamen cum utrumque[1] adhibetur ad aliud corpus per esum, acetosum invenitur frequentius magis infrigidans[2] quam stypticum. Quod propter[3] suam contingit subtilitatem, per quam acutum efficitur in actione, et penetrat, et interius ubique infrigidat. Stypticum autem exterius infrigidat tan-

ν) *Longe differunt Avic verba.*

§. 83: 3 *Om. Edd.* si est. 4 *L;* -pidum *Reliq* 5 genera *L ad marg supplevit manus secunda.*

§. 84: 1 *E conj., conf.* §. 85; ex *Codd. et Edd.* 2 abstring. *C V,* astring. *Edd.* 3 contingit *V.*

§. 85: 1 que *V;* vocantur *Edd.* 2 nil *L,* — *om. A* a cal. dig.; — conveniunt vel habent *V* 3 -cus *V;* - autem *om. L.* 4 et aciri *C V Z;* — *om. J* et acui; -cepit *Edd.* 5 *Om. C Z;* acidi *J.*

§ 86: 1 *Om. Edd.* 2 majoris infractionis *A;* magis in frigiditatis *Z.* 3 apud *L.*

tum. Ponticum autem et stypticum sunt in sapore valde 87
propinqua[1], sed in hoc est differentia, quod, licet utrumque contrahat et exasperet linguam, tamen stypticum non contrahit nisi id, quod de lingua est manifestum, anterius videlicet linguae, et superiorem pellem ipsius, in qua dispersus est nervus[2] gustativus; ponticum autem fortioris est contractionis[3] et exasperationis, contrahit enim et manifestum et occultum usque in guttur et in profundum linguae. Et ideo dixit Galenus ξ), quod, si ponticum calefiat, lenitur et[4] dulcescit, sicut superius ostendimus in fructuum maturatione. Sed tamen, licet dulcescat, secundum se durum manet; et si inducatur[5] in ipsum humiditas grossa non bene digesta, fit stypticum; si autem inducatur in ipsum[6] aërea subtilis, efficitur acetosum; si autem calefiat et humectetur humiditate aquea digesta, efficitur dulce.

Acutum autem et amarum conveniunt in hoc, quod 88
sunt linguam radentia; sed[1] amarum non radit nisi exterius linguae, quod tangit, acutum vero penetrat et radit[2] in profundum. Causa autem hujus est, quoniam acutum est subtilis substantiae et penetrantis, amarum autem grossae et gravis substantiae et siccae. Et ideo pure amarum non putrescit, sed conservat a putrefactione o), sicut succus amarus mirrae vel aloes. Dico autem, quod non[3] putrescit in se putrefactione, ex qua[4] generatur animal aliquod, sicut generatur ex aliis rebus putridis; neque nutrit[5] pure amarum. Dicit tamen[3] Galenus, quod amarum nutrit, sed parum, et[6] non per naturam amari, sed per naturam alicujus sibi commixti[7]. Et quia siccum est amarum, abra-

ξ) De simpl. medic. facult. lib. IV cap. 8 (cap. 7 *Edit. Basil.* 1531): fructus principio acerbi quum sint, processu temporis quidam plane dulcescant etc.
o) *Etiam haec Galenus de simpl. med. fac. lib. IV cap.* 20 (*cap.* 19 *Edd. vet.*) *profert, qui in cap.* 15 (*cap.* 14 *Edd. vet.*) *docuerat, dulce tantum nutrire nec unquam amarum nisi admixto dulci.*

§. 87: 1 -quo *V Edd.* 2 terminus *V.* 3 -tritionis *Z.* 4 *L V;* leniter et *C,* leviter et *Z,* leniter, *om.* et, *Reliq.* 5 *L;* duratur alias ducatur *V in marg.;* ducatur *Reliq.; et loco posteriore* induratur *V Z.* 6 humiditas *add. A.*

§. 88: 1 Si *Z;* amar. *om. L.* 2 alias vadit *V in marg. addit.* 3 *Om. L.* 4 *M;* quo *Codd. et Edd.* 5 licet nutriat *A.* 6 *Om. Edd.; om. A* per nat. am. sed. 7 mixti *A B Edd.*

dit cum aliqua exasperatione; et quia grossae est substantiae non penetrantis, dicit Galenus, quod non subito nocet, sicut acutum vel salsum. Id autem quod efficit caliditatem acuti fortiorem et nociviorem[8], quam sit caliditas amari, est penetratio, quae est ex subtilitate ipsius. Propter illam[9] enim vehementer resolvit et incidit in tantum, ut corrodat et putrefaciat et interficiat[10] aliquando.

89 Dulce autem et[1] pingue sive unctuosum conveniunt in hoc, quod ambo dilatant linguam et leniunt et, quod frigus laesit et congelavit, liquefaciunt[2] absque linguae resolutione et corruptione; et ideo ambo linguae removent asperitatem. Sed differunt in hoc, quod dulce facit id[3] cum calefactione manifesta; sed pingue facit hoc absque calefactione manifesta[4] et ideo dictum est ab antiquis, quod dulce plus digerit[5], quam pingue, et est
90 plus delectabile. Et causa ejus, quod plus delectat, est, quia taliter abstergit grossitudinem linguae, quod aptat eam[1] ad gustandum, et lenit grossitudinem substantiae suae, et facit eam fluere humore suo aqueo, et removet impedimentum congelationis linguae absque rasura[2] ipsius et absque incisione et solutione continuitatis, et absque obviatione[3] laboriosa vel dolorosa, et non habet calefactionem nocivam sed delectabilem, sicut perfusio aquae temperatae[4] delectabilis est corpori, super quod funditur. Ut enim optime inquit Galenus[π]), omnino[5], quod est secundum dispositionem naturalem, amatum[6] est et suave est apud omnes. Sanat enim, et destruit accidentia dolorosa impedientia[7] laboriosa. Et hoc est quod vocatur dulce, aut simpli-

π) *Vel potius Plato apud Galenum de simpl. medic. lib. I cap.* 37 (*cap.* 35 *Edd. vet.*) *cujus verba sunt* ἡδὺ καὶ προσφιλὲς, jucundum et suave.

§. 88: 8 notiorem *Edd.* 9 *L;* ipsam *Reliq.* 10 *Om. L* et int.

§. 89: 1 sive *L.* 2 autem *add. Edd.* 3 illud *L.* 4 *C P V et L in marg.; om. Reliq.* sed ..... manif. 5 nutrit *A.*

§. 90: 1 eum *B quod correxit P;* — ad gustum *L.* 2 passura *Edd.;* — infusione *A;* inscis. *L;* — absolut. *L;* alias resolutione *V in marg.* 3 conbinatione *B;* — *om. L* vel. dol. 4 -perande *Z;* — fundatur *V.* 5 omne *A J.* 6 *P V e correct.;* amicum *A;* amarum *Reliq.*; amarum est apud omnes et suave. *L om. altero* est. 7 et *add. A B C P V.*

citer, aut ei, cui ipsum est naturale, et a[8] quo appetitur secundum naturam.

Quod autem dicitur ϱ), quod non nutrit nisi dulce, 91
non[1] arbitror esse verum; quamvis verum existimem, quod non[2] est nutrimentum sine aliqua dulcedine. Ostendimus enim in antehabitis de nutrimento σ), quod aliae sunt conditiones plurimae nutrimenti, quae non sunt conditiones dulcis, in quantum est dulce[3]: et ideo licet dulce[4] nutriat; non tamen nutrit[5], in quantum est dulce, siquis subtiliter inspiciat, nisi dicatur dulce huic, a quo attrahitur[6] et appetitur. Sed de hoc disputare, alterius est negotii. Hic enim non nisi differentias et convenientias saporum investigamus.

Spissitudo autem substantiae sive grossities, quae conve- 92
nit tam dulci quam pingui, proportionatur utrique per operationem caliditatis proportionalis utrique: proportionatur[1] autem dulci, cum a principio substantia sua[2] aliquo modo subtiliari incipit per calidum. Tunc enim spissitudo substantiae proportionatur ei cum aqueitate et pauca[3] aëreitate. Sed proportionatur pingui, cum primo[4] coeperit per calidum subtiliari cum aqueitate[5] delectabili; et permiscetur ei aëritas plurima, quae vehementer intrat[6] in ipsam aqueitatem, propter quam etiam maxime supernatat, et repletionem et saturitatem et fastidium inducit.

Acutum autem et acetosum mordicant[1] linguam, sed 93
acutum facit hoc vehementer et cum calefactione, acetosum autem mediocriter et absque calefactione. Salsum sane provenit ex resolutione amari in insipido aquoso, et cum congelatur postea per calidum siccum, fit

ϱ) *A Galeno. Conf. pag.* 199 *not. π.* σ) De nutrim. tract. I cap. 1 *versus finem.*

§. 90: 8 *L; om. Reliq.;* quod *Z.*

§. 91: 1 nam *Z;* — *om. L* qua. ver. 2 *Om. Edd.;* — aliqua *om. L.* 3 dulce est *A B Edd.* 4 *Om. Epd.* 5 multum *L.* 6 trah. *L.*

§. 92: 1 *L V;* -nantur *Reliq.;* — utrique dulci *Edd.* 2 sua subst. *A B Edd.;* — modo *om. V.* 3 alias pura *in marg. add. V;* — aeritate *L V utroque loco.* 4 primum *A B.* 5 *Om. Edd.* Sed .... aq.; — dulcabili *L.* 6 intratur *J P;* — in *om. Edd.;* — supernatatur *L.*

§. 93: 1 modic. *B, om. paulo post* et c. calefact.

salsum, sicut[2] aqua cineris, qui comburitur ex terra salsa in locis[3] maritimis. Cum enim[4] aqua commiscetur huic cineri, et postea coquitur[5], fit sal. Acetosum autem provenit ex permutatione dulcedinis, quam facit nimia digestio caliditatis[τ]), sicut acetum fit ex vino dulci; et[6] aliquando fit ex permutatione ponticitatis aut[7] stypticitatis, quando vicerit super ipsam caliditas et humiditas, sicut fit in fructibus acetosis. Substantia autem dulcis ad humiditatem pertinet, substantia autem amari et pontici ad siccitatem.

Istae[8] igitur sunt saporum species, et convenientiae et[9] differentiae specierum.

Capitulum IV.

De operationibus propriis saporum inductorum[1].

94 Operationes rerum — habentium hos sapores — plurimum conferunt ad sciendam naturam ipsorum[2], quoniam frequenter ex operatione cognoscitur virtus, et ex virtute substantia. Et cum sapores maxime fructuum sint et seminum et vegetabilium, in quibus prima est sequela complexionum elementorum, oportet etiam de operationibus istorum aliqua subjungere.

95 Dicimus[1] igitur, quod frequentiores operationes dulcis sunt[2] digestio et lenificatio et multiplicatio nutrimenti per[3] hoc, quod fortiter attrahitur ab eo, quod nutritur; cum enim natura diligit ipsum[υ]), fortissime trahit, ita quod aliquando nimietate sua inducit oppilationes viarum. Operationes autem frequentiores amari sunt abstersio et exaspe-

τ) cum diminutione caliditatis *Avic. lat.* υ) et multipl. nutr. et natura diligit ipsum et virtus attractiva attrahit ipsum. *Avic. lat.*

§. 93: 2 si *L*; — aq. tinis *C*; — que aburitur *Z*; que oboritur *J*. 3 oris *J*; *om. A* in locis. 4 *Om. Edd.* 5 et *add. Edd.* 6 *Om. Edd.*; — fit *om. V.* 7 aliquando *A.* 8 Isti *L.* 9 *Om. Z.*

§. 94: 1 De succis fructuum et seminum quae saporum dicuntur, *Z*; de operationibus fructuum et seminum habentium hos sapores, *J*; — propriis *om. A B C V ind.*; inductorum *om. P.* 2 ipsarum *B*; — *om. L* quon. freq.

§. 95: 1 Dixim. *V.* 2 *L V*; est *Reliq.* 3 post *Edd.*

ratio; et fugit ipsum natura; nec nutriat[4], nisi per aliquas partes non amaras, quae sunt in ipso, ut dicit Galenus φ). Ponticum autem corrugat et contrahit; et[5] exprimit, quando fortis est ponticitatis[6]. Stypticum autem contrahit[7] et inspissat et indurat et retinet. Unctuosum autem lenit et lubricat et aliquantulum digerit. Acutum vero resolvit et incidit et putrefacit. Salsum autem[8] iterum abstergit et abluit et exsiccat et prohibet putrefactionem. Acetosum autem secundum sui naturam[9] infrigidat et incidit. Dulcis autem saporis proprietates cognosci possunt ex his, quae superius[10] dicta sunt.

Sunt autem sapores isti simplices in vegetabilibus propte- 96
rea[1], quod prima complexio, resultans ex commixtione elementorum, perficit vegetabile, et[2] sapor est sequela complexionis hujus. In animalium enim[3] corporibus major est recessus[4] a qualitatibus elementalibus, et major accessus[4] ad corporis coelestis harmoniam; et ideo minus resultant in animalium corporibus sequelae primarum qualitatum, et ideo[5] minus manifestantur in eis sapores[6] in corporibus eorum χ). Natura autem vegetabilium non solum cognoscitur ex saporibus, sed etiam ex operationibus saporum suorum[7]; eo quod nulla est dictarum operationum, quin[8] facile sit eam reducere ad aliquem effectum primarum qualitatum.

φ) Lib. IV cap. 15 (14 *Edd. vet.*). χ) *Respicit autor ad ea, quae jam in lib. I* §. 2—4 *et* §. 181 *proposuit.*

§. 95: 4 *L;* nutritur *P e rasura et J;* ne nutriatur *B;* nutriatur *Reliq.* 5 *L;* corrugat et corrigit et expr. *V;* congregat et expr. *A;* coagulat et exp. *B;* congruat et exp. *C et P qui in marg.* congerit; congruere expr. *Edd.* 6 -citas *L.* 7 attrah. *A.* 8 *E conj.;* etiam *Codd. et Edd.;* iterum etiam *L;* — per putrefact. *L.* 9 *Om. A.* 10 *Om. P.*

§. 96: 1 *M;* proprie eo *Codd. et Edd.* 2 *L;* et saporem sequela *V;* et *om. Reliq.* 3 autem *A P.* 4 excessus *Z.* 5 *Om. L.* 6 et *add. V; om. L* in corp. eor. 7 *M e conj.;* oper. saporosorum *Codd. et Edd.* 8 quoniam *P.*

Capitulum V.

De permixtione[1] et confusione saporum.

97 Galenus autem vult[ψ]), quod quandoque duo sapores associantur in re una; et hoc contingere dicit propter diversitatem compositionis ejus; sicut amaritudo et stypticitas conveniunt in licio[2]. Et talis sapor[3] abominationem movet[ω]) vehementer. Sic[4] etiam in aquis lacuum, quibus infigitur diu radius solis, congregantur duo sapores, acutus videlicet et salsus, qui magis est abominabilis quam praedictus sapor. Sic etiam duo sapores in melle aggregantur[5], dulcis videlicet et acutus, praecipue si mel antiquum sit, aut sit coctum. Et sic inveniuntur tres sapores in[6] melangena[α]), amarus acutus et stypticus. Et sic sunt duo sapores in
98 herba, quae vocatur endivia[β]), amarus et insipidus. Quandoque autem uterque coadjuvat[1] ad effectum eundem, sicut in aceto, in quo acumen[2] et mordicatio — quorum utrumque provenit ex vini[3] sapore et natura — coadjuvant se ad ampliorem infrigidationem, quoniam utrumque istorum aperit transitum, et adjuvat ad penetrandum. Et licet acutum et mordicans aliquando calefaciant, tamen non proveniunt in aceto ad tantam virtutem[4] calefactionis, quae impediat[5] infrigidationem. Aliquando au-

ψ) *Sunt* *Lycii* *Lin. species. Albertus autem locum transcribens ex Avicennae canon. lib. II tract. I cap.* 3, *edit. Plemp. II pag.* 10, *edit. arab. vol. I pag.* 118 *lin.* 4, *haud inique Galenum autorem laudat, qui in lib. cit. cap. de Lycio succum hujus arboris ἑτερογενές declaravit.* ω) et nominatur horribilitas *Avic. vet.*; qui vocatur abominandus *Plemp.* α) *Est Solanum melongena Lin.*, melongena *Avic. vet.*, malus insanus *Plemp.*, Badingam *Avic. arab.* β) Endivia *Diosc. sive* Hindaba *Avic. arab.*, *designat Cichorii Lin. species intybum et endiviam.*

§. 97: 1 permutat. *Edd.* 2 *P e corr.*, *Avic.*; in uno *A C*; in lino *Reliq.* 3 *Om. Edd.* 4 Sic *M. e conj. et hic et in seqq. §. sententiis, ubi Codd. praebent:* Sicut etiam —. Sic etiam —. Et sicut (Et sic *V*; Sicut *Edd.*) —. Et sicut —. 5 congreg. *A L*; aggreg. *Reliq. et Avic.* 6 in mellengena *V*.

§. 98: 1 *C L*; coadunat *et postea* — coadunat — et adunat *V*; coadjuvant *Reliq.* 2 acuitas *Avic. lat.*; est acumen *A B*; acutum *Reliq.*; — et mudicatio *P*, et mordicans *J*. 3 humi *L*. 4 -tis *V*. 5 *L V*; impedit *Reliq.*

tem[6] effectus unius impedit effectum alterius, sicut acetositas et ponticitas, qui sunt ambo sapores[7] in agresta inventi; ponticitas tamen ejus prohibet acetositatem ipsius ab infrigidatione forti.

Similiter autem contingit aliquando, quod essentia sa- 99
porosi juvat effectum saporis, et aliquando est contraria et impediens; juvans[1] quidem, sicut subtilitas essentiae, acetoso sapori in aceto associata, facit profundari infrigidationem aceti. Contraria autem[2] est et impediens, quando grossities sive[3] spissitudo essentiae acetoso sapori conjungitur, sicut in lacte acetoso. Tunc[4] enim propter hoc, quod grossum non penetrat, non ita[5] profundatur infrigidatio acetosi.

Accidit autem aliquando, ut sapores aliquarum re- 100
rum non puri purificentur[1] ex tempore, sicut accidit in humore agrestae. Cum enim diu steterit, multum residet ex[2] pontico ipsius in fundo, et tunc acetositas ipsius magis purificatur, quam fuit in principio, quando ponticum cum ipso permixtum fuit. Aliquando vero prolongatio temporis facit e contrario, purum saporem permisceri cum alio, et efficitur non purus, sicut accidit in melle: temporis enim prolongatio facit ipsum amarum et acutum. Et sic est facile, experiri in multis similibus.

Horum enim omnium causa est aut[1] mixtio substantiarum 101
diversos sapores habentium, quae est causa congregationis duorum saporum in re una; aut resolutio unius eorum[2], ita quod appareat dominium alterius, quae[3] est causa purificationis saporum ex duobus saporibus; aut etiam adunatio major et debilitas unius substantiae, ne dominetur super alteram, quae ante[4] dominabatur, quae[5] est causa transitus unius saporis in duos permixtos. Et sic in similibus facile est, advertere[6] causas permixtionis saporum. Natura enim melius permiscere novit quam ars, et ideo melius in naturalibus quam in artificialibus permiscentur sapores.

§. 98: 6 *V; om. Reliq.;* — impedit effectus *L.* 7 am. sap. sunt *B.*
§. 99: 1 juvat *BJ;* juvant *Z.* 2 *Om. C.* 3 et *Edd.* 4 rō = ratio *pro* tē *CLVZ, quare V* pr. hoc est; *B om.* hoc. 5 penetrat nec prof. *A.*
§. 100: 1 -cantur *L.* 2 et *Z.*
§. 101: 1 autem *L.* 2 earum *L.* 3 qui *L;* — putrefact. *Edd.* 4 aut dominabitur *Edd.* 5 autem *add. A.* 6 avert. *Z;* — ex causis *A.*

102 Haec igitur dicta sint a nobis[1] de saporibus et saporum convenientiis et differentiis et operationibus, quae quando conjuncta fuerint[2] his, quae in libris de anima et de[3] sensu et sensato[γ]) diximus, satis scietur saporum natura. Per haec enim, quae dicta sunt, scitur, quorum subiectorum sunt[4] praecipue in vegetabilibus, et qualium sunt qualitatum activarum et passivarum; adhuc autem et quarum sunt operationum. Et haec sufficiunt[5], quantum ad praesentem speculationem.

Capitulum VI.

De odoribus plantarum et qualiter ex odoribus complexio et natura[1] plantarum indicatur.

103 Odores etiam[2] praecipue inveniuntur in vegetabilibus. Aliqua enim secundum totam substantiam suam sunt aromatica, sicut balsamus; alia autem in toto foetida sunt, sicut cotula foetida[δ]). Quaedam autem[2] habent corpora olentia, sicut aloe. Sed fere omnium flores et fructus redolentes sunt valde, et plus quam semina eorum, quoniam semina aut nihil redolent, aut parum, sed flos et fructus multum. In quibusdam[3] autem multum redolet flos, et quasi nihil redolet fructus, sicut est in rosa et[4]
104 vite. Odores autem non ita certificant naturam compositionis eorum[1] et complexionis, sicut faciunt sapores, propter rationes superius inductas. Est autem[2] jam a nobis in aliis probatum[ε]), quod odor non est fumalis evaporatio; sed verum[3] est, quod vehementioris virtutis est, qui[4] est cum evaporatione: et ideo odor aliquando indicat frigus complexionis, aliquando autem calorem.

γ) *Conf. pag.* 189 *not. γ.* δ) *Anthemis Cotula Lin.* ε) De sensu et sensato tract. II cap. 10.

§. 102: 1 *Om. A* a nob. 2 erunt *Edd.* 3 *Om. A L.* 4 sint *Edd.* 5 sufficiant *A Edd*

§. 103: 1 nat. et compl. *L; om. P* et qualiter ..... indic. 2/2 enim *L.* 3 quibus *Edd;* — et *om. J.* 4 in *add. A B Edd.*

§. 104: 1 earum *A B P.* 2 *Om. V.* 3 nullum *L.* 4 *E conj.;* que *Codd. et Edd.;* — *om. C* qui est cum; *om. L* cum; ex *pro* cum *Edd.*

Omnes autem odores, ex quibus sentitur mordi- 105
catio aliqua, aut etiam qui declinant ad dulcedinem, indicant calorem rei odorabilis[1]. Et haec est causa, quod dolorem capitis inducunt, propter dissolutionem et evaporationem, quam facit calidum. Est autem quam plurimum[2] verum, quod bene redolentia omnia, quae etiam aromatica dicuntur, calida sunt, exceptis istis dumtaxat, quae roralem habent odorem admixtum, qui est odor aliquid[3] roris odoris habens, et his, quae in olfaciendo sedant[4] anhelitum sive spiritum, sicut camphora et nenufarζ). Corpora enim istorum amborum non removentur ab odore secundum plurimum, eo quod aliquid substantiae vaporantis cum[5] odore venit ad cerebrum et infrigidat ipsum.
In quibuscunque[1] autem odoribus sentitur acetositas 106
aut palustris odor, qui est sicut carectiη) et cirpi, aut etiam odor roralisϑ) sunt secundum plurimum frigidi. Et his associandi sunt, de quibus diximus, qui sedant[2] anhelitum, etiamsi sint aromatici, sicut camphorae odor. Odor enim floris, qui vocatur nenufarι), in palustribus crescit, et ideo aliquid[3] de palustri habet odore.

Diximus autem in libro de animaκ), quod odores secnndum 107
plurimum sociantur[1] saporibus, et nomina habent ipsorum: et ideo de differentia odorum in vegetabilibus specialem non oportet

ζ) Nenufar *Avicennae est Nymphaea Lotus Lin., floribus fere Violam redolentibus. Sequentia sic reddidit Gerardus:* Corpora enim amborum non evacuantur ex substantia infrigidante associata odori usque ad cerebrum; *rectius autem Plempius his verbis:* Utriusque enim corpus substantiâ refrigeratoriâ non vacat, quae odorem usque in cerebrum comitetur. η) Carectum *Alberto esse tum Iridem pseudacorum Lin., tum locum illa vestitum lib. VI* §. 355; cirpum *autem Scirporum aliarumque Cyperacearum species lib. VI* §. 320 *edocti sumus.* ϑ) et charagiati roralis *Avic. vet.*; et velut humidior situs seu mucor *Plemp.* ι) ut camphora et nenufar *Avic. Hic vero de indigenis Nymphaeacearum speciebus agit Alb. Conf. lib. VI* §. 395. κ) Lib. II trat. III cap. 24.

§. 105: 1 aut et. que dulced. indic. calorem nisi odorab. *omissis intermediis L.* 2 *L, om.* autem; aut. etiam *Reliq., nisi quod V in marg. addit* alias secundum; etiam ut *J.* 3 aliquis *V;* — odoris *om. A J;* — habent *L.* 4 ced. *Z.* 5 est *Z.*

§. 106: 1 quibusdam *B.* 2 çedant *V.* 3 quid *Edd.*

§. 107: 1 assoc. *A.*

facere disputationem. Prave enim homo odorat, et ideo differentias subtiles odorum non deprehendit. Quamvis autem non certificet[2] odor sicut sapor in vegetabilibus, tamen satis certificat partem substantiae rei[3] vaporabilis. Sapor autem ut in pluribus certificat de toto.

108 Sed hoc non[1] est praetereundum, quod poma redolentia, cujuscunque generis sint, si saepe attrahatur aut exprimatur odor eorum, citius corrumpuntur. Dico autem attrahi odorem quasi sugendo, quoniam per spiritum anhelitus quasi sugitur ex ipsis odor. Exprimi autem voco, quando premuntur aut[2] revolvuntur manu, ut currat in eis humidum, et spiret in eis odor[3]. Vix enim aut nunquam spirat odor, nisi aliquid pomi substantiae spiret cum ipso, et cum hoc continue fit, corrumpitur. Quando autem talia in locis frigidis reponuntur, ita quod sit frigiditas reprimens, et non congelans et mortificans, conservantur diutius. Et simile est de omnibus aromaticis, sicut patet in camphora, quae in psillio, quod est frigidum, conservatur[λ]), et aëri calido exposita statim exspirat. Aqua etiam[4] rosacea, quando fuerit bona et bene aromatica, ad solem exspirat, et in frigido loco conservatur.

109 Cum autem duo sint in plantis secundum plurimum[1] redolentia, flos videlicet et fructus, erit fructus, quando redolet, fortioris odoris, et flos minoris odoris[2] in pluribus: quoniam humidum spirituale magis abundat in fructu quam in flore[3], et flos etiam compactioris est substantiae quam fructus, et ideo minus de odore emittit.

Haec igitur sunt, quae de odoribus plantarum dicenda esse videbantur.

λ) *Jam affirmaverat Platearius camphoram in psyllio aut in semine lini per XL annos servari posse. Circa Instans, in edit. cum Serapione, Venet.* 1497 *fol., in fol.* 192 *A.*

§. 107: 2 -ficat *A C Edd.; om. L* certificet ...... satis. 3 *Om. A.*
§. 108: 1 non hoc *V.* 2 et *V;* — manibus *B.* 3 *E conj.;* odorem *Codd. et Edd.* 4 autem *Edd.; om. P.*
§. 109: 1 *C L V Z repetunt* in plantis. 2 ut *add. A B.* 3 in fructibus quam in floribus *Edd.;* est comp. *omisso* etiam *A B P Edd. quod in* rarioris *contra Alb. lib. II* §. 118 *perperam mutavit J.*

Capitulum VII.

De succis fructuum et seminum, quae saporum praedictorum[1] sunt subiecta.

In fine autem hujus libri quaedam[2] annectenda sunt de 110
succis plantarum. Succus enim subjectum est saporum in ipsis[3]. Et de succo quidem, qui est in corporibus plantarum, jam sermo habitus est in his, quae praecesserunt: sed quod hic restat dicendum, est, quod succus maturus non est nisi in seminibus et fructibus.

Sed humor, qui in omnibus seminibus est et exprimitur 111
ab ipsis, oleagineus[1] et pinguis est; qui autem est in floribus, est aqueus subtilis et spiritualis multum[2]; qui autem est in fructibus et ab eis exprimitur, est multae grossae humiditatis aqueae vaporabilis multum, propter quod etiam ut frequentius inebriat[3] sicut mustum. Rationabile[4] autem est, [quod,] quoniam in seminibus major est decoctio, magis subtiliatur humor eorum, et ingreditur in ipsum plurimum aëritatis, et suum terrestre multum permiscetur suo aqueo, ut ex[5] ipso separari non possit: et ideo efficitur humor viscosus et pinguis. Talis enim 112
humor magis aptus est generationi, qui viscositate sua intra se[1] continet virtutes formantes; sicut in semine animalium spiritus, qui vehit virtutem formantem, intra viscositatem seminis continetur. Congruit autem generationi ex parte materiae, quoniam, nisi esset oleagineus, agente calido solis et loci in ipsum, cito separaretur humidum ipsius a terrestri subtili, quod est in ipso, et evanescerent[2] omnia semina. Amplius autem lavaretur terrestre ipsius ab humido pulviae descendentis[3] in terram. Et ideo ingeniata est natura, ut humorem olei et viscosum, non inspissabilem calido vel frigido, poneret in semine plantarum[4], quia aliter multis occasionibus destrueretur[5].

§. 110: 1 *V*; dictorum *V ind. et Reliq.*; *titulum om. L P.* 2 *Om. Edd.* 3 subj. sapor. in ipsis est *P*.
§. 111: 1 -ginaceus *L*. 2 *Om. L.* 3 bullit *A*. 4 irrationale *L*; quod *inserui e conj.* 5 in *Edd.*
§. 112: 1 intrasse *P*; — contingit *C L V Edd.*; — form. virt. *L*. 2 -nescens *C L Z*; — et amplius *L*. 3 -dentes *Z*. 4 et *add. P*. 5 destruitur *L*; *om. Edd.* destru. Humor ... est.

113 Humor autem florum subtilis est aëritatis valde, et facillime exspirat. Modico enim igne vel calore solis adhibito exspirat. Propter quod etiam[1] facile ad solem flores arescunt.

114 Fructus autem multum habent aquosum humorem et ventosum, qui, cum exprimitur ab ipsis, secum trahit terrestre faeculentum: et ideo est turbidus, sicut mustum recenter expressum — quod, cum resederit[1], purificatur. Educit etiam secum duplicem calorem, loci videlicet — qui missus est a sole — et naturalem. Et est secundo[2] dictus[μ]) in humido naturali digesto sicut in subiecto[3]; prior autem diffunditur per totum succum in vaporibus, qui causati[4] sunt a calore solis, et[5] est sicut calor febricitantis — in ejus corpore, qui actu febrem patitur; — propter quod inordinate movet mustum omnium pomorum, donec vapor, in quo est iste[6] calor, exspiraverit. Motu etiam suo turbat terrestre cum humido, et defaecari[7] et depurari non permittit: et hoc est, quod vocatur bullitio et digestio talium succorum. Et forte quando bibitur, quia ingreditur bibentem cum tali vapore, eisdem motibus movebit corpus ipsius, et ideo nocet mul-
115 tum[8] et inflat et inebriat, eo quod vaporativum est[9] valde. Sed cum exspiraverit vapor ille[1], qui defert in se calorem loci innaturalem, tunc pondere suo terrea resident ad fundum, et defaecatur succus, et adunatur in ipso calor suus naturalis, et efficitur tunc suavis ad bibendum, sicut liquor sumptus ex[2] fructibus salutaribus; et residente terrestri, amittit majorem partem ponticitatis aut[3] stypticitatis, quam habuit, et redit ad ipsum sapor, qui proprius est humoris sui simplicis, et maxime si diu servetur[4], et saepe de vase in vas transfundatur, ut bene a faece depuretur. Haec[5] quidem convenientius manifestantur in vino.
116 In omnibus tamen succis, qui exprimuntur a fructibus malorum et pirorum, ista inveniuntur proportionaliter naturae suae; et

μ) *Subaudias* is quem secundo loco diximus.

§. 113: 1 in *L.*

§. 114: 1 reced. *L.* 2 secundus *L.* 3 *V in marg. addit* alias cibo; — prior enim *Edd.* 4 tanti *Edd.*; creati *C V.* 5 qui *A.* 6 ille *L.* 7 defetari *B.* 8 mustum *P in marg.* 9 *Om. C L Edd.*; evap valde est *V.*

§. 115: 1 Sed ille vap. cum exsp. *L.* 2 a *B Edd.*; — residentibus *P.* 3 et *A B P Edd.*; — quem *V.* 4 cernetur *Z*; — transfunditur *Edd.*; — de fece *A V.* 5 et hec *V*; — manifestentur *C L V Edd.*

cum[1] bene redierit ad se humidum naturale, et depuratum fuerit, tunc subtilem et penetrantem habebit calorem. Propter quod, licet vini[2] forte calor minor sit quam musti, tamen magis calefacit. Et haec est causa, quod vinum antiquum calidius esse sentitur quam novum, et aliquando malum vinum novum[3] efficitur optimum, cum antiquatum fuerit, propter istius humidi subtilitatem: quia illa, quae malitiam in ipso fecerunt, separata sunt ex[4] ipso, et calor suus[5] naturalis adunatus est ipsi.

Explicit liber tertius[6].

§. 116: 1 omni *V*. 2 uni *Z*. 3 *Om. Z* et aliq. . . novum; *J restituit* et. 4 ab *V*. 5 fusus *Edd.*, fundi *A*, fumus *CL*. 6 *Quam clausulam V solus servavit*

Incipit

Liber Quartus

De Vegetabilibus,

qui est:

De virtutibus naturalibus plantae[1].

Tractatus I.

De virtutibus originalibus ipsius[2].

Capitulum I.

Quare et qualiter planta[3] quatuor virtutes originales accipit a quatuor elementis.

1 Plantarum vires naturales, et quae virtutibus eisdem fiunt in ipsis, sicut est digestio et alteratio succorum earundem[4], tam in se, quam in fructibus, in hoc quarto libro hujus scientiae dicere suscipimus, sequentes in hoc Aristotelem[5], cujus dicta in suo libro secundo vegetabilium posita hic more nostro exponemus.

2 Dicamus igitur, quod planta[α]) quaelibet in ipsa sui substantia tres vires sive virtutes trium praetendit elementorum.

α) Nicol. lib. II cap. 1.

§. 1: 1 de veget. *V ind.*, vegetabilium *Reliq* ;— qui est *L P V*, et est *C*, *om. Reliq.*; — plantarum *L.* 2 plante *add. A V*; *tractatus argumentum om. P.* 3 *V*; Qualiter planta quat. *A*; Qualiter qualiter (!) quat. *C.* Qualiter quat. *V ind. et Reliq* ;— accipiuntur *V ind.* 4 *M*; eorundem *Codd. et Edd.* 5 *Om. L.*

Primam enim virtutem, quam in ipsa sui materiali substantia habet, ex genere et materia terrae accipit, secundam autem ex genere et materia aquae, et tertiam ex genere et materia ignis. Genus enim hic vocamus subjectum primum, quod quidem est in compositione plantarum primum: et hoc est[1] elementum, veniens in ipsius plantae materialem compositionem.

Virtutem autem[1], quam habet ex genere terrae, vo- 3
cant fixionem. Fixio autem est fixio in esse materiali, et substantificatio ipsius; eo quod primum —, circa quod actus aliorum ponuntur — elementorum est terra, quae dominatur in omnium plantarum corporibus, et est, quod primum subjicitur in eis, et circa quod alia ponunt effectus suos. Et ideo planta figitur per illam virtutem materiae[2] in esse primo, sicut et[3] in quolibet generabili[4] prima fixio sui in esse est[3] per materiam ejus.

Secundam autem virtutem, quam habet planta ex genere 4
aquei, vocant improprie coagulationem, proprie autem vocatur conglutinatio sive continuatio[1]. Terra enim pura plantarum non accipit figuram et esse, quia continuari non potest — sed[2] sicca in se comminuibilis est —, sed per aquam commixta ducitur in esse et figuram plantae, sicut et[3] omne aliud generatum corpus.

Tertiam autem virtutem habet ab igne, quam vocant co- 5
adunationem; et haec[1] coagulatio magis proprie vocaretur. Haec[2] enim est ex calore ignis, qui, separando hetherogenea, et congregando homogenea, facit exsudare superfluum humidum, et residuum terminando digerit et adunat cum terreo. Et tunc perficitur esse[3] plantarum.

Videmus quoque, plures ex[1] his virtutibus artem, 6
quae naturam imitatur, in fictilibus perficere. In fictilibus enim[2] materialiter et virtualiter tria[3] ad oculum esse videntur. Lutum enim, quod est terra tenax, est quasi[4] cemen-

§. 2: 1 *Om. L.*

§. 3: 1 enim *L.* 2 nature *L.* 3/3 *Om. A.* 4 generali *L.*

§. 4: 1 *Om. V* s. contin. 2 *Om B*; — in *om. P*; — est *om. A P.* 3 *Om. A*; — corporis *Edd.*

§. 5: 1 horum *P*; *om. A.* 2 hoc *C L V*; — segregando *B J*; — homog. *pro* heterog. *V.* 3 *L V*; causa *Reliq.*

§. 6: 1 de *Edd.*; plurimum his *B*; — arte *Edd.* 2 autem *A.* 3 terra *Edd.*; — videtur *J.* 4 est et *Edd.*; — sement. *V.*

tum praebens materiam fictilibus, quod[5] comitatur virtutes materiales. Secunda autem virtus, quae invenitur in eis, est, quae est ex aqua qua commixtum unitur, ac continuabile efficitur lutum, sine qua etiam comminueretur, et in figuram ollae vel[6] amphorae institui non posset. Tertium autem est ignis, qui coquendo congregat[7] et permiscet digestum humidum cum partibus terrestribus luti[β]), et facit exsudare superfluum, donec[8] per ipsum compleatur generatio fictilis, quod formatum est. Et quia ignis agens in praesupposita duo elementa facit hoc, apparet, quod tota conjunctio siccae substantiae cum humida et partium materialium ad formam tam in arte quam in natura fit ab igne[γ]), eo quod ipse est effectivus omnium, et completivus generationis ipsorum. Hoc autem est ideo, quia raritas sive porositas inest fictilibus naturaliter[δ]). Non enim partes sicci[9] reciperent in se partes humoris, nec retinerent eas in se ipsis[10], nisi in raritate pororum, sicut
7 ostendimus in meteoris[ε]). Et quando ignis usserit[1] assando partes illas, firmetur in eis materia superflui existentis in eis humoris: et[2] tunc magis et firmius cohaerebunt sibi partes luti per humidum imbibitum[3] siccis, quod praestat continuationem luto; et tunc — loco humoris superflui mollificantis partes luti[4] — proveniet siccitas debita et durities testae fictilis propter victoriam caloris exire[5] facientis superfluum humidum, et propter digestionem ejusdem caloris terminantis incorporatum humidum, et adunantis[6] cum partibus sicci. Et hoc[7], sicut in fictili diximus, proportionaliter fit in

β) qui congregat partes illius, *Nicol.* γ) Apparitio igitur totius conjunctionis est ab igne. *Nicol.* δ) secundum partes suas. *Nicol.* ε) Lib. IV tract. III cap. 1, 4.

§. 6: 5 *Sequentia praeter in L V ubique corrupta et in B C Edd. lacunis ternis turpia. Pro* comitatur *praebent:* retinet *A*, continuat *B*, habet *P*; *lacunam Edd.*; — *pro* Sec. aut. virt. *porro:* Sec. aut. res *A*, Sed sec. res *P*; Sec. aut. *B*, Secundus *C*, *lacunam Edd.*; — *pro* est quae est ex aq. *dein:* tantum est aq. *A*, est aquea *B*, est *Edd. et C cui manus sec. supplevit* aqua; — *pro* unitur et continuab. *denique:* un. ac commiscibile *B P*, terrestre *A*. 6 et *V*. 7 congrue *Edd.* 8 *A*, *V in marg.*, *Nicol.*; humidum ut *B in marg.*; dum *B V in text. et Reliq.*; — completur *Edd.* 9 sicce *B*; — recip. eas *add. Z.* 10 se *om. L.*

§. 7: 1 asser. *L*; *C V Nicol.*; sumet. *L*; finietur *Reliq.*; *om. P* ignis .... firm.; — in illis *L*. 2 *delevit C*; — *magis* ac *Z*. 3 inhibit. *L*. 4 *Om. B Edd.*; — debitas *Z*. 5 *P ad marg.*; — evaporare *A*; *om. Reliq.* 6 *Om. J* incorp. .. adun. 7 hec *L*.

omni corpore animalis et plantae et minerae, quoniam, licet quaedam minerarum coagulentur frigido, tamen id, quod digerit et adunat humidum cum terrestri sicco, non est nisi calidum, sicut in mineralibus[ζ] ostensum est. Digestio enim est, ubi est humor sicut subjectum, et calor sicut agens. Et quando terminum proportionalem naturae rei consequuntur, tunc facta est digestio, quoniam tunc completum est ad esse naturae humidum, et calor retinetur in illo, sicut in[8] subiecto sibi secundum naturam proportionali, in omni corpore animalis et plantae et mineralium[η]).

Sicut autem jam probavimus, virtutes trium elementorum 8
inesse per operationes, quae substantiam eorum consequuntur, in planta: sic etiam probatur, inesse aër, per operationem aëris in ipsis. Non enim similiter se habet omnino in corporibus animalium et plantarum, sicut se habet in corporibus minerarum, quia partes plantarum et animalium[1] non sunt adeo compactae et consertae[2], sicut sunt corpora minerarum. Cujus indicium est, quod superfluitas ex sudore exsudat per poros occultos vel manifestos ex animalium et plantarum corporibus, nihil autem omnino exsudat superfluitatis[3] ex corporibus minerarum, neque aliquid videtur effluere superfluitatis ex ipsis[4], sive sint lapides, sive metalla[ϑ]); eo quod partes minerarum nullam habent raritatem talem, per cujus spongiositatem aliquid possit fluere. Propter quod nihil ex ipsis egreditur praeter ipsa; quoniam, liquefactis corporibus quarundam minerarum, ipsae totae secundum suas fluunt substantias. Ab animali autem et planta 9
egrediuntur superfluitates, a[1] planta quidem exsudantes per poros occultos, ab animali autem per poros et[2] manifestos

ζ) Lib. I tract. I cap. 5. η) consequuntur; eritque in digestione lapidis et minerarum *Nicol. Cum vero Nicol. nonnisi tres virtutes trium elementorum plantis inesse docuisset, dein Albertus ipsius verbis sollerter usus aëris quoque virtutem probavit. M.* ϑ) compactae; unde ab eis fluxus venit. Sed in mineris non est fluxus nec sudor; quia partes *etc. Nicol.*

§. 7: 8 *Om. L* sic. in.

§. 8: 1 mineral. *Edd.* 2 *Om. A*; — conservatae *J.* 3 superfluitas *Edd.* 4 *Om. Edd* ex ip.

§. 9: 1 et *A.* 2 *delevit P.*

et per[3] occultos. Talis enim exitus superfluitatis non fit nisi per raritates pororum occultorum aut manifestorum; et ideo, in quo non est hujusmodi raritas poralis, ab illo nihil egreditur omnino. Similiter autem, nisi[4] destruatur consequens, sequetur, quod, a quocunque nihil omnino egreditur, quod in illo non est raritas hujusmodi pororum; in mineris autem nihil egredi videtur: non est ergo raritas in mineris[5], praecipue his, quae sunt de genere metallorum. Cum autem omnis raritas sit aëritas et plena aëre, sicut alibi ostendimus[ι]), oportet aërem inesse omnibus corporibus porosis tam animalium quam plantarum.

10 Amplius autem solidum omnino est et compactum, quod augeri nullo modo potest; eo quod omne augens recipitur intra concavitatem ejus, quod augetur, sicut in aliis nostris libris[ϰ]) est ostensum. Omne enim, quod augeri potest, indiget loco poroso, in quo dilatetur id, quod[1] ipsum auget, et crescat[2], quando recipit illud. Propter quod etiam lapides et sales et terra et hujusmodi corpora, in quae nihil intrat, unius modi sunt secundum quantitatem, nihil[3] omnino augmenti recipientia. Et ex hoc sequitur iterum, raritatem[4] inesse plantae propter vacuitatem pororum, in quam recipit alimentum[5] augens.

11 Amplius autem — plantae licet non primo et principaliter insit motus, sed sit immobilis[1] secundum locum, tamen — secundo modo[2] sive posterius inest ei motus, qui motus est in attractione alimenti; quoniam, sicut probavimus in libris[3] antehabitis, alimentum movetur ad partes ejus, quod alitur, sicut locatum movetur ad locum. Haec autem attractio, quantum ad

ι) *Ubinam, indagare non potui; et cum caput sequens fere totum hac de re agat, valde suspicor,* ostendemus *legendum esse. M.* ϰ) De mineral. lib. I tract. I cap. 6; De nutrim. et nutrib. tract. I cap. 2 *et saepius alibi.*

§. 9: 3 per *om. BP.* 4 *M. e conj.*; etsi *Codd. et Edd.*; — sequeretur *A*; consequetur *P.* 5 *Om. L* autem .... min.

§. 10: 1 *Om L* augeri .... quod. 2 *Nicol.*; acrescat *P*; crescit *Reliq.*; — quod *Edd.*; — rescipit *L.* 3 vel *L Edd. et P qui in marg. correxit*; — augmentum *ABCJV.* 4 *P Edd., V in marg.*; necessitatem rarit. *A*; necessitat. *BCL*; aeritat. *V in text.* 5 *V in marg.*; augmentum *V in text. et Reliq.*; — recipit *om. B.*

§. 11: 1 mobilis *Edd.* 2 loco *V.* 3 *Om. A.*

locum, ad quem attrahitur nutrimentum, est sicut vis terrae, quae[4] in concava sua aëre plena attrahit humorem pluviae. Licet enim forma alimenti, data ei per calorem digestivum, elevet cibum ad membra, tamen[5] etiam vis membri trahit ad se alimentum, sicut locus trahit locatum. Sic enim nutrimentum venit[λ]) ad locum ejus, quod nutritur, receptum intra spongiositatem ipsius; et sic finitur digestio. Et haec omnia in antehabitis probata sunt. Oportet igitur in plantis, quando nutriuntur, esse spongiositatem aëream. Et sic virtus aëris est in planta[6].

Amplius autem frequenter herbae quaedam minutae[1] 12
in locis calidis et humidis temperatis, si sit humor dulcis, in una hora diei generantur et crescunt ad sensibilem quantitatem, licet non adeo velocem quantitatem in genere suo habeat animal. Sed animal secundum hoc habet generationem velociorem, quo fuerit[2] similius in corpore, sicut alibi probavimus[μ]). Constat enim, quod subtilis substantiae existens, et simile citius et velocius generatur, quam spissum et solidum. In solido enim diverso in partibus, sicut est animal[ν]), non potest fieri generatio, nisi terminata et digesta materia. Materiae autem[3] digestio non fit nisi usu, hoc est, frequenti actione calidi super eam. Et hoc modo et[4] hac de causa prolongantur impraegnationes et generationes animalium. Sed 13
materia plantae vicina est valde[1] plantae, et non magna dissimilitudine distat in ea potentia ab actu; propter quod etiam cito terminatur ad actum, et velox ejus efficitur generatio. In omnibus autem animalibus et plantis id, quod subtile est et rarae substantiae, nascitur et augetur citius, quam quod est spissum et[2] durum et compactum. Multis enim indiget viribus digestionum id, quod est spissum,

λ) humorem; eritque in attractione venitque *etc. Nicol.* μ) *i. e.* eo velocius crescit, quo simplicius sit corpus ejus. *Qua de re conf.* De nutrimento et nutribili tract. I cap. 4. ν) Natura enim animalis in se diversa est; non enim erit digestio *etc. Nicol.*

§. 11: 4 est *addunt C V et, legentes* concavo suo, *A B.* 5 *M e conj.*, et — trahat *Codd. et Edd.* 6 plantis *A.*
§. 12: 1 mitride (!) *Edd.*, nutrite *C.* 2 fuit *L*; — similitudo *A.* 3 enim *A.* 4 *Om. Edd.*
§. 13: 1 valde est *V*; — magna distancia *A.* 2 *Om. L.*

propter diversitatem partium et figurae, quae complentur in ipso, sicut in ossibus et nervis et aliis duris partibus ipsius, et propter elongationem partium ipsius per[3] dissimilitudinem ab invicem. Propter omnia autem haec velox est generatio plantae. Propter subtilitatem enim partium et similitudinem ad invicem citius complementum[4] est. Nec hoc fieri posset, quod esset subtile in substantia, nisi per raritatem aëream; quia lapides et minerae, quae sunt de terra et aqua, tarde valde generantur. In plantis igitur oportet esse raritatem aëream.

14 Amplius autem partes plantarum secundum plurimum sunt rarae eo, quod[1] calor naturalis et solis humorem trahit ad extremitates, tam ab imo sursum, quam ex profundo ad exteriora: et sic dispergitur materia humoris per omnes plantae partes, et quod superfluit[2] de humore nutrimentali, emanat per sudorem, sicut guttae in balneo, in quo calor interiorem humorem movet in homine, et attrahit ξ) ad exteriora, et facit ipsum currere; et siquidem tantum in corpore diffunditur, pinguedinem facit corporum; quod autem superfluum fuerit, quando[3] elevatur ad extrema, convertitur in guttas sudoris, et emanat. Et omnino eaedem[4] et simili modo in animali et planta superfluitates humoris ascendunt vaporabiliter ab inferioribus ad superiora, et conversi humores in aqueam et spissam substantiam, descendunt a superioribus ad inferiora in actionibus suis. Non autem ita in corporibus animalium et plantarum discurrerent et rarificarentur et ingrossarentur, nisi aëritas inesset eis. Oportet igitur omnibus corporibus animalium et plantarum inesse raritatem aëream.

15 Plantae igitur quatuor virtutes habent a quatuor elementis:

ξ) *Om. Alb. Nicol. verba:* et in vaporem convertit, qui elevatur; — et quando superfluus *etc.*

§. 13: 3 *Om. A* elong. .. per; — similit. *Edd.* 4 *Nicol.*; complementum *Codd. et Edd.*; completur — subtilis *M.*

§. 14: 1 *V*; quia *Nicol. atque expuncto* et *P*; et quidem *A*; et quod *Reliq.* 2 *ABP Nicol.*; -fuerit *Reliq.* 3 *E conj.*; quod *Codd. et Edd.*; quid .. fuerit, quod *C.* 4 *E conj.*; eadem *Codd. et Edd.*; — modo *V*; materia *Reliq.*

a terra quidem fixionem, ab aqua conglutinationem sive continuationem, ab igne vero unitionem[1] fixionis et continuationis, ab aëre autem raritatem.

Capitulum II.

In quo declaratur[1]:

quod raritas in corporibus est aërea.

Quia vero posset aliquis dicere, hanc raritatem non esse 16
aëream, sed corpora terrea secundum naturam suam esse porosa et[2] rara, oportet nos probare, quoniam omnia corpora, hujusmodi raritatem habentia, multam sunt habentia aëritatem.

Dicamus[1] igitur, quod fluvii[ο]), qui sub terra manantes[2] 17
generantur, a locis montuosis venientes, quorum materia est pluvia aliquando multiplicantur sub terra. Et cum constrictae fuerint aquae ipsorum interius: aliquando calore terrae fit ex eis vapor in visceribus terrae; et ille[3] multiplicatur et revolvitur in se ipsum propter compressionem[π]), quae fit a soliditate loci, non permittente evaporare eundem. Et dum multiplicatur, violenter scindit[4] terram, et apparet in superficie: et tunc fiunt fontes[5] et flumina, quae prius erant cooperta. Sicut enim diximus de causa generationis fontium et fluviorum in meteoris[ρ]), hac etiam de causa terrae motus saepe fiunt, et ostendunt fontes et flumina, quae prius non apparuerunt, quando

ο) Nicol. lib. II cap. 2. π) *Lectionem* conspissionem, *quam in edit. Nicol. e codice uno recepit M., vix praeferendam crederem.* ρ) Alb. De met. lib. II tract. II cap. 16. *Verba Nicolai vero:* Praemisimus — in libro meteororum, *si ab omni errore sibi caverunt interpretes, indicare videntur, Nicolaum opus Aristotelis, cujus lib. I cap.* 13 *hac de re agit, in compendium redegisse, qua de re conf. Meyer. in edit. Nicol. p.* 108.

§. 15: 1 urationem *Edd.*

§. 16: 1 in hoc *Edd.*; — *om. P* in quo decl. 2 *Om. Edd.*

§. 17: 1 Dicim. *Edd.* 2 manentes *L P V.* 3 *Om. L.* 4 *V Nicol.*, find. *Reliq. dein vero Omnes* scinditur. 5 montes *B C P E.*

scilicet scinditur terra ex vapore in visceribus terrae multiplicato. Ex opposito etiam[6] saepe invenimus, fontes et flumina submergi sub terra per[7] terrae motum. Talis autem terrae motus et tremor non contingit nisi in corporibus solidis et compactis, in quibus parum vel nihil est aëreae[8] rari-
18 tatis. Plantae autem non contingit talis motus vel tremor, eo quod aër est in raritate partium ejus, et vapor, qui generatur in ventre plantae, paulatim exspirat. Et hujus signum est, quod terrae motus in locis, quae usque in profundum sunt arenosa, non fit, eo quod per illa loca paulatim exspirat vapor, sicut de corporibus plantarum et animalium; fit autem terrae motus in locis duris, quae sunt loca aquarum et montium, in quibus includitur et continetur multiplicatus[1] vapor. In illis enim secundum unam similitudinem[2] et secundum unam causam accidit[σ]) terrae motus: in loco enim aquoso accidit, quia aqua continuat superficies terrae et facit eas solidas; et in locis montium lapidosis similiter contingit[3] ex eadem causa, quia scilicet lapides
19 sunt solidi et indivisibiles. Natura autem[1] calidi vaporis, sub talibus locis multiplicati[2], est ascendere. Cum ergo convenerint simul multiplicatae[3] partes ejus, tunc corroborabitur vis vaporis moventis, et incipit impellere et movere locum, et cum sciderit locum, tunc exibit vapor, et tunc residet locus. Quodsi daretur, quod rarus esset locus ille, exiret vapor paulatim per poros loci, antequam impelleret et scinderet locum; sed quia fuit solidus[4] continuus sine porositate, non potest ei hoc accidere, ut paulatim exeat vapor congregatus, qui[5] partibus suis multiplicatis possit terram scindere. Hoc autem fit, quando terrae motus est in corporibus solidis. Et ideo in partibus plantae[6] et animalis nunquam erit terrae motus,

σ) Similiter quoque accidit. *Nicol.*

§. 17: 6 *Om. Edd.* 7 propter *A.* 8 vel *addit L.*
§. 18: 1 -tur *L.* 2 multit. *L.* 3 accidit *B.*
§. 19: 1 enim *A P.* 2 -cata *L.* 3 -care *L Z*; part. citius *L*; — pellere *P*; — scinderit *Z.* 4 *Om. L*; — hoc *om. Edd.*; accid. hoc *A B C P.* 5 *P*; quod etiam *A L*, quod et *B C*, quod ex *Edd.*, quod *V*; congregatisque *Nicol.*; — potuit *Nicolai codd. et V*; — inscind. *L.* 6 -tarum *Edd.*

sed in omnibus aliis corporibus aliquid est[7] simile terrae motui. In fictilibus enim[8] et vitro et mineris includitur aliquid de vapore, et illud confortatum frangit superficies eorum, quando solidae sunt et compactae; et simile hujus invenitur etiam in mineris aliquibus.

Ex omnibus autem dictis significatur, quod corpora rara 20
sunt aëris naturam et virtutem participantia, sicut corpora plantae et animalium, corpora autem solida compacta aut non participant naturam aëris aut parum participant ex ipsa[1]. Amplius autem omne corpus, cujus est multa raritas in partibus, per naturam suam[2] consuevit ascendere super aquam natando, sicut in coelo et mundo τ), ubi de gravi et levi sermo habitus est, determinatum est[3] a nobis. Et hujus causam ibi ostendimus, quia scilicet sublevat ipsum aër, qui est in poris raritatis[4] ipsius. Multotiens enim videmus projectum aurum in aquam[5] — vel aliud corpus ponderosum — et illud statim mersum descendit ad aquae fundum, qui est naturalis locus ipsius[6]; et cum projicitur lignum rarae substantiae, non mergitur, sed natat in superficie aquae. Neque est causa mersionis uniuscujusque rei, nisi quia est terrestre solidum υ), carens porositate. Hoc enim non habet aërem se ad superficiem moventem. Sed rarum omnino non mergitur.

Considerandum quidem est[1] in corporibus: licet enim ha- 21
beant aliquid aëritatis, aliquando tamen non habent aërem in ea proportione; quod movere possit terreum — quod est in ipsis

τ) Lib. IV tract. II cap. 10. υ) *Verba Nicolai, quae quomodo corrupta sint demonstravit Meyer in edit. p.* 109: Ergo non propter folia mergitur nec propter ponderositatem, sed quia est solidum; *aliquatenus emendavit Albertus, cujus verba sat obscura et ipsa corrupta videntur. Praebent enim* nisi *AB et, qui om.* rei, *L soli,* porositate *AB soli, Reliq. vero* ponderositate, *omisso* nisi, *quae lectio ad Nicolaum ita accedit, ut veram eam crederem, si ullo modo cum sequentibus congrueret.*

§. 19: 7 esse *BCLZ.* 8 vero *C.*

§. 20: 1 *Om. ABEdd.* corp. autem .... ipsa. 2 *Om. C;* — ascendit *Z et om.* consuev. *J;* — *addunt* in de coel. *A,* et in mund. *P.* 3 *Om. Edd.* 4 -tas *L Edd.* 5 *Om. P* in aq. *atque postea* mersum. 6 illius *L.*

§. 21: 1 *B;* quidem igitur in corp. et *V e correctura; om. Reliq.* est; — raritatis *Edd.*

— ad superficiem aquae: et tunc mergitur; hac enim de causa ebenus nigra et illi cognata submerguntur[2] in aqua. Et ideo in talibus non est aër tantus, quod[3] ea ad superficiem aquae levare possit. Et ideo mergitur, quod tale est[4], quia partes ejus ut multum solidae sunt et compactae et non porosae terrestreitatis. Sed oleum[5] omne et folia plantarum, quamdiu viridia sunt, aquae supernatant nisi aqua intrans per longitudinem in folia omnino ex eis excludat aërem; tunc enim merguntur. Horum autem[6] omnium causam alibi jam ostendimus[φ]). Scimus enim, quod in omnibus talibus est humor et calor, qui dissolvit[7] et aereum facit humorem. Naturalis autem consuetudo aërei humoris est, aquae partibus cohaerere propter symbolum[χ]) quod[8] habet cum aqua; et consuetudo caloris est, quod facit ascendere suum subjectum ad aërem, hoc est, ad locum, ubi tangit aër superficiem aquae; naturalis autem mos aquae est, quod omnia talia aëream habentia humiditatem elevat ad suam superficiem; et naturalis usus aëris est, quod facit ascendere aërea super[9] superficiem aquae, quia omnes superficies aquae unius naturae sunt[ψ]). Et ideo aër in oleo et foliis ascendit super aquae superficies, et natat undi-
22 que super eas. Amplius autem lapides illi, qui aquae[1] supernatant, sicut pumex et similes, natant propter raritatem aëre plenam, quae est in eis major, quam sit quantitas virtutis terrestrium partium eas deprimentium. Et[2] in talibus lapidibus idem erit omnino major locus aëris, hoc est magis in se locans de aëre, quam sit in eo locus corporis terrae in partibus terrestribus ejus. In talibus enim spatia aëris[3] ma-

φ) *Conf. de ligno ebeni* Meteoror. lib. IV tract. II cap. 17; *de oleo* ibid. cap. 11; *de foliis* Vegetab. lib. II §. 113, 118. χ) *Conf. indic.* ψ) ascendere; et ideo ad superficiem ejus non ascendit aqua, quia tota superficies aquae una est. *Nicol.*

§. 21: 2 -gatur *Z.* 3 qui, *om.* tantus *A*; — eam *BLPZ.* 4 *Om. A* est *atque* ejus ut. 5 ol'iu *L*; — aquam *B*; — subnatant *Edd.*; — includat *L.* 6 enim *L*; — ostend. jam *V.* 7 -solutum *B.* 8 similitudinem, quam *A*; — *om. L* cum. 9 *Om. scribentes* aeream *L*, aera *Z*; ad *BJ.*

§. 22: 1 *V*; *om. Reliq.* aquae *et scribunt* qui *A*; quidem *L et superscripto* qui *P*; quidam *Reliq.*; — pum. et simle ita nat. *L*; pum. et sim. natat super rar. *Z.* 2 ideo *A.* 3 cleris *L.*

jora sunt spatiis terrae. Natura autem[4] aquae — sicut alibi[ω]) probatum est — est ascendere super terram, cum sit levis in terra[α]): et ideo materia lapidis terrea, quae est in lapide, quantum est de se, descendit sub aqua, quia terra simpliciter est gravis; sed natura aëris in lapide, vincens terrae spatia, facit ipsum ascendere super aquam. Quod- 23
libet enim elementorum[1] trahit suum simile[β]) in compositis ad locum unum, quando fuerit vincens in composito naturam alterius elementi[2], quod sibi subjungitur[3] in eodem composito. Si ergo in composito[4] fuerit multa et aequalis proportio aëris et terrae, quae a quibusdam mutakefia[5] dicitur[γ]), mergetur medietas taliter proportionatorum lapidum sub aqua, et alia medietas natabit; si autem in multo vincit aër[6] proportionem terrae, videbitur totus lapis eminens et natans super aquam.

Si autem aliquis objiciens dicat, in omnibus commixtis, et 24
maxime lapidibus et lignis et herbis, majorem partem materiae esse terream — sicut probatum est in secundo de generatione[δ]) —; et ideo omnia talia, propter dominantem in eis terram, debere[1] locari super terram, et mergi sub aqua: dicemus, quod terra quidem[2] dominatur in materiae quantitate; tamen,

ω) De generat. lib. II tract. I cap. 11. α) i. e. levior terrâ, *nec absolute levis, sicut ignis. Cod. A vero interpretatum esse potius, quam legisse crediderim* respectu terre, *quem loquendi modum apud Albertum reperisse non memini. M.* β) Quilibet ergo suum simile attrahit e contrario naturae ejus, cum quo conjungitur. *Nicol.* γ) *Vocem arabicam* mutakefia, *recte ab Alberto explicatam, designare aequales inter se, Meyer in edit. Nicol. pag.* 111 *demonstravit*; medietas *vero* pars dimidia *est.* δ) *Corporibus mixtis omnia inesse elementa, cum* Aristot. De gener. lib. II cap. 8 *tum* Alb. De gener. tract. II cap. 17 *docent; ubi maximam mixtorum partem terream esse, hic quidem expresse pronunciavit. Sequuntur autem etiam ex iis, quae ab Arist. De coelo lib. IV cap.* 4 *et* 5 *de rerum et gravium et levium natura dicta sint.*

§. 22: 4 enim *B Edd.*

§. 23: 1 *Delevi verba statim repetita* simile (similil'e *C*) suum (elem. simplicium *A*) in composita *quae anticipata a Codd. omnibus hoc quoque loco inseruntur.* 2 alim. *L.* 3 subjung. in comp. eod. *L*; jung. *Reliq.* 4 ergo incomposita *Z.* 5 mutekefia *B*; mutabysta, *et in marg.* mutakesia *A*; muta siesya *C Edd. et P e rasura, qui in marg.* vnikakesia; muta siebȳa *L*; muta siesia *V*; — dic itur *B J.* 6 aëre *Edd.*

§. 24: 1 *V*; aliter *Reliq.* 2 dic. quidem quod ter. *Edd.*

quia terrestre mixtorum[3] digestum et subtiliatum est[4] et tractum ad actum spiritualium elementorum, magis in eo[5] sunt in actu quam corporalia grossa, et ideo sequitur actum et motum spiritualium, nisi nimis abundanter vincat terrestreitas in ipso. Et haec est causa, quod aër[6] in raris magnam molem terrae potest movere, eo quod est sicut formale in talibus corporibus commixtis.

25 Fuerunt autem quidam, qui ad istam objectionem dixerunt, quod, licet terra in talibus vincat mixtis[1] quantitate molis, non tamen vincit, ut dicunt, quantitate virtutis. Sed hoc nihil est omnino, quia motus sequitur quantitatem[2] molis; et ideo dicit Aristoteles[ε]), quod in talibus corporibus major est locus sive spatium aeris, quam spatium sive locus terrae. In quibusdam enim[3] corporibus terrestre per calorem ad formalitatem digestum[4] non est, et aëritati conjunctum, et ideo merguntur, sicut metallica et multa lapidum genera. Haec igitur est vera solutio inductae dubitationis.

26 Sed lapides alii[1], qui fiunt ex collisione undarum commiscente[2] forte lutum viscosum, fortes et duri efficiuntur, et illi[3] merguntur. Similiter autem, sicut lapides rari et aërei[4] ponderant, et habent pondus proportionatum ex terra et aëre, sic etiam omnes arbores[ζ]) fere habent tale pondus rarum et aëreum, et ideo natant super aquam. Sed in hoc est dissimile, quod lapides rari, qui fiunt ex spuma collisionis undarum, efficiuntur fortes et duriores quam ligna. Spuma enim collisa coagulatur sicut lac viscosum porosum, donec[5] spumat; et quando unda spumosa illiditur arenae adhaeret, et congregatur in eam arena retenta viscositate spumae. Siccitas autem, quae est ex salsedine maris, siccat eam, et continue in eam[6] congregantur arenae, et per longitu-

ε) *Ad proxima Nicolai verba* §. 22 *respicit auctor.* ζ) *Hanc priori sententiae proposuerat Nicol.*

§. 24: 3 a mixtorum *Z*; a mixto *J*; — digest. est *add. L.* 4 *Om. A.* 5 *C L V*; ea *Reliq.* 6 quod aër *V in marg. et e conj. Meyer*; quod *A J*, *utrumque om. Reliq.*; — in radice *C*; — mollem, *om.* terrae *Edd.*; molam *L.*

§. 25: 1 *Om. L.* 2 qualit. *L C.* 3 quibus autem *Edd.* 4 digestivum *Edd.* 5 et ideo *A et in marg. V soli offerunt.*

§. 26: 1 aliū = aliquando *L*; *om. A*; — qui sunt *A Nicol.* 2 -miscende *Z*; -miscendo *J*; — fortiter *manus posterior in marg. V.* 3 alii *Edd.* 4 aëri *L.* 5 *V et superscripto* tunc *P*, dum *A J*; dicit *Reliq*; — spumosa munda *L.* 6 *Om. Edd.* in eam.

dinem temporis vertuntur[7] in lapides eo modo, quem scripsimus in scientia de lapidibus η).

Ex omnibus autem his[8] est hoc accipere, quod raritas in corporibus aëreae naturae est, et quod corpora raritatem habentia vim et virtutem et substantiam habent in se ipsis aëris.

Capitulum III.

In quo ex incidenti determinatur:

quod aqua dulcis est principium aquarum, et quod aqua est super terram; ut sciatur, quae sit virtus corporum mixtorum ex terra et aqua[1].

Expeditis autem his oportet nos gratia hujus ex incidenti 27 tangere, quod, sicut aër facit ascendere corpora rara super aquam, ita etiam universaliter[2] aquea corpora ascendunt super terram; et quaecunque merguntur in aqua, profecto non habent nisi virtutem unam, quae est grossae et faeculentae, sicut arena, licet fiat torrore[3] solis, pro certo nihil tamen habet virtutis aëris vel aquae.

Significatio ϑ) enim[1], qua scitur, quod mare secundum 28 naturam suae aqueitatis sit super arenas coopertas in fundo ipsius, quae[2] non habent nisi virtutem terrae, est, quod omnis terra simplex est in gustu dulcis, ita quod[3] dulcis sapor generaliter accipiatur, prout dicitur dulce, quod non est amarum, sed in se habet subjectum primum saporis dulcis. Sic enim insipidum in aqua vocatur dulce, quando dividitur aqua in dulcem

η) Lib. I tract. I cap. 5 et sqq. ϑ) Nicol. lib. II cap. 3.

§. 26: 7 *Om. Edd.*; — modo quo *A*. 8 *Om. A*; — hoc *om. L*.

§. 27: 1 In hoc *Edd.*; — incidenter *A*; *om. P* ex inc.; — declaratur *L*; declar. et determ. *V nec V ind.*; — princip. a quarto *A*; alias arenarum *add. V*; — nisi scitur *V ind.*; ubi sc. *Z*; — corporis *A B C V ind. Edd.*; *om. P* quae .... aqua; — aqua et cetera *add. V ind.* 2 videtur *C L V*; videtur, quod *J*; aq. univers. *P*. 3 corpore *in textu*, calore *ad marg. P*.

§. 28: 1 igitur *Edd.*; — naturam *om. Z*. 2 quoniam *L*; — virtute *B L*; — terrae *om. A*. 3 *Om. P et in marg. supplevit* si dulcis.

aquam et amaram; et eodem modo dividitur terra in dulcem terram[4], in qua est nutrimentum dulce, et in amaram, quae sui salsugine nihil nutrit et generat. Sic enim loquendo terra sim-
29 plex, a calore adustionem non passa, dulcis vocatur. Quando autem super talem terram sub torrore solis diu steterit aqua, tunc adustione solis prohibetur a sua naturali alteratione. Commiscens[1] enim aliquod[2] terrestre cum aqua torror solis, et adurens utrumque simul, inducit salsedinem; et tunc aqua stans super terram, quae fuit dulcis, non alterat gustum ut dulcis, sed sicut salsa: et sic torror solis aquam comprehensam in loco illo facit[3], nisi sublimaverit eam in formam aëris; faciendo autem sic aquam illam, et agendo in eam, obtinuerunt[4] per spatium temporis in aqua partes terreae combustae amarae¹), quarum amaritudo cum frangitur[5] in aqua, generatur salsedo. Et sic fiunt aquae salsae, et calefiunt paulatim, quia salsae aquae calidiores sunt quam dulces. Constat autem, quod talis aqua stat super fundum maris, quia aqua illa non spirat in aërem; et ideo[6] talis salsedo generatur in ipsa. Siccitas autem salsuginis lutum, quod erat in profundo ipsius, dividit, et calor coagulat ipsum[7]; et ideo totum in fundo lutum terrae, quae fuit dulcis, in arenam convertitur.

30 Lutum autem frequenter ingenitum est et innascitur[1] in fundo fluviorum dulcium, quod manet lutum propter aquae dulcis, quae est in fluminibus, suavitatem et subtilitatem. Et quia aliquando processu multi temporis obtinuit¹) in aqua siccitas terrae[2], tunc convertit eam in genus terrae alicujus, vel convertit eam ad naturam terrae

¹) obtinere *hoc loco est* victoriam *vel* primum locum obtinere. *Conf. Du Cange Glossar.*

§. 28: 4 *Om. A* et eod. ..... terr.

§. 29: 1 Commisc. *repetit L.* 2 quod *A*; — torrore *Edd.*; — et *expunxit C*; — aduriā *L.* 3 non facit dulcem *A*, non *P in marg.*, *quae verba genuina non habeo; sed retinui vocem* facit, *a Reliq. om.*, *cum et apud Nicol. legamus* faciet, *et e proximis colligi possimus, Alb. scripsisse* facit aquam sic *i. e.* salsam. 4 -nuerint *BJL*; -nuerit *PZ*; — *verba* in aqua *expunxit P scribens* per spatium tres. 5 *verba ubique om.* cum frang. *V in marg. addit*; — amaritudine *P*; — in aquam *L.* 6 *CLV*; *om. A* ideo; *om. Reliq.* et. 7 *Om. L* dividit ... ips.

§. 30: 1 ing. est in fundo fluv. innasc. *Z et*, *om.* ing. est *J*; lut. aut. illud freq. ingenuum est, et nasc. *A*; — ingenuum *Nicol.* 2 *Om. Edd.*

vicinam unctuosam; et tunc processu temporis utriusque
natura, terrae scilicet et aquae, incrispavit[3] et involvit al-
teram et tenet eam, donec incipit durare[κ]) et vincere sic-
citas terrae secundum virtutem durationis illius, qua
figitur terrae virtus in excellentiam aquae, et exsic-
cando[4] eam incipit dividere lutum in parvas particulas
valde, et convertere in lapides. Et haec est causa, quod 31
littora et campi propinqui juxta mare sunt arenosa
loca. Haec etiam est[1] causa, quod quidam campi, super
quos est parvus humor, et non habent[λ]), quod cooperiat
eos a sole et[2] torrore solis, eo quod sunt remoti ab aqua
dulci prohibente torrorem, sic[3] siccantur in arenas. Ex-
tracto enim ex eis, quod est de aqua[4] dulci subtili, re-
mansit solum hoc, quod est incrispatum in vi[5] terrae salsae,
et hoc est de genere terrae. Et quia sol continue torrens
diu remansit in tali[6] loco non cooperto a solis ardore,
ideo in minimas partes luti separatae sunt, et totus locus
factus est arena. Signum autem, quod arena facta est ex 32
tali luto, est, quod, cum cavatur profundum sub tali
arena, invenitur lutum unctuosum, quod prae omnibus lutis
habilis est materia ad coquendos lateres. Lutum autem tali-
bus locis ingenitum[1] est pro certo materia[μ]) arenae,
nec fiet unquam arena, nisi contingat tali loco praedictum
accidens, quod est mora motus solis, et elongatio ab
aquis dulcibus, prohibentibus luti divisionem. Si autem[1] in- 33
venitur arena sub aliquanto spatio terrae, ita quod superior pars
est terra, et postea arena, hoc non est contra praedicta; hoc
enim plerumque fit juxta aquas aliquas ad aliquod spatium.

κ) duravitque postea siccitas sec. durationem fixionis terrae et existentiam aquae, divisitque lutum *etc. Nicol.* λ) Et sic campi, qui non habent *Nicol.* μ) radix arenae; neque fiet arena nisi per accidens contingensque illi *etc. Nicol.*

§. 30: 3 *A et in marg. P*; increspit *P in textu et Reliq.*; — aliam *V.* 4 siccando *A*; exfictando *Z.*

§. 31: 1 *V*; etiam *om. L*; est *om. P Edd*; H. et. causa est *A B.* 2 *B*; *om. Reliq.*; sole et *om. J jure fortasse.* 3 solis *A.* 4 Extr. en. quod est in eis ex aq. *L.* 5 in in *L.* 6 illo *A*; loco tali *L.*

§. 32: 1 ingenuum *A et Nicol.*

§. 33: 1 aliquando *V in marg. addit.*

Tunc enim vis torroris inclusa sub terra sic[2] exsiccavit et separavit lutum; in superficie autem exspiravit paulatim, et ideo vis ejus in superficie nequaquam tanta[3] fuit, ut torrere simul et dividere posset lutum in arenulas. Omnia autem[4] haec dicta sunt, ut sciamus, principium generationis arenarum esse idem, quod est salsedinis principium; propter quod etiam fundus arenarum salsum habet humorem, et[5] parum generat plantas, aut nutrit[6] eas nisi habeat immixtam terram dulcem.

34 Eodem autem modo sciendum est[1] ex his, quae alibi[ν]) probata sunt de salsedine aquae maris: quod[2], sicut terrae arenosae principium est terra dulcis, ita falsae aquae principium et radix est aqua dulcis. Nec accidit aquis salsedo, nisi per causam quam diximus. Huius autem signum ad sensum acceptum est: quod terra, sicut simpliciter gravis, est sub[3] aqua naturaliter; et aqua, quae naturaliter aqua[4] est et in natura elementi, est super terram necessario. Cum ergo probaverimus, quod aqua dulcis est super amaram, constabit, quod amara sive salsa aliquid terrae habet ipsam deprimentis, et ideo non est principium, sed principiatum ab aqua

35 dulci. Sed antequam hujus inducamus probationem, oportet nos destruere errorem quorundam, qui[ξ]) aliter sentiunt[1], dicentes quod commune principium omnium aquarum est id, quod est[2] plurimum aquae habens. Plurimum autem aquae habens est aqua maris, et per hanc rationem dicunt, aquam maris esse elementum et principium omnium aquarum. Ad solutionem autem inductae dubitationis dicimus[3], quod aqua naturaliter est eminens secundum locum super terram, et est subtilior[4] quam ipsa[o]), quo-

ν) Meteor. lib. II tract. III cap. 1—15. ξ) Senserunt autem quidam, quod *etc. Nicol.* o) *i. e.* terra.

§. 33: 2 *Om. C.* 3 nequaq. in sup. causata *L*; — torrore *A Z*. 4 *Om C*; hec aut. omn. *L*; quod sciamus *A C P V Z*. 5 *Om. Edd.*; *quapropter J legit* habens. 6 plantas *add A*.

§. 34: 1 *C L V*; *om. Reliq.* 2 *V supra lineam et J soli praebent.* 3 sicut *L*. 4 *Om. J*; — alimenti *L*.

§. 35: 1 censeunt *Z*; censent *J*. 2 *Om. P* id . est; -- *om. Edd.* Plur. .. hab.; *om. P* habens. 3 dicemus *V*. 4 *Add. Codd. omnes* et per consequens levior; *quibus verbis, glossae speciem prae se ferentibus, retentis om. Edd.* quam ipsa, quoniam est levior.

niam est levior quam terra, sicut alibi in antehabitis libris π) pro-
batum est. Ibi enim ostendimus, quod aqua elevatior
est secundum locum, quam sit altitudo terrae tanto[5],
quantum est aqua ρ) alta, eo quod interior subterior[6] super-
ficies aquae includit exteriorem superficiem terrae. Quod autem 36
salsa aqua sit grossior et terrestrior quam aqua dulcis, probatur
experimento tali σ). Accipiamus enim[1] duo vasa aequa-
lia, quorum unum sit plenum aqua salsa, et alterum
aqua dulci; et accipiatur ovum recens plenum bene, ex
quo nihil evaporavit[2] de humido ejus, et ponatur in aqua
salsa: natabit ovum. Et si ponatur in aqua dulci,
mergetur. Est igitur grossior et spissior et terrestrior aqua
salsa quam aqua dulcis; aqua igitur dulcis ascendit super
aquam salsam secundum naturam, quia partes aquae sal-
sae sub ovo non[3] merguntur et deprimuntur, sicut partes
aquae dulcis. Partes enim aquae salsae poterunt[3]
sustinere pondus ovi, quod non est mersum, quod non
poterunt[4] sustinere partes aquae dulcis. Similiter autem est 37
videre in mari mortuo. In illo enim per[1] grossitiem salse-
dinis neque mergitur[2] neque vivit aliquod animal. Vin-
cit enim in eo[3] siccitas salsuginis, et ideo est propin-
quius[4] in loco figurae τ) terrae quam aliae aquae. Clarum 38
autem est et patens[1], quod aqua spissa secundum naturam
est inferior[2] in loco quam non spissa: spissa enim est
aliquid habens de genere terrae, et non spissa est aliquid
habens de natura et genere aëris, propter quod aqua dul-

π) De gener. lib. II tract. I cap. 11. ρ) elevatior elevatione terrae secundum altitudinem corporis aquae *Nicol.* σ) *Quod primus docuit Arist. in Meteor. lib. II cap.* 3, *conf. Alb. Meteor. lib. II tract. III cap.* 16. τ) *Verba Nicol.* propinquum fig. ter. *secutus, pro lectione Codd.* propinquioris *restituere* propinquius *non dubitavi, praesertim cum ineptum mihi videatur loqui de* propinquiore figura, *et verbis, quae apposuit Alb.* in loco *i. e.* quoad locum, *artioribus finibus circumscribatur verbum* propinquum; *nam* quoad locum elevationis, qui ex gravitate corporis oritur, *Alb.* mare mortuum cum terra comparat.

§. 35: 5 quanto *add. Edd.* 6 *B*; superior *L P V Edd.*; *om. Arg.*; *expunxit C.*
§. 36: 1 *Om. A.* 2 vapor. *Edd.* 3 sic *add. A.* $\frac{4}{4}$ potuerunt *A Nicol.*
§. 37: 1 propter *V e correct.* 2 non immerg. *A.* 3 *Om. Edd.* in eo. 4 *E conj.*; -quioris *Codd. et Edd.*; — fig. in loco ter. *A*; in *om. Edd.*
§. 38: 1 *Om. L* et pat. 2 minor *A.*

cis supereminet omnibus aquis. Igitur relinquitur, quod illa est remotior a natura terrae. Ex omnibus autem, quae alibi[υ]) diximus, ubi ostendimus aquam esse super terram, scimus, quod illa aqua est naturalis, et elementum[3] aquarum, quae segregatissima est a natura et permixtione terrae. Ostendimus autem, dulcem supereminere[4] salsae aquae. Hoc igitur signum[5] — quod infallibile est, et convertitur cum causa[φ]) — certissimum est[6], aquam dulcem esse elementum et principium aquarum.

39 Amplius autem nos videmus, quod in lacunis stantibus sub torrore solis generatur sal, ideo[1] quia aqua dulcis fit salsa, eo quod salsedo, quae est ex terrae combustione, superat[χ]) et est amarior quam salsedo[2] aquae; et aliquid aëris remanet interclusum, quod non potest dulcorare eam, et ideo non[3] propter hoc tota aqua erit corpus dulce. Constat igitur, quod esse aquae salsae est ex aquis dulcibus sicut elementatum[4] ex elemento, sicut sudor[ψ]) salsus, qui fluit a corporibus terrestribus adustis, est salsus et commixtus ex[5] aqua dulci et corpore terreo combusto.

40 Ex omnibus igitur inductis constat, aquam dulcem esse principium aquarum, et fallax esse signum, quod dicunt, quod[1] hoc, quod est plurimum, sit principium paucioris, quia non est principium, quod est plurimum, sed per hoc[2], quod est simplex. Simile autem[3] — quod in habitis ante libris diximus — quod ad mare[4] ex mari fluunt aquae sicut ad principium ex principio: non est dictum, nisi quod fluunt ad ipsum, secundum quod est simplex, et non secundum quod est compositum et salsum.

υ) Meteor. lib. II tract. III cap. 2. φ) *De differentia convertibili conf. lib. I* §. 22 *not.* ξ. χ) superat illam salsedine; *Nicol.* ψ) Alio modo ergo ejus esse est ex aquis, quod exit ab eis, ut sudor. *Nicol.*

§. 38: 3 et est u *L.* 4 supervenire *Edd.* 5 est *add. A.* 6 *Om. P* et convert. ... est.

§. 39: 1 secundo *A.* 2 am. salsedine *A.* 3 *Om. A*; — erat *L.* 4 et *add. V.* 5 una *add. Edd.*

§. 40: 1 quod *exhibent soli V supra lineam et A, qui scripsit* quod quidam dicunt quod hoc; — hi *B*; hic *Edd.* 2 *Om. A* per hoc; princ. per hoc, quod .., sed per hoc *B*; *om. Edd.* quod est .. per hoc *quare J pergit* quod non est simpl. 3 est *add. A*; — antehabitis *A B.* 4 et *add. B*; — non fluunt, ... sic est dictum *A*; — sic. aque *P.*

Redeamus igitur ad propositum dicentes, quod aqua est[1] 41
super terram et aër super aquam; et corpus natans super aquam[2]
— sicut plantae faciunt secundum plurimum — habet in se aërem
et virtutem ipsius.

Plantae igitur quatuor virtutes habent ab essentiis quatuor[3]
elementorum, quae sunt in ipsis.

§. 41: 1 *Om. P.* 2 aerem *CI, V; om. Z.* 3 *Om. A* ab ess. quat.

Tractatus II.

Quarti Libri Vegetabilium.

Qui est:

De modo et loco generationis plantarum[1].

Capitulum I.

De modo universali et primo[2] generationis omnium plantarum.

42 Eodem[3] autem modo[α]) herbae et omnes plantarum species non fiunt nisi per compositionem et commixtionem[4] elementorum, et non per naturam alicujus simplicis elementi[β]). Sicut neque salsedo et[5] substantia arenarum, de quibus diximus, fiunt per naturam simplicis elementi, sed[6] per naturam mixtionis et compositionis plurimorum elementorum.

43 Vapores enim, ascendendo de profundo terrae ad superficiem ipsius, cum fuerint ibidem coagulati sive coadunati, habent in se posse[γ]) seminale et formativum, quod comprehendant[1] species hujusmodi herbarum et plantarum. Aër enim descendens immixtus rorificat[2] locum, ad quem

α) Nicol. lib. II cap. 4. β) per nat. simplicem *Nicol.* γ) vapores poterunt comprehendere has herbas. *Nicol.*

§. 42: 1 *LPZ*; *om. Reliq.* 4[i] libri qui; — *om. P* et loco. 2 principio *A*; — omnium *V in text. nec in ind. solus offert*; De moto gen. pl. univ. et primo *P.* 3 *Literam grandem* M *pro* E *scripsit L.* 4 permixt. *ABJ*; mixt. *C.* 5 neque *A.* 6 el. simpl. sed non *L*; sed non per nat. elementi simplicis mixt. *Z*; — complexion. *V.*

§. 43: 1 -hendunt *Z.* 2 rarificabit *A*; — locum *Nicol.*; illud *L*; illum *Reliq.*; — desubtus *A*; subjectus *V*; — conting. *ABPJ.*

subtus pertingunt vapores in superficie terrae adunati et retenti[3]
et in se ipsos revoluti; et tunc per virtutem stellarum,
sicut in antehabitis saepius diximus, provenit[4] ex vapore for-
mativa virtus figurae seminum[δ]) aliquarum plantarum. Sed
materia conveniens tali efficienti formali est necessaria;
haec autem materia est de speciebus aquarum. Quam-
vis enim diversitates multae sint in generibus aquarum,
tamen[5] aqua, quae conveniens est plantis, non est nisi dulcis eo
modo, quo dictum est, cum aliis mixta[6]. Non enim — ut iam 44
habitum[1] est — ascendit aqua de aquis[2] nisi dulcis; sic
enim — ex his, quae dicta sunt — aqua salsa ponderosior
est. Et ideo, quod[3] super aquam salsam ascendit, opor-
tet, quod sit subtilius quam ipsa aqua. Et cum[4] aër
— immixtus subtiliori parti aquae — attraxerit illud[5] vapo-
rabiliter, tunc magis adhuc subtiliabitur, et ascendet am-
plius, et spirabit[6] per superficiem terrae in species herbarum.
Sic enim vaporabiliter de profundo terrae videmus prorum-
pere fontes et flumina in altis montibus, sicut alibi[ε])
est ostensum. Similiter etiam subtile phlegma dulce et sub- 45
tilior sanguis ascendunt ad[1] cerebrum, et per eundem
modum omnes cibi subtiliores ascendunt ad membra su-
periora, grossiori et salsiori cibo inferius descendente. Et[2] ut
universaliter dicatur, sic omnes aquae subtiliores vaporabiliter
ascendunt. Et hoc est videre in aqua salsa, quae, cum co-
gitur ascendere vaporabiliter, non ascendit ex ea[ζ]) nisi[3] quod
ad vapores siccavit et formavit elevans calor. Hoc[4] autem
est in forma aëris. Vapor enim formam habet[5] aëris, sicut
ostendimus in meteoris[η]). Quia enim[6] per naturam fuit aër

δ) provenietque ex eo [loco] — forma illorum seminum *Nicol.* ε) Meteor. lib. II tract. III cap. 7. ζ) cum eo quod sicc. calor ad genus aëris *Nicol.* η) Lib. I tract. I cap. 9.

§. 43: 3 recenti *Z.* 4 conven. *B J.* 5 cum *C Edd.*; — non sit *Edd.*; non est dulcis, nisi *A.* 6 commixta *A B P Edd.*

§. 44: 1 dictum *Edd.*; — de aqua *V.* 2 eis *V*; *om.* *C Z*; *unde J* Sicut en. dictum est. 3 quod *Nicol.*; quia *Codd. et Edd.* 4 tamen *B C.* 5 *Om. A.* 6 exspir. *A*; — terrae *om. P Edd.*

§. 45: 1 in *A.* 2 *Om. Z.* 3 unus *A*; — desiccavit *Edd.* 4 *L V*; hic *Reliq.*; — *om. C* in. 5 hab. form aëris sicut enim *V*; *om. C* Vapor … aëris. 6 nisi *C.*

localiter super aquam, et natura dulcis aquae est ascendere[7] ad naturam aëris, oportet, quod id[8], quod ascendit super aquam salsam, sit de specie et natura aquae dulcis[9].

46 Hoc autem[1] in balneo saepissime invenimus. Cum enim in balneis sive thermis aquam salsam calor apprehenderit et moverit[2], tunc subtiliabuntur partes aquae, et subtiliores elevantur per vaporem, quae sunt contrariae dispositionis his[3], quae sunt in profundo balnei[ϑ]). In his autem, quae elevatae sunt, recesserunt partes salsedinis cum subtili humore naturali, quia[4] elevatae non sunt salsae sed humidae tantum, et recedunt a partibus salsis in imo[5] derelictis. Et elevatae sunt vicinae naturae aëris, et sequuntur naturam vaporis, et unde ascendunt, ascendit pars post partem aliam sursum. Et quando superius una accesserit ad aliam, tunc totum congregatum[6] comprimet se invicem et inspissabitur per revolutionem in se ipso, sicut in olla cooperta; et tunc[7] convertitur in aquam dulcem et distillabit aqua inferius guttatim. Hac enim de causa in omnibus balneis salsis coopertis inferius distillat aqua dulcis per vaporem elevata ex aqua salsa.

47 Et per omnem eundem modum est[1] in vapore, qui elevatur ab imo terrae. Grossum enim illius relinquitur, et subtile elevatur; et ex illo subtili in se convoluto, quando in exterioribus viscosum se continet, planta figuratur. Et haec est universalis et prima plantae generatio, sive ex semine, sive sine[2] semine generatur. Humidum enim seminale vaporat sicut humidum, quod est ex permixtione elementorum sine semine, sed virtute stellarum elevatum.

ϑ) subtiliabuntur partes ejus ascendetque vapor e contrario, quam erat in profundo balnei et recess. *etc. Nicol.*

§. 45: 7 -dens *L.* 8 illud *Edd.* 9 *Repetunt Edd. verba praecedentia scribentes* est, ascendet ad nat. aëris — aquae dulcis.

§. 46: 1 quod *Edd.*; enim *A.* 2 apprehendent et mov. *C*; sive therme — calore apprehendente movent *Z*; calor apprehendens movet *J.* 3 *Om. L.* 4 que *A C.* 5 salsis immo *CL*; sals. in derel. *P*; sals. ymis *V.* 6 -gatur *L*; — inspissabiliter *Edd.* 7 *Om. A*; convertetur *B Edd.*

§. 47: 1 *Om. A.* 2 sive non de *A.*

Capitulum II.

De locis, in quibus raro et male plantae generantur[1].

Loca autem, in quibus plantae habent generari secundum 48
naturam et convenientiam sui generati, magnam habent diversitatem caloris et frigoris et humoris et siccitatis. Quaedam enim loca recedunt a temperamento generationis plantarum; et in[2] his rarius nascitur planta, et cum nata fuerit, raro usque ad perfectum[3] convalescit.

Loca[ι]) enim, in quibus abundat humor aqueus sal- 49
sus grossus cum multa terrestreitate grossa et indigesta, aut non habent plantas in se generatas[1], aut habent parvas et paucas imperfectas. Contingit autem hoc propter multum frigus et multam loci[2] siccitatem. Planta enim in generatione sua duobus indiget, quorum unum est materia, ex qua fit[3]; et alterum est locus suae generationi conveniens[κ])[4]. Locus enim principium est generationis, quemadmodum et pater; et materiam quidem[5] impedit loci salsugo, eo
quod exsiccat humidum radicale plantarum. Cujus signum est, 50
quod terrae sale[1] commixtae vel sale seminatae steriles efficiuntur[λ]). Grossities autem terrea[2], infusa frigido humore aqueo grosso ex frigiditate terrae et aquae, extinguit calorem, qui[3] principium esse debuit generationis plantarum. Quamvis enim calidum aliquale in se habeat salsugo, tamen id non est temperans locum, sed potius adurens humidum, eo quod sal[4] non generatur nisi de terrestri combusto et[4] calido adurente, cujus excellentia fracta

ι) Sed herbae natae in aqua salsa non debent esse propter *etc.* Nicol. lib. II cap. 5. κ) *Om. Alb. sequentia Nicol. verba:* cumque haec duo praesentia fuerint, proveniet planta. λ) *Petrus et hanc et primam* §. 54 *sententiam, dein vero* §. 59—60 *fere integras in lib. II cap.* 25 (24 *edd. lat.*) *recepit.*

§. 48: 1 In quibus locis rar. *etc. A*; in quib. plante raro vivunt. *P*; — male et raro *V ind.*; plantae raro .. gen. *L.* 2 *Om. A.* 3 raro ad partum *Edd.*

§. 49: 1 in se pl. gen. *L*; *om. Edd.* in se gen.; — parvas et *om. A*; — et imperf. *V.* 2 *Om. Edd.* 3 fiat *A.* 4 *Om. P.* 5 *Om. Edd.*; et *addit V.*

§. 50: 1 salse *Edd.*; salsae (*errore* false) vel commixtae *Petr.* 2 terra *Edd.* 3 quod *C V Edd.* 4/4 *Om. A.*

est in humido aqueo. Et ideo calidum adhaerens salsugini talis loci[5] est expulsum a frigore terrae et aquae. Propter quod et[6] adurens efficitur id, in quod[7] expellitur, et remanet multum frigus in circumstantibus aqua et terra, quae impediunt plantarum
51 generationem. Signum autem hujus est, quod, quando spirant loca talia, et vapor eorum projicitur ad plantas vicinas per ventum continuae et diutinae sufflationis, siccantur et contrahuntur plantae illae, et arescunt primo folia et post totae plantae. Vapor enim de natura loci est, et operatur in plantis vicinis[1] hoc, quod locus operatur in generatione plantarum.

52 Sed non lateat[1] nos, quod in omnibus talibus locis duplex invenitur terra. Quaedam enim est gravis, descendens etiam sub aquam[2] salsam, et haec impedit generationem plantarum propter
53 causam praedeterminatam[3]. Quaedam autem in eisdem locis invenitur, quae suo nomine ab incolis talium terrarum vocatur terra natabilis; et haec est opportuna valde generationi plantarum parvarum, sicut olerum et[1] herbarum. Et haec terra est levis, et cum fuerit posita[2] super aquam salsam, natat super eam; et cum segregata fuerit a salsugine, aut etiam spisse posita super salsuginem, erit[3] opportuna generationi, eo quod est aërea multum, et calida temperata et humida. Generatur autem haec terra in locis salsuginis ex duabus causis, quarum una est putrefactio herbarum et aliarum plantarum ad illa[4] loca per refluxum[5] maris adductarum; alia autem est alluvio, quae sit in aquis mare[6] influentibus. Haec autem alluvio per mare projicitur super littus, et cum profunde[7] cooperuerit salsuginem, efficitur locus opportunus generationi plantarum, dummodo per congestum aggerem impetus et influxus maris ab eo prohibeatur.

54 Loca autem perpetuis nivibus cooperta omnino non competunt generationi plantarum, quia experimento comperimus,

§. 50: 5 locis *Z*; — a frigiditate *A*. 6 *Om. V Edd.* 7 id, nunquam exp. *A*.

§. 51: 1 majus *L*.

§. 52: 1 latet *BPJ*; latrat *V*. 2 et *add. Edd.*; sals. sals. *repetit L*. 3 primo determ. *Edd.*

§. 53: 1 et plantarum herb. hec, *om.* et *A*. 2 postea *Edd.* 3 est *V et e rasura P*; et *CL*; et est *A*. 4 alia *Edd.* 5 *E conj.*; reflexionem aque *A*; reflexum maris *Reliq.* 6 in mare *Edd.*; mari *correctum e* maris *L*; maxime *C*. 7 profundum *BCL V Edd.*

nivem a temperamento generationis esse remotissimam, propter frigus glaciale, quod est mortificativum. Excessus enim et superfluum[μ]) frigus est in eo propter recessum loci illius a temperamento complexionis et crasis[1] plantarum secundum genus suum. Et ideo in talibus locis plantae minime inveniuntur, sed potius crystalli et saxa nuda. Et talia loca sunt, ut[2] frequenter juga altissimorum montium. In locis tamen[1] nivosis aliquando invenitur imperfecta- 55
rum plantarum et animalium quaedam aliquotiens imperfecta generatio. Sub nive enim aliquando nascuntur gramina parvula acuta, et animalia, quae lumbrici terrae vocantur; rubi etiam[ν]) parvarum fruticum[2] et herbae parvae amarae[ξ]) oriri inveniuntur sub nive. Sed generatio haec herbarum et animalium non est propter exigentiam nivis secundum se ipsam, sed generat ea per accidens. Cujus significatio est, quod, — sicut diximus in me- 56
teoris, ubi scientia excelsorum tradita est[o]), — nix generatur in figura fumi et vaporis, et[1] descendit rara et mollis, disgregata vento et calore nubis et congelata[2], quoniam constringit aër frigidus vaporem circumstans. Et in[3] raritate partium ejus multus aër calidus includitur et retinetur[4]. Et cum calefit, aut ex sole, aut forte ex eo, quod, cum[5] cadit[π]) in terram, caliditas dispersa in nube comprimitur in unum: et incipit agere et resolvere humidum. Et in tali resolutione exspirans[6] calor secum trahit subtile humidum, sicut fit in re

μ) nec est in superfluo nisi prohibitio essendi in loco temperato *Nicol.* ν) *Ad quam §. respondent haec Nicol. verba:* Invenimus saepe plantam apparentem et omnia animalia et praecipue lumbricos, quia hi fiunt in nive et vibex [*alias* ribex] omnesque herbae amarae. Sed nix non exigitur ut sit hoc sed vincit aliquid esse nivis. Et hoc est quod — *etc.* §. 56. ξ) *Vix dubito, quin Gentianas autor in mente habuerit. M.* o) Lib. II tract. I cap. 15 sqq. π) manatque de eo aqua putrida, quae aërem incluserat. *Nicol.*

§. 54: 1 crassis *V*; trasis *CZ.* 2 *V*; ubi *Reliq.*, *quare AB* ubi freq. sunt.

§. 55: 1 autem *et in marg.* alias tamen *V.* 2 fructicum *V*; parvarum fructuum *Z*; parvorum fructuum *J* *Haud raro apud medii aevi scriptores frutex generis feminini est. M.*

§. 56: 1 *Om. Edd.* 2 gelata *V*; — quoniam *M. e conj.*; quam *Codd. et Edd.* 3 *Om. A* 4 removetur *L.* 5 ipsa *add. A.* 6 spirans *A.*

putrescente[7]. Et ex hac putrida et subtili aqua, quae in se habet aërem et calorem, cum commixta[8] fuerit terrae, efficitur seminarium quoddam parvarum plantarum, quae ut[9] frequenter acutae sunt et strictae, eo quod calidum circumpositum frigido non potest spirare[10] nisi in figuram acutam et strictam. Quae etiam herbae amarae sunt propterea, quod expulsum calidum in terrestri[11] humefacto talem saporem operatur, sicut scitur ex alibi ϱ) a nobis determinatis.

57 Animalia autem lumbricalia generantur ex humore viscoso extrinsecus in pellem constante, et[1] interius spiritu pulsante, sicut in quarto meteororum σ) dictum est. Et sunt animalia talia sicca multum et desiccantia[2], propter parvum humidum et multum[3] desiccans calidum, quod est in eis; propter quam causam etiam longam et acutam et strictam et per totum corpus anulosam[4] accipiunt figuram; propter quod etiam pulverizata[5] multum desiccant vulnera et apostemata et hujusmodi.

58 Sic igitur[1] in talibus locis fiunt plantae. Et sicut diximus, quando affuerit calor amplians et resolvens, qui dispersus fuit in vapore nivis, et accesserit aliquis calor solis adjuvans[2] eum, exspirat calor[3], secum ducens humidum subtile, sicut fit in putrescente re; et tunc constabit[4] illa humiditas, in se retinens calorem solis τ), et tunc fit materia generationis. Et si locus ille, ad quem[5] distillat talis humiditas, coopertus fuerit nive, ita quod evaporare non possit, sed potius reflectatur ad locum, ad quem[5] fit stillicidium: fiunt[6] in loco illo plantae acutae strictae, sine foliis et sine floribus

ϱ) De sensu et sensat. tract. II cap. 6. σ) Lib. IV tract. I cap. 11.
τ) cumque fuerit aër multae amplitudinis solque affuerit, erumpet aër comprehensus in nive apparebitque humiditas putrida, coagulabiturque cum calore solis. *Nicol.*

§. 56: 7 *L*, *et in* §. 58, *ubi redeunt verba*, *LJ*; putrefiente *Reliq.* 8 mixta *P*; — seminaria quedam *P quare a manu posteriore* efficitur *commutatum est ad* efficiuntur; sem. quidam *B*, quiddam *CLV*. 9 *Om. A.* 10 spissare *A in marg. pro* figurare, *quod expunxerat.* 11 *Om. Edd.*; — hum. habet talem sap. sic. patet ex *A*.

§. 57: 1 *Om. Edd.* 2 -cativa *A*. 3 mixtum *Edd.* 4 annulosum *LJ*. 5 -risata *V*.

§. 58: 1 *V*; *om. Reliq.* 2 adjuvantis *BP*; adunatus *A*; adurentis *Edd.* 3 *Om. A* calor *atque* fit; *om. V* re; re putr. *AB*. 4 *repetit L verba* et tunc const. 5 quam *V*. 6 fient *A*; sicut *L*.

et sine fructu, propter recessum loci a temperantia terrae, quae est verus locus generationis plantarum et mater earum; quae terra homogenealis[7] et connaturalis est commixtioni, quae exigitur ad plantarum originem. Flores[8] enim et folia et fructus habent fieri in talibus herbis minutis, quae nascuntur[9] in locis temperatis secundum proprietates aëris et aquae[v]); et ideo[10] pauca sunt folia et flores in plantis, quae nascuntur in locis, quae aut semper aut frequenter sunt nivosa.

Oportet autem scire, quod, si aliquis[1] locus in se tempera- 59
tus in hieme frequenter nivibus sit coopertus, iste ex nive fecunditatem accipit tribus de causis. Quarum una[2] est, quod vis terrae evaporans reflectitur saepius ad terram propter nivis cooperimentum; alia autem, quia nivis respersa caliditas, ad terram illam spirans conveniens generationi, distillat et nutrit multum humidum, quod, paulatim et per vices distillans[3], superioribus partibus terrae vigorem nativitatis plantarum continue infundit; tertia autem[4] causa est, quia nix, frigiditate sua locum circumstante, vigorem principiorum — generantium plantam — continet, ne evaporet, et continet[5] terrae superficiem, ne emittat intus in visceribus terrae vapores generatos, qui congregati ad superficiem ingrediuntur radices plantarum, et praestant eis nutrimentum et fomentationem et generationem materiae, quae ingreditur plantarum commixtionem.

Sicut autem diximus, quod locus perpetuus in frigore pro- 60
pter nivositatem non convenit generationi plantarum: ita etiam eodem modo in locis salitis[1] et siccis non apparet multum generatio plantarum propter remotionem locorum a temperamento. Haec enim loca multam salsuginem[2] habentia multae sunt siccitatis, et per consequens etiam multae

v) multi sunt in locis temperatis in aëre et aqua; et ideo pauci *etc. Nicol.*

§. 58: 7 *A V Edd. Nicol.*; omogenialis *B*; homogenialis *C L P*; — commercioni *Edd.*; — origines *Edd.* 8 *Om. Edd.*, *quare J* Etenim folia. 9 miscentur *V J et P qui in marg.* inveniuntur; miscetur *B C L Z*; misentur *A.* 10 pocius *add. A.*

§. 59: 1 *Om. Edd.* 2 prima est q. nix *Edd.* 3 destillat super. partib. vigorem *omissis intermediis Edd.* 4 *P*; *om. Reliq.* 5 *Om. A* ne .. continet.

§. 60: 1 *L P*; salatis *Edd.*; salicis *Petr.*; sallitis *Reliq.* 2 salsedin. *P Edd.*; salseg. *C L.*

frigiditatis, eo quod calor complexionalis non convalescit et[3] retinetur, nisi in humido temperato[4]. Et si alius[5] calor sit aliquando in talibus locis, est adurens, et talis calor non remanet, sed evolat, et remanet locus[6] adustus frigidus et, mortificans ea, quae forte nasci debuissent. Et[7] signum hujus terrae est, quod minoratur et contrahitur ex siccitate et frigitate, quia elongatur[φ]) a calido et humido[χ]), quae elevant et faciunt crescere loca et ex altari[8]. Propter quod terra dulcis, quae abundat in calido dissolvente et in humido vaporante[9], frequentius elevatur in colles et montes[ψ]), et terra salsuginis multae deprimitur et inferioratur.

Capitulum III.

De locis, in quibus[1] bene proficiunt plantae, et[2] de locis, quae opponuntur illis.

61 In locis autem calidis[ω]) propter convenientiam materiae plantarum et loci apte et bene[3] plantae proveniunt. In talibus enim locis dulcis est aqua et subtilis, et bene digesta, eo quod a calore loci talis a profundo terrae attrahitur, et bene commiscetur et bene digeritur[4] a calore loci terminante. A calore enim multo non adurente provenit humidi decoctio. Calor autem in talibus locis abundat[5] duabus de causis: quarum una est calor[6] loci — retinentis calorem —; secunda autem est calor solis, qui ex aliqua reverberatione multiplicatur super locum illum[ω]). Et loci quidem calor est sicut instru-

φ) *i. e.* distat, remota est *Nicol. addit.* χ) quae propria sunt aquae dulci *Nicol.* ψ) *Nicol. addit:* et cito nascuntur ibi plantae. ω) Sed in locis calidis quia dulcis est aqua et calor multus, provenit decoctio duabus partibus ex effectu loci cum aëre in eo existente et decoctio aëris ex calore solis in illo loco. Nicol. lib. II cap. 6. *Petrus* §. 61—64 *fecit partem posteriorem lib. II cap.* 25 (24 *Edd. vet.*).

§. 60: 3 non *supra lineam addit V.* 4 temperamento *ABC Edd.* 5 aliquis, *om.* aliquando *A.* 6 *B supra lineam solus offert.* 7 *Om. B*; — est *om. L.* 8 exaltare *CPV Edd. Petr.*; elevare *L.* 9 corpor. *A.*

§. 61: 1 *Titulum om. L, amisit marg. abscisa B usque ad* et; in *om. Edd.*; non bene *V ind.*; in quibus *ACPV*; in quibus non *V ind.* 2 ex *L* de locis oppositis *omissis reliquis P.* 3 bene apte *Edd.* 4 humidum *add. A.* 5 manet *P ad marg.*, *om* locis; ex du. caus. *ACV Edd. Petr.* 6 situs loci *A*; — retinens *L Petr.*

mentalis, calor autem solis est sicut terminans et formalis et quasi vivificus: et ideo continue formatur humidum in plantis. Aër etiam immixtus est humido locorum talium, et ille juvat ad hoc, quod humidum sursum spirando educatur in plantae figuram.

Montes autem, eo quod sunt subtus[1] concavi et vapo- 62
rosi, attrahunt a suis concavitatibus humorem; et adjuvat ad hoc claritas multa, quae est radiorum solis et stellarum, et[2] multa ad convexum montis reverberatio, et praecipue in locis clivosis[3] montium, quia ad illa fit ab utroque latere clivi reverberatio: et ideo festinat in his[4] humidi decoctio, praecipue in latere converso circa[5] calidum solis, hoc est circa[5] meridiem. Propter quod plantae[6] multae et bene decoctae proveniunt in montibus, et praecipue vinum[7]. Humidum enim attractum ad montis superficiem ex figura devexitatis continue defluit, et ideo superius minus[8] remanens optime decoquitur, quia melius vincitur[9] a calore, quando non est superfluum; nec omnino siccatur, quia contiuue extrahitur ex concavo montis, et
fovetur pluviis et roribus. Et haec est causa, quod in alto de- 63
vexo[1] montis crescunt vina odorifera et plantae aromaticae, et sunt sicciores aliquantulum. Ad pedes autem eorundem montium sunt plantae et vina magis humida et minus digesta, et plantae spissiores et grossiores, propter multum humidum a devexo[2] montium ad talia loca continue defluens.

Quaedam tamen[1] loca, sive plana sive montuosa, perpetuae 64
sunt sterilitatis et haec vocantur eremi, et haec sunt arenosa et salsa, et haec sunt vincentem in se[2] habentia salsedinem et siccitatem, ut praeostendimus. Et[3] inter arenulas locorum talium sunt raritates, eo quod partes arenarum sunt contigue et non continue sibi compositae; et haec raritas

§. 62: 1 illius *L*, et *add P*. 2 *Om BCLV*. 3 clavos *LP*. 4 *Om* his *P expunxit* in; — praecipue *om. Edd.* 5/5 contra *A*. 6 planete *A*; — *om L* et praecip. 7 vinum *Z;* cum, *om.* enim *A*; nimium *Petr.*; — attractivum *Edd.* 8 *V et in marg. P*; vivus *Z*; vinum *J Petr.*; unus *Reliq.*; in ea *add. A supra lineam* 9 juvatur *L.*

§ 63: 1 in altitudine mont. *A.* 2 adncxo *L*; annexo montibus continue ad calida loc. *Petr.*

§. 64: 1 autem *V* 2 in se vinc *L*; — *om. V* et sicc.; — ut prius ostend. *CV.* 3 *Om. P.*

similis[4] est per omnes et totum locum eremo[α]). Planta autem non potest generari nisi[5] ex vapore continuo, qui diffunditur ex circuitu loci ex multis partibus loci continuis a virtute solis evaporantis[6]. In talibus igitur[7] locis aut non generatur omnino planta, aut rara et debilis essentiae, sicut est[8] saxifraga[β]), et quaedam alia[9] gramina parva. Partibus enim loci non cohaerentibus, propter adustionem impossibile est, partes vaporis solidae essentiae et cohaerentis esse[8]. Propter quod etiam exspirat inter arenas per diversas partes, et non formatur in plantam. In eremis igitur propter inductam causam non erunt species plantarum, nisi[γ]) quasi[10] similis essentiae sint cum ipso loco.

65 Nec terra tantum est locus plantarum — continua[1] existens et compactarum partium, a qua resolvi possit vapor continuus —, sed etiam aqua stans, quando est paludosa[2] grossa ex multa terrestreitate admixta, sicut est aqua fovearum et fossatorum[3]. Haec enim aqua quia grossa est[δ]), et[4] interclusum habet aërem calidum, et quia[5] est immota stans, figitur in ea radius solis, et calidus aër ex ea exhalans ad superficiem trahit subtile humidum putrescens; et ex illo formantur[6] plantae in superficie ipsius. Primo enim provenit ex humido in superficie aquae quasi nubes quaedam pinguis, et retinet illa aliquid aëris; et tunc humor paulatim putrescit per attrahentem calorem solis, et expressus a profundo aquae et expulsus dilatatur in superficie, et formatur in plantam.

66 Haec autem planta ut frequentius duarum invenitur[1] figu-

α) *i. e.* eremis omnibus totisque inest eadem raritas. β) *Planta dubia. Conf. lib. VI* §. 452. γ) sed similes ad invicem. *Nicol.* δ) Planta autem quae super superficiem aquae nascitur, non erit nisi cum grossitudine aquae: et hoc est quia non calor tetigerit aquam, quae cursum non habet, quo moveatur, pervenit super eam simile nubi *etc. Nicol.*

§. 64: 4 simul e. p. partes omn. et .. heremi *A*; partes *om. Reliq.*, *C lacunam reliquit.* 5 *Om. A V Edd. Petr.* 6 *Om. Edd.*; vaporantibus *Petr.* 7 autem *A*; ergo *B Edd.*; — generantur omnino plante aut rare *Edd.* 8/8 *Om. Edd.* 9 aliqua *V.* 10 *Om. P*; — cum illo *L*, *om.* loco.

§. 65: 1 continui *Z*; continue *J*; et *om. P.* 2 palludosa *V.* 3 fossarum *B J.* 4 *Om. A.* 5 hec *add. Edd.* 6 generantur *A.*

§. 66: 1 *Om. Edd.*; *om. Z* figur.

rarum. Aliquando enim est sicut fila viridia[ε]) extensa in aquae superficie[ζ]); aliquando autem jacet in superficie[2] sicut valde parvula folia, quasi figuram lentis habentia, quae etiam a vulgo in aliquibus locis lentes paludum[η]) vocantur. Et hae plantae radicem nullam habent a superficie ad fundum aquae deductam. Radices enim plantarum non fiunt nisi ex partibus terrae duris; et tales partes aqua non habet, sed potius disgregatas[3]. Nutriuntur autem ex vapore, qui ex calore solis educitur de ipsa aquae grossitie et putrefactione. Evenit enim et generatur haec planta cum calore et putredine, quae nascuntur in aquae superficie. Propter quod etiam folia expressa non habet, quia, sicut supra diximus, folia non fiunt in planta, nisi sint[4] in loco temperato. Locus autem talis longe est[5] a temperamento. Et ideo, sicut animalia nata ex putrefactione imperfecta sunt in figura et numero organorum animalium, ita etiam plantae natae ex putrefactione talis aquae imperfectae sunt in numero et figura partium plantarum; nec partes habent compactas plantae hujusmodi, eo quod nec partes aquae sunt compactae: et ideo nascitur haec planta sine stipite et radice in similitudine foliorum parvorum, cum tamen in veritate folia non habeat.

Plantae autem compactas habentes partes supra 67
aliquam terram nascuntur, cujus fundus est compactarum partium et[1] solidarum. Aliquotiens autem invenitur quidam[2] locus terreus, qui immixtus putredinibus lignorum vel stercorum vel urinarum[3] aut aliarum putredinum, et est ipse locus fumosus, continens in se fumum putredinis et aërem soliditate sua, ita quod non paulatim exspirare possunt[4] ex

ε) *De plantis confervoideis, et praesertim de Zygnematibus auctorem loqui, quis non videt?* ζ) *Nicol., cujus verba sequentia Alb. fere omnia facili manu mutavit, hanc sententiam paulo post exhibuit.* η) *Sunt Lemnae species, quae ab omnibus botanicis ante Linnaeum vel lentes vel lenticulae paludum nominabantur.*

§. 66: 2 *Om. Edd.* aliquando ... sup.; *quare J inseruit* vel. 3 *AP*; -gata *Reliq*; — aut *pro* autem *Edd.* 4 in pl. fiunt, nisi sicut *L.* 5 *Om. CL Nicol.*; a temp. est *ABP.*

§. 67: 1 *Om. A Edd.* 2 quidem *C Edd.* 3 *Om. A* vel sterc. vel urin.; *quae manus secunda cod. P supplevit.* 4 possit ex eo, ut in loco, *om.* illo, *A.*

eo. Et in loco illo, quando multiplicatae fuerint pluviae et venti, sol facit apparere putredinum illarnm vapores, et exsiccat eas et coagulat et terminat, et siccitas terrae[5] coagulat radices ejus, et tunc nascuntur inde[6] fungi et tuberes et boleti et similia. Et quaedam talium[7] nascuntur in locis vehementer calidis. Calor enim aquam in interioribus[8] terrae existentem digerit, et sol tenet et complet, et tunc evaporat in plantam. Ad hunc enim modum in omnibus locis calidis completur plantarum efficientia[9]. E contrario autem modo et per accidens hoc idem faciunt loca frigida. Frigidus enim aër loci[10] calore terrae, qui a sole generatus est, in profundum primo comprimitur[ϑ]; cujus partes in profundum congregatae humorem ibi praesentem inventum decoquunt et evaporare faciunt, qui vaporans et acutus scindit locum, et egreditur formatus in plantam.

68 A locis autem dulcibus[1], ut supra determinavimus, sive sint aquosa, sive terrestria, ut frequenter non separatur aqua, eo quod calor loci continue ad ea de imo terrae trahit aquam. Cum autem aër, intra viscera terrae inclusus, fuerit motus et concitatus[2] a calore solis aut[3] ex multiplicatione caloris loci, tunc movebit humidum, et facit[ι] ipsum manare vaporabiliter, et aër intra aquam coagulabitur[4], et incorporatur ex frigiditate exterioris aëris, quem[5] incipit attingere; et tunc egreditur planta. Et hoc modo etiam in locis aquosis aut stantibus, aut etiam valde tarde[6] fluentibus nascitur nenufar et aliae species herbarum, quae habent ramos, et nascuntur erectae super stipites[7] et ramos et ra-

ϑ) aër calorem comprimit deorsum *Nicol.* ι) *Alb., si lectionibus fides habenda est, res, quae per aliquod tempus durant, praesentes, res transeuntes futuras dicere videtur.*

§. 67: 5 *Om. Edd.* coagulat .... terrae. 6 tamen *A*; — *om. P* et tub. 7 talia *B.* 8 exter. *L.* 9 efficacia *A Nicol.* 10 *Om. A*; — in profundo *Edd., om. dein* primo .... profund., *quare J postea scripsit* decoquit — facit; — primitur *L.*

§. 68: 1 predulcibus, *om.* autem, *A.* 2 citat. *P*; contract. *L*; excitat. *Nicol.* 3 quando *L.* 4 coagulatur *A.* 5 quam incipit tunc att., et tunc egr. hec pl. *V.* 6 *Om. A*; — ille *pro* alie *L.* 7 *Z omisit, unde J delevit* et.

dices, et[8] non expansae super aquae superficiem, eo quod radices earum sunt[9] super solidam terram, quae solidum praestat nutrimentum.

In locis etiam[1] aquosis, in quibus currit aqua ca- 69
lida thermarum, multotiens plantae nascuntur, quamvis sint ultra temperamentum calida[2] adurentia. Fit autem haec herbarum[3] nativitas in ripis[4] talium aquarum, aut non longe a ripa, ad quae loca calor ebulliens non attingit. Causa autem pro certo est, quod[5] caliditas aquae vapores in terra retentos ad se trahit[6], et e vicina terra trahit humorem frigidum sursum; qui, cum attingit aërem, coagulatur immixto et incorporato sibi aliquo aëre[κ]); et quia digeritur calore thermarum ad ipsum extenso, apparet ex eo planta. Sed indiget tempore longo[7], quod sit inter calorem aquae bullientis effusae super locum, et herbae nativitatem. Cujus signum est, quod, si aqua bulliens super gramina effundatur, herba aduritur, et post longum tempus reviviscit, melius conva-
lescens. In ipsis[1] autem locis sulphureis, quae[2] habent 70
aquas thermarum, apparent herbae quaedam, ut diximus. Cum enim ventus flaverit super auripigmentum, quod est in fundo terrae illius, ut alibi diximus[λ]), repercutitur ventus ad invicem[μ]) terrae artis visceribus; et ex tali collisione vehementis flatus concitatur[3] aër et vapor loci, et calefit primo locus, et[ν]) excitatur ignis postea, et ad fundum auripigmenti incensi descendit aliquid, quod

κ) et coagulatur aër ex eo humore, quem digerit caliditate aquae, apparetque *etc. Nicol.* λ) De causis et proprietat. elementor. lib. II tract. II cap 2. μ) *i. e.* huc et illuc. in angustiis viscerum terrae. ν) et fiet inde ignis et postea fiet, quod est in profundo auripigmenti, quod descendit ex faece aëris et attrahit ipsum ignis cum putredine auripigmenti fietque ex eo planta. *Nicol.*

§. 68: 8 *Om. Edd.*; non sunt *supra lineam add. C.* 9 in *pro* sunt *L*; — solam .. solum *pro* solid. *A.*

§. 69: 1 autem *L*; — est *pro* currit *A*; therm *om. L lacuna relicta*; — noscuntur *L.* 2 et *add L.* 3 talium *in marg. add. P man. sec.* 4 et *add. Edd.*; — bulliens *A.* 5 quia *P Nicol.* 6 ad scara habet *BLZ*; adurere habet *V e corr.*; obscura habet *J*; — trahit et ad se *denuo add. A*; — attingerit *V.* 7 benigno *V.*

§. 70: 1 illis *Edd.* 2 sulphureos que *C*; sulphureas que *et e correct.* sulphureis que habent aquas (sulfureas *in marg. iterum addens*) *V*; que sulfureas *L*; — *om. A* thermarum. 3 excit. *A Nicol.*

est quasi faex ejus, quod etiam cum alia putredine auripigmenti attrahitur calore[4] loci ex igne calefacti: et tunc in loco alio[5] circa non adurente formatur in plantam. Haec autem planta ut frequenter aut nulla aut non multa habebit folia propter hoc, quod a temperantia remota est.

Capitulum IV.

De proprietatibus plantarum ex natura locorum eisdem convenientium[1].

71 Comestibilitas autem plantarum ξ), sive in substantia plantae haec inveniatur proprietas, sive etiam[2] in fructu, causatur profecto[2] ex calore terminante et digerente humidum. Et est, quando nascitur in locis calidis lenibus — sive lenem[3] et suavem auram habentibus, et locum lenem non asperum, quia asper locus propter umbras et reflexiones diversas intemperatum facit locum —, praecipue autem si talia loca sint alta, ad quae subtilis elevatur vapor. Et sit[4] convenienter se habens ad latitudinem, quae est ex[5] declinatione solis, sicut est in climate tertio aut quarto aut etiam quinto propter causas, quae in libro de natura locorum o) sunt determinatae. In talibus enim locis humidum optime digeritur, et

ξ) Nicol. lib. II cap. 7. o) De nat. loc. per totum fere tract. II. — *Juvabit fortasse e tract. I cap.* 9 *hic apponere climatum Alberti tabulam additis latitudinis gradibus et diei longissimae horis:*

Clima I	lat.	0—16°	hor.	12 —13	Clima V	lat.	36—41	hor.	14½—15
„ II	„	16—24°	„	13 —13½	„ VI	„	41—45	„	15 —15½
„ III	„	24—30°	„	13½—14	„ VII	„	45—48	„	15½—16.
„ IV	„	30—36°	„	14 —14½.					

Quam tabulam secutus Meyer inseruit quinto *pro inepto* primo, *quod in Codd. et Edd. est.*

§. 70: 4 calor *L*; ex cal. *A*; a cal. *P et in marg. V.* 5 aliquo *V.*

§. 71: 1 *Titulus marg. praecisa amisit B*; et *pro* ex *AB*; eis *ABP, om. Edd.*; matura per isdem conv. *C.* ⅔ *Om. A*; *om. Edd.* ex. 3 levem *B Edd.* 4 sic *ACLV Edd.* 5 *Om. Edd.*

efficiuntur plantae dulcium succorum, et magis appropinquantes ad cibum hominis. Adhuc autem aliquando invenitur planta in temperantia et crasi[6] sua prope cibum hominis in locis altis frigidis — eo quod talia loca attrahunt humorem —, et[7] interiori calore — concluso per frigus circumstans cum calore solis extrinseco, qui ad locum altum ex reverberatione multiplicatur[8], digeritur: et ideo multiplicantur in talibus locis plantae in[9] diebus vernalibus, in quibus est temperatus calor, non adurens sed digerens humidum locorum illorum.

Amplius autem lutum nobile, quod ingenitum[1] et libe- 72
rum est a grossa terrestreitate, propter unctuositatem suam cito producit plantam unctuosam esibilem[π]). Talis autem luti[2] comprehensio praecipue est in aqua dulci. Et unctuosus sapor est propinquus dulci, et ideo tales plantae esibiles efficiuntur — hoc est magis ad esum hominis accedentes. Indigent tamen fructus hujusmodi adhuc aliis caloribus, complentibus humores eorum, eo[3] quod compertum est, homini nullum aut vix aliquem fructum esse salutarem, quando crudus et simplex comeditur. Nutrimentum autem, quod fit ex fructibus, in corpore hominis frequenter putrescit, et si non in stomacho, tamen in venis.

Planta autem, quae super solidos nascitur lapides, 73
propter carentiam humoris vix longo contingit et crescit[1] tempore. Licet enim aër aliquis permixtus vapori humido inclusus sit[2] in talibus locis, tamen, quando nititur ascendere calore solis adjutus[3], non invenit viam, sed, obstante sibi loci soliditate propter fortitudinem lapidis, revertitur ad interiora loci, et calefit ex motu ipso, et calefactus attrahit residuum humoris[4] loci illius, et trahit eum sur-

π) *Petr. lib. II cap.* 25 (24 *Edd.*) *posteriorem partem composuit e sententia hujus* §. *prima, et* §. 74 *ultima et* §. 75, 76 *fere integris.*

§. 71: 6 c̄c̄ssi *V.* 7 ex *A et e correct. B.* 8 -catus *A P; et dein* multiplicatur *V.* 9 *Om. B Edd.*

§. 72: 1 ingenuum *A C Edd. Petr. et Nicol.* 2 loci *A*; compressio *V.* 3 *Om. C*; cooport. *L.*

§. 73: 1 *Om. A* et crescit. 2 *Om C L Edd.*; — locis *om. P.* 3 ad ītus *Z*; ad intus *J*; — habuit *pro* invenit *supra lineam P.* 4 *Om. A* loci .... hum.

sum: et tunc exit[5] vapor cum materia humoris, et resolvit aliquas minutas partes lapidis. Et quia saepe usus est conversione motus ad lapidem[ρ]) sursum, calefactus est et acutus, et juvit[6] eum calor solis, ut digereret melius et[7] subtiliaret et acueret humorem: et ideo, scisso la-
74 pide, fluit extra in plantae speciem et figuram. Aliquando autem planta illa non multum crescit ascendendo, nisi fuerit prope terram, unde continuum[1] possit trahere nutrimentum, aut fuerit[2] propinqua humori alii, eo quod illud modicum, quod fuit in lapide a[3] principio, exire non potuit, nisi fuerit valde acutum. Et cum acuitur[4], totum virtute caloris simul exit[5], et tunc non remanet aliquid nutriens, et planta illa post modicum arescit. Planta enim remanens et crescens indiget terra et aqua et aëre, et haec[6] planta raro habet, quae in lapidis soliditate est erumpens.

75 Est autem et alia plantae consideratio ex loco plantae proveniens, quoniam, si fuerit in loco, qui est prope solem, hoc est ad directum solis respectum versus orientem et meridiem, citius nascitur et crescit, eo quod calor solis directius et diutius manens super eam[1] convenientius et fortius movet humidum ejus; et quando fuerit ad aquilonem et occidentem, ita quod sol cito declinat ab ea, tardabitur generatio ejus et incrementum diminuetur. Fit autem hoc dupliciter[2], naturaliter scilicet, aut per accidens, quando locus aliquis ex montibus vel aliis causis proprietatem accipit orientis vel occidentis, sicut
76 dictum est in libro[3] de natura locorum[σ]). Similiter autem[τ]), si in loco plantae sit aqua frigida grossa[1] — in se concludens aërem sive vaporem aëreum, quem[2] sua frigiditate et spissitudine ascendere sive evaporare non permittit —, ille

ρ) usus est lapide, adjuvat *etc. Nicol.* σ) Tract. II cap. 4. τ) Et planta, quando dominabitur in illa aqua retinebit aërem nec permittit eum ascendere; et non nutritur planta *Nicol.*

§. 73: 5 erit *A.* 6 vivit *Z*; unit *J*; — eum tunc cal. *P.* 7 ut *Edd.*

§. 74: 1 *Om A.* 2 suum *L.* 3 *Om. Edd.* 4 accuit. *V.* 5 erit *A*; — aliquod *L.* 6 hoc *V*; et raro hoc habet planta *Petr.*; planta hec — solidum *Edd.*

§. 75: 1 ipsam *L*; — fortius manet *Edd.* 2 duplum *L*; — locus *om A.* 3 *V supra lineam solus.*

§. 76: 1 et *add. P.* 2 qui *A*; — permittitur *ACPV.*

non permittit plantas nutriri ad magnum incrementum[3]. Eodem etiam modo impedit siccitas retenta in loco aliquo incrementum plantarum propter defectum humidi nutrientis. Tunc enim calor naturalis[4] diffunditur ad extrema loci, et agit in illa comburendo et obstruendo poros viarum, sicut obstruuntur in terrestri adusto. Et tunc aqua nutriens, etiam si adesset, non haberet meatus, per quos in plantae nutrimentum evaporaret[5], et remanet planta destituta nutrimento, et ideo non crescens[6] in magnam quantitatem.

Omnis enim planta tota in omnibus partibus quatuor 77
indiget praecipue, sicut et[1] animal, seminali videlicet humido terminato, et[2] loco convenienti, et aqua sive humore temperato nutriente, et aëre sibi consimili et[3] proportionali. Cumque[v]) haec quatuor perfecta et[4] convenientia fuerint, optime nascetur planta et crescet. Si autem haec aut[5] horum aliquid discesserit ab ea, debilitatur generatio et incrementum plantae proportionaliter discessioni illorum.

Amplius autem considerandum ex locis plantarum vide- 78
tur, quoniam[1], si planta aliqua est de speciebus aromaticis medicinalibus, melior est et pretiosior et aptior medicinae, si crescit in montibus altis; eo quod calore fortiori terminata est[2], et virtus ejus et aromaticitas ex illo calore effecta est fortior. Fructus autem ejusdem[3] est durior propter siccitatem ejus, et difficilis digestionis[4] propter duritiam, et non multum nutrit propter humidi defectum, sed forte etiam plus de corpore resolvit propter caloris sui intensionem[5].

v) *i. e.* quandocunque.

§. 76: 3 *A V*; *om. P*; nutrim. *Reliq.* 4 naturaliter *A.* 5 evaporet *Edd.* 6 crescit *B Edd.*; crescens in magna quantitate. *Petr. capitulum finiens.*

§. 77: 1 *Om. Edd.* 2 vel *B L*; term. in aliquo conv. *Edd.*; — temperate *B* 3 *Om. L*; -tionabili *V.* 4 *Om. C*; — nascitur *A*; — crescit *A Edd.* 5 *Om. L* hec aut; — decess. *P*; dicess. *V*; dissensuerint *et paulo post* secundum dissensum *pro* proport discess. *Nicol. edit. et cod. fere omnes.*

§. 78: 1 quon. videt. *A.* 2 *Om. A.* 3 ejus *L.* 4 est *add. Edd.* 5 in cens. *Edd.*

79 Loca autem, quae a solis respectu et via remota sunt[1], non possunt esse multarum plantarum aut animalium. Solis enim longitudo a loco illo sive distantia facit diem[2] longiorem in locis illis, et[3] diuturnitate suae morae comprehendit et alterat humorem illorum locorum; sed complere non poterit propter obliquitatem respectus illius ad loca illa. Et ideo, etiamsi plantula aliqua ibi oriatur, illa tamen[4] non habebit vires, ut ex se producat folia et fructus. Et talia loca sunt, quae sunt juxta polum, ut diximus in libro[5] de natura locorum φ).

80 Et[1] planta etiam, quae nascitur in locis, quae in profundo sui aquosa sunt, praecipue in quibus est aqua grossa, non est[2] apta incremento. Aqua enim illa, quae est in loco, cum qûieverit et sederit in profundum[3] terrae, remanet in loco lutum[4], operiens locum sicut faex; et vis nulla est in aëre contento, ut possit subtiliare partes aquae, et vaporabiles efficere[5]: et ideo aër grossus talium locorum nihil spirans detinebitur in inferioribus illius loci χ). Nullus enim ventus sive vapor spirabit de loco tali, sed scinditur terra siccitate solis sequente magnis scissuris, et aër in loco compressus detinebitur absque spiratione, et ideo paucae aut nullae proveniunt plantae. Exemplum autem hujus est in locis paludosis, quae praedicto modo sunt disposita. Siqua autem viscositas sive vaporositas spiraverit, proveniet planta stagnorum[6], sicut persicaria[7] aut juncus ψ) aut aliquid hujusmodi[8], et plantae, quae non multum differunt in figura, sicut juncus et gladiolus. Et hoc contingit propter

φ) Tract. I cap. 8. χ) in interioribus terrae, prohibebitque grossitudinem aquae ascendere, mundabitque ventus in loco illo et findetur terra, reprimitque se aër compressus et coagulabit ventus illum humorem, provenietque ex illa humiditate planta stagnorum. *Nicol.* ψ) *De* junco *conf. lib. VI* §. 320; persicaria *autem, quod et loca paludosa docent et synonyma, in Vocab. simpl. addita, sine dubio* *Polygonum hydropiper Lin. est.*

§. 79: 1 cum *L pro* sunt. 2 viam *Edd.* 3 qui *A.* 4 aut *B L P*, *om. A*; autem *C quod expunxit V.* 5 *V Edd.*; *om Reliq.*

§. 80: 1 *Om. A.* 2 *M*; sunt *Codd et Edd*; — nutrimento *A* 3 -fundo *A B P Edd.* 4 aper. *L*; op. hoc lutum *A* 5 facere *V*; — ideo *om. Edd.* 6 signorum stagn. *Z*; horum stagn *J* 7 persiccaria *V.* 8 hujus *Edd.*; — non *om. C*

aquae perseverantiam et grossitudinem, quae non multum est diversitatis figurae[9] susceptiva, et propter uniformitatem caloris solis desuper venientis.

Loca autem uda, hoc est, quae non[1] interiorem, sed ex- 81
teriorem habent humiditatem paucam in superficie respersam, et sunt desubtus[2] solida, non habent plantas bene proficientes, sed extenditur super eas quaedam plantalis natura sicut viriditas[ω]). Est enim locus[3] parum rarus in profundo et multum solidus, et cum calor solis cadens super loca illa moverit vaporem, qui est in parva raritate loci talis[4], locus ipse calefiet ex motu radiorum contingente[α]) ex lumine solis[5], et comprimitur calor in interioribus illius loci per soliditatem loci: et ideo propter nimis parvam loci raritatem evaporare non potest, nisi[6] ita subtiliatus, quod non potest incorporari in plantae nutrimentum, sed spiritualis existens evaporat[7], aut grossus manens retinetur intra[8] loci soliditatem. Et ideo planta non habuit conveniens sibi nutrimentum, unde cresceret, sed parvus humor, qui exprimitur ex loco tali, juvit[9] eam[β]) parva adjutorio, et ideo effusa est super locum talem, sicut pannus viridis propter humoris continuitatem. Et hujusmodi[1] planta propter paucitatem nutrimenti non 82
habet folia, cum autem nascitur, videtur propter aliquam convenientiam esse de genere plantae, quam diximus superius[2] effundi super aquam sine radice et foliis[γ]); sed haec minor est in quantitate, quam illa, eo quod haec[3] propinquior est naturae terrestri, cujus siccitas et frigi-

ω) *i. e. Byssus velutina Lin. vel potius Muscorum aliarumque plantarum cryptogamicarum primordia. Nicolai verba autem sunt:* Sed planta quae erit in locis udis apparebat super faciem terrae ut viriditas. α) *i. e. nisi fallor*, motus qui lumine solis efficitur. *Nicolai verba sunt:* cum motu contingente et calore compresso in *etc.* β) sua expansione *add. Nicol.* γ) *Conf.* §. 66.

§. 80: 9 -ra *B.*

§. 81: 1 in *add. V.* 2 de substantiis *Z*; — de substantia *J.* 3 *Om. A.* 4 *V supra lineam addens* va *repetit praecedentia verba inde a:* locus parum rarus. 5 solis lumine, *om.* ex *L.* 6 ut *J*; — subtiliatur *Edd.* 7 *L repetit vocem.* 8 ultra *Edd.* 9 innuit *CL*; univit *B Edd.*; — parvus *pro* pannus *Edd.*

§. 82: 1 hec *B P Edd.* 2 ipsam *add. V.* 3 *Om. A B Edd.*

ditas impediunt perfectum[4] quantitatis ejus; nec ascendit in ramos, nec descendit in radices propter defectum nutrimenti supra inductum. Hujusmodi autem plantas saepe videmus nasci in tectis[5] lapideis, quando in superficie parum putrescunt lapides. Videntur[6] etiam aliquando in rupibus, ex quibus exsudat parvus humor fontium[7].

83 Saepe etiam videmus, quod planta nascitur sine radice ex alia planta, et quae nascitur, non est ejusdem figurae et speciei cum ea, ex qua nascitur, et movet se per[1] incrementum super plantam[δ]), et hoc praecipue in plantis spinosis, eo quod illae acutum habent humorem in interioribus suorum corporum. Et cum ille humor destituitur ab anima plantae, ita quod non perfecte vegetatur et incorporatur plantae, movetur calore solis, et evaporat in herbam vel in[2] alterius figurae, plantam quod quidem[3] maxime proprium est plantae spinosae; convenit tamen etiam[4] aliis, sicut est planta, quae dicitur cuscuta[ε]), et similes. Experimento autem videtur hoc in truncis spinarum et aliarum arborum infimis[5], in quibus talis capillaris viriditas apparet, et est mollis[ζ]). Apparet etiam in stipitibus arborum.

84 Producitur[1] etiam ex arboribus inveteratis per eandem cau-

δ) *Inde ab hoc loco Alb. Nicolao duce minus utitur, cujus verba sunt:* quia planta multarum spinarum unctuosae aquae cum se moverit, aperientur partes ejus, vaporabitque sol illas putredines, digeretque herbam cum sua natura locus putridus adjuvatque anima cum calore temperato, et crescit planta ut fila, et tenduntur super plantam; et hoc proprium *etc.* ε) *Nomine* cuscuta *vel* cascuta *V, quod hoc uno loco occurrit, designantur a Petro ceterisque autoribus veteribus Cuscutae Lin. species. Cum vero nec hae nec aliae quaedam plantarum parasitarum spinosae sint, recte monuit Meyer in edit. Nicol. pag.* 121 *pro* proprium est plantae multum spinosae ut cusc. *vertendum fuisse* propria *sive* innascens plantis spinosis est cusc.; *quem errorem Alb. verbis interjectis emendavit.* ζ) *Et Muscorum primordia et Lichenes capillares, Alectoria Usnea etc., esse videntur. Conf. lib. V* §. 21.

§. 82: 4 prof. *C V.* 5 costis *Edd.*; testis *A P.* 6 Videtur *C L V.* 7 mont. *Edd.*

§. 83: 1 *M e conj.*; mov. snper *A P in text. Edd.*; mov. semper *P ad marg. et Reliq.*; — nutriment. *A.* 2 *Om. C V.* 3 licet *add. A.* 4 *rasura delevit P*; conv. etiam cum *Edd.* 5 in silvis *A.*

§. 84: 1 et prod. *A*; — autem *pro* et. *L.*

sam superius in ramis planta η), quae[2] in omni arbore est unius figurae, quae infigitur plantae, et habet folia spissa, in hieme retinentia virorem[3], et sunt fere sicut folia olivae, nisi quod in colore declinant aliquantulum ad croceitatem citrinam, et fiunt in eis in hieme[4] granula alba, et substantia[5] eorum componitur ex malleolis, sicut vitis, et haec planta est rarae substantiae, et humor pelliculae interioris, quae est inter corticem et lignum, est viscosus valde, propter quod utuntur ipso auçupes ad viscum[6], quo capiunt aves.

Haec igitur dicta sint[7] de locis plantarum a nobis.

η) *Est Viscum album Lin.*

§. 84: 2 alias autem *V in marg. add.*; — omnibus arboribus *A.* 3 vigor. *A B Edd.* 4 *Om. Edd.* in hieme. 5 de *add. Edd.* 6 vixum *C L V.* 7 sunt *B L P Edd.*

Tractatus III.

Quarti Libri Vegetabilium.

In quo agitur collective:

De principiis generationis et fecunditatis plantarum[1].

Capitulum I.

De quinque, quae collective sunt principia generationis et incrementi plantarum, et de dubitationibus circa eadem emergentibus[2].

85 Herbae autem[ϑ]), et quicquid vegetatur et crescit radicitus infixum terrae, indiget uno vel pluribus de quinque rebus. Haec autem sunt semen, putredo, humor, aqua[ι]), plantatio, quae est[3] plantam nasci super plantam aliam. Horum autem quinque primum quidem in se virtutem habet[4] formativam plantae, et est in ipso simul materia et efficiens, sicut etiam[5] in secundo physicorum diximus[x]). Secundum
86 autem virtutem formativam accipit a virtute stellarum. Humor autem, qui commixtus est ex elementis, cibus est et[1] materia tam generationis quam generatae jam plantae; hunc enim planta, prima digestione depuratum, trahit de[2] terra. Aqua autem, sicut

ϑ) Nicol. lib. II cap. 8. ι) humor aquae *alii Nicol. codd.* x) Lib. II tract. II cap. 3.

§. 85: 1 4[i] libri vegetabilium *om. ABC*; in .. collect. *om. J*; — plante *L.* 2 collect. *om. P*; principium *ABJ*; — incrementa *C*; — mergent. *C Edd.*; — *om. P* et de ... emerg. 3 in *L.* 4 hab. virt. *ABJ*; virt. in se hab. *L*; — similis *J.* 5 *om. CLPV.*

§. 86: 1 cibi, est etiam *Edd.* 2 a *A.*

in omnibus nutrimentis, non deseruit nisi in[3] hoc, quod ipsa est alimenti vehiculum; nec[4] fluxum haberet ad partes cibus nisi per motum aquae. Interminabilis[5] enim existens in se ipsa, bene[6] terminabilem facit cibum ad membra et partes eas[7], quae nutriuntur. Plantatio autem super plantam aliam duplex[8] est: aut enim est per insitionem, aut est per modum supra inductum, quando scilicet planta, interius habens humorem putridum, virtute solis exhalat illum; et fit in[9] plantâ alia λ), infixa plantae, in figura differens ab ipsa.

Sunt igitur tria istorum generationi plantae deservientia, 87
duo autem[1] conferunt ad nutrimentum. Ad generationem enim[2] conferunt semen et putredo et plantatio in planta alia. Quod enim generationi[3] confert, oportet, quod habeat in se formans aliquid, et ad speciem plantae deducens. Hoc autem aut formatum est[4] a virtute inferiori, sicut semen; aut a virtute universali superiori, sicut putredo: et haec quidem duo simpliciter conferunt ad plantae generationem. Tertium autem quod reliquum est, quod est plantatio plantae in planta alia, confert simul ad[5] generationem et transmutationem ipsius in figura. Similiter autem, quae conferunt ad cibum plantae, diversitatem habent duplicem: quoniam humor est cibi substantia; aqua autem confert proprium cibo motum ad partes nutritas.

Sed fortasse dubitabit[1] aliquis, cum in animalibus putredo 88
non sit principium generationis nisi imperfectorum valde animalium, utrum forte etiam putredo non sit principium nisi imperfectarum plantarum? Hoc autem non videtur, quoniam nos videmus, quod in multis locis, nudis a semine plantarum, per successum temporis nascuntur plantae perfectae secundum omnem plantae speciem, eo quod sic crescunt herbae, olera, frutices[2], et arbores, et non videntur nasci nisi ex putredine et virtute

λ) *i. e.* cui plantae innascitur alia planta *etc.*

§. 86: 3 *Om. P.* 4 ne *B Edd.* 5 Incremabilis *L.* 6 unde *L.* 7 *E conj.*; ejus *Codd. et Edd.*; *Meyer maluit* eorum. 8 dupliciter *A*; — per inscision. *L*; ad incision. *C V et e corr. P.* 9 *Om. B C J*; — inf. planta inde fig. *A.*

§. 87: 1 enim *L.* 2 *Om. L.* 3 -tionem *Edd.*; — quod habent *L.* 4 *Om. C L V Edd.*; autem est form. *P.* 5 *Om. L.*

§. 88: 1 -tat *L*; -tatur *C*; -taret *Edd.*; — putredo *om. Edd.* 2 fruct. *V.*

89 stellarum. Propter quod sciendum[1], aliud esse principium plantarum perfectarum, et aliud esse principium animalium perfectorum, quoniam planta propter sui[2] homogeneitatem facilioris est generationis quam animal, quod est diversum valde in partibus. Et ideo, quod est principium generationis perfectae plantae, non potest esse principium generationis perfectorum animalium; sed oportet, perfecta animalia esse a principio generationis perfectae.
90 Propter quod reprehensibile est dictum Platonis, qui dixit, quod in omnibus actus est ex actu, et quod in omnibus actus[1] praecedit potentiam[μ]): quoniam in perfectis[2] animalibus et etiam perfectis plantis non oportet, aliquem actum praecedere speciem et formam in eodem genere[3] et specie, nisi forte actum vocet virtutem coelestem, quae putredini influit formam et virtutem formativam; sed illa non est univoca ad formam et[4] speciem, quae
91 est in materia generabili, licet hoc Plato opinatus fuerit. Optime autem et convenienter dixit Protagoras, dicens a mundo imperfecto incipere plantarum generationem, eo quod incipiunt ab hujusmodi[1] putredine potentiali ad plantam cum virtute stellarum, et non a perfecto actu plantarum in specie et forma. Animalia autem dixit incipere a mundo perfecto, eo quod in illis necesse est, semen formari in aliquo completo secundum speciem et formam. Est enim homo ab homine, et equus ab equo, et leo a leone; sed non sic pirus a piro, vel ficus a ficu. Et haec vocat
92 ille incipere a mundo imperfecto vel perfecto. Quia autem principia ista generationis et incrementi[1] plantarum descendunt a commixtione valde simili et similium, ideo etiam[2] planta valde similis est in partibus. Et ex hoc[3] contingit, quod etiam una planta valde[4] similis est alteri in specie et figura, et[4] per parvam mutationem loci et nutrimenti plantae transmutantur ad

μ) *Quam sententiam Platonis non esse, quin* actum *et* potentiam *a nemine ante Aristotelem distincta esse, certiorem me fecit amicissimus Susemihl, Platonis interpres acutissimus.*

§. 89: 1 est *add. B*; — esse *om A.* 2 suam *A.*

§. 90: 1 *Om. V* est ...... actus. 2 in imperfect. *A et e corr. P*; — plantis *om. Z*; et et. perf. pl. *om. J.* 3 *Om. A.* 4 ad *L.*

§. 91: 1 hujus *Edd.*

§. 92: 1 nutrim. *A.* 2 *Om. L.* 3 *Om. L* ex hoc. 4 *Om. Edd.*

invicem, sicut siligo et triticum; et in arboribus est simile et in herbis et oleribus[5] et in fruticibus. Non autem sic[6] est in animalibus perfectis, propter magnam[7] suorum corporum diversitatem. De his autem in aliis dictum[ν]) est.

Sunt autem quaedam adhuc, quae videntur conferre plan- 93
tarum generationi[1] et incremento, de quibus etiam supra facta est mentio, sicut locus conveniens, et aër connaturalis. Sed haec non faciunt aliquid ad esse plantae, sed ad bene esse, et non conferunt nisi ratione seminis aut putredinis aut humoris, quae sunt temperata ex[2] loco et aëre plantae connaturalibus et convenientibus. Id autem aëris, quod venit in plantae constitutionem, inmiscetur[3] humori seminis et putredinis et cibi plantae, sicut fit etiam in animalibus.

Haec igitur sunt, quae faciunt ad plantae generationem[ξ]).

Capitulum II.

De diversitate fecunditatis et germinationis plantarum[1].

Tripliciter quoque est arborum fecunditas[o]) in his, 94
quae a planta separantur, hoc est in folio et fructu: aut enim producit[2] fructum ante folia, aut fructum cum foliis, aut post ipsa jam procreata. Est etiam planta, quae non habet radicem nec folia; et hanc superius diximus aliquando esse in aquis, aliquando super loca solida diffundi parum

ν) *Mallem* dicendum; *fusius enim hac de re libris de animalibus, qui his posteriores sunt, nec ullo, quod sciam, libro anterius scripto egit. M.*
ξ) Et haec quinque radices sunt plantarum *Nicol.* o) Nicol. lib. II cap. 9.

§. 92: 5 *Edd. add.* perfectis, propter magnam similitudinem, *quae verba et superflua et verbis sententiae sequentis simillima sunt*;— et fr., *om.* in *L*; fructic. *V*; fructibus *CL Edd.* 6 *Om. C*; sic aut. *L.* 7 *Om. A.*

§. 93: 1 -nem *L*;— et *pro* etiam *V*;— fecimus mentionem *BP.* 2 a *Edd.* 3 inviscatur *C Codd.*

§. 94: 1 et generat. *V ind.*; in germinatione *A Edd.*; *B praecisa marg. amisit argumentum.* 2 *Edd. add.*; folium ante fructum, aut, *quae verba et quadruplicem facerent modum, neque in Codd. neque apud Nicolaum inveniuntur.*

humentia, aliquando autem super plantam aliam quasi capillariter[3] sibi adhaerentem. Est autem secunda plantae diversitas, quod habet aliqua planta stipitem sine fructu et[4] foliis, sicut barba Jovis[π]). Tertia autem est[5], quae habet omnia haec, et[6] stipitem et fructum et folia. Nos autem in sequentibus ostendemus causas harum trium[7] operationum fecunditatis plantarum.

95 Et primae quidem diversitatis causa est, quoniam planta, quae fructum producit ante folia, multam in se habet unctuositatem[1] et pinguem et viscosam humiditatem; et cum digestivus calor, qui est in planta, adjutus[2] a calore solis, incipit agere in humiditatem illam, incipit attrahere sursum humiditatem magis sibi similem — et haec est unctuosa —, et festinabit in corpore plantae maturatio illius et ascensus, et incipit defervescere in ramis et stipite[3] plantae[ρ]), et spirare, et aperire poros, et exibit in formationem fructuum. Postea autem, quam[4] illud expulsum est in fructum, calor digestivus non habens materiam, in quam agat, redit ad humiditatem aqueam grossam, quae remansit, et, quantum possibile est, digerit illam, et format[5] in folia. In antehabitis[σ]) enim ostensum est, fructus fieri[6] ex humido unctuoso ventoso et vaporabili, folia autem[7] ex humiditate aquae cum aliqua terrestreitate grossa permixta[8]. In his igitur fructuum formatio foliorum praecedit formationem.

96 In his autem[1], quae folia formant ante fructus, sunt multae humiditates aqueae[2], in quas cum incipit agere calor digestivus[τ]) disperguntur et diffluunt, et non

π) *Sempervivum tectorum Lin.* ρ) prohibebitque humorem ne ascendat, ex eoque praecedit fructus folia *sequentia sunt Nic. verba.* σ) Lib. II §. 92. τ) cumque calor solis inceperit dispergere partes aquae, sursum attrahit sol partes illius humoris, et tardabitur maturatio, quia digestio fructus non erit nisi in coagulatione et praecedunt folia fructus. *Nicol. pergit.*

§. 94: 3 copular. *Edd.* 4 sine *add. Edd.* 5 *Om. Edd.* 6 ad *Z*; *om. J.* 7 *Om. P.*

§. 95: 1 *L Nicol.*; unctuosam *Reliq.* 2 adustus *Edd.*; ab intus *A.* 3 -tem *C L V.* 4 quando *A B*; posteaquam autem *A.* 5 digeret . et formabit *B P.* 6 formari *V*; — et vent. et vaporoso *Edd.* 7 Quando *L*, *om. prioribus sententiae verbis inde a:* In antch. 8 comm. *V.*

§. 96: 1 *A B Nicol.*; *om. Reliq.* 2 aque *Edd.*; — cum *om. L.*

potest pingue separari ab ipsis, nisi prius diminuantur. Cum autem disperguntur, ferventes et spirantes[3] per partes plantae, formantur in folia: et tunc tandem de spissiori remanente virtute caloris eliquatur[4] humidum pingue subtile, et hoc rursus attrahitur[5] sursum, et egreditur in formam fructus, et sic fructus formantur post folia. Simile autem est in ovo, in[6] quod agit calor. Non enim eliquatur[7] pingue, quod est in ovo, nisi prius humidum aqueum exsudaverit. Fructuum enim formatio fit coagulatione humidi pinguis constare incipientis per virtutem caloris; et haec coagulatio nullo modo fieri potest, nisi prius expellatur superfluum aqueum in formam foliorum. Hac igitur de causa folia[8] in quibusdam plantis formationem praecedunt fructuum.

Planta vero, quae utrumque simul producit, multam 97
habet utramque[1] humiditatem, et sibi invicem habet has humiditates admixtas[2] fortiter, et ideo tota sua humiditas multum habet viscositatis; nec est separabilis una humiditas[3] ab alia in corpore plantae, in quo simul decurrunt. Propter quod, cum calor agit[v]) in totam humiditatem, neutra separatur ab alia, sed simul incipiunt ascendere in ramos; et tunc, primo cum distributa fuerit in partes plantae, in extremo ramusculorum, ad quae confortatur calor solis, utraque[4] simul erumpit, et ex una formantur folia, et ex alia fructus. In extremo enim, quia[5] ibi nulla spissitudo plantae prohibet solis accessum, separantur in exitu suo, et distributa humiditas simul exit in duas formas, foliorum scilicet et fructuum.

Ex dictis autem facile etiam quis potest advertere causam 98
diversitatis secundae, quoniam pro certo planta, quae caret radice et foliis, remota est a temperantia loci, sicut supra est explanatum. Illa enim, quae habet stipitem sine folio et fructu,

v) Quam cum calor digesserit, ascendet ex eo cum illa unctuositate attrahetque illud aër cum sole egredieturque unctuositas fructus, et humor folia producet una expositione *Nicol. verba sunt.*

§. 96: 3 ferv. exspir. *Edd.*; — parte *B.* 4 equaliter *Z;* exit *J.* 5 trah. *B*; habetur *Edd. et praemissa lacuna C.* 6 *Om. P.* 7 eliqualatur *B.* 8 Hec igit. est causa quod fol. *V*; — foliorum formacio in *A.*

§. 97: 1 *Om. Edd.* 2 -tus *L.* 3 *Om. Edd.* multum ...... humid.; *om. J etiam quae sequuntur* et alia. 4 utroque *L.* 5 quod *BLPZ*; quando *J.*

frigida[1] est, et grossae valde humiditatis, quam[2] calor modicus plantae nec separare nec formare potest in folia vel fructum. Sed tamen unit eam substantiae plantae, et ideo producit stipitem sine folio[3] et fructu. Ea autem, quae habet stipitem et folia et fructum, est, quae uno trium modorum inductorum[4] est contemperata ad complexionem humorum.

99 Invenitur autem triplex diversitas in pullulatione plantae ex ipso semine, quoniam, sicut saepius diximus[φ]), quaedam faciunt germen suum in[1] summo farinae suae, sicut cicer[2] faba glans nux et his similia; quaedam autem in imo suae farinae, sicut triticum et ordeum et siligo et quaedam alia grana his similia; quaedam autem in circuitu suae farinae producunt germen suum, sicut allium et oliva et cetera hujusmodi.

100 Est autem sciendum, quod, sicut in animalibus sanguis menstruus est attractus in cibum creaturae formandae, sic in cibum praeparatur farina[1] in seminibus plantarum, cum quo est viscosa humiditas spirans per calorem naturalem et solis, in quo spiritu virtus est formativa plantae. Quaecunque igitur horum terrestria sunt magis, illa habent[2] humiditatem spirantem separatam ad supremum, quoniam calor naturalis agens in eam, illam ad se traxit[3] tanquam homogeneam sibi, et substantiam terrestrem tanquam hetherogeneam segregavit in nutrimentum[4]. Quaecunque autem[5] subtilis sunt substantiae valde, et humiditatem habent multum[6] viscosam, horum substantia magis secuta est calorem naturalem[7] sursum levantem quam humiditas spirans; et horum virtus germinativa est inferius, et substantia cibalis superius.
101 Signum autem hujus est, quod legumina et glandes ventosa sunt, et gravis substantiae; triticum autem et cetera grana

φ) *Conf.* lib. III §. 58.

§. 98: 1 frigide *A.* 2 quoniam *Edd.* 3 foliis *A.* 4 ductorum mod. ind. *P.*

§. 99: 1 bono *add. Edd.* 2 *Om. V*; citra *C*; circa folia glans *Edd.*

§. 100: 1 *Om.* farina, *Edd.* preparatur *verbo* creature *praeposuerunt*; sit — in quo *V.* 2 habentia *Edd.*; — spirantem *A*; spiratam *Reliq.* 3 trahens *Edd.*, *om. paulo post* sibi .... heterog.; tanquam *om. A.* 4 in numerum unum *Codd. et Edd.*, alias victum *V ad marg. Quae cum ab opinione nostra aliena sint, non dubitavi, quae Meyer conjecerat, in textum recipere.* 5 *Om. Edd.* 6 valde *L.* 7 *Om. B.*

bladi non[1] sic; et sunt incorporabilia plus quam legumina propter puritatem[2] et subtilitatem substantiae suae; et caro, quae fit in animalibus, quando cibantur tritico vel alio blado, fortius adhaeret membris quam alia caro; quod profecto est propter humorum suorum viscositatem. Quaecunque autem habent hu- 102
miditatem multum unctuosam, haecχ) in actione caloris diffunditur in circuitu quasi[1] de centro quodam ebulliens, et in medio remanet massa cibalis; propter quod germinare incipiunt in circuitu, sicut allium, et oliva. In aliis autem similibus idem proferendum est judicium.

Non est autem praetereundum, quod antiqui sapientes, 103
de natura plantarum disputantes, aestimabant, omnia folia fructus quosdam esse, sed incompletos in digestione[1] et figura. Dicebant enim, quod humor tantus est in planta, quod non potest ex toto maturari nec perfecte coagulari per actionem calidi, facientis[2] constare humorem; nec potest totus humor festinare ita cito quod totus maturetur[3] in fructum. Humor igitur, in quem non perfecte[4] est operata digestio, alteratus parum et incomplete a calore, formatur in folia, sicut dicunt[5]; cum tamen sciamus ex omnibus praehabitis, quod folia non habent aliam intentionem, nisi quod formantur ex attractu humoris simplicis, qui simpliciter[6] humor est, hic autem est humor aqueus. Sunt autem finaliter ad cooperimentum fructuum et defensionem, ne fructus caumate solis exurantur. Et ideo oportuit in natura, 104
quae semper facit conveniens, ut folia essent in planta ad similitudinem fructuum, quia aliter fructus perirent. Sed tamen in materia cum fructibus non conveniunt, quia folia fiunt ex humore ascendente superioreψ) et per alte-

χ) *sc.* humiditas. ψ) sed humor ascendit super ea et alterata sunt folia, ut diximus, *Nicol.*

§. 101: 1 bladi *BJ*, grana bladi *autograph. Alb. De animal. lib. XXII cap. de Equo*; bladium *ACP*, bladum *LVZ*; *quae e lectione, quam A praebet unus*, bladi non *orta crediderim*; — sit *V*; sic *om. A*; sic et *om. BJ*. 2 *V*; parvitat. *Reliq.*; et subt. *om. A.*

§. 102: 1 tanquam *A.*

§. 103: 1 inc. indigest. *Edd.* 2 faciencia *A*; — festinari *P L Edd.* 3 *A L*; quod transmutaretur *Z*; quod transmutantur *J*; mutaretur *Reliq.* 4 quam non perfecta *V*; est perfecta *L*; perfectum *C.* 5 digerunt *BLPZ.* 6 simplex *Edd.*; — hoc autem *AB.*

rationem caloris[1] simplicem facta sunt folia; cum fructus non fiant[2] ex hujusmodi humore, sicut patet ex supra dictis. Differunt autem et in fine, quoniam fructus sunt ad salutem speciei per semen, quod est in eis; folia autem sunt ad fructus[3] defensionem. Quod autem et[4] in forma et figura differant, ad sensum est manifestum. Est etiam in eis magna differentia saporis, sicut est manifestum ad gustum.

105 Est autem adhuc alia diversitas fecunditatis[1], quoniam quaedam plantae nec fructus faciunt nec flores, sed folia tantum. Quaedam autem faciunt fructus sine floribus, ut ficus et quaedam[2] mali[ω]). Quaedam autem et fructus et flores faciunt, sed saepe perit fructus, postquam floruerunt, sicut fit[3] in oliva et multis aliis. Causa autem hujus diversitatis est pro certo, quoniam, sicut diximus, ex subtili[4] valde fit flos; et ideo egreditur flos ante fructum in omni planta habente florem, eo quod
106 subtile valde magis elevatur et magis obedit digestioni. Quaecunque[1] igitur aut non habent pinguem humorem et subtilem, aut valde parum, sed aut totus aut fere totus humor est aqueus, folia habent sine floribus et fructibus, sicut salix, et populus. Cujus signum est, quia in gemmis populeis est aromaticus odor, et est viscositas manibus adhaerens, quando comprimitur. Humor enim viscosus parvus ab humore aqueo separabilis non est, et ideo unus cum alio digeritur, et ipsum pingue, quod fuit, plene digestum est ante formationem, et ideo in formatione[2] foliorum primo spirat, et postea totum evaporat. Propter quod et folia populi jam formata non sunt odorifera[3], nec valent ad unguenta. Tales igitur plantae folia habent sine flore et
107 fructu. Quaecunque autem viscosum et pinguem habent humorem multum, et parum aut nihil de subtili, in illis, siquid per calorem naturalem subtiliatur, remanet retentum intra viscosita-

ω) *Conf.* lib. II §. 126. *Sequentia Nicol. verba suo ordine repetit autor in* §. 110.

§. 104: 1 solis *ABP*. 2 fiat *B Edd.*; — hujusm. *om. Edd.* 3 fructuum *Edd.* 4 *Om. A*; — differunt *LP*.

§. 105: 1 -ditas *L*. 2 quidam *A*. 3 *Om. BP Edd.* 4 materia *add. A*.

§. 106: 1 Quocunque *C*; — autem aut *A*. 2 *Om. Edd.* et .. form. 3 vel *add. Codd. et Edd., praeter A qui om. et P qui expunxit vocem.*

tem grossi humoris, et ideo nihil separatur in florum substantiam[1], et producunt tales plantae fructus sine floribus. Huius autem signum est, quod grossi, quos primum emittit ficus, sunt grossioris substantiae, et non adeo dulces sicut ficus sequentes. Viscosus enim humor calore victus[2] primum elevatur in grossa substantia; quo educto per calorem, melius vincitur[3] humidum pingue manens. Simile autem hujus videmus in olla, in qua bullit cibus. In hac enim primo[4] superfervet grossum terrestre in spuma nigra quasi faeculentum, quod, cum ejectum fuerit convenienti digestione, quae vocatur[5] hepsesis, digeritur et de-
coquitur cibus. In omnibus autem, in quibus est utrumque pin- 108
gue, subtile scilicet[1] et grossius, egrediuntur flores primo, eo quod subtile citius elevatur, et postea fructus[2].

Contingit autem frequentius deperire fructum quam florem, 109
ex aliqua trium causarum. Aliquando enim magnae sunt plantae, et humidum ponunt ad nutrimentum[1], ex quo formandus erat fructus; sed subtile, quod transit in florem, non est ita incorporabile plantae: et tunc perit fructus, et non flos. Aliquando autem[2] non ita cito potest moveri et vinci grossum sicut subtile humidum: et tunc secundo forte vel[3] tertio vel forte quarto anno fructicant, licet omni anno floreant. Aliquando autem non possunt[4] tantum attrahere, propter duritiam suarum radicum, et tunc forte non attrahunt sufficiens fructibus[5], nisi per duos annos vel tres; et quando congregatum fuerit in planta
sufficiens humidum, tunc fructificabit[6]; et non in aliis annis. In 110
oleis igitur[1] pinguibus tale est judicium, sicut diximus. Sed olea sive oliva saepe privatur fructu eo, quod[α]) ad

α) quia natura, quando digesserit, ascendet primo de subtili, quod non maturaverit eritque ille humor folia, eritque illa digestio flores; cumque maturaverit in secundo anno digestio *etc. Nicol., quocum Alb. non facit.*

§. 107: 1 -tia *Edd.* 2 multus, *om.* calore, *A.* 3 educitur *P.* 4 enim *om. B*; primo *V solus ad marg. praebet.* 5 *Om. Z*; est *J*; - exsesis *L.*

§. 108: 1 *Om. A.* 2 fructum *B*; flores *ACPVEdd.*; *om. L* primo .... fruct.

§. 109: 1 et ponunt ad habendum nutrim. *A.* 2 *Om. P.* 3 sec. forte tert. *LP*; sec. forte nec tert. *V*; forte sec. vel tert. *AB*; forte sec. tert. *C*; sec. et tert. forte vel quart. *Edd.* 4 *Meyer e conj.*; potest *Codd. et Edd.* 5 *Addunt:* nutrimentum *B*, humidum *A.* 6 *AEdd.*; -cavit *CLV*; cant *BP.*

§. 110: 1 ergo *BEdd.*; autem *A.*

fructum ejus multus humor pinguis exigitur, et multus calor digerens; et haec[2] ex supra dictis causis frequenter impediuntur. In talibus enim plantis id, quod calor naturalis primo digesserit, prius ascendit in extremitates ramorum, cum sit subtile, quod quidem non est satis maturum in fructum, nec satis incorporabile: et ideo formatur in folia florum, quae figuram[3] habent magis foliorum quam fructuum; et quod residuum est[4] aquei humoris, formatur in folia. Per talem enim[5] digestionem fiunt flores, sicut[6] patet ex saepe dictis. Cum autem digestio maturaverit residuum humoris pinguis, et fuerit ibi sufficiens materia: tunc nascitur fructus, et exibit ad finem, ad quem pertingere potest materia in fine formationis florum et foliorum. Exit autem secundum locum, quem sortitur in calore maturante et distribuente eum, ad diversa loca partium plantae.

Capitulum III.

De modo diversitatis[1] et generationis spinarum in plantis.

111 Jam autem tempus est id expedire, quod diu dilatum[2] est, de natura scilicet et figura spinarum, quae in plantis inveniuntur. Dicamus igitur, quod spinae non vere sunt de natura et essentia plantarum$^{\beta}$). Cujus signum est, quod natura et generatio spinarum non est secundum generationem partium, quae sunt essentiales plantae. Hae enim omnes a radice directe sursum disponuntur secundum rectam[3] nutrimenti elevationem; spinae

β) Spinae vero non sunt de genere pl. nec de natura ejus. *Nicol. lib. II cap.* 10.

§. 110: 2 hoc *L V.* 3 -ias *A*; -res *B.* 4 est est *A*; *om. Edd.* et ideo formatur .. — .. formatur in folia. 5 igitur *P.* 6 ut satis *P.*

§. 111: 1 *E conj.*; fecunditatis *Codd. et Edd.*, *pro quo verbo hic plane absurdo non habeo, quod meliori verisimilitatis specie substituam.* 2 dilatatum *B Edd.* 3 *A L*; direct. *Reliq.*

autem crescunt de corpore plantae egredientes per corticem
plantae, quasi de quodam centro ad circumferentiam, cum tamen
usque ad medullam non pertingant. In plantis ergo spinosis
est raritas transversorum pororum a corpore plantae ad corticem venientium, et haec est via, per quam crescit spina.

Materia autem spinae est succus terrestris calidus valde, in 112
quo propter incensionem[1] materiae statim in principio formationis plantae festinat decoctio[γ]). Et fervens sicca materia et acuta educitur in raritate transversalium pororum,
et dum pertingit exterius, a sole coagulatur, et exsiccatur
fortissima coagulatione, et a frigido aëre postea reprimitur[2] modicus humor et gelatur, qui possit mollificare spinam; et ideo
valde dura efficitur. Et sic generantur spinae. Et ideo 113
etiam figura spinarum est pyramidalis. Materia enim, cum
per transversalem porum egreditur, pedetentim[1] incipit superius a gracili, quod est acuti anguli penetrativi, eo quod calidius[2] magis acuitur; et inferius semper procedit ad grossius.
Aër enim inclusus in materia illa, qui vaporabilem eam facit,
quanto magis a planta, ex[3] qua spirat, elongatus fuerit,
magis augetur in aëritate et vaporabilitate: et ideo magis in
parte illa acuitur, et magis extendit materiam, quae extensa contrahitur et acuitur necessario. Quo autem propinquior
fuerit corpori plantae, grossatur et dilatatur, ita quod sit ibi,
sicut[δ]) basis pyramidis[4] stet super plantam, ex qua spina egreditur: et haec est figura pyramidis acutae. Eadem autem de
causa figuratur omnis planta aut arbor pyramidaliter, quae
figuram habet pyramidis[5].

Inveniuntur autem duo genera spinarum in plantis. Sunt 114
enim spinae, quae ex profundo plantae educuntur[1]; et hae quidem[2] rectae et longae sunt propter calorem materie. Sunt etiam

γ) et erit in principio naturae decoctio et ascendit humor et frigus et cum eis parva decoctio, ambulatque in illa raritate facitque illud coagulari sol, eruntque ex eo spinae *Nicol.* δ) *i. e.* perinde ac si stet *etc.*

§. 112: 1 intens. *BLEdd.* 2 remi *Z*; venit *J*; — congelatur *BJ*.
§. 113: 1 *Nicol.*; pedetemptim *BP*; predetentim *C*; p'tūdenti *L*; progrediendi *V*; *om. A*; tunc *Edd.* 2 calidus *BCEdd.*; calidum *A*. 3 a *Edd.*; — fuerat *BCL*; tanto *add. J*. 4 -midalis *ABPJ*; — stans *J*; — de qua *V*. 5 per figuram pyram. *Edd.*
§. 114: 1 egrediuntur *B*. 2 *M. e conj. pro* quasi *Codd. et Edd.*; — *om. CLV* sunt; — *om. B* propt. cal. mat.

quaedam spinae, quarum basis non profundatur in corpus plantae[ε]) sed stat super corticem, quasi[3] extrinsecus adhaerens plantae; et sunt istae spinae breves, recurvae anterius, et peracutae, sicut sunt spinae tribulorum[ζ]) et bedegar et rosariorum[4] et ramni et aliarum multarum. Cujus profecto[5] causa est, quod materia a virtute naturali plantae primum[6] tota ad superficiem expellitur, et propter viscositatem non potest acui a solius plantae calore. Cum autem pertingit ad superficiem, juvatur calor interior materiae a virtute solis, et tunc acuitur valde; et quia materia viscosa est, incipiunt in contraria[7] trahere calor et viscositas, calor quidem extendens, viscositas recurvans, et ideo sunt spinae sicut unci, fundati super corticem plantae.

115 Quaedam autem arbores in foliis habent multas spinas, sicut arbor[η]), quae vocatur daxus[1]. Et hoc contingit, quia viscosum terrestre siccum et adustum et calidum[2] valde respersum est in humido aqueo ipsius, et egreditur cum ipso in formatione foliorum, et per virtutem solis postea spirans ex foliis acuitur in spinas. Signum autem hujus[3] est, quod arbor illa multi est humoris viscosi et inter corticem et lignum et[4] in interiori cortice; propter quod ex illo interiori cortice loto[5] et fricato viscum faciunt aucupes. Cum autem de foliis exspirat[6] spina, contrahitur folium et incurvatur; et ideo multa curvitas est in foliis ejusdem

116 arboris. Inveniuntur etiam spinae in herbis et oleribus, tam in stipitibus, quam in ramis et foliis, sicut in urtica majori et in[1] boragine[ϑ]) et in quibusdam aliis, sed sunt spinae parvae quantitatis, et quasi pili herbis adhaerentes[2]. Tamen necessarium est, quod ex eadem causa fiant[3], ex qua fiunt in lignis. Sed minores et molliores sunt propter parvitatem et phlegmaticitatem materiae.

ε) *Optime distinguit Alb., quos Lin. aculeos dixit, cortici insidentes a spinis quae ramorum foliorumque more corpori ligneo insertae sunt.* ζ) *Sunt: Rosa canina et R. rubiginosa et R. centifolia cum reliquis speciebus hortensibus et Rubus fruticosus Lin.* η) *Ilex aquifolium Lin.* ϑ) *Sunt: Urtica dioica et Borago officinalis Lin.*

§. 114: 3 *Om. Edd.* 4 rosarum *A*; et *ante* ram. *om. C.* 5 perfecta *C.* 6 *J V*; a princïpio *B*; pl. principium *Reliq.* 7 -rium *Edd.*

§. 115: 1 *B*; taxus *A*; doxus *Reliq.*; *conf. lib. VI* §. 229. 2 callidum *V hic et passim postea.* 3 hujusmodi *V.* 4 et *M e conj. addidit*; in *om. Z*; *J locum sic corrupit:* viscosi inter cort. et lign.; propter *etc.* 5 loco *L.* 6 expiret *Edd.*

§. 116: 1 in *addunt hic V, paulo post L soli.* 2 herentes *C.* 3 fiunt *P.*

Sed non est praetereundum, quod fere[1] omnis arbor piro- 117
rum et malorum spinosa est, quamdiu est silvestris[2]; et cum fuerit domestica, spinas amittit aut omnes aut ex maxima parte. Hoc autem contingit propter ignobilitatem nutrimenti silvestris, et propter siccitatem nutrimenti[3] plantarum silvestrium; propter quod et maxime sunt[4] spinosae, quae in aridis locis et calidis eremis et montuosis crescunt. Cujus causam ex dictis facillimum est[5] invenire.

Haec igitur de productione spinarum dicta sint.

Capitulum IV.

De coloribus communissimis plantarum.

Viriditas autem res communissima est[1], quae in genere 118
colorum exterius apparet in planta. Communiores enim colores arborum sunt viridis et albus; in lignis enim est albedo color[2] communior, in exteriori autem est communior viriditas. Cujus causa est, quia omnis materia mixta, in quam agit calor, induitur colore[3], qui propinquius inducitur[ı]) per naturam caloris digerentis et materiae mixtae. Et propter hoc oportet, ut communior color, qui exterius accidit arboribus et aliis plantis, sit viridis; et interius lignum arborum oportet esse album. Substantia enim ligni est ex terrestri viscoso constituta, per quam continue attrahitur materia humoris nutrientis, qui rarificat lignum et lavat terrestreitatem ejus; quod lotum[4] interius et digestum efficitur album, sicut tela, per[5] quam saepius fluit aquosus humor calidus digestus. Sub- 119

ı) Et hoc est, quia materia utuntur [*alias* innititur] propinquiori. *Nicol. lib. II cap.* 11.

§. 117: 1 *Om. Edd.* 2 fuerit *add. P.* 3 *Om. A C P V*; *addit L repetens verba praecedentia* silvestris et propter siccitatem. 4 *P*; spin. sunt *A B*; *om. Reliq.* 5 *Om. A.*

§. 118: 1 *Om C L Edd.*; *V supra lineam supplevit.* 2 *Om A* 3 calore *A C*; — propinquus *A B P Z.* 4 locum *L.* 5 *B*; *om. J*; ad quam ineptius *A*; et *Reliq.*

tile enim terrestre permixtum humido bene lotum et bene digestum efficitur album, propter multam compositionem diaphani[1] cum substantia ipsius, quae contingit tam ex[2] calido quam ex[3] humido spirantibus per substantiam ipsius. Si autem advenerit adurens calor, et extrahat humidum diaphanum, quod est in compositione ejus, efficitur nigrum; et ideo carbones sunt nigri generaliter. Humor autem aqueus, parum digestus, cum grossa terrestreitate permixtus, expulsus a substantia ligni, remanet in superficie et apparet exterius; et quia parum est digestus, efficitur viridis primo, et deinde, cum evaporaverit humidum, erit nigrum*). Ideo cortices arborum in antiquitate nigrescunt.

120 Viriditas igitur dicta de causa est in foliis, quia[λ]) humidum aqueum parum obedit digestioni, et est in ea[1] modica virtus caloris; et viriditas indicat cruditatem ipsius. Color igitur[2] iste in foliis veniens est quasi inter rasuram[3], quae est cortex, et lignum, quia lignum album est, quando antiquatur, et cortex vergit ad nigrum in antiquitate, ut diximus. Sed viriditas foliorum est medium inter haec. Non enim habent bene subtilem et digestam humiditatem terrestrem sicut lignum, neque ita grossam terrestreitatem[4] sicut cortex sive rasura, sed habent humorem aqueum calore parum alteratum et
121 non combustum; et ideo sunt viridia. Viriditas enim in plantis non moratur et permanet sicut color interior albus, quia non est in ea nisi humor indigestus, et cortex et folium est de genere terrae[1]; et ideo, cum exspirat humidum, remanet terrestre, ad nigredinem tendens. Sed inter ambo haec conjuncta[μ]) fit in eis color viridis modo supra dicto. Hujus

*) *Sc.* terrestre quod remanet *ut dicit autor in* §. 121. λ) in foliis, nisi quia major inest digestio, et ipsa sunt media inter casuram et lignum in potentia *Nicol.* μ) *i. e.* ex humido et terrestri conjunctis in corticibus et foliis evenit color viridis.

§. 119: 1 dyafoni *C V*; dyaphoni *P*; dyafanum *A B*; diaffoniter *L*, *om. infra* cum dyaffonum. 2 in *Edd.* 3 frigido *add. A B Edd.*

§. 120: 1 *sc.* viriditate; eo *A.* 2 *Om. A.* 3 rosam *omnes Nicolai Codd., ubi ex conj. in mea editione scripsi* casuram. *Nam clarum est corticem significari, qui arabice dicitur (numero plurali)* quschûr. *M.* 4 terrestrem *C V*; *om. Edd.* lignum .... sicut.

§. 121: 1 *Om. V.*

autem signum est, quod diximus, quod scilicet cortices arborum, quando senescunt, denigrantur; et fiunt ligna antiquata alba in interiori substantia materiali; et medius inter illos duos est color viridis, qui fit in eo, quod apparet de planta exterius, sicut saepius diximus.

Sufficiant autem haec hic[2] de communibus coloribus arborum, eo quod supra[ν]) multa de coloribus plantarum disputata sunt.

Capitulum V.

De modis incrementi plantarum, et de modis digestionis earum[1].

Incrementum autem plantae sicut et in animalibus[2] variat 122
figuram eorum, et haec quidem variatio fit tribus modis[ξ]). Quaedam enim plantae sursum prodeunt, auctae et nutritae magis in superioribus, et hac[3] efficiuntur altae valde, aut etiam cum hoc ramosae superius, sicut abies, quae exaltatur in stipite, et pinus, quae cum hoc superius dilatatur in ramis. Quaedam augentur inferius, et ingrossantur deorsum et in trunco, sicut salices saepe praecisae, et piri et mali saepius insiti[4]. Quaedam autem[5] augentur medio modo inter haec proportionaliter, scilicet deorsum et sursum.

Illa vero, cujus nutrimentum tendit sursum[o]), ha- 123
bet materiam nutrimenti calidam in medulla sua, quam continue attrahit sursum calor naturalis plantae, et habet poros rectos ab inferiori sursum tendentes; et aëritas, quae est in[1]

ν) Lib. II §. 79—88, 141—148; lib. III §. 35—48. ξ) Figurae autem plantae tres sunt modi. *Nicol. lib. II cap.* 12. o) Sed quae tendit sursum *Nicol.*

§. 121: 2 *Om. A.*

§. 122: 1 De modis *M e conj.*, modo *Codd. et Edd.*; — et de modo *B Edd.*; digestionum *A C L*; generationis *P.* 2 et *add. Edd.*; — hec *om. C.* 3 *V solus in marg. praebet.* 4 sepe incisi *V.* 5 enim *Z*; etiam *J*; — mod. med. *A B P Edd.*

§. 123: 1 *Om. Edd.*

raritate pororum ejus, contrahit eam frigiditate sua; et sic compressa, non diffunditur, sed cogitur ascendere, et sic pyramidatur[2], sicut pyramidatur ignis in materia subtili[π]) simul compressa per circumstans frigidum, et elevatur sursum.
124 Quarum autem nutrimenta deorsum tendunt, habent meatus pororum valde strictos, et forte transversos. Et cum materia cibi in radice prima digestione digesta fuerit, nititur ascendere, sed praepedita strictura pororum et transversione revolvitur in se ipsam, et fit aquosa gravis[ρ]), — sicut aquositas, quae[1] generatur in olla cooperta bulliente, quando evaporare non potest —; et cum est in medulla plantae, fluit deorsum, et nutrit inferiora, et non pervenit ad superiora nisi parum aliquid subtile, quod penetrare potest, et totum residuum aquositas[2] sua ponderositate movet deorsum: et ideo efficitur talis planta inferius grossa et brevis, et superius parva in ramis, sicut est in buxo et similibus. Ea
125 autem[1], quae medio modo se habet in succo et dispositione pororum, habet per digestionem temperate subtiliatum humorem; et materia[σ]), cibi ejus vicinatur temperantiae in digestione; et meatus pororum ejus sunt medio modo dispositi, nec multum stricti, nec multum ampli, neque multum recti, neque multum transversi; et ideo mediocriter tendunt materiae ciborum ejus sursum et deorsum.

126 Quod qualiter fiat, oportet scire ex modo digestionum, quae fiunt in plantis. Digestiones enim in planta sunt duae, praeter eam, quae fit sub radice in[1] terra, in qua purum separatur ab impuro, sicut in stomacho fit animalium. Et prima quidem digestio est, quae fit desub planta in radice plantae, in qua primam[2] cibus accipit alterationem. Secunda autem fit in medulla plantae; et haec eadem est, quam quidam tertiam vo-

π) in suis materiis *Nicol.* ρ) inspissabitur aqua, quae est in medulla plantae, proceditque subtile sursum convertiturque aqua ad partes illas deorsum, movetque illam sua ponderositate *Nicol.* σ) natura *Nicol.* *minus apte.*

§. 123: 2 pira nudatur *CZ*; *om. CEdd.* sicut pyr.
§. 124: 1 in *C*; *om. I Edd.* 2 -tatis *ALP*; — movetur *AP.*
§. 125: 1 *V solus supra lineam praebet.*
§. 126: 1 in radice sub *P e corr.* 2 primo *P.*

cant[3] digestionem, quae fit in corpore medio plantae[r]) distributa secundum partes ejus. Respondet autem prior digestio[4] digestioni, quae fit in hepate animalium et sub corde; secunda autem ei, quae fit in venis. Neque est in plantis tertia digestio, 127
quae faciat materiam[1] in alteratione cibi, licet videatur tertia esse, quae facit materiam in locis digestionum; quia, quando trahitur nutrimentum in diversas partes et ramos plantarum non accipit ibi tertiam digestionem, sicut tertiam digestionem[2] accipit cibus, quando attractus est ad membra animalium. Haec enim est tertia digestio cibi puri, quae fit in corporibus animalium. Impurus autem habet unam[3] in stomacho animalium, sicut diximus. Cibus autem plantae tertia digestione non digeritur proprie loquendo, quia tertia digestio in animali non est necessaria, nisi propter diversitatem suarum partium in complexione et figura, quarum unaquaeque removetur ab altera, et ideo in[4] membrorum quolibet specialem oportet fieri cibi assimilationem. Plantarum autem partes homogeneae sunt et vicinae ad invicem in complexione et figura, et est ipsarum[5] facilis multiplicatio in multis locis plantarum, eo quod homogeneum est facillimae generationis, propter quod sufficit digestio secunda. Plantae tamen[6] nutrimentum magis est terrestre, et ideo plerumque inferius tendit, et grossat stipitem.

Figura autem[1] plantarum praecipue causatur ex 128
quantitate virtutis seminum et humidi seminalis, in quo[2] est virtus figurativa et formativa ad speciem hanc vel illam. Sed natura floris et fructus est in natura aquae nutrimentalis, et in natura[3] materiae cibalis. Et in plantis positus est[4] motus primae digestionis, quae est digestio[v]) in omni-

r) et secunda, quae est in medulla, quae exit a terra, quae est in media planta et postea apparent maturae dividunturque. *Nicol.* v) Et positus motus primus, maturatio et digestio *Nicol.*

§. 126: 3 dicunt tert. *Edd.* 4 *V solus praebet*; priori *BCL Edd.*

§. 127: 1 *V*; numerum *Reliq. utroque loco*; *om. Edd.* mater. .... quae facit. 2 *Om. Edd.* tert. dig. 3 *Om. Z et scribens* manet *J*; digestionem *add. A.* 4 *Om. L*; — quelibet A. 5 spinarum *P.* 6 autem *L.*

§. 128: 1 enim *Edd.*; — qualitate *A.* 2 qua *Edd.* 3 *Om. P* in nat. 4 *Om. BCL Edd.*; — digest. prime *V.*

bus animalibus; et ab hoc modo digestionis[5] aut non recedunt aut parum recedunt[6] plantae. Cujus signum est, quia parum[7] vel nihil ejiciunt impuritatis de cibo digesto. In planta enim est prima digestio sufficiens ad nutrimentum, sicut[8] in animali prima completio est sub corde: et haec[9] quidem sufficit, quia secunda, licet calefaciat nutrimentum, et forte magis subtiliet, tamen nihil rejicit omnino, sed statim distribuit per partes plantae.

129 Haec autem homogeneitas plantae causa est, quod[1] planta continue ascendit[2], praecipue in partibus, per quas ad ipsam redit juventus ejus, donec vita ejus et aetas compleatur et intereat; quoniam, licet omnium natura constantium sit[3] terminus magnitudinis et augmenti, in quo stat augmentum, tamen in planta, ad quam redit juventus, novum etiam[4] inducitur augmentum, et ideo in illis partibus augetur, dum vivit. Non autem sic est in animali, cujus causa est, quia in animali[5] latitudo vicina suae longitudini; et ideo, stante diametro longitudinis, inundat nutrimentum super diametrum latitudinis et inspissat animal. In planta autem diameter longitudinis excedit in virtute diametrum latitudinis. Radix φ) enim nutrimenti plantae est[6] humor aqueus et calor igneus; et humidum facile sursum ducitur per calorem igneum, et restaurat diametrum longitudinis ad juventutem continue redeuntem; et ideo sursum continue procreatur planta.

φ) *Est iterum Arabismus pro* fundamenta *seu* principia.

§. 128: 5 digestio *C addens ultima capituli verba* procreatur planta, *om. intermediis*; aut *om. J.* 6 excedunt *V*; *om. Edd.* aut receed. 7 rarum *L.* 8 sed *Edd., om.* prima. 9 hoc *L.*

§. 129: 1 *Om. A* plante .. quod. 2 ostendit *BLZ et P qui in marg.* crescit; — in plante part. *Edd.* 3 sicud *A.* 4 et *Z*; ei *BJ.* 5 *Om. Edd.* cujus .... anim.; *quae P margini adscripsi.* 6 *E conj.*; et *Codd. et Edd.*

Capitulum VI.

De diversitate casus foliorum, et de diversitate, qua quaedam pluries in anno fructificant, et quaedam non[1].

Quaecunque autem arbores habent humorem subtilem aqueum, illae erunt a principio, quando calor arboris juvatur a calore solis verno tempore, velocis fluxus[χ]), et ideo habebunt folia lata et tenuia, et sunt ipsae arbores rarae substantiae et porosae. Quando autem digestus fuerit humor aqueus cum materia cibali arboris[2], tunc pyramidabitur meatus[ψ]), per quem exit in formationem[3] folii, eo quod porus interius erit amplus, ubi calor aperitivus vigoratur, et exterius strictus[4], ubi aërem frigidum attingit: et ideo meatus pororum erunt minus ampli exterius, quam sufficiat fluxui materiae humoris[5]; et post haec, remisso calore, et paulatim invalescente frigore, graciliatur exterius plus et plus, et contrahitur[6] pyramidalis figura pori in punctum. Et postea, quando exterius apparuerit materia, quae calore suo aperuerat porum, et fuerit[7] completa digestio, per frigus paulatim superveniens in toto obturabitur porus, et inspissatur humor, ita quod non amplius[8] perforat, factus hebes propter frigus. Et tunc folia non habebunt materiam calidi humoris currentis[9] ad nutrimentum folii, et ideo cadunt tunc folia et exsiccantur. 130

χ) Quod autem folia arborum cadunt, erit propter fluxibilitatem velocis raritatis. *Nicol. lib. II cap.* 13. *Quae verba Alberti sententiae tantopere oppugnant, ut crediderim, lacunam ei hic praebuisse eum, quem habuit, Nicolai codicem, praesertim cum etiam in fine praecedentis cap. desiderentur nonnulla Nicol. verba de ramorum et foliorum formatione agentia.* ψ) pyramidabitur [*sc.* arbor], ideoque erunt meatus interius ampli et posthac graciliabuntur et pyramidabuntur *Nicol.*

§. 130: 1 foliorum plantarum etc. *P omittens reliqua*; et divers., *om.* de *Codd. et Edd. praeter L V ind.*; quare *pro* qua *A*; fructificat *C.* 2 *CLV*; *om. Reliq.*; — pirami dabitur *Codd. praeter A et e corr. P.* 3 formatione *Edd.*; — amplius *CV Edd.*; amplior *AB*; — aperiturus *Edd.*; peritivus *A.* 4 frigidus ub. aër. humidum *L.* 5 humoris materie *A*; — post hoc *V.* 6 attrah. *P*; — pyramidali *A*; -dalius *CP V*; — in punctum *L V*; *quae om. CZ lacuna relicta et J*, interius *Reliq.* 7 fuit *L.* 8 amplus *L*; — perforat *om. A.* 9 currens *V.*

131 Planta autem, quae est dispositionis contrariae, quod scilicet humor ejus est unctuosus spissus, fortiter retinens suum calorem aperitivum pororum[1], planta illa habebit folia stricta spissa non cadentia; et de[2] hoc dictum est in antehabitis. Et cum[3] talem plantam, quae non fluit folio vincit frigus in hieme, non inducit[4] folii fluxum, sed[5] tantum colorabit folium aliquo colore. Tunc enim occultatur calor plantae in medio plantae, et obtinens frigus exterius reprimit humorem folii ad interiora ejus, et remanet terrestre faeculentum[6] in exteriore folii cum pauco humoris[7] diaphani; et ideo tunc glauca apparebunt folia cum parvo virore[8], et non cadunt propter humoris viscositatem, in qua calor retinetur, non sinens omnino claudi porum, sicut patet in oliva et mirto et hujusmodi arboribus.

132 Adhuc autem in residuo succi[1], ex quo fit fructus, est differentia, quoniam, quaecunque habent multum succum[2] talem, et debilem calorem in superficie succi abundantem[3], eo quod sursum omnis calor confortatur, hae fructificant pluribus vicibus in anno[ω]). Prima enim vice digerit calor partem succi, et convertit in fructum; deinde, non habens materiam, redit[4] ad interiora, et materiam ibi inventam iterum convertit, et iterum format in fructum, et forte[5] hoc continue facit per aestatem, sicut ficulnea; aut continue quidem facit per aliquod tempus aestatis, sicut morus. Quaedam autem faciunt hoc per vices duas aut tres interpolato tempore, sicut quaedam piri et mali, quae duo vel tria genera fructuum aliquando simul habent, sicut diximus in antehabitis[α]). Confert autem ad hoc plurimum humoris grossities et viscositas, quae faciunt ipsum non cito obedire calori digerenti.

ω) *Cui §. haec Nicol. verba respondent longe differentia:* Sed cum habuerint arbores vel plantae virtutem attrahentem vehementer erit fructificatio una, qnam si non habuerint, utetur natura digestione vicissim et in qualibet digestione fructum producunt et ideo quaedam plantae saepe in anno fructificant.
α) Lib. II §. 47.

§. 131: 1 porum *A C Edd., quod correxit P.* 2 *Om. A L P.* 3 Cumque — fluit folia *A*; — vicerit *C V.* 4 induxit *V.* 5 si *L.* 6 -lenter *Edd.* 7 *Om. P.* 8 pauco vigore *Edd.*

§. 132: 1 sicci *Edd.* 2 fructum *L.* 3 habundanti *A.* 4 recedit *L*; — *om. A* redit … mat. 5 *Om. Edd.*

Planta autem aquosae naturae existens et frigida, sicut 133
salix, vix fructificabit unquam propter dominium suae frigiditatis[β]) et amplitudinem suorum pororum, per quos exspirat modicum, quod est in ea humoris unctuosi, et non remanet, nisi terrestre plumosum[1] quoddam, quod in modum lanuginis evolat de ea, quando exspiravit de ea subtile aëreum, sicut est videre in autumno in salicibus. Cooperatur autem ad hoc etiam[2] porositas radicum[γ]), per quas fortiter influit humor indigestibilis aqueus, semper suffocans modicum caloris digestivi, quod est in planta illa. Cum enim incipit festinare calor naturalis adjutus calore solis, tunc nimis festinat digestio ejus. Et quia humor aqueus est, potius subtiliatur et tenuis efficitur et fluens humor per actionem caloris, quam maturetur et inspissetur; et non coagulatur, quia calor non decoquit materiam, sed facit eam tantum fluere[3]. Et hoc praecipue accidit herbis parvis et aliquibus oleribus, et non multis arboribus, quae nunquam fructum faciunt.

Casus[1] autem foliorum, de quo supra diximus[δ]), differenter 134
invenitur in herbis et arboribus sicut et fructificatio; quoniam vix invenitur planta, quae fluat folio[2], nisi sit substantia ejus ad ligni soliditatem accedens. Et causa huius est, quoniam[3] in herbis minoribus folium est quasi loco rami, et est connaturale stipiti, et ideo conservatur sicut stipes. Putrescit autem tale folium in herba potius quam fluat.

Haec igitur de fluxu foliorum et fructificandi diversitate cum supra determinatis sufficiant.

β) humiditatis suae *Nicol.* γ) et fluxibilitatem suarum radicum *Nicol.* δ) Lib. I §. 133.

§. 133: 1 pluviosum *Z*; — quod *om. Codd. praeter A V*; — ad mod. *V*; *om. C* quod in mod.; *om. Edd.* evolat. 2 *V*; et *A*; quod *Reliq.*; Coop. quod adhuc quod *L*. 3 defluere *P*.

§. 134: 1 Capita *A B L P Z*; — de quibus *A*; — inveniuntur *A et e correct. P*. 2 folia *Edd.* 3 quia *Edd.*

Tractatus IV.

Quarti Libri Vegetabilium.

In quo tractatur:

De accidentibus plantae quoad visum et gustum[1].

Capitulum I.

De coloribus plantae.

135 Licet autem superius in universali dixerimus de coloribus, tamen, quia hic specialem fecimus mentionem de interiori dispositione lignorum, conveniens[2] est forte, dicere accidentia eorum in colore ligni et succorum alteratione, quam habent in hieme et aestate.

136 Sciendum est igitur[1], quod ventalitas[ε]) quaedam innascitur lignis sive ventositas in terris vehementer calidis, quarum calor[2], extracto humido aqueo, facit spirare terrestrem substantiam plantarum. Et quia parum humoris est in talibus lignis, erunt multum terrestria et angustorum[3] meatuum. Et cum calor earum voluerit[4] digerere substantiam terrestrem, quae est in eis, et subtiliare, non habebit humorem, qui sufficiat tantae materiae; et ideo indurabuntur

ε) *Quod verbum Alb. Nicolai lib. II cap.* 14 *debet, quo loco Meyer restituit* venetalitas, *i. e. color venetus seu glaucus.*

§. 135: 1 *Om. Codd. praeter L P* quarti l. veg., *om. J praeterea* in q. tract.; — *om. P* quoad .. gust.; — *om. L capituli titulum.* 2 consequens *P Edd.*
§. 136: 1 *Om. Edd.*; — vientalitas *L*; — ligni *Edd.* 2 *Om. Edd.* 3 multorum *in textu*, multorum vel angustorum *in marg. P.* 4 evolverit *Edd.*

ligna illa forti induratione, et pori meatuum in eis fient multum[5] angusti propter defectum humidi sibi permixti, eo quod in plantis pori non fiunt, nisi ut decurrat in eis humidum, quod permiscetur substantiae. Et ideo digerens calor reflectitur in 137
eis, et non ascendit, eo quod non habet liberam viam ζ), per quam diffundatur, et comburet multum substantiam; et ideo tale lignum habebit colorem, qui est inter albedinem et nigredinem. Et quod[1] hoc modo fuerit lignum, si dominatur in eo terrestreitas, et apprehensa fuerit tota aquositas a proprietatibus terra, erit nigrum; et aliud lignum quodlibet, quod appropriat[2] illi in proprietate, erit medium inter ebenum nigram[3] et albedinem; et talis medii coloris sunt omnia ligna ab ebeno, quae est nigerrima, usque ad ulmum η), quae est albissima. Et quia ebenus terrestris est valde et clausorum meatuum, ideo mergitur in aqua, eo quod aër non intrat poros ejus. Et haec est scientia[4] Aristotelis de coloribus lignorum, quae propter malitiam translationis vix est intelligibilis. Sed sciendum est, Ari- 138
stotelem velle dicere, quod ligna sunt quaedam nigra et quaedam alba; et haec habent extremos colores; quaedam autem sunt mediorum colorum inter haec. Nigra sunt in calidis terris, in quibus evaporat humidum totum, quasi quod est natura perspicuum, et habet clausos poros, ita quod non colatur per ipsum humidum, per quod albari possit: et ideo totum humidum, continuans arbores illas, apprehenditur a terrae proprietatibus: et ideo fit color niger in talibus; albus[1] autem, in quibus inducitur multum humidum perspicuum propter raritatem substantiae ipsius. Medii autem colores fiunt ex ligno vaporoso, quod ventosum ϑ) 139
vocat Aristoteles. Si enim sit substantia terrestris, elevatur inde fumus fuscus per calorem naturalem et solis, et superducitur substantiae terrestri, et coagulatur et incorporatur super eam;

ζ) Revertitur ergo digestio continebitque eam calor, *Nicol.* η) ulna *Nicol., de quo ignotae arboris syriacae nomine egit Meyer in edit. Nicol. p.* 127. ϑ) *Conf.* §. 136 *not.* γ.

§. 136: 5 *Om. Edd.* in .. mult ; — inessent mult. *L.*

§. 137: 1 cum *A.* 2 *BC*; apropriat *LV*; apropriatur *P*; appropriet *Edd.*; appropinquat *A. Conf. indic.* 3 nigrum *Edd.* 4 sententia *V.*

§. 138: 1 album aut. fit in *A.*

et quia vaporosa substantia illa aliquid habet aëritatis perspicuae, fit color glaucus. Quando autem in fundo est substantia alba, plurimum habens diaphanitatis et vaporositatis, aquea subtilis incensa undique superfertur illi; et ita constat[ι]), et incorporatur substantiae plantae, et[1] efficitur rubea. Si autem ille vapor est aqueus, habens quaedam sicca combusta sibi immixta, et subtus[2] est substantia plantae alba, efficitur color citrinus. Et quia de istis jam[3] in praehabitis dictum est[κ]), sufficient ea, quae nunc[4] dicta sunt.

140 Ostendimus[λ]) autem jam in praehabitis, quae sit causa, quare plantae producunt folia ante fructus.

141 Color[1] autem, qui est in substantia plantae angustarum partium, fit in colore similis[2] colori lazuli ad nigredinem declinantis; et hoc est in aliquo declinans ad nigredinem[3], nisi quod super ipsum evaporat spiritus quidam incensus[4] aëreus, qui facit aliquid iacinctitatis in ipso, sicut in cinere fagino fortiter combusto. Quando autem partes plantae sunt rarae, admiscetur eis multa diaphanitas, et hoc erit album in colore, aut ad albedinem declinans. Quod autem est ex utroque temperatum, habens tamen in fundo terrestre faeculentum[5] parum vaporans, erit glaucum propter causam supra dictam.

142 Quod autem quaedam plantae flores non habent, ut in pluribus fit propter diversitatem partium nutrimenti in asperitate et subtilitate. Nutrimentum enim grossum non emittit flores, praecipue si sit substantia plantae grossa, non subtilibus[1] nutribilis, et sit aspera, quae componitur ex substantia rara amplorum pororum, per quam nutrimentum non subtiliatum emittitur, sicut est palma, et ficus, et morus.

ι) *Conf. indic.* κ) Lib. II §. 84. λ) *Sententiis nonnullis:* Quod — mergitur. Flos — ut plurimum., *omissis, ad Nicol. redit Alb. Conf. autem* §. 96.

§. 139: 1 *Om. ACPV.* 2 subtilis *B.* 3 *L*; jam de ist. *Reliq.*; — superficiant *ACV.* 4 vero *Edd.*; vere *V*; *om. C.*

§. 141: 1 calor *L*; vapor *J.* 2 simile *BCLV*; — lazari *L*; laruli *C.* 3 *Om. Edd.* declinantis ...... ad nigr.; *J supplevit* declinanti. 4 intensus *Edd.*; intentus *BV*; — lacinctitatis *L.* 5 fetul. *V hic et saepius.*

§. 142: 1 subtilis *AEdd.*; subtilius *CLP.*

Capitulum II.

De coloribus et accidentiis aliis succorum plantarum[1].

Adhuc autem sciendum, quod sicut supra diximus, planta[2], 143
quae grossum[3] et spissum habet corticem μ), extenditur
in longum valde. Sed tamen cortex talis non est causa exten-
sionis, sed signum non semper[4] verum, sed ut frequenter con-
tingit. Causa autem extensionis est calor fortis et hu-
mor ν) subtilis facile elevabilis et facile penetrabilis, et rectitudo
pororum ascendentium in substantia plantae. Sed sicut supra 144
diximus ξ), quod planta, quae multis aliis undique cincta[1] est, mul-
tum crescit in altum, eo quod umbra, quae est ex aliis, ad in-
teriora reprimit[2] calorem frigiditate sua: ita[3] facit cortex spissus
et[4] durus. Reprimit enim evaporationem arboris, et reflectit in[5]
interiora; et tunc tam calor quam humor feruntur per diame-
trum longitudinis, et minus addunt diametro latitudinis o). Quod
autem ad hoc[6] coadjuvat valde calorem, est defectus multorum
ramorum in stipite, quia, ubi multi rami emittuntur de stipite,
ibi extrahitur succus ad ramos, qui per diametrum longitudinis
deberet[7] ascendere. Sic autem in altum crescentes arbores
sunt praecipue abies et pinus et palma, similiter autem et
cedrus et quercus aliquando et populus et[8] arbor, quae celsa π)
vocatur, et plures aliae. Et ut plurimum fiunt istae[9] arbores
albi ligni vel rubei, propter adustionem humidi a calore na-
turali.

Planta autem aliquando ipsum succum habet album ad mo- 145
dum lactis, et hoc contingit[1] tam arboribus quam herbis. Ficus

μ) Nicol. lib. II cap. 15. ν) extenditur propter tensionem humoris et impulsionem caloris *Nicol.* ξ) Lib. II §. 68. o) *Quis est, quin admiretur, quae perspicaciter observavit autor; quae et hodie quoque physiologis non paucis in mentem revocanda sunt.* π) *Conf. lib. VI* §. 103.

§. 143: 1 De cortice et ejus proprietatibus *P*; — accidentibus *L*, *V text. nec ind.* 2 quod sup. dix. quod pl. *A*. 3 si *Z*; durum *J*. 4 est *Edd.*

§. 144: 1 tincta *C V*. 2 depr. *V*. 3 quod *add. B*. 4 *Om. P*. 5 ad *V*; *om. B L*; *om. Edd.* in int. 6 hec *A B L P*; valde *om. V qui solus praebet* calorem. 7 debetur *L*. 8 *Om. V*. 9 isti *L*; arbores *om. A B Edd.*

§. 145: 1 continuit *L*; tam in *B Edd.*

enim lac habet et esula, secundum[2] omnes species suas, similiter autem et illud genus endiviae, quod vocatur rostrum porcinum[ϱ]) et multa alia genera plantarum. Quaecunque autem planta lac habet, in medio sui habet illud. Et oportet, quod calor, qui est subterius in plantae radicibus, sit[3] fortis, qui bene decoquat et commisceat humidum cum terrestri; et ideo etiam tale lac est viscosum; quia jam terrestre tenet humidum, et e contrario tenetur ab ipso, et constare et inspissari[4]
146 incipit per actionem caloris. Viscositas enim succi[1] vertitur in albedinem lacteam, quando calor incipit digerere et agere in humorem, et tunc coagulatur coagulatione parva, non ita, quod partes se[2] contrahant in caseum vel butirum, sed quia inspissatur aliquantulum lac, consumpta per calorem nimietate aquositatis. Tunc enim locus, in quo celebratur digestio, calefit[3] in planta; et tunc aqua succi[4] viscosi, quae est nutrimentum plantae, convertitur in lactis albedinem[σ]). Et cum fortius egerit calor, vapor elevatur ad partes[5] plantae exteriores ab humore illo, qui[6] secum trahit lacteam succositatem, et tunc totus humor sic attractus retinebit colorem[7] lacteum, qui etiam apparenter est in eo, quando
147 decerpitur[8] planta. Lac autem plantarum non recipit coagulationem talem, quod separetur actione caloris in tres substantias, aquosam scilicet, butirosam, et casealem. Nam calor arboris ad hoc non sufficit, neque etiam[1] ipsa viscositas lactis hoc permittit, quia illa conjacere[2] facit partes sibi ad invicem sicut cathenae, ita quod unaquaeque[3] tenet aliam ad modum picis. Licet ergo usus sit caloris, quod coagulet[4] lac[τ]), tamen illud non
148 coagulabit. Sed quodlibet lac arborum multae[1] effici-

ϱ) *Est Leontodon taraxacum Lin.* σ) fietque aqua unctuosa similis lacti, *Nicol.* τ) *i. e.* Licet caloris sit, ut coagulet.

§. 145: 2 sicut *Edd.*; — species sua *J.* 3 sic *V*; *om. Edd.* sit fort. 4 *V*; -sare *Reliq.*

§. 146: 1 sicci *L*; Viscosi enim succi vertuntur *A.* 2 *Om. A.* 3 calescit *P.* 4 sicci *L*; — qui est *B Edd.* 5 per *add. BLZ.* 6 *L et Nicol.*; et *Reliq.* 7 calorem *A Edd.* 8 decrep. *CL.*

§. 147: 1 *Om. Edd.*; — hoc non *L.* 2 complacere *vel* congelacere *L*; communicare *J.* 3 unaquaque *Edd.* 4 *V et Nicol.*; -gulatur *C*; -gulat *Reliq.*

§. 148: 1 *Om. P.*

tur coagulationis et indurationis, cum per frigus extrinsecus est circa arborem apparens. Cum enim lac illud extrahitur extra arborem, frigus aëris circumferentis comprimit ipsum, et induratur et fit gummi. Gummae enim cum primum in ventribus plantarum sint calidae, procedunt ab arboribus distillando, et coagulantur actione[2] frigoris, cum aërem attingunt. Siquae autem manent incoagulatae 149
similes aquae, illae sunt in loco temperato, in quo non vincit frigus, et sunt in substantia tenues, parum habentes terrestreitatis et inspissationis; et illae vero nomine, non gummae, sed lacrimae vocantur. Quaedam autem primo incoagulatae[1] 150
manant de corpore plantae, et induratae ad aërem coagulantur et indurantur[2], quod similes lapidibus efficiuntur, aut conchis marinis induratis. Hoc autem gummi, quod manat 151
et remanet in forma suae liquiditatis, quam habuit in arbore, erit sicut lacrima arboris[v]), quae dicitur arabice aletafur[1], et sicut opobalsamus. Quod autem alteratur in duritia, et erit sicut lapis, erit[2] in apparentia, quando scilicet extra arborem apparet, valde infrigidatum; et calor ignis[3] accedens ad ipsum facit ipsum apparere lacrimam sicut fuit, et in hoc differt[4] a natura lapidis; et cum sic primo manaverit liquefactum, postea infrigidatum lapidescet. Et hoc gummi generatur in terra, quae superflue[5] est calida, quia in terra illa multiplicatur calor in arboribus spissis[6], quae multum recipiunt et retinent calorem.

Amplius autem est altera[1] varietas in coloribus arborum 152
ex diversitate succorum causata, quoniam arborum quaedam alterantur in colore[2] in hieme, quia quandoque fiunt virides, et quandoque glaucae cum retentione foliorum

v) Sed quod guttatim manat, remanet in sua forma et erit ut arbor quae *etc. Nicol. Quam arborem Calotropin proceram R Br. esse, Mey. in edit. p.* 128 *probavit. De* opobalsamo *conf. lib. VI* §. 36.

§. 148: 2 coagulant lac ratione *L.*

§. 150: 1 in coagulacione *A*; — manent *Edd.* 2 ita *add. J.*

§. 151: 1 aletasur *V.* 2 *AJV*; quando *om. C*; lap. et erit in appar. et erit sicut quando *Z.* 3 lignis *A.* 4 differre *BLP.* 5 in superficie *B.* 6 *M. e conj.*, spissus *Codd. et Edd.*

§. 152: 1 *Om. L.* 2 *Om Edd.*

et fructuum, ita quod nec folia nec fructus cadunt propter frigus hiemis, sed cadunt expulsa per alia[3] folia et per alios fructus ex eadem arbore procedentes, sicut pinus, et buxus. Arbores autem, quibus hoc accidit, habebunt in ramis et foliis et fructibus calorem grossum. Calorem autem grossum voco[4], qui est in humiditate grossa et pingui viscosa, quae fortiter retinet calorem. Et quamdiu[5] calor ille non reprimitur ad interiora foliorum et fructuum, semper evaporare facit aliquid aqueum ad superficies foliorum et fructuum: et tunc apparent plantae illae virides. Quando autem reprimitur calor ad interiora ramorum et foliorum et[6] fructuum, reprimitur etiam aqueus
153 humor, et remanet terrestris in exterioribus coloris glauci. Habent autem istae arbores praeter ea, quae dicta sunt, in barbis ramorum inferiorum[1] humiditatem subtilem aqueam, quam calor adhuc non complevit et inspissavit; et ideo tenuis est, quia non longe emanavit a primo tractu radicis, et in processu anni in autumno et hieme[2], cum reprimitur calor φ), convertitur interius ad illam humiditatem, et retinetur in ea compressus ad interiora per aëris circumstantis frigiditatem. Et quia interior calor accedit ad humidum[3], ad tactum frigoris χ) aëris exterius fiet calidior venter plantae, sicut et ventres animalium sunt calidiores hieme quam aestate ψ); et tunc calor confortatus[4] interius impellit humorem aqueum ad exteriora, et tunc tinget[5] arborem colore ω), quem efficit calor in humido aqueo diffuso, et hic est color viridis, et ille[6] color apparet exterius in eo, quod apparet de arbore. Consequenter autem intenso frigore per aliquam causam vincet iterum frigus circumstans, et repellit ca-

φ) retinebit aqua illa calorem *Nicol.* χ) ad frigus *Nicol.* ψ) *Calor animalis quum a frigiditate aëris hiemalis longe absit, fieri solet, ut corpora animalium tactui nostro — neqe vero alio argumento Alb. nititur — calidiora videantur esse quam aestate. Thermometro vero hodie edocti scimus calorem animalem et hieme et aestate fere eundem esse.* ω) qui tinxit colore caloris et apparet *etc. Nicol.*

§. 152: 3 *Om. A L.* 4 dico, *om.* Cal. aut. gr. *Edd.*; — quod *C V Edd.* 5 quando diu *Edd.*; — inferiora *C P Edd.* 6 *Om. P.*

§. 153: 1 infinitorum *P.* 2 pome *pro* yeme *L.* 3 *Om. A* acced. ad hum.; *om. A B P Edd.* frigoris. 4 -tatur *L.* 5 cinget *V*; tingit *B P Edd.*; — *om. Edd.* in humido .... est. 6 iste *L.*

lorem interius cum humido, et siccatur[7] exterius arbor; et tunc apparet color glaucus[α]). Et fit talis vicissitudo[8] frequenter ex eo, quod saepius sibi succedunt mutuo[9] victoriae frigoris exterioris et caloris interioris in arbore tali.

Capitulum III.

De alteratione plantarum secundum sapores[1].

Post haec loquendum nobis videtur de alteratione planta- 154
rum secundum sapores. Dicamus[2] igitur, quod, cum nos superius dixerimus sapores et causas saporum[β]), non oportet nos hic ostendere, nisi qualiter alterantur plantae secundum illos sapores. 155

Fructus enim erit amarus[γ]), eo quod calor digerens et humor, qui digeritur, non sunt completi[1], in digestione facienda. Dico autem saporem amarum hic[2] etiam acutum. Completionem enim digestionis prohibent frigus materiae et siccitas terrestris ipsius, propter quod fructus ad amaritudinem convertuntur ex prima ipsorum ponticitate, eo quod calor non commiscuit adhuc humidum cum terrestri, neque decoxit. Sed aliquae partes terrae sunt incensae[3] et ideo amaritudo in tali materia generatur. Facile enim incenduntur[3] terrestria, quae non sunt commixta aqueis, a quibus extinguuntur. Signum autem ejus[4], quod diximus, est, quod fructus amari frequenter ad ignem positi[5] digestione, quae est hepsesis vel optesis, ad dulcedinem convertuntur[δ]); quod non

α) Consequenter vertitur frigus et caliditas [*alias* siccitas] ad actum et humor retinet calorem et apparet alius color. *Nicol.* β) Lib. III tract. II. γ) Nicol. lib. II cap. 16. δ) quod amarum missum in ignem dulcescit *Nicol.*

§. 153: 7 siccat *L.* 8 vicass. *L.* 9 mutue *A.*
§. 154: 1 fructus *Codd. et Edd.*; *sed A addit* vel sapores. 2 dicimus *A.*
§. 155: 1 *Nicol.*; -pleta *Alb. Codd. et Edd.* 2 hoc *L Edd.* 3/3 in ten. *L.* 4 hujus *Edd. Nicol.* 5 posita *L*; — vel eptesis *P.*

fieret[6], nisi incompleta digestio debilis caloris et humoris in arbore complementum fructuum impedisset.

156 Arbores autem, quae nascuntur in aqua acida[1], sive acetosa, fructus frequenter faciunt dulces, quando completi sunt per digestionem. Licet enim primus tractus radicum sit acetosus, eo quod ipsa acetositas radicum[2] cum calore solis attrahit id, quod est suae qualitatis, — suae qualitatis[3] autem est frigus et siccitas acuta in actione, sicut ante[4] determinatum est — tamen aquae dulces in fine dige-
157 stionis apparent intrinsecus in fructibus. Calefit enim venter arboris, quando solis radius calidus perseveraverit[1] super eam: et tunc a principio, ante digestionem, in fruitione et gustu erit sapor acidus in fructu[ε]), et quando plus digestus fuerit[2] humor, paulatim dissolvetur acetositas, et subtiliabitur[3] humor, et digeretur et commiscebitur, donec consumatur in fine digestionis tota acetositas. Tunc[4] manifestabitur gustui dulcedo, et tunc erit fructus dulcis. Folia autem et extremitates ramusculorum cotyledonum, eo quod minus obediunt digestioni propter causam, quae saepe dicta est, remanebunt acida. Contingit autem, quod[5] aliquando dulcis ille sic[6] factus, erit amarus. Postquam enim perfecta est[7] maturitas, agit calor ultra hoc, et tunc consumit humidum et incendit comburendo terreum, et tunc fructus erit amarus[ζ]).

158 Amplius autem nuclei[1] fructuum ut in pluribus fiunt pyramidales. Cum enim calor acuat humorem superius, reprimetur constringens[2] frigiditas inferius, et constringit

ε) eritque sapor fructus acetosus in successione *Nicol.* ζ) Cumque perfecta fuerit maturatio, erit amarus, et hoc est propter superfluum calorem cum pauco humore et consumitur humor, facitque fructus calorem ascendere eritque amarus *Nicol.*

§. 155: 6 fiet *CL*; fit *Edd.*

§. 156: 1 arida *L V Edd.*; — quoniam *pro* quando *Edd.* 2 *Om. A.* 3 *Om.* sue qual. et *praebent* quod autem *A*, aut *P.* 4 *delevit P.*

§. 157: 1 persěverit *L.* 2 fuit *Edd.* 3 *M. e conj.*; -liatur *Codd. et Edd.*; — et *om. P*; — digeritur *A B V*; — donec continuatur *L.* 4 et tunc — quia tunc *A.* 5 *Om. L.* 6 sit *Codd. et Edd. quare J pergit* fact. et post erit. 7 erit *Edd.*

§. 158: 1 nuchei *L.* 2 confrin. *Edd.*

materiam nucleorum; et tunc dilatatur nucleus[3] in medio,
et rotundatur inferius, et acuitur superius[η]), et efficiuntur amari,
sicut fit in nucleis persicorum et pirorum et fere in omnibus
nucleis, praeter nuces quasdam et amigdala dulcia.

Haec tamen, de qua diximus, maturitas, quae variat sa- 159
porem, acceleratur in terris temperatis, ita quod ali-
quando praevenit dies vernales aut aestivas, praecipue in
locis, quae non sunt majoris latitudinis ab aequinoctiali, quam
est quartum clima[ϑ]). Cum enim calor aëris[1] loci fuerit
prope temperantiam, quamvis non omnino adhuc accesserit
ad[2] calorem vernum vel aestivum, et cum fuerit humor at-
tractus in arborem, et quando fuerit aura[3] suavis et tran-
quilla[ι]) et non pruinosa et frigidarum tempestatum, non in-
diget fructus in maturitate sua majori calore vernali vel
aestivo[κ]) ad digestionem sui; et tunc festinat maturatio,
et praevenit dies vernos et aestivos. Et hac arte utuntur 160
illi, qui, ligando ramos rosarum, retinent in eis succum fere di-
gestum, et post aestatem[1] diebus temperatis et claris solvunt;
et tunc ad solem temperatum egrediuntur. Dixit autem Her-
mes[λ]), quod, si plantae, sicut rosae, in terra fimata[2] et hume-
ctata sanguine hominis plantentur, et retentus fuerit in eis succus
praedicto modo, quod egreditur ad lentum ignem in hieme. Hoc[3]
non probatum est a nobis per experimentum[μ]); primum autem
est expertum[4].

Oportet autem scire, quod omnibus arboribus, cum 161
primum plantatae fuerint, dominatur amaritudo, et
ante eam ponticitas. Causa autem hujus procul dubio est,

η) eruntque nuclei pyramidales propter attractionem caloris superius et frigiditatis et humoris inferius, quae sunt ex genere aquae acetosae, remanetque humor in medio, inspissabiturque medium et graciliantur extremitates *Nicol.* ϑ) *i. e. Latitudinis* 30—36, *qua de re conf. notam o pag.* 246. ι) aërque clarus *Nicol.* κ) *i. e.* non indiget majore calore, quam vernali vel aestivo. λ) *Conf. indicem autorum.* μ) *Eadem fere redeunt in lib. VI* §. 217.

§. 158: 3 inferius *add. Codd. praeter C*; — *om. A* in med. et rot.

§. 159: 1 vel *in marg. add. P* 2 *Om. A.* 3 lenis *add. Edd.*

§. 160: 1 et potestatem *CL.* 2 fuerint *add. A om.* et; plantentur *P solus offert.* 3 vero *add. A.* 4 experimentum *L.*

quod, cum humor attractus fuerit in extremitatibus earum et digestus, et complete deseruerit loca[ν]), quae sunt in medio arborum, de quibus sumantur[1] materiae humiditatum attractarum ad extremitates: tunc proveniet siccitas per fortitudinem caloris et dispositionem humorum[2], quae non restauratur ex medio ventre arboris; et tunc ex calore comburente[3] fit humor digestus primo acidus[ξ]) vel amarus, vel ante hoc[4] ponticus, propter frigus dominans in terrestreitate succi. Causa autem hujus est, quod nunquam fit digestio bona, nisi cum calore bene terminante[5], et humore bene terminabili. Cum autem humor aut siccitas excedunt proportionem[6] caloris, erit fructus non proportionaliter digestus[ο]) extra saporem dulcedinis. Et haec est[7] causa, quod fructus a principio digestionis, quando non est bene terminatum humidum, ut frequentius, sunt extra dulcedinem.

Capitulum IV.

De saporibus mirabolanorum, qui non sequuntur alterationes aliorum fructuum[1].

162 Sed[2] in arboribus mirabolanorum non accidit hoc, quod diximus. Mirabolani[π]) enim, cum primum apparent formati in arbore, sunt fructus dulces, et consequenter fiunt

ν) et digesserit loca *Nicol.* ξ) siccitas et consequetur humorem, fietque prima digestio acida *etc. Nicol.* ο) erit ex eo fructus in principio non bene digestus *Nicol.* π) Nicol. lib. II cap. 17 *idque operis ultimum. De* mirabolanis *conf. lib. VI* §. 141.

§. 161: 1 sumuntur *AB*; assumuntur *V*; — provenit *AB Edd.* 2 hum. *repetit L.* 3 *Om. A.* 4 *Om. L*; vel *pro* propter *Edd.*; — et terrestreitatem *A.* 5 determ. *AB Edd.*; term. bene *L*; *om. C* bene .. humore; — cremabili *CV Edd.*; et postea crematum *Edd.* 6 *Om. Edd.*; quare *J* in calorem *scripsit.* 7 *Om. Edd.*; quia *A.*

§. 162: 1 seq. fructus aliorum *V ind.*; *om P.* fructuum; *B om. argumentum.* 2 *V*; Ut *V ind.*; Et *Reliq.*

pontici, et in[3] complemento digestionis fiunt amari. Causa autem hujus est, quod arbor mirabolanorum est rarae substantiae valde, habens meatus valde amplos; et ideo in prima[4] hora digestionis, cum parum humoris adhuc attractum est[5], consequitur calor digestivus humorem, terminans ipsum et maturans fructum; et ideo in principio erit fructus dulcis. Consequenter autem auctus calor ex sole[1] efficitur fortis 163
attractionis, et ideo attrahit[2] siccitatem terrestrem sibi similem in siccitate. Et est calida siccitas ad modum fumi grossi ascendens; et grossities illius coangustabit[3] poros ρ) arboris, ita quod calor in medio arboris et humor ad locum fructus non valent pertingere[4]. Tunc infrigidabitur[5] fructus. Calor enim, qui prius inerat ei, relinquit ipsum, et succedit frigiditas, quae comprimendo facit terrestrem succum ipsum fructuum[6]; et tunc erit ponticus parvae quidem ponticitatis a principio. Deinde 164
autem, cum confortatur sol super fructum, calefacit ipsum, et facit eum attrahere terrestreitatem, quae est in poris arboris — quae[1] obturaverat meatus caloris et humoris —; et cum illam superflue[2] attraxit, quae jam in altioribus[3] juxta locum fructus exsistit, tunc[4] erit fortissimae ponticitatis. Attracta autem terrestreitate, et aperto meatu, cum calor naturalis sole confortatus fuerit, ascendet per meatus superius, et confortabitur in fructu, et inventam ibi[5] siccitatem terrestrem aduret; et tunc, ex calore et siccitate incensa[6] vincentibus, erit fructus amarus σ).

ρ) *Longe alia sunt Nicolai verba:* vincentque frigiditas et siccitas calorem et humorem. Alterabitur ergo fructus ad ponticitatem. Vincetque sol cum calore per attractionem superfluam siccitatis in semine illo, qui est in apparenti arborum, vincetque frigus siccitatem. Erit ergo fructus fortis ponticitatis. σ) Explicit liber de vegetabilibus. *Nicol.*

§. 162: 3 *Om. L.* 4 prima *ad marg.* principio *P*; — hora *om. BCL Edd.*; — digestione *Edd.* 5 sit *L.*

§. 163: 1 auctus sole calor *Edd.* 2 extrahit *A.* 3 coagulabit *P.* 4 atting. *ABEdd.* 5 -dabit *L.* 6 fructum *BCLV*; succum *repetunt Edd. om.* erit.

§. 164: 1 *Om. Edd.*, *ideoque J oppressit* est. 2 -fluitatem *Edd.* 3 arcioribus *C.* 4 existens *J*, existentis *Codd. et Z*; *ex cujus vocis hic ineptae siglis vix mutatis restitui* tunc, *quod hoc loco desideraveris, quum utroque priori loco inveniatur*; *A post* jam *inseruerat* est. 5 sibi *Edd.* 6 intensa *ALV.*

In similibus autem simile erit judicium. Naturalis enim processus saporum in maturitate fructuum sibi succedentium est ab eo, qui est fortis ponticitatis, ad ponticitatem debilem, et deinde ad dulcem et ultimo ad amarum.

Horum autem omnium causa facile patet consideranti de saporibus in praehabitis dicta. Explicit liber quartus[7].

§. 164: 7 *L*; *om. VZ* liber; *om. Reliq.* Expl. . quart.

Incipit

Liber Quintus

De Vegetabilibus,

qui totus est digressio;

et tractatur in eodem:

De convenientia et differentia plantarum et de effectibus earum[1].

Tractatus I.

De convenientia et differentia sive comparatione plantarum[2].

Capitulum I.

De his, quae omni plantae secundum generationis principia conveniunt[3].

Philosophia de plantis imperfecte tradita ab antiquis multi- 1
moda est valde. Licet[4] enim jam dictum sit de diversitatibus plantarum et de virtutibus earum essentialibus secundum dicta

§. 1: 1 *B margine praecisa amisit libri capitulique titulos*; — Lib. q. qui tot. est digr., *om. reliquis P*; L. q. vegetabilium et est tot. de diff. et conv. pl. *V ind.*; — vegetabilium *VZ*; — tractatus *Edd.*; — in eo *L V*; in eod. *om. A*; — *om. CZ* De; — et effect. pl., *omittentes et* de *et* earum *Codd. et Edd. praeter L, nisi quod scribant C* de eff., *A* affect. 2 primus tract. est de *etc. L*; De diff. et conv. *Reliq.*; — et est *CZ, om.* De; — sine *pro* sive *Z*; — Tr. prim. de operatione plant. *V ind.*; — De diff. et effectibus plant. *P*. 3 conveniunt sec. *etc. P Petr. lib. II cap.* 1; — principium *B V ind.* 4 cum *P supra lineam.*

Peripateticorum, tamen adhuc restat dicere de plantarum convenientia et differentia et unitione[5] et divisione et permanentia et transmutatione, quae valde mirabilia in plantis inveniuntur; adhuc autem de mirabilibus effectibus earum, quos operantur in corporibus animalium diversorum. Et de his, quantum Deus donaverit[6], et mens cum certa ratione suggesserit, tractabimus in hoc quinto libro vegetabilium, primum de convenientia plantarum secundum genera et species loquentes.

Dicimus ergo omnem plantam cum omni planta in duobus convenire, in generatione videlicet et materia communi.

2 In[α]) generatione autem sunt septem, sine quibus nulla omnino nascitur planta. Quorum tria sunt quasi efficientia: calor videlicet coelestis circuli, qui obliquus vocatur, qui est primum et vivificum principium plantarum. Secundum autem est[1] conveniens calor loci, quoniam, si in loco sit virtus frigoris mortificativa, non suscipiet[2] virtutem caloris coelestis circuli. Et ex parte illa dicit Ptolomeus[3], quod opera rusticana iuvant coelestem effectum aratione et cultu[β]). Similiter autem si locus vehementer sit adustus, erit eremus arenarum et ejus, quod vocatur mortuum sabulum, eo quod non est talis locus susceptivus coelestis virtutis plantas vivificantis. Tertium autem est calor, qui materiae seminali, quaecunque illa sit, inhaeret; quia sine illo[4] aut non esset receptiva caloris vivifici, aut recepti caloris non esset retentiva, et[5] nunquam formaretur ex ipsa plantarum aliqua, sed evanesceret per evaporationem.
3 Probant autem haec[1] opera rustificationis, quoniam in quibusdam plantis, cum primum formantur, et sunt tenellae valde, umbracula oportet fieri, ut calore solis non evanescant, sicut quando ex seminibus primo pullulant cypressi[2] vel ficus. Haec quidem sunt efficientia; tamen primum movet et informat secundum, et secundum coadjuvat[3] tertium, et ideo in horum trium genere

α) *Sequentia Petrus in lib. II cap.* 1 *pleraque inseruit.* β) *Eadem verba apud* Ptolemaeum *non reperi*; *sed eandem sententiam exprimit et* cap. I lib. II De judiciis *et aliis locis sequentibus. M.*

§. 1: 5 *ACP et ad marg. V*; mutatione *V text. et Reliq.* 6 -verat *L.*
§. 2: 1 *Om. A Edd.* 2 suscepit *A.* 3 Philomeus *L*; *postea* §. 59 ptholom. *L*; tholom. *CP*; — operacio rust. juvat *A*; — eff. a ratione *Edd.* 4 *Petr.*; illa *Reliq.*; — inheret, si enim illa *P*; — autem *pro* aut *L.* 5 *AJ*; *om. Reliq.*
§. 3: 1 hoc *V.* 2 -ssus *AB.* 3 coadunat, *om.* tertium, *B Edd.*

primum[4] est movens — non motum hoc motu, quo movet —
et tertium est motum ultimum[5], et medium est motum a
primo et movens tertium. Tertium autem non movet extra[6]
se aliquid, sed calor intraneus cum spiritu naturali movet
et format humidum seminale, quod est sub ipso et subjectum
ejus. Tria autem sunt ministrantia substantialem materiam. 4
Quorum primum est humor naturalis — inhaerens ei, quod
formatur in plantae speciem[1] —, qui primum spirando pullulat
sursum et erumpit ad terrae superficiem. Qui, cum pullu-
lat, evacuat ab inferiori materiam[2] humoris[γ]), totam substan-
tiam humoris formans in substantiam[3] plantulae et inferius in
radicem. Destituta autem virtus caloris subjecto[4] attrahit hu-
morem loci, et iste est secundus humor ministrans conceptae
plantae nutrimentum, sicut ministrat matrix sanguinem men-
struum in conceptione et formatione animalium. Tertius autem
est humor pluviarum et roris et nivium desuper venientium, qui
se habet ad plantas, sicut humidum nutrimentale ex cibis sum-
ptum in animalibus. Et ideo humidum hoc desideratur a plantis
jam formatis et ad speciem deductis, sicut cibus desideratur a
jam natis[5] animalibus. Septimum autem, quod exigitur, est aër 5
conveniens continens[δ]) extrinsecus. Ille enim conservat, si bo-
nus est, aut corrumpit, si malus est, plantas: et ideo venti uren-
tes[1] et pruinae mortificantes laedunt et destruunt plantas; ab
aëre autem temperato proportionaliter[2] convalescunt et fructifi-
cant. Haec igitur sunt, quae ad generationem omnis plantae
exiguntur.

Materia autem communis omnium plantarum habet quatuor; 6
quorum primum est proportionalis elementorum mixtio. Oportet
enim ignem adesse[1] propter calorem digerentem, aquam autem

γ) *i. e.* substantiam adducit plumulae, evacuans semen vel cotyledones inferius in terra reconditas vel paulo super terram elatas. δ) *i. e.* quae plantam circumdat.

§. 3: 4 primo *Edd.* 5 *Om. L.* 6 *A*; contra *C*; e contra *Reliq.*

§. 4: 1 qui form. in pl. spiritum *J.* 2 materia *Edd.* 3 *V*; form. instrumenta *Reliq.*; in instrumenta *Petr.*; plante *L*; — et *delevit P.* 4 subito *Edd.*; subjecto *Petr.*; subō *Codd.*; *quod compendium in utramque partem trahi potest.* 5 desid. animatis an. *Edd.*; ab anima natis *Petr.*

§. 5: 1 *Om. Edd.* 2 proporcionali *A.*

§. 6: 1 esse *L.*

propter fluxum humidi ad formam et figuram plantae, aërem autem propter spirans in planta humidum, terram autem propter consistentiam substantiae et retentionem figurarum. Coelestis autem virtus, quae format, est in calore et spiritu. Proportionaliter autem haec mixta esse oportet secundum medietatem, quae vocatur geometrica medietas[ε]), ut unicuique plantae non quidem aequaliter in quantitate ministretur de his, sed unicuique tantum, quantum exigitur ad speciem et virtutem ipsius:
7 et hoc est primum, quod omnis generati materia requirit. Secundum autem est[1], quod oportet in hac materia esse animam vegetabilem, antequam seminalis plantae materia vocetur; non secundum quod anima est actus corporis[2] physici organici, potentia vitam habentis, sed potius sicut est ars operans[3] vel artifex in artificiato; — non enim verum est dictum Empedoclis et Alexandri Graeci, quod anima sit ex elementis vel[4] aliquid consequens harmoniam elementorum[ζ]). Propter quod oportet[5] immitti in semen aut in materiam seminalem virtutem, quae fabricatrix et formatrix vocatur, quae fabricando sibi facit organa convenientia vitae actibus et operibus: et cum illa est in materia, tunc primum[6] est materia seminalis plantae et potentia
8 planta existens. Tertium autem[1] est materiae debita quantitas. Non enim[2] generari contingit corpus, quantitatem habens determinatam secundum vitae opera[3], nisi ex quanto corpore. Qua quantitate si minor sit materiae quantitas[4], non sufficiet exten-
9 sioni et divisioni in organicas partes primas. Quartum autem est figura, quoniam, sicut semina superius sunt acuta, et inferius rotunda, et lata in medio, sicut in praehabito libro[η]) determina-

ε) *Conf. indicem.* ζ) *Empedocles quidem elementa ipsa sensu et cogitatione praedita statuit. Conf.* Sturzii Empedocles pag. 204 sqq. *At nusquam, quod sciam,* Alexander Aphrodisiacus *animam elementorum harmoniam esse docuit. Immo contra istam quorundam opinionem diserte pugnavit* libro I. De anima *pag.* 71 *editionis latinae Hieron. Donati, Basil.* 1535 *in* 8o. *M.*
η) Lib. IV §. 158.

§. 7: 1 *Om. Edd.* 2 *C L V om. Edd.* 3 potentiam vite hab. sed pot. quia est animal separans *L.* 4 nisi *Edd.*; ut *V*; ut aliquis *CL.* 5 *Om. Edd.*; — immito (!) *L.* 6 *Om. Edd.*; *om. L* tunc pr. est mat.

§. 8: 1 *Om. Edd.* 2 *Om. L.* 3 operacionem *A.* 4 *Om. A*; — sufficit *L Edd.*; — in organ. *om. A.*

tum est; ita oportet, materiam seminalem omnem figurari[1], priusquam[2] ex inferiori radices, ex superiori autem stipitem vel ramos vel aliquid, quod est loco istorum, emittere valeat; quoniam, si dilataretur tota materia, et non esset aut rotunda aut pyramidalis[3], non esset collecta virtus ejus, sed diffusa, et non esset efficax ad plantae formationem[4], nec debite radix sub corpore plantae[5] poneretur. Haec igitur sunt, quae omni plantae secundum generationem et materiam conveniunt[6].

Convenit[1] autem non omni plantae secundum generationem simul et materiam, ut dicit Protagoras, incipere a mundo imperfecto[ϑ]): eo quod secundum[2] eum non ab actu et[3] univoce generante producitur planta, sed a potentia[4] et aequivoce generantibus, quod est principium generationis non perfectae et mundi incompleti. Propter quod etiam non dicitur habere animam, sed partem partis animae, ut in primo hujus scientiae libro expositum est[ι]). 10

Quod autem convenit[1] omni plantae jam generatae, est[2] habere corticem et carnem et hujusmodi, de quibus in primo et tertio[3] libris satis in communi dictum est. Differentia autem[4] multiplex est plantarum, de qua habitum est superius. 11

ϑ) *Conf. lib. I* §. 56. ι) Lib. I §. 62.

§. 9: 1 figuram *L.* 2 *E conj.*; primum quidem *B*, primum sic *superscripto* quod *V*, primum quod *Reliq. Retinerem autem lectionem cod. V* primum sic, quod *quam explicari posse crediderim* primum formanda est materia, ita ut — valeat *nisi quae sequuntur tali lectioni oppugnarent.* 3 pyramidans *Edd.* 4 generationem *L.* 5 secundum generationem *add. Edd.*; *quae verba ex sequentibus huc migrasse videntur.* 6 inducit *Z.*

§. 10: 1 Conveniunt *L*; etiam *pro* non *V*; *om. B* omni plant.; *om. Edd.* Convenit .... mater. 2 *Om. Edd.* 3 *Om. A.* 4 sed apponitur *A Z*; sed a pluribus *J*; si apponitur *L*; — eciam *pro* et *A.*

§. 11: 1 Quidam conv. *L.* 2 *A*; ut *V*; non *Reliq.*; — et carnem *om. V*; — hujus *C V Edd.*; — in *om. L.* 3 secundo *A.* 4 *Om. Edd.*; — multa est *A.*

Capitulum II.

De differentiis plantarum in genere[1].

12 Sed plantarum prima differentia est, quod quaedam videtur[2] perfecta in organis et viribus vegetabilibus, quaedam autem imperfecta, sicut[3] et animalium quoddam est imperfectum in organis et viribus sensibilibus, et quoddam perfectum[4]: quoniam planta, quae generat ex se sibi in specie similem, videtur esse perfecta, eo quod ultima virium vegetabilis[5] est generativa; et quae hanc generativam non habet, videtur esse imperfecta, sicut fungorum genera et illae, quae super alias plantas ex plantarum aliqua putrefactione generantur[6] — sicut illa, quae filariter et ut lana quaedam egreditur de truncis plantarum, et illa*), quae invenitur in antiquitate plantarum pullulare ex ramis, quae habet humorem viscosum, de qua etiam supra fecimus mentionem[7]. Imperfectior autem hac nulla invenitur planta quoad numerum virtutum vegetabilium, quoniam[8] substantia non est sine nutritiva, et quantitas debita non est[9] sine augmentativa; et ideo altera istarum non potest deficere plantis, sicut[10] nec sensus tactus et aliquis gustus unquam[11] deficiunt animali.

13 Est autem de[1] plantarum differentia, quod arbores in genere suo durae sunt, et herbae molles sunt secundum genus suum, propter vicinitatem ipsarum ad succum; adhuc autem, quod medulla in arboribus mollior pars est, post hanc cortex interior, deinde cortex exterior et durissima lignum. In herbis autem mollior pars est caro herbae, et durior est cortex; cum autem quaedam herbarum antiquantur[2], durior efficitur interior, quae est loco medullae, et

*) *Quarum altera significat Lichenes Muscorum*que primordia, *altera Viscum album Lin.*

§. 12: 1 differentia *ABCEdd.*; *B titulum marg. praecisa amisit.* 2 videntur *ABL.* 3 sunt *L*; sicut *A.* 4 imperf. *CLV*; — *om. A* quoniam .... perf. 5 virtus *B Edd.*; — vegetabilium *A*; — quae ad hanc *L.* 6 *V*; -ratur *Reliq.*; — filantur *expuncto* n *P.* 7 etiamsi quam fec. mensionem *L.* 8 quia *L.* 9 *Om. L.* 10 *Om. P*; — et *om. CLZ*; aut *supplevit P ad marg.*; sensus gustus aut tactus *A vel B* (*codicis nomen omisit Meyer*). 11 *M. e conj.*; nunquam *Codd. et Edd.*

§. 13: 1 alia *P e correct.*; *om. A.* 2 -quatur *V*, *om.* interior; interior pars *A.*

mollior est ea[3] pars, quae illi circumponitur, et media in mol-
litie et duritie est cortex, sicut patet in petrosilino et lino et
urtica, quae omnia lignescunt antiquata. Sed petrosilinum ligne-
scit in medio suae radicis, et tunc minorantur ejus folia, quae
sunt in stipite; linum autem et urtica et quaedam aliae herbae
lignescunt in medio stipitis sui. In genere autem plantae debi- 14
lior videtur esse herba secundum suum genus, et post[1] hanc
olus, et deinde frutex, et fortissima est arbor. Quoniam qui-
dem[2] herba non statim producit[3] stipites, ideo est, quia succum
trahit valde aquosum, et ille sua[4] tenuitate non statim potest
habere sustentationem stipitis[5], et ideo non emittit nisi teneritu-
dinem foliorum; deinde vero, cum succus diu in radice steterit,
et per calorem melius constiterit, efficitur terrestrior et robu-
stior, et tunc exsurgit in stipitem, et tunc planta, quae vocatur
herba, rationem[6] accipit oleris. Hoc autem patet in coriandro
petrosilino et in apio et in aliis herbis[7] multis: et in his diffe-
runt species et genera plantarum.

Similiter autem est[1] de frutice. Haec enim planta siccam 15
videtur habere et frigidam radicem in genere suo, et ideo[2] ele-
vato uno stipite statim deficit materia propter siccitatem, et ar-
tantur meatus propter[3] frigiditatem; et tunc paulatim alius suc-
cus[4], attractus a radice, congregatur in ipsa, et cum iuvatur
calore solis, erumpit in alio loco; et sic profert multos stipites
planta illa secundum suum genus[5], qui in altum non exsurgunt,
nec ramusculos multos emittunt propter abundantiam frigoris et
siccitatis suae. Arbor autem in genere suo est calida et hu-
mida. Et calor quidem aperit meatum et impellit humidum;
humidum autem, abundans sufficienter, ministrat[6] materiam; et
ideo statim exsurgit in stipitem, et auget illum et roborat, et
emittit in eo ramos multos[7], et in ramis plurimas virgas.

§. 13: 3 *V; om. A P;* quae est pars *Reliq.*

§. 14: 1 p^a = prima *L*; — hanc *B*; hec *L P*; hoc *Reliq.* 2 *E conj.*; Quoniam quod *Codd. et Edd. Quae Meyer conjecerat* Verum quod, *monens compendia* qm̄ *et* vm̄ *sat similia esse, vereor ne linguae latinae magis quam Alberti mori congrua sint.* 3 habet *A*; — et ideo *Z*. 4 sui *L*. 5 stipticitatis *J*; amittit *Z*; admittit *J*; habet *A*; committit nisi teneritatem *L*. 6 nomen *L*. 7 hujusmodi *A*; — et in hoc *A L*; et hec, *e corr.* et secundum hec *P*.

§. 15: 1 *Om. A*; — fructice *V*. 2 *Om. A.* 3 *Om. A B Edd.* siccit. .. propt. 4 al suc. paul. attr. *L*. 5 *Om. Z, quare J* illa sed, qui. 6 umbrat *L*. 7 *Om. V*

16 Fungus autem debilioris est essentiae omnibus dictis. Et ideo etiam[1] istae species non sunt per eandem rationem recipientes nomen plantae, sed per prius et posterius. Licet enim earum multae participent animam vegetabilem quoad omnes virtutes suas, hoc est secundum nutrire et augere et generare: tamen istae virtutes non sunt aequalis potestatis in eis, nec aequalium operationum; et ideo, cum anima sit actus corporis, non est per unam et eandem rationem participatum nomen, omni[2] impositum.

17 In genere autem etiam[1] differunt plantae in hoc, quod una est concava, sicut arundo, et altera solida. Causa autem hujus est, quod semen concavarum[2] multum indiget spiritu pingui ad maturitatem et nutrimentum[3]; et ideo, ut[4] ille spiritus digestus ad semina transeat, facit natura concavitatem in stipite. Et hoc fit[5] fere in omnibus, quae sunt de genere granorum, sicut triticum et siligo et ordeum et faba et pisa; sed concavitas stipitum eorum est[6] secundum plus et minus.

18 Hoc autem non est praetereundum, quod in animalibus est aliquid transiens a cerebro aut ab eo, quod est loco cerebri, per corpus, quod est cerebri vicarius, quod vocatur nucha[1], et transit per totam corporis longitudinem, aut in dorso animalium, aut inferius per pectus et sub ventre, sicut in cancro et scorpione et aliis quibusdam; sed[2] a radice, quae est loco cordis in plantis, non videtur illi aliquid simile aliqua plantarum[μ]), nisi medulla aut concavitas, quae nunc dicta est; et ideo se-

λ) *Praeter medullam spinalem animalium vertebratorum in lib. II* §. 51 *commemoratam Albertus hic suo jure invertebratorum medullam abdominalem produxit, quam ipse primus, siquid video, observavit et indicavit.* μ) *i. e.* in nulla planta invenitur, quod nuchae, *i. e.* medullae spinalis, modo a radice ad fructum per totam longitudinem corporis permeet. *Conf. lib. II* §. 51, *ubi eadem brevius dicta sunt.*

§. 16: 1 *Om. L*; — non *om. BCLZ*; — recipiente *L*. 2 *E conj.*; communi *BVZ*; commune *JP*; sibi *C*; communium *A*; *om. L*; in communi *Meyer e conj.*

§. 17: 1 *Om. L*; — *om. A* plantae. 2 *V*; concavorum *Reliq*; — justum indig. *L*. 3 matur. nutrimenti *A*. 4 ne *B Edd.*; nec *L et C qui correxit.* 5 in stipite *repetunt Edd.* 6 *Om. BLP Edd.*

§. 18: 1 nuca *L*; *conf lib. I* §. 51 *not.* 1. 2 si *L*; — est in loco *LP*; — aliquod *AB Edd.*; — simile esse *add. A.*

semen ut frequenter in plantis sequitur naturam radicis, quia per vicarium radicis, usque ad summum plantae deductum[3] proprietates radicis accipit, per vicarium ejus et naturam.

Multae autem aliae differentiae plantarum in[4] omnibus quatuor libris antecedentibus inductae sunt.

Capitulum III.

De quatuor modis, quibus una planta unitur alii[1].

Dicamus autem[2] nunc de causa et natura[3] unionis plantae 19
unius cum planta alia. Unitur autem una planta alii quadrupliciter, et perficitur[4] unio secundum plus et minus.

Primus autem quatuor modorum et minor est, quod planta 20
unitur plantae[1] sicut nutrici. Et sic edera[ν]) unitur et conjungitur omni plantae, super quam repit[2]; undique enim in ipsam figit radices, per quas sugit eam sicut nutricem; et ideo fit, quod exsiccantur arbores, super quas serpit[3] edera. Et in tali unione remanent in[4] diversa specie et figura et ea, quae unitur, et illa[5], cui unitur. In hoc autem[6], quod edera sic infigit radices in eam plantam, super quam repit[7], differt a vite et ea, quae ligustrum dicitur, et[8] a cucurbita et a viticella[ξ]) et a quibusdam aliis, quae, licet repant super alias, tamen non infigunt radices in[9] eam, super quam repunt, et ideo etiam non habent aliquam unionem ad eam, sed colligationem potius.

ν) *Hedera helix Lin.* ξ) *Praeter* vitem *et* cucurbitam *sunt Convolvulus sepium et Bryonia alba Lin.*

§. 18: 3 reductum *A.* 4 *E conj.; ex* omn. q. l. in antec. *Codd. et Edd.*

§. 19: 1 alii *V text.*; alii plante *L*; alteri *V ind. et Reliq.* 2 igitur *V.* 3 *B*; materia *Reliq.* 4 persuadetur *L.*

§. 20: 1 *AL*; alii *P*; *om. Reliq.* 2 recipitur *L V*; recipit *C*; — figitur *L.* 3 c'pit *L.* 4 etiam *Edd.* 5 ea *P.* 6 *Om. L.* 7 recipit *CL*, *quod correxit V.* 8 *Om. CLV*; — et a vicella *C*; et anticella *V*; — et qnibusd., *om.* a *Codd. praeter L*; — super alia *A.* 9 super *P*; — *om. A* ad eam.

21 Est[1] alius modus unionis, quo unitur planta plantae, sicut locatum loco — locatum dico, quod inseparabile[2] est a loco —; et modo hoc[3] planta, quae filariter et quasi capillariter adhaeret plantae, unitur eidem°). Sicut enim fumi corporis in animalibus, pertingentes ad poros pellium eorundem, extenduntur calore, et continuantur humore vaporabili, et desiccantur aëris frigiditate, et ita stant in pellibus eorum circa corpus: ita etiam fit evaporatio ab arboribus quibusdam, et extenditur illa[4] calore exhalante, et humido vaporabili continuatur, et desiccatur[5] aëre, et adhaeret plantae. Sed citius corrumpitur in plantis propter sic-
22 citatem corporis ejus. Et hujusmodi lanugo sive capillaritas°) magis invenitur in parte aquilonari arboris, et in locis aquilonaribus silvarum, quam in parte meridionali plantae vel in[1] situ meridionali silvarum, propter abundantiam humidi, quod continet intus frigiditas aquilonis. In parte autem meridiei desiccatur propter directam oppositionem ad solem, et magis est in inferiori arborum quam in superiori, eo quod magis inferius abundat humidum quam superius. Magis etiam est[2] in arboribus antiquis propter destitutionem caloris, qui non potest convertere[3] humidum in substantiam arboris; — magis enim[4] est in truncis abscissarum plantarum quam in aliis, quia in illis calor putrefaciens jam exhalat et trahit secum humidum, et ita, per poros evolans,
23 exsiccatur et filariter extenditur. Et non fiunt hi capillares vapores adeo longi sicut in animalibus, nec ita fortiter adhaerent[1] eis sicut in animalibus. Et hujus causa est, quod animalium corpora magis sunt humida et calida et magis porosa quam plantarum corpora: et ideo per siccitatem breviantur[2], et per frigiditatem clauditur porus, ita quod radix abscinditur a planta, et tunc de facili evellitur a planta; et soliditas ipsa plantae impedit, ne per[3] ipsam vapor in longum continuetur, et ideo breve efficitur.

o) *Conf. lib. IV* §. 83 *not.* ε *et* ζ. *Sequentia vero ad Muscos et Lichenes solos spectant.*

§. 21: 1 autem *add. A J* 2 inseparabiliter *L P Edd.* 3 hoc modo *A B Edd.* 4 a *add. man. sec. P.* 5 exsicc. *V*; et desicc. et contin. *Edd.*
§. 22: 1 *Om. V*; plantae ... merid. *om. A.* 2 est etiam *V.* 3 a vert. *L.* 4 autem *V e correct.*; etiam *A.*
§ 23: 1 adheret *C L P V*; — eis *om. A.* 2 humectantur *Edd.* 3 *Om. B.*

Tertius unitionis modus est, quod planta unitur plantae sicut 24
pars ejus, non producta ex vigore plantae[1], sed ex destituto humore in ipsa; sicut videmus in arboribus omnibus septimi climatis, in quo[2] frigus et humor dominantur. Quando enim in illo[3] climate arbores antiquantur, sive sint fructiferae sive non, tunc egreditur de ramis earum humor, qui formatur in plantam[π]), quae habet folium viride, in quo[4] fundatur sub virore quaedam citrinitas[ρ]), et habet figuram folii olivae, et lignum ipsum componitur ex malleolis sicut vitis, et subcutaneum habet corticem viscosum valde, quo utuntur aucupes ad capiendas aves. Et stat haec planta unita arbori, in qua crescit, sicut virga in ramo, et sicut ramus in stipite, ita quod, si incidatur[5] in loco, in quo infixa est plantae, invenitur lignum ejus aut continuum aut quasi contiguum cum ligno arboris, cui unitur, et ex[6] qua crescit. Sed rarioris est[7] substantiae aliquantulum, et erumpens omnino est alterius figurae et alterius fructus quam illa. Fructus enim[8] ejus sunt grana alba, quae in frigore hiemis per frigus exprimens inveniuntur in planta tali; quae tamen evanescunt, et ad maturitatem nullam deveniunt, eo quod non sugunt ex arbore, in qua uniuntur et figuntur[9], nisi destitutum humorem et paratum ad putrefactionem.

Quartus autem modus est unionis[1], qui fit per insitionem[σ]), 25
in qua planta unitur plantae sicut stipes unitur[2] radici et sicut ramus stipiti, et continuatur cum ipsa, ita quod per omnia efficiuntur ejusdem ligni et ejusdem nutrimenti, cum tamen non fiunt[3] ejusdem speciei aut forte ejusdem generis, quando fit insitio. Et planta quae inseritur, in tantum trahit nutrimentum

π) *Est Viscum album Lin. Climatis fines vero in lib. IV pag.* 246 *not. o significavimus.* ρ) *i. e.* cujus viroris color lutescens quasi fundamentum subditum est. σ) *Petrus sequentibus capit. verbis lib. II cap.* 7 (6 *Edd. lat.*) *initium contexit.*

§. 24: 1 planta *L.* 2 *CV*; quas *J*; qua *Reliq.*; — humor derivantur *CLEdd.* 3 *Om. P*; — sive sicut *L.* 4 *quod ACV.* 5 inscid. *L*; — loco quo, *om.* in *V.* 6 alias in *V in marg.*; arboris ex qua crescit cui unitur *L.* 7 *Om. P*; subst. aliq. est *L*; — *om. P* alterius fig. et. 8 *Om. P.* 9 config. *P*, *om. V* et fig.; — et *pro* ad *P.*

§. 25: 1 unius *CEdd.*; unitionis *PPetr.*; — insicationem *L.* 2 *L*; *om. Reliq.*; — cum ipso *Edd.* 3 fiant *B*; sint *JVPetr.*; — et quando fit ins. in plantam *A.*

ab ea[4], cui inserta est, quod inferior, cui fit insitio, de natura sua nihil producit nisi radices, superius autem neque ramos emittit neque surculos nisi valde raro: digeritur tamen[5] succus ad naturam et modum insertae[6], et non ejus, cui inseritur.

26 Et[1] ex hoc scimus, in arbore duas esse digestiones, licet ad invicem sint satis similes, quarum una est in radice, et altera in stipite et in[2] ramis. Et quod his[3] mirabilius est, caro fructus est secundum naturam et virtutem digestionis stipitis, et sapor nucleorum et vigor est secundum[4] naturam et virtutem radicis. Cujus causa est, quia pulpa carnis fructuum[5] est de proximo fluens[1]); substantia autem[6] nucleorum non potest de proximo fluere, sed de ea parte, quae est loco cordis plantae,
27 ex cujus virtute tota arbor informatur: et haec est radix. Simile autem hujus est etiam[1] in seminibus animalium, quae ex maxima parte abscinduntur de cerebris animalium et attrahuntur, ut distillantia per totum corpus[2] virtutem totius corporis accipiant. Sic enim et nuclei trahuntur a primo membro arboris, ut accipiant virtutem totius et maxime radicis, quae est virtutem tribuens toti corpori plantarum.

Isti ergo sunt quatuor modi, in quibus planta unitur plantae.

1) *i. e.* e partibus proximis derivatur. *Respexit autor ad lib. III* §. 11 *ubi docuit, semina non e pulpa fructus nutriri, sed e cotyledone i. e.* e funiculo umbilicali.

§. 25: 4 eo *A*; — *scripsi e conj.* inferior *pro* inferius *Codd. et Edd.* 5 autem *Petr.* (*et fortasse A*). 6 *V*; insite *AB*; in substantie *CLZ*; ejus substantiae *J*; *om. P qui in marg. supplevit* ejus quod inseritur.

§. 26: 1 *Om. L.* 2 *Om. ABP Edd.* 3 *Om. P*; — admirabil. *Edd.* 4 vigorem sec. *L.* 5 fructus *V*; est et de *Edd.*; de prius fl. *P.* 6 *V Petr.*; enim *Reliq.*

§. 27: 1 *Om. BP Edd.*; Similiter est autem *Petr.*; — ex *om. Edd.* 2 ut *repetit A.*

Capitulum IV.

De solutione dubiorum, quae oriuntur ex dictis[1] modis unionis.

Dubitabit[2] autem fortasse aliquis, utrum secundum omnes 28
hos modos unionis una sit[3] numero anima vegetabilis in utraque,
hoc est[4] in unita et ea, cui unitur. Sed liquido[5] constat, quod
in primo et secundo modo unionis plantarum animae earum et
formae diversae et divisae[6] sunt, quoniam, licet in primo modo
nutrimentum trahat una[7] ab alia, non tamen trahit sicut ex parte
organica propria, sed sicut ex loco. Et sicut nulla plantarum
efficitur ejusdem formae substantialis cum terra, cui radicitus in-
figitur et trahit nutrimentum ex ipsa, ita non efficitur ejusdem
animae et formae[8] planta taliter unita cum ea, cui unitur. Est 29
tamen aliqua[1] in hoc, sed non magna, differentia, quoniam ea,
quae repit[2] super aliam plantam et unitur, habet nihilominus
radicem in terra. Sed quod figit radicem in planta, hoc est
propter longitudinem talis plantae, quia non posset sufficienter
ex radice sola in tanta longitudine et parvitate stipitis enutriri;
et ideo natura parat ei in stipite et in ramis organa nutrimenti,
per quae sugat nutrimentum ab ea, super quam serpit. Non
autem fit hoc in vite et aliis repentibus, quia vitis et sibi simi-
lia[3] rarae sunt substantiae valde, et multum in se trahunt humo-
rem, qui sufficit ad nutrimentum totius corporis plantae et fru-
ctus et foliorum.

In secundo autem modo planta, quae unitur, destituta est, 30
et quasi mortua; et ideo de radicibus ejus nihil infigitur plan-
tae, cui unitur, sed vaporaliter capit aliquid ex ipsa; et ideo
vegetatur ex ea, sicut planta, quae est supra aquam aut[1] locum

§. 28: 1 *V*; *om. A* dictis; mod. un. dictis *V ind. et Reliq.* 2 -bitur fort. quis *L*; — utrum omnes *Z*; utrum habens *J*. 3 in *add. Edd.* 4 hec enim *A*; in *V solus supra lineam praebet.* 5 set aliquo modo *A*. 6 divise et divise *V*; *om. A* et divise; *om. C* et formae ... sunt. 7 unam *L*; nutrimentum non trahat, sicut, *om. intermediis, additoque dubitandi signo A.* 8 *Om. A* et for.

§. 29: 1 alias alia *V in marg. add.* 2 reperit *L*; — et ei unitur *A*. 3 figura *L*.

§. 30: 1 *V*; super aq. et *Reliq.*

solidum, quae est sine radice. Et ideo non est ibi unitio nisi[2] sicut pilorum ad animalia.

31 De tertio autem modo dubitatur valde, quia illi, qui dicunt, non esse unitam in eadem anima et specie cum ea, cui unitur, eo quod habet diversam figuram et modum substantiae ab illa, cui unita est, non sufficienti crediderunt signo. Quoniam tam in corporibus plantarum quam in corporibus animalium diversa sunt[1] membra in figura et modo substantiae, quae tamen omnia una anima et una specie corporis informantur, sicut os et nervus et similia, in plantis radix et cortex et stipes et hujusmodi.

32 Est autem profecto diversae animae et diversae formae et speciei. Cuius signum est, quod innata convalescit ad destitutionem et putrefactionem ejus, cui innascitur: et ideo, licet infigatur[1] in ea, et videatur esse continua cum ea, non tamen continuantur, nisi sicut radices plantae figuntur in loco, a quo sugunt nutrimentum. Et hujus signum est, quod, quando secatur in loco planta[2], ubi exit ab ea, alîus[3] inveniuntur extendi per eam fila, quibus illa exorta est ex ipsa; et propter cohaerentiam humoris invenitur adhaerens ipsi tamquam continuo, cum tamen sit diversae substantiae ab ipsa. Et huic simile est[4] in animalibus, in quibus ligaturae[v]) inveniuntur adhaerere ossibus et[5] influxisse in ea, cum tamen sciamus, non esse veram continuitatem ligaturae ad os.

33 In quarto autem modo unitionis magna est ambiguitas et vehemens, quia in illo neutra plantarum[1] destituitur, sed utraque convalescit, et omnino continuari videntur in loco insitionis, nec aliquid[2] in colore vel substantia videtur esse differentiae, praecipue cum insitio fiat similium in specie. — Si autem est

v) *i. e.* ligamenta ossium.

§ 30: 2 *AP*; *om. Reliq.*

§. 31: 1 in *pro* sunt *L.*

§. 32: 1 *V*; in figura *Reliq.*, *quare A om.* in ea et, *atque J pergit* ea vid. 2 plante *Edd.* 3 *Locus dubiis vexatur*, *quem num in integrum restituerim, scribens* fila quibus, *pro* filariter *Codd. et Edd.*, *dubius haereo*; — alia, *om.* ea, *V*; invenitur *P*; exorta ex, *expuncto* est *V*; ab, *pro* ex, ipsa *A B Edd.*; *cum quibus singulorum Codd. incertis lectionibus satis congruunt quae recepit J* alia, invenitur — filariter illa, quae *etc.* 4 *Om. L.* 5 *Om. C L P*; — veram *om. A.*

§. 33: 1 *Om. L.* 2 aliqua *J*; in calore — esse differentia *Edd.*

etiam[3] diversorum in genere, per omnem modum invenitur modus continuationis idem. — Et ideo ejusdem formae et animae videbuntur esse plantae sic unitae. Amplius autem, quoniam animalia similium partium et plantae potentia sunt divisibiles[4], et si dividantur actu, ex uno corpore et anima efficiuntur duo secundum corpora et animas: etiam[5] propter eandem causam videtur similitudo id efficere, quod, si actu duo existentia uniantur, efficiantur[6] actu unum secundum corpus et animam. Nec 34
videtur esse verum, quod dicunt aliqui, quod videlicet species non transmutentur[1] ad invicem, quoniam hoc non contingit in his, quae multum materialia sunt et similia[φ]), sicut patet in metallis, sed convenit in heterogeneis[2] valde et perfectis; et ideo nihil prohibet in plantis, quae a mundo imperfecto incipiunt, et similes sunt in partibus ad invicem, duas vel plures uniri in animam unam et formam speciei. Hoc autem asserebant multi Platonicorum, dicentes, hoc esse de natura incorporationis animae, quod ex uno corpore extendit se in aliud, et e contrario; et cum extenduntur animae ad invicem, uniuntur et efficiuntur una.
Contra hoc autem[1] videtur esse, quod diversarum sunt opera- 35
tionum et virium animae in trunco, cui fit insitio, et in stipite vel ramo, qui inseritur. Si enim ponatur, ex utraque pullulare ramos, non erunt illi ejusdem figurae in foliis et fructu, nec ejusdem[2] saporis. Hujusmodi[3] autem operationes diversae a virtutibus diversis proveniunt; et virtutes diversae videntur esse diversarum animarum, forma et substantia differentium, praecipue quando multum dissimilium[4] est insitio, sicut mali in pirum vel fruticis in arborem. Neque solvunt hanc[5] difficultatem, qui dicunt, componi materiam sibi insitarum plantarum, et propter

φ) *i. e.* quoniam haec transmutationis negatio non valet in his, quae, ut metalla, materialia et similia sunt, sed tantummodo in heterogeneis et perfectis, ad quae planta non pertinet.

§. 33: 3 *Om. L.* 4 dissimiles *A*; ex actu uno *B C L V Edd.* 5 *M.*; et *Codd. et Edd. Repetunt Edd. in fine sententiae verba* et propter ..... efficere. 6 -ciuntur *Edd.*

§. 34: 1 -tantur *L.* 2 -geniis *L.*

§. 35: 1 *Om. B P*; — incisio *L hic et postea saepissime pro* insitio. 2 *Om. Edd.* fig. ..... ejusd. 3 hujus *B L Edd.* 4 *Om. Edd.*; — fructus in arb. *Codd. praeter A.* 5 in hac *L*; — diff. quando *A*; — *om. V* et propter .... ips.

hoc per consequens componi animas et formas ipsarum; quoniam, si ita fieret, tunc oporteret permixtas esse operationes utriusque: nunc autem divisae sunt, quoniam insita[6] secundum naturam arboris unde abscissa est, figurat[7] et complet folia et fructus; ea autem, cui fit insitio, si contingat eam pullulare, formabit secundum naturam privatam[8], quam ante insitionem ha-
36 buit. Adiuvatur autem ista sententia ex eo, quod videmus plures diversarum specierum inseri eidem, secundum quatuor forte[1] vel plures differentias, convalescentes in eodem trunco, quae[2] omnes secundum privatas virtutes formant fructus et folia. Et ideo non potest dici, quod omnes istae — insitae eidem — sint eaedem in specie et anima, quod tamen sequeretur, si essent eaedem cum ea, cui fit insitio, quoniam quaecunque uni et eidem secundum substantiam sunt eadem, ipsa etiam inter se necessario
37 sunt eadem. Propter quod dicendum esse videtur, quod tam insita quam[1] ea, cui fit insitio, proprias animas retinent, et virtutes et operationes inconfusas, et non unitas. Quod autem in loco insitionis videntur esse continuae, non facit unitionem et permixtionem aut etiam confusionem in animabus et formis, quia ea, cui fit insitio, non est nisi sicut locus insitae et transitus partium unius in partes alterius. Et[2] quod distingui ad sensum non possunt[3], facit fluxus et humiditas succi.

Iste ergo est modus unionis plantarum insitarum.

Capitulum V.

De duobus modis divisionis plantae unius in diversas[1].

38 Modi autem divisionis unius plantae in diversas specie et forma et vita convalescentes sunt[2] duo. Aliquando enim divi-

§. 35: 6 infinita *L.* 7 figura *Z*; format *J.* 8 alias primam *V in marg. addit.*
§. 36: 1 formate *C L V Edd.* 2 *A*; et *J*; *om. Reliq.*; — fol. et fruct. *A B Edd.*
§. 37: 1 in *add. V.* 2 ita *A C V Edd.* 3 et hoc *add. A*; — sicci *C V.*
§. 38: 1 *Om.: Edd.* duobus *atque* in div., *V ind.* modis, *L* un. in div.; *praebent:* un. plant. *P Edd.*, plante in un. *C*, duas *A B P V*, duos *C V ind.*; — diversas *M. e conj. scripsit.* 2 in *L.*

ditur et efficitur[χ]) duae secundum numerum, sicut quando ra-
mus unius evellitur ab ipsa, et alibi terrae[3] infigitur, sicut fit
in vite et salice et buxo et his similibus, aut evulsus ramus in-
seritur et plantatur in alia. In utroque enim istorum duorum[4]
modorum efficiuntur plantae duae secundum numerum ex una
planta secundum numerum. Alius autem modus est, quando ex 39
una planta secundum numerum evellitur ramus et convertitur in
aliam plantam secundum speciem: et sic ex ramis quercus in
quibusdam locis fiunt vites, ut dicetur in sequentibus[ψ]), et ex
ficuum ramis fiunt siccomori[1], et ex olivarum ramis aliquando
fiunt oleastri. Licet autem divisioni opponatur unitio et compositio,
tamen non sunt tot modi divisionis in planta, quot sunt modi[2]
compositionis, quoniam non agimus hic de quolibet modo divi-
sionis, sed tantum de illo, in[3] quo tam divisum quam illud, a
quo dividitur, convalescit ad figuram et[4] vitam plantae. Hoc
autem non convenit[5], nisi quando divisum in locum aliquem
plantatur, in quo ad vitam vegetabilem vegetatur.

Dubitatur[ω]) autem, quare in animalibus divisa non conva- 40
lescunt, licet in utraque parte sit anima sensibilis; divisorum
autem in plantis utrumque convalescit. Sed hujus solutio jam
data est in scientia de anima[α]), quod videlicet planta propter
similitudinem suarum partium undique sicut per os quoddam
sugit[2] nutrimentum, et in se quasi in ventre[3] et venis digerit,
et ideo convalescere potest; sed in animalibus, quamvis[4] habeant
in multis similia corpora, et ideo divisa in utraque parte reti-
neant sensum et motum, tamen quaedam organa diversarum[5] a

χ) *i. e.* una dividitur in duas et ex ea efficiuntur duae. ψ) *Qua de re conf. historiolam* §. 58. *Nomen* siccomorum, *quod altero loco lib. I* §. 172 *in locum* mori silvestris *Nicolai suo jure substituit Albertus, non* *Ficum sycomorum Lin.*; *sed Ficus caricae var. caprificam designare demonstrant et hic locus et quae ad lib. VI* §. 103 *adnotata sunt.* Oleaster *Oleae europaeae Lin. var. silvestrem efficit.* ω) *Petrus in lib. II cap.* 7 (6 *Edd. lat.*) *partem posteriorem sequentes cap.* §§. *recepit.* α) Lib. I tract. II cap. 16.

§. 38: 3 *V e corr.*; aut terre *A*; aut *Reliq.* 4 *Om. Edd.*
§. 39: 1 sicce mori *B.* 2 *V*; *om. A* in planta; *om. Reliq.* divisionis .... modi. 3 *Om A*; — *om. L* quam. 4 ad *add. V.* 5 Hoc aut. idem non contingit *A.*
§. 40: 1 dicta *A.* 2 suggunt *BP*; sugunt *LZ.* 3 ventris et *CLZ atque deleto* et *P*; — et calescere *Edd. om.* ideo. 4 licet *A.* 5 diversum .... formam *V e correct.*; divisa .... formam *Pet.*; diversarum (*add. in marg.* formarum sunt) in reliquo corp. formar. *P.*

reliquo corpore habent formarum, sicut os; et ideo quaecunque partes illis destituuntur, convalescere non possunt[6], eo quod nec nutrimentum possunt sugere, nec ad congruitatem sui corporis digerere sine istis.

41 In divisione autem ista magis lacerata convalescunt[β]), nisi sint valde rarae[1] substantiae, sicut vitis et salix. Hoc autem ideo fit, quia, cum laceratur ad inferius ramusculus, retinet meatus apertos et vias integras versus nutrimentum, et ideo statim, ut viae illlae ad nutrimentum attingunt, sugere incipiunt, et convalescit planta[2]. Cum autem secatur vel inciditur[3], tunc pori diriguntur ut[4] punctum unum ad nutrimentum[5], et non per longitudinem aliquam[6] nutrimento infiguntur; et in ipsa sectione totum corpus plantae concutitur, et ipsi pori artantur per collisionem et compressionem impetus secantis: et ideo frequenter arescunt incisi, praeter vitem et salicem, quae sunt rarae substantiae.

42 Si tamen inciditur ramus[1], magis convalescit ex transverso aliquantulum longo vulnere abscisus[2] ramus, quam directe abscisus circulariter: et hoc contingit, ut diximus, quia poros[3] plures tunc apertos habebit versus nutrimentum, quando ex transverso secatur, quam quando secatur ex directo[4]. Cujus signum est[5], quia, quando dividuntur radices antiquarum arborum secundum longitudinem, melius fructificabunt, eo quod per totam divisionis[6] longitudinem per poros fit attractus nutrimenti. Si autem ex directo secetur in profundum, nihil omnino confert, et forte[7] nocebit tantum, quod arescent arbores illae. Adhuc[8] hujus et alia causa est, quod longitudo divisa non impedit cur-

β) *i. e.* propagines laceratae melius convalescunt.

§. 40: 6 potest *LP*; — eo quod nec nutr. non *A*; eo quod nutr. non *L*.

§. 41: 1 rara *L*. 2 convalescunt, *om.* planta, *A* 3 insid. *L hic et* postea; inscid. *Petr.* 4 alias ut *V in marg.*, et *nisi fallor in textu.* 5 *Quae sequuntur in cod. L atramenti colore diversa, eadem quidem manu sed tempore seriore et, cum differant vocum multarum literae a scripturae prioris ratione, ex alio eoque viliori codice transscripta videntur.* 6 aliam *BCVZPetr.*

§. 42: 1 ramis *C.* 2 absciss us *Codd. et Edd. utroque loco.* 3 *Edd. verbo* habebit *postponunt.* 4 ex dir. sec. *Edd.* 5 *Om. CVEdd.* 6 *Om. A*; longit. div. *B*; longitudinis divisionem *P Petr.* 7 forme *CEdd. Petr.*; — arescentur *CP*; arescunt *Petr.* 8 *Addunt:* etiam *L*, et *C atque V qui delevit,* autem et *Z*; — causa *om. CLZ*; huj. ratio alia est *J*; Adhuc et hujus alia ratio est *Petr.*

sum nutrimenti, sed latitudo divisa statim viam et cursum nutrimenti intercipit et impedit. Et ideo sceptra[1] in arboribus 43
divisa per longitudinem nihil omnino variant in sapore fructus et figura, quando fuerint sanata; si autem dividantur ultra medullam, quae in medio est ramusculorum, et reconsolidentur[2], statim variabuntur fructus et sapor eorum propter divisionem; quod contingit propter impedimentum nutrimenti, quod fit in nodositate, quae nascitur ex secundum latitudinem divisa planta. Et ideo divisio[3] secundum latitudinem est quidam modus insitionis, et non divisio secundum longum, sicut ostendemus in sequentibus.

Isti igitur sunt modi unitionis et divisionis plantarum.

Capitulum VI.

De tribus modis permanentiae plantarum[1].

Permanentia autem in specie et numero est secundum tres 44
modos: quorum unus est maximus, quod aliqua in eodem subjecto et forma[2] omnino remaneant; alius autem remissior, ut remaneant in eadem forma, quamvis non remaneat[3] idem subjectum materiae; tertius autem, qui impropriissimus, est, quando non permanet idem numero subjecto et formâ, sed remanet idem[4] loco et specie, aut specie tantum, et non loco. Scimus enim ex his, quae in primo peri geneseos γ) dicta sunt, quod corpora, quae augentur, manent eadem secundum partes formales et formam, licet materia et materiae partes influant et effluant. Et

γ) De generat. et corrupt. lib. I tract. III cap. 8.

§. 43: 1 *Praebent hoc loco:* sceptra *L*, ceptra *ABCP*, cepta *Edd.*, sectura *V*, *quibus CPV addunt* vel ceptura; *altero loco* §. 54 sceptrum *Z*, flagrum *J*; septrum *Codd.*, *quae lectiones indicare videntur, autorem altero loco scripsisse* ceptra *altero* sceptrum. *In autographo enim litera* s *cum sequente in unum ita contrahitur ut facile negligas posteriorem*; — div. in arb. *AB* 2 *L*; consolid. *Reliq.* 3 omnino *Edd.*

§. 44: 1 Cap. 3m *P.* 2 *Om A.* 3 maneat *L.* 4 *E conj.*; eadem *Codd. et Edd.*; — locorum spec. *CEdd.*; spee. et loco *P.*

quae sunt materiales partes, et quae formales, ex ibi[5] determinatis intelligi potest, nec oportet, talia nos hic iterare.

45 Quaecunque igitur planta ex se non habet fluentes partes nisi simplicis materiae, et easdem[1] habet in se fluentes per nutrimentum: haec subjecto et forma manet, quia materiae partes influentes et effluentes non variant subjectum organicum animae, cum radices et stipites et rami et virgae remaneant; in his enim[2] fundatur forma substantialis plantae, quae est vegetabilis anima. Et sicut homo vel animal, sicut bene dixit Aristoteles in quinto metaphysicae[δ]), non est colobon, hoc est diminutus membro, ideo quia effluunt ei pili, nec dicitur auctus, quia[3] recrescunt, nec dicitur aliquid[4] amisisse de subjecto, eo quod effluat ex ipso semen generationis: ita non dicitur planta diminuta in partibus — integrantibus subjectum ejus — per fluxum foliorum aut per casum florum[5] et fructuum; haec enim in plantis saluti speciei,
46 et non saluti individualis subjecti deputantur. Sicut iterum non dicitur homo colobon ex eo, quod squamae pumiceae resolvuntur de[1] capite ejus, vel recedit per scabiem aliquid ex corpore ejus, aut etiam quando per maciem sine defectu membrorum diminuitur: ita non dicitur planta diminui membro, quando per calorem naturalem aliquid consumitur de substantia materiae ejus. Identitas enim subjecti in organicis consistit, et illis manentibus, dicitur planta manere secundum subjectum', quamvis per nutri-
47 mentum continue restaurentur deperdita in ipsa. Sed tamen augmentum plantarum non est sicut augmentum animalium. Animalia enim, manentia secundum subjectum, augentur et deminuuntur secundum duos diametros suarum dimensionum, hoc est secundum latitudinem et profunditatem: secundum diametrum autem longitudinis non diminuuntur, sed augentur tantum. Planta autem augetur quidem secundum omnem[1] diametrum suae dimensionis, sed non diminuitur secundum aliquam. Et hoc contingit

δ) *Conf. lib. I* §. 134, *ubi eadem laudantur.*

§. **44**: 5 *Om. Edd.*

§. **45**: 1 eadem *Edd.* 2 autem *L*; *om. C.* 3 quod *Edd.*; — rarescunt *L.* 4 *L*; *om. Reliq.*; — effluunt *Z*; effluit *J.* 5 *M. e conj.*; foliorum *Codd. et Edd.*

§. **46**: 1 a *V.*

§. **47**: 1 modum et *add. A.*

propter duritiam partium plantae, quas, licet calor fortis cum humido posset extendere in omnem dimensionem, non tamen auctas[2] calor idem potest diminuere. Et hoc contingit[3] ideo, quia, cum augentur plantae, humidae sunt et molles; postea autem[4], postquam auctae fuerint, indurescunt ex terrestreitate ipsarum, et ideo contrahi et diminui non possunt. Tales igitur plantae manere eaedem forma et subjecto dicuntur.

Manent autem[1] forma substantiali[2] et non subjecto, ad quas 48
per abscisionem et restitutionem partium organicarum redit continue juventus earum. Contingit enim aliquam plantam[3] amittere radicem, et pullulabit ex stipite alia radix et nutriet ramos et stipitem sicut prima radix; et contingit amittere stipitem et ramos[4], et pullulabit ex radicibus stipes et rami; et similiter contingit amittere et recuperare ramos, aut omnes, aut aliquos: et tunc planta variatur in organicis membris suis, et tunc non potest dici, quod subjectum omnino maneat. Quae autem sit causa, quod tales partes amittit et recuperat planta, in libro de morte et vita[ε]) dictum est. Invenitur autem idem modus in quibusdam animalibus, quae testea vocantur, sicut patet in cancris, quae[5] amittunt et recuperant grossos pedes anteriores. Sed tamen est quaedam pars plantae, qua sola in circuitu amissa, arescit[6] tota: et illa pars est cortex. Et hoc ideo fit, quia, cum non habet corticem, evaporat nutrimentum.

Si autem tota absciditur[1] planta, adhuc virtus formativa, 49
quae est in radice, format aliam. Dubitatur tamen, an planta sit manens eadem secundum formam, quae tota abscisa formetur in similem ex eadem radice. Videbatur enim quibusdam antiquorum una formaliter esse[2] eadem alii[ζ]), eo quod sicut cor est in animalibus, ita est radix[3] in plantis, praeter hoc, quod in radice sunt duae virtutes, quarum una tantum est in corde ani-

ε) Tract. II cap. 11. ζ) *i. e.* quam alia.

§. 47: 2 *J*; auctam *A*; aucta *Reliq.* 3 *L V*; aut *B Z*; autem *C P*; accidit *A*; est *J*. 4 sed, *om.* postea, *A*; — fuerunt *C P V*; — trahi *P*.

§. 48: 1 enim *Edd.* 2 substantia *Z*; et substantia *J*. 3 alias plantam *V in marg.*; partem *Codd. et Edd.* 4 *L*; *om. Reliq.* et stip. .... ram.; *om. praeterea P* ex, *C* stipes et rami. 5 et *A*. 6 r arescit *Edd.*

§. 49: 1 *C V*; -scinditur *Reliq.* 2 et *supra lineam adjecit man. sec. P*; — aliis *A*; eo *om. C Edd.*; quia *A B P*. 3 *L*; in pl. radix *A P*; radix *marg. adscripsit B*; *om. Reliq.*

malium. In radice enim est virtus nutritiva formatorum, et virtus formativa et reformativa abscisorum; sed nutritiva sola secundum Peripateticos est in animalium cordibus, et siqua[4] abscinduntur de membris animalium, ex virtute cordis non reformantur, nisi in valde paucis animalibus[5]. Cum igitur, ut[6] inquiunt, una sit virtus formans, utramque dicunt secundum formam[7] esse
50 eandem arborem, et abscisam et reformatam. Dant autem hujus exemplum in fonte, in quo dicunt eandem aquam esse, quae fluit ex eodem fonte, licet successive fluat a fonte. Et hujus dicti auctores fuerunt Pythagorici[1]. Addunt autem in confirmationem sententiae hujus, quod[2], cum rami abscisi restituuntur successive, non dicitur variari secundum formam substantialem individui arbor vel alia planta; et eadem ratio videtur esse, si simul amittat omnes partes[3] organicas, aut si successive. Et ex hoc volunt concludere, quod reformata arbore[4] illa, quae ex eadem radice recrescit, formaliter sit eadem. At hoc inconveniens esse videtur, quoniam, subjecto in[5] toto mutato, impossibile est manere formam, quae subjectum idem informat. Non enim forma habet esse naturale, nisi in subjecto proprio; quo decidente, vi-
51 detur et ipsa destrui[6] per accidens. Dupliciter enim[1] dicit Aristoteles corrumpi, quod corrumpitur: aut quia videlicet est compositum ex contrariis, aut quia super compositum ex contrariis[2] est esse suum fundatum η). Videtur ergo sententia Pythagoricorum[3] esse falsa, quoniam virtus, quae est in radice, non est, quae formaliter quiescit in subjecto stipitis et ramorum, et dat eis esse plantae et rationem, sed potius est causa[4] et origo for-

η) *i. e.* quia esse *vel* essentia *vel* vis corporis pendet a compositione corporis e contrariis. *Multorum autem locorum, quibus de corruptione agat* Arist., *maxime quidem* De long. et brev. vitae cap. 2 et 3 *huc spectant*, *sed ad ea respicere crediderim Alb.*, *quae ipse* De coelo lib. I tract. 4 cap. 4 *commentando* Arist. De coelo lib. I cap. 11 *docuit. M.*

§. 49: 4 et quae *P.* 5 *L*; *om. Reliq.*; paucis valde *A B Edd.* 6 *Om. P*; ut dicunt *V.* 7 utrumque dicunt forma *A*; formam *expunxit P*; secundum *V in marg.* supplevit.

§. 50: 1 pyctagarici *P*, pictag. *vel* pittag. *L*, pytag. *Reliq.*; *hic et postea.* 2 quia *V.* 3 *Om. B C L V Edd.* 4 *V in marg.*; *om. Reliq.* 5 in subj. toto *L.* 6 destitui *V.*

§. 51: 1 autem *L.* 2 *Om. A* ex contrariis; — est *et deleverunt P V*, *scribentes* fundato *P*, fundatur *V cum C.* 3 perypatetic. *B*; pictagoric. *L P.* 4 *L V*; equam *B*; eque *A C Z*, *unde M. conjecerat* e qua; fons *J.*

mae illius: et ideo arbor in toto a radicibus abscisa cum ea,
quae recrescit[5], originaliter est eadem, et non subjecto et forma,
neque forma et non subjecto est eadem, secundum eandem for-
mam numero, sed forte specie. Sed neque formâ et essentiâ
est eadem aqua[1], quae fluit ab eodem fonte per vices temporum
successive, sed diversa. Sed tamen aliud est de aqua, cujus 52
fluxus est continuus; haec enim continuitate est una. Quam
unitatem non habet arbor abscisa cum ea, quae recrescit, sed[2]
quando successive projicit ramos radicum vel stipitis, et succes-
sive resumit[3], manet una forma substantialiter, quae projicit are-
facta[4] et informat et producit ex se recentia, licet illa forma
secundum esse partium diversificetur: et ideo in talibus manet
identitas formae cum mutatione subjectarum partium. Nec est
verum quod dicunt, esse idem judicium[5] de partibus divisim
amissis et conjunctim amissis, quia in divisim amissis semper
remansit una natura se expurgans, et expurgata restaurans, cum
semper haberet in quo maneret[6]. Sed hoc non potest esse in
partibus conjunctim amissis. Et iste est modus, per quem ad
plantam eandem redit juventus ejus.

Tertius autem modus planus est, quia planta, a radicibus 53
abscisa et recrescens in eadem specie, est eadem loco et specie;
sed transplantata per surculum vel semen, et pullulans in eadem
specie est, et non loco. Si autem tota[1] radicitus evellatur, et
in alium locum transplantetur, et convalescat, eadem subjecto
et forma est, sed non loco.

§. 51: 5 crescit, ..., sed non *V.*

§. 52: 1 *Voce ubique omissa, in marg. praebent* aqua *B V,* aque est ead. *P.* 2 *V supra lineam*; quoniam *A*; *om. Reliq.* 3 resumitur *BCPZ*; — substancialis *A.* 4 *M. e conj.*; arefactam *Codd. et Edd.* 5 *L*; *om. Reliq.*; de part. div. amiss. quia semper *A om. intermediis.* 6 reman. *V.*

§. 53: 1 *Om. P.*

Capitulum VII.

De quinque modis transmutationis unius plantae[1] in aliam.

54 De transmutatione autem plantarum satis miranda opera naturae inveniuntur. Quinque enim modi experti sunt, quibus plantae transmutantur ad invicem. Quorum unus est ex seminum ipsorum transmutatione; secundus autem ex praescisione unius speciei plantarum, ex cujus putrefactione pullulat alia species. Tertius est[2] localis, neque apud habitantes in nostro climate, hoc est in septimo, est inventus, nisi in uno loco, et est, quod surculus unius plantae, decerptus ab ipsa, infigitur terrae et mutatur in plantam alterius speciei. Quartus[3] modus est ex putrefactione totius plantae quoad[4] humorem naturalem, qui, cum ad superficiem pertingit, mutatur in plantam alterius speciei. Quintus et ultimus modus est[5] per insitionem, quod videlicet inseritur flagrum unius speciei plantae in truncum alterius speciei, et tunc[6] mutatur in plantam tertiae speciei, sicut nos inferius docebimus per exemplum; et inseritur sceptrum alicujus speciei[7] in truncum ejusdem speciei, et mutabitur in aliam speciem, sicut quando convalescit pirus vel malus, et absciditur flagrum superius de ipso, et postea absciditur stipes, et[8] flagrum prius abscisum inseritur in ipsum, tunc mutatur in pirum vel malum alterius speciei. De omnibus autem his dabimus exempla, et docebimus modos et causas physicas.

55 Primus autem modus, qui est ex seminum transmutatione est, sicut seminata siligo nobilitatur, et[1] in secundo vel tertio anno mutatur in triticum. Et e converso contingit, quod triticum[2], in quibusdam terris seminatum, degenerat et fit in secundo anno vel tertio siligo[ϑ]). Modus autem hujus est paula-

ϑ) *Quam hic Tritici varietatem esse facile est intellectu. Conf. pag.* 94 *not. ϑ.*

§. 54: 1 mutationis plante unius *V ind.* 2 autem *A*; — neque habitantes in *Z*; neque adhuc in *J*. 3 autem *addit P*. 4 ad *A*. 5 *Om. P*; — incision. *V*. 6 *V unus praebet.* 7 *Om. A sequentia sententiae verba.* 7 in *P*; — tunc *om. V*.
§. 55: 1 *Om. A*; — vel in *V*. 2 *Om. L* Et .... trit.

tivus[3], quia paulatim siligo nobilitatur; in[4] primo anno fit granum grossius et rubicundius, et[5] in secundo anno quod surgit de grano jam mutato seminato, fit iterum grossius et rubicundius, et ex illo seminato tertio anno fit triticum. Et forte talis est mutatio tritici in granum quod far vocatur. Per omnem autem eundem modum in quibusdam terris triticum[6] seminatum in primo anno amittit de rubedine et grossitie, et in secundo anno adhuc plus, ita quod in tertio anno vel quarto degenerat in siliginem. Et hoc modo fit mutatio aliarum plantarum et herbarum omnium. Causa autem est, quod plantae omnes duo in 56
se habent: quorum unum est, quod commixtio ejus proxima est elementis et materiae inter ea, quae approximata[1] sunt, et ideo multum mutatur ex elementis; secundum autem est, quod terra est venter plantae[2] sicut in superius habitis docuimus, et ideo, cum vicinam habeat ad elementa complexionem, ex nutrimento terrestri multam accipit permutationem. Quod autem quidam dicunt, non posse[3] species ad se invicem permutari, hoc quidem verum esse scimus, quod non est transmutatio de actu ad actum, sed de potentia ad actum. In terra autem[4] destituitur materia ab actu uno, et fit potentia ad alterum, et sic fit transmutatio plantae ad plantam. Et hic quidem est modus hujusmodi[5] transmutationis plantae in plantam.

Secundus autem modus multum invenitur in climatibus no- 57
stris. Raro[ι]) enim potest praescidi silva quercina vel fagina completorum lignorum et magnorum, quod recrescat in eadem specie. Videbimus enim in omnibus silvis, quod, praecisis arboribus, quae quercus vocantur vel fagi, recrescunt arbores, quae tremulae dicuntur, et arbores, que vocantur miricae[x]), quae sunt majoris ignobilitatis, quam primae fuerint. Causa autem hujus est, quod radices vetustarum arborum solidae et durae sunt et clausorum pororum, nec valent ultra pullulare, postquam stipites

ι) *Petrus in lib II cap.* 8 (7 *Edd. vet.*) *recepit et* §. 57 *et priorem* §. 63 *partem et* §. 64 *cap. hujus, dein cap. sequens* x) *Sunt Populus tremula et Betula alba Lin, de quibus conf. lib. II* §. 34.

§. 55: 3 ·tinus *Edd.* 4 *Edd.*; et *Reliq.* 5 *Om ABEdd.* 6 *LV*; *om. Reliq.* Et forte — vocatur. Per — triticum. — *Quare et inseruerunt B* E contro triticum, *J vero*, Et e contro; *et A pro* in primo *scripsit* item pr.
§. 56: 1 complexionata *V*; eis *add. A.* 2 pater, *superscripto* et *P.* 3 quod non possunt *A.* 4 enim *B Edd.* 5 hujus *ABP Edd.*

arborum stantium super eas praecisi fuerint[1], putrescunt igitur, et calor, exhalans ex ipsis et secum trahens humidum, efficitur formativus plantae alterius speciei. Et quia destitutus est a vigore arboris anterioris, pullulabit in arborem ignobiliorem, et[2] aliquando non pullulat omnino; aliquando autem[3] non generatur inde, nisi fungus vel[4] gramen aut alia herba aliqua[λ]).

58 Sed tertius modus omnibus est mirabilior modis; qui nunquam in nostris habitationibus inventus est, nisi in terra, quae vocatur Alvernia[μ]), in qua praeciditur silva quercina, et ramusculi querci infiguntur in terram, et exinde fiunt vites, ferentes bonum vinum. Aliquando autem, loco praecisae arboris, per se recrescit vinea, ferens bonum vinum. Causa autem est, quia[1], sicut diximus, terra vegetabilium mater et matrix est, et sol pater, calore suo semen, ex quo plantae generantur, immittens[2]. Terra autem illa pro certo movetur motu coelesti in proportione naturae vitium[3] plus quam plantarum aliarum. Nec ex surculis

λ) *Similibus rebus, quae saepissime observantur, agricolas usque ad hunc diem non raro generationem aequivocam lolii aliorumque graminum et herbarum vel segetibus infestarum vel subito enatarum defendere audiveris. Lex autem naturae universae est, ut solum quodvis, quum unam vel paucas plantae cujusdam generationes ad mortem usque pertulerit, nutrimenta plantarum earundem necessaria amittat, quo fit, ut non eadem sed alia plantarum species e seminibus aut in solo olim absconditis aut aliunde allatis enascatur.*
μ) *Mirabilis hujus historiae auctorem frustra quaesivit Meyer, Codd suis et Edd. deceptus, qui pro* Alvernia *praebent vel* alumia *A B Z vel* Alumnia *J vel* alumpna *C. Quum vero contigerit, ut e Codd. anglicis et altero parisiensi V restituerem loci, quo historia acta sit, verum nomen, Jaffé, quae fuit viri praeclari eruditio et amici assiduitas, reperit narrationis autoritatem in* lib. IV cap. 36 Otiorum imperial. *quae anno* 1212 Gervasius Tilberiensis *scripsit, cujus verba sunt:* De vineis sine plantatore crescentibus. Est in Narbonensi provincia ad confinium montis Pessulani (*i. e. Montpellier*) castrum Montisferrandi, in cuius confinio sylva succisa atque combusta, terra more novalium colitur, aratroque scissa, vites producit sine plantatione. Sic igitur vinea beneficio naturae concreta, per triennium vina facit optima; exhinc ad sterilitatem sylvestrem rediens, nisi iterato igne uratur. *Conf.* Leibnitii Scriptores rer. Brunsvicens. pag. 973. *Cui historiolae aeque ac sententiis praecedentibus observata quaedam subesse crediderim, quamquam additamentis mirabilibus prorsus obumbrentur.*

§. 57: 1 et *add. Codd. praeter C V Petr.* 2 *Om. V*; — pullulabit *Petr.* 3 *Om. V Petr.* 4 et *V.*

§. 58: 1 *Om. A*; — terra *om. B.* 2 immitans *et ad marg.* alius immittens *V*; immittens terrae, et illa *J*; Terra aut illa *B V Z.* 3 virium *B P.*

quercinis manentibus unquam[4] fiunt vites, sed ex eisdem putre-
scentibus convalescunt — mixtâ terrâ[5] in naturam vitis —: et
sic vitis exoritur. Quod autem ab antiquo alia ligna, quercina 59
videlicet, in loco illo nata sunt, et non vites, et quod non na-
scuntur vites[1], nisi praecisis quercubus, profecto ideo est, quia
sol, vegetabilium pater existens, non sola virtute sua producit
vegetabilia, sed per accessum contra locum illum aliarum stella-
rum fixarum, quae pigro motu moventur et per longum tempus;
et quia antiquitus non ibi fuerunt, ideo alia ligna tunc in locis
illis nascebantur, quae connaturalitatem[2] habebant ad effectum
coelestem, qui tunc fuit influxus[3] locis illis. Et quod modo non
nascuntur vites, nisi praecisis aliis arboribus, ideo est, quia, post-
quam convaluerunt ex[4] antiquo, ad se traxerunt loci humorem
et nutrimenta, et virtute caloris proprii permutant coelestium
virtutem, quae est in loco. Hoc enim modo secundum Ptolo-
meum[ν]) mutatur coelestis effectus aliquando per cultum hominis,
et aliquando adjuvatur. De his etiam nos diximus in libris ante[1] 60
hoc negotium digestis[ξ]). Et hoc modo etiam quaedam loca vi-
nosa fiunt, quae antea vinosa non fuerunt, et saxosa, quae ante
non saxosa fuerunt[2]. Quod autem Empedocles dicit[o]), talia casu
fieri[3], nullo modo est verum, quoniam casualia raro fiunt, ista
autem frequenter eveniunt. Haec igitur est dictorum causa.

Quartus autem modus communis est et frequens, quod vide- 61
licet in tota arbore paulatim putrescit et destituitur humor, qui,
cum ad superficiem arboris pertingit, formatur in aliam plantam
in parte una, et in alia parte iterum[1] in aliam. Et aliquando
fit, quod una planta magna in se habet in multis locis plantas

ν) *Conf.* §. 2 *cum not. β.* ξ) De nat. locor. tract. I cap. 5 *et* De gener. et corrupt. lib. II tract. III cap. 5. o) *Minime talia casu fieri Empedocles docuit, qui initio res singulas omnes, ergo etiam plantas, fortuito elementorum concursu ortas esse fixit. Deinceps vero arbores oviparas esse cecinit, versu jam laudato ad lib. I* §. 48.

§. 58: 4 nunquam *V*; — ex *om. V*; — eadem *C*; eis *L*. 5 terre *BL Edd.*; — in natura *L*.

§. 59: 1 *Om. CEdd.*, et ... vites. 2 natural. *A*. 3 infixus *AB*; in *addit V*. 4 ab *ABP Edd.*; — ex se *Edd.*

§. 60: 1 *Meyer jure fortasse proposuerat* ad. 2 *Om. P* et saxosa .... fuer. 3 fieri casu *V*.

§. 61: 1 *Om. L*.

alterius speciei, sicut diximus π) nasci eam, ex qua fit viscus. Frequenter autem plantae sic exortae super plantas alias in diversis locis sunt omnes ejusdem speciei, quod contingit propter uniformitatem unius humoris putrefacti. Possibile est tamen, quod super eandem hoc modo oriantur diversarum specierum plantae, eo quod possibile est, in diversas complexiones mutari
62 humorem putrefactum. Istae autem plantae, quando exoriuntur in ramis[1] vel stipite, raro convalescunt, quando autem ex radice oriuntur, convalescunt ρ). Quod contingit ideo, quod ramus putridus aut stipes continue destituitur[2], et cum ultra modum putrescit, non praestat nutrimentum plantae exortae; quando autem ex radice putrefacta exoritur[3], tunc, deficiente nutrimento radicis, trahit nutrimentum ex terra, et convalescit. Fit autem raro hic modus mutationis, nisi in arboribus vetustis, quia illae frigiditate antiquitatis clausos et strictos[4] habent poros, et continetur in eis humor, quem[5] calor naturalis terminare et complere non potest; et ideo fit phlegmaticus et putrefactus vel putrescens, et cum exhalat ad superficiem, pullulat in plantam aliam per modum, quem diximus.

63 Sed quintus modus valde est multiplex, sicut certissime probare poterit omnis, qui experitur in talibus. Fere enim quotienscunque una et eadem arbor fructifera in stipite abscinditur, et relinquitur inferior pars in terra, sicut fit in[1] insitione, et ipsius eiusdem arboris flagrum in eodem trunco inseritur[2], ex insitione fiunt plantae, quarum fructus nec in sapore nec in figura cum praecedentibus conveniunt. Cum autem inseruntur flagra[3] prunorum et cinorum vel aliorum fructuum ossa habentium in truncum salicis, efficiuntur fructus sine ossibus. Similiter autem[4], si inseratur vitis in cerasum vel pirum vel malum,

π) §. 24. ρ) *Ad Orobanches Lin. species autorem respicere crederes, quae floribus speciosae radicibus plantarum herbacearum inolescunt, dum rami stipitesque, si Viscum excipis, non nisi Lichenes muscosque ferunt; nisi haec de arboribus solis intelligenda essent: unde patet eum de subolibus radicalibus vel potius de novis arborum speciebus succrescentibus loqui.*

§. 62: 1 ramusculis *L.* 2 *A om.* continue, *add.* vel desiccatur. 3 *Om. P* quando .... exor. 4 constr. *BP.* 5 quam *V.*
§. 63: 1 *L, Petr. lib. II cap.* 8 (7 *Edd. vet.*); *om. Reliq.* 2 et *add. V*; — nec in fig. n. in sap. *L.* 3 fragra *P*; — et cin. et *V*; vel — vel *A P Edd.* 4 *Om. L*; — inseruntur vites *Edd.* inseritur vitis *Petr.*; vitis *om. C*; — in cerusa *C, Petr. hic et paulo post.*

inveniuntur uvae maturae, quando cerasa sunt matura vel pira vel mala. Est autem insitionis modus, quod vitis plantatur[5] juxta cerasum vel aliam arborem pirorum vel malorum, et perforatur illa, et per foramen trahitur vitis. Et cum concreverint[6] arbor et vitis, ita quod efficiuntur ligna earum[7] continua, praeciditur vitis ex parte radicis, ita quod non nutritur nisi per radicem et stipitem alterius arboris: et tunc maturatur[8] uva cum fructibus arboris illius. Et tales mutationes valde innumerabiles[9] ostendunt se his, qui diversas studiose faciunt insitiones.

Illum autem modum jam experti sumus, quod, cum inse- 64
runtur flagra persici in pruni vel[1] cini truncum sive stipitem, quod mutantur ambarum arborum naturae, et fiunt escula[σ]) majora et meliora quam sint alia escilla. Et videtur hoc fieri, sicut in animalibus ex permixtione vicinorum seminum in complexione — sicut[2] asini et equi — generantur muli vel burdones. Non enim longe est persicus a pruno vel cino, et ideo, cum utraque arbor rarae substantiae sit, utraque virtutem suam communicat alteri: et sic ex permixtis virtutibus in loco insitionis fit succus permixtarum virtutum, et ideo tunc illud, quod super locum insitionis extollitur, permutatur[3] paulatim in speciem aliam, quae est esculus arbor; quia per figuram foliorum cognoscitur, quod illa aliquid vicinitatis habet ad cinum et prunum, et ossa, quae sunt in esculis, etiam hanc indicant[4] vicinitatem.

Haec igitur est causa dictarum mutationum.

σ) *Est Mespilus germanica Lin*, *de qua conf. lib. VI* §. 133.

§. 63: 5 plantetur — perforetur — trahatur – efficiatur — precidatur — nutratur *Edd* 6 -verunt *A B Edd* ; -verit *V.* 7 eorum *P.* 8 -rabitur *Edd.*; -rantur uve *A.* 9 mirabiles *Petr.*; — qui *om. B.*

§. 64: 1 et *A Petr.* 2 ex permixt. *repetit A.* 3 permutat *L.* 4 radicant *CP Edd.*

Capitulum VIII.

De mutatione, qua domestica fit silvestris, et e converso silvestris domestica[1].

65 Est autem praeter dictas mutationes illa, qua de silvestri fit domestica, et de domestica fit[2] silvestris[τ]); cujus modum et causam oportet cognoscere. Est enim de expertis, quod omnis planta domestica subtracto cultu silvescit, et omnis silvestris domesticatur, quando cultus adhibetur. Dictum[3] est superius, quod silvestres habent plures fructus quam domesticae, sed habent eos minores et acriores; sed domesticae habent pauciores, sed[4] dulciores, vel minus acres, et majores fructus quam silvestres[υ]).

66 Modus autem, quo domestica fit silvestris, est per subtractionem cultus et loci indurationem et arefactionem, et praecipue si ad sabulositatem et arenositatem convertatur. Tunc enim durities non permittit, ad plantas distillare vel evaporare nutrimentum sufficiens. Arefactio autem privabit nutrimentum, et sabulositas sive[1] arenositas undique faciet evaporare, et non constabit vapor circa radices plantarum: et tunc plantae macrae et spinosae et plurimorum[2] fructuum efficiuntur. Multitudo autem fructus earum causatur ex siccitate, quia siccitas est causa divisionis in multa et parva. Undique enim intercipitur nutrimentale humidum[3] sicco, et ideo in multa parva dividitur. Efficiuntur autem fructus acerbi vel amari propter hoc, quod tale nutrimentum non bene[4] obedit digestioni completae sicut facit humidum domesticationis.

67 Modus autem[1], quo silvestres convertuntur in domesticas, valde est multiplex, et versatur circa tria in genere, hoc est

τ) *Sequentia capit. verba Petro lib. II cap.* 8 (7 *Edd. vet.*) *pars posterior sunt.* υ) *Conf.* lib. I §. 164.

§. 65: 1 mutationibus *V ind.*; sit — sit *L*; *om. Reliq. praeter V*, fit *secundo loco*; *om P* silv. fit dom. 2 *P V et Petr.*; *om. Reliq.* 3 Dictumque *V.* 4 et *L.*

§. 66: 1 et *L qui om. priora:* sufficiens. Aref. .. nutrimentum. 2 parvorum *A L.* 3 humido *L V Edd.* 4 *L, om. Reliq.*

§. 67: 1 *Om. A C V Edd.*

circa naturam fundi[2] et circa naturam plantarum et circa umbras et soles ipsarum. Quoniam oportet[φ]) fundum ipsum convertere et impinguare, et solidum et continuum facere, et tamen non durum[3], ita quod superius stillantes bonitates recipere possit, et inferius ex terra vaporantes circa radices plantarum continere[3]. Et oportet congerere eum ex tali terra, quae cum stillicidiis in se fluentibus infunditur, et cum evaporatione movetur apte[4]. Et congrue contemperetur ad complexionem plantarum. Circa plantas autem est consideratio putando eas per abscisionem spinosorum[5] et superfluorum, et per insitionem[6] cum genere factam, et aliquando per unguenta corticum et emollitionem[7] ejus
et per divisionem[8] ipsius, ut ingrossari possit planta. Et quando 68
fit insitio, si debeat[1] silvestris domesticari, oportet, quod aut flagrum ejusdem inseratur[2] stipiti suo, aut flagrum alterius, quae etiam est silvestris; aut etiam flagra ejusdem, in stipite suo manentia, ultra medullam ex transverso incidantur, et religantur[3], quia talis nodus, in insitione[4] generatus, ex soliditate sua magis retinet calorem naturalem, sicut lapis calefactus majorem et magis[5] diuturnum habet calorem quam lignum vel lana. Humor etiam diutius stat[6] in tali nodo, tum propter tortuositatem, tum etiam propter soliditatem ipsius, et ideo melius ibi digeritur, et tunc fructus fiunt dulciores et convenientiores. Et iste est praecipuus modus domesticationis. Considerationem autem diligentissimam oportet habere in umbris et solibus talium locorum, quoniam quaedam non bene convalescunt nisi in umbra, sicut cucurbita; et quaedam non bene[7] nisi in sole calido vehementer, sicut vitis. Et ita est in aliis multis, et ideo ista sunt valde attendenda.

φ) *i. e.* Oportet enim cultores pomorum *etc.*

§. 67: 2 *Om. Z*; loci *J.* 2 dantur *B*; dn̄tur *C*; dicuntur *Z*; *verba* et tam. non dur. *oppressit J*; densetur *Petr. Ed. Arg.*, depressetur *Ejusd. Edd. ceter.* 3 retin. *A.* 4 a parte *L.* 5 spinosaıum *V*; absc. spinarum superfluarum *Petr.* 6 *P V Petr.*; incision. *Reliq.*; — cum *L*; omnium *Reliq.*; omnium putrefactam *Edd.*; *om. Petr.* cum gen. fact. 7 mollitionem *Edd.* 8 *V*; divis. corticis *Petr.*; dicionem *C L*; fissionem *A*; et perditionem *Reliq.*

§. 68: 1 debet *Edd.* 2 *A P*, *Petr. Ed. Bas. et C qui expunxit* ur; -seret *Edd.*; -serat *Reliq.* 3 -gentur *L*; — modus *et paulo post* modo *V.* 4 *Codd. et Edd.* incisio *et* insitio *saepissime commutantes hic praebent:* incisione vel insit. *C Edd. et expunctis prioribus V*, insitione vel insitione (!) *B P*; insit. vel insectione *A*; incisione *L*; — generatur *A B L Z.* 5 magis et majorem *P.* 6 retinetur *A.* 7 *Om. C L V.*

Quod autem majores et pauciores sunt fructus domesticarum quam silvestrium plantarum, causa est humidi abundantia et nutrimenti, quod non est tot divisionum, eo quod non tantum habet de siccis et acutis partibus, sicut nutrimentum silvestrium: et ideo, cum sit abundans, non facile divisibile, in pauciora dividitur. Sed in ea, in quae dividitur, abundantius fluit, et ideo magis crescunt et ingrossantur.

Iste igitur est modus conversionis unius plantae in dispositionem alterius.

Tractatus II.

Quinti Libri Vegetabilium.

Qui est:

De effectibus plantarum[1].

Capitulum I.

De mirabilitate mixtionis elementorum[2].

Nunc autem aliqua dicenda sunt de effectibus plantarum, 70
qui[3] sunt valde multiplices. Videmus enim[4] quasdam esse infrigidativas et quasdam confortativas et repercussivas et crudificativas[5] et stupefactivas; et haec operantur frigiditates quarundam plantarum citius et fortius quam frigiditates glaciales. Quasdam autem invenimus ungere[6] inflare lavare sordidare lubrificare lenire plus, quam faciunt aliae humiditates. Et similiter sunt aliarum plantarum operationes, de quibus nos oportet aut certam aut probabilem[7] invenire rationem, et physicam causam, quia sine his non habetur notitia vegetabilium.

Praemittere[1] autem oportet illud, quod optime dixit Ale- 71
xander Peripateticusχ), quod videlicet mixtio elementorum facit mirabilia, eo quod elementa quosdam effectus melius operantur in

χ) *Alexandri Aphrodisiensis liber de anima non quidem verbotenus eadem offert, sed totus in eodem versatur argumento, ipsusque corporum organicorum animas ab iterata corporum mixtione repetere conatus est.*

§. 70: 1 5ti libri vegetab. *om. A B Edd.*; qui est *L praebet unus.* 2 commixt. *Edd.*; De mixtione el. *P.* 3 que *A.* 4 *Om. Edd.* 5 *L V*; mundif. *A*; erudif. *C Edd. et P qui commutavit in* mundif. 6 augere *P.* 7 -bilitatem *L.*

§. 71: 1 *V*; pretermittere *Reliq.*; *quare B Edd.* autem non.

mixto quam simplicia[2]. Cum enim in mixto secundum Avicennam[ψ]) remaneant primae elementorum essentiae, tamen essentiae[3] ipsorum sic ligantur ad se invicem, quod plurimum uniuscujusque est[4] cum plurimo alterius, et minimum uniuscujusque cum minimo alterius, alteratis ad invicem qualitatibus ipsorum. Fit autem haec colligatio in proportionibus diversis, ita quod, quamvis singulum elementorum sit in quolibet mixto, tamen in actione
72 unum est vehementius altero fere in omnibus mixtis. Et has obligationes diversis[1] proportionibus factas vocavit Plato[ω]) numeros, dicens elementa in mixtis corporibus numeris[2] esse ligata. In actione enim aliquando invenitur ignis in mixto vehementer activus, eo quod tunc ex humido, cui ligatur, habet adhaerentiam ad illud, quod[3] exurit, quam non haberet per se ipsum; et ex terra, cum qua[4] ligatur, habet motum deorsum continue in id, quod corrodit, et ex humido aëreo habet fomentum, quorum nullum haberet per se ipsum simplex ignis. Et ideo[5] fit, quod ignis, quem vocant sacrum, inextinguibilior[6] est quam ignis verus. Similiter autem est de frigiditate aquae. Haec enim continetur sicco terreo, et locus ei[7] aperitur, ut intret, spirituali aëreo. Acuitur autem ad penetrandum acumine ignis, et sic ingrediens interiora corporum et membrorum, efficacior est ad infrigidandum colligata elementis in mixto, quam sit in aqua simplici. Eodem autem modo dico de sicco terreo, quod nullo modo intrare posset ad siccandum corpora; nisi et adhaerentiam et acumen[8] haberet ab aliis: et hoc Pythagoras ansas catenae aureae vocavit.

73 Haec igitur mixtura mirabilis est, ut dicit Alexander[α]), et

ψ) *Quae de re saepius Avicenna egit, e. g.* Canon. lib. I sect. I doctr. III cap. 1 De temperamento, lib. II tract. I cap. 1 De temperamentis simplicium medicamentorum, De anima cap. 3, *ubi Alexandrum Aphrodisiensem secutus demonstrat, nullam animam ex elementorum mixtione sed ex repetita corporum mixtorum mixtione oriri. M.* ω) Platonis Timaeus pag. 53. α) Alexander Aphrodisiensis De anima. *Ejusdem liber De mixtione huc non facit.*

§. 71: 2 simplici *A B Edd.* 3 *Om. P* tam. ess., *ad marg. supplens* forme. 4 *Om. C Edd.*

§. 72: 1 in *add. V.* 2 rursus *Edd.* 3 quo *Edd.*; — urit *P*; — ex se ipso *L.* 4 ex terra, cui *P e correct.* 5 *Om. A*; aereo .... ignis. Et ideo; *om. P* Et ... ignis, *in marg.* et propterea ignis *supplens.* 6 -liorem *P.* 7 *Om. A.* 8 acutum *Edd.*; — cum aliis *L.*

confert mixtis vehementiam quarundam actionum, quam non habent per se ipsa simplicia. Habent etiam aliquando actiones mixtas, hoc est, mixturam eorum[1] consequentes. Sicut enim diximus in scientia de lapidibus[β]), quod quaedam sunt speciei mixturae[2], quae non conveniunt alicui mixtorum, ita etiam est in plantis. Quod enim scamonea[γ]) purgat choleram rubeam[3], non potest attribui alicui elementorum, quod mixtione sua constituit scamoneam, sed virtuti[4] coeli, quae est in ipsa, et[5] virtute cuius ipsa scamonea ad speciem est[6] deducta. Et sic est etiam de plantis aliis. Hanc autem mixturam in tantum honoravit Alexander[7], quod dixit, quod aliquando non tantum corporaliter, sed etiam vitaliter et sensibiliter, et — quod his plus est — etiam quod[8] intellectualiter operaretur, asserens vegetabilem animam et universaliter omnem animam esse aliquid corporale, sequens harmonicam commixtionem[9] elementorum in eo, quod miscetur complexionaliter et organice: quod nullo modo verum est, sicut in scientia de anima[δ]) ostendimus. Sed hoc verum est omnino, quod de actione dixit[10] elementorum.

Et est addendum illi, quod unumquodque elementorum in 74
suis qualitatibus, quas habet modo[1] superius expresso[ε]), duas adhuc habet virtutes, ex quibus efficaciores efficiuntur ad agendum[2]. Quarum una est virtus coelestis, quae formalis est respectu omnium virtutum elementalium; secunda autem est virtus animae, quam habent[3] virtutes elementorum in corporibus mixtis animatis. Ab his enim virtutibus digestae et informatae virtutes elementorum et subtilius penetrant, et formalius agunt, et certius[4] usque ad finem deveniunt, ad quem nunquam devenirent, si ab his duabus virtutibus non gubernarentur.

Consistit igitur omnis plantarum actio ex quinque virtutibus: 75
quarum una est actio sive virtus elementi simplicis, quod essen-

β) Lib. II tract. I cap. 4. γ) *Conf. lib. VI* §. 437. δ) Lib. I tract. II cap. 8, *ubi tamen Alb. Aristotelem De anima lib. I cap. 4 secutus, non nisi contra Empedoclem disputat.* ε) Lib. IV tract. I cap. 1.

§. 73: 1 *Om. A.* 2 quedam conveniunt speciei mixte *A*; — quedam non *L.* 3 *L*; *om Reliq.*; coleram *scribunt Codd.* 4 virtute *A C V Edd.* 5 *Om. C.* 6 ejus *Edd.* 7 Aloy *Edd. et P qui correxit.* 8 *Om. Edd.* 9 mixt. *Edd.* 10 dixerit *L.*

§. 74: 1 materia *A B C*; *quem ob rem J* expressis. 2 agendam *V.* 3 anime, habens *P*; — virt. animatorum *A.* 4 et cert. *expunxit P.*

tialiter est in ipso; secunda est virtus proportionis mixturae; tertia est virtus coadjuvans aliorum elementorum, quae cum ipsis mixtum constituunt; quarta est virtus[1] coelestis; et quinta est virtus animae vegetabilis. Sunt[2] autem et virtus loci et virtus circumstantis aëris coadjuvantes, sed non ingrediuntur[3] naturam plantae ita essentialiter, sicut dictae quinque virtutes. Ex his igitur omnis plantarum causatur operatio.

76 Est autem et hoc intelligendum, quod plantae saepe operantur in uno corpore, quod non operantur in alio; et aliquando operantur in uno membro ejusdem corporis, quod non operantur in alio. Et[1] primi quidem exemplum est, quod jusquiamus ζ) est cibus passerum, et est venenum alienans hominem, si comedat. Exemplum autem secundi est, quod allium ulcerat membra exteriora hominis, et non ulcerat interiora, sicut stomachum et intestina, in quae trajicitur[2]; et aloe confortat stomachum, et destruit et laedit anum si ei applicatur ϑ). Causa autem est primi quidem, quod actio est et similiter passio dissimilium; et ideo vehementior actio et vehementior[3] passio est inter ea, quorum magis distant complexiones. Complexio enim harmonica[4] est; et cum planta complexione sua solvit harmoniam ejus, in quod agit, destruit ipsum. Nulla ergo alia causa est, quare jusquiamus confortat passerem, et interimit hominem aut[5] infirmat,

77 nisi similitudo et dissimilitudo complexionis. Et ex hoc contingit, quod aliquid calefacit hominem et est sibi calidum, quod forte[1] infrigidat leonem et est sibi frigidum. Causa autem secundi, quod inductum est de allio et aloe, est, quia istae species non veniunt ad substantiam stomachi, nisi alterata per digestionem: et

ζ) *Est Hyoscyamus.* η) sicut cepe quando exterius ad modum emplastri corpori superponuntur vulnerant, sed interius recepte non vulnerant. Avic. vet. can. lib. I fen. Plemp. II sum. I cap. 18. ϑ) *Haec et Galeni et Avicennae de aloë sententiis opposita, nec ab ipso nostro auctore inferius lib. VI tract. I cap.* 2, *ubi de aloë agit, repetita, unde hauserit, nescio. M.*

§. 75: 1 circuli *add. A.* 2 *A*; est *Reliq.* 3 egred. *P.*

§. 76: 1 *Rasura abstulit P.* 2 t^n icit² = traicitur *L*; trahicitur *V*; n^a cit² *C*; nascitur *P*; natura cietur *Edd.*; et que nancitur *B*; ad que intrat *A.* 3 *Om. P* actio et veh. 4 armonica *P et infra* §. 93 *V, ubi C* armoniata; armoniaca *Reliq. utroque loco.* 5 infirmat *L, et Mey. e conj.*; inflat *VJ*; influat *Reliq.*; *in cod. A utrum legatur* interimit hom. autem, *an potius* hom. autem infirmat *e notis Meyeri non satis constat.*

§. 77: 1 *L*; forte cal. quod *Reliq.*

ideo in stomacho sunt in[2] amittendo virtutes suas: sed ad alia membra veniunt non alterata, et in haec agunt cum vehementia suarum virtutum.

Capitulum II.

De operationibus calidi complexionalis in plantis[1].

Sic igitur accipiendo virtutes plantarum, peritiores medico- 78
rum calidis plantis attribuunt operationes novem praecipuas praeter alias[2] innumeras, quas operantur. Operationes autem illae[3] sunt calefacere desiccare exprimere contrahere oppilare glutinare consolidare incarnare sigillare. Et prima quidem convenit[1] ca- 79
lido per se ipsum; secunda autem per humidi evaporationem, quod subjectum ejus est in corporibus mixtis. Tertia vero operatio fit per calidum agens in siccum. Cum enim hoc contrahitur, exprimitur humidum, quod est in ipso[2]. Quarta[3] autem est effectus ejus proprius in sicco humefacto. Hoc enim contrahitur per humidi evaporationem[4]. Quinta vero operatio est per operationem calidi in humidum aëreum, quod est vaporativum[5] et per evaporationem opilativum. Glutinare[6] autem et consolidare et incarnare conveniunt calido per motum, quem facit in mixto. Hic enim motus est a profundo[7] sive centro rei ad superficiem. Per hunc enim motum primo glutinat divisa et distantia, et postea facit ebullire carnem, et laxat eam[8] et multiplicat. Per eandem autem virtutem faciens[9] unum moveri in

§. 77: 2 *Om. Edd.*

§. 78: 1 *V*; *B cum marg. praecisa titulum amisit*; *om. V ind. et Reliq.* in plantis, *quae verba recipere non dubitavi, quum ubique fere V text. argumenta meliora et completiora servaverit.* 2 *Om. P.* 3 istae *L*; -- sunt scilicet *V.*

§. 79: 1 *L*; contingit *Reliq.* 2 *Om B* quod .. ipso; — *post ponunt CLP V Edd. tertiam operationem quartae.* 3 Quartum *A C P V Edd.*. 4 *L V*; epotationem *Reliq.* 5 evapor. *A*; — per *om. C et, scribentes* evaporatione, *A B Edd.* 6 Conglutinare *Edd.*; — et *om. A B P Edd.* 7 a fundo *Edd.* 8 *Om. Edd.* 9 facient *A L P*, *unde conjeci* faciens; facit *Reliq.*, *quam ob rem inseruerant A* ubi virtus, *Meyer* unde virtus.

aliud[10] ab interiori ad exteriora, virtus exteriorum[11] confortatur et consolidatur: et sic inducit consolidationem. Acumine autem suo cum virtute coelesti et animae[12] sigillat et inducit formas. Istae igitur sunt novem[12] operationes calidorum.

80 Sed fortasse dubitabit aliquis, si istae sunt operationes calidi: tunc[1] videbuntur ejusdem formâ et naturâ esse operationes multae; quod inconveniens videtur esse, eo quod unum[2] formâ et naturâ non operatur nisi unum. Amplius autem videbuntur contrariae esse operationes ejusdem formâ et naturâ, quia[3] desiccare et incarnare, similiter autem contrahere et glutinare aut sunt[4] contrariae, aut modos habent contrarios. Haec autem et hujusmodi citius solvuntur per ea, quae in habito capitulo dicta sunt, quoniam istae non sunt operationes calidi simplicis, sed calidi, quod est in mixto, quod multarum est virtutum. Aliquae autem conveniunt ei secundum quod est excellens complexionem, sicut desiccare et contrahere; quaedam autem, secundum quod est[5] complexionale, sicut glutinare et consolidare etc. Et per hoc habent[6] quaedam operationum istarum modos contrarios. Ipsum autem calidum, hoc modo sumptum, non est unum formâ et virtute, sed multiplex: et ideo nihil prohibet, ipsum habere multas operationes, quarum quaelibet sibi est[7] naturalis in aliqua plantarum.

81 Est[1] etiam notandum, quod quaelibet istarum[2] operationum est valde multiplex, et fortior et debilior. Et haec diversitas ex diversitate causatur mixturae, cujus tamen est unus actus in genere. Quo enim fuerit calidior, tanto magis erit calefactiva et desiccativa; et similiter est de diversa proportione aliarum virtutum[3] operationum.

82 Omnes autem istae operationes diriguntur a virtute coelesti in omnibus complexionatis; — cum enim sciamus, quod virtus coelestis quamlibet plantarum deducit ad speciem et figuram, ad

§. 79: 10 *L V*; ab alio *Edd.*; in alio *Reliq.*; — ab interiora *L.* 11 exterior *V*; — conformatur *Codd. praeter L.* $\frac{12}{12}$ *Om. Edd.*

§. 80: 1 et *P quo deleto* formae et naturae *scripsit man. sec.*; — *om. A* ejusdem. 2 ad un. *add. C V Edd. et B qui expunxit et P cui in marg. addidit man. sec.* determinatur; — nomen *pro* nat. *Edd.* 3 quod *Edd.* 4 *L et e correct. P V*; sub contrar. *Reliq. cui verbo A B add.* sunt. 5 *Om. Edd.* 6 *M. e conj.*; dicunt *Codd. et Edd.*; — quidam *A.* 7 est sibi *A B Edd.*

§. 81: 1 Et est *A B Edd.* 2 *Edd. add.* habens modos contrarios. 3 *Om. L*; *expunxit V*; et *add. A P.*

quae nullo modo deveniret per calidum ignis, sed potius incineraretur, si non ageret nisi secundum ignis virtutem[1]. Quia autem in[2] diversa agit proportione, ideo gradus distinguuntur in actione qualitatum elementalium, quas habent in mixtis, et maxime in plantis, secundum quod agit ad permanentiam substantiae, aut substantiae destructionem.

Capitulum III.

De operationibus frigiditatis plantarum[1].

Actiones autem frigidi in complexionatis plantis[2] inveniuntur; et sunt septem magis nominatae. Quae sunt[3]: infrigidare confortare repercutere ingrossare crudum facere stupefacere et ea, quae a Platone ponitur, quae est retinere[ι]). 83

Et infrigidare quidem convenit[1] ei primo et per se. Repercutere autem proprie convenit[1] ei[2] in calidum agenti. Caliditas enim, faciens humores bullire de profundo centri ad circumferentiam, repercutitur frigiditate, exteriores partes occupante, et humorem motum in centrum reprimente; sicut solatrum[*]) dicitur repercutere fluxum humorum affluentium de profundo, et multae aliae plantae. 84

Repercutere autem et reprimere et retrudere sunt idem; et modus ejus est[1], claudendo poros exterius et constringendo cogere redire humorem ad interiora, per hoc[2], quod in antehabitis libris diximus, quod frigiditas habet motum ad centrum, contrarium calido, quod ex centro ad exteriora facit ebullitionem. 85

Per hoc autem, quod sic reprimit humorem, reflectit ad interiora spiritus et virtutes, quae vehuntur spiritibus: et sic habet 86

ι) *Quam in Timaeo non inveni. M.* *) *Est Solanum Lin. de quo conf lib. VI* § 441

§. 82: 1 *Lacunam adesse opinatus est Meyer.* 2 *Om. Edd.*

§. 83: 1 *Marg praecisa amisit B titulum.* 2 etiam *L.* 3 scilicet *add. V*; — in frigiditate *C*; — reperc. confort. *AB.*

§. 84: 1 *L*; contingit *Reliq.* 2 ea *CZ*; eam *J.*

§. 85: 1 *Om. Edd.* 2 *Om. L.*

actum confortationis, quia debilitas induceretur[1], si evaporarent spiritus et virtutes. Propter quod, nimis fervente[2] hepate et debilitatis virtutibus naturalibus digestivis, emplastratur super hepar cum barba Jovis[λ]), quae frigidissima est. Et quibusdam aliis frigidantibus[3] idem fit genus confortationis.

87 Per hoc etiam[1], quod reflectit ad interiora spiritus et calorem et humorem — qui humectant et laxant et diffluere faciunt pellem et exteriora —; ingrossat exteriora, ita quod contrahuntur et corrugantur: et haec est ingrossatio, quam facit frigiditas. Si autem est major[2] frigiditas, ita quod ad interiora pertingat, tunc, impediens[3] actiones calidi, quae sunt digestio maturatio et completio, inducit cruditatem tam in digestione, quam in nascentiis et apostematibus, et facit catarrhos: et sic facit indigestiones tres, de quibus in quarto diximus meteororum, molinsim[4] videlicet et omotesim et stactesim[μ]). Et sunt multi modi harum cruditatum. Et haec[5] operatio frequens frigiditatis, non quidem complexionatae, sed excellentis[6] complexionale[ν]) et proportionale et naturale calidum. Et hoc modo perceptum est[ξ]) experimentum[8], omnes fructus arborum fere esse crudos, et cruditatis humorum in corpore humano generativos; propter quod non convertitur, sed putrescit nutrimentum, quod generatur ex ipsis.

88 Si autem amplius contingat frigiditatem, quam dictum est, excellere, et magis, quam dictum est[1], ad interiora penetrare, erit stupefaciens, sicut uva acerba stupescere[2] facit dentes, et quaedam plantarum, alligatae membris, stupefaciunt membra, repellentes[3] sensum ab eis et motum; et si contingat, frigiditatem multum[4] confortari, inducet mortem. Cum enim[5] — omnis sen-

λ) *Sempervivum tectorum Lin.* μ) *Conf. Praelibandorum nostrorum partic. VI.* ν) *i. e.* ejus quae excedit complexionale *etc. Conf. indic.* ξ) *i. e., nisi fallor,* sic accipitur *vel* intelligitur quod experti sumus.

§. 86: 1 indicer. *CZ*; dicer. *B*; — si evaporent *L.* 2 minus fluente *BCL Edd.* 3 infrigid. *P e correct.*; frigidis *L*; frigiditatibus *C.*

§. 87: 1 autem *L.* 2 *LV*; *om. Reliq.* Si ... frigid., *quare B* antea quod, *J* ita quod si. 3 impediet *L.* 4 oxtlinsim *P*, molyns. *L*, mollins. *V*, molinsum *Z*, mollisum *C*; — omotem *LZ*, omoten *PV*, omoter *C*, homotem *J*; — stactesym *C*; stactensem *L.* 5 *LV*; est hec *Reliq.* 6 *L et e conj. M.*; excellens *Reliq.* 7 *Om. V*; *om. Edd.* et prop. et nat. 8 -mento *BP*; per exper. *A.*

§. 88: 1 *Om. Edd.* magis .. est; *om. P* excellere .... est. 2 *CLV*; stupefacere *Reliq.* 3 *J*; repellentia *Reliq.* 4 *L*; multam *Reliq.* 5 *Om. Edd.*

sus et vitae — duo sunt principia[6] calidum et humidum, frigiditas haec caliditatem perimit, et exprimit humiditatem; quibus ablatis remanet frigidum mortificativum et siccum[7] incineratum. Propter quod etiam ab omnibus sapientibus frigiditas qualitas mortificativa esse pronuntiatur. Tales autem sunt quaedam plantae venosae per mortificantem frigiditatem.

Retinere autem, quae actio convenit frigiditati secundum 89 Platonem, non convenit frigiditati excellenti harmoniam, sed potius ei, quae est complexionalis, quae retinet consistentiam membrorum, ne ex ipsis fluant calores et spiritus eorum.

Dubitatur autem ab aliquo, an aliqua[1] frigiditatis operatio 90 sit complexionalis? quoniam, sicut in antehabitis libris dictum est[o]), frigiditas sistit[2] motum, et si efficiatur intranea et de natura essentiae, contrariatur calido, et exprimit humidum[3], in quibus duobus praecipue omnis consistit complexio vitae plantarum et animalium. Amplius autem nullo modo videtur esse complexionale, quod nec movet ad generationem vivi, nec vitae secundum se est principium: talis autem qualitas videtur esse frigiditas. Propter quod a multis et a nobis in antehabitis dictum est[o]), frigiditatem non per se operari, nisi ad mortem. Et si contingat eam operari ad vitam complexionatorum; hoc est per accidens, circumstando videlicet et continendo vera vitae principia, ne effluant per evaporationem. Quod autem frigiditas a 91 quibusdam dicitur retentiva figurarum in complexionatis, non convenit[1] nisi per accidens. Per se enim figuras continet siccum terrestre, per accidens autem frigidum, ut dictum est, circumstando et non permittendo effluere partes figurati. Sed ad hoc[2] opponitur, quod plantae non agunt actione frigidi, nisi per frigidum, quod est in complexione earum. Quod si est, videbitur frigiditas esse complexionalis alicui vivorum; et hoc videtur esse contrarium praeinductis. Hoc autem solvitur per ea, quae 92 dicta sunt, quod videlicet frigiditas nulli omnino sit complexionalis, sicut bene probant rationes inductae. Sed quod est cali-

o) De anima lib. II tract. II cap. 8.

§. 88: 6 precipua *Edd.*; — scilicet *add. B P.* 7 et *addit P.*
§. 90: 1 ab antiquo an aliquo *B.* 2 consistit *A.* 3 humido *B.*
§. 91: 1 competit *Edd.* 2 adhuc *L.*

dum uni, frigidum est[1] alteri. Quantumcunque[2] enim succus vel substantia alicujus plantae sit frigida, tamen[3] succum illum ad esse succi non attraxit[4] nec digessit nisi calidum digestivum; nec substantiam commiscuit et ad speciem formae perduxit[5] nisi calidum. Sed frigiditas, per quam operatur, est frigiditas[6] elementorum in planta mixtorum, quae[7] caliditate complexionali licet alterata sit, tamen non est victa. Et tunc accipit penetrationem a calido, quod egit in ipsam, et fluxum[8] ab humido, quod eidem est permixtum; et cum penetrat per naturam essentialiter vel evaporabiliter aut etiam per virtutem, calidum[9] vincere incipit, et tunc incipit infrigidare et stupefacere et crudifacere, et similiter alias superius dictas perficit operationes.

93 Sunt autem gradus in virtutibus frigidi, sicut et in virtutibus calidi[1] propter diversas proportiones, quibus se habet ad alias qualitates[2] in mixto per numerum[3] et proportionem harmonicam.

Capitulum IV.

De operationibus humidi complexionalis plantarum[1].

94 Sex autem sunt humiditatum etiam[2] operationes praecipuae, quae in plantis inveniuntur: quae sunt ungere lavare sordidare lubrificare lenire inflare; insuper ea est, quae est[2] communis, quam habet essentialiter, quae est humefacere[3].

95 Et ungitivam quidem habet[1] operationem, secundum quod est humiditas aërea, constans cum humido frigido aqueo, pin-

§. 92: 1 *C L V*; est frig. *Reliq.* 2 quandocunque *A B P*; — materia *A pro* succus. 3 frigidatum succ. *C Edd.*; infrigidatum succ. *A.* 4 accipit *P*; — nec digerit *Edd.* 5 prod. *L.* 6 *Om. A.* 7 que licet calid. etc. *B.* 8 *Om. Codd. et Edd. praeter A P.* 9 tandem *L*; — *om. P* et crudificare; — superius alias *Codd. praeter L*; — differentias *pro* dictas *P*; — perficit *L*; impedit *Reliq.*; impetrat *conjecerat M.*

§. 93: 1 frigidi *C*; *om. Edd. P* sicut .. calidi. 2 quantit. *A B Edd.* 3 *L V*; unitionem *Reliq.*

§. 94: 1 humoris compl. *A*; humiditatis pl. *B Edd.*; — in plantìs *V ind.* 2/2 *Om. L.* 3 humectare *L.*

§. 95: 1 virtutum sive *add. L.*

guescens in ipso. Propter quod unguenta penetrant et dilatant ea, quae unguntur, et leniunt dolores. Quia enim habet subtilitatem aëream, ideo est penetrativa haec humiditas; et quia spiritualitatis habet plurimum, ideo locum dilatando extendit et laxat. Duabus enim virtutibus lenit dolores: aut enim ex relaxatione loci efficitur lenior dolor, eo quod diffluit[2] in loco dilatato, qui prius compressus[3] in loco constricto magis laesit; aut quia vaporabiliter mixta pinguedo cum materia doloris vaporabiliter totam materiam vertit[π]) et[4] partem materiae doloris educit. Et haec operatio, ut diximus, humiditatis est pinguis.

Lavare autem contingit humido[1] cum calido acuto, quod 96
facit eam penetrare in profundum, aut humiditati[2] ventosae, quae movet de profunditate pororum sorditiem contractam, sicut faciunt humiditates leguminum, sicut aqua ciceris et pisarum et hujusmodi.

Sordidare autem[1] contingit humido permixto cum terrestri 97
substantia. Quia enim est humidum subtile penetrativum, ideo inficit in profundum; et ideo quaedam humida fructuum, sicut cerasorum et nucum, ita[2] inficiunt pannos, quod postea vix lavari possunt, aut etiam[3] nullo modo.

Lubrificatio[1] autem contingit humido per apprehensionem 98
sicci, ita quod partes humidae undique[2] fluunt super siccas, et supernatant[3] eas. Ex hoc fit enim, quod non potest aliquid quiescere in superficiebus earum, sicut faciunt humiditates prunorum et aliorum quorundam fructuum; et hoc modo laxat et fluxum inducit humidum plantarum.

Lenit autem per hoc, quod partem facit fluere ad partem. 99

π) *i. e.* in vaporem vertit.

§. 95: 2 *V*; defl. *L*; fluit *Reliq.* 3 compressius *C V*; — stricto *L*. 4 vertit et *P*; vertit *B C Z*; vel *J*; vaporabilem .. facit et *A*; aut *L V*, *quos secutus essem, si mihi persuasum esset, e hac lectione oriri potuisse eam, quam recepi*; *lectiones vero Cod. A et Edit. J e conjecturis prodiisse credo.*

§. 96: 1 convenit humido *L V*; contingit (contigit *C*) humidum *Reliq.* 2 -tate *Codd. et Edd.*; ventosa *A P Edd.*

§. 97: 1 enim *Edd.*; — convenit *L*; — substantia *om. Edd.* 2 illa *A*; — possit *L*. 3 in *C*; *om. Edd.*

§. 98: 1 -ficare *L*; — convenit *A L*. 2 *Om. L.* 3 -natans *A L P*; super eas natant *B*; eas *om. Edd.*

Sic[1] enim planam et lenem facit superficiem; et haec est una propriarum ejus operationum.

100 Inflat autem per coniunctionem ad calidum temperatum, quod est elevativum et non[1] consumptivum humidi. Et ideo ista ejus[2] non est propria operatio, sed passio quidem est humidi, et operatio calidi; sed quia non inflantur, quae inflantur[3], nisi per humidum vaporans, ideo attribuitur ei ista operatio. Non enim lateat nos, quod, licet humiditas sit una qualitatum passivarum, tamen — secundum quod est in mixto — multarum est operationum.

101 Omnes autem humidi operationes videntur aut fieri aut juvari aut confortari per tria, quae sunt in humido, quae sunt subtilitas ejus et interminabilitas et vaporabilitas[1]; et per haec tria operari videtur, quicquid operatur. Et subtilitas quidem penetrationem facit ipsius; interminabilitas autem dat ei et[2] motum in alterum, et ad alterum; vaporabilitas autem elevat partes ejus, in quo est, ut effluere[3] possit, et secum educere. Has autem operationes habet humidum praecipue in plantis, eo quod primas digestiones recipit in plantis, in[4] quibus, ut ante diximus, diversarum efficitur virtutum, quoniam inter omnia commixta efficaciores inveniuntur qualitates elementorum in plantis, quam in aliquibus mixtis. Et quia natura omnium earum incipit ab humido, et salvatur in[5] ipso, ideo humidum ipsarum plurium est virtutum, quam humidum alicujus aliorum.

§. 99: 1 Sicut *BC.*

§. 100: 1 tamen *Z*; tandem *J*; — elevatum — consumptum *B.* 2 *V*; ejus ista *Reliq.* 3 *Om. A* que infl.

§. 101: 1 invapor. *BCEdd.*; et per *C et, qui e correct.* per hec enim, *V*; *om. L* et; *om. Reliq.* per. 2 *Om. L V.* 3 influere *L.* 4 ex *L*; — ante *delevit P.* 5 ab *V.*

Capitulum V.

De operationibus, quas facit siccitas plantarum[1].

Sunt autem et operationes plantarum aliquando secundum siccitatis virtutem; sed sunt pauciores, eo quod siccitas non est qualitas, in qua consistit vita plantarum. Sunt tamen quaedam[2] plantae multum desiccantes, sicut galanga, et quaedam aliae. Operationes autem siccitatis magis communes sunt septem. Quarum prima est, quae convenit ei secundum suam essentiam, quae est desiccare; aliae autem sunt[2] divisio, retentio figurarum, durities lignorum et aliorum[3], acuitas spinarum et hujusmodi, amplius autem constantia partium post[4] divisionem, et porositas, quae invenitur in ipsis. Haec enim omnia in plantis sunt per siccitatem. 102

Multa enim siccitate abundant[1] propter terram, cui radicitus inhaerent, et virtutem siccitatis ab ipsa contrahunt: et ideo etiam humores putrefactos in fistulis multae earum exsiccant[2] sicut pulvis agrimoniae et quarundam aliarum herbarum. 103

Quaecunque etiam divisivae[1] sunt, constat, quod operatur ad haec multa siccitas ipsarum. Et hoc invenitur in multis plantis, sicut saxifraga[ϱ]), quae comminuit et etiam dividit humorem lapidum[2] aliquando; idem autem modus operationis est in multis aliis. 104

Retentio autem figurarum in omnibus est per virtutem sicci terrei. Hoc enim solum continet angulos et lineas secundum ordinatam a natura positionem. Aut enim humido defluerent, aut frigiditate constringerentur, nisi esset siccum terreum retinens eas. 105

Durities autem propria est operatio siccitatis, quam operatur 106

ϱ) *Planta dubia. Conf.* §. 115 *et lib. VI* §. 452.

§. 102: 1 in plantis *P*. 2 operationes *add. Edd.*; — desiccantis *C*; cative *B*. 3 sicut *add. ABCP*; *expunxit V*; sicut, *om.* sunt *Edd.* 4 aliarum *L*; alias arborum *V in marg. add.* 4 const. per *L*.

§. 103: 1 habundat *B*. 2 desiccant *Edd.*

§. 104: 1 *ALV*; divise *Reliq.* 2 *L*; humore *BJ*; et lapidem *A*; lapidem *Reliq.*

per se ipsam; quia, quamvis calidum[1] induret extrahendo humidum, ut frigidum induret comprimendo humidum in profundum, tamen illud, quod durum remanet, extracto humido, per virtutem intrinsecam est siccum. Et similiter siccum est id[2], intra cujus partes comprimitur humidum per virtutem frigidi; propter quod operatio haec in omnibus plantis praecipue est sicci.

107 Acuitas autem spinarum et ramusculorum non potest esse omnino alterius, nisi sicci tantum. Cum enim acuitur materia plantae, si esset humida, evaporaret tota; quando autem est vehementer sicca, hoc est sicci habens virtutem, tunc acuitur per calidum movens: sed ipsum acumen anguli est virtutis, quae siccitas appellatur. Qualiter autem[1] spinae se habeant in plantis, in prius habitis[σ]) determinatum est.

108 Est autem valde notabile de siccitate plantarum, quod major quidem est quam animalium, et minor quam lapidum. Et ideo etiam plantae incisibiles[1] sunt in diversas figuras et angulos, quoniam figuras incisionis melius quam lapides recipiunt, et easdem satis fortiter tenent[2]. Propter quod utensilia frequentius de lignis faciunt artifices, qui mechanici vocantur[3].

109 Constantia autem secundum materiam[1] partium, quando plantae elevantur in altum et pullulant, ita quod non incurvantur et cadunt, non est nisi siccitas in ipsis[2]. Propter quod in plantis operatur siccitas, sicut operantur ossa in animalibus; humor autem in plantis, sicut sanguis operatur in animalibus[3].

110 Idem autem est de porositate, quae est in plantis, quoniam non distaret superficies in profundum in vacuo, quod est porus, nisi per siccitatem. Humidum enim fluit in se ipsum, et est causa continuitatis; sed siccum, bene in se ipso terminabile, causa est distantiae partium et vacuitatis pororum. Et hoc est, quod ligna et plantas ex maxima parte facit natatiles et cremabiles, quia

σ) Lib. IV §. 111—117.

§. 106: 1 *Om. B.* 2 illud *L*; id quod *C*; id intra partes cujus *V*.

§. 107: 1 *Om. P*; se hab. sp. *L*.

§. 108: 1 inscissi. *V hic et postea.* 2 retinent *A*. 3 dicuntur *BP Edd.*

§. 109: 1 naturam *L*; part. fit *add. B.* 2 eis *L*; *om. Edd.* in ips. Propter .... siccitas. 3 *Om. L* humor .... animal.

in porositatibus ejus maxime de aëreo intercipitur, et per hoc natant super aquas. De hoc autem dictum est in scientia coeli et mundi[τ]).

Siccitatis vero abundantis in plantis[1] signa sunt quatuor 111
potissima. Quorum unum est, quod omnis fere planta ad duritiem et ariditatem convertitur; secundum est rectitudo plantarum; tertium est[2] autem multimoda divisio stipitum et ramorum; quartum et ultimum est[3] durities et facilis farinatio[4] seminum[υ]). Haec enim praecipuam plantarum inter omnia complexionata indicant siccitatem. Propter quod opinatus est Democritus[φ]), intellectum quendam[5] et sensum inesse plantis, sed non posse procedere ad actum propter hoc, quod[6] siccum terreum non competit operationibus sensus, quia et[7] operationes sensus et intellectus maxime fiunt calido et humido. Sicut autem[8] etiam in aliis diximus, siccitas terrae non est ita efficax ad exsiccandum sicut siccitas plantarum; eo quod plantarum[9] siccitas per digestionem caloris complexionalis et subtilis facta est: et ideo magis congruit et subtilius penetrat in eorum profundum[10], quibus applicatur, quam frigiditas terrae, quae nec congruit eo, quod[11] complexionalis non est, nec penetrat, eo quod per calidum digerens non habet subtilitatem.

Hac autem virtute videtur etiam perfici operatio, quam in 112
multis plantis invenimus[1], quod videlicet abstergunt[2] et excoriant ea, quae tangunt. Abstergendo enim non tollerent humidum a superficie aliqua, nisi per siccum; nec excoriarent, nisi per siccum peracutum; sicut faciunt agnus castus et aristologia, quae tantae sunt abstersionis, qnod etiam pellem evellunt ab his, quibus superponuntur[3].

τ) Lib. IV tract. II cap. 10. υ) *i. e.* facile in farinam convertuntur semina. φ) *Conf. lib. I* §. 15.

§. 111: 1 in pl. hab. *A B Edd.*; — potentissima *V*; *om. A.* 2 *P*; autem est *Edd.*; *om. Reliq.* est. 3 *V Edd.*; *om. Reliq.* 4 farcin. *P*; farrin. *C*; formacio *A B*; *om. Edd.* semin. 5 quidem *L P Edd.* 6 quod hoc *Edd.* 7 *Om. L.* 8 ante *Edd.*; etiam *om. L.* 9 *Om. B Edd.* siccitas ... pl.; — substantialis *B Edd. et paulo post* substantialius *Edd. pro* subtil. 10 fundum *P*; *om. Edd.* in eor. prof. — nec penetrat. 11 *L V*; ei quod *C*; ei quia *Reliq.*

§. 112: 1 *Om. A* quam ... inv. 2 abstringunt *et paulo post* Abstringendo *atque iterum* abstrinctionis *V*; Astringendo *Edd.*; Abstringento *C.* 3 suppon. *A C V Edd. et fortasse P.*

Istae igitur[4] primarum qualitatum sunt operationes, quae praecipue in plantis inveniuntur.

Capitulum VI.

De aliis operationibus plantarum in communi[1].

113 Sunt autem et aliae plurimae plantarum operationes simplices, quae non videntur adeo[2] essentiales uni istarum qualitatum in plantis; sed a[3] pluribus perfici videntur. Simplicem autem voco operationem, quae unica est[4]; et est unius[5] quidem, non secundum se, sed secundum permixtionem, quam habet ad alterum[6]. Et hae sunt viginti duae, quae magis sunt nominatae χ).

114 Quae sunt: fovere[1] ad vitam et ad[2] complexionem; subtiliare, quae subtiliant humores cum caliditate temperata, quam habent, sicut ysopus et camomilla. Tertia autem est resolvere, quae caliditate sua extrahunt humores et consumunt, sicut calida multa in genere plantarum. Sunt etiam[3] et abstersivae, et carminativae, et divisivae in multa, et exsiccativae, hoc est succum exprimentes, et exasperativae, et aperitivae; similiter autem mollificativae[4], digestivae, incisivae — sicut ad sensum facit sinapis —, frangitivae ventositatum — sicut sensibiliter facit semen rutae —, attractivae etiam[5], et mordicativae, rubificativae eorum, quae supponuntur, propter sanguinis ad locum illum attractionem, — sicut facit napellus ψ) et aliae[6] quaedam, purificativae — sicut eae quae subtilitate et acuitate ad poros et cutem

χ) *Vel potius, addidis et* cauterizantibus *et* excoriantibus, *ad finem paragraphi sequentis memoratis, viginti quatuor.* ψ) *Aconitum napellus Lin.*

§. 112: 4 *C L V*; ergo *Reliq.*

§. 113: 1 *L V*; oper. aliarum *Edd*; oper. aliis *V ind. et Reliq.*; *B titulum marg. praecisa amisit.* 2 ab eo *Z*; esse *J.* 3 *Om P*; plantis *add. Edd.* 4 Simpl. aut. oper. ... voco *Edd.*

§ 114: 1 monere *V at in marg.* alias fovere. 2 *Om. B.* 3 *L*; *om Reliq* 4 in mollificatione *Edd.* 5 *Om. P*, — mortificativae *Edd.*; mordificat. *C V*; — supponuntur *L*; super que pon. *A*; que superpon. *Reliq.* 6 aliae — eae *etc. M qui per hanc et primam* §. 115 *sententiam feminina restituit pro neutris* alia — ea *etc Codd.*

trahunt humorem, sicut faciunt lupini et urtica —, ulcerativae — — sicut eae, quae solvendo humorem corruptam et malam attrahunt[7] humiditatem, sicut facit anacardus $^{\omega}$) —, corrosivae, adustivae — sicut adurere videtur euforbium $^{\alpha}$) et incinerare humores. Sunt autem in plantis etiam[1] quaedam diruptivae — sicut 115
saxifraga $^{\beta}$) dirumpit lapidem, et radix lilii[2] dirumpit superficiem apostematum —, putrefactivae — sicut[3] gumma rutae agrestis, quae putrefacit humorem absque diminutione ipsius. Cauterizant etiam quaedam corrodendo et adurendo; quaedam autem etiam excoriant, sicut in praecedenti capitulo diximus. Sunt autem plurimae aliae operationes plantarum, quas impossibile est nobis[4] enumerare; quoniam videlicet quaedam consolidant, et quaedam confortant, et aliis modis alterant modo ad sanitatem, modo ad aegritudinem corpora animalium[5]; de quibus medicorum est studium.

Quaedam autem sunt cibus animalium, et quaedam sunt me- 116
dicina eorum, et quaedam simul sunt cibus et medicina[1]. Et animalia[2] quaedam sagacitate naturae deprehendunt, in plantis esse juvamen et nocumentum, et fugiunt ea, quae nocent, et colligunt ea, quae adjuvant, sicut dicitur mustela[3], morsa a serpente vel a bufone, colligere plantaginem et ex illo venenum evadere $^{\gamma}$). Similiter autem est in aliis quibusdam. Has autem operationes non possumus simplicibus qualitatibus attribuere; sed potius qualitas activa vel passiva habet aliquam vel plures harum operationum a virtute colesti, quae est in specie plantae hoc operantis. Propter quod etiam quaedam operari videntur per simplicem alligationem, sicut grana pyoniae, alligata collo[4], contra epile-

ω) *Semecarpus anacardium Lin.* α) *Succus Euphorbiae antiquorum et officinarum Lin. aliarumque sp., jam lib. III* § 65 *laudatus.* β) *Planta dubia. Conf. lib. VI* §. 452. γ) *Quae plurimi Plinium lib. VIII cap.* 27 (48) §. 98. *secuti de* ruta *narrent. Cur vero Alb.* de plantagine *cogitaverit, nescio.*

§. 114: 7 *L*; attrahit *Reliq.*

§. 115: 1 *Om. P.* 2 *Om. L* dirumpit ... lilii. 3 sunt *Codd. et Edd.*; — gumme *P.* 4 *L*; a nobis *Reliq.*; — quomodo *Edd.* 5 egr. corporalium de *L.*

§. 116: 1 sunt sim. cib. et medicinae *L.* 2 alia *LPEdd.*; — quedam *V*; quidem *Reliq.*; Et ali quidem *C.* 3 mustella *VEdd.*; — vel buf. *Codd. praeter V*; *om. Z* ex . ven.; *quare J delevit* et. 4 *Om. L*; dicuntur valere *ABCV.*

psiam valere dicuntur, et potentilla[5], alligata cruri, dicitur mitigare lassitudinem; et multa alia sunt hujusmodi operationum.

117 Quaedam etiam quasdam[1] in quibusdam imitari videntur, et non in omnibus, sicut capparis videtur imitari galangam in sapore et figura, sed non[2] in colore et effectu. Similiter autem in sapore videtur imitari ungula caballina[δ]) gariofilum, sed non in figura et effectu. Similiter autem viola crocea[3] imitatur in odore violam veram[ε]) sed neque cum ea convenit in colore neque in figura neque in effectu. Omnes autem hujusmodi diversitates plantae nullus omnino sufficeret enumerare, tum[4] quia sciri non possunt, tum quia longum et infinitum esset. Sed ad conjiciendum de aliis sufficiant[5] ea, quae dicta sunt.

118 Sed quod oportet adjungere, est, quod etiam quaedam habere videntur effectus divinos, quos hi, qui in magicis student, magis insectantur: sicut betonica divinationem praebere dicitur, et verbena[ζ]), quae amorem, et ea, quae vocatur[1] herba meropis[η]), quae dicitur aperire seras clausas. Et sunt multae tales, de quibus scribitur in libris incantationum Hermetis philosophi, et Costa ben Lucae[2] philosophi, et in libris de physicis ligaturis inscriptis[ϑ]).

Explicit liber quintus[3].

δ) *Conf. lib. VI* §. 470. ε) *Sunt illa Cheiranthus cheiri haec Viola odorata Lin.* ζ) *Conf. lib. VI* §. 471. η) *Quae Plin. hist. nat. lib. X cap.* 18 (20) 40 *de* pico martio, *autor Animal. lib. XXIII in cap. de Pico* de omni genere pici *narrat*; meropem *vero in cap. de Merope* (meroce *Edd.*) picum viridem *esse declarat.* ϑ) *De quibus libris conf. Indic. auctorem.*

§. 116: 5 potenticula *CP V Edd. conf. lib. VI* §. 283.
§. 117: 1 qua dam *Z*; *om. A*; et. tunc quandam *B.* 2 et *pro* sed non *A.* 3 terrea alias crocea *V ad marg.*; — colore *pro* od. *P*; *om. Edd. sententiam:* Similiter — in effectu. 4 *Om. B.* 5 -cient *Edd.*; ea que suff. dicta sunt *V.*
§. 118: 1 vocantur *P*; — seras vel ser. claus. *V.* 2 costo ben luce *C V*; Costabenlucae *Edd.* 3 *Quam clausulam ubique om. supplevi.*

Incipit

Liber Sextus

De Vegetabilibus,

Qui est:

De speciebus quarundam plantarum.

Tractatus I.

De arboribus.

Capitulum I.

De abiete et speciebus eius[1].

In hoc sexto libro vegetabilium nostrorum magis satisfaci- 1
mus curiositati studentium quam philosophiae. De particularibus[2] enim philosophia esse non poterit. Nos autem in hoc sexto libro[3] proprietates quasdam intendimus ponere, quae particularibus plantis convenire videntur. Sicut autem in praecedentibus protestati sumus, si nihil amplius quam nomina plantarum simpliciter poneremus, modum voluminis oporteret opus excedere[a]), et ideo quaedam, quae[4] apud nos sunt magis notae, ponantur, aliis omnino[5] dimissis. Earum autem, quas ponemus,

a) *Intelligas quaeso:* ita nunc quoque protestamur.

§. 1: 1 de veg qui est *om P V*; qui est *om. L*; vegetabilium *Reliq.*; — quarundam *om. P*; De arbor. cap. I *om. V ind.* — *Abhinc B nos deserit, Codd. ergo quinque cum Edd. duces adsunt.* 2 partibus *et postea* partibus plante *A*; enim etiam *addunt Edd.*; — potest *A.* 3 *Om. L P.* 4 *Om. A.* 5 opinionibus *Colb.*

quasdam quidem ipsi[6] nos experimento probavimus, quasdam autem referimus ex dictis eorum, quos[7] comperimus non de facili aliqua dicere nisi probata per experimentum[β]). Experimentum[8] enim solum certificat in talibus, eo quod de tam[9] particularibus naturis syllogismus haberi non potest. Congruentius autem[10] est, ut ordinem nostri alphabeti teneamus, et incipiamus a perfectioribus plantis — quae sunt arbores — et usque ad herbas — quae imperfectiores plantae esse videntur — deducamus narrationem[11].

2 (*Pinus Lin.*) Incipiamus igitur et dicamus, quod abies in[1] latino sermone dicitur, eo quod longissimo cremento abit[2] in excelsum super alias arbores[γ]). Causa autem est, quia est rectorum pororum[3] et pinguis humoris, qui calore naturali facile sursum ebullit in ligno, cuius raritas est magna et recti pori. Coadiuvant autem ad hoc[4] vaporositas loci et frigiditas, quia in locis

β *Per totum hunc librum Alb., singulas plantarum species vel indigenas vel in medicina usitatas tractaturus, observationes proprias easque saepissime acutissimas, cum Avicennae, Plateari, Isidori Hispalensis aliorumque relatis contexit. Ex Avicenna quidem omnia fere repetivit, quae de medicis plantarum effectibus docuit, verba sententiasque nunc integras nunc mutatas contractasque recepit plurima reprimens. Quo fit, ut vetere libri II canonis Avicennae interpretatione latina haud raro ad veram Alberti lectionem restituendam et Meyer et ipse usi sumus. Quum vero autor praeter Avicennam in auxilium vocavit Platearii opus de simplici medicina* Circa instans *dictum, literis laxius dispositis conspicua faciam, quae perplurima ex autore utroque recepit, indicans in notis et editionis Avicennae veteris latinae, quam jam pag. 189 not δ. laudavi, libri II capita, et editionis Plempii multo correctioris libri vel partis II paginas, et Platearii capita e literis disposita, usus editione ejus, cum* Serapione Venetiis 1530 *impressa; Isidori porro aliorumque loca quantum potero afferam Textui inseram, ne obscurior sit, quae in praecedentibus libris ad notas tradideram, Linneana plantarum singularum nomina, literis obliquis distincta, de quibus explicandis jam antea Meyer in* Schlechtendal Linnaea 18?7 Tom. XI pag 557–595 *plurima perfecit, ita ut pauca tantum vel addenda vel emendanda habuerim.* γ) Abies dicta, quod prae caeteris arboribus eat longe, et in excelsum promineat. *Isidor. Orig. lib XVII cap.* 7 §. 32. *Quibus ex verbis restitui* excelsum *pro* excessum *Codd. et Edd., quae scribendi ratio Alberti non esset nisi addito* altitudinis.

§. 1: 6 *Om A Colb Edd.*; — probavimus *M. e conj.*; probamus *Codd. et Edd* 7 quas *C L*; — aliquas *V*; — docere *A.* 8 *Om. Colb.* 9 tam de *A P Edd.*; tam in *Colb.*; partibus *A*; — simile *Colb. P Edd.*, similiter *A pro* syllog. 10 enim *Edd*, — alfabeti *L.* 11 narratione *V.*
§. 2: 1 *Om V.* 2 abiit *Edd.* 3 *L J*; *om. Z*; vaporum *Reliq.*; — sursum *om. Edd.* 4 hec *Edd.*

montanis et frigidis frequentius oritur. Loca autem talia subtus
calidissimos vapores ad radices emittunt[5] et humorem pinguem,
quos frigiditas circumstantis aëris[6] intra arboris stipitem congerit,
et ascendere cogit. Haec[1] autem arbor specialiter habere vide- 3
tur, quod[2] in eo, quod omni anno in ea emittitur, cum crescit[3] in
altum, semper fere quinque ramusculi inveniuntur, quorum me-
dius directe ascendit super stipitem, et efficitur pars stipitis et
longitudo eius; et ille solus multo plus crescit et magnificatur
quam alii[4] quatuor. Nam quatuor residui parvi[5] fiunt, eo quod
nutrimento destituuntur, cum sicut diximus succus huius arboris
potissimum in directum ascendat; et haec est etiam[6] causa, quare
plus aliis exaltatur arboribus. In ramusculis autem, quos per
quinarium et recentes emittit, invenitur in extremo superiori
semper resina alba resudans, quae paulatim induratur; et si ab-
scindatur arbor in loco emissionis ramusculorum horum, frequen-
ter solet tota arbor desiccari et perire. Cuius causa est multa
ligni raritas, quae[7] cadentibus in se pluviis putrescit, et calorem
naturalem a se evaporantem non retinet: et ideo arescit. Haec
autem arbor etiam habet, quod ramos suos omnes quasi directe
iuxta stipitem erigendo sursum porrigat[8], cum aliarum arborum
rami aut extendantur in latum, aut forte[9] directe deorsum de-
pendeant. Cuius etiam causa est ligni aëritas et caliditas et nu-
trientis humoris pinguedo, qui calido naturali directe sursum
evehitur. Lignum autem eius vehementer est scissibile et in- 4
flammabile. Est autem etiam et[1] dolabile et lene, aedificiis
aptum, et imputribile, si aut[2] in sicco et libero aëre, aut sem-
per in aqua iaceat, quoniam, cum sit aëreum, in aëre siccitate
conservatur, et cum sit rarum, imbibit sibi aquam, et conser-
vatur aquae frigiditate. Cum autem aliquando est humidum, et
aliquando siccum, citissime putrescit, quoniam, cum infusum
fuerit humido alieno, et hoc ex illo[3] exspirat, adveniente calore

§. 2: 5 *Om. C, manu recentiori supplente* habet. 6 arboris *P*; — intra arboribus *Edd.*

§. 3: 1 Si *C Edd.* 2 qui *e correct P*; quodam eo *C.* 3 tum crescit *V*; concrescit *Edd.*, *om.* fere. 4 *Om. Edd.* 5 paria *Edd.* 6 *Om. P V Edd.*; 9causa *L.* 7 quod *J*; — putrescunt *C Z*; — et calor naturale *Z*; et calor naturalis humorem *J*; — ad se *V.* 8 porrigit *C A.* 9 *L J*; forme *Reliq.*; dependeantem (!) *C.*

§. 4: 1 *Om. P.* 2 autem *C L Z.* 3 et ex hoc illo *C P Z*; et ex hoc illud *A J.*

aëris sicco, secum trahit ad superficiem humidum naturale, et sic continue putrescit; eo quod raritas eius facile vaporat humidum imbibitum.

5 Est autem hoc genus ligni multarum specierum. Quod[1] enim albius, et rarioris est ligni et procerioris, dicitur abies. (*P. abies Du Roi. Abies pectinata DC.*) Et est quoddam[2] non adeo altum (*P. picea Du Roi. Abies excelsior DC.*), cuius rami magis dilatantur, et est in parte ad ruborem[3] declinans; et folia eius non sunt adeo stricta sicut abietis; et hoc minus aptum aedificiis invenitur, et est magis aqueum quam primum. Est et tertium (*P. silvestris Lin.*), quod est iuxta terram et praecipue in radice perlucidum, plenum resina; et hoc[4] utuntur usu candelae[δ]). Est autem et quartum, quod pinus proprio nomine dicitur et fert nuces (*P. pinea Lin.*). Alia enim tria genera semen habent evanidum, ex quo nihil germinat; pinus autem in uno[5] suo pomo multas simul fert nuces duras valde, quae nuces pingoli[6] proprie vocantur, et habent nucleum valde dulcem. Pinus autem disponit ramos ad modum pyramidis; propter quod etiam[7] pyramis vocatur figura
6 pinealis; et haec arbor est minus procera inter quatuor. Omnes autem istae species conveniunt in hoc, quod emittunt resinam, et quod ramos porrigunt sursum, et quod sunt procerae, licet in[1] hoc alia tria genera excedat primum genus. In foliis[2] autem convenit cum iunipero; sed folia abietis minus sunt acuta quam iuniperi, quae spinarum[3] videntur habere acumen. Omnia enim haec quatuor genera ramos dirigunt sursum, et in hoc differunt[4] a quercu et[5] tilia. Sed conveniunt in eodem[6] cum cypresso;

δ) *Redeunt et haec et sequens species in* §. 186, 187. *Pinus Cembra Lin. in* §. 230 *descripta est.*

§. 5: 1 quoddam *VEdd.* 2 quedam *C;* quodammodo *Edd.*; est *add. V;* — magis *om. J.* 3 rubedinem *Edd.*; decl. in rubor. *L.* 4 hec *Z;* hac *J.* 5 solo *add. V;* — multas *om. Edd.*; — similiter *pro* simul *CP.* 6 *CL V;* pignoli *Edd.*; pineoli *AB. Cum nuces Pinearum et pignoli et pinioli dicerentur, retinui lectionem Codd. meliorum, quae hic simili modo priori nomini congruit ac in lib. I* §. 176 *alteri;* — proprie *om. P.* 7 et *P;* — pyramus *C V Z;* — fig. pin. voc. *Edd.*

§. 6: 1 inter *A;* — excedant *CLP Edd.* 2 folii *C;* — autem *om. P;* cum *L unus offert.* 3 pinarum *J.* 4 indifferunt *Z pro* in hoc diff. 5 vel *C V Edd.*; — tilia *A et in marg. C;* cil. *V;* dil. *CL;* til. et dil. *P;* dil. vel til. *Edd. Conf.* §. 232. 6 eo *L.*

sed differunt ab eadem[7] in hoc, quod abietis rami a stipite egressi, sursum porriguntur et[8] superius non adeo stringuntur sicut rami cypressi, qui quasi superius colligati esse videntur.

Est autem abietis lignum[1] secundum omnes suas species 7
odoriferum, quamdiu fuerit viride, propter vaporabilitatem resi-
nae multae, quae est in ipso, cuius evaporationem[2] non prohibet
ligni raritas. Cum autem arescit[3], cessat odor propter defectum
fumalis evaporationis eius, eo quod non amplius habeat humidum
nisi in ea proportione, qua ligno praestatur continuitas. Aëritas 8
autem[1] ipsius et raritas faciunt ipsum multum sonorum, cum
percutitur. Sed cum fit concavum, non adeo[2] sonat, quia ra-
ritas eius aërem contineri non permittit: et ideo ventres instru-
mentorum musicorum, sicut vigellae[3] et lyrae et monochordi et
aliorum similium, ex abiete facti non valent. Sed cooperturae ven-
trium optimae[4] sunt ex abiete factae, quia illae aërem in pro-
fundo vasorum musicorum concitatum per raritates suas emittunt
paulatim. Est autem hoc lignum non figurabile in figuras par- 9
vulorum[1] angulorum; et ideo idola de ipso non fiunt. Raritas
enim et mollities non continent[2] angulos parvos. Porositas au-
tem ipsius cito facit ipsum sordes contrahere; et[3] imagines, in
eo factae, et grossae essent et rudes et cito deturpabiles. Habet 10
autem et hoc lignum, quod minus aliis invenitur nodosum, et[1]
quod suos ramos educit de medio medullae; et nodositas sua
pauca, et ex ramorum origine contracta, quando exsiccatum
fuerit lignum, adeo efficitur dura, quod etiam[2] acies securis
frangit et retundit. Cuius causam in praecedentibus assigna-
vimus.

Haec igitur[3] de abiete et speciebus eius dicta sunt.

§. 6: 7 eodem *C.* 8 *Om. LP;* sed *pro* et sup. *V Edd.*
§. 7: 1 signum *L.* 2 vapor. *C Edd.* 3 arefit *Z.*
§. 8: 1 aut *Z.* 2 *P;* ideo *Reliq.;* — ita *supra lineam add. A;* — continere *C Edd.* 3 vielle *J V;* — lire et monocordi *Codd.; om. V* et lire; *om. L P* et; *om. Z* et -- et. 4 optimi *C P V;* — facti *A C P V;* — consitatum *L.*
§. 9: 1 parvorum vel parvul. *A;* — angelorum — ipsa, *om.* ideo *V;* — ydola *L P Edd.* 2 continet *Edd.;* non parv. cont. ang. *P.* 3 si *add. C;* — ymagines *L P Edd.;* — sunt *C J V.*
§. 10: 1 *Om. Edd.* 2 et *C;* — recundit *Z.* 3 *Om. Edd.*

Capitulum II.

De ligno aloës et de liquore, qui aloë vocatur[1].

11 (*Aloëxyli agallochi Lour. aliarumque arborum ligna.*) Aloës[2] experimento visus scitur lignum esse, cuius originem nullus hominum apud nos habitantium sufficienter usque hodie cognovit. Dicunt quidam, [quod][3] aloë vocatur[ε]); quod fertur a quibusdam reperiri in flumine magno superioris Babyloniae, cui dicunt coniungi Nilum in aliqua sui parte, qui de ultra aequinoctialem advenit, et ex illa regione, ut[4] dicunt, impulso suo lignum aloës adducit. Hoc autem quidam negant, dicentes hoc lignum in montibus inaccessis Indiae nasci, et cadere in fluvium, cum[5] aut vento aut vetustate decidit; et ideo in flumine inveniri. Modus autem inveniendi est, quod habitantes iuxta fluvium, immissis[6] retibus extrahunt lignum, sicut retibus quibusdam de mari extrahitur lapis, qui corallus vocatur. Dicit tamen[7] Isidorus[ζ]), quod haec arbor in India atque Arabia nascitur; sed hoc, ut diximus, nullo probatur experimento.

12 Est autem, ut dicunt quidam, lignum multum nodosum et rarae substantiae; propter quod non multum resistit dentibus duritia ipsius, et est saporis amari[1], coloris fusci et

ε) *Verba haec* Dicunt — aloë vocatur *ut glossam rejecerim, quorum vestigia nisi in Codd. omnibus cernerentur. Spectant vero, nisi fallor, ad ea quae inepte a permultis medii aëvi scriptoribus distinguebantur,* aloës *ligni,* aloë *succi nomen facientibus. Omnia vero capituli hujus repetita sunt e Platearii lit. A cap.* 2 *qui* fluvium Paradisi *pro* Nilo *laudat. Eadem paucioribus verbis ex itinere orientali redux Jacobus de Vitriaco in Historia Hierosolymitana, quam circa annum* 1227 *scriptam esse scimus, enarravit. Conf.* Bongars. gesta Dei per Francos tom. I part. II pag. 1100. ζ) Orig. lib. XVII cap. 8 §. 9.

§. 11: 1 et liq., *om.* de *Codd. et Edd. praeter V*; qui aloes *P.* 2 Aloë *J per totum cap.* 3 *E conj. inserui; om. A J* aloë voc.; — reperitur *V; om. Reliq. praeter L* aloë voc. quod *atque* reperiri; — magno flum. *A Edd.*; — Babylonis *Edd.*; babilonie *L.* 4 *Om. Edd.*; dicunt quod *A*; — adduci *J*; reducit *C.* 5 tamen *Edd.*; tum in flumen *A.* 6 innixis *Z*; — dentari *Z*, dentatis *J pro* de mari. 7 *Om. L*; — atque Arab. *om. C*; — ut dicunt quidam *V.*
§. 12: 1 amarum *C.*

aliquando rufi[η]). Calidum autem videtur esse et siccum non ultra temperamentum: et ideo conferre dicitur stomacho et cerebro et cordi, et aperitivum[2] dicitur esse matricis, quae retinet menstrua. Incensum autem est odoriferum valde, ita ut etiam[3] altaribus pro thymiamate imponatur[ϑ]). Dicunt etiam, quod si aliquis accipiat lignum aloës, et terat cum folio, quod macis vocatur, et cum gariofilis, et cum[4] osse de corde cervi, et permisceat oleo[5], ita quod fiat unguentum, et illo perungat caput galli[6]: tota die non cantabit.

(*Aloë soccotorina Lin. cum consimilibus speciebus.*) Est 13
autem aloës aequivoco[1] nomine etiam succus cuiusdam herbae, quae eodem nomine vocatur. Herba enim collecta teritur, et exprimitur succus eius; et hoc cum bullierit[2] diu, soli exponatur, et tunc residet terrestreitas eius; et in superiori[3] quidem efficitur purum et citrinum[ι]) et aptum medicinis; in medio autem minus purum, habens[4] citrinitatem aliquantulum fuscam, et in fundo faeculentum est et nigrum, ignobilius inter tres partes. Et est saporis amari et abominabilis, virtute autem calidum et siccum, et confortans membra frigida et humida[κ]), sicut est matrix et stomachus et cerebrum.

Utrumque autem, tam lignum aloës quam aloës liquor, arcet 14
vermes; et suffumigatio multum confert vestibus et[1] ad odorem et ad hoc, ne a tinea laedantur. Valet etiam ex eadem[2] causa contra pediculos, eo quod exsiccat humores putridos in extremitatibus pororum existentes, ex quibus pediculi[3] generantur. Ha-

η) subnigri vel subrufi *Plat.* ϑ) *Haec sunt Isidori Orig. lib. XVII cap.* 8 §. 9; *historiolae sequentis autores vero non reperimus.* ι) cicotrinum *Plat., qui tamen hanc opinionem falsam et varietates diversas e plantis diversis oriri declaravit.* κ) membra nervosa unde valet contra superfluitatem frigidorum et humorum *Plat.*

§. 12: 2 aperimentum *C.* 3 *Om. Codd. et Edd. praeter P et, qui etiam ut L;* — thimiate *C.* 4 *Om. L.* 5 alio *Z;* aliquo *J;* — unguento *L.* 6 et *add. A C Edd.; vocem om. L, erosit P, expunxit V.*

§. 13: 1 equivoca nom. et s. *C;* et *pro* quae *Edd.* 2 bulliverit *L.* 3 *V;* ejus et inferiori *CZ;* ejus in inferiori et superius *J.* 4 *Om. Z;* habet *J;* — fetulentum *V;* — ignob. autem tres habet part. *A.*

§. 14: 1 *Om. J.* 2 ea *Edd.* 3 hi *add. C.*

bet[4] enim minuere, aut etiam extinguere superfluitates humorum, et praecipue illas[5], quae circa pudibunda existunt.

15 Lignum autem aloës xiloaloës vocatur, de quo nos inferius in suo loco[λ]) nostram dicemus opinionem. Quae enim hic dicta sunt[1], ab aliis sunt accepta.

Capitulum III.

De amigdalo.

16 (*Amygdalus communis Lin.*) Amigdalus arbor est satis nota, quae[1] graeco nomine sic vocatur, quod nux longa interpretatur[μ]), eo quod nuces longas habeat pro fructu. Propter multum autem[2] eius subtile humidum et temperatum calorem fere ante omnes arbores vestit se floribus, et eadem de causa flores producit ante folia, et abundat in flore multum. Et rubet aliquantulum flos eius propter inflammationem humoris subtilis in

17 principio veris.

Sunt autem duo modi huius[1] arboris in fructu: quoniam quaedam habent fructus dulces[2], magis aptos esui animalium; quaedam autem fructus amaros, magis aptos medicinae, eo quod sunt natura frigidiores. Confixa autem clavis multis, multum iuvatur ad fructum, et praecipue si sint clavi aurei; valent tamen etiam ferrei[3]. Similiter autem[4] si cavetur super radices in stipite, ita quod superfluum humidum distillare possit: tunc residuum, quod manet[5], a calore naturali et solis magis digeritur, et ideo tunc dulces amigdali fiunt ex amaris.

18 Est autem lignum huius arboris rarum, sed non tantae raritatis sicut abietis, neque tantae soliditatis sicut nucis[1], sed fere

λ) §. 257—259. μ) *Isid. Orig. lib. XVII cap.* 7 §. 22.

§. 14: 4 habent *A.* 5 illa *V;* — putibunda *CL.*
§. 15: 1 *Om. CEdd.*
§. 16: 1 etiam, *om.* sic, *Edd.* 2 *Om. C*; *expunxit P*, *postea pro* ante *scribens* autem.
§. 17: 1 hujusmodi *V*; — habet *CL.* 2 et *add. CZ*; — *om. A* magis ...... amaros. 3 ferei *C*; ferri *Edd.* 4 *Om. L* Sim. aut. 5 manat *V*; — digerit *CEdd.*; — fient *Edd.*
§. 18: 1 *E conj.*; abies — nuces *Codd. et Edd.*; — citri *pro* cini *Edd.*

sicut lignum persici et pruni vel cini. Fructus autem aqua marina calida et fere bulliente decorticatur, et aqua dulci similiter; sed cum lavatur aqua maris, albior efficitur nucleus et diutius durans[2]. Longaevitas autem huius[3] arboris non est tanta, quanta est aliarum arborum, et multum fructificat[4] in terris calidis propter abundantiam sui humoris. In terris autem frigidis inspissatur succus[5] ejus, ita quod fructui non est habilis; et ideo in terris multum frigidis aut omnino perit, aut parum aut nihil fructificat; et fructus eius non diu durat in terris frigidis natus, et est[6] evanidus frequenter, ita quod ex ipso non oritur planta: et ideo in terris frigidis oportet plantari nucleos, qui ex terris calidis sunt allati.

Capitulum IV.

De arbore paradisi et de arbore mirabili[1].

(*Musa paradisiaca Lin.*) Narrant[2] de quadam arbore, 19
quam vocant paradisi, quae etiam pulcherrima nomine proprio a quibusdam vocatur, quod[3] habet folia magna, quae longitudinem cubiti adaequant vel amplius, et in latitudine sunt[4] dimidii cubiti. Et fructus eius sunt[4] poma oblonga, dulcis saporis, unctuosae humiditatis, quarum plus quam centum producit simul in uno culmo[5] coacervata. Dicitur autem in stipite habere concavitatem ut arundo, et in locis humidis — maxime rigatis[6], et continui humoris existentis — accipere incrementum sicut[7] cucurbita, et eodem anno nasci et interire, sicut facit cucurbita.

(*Ricinus communis Lin.*) Et in his duobus convenit cum 20
arbore, quam dicunt arborem[1] mirabilem. Haec enim cannam habet pro stipite, et ex ipso ramos emittit, et folia eius sunt

§. 18: 2 durat *A V*. 3 hujusmodi *V*. 4 -ficant *Edd*. 5 fructus *A*; — ita *om. C*; — hībilis *C*; — ideo *om. P*. 6 *Om. Edd.*; — evanitus *L*.

§. 19: 1 *Om. P* et de arb.; *om. L* de. 2 narratur *A*. 3 quod vel que *V*; eo quod hab. fol. longa mag. *A*; — cubitu *CZ*. 4/4 *M. e conj.*; sicut *Codd. et Edd.*; *om. P priore loco*. 5 et *add. P*. 6 rogatis *VZ*; regatis *C*; ligatis *L*. 7 facit *add. V*; — et in eod. an. nasa *A V*; nata *Edd*.

§. 20: 1 *Om. Edd.*

maxima et[2] rotunda ad modum stellae emittentis radios; sed radios illos abbreviat versus domesticum[ν]) cotyledonis[3]. Fructus autem eius multorum est granorum[4] in culmo uno, et est longus culmus ille sicut botrus, et flos eius speciosus ad modum botri figuratus et[5] crocei coloris. Et quando rigatur[6] multum aut continue habet fluentem vel stillantem aquam ad radicem eius, tunc oritur cito, et surgunt in magnam quantitatem stipes et rami et praecipue folia.

21 Volunt autem in loco umbroso plantari huiusmodi arbores, eo quod sunt multum aqueae et facile evaporantes, quando soli exponuntur, sicut etiam[1] facit cucurbita, et fere omnia, quae habent folia enormis latitudinis. Omnes autem huiusmodi[2] plantae magis sunt in natura oleris quam arboris: et hoc ostendunt cortices earum, quae non indurescunt nec[3] ingrossantur et exasperantur, sicut fit in corticibus arborum. Sed potius omnino[ξ]) non habent corticem — sicut neque arundo corticem habet, eo quod substantia eius tota cortex esse videatur. Et in hoc cum arundine convenit arbor miri[4] sive mirabilis, et, ut quidam dicunt, arbor deliciarum sive pulcherrima; sed ad nos istius notitia per experimentum non devenit. Sed cucurbita habet tenuem corticem ad modum aliorum olerum. Forte[5] autem melius haec — praeter cucurbitam — dicuntur esse de natura cannarum. Nos autem de cucurbitarum natura infra[6] speciale faciemus ca-
22 pitulum, ubi de oleribus agemus. Poma autem arboris deliciarum[1] sive paradisi sugunt de stipite culmi, et similiter grana

ν) *i. e.* radii petiolo propinquiores breviores sunt. *Conf. ind. sub* domesticus. ξ) *Locus dubiis vexatus. E conj. inserui* omnino; *Codd. vero et Edd. praebent* aut, *quare cum Mey. e conj., tum A post verba* sicut . arundo . habet *addiderunt* aut non habet lignum. Quae verba *e lectione* aut *orta, aperte falsa deprehendes, quum et quae praecedunt et quae sequuntur ad unam arundinem respiciant. Sin vero ea vera sunt, quae ad pag.* 58 *not. o adnotavimus de plantis, quae totae cortex sunt, verba illa neque eo loco ubi inserta sunt, neque ante* sicut *toleranda credas.*

§. 20: 2 sed *L*; — emittens *L V Z*. 3 totalitonis *C*. 4 ramorum *A*; — uno *L*, longo *Reliq.* 5 est *add. Z.* 6 et *add. C*; — surgit *V e corr.*

§. 21: 1 *L V*; *om. Reliq.* 2 hujus *L V*. 3 *A*; sed vel nec *V*; sed *Reliq.*; — *om. C* et exasp ; — arboris *A*. 4 mira *J*. 5 Forma *Colb.*; — cannorum *C Z*. 6 qua *C*.

§. 22: 1 *Om. P*; — surgunt *A*; ejus grana *V*.

eius, quae vocatur arbor mirabilis. Et in hoc conveniunt cum uvis, quae omnia per suos cotyledones sugunt de eo stipite botri[2], quem vocant racemum. Differt etiam arbor mirabilis[3] ab arbore pulcherrima in figura foliorum, quia folia[4] arboris, quae vocatur mirabilis, tendunt ad rotunditatem, sed folia arboris paradisi, ut diximus, sunt oblonga.

Capitulum V.

De proprietatibus arboris, quae[1] vocatur agnus castus.

(*Vitex agnus castus Lin.*) Agnus castus[o]) arbor est, quia propter magnitudinem corporis sui et duritiam[2] ramorum non nisi arbor dici potest. Haec autem arbor non tempore veris, ut[3] aliae, sed aestivo calido et sicco tempore in foliis et floribus erumpit. Habet autem folia sicut oliva, nisi quod sunt molliora. Gaudet calido vehementer[4] et sicco temperato; et in hoc convenit cum vite, licet differant in tempore productionis foliorum et florum. Differt etiam in loco suae generationis, quia in aquosis et infimis[5] nascitur, vitis autem in altis et siccis. Vocatur autem agnus castus, eo quod folia et succus[1] et flores ejus efficacia sunt in[2] inducenda castitate. Non enim tantum succus eius[3] potatus hunc operatur effectum, sed etiam folia et flores sparsa[4] super lectum et in domibus, et praecipue si genitalia inde fomententur. Tunc caliditate et subtilitate et siccitate desiccant[5] substantiam spermatis; et ideo nec remanet materia coitus nec ventositas, quae extendit membra genitalia in libidinem. Propter quod etiam, ut dicit Galenus,

23 (at "Agnus castus … arbor est,") — 24 (at "Vocatur autem agnus castus")

o) *Avic. vet. cap.* 44; *Plemp. pag.* 83: Bengjengjetst, Vitex.

§. 22: 2 boni *Z*; — quam *V*. 3 vel *add. Codd. praeter L et, qui expunxit vocem, V*, vel ab arb. paradisi vel *add. A*. 4 *Om. Edd.*

§. 23: 1 qui *P*. 2 duritiem *Edd.* 3 aut *L*. 4 -menti *Edd.*; cal et sic. veh. *A*; — in productione *Edd.*, *om* temp. 5 et in fluviis *V Edd.*

§. 24: 1 ejus *hic add. L*, *paulo post om. Edd.* 2 et *C*; ad inducendam castitatem *Edd.* 3 est *C*, *om. postea* etiam. 4 spersa *A om. dein* et. 5 desiccat *L*.

Graeci sapientes[π]) agnum castum in domibus suis substerni[6] fecerunt, ut castitatis honor polleret in matronis eorum. Et dicitur, quod hoc fuit documentum Pythagorae. Velut[7] agnum enim mitem et castum reddit hominem haec planta. Propter quod etiam sacerdotes Solis[8] et deae Vestae virgines, quorum religio castitatis habebat votum, agni casti folia lectis et domibus suis substraverunt. Praecipue autem foliis[9] et floribus ad hoc communiter utebantur, succo autem illae, quae magis libidine tentabantur[10], in potu utebantur temperate, eo quod provocat dolorem capitis.

Capitulum VI.

De convenientibus alno[1].

25 (*Alnus glutinosa Lin.*) Alnus est arbor nota in sexto et septimo climatibus. Nascitur enim semper[2] in locis aquosis, quae sunt paludosa. Est autem rubei ligni[ρ]), et fusci corticis, non multum asperi; combustum[3] autem habet favillam albiorem quam aliquod genus ligni, quod sit[4] notum nobis, et quasi totum evanescit in favillam talem, eo quod parum respectu suae quantitatis relinquit de carbonibus, et quos relinquit, sunt non solidi neque duri. Crescit autem tunicis ligneis, poris suis recte ascendentibus. Sed dum est viride, non est adeo scissibile sicut abies, sed postquam siccatur, scissibilius[5] efficitur.

26 Et est folium eius in figura[1] et quantitate sicut folium piri, sed non est adeo solidum, et in colore magis est[2] ad fuscitatem declinans. Et folia eius, quando sunt primo[3] egredientia de

π) *Non sapientes sed* mulieres in Thesmophoriis id est sacris Cereris *Gal. de simpl. lib. VI cap.* 2. ρ) *lignum humidum revera esse fulvo-rubens, exsiccans vero denique decolorari, notum est.*

§. 24: 6 *Om. P*; substricta *CZ*; earum *V*. 7 *LP*; ut *A*; ubi *Reliq.*; — mitem *om. C.* 8 *Om. C Edd.* 9 *LP*; flor. et fol. *Reliq.* 10 temptab. *Codd.*; — in poni *A*.

§. 25: 1 alnis *P*; De proprietatibus alni *A*. 2 *Om. Edd.*; — paludosi *C Edd. LP.* 3 combusta *A*. 4 fit *C V*; — not. vobis *Edd.*; — totum *om. A*; — *om. C* relinquit ... quos. 5 scissilius *CL*.

§. 26: 1 *Om. C* in fig. 2 *Om. C.* 3 proprie *V*; prime *LZ*; p'e *C*.

gemmis suis, habent humorem pinguem et viscosum, sicut folia populi; sed differunt in hoc, quod humor alni[4] non est aromaticus sicut humor, qui est in folio populi. Sed hoc expertum est, quod folia alni recenter egressa[5] sparsa in lectis et cameris, occidunt pulices. Pulices namque adhaerent humori pingui, qui est in foliis eius, et capiuntur sicut visco[6] quodam, et moriuntur.

Habet autem lignum hoc specialem imputribilitatem in aqua 27
positum[1]. Si enim viride immittatur in aquam[2], ita quod continuo in aqua sit, perpetuo viride conservatur, ita quod vidimus viride hic[3], quod per ducentos annos, ut aestimari poterat, in aqua remanserat. Propter quod illi, qui turres et muros in locis aquosis constituunt[4], primo replent fundum palis alneis profunde infixis, et super capita illorum iaciunt fundamenta murorum, et inveniuntur perpetuis temporibus durare.

Arbor est mediocris staturae, emittens a se superfluitatem 28
longam, sicut nux et corilus[σ]); et hanc[1] emittit in hieme sicut praedictae arbores. Sed in aestate non invenitur in ea fructus nisi evanidus[2], et ille est coloris nigri, in quantitate sicut fructus olivae, sed in substantia[3] est compositus ex lignis et corticibus[4] quibusdam sicut pomum abietis, et inter cortices et sui pomi lignula habet grana seminis sui, quae sunt omnino vana, et nihil germinatur ex eis[5]. Horum autem omnium nihil est difficile invenire causas ex ante inductis[6] principiis.

σ) *i. e.* amentum masculum, *de quo conf. lib. II* §. 127. *Strobili vel coni fructiferi, seminibus cadentibus exonerati, per annum fere ramusculis insidentes inveniuntur. Semina vero inconspicua tenuia Albertus ut in aliis sterilia esse credidit.*

§. 26: 4 alvi *C hic et postea*; — non *om. Z*; — *om. A sententiam* sed differunt — populi. 5 gressa egressa *V*; — respersa *A*; — in cameris *AB*; cameris *om C*; plures, *ad marg.* pulices *P*. 6 viscoso *Edd.*

§. 27: 1 in aquam pos. *Codd. et Edd.*; — *inconsiderate add. Z sequentis sententiae verba* ita quod continue. 2 aqua *C Edd.*; — continue *CL Edd.*; — in aquam sit *V*. 3 hoc *LV*; — XXX annos *A*. 4 construunt *CV*.

§. 28: 1 hec *Edd.* 2 eucanidus (!) *Edd.* 3 herba *L*. 4 et *add. P*; — quibusd. *om. V*. 5 his *P*. 6 dictis *Edd.*

Capitulum VII.

De proprietatibus amomi.

29 (? *Cissus vitiginea Lin. sec. Spreng. Remedium obsoletum.*) Amomum[1], testante Avicenna[r]), est arbor similis viti, et lignum eius sicut rete[2] involutum, et flos eius est similis in colore emathiti[3]. Emathites autem est quiddam, quod[4] invenitur in mineris, et est nigrum, habens venas subrufas. Emathites etiam est, quod provenit ex adustione magnetis, et est subnigrum, venas in se habens diversas. Huic autem simulatur[5] flos amomi, et in[6] hoc differt a flore vitis. Folia autem sunt in quantitate et figura sicut folia vitis albae; in colore autem praeferunt[7] splendorem auri. Color autem ligni est sicut color jacincti, boni odoris valde.

30 Invenitur tamen hujus[1] arboris quaedam species, quae nascitur in locis humidis, quae est viridis ligni, et odor eius est[2] sicut odor rutae. Id autem, quod de hac arbore venit de Egypto, est quod nec multum longum[3], nec multum latum, nec valde difficile est[4] ad frangendum; et odor illius exuberat[5] super odorem rutae[v]): et hoc vocatur Egyptiacum.

31 Sed inter[1] tria numerata melius et nobilius est primum,

r) *Avic. vet. cap.* 52; *quae Avicennae pariter ac Dioscoridis verba Plemp. vol. II pag.* 130 *sub* Hhâmama, Amomum *rectius sic refert:* Prodit Dioscorides fruticem hunc esse in uvae modum suopte ligno in se ipsum convolutum, foliis magnis latisque vitis albae similibus; florem habere parvum ceu malabathri quoad colorem. *Ipsius autem Avicennae verbum huic respondens* Sâdhseg *Malabatri folium est, auctoribus Plempio et Forskaolio* (*Descriptiones animal. pag.* 148 *no.* 22) *et Reiskio ad Rhaz.* (*apud Freytag*); *cui porro apud Dioscoridem l. c.* λευκόϊον, *Viola, respondet. M.* v) super transitum uve *Avic. vet.*, odore nares feriens *Plemp. Est ponticum Dioscoridis.*

§. 29: 1 Amonie *Z in arg.*; amonium *C Edd. ubique, L V passim.* 2 rethe *V*; teche *C Edd.*; — est *om. P.* 3 Emathites *Alb. De mineral. lib. II tract. II cap.* 5 *Ed. vet.*, Ematites *Ed. J*; emathici. Emathicem — Emathicem *C J et qui tertio loco scripserunt* Emathen *P V Z*; hematiti. Emathites — Emathen *A*; emathici. Emathico — Emathicem *L.* 4 *Om. Z.* 5 sistitur *A C L Edd.* 6 *L*; *om. Reliq.* 7 pretendunt *V.*

§. 30: 1 hujusmodi *V.* 2 *Om. V.* 3 *Om. C* nec mult. long. 4 *Om. C Edd.*; est diff. *A V.* 5 sicud *add. A.*

§. 31: 1 in *C*; in via *Edd.*; inter ante num. *P.*

quod et aureum vocatur, propter auri similitudinem[2] quam praefert in foliis. Peius autem inter tria est[3] secundum, quod habet lignum viride, eo quod est in locis aquosis natum, et praecipue natum in loco aquoso simul et petroso. Hôc enim melius est tertium; et hoc magis declinat ad albedinem simul et rubedinem, et est spissum planum et[3] extensum, rectorum pororum, absque tortuositate, solidi ligni; et cum[4] masticatur, est mordicativum acutum, et pulverizabile, cum teritur. Tamen Dioscorides dicit[5], quod inter species amomi dictas[6] melius est id, quod est album ad rubedinem declinans, quod nos in tertia specie esse diximus. Est autem seminis plenum, quod congregatur in eo sicut botri.

Est autem subtiliativum in operatione[1] sua et matu- 32
rativum, et est stypticum, et in hoc convenit cum virtutibus acori. Amomum tamen est vehementioris digestionis et maturationis quam acorus; sed acorus est vehementioris exsiccationis quam amomum. Medicorum autem sententia est, quod bibitum[2] valet ad sedandum podagram. Est[3] autem gravativum capitis et somniferum et inebriativum. Constantinus[φ]) etiam dicit, quod, muliere sedente in apozemate[4] sive in decoctione ejus[4], curatur a doloribus vulvae, et provocat[5] menstrua. Emplastrum autem factum ex eo valet contra puncturam scorpionis.

φ) *Cujus verba sunt:* muliere in ejus apozemate sedente, dolor vulvae placabitur. De gradib. simpl. Opp. pag. 376.

§. 31: 2 soliditud. *A*; — quod *C L V Edd.* 3 3 *Om. V.* 4 non *A*; — mortificat. *A C P Edd.*; — pulverisab. *A V.* 5 *Om. A L P*; Inquit Diosc. d. (= dicit) *Z et, om.* d, *J*; Inquit Diosc. *Avic. vet.* 6 dictis *C.*

§. 32: 1 *L et e correct V*; comparat *Reliq*; ad matur. *Edd.* 2 habit. *J*; bibibit. (!), *om.* valet, *C.* 3 Et *Z.* 4 apozimate *P*; apoximate *L*; aposimate *V*; aporimate *C*; apoçimate *Z*; mulier ex eo edens in apoz. *J*; — ejus *om. Edd.* 5 *L P*; menst. prov. *Reliq.*

Capitulum VIII.

De proprietatibus balsami.

33 (*Balsamodendron gileadense Kunth.*) Balsamus ut[1] dicit Avicenna[χ]), est arbor egyptia quae, ut dicit Josephus, antiquis temporibus etiam nata fuit in Judaea circa Jericho[2], et secundum quod Alexander scribit Aristoteli[ψ]), multum nascitur ista arbor in regionibus Indiae versus Orientem. Dicit etiam Raby Moyses Judaeus[ω]), quod folia ejus sunt similia foliis trifolii, et odor eius similis odori rutae, sed excedit eum, et[3] lignum est ut quantitas vitis triennalis. Sed Avicenna vult, quod tam[4] folia quam odor eius rutae assimilentur, licet odor eius excedat odorem rutae.

34 Est autem totum aromaticum, quod est[1] in ipso: sed oleum[2] eius fortius et efficacius est suo semine et semen fortius et efficacius est suo ligno, et lignum fortius et efficacius est[3] sua radice. Est autem totum calidum et siccum. In tertio autem climate, in quo est Egyptus, crescit circa Babyloniam, in loco, qui vocatur apud Arabes oculus solis[α]); nec rigatur lignum eius nisi de fonticulo Engaddi[4]. Oleum autem eius manat ex ligno ipsius, ut dicit Avicenna, quando[5] lignum eius inciditur ferro, et vulneratur post

χ) *Avic. vet. cap.* 85; *Plemp. pag.* 68: Belatsân; *Joseph. de bello judaico lib. IV cap.* 8. ψ) *Pseudo-Alexander Magnus in epistola de situ et mirabilibus Indiae ad Aristotelem multa fabulosa narrat de thuris et opobalsami arboribus.* ω) *Quae tamen nec a Maimonide nec ab ullo alio relata reperi. M.* α) Ain alsjamti, *ut Plempius, sive, ut scribere solet Sylv. de Sacy ad suum Abd-Allatif pag.* 89, Aïn-Schems, *proprie sive* oculum *sive* fontem solis *significans, urbs vel ager est non Babyloniae, sed Kahirae vicinus, quem omnes unicum Egypti locum dicunt, quo Balsamus tanquam in horto colebatur.* Engaddi *vero fons est vallis fertilissimi prope Jericho, qui ortus esse fertur circa Balsami arborem, quam abhinc, contra Avic., in Aegyptum delatam dicunt. M.*

§. 33: 1 *Om. P*; — Egiptiaca *AB*; — Joseph hiis *Edd.*; — antiquus *V.* 2 Iherico *A*; Hierico *Edd.*; Judea versus Indie *L.* 3 eam, ut *Edd.* 4 *Om. AC*; — assimilantur *CL Edd.*; assimulatur *P.*

§. 34: 1 *Om. Edd.* quod est. 2 folium *P*; — *om. A* et efficacius; — *om. Codd. et Edd. praeter L* suo semine .... efficacius. 3 *Om. Edd.* 4 Engadi *CL Edd.* 5 *E conj.*; quoniam *Codd. et Edd.*; — lignum ipsius *L.*

ortum stellae, quae arabice vocatur Assarahe[β]), et hoc est in fine mensis, qui apud nos Maius vocatur, et taurus cum sole oritur. Dicunt tamen quidam[γ]), quod[6] si ferro vulneratur, quod arescit; et ideo dicunt aperiri lignum et corticem ipsius[7] petra vel osse. Sed hoc non videtur esse verum, quia[8] Avicenna expresse dicit, ferro vites[9] eius aperiri. Est autem lignum eius rarae substantiae.

Et hoc est unum de mirabilibus, quae sunt circa balsamum, 35
quod non invenitur in uno anno excedere quantitatem sexaginta librarum, nec diminui a quantitate librarum quinquaginta, ut dicit Avicenna[δ]), aut quadraginta[1], ut dicit Raby Moyses. Distillat autem oleum eius ex[2] illo in loco vulneris ramusculorum eius, quibus vasa vitrea alligantur, in quae[3] paulatim distillat. Sed in regionibus Indiae, ut dicit Alexander[ψ]), exuberat in maximam quantitatem[4] oleum ipsius. Cum autem distillaverit, cooperitur stercore columbarum; et in illo stans per sex menses maturatur et defaecatur, et in septimo extrahitur maturum et defaecatum.

Dicunt autem[ε]), quod liquor iste proprie balsamum vocatur, 36
lignum autem xylobalsamum[1], et semen [carpobalsamum, succus] opobalsamum. Dicunt etiam[2], balsamum in se conservare suam virtutem perpetuo et non evaporare, et hoc esse sibi proprium inter omnes liquores[3]: sed hoc falsum esse per hoc dignoscitur[4], quod, ut dicit Avicenna, id, quod melius est ex balsamo, est recens, grossum autem et vetus aut nullam aut par-

β) *i. e.* Sirius. γ) *Plin. lib. XII cap.* 25 (54); *quem secuti sunt cum Solinus, Tacitus, alii, tum Thomas Cantipratensis De naturis rerum lib. XI cap.* 8. δ) neque transit in anno quod est inter 50 et 60 libros. *Avic. vet.*; ut non nisi quotannis aliquot libras colligantur *Plemp.*; seni septemve congii *Diosc.* ε) Isid. Orig. lib. XVII cap. 8 §. 14. *Quo ex loco inserui verba* carpobalsamum, succus, *quae nec in ceteris temporis illius autoribus desiderantur nec Alberto aliena videntur, qui in lib. IV* §. 151 *opobalsamum gummi vocat.*

§. 34: 6 *Om. Edd.*; — vulneretur *LZ.* 7 ejus *L et iterum addit* aperiri. 8 quod *C Edd.* 9 *V in marg.*; vires *V in text. et Reliq.*

§. 35: 1 LX *A V Edd.*; — ut ait *P*; *om. Edd.* ut dic. 2 *Om. Edd.* autem, *add.* loco. 3 qua *V.* 4 maxima quantitate *V.*

§. 36: 1 polobals. *A*; xilob. *L*; — *om. P* et s. opobals.; ypobals. *V pro* opob. 2 autem *Edd.*; — virtutem propetivo *J.* 3 vapores *CP Edd.* 4 dinosc. *A V*; esse fal. dinosc. per hoc *L*; — ut ait *A V.*

vam habet virtutem; quod non potest esse, nisi propter evaporationem tam substantiae quam virtutis ipsius. Evaporante namque subtiliore[5] substantia ipsius, reliquum magis constat et ingrossatur[6]. Et cum calor ipsius proprium subiectum habeat subtile humidum: cum id evaporaverit; relinquitur terrestre faeculentum minus virtuosum.

37 Est autem proprium balsami inter omnes liquores, quod, cum distillatur per pannum aut infunditur in aquam, nihil omnino invenitur de eo adhaesisse panno vel aquae: et hoc non facit aliquis liquor unctuosus nisi balsamus. In aqua enim ζ) constat simul et non dissolvitur, sed potius conservatur[1]. Depuratur autem in ablutione aceti. Proprium etiam est balsami, quod, cum lac animalis cuiuscunque distillatur super ipsum, tunc lac illud[2] statim coagulatur.

38 Adulteratur autem multis modis. Quidam[1] enim accipiunt oleum pini et oleum masticis, et dissolvunt ea cum cera, et tunc permiscent balsamo. Quidam autem accipiunt oleum de alcanna, et permiscent cum[2] balsamo; quidam η) autem[3] lacrimam terebintinam, quae fere similem odorem habet cum ipso. Aliquando autem miscent oleum nardinum. Dicunt autem probari[4] aliqui balsamum sic, quod in puncto stili ponatur gutta balsami, et accendatur: et si ardet, dicunt esse purum balsamum. Hoc autem idem facit lacrima terebinti; propter quod non est vera probatio ista[5]. Similiter autem non sufficiens est signum ϑ) puritatis eius, quod, si gutta eius ponatur in lacte caprino, et descendit[6] ad fundum, et lac coagulatur; quoniam
39 sunt multa coagulantia praeter balsamum. Sed verae eius probationes sunt[1] per pondus, quia vix invenitur ali-

ζ i. e. aquae impositus (gesteht er sogleich) solidescit statim, *quare retinui* enim *quod in* etiam *commutaverat Meyer. Isidorus autem affirmaverat sincerum probari ab oleo, si in aqua facile resolutum sit.* η) *Platear. lit B cap.* 1. ϑ *Quod Dioscoridi tribuit Platear*

§. 36: 5 subtilione *V.* 6 *L*; et ingr. const. *CZ*, *et P qui deleto* et *pergit* etiam cum; *om. V* constat; *om. J* const. et
§. 37: 1 depuratur *A.* 2 *L*; lac id *C*; id lac *Reliq.*
§. 38: 1 Quidem *L.* 2 *Om. V.* 3 *A repetit* accipiunt. 4 *Om. V*; — puncto sali *CZ*; salis *J*; — et sic *Z.* 5 illa *V.* 6 descendat *V Edd.*
§. 39: 1 *Om. Edd*

quis liquor eiusdem quantitatis cum balsamo, qui tantum ponderet[2]. Adhuc autem signum puritatis eius est[3], quod gutta eius, excepta puncto stili vel acus, posita in superficie aquae, ibi[4] remanet: et si ponatur in medio aquae, etiam ibi manet; et si ponatur in fundo, stabit etiam ibi[5]. Adhuc autem positum in aqua purum balsamum, et mota[6] aqua fortiter, non turbatur nec aliquid balsami aquae adhaerebit. Hoc autem nec terebintina facit nec aliquis alius liquor unctuosus. Similiter autem si liquetur per pannum, nihil sui adhaerebit[7] panno, sed pannus erit eiusdem ponderis post, cuius fuerat ante.

Sunt autem operationes balsami variae secundum operatio- 40
nes et praeparationes[1] medicorum. Confert enim bibitum ischiadicae[2]. Bibitur autem eius decoctio propter spasmum. Aperit oppilationes, ulcera mundificat, et extrahit ossium fracturas. Valet epilepticis[3] et habentibus vertiginem in capite. Abstergit pannum oculi. Praecipue tamen iuvat illam partem viscerum, quae sunt supra pellem, quae mirach[4] vocatur[1]). Juvat stomachum etiam[5], et dissolvit malitiam digestionis eius. Confert doloribus matricis, et educit embryonem vivum[6] vel mortuum ex matrice, et educit secundinas. Valet etiam[7] contra iusquiamum bibitum, et contra venenum omne, et praecipue contra morsum scorpionis. Plurima

1) *Quam vocem arabicam* elmirâkh *a lexicographis neglectam, a Plempio* abdomen *explicatam, aut peritonaeum integrum esse aut omentum, partem ejus, ab Alberto ipso edocti scimus, qui in* Animal. hist. lib XIII tract. II cap 5 De generatione mirach (!) *etc. agente dixit:* Myrach (!) autem arabice quelibet tela vocatur, sed nos hic loquimur de myrach operiente ventrem ... Incipit enim ex medio ventris sub dyafracmate et cooperit totum residuum ventris inferius.

§. 39: 2 ponderat *CLP.* 3 *AL*; *om. Reliq.*; — quod ex gutta *V.* 4 etiam *add. V*; medio *e conj.*; medium *Codd et Edd.* 5 ibi etiam *Edd.*; ibidem *P.* 6 *L*; moveatur *Edd.*; movetur *Reliq.*; *om. Edd* non; conturbatur *A Edd.* 7 *Sententias* Hoc — unctuosus Similiter — adhaerebit. *praebent uni L et in marg V, qui lacuna relicta om.* terebent *et scripsit* liquatur.

§. 40: 1 *Om. C* 2 sciatice *Codd. et Z more temporum ubique.* 3 epilenticis *Codd. et Z ubique.* 4 *V Alb autograph.*; mirac *LP*; fifeic *A*; tairac *Edd.*; *lacunam praebet C.* 5 *Om. L*; Juvat autem *Edd*; ejus digest. *Codd. praeter L.* 6 *LV*; *om. Reliq*; — vel fetum *A.* 7 et *C, qui om.* contra venen. . praecip.

etiam alia sunt, quae operatur balsamus, quae determinari habent in simplicibus medicinis.

41 De expertis autem est, quod, si balsamum purum[1] fuerit, tantam vim habet, quod, si manui[2] imponatur, et soli ferventi exponatur, forte[3] manum penetrabit[x]), eo quod est valde prae aliis liquoribus penetrativum.

Capitulum IX.

De proprietatibus bedegar et buxi simul.

42 (***Rosa rubiginosa Lin.***) Bedegar etiam[1] est de genere arborum. Quae satis nota est apud nos: est enim de genere spinarum. Sed spinas habet albas cum senuerint[2], et totum stipitem habet plenum spinis brevibus et uncosis[3]. In foliis autem similis est rosario[4], et similiter in flore et fructu, nisi quod flos eius parvae est latitudinis[λ]). In foliis autem praetendit quasi[5] odorem vini et maxime in vere, quando recentia sunt folia.

43 (***Rosa canina Lin.***) Est autem aliud genus spinae, quod quidam[1] vocant tribulum, quod est maioris ligni quam bedegar, sed in foliis et spinis est isti simile; et flos eius latior est quam flos istius: et hoc quidam[2] vocant rosam silvestrem, sed non est vere de natura rosae. Pomum autem illius est longius quam pomum bedegar[3] vel rosae. Sed in colore et granis sunt similia pomum rosae et bedegar et tribuli.

44 Est autem bedegar praecipue in semine[1] calidum et

x) *Quam narratiunculam Platearius falsam esse perhibet.* λ) *i. e.* a ***Rosa centifolia*** *ceterisque speciebus hortensibus differt flore minori.*

§. 41: 1 pure *L.* 2 manu *V*; manici *Z*; manicae *J*; ponatur *Codd. praeter L.* 3 *A supra lineam correxit* cito.

§. 42: 1 autem *A.* 2 *L*; *om. Reliq.* cum sen. 3 *L*; unctosis *V*; unctuosis *Reliq.* 4 rasorio *P* 5 *L*; extra *Reliq.*; — odorem mirti *A.*

§. 43: 1 quidem *Edd.* 2 quidem *L Edd.* 3 *Om. intermediis add. C ultima § verba* et tribuli.

§. 44: 1 *Om. Edd.* in sem.

subtile[μ]) et confert infantibus, quando bibunt ipsum, propter corruptionem, quae contingit motibus lacertorum. Collutio etiam oris facta ex succo eius sedat dolorem dentium. Radix autem ejus[2] conferre dicitur sputo sanguinis, et conferre etiam dicitur debilitati stomachi, et aperire oppilationes. Confert etiam[3] solutioni antiquae, et maxime illi, quae vocatur stomachica. Valet etiam contra febres phlegmaticas longas. Masticatum etiam et positum super puncturam scorpionis, attrahit venenum. Semen etiam eius bibitum valet contra omnem morsum reptilium, et ad multas alias valet medicinas[4] secundum diversos usus medicorum de quibus ad praesens non intendimus.

(*Buxus sempervirens Lin.*) Buxus[1] autem arbor est nota 45 apud nos, crocei ligni. Arbor nodosa, solidae substantiae multum; propter quod etiam melius multis aliis lignis subtiles figuras recipit incisionis[2]. Nec est bene scissibilis, sed magis frangibilis[3], propter transversam positionem suorum pororum; propter quod etiam[4] non multum crescibilis in altum. Calida autem est[5] et sicca, habens odorem, quem cum imitatur, calor seminis hominis dicitur efficax ad generandum. Odor etiam totius hominis, quando sanus est, imitatur odorem eius[6], nisi quod in buxo est acutior et siccior, sed in homine est quasi siccitas eius fracta sit in humido subtili. Est autem virens hieme et aestate[7], habens folia parva, quae communiorem[8] figuram habent aliorum foliorum arborum, et sunt dura in tactu.

Est autem duorum generum arbor haec: quoniam ea, quae 46 magis exaltatur, minus dilatatur in ramis, et profert pomula quaedam aculeata superius; ea autem, quae minus exaltatur, magis dilatatur et nullum prorsus habet semen[ν]). Utrumque

μ) *Avic. vet. cap.* 84: De Bedoard (Bedeguard *Alii*); *Plemp. pag.* 68: Badhsâ ward, Spina alba. *Sunt autem eadem, quae de ἄκανθα λευκή dixerat Dioscorides.* ν) *Quae varietates et major fructiferaque et nana sterilisque hodie quoque omnibus notae sunt.* Pomula *nobis sunt capsulae globosae, trirostres, coriaceae. Semina parva sunt.*

§. 44: 2 *Om. CPV*; — dicitur *om. C.* 2 *LP*; et *Reliq.*, etiam *expunx. V*; — stomach. *P*; stromaticha *J*; stomatica *Reliq.* 5 *Reliqua L unus praebet.*
§. 45: 1 busso *Edd. lib. I* §. 183; — est *om. A.* 2 incission. *V*; incisiones *Z*; per incisiones *J.* 3 *Om. A* sed . frang.; *om. P* suorum. 4 etiam *L unus praebet, scribens* crescit; cressibilis *V*; est *add. A.* 5 *Om. C*; aut. et est *V.* 6 *Om. L.* 7 Estate aut. est vir. et hyeme *A.* 8 *E conj.*; communiter *Codd. et Edd.*

tamen transplantatur ramis evulsis et terrae infixis. Sic enim infixi rami[1] illico convalescunt. Utrumque[2] etiam genus radicem habet multum nodosam; et ideo saepius in hoc genere arboris[3] invenitur nobilior murra, quae[ξ]) in aliquo genere lignorum inveniri potest. Est autem hoc etiam[4] genus ligni non spissae corticis, eo quod est subtilis commixtionis; et suum terreum multum est suo[5] humido continuatum, et suum humidum valde est a suo terreo comprehensum[6]; propter quod etiam optime est planabile et incisibile[7], quia bene retinet figuras ex subtili terrea, et optime recipit ex subtili suo humido, bene autem digestum et induratum est ex suo calido.

Capitulum X.

De proprietatibus castaneae.

47 (*Castanea vesca Gärtn.*) Castanea autem est arbor apud nostram habitationem multum nota. Est autem magnae quantitatis, et dilatatur in ramis sicut fagus; sed fagus altior esse consuevit. Folia autem eius longiora et spissiora sunt quam folia fagi. Fructum autem suum habet in hispida et hirsuta[1] et spinosa theca[2], sicut et fagus: sed differt in hoc, quod fructus castaneae maior est quam fructus fagi, et nucleus castaneae solidior est, et multo dulcior quam fructus fagi; et sunt in una theca multi nuclei[3] tam in fago quam in castanea. Et in hoc differt a glande, quae duos nucleos tantum habet intra[4] testam unam. Fertur autem hoc castaneae esse[5] proprium, quod praecisa in multos stipites pullulat, et producit quasi silvam ex una radice. Castanea autem cum sale trita, et postea cum melle temperata, valere dicitur contra morsum anguium et rabidi[6] canis.

ξ) *i. e. nisi fallor*, nobilissima quae *etc.* Quam *conjecerat Meyer.*

§. 46: 1 *Om. Edd* 2 utrum *C.* 3 *Om. P Edd.* 4 etiam hoc *C*; — spissi *L.* 5 *Om. P Edd.* 6 appreh. *V* 7 *E conj.*; inscissibile *ACLV*; scissibile *P Edd.*

§. 47: 1 hyspida *V*; — hersuta *L*; hyrs. *A Edd.* 2 *L Edd.*; techa *Reliq.* 3 *Om. Edd.* multi nuclei; — *om. Z* in. 4 infra *ABP Edd.* 5 *Om. C*; — *om. V* in; — *om. Edd.* radice; *om. P* ex una rad. 6 rapidi *C.*

Capitulum XI.

De cedro et cypresso simul, in quo etiam fit mentio arangi[1].

De cedro autem et cypresso simul agemus propter harum[2] 48
arborum in multis convenientiam. Cedrus enim et pinus et[3] tere-
bintus et abies et cypressus omnes videntur communicare in prin-
cipalibus multis, et praecipue in hoc, quod faciunt resinam fere[4]
unius et eiusdem odoris; propter quod etiam a quibusdam cedrus
pro pino posita invenitur. Differunt tamen in hoc[5], quod cedrus
et cypressus longioris vitae esse videntur quam pinus.

(*Cedrus libanotica Link.*) Cedrus etiam, quae vero et pro- 49
prio nomine cedrus vocatur, valde magnae quantitatis et[1] proceri-
tatis est in partibus Orientis et[2] in Libano monte. In terra autem
Saba et versus Arabes minoris est quantitatis et minoris proceri-
tatis: et substantia eius dura rubea et clara, ita quod in cedro non
invenitur signaculum alicuius medullae. Crescit autem substantia
eius[3] per circuitum a radice rursum ex tunicis[4] ligneis[o]), sicut
ceterarum fere omnium arborum praeter vitem et paucas alias.
Resina autem cedri in partibus austri clarior est thure et lucu-
lentior et[5] inflammabilior. Cedrorum[6] etiam lignum in exteriori
tunica est album, et interius est quasi denigratus sanguis, et suc-
cus eius sicut sanguis emanans de venis animalium. Est etiam[7]
in cedro masculus et femina sicut in palma et terebinto. In-
venitur autem fructus rarissime in hoc genere cedrorum, propter
quod etiam quidam antiquorum cedrum dixerunt[8] esse arborem
infructuosam. Est autem opinio sapientum, quod cypressus et 50
ebenus diuturnioris vitae sunt quam cedrus, licet vulgaris opinio
sit huic contraria. Locus autem, in quo melius et altius crescit

o) *Conf lib. II* §. 49 *not. λ.*

§. 48: 1 De ced. simul et cipr. *P*, *om. reliquis*; — que *pro* in quo *V*; — mencio orangi *C V ind.*; abangi *V text* 2 *Om. C* 3 et *om. P hic*, *Edd. sequente loco.* 4 faciunt res manifeste *C.* 5 *L V*; *om. Reliq.* Diff. .. hoc; *quare inseruerunt A* Nisi quod ced., *J* Tamen ced.

§. 49: 1 *L*; v quant mag. *Reliq.*; — et *om. CZ.* 2 *Addunt* etiam *Z*, est *J.* 3 *Om. C.* 4 exeuntis *V*; extinctis *C Edd.* 5 etiam *add Edd.* 6 Cedrarum *CZ*; autem *V*; — interioris *A.* 7 *Om. P.* 8 dixerunt cedrum *Edd.*; — *om. L* esse.

haec[1] cedrus, locus eminens est et altus. Quod autem dicitur, quod faciat[2] triplicem resinam sicut terebintus, a sapientibus falsum esse putatur. Sed gummi eius, quod distillat ex[3] eo satis, lucidius est quam thus verum, et melioris odoris quam olibanum, quod ad nostram deportatur habitationem.

51 (*Citrus medica Lin.*) Italici autem secundum[1] usum linguae latinae cedrum vocant arborem, quae facit poma crocea oblonga magna, quae fere figuram praetendunt cucumeris, et habent in se grana acetosa[π]). Et haec arbor non crescit in altum nisi temperate, sed facit ramos multum altos et valde graciles respectu altitudinis ipsorum ramorum. Pomum autem hujus[2] arboris vocatur pomum citrinum aut pomum cedrinum, cuius caro tendit in sapore ad quandam amaritudinem[3] temperatam, et odor eius declinat ad odorem olibani, quasi esset medius odor inter

52 odorem olibani et odorem pastinacae. Grana etiam pomi cedrini[1] non sugunt de carne, quae fit in medio pomo, sicut faciunt grana cucurbitae, neque sunt testea[2] dura sicut grana cucurbitae, sed sunt valde mollia, licet grana cucurbitae sugant de carne intra cucurbitam existente multo molliori[3], in cuius exteriori parte — hoc est silvestri[ρ]) — disponuntur, cum aperitur cucurbita: ista[4] autem sugunt de duriori carne, et disponuntur in interiori huius[5] carnis — hoc est ex parte domestica[ρ]) ipsius. Adhuc autem differunt a dispositione granorum mali punici, quoniam[6] grana mali punici sugunt a cortice circumdante, sed ista sugunt a carne dura interius in pomo disposita.

π) *Quae grana esse fructus* l o c u l o s, *carnem mollissimam acetosam seminaque continentes, sequentibus autoris verbis edocti sumus, qui in* §. 53 *citreum* carnosum et sine testa *dixit. Unde patet* carnem *esse substantiam illam albam tenacemque, quae et sub cortice et in centrali parte obviam fit. Haec amara et cum cortice aut recensaut siccata aut melle saccharorve condita illis temporibus sola hodieque apud medicos usitata. Loculi quatenus carne arcte inclusi,* communicant cum granis cucurbitae, *sed singuli radiatim conferti nec singulis carnis partibus sunt diremti sicut grana illius.* ρ) *Conf. indicem sub* domesticus.

§. 50: 1 hic *V*; — emin. et alt. est *Edd.* 2 facit *L V.* 3 ab *V.*
§. 51: 1 sunt *L.* 2 hujusmodi *V*; — citrini *C.* 3 acetositatem *A*; — *om. A Edd.* quasi ..... olibani.
§. 52: 1 potui cedrui *Z*; — sit *L Edd.*; sunt *A.* 2 costea *C*, *om.* sicut; *om. Edd.* neque ..... cucurbitae; — licet — sugunt *L.* 3 meliori *C P V Edd.*; — est *om. L.* 4 ut *Z*; — durioribus *A P V Z.* 5 hujusmodi *V.* 6 quod *P*; — se *om. C.*

Communicant[7] cum granis cucurbitae, quia disponuntur interius in carne, a qua sugunt secundum cellulas gyrantes circa medium carnis; licet[8] imperfecte, quia quodlibet granum est in propria cellula in cucurbita, sed non in pomo cedrino. Cortex autem eius et caro pomi istius multum valet contra venenum. Est autem quiddam[9] huius arboris, quod facit poma multo minora, quam alia et vocatur a quibusdam cedrus masculina.

Habet autem haec arbor[1] lignum valde durum secundum to- 53
tum suum genus. Et proprietas eius videtur esse, quae quasi sibi soli convenit, quod semper tam hieme quam aestate facit fructus et flores continue. Qui flos aliquantulum accedit[2] ad naturam violae; et flos eius disponitur super fructum eius, in acumine videlicet fructus[σ]), in quo tamen acumine non est bucca fovealis[3], in qua sit vel fuerit flos, sicut in pomis malorum vel pirorum, — quae habent[4] etiam florem in acumine fructus sui, et carent testa, et sunt carnosi fructus earum, sicut carnosum et sine testa est pomum cedrinum. Constringitur autem ista cedrus[5] frigore fere super omnes arbores notas, adeo quod in regionibus quarti et quinti climatis et sexti, in quibus invenitur intensum frigus, oportet in hieme ramos eius palea operiri. Est autem huic cedro commune cum cypresso, quod expandit[6] radices eius quasi in terrae superficie, et non profundat eas, sed magis dilatat[7]. Haec autem cedrus vocatur a quibusdam[8] arangus.

(*Citrus aurantium Lin.*) Sed tamen arangus pomum habet 54
breve et rotundum, et caro eius est mollis, et grana aliquantulum duriora granis cedrinis, et habent in se ipsis virtutem sementinam[1], et truncus arangi est grossus et[2] altus non sollicitus de frigore nisi modicum. E contrario[3] autem cedrus masculina

σ) *In quem errorem Albertum induxisse videtur cicatrix alba, quam in apice fructus maturi stylus deciduus relinquit.*

§. 52: 7 -cantur tamen *A*; — cucurbitarum *Edd.*; — girantes *LP*. 8 sed *L*. 9 *V*; quidam *CL*; quoddam *Reliq.*, *quare Mey. e conj. addiderat* genus; — hujus odoris *Edd.*; — multa m. q. aliud et voc. a quodam *L*.

§. 53: 1 lig. hec arb. v. dur. *Edd.*; lign. v. dur. hec arb. *L*; — ligna v. dura sec. tota sua genera *V*. 2 cedit *A*; acc. aliq. *Edd.* 3 *L et in marg. V*; fontalis *V in text. et Reliq.*; — fit *CEdd.* 4 habet *LP*; flores *CEdd.*; — *om C* fructus sui ..... carnosi. 5 cedr. ista *C*; iste c. *Z*. 6 extendit *A*. 7 eas *add V*. 8 quodam *L*.

§. 54: 1 -tivam *C*; seminativam *L*. 2 longus *add. P*. 3 Hec *A*; Erat *CPEdd.*, *quare paulo post: Edd.* et habent, *P in marg.* habens.

habet grana sterilia in pomo suo, et pomum aliquantulum oblongum.

55 Eadem autem arbor, quae ab Italicis vocatur cedrus, habet spinam exortam super radicem folii eius, aut aliquando in latere folii; et istae spinae dirigunt se ad aliam partem, quam se extendat folium. Et in hoc differt ab arbore, quae vocatur[1] jujuber (***Zizyphus vulgaris** Lin.*), quae spinam habet in sui folii radice, et aliquando in latere ipsius folii. Et folium huius[2] arboris duo repraesentat folia in figura, ita[3] quod maius folium in extremitate insertum super folium[4] minus versus domesticum folii[r]), et est distinctio magna in loco divisionis foliorum. Et sunt quidam ramusculi lignei decurrentes per utrumque folium secundum longitudinem. Et est proprium huius[2] arboris, quod ramusculi lignei decurrentes sicut venae[5] per longitudinem foliorum suorum tument[6] et ex parte domestica versus cotyledonem[4], et ex silvestri versus exteriorem partem folii[6]. Hoc enim non accidit foliis aliarum plantarum.

56 (***Cupressus sempervirens** Lin.*) Cypressus[1] autem, sicut et superius diximus, adunat ramos suos superius, et erigitur quasi in modum pyramidis erectae. Expandit etiam radices suas[2] in superficie terrae, sed tamen magis profundat eas quam cedrus italica; nec etiam penetrat radix eius directe, sicut radix abietis. Et per circuitum induit[3] ramos suos parvulos foliis suis,

r) *Celebrata sunt articulata **Citrorum** et **medicae** et **aurantii**, cujus imaginem addidimus, folia, quorum pars inferior, quae est minima, in apice sua profert partem superiorem multo majorem, ellipticam vel obovatam Praebent autem utriusque partis fasciculi lignei sive venae magnos anastomosium arcus, quorum partes inferiores versus basin, partes superiores versus apicem folii curvantur* (*i. e.* tument *Alb.*).

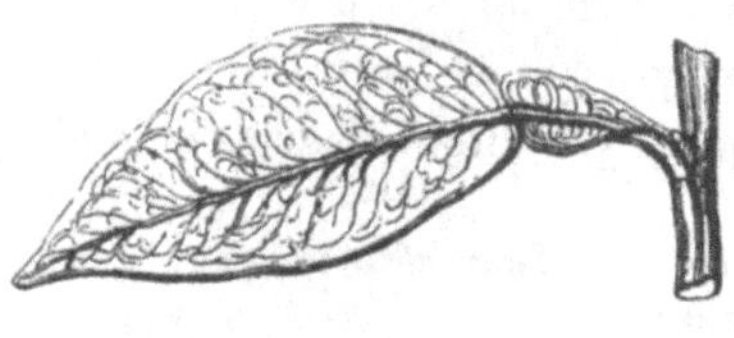

§ 55: 1 *Om. P* quae voc.; — juniber *C*; juniper *Edd. quod pro* jujuber *scripsisse jam pridem Meyer l. c. autumaverat.* 2/2 hujusmodi *V.* 3 ista *L.* 4 in extrem. habet insertum folium *A.* 5 sunt fere *A.* 6 *P*; tumet *Reliq.*; — coctilidonem *L et in marg. V*; vers. oculi divisionem *Reliq.*

§. 56: 1 Scribunt: cipres. *L ubique, Reliq. passim*; — suos *om. P* 2 *Om. A*; — tamen *L*; non *Reliq.*; — quam *om. C*; — Ytalica *L V.* 3 *C V Z repetunt* per circuitum.

sicut facit abies et pinus. Quae folia sunt minutissima et stricta; et haec folia sunt[4] ramusculis et folia et cortex[υ]), quia folia illa versus lignum paulatim defluunt[5] et extenduntur in corticem. Et tunc amittit colorem viridem. Hujus autem signum est, quod in corticibus ramusculorum cypressi[6] inveniuntur maculae albae, ac si sint incisae in eis, in loco rupturae foliorum per circuitum, quasi cortex eius compositus sit ex corticibus anulosis. Substantia autem cypressi est lignea, crescens et[7] ex tunicis ligneis in circuitu, sicut lignum fere omnium arborum; et est rarae substantiae, fere sicut pinus, licet durius sit lignum eius
aliquantulum, et ad fuscitatem declinans. Pomum autem eius 57
ligneum[1] est, et ex fusticulis[2] ligneis compositum, sicut et[3] pomum pineae. In hoc[4] autem convenit cum pino et terebinto. Pomum autem cypressi magis proprie nux[5] diceretur, si usus haberet. Aperit se autem pomum suum circa medium eius in omnem partem; quae partes magis proprie dicerentur quidam[6] rami lignei, in circuitu sui medii dispositi; quod medium est[7] conti-
nuum et gracile, fere sicut in pomo pini. Habet[1] autem in in- 58
teriori pomi illius grana gracilia parvula, inclusa intra testam nigram. Et sapor illius nuclei est sicut sapor pineae per totum. Testae autem istorum nucleorum involvuntur intra telam subtilem albam, et in hoc communicant[2] testae nucleorum cypressi cum testis nucleorum pini: sed in hoc est differentia, quia[3] grana nucleata in cypresso recipiunt incrementum suum a medio, et in nuce ipsa cypressi non iacent super ramusculos suos. Non enim duo et duo[φ])

υ) *i. e.* ramusculis et foliorum et corticis officia praestant. φ) duo et duo *an Germanismus* (zwei und zwei) *pro* binae? — *Nos scripserimus: Pinorum squamae* (coopertoria) *ex axi pomi undique egredientes, assurgentes; semina ad basim squamarum gemina, testa lignea tecta; Cypressorum squamae quadrifariam axi insertae, semina in stipite squamarum plurima biseriatim disposita.*

§. 56: 4 in *add. V, qui in marg.* al. ramusculi; — illa *om. C.* 5 defluunt *e conj.*; deficiunt *Codd*; *om. Edd.* et . . . viridem. 6 -sum *C*; — albae *om. Edd.* 7 et crescens *A.*

§. 57: 1 lignum *C.* 2 frusticulis *L*; fusciculis *Reliq.*; *vix autem et ne vix quidem distinguuntur in Codd. literae* c *atque* t. 3 *Om. Edd.*; — pini *A* 4 Et hec *L*; — et *om. Edd.* 5 *Om. C.* 6 quidem *Edd.* 7 ejus *L.*

§ 58: 1 Haec *J*; — grana parv. grac. *V e correct.* 2 -nicat *L*; — testae *M. e conj.*; tele *Codd. et Edd.*; *om C* cypressi . . nucleorum. 3 quod *C Edd.*; — crementum *Codd. praeter L.*

testae et grana clauduntur in duplici cella sub uno coopertorio ligneo — quod coopertorium surgit ab infimo in medio pomi, et cooperit duo grana testea[4], concludens se versus sursum — sicut est dispositio nucum in pomo pini: sed iacent multae[5] acies granorum, et praecipue duplices acies inter quatuor[6] partes pomi cypressi.

59 Haec autem grana differunt a granis testeis pomi rosae. Grana enim in medio pomi rosae existentia cooperiunt testam suam tela[1] subtili et tenui, et sugunt de cortice carnoso exterius; et quaedam immediate a cortice, — sicut fit in malis punicis — quaedam etiam granorum rosae sugunt a cortice[2] per medium, hoc est per ramum carnosum; et sunt illa grana[3], quae sunt in medio, et tendunt versus finem eius, sicut in pomis ficulneae. Grana enim illius semper sugunt a cortice exteriori per cotyledones carnosos[4] exteriori cortici porrectos. Grana autem pomi cypressini[5] illam partem sui — per quam sugunt nutrimentum a medio sui pomi — et cotyledones — per quos influit granis nutrimentum — semper convertunt[6] ad domesticum pomi sui, ad ramum ligneum, qui per pomum decurrit, et nunquam
60 convertunt[6] ad partem silvestrem. Habent[1] etiam grana punica exterius coopertorium continuum, et grana pomi cypressi habent coopertorium ligneum et[2] divisum, sicut in pomo pini. Coopertoria etiam in pino et terebinto[3] aperiunt se in superiori parte tantum, apertio autem cooperculorum granorum[4] cypressi est secundum omnem partem. Et videtur in hoc fieri adaequatio ex industria naturae, quoniam cypressi pomum aperit se in[5] omnem partem, et rami eius adunantur et clauduntur ad unam partem supremam; sed rami pini et terebinti expanduntur in omnem partem, sed pomum earum aperitur in parte una, superiori videlicet tantum. Et in terebinto et pino[6] est expansio ra-

§. 58: 4 testa *Edd.*; — claudens *P*; — nucis *P Edd.* 5 *Om. P.* 6 *L et V in marg.* al. in. 4^{or}, *quod naturae omnino convenit;* decem *V text. et Reliq.; quin etiam in A numerus aequo fere jure et* X *et* 4 *legi posset.*

§. 59: 1 sua cela *L.* 2 *Om. C* a cortice; *om. Edd.* sicut fit .... cort. 3 carnes — tendunt ad f. *A*; — sive *pro* sicut *P Z* 4 carnosas *V*; — perrectas *P*; *om. Edd.* exteriori .. carnos. 5 -ssi *P*; in ill. *L P*; illa et *V*; — per medium *A*; — coctilidonis *A Z.* $\frac{6}{6}$ *M. e conj.*; convertuntur *Codd. et Edd.*

§. 60: 1 Habet *C.* 2 et *om. hic A*; *paulo post C.* 3 -thino — superiore *Edd.* 4 *L*; *om. Reliq.* 5 in se *Edd.* 6 pomo *L*; — artatione *C P Z*; arctat. *J.*

morum cum coartatione ramorum[7] granorum fructus eius χ). Et cypressus facit e converso et in ramis et in fructu, quoniam[8] coartat ramos ad summum, et expandit partes pomi ad omnem partem. Adhuc autem germen eius vadit secundum[9] longitudinem eius in pomi medio, sicut in oliva et pino[10]; et substantia pomi eius in duritie parum excedit substantiam gallae arabicae, nisi quia galla arabica est in pura[11] continuitate; pomum vero terebinti minus est continuum, et pomum pini similiter: et pomum cypressi dividitur in omnem partem, aperiens[12] se versus sursum, et versus deorsum, et versus latera.

Adhuc autem differentia est inter pomum cypressi et pomum 61
rosae et pomum[1] mali granati. Grana enim in malis granatis[2] separantur per ordinem, et distinguuntur per ordinem ab invicem per telas[3] albas intus secundum cellulas, quas faciunt telae, et sunt in carne humida, et sugunt de cortice sicco; et in rosa non est distinctio cellularum aliqua, sed carnositas currit per totum in circuitu; sed in pomis terebinti et pini sunt cellulae quaedam distinctae, expandentes se a superiori, sicut praedictum est; in pomo autem cypressi non sunt cellulae, sed concavitates quaedam fiunt secundum applicationes ramulorum in pomo ad se invicem factas. Nec sunt ibi[4] aliae cellulae, distinctae secundum telam, aut secundum parietes aliquos, sicut est in aliis fructibus; sed iacent grana in acie duplici in concavitatibus pomi cypressi.

Secundum sermonem autem[1] Avicennae in secundo cano- 62
nis ψ) multa in[2] cypresso est acritas et stypticitas, et est calida et sicca, licet[3] quidam antiquorum iudicaverint falso, quod sit frigida, et quod virtus eius sit compo-

χ) *Sunt Pinus cembra* §. 230 *et P. pinea Lin. Cave ne ambigua ramorum significatione decipiaris. Nunc sensu vulgari sunt partes, in quas caulis seu truncus abit; nunc sunt ligneae strobilorum squamae, quae ab Alberto semper rami nuncupantur. M.* ψ) *Avic. vet. cap.* 150; *Plemp. pag.* 212.

§. 60: 7 et *add. VZ.* 8 quando *C*; quandoque *AP Edd.*; cortat *L.* 9 ad *Edd.* 10 opino *CPZ*; opinio *V.* 11 parva *AP*; pura al. parva *V.* 12 aperit autem *Edd.*

§. 61: 1 *Om. L* inter ...... pom. 2 granati *Edd.*; — *om. P* per ord. et dist. 3 cellas — faciunt cele *et postea* celam *V.* 4 *Om. Edd.*

§. 62: 1 autem serm. *Edd.*; In sermone autem *A* 2 *Om. J*; — est aereitas *V.* 3 verum *A*; — judicaverunt *ALP.*

sita. Caliditatem[4] autem eius judicaverunt secundum quantitatem illam esse, quae faciat penetrare in profundum stypticitatem ipsius[5] in membris[ω]). Differt autem[6] cypressus ab aliis calidis in hoc, quod non attrahit sicut alia calida. Nux enim eius et folia ipsius styptica sunt, et in eis est resolutio, et resolvit humiditates. Et nux quidem eius fortior est[7] in omni re quam folia ipsius, et facit adhaerere sibi ea, quibus superponitur, et abscidit[8] sanguinem, et removet putredinem. Valent[9] etiam ad alias plurimas operationes medicorum; sed de his non est praesens speculatio.

63 Quod autem non cadunt[1] folia cypressi, rationabile est, cum sint folia et cortex; cortices autem[2] nullarum arborum separantur ab eis, et ideo etiam a cypresso non separantur folia cypressi.

Capitulum XII.

De proprietatibus cinamomi[1].

64 (***Cinnamomum zeilanicum Nees.***) Cinamomum[2] non notae figurae et plantationis est apud nos; sed, ut tradunt quidam auctores, arbor est[3], aut potius quasi medium inter arborem et fruticem[4], quoniam, ut dicunt, in India aut Ethiopia sub cancro natum non excedit duorum cubitorum longitudinem. Et in hoc convenit cum frutice, in quantitate autem[4] stipitis videtur

ω) *Quam Avicennae opinionem Albertus, interpretatione vetere eaque ambigua deceptus, perperam antiquis tribuit.*

§. 62: 4 Et calid. *A*; — autem *om. CEdd*; — indicav. *CVEdd.*; — facit *L.* 5 ejus *CZ.* 6 al. autem *V in marg.*; enim *Reliq.* 7 et *add. C*; — in omnibus *CEdd.*; est omni re *Avic. vet.* 8 abscindit *J Avic. vet.* 9 Valet *AJ*; *sunt autem* nux et folia

§. 63: 1 cadant *Edd.* 2 enim *Edd.*

§. 64: 1 De cinamomo et proprietatibus ejus et speciebus *A.* 2 *Autograph. Alberti De animal. lib. XIII cap. de Cynamulgo, de Fenice, de Falconibus cap.* 17 *et* 18; cinnam. *J*; cynamomy *V ind.* 3 arborem aut *V*; — fructicem *L.* 4 *Om. L*; — ad materiam *L.*

ad naturam arboris declinare, sicut etiam[5] iuniperus quae a terra raro ad altitudinem duorum cubitorum elevatur in nostris climatibus. Convenit autem[6] cum arundine in hoc, quod totum concavum esse videtur, et videtur esse quasi quidam cortex arboris alicuius. Sed hoc habere proprium dicitur, quod fractum[7] emittit quendam fumum ad modum nebulae vel pulveris. Gaudet autem sicco vehementer tempore et[8] calido, propter quod etiam sub cancro convalescit, sed imbribus exsiccatur et aret; et in hoc contrariatur arundini et ceteris cannis. Nec de foliis eius et fructu fit magna mentio inter sapientes.

Trium[1] autem invenitur esse specierum[α]), et una quidem 65
species eius bona est, aliquantulum declinans ad nigredinem; et haec est montana et grossa et brevis. Est autem[2] alia species eius declinans ad albedinem, et est magis laxum[β]), habens radicem frangibilem, declinantem ad mollitiem. Species autem prius dicta nigra parumper est nodosa, et tamen plana magis. Tertia autem species eius est[3], quae habet odorem sicut cassia lignea, in colore ad viriditatem declinans, cuius cortex est aliquantulum rubeus[4]. Cinamomum autem est ex speciebus, quae longo tempore durant in virtute sua[5], praecipue si teratur, et fiant ex eo trochisci cum vino. Est autem[6] praeter tres inductas species id, quod vocatur cinamomum mendosum; et in odore[7] videtur simile[γ]) cinamomo, sed virtus eius est debilis; oleum tamen quoddam fit ex ipso.

Melius tamen inter has species est, quod habet bonum 66
odorem et habet saporem acutum[1] sine mordicatione,

α) *Conf. ad priora Isid. Orig. lib. XVII cap.* 8 §. 10, *ad haec Avic. vet. cap.* 128; *Plemp. pag.* 102: Dâr Dsinj. β) latum *A*; *quam legendi varietatem jam in veteribus Avicennae editionibus latinis reperi. Est autem supplendum* cinnamomum. *M.* γ) et habet odorem quendam *Avic.*

§. 64: 5 *E conj.*; in *LPVZ*; *om. ACJ*; — junipero *P*; -periis *C*; -peris *VZ*. 6 enim *L*. 7 fructum *Edd.*; — emittat *V*; — vel pulilis (!) *C*. 8 *Om. Edd.*; — quod etiam *L*; quod et *Reliq.*; — et *pro* sed *JPV*.
§. 65: 1 Et trium, *om. sequente* et, *C*; — *om. A* ejus .. aliquantul. 2 et *add. Edd.* 3 *Om. CEdd.* 4 rubens *Edd.* 5 *Om. P*; — si causatur *V*; si siccantur *C*; — *om. Edd.* ex eo; — crocissi *ACV*; trocisci *LP Edd.* 6 *Om. Edd.* 7 ordine *Edd.*
§. 66: 1 quod bon. od. et bonum sap. habet et acut. *Edd.*

et habet colorem purum non commixtum. Dioscorides autem dicit, quod nigrum melius[2] est, ad igneitatem et rubedinem aliquantulum declinans, planum, ramos habens subtiles et propinquos, in cuius sapore[3] est dulcedo et salsedo quaedam et mordicatio parva, et non est valde frangibile. Signum autem bonitatis eius est, quod, compositum cum aliis, aut coniunctum cum eis, vincat omnem odorem alium, ita quod quasi non sentiatur nisi odor suus. Malum autem est, in quo est odor mirti, aut thuris aut salsedo[δ]) aut aliquantulum mali odoris. Album etiam frangibile, aut etiam contractum et planum, quod est grossae radicis, est etiam malum. Conservatur autem virtus eius, ut praediximus, si contritum per contemperationem[4] vini redigatur in trochiscos[5]; et si non sic fiat, debilitatur virtus eius in spatio XLV[6] annorum, aut circa hoc tempus.

67 Est[1] autem naturaliter calidum et siccum, et[2] est operatio ipsius, quod est subtiliativum ultime[ε]), et attractivum et aperitivum et rectificans omnem putrefactionem et omnem virtutem corruptam, et omnem saniositatem humorum corruptorum. Oleum vero eius est calidum valde resolutivum et liquefactivum. Est autem etiam[3] hoc oleum mirabile in tremore iuncturarum membrorum; gravat tamen caput, quia[4] emundat ipsum trahendo humiditatem. Comestum autem ipsum[5] cinamomum liquefacit humiditatem grossam oculi, et in talibus claritatem inducit oculorum. Liquefacit etiam pannum in oculo in[6] collyrio positum. Mundificat pectus, con-

δ) *Pro* mirti *Avic. vet. et Codd.*, mirri *L*, *rectius Plempius et Andr. Alpagus interpretantur* musci *vel* musci quercini, *pro* salsedo *vero* cassiae. *Muscus ille autem est Usnea ceratoides candicans glabra et odorata Dillen. hist. muscor. pag.* 71 *tab.* 13 *fig.* 14, *sive Alectoria Arabum Achar. lichenogr. univ. pag.* 596. *M.* ε) Ultimum est in subtiliatione *Avic. vet.*; — *pro* saniositate *substituerunt Andr. Alpagus* virulentiam, *Plempius* tabum.

§. 66: 2 plus *A*; — nigredinem *pro* igneit. *Edd.*; — ad aliq. *Z.* 3 in cujus autem ore *A.* 4 temperac. *Z*; — vino *L.* 5 trocissos *C*; crocissos *V*; trociscos *L P Edd.* 6 XL *L*; XV *Avic. Edit. vet. laudata.*

§. 67: 1 *Expunxit C.* 2 *Om. P.* 3 *L*; *om. C P Edd.* etiam; *om. A V* autem. 4 et *Avic.* 5 *Om. C.* 6 et *V*; — collirio *A L P*; colyrio *Z*; colurio *C V.*

fert tussientibus[7], aperit oppilationes hepatis, et confortat hepar et stomachum, et desiccat nimiam[8] humiditatem ipsius, et ideo confert hydropisi. Confert etiam[9] doloribus matricum et renum et apostematibus eorum, et plurimas etiam alias facit operationes. Valet etiam contra venena, quae sunt ex[10] morsu reptilium, et praecipue contra puncturam scorpionis.

Capitulum XIII.

De cappari et proprietatibus eius.

(*Capparis spinosa Lin.*). Capparis[1], ut dicunt, fruticis habet naturam, folia consueti coloris et quantitatis et figurae. Et nata quidem[2] in secundo et tertio climatibus est efficacius calida et[3] sicca, quam nata in quarto climate et locis, quae sunt maioris latitudinis. Nascitur autem, ut dicitur, in petrosis, et ex loco contrahit caliditatem et siccitatem; in frigido autem et humido dissipatur et perit. Dicitur etiam, per loca petrosa extendi ad modum retis[4] vel venarum vel nervorum quorundam. Habet autem fructum quendam, qui et capparis vocatur. Et est in eo flos[5] et[6] radix, sicut et in ceteris fruticibus η). 68

ζ) *Avic. vet. cap.* 142; *Plemp. pag.* 169: Kebar. η) *Locus aut corruptus aut obscurus est, eo quod floris gemmae vel alabastra sub capparidum nomine hucusque usitata fructus nominabantur. Avic. vet. autem verba sunt:* Est fructus, et habet radicem, et habet fructum alium, qui est sicut cucumis, non capparis. *Fusius naturaeque satis conveniens Dioscorides lib. II cap.* 204: Habet fructum olivae instar, qui, dum dehiscens panditur, florem promit candidum. Hoc vero dilapso, nonnihil glandis oblongae figurae invenitur, quod apertum grana tanquam punici mali exiguae ac rubentia intra se ostendit. Radices lignosae sunt, *etc. Unde apparet, veteres calycem floris nondum expansum pro fructu quodam primario habuisse.*

§. 67: 7 tussi *P manus sec. et Avic. vet.* 8 reumam et *Z*; — rheuma et *J*; — ydropsi *L Codd.* 9 in *A*; autem *L.* 10 venenum, que sunt in *A*; — et praec. confert ad *V.*

§. 68: 1 capari *P in argum dein vero* capparis. 2 quod que *Edd.*; nata quod *C*; nota, quod nata *V*; nota, quodque *Edd.*; nō quidque *P*; — et *pro* est *C.* 3 *Om. P.* 4 rechis *P*; rethis *L*, *nec* retis *ut supra.* 5 *L*; vocatur, qui et flos est. In eo flos *Reliq.*; flos *om. V secundo loco.* 6 etiam *A Edd.*

69 Est autem capparis acris in sapore et calida, et si ponatur in musto, impedit ebullitionem eius sicut sinapis; et radix eius similiter est calida et acris valde, quae si in ore deferatur, ulcerabit ipsum, et facit apostema in gingivis[ϑ]. Adhuc autem id, quod magis iuvat in ea, est cortex radicis eius. Resolutiva autem est apertiva et abstersiva; radix autem eius incisiva subtiliativa[ι] et mundificativa, et in eius cortice est amaritudo et stypticitas. Nutrimentum autem, quod a fructu eius accipi potest, valde parvum est, et praecipue cum salitur.

70 Radix autem haec et folia resolvunt scrophulas[1]. Confert[2] etiam paralysi et stupori, cum tamen constringat membra propter stypticitatem eius. Succus autem eius distillatus[3] in aurem valet contra vermes ipsius. Aliquando autem eius folium alligatum denti laeso curat ipsum. Est autem inter omnia magis conferens spleni et duritiei eis, quando[4] bibitur vel quando per modum emplastri spleni superponitur cum farina ordei et similibus; maxime autem hunc[5] effectum operatur cortex radicis eius. Multotiens enim evacuat ex splene materiam grossam et melancholicam[6], et illa evacuata succedit sanitas. Bibita etiam ex stomacho educit humorem crudum et grossum; provocat etiam menstrua, et interficit lumbricos illos longos, qui serpentes vocantur, et vermes alios, qui sunt in intestinis; augmentat[7] etiam coitum praecipue in humidis corporibus; et quando salita[8] ante cibum sumitur, solvit, et alias plurimas facit operationes in medicinis simplicibus determinatas a medicis.

ϑ) *Quae hic radici tribuuntur, quum Avicenna tum etiam Dioscorides ad aliam speciem circa mare rubrum crescentium referunt, quam Sprengelius Capparidem Redif sive oblongifoliam Forsk. fl. aeg. arab. pag.* 98 *et* 99 *esse putat.* ι) sublimativa *Avic. vet.*

§. 70: 1 *L*; scrofulas *C*; scropulas *Reliq.* 2 et confert *Z*; et conferunt *J*; — constringant *Codd. praeter L, qui om.* etiam; et constringit *Avic. vet.* 3 -latur *C.* 4 quoniam *C*; — et *pro* vel *AP Edd.*; — amplastri *C*; — forma *pro* farina *J.* 5 *Om. Edd.* 6 melancoliam *CLV Edd.* 7 augmentant *P.* 8 *V*; sallita *reliq.*

Capitulum XIV.

De cassia lignea[1] et cassia fistula simul.

(*Laurus Cassia Lin.*) Cassiam quidem[2], experimento visus 71
scimus, aut arborem, aut aliquid ad arboris naturam[3] accedens esse. Dicunt autem quidam auctorum[4], cassiam esse illam, quae cassia lignea vocatur[x]), et hanc esse de genere fruticis[5]; sed in hoc accedere ad naturam arboris, quia virgas habet magnas et longas. Sed tamen in hoc convincitur esse de genere fruticis, quia ex virgis non profert ramos, et quia multas emittit virgas ex una radice. Dicunt autem, quod in siccis provenit locis et calidis, habens fructum quasi grana iuniperi, valens[6] multum contra immobilitatem linguae ex paralysi accedentem, praecipue si folia eius sub lingua teneantur.

Avicennae autem[1] sententia talis est[λ]), quod cassia sit 72
cortex radicis mori assenicae, quam[2] etiam dicit esse specierum plurium. Una enim[3] est rubea boni odoris et saporis; altera autem species habet quasi saporem rutae; item altera, quae est nigra ad purpureitatem declinans, cuius[4] odor similis est sandalo vel rosae[μ]); adhuc autem altera est species eius omnino nigra, horribilis odoris, subtilis corticis et fissa[5]; altera autem adhuc

x) *Platearius Circa Instans:* Cassie duplex est maneries, scil. C. lignea et C. Fistula. Cum autem reperitur Cassia simpliciter, intelligenda est Cassia Fistula. *Matthaeus Sylvaticus contraria docet:* unde sciendum, quod, quando invenitur Cassia sine determinatione, debet intelligi Cassia lignea. *Simon Januensis autem longo doctoque sermone demonstrare conatur, veteres alteram cum altera commutavisse.* λ) *Avic. vet. cap.* 155: De casia; *Plemp. pag.* 225: Tsclîcha. *Sed verba*: Dicitur, quod est cortex radicis mori alsceni *in Ed arabica et a Plempio omissa, ab Andr. Alpagus ceu spuria notata sunt. Est autem* Tût as-Schâmy *Morus syrica Lin. M.* μ) *Avic. vet. verbo* sandalo *in margine addidit alia manus:* rosae.

§. 71: 1 et proprietatibus ejus *add. A.* 2 autem *V.* 3 *L*; materiam *Reliq. hic et in seq. sententia*; — accedens *M. e conj.*, accedentis *Codd. et Edd.* 4 auctores *C*; — committitur *V*, connicitur *C pro* cassiam. 5 *L*; fructus *Reliq.* 6 valent *V*; — accidentem *P*.

§. 72: 1 enim *A.* 2 quam assenice *etc. P.* 3 *Om. A*; — eciam *pro* autem *A.* 4 ejus *V.* 5 fixa *Edd.*

species eius ad albedinem declinans, habens quasi odorem porri; illa[6] autem, quae est nigra, est subtilis cannae et concavae[7]. Quidam autem sapientum dixerunt, quod invenitur quiddam[8] simile cassiae, quod convertitur ad cinamomi figuram et operationem: et hanc cassiam[9] ligneam vocaverunt. Et quidam tradiderunt, quod[10] huiusmodi cassia super ipsam arborem cinamomi invenitur, et communicat in multis cum cinamomo, dicentes in veritate hanc ultimo dictam cassiam in virtute cinamomi esse, licet sit virtus eius inferior quam cinamomi.

73 Melior autem inter omnes inductas cassiae[1] species est illa quae est rubea pura plana, longi ligni[2] et grossae cannae et subtilis foraminis, et est solida grossa, et boni odoris, quae mordicat[3] linguam et stringit eam. Nigra enim est mala, et nihil de ea administratur nisi cortex; in ligno enim ipsius nulla est bonitas. Calida autem est et sicca, et operatur resolutionem grossarum ventositatum. In ipsa est[4] resolutio et stypticitas cum multa acredine, et subtiliatio multa et incisio[5] propter acredinem, quae est in ipsa: et ideo etiam confortat membra. Resolvit autem frigida[ν]) apostemata in visceribus. Quidam etiam aestimaverunt, quod procurat abortum[6].

74 Qui autem dicunt, hanc esse cassiam, quae lignea vocatur, dicunt, quod est virga fruticis trium cubitorum altitudinis et triplicis coloris. In imo habet candidum et rufum[1], in medio et in supremo nigrum[ξ]). Dicunt autem isti, quod cassia non est

ν) calida et frigida *Avic. vet.* ξ) *Verba § hujus Avicennae aliena e variis locis petita videntur. Ad priora conf., quae Plin. hist. nat. lib. XII cap.* 19 §. 43 *profert:* Amplitudo frutici trium cubitorum, color triplex. Cum primum emicat, candidus pedali mensura, dein rubescit addito semipede, ultra

§. 72: 6 alia *AP*; et est species nigra etc. *Avic.* 7 concava *Avic. vet.* 8 quoddam *Edd.*; quod non inv. quidam *C*; — avertitur *Edd.* 9 hec casseam *C.* 10 sed *L*; inveniretur *C.*

§. 73: 1 *V*; inter ind. omnes *L*; inter os cass. *C*; inter has cass. *Edd.*; autem cass. *P e correct.* 2 lingue *CP*; lignee *Z*; longe lignee *JV.* 3 mordificat *V.* 4 *Om. C*; *om. Edd.* est resol. 5 subtiliacione .. incisione *A.* 6 aborsum *Codd. et Edd.*

§. 74: 1 *V*; triplicis ...... ruf. *om. L*; altitud. et in medio et in supr. nigr. triplicis col. in fine habet calidum et ruffum *Reliq.*

cassia lignea, quia cassia est arbor in aquosis nascens, quae in palustribus[2] locis provenit, et in siccis provenit quidem, sed non bene; et ligna eius, quae provenit[3] in siccis, et folia minora sunt quam eius, quae provenit in palustribus, et fructus eius parvi sunt quasi[4] iuniperi, ut supra diximus, et folia eius immobilitati linguae conferunt modo superius determinato.

(*Cassia fistula Lin.*) Cassia fistula vero[1] arbor est 75
de partibus orientis versus meridiem allata, et est naturae temperatissimae[o]). Fructus autem, qui sunt semina quaedam longa, producit[2], quorum capsa succedente tempore prolongatur, postea autem indurantur semina, cortice forinsecus exsiccato: et tunc condensatur[3] humor niger medullosus et[4] interius circa semina consistens. Crescunt autem in una capsa[5] plus quam quadraginta semina simul. Melior autem est longa grossa, multum habens humiditatem, et quae est splendidior[6] et pinguior.

Est autem naturaliter aequalis in caliditate et frigidi- 76
tate[π]), et est humida, et operatur resolutionem et lenificationem. Confert autem apostematibus calidis in visceribus et in gutture, quando fit ex ea gargarismus cum aqua solatri. Linitur[1] etiam ex ea podagra et iuncturae dolentes. Mundificat[2] etiam hepar, et confert icteritiae et dolori hepatis. Est et ventris lenificativa, et educit[3]

nigricans. *Sequentia vero e Glossis Biblicis promta esse, Bartholomaei Anglici verba, De proprietatibus rerum lib. XVII cap. 27, docere videntur:* Glosa autem super Exod. cap. XXX: Casia in locis aquosis nascitur, et in immensum crescit, ac bonum odorum reddit. *M.* o) *Plat. lit. C cap. 4, ubi haec sequuntur:* Est autem fructus cujusdam arboris, quae quasi longa semina producit. Postea, succedente tempore, elongatur et ingrossatur. Exteriora in corticem actione caloris condensantur, medulla interius existente, in una copula (capsa *Alb.*) inveniuntur XXX vel XL sibi cohaerentia. *Plurima repetit Barthol. Anglic. De proprietat. rerum lib. XVII cap. 28.* π) *Avic. vet. cap. 195; Plemp. pag. 298:* Chiâr sjamber, Cassia nigra.

§ 74: 2 palustris *CZ*; — siccis locis *add. A.* 3 proveniunt *Edd.*; sunt *om. CPVEdd.* 4 sicut *Edd.*
§. 75: 1 vere *VEdd.*; *om. AC*; — temperatissima *ACEdd.* 2 semina quedam in longa capsa producit *etc. A*; — tempore *ubique omissum restituit Meyer e Plateario.* 3 condensat *C.* 4 *Om. A* 5 simul *hic etiam CLVZ.* 6 splendior *J*; spissior *C.*
§. 76: 1 linuntur *P e corr.*; — etiam et *V.* 2 mundificant *C*; — conf. pectore et dolore *A.* 3 reducit *CEdd. et, qui om.* et, *L.*

choleram adustam et phlegma, eo quod solvit[4] sine nocumento et mordicatione, adeo quod etiam datur praegnantibus, et solvit eas.

Capitulum XV.

De calamo[1] et arundine simul.

77 (*Acorus calamus Lin.*). Calamus aromaticus calamus vocatur propter calami similitudinem[ϱ], aromaticus autem dicitur propter odoris eius nimiam fragrantiam. Est autem in genere fruticis[2], quoad hoc quod multas de radice producit virgas, sed in genere est arundinis quoad concavitatem. Nascitur autem in India et Ethiopia sub cancro, et habet interius ex parte concava pellem subtilem, sicut telae sunt aranearum. Et qui[3] plus habet de his pelliculis sive telis, nobilior et melior est, ut dicit Avicenna, in colore jacinctinus, propinquos habens nodos, in[4] substantia autem durus comminuibilis propter siccitatem ipsius. Calidus autem[5] est, et contritus sive pulvis ejus[6] est subalbidus, declinans ad croceitatem propter quod etiam quidam dixerunt[7] esse palearem in colore. Sapor autem eius est[8] aliquantulum vergens ad saporem cinamomi, sed habet acuitatem maiorem; et cum quassatur[9], de facili conteritur propter sui comminuibilitatem. Habet etiam multos valde

ϱ) *Priora recepit autor et e Platear. lit. C cap.* 24 *et ex Isidori Origin. lib. XVII cap.* 8 §. 13, *cujus verba sunt:* Cal. arom. a similitudine calami usualis vocatur Gignitur in India multis nodis geniculatus, fulvus fragrans spiritus suavitate Qui cum frangitur in multas fit partes scissilis simulans gustu casiam cum levi acrimonia remordente; *sequentia et plurima ex Avic. vet. cap* 161; *conf Plemp pag.* 255: Khadsab aldhsarîra. *Eandem in* §. 308 *Alb. ipse descripsit.*

§. 76: 4 solvitur *L*; — datur etiam *Edd.*

§. 77: 1 aromatico *add. A.* 2 fructicis *V* 3 que *V.* 4 *Avic.*; iacinctinus proprie in *Codd. et Edd Sed ex verbo* proprie, *hic penitus inutili, reliqua scribarum negligentia omissa probantur. M.*; — comminubil. *C hic et postea.* 5 eciam *C.* 6 pulverizatus *A*; — subalb. est *Edd.*; est sub albedine *V*; est substantia ibidem *C.* 7 eum *add. A.* 8 *L P V*; *om. Reliq.* 9 cassatur *Edd.*

nodos, sed[10] non tot quot centinodia[σ]), sed plus, quam calamus arundinis habet apud nos.

Operationes autem suae sunt, quod est subtiliativus, 78
et est[1] in ipso etiam pauca stypticitas cum acredine. In substantia autem quoad exterius sui est terreitas[2], et quoad interius sui est aëritas; sed est optimae commixtionis; et licet accedat ad aequalitatem, tamen siccitas eius maior est quam eius humiditas, et est substantiae subtilis, sicut sunt fere omnes species aromaticae, quae sunt sicut[3] piper et cinamomum. Confert autem occultationi[4] sanguinis mortui, qui niger apparet desub pelle; resolvit etiam apostemata, et confert contritioni lacertorum, et abstergit visum; confert etiam apostemati hepatis et stomachi cum melle et semine apii, et est valens contra timorem[5] melancholiae, et ad alias multas operationes valet medicorum.

(*Arundo donax et A. phragmites Lin.*) Arundo autem 79
nota est apud nos. Sed tamen est quaedam arundo magna, quaedam[1] parva. Et ex magna quidem baculi fiunt propter levitatem[2] et duritiem; sed tamen cum frangitur, iu multas partes dividitur acutas propter suam naturalem siccitatem: et ideo[3] proverbium est, quod, qui innititur infideli socio, innititur baculo arundineo, qui in gravibus non sustentat amicum, sed fractus casibus[4] gravibus efficitur confodiens amicum sicut hostis. Utraque[5] tamen est vehementis infrigidationis[τ]). Sed cum aduritur, cinis eius est calidus propter adhaerentiam ignis in eo. Est autem[6] proprium huius calami, qui arundo vocatur, quod radices habet concavas, sicut stipites, et multo maiores in quantitate, quam sint stipites pullulantes ex ipsa.

Et est haec radix styptica sine acuitate[υ]), et has 80

σ) *Polygonum aviculare Lin.* τ) *Avic. vet. cap.* 68; *Plemp. pag.* 255: Khadsab. υ) in radice ejus est abstersio pauca sine acuitate *Avic.*

§. 77: 10 *Om. Edd.*; sicut *pro* quot *V.*

§. 78: 1 enim *C.* 2 terrestritas *C*; acritas terreritas *et dein* acritas *pro* aër. *Edd.* 3 *Om. L.* 4 -tionis *C*; — sang. morticii *Edd.* 5 *Om. P* contra tim.

§. 79: 1 arundo *add. Edd. om.* est. 2 lenit *Edd.*; — et dur. *om. J.* 3 *Om. P*; qui innicitur *Z*; nutritur *C.* 4 cassibus *A*; — confidens amico *Edd.* 5 utrumque *Edd.* 6 *Om. P*; prop. ejus huj. *Edd.*

virtutes habent etiam folia ipsius[1]. Cortex autem huius calami et radix eius multum conferunt[2] alopiciae, et multum abstergunt sordes, et nitidum[3] faciunt pellem. Radix autem eius cum cepa[4] silvestri extrahit ea, quae infixa sunt carni. Folia autem eius[5] humida posita super erysipilam conferunt. Sedat[6] torsionem nervorum. Lanugo autem, quae est flos ejus[7], si cadit in aurem, inducit surditatem, eo quod inviscatur in sorditie auris, et non egreditur. Provocat autem urinam et menstrua, et confert puncturae scorpionis et mordicationi eius, et huiusmodi plurimas habet operationes.

Capitulum XVI.

De coloquintida et[1] cubebis, et citoniis simul.

81 (*Cucumis colocynthis Lin.*) Coloquintida[2] est arbor in calidis regionibus nascens; sed citra[3] quartum clima raro invenitur. Est autem et pomum eiusdem arboris coloquintida vocatum. Et est in genere illo masculus et femina[φ]): masculus quidem[4] est villosus et femina laxa. Arbor autem ejus[5] dispositionem habet accedentem ad vitem silvestrem. Quae autem[6] est coloquintida femina, in fructu est laxa, ut diximus, et alba. Similiter autem[7] usui magis competit ea, quae est alba vehementis albedinis. Nigra vero mala est valde, et similiter illa, quae est dura.

82 Cum[1] autem pomum eius colligitur, invenitur fere habere

φ) *Avic. vet. cap.* 131; *Plemp. pag.* 134: Hhandtshal, Colocynthis.

§. 80: 1 sua *V.* 2 *L Avic.*; confert *Reliq.* 3 viridem *A.* 4 sepa *L hic et* postea. 5 huius *Edd.* 6 et sedant *A.* 7 que est in candelis *Edd.*; — si cadat *A.*

§. 81: 1 *Om. P*; — ciconiis *V*; cytoniis *V ind.*; siconiis *L*; citomiis *Z*; citonie *C*; coctano *A.* 2 colloq. *C V Edd. ubique et L praeter in argumento*; coloquintidae infusio *Alb. autograph. Animal. lib. XXII cap. de Cuci, lib. XXVI cap. de Pulice.* 3 circa *A P Edd.* 4 *Om. A*; *om. Edd.* masc. .... fem. 5 *Om. P Edd. et* ejus *et* habet *quare J pro* Arbor *scripsit* habet. 6 *Om. P.* 7 et *add. A*; usui *om. Edd.*; compet. magis *L P Edd.*

§. 82: 1 dum *Edd.*

dispositionem cepae, sed dispartitur sicut radix lilii fere. Et non oportet, ut extrahatur pulpa pomi ipsius ex ventre eius, sed potius dimittatur[2] in ipso sicut est; alioquin debilitatur virtus ejus. Signa autem maturitatis ejus sunt, quando declinat ad citrinitatem, cum tamen non integre expolietur viriditate. Si autem non[3] sit sic matura, tunc est valde nocens et mala. Quidam etiam[4] antiquorum dixerunt χ), quod est valde mala et nocens, quando in arbore non est nisi unica; et dixerunt[5], quod quando assumitur ad usum, oportet, quod expolietur cortice et semine. Masculus autem fructus huius[6] arboris est villosus, et ille est fortior quam femina laxa.

Et cum conteritur, oportet quod ad summum con- 83 teratur, donec efficiatur minimum eius insensibile omnino, nec est sistendum in contritione ipsius[1]. Pars enim minima ipsius cum invenerit[2] humiditatem, statim intumescit, et fit magna, et adhaeret partibus stomachi et involutioni intestinorum, et apostemat ea: et ideo oportet, quod, cum ad summum trita[3] est, hydromelle infundatur, et deinde siccetur, et iterum conteratur. Rectificatur autem, et malitia eius expellitur cum draganto ψ). Est autem magis calida quam sicca, in sapore amarissima, vincens fellis amaritudinem. Operationes 84 autem eius sunt incidere et resolvere, et attrahere. Folia autem eius viridia abscindunt fluxum sanguinis. Et ideo putavit Alkindius[1], quod esset frigida et humida, sed vehementer elongatus est[2] a veritate. Fricata etiam[3] coloquintida supra lepram et elephantiam confert. Folia autem eius viridia[4] resolvunt

χ) *Quam fabulam Avicenna et post hunc Platearius, Thomas Cantipratensis in libro De naturis rerum, alii narraverunt.* ψ) *Conf.* §. 91.

§. 82: 2 -ttitur *A*; sed potius ...... ejus *om. Edd.*; — aliquando *V*. 3 *Om. Edd.*; — maturatur, *om.* sit *atque* nocens et, *A*. 4 autem *C*. 5 *Om. A*; quod *om. C*; — sumitur *Edd.* 6 hujusmodi *L V*; — femina in laxacione *A contra Avic.*

§. 83: 1 ejus *L*. 2 invenit *V*. 3 circa *Edd.*

§. 84: 1 *CPPlemp.*; Alkyndius *L*; Albrindus *V*; Alcbindius *Edd.*; Alchindus *Avic. vet.* 2 *E conj.*; ut *PZ*; *om. Reliq.* 3 non *V*; autem *P*. 4 virida *CL Edd.*

apostemata, et maturant ea. Confert etiam dolori nervorum et iuncturarum et ischiadicae frigidae[5] et
85 podagrae[α]). Purgat cerebrum. Decocta radix eius cum aceto colluit[1] optime dentes, et sedat aliquando dolorem ipsorum, ex quacunque causa dolor[2] proveniat. Haec autem radix confert hydropisi, sed[3] est mala stomacho; educit etiam phlegma grossum ex iuncturis[4] et membris, et solvit choleram, et confert colicae humidae et ventosae valde. Supposita etiam[5] mulieribus interficit foetum, et propter velocitatem sui exitus ex intestinis non timetur nocumentum, quod timetur[6] ex amaritudine ipsius. Contra morsum autem[7] viperae et puncturam scorpionis valde est efficax medicamentum, quando datur in potu radix eius.

86 (*Piper cubeba Lin. fil.*) Cubebae[1] autem sunt grana fere sicut grana iuniperi: unde etiam[2] granis iuniperi commixtae sophisticantur. Sunt autem, ut dicunt, fructus[3] arboris sub cancro nascentis, ubi est locus superfluae caliditatis, quae contracta dicitur habere folia, et non magna esse in quantitate[β]). Virtus autem cubebae similis est rubeae, verumtamen est subtilior. Dixerunt autem quidam, in ipsa esse cum caliditate virtutem infrigidativam; sed tamen verius est, quod est[4] calida et sicca, sed non excellen-
87 ter. Operationes autem[1] eius sunt, quod est aperitiva, subtilis, ad acuitatem aliquantulum declinans[2], non tamen sicut cinamomum. Est autem bonum ulceribus putridis in ore natis[γ]) et gingivis. Rheuma autem capitis re-

α) sciatice et podagre frigide *Avic vet.* β) *Quae unde sumserit Albertus, nescio. Arabes, notum est, quae de Myrto silvestri prodiderit Dioscorides, ad suas Cubebas contulisse. Sed illi plantae Dioscorides folia tribuit myrto similia, at latiora, nec angusta, ut Albertus jubet. M.* — *Sequentia profert Avic. vet. cap.* 138; *Plemp. pag.* 163: Kebâba, Carpesium; *qui pro* rubea *rectius* phu *laudavit* γ) in membris *Avic. vet.*

§. 84: 5 frigiditate *A.*

§. 85: 1 solvit *et in margine* al. coluit *V*; et colluitur ex ea os ad dol. dent. *Avic. vet.* 2 *Om. P.* 3 et *Edd.*; frigido *pro* stomacho *A C Edd.*; — etiam *om. Edd* 4 vinculis *L*; — nervis *Avic pro* membris. 5 a *add. Codd. et Edd praeter L.* 6 timētur *L.* 7 *Om. P*; — puncturam *om. L Edd.*

§ 86: 1 cububis *A lib. III* § 35; — cubibis *L in argum. capituli*; — autem *V add. unus.* 2 *L*; *om. Edd.*; et *Reliq.*; — commixto *C Z*; commixta *J*; commixtis *A*; mixte *P.* 3 *Om. P.* 4 *Om. C*

§. 87: 1 *Om. P.* 2 *Om. A*; non *om. L.*

stringit[3], si teneatur in ore, donec virtus ejus evaporet ad cerebrum. Si autem omnino in ore teneatur, vocem clarificabit. Fortis autem est ad aperiendas oppilationes in hepate. Mundificat etiam[4] vias urinae et provocat arenas, et educit cum urina, et extrahit lapidem renum et vesicae et alias plures in medicinis simplicibus facit operationes.

(*Prunus cerasus et insititia Lin.*) De ceraso[1] autem 88
et cino[2] hic non facimus[3] tractatum, quia nota sunt omnibus, neque oportet nos[4] talibus occupari.

(*Pyrus cydonia Lin.*) Coctanus autem sive citonius[1] arbor 89
est apud nos quidem nota, sed virtus eius non omnino cognoscitur[2] a multis. Haec autem non alta multum efficitur, et nisi saepe fodiatur, arescit, aut poma sua efficiuntur ignobilia et parva et hirsuta. Folia autem eius maiora et longiora sunt foliis piri, et substantia ligni eius accedit ad dispositionem esculi. Poma autem si per cotyledones suspendentur[3] in frigida regione, forte durabunt per annum et[4] amplius.

Est autem huius arboris genus duplex[δ]). Quaedam enim 90
vocantur pira coctana vel citonica[1], et habent arborem magnam, sicut pirus, et folia minora, quam habeat communis coctanus, et figuram habent pirorum, et colorem[2] et saporem citoniorum; quaedam autem sunt communia citonia, et haec arborem habent minorem, et folia majora[3], et pomum non ita pyramidale sicut pirum, sed potius globosum sphaericum. Flos autem utriusque generis est[4] albus.

Complexio autem frigida et sicca, et quando abluitur 91

δ) *Varietates sunt fructu vel pyriformi vel pomiformi.*

§. 87: 3 stringit — evaporaret *C*; — ejus *om. A CEdd.* 4 autem *Edd.*

§. 88: 1 ceres. *L lib. I* §. 128; cerasarum *C*, serasarum *V lib. V* §. 95. 2 cyn. *V hic et passim antea*; contino *P*; continuo, *om.* et *CEdd*; cunis *L lib. III* §. 14. 3 hic mentionem vel *add. A*; ment. vel *add. Edd.* 4 in *add. Edd.*

§. 89: 1 ciconius *C*; cottanus *P*; *conf.* §. 81 *not.* 1 *et lib. III* §. 28 *not.* 7. 2 agnosc. *P.* 3 -dantur *P Edd.* 4 vel *A.*

§. 90: 1 ciconica *C*; citonia *L fortasse recte, quum fructus in lib. III* §. 7 citonia (siconia *V*) *vocati sint.* 2 calorem *J.* 3 minora *A Edd.*; — *om. Edd.*; tantum *scripsit e correct. P.* 4 *Om. A.*

cinis ramorum et foliorum eius, est similis[1] in operationibus tuthiae[ε]); et succus pomi eius extractus acescit[2] propter humiditatem aqueam, quae est in ipso. Pomum autem eius melius deputatur esui[3], quando assatur. Debet autem primo concavari, et eiici grana ipsius, et in cavitate[4] debet poni mel purum, et decorticari debet cortex eius, et corpus eius liniri[5] luto, et sic poni in cineres calidos et ignitos. Operatione autem stypticum est, valde confortans; et similiter flos eius est[6] stypticus, et oleum ipsius. Tamen id, quod in genere illo est dulce, minus est stypticum; et prohibet pomum hoc comestum cursum superfluitatum ad viscera. Multitudo tamen comestionis eius inducit[7] dolorem nervorum. Semen etiam eius confert asperitati gutturis, et mucilago[8] seminis eius
92 humectat cannam[ζ]) post comestum. Confert vomitui et ebrietati, et sedat sitim, praecipue si elixetur: et ideo sapientes[9] utuntur ipso post vinum multum sumptum[η]). Fit etiam[1] ex eo syrupus, qui confortat appetitum mortuum et deiectum. Si autem decorticatum[2] in aqua ponatur, et sit aqua pluviae, et diu permaneat in ea, aqua efficitur vinosa, et datur infirmis desiderantibus vinum[ϑ]), praecipue si steterit in vase picato[3] per tempus. Dicitur etiam[4], quod ante

ε) *i. e. Zincum oxydatum album,* Tutia *Officin. vet.* ζ) *i. e., nisi fallor,* postquam semen comestum est, lubricat mucilago seminis tracheam, *vel* cannam pulmonis *Avic. vet., quare rejiciendum, quod inseruit A* post cibum comestum. η) utuntur ipso in secunda mensa super vinum et prohibet ebrietatem *Avic. vet. Quum tamen sensu verbi magis usitato sapientiores sint, qui moderate bibant, hic sapiens sensu insolito hominem delicatulum signare videtur, sive in arte potatoria exercitatum. M.* ϑ) Fit quoque ex eo [*sc.* pomo *Vinc.*; ex ea et *Edit Lindemann*] vinum, quo languentium desideria falluntur; nam specie et gustu et odore cujuslibet vini veteris imaginem repraesentat. *Isid. Origin. lib. XVII cap. VII* §. 4.

§. 91: 1 *E conj.*; efficitur *Codd. et Edd*, est sicut tutia *Avic vet. Scribunt* tuthie *P*; thuthie *A*; tuchie *CV*; tuchee *L*; tutie *Edd.*; tucia *Matth. sylv., alii* 2 accessit *ACZ.* 3 usui *CLVEdd* 4 -tatem *A.* 5 lignivi *V*; — luto *Avic. vet.*, lino *Codd. et Edd.*; — igneos *V.* 6 *Om. A V.* 7 est inducens *L.* 8 *Edd*; muscilago *CL*; muscillago *AP*; musalago *V.* 9 et conf. *P.*

§. 92: 1 *L*; autem *Reliq.*; *om. A* ex eo; — sirupus *ACL*; cyropus *V.* 2 -catur *CVEdd. et P qui e corr.* -catus. 3 pirato *V.* 4 autem *Edd.*

cibum stringit ventrem[ι]), et forte[5] facit colicam; post cibum autem laxat per accidens; sed vehementius laxat, quod ex eo elixatum est cum melle. Stringit etiam menstrua mulierum, et alias plurimas in medicinis simplicibus facit operationes.

Capitulum XVII.

De dumo[1] et draganto simul.

(? *Ononis spinosa et repens Lin.*) Dumus[x]) autem species est spinae, quae multum inspissatur[2] in ramusculis; et est 93

ι) *Autor e verbis Platearii et fortasse Avicennae, qui vero in edit. nostra contraria docet, haec confecisse videtur.* x) *Planta quamvis brevissime et obscuriter descripta sit, haec tamen certiora affirmari posse crediderim:* Dumum *esse fruticulum* — spina brevis —, *veprium nec arborum altitudine, ramusculis incrassatis a reliquis distinctum. Nec plura, nam quae sequuntur, non ad nostram plantam faciunt, sed ad rubum a hedera distinguendum. Cratuegum oxyacantham Lin. esse arbitratus (Schlechtend. Linnaea t. XI pag.* 567) *est Meyer, quam alio nomine apud Albertum non inveniri;* Dumum vero *Matthaeo Sylvatico* Rubum caninum *seu* Graecorum Cynosbaton *esse monuit, quam a plerisque quidem pro Rosa canina* (Tribulo *Alb.*), *a Trago vero pro Crataego oxyacantha haberi. Neglexit autem Meyer* spinam faginam sive magnam *in* §. 134 *indicatam, quam Crataegum, spinosorum nostrorum arbustorum maximum esse persuasum habeo. Eandem aperte descripsit Alb. Animal. lib. XXIII de Falconibus cap.* 18 *his verbis:* grana quae crescunt in spina alba, quae germanice hagedorn, quae sunt grana rubea; *ubi tamen* spina alba *e nomine germanico* Weissdorn *fortasse orta, non eadem esse videtur, quam in nostro opere laudavit, qua de re conf.* §. 223. *Quum vero Alb. e spinosis Germaniae fruticibus Prunos insititiam* cinum *et spinosam* acaciam, *Rosae species* tribulum bedegar rosam, *Rubos* rubum *et ut videtur* ramnum *nominavit, non sunt aliae spinosarum nisi Ribes grossularia, Berberis, Hippophaë, Rhamnus catharticus, Genista anglica et germanica, Ononis. Ex quibus Genista germanica ramusculis valde spinosis et Ononis ramis flagelliformibus ad* dumi *descriptionem uni fere accedere videntur. Haec ubique copiosa veprecula certe est permolesta,* genestam *autem laudat Alb. Animal. lib. XXII cap. de Equo.*

§. 92: 5 *Om. V.*
§. 93: 1 De dumo *etc. L;* De dilia dumo *AP;* De dilia et dumo *V;* De cicilia et dramo *V ind.;* De tilia et dumo *CEdd.* 2 grossatur *L.*

spina brevis de natura veprium existens. Et in hoc differt a rubo, quia rubus longe serpit, sicut edera praeter hoc, quod non habet anchas [λ]), sed spinas, et involutione propria se tenet ad ligna, quibus coniungitur.

94 (*Astragali tragacanthae Lin. gummi.*) Dragantum [1] autem est gumma arboris ex oriente veniens versus meridiem. Et est frigidum, declinans ad siccitatem: ex quibus qualitatibus plures sunt eius [2] usus in medicinis. Alia autem incipientia a littera d in hoc opere non oportet dici.

Capitulum XVIII.

De ebeno et edera [1] simul.

95 (*Diospyri et Ebenoxyli Lin. species.*) Ebenus [1] est arbor [2], quae non citra tertium nascitur clima. In India enim nascitur [μ]), sed est lineas habens albas [3] insertas; quae autem nascitur in Ethiopia sub cancro, est nigerrima tota. Est autem ligni compactissimi, cuius tactus et consertio est sicut cornu. Corticem tamen habet lenem [4]: cuius causa est, quod non exsudat ad superficiem eius terreum nisi parvum, et residuum est aqueum, quod lenit corticem. In aqua autem [5] mergitur propter victoriam terrei ipsius et consertionem suarum partium; et propter clausuram suorum pororum non ardet [6], sed posita et rasa super carbones spirat odorem bonum, propter optime suum digestum humidum.

96 Est autem calida secundum naturam et sicca. Cum

λ) *Qua de voce conf.* §. 236. μ) *Initium ex Isid. Origin. lib. XVII cap.* 7 §. 36; *pleraque ex Avic. vet. cap.* 230; *Plemp. pag.* 55: Abenuts, *hausit Alb.*

§. 94: 1 Dragantum *CZ* §. 83 *et Alb. autograph. De animal. lib. XXIII de Falc. cap.* 20 *et Avic. vet. cap.* 224; dragagantum *Codd. et Edd. praeterea ubique.* 2 ejusdem *A.*

§. 95: 1 Hebenus *lib. II* §. 82 *A solus, lib. IV* §. 137 *V semel Reliq. bis praterquam quod A altero loco legat* hebe; *lib. VI* §. 50 *omnes praeter V, Edd. ubique nisi lib. IV* §. 22 *ubi* habemus. 2 nigra *add. J*; — non circa *Z et, om.* non, *J.* 3 *Om A;* — quae enim *A.* 4 lenem *A; in Reliq. aut* lenem *aut* levem = laevem *legere licebit, dein vero Codd.* lenit, *Edd.* sevit. 5 *M*, e *conj.;* enim *Codd. et Edd.;* — consection. *CZ.* 6 arceret *Z.*

autem fricatur in aqua, sicut plures lapides in aqua fricantur, fit subtiliativa et abstersiva: et haec lotura abstergit pannum oculi et albuginem ipsius. Ponitur etiam[1] in collyriis oculorum propter multam convenientiam ipsius. Dixit etiam[2] philosophus nomine Alcuzi[3] quod frangit lapidem in renibus, et in vesica[4], et quod resolvit inflationem ventris. In aqua autem posita diutissime durat, praecipue illa, quae est[5] tota nigra. Haec enim praestantior est ad omnes operationes. Qui autem student incantationi et physicis ligaturis, dicunt, quod ebenus nigra cunis alligatur[6], ut infantem phantasmata non terreant.

(*Hedera helix Lin.*) Edera est arbor nota et communis, 97 semper virens, serpens super ea, quibus coniungitur, carens[1] flore et fructu propter frigiditatem ipsius, nec nascitur nisi in locis frigidis[2] ita, quod multum convalescat. Habet etiam radices per totum lignum suum et per omnes ramusculos ipsius, quibus stringitur ad ea, quibus coniungitur, et sugit ea et exsiccat. Quia tamen undique trahit nutrimentum, cito convalescit et augmentatur. Est autem foetidi odoris et saporis. Hedis[ν]) autem et capris specialiter tribuere dicitur lactis abundantiam. Et propter hoc, ut dicunt, edera vocatur.

Capitulum XIX.

De ficulnea et ficu fatua.

(*Ficus carica Lin.*) Ficus autem, a fecunditate sic[ξ]) vo- 98 cata[1], est arbor mediae quantitatis: et ob hoc non multum ex-

ν) *i. e.* hoedis; *quae vox propter sequentem etymologiam, quum ubique scribatur* edera, edis *scribenda fuisset.* Alii hederam ajunt vocatam, quod hoedis supra lactis abundantiam in escam a veteribus praebebatur. *Isid. Orig. lib. XVII cap.* 9 §. 22. ξ) *Isid. Orig. lib. XVII cap.* 7 §. 17.

§. 96: 1 *M. e conj.*; enim *Codd. et Edd.* 2 autem *L.* 3 Alchausi *A*; Alcuri *Edd.*; Aleuzi *Reliq.*; Alcanzi *Avic. vet*; Alchozi *Plempius.* 4 *L*; *om. Reliq.* et in ves. 5 in *add. A.* 6 cujus alligatur *C*; — *V in marg. add.* alias adunatur.
§ 97: 1 caret *V.* 2 in locis nisi frigidis *V.*
§. 98: 1 vocatur *A.*

tollit[2] se in altum, quia multum ponit in semine et fructu. Folium autem eius est latum et spissum propter multitudinem et grossitiem[3] sui humoris. Fructum autem profert sine flore, cuius causam iam diximus in antehabitis[o]). Continue autem producit fructum sicut morus; sed morus citius cessat producere quam ficus propter suam frigiditatem, et citius corrumpuntur fructus mori quam ficus, eo quod immaturi sunt et aquei et frigidi.

99 Ficus autem calida est et humida[π]); sed viscosam et grossam habet humiditatem, et ideo comesta multum generat pediculos, eo quod superfluitates de profundo extrahit ad superficiem, in cuius poris pediculi generantur. Ex quo etiam contingit, quod sudorem provocat multum comesta ficus, et distendit rugas senum[1], implendo pellem exterius superfluitate. Calore tamen suo etiam emundat apostemata et ulcera, trahens de profundo, quando cataplasmatur super ea. Ex grossitie autem generat malum chymum comesta: et ideo praecipitur cum nuce manducari, ut ex illa subtilietur. Quod si non fiat[2], generabit malum sanguinem, cuius evaporatio valde in pediculos facile convertitur[ρ]). Gemmae autem ficus magnam habent convenientiam in

100 operationibus suis cum melle. Melior autem est ficus alba, et post hanc melior est rubea, et inferior est nigra, et convenienter esui est ea, quae est multum matura. Immatura enim est[2] frigida, et matura calida et humida, et quae carica vocatur[σ]), est calida et sicca. Est autem ficus nutribilior ceteris fructibus, et operatur glutinationem et incisionem et subtiliationem, et has operationes magis operatur ficus silvestris. Succus

ο) Lib. II §. 107. π) *Avic. vet. cap.* 283, *cujus verba in multis mutavit et transposuit Albertus*; *Plemp. pag.* 290 Tin. ρ) et propter hoc facit pediculos. Geminae (!) quidem ficus melli similes existunt in operationibus suis. *Avic. vet. Plempius vero:* Quae ex ficubus plurimum in aqua coctis efficitur succago, mellis effectus facultatesque aemulatur. *Unde M. restituit verba* cum melle *ubique omissa.* σ) et quae est sicca est calida *Avic. vet.* Caricae *vero paulo post ab Alb. opponitur* ficus recens.

§. 98: 2 -litur *P e correct.*; — ponitur *A.* 3 et gross. *om. A*; — sui amoris *C.*
§. 99: 1 seni *L.* 2 fiet *Edd.*
§. 100: 1 est enim *Edd.*; — humida et calida et que carita *V.*

autem foliorum eius est[2] vehementis abstersionis et calefactionis. Et in[3] ipsa quidem est lenificatio ultima, et expellit ad cutem superfluitates, et ideo facit sudare, et in acceptione sedat caliditatem superfluam. Dicit etiam Avicenna, quod carica facit hoc, licet non sit[4] ita efficax sicut recens. Lac etiam ficus coagulat sanguinis liquefactionem et lactis, et[5] liquefacit congelatum. Adhuc autem ficus quo[1] fuerit humi- 101
dior, eo est velocioris nutrimenti et penetrationis in stomacho et in corpore. Nutrimentum vero ficus licet non sit adeo bonum et robustum, sicut est[2] nutrimentum carnis et granorum frumenti sive panis, est tamen melius et robustius quam aliquod nutrimentum aliquorum[3] fructuum. Adhuc autem virtus, quae est in ramis eius, antequam frondescant in vere, est propinqua virtuti lactis eius. Adhuc autem aqua cineris eius datur in potu ad coagulationem lactis in ventre[1]; et in hac intentione est propinqua aquae cineris quercus, quae idem operatur, sed non est tantae virtutis. Vinum autem, quod exprimitur de ficubus, est subtile et mali humoris. Ramus autem fici tantae est subtiliationis, quod quando caro coquitur cum eis, dissolvitur.

(*F. sycomorus Lin.*[r]) Sunt autem quaedam[1] ficus in quarto 102
climate, quae vocantur ficus Pharaonis, in quibus est tanta virtus attractiva, quod attrahunt ex profundo corporis, et resolvunt quod attractum est. Ficus autem immatura linita super discolorationem et verrucas et morpheas rectificat colorem; et idem[2] iste effectus est etiam foliorum ipsius. Quod

r) jumeiz *Avic. vet. cap.* 362; *ubi ad cap. de Ficu remittimur, frustra quidem, nam omissa sunt in edit. nostra certe, quae profert Plemp. pag.* 97 *sub* Gjummeiz, Sycomorus. Ficum Pharaonis *plurimi* Sycomori, *nonnulli* Musae *sive* Fici indicae *synonymum fecerunt, qua de re conf. Casp. Bauhini Pinacem pag.* 459 *et* 507, *Mentzelii Indicem nominum plant. sub:* Musa, Palma, Sycomorus. *De* siccomoro *Alb. conf. notam* χ

§. 100: 2 *Om. CEdd.* 3 *Om. J*; — lenificationi *Edd.* 4 sit non *C P Edd.*; — efficax et recens sicud ficus *A.* 5 *Om. A.*
§. 101: 1 que *CEdd.* 2 et *L.* 3 ad sanguinis coagulationem, *om.* in ventre, *A.*
§. 102: 1 *M. e conj.* quidam *Codd.* 2 ideo *C*; — iste *om. P*; — etiam *om. A.*

autem fructus ipse velocis est[3] expulsionis et generativus pediculorum, est propter corruptionem sui humidi. Dicitur tamen[4] conveniens esse nutrimentum animalium aliorum ab homine. Est autem generativa pinguedinis, sed facile resolvitur pinguedo generata[5] ex ipsa. Cataplasmata[6] autem cum farina ordei maturat carbunculos et erysipilam, et confert apostematibus duris; immatura tamen ponitur super morpheam; sicca tamen nocet apostematibus hepatis et splenis propter dulcedinem ipsius. Succus foliorum[7] eius exulcerat pellem. Confert etiam[8] tam sicca quam humida epilepsiae. Mirabilis autem iuvamenti est in eo, qui abstinet: in illo enim aperit vias cibi[υ]), praecipue mixta tamen nuce aut amigdalo, sed magis juvat[9] cum nuce. Succus autem foliorum aperit orificia venarum ani, quae haemorrhoidae vocantur. Lac autem ficus valet contra puncturam scorpionis. Et immatura, aut[10] folia recentia, ponitur super morsum rabidi canis, et confert[φ]). Etiam[11] multas alias in medicinis habet huiusmodi operationes.

103 Est autem in hoc genere arborum, quae ficus fatua vocatur[χ]), et celsa[1] latine dicitur, quae in cortice et[2] ligni colore

υ) Jejunis datae meatus alimentarios mirifice recludunt, *Avic. ex Plemp. interpretatione.* φ) et similiter ponitur illa, quae est immatura, aut folia recentia, super morsum canis rabiosi, et confert, *Avic. vet. Unde rejicienda videtur lectio* ponuntur *L.* χ) Ficum fatuam *apud Albertum esse Ficus caricae Lin. var. caprificam et hoc loco et lib. VII* §. 168 *edocimur, quae in* §. 104 *redit sub* Ficus silvestris *nomine. Isidorum autem secutus, qui Orig. lib. XVII cap.* 7 §. 20 *dicit:* Sycomorus sicut morus graeca nomina sunt. Dicta autem sicomorus, eo quod sit folium simile moro. Hanc Latini Celsam appellant ab altitudine, quia non est brevis ut morus; *Alb. et* Celsam *et* Sycomorum *ejusdem arboris synonymum reddidit, incautus tamen; apud Isidorum enim* Sycomorus *est Morus nigra Lin., quam suo nomine descripsit Alb.,* Morus *vero Rubi Lin. species sunt. Conf. infra lib. VI* §. 143—144.

§. 102: 3 *Om. P*; *L Edd. post* pediculorum *inseruerunt.* 4 enim *A C Edd.* 5 generativa *V*; — ex ipsa *om. Edd.*; ab ipsa *A*; et *add. P.* 6 *i. e.* si cataplasmatur; cathapl. *scribit V ubique*; emplastrum *Avic. vet.*; — confert *L V*; valet *A*; *om Reliq.* 7 ipsius succus. Folium *V*; autem *add. A.* 8 *Om. Edd.*; — tam hum. q. sicci *L.* 9 *L V*; *om. Reliq.* tamen ..... juv., *quae sunt Avic. verba.* 10 *L Avic.*; habens *J*; autem *Reliq.*; — *V expunxit* fol. rec. 11 *L*; et *Reliq.*; Et confert multas *A om.* habet.

§. 103: 1 Scribunt telsa *C Edd. lib. IV* §. 144. 2 *Om. V.*

et figura foliorum ficui similis esse videtur; sed procerior est multo quam ficus, et sine fructu invenitur. Quia enim caret fructu, ideo plus crescit substantia ipsius[3]. Sterilitas autem eius est propter frigus complexionale ipsius: propter quod etiam in frigidioribus[4] terris convalescit, in quibus perit ficus. Lignum autem[5] utriusque est intus magnae medullae in ramusculis, et rarae substantiae, et frangibile potius quam[6] scissibile, et corticis valde plani et lenis[7] sicut arbor, quae tremula vocatur. Quorum causae facile sciuntur ex prius determinatis in hac scientia.

Est autem mirabile de ficu, quod corticem habet amarissi- 104
mum, et fructum dulcissimum. Et in fructu habet granula multa, quae sugunt omnia de cortice exteriori[1] fructus, qui valde spissus est; et sugunt per cotyledones carnosos humidos, sicut superius diximus. Et carnes cotyledonum sunt melius[ψ]), quod est in ficu. In locis autem frigidis ficus[2] est pauci lactis et spissi, et in locis calidis est plus de lacte in ipsa. Dicunt autem, qui magicis student, quod tauri ferocissimi ficulneis alligati citius mansuescunt. Certum autem est, quod silvestres ficus[ω]) expansae sub hortensibus faciunt eas magis feraces in fructu. Adhuc autem plantatae[3] ficus in locis humidis hebetiorem habent saporem, quam in locis siccis et altis[4], eo quod humidum eius grossum et[5] excedens quantitatem in loco humido compleri[6] non potest per calorem naturalem ipsius.

Capitulum XX.

De fago et fibice et fraxino simul[1].

(*Fagus silvatica Lin.*) Fagus autem est arbor apud nos 105
valde[2] nota, et est cinerei corticis et spissi, procera multum

ψ) *i. e. pars optima.* ω) *Conf.* §. 103 *not.* χ.

§. 103: 3 ejus *A.* 4 *A*; superioribus *Reliq.*; — parit *C Edd.* 5 enim *L.* 6 postquam *Z*; plusquam *J.* 7 levis *Edd.*; *at conf.* §. 95 *not.* 4.
§. 104: 1 -oris *Edd.* 2 ficu, et quod est, *omissis* In ... ficus, *A*; — pauci est *Edd.* 3 plante *C L Edd.* 4 aliis *A.* 5 *Om. C Edd.* 6 compexionali *A.*
§. 105: 1 simul *om. P.* 2 *Om. C*; — cinera *P*; cinna *Edd.*

et patula in ramis, crescens ex tunicis ligneis aëreae substantiae: propter quod etiam[3] multum cremabilis est. Et quia humidum eius est dulce, facile corruptibile, ideo multi generantur vermes in ea — qui[4] teredines vocantur —, et de facili putrescit: propter quod ad aedificia non multum valet, licet sit multum dolabilis. Folia autem ipsius sunt tenuia, dulcis humidi: propter quod etiam pulmenta fiunt ex eis, quando sunt recentia. Fructus autem est in thecis[5] hispidis sicut fructus castaneae; et est fructus non adeo solidae substantiae sicut glans, et ideo comestus[6] ab animalibus non generat solidam carnem[α]) sicut glans
106 et castanea. Sed lignum eius est melius ad ignem lignis omnibus[1] arborum notarum, et facit solidum carbonem, diu durantem, propter ligni ipsius[2] terrestreitatem et bonam et[3] subtilem commixtionem. Cum autem in se revolvi[4] cogitur ignis eius, convertitur in cinerem, quo utuntur tinctores. Et ille valet, quando fit ex ligno, quod fere computruit: et hoc ideo est, quia illud siccius est intra, et exterior eius humiditas cito removetur ab ipso per virtutem ignis, et ideo cinis ille siccior efficitur et acutior, et facit[5] magis penetrare colores in ea, quae colorantur.
107 (*Betula alba Lin.*) Fibex[1] autem a quibusdam vocatur arbor, quam antiqui vocant miricam[β]). Cuius cortex exterior ex viscosa et lucida fit humiditate: et ideo albus est, et liber proprie vocatur. Est autem arbor sterilis[2], non nisi in locis sterilibus nascens, alta valde, et multorum minutissimorum ramusculorum in ea dependentium, propter quod[3] scopae fiunt de ramis eius. Est etiam[4] viscosae sive unctuosae et foetidae humiditatis: propter quod non facile scinditur, sed potius flexibiles

α) *Sues fructibus fagorum saginati mollioris et laxioris sagedinis esse bene notum est.* β) Mirica latine arbor quam quidem vocant bul, filex a quibusdam, cujus cortex liber vocatur, ex quo candelae ad illuminandum. *Alb. Animal. lib. XXII cap. de Equo.* — Vibex *ab aliis* nominabatur, a *Gallis vero hodie* bouleau. *Voce* liber *Alb. respicere videtur ad nomen germanicum* borcke (bark *Saxon. infer.*), *cui nomen* birke (bark-boom) *affine est.*

§. 105: 3 *Om. L.* 4 que *C Edd.* 5 techis *A Edd. hic et in sequentibus capit.* 6 -stum *V*; -stam *Z*; -sta *A.*
§. 106: 1 omnium *C.* 2 ejus *L.* 3 *Om. L.* 4 *V add.* alias resolvi. 5 *Om. A*; coloratur *J.*
§. 107: 1 fibex *A et in argumento A P*; filex *Reliq. utroque loco*; silicis *vel* filicis *L lib. II* §. 34, *ubi Reliq.* fibicis; — miriter *Edd.*; muricam *L lib. II* §. 34 *pro* miricam. 2 subtilis *A.* 3 et *add. C.* 4 autem *C Edd.*; — sive *A pro* et; — non *om. P.*

habet ramos[5] iuncturas et ligamenta. Et quando cortex eius distillatur, egreditur unguentum foetidum ex ipsa, quo[6] utuntur hi, qui plaustra vehunt, ad unguenta axium et modiolorum in rotis: et hoc convenit ei propter malitiam nutrimenti ipsius. Folium autem[7] eius tenue est et parvum in genere foliorum aliarum arborum, sed figurae communis, hoc est sicut circulus, qui in anteriori parte est a centro ad punctum extra[8] extractus.

(*Fraxinus excelsior Lin.*) Fraxinus est arbor magnae 108
altitudinis, medii corticis inter planum et asperum, et non est multum spissus cortex ipsius, et folia multa[1] producit ex uno stipite vel ramo foliali; et in hoc convenit etiam cum nuce, ex qua etiam progreditur unus ramusculus viridis et mollis, ex cuius[2] utraque parte plura procedunt folia. Sed tenuiora et[3] strictiora sunt folia fraxini quam nucis; et fere assimilantur foliis salicis in figura, sed sunt duriora in tactu, et in colore magis albidam habent viriditatem. Fructus autem fraxini in hoc convenit cum botro, quia multa producit ex uno[4] dependentia, quod est in fructu eius sicut racemus in botro; sed differt[5], quod grana fraxini sunt in thecis latis parumper et valde tenuibus, et granula[6], quae sunt in thecis illis, videntur esse evanida, et non proficientia[7] in fructum et generationem. Lignum autem 109
huius arboris est valde solidum, praecipue cum aridum efficitur, ita quod sudes ex ipso[1] facti aliquando penetrant arma et alia ligna sicut ferrum; et fiunt ex ipso ligno hastae lancearum propter fortitudinem et duritiam[2] et directionem[γ]) ipsius. Crescit autem ex tunicis ligneis, ita quod inter tunicam[3] et tunicam est quaedam substantia rara, et tamen valde dura; et in hoc differt a ligno tiliae, quod totum est rarum et molle. In corpore autem lignum ipsum[4] non est multum album, sed quasi cinereitatem quandam habens; sed in colore corticis multum assimilatur cor-

γ) *i. e.* propter proceritatem *sive* lignum rectum *sive, quod e conject. certe inseruit L,* rectitudinem.

§. 107: 5 et *add. V.* 6 qua *CPZ*; — unguentum *A*; — modiliorum *C*; mociolorum *A.* 7 enim *L*; — foliorum *om. Edd.* 8 *Om. Edd.*

§. 108: 1 multa folia *Edd.* 2 quibus *A.* 3 sunt et str. sunt *C Edd.*; — fol. fraxina *Edd.* 4 una *A.* 5 differunt *J*; — quia *A.* 6 grana *V.* 7 *E conf.*; perfic. *Codd. et Edd.*

§. 109: 1 ipsa *Edd.* 2 -tiem *Edd.* 3 tumicam *V.* 4 *Om. A.*

tici tremulae. Horum autem omnium[5] causae physicae facillimae sunt ex superius determinatis.

Capitulum XXI.

De galbano et gutta et ceteris gummis[1] in communi.

110 (? *Galbanum officinale Don.*) Galbanum autem[2] est arbor, si frutex arbor vocetur, cuius gutta etiam galbanum vocatur. Habet autem lignum fruticis[3] et folium strictum, nec nascitur nisi in calidis locis, primi vel secundi vel tertii climatis. Gumma autem eius duplex estδ): una enim est spumosa, et levis ponderis, et vehementioris albedinis; et altera est spissioris substantiae, gravior et nigrior vel minus alba, et haec maioris est virtutis quam prima. Est autem prima silvestris, ut dicitur, et[4] secunda domesticaε). Aliquando autem per incisionem corticis[5] educitur, et tunc minus valet, quam quando solis ardore ebullit. Est autem calida et exsiccativa, et odor eius fortis et bonus, ita quod incensumζ)
111 optimum[6] inde componitur. Operatur autem in corporibus, quibus applicatur, lenitionem et resolutionem[1] et carminationem ventositatum. Sed corrumpit carnem hominis, quando linitur super eam. Calefacit etiam et inflammat et attrahit et resolvit et eradicat lentigines, quae[2] erum-

δ) *Avic. vet. cap.* 319; *Plemp. pag.* 258: Khinna, Galbanum. ε) *Quum dupliciter his vocibus usus sit Alb., vix crederem hoc loco sub* silvestris *partem exteriorem gummatis, sub* domesticus *interiorem intelligendam esse, conf. vero indicem sub* domesticus. ζ) *i. e.* suffimentum, *cui galbanum esse addendum, jam Moysis jussit, Exod. cap.* 30 *vers.* 34. *M.*

§. 109: 5 *Om. P*; — cause prehabite *Edd.*; — determinate *CP.*
§. 110: 1 et de gutta, *om.* ceteris *P*; gummis *om. V ind. Edd.*; ceteris generibus *A in rubrica, nec tamen in nota marginali ante rubricam.* 2 *V Edd.*; *om. Reliq.*; — et *pro* etiam *V Edd.* 3 fructus *A*; fructicis *hic et saepius L. Valde tamen suspicor, pro* fruticis *legendum esse aut* fragile *aut ejusmodi quid aliud. Sed quum frustra, unde haec hausta sint, quaesiverim, ex conjectura mutare non ausim. M.* 4 in *Z*; *om. J.* 5 corporis *Edd.* 6 *Om. C.*
§. 111: 1 solut. *P*; resol. et len. *Edd.*; — ventositatis *V.* 2 *sequentia usque ad verba* §. 113: tereniabin. Sicut etiam *repetit V ad finem cap.* 25.

punt in pelle. Confert lassitudini et spasmo lacertorum; et valet contra epilepsiam[3], ita quod, quando epilepticus ipsum odorat, reviviscit a casu et surgit[4]. Confert etiam dolori molaris; subito autem confert dolori dentis corrosi. Quod autem expertum est, hoc est, quod provocat menstrua fortiter, et educit foetum de matrice, quando supponitur, et confert praefocationi matricis multum bibitum cum[5] vino, et removet difficultatem urinae. Mirabiliter autem odor eius fugat omnia animalia venenosa, ita quod cum aliquis liniat[6] se galbano, non appropinquant ei venenosa; et si aliquo casu[7], nisi cito recedant, moriuntur: multum enim valde resistit venenis. Odor autem eius delectabilis est[8] valde homini consueto bonis odoribus, sed purgatoribus latrinarum[9], et consueto malis odoribus displicet valde[10] aliquando.

Generaliter autem omnis gutta, quae etiam[1] gumma vel 112
lacrima arboris vocatur, invenitur triplicis coloris: alba videlicet, et citrina et subcitrina, raro autem[2] rubea vel nigra; et in genere quidem melior est alba. Et omnes species guttarum[3] sunt calidae η), et operationes habent stypticas et glutinativas et exsiccativas. Gummi tamen, quod vocatur Achaiae[4] circa Corinthum, est fortius ceteris, et ideo ponitur cum tyriaca ϑ). Et sunt gummae lenitivae pectoris, et expulsivae superfluitatum pulmonis: et ideo clarificant vocem, et confortant stomachum. Id tamen quod vocatur gummi arabicum, stillans de quadam arbore Ara-

η) *Avic. vet. cap.* 317; *Plemp. pag.* 251: Dsamag, Gummi. ϑ) Gummi acatiae est fortius tyriace. *Avic. vet., quae est* theriaca, *remedium medii aevi universale. Liquet* achajam *pro* acacia *legisse Alb., qui mox de arabico, quod ejusdem acaciae gummi est, eadem fere repetit, secutus in eis Platearii lit.* G *cap.* 5, De gummi arabico, *ex quo etiam generalia de colore gummatum sumsisse videtur.*

§. 111: 3 -lensiam *ACL*; -lenciam *V*; *paulo post* epilenticus, *Codd. et sic ubique.* 4 et *add. V.* 5 in *V.* 6 lineat *C*; — appropriant *CLP Edd.* 7 superveniant *add. A*; — moriantur *L V*; — multum autem *A.* 8 est delectabilis. Est *L.* 9 lachrymarum *Z*; lacrimarum *J.* 8 *L*; valde aliq. *Reliq.*

§. 112: 1 *L*; est *Reliq.* 2 vel *C.* 3 *V in marg.* al. gummarum; gummi *Avic.*; — habet *CP Edd.*; — stipticitas *L*; — conglutin. *L V.* 4 acaie *L*; — tiriata *V*, cyriata *C*, tiriaca *L*; §. 145 tyriata *C*, cyriaca *L.*

biae[5], est calidum et humidum et album, quando est nobile, et habet virtutem laxandi et humectandi[6] et leniendi et conglutinandi, et colatio eius in aqua, donec viscosum fiat, removet linguae asperitatem. Gummae[7] autem omnes et guttae virtutes suas habent ab arboribus, ex quibus stillant, et ex ardore[8] solis cum fervore ebulliunt. Et hoc facile est experiri per antecedentia.

113 Hi autem, qui curiosius talia sunt rimati, dicunt quidem[1] guttam esse idem quod ladanum[2], et non esse aliquid plantae vel arboris, sed potius esse de genere roris[ι]), sicut mel et manna et id, quod vocatur tereniabin[3]. Sicut enim[4] fit mel ex vapore digesto per operationem stellarum, et postea cadit super spicas et lapides et arbores: sic etiam[5] alii vapores digesti transeunt in diversas species, et aliquando appropinquantur[6] his, super quae cadunt, sicut tereniabin, quod cadit ultra Euphratem iuxta Babyloniam versus meridiem. Et sic fit laudanum (*Cisti cretici Lin. et confinium gummi*[x]), quod vocatur gutta in meridionalibus locis, et cadit super plantam, quae vocatur casus a casu eius super eam. Et lambunt ipsum caprae et hirci, et extrahitur de barbis[7] earum. Sed tunc admiscetur[8] ei arena et pulvis: et ideo melius est purum per se inventum; hoc enim est pingue citrinum et lucidum, dans bonum odorem. Hoc autem est humiditatum[9] viscosarum maturativum, et

ι) *Avic. vet. cap.* 698. Tereniabim quid est. Hic est ros, qui plurimum cadit in corasceni et in locis qui sunt ultra fluvium et plurimum casus ejus in regione nostra est super lapides *etc. Plemp. pag.* 286: Terengjobin, Aërium mel. *Est persica Mannae species.* x) *Avic. vet. cap.* 432; *Plemp. pag.* 176: Ladhsun, Ladanum. Casus *vel* cusus *Avic. vet.*, chasus *Alpagi est* cissus, *quam cum* cisto *Dioscor. lib. I cap.* 128 *commutaverat Avic.*

§. 112: 5 Arabice *Z;* Arabica *J.* 6 *Om V* et humect.; — *om. A* et len. et conglut. 7 *V add.* vel gummi. 8 arbore *A;* — cujus *pro* cum *L.*

§ 113: 1 *L; om. Reliq.* 2 laudanum *Alb. Autogr. Animal. lib. XXIII de Falcon. cap.* 21, *Avic. vet., hic V, dein V et Edd.*, in §. 125 *C*, ubi *V* ledani; ladanum *Reliq.;* — arboris *pro* roris *C P V Edd.; A in marg. add.* vaporis. 3 *Scribunt* tereniabim *Avic.;* tereniabin *Edd. et passim A P; praeterea* therabnyabin *A;* theraniabin *dein* teremabin *C;* theranyabin *L P dein* teramabin *L;* tetanyabin *dein* teriamabin *V.* 4 Et eciam *A;* Sicut eciam *V.* 5 et *add. L;* — transiunt *L.* 6 *M. e conj.;* approprianturCodd. *et Edd.;* — eufrateum *L.* 7 barbia *L;* — corum *Edd.* 8 -miscentur *L et, qui expunxit* n, *V.* 9 humidatum *C;* — maturantium *L;* — *om. Edd.* et aper. ... conf.

aperitivum et calefactivum, et confortativum capitis, et sedativum doloris aliquantulum, et facit nasci capillos. Non autem convenit, quod dicunt quidam, ipsum esse gummi.

Capitulum XXII.

De galanga et[1] gariofilo et granato simul.

(*Alpinia galanga Lin.*) Galangam[2] ferunt esse ar- 114
borem non altam, sed potius se habet ad modum fruticis, cuius radices sunt frusta[3] dura rubea. Haec enim meliora sunt quam nigra, et quae[4] ponderosa sunt, in suo genere[λ]) sunt magis valentia. Quinquennio durat virtus eius. Est autem galanga calida et sicca, et habet lignum, quasi sit[5] involutum et nodosum. In operatione autem est[6] subtile resolutivum[7], confert etiam bonum odorem ori, et confert stomacho, faciens sibi bonam digestionem[7], confert etiam colicae et dolori renum, et provocat coitum, et alias multas in medicinis habet operationes. Est autem involutio ligni eius radicis plurimum similis involutioni ciparis[8], quae est herba (? *Acorus calamus Lin.*) satis nota apud nos; et sapor ejus sicut sapor ciparis, sed radix ciparis est alba: et ideo quidam errantes ciparim putant[9] esse galangam.

(*Caryophyllus aromaticus Lin.*) Gariofilus[1] est arbor, 115

λ) *Verbis Platearii in lit. G cap.* 3 *quae sunt:* Quidam dicunt quod est arbor, alii dicunt quod frutex. ... Est ergo ligenda quae subrufa est et in sui manerie ponderosa, *haud leviter mutatis addidit Alb. et verba* frusta dura rubea *et quae sequuntur ex Avic. vet. cap.* 321, *quod est apud Plemp. pag.* 297: Chatsroudâr, Galanga. *De* cipari *conf.* §. 301.

§. 114: 1 *Om. P Edd.*; — simul *V unus profert.* 2 Galanga *Alb. Animal. lib. XXIII de Falcon. cap.* 17. 3 *L Avic.*; frustra *V*; *om. Reliq.* 4 que et *C Edd.*; *om. P* que; *om. A* que *atque* sunt; — sunt eĩ (?) magis *P.* 5 *Om. A.* 6 *Om. C L V Edd.* 7/7 et *add. V.* 8 capparis *dein vero* ciperis — ciparini (*pro* -rim) *V*; cyparis *Edd.* 9 dixerunt *A.*

§. 115: 1 Gariofili *Autograph. Alb. Animal. lib. XXIII de Falc. cap.* 18—21; -fiolus *V*; -filorum arbor, *om.* est, *Reliq.*; -phila *P* §. 12; — sambagus *CP*; sambucus *V*, sambucum *paulo postea Edd.*

quae crescit in insula Indiae, ut dicit Avicenna: et dicit, quod est sicut id, quod vocatur sambacus[μ]). Est autem in hac arbore masculus et femina, et fructus eius, qui masculus est, est sicut nucleus olivae, sed est longior et nigrior, et[2] in nigredine etiam vincit sambacum. Arbor autem eadem[3] etiam habet gummam. Gariofilus autem melior est sicut nucleus siccus[ν]), qui est in ossibus olivarum, et est niger suavis et boni odoris. Calidus autem est[4] et siccus; et facit redolere caput hominis, quando applicatur ei; abstergit etiam visum, et confert panno oculi; confortat stomachum et hepar, et confert vomitui et nau-
116 seae. Figura autem eiusdem[1] est sicut clavi, qui ex parte capitis est rotundus, et in alia parte non simpliciter acutus est quasi compressus in parvam latitudinem. Et quando bonus est, compressus inter ungues, resudat naturale humidum[ξ]). Est autem odoris acuti valde et similiter saporis. Cum autem perit et exsiccatur[2], fit decennium[o]), quia per tantum tempus reservari possunt in loco, qui temperatus est inter humidum et siccum. Teruntur[3] boni et optimi gariofili in pulverem, et commiscentur cum aceto fortissimo, et mali, ligati in panno, per spatium unius noctis vel duarum immerguntur, et tunc imbibunt sibi saporem bonorum, ita quod vix discerni possunt. Sed non durant tales nisi ad triginta dies[4].

117 Quod autem dicitur a quibusdam imperitis, quod gariofili crescant[1] in septimo climate, omnino falsum est. Hoc enim, quod vocant gariofilos, est herba, quae vocatur ungula equi[2],

μ) Sambacus *Avic. vet.*, Zzanbakh *Arab. seu potius Persarum*, Zambach *Alb. Autogr. Animal. lib. XXI cap. de Catho* (*cattus Edd.*), *quem tamen hic contra Codd. secuti non sumus*, Jasamum *Avic. arab. est Jasminum sambac Avic. vet. cap.* 318; *Plemp. pag* 253: Kharanfol, Caryophyllum. ν) similis nucleo sicco *Avic. vet.* ξ) Meliores sunt, qui in expressione unguium [*i. e. qui digitis compressi*] aliquantulum emittunt humiditatis, *Platear. lit. G cap* 1, *quem abhinc secutus est Alb.* o) per V annos *Plat.*

§. 115: 2 set *A;* nigredinem *J.* 3 eandem, *om.* autem, *A.* 4 *Om. P.*

§ 116: 1 ejus *V;* — est ex p. cap. *L.* 2 sicc. *V; om. A;* — fit *L;* post *Reliq.* 3 cernitur *C V Z.* 4 XXI dies *P;* per XX dies *Plat.*

§. 117: 1 -scunt *C Edd.* 2 ung. asini equi *A.*

et apud vulgum vocatur herba leporis[π]), cuius radix declinat ad saporem gariofilorum, sed est hebetior eis[3], et seminis sui figura, quae est in folliculis dependens ab herba ipsa, quandam exprimit gariofilorum figuram: sed neque in[4] colore convenit cum eis neque etiam in sapore. Haec igitur est natura et proprietas gariofilorum.

(*Punica granatum Lin.*) Granatum, quod vocatur malum 118
punicum, est arbor nota in omnibus climatibus usque ad septimum. Est autem arbor non multum procera, et habens folia dura communis figurae, sed sunt strictiora piri foliis et mali, accedentia[1] ad figuram foliorum olivae, sed sunt magis tenuia et magis dura et magis nitida. Habet florem rubeum sicut rosa, et ille vocatur balaustia[2]; sed non expandit totum florem in superficiem unam sicut rosa, sed manet concavus sicut campana[3], et in illa concavitate formatur pomum ipsius. Excellens autem frigus non sustinet, et ideo licet aliquando floreat in septimo climate, tamen nunquam producit fructum ad maturitatem in ipso.
Est autem pomum duplex, dulce et acetosum; et sunt poma 119
ista[1] eiusdem figurae et coloris: color enim est citrinus, et figura[2] sphaerica. Et conveniunt ambo poma in[3] hoc, quod sunt multorum granorum: propter quod etiam[4] granata vocantur[ρ]). Sugunt autem haec grana de cortice, et de quadam substantia, quae est in medio corticis, et est de colore et natura corticis. Et habent distinctiones[5], quia multitudo, quae sugit de una parte corticis, distinguitur per telam albam a multitudine, quae sugit de eiusdem[6] corticis alia parte. Est autem dulce naturaliter 120
calidum et humidum[σ]); et acetosum est frigidum et

π) *Est Asarum europaeum Lin., conf.* §. 470. ρ) Malum granatum, eo quod intra rotunditatem corticis granorum contineat multitudinem. *Isid. Orig. lib. XVII cap.* 7 §. 6. σ) *Haec Platear. lit. M cap.* 12 *docet contra Avicennam, cui mala granata dulcia pariter atque acetosa sunt frigida. Sequentia vero sunt Avic. vet. cap.* 320; *Plemp. pag.* 281: Român, Malum punicum; *omisso cap.* 113 De Balaustiis; *Plemp. pag.* 96.

§. 117: 3 ejus *J.* 4 *Om. V.*
§. 118: 1 accidentia *CZ.* 2 tulaustia *C; scribunt praeterea* §. 120 balauste *C;* lib. II §. 117 balauciis *L;* balaustis *V; lib. II* §. 135 balaucie *L.* 3 pana *C.*
§. 119: 1 illa *V.* 2 forma *APEdd.* 3 et quod ambo conveniunt in *P.* 4 et *V.* 5 -tionem *CEdd.;* — fugit *J;* — albam *om. J.* 6 *LV;* ejus *Reliq.;* — altera parte *L.*

siccum. Acetosi etiam operationes sunt, quod reprimit choleram, et prohibet cursum superfluitatum ad viscera: hoc autem proprie facit vinum eius. In omnibus autem speciebus eius est abstersio cum stypticitate. Balaustiae autem ipsius[τ]) faciunt cohaerere vulnera ex caliditate ipsarum. Omnes autem species eius parum nutriunt, sed conferunt bonum nutrimentum. Acetosum etiam[1] exasperat pectus, et dulce lenit ipsum. Confert etiam totum granatum tremori cordis, et abstergit os stomachi, et multas alias habet operationes in medicinis, de quibus non est praesentis speculationis intendere.

Capitulum XXIII.

De natura et proprietate iuniperi[1].

121 (*Juniperus communis Lin.*) Juniperus cum cypresso multam habet similitudinem; propter quod etiam cypressus silvestris vocatur. Est autem arbor in occidentalibus magis convalescens, et aliquando in tantum excrescit, ut dicit Avicenna, quod[2] accipiuntur ex ea aedificia[3] domus[υ]). Convenit autem cum frutice in hoc, quod ex una radice plurimos emittit stipites, sed ex illis stipitibus producit ramos multos,

τ) i. e. arboris. *Quum vero Avicenna, Platearius, et omnes qui de hac re scripserunt, balaustias frigidas esse asserverent, nec ulli calido conglutinandi vim tribuant: minus recte dixit Avic. vet. hoc loco:* Balaustiae quidem cum caliditate sua faciunt adhaerere vulnera. *Nec quae Plempius vertit:* Balaustium cruenta vulnera glutinat, *cum verbis arabicis conveniunt. Rectius vero, siquid video, Alpagus:* vulnera glutinat, cum sunt calida, *i. e.* recentia; *quae ad verbum autem interpretarer:* vulnera in caliditate sua. *M.* υ) *Avic. vet. cap.* 370. *Sed verba:* Et arbor multiplicatur in terris romanorum et in occidente et assumuntur ex ea ligna ad fabricas magnas *Alpagus jam delenda esse innuit, et Plempius, pag.* 230: Arar, *tacite omisit. Patet autem, aedificia Alberto non aedes esse, sed materiam, unde fiant aedes.*

§. 120: 1 *Om. C.*
§. 121: 1 nat. et *om L.* 2 et *CEdd.*

et multum dilatatur super terram. Spinas autem virides habet pro foliis, et exeunt per totum[3] circuitum ramorum eius, sicut in abiete et pinea et extenduntur in corticem sicut in cypresso, et virent[4] hieme et aestate. Et habet lignum in colore et odore et curvabilitate multum conveniens cum ligno[5] cypressi. Grana autem habet pro fructu nigra, et multa[6] producit ex eis φ), et producit ea nuda, non in pomo aliquo nec in thecis[7] crescentia: et in hoc differt a cypresso et abiete et pinea.

Dicitur autem in medicinis simplicibus χ), quod declinat 122
ad caliditatem et siccitatem, et praecipue semina eius. Operatur autem subtiliationem et calefactionem[1] et carminationem. In fructu tamen eius aliquid est stypticitatis, sed non est stypticitas aliqua in aliis partibus arboris illius[2]. Dicitur etiam, quod confert attractioni lacertorum: et ideo est, quod lassi dormiunt libenter in umbra eius. Mundificat et aperit oppilationes in membris nutrimenti. Bibita autem confert doloribus stomachi et inflationi[3] eiusdem, et valet contra praefocationem matricis. Suffumigatio[4] autem ex qualibet parte huius arboris facta vermes expellit venenosos. Conceptum autem[5] diutissime dicitur tenere ignem, ita quod carbones eius bene cooperti cineribus eius dicuntur retinere ignem per annum ψ). Semen autem eius in figura et colore est sicut cubebae, sed est amarum valde: et ideo etiam[6] falsarii deceptores permiscent eam cum cubebis.

φ) *Est Germanismus* (*viele von diesen*) *pro* quorum multa prod. χ) *Avic. l. c.* ψ) Juniperus graece dicta, sive quod ab amplo in angustum finiat, ut ignis, sive quod conceptum diu teneat ignem, adeo ut, si prunae ex ejus cinere fuerint coopertae, usque ad annum perveniant, etc. *Isid. Orig. lib. XVII cap.* 7 §. 35.

§. 121: 3 *Om. P.* 4 in *add. A V.* 5 signo, *om.* cum, *L.* 6 *Om. C P Edd.*; — non *om C.* 7 techis *V*, tecis *C P.*
§. 122: arefact. *V.* 2 ipsius *V*; ejus *Avic.* 3 inflammationi *V.* 4 Subfum. *L*; — hujusmodi *V.* 5 etiam dicitur *add. L.* 6 *Om. P*; ideo est, quod *V.*

Capitulum XXIV.

De lauro et[1] lentisco et liquiricia simul.

123 (***Laurus nobilis Lin.***) Laurus arbor est satis nota, habens folia sicut folia mirti, nisi quod sunt latiora et longiora[ω]), habentia multos angulos in circuitu. Habet autem fructum, qui vocatur bacca[2] lauri, qui est in quantitate sicut avellana parva, sed testam non habet[3]; et tunc dividitur nucleus in duo media sicut glans, et in utroque est virtus seminativa[4]. Dicitur autem[α]) laurus quasi laudus, eo[5] quod laude digni antiquitus ramis huius arboris coronabantur; D autem mutata est in R literam, sicut et auricula dicitur pro audicula, et meridies pro medidies.

124 Grana autem et folia boni odoris sunt et boni saporis. Et virtus eius fere est in foliis et fructu eius. Est autem arbor calida et sicca, et praecipue in granis, quia grana sunt calidiora quam folia ipsius; et oleum quod exprimitur ex ipsis, calidius est quam oleum nucum, et calefacit et exsiccat totum, quod est in arbore ista. Oleum autem[1] confert morpheae, si liniatur super ipsam cum vino. Confert etiam[2] eius oleum doloribus nervorum, et resolvit lassitudinem. Conferunt[3] etiam[β]) doloribus aurium, et removent surditatem frigidam, mollificant stomachum et provocant vomitum. Et confert multum unctio olei eius puncturae apis et vespae, et alias multas facit operationes.

125 (***Pistacia lentiscus Lin.***) Lentiscus est arbor non multum differens in figura foliorum ab aliis, et dicitur lentiscus[γ]),

ω) *Avic. vet. cap.* 455; *Plemp. pag.* 106: Dehmest, Laurus. α) *Sequentia sunt Isidor. Orig. lib. XVII cap.* 7 §. 2. β) ambo *add. Avic. vet., quae sunt* et laurus et oleum ejus. γ) Lentiscus, quod cuspis ipsius lentus [*alias* lenta] sit et mollis. Nam lentum dicimus, quicquid flexibile est, unde

§. 123: 1 *Om. P V;* — butisco *C;* — simul *V text. add. unus.* 2 vacca *V.* 3 *A add.* sed corticem qui deponitur. 4 sensitiva *C Edd.;* sementina *V.* 5 *Om. Edd.*

§. 124: 1 *Om. C;* — lineatur *L;* — ipsum *Codd. et Edd.* 2 Conferunt etiam vel confert *V.* 3 Confert — removet — -ficant — -vocant *CV;* Conferunt et. bacce ejus *A*; Confert — removet — -ficat — -vocat *Edd.*

eo quod lentam habet cuspidem[1]. Habet fructum, qui resudat oleum, et habet gummam, quae vocatur nomine eodem, et est boni odoris, quasi esset in virtute laudani, et ideo ingreditur in odoramentis multorum[δ]). Calida autem est arbor et sicca, et operatur abstergendo et resolvendo et attrahendo ex profundo corporis, et in ipsa est virtus constringendi ventrem.

(*Glycyrrhizae Lin. spec.*) Liquiricia[1] est frutex, et ra- 126
dix eius est dulcis valde et temperata, et si declinat ad aliquid, tunc est calida et humida[ε]). Habet folia fere sicut fraxinus. Operatio[2]: succus eius lenit cannam et clarificat vocem, et sedat sitim ex humido suo.

Capitulum XXV.

De malo in genere suo.

(*Pyrus malus Lin.*) Malus graeco nomine sic vocatur, eo 127
quod pomum eius sit rotundum[ζ]). Est autem nomen generis arborum multarum, convenientium in dispositione ligni et figura foliorum et dispositione aliqua fructuum. Omnis enim malus minus solidi ligni est quam pirus in genere suo; est[1] etiam mol-

et lentum vimen et vites. Virgilius: Et lentae vites pro flexiles. Hujus fructus oleum desudat, cortex resinam, quae mastix appellatur, cujus melior et plurima in Chio insula gignitur *Isid. Orig. lib. XVII cap.* 7 §. 51. *De mastice autem conf.* §. 130, δ) mulierum in halep *Avic. vet. cap* 454 *cujus sequentia sunt; Plemp. pag.* 307: Dirw, Lentiscus. *Sed facile dubitaveris, num revera idem sit gummi hoc halepense cum gummi lentisci quod masticis nomine et omnibus notum et ab Isid. l. c. et ab Avic. descriptum est, qua de re conf.* §. 130. *Platear. autem, quem secutus Alb. arborem* siccam, *nec cum Avic.* humidam *dixit, lit. L cap.* 13 *Lentisci folia fructusque solos laudavit; lit. M cap.* 5 *Masticem gummi cujusdam fruticis similis lentisco esse docuit, qua de re conf.* §. 130 *not.* ϑ. ε) *Avic. vet. cap.* 448; *Plemp. pag.* 217: Tsuts, Glycyrrhiza. ζ) *Isidor. Orig. lib. XVII cap.* 7 §. 3.

§. 125: 1 cuspitem *L.*
§. 126: 1 *Alb. Autograph. Animal. lib. XXIII de Falc. cap.* 20; Liquericia *LP fere ubique;* liquicia *C* §. 147. 2 Operatione *L.*
§. 127: 1 et *C Edd.*

lioris corticis, et latioris folii et mollioris[2]; et fructus rotundioris et levioris. Et laxioris carnis est fructus eius quam piri in genere suo[3], quasi proprietates feminae sint in malo, et proprietates masculi sint in piro. Et quia omnes fructus arborum sunt aut laxae carnis[4], aut solidae, ideo dii coelestes in nuptiis philologiae in secundis mensis non nisi mala vel pira esse determinaverunt[η]).

128 Est autem haec arbor in genere suo fructifera, ferens fructus quasi omnis saporis, et valde diversae quantitatis; sed in figura conveniunt omnes et dispositionibus supra inductis. Et quia qualitas eius et[1] calor insufficiens est, ideo fructum suum non usque ad maturitatem perfectam deducit: et ideo inflativa sunt mala, et de facili putrescunt in corporibus comedentium, et indigestionem faciunt, et malum sanguinem corruptum. Dantur autem quibusdam in principio tum ad provocandum appetitum, tum quia de facili exeunt a comedentibus. Propter multum autem[2] humidum, quod est in eis, meliora sunt assata quam elixata. Succus autem inde expressus bullit[3] sicut mustum, et aliquando convertitur in acetum. Sed vinum sumptum de silvestribus acidis et parvis malis delectabilius efficitur ad bibendum, et efficitur ex ipso nobilius et melius acetum quam ex domesticis, quae delectabilem habent saporem.

129 Pomum autem ipsum, quod malum vocatur, constat ex quinque substantiis. Quarum prima est substantia sui corticis, quae est[1] terrestris, aliquid habens humidi viscosi. Secunda autem est substantia suae carnis, quae habet humiditatem aqueam et aëream; et terreum suum molle est et laxum. Tertia autem est substantia lignea, quae est theca[2] exterior nucleorum, licet interior sit pomo; et distinguitur haec[3] per quinque cameras, et in qualibet illarum formantur nuclei plures. Adhaeret autem haec substantia et compaginata est quinque[4] venis cotyledonis, et inferius quidem contrahitur ad punctum unum, et distenditur

η) *Locus huc spectans me, totum Martiani Capellae de Philologiae Mercuriique nuptiis opus sedule perlustrantem, effugit. M.*

§. 127: 2 corticis et mollioris folii *V*, *omissis ceteris*. 3 *Om. P.* 4 *Om. C*; — phylologie *L*.
§. 128: 1 *Om. A P.* 2 *L*; *om. Reliq.* 3 compress. est *A*.
§. 129: 1 *Om. C.* 2 teca *CP V*; — sicud *A*, sed *Z pro* licet. 3 hoc *Codd. et Edd.* 4 q̅n̅q; = quandoque *CEdd.*; — venit *C*.

in cotyledonem; superius autem similiter contrahitur in unum, et colligitur ad buccam[5], quae vocatur sedes floris; in medio autem dilatatur, et est unaquaeque quinque casarum sicut duo trianguli unam habentes basim communem, quorum unus hypothenusam[6] dirigit supra ad sedem floris, et alter inferius ad porum[7] cotyledonis, ita quod, cum omnes quinque trianguli componuntur, media linea, in qua sibi applicantur[8], est una. Quarta autem substantia est corticis nucleorum, et quinta est substantia nucleorum, que vocatur[9] farina nuclei: et in illa est virtus sementina. Et sunt nuclei pyramidales, praeterquam quod[10] basis pyramidis non est superficies plana, sed potius hemisphaerium quoddam compressum praetendit, sicut scitur ex[11] in antehabitis libris determinatis. Haec autem sufficiunt[12] de natura malorum, quoniam causae eorum iam supra determinatae sunt; culturam autem eorum et insitionem determinabimus in libro sequenti.

Capitulum XXVI.

De mastice mespilo mirra mirto mirabolanis moro et muscata.

(***Pistacia lentiscus** Lin.*) Mastix autem[2] teste Avicenna, 130
arbor est, et gumma arboris illius etiam mastix vocatur. Arbor autem ipsa[3] composita est ex terreitate plurima et aqueitate pauca[ϑ]), nec habet aliquem colorem vel figuram

ϑ) Posteriorem sententiae hujus partem sumpsit Albertus verbis commutatis vel emendatis ex Avic. vet. cap. 459 De Mace; *Plemp. pag.* 85: Bethsatsa, *in*

§. 129: 5 bucam *C V et, qui supra lineam add.* uncam, *P.* 6 ypoth. *CL*; ypothemus. *V*; hypothemis. *P Edd.* 7 punctum *et in marg.* al. porum *V*; portum *vel* porrum *L P.* 8 -catur *C Z*;— et est *A.* 9 quinta subst. vocatur, *om. intermediis A*;— seminativa *Edd.* 10 *Om. Edd.*; quod basis *om. C*; basis *om. V*;— pyramidis *J P*; piramidis *vel* piramis *V*; piramis *Reliq.* 11 *L et, om.* scitur, *C*; sicut patet in *P e corr.*; sicut ex — determinatum est, *om.* in, *V*; sicut est in — determinatam, *om.* ex, *A Edd.* 12 -ciant *A Edd.*;— incisionem *Codd. et Edd.*

§. 130: 1 et — et — et · et — et — et *ubique addunt C L Edd.*; mirra *om. A C V ind. Edd.*; et musc. *om. P*; muscatis *V ind.*; muscatia *Edd.*;— De mastice mirra mixta mirabolanis etc. *A in rubrica ad marg. nec in textu.* 2 *V profert unus.* 3 ista *V.*

singularem in foliis vel ligno vel cortice, nisi quod cortex radicis eius est rubeus[4], mordens linguam sicut cubebae.. Et ideo ab Isidoro hic cortex macis[5] vocatur, licet in veritate Isidorus propter similitudinem deceptus sit[ι]), eo quod[6] macis est folium et flos, sive folium floris muscatae. Est autem mastix gumma duplex, albus videlicet et niger. Et hoc gummi vocatur grana a quibusdam[x]), eo quod in modum granorum dividitur. Est autem subtilior mastix olibano, et magis iuvans
131 quam olibanum. Melior autem in genere suo est albus magnus[λ]) mundus; et rectificatur et depuratur per resolutionem, et tunc dimittitur in aceto per aliquot dies, et deinde[1] exsiccatur. Calidus autem est et siccus, sed tamen minus quam olibanum. Arbor autem ipsa[2] nec multum est frigida, nec multum calida; sed gumma calidior est quam natura arboris propter calorem solis, quo ebullit. Omnes autem partes gummi et arboris[3] eius sunt stypticae. Compositio enim[4] eius est ex substantia aquea tepida, et substantia terrea. Radix autem eius et cortices radicum[5]

quo confusos esse macis *et* macer *i. e. nucis moschatae involucrum* (*arillus*) *cum arboris ignotae cujusdam cortice jam Plempius monuit. Reliqua inveniuntur in Avic. vet. cap.* 465 De Mastiche; *Plemp. pag.* 188: Madstthake, Mastix. *Ubi tamen quas distinxit Avic., masticheṅ graecam* (romanam *dixit Avic. vet.*) *et nabathaeam, neglexit Alb., unde fit, ut denuo de eodem* gummi lentisci *hic agat, quod jam antea in* §. 123, 124 *dixit.* ι) *Propter similitudinem* nominum *scilicet. Sed quae hic Isidoro tribuuntur, docent Albertum non opere Isidori ipso usum fuisse, sed eis tantum, quae ab aliis excerpta fuerunt. Thomas de Cantiprato enim, De naturis rerum lib. XI cap.* 25 *haec exhibet:* Macis, ut ait Ysidorus, arbor est in India, que cortice rubeo radicis magne est. Ex ea gutta fluit, que mastix dicitur, odorifera multum, coloris punicei. Hec granomastix dicitur, *etc. Sed longe alia sunt verba Isid. Orig. lib. XVII cap.* 8 §. 7: Mastix arboris lentisci gutta est. Haec granomastix dicta est, quia in modum est granorum. Melior autem in Chio insula gignitur, odoris boni, candoris cerae punicae, *etc. Quae eadem fere ex alio loco in* §. 125 *not.* γ *rescripta sunt.* x) *E. g. ab Isidoro l. c., cui est* granomastix. λ) *Quam vocem Alpagus interpretatus est* purus, *Plemp.* sincerus.

§. 130: 4 rubeum *CL VEdd.* 5 matis *C.* 6 sit quia *P*; — *om. C* flos s. fol.

§. 131: 1 et *add. L.* 2 *L*; *om. Reliq.* 3 *L VAvic.*; part. gum. partes *Z*; gum. et arb. *om. AC*; et arb. *om. PEdd.* 4 autem *Edd.*; *om. C*; — ex *om J.* 5 cortex radicis *A.*

habent virtutem acaciae[6], quae est pomum spinae nigrae[μ]).
Ex fructu autem huius arboris fit oleum vehementis
stypticitatis. Niger autem mastix minorem habet sty- 132
pticitatem et vehementiorem exsiccationem quam al-
bus[1]: et ideo etiam fortius resolvit, quicquid est resolven-
dum. Subtilis autem est omnis substantia eius, et ideo
liquefacit et lenit[2] humores phlegmaticos, et praecipue pro-
pter suam subtilem caliditatem. Est autem minoris
acuitatis et spissitudinis quam reliquae gummae. Cum
autem ponitur in confricationibus[3] liquidis, et lavatur
ex eo facies, confert decorem pulchritudinis. Masti-
catio etiam ipsius extrahit phlegma de capite, et mun-
dificat ipsum. Collutio[4] autem oris facta de mastice
confirmat gingivas. Et confortat stomachum et he-
par, et provocat appetitum, et multas alias in medicinis
simplicibus habet operationes.

(*Mespilus germanica Lin.*) Mespilus[1] autem est arbor 133
nota, quae alio nomine esculus corrupte vocatur[ν]). Et habet
folia fere sicut coctanus, corticem habet asperum, et non est
arbor magnae proceritatis, sed potius parvae staturae; et quando
insitio[2] fit de eis super truncum alterius generis, aut mali, aut
piri, aut etiam alicuius spinae, tunc[3] fructus eius multum excre-
scit in quantitate, sed non producit ossa. Fructus enim eius,
in proprio ligno crescens, osseum habet fructum, ita quod qua-
tuor[ξ]) ossa in quolibet fructu sunt. Lignum autem eius quae-

μ) *Pro qua Mimosae Lin. specie Alb. Prunum spinosam Lin. habuit, cujus nomen germanicum* Schwarzdorn, *ut saepius, latine reddidit; alio vero loco, Animal. lib. XXIII de Falc. cap* 18 *dixit*: acacia, quae sunt grana spinarum silvestrium. ν) Esculum *alioquin Sorbi domesticae Lin. nomen fuisse, quam arborem cum Mespilo facilius commutari posse, quum utriusque arboris fructus nonnisi putrescentes edules eveniant, Meyer in* Schlecht. Linnaea 1837 t. XI p. 574 *docuit.* ξ) quinque *indicant Mertens et Koch*, Deutsch-

§. 131: 6 acachic *et lib. III* §. 55 acasia *V*; acatie *Edd. ubique praeter lib. I* §. 177; — nigrae *om. C*.
§. 132: 1 album, *om.* etiam, *CEdd.* 2 *L*; linit *Reliq.*; — *om. Edd.* propter suam. 3 confection *A*, in dentificiis et gomaris *Avic.* 4 collusio *L et in marg. V*; — confirmat *LP*; conservat *A*; — conf. ging. et *om. Edd.*
§. 133: 1 Mespilla *Z semel* §. 134; — autem *V exhibet unus*; — nota *om. A*; — corrupte escul. *AV*; que nomine esculus alio nomine corrupte *Edd.*; *scripserunt lib. V* §. 64 escilla (*fructus*) *BCPEdd.*; escillus (*arbor*) *BPEdd.* 2 incisio *LV*. 3 eciam *add. V*; — et *pro* sed *Edd.*

runt incantatores, ut faciant ex eo baculos pugilum[o]), et dicunt ad hoc specialiter valere. Est autem lignum declinans intus ad rubedinem, et sub cortice est subalbidum, potius frangibile quam sit multum[4] scissibile, calidum naturaliter et siccum, confortans
134 stomachum. Si autem deficiunt mespila in aliqua regione, expertum est, quod, quando inseritur flagrum persici in trunco spinae magnae, quae est similis fago in ligno et cortice, et vocatur etiam[1] vulgariter spina fagina[π]), crescunt mespila maiora et meliora quae visa sunt. In aliis autem natura huius arboris est manifesta.

135 (*Balsamodendron myrrha Ehrb.*) Mirra[1] autem arbor est quasi altitudinis quinque cubitorum, spinosa et aculeata, durior iuxta radicem quam in[2] reliquis alterioribus partibus suis: in his enim humidum, juvatum calore solis, mollificat magis terreum ipsius. Habet corticem laevem[3], et folium quasi folium olivae; sed est crispius et aculeatum sicut folium taxi, et aliquantulum rotundius, quam sit folium olive. Sarmenta eius[4] ignibus iniecta vexant homines propter fumi amaritudinem, et forte inducunt morbos incurabiles: sed valet contra fumum illum[5] odor storacis. Folia autem et flores huius[6] arboris ad solem desiccati habent constringendi efficaciam[ρ]).

lands Flora, duo ad quinque *alii autores, sed fructus mihi desunt. Fortasse Alb.* quinque *scripsit, numerorum notas enim in autographo difficillime distinguendas inveni, et jam alio loco lib II* §. 135 *quaternarium numerum exhibent Codd., ubi quinarium non potuit Alb. non invenire.* o) Pugiles *seu* campiones *ii praesertim dicebantur, qui infirmorum, monachorum, aliorumve loco singulus cum singulo ex lege pugnabant. Pedites pugnabant, eorumque arma erant fustis seu baculus, et clypeus. Pluribus de iis egit Du Cange glossar. med. et inf. latinit. sub voce campio. M.* π) *Arborem hanc, quam non nisi Mespili ipsius incultam spinosamque formam esse arbitratus est Meyer, equidem e nomine* spina fagina, *qua vocem germanicam* Hagedorn, *voci* Hagebuche *simillimam, latine reddidisse Albertum crediderim, pro Crataego oxyacantho Lin. habeo, qua de re conf. pag.* 383 *not. x.* ρ) *Haec quoque omnia Alb. recepit a Thoma Cantipratensi, De naturis rerum lib. XI*

§. 133: 4 *Om. Edd.*
§. 134: 1 *Om. V.*
§. 135: 1 Mirra *Alb. Autogr. Animal. lib. XXIII cap. de Fenice et Codd.*; Myrrha *Edd.*; — autem *V profert unus.* 2 *Om. Edd.*; — enim *om. P.* 3 lenem *V*; — jocundius *pro* rotund. *Edd.* 4 etiam in *add. L.* 5 contra illius *A.* 6 hujusmodi *V*; — a sole *Edd.*

Gutta[σ]) etiam huius arboris mirra vocatur, et aliquando declinat ad albedinem: et illa melior est, quam quae ad rubedinem vel[1] nigredinem declinat. Et aliquando est pura, et aliquando est[2] adulterata. Pura bona est, quae stillat ex arbore boni odoris, et non commixta ligno[3] quae sponte stillat, et non per ligni incisionem[τ]). Quae autem adulteratur, commiscetur quodam lacte cuiusdam arboris pestiferae, quae vocatur aferesius[υ]). Est autem calida et sicca, aperitiva, et resolutiva ventositatum; est etiam[4] styptica et multae adhaerentiae et lenificans. Fumus autem incensi eius convenit ad easdem operationes cum ipsa, sed est vehementioris exsiccationis[5], et subtilis absque mordicatione, et convenit cum fumo olibani. Odor autem mirrae accedit ad odorem aloës[6], et similiter ad saporem ipsius. Magnum autem[1] habet iuvamentum in medicinis, et ideo in efficacibus medicinis et magnis ponitur. In tantum autem 136 137

cap. 24 (23), *quod incipit:* Mirra Arabie, ut dicit Ysidorus, altitudinis arbor est quinque cubitorum, spinosa et aculeata, durior a radice quam a reliqua parte sui. Corticem habet levem, folium olive, sed cripsius et aculeatum et rotundius dumtaxat. Cujus gutta viridis atque amara, unde et nomen accepit mirra. Gutta ejus sponte manans preciosior est; elicita vero corticis vulnere vilior judicatur. Sarmenta ejus ignibus injecta homines vexat (Sarm. ejus Arabes ignibus fovent *Isid.*), quorum fumo satis noxio, nisi ad odorem storacis recurrant, plerumque morbos insanabiles contrahunt. Hujus arboris folia et flores collecti, ad solem desiccati, confortandi et constringendi efficaciam habent. Contra vomitum et fluxum ventris multum valet, sed plus fructus ejus, qui mirtilli dicuntur, vel succus ejus expressus. *Isidorus vero lib. XVII cap.* 8 §. 4 *cui omnia haec tribuere videtur autor, si et nostris editionibus et Vincentio Bellov. fidem habemus, his descriptionis brevissimae verbis:* Myrrha arbor Arabiae altitudinis quinque cubitorum, similis spinae, quam ἄκανθον dicunt: cujus gutta viridis *etc. nil addidit, nisi quae de* gutta *et* sarmentis *rescripsit Thomas. Alb. vero quae de* gutta *hic omisit sequenti* § *breviter inseruit.* σ) *Sequentia, paucis exceptis, sunt Avic. vet. cap.* 475; *Plemp. pag.* 197: Mur. τ) *Verba haec:* quae sponte — incisionem *Thomae vel Isidori sunt, conf. not.* ρ. υ) *Arbor ignota, quam Galen. De Antidot. lib. I cap.* 11 calpasum *nominaverat, ab Avic. vet.* alfersius, *a Cod. L* aferesius, ab *A* peresius, a *Reliq.* feresius *vocata est.*

§. 136: 1 ad nigr. declinet *Edd.* 2 *L unus offert.* 3 et non habet comm. ligna *A*; ligna *CVZ.* 4 et est *AP Edd.*; — et lenificacio *V.* 5 *Om. L.* 6 aloë *J.*

§. 137: 1 enim *Edd.*; habet *om. C.*

prohibet putrefactionem, quod etiam mortuum corpus retinet et conservat ab alteratione et foetore, praecipue si cum aloë misceatur. Extrahit etiam[2] superfluitates crudas, et oris odorem bonum facit, et removet foetorem ab ore. Mixta autem cum alumine et vino linitur super ascellas$^{\varphi}$) et inguina, et[3] removet foetorem ab eis. Clarificat etiam vocem propter suam[4] abstersionem subtilem, quam facit absque asperitate. Clisterizata[5] autem cum aqua rutae provocat menstrua, et hoc etiam facit cum aqua absinthii, aut aqua lupinorum[6] et extrahit foetus et vermes et ascarides ex sua amaritudine, et confirmat dentes, et alias plurimas[7] nobiles facit operationes vel operatur effectus in corpore hominis. Sunt etiam, qui dicunt mirram et stacten[8] idem specie omnino esse.

138 (*Myrica gale Lin.*) Mirtus[1] frutex est, in littore maris, super quod mare saepe exundat, abundans, in terris videlicet tam frigidis quam calidis: multum enim abundat in littore maris oceani in fine septimi climatis versus Daniam$^{\chi}$). Est autem

φ) *i e.* axilla *vel potius* ala, *pars corporis sub axilla posita. Scribunt vero* asell. *AV et in* §. 139 *L, qui hic* acell., ascell. *Reliq. et Alb. Autogr. Utrumque et* ascella *et* ascella *quum in Du Cang. glossano, tum apud Italos invenitur.* χ) *M. e conj.;* Daciam *Codd. et Edd., quae terra autem neque oceanum neque clima septimum attingit.* Daniam *vero laudavit, qui Albertum secutus est, Megenberg in* Buch der Natur. *Myrtus quidem in utraque terra desideratur.* Sed Myrti Brabanticae *nomine celebrata est per medium aevum* Rhus myrtifolia Belgica *Casp. Bauhini Pin. pag* 414, *quae* Gagel *Germanorum,* Myrica gale *Lin. est. Meyer quidem in Schlechtend. Lin. tom. XI pag.* 574 Myrtam Brabantinam *perhibuit esse* Ledum palustre, *quae est* Pors *Germanorum, cui etiam Vocab. simpl.* mirti *synonymum addidit,* Cistus ledon foliis rorismarini ferrugineis *C. Bauh Pin. pag* 467. *Eandemque procul dubio descripsit Vinc. Bellov. Spec. nat. lib. XI (XII Edd) cap.* 80 *his verbis:* Est et myrtus parva frutex potius quam arbor (*quam myrtum veram dixerat*), in humidis locis nascens, cujus flos est odoris jucundissimi, et ponitur in potibus, qui fiunt ex aqua et frumento vel ordeo. *Sed Ledum nec habet grana nec lignum virido-*

§. 137: 2 autem *V.* 3 *Om. Edd.* 4 sui *A;* — subtilem *om. Edd.* 5 vel dissoluta *add. A.* 6 *Om. A* aut aq. lupin.; *om. Edd* et. 7 multas *L.* 8 *L;* stactem *Reliq, at conf.* §. 226; storacem *e correct. man. sec. P;* — idem in specie esse omnino *Edd.*

§. 138: 1 *Scribunt* mirtus *etc. Alb. Autogr. Animal. lib. XXIII de Falc. cap.* 21 *et Codd. omnes ubique, nisi quod lib. I* §. 175: murthi *B;* murchi *C;* mirchi *L;* mirsi *V legant;* — se *pro* saepe *P;* — occeani *L.*

altitudinis duorum vel trium cubitorum[2], habens folia sicut vimen[3], sed sunt parum latiora et breviora. Lignum autem eius a virore ad nigredinem declinat, et in[4] aliis multum assimilatur viminibus salicum. Est autem calidum, et verius[5] frigidum et siccum ψ), conservans ea, quibus commiscetur sicut humulus. Grana quaedam habet, quae vocantur mirtilli ω) et valent contra vomitum et fluxum ventris. Est etiam aromaticus frutex iste et umbrosus, eo quod proiicit[6] multos ramusculos, et multa frondositate viret. Laedit autem caput et quasi inebriat odor eius; et hoc facit magis sapor ipsius. Dicitur autem mirtus quasi martus[1] a mari, in cuius littore frequentius invenitur α). 139
Est autem in mirto secundum Avicennam substantia terrea, et substantia subtilis pauca. Oleum autem ipsius habet in se omnia iuvamenta ipsius. Et stypticitas ipsius maior est quam frigiditas eius[2]. Operationes autem eius sunt, quod retinet solutionem et sudorem et omnem fluxum sanguinis et omnem fluxum humidorum[3] ad membrum quodcunque. Et quando fit cum eo fricatio in balneo, confortatur corpus, et desiccantur[4] humiditates, quae sunt sub cute. Oleum autem eius et succus et decoctio ipsius confortant radices capillorum, et prohibent casum illorum, et prolongant eos, et denigrant eos. De-

nigrum, cinereum autem, nec folia foliis viminis i. e. Salicum latiora, immo angustissima, eaque subtus rufo-villosa a glabris Salicum longe diversa, nec frondosum dicerem fruticem Myricam vero, ubi primum aspexeris, pro Salicum fruticulo certissime habebis. Alberti descriptioni respondet ligno *vel cortice virido-nigrescente, nitido, granis, statura erecta ramulosa, fronde virente. Utriusque odor* inebriat, *Ledi autem magis; cerevisiae pro humulo fraudulenter admisceri utramque dicunt. Quibus de causis cum Meyero non facio, qui Ledum pro* mirto *Alberti habuit* ψ) In ipsa est caliditas subtilis, et magis dominans in ipsa est frigiditas *Avic. cet. cap* 457, *Plemp. pag.* 31: Alâts, Myrtus. ω) *Sic etiam Platear.* α) Myrtus a mari dicta, eo quod litorea magis arbor sit, etc. *Isidor. Orig. lib XVII cap* 7 §. 50 *Thom. Cantipr. De naturis rerum lib. X cap.* 31 *autem* ex amaritudine denominatum *dixit*

§ 138: 2 duor cub. vel. tr. *A C Edd.* 3 viminis i. in figura saliçis *A*; unum *V Z*; linum *C*; als ein Weid *Megenb. l. c.*, unde, *eum* sicut vimen *legisse patet, quibus verba mox sequentia suffragantur. M.* 4 *Om. C*; assiberatur *L.* 5 vernis *Edd.*; — sicut sicut hum *L* 6 proficit *C.*
§. 139: 1 marcus *L* 2 *Om. A.* 3 humorum *A*; et omnem humidum *Edd.* 4 exiccant. *Edd*

coctio autem mirtillorum[5] in butiro prohibet sudorem[β]), et folia eius sicca foetorem prohibent inguinum et ascellarum. Confortat[6] etiam cor, et aufert tremorem cordis, et fructus eius dulcis confert tussi, et retinet ventrem eius, qui utitur eo, propter stypticitatem suam. Valet etiam contra morsus venenatorum, et alias plures habet operationes.

140 De mirica autem superius in tractatu de fibice[1] dictum est[γ]).

141 (*Terminalia chebula Retz.*[δ]) De natura autem arboris mirabolanorum[1] supra facta est mentio[ε]), qualiter variat saporem fructuum suorum. Est autem abor haec rari ligni, communis folii. Sed mirabolani sunt multiplices: alii enim sunt mirabolani citrini immaturi; et alii sunt nigri indi, et sunt illi, qui ultimi sunt in maturitate, et sunt pinguiores omnibus aliis; et sunt alii, qui dicuntur kebuli, qui sunt maiores omnium; et alii sunt[2], qui vocantur synii, qui
142 sunt minuti leviores. In genere autem primorum meliores sunt illi, qui sunt vehementis citrinitatis, declinantis[1] ad viriditatem, graves et grossi et duri. Ke-

β) *Seminum decoctionem laudavit Avic.* γ) Mirica *Alb. Autograph. Animal. lib. XXII cap. de Equo.* δ) *Ex verbis quum veterum tum autoris persici Hosen Shirazi, quae rescripserunt et Flemming* (Asiat. Research. IV, 41) *et Meyer* (Schlecht. Lin. tom. XI p. 576) *varia mirabolanorum genera nunc immaturi nunc maturiores ejusdem arboris fructus sunt. Distinguuntur enim ab illo autore:* 1) Halileh Zira, *fructuum primordia, quae exsiccata magnitudinem seminum* Ziru *i. e. Cumini cymini Lin. adaequant.* 2) H. Jawi, *paulo majora, quae hordei grana,* Jaw *dicta, adaequant.* 3) H. Zengi *i. e. Aethiopes, sive* Aswed *i. e. nigri, fructus paulo majores, exsiccati acinos passos aequantes atque nigri, indeque nominati. Sunt* Nigri Indi *Avic.* 4) H. Chini, *fructus jam indurescentes, exsiccati flavo-virides.* Sinii *Avic.*; synii *Alb.* 5) H. Asfer *i. e. flavus, maturescentes, exsiccati fulvi.* Citrini immaturi *Avic.* 6) H. Gabuli *sunt fructus maturi.* Chebuli *vel* kebuli *Avic. Conf. etiam* Gärtner De fructib. et sem. tom II pag. 91 tab. 97. ε) *Lib. IV* §. 162.

§. 139: 5 illorum *add. P*; — butyro *L*; botro *A*; — prohibent *CLPV*. 6 et conf. *V*.
§. 140: 1 filice. *Codd. et Edd.*
§. 141: 1 Mirabolani cheboli *atque* M. citrini *laudantur in Alb. Autogr. Animal lib. XXII de Falc. cap.* 18, *hic vero* kebuli *Codd. nisi quod V* nebuli *et postea* keduli, *quare Albertus cum Avic. vet. sic scripsisse videtur*; — mirabolon *B semel lib. IV* §. 162; — mensio *P*. 2 majores omnibus aliis. Sunt etc. *A*; — synyi *LP ubique.*
§. 142: 1 -nantes *A*.

buli autem meliores sunt, qui sunt grossiores et graviores, et submerguntur in aqua, et declinant ad rubedinem. Inter synios autem meliores sunt, qui habent rostrum[2]. Fertur autem, quod citrini calidiores sunt nigris; et dicitur, quod indi sunt minoris frigiditatis quam kebuli. Sunt autem omnes secundum naturam frigidi et sicci, et omnes extinguunt choleram et conferunt ei, et quoque[3] omnes conferunt leprae; conferunt etiam tremori cordis et tristitiae. Conferunt[4] etiam dolori splenis. Et nigri conferunt stomacho et digestioni ciborum, et alias multas habet operationes laudabiles[5].

(*Morus nigra et alba Lin.*) Morus autem est arbor nota, 143
procera medio modo inter arbores. Et graeco quidem nomine sic vocatur propter sanguinis similitudinem ζ), quam habet fructus; latine autem vocaretur rubus[1] congrue, sicut et rubum vocamus vepres, quae mora dulcia habent, et repunt super plantas alias sibi vicinas. Et illorum mororum sunt plurima genera, quae nota sunt omnibus. Morus autem[2] arbor folia habet magna, quae sunt cibus bombycum, quae sericum faciunt, et commutantur[3] eis lactucae recentes et juvenes loco foliorum mori; sed sericum non efficitur adeo bonum. Est autem arbor non[4] multum asperi corticis, sed solidi ligni et vitae longae, sine flore fructus suos afferens, tardius quidem aliis emittens eos[5], sed citius ad maturitatem producens. Et producit morum post morum sicut ficus. Et dulce quidem morum η) in omnibus 144

ζ) *Quam etymologiam miram Albertus, Isidori Hisp. verbis non satis intellectis, sibi ipse finxisse videtur. Sunt autem illius verba Orig. lib. XVII cap.* 7 §. 19: Morus a Graecis vocata, quam Latini rubum appellant, eo quod fructus ejus vel virgultum rubet. — *Alb. autem praeter M. nigram etiam M. albam, quae bombyces nutrit, descripsit.* η) *Avic. vet. cap.* 499, *Plemp. pag.* 291: Tout. *Sunt autem secundum Plempii verba* morum dulce *Ficus sycomori Lin.*, Muzum *i. e.* amarum *vero* (*quod* Sceni *vocat Ed. vet.*, Scemi *Alpagus*, dulcacidum seu vinosum vel Syriacum (alschâmi) *Plemp.*) *Mori nigri fructus, a qua arbore Alb., quae de Sycomoro dicta sunt, non distinxit.*

§. 142: 2 restrum *V.* 3 *E conj.*; quod *Codd. et Edd. praeter P, qui om.* conf. ... omnes. 4 et conf. *V.* 5 mirabiles *A.*

§. 143: 1 cubus *P*; — sicut et rubos *A*; — vepres qui *ACEdd.* 2 *Om. A.* 3 commitan. *CL*; comitan *Z*; lactu *C*; — juvenes *AL*; nivenles *Reliq.* 4 *expunx. V. Junioris arboris cortex satis laevis est.* 5 eas *V*; — *om. J* producens, et.

habet fere effectum[1] ficus, nisi quod est deterioris nutrimenti et minoris et siccioris, et magis destruens sanguinem, et[2] deterius stomacho; reliquas vero habet ficus dispositiones. Sed est inferius in eis: et hoc est morum ruborum[3], de quo etiam fit potus qui moretum vocatur[ϑ]).

145 Amarum autem declinat secundum naturam ad frigiditatem et humiditatem; dulce vero calidum est et humidum. Operationes autem amari sunt, quod est stypticum infrigidativum. Et cum decoquuntur folia mori[1] cum foliis ficus nigrae et cum foliis vitis in aqua pluviae, et inde lavatur caput, denigrantur capilli. Folia etiam[2] ejusdem mori multum valent contra squinantiam. Si autem exprimatur succus foliorum eius, quod acetosum est, et misceatur cum decoctione radicis[ι]) eiusdem mori, collutio[3] ex illis facta valet denti doloroso. Morum autem, quod salitum[4] est et exsiccatum, retinet multum ventrem; et tamen lacrima arboris mori solvit, et in cortice eius est[5] mundificatio et solutio. Cortex autem arboris mori tyriaca est contra iusquiamum, et succus[6] foliorum bibitus est medicina contra morsum rutelae[x]) et alia animalia venenosa.

146 (***Myristica moschata Thunb.***) Muscata est arbor pulcherrima in[1] insula Indiae, folio similis lauro, et in

ϑ) *E conjectura quondam* morum arborum *legendum esse putavi, ideoque* moretum *pro mororum, nec pro ruborum vino habui* (*Linnaeae vol. XI pag.* 575). *Jam vero et Codd. auctoritate et re accuratius considerata edoctus hanc explicationem repudiavi.* Moretum *eadem, qua* moratum, *notione dici, exemplis pluribus cl. Du Cange demonstravit. Est autem, ut jam fateri cogor, Rubi fruticosi, nec Mori nigrae succus. M. — Quibus Meyeri verbis non possum quin accedam, nisi quod quum de R. fruticoso tum de R. idaeo agi crediderim. Quem fruticem ubique obvium hodieque usitatissimum neque Alberto ignotum neque illis temporibus inusitatum censebis, nec alio nomine indicatum invenies, quum R. fruticosus* ramni *nomine in* §. 210 *redeat, ubi quae adnotata sunt, conferas.* ι) et collutio ex succo — et decoctio *etc. Avic.* x) *Est auctore Mathaeo Sylvatico* tarantula.

§. **144**: 1 effectus *Edd.* 2 *Om. C.* 3 rubeum *A.*
§. **145**: 1 *Om J*; — ficus *om. A.* 2 autem *A Edd.*; ejusdem *L V*; eadem *Reliq* 3 collusio *L.* 4 *L*; sallitum *Reliq.* 5 *Om. C V Edd.* 6 fructus *P*; — rutelae *spatio relicto om. C*; mustele *V*; serpentis *Edd.*; — venen. *om. Edd.*
§. **146**: 1 et in *V*; in visu lani die *C.*

figura et in[2] colore, sed non est earundem virtutum[λ]). Flos eius a quibusdam macis[3] esse dicitur. Fructus autem ejus[4] est nux muscata, quae testam habet valde debilem et nigram. Et ipsa nux, quando matura est, intus non cohaeret testae, sed soluta movetur intra eandem[5]. Et nux ipsa quidem solida est, habens carnem guttatam ex albis et subnigris ad ruborem declinantibus guttis[6]. Est autem calida et sicca natura, multum conferens[7] spiritualibus odorata[μ]), et alias multas in medicinis habet operationes, de quibus in simplicibus medicinis habet determinari.

λ) *Omnia fere sunt Thomae Cantiprat., De naturis rerum lib. XI cap.* 27: De nuce muscata, *qui plurima e Platear. lit. N cap. V recepit, eundemque laudavisse videtur, ubi* Plinii *nomen exhibent codd. Is enim nucem muscatam, cujus nomen solum apud Jacobum de Vitriaco inter Indiae aromata invenimus, ne memorat quidem. Verba autem priora capitis sunt:* Muscata, ut dicit Jacobus et Plinius, arbor est Indie nobilissima ac speciosa nimis, cujus fructus nuces muscate sunt, paulo majores nucibus avellanis. Punctatim albo fuscoque colore notate sunt, et intus solide, odorifere multum. Calide sunt et sicce in tercio gradu. Eligende sunt in suo genere ponderose et sapore acute. Lauri folio folium consimile habere videtur, sed odore et gustu multum dissimile, virtutem enim proprie habet nucis muscate. Macis flos nucis muscate est, vel, ut quidam putant, cortex est, qui circa nucem muscatam est, ut cernimus in nucibus avellanae. *Unde patet Albertum testae tribuisse, quae jure de arillo seminis, qui* est macis, *dicta invenit. Admirandus autem Albertus, qui durissimam nucis muscatae materiam, vel* ***albumen ruminatum****, carnis nec ligni nomine designavit.* μ) Naribus applicata cerebrum (valde *add. Thom.*) confortat et spiritualia (spiracula *Codd. Thom.*) *Platear. et Thom.*

§. 146: 2 *P exhibet unus.* 3 matis *V*; *om Edd.* esse. 4 *Om. C L Edd.*; — que tellam *et e correct* telam *V*; testam valde deb. hab. *A Edd* 5 tandem *C.* 6 cutis *C Edd.* 7 confert multum *C.*

Capitulum XXVII.

De nuce et aliis[1] arboribus, quae nuces habent, sicut corilus nux, quae vocatur indica, et de nardi natura et spica eiusdem.

147 (*Juglans regia Lin.*) Nux a nocendo dicta est, eo quod umbra eius fere omnibus nocet propter amaritudinem ipsius[ν]). Est autem arbor eius procera valde et magna. Folia autem eius sunt magna, et plura eorum oriuntur ex una linea longa[2] ex arbore egrediente[ξ]), et in hoc convenit cum fraxino et liquiricia. Linea autem illa[3] est viridis, durior et terrestrior quam folia, et minus habens terrestreitatis quam ramusculus. Haec autem arbor est de non florentibus arboribus; sed tamen ante emissionem foliorum emittit quaedam purgamenta viridia longa
148 rarae substantiae[o]). Nux autem ipsa ex quatuor componitur substantiis. Exterior enim, quae est carnosa, et non dura multum terrestris, est multum amara; intra quam continetur[1] testa, quae magis est terrestris et minus aquea quam exterior. Sub testa autem[2] est pellis, in qua nucleus involvitur, et in ipsa nucleus quasi per quartas divisus. Sed in medio cohaerent partes, et super illud medium fabricatur quaedam substantia acuta, tendens[3] sursum, et egreditur acumen eius supra divisiones nuclei: et in ipso est virtus sementina[4] nucis, et totum
149 aliud praeparatur in cibum plantae. Naturaliter autem est calida et sicca[π]); sed siccitas eius minor est caliditate ipsius. Habet tamen in se humiditatem grossam; sed[1] haec deletur, quando antiquata fuerit. Tunc enim humidum eius aëreum adunatur[2] cum aquea ipsius

ν) *Similia refert Isidor. Orig. lib. XVII cap.* 7 §. 21. ξ) *Est petiolus communis folii pinnati.* o) *Conf. lib.* II §. 127. π) *Avic. vet. cap.* 502: *Plemp. pag.* 90: Gjaux, Nux Juglandis.

§. 147: 1 *Om. P* aliis *atque* que vocatur; — ejus *pro* ejusdem *P.* 2 *Om. C.* 3 *Om. J*; — vividis *C.*
§. 148: 1 -nentur *ACJP* 2 enim *ACL Edd.*; — nucleus *om. A.* 3 tondens *C.* 3 -tiva *AC.*
§. 149: 1 et *A*; — quanta aliquanta *L*; aliquanta *CP Edd.* 2 adiuvatur *L*; — aque *C Edd.*

humiditate, et ex hoc subtiliatur humidum, et grossa eius ventositas[3] exspiravit iam per antiquitatem ipsius; et nux etiam tunc efficitur[4] abstersiva. Durities autem eius indicat, eam esse malae[5] digestionis. Cum ficubus autem et ruta medicamen dicitur esse[6] omnibus venenis.

(*Corylus avellana Lin.*) Est autem nux multiplex. Co- 150
rilus[1] enim, quae est arbor nota, habet nuces, quae avellanae[2] dicuntur, et habet folium immediate egrediens de suo ligno[ρ]), et tenue: et in hoc differt a nuce, de qua[3] dictum est. Sed in hoc convenit, quod ante folia quaedam purgamenta emittit, sed illa sunt duriora quam purgamenta[4] nucis. Et videtur omnium nucum esse proprium, quod multae simul pullulant in culmo uno[σ]): sed plurimae sunt in culmo magnae nucis, ita quod aliquando numerum vicenarium excedunt; avellanae sunt usque ad octo vel novem aliquando inventae. Est autem lignum avellanae, quod vocatur corilus, non adeo durum sicut lignum nucis, et est albius eo; et cortex eius est nigrior eo. Et non adaequatur ei in quantitate magnitudinis vel altitudinis; et est magis curvabile lignum corili quam nucis, et curvatum redit melius in statum pristinum quam lignum nucis: et ideo fiunt ex eo arcus
ad sagittandum. Terrestreitas[τ]) autem avellanae maior 151
est quam terrestreitas nucis, et est nutribilior quam nux, et magis solida, et minus unctuosa, et est tardioris digestionis. Naturaliter enim est calida et sicca, et ma-

ρ) *i. e.* folium habet simplex, *nec compositum, quale Juglandis* §. 147.
σ) *i. e.* in pedunculo communi. *Nuci* parvae *sive Avellanae nux* magna *sive Juglans opponitur.* τ) *Avic. vet. cap.* 43: De Avellana; *Plemp. pag.* 83: Bundokh. Nux avellana. *Annotavit Plempius:* ita vocant Arabes nucem Avellanam seu minorem, fortassis Graecos imitati, qui Ponticam vocant nucem. *Bis itaque erravit Sprengelius* (*Geschichte der Botanik I S.* 220), *qui Avicennae plantam interpretans dixit:* Guilandina Bonduc. Aber das Wort bedeutet auch die Wallnuss. Rossi (etym. aegypt. pag. 155) meint, es sei aus *ποντικὸν* (*κάρυον*) entstanden. *Est enim quum nux* Pontica *tum* Bundokh *neque Guilandina neque Juglans, sed Avellana. M.*

§. 149: 3 *Om. C*; — jam *atque* tunc *om. A.* 4 fit *A J P.* 5 male eam esse *Edd.* 6 dic. es. med. *A P Edd.*
§. 150: 1 Corilus *Alb. Autograph. Animal. lib. XXII cap. de Equo et Codd., nisi quod* corulus *L fere ubique*, et *C in argumento*, ubi *V ind.* corullus; corillus *C V Edd. passim.* 2 *Alb. Autograph. Animal. lib. XXIII de Falcon. cap.* 19, 21; *et Codd.*, avelan. *A L passim.* 3 ut dict. *Edd.* 4 -mentum *V.* 5 magno *A V Edd.*; — invente aliq. *Edd.*

gis est in ea de stypticitate[1] quam in nuce, et est ventosa; generat enim ventositatem in inferiori ventris. Hippocrates[2] autem dixit, quod avellana in cerebro facit augmentum. Sunt etiam quidam aestimantes, quod avellana linita super verticem infantium habentium varios oculos, delet in eis varietatem oculorum[3].

152 (*Cocos nucifera Lin.*) Est autem adhuc nux, quae vocatur indica[υ]). Et in illa melior est recens, vehementis albedinis; et illa in se habet aquam, quae cum non[1] invenitur in ea, signum est, quod est antiqua. Tamen testa eius est nigra, et nucleus eius est[2] involutus in tela sicut et nuclei aliarum nucum. Calida autem est et sicca; sed quae viridis est in hoc genere, habet humiditatem superfluam. Et est non[3] mali nutrimenti, sed est gravis stomacho: sed parum nocet[φ]). Et auget coitum, et alias multas habet operationes.

153 Est autem adhuc nux pineae, et nux cypressi, de quibus[1] satis constat per superius inducta[χ]). Ea[2] autem, quae a quibusdam nux henden[3] vocatur, non est nux, sed terra quaedam granosa ad modum ciceris[ψ]). Sed quod oportet scire, est, quod omnis fructus arboris, habens in se os, et in osse nucleum, vocatur nux, large sumendo[4]. Et de omnibus his non oportet hic dicere, quia[5] alibi aut dicta sunt, aut dicentur.

υ) *Avic. vet. cap.* 506; *Plemp. pag.* 95: Gjauz Hindi; Nux Indica. φ) Gravis est stomacho: sed cum pauco nocumento suo est boni nutrimenti *Avic. vet.* χ) *Conf.* §. 52 *et postea* §. 230. ψ) *Avic. vet. cap.* 504; *Plemp. pag.* 94: Gjauz bhendem, Nux hendema. *Plempius quae hic rescripta sunt codicibus arabicis quidem deesse*, hhandema *vero vel* henden *vel* gjendem *apud Rhazium aliosque tuberis genus esse dixit, quare ad* hydnon *Pauli Aeginetae respexit, quem autorem laudavit Avic., majore certe jure quam quo Sprengelius quondam (Geschichte der Botanik I pag.* 221) *et nuper Sontheimer (ad Ibn. Baithar I pag.* 274) *Garciniam Mangostanam Lin. esse voluerunt.*

§. 151: 1 stipite *C*; — ventre *Edd.*; vetris *L.* 2 Hippocras *Z*; Ypocras *Codd. more tempore ubique*; — dicit *Edd.* 3 var. ocul. in eis *Edd.*

§. 152: 1 *Om L et P qui* cum *in* non *commutavit*; que non tamen, *negatione expuncta*, *C*; que tamen vel cum *V*; et cum in ipsa non *Avic. vet.* 2 *Om. Edd.* 3 *Om A C P Edd.*; — stom. grav. *C.*

§. 153: 1 quo *L*; omnibus *add. V*; constat satis *Edd.*; — superius *om. P.* 2 Est *P.* 3 endon *P*; hendu *L*; — voc. que non *A.* 4 loquendo *C Edd.* 5 que, *om.* aut, *A.*

Nardus, ut dicit Iorath[ω]), est frutex debilis. Avicenna au- 154
tem dicit, quod est[1] arbor parvula valde, quae facile evellitur, et habet folia breviora quam mirtus, et[2] aliquantulum strictiora; nec florem habet, ut dicit Avicenna, sed spicam odoriferam valde, quae secundum Jorath sparsim colligitur in aristis eius. Habet autem virtutem stringendi sudorem, et retinendi[3] materias, ne fluant[α]), et ideo ponebatur in unguentis feminarum. Adhuc autem confortat[4] cerebrum et cor, et alias plurimas habet ex aromaticitate operationes bonas, inter quas est ista, quod[5] confert epilepticis et cardiacis valde.

Capitulum XXVIII.

De natura olivae, et proprietatibus eius, et[1] arboris, quae vocatur opoponacum, et de natura oleandri et oleastri et de natura onichae.

(*Olea europaea Lin.*) Oliva nota est arbor[2]. Convalescit 155
autem in aëre temperato: propter quod non est inventa fructum facere in aliquo loco[3], maioris latitudinis quam sextum clima; et si crescit in septimo climate et[4] floret, tamen non est inventa fructificare, nec folia eius sunt perfecta nec[5] flores citra sextum clima[β]). Desiderat autem terram pinguem[1] et planam, cuius 156

ω) *Autor mihi ignotus, nec alibi apud Albertum occurrens. Fortasse* Dioscoridis *nomen est ab Arabo quodam ita distortum. Nam* Dioscorides *Nardum Celticam fruticulum parvulum vocat. M. — Longe alia vero sunt, quae protulit Avic. vet. cap.* 643 De Spica; *Plemp. pag.* 224: Tsunbol, Nardus. α) *i. e. nisi fallor,* retinet materiarum admixtarum odores, ne effluant. β) In frigidioribus mundi partibus floret sed non fructificat *Thom Cantipr. De nat rerum lib. X cap.* 34.

§. 154: 1 *Om. P*; parvula *om. Edd*; *haec sic contraxit C:* Nardus ut dicit quod est parvula. 3 *Om. L.* 3 *Om. P* sud. et ret. 4 confert *C.* 5 *V*; que *Reliq.*
§. 155: 1 *A V ind., om. Reliq.*;— arbori *A*;— qui *pro* que *P*;— oleandri oleast. et onich. *A V*;— de natura onice *L*; de natura olive *CP*; de oliva *V ind.*; *om. Edd.* et oleast. ... onicha. 2 *Om. Edd.* 3 *L*; loca *V*; *om. Reliq.* 4 *Om. L.* 5 neque — neque *A Edd.*;— fl. nisi citra *A.*
§. 156: 1 ping. terr. *Edd.*

nutrimentum non sit abstractum ab aliis plantis, eo quod ipsa oliva plurimo humido indigeat: et ideo quicquid plantatur iuxta eam, macilentam[2] facit eam. Terra autem, in qua magis convalescit, est colliculosa[3], cuius colles et montes habent devexitates latas valde, non praecipites[4] sed paulatim declinantes[γ]. In his enim continue propter devexum stillat ad eam humor, et satis retinetur circa radices eius, eo quod locus non est praeceps, sed latae devexitatis. Vult[5] autem diligenter custodiri ab accessu bestiarum, ne radatur cortex eius, quia tunc exsudaret humorem, et efficeretur sterilis et arida. Similiter autem nocet ei[6] transitus quorumcunque, eo quod conculcata in transitu terra et indurata non permittit, ad eam pervenire[7] humorem sufficien-
157 tem. Quodsi[8] stercorizatur et foditur terra, melius erit. Est autem oliva corticis cinerei fere sicut arbor, quae tremula vocatur[δ]. Lignum[1] autem eius non est solidum aut compactum multum, sed videtur esse sicut lignum mali, crescens ex tunicis ligneis[2], et non ex medulla per radios. Est autem non alti neque magni stipitis, et ex stipite multos per circuitum ramos emittit frequenter, et ex ramis virgas plurimas, ordinate habens nodos quosdam in loco emissionis radiorum[3]. Et in loco virgarum quasi semper emittit duo folia, quae purgamenta sunt aquei humoris in generatione ramulorum; et sic progreditur ut frequenter, nisi impediat accidens, quod est inobedientia et confusio materiae[ε]. Propter quod dicit Raby Moyses[4], eam pullulare ad modum candelabri, quod brachia emittit de medio hastili; et cum hastile elevatur, ex utraque parte elevantur et

γ) *Quae praecedunt, recepit quoad sensum, eorum vero quae sequuntur nonnulla quoad verba Petrus Cresc. in lib. V cap.* 19 De olea. δ) *Populus tremula Lin.* ε) *Quae faciunt ad metamorpheos fundamentum, de quo conf. lib. I* §. 43. *Nec tamen haec nec quae paulo post in* §. 160 *de appendicibus radicum profert autor, satis dilucide descripta nec recentioribus botanicis nota sunt; videant ergo alii, quibus Oleas vivas observare licet, quid sit.*

§. 156: 2 macillent. *L.* 3 colliculo *LZ*; *om. J.* 4 precipite *A.* 5 Ultimo autem *Z*; Debet autem *J*; — excessu *Edd.*; — nisi ne radatur *V*; nec reddatur, *litera altera* d *expuncta*, *C*; ut radatur *Edd.* 6 ea *V.* 7 *V*; venire *Reliq.*; *om. Edd.*; descendere *Petr.* 8 quia si *CVEdd.*; qui si *A.*

§. 157: 1 Signum *L.* 2 *Om. CEdd.*; — per ramos *V.* 3 ramorum *A.* 4 Rabimoyses *CL*; rabymoyses *V.*

brachia[5] sua ζ). Habet autem etiam[6] folia multa, quae sunt
spissa multum[7] et viridia in una parte ad albedinem declinantia;
et sunt in figura et colore similia foliis salicis, sed sunt spis-
siora. Habet etiam fructum, qui exteriorem corticem habet ter- 158
restrem; et in ipso est caro pinguissima, quae dicitur adeps oli-
vae, ex qua exprimitur oleum; in cuius medio habet os durissi-
mum, et in illo nucleum pellicula tenui involutum, sicut invol-
vuntur alii[1] nuclei nucum. Et est iste fructus primo viridis, et
postea rufus subniger, et tandem niger efficitur, quando oleum
maturatum est; similiter autem primo est durus[2], et paulatim
mollificatur cum maturatur. Dicunt autem quidam, arborem vo-
cari oleam, et fructum olivam, liquorem oleum, et os, quod in
ipsa[3] est, vocari amurcam. Haec autem arbor habet etiam 159
florem, et dum floret, longe spargit odorem suum, longius[1] aliis
arboribus. Et hic flos non est multorum foliorum, sicut sunt
flores aliarum arborum, sed ut frequenter habet duo folia η), et
est albus, respersus quadam citrinitate. Virtutem autem se-
mentinam habet multiplicem[2]. A radice enim pullulat abscisa,
et a trunco abscisis ramis. Adhuc autem etiam rami eius con-
valescunt in terram infixi, aut insiti in trunco parvi rami eius
statim convalescunt. Pullulat autem[3] etiam a nucleo suae amur-
cae. Sed melius convalescit a ramis infixis in terram vel in-
sitis: propter quod etiam Virgilius ϑ) miratus est, ramum olivae,
qui fere siccus videbatur, pullulasse, cum in terram[4] fixus fuit.
Non vult autem hoc lignum irrigari fontibus vel rivis, eo quod 160

ζ) Hastile *quidem est pars candelabri a stipite directe procedens. Conf. Du Cange glossar. Quae quo loco Moses Maimonides dixerit nescimus.* η) *Quum* O l e a e *flos revera habeat duas partes, calycem nempe deciduam viridem corrollamque subalbidam, Albertum has dixisse credideres, nisi de colore diversa taceret. Nec alibi calycem* floris *partem dixit, conf. enim not.* η *pag.* 160. *Corollam minutam autem esse quadrifidam lacinulis aequalibus, inter omnes constat. Fortasse ergo, ut saepius de numeris monuimus, scribarum errore* duo *pro* quatuor *legimus* folia. ϑ) *Georg. lib. II vers.* 30 *et* 31: Quin et caudicibus sectis, mirabile dictu! Truditur e sicco radix oleagina ligno.

§. 157: 5 branchia *C*; bracchia *priore loco A Edd.*, *hoc A P Edd.*; — sua *om. P.* 6 *L*; *om. A*; et *Reliq.* 7 multa *C V Edd.*; *om. P.*
§. 158: 1 tenui etiam invol. sic. inv. aliquando al. *A.* 2 durum *Codd. et Edd.* 3 ipso *L Edd.*; est notari *V.*
§. 159: 1 longe *C, et om. priore* longe, *A Edd.* 2 -plice *L.* 3 *Om. A*; suae *Petr.*; suo *Codd. et Edd.* 4 terra *L.*

aqua illa gravis est, et cito fluit a radice deorsum; sed potius pluviis gaudet, quae aqua[1] vaporosa est, et statim fumat in radices eius. Radices autem cum infigit in terram, iuxta quamlibet furcationem[2] radicum habet duo additamenta alba ad similitudinem foliorum, nisi quod sunt magis spissa, et magis pinguia; et illa adduntur radici[3], et defluunt in substantiam eius, et ideo versus imum videntur folia, et versus sursum videntur radices[ι]).

161 Est autem oleum maturum absque dubio calidum et humidum temperate[κ]); quod autem ante maturitatem exprimitur, est frigidum: et ideo maturum est sanis bonum. Cum autem antiquatur, tunc fit stypticum, et tandem foetidum, et tandem nocivum ad esum, licet valeat ad multas operationes medicorum. Omnes autem olei species corpora confortant et alleviant motum, et sunt extinctivae[1]. Dico autem species olei arboris illius, sive sit oleum hortensis sive silvestris[2] oleae, et sive sit maturae olivae sive etiam aliquantulum ante maturitatem expressum. Et nutrit quidem oleum, sed parumper[λ]); sed multum condit cibum[3], et est contrarium his, quae ex putredine nascuntur, sicut pediculis et pulicibus et muscis et vespis et apibus; haec enim inci-
162 dentia moriuntur. Folia autem olivarum silvestrium prohibent sudorem, quando de eis unguntur[1] corpora; et quando decoquuntur in aqua[μ]) donec fiant sicut mel, mollia et viscosa et dulcia, liniuntur[2] super dentes corrosos, et evellunt eos. Oleum autem olivae, de quo di-

ι) *Rhizomatis rami deorsum nascentes subterranei, foliis binis deorsum spectantibus, incrassatis squamiformibus fulti descripti esse videntur, conf. autem pag.* 418 *not. ι.* κ) *Avic. vet. cap.* 530; *Plemp. pag.* 126: Zeitun, Oliva. λ) olivae — nutriunt parumper *Avic.* μ) in aqua acrestae, *i. e. uvae immaturae Avic. vet.*

§. 160: 1 in aq. *CP Edd.*; — statim fluit *A.* 2 fulcationem *V.* 3 in radice *C*; — defluunt *A*; deficiunt *Reliq. Utrumque, vel etiam* desinunt *eodem fere jure leges, Alb. enim in Autographo ubique literas* f *et* ſ *cum sequente ita in unum contraxit ut alteram distinguere nequeas, qua de re conf. etiam* §. 56 *not.* 5; — summum *A pro* imum.

§. 161: 1 *L Avic.*; attractivae *Edd.*; extract. *Reliq.*; — ill. arbor. *Edd.* 2 terrestris *L*; — sit *pro* etiam *L.* 3 cibos *A*; — et *M. e conj.*, sed *Codd. et Edd.*

§. 162: 1 inung. *V.* 2 *L*; len. *Reliq.*

ctum est[ν]), omni die acceptum continue conservat capillos, et prohibet velocitatem caniciei. Gumma autem istius arboris mordicat linguam, et praecipue silvestris oleae[3]; et illa provocat sanguinem matricis et ani, et extrahit foetum. Cum autem cum oleo et aqua calida provocatur nausea[4] et vomitus, rumpit virtutem veneni bibiti. Gumma autem olivarum silvestrium numeratur inter medicinas mortiferas. Est autem in hac arbore masculus[5] et femina, sicut in antehabitis satis est declaratum.

(*Opopanax chironium Koch.*) Est etiam arbor secun- 163
dum Avicennam[ξ]), quae vocatur opoponacum[1], quae non elevatur a terra, et habet folia sicut ficus, sed[2] sunt parva et sunt vehementis viriditatis, sed incisas et divisas habent quasdam partes rubeas. Stipites autem eius et rami[o]) sunt, sicut cucumeris, iacentia super[3] terram; et super illa sunt pili quidam asperi pulverulenti; et super extremitates eius nascitur germen eius in modum coronae, sicut etiam facit germen suum anetum et feniculum; et flos eius est citrinus, et folia floris sunt boni odoris. Venae autem huius arboris sunt plurimae, quae omnes ramificantur a radice una; habent autem omnes grossum corticem, qui gravis est odoris. Gumma etiam habet, sed[4] extrahitur incisione radicis eius, quando primo incipit crura sive ramos emittere; et quando fricatur, est, quod exit, coloris citrini, sicut est succus celidoniae. Crus autem sive ramus, quem[5] emittit, est ad minus unius cubiti inter radicem et frondes, et super illud ramificantur sicut folia feniculi; sed est de-

ν) Oleum de olivis silvestribus *Avic.* ξ) *Qua de stirpe nec Dioscoridem Avicenna, nec Avicennam vetus ejus interpres, nec interpretem Albertus satis intellexere. Qua de causa singula emendare non operae pretium est. M.* — *Conf. Avic. vet. cap.* 527 De opoponaco; *Plemp. pag.* 92: Gjawasjir, Panaces.
o) crus *Avic. vet*, *ad cujus verbi genus respicere videntur, quae exhibent Codd. omnes* jacentia *et* illa. Vence *radices sun.*, *qua de re conf.* §. 469 *not.*

§. 162: 3 vel olive *add. V.* 4 nausia *L.* 6 mascula *C*; — satis *om. L.*
§. 163: 1 *Scribunt: in argumento:* apopanat *A*, appoponatum *V ind.*, oppoponacum *Edd.*; *utroque loco:* oppoponatum *L*, opotonatum *V.* 2 et *A L*; — sunt *om. A J P.* 3 supra t. et supra *A*; — pulverilenti *V.* 4 si *add. L.* 5 qui *C*; — ramificant *Edd.*

bilior feniculo. Habet etiam in his aliquando sicut folia camomillae albae; sed id quod apparet desuper in superficie, est sicut sit[6] aureum. Est autem in radice sua album quiddam boni odoris, mordicans[7] linguam: et hoc est melius in ea. In fructu autem eius melius est id, quod est super crus eius sub termino[8] medio ipsius. In gumma autem eius melius est, quod est valde amarum, et intrinsecus album, et extrinsecus croceum frangibile[9], et in aqua dissolubile. Nigrum vero leve est adultera-
164 tum. Est autem totum huius[1] arboris fere calidum et siccum. In operatione autem est resolutiva ventositatum, lenificativa et abstersiva. Habet autem virtutem magnam in diversis operationibus medicorum. Adhuc autem si ponantur ex eo decem[2] aurei, hoc est pondus decem aureorum, in duobus urceolis[3] musti, clarificatur infra duos menses, et mustum illud confert valde hydropicis. Fructus autem eius valde[4] provocat urinam et menstrua, et cum absinthio bibitus interficit foetum. Hoc autem maxime facit radix eius: ipsa namque abortum facit, et supposita et bibita. Confert praefocationi matricis. Valet etiam emplastrum[5] ex eo cum pice contra morsum rabidi canis. Si autem cum aristologia bibatur, est[6] tyriaca contra puncturas venenosorum, et similiter operatur succus eius. Est autem omnis operatio eius propinqua ammoniaco[7].

165 (*Nerium Lin.*) Oleander[1] autem etiam est frutex, et dividitur in duo genera[π]). Unum enim est in desertis domibus nascens, qui vocatur silvestris[ρ]); cuius folia sunt

π) *Avic. vet. cap.* 528; *Plemp. pag.* 105: Difli, Nerium. — *Alb. in Animal. lib. XXVI cap. de Pulicibus haec:* Oleander vocatur herba pulicum, quia ejus odorem fugiunt. ρ) *N. salicifolium Vahl, si Sprengelio credas, at conf. Meyer l. c. pag.* 580.

§. 163: 6 fit *A J.* 7 *L*; mordificans *Reliq.* 8 *L Avic.*; sub nervo *Reliq.* 9 sugibile *L*; — et nigr. *L*; — lene *Avic. vet.*

§. 164: 1 operis *add. A.* 2 decem *Avic.*, *quem numerum restituit*, *M.*; duo — duorum *Codd. et Edd.* 3 -ceolibus *C P Edd.*; modeolibus *A*; — multum *pro* valde *A.* 4 *Om. L Edd.*; — *om. L* et cum ... foetum. 5 emplaustr. *L*; — rapidi *C.* 6 et *Edd.*; — *om. J* et similiter. 7 armon. *Codd. et Edd.*

§. 165: 1 Oleandrum *Edd.*; — autem *om. A C*; etiam *om. P V Edd.*

sicut folia portulacae, strictiora tamen aliquantulum, et thyrsi sunt longi, expansi super terram, et apud folia eius sunt spinae. Fluvialis autem est alia species (*N. oleander Lin.*) eiusdem fruticis, quae nascitur in ripis fluviorum, cuius thyrsi[2] a terra elevantur, et spinae eius sunt occultae, et folia eius sicut folia salicis et sicut folia amigdali; et est saporis valde amari; et superiora cruris, hoc est malleolorum[3] sive stipitum eius, sunt grossiora inferioribus[4] cruris eiusdem; et flos eius est sicut rosa rubea, et est bonus[5] valde, et super ipsum egreditur quoddam simile pilis[σ]); et eius fructus est durus, et apertus plenus lanugine. Est autem planta haec ca- 166
lida et sicca, operatione autem sua resolvit valde, et ex decoctione ipsius[1] sternuntur domus, et tunc interficit pulices et vermes terrenos[2], et flos eius facit sternutationem. Et pro certo haec planta et flos eius est venenum tam hominibus quam bestiis; et tamen, quod admiratione dignum est, cum bibitur mixta cum vino et ruta decocta, liberat a venenis vermium venenosorum.

(*Oliva europaea Lin. var. oleaster.*) Oleaster autem 167
dicitur arbor infecunda, folia habens sicut folia[1] olivae, sed latiora sunt parum. Est autem arbor[2] silvestris amara et inculta, cui tamen si inseratur ramus, efficitur fructuosus. Gumma autem stillat[3] ab eadem arbore, quae est mordicativa, sicut et ceterae plures gummae arborum[τ]).

σ) *Pili sunt fornices fauci corollae inserti, lacerato-multifidi. Quare rejicienda sunt haec Plempii verba:* flos rosae rubrae similis, asper valde et veluti pilis confertis obductus. — *Fructus Apocynearum follicularis, cylindrico-attenuatus, seminibus carnosis repletus est.* τ) *Omnia sunt Isidori Orig. lib. XVII cap.* 7 §. 61, *nisi quod verba posteriora quodammodo sint ab-*

§. 165: 2 *Utroque loco* thirsi *L*, tyrsi *Edd.*; *hic* tirsi *AP*, thusi *C*, thyrsy *V*; *altero loco* thyrsi *V*, tyrsi *AP*; thirsi *Reliq.* 3 *A*; hoc autem est malorum *P*; malleorum *Reliq. inepte.* 4 in floribus *CEdd.*; — est *om. Edd.* 5 bona *V*; varius *A*; — quiddam *C*; — *om. Edd.* durus et; — lanug. plenus *AEdd.*

§. 166: 1 sua *Edd.* 2 terraneos *Avic. vet. Int.*

§. 167: 1 *Om. C* hab. sic. fol. 2 arborum *C*; — et *om. A VEdd.*; — sc. *om. C.* 3 autem est quae distillat *L*; — mordificative *Codd. praeter L*; — cetera *AJP.*

168 Onicha[1] habet sententiam valde dubiam. Antiquorum enim sententia fuit, quod esset genus gummae arboris[2] quae eodem nomine vocatur, et nascitur in Ethiopia et in[3] terris vicinis illi; et haec, ut dicunt quidam, gumma per successiones temporum mutatur in lapidem, qui[4] est sicut unguis hominis, et ideo onicha sive ungula vocatur. Avicenna autem videtur dicere: quod onicha quae[5] ungula dicitur, est de genere blactae[6] byzantiae, hoc est de constantinopolitanae φ); et non est aliquid plantae, sed testa ostreae ad modum unguis humani polita, et optimi odoris, praecipue quando pulverizata proiicitur in ignem. Dicit autem[7] Dioscorides quod veniunt de mari Indiae, et aliquando[8] de mari rubro. Quaedam autem sunt babylonicae[9], nigriores aliquantulum et parvae, et sunt omnes boni odoris valde. Sunt autem naturaliter calidae et siccae omnes et subtiliativae[10]; et suffumigatio earum valet epilepticis.

breviata. Avic. cap. de olivis ad finem: Gummi, *ait*, olivarum silvestrium numeratur inter medicinas mortiferas. υ) *Cujus sententiae unum auctorem reperi Thom. Cantipr. De natur. rer. lib. XI cap.* 28 De Onicha, *qui* Onicha, *inquit*, est vel ..., vel, ut nonnulli dicunt, genus gummi de arbore in orientalibus partibus fluens, quod per successiones temporum durescit in lapidem preciosum multum. Colorem habet unguis humani, etc. *M. — Quae verba quodammodo mutata atque aucta repetit Vinc. Bellov.* Specul. natur. lib. VIII (IX) cap. 87, *ubi de lapidibus agit, ibique autorem* Platearium *laudat pro* Plinio *vel* philosopho, *quem exhibent Codd. Thomae a Meyero comparati. Quorum Plinium laudandum crediderim, qui non quidem gummi in onychem mutari contendit, sed verbis:* in gemmam transiit a lapide Carmaniae. Sudines dicit in gemma esse candorem unguis humani similitudine (*Edd. vet. lib. XXXVII cap.* 6 (24) §. 90), *ansam dedit erroris atque fabulandi. Alb. vero in Mineral. lib. II tract. II cap.* 13 *eadem brevius narrat.* φ) *Recte Alb. judicavit, quod etiam Serapion* De medicinis simplic. pars II cap. 151: Athfar atheb *expressis verbis dixit*, Blactam bizantiae *Avic. vet. cap.* 81, *quae Plemp. pag.* 38 est: Adtshfâr althaib, Unguis odoratus, *idem esse ac Dioscoridis aliorumque* ὄνυχα. *Sequuntur ergo Avic. verba.*

§. 168: 1 Onitha *A C V.* 2 *Om. P.* 3 *V unus exhibet*; — ut dicunt quid. *J.* 4 que *C V Z.* 5 *L V*; sive *Reliq.*; dei *pro* dicitu *A et, qui expunxit vocem, P.* 6 blacce *C L P Edd.*; — byzancie *V*; bezancie *P*; bisancie *A*; berancie *C.* 7 *Om. P.* 8 alii *V.* 9 babilonie *V*; babilonice *Reliq.* 10 subrelative *C.*

Capitulum XXIX.

De palma et eius proprietatibus [1].

(*Phoenix dactylifera Lin.*) Palma arbor est, multa habens singularia inter omnes plantas. Quorum unum est, quod [2] ex uno singulari nucleo vix unquam palma crescens convalescit, sed potius ex multis simul positis. Et hoc ideo est, quia plantula, quae ex uno oritur, adeo debilis est, quod truncum, qui arborem portare possit, facere non potest; multae autem plantae simul exortae, et propter compressionem sibi invicem continuatae, perficiunt truncum arboris illius χ). Adhuc autem, sicut [1] su- 169
perius docuimus, nuclei et semina plantarum in diversis locis corporum suorum habent virtutem formativam et pullulativam, quaedam [2] in summa, et quaedam in imo, et quaedam in circuitu, et quaedam in medio, sicut superius satis dictum est ψ); nucleus autem palmae, qui os dactilorum suorum vocatur, virtutem generandi et pullulandi habet quasi a dorso suo; et ibi est foramen strictum et aliquantulum longum, per quod [3] germen suum egreditur. Et est optima plantatio eius [4], quod haec ossa in sacco lineo in sabulo ponuntur et, quantum fieri potest, foramen unius foramini alterius applicetur, ut planta unius fortiter penetret plantam alterius: tunc [5] vires multarum coniunctae perfectiorem faciunt arborem. Palma enim unius virtutis non pro- 171
ficit [1], tum propter sexum, qui in ea distinctior quam in aliis plantis, tum etiam propter ligni debilitatem, quod totum est, sicut sit ex spathulis compositum, et est rarum valde. Habet [2] enim spathulas, in quas segregantur in fine rami eius, qui sunt sicut [3] gladioli folia, et ex quibus, quando inciditur, videtur etiam substantia ligni ipsius composita esse.

Sexum autem habet magis omnibus aliis plantis distinctum, 172

χ) *Origo opinionis, de qua conf. lib. I* §. 186, *petenda fortasse est ex radicibus accessoriis permultis et quasi fasciculatis, quae radicem primarium tenuiorem mox undique circumdant et obtegunt, ita ut diu de ea valde dubitaverint viri docti.* ψ) Lib. III §. 58, lib. IV §. 99.

§. 169: 1 propriet. ejus *V text. nec ind.*; De natura et propriet. palme *A.* 2 *Om. C*; est *add. A L V*; — autem *post* vix *add. V.*

§. 170: 1 *Om. P.* 2 autem *add. L*; — et *om A CP V primo, L tertio loco; om. J* et q. in imo, *quae verba Z postposuit* verbis et q. in circ. 3 *L*; quod per *Reliq.* 4 ejus plant. *P*; — et sabulo *A.* 5 enim *add. A.*

§. 171: 1 perfic. *J.* 2 habens *CEdd.*; enim *om. P.* 3 *Om. L.*

quoniam palma masculus non facit unquam aliquem fructum, sed plantatus masculus iuxta feminam inclinat se ad eam, ita quod tangunt se rami[1] maris et feminae, et comprimit bifurcatio ramorum feminae ramos maris, et tunc erectae palmae recedunt a[2] se invicem: et tunc femina quidem concipit, non substantiam aliquam emissam a masculo palma, sed virtutem ipsius. Similiter autem et opera rusticorum hoc ostendunt, quoniam[3], cum longe ab invicem sunt plantatae masculus et femina, abstrahunt ramos masculae et ponunt super feminam, et illa in furcis[4] suis comprimit eos, et concipit ex eis. Cum autem stat femina fructu onusta, per ventum, qui spiritum et humorem masculae palmae fert[5] super fructus feminae, citius maturantur fructus feminae palmae[6]. Non autem est arbitrandum, quod[7] ista impraegnatione et maturatione femina indigeat, quando ex pluribus plantata convalescit, quia tunc proles[8] masculas in virtute et substantia habet in se.

173 Nucleus autem palmae est intra substantiam carnosam, quae vocatur dactilus, eo quod habet figuram digiti; digitus enim graece dactilon[1] vocatur. Et haec caro boni nutrimenti est hominibus et animalibus, sed non est in ea aliquid germinis palmae, nisi quod in humido eius maturatur germen suum, sicut et nuclei prunorum maturantur in humido, quod est carnis, quae est circa testam eorum; et taliter maturantur[2] et nuclei malorum et pirorum in humiditatibus carnium suarum. In carne autem eius siliquae[3] est id, quod vocatur os dactili, habens porum apertum et longum in dorso suo, et in ventre suo[4] habet divisionem longam per totum corpus suum descendentem sicut est in grano tritici; in qua divisione continetur farina sua, quae est materia
174 germinis eius. Est autem ita[1] immixta ossi, quod cum inciditur os, non invenitur nucleus in ipso: propter quod et[2] ipsa ossis sui substantia humidior et mollior est testis ossium aliarum plantarum, et est[3] quasi media inter substantiam nuclei et substan-

§. 172: 1 quod agunt rami *L*. 2 ad *V*; — concepit *CZ*; — palma *om. CEdd.*; palmo licet *P*. 5 quando *Edd.*; — plante *L*; — mascule *P*. 4 futis (!) *P*. 5 sunt *CZ*. 6 *AL*; plante *Reliq.* 7 in *add. V*; — et matur. *om. C*. 8 plures *L*; plures masculos *V*; proles masculos *A Edd.*

§. 173: 1 dactilo *L*; doctilon *C et sic per capit*; — notatur *V*. 2 *Om. Edd.* in .... maturantur; — et *om. ACLV*. 3 *LV*; *om. A*; sique *CP*; siqua *Edd.* 4 *Om. P*; — destendentem *V*.

§. 174: 1 *L*; *om. Reliq.* 2 in *L*. 3 *Om. CEdd.*

tiam testae, — sicut cartilago media est inter substantiam carnis et substantiam ossis in animalibus; et videtur accedere ad dispositionem substantiae carneae in animalibus, vel ad substantiam[4] unguium in eis; et sicut est etiam substantia rostri vel unguium in avibus, — quae cum in humido aqueo in terra accipit mollificationem, efficitur[5] mollis: et ex ipsa sugit germen palmae primam substantiam pullulationis suae.

Adhuc autem fructus dactilorum non per cotyledones de- 175
pendent a ramis eius, sed potius habent sedes quasdam, in quibus immediate[1] super ramos consistunt[ω]). Et quod mirabile videtur, in una siliqua profert fructus suos et ramulos, in quibus fructus sui consistunt. Quae siliqua non in superiori parte aperitur, sicut fit in siliqua rosae et lilii et aliorum multorum florum. Sed aperiuntur inferius ex parte rami, et cadunt postquam exierunt dactili et[2] rami, super quos sunt dactili, eo modo quo aperitur siliqua papaveris et porri et etiam vitis[α]), licet hoc[3] non percipiatur propter parvitatem siliquae vitis.

Sunt autem in universo sex substantiae in dactilo: quarum una 176
est cortex ipsius exterior rufus; secunda autem est caro dactili; et tertia[1] est tela alba, adhaerens carni dactili in concavo sui; quarta autem est tela alba, quae adhaeret ossi dactili in convexo sui; quinta est substantia ossis, de qua dictum est; sexta est substantia germinis, quae est interius immixta ossi dactili. Et sugit germen ex osse per porum dorsi[2] ossis, os autem sugit de carne dactili per duas telas, quae sunt circa os ipsum.

Amplius autem rami parvi interiores capsae[1], in quibus sunt 177

ω) *Dactylos, ut plurimarum palmarum fructus, sessiles, corollae calycique persistentibus coriaceis, quasi* sedibus, *insidentes sedulo observavit Alb. Quam rem iconibus illustraverunt Kaempfer Amoen. exot. tab.* 2 *ad pag.* 697 *fig.* 1 *et* 2; *Dictionnaire des sc. natur. Paris* 1816 *tab.* 26, *alii.* Siliqua *nobis est* **spatha**, *quae inflorescentiam, nec* **calyx** *qui florem singulum includit.* α) *De calycibus papaveris vitisque basi solutis conf.* §. 246; *porri aeque ac phoenicis spathae lateraliter a basi ad apicem aperiuntur.*

§. 174: 4 *Om. C* ossis . ... substantiam; *om. A P Edd.* et videtur ...... animalibus. 5 et *add. L.*

§. 175: 1 mediate *L.* 2 etiam *A*; — ramus *J*; — super quo *P Edd.*, qua *A C*; in qua *V e correct.* 3 *Om. A*; vix *pro* non *L*, *quae emendatio conjecturae magis quam lectionis speciem prae se fert.*

§. 176: 1 tercia autem *A*; — suo *pro* sui *V Edd. priore, A altero loco.* 2 *Om. A*; ossi dossis *C Z*; ossi, *om.* dossis, *J*; ossis dorsi *P e correct.*

§. 177: 1 capre *V*; caps., quibus insunt *Edd.*

dactili, sex sunt laterum[2] fere semper, est et tota substantia ramorum angulosa[β]). Sicut enim diximus, in capsa simul profert ramulos et dactilos[3] in ramulis illis; et sunt ramuli interiores capsis illis quam dactili, quoniam sunt fundamenta dactilorum; et hexagoni sunt ideo, quia omne rotundum aequaliter compressum a circumstantibus aliis rotundis efficitur hexagonum. Circulus enim unus[4] aequalibus sibi circulis contingi non potest, nisi in sex punctis, sicut est videre in casulis apum, quae omnes sunt hexagonae propter circumstantes casas se comprimentes[γ]). Diximus enim[5], quod substantia palmae divisa est multum, et potius partes ligni videntur esse conglutinatae quam continuae: et ex hoc contingit, quod angulosi egrediuntur rami eius.

178 Siquis autem objiciat[1], quod motus localis solius est animalis, et non plantae; et ideo non est[2] verum — quod dictum est —, quod masculus palma[3] et femina non[4] incurventur ad invicem in conceptu, et ad situs et ad figuras suas redeant post conceptum, nec constringat bifurcatio ramorum feminae ramos masculae sibi incumbentes: videat miraculum hoc in virgis corili. Si enim parvula virga corili in duo recta media[4] dividatur per longum, et partes ab invicem aliquantulum separentur, movebuntur ad invicem, et se coniungent, non quidem per incantationem, sed[5] absque omni incantatione, per naturam, qua utrumque attrahit alterum per spiritum, qui egreditur ab utroque.

179 Habet autem palma lignum — sicut dictum est — valde rarum et quasi[1] ex asseribus compositum, et in[2] asseres in extremitate divisum, et non ex[3] circularibus tunicis crescens[δ]), et ideo etiam est angulosum; et dilatatur in ramis palma et in spa-

β) *Sunt inflorescentiae ramuli in spatha, quae antea* siliqua *nominabatur, inclusi.* γ) *Quam simplicem mechanices regulam ad cellulas plantarum neque vero ad ramos foliis varie dispositis varie angulatos applicari posse, hodie scimus.* δ) *Recte accurateque describuntur et caudicis structura, quae est monocotyledonearum, et qui falso rami nuncupantur, vasti foliorum petioli, et foliola juniora utrinque petiolo appressa.*

§. 177: 2 latrium *C*; — et est *A*; et tota ram. est *J*. 3 ramulus et dactilus *LPZ*; — in ramis *A*; — sunt rami *Edd.* 4 imus *C*; — sibi *om. A*; — circulis circulis *repetit J.* 5 eciam *A*; — parte *C*.
§. 178: 1 obiciat *AZ*. 2 esse *A*. 3 mas. *L*; — planta *CLVZ*; — non *om. J*; *perperam tamen, nam sequitur* nec. 4 *L*; *om. Reliq*; — dividitur *Edd.*, *qui om.* aliquant. 5 *Om. C*; — incarnatione *C*.
§. 179: 1 quod *Edd.* 2 *Om. Z.* 3 in *P*; — angulorum *J*.

thulis suis valde, habens folia in ramis suis, ex quibus quasi se vestit[4] duplicibus, complicans domesticum folii versus lignum rami ad intus arboris, et silvestre folii vertit ad extra. In supremo autem cacumine habet capsam[ε]), in qua est substantia mollis, quae multum accedit ad substantiam dactili, quae a quibusdam vocatur caseus[5] palmae; quae cum ab ipsa absciditur, palma arescit.

Adhuc autem palma in climate calido ante hiemem maturat 180
fructum suum, sed in frigido, quod est sicut quintum et sextum, non maturat nisi post hiemem, quando fructus in ea steterit ad principium veris aut aestatis sequentis anni; et tunc primum efficitur maturum. Circa sextum autem clima pullulat palma, sed non convalescit propter rigorem[1] hiemis.

(*Borassus flabelliformis Lin.*) Est autem, ut dicit Avi- 181
cenna[ζ]), id, quod vocatur bdellium[1], gumma palmae silvestris, et hoc est resolutivum valde et dissolvit[2] apostemata.

Folium autem palmae hoc habet, quod nunquam fluit a[1] 182
palma[η]), neque sensibiliter, neque insensibiliter. Pinus enim et laurus et huiusmodi arbores habent insensibilem fluxum foliorum, et aliae multae[2] sensibilem: sed sola palma nunquam emittit folia a se fluentia; propter quod victoribus et regibus palma datur ab his, qui poëmata scribunt[ϑ]).

ε) *i. e. gemmam terminalem.* ζ) *Avic. vet. cap.* 116; *Plemp. pag.* 191: Mokhl aljehudi va lmekky, Bdellium Judaicum et Meccanum. *Conf. Meyer in Schlecht. Lin. tom. XI pag.* 585. η) *Quae de foliis persistentibus et hic et cautius in lib. I* §. 139 *prolata sunt, non cum natura sed persuasione antiqua congruunt, folia enim tarde marcescentia singula paulatim dilabuntur, dum juniora sensim enata in loca veterum illorum irrepunt.* ϑ) Palmam benedictam, *quae hodie quoque medicinae instar a multis magni aestimatur, remediis annumerat Alb. Animal. XXIII de Falc. cap.* 21.

§. 179: 4 veccit (!) *L*; quasi senescit *V*. 5 casseus *P*; — ab ipsa *L profert unus*; — abscinditur *V*.
§. 180: 1 *L*; vigorem *V*; vigora *A*; frigorem *CP*; frigus *Edd.*
§. 181: 1 b'dellium = berdellium *V*; — resolutum *L*. 2 resol. *J*.
§. 182: 1 e *Edd.* 2 multum *AJP*.

Capitulum XXX.

De platano populo pino[1] et picea et pistacia et pomario Adae et piro et piperis arbore et persici et pruni et ejus arbore, quae graece peredixion vocatur.

183 (*Acer pseudoplatanus Lin.*) Platanus autem est arbor magnae quantitatis valde, et nota in habitationibus nostris. In partibus enim Germaniae et Sclaviae[†]) magna fiunt valde[2] aedificia de illis arboribus, et tabulae magnae valde. Propter quod nihil veritatis habent, qui dicunt[*]), eas esse arbores parvas in insulis Germaniae crescentes[3]: quoniam nec Germania insula est, neque insulae sunt in ipsa, neque platanus arbor parva est[4], sed magnae quantitatis, et alta sicut magnae quercus. Est autem arbor[5] corticis cinerei et stipitis permaximi, quando ad statum pervenerit, et altus est stipes eius, quando dilatatur in ramis[6], et crescit in radicibus multum profundatis, et optime provenit in terra, quae congesta est ex inundatione aquarum, juxta aquas[7] et in terris aliquantulum humidioribus, quam sint montes aut communis elevatio terrarum. Profundat autem multum in

†) *Quamvis in Codd. A C P et Edd.* Selanie *laudetur, quam lectionem Meyer, quum altera ei ignota esset, ad Zeelandiae insulas retulit, de lectione non dubito. Ipse enim Alb. De locorum Tract. III cap. III dixit:* Dania (Dacia *Ed. aeque ac in nostro* §. 138) enim et Gotia et Sclavia et Livonia et hujusmodi terre ad aquilonem sunt versus occidentem; *si a Byzanzio proficisceris. Atque ibidem Tract. I cap.* 3: E converso autem Gothi et Dani (Daci *Ed*) ex parte occidentis et Sclavi ex parte orientis nati in fine alterius climatis et ultra sunt albi (alicujus climatis *Edd. errore, nam opponitur calido climati frigidum*). *Atque ibid. tract. III cap.* 2: Sclavos quidem ab oriente Tiringes ad occidentem expulerunt et in medio se extenderunt. *Unde patet* Sclaviam *fuisse Germaniam orientalem atque forte Poloniam.* *) *Quae verba fortasse a verbis Plinii:* per mare Jonium insula Diomedis tenus invecta *repetenda esse Meyer censuit* (per *in Codd. et Edit. Plinii desideratum restitui e Vinc. Bellov. lib. XII (XIII) cap.* 87.

§. 183: 1 pini *A*, pinu *V*; *copulas om. primo loco ACPV, sequentibus locis passim PV*; — pomaceo *A*; pomaris *L*; Ade *om. ALP*; — et de piro *L*; — et pipere et peredixion et persico et pruno *A*; — et pruni ... vocat. *om. P*; — illius *pro* ejus *L*, *quod om. J*; — *om. L Edd.* grece. 2 *Om. L.* 3 crescens *L.* 4 ejus *A*; est parva *P.* 5 *Om. C.* 6 pannis *C*; — ex radic. *V*; — profunditatis *Z*; et opportune *A C Edd.* 7 mixta aquis *V in marg.*; — quam sunt *A L.*

illa radices, et habet radices[8] multas. Est etiam albi ligni valde, quod habet in se[9] maculas adhuc communi ligno albiores; quae maculae decorum reddunt lignum. Folium autem eius fere in colore et figura est sicut pampinus vitis, sed magis tenue et magis laeve quam illud[10]; et est in quantitate pampini vitis, quae vocatur vitis sclava [λ]). Est autem hoc lignum habens nascentias 184
quasdam aliquando in radicibus, aliquando autem in stipite, et aliquando in ramis maioribus; et istae nascentiae habent transversos[1] poros, et ideo in ipsis diversae sunt viae nutrimenti: et ex illis efficitur murra [μ]) nobilissima, ex qua fiunt scyphi pulcherrimi, et[2] alia quaedam utensilia. Ipsum autem lignum aedificiis est aptum et maxime illis, quae figuras habent incisionis subtiles[3]. Relatum autem per operationes medicorum ad corpus hominis, habet virtutem lenificandi et humectandi et maturandi et mollificandi. Non tamen ita deservit medicinae, sicut optime convenit architecturae lignum istud.

(*Populus alba et canescens Lin.*) Populus etiam arbor 185
est[1] nota apud nos, quae ideo populus vocatur, quia cum absciditur, ex radice eius multitudo ad modum cuiusdam[2] gentis renascitur [ν]). Haec autem arbor calida est et humida aliquantulum; et crescit iuxta aquas, et maxime in insulis aquarum fluentium, et praecipue[3] in insulis Danubii. Gemmae foliorum eius sunt aromaticae, et fit ex eis unguentum, quod populeon vocatur. Est autem folium eius in una parte album, et in altera viride, vehementis viriditatis [ξ]). Et dicit Plinius[4], quod est alia

λ) *Quam varietatem Petrus de Crescent. lib. IV cap.* 4 (*ubi tamen ed. Argentina perperam legit* sciana) *praecipue circa Brixiam et Mantuam coli, et folium habere mediocriter incisum tradit. Nomen a terra Slava, olim Sclava tulisse autumo. M.* μ) *Conf. lib. I* §. 120. ν) quod ex ejus calce multitudo nascatur. *Isidor. Orig. lib. XVII cap.* 7 §. 45. ξ) *Haec quidem Isidori, neque vero quae sequuntur Plinii verba sunt, qui lib. XVI cap.* 23 (35) §. 85: populi tria genera *meminit.*

§. 183: 8 *Om. C* et habet rad. 9 *Om. P* in se. 10 *L V*; ista *Reliq.*

§. 184: 1 divers. *P.* 2 aliqua *add. A.* 3 incisiones subtiles *A, qui* figuras *ad marg. supplevit*; *Meyer* subtilis *proposuit, quae lectio optima quidem, non tamen necessaria videtur.*

§. 185: 1 *L P*; *om. Edd.*; nota est *Reliq.*; — abscinditur *Edd.* 2 *Om. A*; cujusdam agentis *C*; nascentis *Edd.* 3 maxime *Edd.*; — Danubi *A.* 4 plurius *C*; et dicit *repetit L.*

species huius arboris, quae folia habet[5] fusca. Est autem corticis, sicut est[6] cortex tremulae, et est arbor multum alta, albi ligni et non multum[7] duri, et[8] arbor sterilis, et, ut videtur, proprietates plures habens feminae. Ferunt autem[7] incantatores, quod mulier[9], succum foliorum ejus bibens post fluxum suorum menstruorum, non concipiat, sed sterilis efficiatur.

186 (*Pinus pinea Lin.*) Pinus[1] autem ab acumine foliorum sic vocata est, quia antiquitus et etiam nunc pinum est idem quod acutum[o]). Est autem arbor in cortice et in ligno multum accedens ad abietis naturam, nisi[2] quod non est adeo alta, et magis dilatat ramos, habens fere per omnia folia abietis. Habet autem pomum magnum ligneum, in cuius medio est linea lignea[π]), ex qua per circuitum egrediuntur ligna, quae extra videntur quasi abscisa, inter quae claudit nuces suas, sicut in antehabitis de cedro dictum est.

187 (*Pinus silvestris Lin.*) Picea[1] dicitur quasi piccata[2], eo quod multam picem emittat[ϱ]); et est arbor de genere abietis; per omnia in folio et cortice et ligno sicut abies. Et utuntur eo quidam Germanicorum pro facibus et luminaribus; et maxime radix[3] eius lucide ardet, quoniam ab ipsa pix non evaporavit. Est autem in radice quasi[4] perlucida arbor propter humorem multum picis, quae[5] est in ea. Et cum extrahitur pix, fit fornax concava, et opertorium eius fit convexum de limo terrae, et est tenue, glutinosi limi ita quod flamma non penetrat ipsum; et circa convexum fornacis fit de eodem limo alia fornax per circuitum illius; et est distantia inter interiorem et exteriorem forte dimidii cubiti, ita tamen quod lar, in quo est ignis, qui[6] est fundus fornacis, sit unus utriusque, et supponitur ignis in interiorem, et ligna piceae, truncata in partes parvas, ponuntur

o) *Quae sunt Isidor. Orig. lib. XVII cap.* 7 §. 31. π) *i. e. rachis.*
ϱ) *Conf. Isid. Orig. lib. XVII cap.* 7 §. 31.

§. 185: 5 sunt *CZ*; cujus fol. sunt *AJ*. 6 *L*; *om. Reliq.* 7/7 *Om. Edd.* 8 est *add. A.* 9 *Om. ACP Edd.*; — ejus *L profert unus.*
§. 186: 1 Pynus *L* §. 5; — fol. suorum sic —, quod — est id, quod *Edd.* 2 *Om. C*; — est ita adeo *V*; — et magna *Edd.*
§. 187: 1 pitea *V ubique*; picta *PZ ubique*, *C in argum.*; picca *C hic et postea*, *L in argum.* 2 *A*; pictata *L*; piscata *Reliq.*; — emittit *V*; — *om. Edd.* per .... abies. 3 *Om. C.* 4 quidem *A.* 5 qui *A.* 6 in quo *V.*

super convexum interioris et in concavo exterioris: et tunc virtute caloris exsudat pix ex eis, et distillat in canalem, qui est inter duas fornaces, quae[7] paulatim declivis est ad anterius[8] fornacis, et ibi effluit per foramen in vasa ad receptionem eius formata et praeparata.

(*Pistacia vera Lin.*) Pistacia[1] etiam dicitur arbor quaedam, eo quod odor corticis ejus odorem nardi pisticae[2] sive spicatae repraesentet, et est calida et sicca[σ]). 188

(*Citrus medica Lin. var. pomum Adami.*) Ferunt etiam de quadam arbore, quae vocatur pomarius Adae[τ]), eo quod poma eius morsum quendam et vestigia dentium in pomo suo repraesentent[1], et est in oriente ad meridiem. 189

(*Pirus communis Lin.*) Pirus est arbor nota valde, quasi in omni terra convalescens. Est autem profundae radicis, et magnae quantitatis, corticis asperi et fusci[1], et solidi ligni, et ex tunicis ligneis concrescit, et declinat ad rubedinem in colore, et est rectorum pororum. Folium autem habet planius et durius quam malus, et aliquantulum strictius. Et cum est silvestris 190

σ) *Omnia fere Isidori Orig. lib. XVII cap.* 7 §. 30. *Cujus verba, in editionibus admodum decurtata, haec sunt, quae integra apud Vincent. Bellov. lib. XII* (*XIII*) *cap.* 86 *et leviter mutata in lib. XIV* (*XV*) *cap.* 68 *invenies, voce una,* arbor, *omissa:* Pistacia arbor dicitur eo quod cortex ejus pomi nardi pistici habeat odorem. Hujus virtus austera est et stiptica. In cibo autem sumpta stomacho fit accomoda. *In quibus laxius disposita editionum verba sunt, nisi quod scribunt* odorem referat, *quibus Alberti verba respondent. Nuces* calidas *et* humidas, *neque* siccas *dixerunt et Plat. lit. P cap.* 20 *et Avic. vet. cap.* 276 De Fistisco; *Plemp. pag.* 249: Fitstakh, Pistacia. *De sapore seminum suavi aromatico omnes agunt autores, de odore nullus, quem semina eximium haberent, si ex odore haec etymologia, neque ex etymologia odoris descriptio orta esset. Nam* pisticam nardum *esse veram optimamque Du Cange Glossar. tradit, quam vero ab Alb. cum Lavandula spica Lin. commutatam esse indicat synonymum.* τ) *Varietas cortice rimoso insignis apud medii aevi scriptores celebrata et ab autoribus Hesperidum, Ferrario Volkamerio, aliis satis descripta, iconibusque illustrata est.*

§. 187: 7 qui *J.* 8 alias ad interius *add. V.*
§. 188: 1 *Scribunt in argum.* pistacea *C L*; piscatea *V*; piscarea *V ind.*; pistace *A*; *hic omnes* pistacia, *nisi quod Z* Picorticis ejus odor est nardi etc, *om. intermediis*; *unde J fecit* Odor radicis ejus (*sc.* piceae) odorem nardi etc. — odor est nardi *C*; odorem *om. V.* 2 -stici *Codd. et Edd.*; — sive piscate *Edd.*
§. 189: 1 -sentant *A Edd.*
§. 190: 1 furci *C*; — quod *pro* et *L*; — ex truncis, *om.* ligneis, *Edd.*

haec arbor et inculta, spinosa efficitur valde acutarum spinarum[2]. Cum autem colitur, amittit[3] spinositatem, eo quod spinae non
191 sunt de natura eius, sed ex malitia nutrimenti proveniunt. Et haec arbor multas proprietates habet masculi, respectu mali, sicut supra diximus[υ]). Flos autem eius est albus, ut frequenter nihil ruboris habens; et in hoc differt a floribus mali, qui sunt aliquid rubedinis habentes. Fructus autem eius est solidus magis quam fructus malorum, et componitur ex tot substantiis, ex quot componitur malum, cortice videlicet et carne et siliqua lignea tenui valde, quae est theca nucleorum, et cortice nuclei et farina eius, florem suum[1] habens supra fructum suum, sicut et malum. Sed non est ita rotundus hic fructus sicut[2] malum in genere suo, sed potius pyramidalia inveniuntur pira, licet quaedam sint
192 rotunda, et quaedam circularia. Et quia sunt in genere suo solidiora quam mala, necesse est, ipsa magis esse terrestria, et ideo sunt frigida et sicca; quaecunque tamen ipsorum sunt subtilioris commixtionis et dulcioris saporis, sunt minus nociva. Cocta etiam[1] minus nocent quam cruda; et quae cocta sunt, magis valent assa quam elixa, eo quod magis sudaverunt superfluum humidum. Quaecunque autem cruda sunt, quae diu iacuerunt, dummodo incorrupta sint, minus nocent et[2] minus ventosa sunt, quam quae recenter de arbore sunt allata. Causa autem hujus[3] in praehabitis est determinata[φ]).

193 Narrat autem Avicenna de quodam genere piri tertii climatis, quod[1] etiam forte in quarto invenitur quod senabrud[χ]) vocatur; quod[2] est magnae quantitatis et vehementis rotunditatis, et subtilis corticis, et boni coloris, et est quasi pervium in visu, et est dispositum sicut ipsum esset aqua zucari coagulata et congelata; sed differt ab ea

υ) §. 127. *φ*) Lib. III §. 42—44. *χ*) scenabrud *Avic. vet. cap.* 545 De piris; cenabrud *V*; senianib *C*; senabind *Reliq.*; archiapion *Plemp. pag.* 175; schah amrud *Edit. arab., quod Persis* regem pyrorum *significat. M.*

§. 190: 2 *Om. Edd.*; *quare J* spinosa *pro* spinarum. 3 *L V*; spinosam *Reliq.*
§. 191: 1 *Om. A.* 2 et *add. V.*
§. 192: 1 et *C Edd.* 2 *Om J* minus nocent et; · *om. Edd.* quae; quecunque *V pro* quae recenter; — ablata *Edd.* 3 hujusmodi *V*; *om. Edd* Causa .... determ.
§. 193: 1 *Om. P.* 2 *L*; et *Reliq.*; - coloris *om. P*; parvum *pro* pervium *C V Edd*

in spissitudine substantiae, et[3] est boni odoris valde,
ita tenerum, quod, cum cadit de arbore sua[4], destruitur:
et hoc pirum dicitur esse temperatum solum, in quo nul-
lum est nocumentum omnino. Apud nos etiam ea pira, quae
subtilioris sunt corticis et purioris substantiae et subtilius com-
mixtae et dulcioris saporis et albioris carnis, aut[5] ad croceita-
tem declinantis, sunt meliora. In omnibus autem piris est 194
aqueitas et terreitas. Post cibum sumpta deprimunt[1], eo
quod gravia et solida sunt. Omnia autem genera pirorum
styptica sunt, valentia ad emplastra, quibus materiae
retinentur[2], sicut super os stomachi posita retinent vomitum,
et maxime cholericum, et emplastrata super inguem stringunt
ventrem. Humor[3] autem pirorum quidem plurimus est,
et minus nocens quam humor malorum. Silvestria au-
tem exsiccata consolidant vulnera. Alia[ψ]) autem, quae
laudabiliora sunt, praeparant stomachum et confortant
eum, et[4] abscidunt tussim, et sedant choleram, et ideo
dantur infirmis assa. Faciunt autem comesta frequentius
evenire colicam, nisi hydromel bibatur post ipsa cum
speciebus calidis, quae sunt sicut piper et cinamomum
et his similia. Cinis autem combustorum pirorum, quae
vehementer sunt styptica et valde tarde matura, est me-
dicina fungorum mortificantium[5]; et quando quilibet
fungi coquuntur cum talibus piris, minoratur ex eis no-
cumentum eorum. Qui autem magicis insudant, dicunt, quod
radix piri, et praecipue styptici et tarde maturi[6], portata et ligata
super mulierem, impedit conceptum; et si mulier[7] parturiens su-
per se, vel iuxta, pira habuerit, difficulter parit.

(*Piper longum et nigrum Lin.*) Piperis[1] arbor non est 195

ψ) scemia *Avic. vet.* *Intelligenda sunt* Sinensia; *quare rejicienda lectio Edd.* alba.

§. 193: 3 sed *Edd.* 4 suo *Edd.*; *om. P*; — dicit *V e correct.*; — nullum *om. A.* 5 *Om. C.*

§. 194: 1 de primum *C.* 2 recin. *C*; detin. *Edd.*; — positum *A.* 3 Humorum — et minimus *L.* 4 *Om. C.* 5 *L*; mordific. *Reliq.*; — quando quidem f. *P e correct.*; isti fungi *Avic. vet.* 6 -tica *Edd.*; — maturata *V*; — concept. *M.*, recept *Codd. et Edd.* 7 et similiter *C*; et similiter si mulier *A Edd.*; — parturiens *L*; pariens *A V*; *om. Reliq.*; — iuxta habuerit pira — pariet *Edd.*

§. 195: 1 Piparis *L hoc uno loco.*

alta, sed est sicut arbor juniperi in ligno et in[2] foliis, sicut di-
cunt[ω]). Nascitur autem sub cancro, et[3] in locis, quae minoris
sunt latitudinis in primo climate, ubi est multa adustio solis. Et
cum sit triplex piper, longum videlicet[4], et nigrum, et album,
dicit Galenus[α]), quod longum fructus est arboris, et
cum dividitur, sunt partes eius album et nigrum, quia non
tostum aut sole aut clibano est album, quod plus retinuit hu-
moris; tostum[5] enim fervore solis aut clibani est nigrum siccius,
eo quod tostura extrahit humorem. Et ideo hoc[6] est calidius
et siccius, magis corrosivum et mordicativum, et tamen in
ipso retractio et abstersio et resolutio, et calefacit
nervos, et tamen est conveniens sanis. Album tamen magis
confortat stomachum et longum melius facit descen-
196 dere cibum. Haec[1] autem licet dicta sint secundum Galenum
et Avicennam[a]), tamen sensui non concordant, nisi istae species
aliae sint apud eos et apud nos. Quod enim nos[2] in nostris
habitationibus vocamus piper longum, rarae est substantiae, quasi
per omnia sicut purgamentum corili, quod profert ante avella-
nas; sed est nigrum, siccum, habens saporem piperis, praeter
hoc quod non[3] est adeo acutum. Quod autem[4] vocamus piper
album, sunt nuces quaedam sicut avellana, praeterquam quod
habent testam albiorem et molliorem; et nucleus circa se non
habet purgamentum[5] quod habet nucleus avellanae; et nihil om-
nino habet de sapore piperis, sed est sapor eius permixtus: dul-
cis enim est, parum habens acuminis[6], quia acumen fractum est
in humido ipsius, ita quod parum[7] percipitur in lingua. Haec[8]
197 omnia non unius arboris videntur esse fructus. Piper autem

ω) Quidam dicunt, quod omne piper fructus est ejusdem fruticis, qui similis est junipero. *Platear lit. P cap* 2. α) *i. e. Galenus apud Avic. vet. cap.* 553; *Plemp. pag* 243: Folfel, Piper. *Capite vero* De Pipere longo *Avic. vet. cap.* 400. *Plemp. pag.* 106, *Alb usus non est*

§. 195: 2 *Om. L* 3 est *add. L* 4 *Om L*. — dicit tamen *A*, d. enim *C P Edd.*; — longus *L* 5 coctum *V et hic et antea*, costura *postea*; — vero *P pro* enim. 6 hic *C*; — retraxio *P*; — mordificat. *Codd. et Edd.*

§. 196: 1 Hoc *L*; cum sensu tamen *A*; cum *pro* tamen *C et Edd.*, *om.* licet; sunt *pro* sint *Edd.* 2 *L*; *om. Reliq.* 3 *Om. Edd.* 4 ante *C Edd.*; — sicut avell a *C.* 5 circa se *iterum addit L.* 6 acruminis, *et paulo post* acrumen, *Edd.* 7 parvum *V* 8 Sed *P*; Hec autem *A.*

naturaliter[1] provocat urinam[β]), et eiicit foetum de matrice. Post coitum autem[2] suppositum corrumpit semen cum fortitudine, et hoc facit etiam comestum, sed non tantum. Et paucum eius[3] provocat urinam, et multum eius solvit ventrem, et consumit sperma, et inducit castitatem sicut agnus castus. Et hoc facit nigrum. Longum autem[4] et album augent coitum propter suam superfluam humiditatem. Dicunt etiam, quod mala intus exenterata a theca[5] nucleorum, et decorticata, et intus aspersa pulvere longi piperis, et sic assa, multum iuvant digestionem. Alias autem quam plurimas habet in medicorum praeparationibus[6] operationes.

Narrant de quadam arbore quae graece peredixion[1] voca- 198
tur, quod fructu eius quoddam genus columbae delectetur, et ramis et umbra eius protegatur a serpente volatili, quem ybicen[2] Solinus appellat, qui columbam nec in umbra eius nec in ramis accipere potest, cum tamen columbis multipliciter insidietur. Agitata autem columba a serpente fugit ad arborem vel ad umbram eius, et salvatur, eo quod utrumque istorum serpens perhorrescit. Sed hoc non est probatum satis per certum[3] experimentum, sicut cetera, quae hic scribuntur; sed in scripturis veterum invenitur[γ]).

(*Amygdalus persica Lin.*) Persica[1] dicuntur, eo quod a Per- 199
side sunt allata, ubi[2] primitus apparuerunt. Est[3] autem arbor non magnae quantitatis, radicis et corticis et folii fere sicut amigdalus,

β) *Sunt verba Avic. l. c.* γ) *De ibide, Egypti ave, pennatos Arabiae angues devorante cap.* 32 *Solinus narrat; praeterea nihil ad hanc fabulam spectans, quae in Vinc. Bellov. lib. XVI* (*XVII*) *cap.* 53 De columba, *Thom. Cantipr. lib. XI cap.* 30; *nec non in ipsius Alberti Animal. lib. XXIII cap. de columbis redit. Praeterea neque fabulam neque arboris neque serpentis nomen unquam reperi. M.*

§. 197: 1 *V in marg.* alias generaliter. 2 aut *C.* 3 *Om. A.* 4 aut *Edd.* 5 teca *P.* 6 *addunt* medicinarum *A*, medicinas *CEdd.*, *sed vocem deleverunt P V.*

§. 198: 1 *CLP et Thom. Cantiprat. De nat. rerum lib. XVII cap.* 53 *et Vinc. Bellov.*; *scribunt in argumento:* perioxon *C*; perydoxon *V*; perydixo̅n *L*; peridioyon *Z*; peridix *J*; *hic* peridoxon *V*; predixion *A*; peredixon *Edd.* 2 ibicem *Edd.*; — nec *om. P.* 3 *Om. C.*

§. 199: 1 Parsica *L.* 2 ut *L.* 3 Et *J*; — non *om. CPEdd.*; — foliis *A*; — amigdelis *C.*

nisi quod folia persici sunt longiora et latiora, et arbor minoris quantitatis. Lignum autem eius est rubicundius quam lignum amigdali, et est magis tortuosorum pororum et ideo non est multum scissibile aut findibile[4] lignum, sed magis frangibile, fere sicut lignum esculi, quae vero nomine mespilus dicitur. Invenitur autem flos eius ru-
200 beus sicut flos amigdali. Et fructus eius habet carnem mollem, valde frigidam et humidam[δ]), et facile putrescentem, propter quod multi quidem sed mali est nutrimenti. Quae si comedatur post alium cibum, corrumpitur, et naturaliter[1] corrumpit cibum illum: et ideo diu ante cibum alium comedi debet. Et dicunt quidam, quod auget coitum; sed hoc non potest esse nisi in calido et sicco corpore. Intus autem[2] testam durissimam habet totam rugosam, in qua est nucleus, cuius purgamentum est circa ipsum in pelle citrina et rubea, sicut est in nucleo amigdali et avellanae. Nucleus autem[3] est amarus, habens ponticitatem quandam, sicut nucleus[4] amigdali amari; et est divisus in duo, sicut et alii nuclei multi et sicut glans. Alios autem plurimos in simplici medicina habet effectus et operationes.

201 (*Prunus domestica et armeniaca Lin.*) Prunus[1] est arbor, quae non multum radices in profundo figit; asperi quidem corticis, sed non sicut pirus, nec etiam sicut amigdalus; quantitatis mediocris, folii lati, sed non sicut malus vel[2] pirus: floris albi. Fructum autem habet extra carnosum mollem, et intus habet testam et nucleum. Fructus autem hic est colorum multorum et multarum quantitatum. Quaedam[3] enim sunt nigra, et quaedam rubea, et quaedam alba, et quaedam viridia aliquid citrinitatis[4] habentia, quaedam autem citrina. Meliora autem[5] sunt palearem habentia

δ) *Avic. vet. cap* 566; *Plemp. pag.* 303: Chauch, Persica malus.

§. 199: 4 scindibile *V*, *quod pro glossa habeo*; — nespilus *Edd.*

§ 200: 1 *L*; universaliter *Reliq.*; — alium *om. P Edd.* 2 *Om. A*; — totam *om. V.* 3 Sed nucleus eius *Edd.* 4 nuclei *V*; — est *om. C*; — multi *om Edd.*; — et *om. L.*

§ 201: 1 *Scribunt lib. I* §. 142 prini *AB*, pini *CV Edd*, rumi *L*; *lib. V* § 64 prino *bis CV*, *et in argum. V.* 2 et *Edd.* 3 Que *L*; *hanc sententiam:* Quaedam — citrina., *quam et Codd. et Edd. fere ad finem* § *ante* Sicciora *inseruerunt*, *hic cum Meyero posui*; — magno *pro* nigra *Edd.* 4 citrini *V.* 5 *M. e conj.*; enim *Codd. et Edd.*; — sunt *om. P*; — pelearem *Edd. et*, *qui om* ad citrin., *C.*

colorem, declinantem ad citrinitatem[ε]); alba autem deteriora sunt; magna etiam parvis sunt meliora; viridia tamen, tarde maturata, et habentia uvae carnosae saporem, multum sunt delectabilia, et[6] plus aliis habentia stypticitatis. Longa etiam meliora sunt brevibus. Sicciora etiam[7] meliora sunt humidis, sicut sunt damascena. Armena[8] tamen omnibus sunt meliora. Omnia 202
autem sunt frigida et humida plus et minus, ante cibum secundum Galenum[ζ]) sumenda, et postea bibenda est aqua mellis. Quae autem sunt[1] dulciora ex eis, solvendo educunt choleram; humida tamen vehementius solvunt quam sicca: et eorum solutio est propter viscositatem et lubricitatem[2] eorum. Galenus autem[3] dicit, Dioscoridem errasse dicentem, quod damascena stringunt ventrem, quia solvunt ipsum[4]. Gumma autem ipsorum est subtiliativa et incisiva[5] et glutinativa, et frangit lapidem vesicae; et aqua prunorum provocat menstrua; et quo sunt minora, eo minus solvunt. Cum autem ex foliis pruni colluitur os, prohibetur fluxus ad[6] utramque amigdalam[η]) et uvam[7], et alias plures nobiles habet operationes.

ε) Illa, quae habent colorum paleae, sunt fortiora nigris, et citrina fortiora rubeis, *etc. Avic. vet. cap.* 536; *Plemp. pag.* 54: Iggjads, Pruna. *In edit. arab. legitur* basti, *mendose, siquid video, pro* tabni, *quo verbo saepius utitur ad indicandum colorem* palearem *seu* stramineum. *M.* ζ) *Vel potius sec. Avic., qui ad praecedentia quidem, nec tamen ad haec verba, Galenum laudaverat.* η) *i e. glandula nota, faucibus insita.*

§. 201: 6 *Om. L.* 7 *Om. P.* 8 armenia *C*; armenta *J*; — meliora humidis *add V.*

§. 202: 1 *Om. C.* 2 lubritatem *L*; *om. V* et lubr. 3 enim *C Edd.* 4 *Om. P.* 5 incissiva *V*; — conglutinativa *C.* 6 ut *L.* 7 unam *Z*; — habent *A.*

Capitulum XXXI.

De quercu et proprietatibus eius.

203 (*Quercus robur Lin.*) Quercus autem[1] est arbor magna valde
et alta et lata in ramis, profundata in radicibus multis[2], multum
asperi corticis, quando antiquatur, sed laevem habet in iuventute.
Latitudinem et magnitudinem magnam habet in ramis, folium au-
tem spissum et latum et durum, quando convaluit. Et est totum
circumpositum[3] triangulis, quorum bases sunt super folium, et an-
gulus est in exteriori. Et multum adhaeret ei folium — sed tamen
fluit —, exsiccatum enim[4] adhuc frequenter adhaeret aliquando.
Est autem lignum eius crescens ex tunicis rectis, et est rectorum
pororum, et divisibile ad lineam, et dolabile, bene tenens figuras
magnarum[5] incisionum; sed in hoc vincitur a buxo. In exteriore
tunica habet albedinem, et in[6] interioribus declinat ad ruborem. In
aqua positum primum natat, et tandem mergitur propter eius
terrestreitatem, et tunc denigratur: et huius causa iam ex ante-
204 habitis[ϑ]) scitur libris[7]. Fructus autem[1] eius glans vocatur, quae
per cotyledonem proprium ramulo, in quo crescit, non coniun-
gitur, sed potius[2] super ramusculos eius nascuntur scyphuli qui-
dam, et in illis pullulat glans ipsa[ι]). Glans autem habet extra
se siliquam duram[x]), in qua continetur[3], quae quasi lignea est,
optime plana, columnalis figurae, nisi quod conus[4] eius non est
superficies plana, sed sicut hemisphaerium, habens punctum in
medio, quasi esset poli signum. Inferius autem est basis glan-
dis, per quam sugit ex scyphulo suo; et illa etiam[5] non directe

ϑ) Lib. IV §. 138. ι) *Quibus verbis patet Q. pedunculatam ab Alb. observatam non esse.* x) *i. e. putamen, quod* cono, *i.e. apice rotundata profert styli rudimentum breve subulatum, basi organica asperula vero depressum est.*

§. 203: 1 *V profert unus;* — valde *om. C.* 2 magnis *V; pro* multum *praebent* magnum *CP*, magnis *Edd.* (*de lectione Cod. A non satis constat*); — lenem *Edd.* 3 est circumposita, *om.* totum, *P*; — et angelus *C*; — est *L profert unus.* 4 tamen *L*; — freq. adheret frequenter *P.* 5 et parvarum *add. A.* 6 *Om. C*; — In aquam *V.* 7 *Om. C Edd.*

§. 204: 1 *Edd.*; *om. V*; enim *Reliq.*; — ejus *om. CL.* 2 post *Edd.*; — ciphuli *CLP*; cifuli *Reliq. et paulo post Omnes.* 3 -nentur *Z.* 4 comes *ACZ*; superius *J*; — s =scilicet *pro* sed *L*; — hemisphaeriam *J.* 5 que *L.*

est plana superficies, sed sicut hemisphaerium aliquantulum in polo compressum, quod contingit ex pondere glandis, et quia, si esset omnino hemisphaera[6], non contingeret locum nutrimenti nisi in puncto, et tunc non sufficiens posset trahere nutrimentum. Glans autem, quae est in siliqua[λ]), circa se habet[7] corticem non durum sed mollem, qui nascitur ex purgamento glandis, et in ipso involuta est glans per medium divisa, sicut si columna secetur[8] superficie per sui longitudinem. In supremo autem sui[9] germen suum habet, et quod subtus est de farinali substantia,
deputatum est in materiam et cibum germinis. Scyphus[1] autem, 205
in quo sedet glans ipsa, est concavus, bene formatus, quasi esset tornatilis intus; cuius fundus est aliquantulum planus, in quo glans sedens suxit[2] nutrimentum; et exterius est scabiosus, habens superficiem asperam propter terrestreitatem ipsius; quae purgata est ex materia glandis. Nec per cotyledonem sive pendiculum aliquod[3] coniungitur ramulo[μ]), sed immediate sedet super ipsum. Et[4] hoc fit, ne nimis distet glans a[5] ramo, quia, si per longas vias sugeret, induraretur et infrigidaretur nutrimentum glandis, et non proficeret[6], praecipue cum arboris huius succus sit valde terrestris.

In foliis autem quercus invenitur frequenter nascentia quae- 206
dam[1] rotunda sicut sphaera, quae galla vocatur, quae in se, cum per tempus[2] steterit, profert vermiculum, eo quod ex corruptione[3] folii nascatur. Qui[4] quando bene obtinet medium gallae, pronunciant aëromantici, quod futura hiems erit asperior; quando autem est circa extremum gallae, pronuntiant quod erit hiems

λ) *i. e.* semen quod putamine conclusum est. μ) pendiculum, *quod apud Du Cangium non invenitur, etymologia haud absona pro* pediculus, *hodie* petiolus, *scripsit Alb. Redit in* §. 239.

§. 204: 6 hemisperalis *A*, *om. Edd.* ex pondere . . . . contingeret. 7 *Om. Z*; hab. circa se *J.* 8 in *add. A.* 9 *Om A*; — subtus *L*; subter *Reliq.*; *V in marg. add.* al. super; — depuratum *C Edd.*

§. 205: 1 cypus *P*; cifus *A*; ciphum *Z*; ciphus *Reliq. conf. lib. I* §. 120 *not* 5. 2 suggit *V.* 3 *Om P*; — ramo *pro* ramulo *Edd.*; — sed in medio sedet *C*; — ipsam *A Edd.* 4 *Om. P.* 5 *P*; in *Reliq.* 6 perfic. *L*; — hujusmodi *V*

§ 206: 1 *Om. A.* 2 que, si per temp. *Edd.*; — fit *pro* steterit *A.* 3 al. productione *V ad marg. addit.* 4 quia *L*; — obtinet modum — aeremantici *C Edd.*; — erit yemps *C L Edd. et paulo post* hyemps, hyemem *L.*

lenis[5]. Similiter autem dicunt de verme, quae[6] eruca dicitur, et in telis quibusdam in ramulis quercus et aliarum arborum involvit ova sua: quando autem nidus[7] ille erucae est frequenter in altioribus cacuminibus arborum, prognosticant hiemem futuram esse lenem et mollem; quando autem inferiora occupat quercus et aliarum arborum, dicunt futuram[8] esse asperam et
207 rigidam. Galla autem succum[1] habet per se quidem purum, quamdiu est viridis et humida: quando autem fricatur ad ferrum planum et mundum, statim convertitur ad naturam incausti[ν]) nigri valde. Et haec est causa, quia resolvit scabrositatem[2] ferri, et ferrugo tunc commixta cum succo inducit nigredinem. Et huius signum est, quia nisi cito[3] abstergatur ferrum a succo ejus, statim rubigine in loco contactus succi consumitur.

208 Est autem glans et tota quercus naturaliter frigida et sicca[ξ]), et siccitas eius maior[1] est quam frigiditas eius; et in hoc differt a castanea, quoniam in illa[2] est aliquid caliditatis, quod ostendit sua dulcedo. Folia autem glandis sunt vehementis stypticitatis et minoris exsiccationis. Convenit autem cum castanea glans, quod[3] est utraque abstersiva et inflationem faciens in inferiori[4] alvo, et quod utraque confortat membra, et quod utraque est boni nutrimenti, praecipue porcis. Galenus autem[5] dicit, quod tam glans quam castanea est boni nutrimenti et laudabilioris omnibus granis in arboribus

ν) *Ita pro* encausto *Plinii seriorumque et alii medii aevi autores saepissime et Alb. Autogr. Animal. lib. XXII cap. de Equo et hic A L P. Nec, quod exhibent C V Edd.* incaustri *errore ortum videtur, sed more aetatis inferioris, unde etiam scribunt Itali* inchiostro, *Galli* encre. *Est enim apud omnes* atramentum. De quo *agit Alb. De mineral. lib. V cap.* 3, *quod incipit:* Natura autem atramenti secundum suum genus quidem est substantia homiomera mineralis dissolubilis per decoctionem in aqua factam permixtam lapidosae substantiae, quae nequaquam solvitur per elixationem *etc.* ξ) *Avic. vet. cap.* 286: De Glande; *Plemp. pag.* 84: Belutth; Glandifera arbor.

§. 206: 5 *Om. C*, levior *in mag. supplevit manus recentior.* 6 qui *V Edd.*; — eruca vocatur. *A.* 7 rudus — arborem *C Z*; — pronosticant *Codd.* 8 arb., tunc sicciorem *A*; — asp. et frigidam et rigidam *P.*
§. 207: 1 siccum *L.* 2 scabios. *A V.* 2 *Om. P*; — rubiginem *C V Z*; rubedinem *P.*
§. 208: 1 magis *P*, *qui om.* ejus; — est *om. A.* 2 ista *A.* 3 quia, *om.* glans, *A.* 4 *Avic.*; interiori *Codd. et Edd.*; — est *om. C Edd.*; boni est *L.* 5 *L*; enim *Reliq.*

crescentibus; sed castanea nutribilior est glande propter maiorem dulcedinem ipsius[6]. Nutrimentum tamen eorum est hominibus illaudabile, eo quod nimis[7] est stypticum; sed si castanea cum zucaro misceatur, fit boni nutrimenti; tardae enim erit aliter sumpta[8] digestionis, sed glans tardioris. Stypticitas autem maior est in cortice interiori[9] glandis, quam sit in ipsa glande. Folia etiam quercus pulverizata, quando proiiciuntur super plagas, faciunt eas cohaerere. Tam glans autem quam castanea confert contra venena.

Galla autem est frigida et humida. Meliorem autem ha- 209
bent virtutem immaturae et ponderosae; glaucae[1] autem molles parvae sunt virtutis[π]), aduruntur autem super prunas, et pulvis colligitur[2], quia constrictio illius est vehemens et prohibet cursum humiditatis, eo quod[3] substantia earum est frigida terrea. Aqua autem earum denigrat capillos; pulvis autem earum aufert carnem additam et verucas. Conferunt etiam gallae positae in corrosione dentium, et alias multas medicorum conferunt operationes, quae in simplicibus medicinis habent determinari.

Capitulum XXXII.

De ramno et[1] reubarbaro et rosa.

(*Rubus fruticosus et caesius Lin. etc.*) Ramnus[2] est 210
frutex, habens super se spinam albam multiplicem et recurvam

π) *Avic. vet. cap.* 315 *Ubi tamen pro* glaucae *scripserunt Alpagus* rufae seu citrinae, *Plemp. pag.* 295: Afds, Galla: quae rufa est ac laxa; *Galen. simpl. medic. lib. VII* (*vol. XII pag.* 24 *Ed. Kühn.*): ἡ ξανθὴ καὶ χαύνη etc.

§. 208: 6 *Om. Edd.* 7 minus *L.* 8 al. sump. erit *A Edd.* 9 -ris *Edd.*; — ipsa glande *V et ad marg.* al. glante; — Fol autem *P.*
§. 209: 1 glance *C*; glande *VZ*, *sed V in marg. al.* glauce; glandes *J*; galle *A.* 2 tollitur *L.* 3 hum. eorum *A.*
§. 210: 1 *Om. P.* 2 rampn. *L V hic et antea*; *P in argum. et postea* samnus; ramnus *V ind. et Reliq.*; rhamnus *J*; — autem *add. Edd.*; — super *L*; sub *Reliq.*

in acumine; et folia eius sunt latiora quam folia[3] spinae, quae bedegar vocatur; sed crura fruticis eius sunt breviora, et nisi nitatur alicui se elevanti, frequenter iacet super terram[ϱ]). Fert autem poma quaedam perlucida, multum delectabilia, quando sunt matura, et appetitum cibi provocantia. Huius[4] radix confricata ad aliquid durum dicitur ex se ignem emittere[σ]). Incantator autem dicit, hoc genus ligni portatum schismata[5] et rixas et odia suscitare.

211 (*Rhei Lin. spec. complures.*) Reubarbarum est, ut dicit Avicenna[1], commixtum ex aqueitate et aëritate; in substantia etiam sua materialis est terreitas amara valde, eo quod ignis caloris loci et solis et naturalis egit superflue in eam. Est autem lignum molle rarum et valde stypticum propter terreitatem, quae est in eo: operationes enim[2] ejus omnes complentur ex terreitate sua ab inductis qualitatibus passa[τ]). Tamen purum non coctum rarius est[3] et minus stypticum quam id, quod est decoctum. Adulteratur enim aliquando, quando decoquitur, et tenetur aqua, in qua[4] decoquitur, et quod residet in fundo servatur, et postea lignum venditur, ac si non decoctum[5], et purum

ϱ) *Quo de frutice diu dubitavi. Vix enim crediderim, Albertum easdem species, quas antea* rubi *nomine saepius distincteque descripsit, nunc alio nomine protulisse. Nec tamen inveni, quem germanicorum fruticum in loco eorum proponerem; neque Zizyphum vulgarem Lam., quam* jujuber *vocatam exhibet* §. 55, *vel Paliurum australem Gärtn. folia, neque Lycii species fructus edules indicant, quas pro* rhamnis *Dioscoridis habuit Sprengel. Avic. vero simili modo nomina* Olikh, Rubum (*Plemp. pag.* 235) *et* Autsegi, Rhamnum (*Plemp. pag.* 236) *confudit, quorum* Rubum *tantum ab Ed. vet. cap.* 574 *indicatum reperi. Conf. porro, quae ad* §. 93 adnotata sunt. σ) *Quae secundum Barthol. Anglici De propriet. rerum lib. XVII cap.* 138: dicit magister in hystoria super judic. XX, quod testante josepho *etc.*: *Albertum dein* incantatorem *laudantem, non librum quendam, sed nugas indicasse, patet ex* §. 341, *ubi, quae adnotata sunt, conferas.* τ) cum qualitate sue terreitatis *Avic.*

§. 210: 3 *Om. V*; — ejus *om. Edd.*; — innitatur *A.* 4 Hujusmodi *V.* 5 *A Edd.*; scismata *Reliq.*

§. 211: 1 Avic. dic. *A Edd.*; — etiam *om. L*; — est *om. Edd.*, et *scripsit C*; terrenitas *Codd. et Edd. contra Avic. Albertique morem*, atra *Edd. pro* amara. 2 autem *L*; — ejus *om. Edd.* 3 *Om. Edd.*; — id *L*; hoc *Reliq.* 4 quo *A P*; *Om. Edd.* decoq. .... qua. 5 *L*; coct. *Reliq.*; non esset coct. *Edd.*; — set pur. *A.*

sit. Et dignoscitur hoc, quia[6] coctum recedit a raritate
et mollitie ligni naturalibus, et efficitur magis stypticum
quam prius, et minus habet tincturam croceam quam prius.
Folia autem huius[7] ligni minorem habent virtutem, et sunt figu-
rae communis, sed stricta et acuta[υ]). Confert autem stoma-
cho et hepati debilibus, et[8] extenuat splenem et dolo-
ribus confert matricis et fluxui sanguinis, et contra
morsum venenatorum vermium, et alias plurimas apud me-
dicos habet utilitates. Est autem veniens a climatibus, quae[9]
sunt praecipue primum et secundum.
(*Rosae Lin. spec.*) Rosa autem[1] est arbor aut frutex cum 212
spinis multis sicut et bedegar (*R. rubiginosa Lin.*), cui etiam
per omnia habet folia similia. Sed spinae rosae debiliores sunt,
et folia eius latiora, quam folia bedegar. Illa tamen, quae fert
rosas albas[2] multorum valde foliorum, pro certo arbor est, cuius
stipes efficitur sicut brachium hominis, et est sine spinis; verum-
tamen ramuli eius spinas habent, sed debiles et parvas valde.
Et est arbor valde ramosa; et sunt rami eius[3] spissi, sed parvi
et longi sicut surculi rubi. Cortex autem ejus[4] est planus satis
sine scabrositate, quamvis habeat spinas. Flos autem eius vo- 213
catur rosa, et est flos primum habens siliquam viridem quinque
foliorum, quae cum aperitur, egreditur rosa multorum foliorum[1],
quando est hortensis, et maxime rosa alba, quae frequenter ex-
cedit numerum quinquaginta foliorum vel[2] sexaginta. Sed tamen
in campestri rosa (*R. arvensis Lin.*) non inveniuntur nisi quin-
que folia[φ]). In medio autem eius est[3] respersio crocea, stans

υ) *Quae unde petita sint, nescio, quum, quorum auctorum vestigia Alb. premere solet, nullus foliorum Rhei mentionem fecerit. M.* φ) *Quo nomine Alb., quum in §. 43 nec R. rubiginosam nec caninam, quae scilicet sunt* bedegar *et* tribulus, *rosis veris annumerandas censeat, praeter arvensem et tomentosam quidem et alias Rosas in valle rhenano indigenas atque floribus majoribus hortenses aemulantes indicare potuerit, sed, siquid video, sequentibus verbis R arvensem distincte descripsit, quae germanorum una stylos in columnam unam, eamque stamina petalaque fere ae-*

§. 211: 6 quod *Edd.* 7 hujusmodi *V*; *om. C.* 8 *Om. V*; — dolore .. et profluvie sang. *A*, *om.* vermium. 9 clima, qui *C*, *om* primum et.
§. 212: 1 *A P*; *om. Reliq.*; — seu *pro* aut *A.* 2 *A et e correct. V*; acerbas *Reliq.* 3 et *add. C P.* 4 *L*; *om. Reliq.*
§. 213: 1 *Om. V* quae ..... fol. 2 et *A*; — sexag. foliorum *repetit V.* 3 *L*; *om. Reliq.*

in culmo uno simul. Et cum perficitur pomum eius, est sicut pomum[4] bedegar, nisi quod est rotundius illo. Et habet in se grana testea lanuginosa, non distincta per cellulas, sed continentur intra carnem pomi sui, quae mollis est, quando est matura, et praecipue intus[5] ex parte granorum: ab illa enim carne grana illa primo sugunt, et postea in spiritu humoris complentur ad maturitatem. Haec autem arbor hoc[6] habet proprium, quod retinet poma sua per hiemem post casum suorum foliorum, et est suus flos super pomum suum sicut in cucurbita et malo granato. Flos autem rosae incipit primo a virore, et terminatur in ruborem[7], et in hoc differt a lilio et sambuco et quibusdam aliis, quae incipiunt a virore, et terminantur in album colorem.

214 Cum autem siliquae sint[1] compositae ex quinque foliis, mirabile videtur in eis naturae studium, quia quodlibet foliorum ex una parte est[2] barbatum pluribus barbis, — ubi videlicet sub se claudit coniunctum sibi folium —, et in alia[3] parte est planum sine barbis — ubi clauditur sub extremitate alterius partis barbatae[4] vicini sibi folii. Et ita fit, quod, cum sint quinque, quodlibet[5] sit barbatum in una extremitate, et imberbe in alia. Cumque[6] conclusa in se teneant folia rosae, nec ipsa siliqua sit continua — sed, ut dictum est, ex quinque foliis composita —: sub qualibet compaginatione duorum foliorum siliquae subjicitur recte medium dorsum[7] unius folii rosae. Et hic ordo observatur[8]

quantem profert. Nec discrepant ceterae notae. Voce culmi *vero, quam alio loco lib. II* §. 40 *pedunculum crassiorem designantem invenimus, hic columnam illam satis crassam indicari affirmaverim. Nam stylorum stigmata, praesertim polline tecta, staminibus colore assimilantur, quae ad faucem calycis oriunda columnam stylorum arctius circumstant.* Culmum *vero quam partem si esse negaveris, pro* pomi *primordio i. e. calycis tubo staminifero habebis, quod tamen nec in hac nec in aliis Rosae speciebus culmi similitudinem prae se fert.* χ) *i. e.* quaelibet floris folia interiora exterioribus alterna posita, eidemque legi calycis etiam laciniae adscriptae sunt.

§. 213: 4 *CL*; *om. Reliq.*; — rotundum magis illo *L*. 5 *Om. P*; — granosum *V*. 6 *Om. Z*; — est *om. CP Edd.* 7 rubore *A*.
§. 214: 1 *Om. Edd.* 2 non — ut, *pro* ubi, *L*; super *in marg. supplevit. P pro* sub; — se cadit *Edd.* 3 illa *Edd.* 4 *E conj.*; pars barbati *Codd.*; pars barbata *Edd.*; — fidi *C*, ig^{i} (?) *P pro* sibi. 5 quod licet *L*; sint q. quodl. *om V*; — in *om. A Edd.* 6 tamen que *C V Edd.*; — teneant *M.*; tenent *Codd. et Edd.* 7 deorsum *hic C V Edd., altero loco C P et, scribentes* a deors. *Edd., tertio P.* 8 servatur *V Z*; etiam in rose fol. *L V*; etiam ordo *Edd.*; etiam foliis *A*; et fol. *C Edd.*; etiam *om. CP*; — rosis *J*; — semper *om. CP Edd.*; — porrigit *P*.

etiam in rosae foliis, quod semper dorsum interioris folii porrigitur directe ad rimam[9] exteriorum duorum foliorum, et ad rimam interiorum foliorum objicitur dorsum folii exterioris ordinis. Et 215
hoc habet rosa commune cum aliis floribus, quorum siliquae et flores ex multis ordinibus foliorum componuntur, sicut patet in flore boraginis[ψ]) et herbae, quae vocatur pes cornicis, (? ***Ranunculi*** *Lin. spec. fl. pleno*), et in multis aliis: et hoc facit natura, ne humor aut aliud nocumentum exterius facile penetrare possit ad interius germinis. Si enim unum ordinem penetraverit, in alio inveniet resistentiam. Siliqua autem rosae non cadit quidem cum foliis rosae, sed cadit, quando maturatur pomum eius; econtrario[ω]) autem in mespilo[1], in quo siliqua floris remanet in anteriori pomi maturi.

Scias autem, quod rosa est virtutis compositae ex sub- 216
stantia aquea et terrea[α]), et in ipsa sunt acuitas saporis et stypticitas et amaritudo cum stypticitate et pauca dulcedine, et in aqueitate eius est parum caliditatis, quae est causa, propter quam est dulcis et amara. In ipsa etiam est subtilitas, quae facit penetrare ipsius stypticitatem, et ideo aliquando facit coryzam[1] sive catarrhum. Amaritudo quidem in ipsa permanet, quamdiu recens est, et cum siccatur, minoratur amaritudo eius: et propterea[2] illa, quae recens est, solvit, quando bibitur in pondere quatuor unciarum[β]). Quaedam autem est, quae nominatur rosa foetida, et radix

ψ) *i. e.* ***Borago officinalis*** *Lin. Quam Meyeri conjecturam probare videtur plantae descriptio in* §. 291: *Inanes enim sunt Codd. lectiones* piraginis *L*; par (*vel* per)-taginis *C*, -aginis *Reliq.* Pes cornicis *saepius* ***Plantaginem coronopum*** *Lin. indicat*, rarius ***Ranunculi*** *spec. foliis divisis, qualem* Pes corvi §. 418 *designare videtur. Pro varietate pleno minime raro* ***R. acris*** *vel* ***bulbosi*** *Lin. vel similis hic habenda videtur, nam* ***Plantaginis*** *bracteas alternatim quidem dispositas, virides autem florum nomine ab Alberto vix appellarentur.* ω) *i. e. contrarium accidit.* α) *Avic vet. cap.* 570; *Plemp. pag* 114: Ward, Rosa. β) decem dragmarum *Avic.*

§. 214: 9 *L V*, ruinam *Reliq. utroque loco*; — exteriorum *L* exteriorem *Edd.*; exteriorem *vel* exteriorum *Reliq.*
§. 215: 1 nesp. *P Edd.*
§. 216: 1 corixam *J P*; corizam *Reliq*; facit aliq. coriz. *L*. 2 postea *A*.

eius est sicut piretrum γ) adustiva[3]. Dicit autem[4] Galenus, quod rosa non est enormis frigiditatis δ). In operando vero eius exsiccatio[5] fortior est quam sua stypticitas, et est aperitiva[6], et sedat motum cholerae. Semen autem eius est magis stypticum quam ipsa, et similiter pili, qui sunt in granis ε) ejus[7]. In tota autem substantia ipsius[7] est confortatio membrorum interiorum, et plurimas alias facit[8] operationes, quas medicorum est determinare.

217 Hermes autem Egyptius[1] tradidit, quod, si rosa plantetur in terra commixta cum sanguine, et cum sanguine rigetur, egredientur rosae ex ramis eius ad lentum calorem[2] ignis, praecipue si ligantur rami in vere per totum[3], ita quod conceptum humorem emittere non possit. Et postea solvatur[4] in hieme ad temperatum solem, [et] in modico tempore[5] profert multas rosas. Et hoc expertum est in calidis terris; in aliis autem est inexpertum et incertum, quia forte congelabitur humor conceptus[6] in ramis eius, et tunc non emittit ζ).

γ) *Conf.* §. 411. δ) *Quae Galenum, De simpl. medic. lib. II cap.* 27, *de* rosaceo, *nec de* rosa *scripsisse, Plemp. ad Avic. jam observavit. M.* ε) in medio ejus *Avic.* ζ) *Artificium magis probabile ad rosas praecoces faciendas, iteratas radicis cum aqua calida rigationes commendarunt Plinius, lib. XXI cap.* 4 *ad finem, Palladius, lib. III tit.* 21 §. 2, *Didymus, Geopon. lib. XI cap.* 18 §. 5. *Unde utrum Hermetis fabella, quae hic e lib. IV* §. 160 *redit, originem duxerit, necne nescio. M. — Artificii laudati autorem pleniorem tandem deprehendi Vincent. Bellov., qui lib. IV (V) cap.* 95 *haec profert:* et volentes habere rosas in die Nativitatis Domini, ligant in principio Maji rosarium secundum omnem sui porum a principio stipitis usque ad ultimitatem rami obstringendo. Postea vero unctuosum et humidum, a terra veniens usque ad ventrem stipitis et ramorum, multiplicatur in substantia, ibique calor quiescit, quia exhalare nequit. Et tunc rustici per septimanas tres aut per mensem ante Nativitatem Domini solvunt a ligamentis ramos et stipitem, tunc de vigore informativae virtutis exit vapor ille multiplicatus in formam verarum rosarum.

§. 216: 3 *A Avic.*; adustum *Reliq.* 4 enim *C L Edd.* 5 sic. *Edd.* 6 *Avic.*; abstersiva *Codd. et Edd.*; — modum *C P Edd.* 7/7 *Om. Edd.* 8 habet *A.*

§. 217: 1 *P*; egipticus *V*; egiptiis egipcius *Reliq.* 2 coloris *C.* 3 *Meyer e lect.* coitum *V jure fortasse proposuit* per circuitum. 4 solvantur *V, nec inepte, quum de ramis hic agi credideris. Lectioni autem obstat* possit *Codd. et Edd. pro* possint. *Neque vero locus sanus, quum aut* postquam *pro* postea *scribendum, aut, quod recepi,* et *inserendum sit.* 5 vel medio *add. V.* 6 exceptus *A.*

Capitulum XXXIII.

De salice[1] sambuco sandalo sethyn sorbo sparago stacten et storace.

(*Salix alba Lin.*) Salix dicitur, eo quod cito salit[2] in incrementum η). Est autem arbor in locis humidis melius convalescens, radices non multum profunde figens, asperi corticis, quando antiquatur, sed est laevis[3] in iuventute, ramorum multorum, qui, cum praeciduntur ex ea, cito recrescunt. Folium habet[4] longum et strictum, latius quam sit folium amigdali. Et in ceteris eius dispositionibus est nota. Est autem amari et abominabilis succi, qui etiam[5] in principio aestatis ante solstitium exsudat spumose de ipsa in ramulis eius, ita quod stillat; et in medio spumae illius profert vermiculos volatiles ad modum gurgulionum formatos. Nec habet fructum apud nos, nisi hic[6] dicatur fructus eius, quod velut quaedam lanugo resolvitur de ipsa circa autumnum, quam etiam ventus excutit de ipsa. Avicenna ϑ) tamen loquitur de fructu salicis in simplici medicina. 218
Est autem frigida et humida. De foliis etiam eius fissis[1] 219
gumma egreditur, et etiam de ipsa arbore. Folia autem eius styptica sunt sine mordicatione. Cinis autem eius vehementer est stypticus. Gumma autem foliorum eius[2] est vehementis abstersionis et subtiliationis. Folia etiam[3] sparsa in domibus aërem infrigidant et mitigant calores

η) quod celeriter saliat, hoc est velociter crescat, *Isidor. Orig. lib. XVII cap.* 7 §. 47. Vermiculi *laudati sunt Cercopidis spumariae erucae.*
ϑ) *Avic. vet. cap.* 681; *Plemp. pag.* 302: Chilâf, Salix. *Caput, e quo Alb. sequentia excerpsit, majore pro parte Dioscoridis lib. I cap.* 135 περὶ ἰτέας *respondet, ubi pariter fructus salicis commendantur. Unde apparet,* chilâf *Avic. non esse Elaeagnum angustifoliam Lin., quam Persas hoc nomine appellare auctor est Gmelin* (*Reise vol. III pag.* 26, *observante Sprengelio in Geschichte d. Bot vol. I pag.* 224). *M.*

§. 218: 1 et *add. Edd.*; sand. *om. A*; De salice sambuco sparago etc. etc. *P, om ceteris.* 2 salit salit increm. *L.* 3 lenis *CEdd.*; — crescunt *L* 4 autem *P.* 5 est *CPZ, quod expunxit V*; — aliquando *CPZ*, circa *J pro* ante; — ejus *om. Edd.* 6 hoc *L qui unus praebet* velut.
§. 219: 1 scissis *V*; fixis *Z*; — *om J* De foliis .... arb. 2 *V exhibet unus.* 3 autem *A C P Edd.*

infirmorum[ι]). Cinis eius eradicat verrucas, si cum aceto misceatur. Succus etiam[4] foliorum eius ultima et efficax cura est contra saniem ex aure fluentem, et alias multas habet operationes. Magicis autem studentes dicunt, quod semen eius, in potu haustum[5], extinguit libidinem et feminas facit infecundas.

220 (*Sambucus nigra Lin.*) Sambucus[1] autem est arbor medullosa valde, ita quod quasi fistulae species appareat; sed quando grossatur truncus eius, minoratur medulla; et est laevis[2] corticis. Sub cortice exteriori habet pellem mollem viridem valde, et haec solvit ventrem, et purgat phlegma[3], et provocat vomitum; et haec faciunt etiam[4] folia et fructus eius. Est autem calida et sicca[κ]). Florem autem habet[5] ad modum coronae formatum, aromaticum et[6] confortativum, quando pulmenta cum eo condiuntur. Folium autem habet[7] latum ad modum communium arborum; et est una de arboribus, quae citius frondescunt, et tardius florent. Dicunt autem, quod rasus cortex eius[8] interior, si manus radentis ab imo superius mota radat, solvet superius per vomitum et si manus radentis a superiori inferius mota radat, solvet inferius per anum[λ]): et hoc saepius
221 est expertum. Ramificatur autem haec arbor inordinate valde, nisi[1] valde fuerit magna, ita quod radix nihil possit, nisi ministrare stipiti; aliter enim semper emittit stipites multos, et hi quandoque inferius, quandoque autem[2] superius emittunt. Et est lignum frangibile, eo quod non sit rectorum pororum, et nodosum efficitur, quando antiquatur[3]. Et cum ramus eius evul-

ι) *Et haec et quae postea* magicis *tribuuntur*, *exhibet Barthol. Anglicus l. c. lib. XVII cap.* 143, *ad illa cum aliis Platearium laudans*, *cujus caput de salice in Edd. non exstat.* κ) S. calida est in secundo, sicca in primo. Arbor est, cujus cortex medianus usui medicinae competit; semina et flores secundo. Principaliter purgat flegma *etc. Plat. lit. S cap.* 5. λ) *Rei, quae adhuc vulgi opinio*, *autor est Barthol. Angl. De propriet. rerum lib. XVII cap.* 144. *M.*

§. 219: 4 autem *Edd.* 5 haustus *Edd.*
§. 220: 1 sambulo *L in argum.* 2 lenis *Edd.* 3 fleu^am *V*; flui^am *Z*; pituitam *J*; fleuma *C e correct. et Reliq.* 4 hec *repetit C*, *om. Edd.* 5 et hab. fl. *V.* 6 *Om. Edd.*; — conformativ. *Z*; — et quandoque ... conficiuntur *A.* 7 *Om. A C P Edd.* 8 *Om. Edd.*
§. 221: 1 ubi alias nisi *V*; *utriusque voculae compendia* n̍ *atque* u̍ *in L P vix discerni queunt.* 2 et quand. *Edd.* 3 *Om. P* quando aut.

sus in terra plantatur, emittit radices non[4] in infima parte, sed inter superficiem terrae et imum eius, et inferior pars, quae est sub[5] radicibus emissis, statim arescit; superius autem, immediate sub loco emissionis ramorum, invenitur viride. Cetera autem huius[6] ligni propria cuilibet sunt manifesta.

(*Santali albi Lin. lignum exterius album, inferius citrinum,* 222
et Pterocarpi santalini Lin. fil. lign. rubrum.) Sandalus est arbor Indiae, habens lignum trium colorum. Quaedam enim est alba, et quaedam rufa ad nigredinem tendens sicut sanguis, quaedam autem[1] est citrini ligni. Rufa autem sandalus quaeritur ad tincturas[2] pannorum. Est autem lignum frigidum et siccum. Galenus autem[3] vult, rubeam esse fortiorem. Sandalus enim prohibet attractionem, et maxime[4] rubea; confert tremori cordis accidenti in febre, et debilitati stomachi calidi, et linita et bibita. Contra febres autem calidas confert proprie alba.

(*Acaciae Lin. spec.*) Sethyn[1] arbor est, et de spe- 223
ciebus est albae spinae[μ]). Est autem iam dictum, quae sunt spinae albae, quoniam illae sunt in multis lignis. Est autem hoc lignum dolabile et planabile valde, et non putribile, eo quod multum siccum[2] sit, et non facile inflammabile, eo quod non habeat unctuosam humiditatem, sicut cetera ligna cremabilia[3], et ideo adhibebatur templis deorum ab antiquis.

(*Sorbus domestica Lin.*) Sorbus est arbor magna et fru- 224
ctifera[1], cinerei et laevis, aut non multum asperi, corticis; in foliis sicut fraxinus fere; fructum habens, qui etiam sorbus vo-

μ) *Albertus secutus est Barthol. Angl. lib. XVII cap.* 150. *Est autem* Schitta *Hebraeorum, de qua Celsius Hierobot. pag.* 504 *verba nostris simillima Eugenii Rogeri* Descript. de la terre sainte pag. 17 *rescripsit. Nec huc facit Avic. vet. cap.* 675: De spina alba (*Aliis:* Seuche albida); *Plemp. pag.* 283: Sjauka albida, Spina alba.

§. 221: 4 *Om. CP Edd.* 5 in *C*; — amissis *Edd.*; evulsis *V.* 6 hujusmodi *V.*
§. 222: 1 *Edd. offerunt uni*; et *pro* est *V.* 2 *L*; -turam *Reliq.* 3 enim *Edd.* 4 cum rubea *Edd.*; — et accidenti *CV Edd.*; accidentis *A.*
§. 223: 1 sethyn *in argum. CV*; sethin *V hic*, *A ubique*; sechyn *hic C, in argum. L*; sechim *L hic*; sechin *P*; sechiu *Edd. sed* sethino *Z in argum.* 2 *L V*; solidum *A*; *om. CP Edd.*; — non habet *L.* 3 *L V*; cetera lignabilia *Reliq.*; adherebatur *Z*; adolebatur *J*; habebatur *P.*
§. 224: 1 fructuosa *Edd.*; — cinerea *A*; — levis *L*; lenis *A C Edd.*; *in Reliq. vix discernendae* n *et* u; — et *pro* aut *V.*

catur. Et est ponticus vehementis ponticitatis cum acredine[2], et ideo comedi non potest, nisi postquam mollificatum fuerit ante putredine[3], sicut nec fructus mespilorum. Est autem fructus pyramidalis, sicut pirum, solidus[ν]) et terrestris, rubens[4] contra solem, et in alia parte croceus, quando est maturus. Et confortat stomachum, et stringit[5] ventrem[ξ]).

225 (*Asparagi Lin. spec. fruticosae.*) Sparagus est arbor, aut verius frutex, habens grana quaedam loco fructus, et est calidus et[1] siccus[ο]), ut vult Avicenna; Galenus tamen dicit, esse temperatum. Abstersivam autem habet virtutem et aperitivam oppilationum, praecipue renum et hepatis. Radix autem et semen valent[2] dolori dentium. Expertum autem est, quod decoctus[3] in vino valet contra morsum rutelae; et si decoctio eius detur cani, interficiet eum.

226 Stacten[1] autem gumma esse dicitur eliquata de mirra[π]). Dicunt enim, mirram antiquatam[2] stillare forte[ρ]), quando fer-

ν) *Sorbi drupa jure solida dicitur, praesertim cum Pyri malo quinqueloculari comparata; quare absonum quod scribunt CVEdd.* pirum solidum. ξ) *Huc non facit Avic. vet. cap.* 322: De Gabera; *Plemp. pag.* 308: Gabejra, Sorbum. ο) *Arborem esse, unde hauserit Albertus, nescio. Frutex calidus et siccus dicitur a Platear. lit. S cap.* 26. *Sequentia sunt Avic. vet. cap.* 606; *Plemp. pag.* 113: Hiljaun, Asparagus; *cujus descriptio non exstat, qui vero nec de siccitate nec de Asparago nostro egit, quum plantae succum* mordicantem tithymalinum *i. e. acrem lacteum dixit. Hodiernum A. officinalis Lin. usum, immo fortasse plantam ipsam per priora medii aevi tempora ignotam fuisse Meyer commemorat Linnaea Vol. XI pag.* 591. *Nec Herbarii primo impressi aliam laudant asparagum nisi Humuli lupuli turiones.* π) *Utrum Alb. e verbis Isid. Orig. lib. IV cap.* 12 §. 5: Stacte est incensum quod ex pressura manat *etc.*; *atque Thomae Cantapr. De nat. rer. lib. XI cap.* 30 (31): Stacten ut dicit Plinius gummi est, quod fluit de mirra, scilicet quando indurata est; *adhibitis quae de Myrrha dixerunt Isid., Avic., alii, confecerit ipse quae de* stacten *profert, an autores nobis ignotos secutus sit, ignoro.* ρ) *i. e. nisi fallor* aliquando, nonnunquam. *Nam quod Meyer voluit, pro* fortiter *dictam vix habuerim.*

§. 224: 2 acedine *Edd.* 3 *E conj.*; -nem *Codd. et Edd.* 4 *L*; rubeus *Reliq.*; — illa *pro* alia *Edd.*; *est autem ut saepius dicta pro* altera. 5 constr. *AP.*

§. 225: 1 ejus *J*; — nec *pro* ut *CZ.* 2 valet *L.* 3 *AL*; decoctio *Reliq.*

§. 226: 1 *Hic nec alibi* scaten *P*, staten *Z*; *in argum.* stagte *A*, stacte *J*; — stracten *Edd. paulo post*; — autem *Edd. offerunt soli*; — eliquatam *P.* 2 aliquantam *Edd.*; antiquam quam *P.*

vido soli obiicitur, et lacrimam, quae effluit, stacten dicunt vocari.' Verius autem est, quod arbor[3], quae vocatur mirra, in quibusdam terris ipsam distillet. Sicut enim[4] triticum nobilitatur ex terra, ita et gumma mirrae nobilitatur. Cum igitur optime digesta est gumma[5] eius et pura, stacten vocatur, et est melioris odoris quam sit[6] mirra, et melius effectum mirrae operatur. De mirra autem superius[σ]) est determinatum.

(*Styrax officinalis Lin.*) Storax[1] similiter est gumma quae- 227
dam[2] ut tradunt veteres[τ]). Dicunt, eam fluere de arbore orientali et australi primi et secundi climatis, quae eodem nomine vocatur, et quod est arbor ad modum mali granati in cortice et ligno et folio. Posteriorum autem quidam magis expertorum tradiderunt storacem gummam[3] esse olivae[υ]) Ethiopiae: nec emittit eam nisi in terra illa propter abundantem calorem habitationis illius. Duplex autem est storax[4]: una quidem egreditur per se ut gumma, et alia extrahitur ex cortice arboris decocto. Et prima est efficacior, et est citrina; et quando antiquatur, declinat ad colorem aureum; et vocatur hoc genus a Constantino[φ]) calamitum[5], et est siccum. Illa autem, quae extrahitur ex decoctione[6] corticis arboris, est nigra humida, et residet in fundo decoctionis faex eius, et hoc genus vocatur a Constantino sigia. In utraque autem[7] est caliditas et siccitas, et removent humiditates ex cerebro et mundificant ipsum; capitis ta-

σ) §. 135. τ) *Apud Thom. de Cantipr. De nat. rer. lib. XI cap.* 32 *haec leguntur:* Storax, ut dicit Platearius, Plinius et Ysidorus, arbor est Arabie, prope consimilis malo granato etc. *Sed Platearius lit. S cap.* 3: *storacem, ait, gummi esse arboris in India nascentis; Isidorus Orig. lib. XVII cap.* 8 §. 5, *arborem esse Arabiae, similem malo cydonio; Plinius lib. XII cap.* 25 §. 55, *Syria styracem gignere, et arborem esse eodem nomine, cotoneo malo similem. Unde patet, quam negligenter Thomas usus sit veterum libris. M.* υ) *Quum Avic. hoc de gummate ter agat, haec ex Avic. vet. cap.* 595; *Plemp. pag.* 41: Idstthurak, *quae sequuntur e cap.* 618, *Plemp. pag.* 198: Mia, *derivata sunt; om. tertio loco, qui est cap.* 433: De Lubue, *Plemp. pag.* 177: Lubna. φ) calamenthum *Const. De gradibus, operum pag.* 351.

§. 226: 3 est arbor quedam *A.* 4 *Om. C*; trit. ex terra nobil. *L om.* ita ... nobil. 5 est *repetunt Edd.* 6 *L*; *om. Reliq.*

§. 227: 1 fornace *A in argum.* 2 *M. e conj.*; que *Codd. et Z*, quod *om. J*, qui *ante* dicunt *inserens.* 3 gumma *J.* 4 *Om. A, a quo etiam paulo antea vocem quandam omissam indicavit M.*; decocte *A.* 5 calamitatum *J.* 6 decoctice *C.* 7 enim *L*; — ipsum *om. P.*

men dolorem inducunt. Constantinus autem dicit, quod supposita calamita aperit vulvam clausam[8], et durae provocat menstrua χ); inglutita in modica quantitate provocat egestionem.

Capitulum XXXIV.

De thamarisco taxo terebintho et[1] tilia et thure.

228 Thamariscus[2] est lignum ad modum iuniperi, nisi quod folia dicuntur latiora; et est declinans ad naturam fruticis, cum tamen arbor sit, sicut et[3] iuniperus; et habet grana pro fructu, sicut et iuniperus, propter quod etiam quidam thamariscum iuniperum esse crediderunt. Sed non est verum ψ). Est autem arbor calida et sicca, habens stypticitatem et abstersionem et mundificationem; fructus tamen eius vehementioris[4] stypticitatis quam aliquid aliud, quod est in ipso. Et est in eo aliquid subtilitatis, et fere habet virtutem gallae viridis. Quando autem decoctio eius stillatur super caput, aut super vestes, interficit pediculos; et eius fumus multum exsiccat ulcera et vulnera; et decoctio foliorum eius cum vino confert dolori dentium; et quando colluitur os ex aqua decoctionis eius, prohibet dentium corrosionem. Rami autem eius decocti in aqua, et em-

χ) convenit clausae atque durae vulvae, menstrua etiam provocat etc. *Constant.* ψ) *Fruticis dubii descriptionem si respicis, Juniperum sabinam Lin. ramulis pro foliis descriptis dixeris, quae nomine* savina *et in lib. II* §. 48 *et in Animal. lib. XXII cap. de Equo, lib. XXIII de Falc. cap.* 20, 21 *obvia, hic desideratur. Plat. lit. T cap.* 1 *haec:* Thamariscus calidae et siccae complexionis est sec. quosdam est frutex sec. alios arbor *etc. Virium expositio est ex Avic. vet. cap.* 687 De tamarisco; *Plemp. pag.* 148: Tcharfa, Tamarix seu Myrica. *Conf. etiam Meyer in Linnaea Vol. XI pag.* 593.

§. 227: 8 *LP*; conclusum *Reliq.*; — et glutita *L*; et glutica *V*; *om. C.*
§. 228: 1 *L, V ind. Edd.*; *om. Reliq.*, *om. P* et tilia. 2 *Alb. Autogr. Animal. lib. XXII cap. de Capro*; tamar. *JLV ind. in argum. nec alias.* 3 *Om. LP.* 4 vehementis *CPEdd.*; ejus est vehemencioris subtilitatis, *om. intermediis*: stypt. .... aliquid, *A.*

plastrati super[5] splenem, valent contra dolorem eius, et ideo fiunt lagunculae de ligno eius, ex quibus bibunt splenetici vinum et valet eis. Conferre etiam dicitur fructus eius morsui rutelae[6].

(*Ilex aquifolium et Taxus baccata Lin.*) Taxus est 229
arbor magna, ex cuius semine gallinae multum impinguantur. Est autem arbor venenosa, praecipue in Calabria, ita quod umbra nocet dormienti sub ipsa, et apes interficit sibi appropinquantes[ω]). Ceterum de viscositate ipsius, quam habet in interiori cortice ipsius, in praehabitis determinatum est. A quibusdam enim[1] dicitur taxus, ab aliis autem daxus, sicut et dilia dicitur a quibusdam, et ab aliis tilia.

(*Pinus cembra Lin.*) Terebintus[1] autem est arbor magna, 230
altior quam abies, et nascitur in montanis, in[2] locis altis multum; et folia eius sunt sicut folia pini (*P. pineae Lin.*), nisi quod sunt multo[3] longiora[α]); et rarissime invenitur nucleus in pomo eius. Est autem in hoc[4] genere arboris mas et femina et frequentissime sine fructu invenitur, et dicitur tunc mas. Et in imo finditur[5] iuxta radicem ante finem veris, et exit de ea liquor clarus valde, accedens ad colorem viriditatis. Et habet in summitate sui[6] ramos ordinatissime dispositos et expandentes se in omnem partem; sed magis curti sunt quam rami pini et

ω) *Priora sunt, quae veteres de Taxo narraverant; sequentia, quae ipse de Ilice observavit, quam in lib. IV* §. 115 *satis distincte descripsit.* α) *Quae verba ad P. pineae folia, omnium specierum nostrarum longissima, referenda esse, ipse aspectus docet. Incautum in talibus saepius reprehendimus autorem. Nec de specie est cur dubites, quum arborem terebintho gratioris odoris esse plenissimam Haller* (Hist. stirp. Helvetiae Nr. 1659) *docuit, cuius fructus tertio, nec ut Pini silvestris secundo, anno ad maturitatem pervenire, semina vero, plurimis sterilibus, bina maxime vel singula in conis proferri, Vaucher* (Histoire physiologique des plantes d'Europe. Paris 1840. tom. IV pag. 200) *commemoravit.*

§. 228: 5 supra *Edd.*; — *verba* et ideo .... valet eis *L profert unus.* 6 viperae *Avic. vet.*

§. 229: 1 autem *J*; — tilia dic. a quib., dilia autem ab aliis *A.*

§. 230: 1 *Scribunt* terebinthina lacrima *in* §. 38 *Codd. praeter L*; therebintus *V in argumento*, terebintus *alias*; therebinthus *Z, ubique*; terebinta *P in argum.*; terebintus *Reliq.* 2 *Om. Edd.*; et *A.* 3 nisi *A*; — ejus *om. P.* 4 *Om. Edd.*; masculus *V*; — feminina *C et postea* tunc masculina *CEdd.* 5 fund. *VZ*; — clarum *CZ.* 6 sua *Edd.*; et *om. CL Edd.*

231 abietis. Distillat autem ab ea aliud gummi, quod in exitu suo est aliquantulum molle, sed frigiditate aëris induratur postea super omne gummi, et exit in magis alta parte arboris[1] quam liquor, de quo primo fecimus mentionem, qui[2] dicitur terebintina. Lignum autem eius est album primo, sed post abscisionem rubescit. Crescit autem ex tunicis ligneis ordinate ascendentibus ad modum abietis. Non autem maturat fructus suos nisi in tertio anno, et tunc pullulat in fructibus novis, retinens fructus[3] anni praecedentis semicompletos. Terebintina autem vocatur lacrima eius ab infimo educta, et haec multos[4] habet in medicinis effectus, de quibus hic dicere non oportet.

232 (*Tilia grandif. et parvifolia Ehrh.*) Tilia[1] arbor est nota et communis, quae hoc habet proprium inter omnia genera arborum, quae sunt apud nos, quod etiam[2] duo genera foliorum habet: unum quidem[3] commune, quod et figurae communis est, alterum autem, quod diffunditur in longitudine cotyledonis sui floris et sui fructus. Et hoc est tenue valde, non[5] habens figuram folii, sed est longum quasi secundum longitudinem[6] cotyledonis, et aliquantulum post medium sui aut in fine suo erigitur ab eo cotyledon floris et fructus. Causa autem[7] est, quod flos eius et fructus habet aëreum suum cum plurimo aquei[8] subtilis: et ideo diffunditur aqueum suum in folium[9] exeunte ab ipso
233 aëreo. Flos autem tiliae multum[1] habet mellis et cerae, et ideo

§. 231: 1 mag. arb. alta parte *P*; — mensionem *L*. 2 que *Edd.*; — terebintus *L*. 3 fructubus *L*. 4 multorum (*in marg.* al. multos) in medicina habet *V*.

§. 232: 1 *Cod. L secuti, hanc Tiliae descriptionem hoc uno loco exhibemus, quam Reliq. omnes et hic et in cap.* 17 *initio receperunt. Lectiones ex illo loco discrepantes addito numero* 17 *distinctas addidimus. Alb. ipse quidem in* §. 230 *utramque et* diliae *et* tiliae *scriptionem probat; scripserunt vero* tilia *quum Alb. Autograph., Animal. lib. XXV cap. de Tyliaco et lib. XXVI cap. de Teredine, tum Codd. omnes et in utroque lib. II loco — nisi quod facili errore receperunt* cilia §. 48 *C*; §. 122 *ACVZ — et in tertio lib. VI loco* §. 109 *— ubi tamen P* tilie *commutavit in* dilie. *Reliquis locis vero exhibent, lib. VI* §. 6 dilia *CL*; til. *vel* cil. *V*; til. *et* dil. *CP Edd.*, *lib. VI cap.* 17, *ubi conferas not.* 1, dilia *APV* — autem *P Edd.* 34; est abor *C* 17 *Edd.* 17, 34. 2 *L*; *om. Reliq.*; — hab. fol. *P* 17, 34, *C Edd.* 17; habet *om. Z* 34; hab. d. gen. fol. *J* 34. 3 autem *Codd. et Edd.* 17; *om. P* 17, 34; — quod est *pro* et *L*; — et alterum aut. *CLPV Edd.* 34. 4 longitudinem *A*. 5 *Om. A* 17. 6 quasi longitudine *Edd.* 17; — aliquantulis *C* 34; — aut *om. Edd.* 34. 7 *L addit* floris; — flos et fructus ejus *V* 17; — suum aereum *P* 17. 8 *M. e conj.*; aque *Codd. et Edd. utrobique.* 9 folio *Codd.* 17.

§. 233: 1 plurimum *Codd. et Edd.* 17.

apes multum insident[2] flori eius; et est mel suum melius quam mella collecta ex aliis floribus, et magis aromaticum; et umbra sua est[3] convenientior quam umbrae aliarum arborum; et fructus eius est[4] grana, quae facit ad quantitatem ciceris, et sunt evanida, in quibus[5] raro est virtus pullulativa. Reliqua autem, quae conveniunt tiliae, sunt nota.

(*Boswellia serrata Lin. et conf.*) Thus[β]) etiam est ar- 234
bor et gumma. Arbor autem est procera et ramosa, tenuis corticis, folia habens media inter pirum et amigdalum[1], aliquantulum rubentia, sicut etiam faciunt folia piri silvestris frequenter. Haec arbor rari ligni est, et imbibit humorem in vere et in principio aestatis, ita[2] quod etiam pellis eius impleta tendi videtur: propter quod in ortu canis in diebus maximi aestus aperitur parum cortex[3], et tunc effluit lacrima spumosa, quae aëris circumstantis frigiditate induratur, et in thus[4] convertitur, et est aromatica. Et thus, eius[5] in iuventute, antequam sit decrepita[γ]), est album rotundum ad modum testiculi: et hoc vocatur masculinum thus[6]. Impletur autem iterato in principio[7] hiemis, et aperitur, sed non distillat tunc thus bonum sed malum et fuscum vel nigrum, quod spuma et spiritus non in rotundum formant, sed aqueitas et grossities in latitudine quadam coagulant: et hoc vocatur femininum, et non est compara-
bile priori[8]. Est autem stypticum restrictivum, et memoriae con- 235
fert glutitum[1], et ad alias multas medicorum praeparatur opera-

β) *Alb. in descriptionem contulisse videtur, quae sat similia apud Isidor. Orig. lib. XVII cap.* 8 §. 2, *apud Barthol. Anglic. lib. XVII cap.* 173 *et imprimis quae apud Thom. Cantipr. lib. XI cap* 33 (34) *inveniuntur. Conf. etiam Avic. cap.* 530: De Olibano; *Plemp. pag.* 160: Kondor, Thus. *Quae perpauca de usu medico dixit Alb. ad Constantinum, Oper. pag.* 357, *potissimum referenda sunt.* γ) *sc.* arbor thuris, *perperam ergo J* decrepitum.

§. 233: 2 incident *P* 17; — floribus *A* 17; — mel suum est *P* 17. 3 *L C* 17 *V* 17; conv est *P* 17; *om. Reliq.* est. 4 *L V* 34; et *Reliq* ; et grana ejus *Edd.*; et alias est *V* 17; et gr. quae fac sunt *A* 5 quo *L.*

§. 234: 1 amygdalium *J*; — sicut et *L.* 2 *Om. P.* 3 pori *et in marg.*, al. cortex *V*; — lacr. spum. effluit *V*, *qui om.* circumstantis. 4 intus *Edd.*; in *om. L.* 5 *L*; quando est *A*; est *Reliq.* 6 *Om. A.* 7 in primo *C.* 8 *Om. P.*

§. 235: 1 glutinum *P*; — mult. al. praep med. *A C P Edd.*

tiones, de quibus hic[2] non intendimus, nec est per singula dicendum. Est autem omnium eorum, qui in[3] nigromantia[δ]) student, sententia, quod dii, qui invocantur per characteres[4] et sigilla et sacrificia, faciliores se exhibent et exaudibiliores in oblatione thuris.

Capitulum XXXV.

De vite et ejus proprietatibus et ulmo[1].

236 (*Vitis vinifera Lin.*) Vitis est arbor[2] nota fere apud omnes. Est autem[3] in trunco quidem debilis, propter quod ordinavit ei natura anchas[ε]), quibus repat super alia ligna sibi vicina. Copiosa[4] autem est valde in ramis, ita quod putari eam oportet omni anno: aliter enim totum succum[5] poneret in ramis, et efficeretur sterilis. Radices autem habet longas in terra, et secundum proportionem suam magnas, per quas possit multum[6] attrahere humorem. Sed[7] est figurae inordinatae, saepius curvata in parte, et saepius rectificata: curvitas tamen est ei[8]

δ) *i. e.* nigra *sive* magia *sive* ars medii aevi, *e voce* necromantia, νεκρομαντεία, *certe orta, quam bene novit Isid. Orig. lib. VIII cap.* 9 §. 11, *nec tamen posteri. Conf. Du Cange Glossar. Autores* nigromantiae *nobis sunt ignoti.*
ε) *i. e.* capreolus, *Germanis* Rancke *ejusdem originis e radice per graecam, latinam germanicam linguam disseminata, quae partes varias geniculatim inflectas* (Gelenk, Genick, Enkel, Anker, ancus, angulus, genu (?), ὄγκος, ἄγκος *etc. etc.*) *designat.* Ancha *per medium aevum pro* coxa, *quae Gallis* hanche *est, saepius usitata.*

§. 235: 2 hoc *A*; — non int. hic *Edd.* 3 in nigromancia (*vel* -tia) *AL*; in -cie *Reliq.*; in necromantie *Edd.*; — sententia *LV*; sciens quod hii *A*; scientia *Reliq.* 5 karact. *A*; carract *P*; braract. *V*; caracractes (?) *L*.

§. 236: 1 *V qui tamen addit* et aceto; prop. ejus, *om.* et ulmo, *V ind.*; propr. et uva et vino et ulmo *L*; De vite (et *add. A*) ulmo et prop. earum *ACP*; De vite et ulmo prop. ejus *Edd. Conf. pag.* 465 *not.* ω. 2 arbor est *V*; — apud nos *L*. 3 enim *Codd. et Edd*; — quod *om. L*; — anchas *Alb. Autogr. Animal. lib. I tract. II cap.* 24 *et CV Edd*; anca *ALP passim*, antas *C hic.* 4 *AL*; sapiosa *vel* saporiosa *V*; spatiosa *J*; sapiosa *Reliq.*; — amputari *Edd.* 5 siccum *L*; suum *J*. 6 *Om. A*; mult. poss. *L*; poss. attrah. mult. *V*. 7 hec *C*; — in partibus *V in marg.* 8 *L*; in ea est *A*; in eis est *CZ*, *unde J* tamen inest; in eis est *V*; in eis fiat (?) *voce correctura obscurata et om.* tamen, *P*; — magis *L profert unus.*

magis naturalis, ut melius et[9] diutius in ea contineatur succus attractus, et melius digeratur. Rari autem ligni est[10], et haec est una causa, quod quaerit latera montium, in quibus plantetur, ne in superficie planae terrae posita, aut in cacuminibus montium, vento undique sufflanti in eam, exsiccetur. Est autem 237
frondosa vitis, et est suum folium latum, in tria divisum, sicut folia ficus et platani propter multum humorem ipsius[ζ]): sed est magis tenue quam folium ficulneae, eo quod[1] humor eius est tenuis aqueus, non viscosus. Hoc[2] autem folium pampinus vocatur, et dat ei cooperturam a fulgore et sole, ex quibus multum laeduntur uvae eius, quando non proteguntur. Habet autem an- 238
chas in ramis, quos[1] eodem anno emittit, et his repit super plantas et sustentacula sibi vicina, sicut cucurbita. Et edera quidem[2] repit super sibi vicina, sed hoc non facit anchis, sed potius quibusdam aculeis, per quos sugit, sicut in praecedentibus[η]) dictum est. Ancha autem est quaedam pars vitis involuta sicut chorda[3], et in diversis locis ante[ϑ]) emissa, in extremitate videlicet racemi[4] et in nodis. Quam circa vicina sustentacula involvendo ponit vitis, et per eam se sursum tenet: et haec pars[5] plus habet de sapore vini, quam aliqua pars vitis praeter uvam. Habet autem vitis fructum, qui botrus vocatur, 239
ad cuius compositionem tria conveniunt. Quorum primum est id, quod vocatur racemus, et est viride quiddam, ligno vitis mollius[1], super quod fundantur omnes uvae, quae sunt in botro uno. Secundum autem est cotyledon uvae, quia quaelibet[2]

ζ) *Quae redeunt e lib. II* §. 107. η) §. 97. ϑ) *i. e.* antea, *vel* ceteris partibus, *foliis praecipue*, praecedens.

§. 236: 9 ut *add. P.* 10 *Om. C*; — plantetur. In superf. enim *A*; — vento utique *C Edd.*; ventoque *P*; — sufflante *Edd.*; — in *om. A C P Edd.*; — exsiccaretur *A*.

§. 237: 1 fic., quia *A L*; eo *om. Edd.* 2 Hec *V*; — pampanus *A*.

§. 238: 1 quas *Edd.*; — et thus repit *C.* 2 quedam *A.* 3 corda *hic A L V, dein Codd. omnes praeter L et Alb. Autogr.*; chorda et *om. C*; chorde *Reliq.* 4 chorde *L*; corde *Reliq.*, *pro qua voce evidenter falsa Meyer substituit* cotyledonis; *sed* racēi *quandam similitudinem cum* corde *prae se fert. De re ipsa agit* §. 241, *neque dubium est. Vitis enim capreolos quis nescit alios ex uvarum pedunculis, alios foliis oppositos e nodis prodire.* 5 *Om. P Edd.*; — alia pars *Edd.*; — vitis *V profert unus*; — praeter unam *C.*

§. 239: 1 simile *A.* 2 *L*; videlicet *Reliq.*; — una *C.*

uva pendiculum habet, per quod[3] racemo infigitur, et per quod sugit a racemo. Tertium autem est ipsum corpus uvae, quod quatuor habet substantias, quarum prima est pellis uvae, et secunda humor eius, et[4] tertia est quaedam terrestreitas ipsius[5] permixta humori uvae, quae convertitur in faecem post vini depurationem; et quarta est quaedam grana seminaria[6], quae sunt in uva et vocantur arilli, et illi sunt pontici, et aliquid acredinis
240 habentes. Et inter istas partes racemus[1] plus habet de sapore vini quam folium sive pampinus, sed minus quam ancha. Pellis autem[2] terrestris et viscosa ponticum cum vinoso[3] habet saporem, tamen plus habet quam racemus. Humor autem maxime habet, quia ille est vinum. Arilli autem nihil omnino habent de vini sapore, sed sunt amari: propter quod vinum, quod de racemis et arillis et pelle[4] extortum est nimia vi preli, malum est; et quod statim effluit, est bonum, quia in eo non est nisi sapor vini, in aliis
241 autem sunt et aliorum sapores admixti[5]. Est autem vitis proprium, quod botrum semper ex opposito pampini emittit, et aliquando loco botri facit ancham: eo quod ancha est sicut botrus incompletus[1], ad quem cum natura deficit complendo, convertit ipsum ad usum manuum tenentium vitem onustam. Huius autem causa in superius habitis est determinata[ι]). Aliae autem arbores proferunt fructus suos aut super folia, aut sub ipsis[2], aut juxta ea, aut per distantiam aliquam ab ipsis, sicut cuilibet consideranti patet: sed sola vitis profert ex opposito aut botri aut anchae[3] pampinum suum.

242 Vitis autem differt ab omnibus aliis arboribus, quia omnis alia arbor in fructibus suis profert succum eiusdem coloris, vitis autem profert succum multorum colorum, eo quod in eadem vite botri[1] et albi et rufi proferuntur, quando in eadem vite diversae

ι) Lib. II §. 96.

§. 239: 3 per quod *L utroque loco*; per quem vel quod *V priore*, per quam *secundo loco*; per quem *Reliq.*; *conf. vero* §. 205 pendic. aliquod. 4 *CL*; ei. hum. et, *om.* est, *P*; *om Reliq.* et. 5 ejus *A*; — uvae *om. ACP Edd.* 6 seminativa *A*.

§. 240: 1 ramus *C.* 2 etiam *Edd.* 3 *L*, *et e conj. Meyer*; viscoso *Reliq.* 4 pellis *A*; — vi pressum *P e correct.* 6 permixti *A*.

§. 241: 1 non compl. *L*. 2 *Om. J* aut super ... ipsis; — cuilibet *om. P.* 3 ante *V*.

§. 242: 1 *Om. A*; — proferunt *C*.

naturae et coloris vites inseruntur. Secundum[2] se etiam quae-
dam vitis est sclava[x]), et quaedam nobilis; et quaedam album et
quaedam rubeum profert vinum, quaedam autem croceum, et
secundum hoc est vinum multorum generum, plus quam aliquis
succus in generibus aliarum arborum. Tamen in hoc convenit
cum aliis arboribus, quoniam profert ad naturam vitis insitae
vinum suum, et non ad naturam eius, cui fit insitio[3]. Sic enim
et[4] ramulus quercus insitus in ulmum profert glandes, et ramu-
lus piri insitus in quercum profert pira, et sic est quasi[5] de
omnibus aliis arboribus. Vitis etiam[1] provectioris aetatis facit 243
uvas meliores et melius vinum, sed facit uvas pauciores propor-
tione suae quantitatis quam iuvenis. Iuvenis autem est ad minus
quae septem habet[2] annos. E contrario autem est in amigdalo,
quae provectior facit fructus plures et bonos, et in malo, quae
provectior facit fructus peiores et pauciores. Vitis autem mi-
noris ligni magis abundat in uvis, eo quod natura ponit in se-
mine quod[3] deficit in substantia, sicut et animalia parva plus
abundant vel[4] ponunt in semine: et haec est causa, quod pu-
tantur vites. Si enim sarmenta in ea dimitterentur[5], consume-
retur virtus eius infra duos vel tres annos, et postea sterilis
efficeretur.

Adhuc autem virtus germinandi[1] in vite est in radice et sti- 244
pite et flagellis eius et in[2] arillis, sed maxime in ramis flagello-
rum, quia ex arillis aut nihil nascitur, aut, quod egreditur, vix
convalescit in fortem vitem. Tamen[3] visum est, quod ex semi-
natis arillis crevit multitudo vitium, sed lignum earum erat exi-
guum et debile valde.

Vitis etiam[1] sicut in praehabitis[λ]) diximus, differt a multis 245

[x]) *Petrus de Crescentiis, lib. IV cap.* 4, sclavam, *quae fortasse hungarica est, inter meliores vitis species refert; hic autem quamcunque minus nobilem significare, ex opposito apparet. Glossam germanicam* heimisch *A margini adscripsit. M.* [λ]) Lib I §. 114.

§. 242: 2 et sec. *V*; — quaedam *om. A*; selana *C V Edd. aeque ac in* §. 183 *not.* ι, *nec in* §. 251, *ubi V* sclama. 3 sit incisio *L.* 4 *Om. A V.* 5 *Om. L V.*

§. 243: 1 autem *Edd.*; — proportione *om. A.* 2 ad min. habens sept. *V e correct.* 3 *L V*; et *Reliq.* 4 et *V*; et — putantur vices *V.* 5 -ttentur *C*; — inter duos — et propterea (*in marg.* al. postea) *V.*

§. 244: 1 *L P et in marg. V*; generandi *V in text. et Reliq.* 2 *Om. P.* 3 Cum *A Edd.*

§. 245: 1 *Om. C*; valde sicut vitis etiam in *etc. P.*

aliis arboribus, quod[2] non crescit ex tunicis ligneis, sed potius ex medio sui emittit ligneos radios albos ad exterius sui. Differt autem a viticella[3] (*Bryonia alba Lin.*) secundum colorem et quantitatem uvarum viticellae, quae valde sunt igneae et calidae. A[4] vite alba (*Clematis vitalba Lin.*) vero differt: involvit enim vitis alba grana sua infra lanuginem quae super[5] grana sua continuatur, et paulatim expanditur post casum floris — qui flos sine siliquis egreditur — et post casum quarundam spicarum floris vitis albae[μ]), quae circumstat pullulationem lanuginis, tunc
246 expanditur lanugo. Dicunt autem quidam, quod vitis non facit florem, sed quod adhaeret ei, est pulvis citrinus; et hoc est falsum: sed potius facit florem, qui primo est in siliqua, quae inferius aperitur, et cadit[1] sicut in papavere; et flos eius est citrinus, habens parvulas quasdam emissiones linearum, quae in superiori habent nodulos quosdam[ν]). Et quia emissiones linearum globulos habentium in aliis floribus continentur intra folia floris, ideo quidam dicunt, vitem flores non habere; hoc autem non est verum. Huius[2] enim lineae cadunt in formatione uvae; in aliis autem floribus non cadunt, sed retinentur ad spicas et ad semina et siliquas seminum. Tales autem lineae stant in circuitu uvae formandae[3]. Vix autem in aliqua arbore invenitur siliqua ab inferiori aperiri et cadere, nisi sit[4] in vite — sed in olere papaveris utriusque invenitur hoc —, et vix invenitur flos cum lineis[5] globulosis sine exterioribus foliis, nisi in vite — sed in quibusdam herbis invenitur. Exteriora enim lata folia floris sine lineis interioribus non inveniuntur, sed linearum emissio invenitur sine exterioribus foliis floris, ut in vite in arbore, et forte in

μ) *Exacte describuntur et flos, qui, calyce viridi* — siliqua — *destitutus, perianthium simplex est; et fructus carpella, quorum caudae barbatae sensim enatae, postquam floris foliola staminaque* — spicae — *defluxerunt, undique expanduntur.* ν) *Eadem fere lib. II* §. 132—133 *inveniuntur; quae sequuntur e* §. 175 *repetuntur.*

§. 245: 2 quia *A.* 3 *Scribunt lib. II* §. 37: viciella *P*, vitescilla *L*; vinella *Edd.* 4 et a *V*; — non *pro* vero *P.* 5 supra — expanditur *A*; expandit *Reliq.*

§. 246: 1 *Om. A* et cadit; — lignearum *et expuncto* g *postea* lignec *V.* 2 hujusmodi *Edd.* 3 format de *Z*; formatae *J*; — Vix enim *L.* 4 *L*; *om. Reliq.*; — in olere in *Z.* 5 *E conj.*; — in lignis *Codd. et Edd.*; — sive *pro* sine *Edd.*

herba, quae dicitur blitus (*Beta vulgaris Lin.*[ξ]), ut quidam
dicunt, quia hoc non sum ego expertus. Vitis autem hoc habet, 247
quod ad solis ortum expansa multum habet nocumentum, sed ad
meridiem proficit. Cum autem pruina detecta[1] fuerit[o]), renovat
folia, sed non fructus, nisi raro et paucos. Fertur etiam[π]), quod
vites[2] apud Seres sunt tantae magnitudinis, quod multi homines
vix ferunt botrum unum simul. De cultura autem vinearum po-
sterius erit manifestum[ρ]).

Est autem vitis calida et sicca, et valet medicinis cauteri- 248
zantibus secundum Dioscoridem praecipue autem vitis sil-
vestris et montana (*Tamus communis Lin.*[σ]). Est enim[1]
multiplex vitis, sicut diximus. Silvestris autem[2] et montana ha-
bet ramos valde longos similes ramis vitis domesticae,
sed folia habet sicut uva[3] lupina, quam nos solatrum (*So-
lanum nigrum Lin.*[τ]) vocamus, sed sunt latiora, et flos
eius est[4] pilosus, et granum eius est rotundum, et fo-
lia eius comeduntur statim cum nascuntur.

Habet etiam vitis lacrimam, quae abundat in eam[1] multum, 249
cum putatur, ita quod vasa implentur ex ea et in sapore et in[2]
colore fere sicut aqua: propter quod etiam dixit Empedocles[υ]),
quod de hac aqua in vite putrefacta generatur vinum, et quod
vinum nihil aliud est quam aqua putrefacta in vite. Haec au-
tem aqua habet naturam gummarum[3] in abstergendo[φ])

ξ) *Qua de planta conf.* §. 292. o) *i. e.* foliis tegentibus denudata. *Germanismus videtur* (abgedeckt). π) *Ab Jacobo de Vitriaco* (*Bongars. Gesta dei per Francos, tom. I part. II pag.* 1100), *qui de arboribus apud Seres crescentibus agens haec tradidit:* Vites etiam in partibus illis tantae magnitudinis botros seu racemos producunt, quod plures homines in vecte unum possent sustinere. *Ubi* vix *post* in vecte *omissum videtur. M.* ρ) Lib. VII §. 171—182. σ) *Avic. Ed. vet. cap.* 728; *Plemp. pag.* 176: Kerm, Vitis, *ubi ea quoque afferuntur, quae Dioscorides περὶ ἀμπέλου ἀγρίας dixerat.* τ) *Στρύχνος κηπαῖος a Diosc.*, Imb-eltsâlab *i. e.* uva vulpis *ab Avic. arab. appellata. M.* υ) *Arist. Topic. lib. III cap.* 1. φ) Lachryma ..., et vitis quidem silvestris abstergit pannum et lentigines, sed domestica *etc. Avic.*

§. 247: 1 derecta *L;* decocta *A.* 2 vitis *Edd.;* — teres *vel* ceres *pro* Seres *Codd. et Edd.*; — vix *om. C.*
§. 248: 1 autem *Edd.* 2 enim *L*; — *om. P* valde long. 3 ova *Edd.*; uve lupine *Avic.*; — nos *om. P.* 4 *Om. Edd.*
§. 249: 1 ea *A J*; *jure fortasse.* 2 *L V*, *om. Reliq.*; calore *J*; — fere est *A*; — etiam *L add. unus*; — in vite *om. A.* 3 -morum *Edd.*; — abstring. *V.*

et aliis operationibus. Sed lacrima vitis domesticae debi-
lior est in operationibus illis. Habet autem omnis vitis corti-
cem in[4] longum divisibilem, sed non per transversum, sicut di-
250 viditur cortex cerasi et corili. Id[1] vero, quod remanet post
expressionem uvarum, vocatur vinacium[2], et valet cinis il-
lius contra morsum viperae. Succus autem pampino-
rum est conveniens dysenteriae. Lacrima autem[3] eius,
bibita cum vino, lapidem frangit. Cinis etiam[4] vina-
ciorum ponitur supra haemorrhoidas et mora ani. Et
fructus similiter bonus est ano, eo quod provocat et ab-
251 stringit[5] Uva autem est albaχ) et rufa et nigra, sed dele-
ctabilior et laudabilior est alba, quando est dulcis et
spissae pellis, in colore[1] declinans ad croceitatem. Quae
enim habet tenuem pellem et latum et tenuem pampinum, est
de vite feminea, quae apud vulgum vitis sclava vocatur. Uva
autem postquam collecta est, iacere debet duobus[2] aut
tribus diebus, quousque resudet, et aduuetur vapor eius cum
humido ipsius; statim enim est ventosa, et cortex frigi-
dus. Et sicca[3] suspendatur supra, donec cortex eius de-
tumescat; tunc enim evaporavit, et est boni nutrimenti,
et est confortans corpus. Et nutrimentum eius est si-
mile nutrimento ficus, tamen minus nutrit quam ficus.
Matura etiam uva minus nocet quam non matura. In
eadem autem hora uva collecta[4] movet ventrem, sed
tamen omnis uva nocet vesicae. Uva autem passa amica
est stomacho et hepati. Est autem uva passa uva siccata
cum zucaro vel melle aliquando.

252 Vinum autem in genere suo, est calidum siccumψ); sed quo

χ) *Avic. vet. cap.* 731; *Plemp. pag.* 239: Inab, Uva. ψ) *Avic. cap. de Vino in Edd. ante Plempium desideratur. Alberti verba autem quodammodo respondent ad ea, quae e Galeno protulit Serapion, Edit. laudat. fol.* 104 *b*

§. 249: 4 *Om. C.*

§. 250: 1 illud *A.* 2 vinatium *L*; vinaticum *P et postea* vinaticorum *CP*; vinativum *Z*; vinaceum *J*; — cinis ille *A*; — dissinterie *AZ*. 3 *Om. P*; — ejus habita. 4 autem *Edd.*; ad *pro* supra *P Edd.*; — emoydas *C*; emorroidas *L*; et in ora *Edd.*; et moxa *P.* 5 abstergit *A Edd.*; stringit *Avic.*

§. 251: 1 autem *add. P.* 2 duabus *C*; — aduretur *V.* 3 *Ex Avic.*; et siccus *Codd. et Edd*; — detumescit *Edd.*; domesticatur *A.* 4 coll. uva *A V.*

fuerit[1] antiquius, eo est calidius et siccius. Inter liquores autem simplices convenientior potus est sanis hominibus, et inter ea, quae maxime nutriunt, est vinum rubeum dulce. Nunquam enim album[2] efficitur perfecte dulce sicut rubeum. Quia autem est vaporativum, ideo est oppilativum viarum cerebri et[3] inebriativum; et quia est calidum, ideo commiscet et confundit opera rationis, et impedit regimen eius. Et haec est causa, quod ebrii etiam[4] amittunt linguam: propter oppilationem, et quia malas materias elevat in nervos et immobilitat eos. Et[5] ideo, licet sit calidum, nocet multum paralyticis, malas materias elevando in cerebrum et nervos. Citius autem inebriat mixtum vinum quam non mixtum, quia mixtum subtiliatur ex mixtura, et tunc magis penetrat. Humectatur etiam ex mixtura, et tunc magis vaporat et fumat, et ideo citius inebriat; sed non ita diu durat ebrietas[6], sicut ebrietas vini non mixti. Eo autem quod[1] calidum est, 253
facit ad superiora ascendere sanguinem subtilem et spiritus et dilatari facit ea ibi: et ideo laetificat cor hominis, et bonae spei facit hominem et audacem. Et si bibatur in quantitate, qua movet tantum et non oppilat vapore suo nimio, faciet ingeniosum et eloquentem: propter quod etiam Persae et Indi[2] modicum boni vini bibebant, quando disserere volebant de aliquo. Alias etiam[3] plurimas habet operationes, quae hic non sunt dicendae[ω]).

ω) *In Codd et Edd. sequuntur, quae de Ulmo* §. 256 *dicta sunt, dein sententia illa, quam in fine* §. 255 *posui:* Plurimas — ejus, *tunc demum de aceto* §. 254 – 255. *Quo ordine* Ulmus *inseritur inter* vini *atque* vitis operationes, *de quibus fere eadem utrinque et ante et post* Ulmi *descriptionem inepte repetuntur, quae tamen suo loco si exhibentur, nequaquam sensu carent. Sin vero placent quae Meyer Codd. ordini praetendit, Ulmum non nisi vitis sustentaculum hic introductam esse, verba, quae sequuntur, de* operationibus vitis cum partibus suis *ad finem capituli certe removenda sunt, quum nec acetum alio titulo huic* capitulo de V *adnumerandum sit, nisi inter partes vites una cum uva et vino recenseatur. Quibus respondet argumentum, in quo* proprietates *dicuntur quae hic* partes *nec de* aceto *mentio fit, nisi in codice uno quamvis meliore. Perturbatum ordinem vero irrepsisse crediderim sententiis*

§. 252: 1 est *A.* 2 *Om. Edd.* 3 eciam *add. A.* 4 *L*; et *CVEdd.*; *om. AP.* 5 *Om. P*; — licet sic *V.* 6 ejus *add. A.*

§. 253: 1 *V exhibet unus*; Et quia *A*; — spiritum *P.* 2 Medi *A*; vini *CP*; *om. Edd.* et Indi; — quando deserere *C.* 3 et *Edd.*; Et alias *P*; autem *L.*

254 Acetum licet fiat ex vini corruptione, quando evolant igneae partes vini, est tamen frigidum et humidum, vel forte verius[1] secundum Avicennam compositum ex frigiditate et caliditate[α]); sed tam calida substantia ipsius quam frigida sunt valde subtiles, et ideo subtile est in actione, frigida tamen magis est dominans in ipso[2]. Sicut autem non fit mortuum nisi ex vivo, non ita fit acetum nisi ex vino, et non fit regressus per alterationem aliquam ad vini naturam, sicut neque ex mortuo fit vivum. Quod autem diximus acetum esse frigidum, est de aceto communi; si enim acredo[3] fortis sit in eo, tunc erit calidius alio aceto; et cum decoquitur multum et fortiter, minuitur aliquid de eius frigiditate. Licet autem actu sit humidum, tamen effectu est[4] multum siccum. Quando in eo est acredo et acetositas fortis, est fortis exsiccationis et subtiliationis et penetrationis, ita etiam, quod ovum[5], in ipso per tres dies positum, penetrat et emollit, ita quod figuras eius testa recipit, et convolutum prolongatur, ita quod per anulum trahitur; et sic etiam resolvit ebur et alia ossa, et in hoc convenit cum urina, et praecipue cum urina puerorum masculorum. Ex subtilitate autem[6] habet extinguere flammam graeci ignis[β]), quia dividit eum et
255 obtinet partes eius dividendo. Ex frigiditate autem habet, quod cum aqua fortiter mixtum sedat statim sitim aestuantis, magis quam faceret aqua per se bibita, eo quod subtilis est substantia eius frigida, et penetrat membra[1] aestuantia, et interius extinguit aestum eorum; et ex eadem natura habet virtutem ducendi operationes medicinarum sibi coniunctarum[2] in profundum membrorum, et alias habet multas operationes nobiles. Confert autem[3] cholericis et nocet melancholicis. Adustioni autem ignis confert velocius quam res aliqua. Evaporatio autem aceti calidi propter

et de operationibus vitis *et* de ulmo *ad marg. ab autore suppletis, quales in Autographo saepius additas et levissima nota tantum ad suo loco relatas inveniuntur.* α) ex caliditate et frigiditate *Avic. vet. cap.* 78; *Plemp. pag.* 303: Chall, Acetum. *Unde correxi, quae exhibent Codd. et Edd.*, frig. et humiditate. β) *De quo conf. Du Cange Glossar.*

§. 254: 1 melius sec. — ex humid. et frigid. *V.* 2 ipsa *A*; — Sic. aut. mort. non fit *V.* 3 acedo *Edd.*; — sit *om. L*; — multum et *V praebet unus.* 4 humid. in effectu tam. est *V e correct.*; tam. est effectum *ACL*; tam. effectum est *J*; — et quando *A.* 5 omni *V*; — in *om. L.* 6 *Om. P.*

§. 255: 1 ad memb. *A Edd.* 2 et *add. L*; — membr. et habet multas alias *V.* 3 *Om. A*; — malencolicis *L.*

suam subtilitatem confert surditati et difficultati audiendi, et acuit auditum, eo quod aperit vias eius fortiter. Confert contra venena, maxime acetum sumptum de uva agresti, quae labrusca[4] vocatur: hoc enim sumptum cum sale confert contra morsum rabidi[5] canis; et ad alia multa utuntur eo medici et alkimici in operibus suis.

Plurimas autem alias[6] operationes a dictis habet vitis[7] cum partibus suis; sed istae[8], quae dictae sunt, sufficiunt ad sciendum naturam eius.

(*Ulmus campestris Lin.*) Ulmus autem est[1] arbor magnae 256
quantitatis, habens asperum corticem et scabrosum, quando antiqua fuerit. Folium autem habet sicut populus, nisi quod in una parte album non est, et est tenue. Est autem lignum eius sicut tremulae fere, et est arbor infecunda; nec aedificiis valet multum, sed[2] vites aliquando repunt super eas. Per ulmum enim[3] non leditur vitis; sed si corilus plantetur iuxta vitem, aduritur et exsiccatur radix vitis, et similiter per caulem[4]: haec enim duo comperta sunt adurere vites, sicut papaver adurit avenam et linum[5], et zizania adurit grana tritici.

Capitulum XXXVI.

De natura xyloaloes[1].

(*Aloexyli agallochi Lin. et aliarum ligna.*) Xyloaloes est 257
lignum aloes, sicut xylobalsamum est lignum balsami. Et de hoc quidem ligno plura superius[2] dicta sunt$^{\gamma}$), quae veteres

γ) §. 15, *ubi Codd. lectionem* xiloaloes *ad scripturam Alberti corrigeas.*

§. 255: 4 lambrusca *Edd.* 5 rapidi *CP*; canis rabidi *L.* 6 alias *hic om. A P Edd., post* habet *repetit L.* 7 viis *J*; ulmus *A.* 8 ille *V.*

§. 256: 1 *Om. C*; — scab ios *V.* 2 licet *L.* 3 et *A.* 4 *Quae verba* et .. caul. *Edd. etiam paulo antea post* vitis *inseruerunt*; — comparata *C.* 5 lumē *L*; zizaniam adurunt *C V*; ad *A pro* adurit.

§. 257: 1 natura *om. Edd.*; Xyloaloe *Alb. Autogr. Animal. lib. XXIII de Falc. cap.* 21. *Codd. nostri ubique* xiloal. *atque* xilobals., *nisi quod C V passim* ziloal.; — balsami *om. Edd.* 2 *Om. P.*

tradiderunt. Hic autem ea, quae tradunt Avicenna et[3] Galenus et Constantinus, intendimus recitare. Dicit enim Avicenna[δ]) multiplex est xiloaloes, sed tamen[4] tota illa multiplicitas mittitur de India. Quoddam[5] enim fertur de medio regionis Indiae, et hoc vocatur almundilium[6] a loco, ubi nascitur et unde portatur. Aliud autem est, quod vocatur absolute indum[7], et hoc nascitur in montibus Indiae, et a Constantino vocatur montanum[ε]): et hoc est melius quam almundilium, eo quod non permittit generari pediculos, et meliorem odorem et maiorem confert pannis. Quidam tamen nihil distinguunt inter primum et secundum, quando bonum est utrumque, et non periit. Multa autem alia xyloaloes sunt a diversis locis Indiae, a quibus veniunt, denominata, sicut alsemenduri[8] et alcumarinum et alsenasium et athechilium et alsebrium et alkaricium, quod alio nomine vocatur alkasumirum, et hoc est valde bonum et dulcius aliis. Constantinus autem dicit, xyloaloes esse tribus modis. Unum enim dicit fieri[ζ]) in quadam regione Indiae, et hoc a loco vocatur comex, et hoc est ceteris laudabilius. Aliud autem[9] est, quod fit in insula maris Indiae, quae vocatur Cyrmayz. Tertium autem fit in quadam

δ) *Avic. vet. cap.* 738; *Plemp. pag.* 233; Oûd, Agallochum. ε) montanum *dicitur ab Avic., nec a Constantino, cujus verba mox sequuntur.* ζ) *Haec sunt Constantini:* De gradibus, *Oper. edit. Basil. pag.* 355, *quae a Platear. lit. A cap.* 2: De ligno aloe, *repetuntur nec tamen, si editioni fides est, integra. De locis, quorum nomina, in utriusque operis editionibus discrepantia, variis Codd. nostrorum lectionibus summopere repugnant, videant alii.*

§. 257: 3 *Om. L.* 4 non *C V Z.* 5 Quedam *V.* 6 *A V et altero loco L, et Avic. vet.*; Mundelium *Plemp.*; alimindil. *C hic*, alum̄dil. *postea*; alum̄edil. *L hic*; al^u^m̄dil. *P hic*, almūdiū *postea*; almūn̄dil. *V postea*; alum̄dil. *Z hic*, alumendium *Z postea et J.* 7 nidum *C.* 8 *Sic L et Alpagus ad Avic.*; -medeuri *Avic. vet.*; Semendurense *Plemp.*, alsemendum *C V Edd.*, -mendium *P*, -mundum *A*; — alcumari *Avic. vet.*, -chumeri *Alpag.*, Cumerin. *Plemp.*, alkimachin *C L P*, -chimachin. *Edd.*, -kumathin. *A*, -bramathin *V*; — alsenasium *Avic vet.*, *Codd. et Edd nost.*, alsanfi *Alpag.*, Sapphicum *Plemp.*, *om. V*; — athechil. *C L Edd.*, athetil. *Avic. vet. V*, alchacheli *Alp.*, Cacalicum *Plemp.*, atethil. *P*, arctethil. *A*; — alsebr. *Avic. vet. Codd. et Edd. nostr. praeter V, qui* -bium; alberi *Alp.*, Barrense *Plemp.*; — alkar. *L P*, alcar. *A V*, alcharitium *C Edd.*, *nomen spurium ex duobus conflatum, quae sunt* alkadium et alsinium *Avic. vet.*, aloe de regione Cathae et aloe Syni *Alp.*, Kathaanum et Sinense *Plemp.*; — alkasum. *C L P V*, alcas. *Avic. vet. A*, alchas. *Edd.*, cosmuri *Alp.*, Kasmarum *Plemp.* 9 *V exhibet unus*; — fit *om. A P Z*; in *om. Edd.*

regione Indiae ulterioris, quae dicitur Savez[10]. Ceterum 258
omne xyloaloes est duorum colorum altero coloratum. Quoddam enim est varium fuscum, et alterum nigrum, et hoc a quibusdam praefertur[1] vario. Omne enim xyloaloes[η]) est ramus vel pars ligni arboris, quae aloes vocatur, et non habet operationem perfectam, nisi prius sepeliatur in terra, donec putrescat cortex eius et exterius ligni sui: donec[2] enim xyloaloes remanet purum interius, in quo est virtus. Adhuc autem ponderosum mersum in aqua et resistens igni est melius quam contrariarum dispositionum existens. Quod enim non[3] mergitur in aqua, exspiravit spiritum et vitam, et parum valet. Est autem[1] calidum et siccum, 259
quod probatur ex operationibus suis. Subtile enim est aperitivum oppilationum, et frangitivum ventositatum, et remotivum humiditatum superfluarum, et confortativum viscerum, et habet ex specie sua mitigare iram[ϑ]). Masticatum etiam confert odorem bonum; confortat nervos, et acquirit eisdem unctuositatem et viscositatem subtilem; confortat autem cerebrum valde, et confortat omnes sensus; habet etiam confortare et laetificare cor; confortat etiam hepar et stomachum removendo humiditatem[2] putrefactam ab ipso. Stringit

η) *Abhinc Alb. redit ad Avic., cujus in Edd et veteribus et Plempii priora verba hodie quidem desunt, sed inveniuntur apud Vincent. Bellovac. lib. XIII (XII) cap. 62 haec:* Avicenna. Xyloaloes est vena arboris, quae eradicatur, et sepeliuntur in terra, donec earum lignum et cortex putrefiant et remaneat xyloaloes purum. Universaliter melius est quod magis in aqua submergitur etc. *Unde patet, eodem ejusdem capitis loco et a Vincentio et ab Alberto haec verba inventa fuisse.* ϑ) *Quae Avic. vet. verba:* Confortat viscera, et prohibet iram, *et ab Alpago et a Plempio interpretantur:* confortat viscera et omnia membra. *Textus arabicus mihi quidem corruptus esse videtur. M.*

§. 257: 10 *Pro* comex *offerunt* cornex *V*, comę = comae *Const.*; *Platear. per errorem primo loco laudavit, quod:* reperitur in insula, que dicitur cumear, *secundo, quod:* reperitur in insula, que dicitur cumanū. — Cyrmayz *A L*, cyrnaiz *V*, exmayr *C Edd. et, lectionem* ermayr *corrigens P* (*difficilius autem distinguuntur in Alb. Autographo literae* x *et* y), cumar *Constant. edit.*; *denique* savez *P Z*, sovez (*vel* sonez) *L*, saver *V*, savex *J*, senctz *A*, Samies *Const. edit.*, samedamacene *Plat*

§. 258: 1 prof. *C Edd.*; profert *L*; — Omnino *pro* Omne *A C* 2 tunc *A*; — est xil. reman. *P.* 3 non *ubique om. restitui*; natans *Avic. vet.*

§. 259: 1 *Om. P.* 2 *Om. C*; string. etiam *A P*; — melancolie *L.*

etiam ventrem et confert dysenteriae melancholicae, et alias plurimas ex qualitatibus suis naturalibus habet operationes.

Capitulum XXXVII.

De proprietatibus zucari[1].

260 (*Saccharum officinarum Lin.*) Zucarum autem est arundo nodosa et concava, sicut arundo nostra communis, sed aliquantulum est maior. Nascitur autem in humidis valde et profunde infusis locis, in quibus cum plantatur, conculcantur partes arundinis pedibus plantantium profunde in agrum. Habet autem arundo haec in se[2] humorem spissum, dulcem valde, qui per decoctionem exsiccatur ad modum salis; et hoc, quod exsiccatum est, est[3] zucarum, quod ad nos deportatur. Sed non
261 invenitur haec arundo in sexto climate et septimo[ι]). Est autem naturaliter calidum et humidum, quod dulcedo eius indicat, sed antiquum declinat ad siccitatem aliquantulum. In effectibus autem est lenitivum et abstersivum et lavativum; et quanto plus antiquatur, tanto[1] fit subtilius. Lenit etiam pectus et removet asperitatem ipsius[2]. Bonum etiam est[3] stomacho, in quo non est cholera; si enim sit[4] cholera in stomacho, laedit, propterea quod ad choleram convertitur. Et est aperitivum oppilatio-

ι) *Quum et Sicilia et Hispania meridionalis sub quarto climate Alberti cadant, verae hodie usque limites Sacchari hic indicatae inveniuntur. Quibus in terris jam illo tempore hanc plantam cultam fuisse, quum aliorum, tum Platearii verbis:* Fit autem zuccharum [e] canna mellis in partibus transmarinis et in Sicilia et in Hispania, *edocti scimus, quae quidem verba in editione omissa, a Vincent. Bellov. lib. XIII (XIV) cap.* 113 *servata sunt.*

§. 260: 1 De zuccharo *Edd. Scribunt* zucarum *Alb. Autogr. Animal. lib. XXIII de Falc. cap.* 21, zucharum *ibid lib. XXII cap. de Ovi*; *Codd. hic et locis ceteris:* zucar. *et* zuchar, *L*; zuccar. *et* zuchar. *A C P V, lib. I* §. 142 *vero* zuccat. *C*, zucrat. *V*; zuccar. *B*;| zucchar. *Edd. ubique*; — autem *V add. unus.* 2 *Om. L* in se; — desiccatur *Edd.* 3 *Om. A V.*

§. 261: 1 plus *add. Edd. et, qui priore loco vocem om., P.* 2 *Om. A.* 3 est et. *C P Edd.* 4 est *P*; — ledet *V.*

num, et provocat sitim aliquantulum; non enim provocat sitim sicut mel. Arundo autem zucari facit vomitum aliquantulum.

Est autem[1] quiddam simile zucaro, quod vocatur etiam zu- 262
carum, et cadit in terra, quae vocatur Alhusar*) de aëre, et est species mannatis[2] et roris, et est sicut frusta[5] salis. Et est in ipso quaedam ponticitas, et amaritudo, et est abstersivum et resolutivum. Et est[3] duorum generum. Quoniam quoddam est jamenum, quod est album; et quoddam est agycium[4], quod venit de Meca, et hoc est nigrum — hoc est ad nigredinem declinans. Et hoc non est alicuius plantae, sed in multis est simile zucaro. Est enim abstersivum cum ponticitate quadam, et acuit visum, et iuvat pulmonem; non autem facit sitim, sicut reliquae species zucari, eo quod eius dulcedo parva est, et alias multas habet proprietates.

Ex his autem et similibus plantarum proprietates naturales[5] inveniuntur.

*) *Avic. vet. cap.* 752: De zuccaro alhusar, *idque operis ultimnm; verba Plemp. pag.* 224 Tsukka alosjar, Saccharum taxicum; *sunt:* Est manna in taxum (alhusar *Edit. vet.*) cadens etc., *qui postea* quod ex Arabia felice defertur *pro* jamenum *atque* quod ex Arabia petraea *pro* agizium *scripsit.*

§. 262: 1 quoddam *L*; quidem *V*; *om. P*; — zuchare *CP*; — albusar *Codd. et Edd. nec Avic.* 2 mannacis *Z*; manantis *J*; — frustra *Codd. nec Edd.* 3 *A P*; *om. Reliq.* 4 *A*; egycium *L*; agytium *CP*; agitium *Z*; agitivum *J V*; agizium *Avic. vet.*; — venit de meta *L*; metha *V*. 5 nat. propr. *Edd.*

Tractatus II.

Sexti Libri Vegetabilium.

In quo agitur:

De herbis specialiter secundum ordinem alphabeti[1].

Capitulum I.

De virtutibus herbarum in communi.

263 Postquam autem de arborum et fruticum[2] natura quaedam subiecimus, ex quarum similitudine et alia naturalia plantis possunt indagari, nunc superest ostendere etiam quarundam herbarum naturam. Aliter autem haec[3] dicenda sunt, quam dicantur a medico. Nos enim herbarum et generaliter plantarum naturam non dicimus, nisi ut ex operationibus earum naturam inveniamus: medicus autem talia inquirit ad receptionem medicinarum. Propter quod et figuram et quantitatem plantarum inquirimus et qualitatem et speciem. Et figuram quidem et quantitatem ostendimus, ut ex his cognoscatur natura speciei ipsarum. Operationes autem ipsarum[4] ostendunt qualitates naturales ipsarum. Sicut enim in animalium scientia non[5] scimus naturam eorum, nisi cognitis cibis et operibus animalium et partibus eorum: ita etiam in scientia plantarum nequaquam cognoscitur natura ipsarum, nisi sciantur et partes earum[6] et qualitates et

§. 263: 1 Incipit *quod praeponunt CLP V, omisi ut in praecedentibus*; — *om. L* alph.; *om. P* sec. alph.; *om. A Edd.* sexti .... agitur. 2 *L*; fructuum *Reliq.*; — ex quorum *A V*; — indari *C.* 3 hic *L P V.* 4 *L*; *om. Reliq.*; — *sententiam integram om. C.* 5 *Om. L*; — et operationibus *L.* 6 ejus *Codd. et Edd.*

effectus. Haec igitur in quibusdam plantarum investigata[7] describemus, ut in aliis per similem modum natura plantarum inveniatur.

Diximus autem in praehabitis[λ]), quod arbor sola perfectam plantae attingit naturam, et in ipsa qualitates elementales maxime recedunt ab excellentiis, quas habent in ipsis simplicibus elementis. Herbae autem et olera secundum minorem satis rationem accipiunt rationem et nomen plantae, et qualitates elementales in ipsis magis sunt acutae, et minus ab excellentiis simplicium[1] elementorum recedentes[μ]): propter quod etiam sunt molliores, eo quod a primo humore pinguescente in terra minus recedunt, nec alte elevantur propter debilem virtutem animae vegetabilis in ipsis[ν]). Quo autem viciniores sunt elementis, eo viciniores sunt materiae; et forma, quae est vegetabilis anima, minus vincit in eis: et propter hoc efficaciores sunt ad transmutandum corpora, quia, sicut diximus, elementorum qualitates minus sunt in eis ab excellentia remotae, et ideo magis sunt adhibitae medicinis[1] quam aliquid aliud. Dicentes igitur de quibusdam herbis, dicemus figuras et qualitates[2] et operationes ipsarum, ut ex his etiam indagemus alia, quae sunt scienda de ipsis. Non enim aliter cognoscemus[3] naturas earum, nisi experiamur ea, quae dicta sunt de eisdem.

264 (beside "Diximus autem…"); 265 (beside "vegetabilis in ipsis… Quo autem")

Sed non oportet, quod lateat nos, quod quasdam qualitates habent a componentibus, quasdam a compositione, quasdam autem a specie secundum se. A componentibus vero habent calefacere et infrigidare et humectare et exsiccare. A compositione vero habent has qualitates fractas, et aliquando adhaerentes, et aliquando subtiles et penetrantes, quoniam multae earum — nisi haberent calores[1] fractos in humido praecipue et[2] frigido — absque dubio ea, quibus adhibentur, exurerent et incenderent. 266

λ) Lib. II §. 20 seqq. μ) De quibus conf. lib. I §. 2. ν) Conf. lib. II §. 24.

§. 263: 7 investigari *V*.

§. 264: 1 *Om. APEdd.*; — etiam *om. P*; — sunt meliores *CVEdd.*

§. 265: 1 medicis *APZ*; a medicis *J*. 2 *L*; -tatem et -onem *Reliq.* 3 -scimus *LVEdd.*; — ipsarum *A*.

§. 266: 1 colores *CPZ*. 2 a *AJ*; adherent *Edd.*; exuerent et intenderent *CZ*.

Idem autem est de frigiditate, quoniam illa, nisi fracta esset, mortificaret. Similiter autem est de humido et sicco. Adhuc autem calor non staret adhaerens in floribus[3], nisi teneretur humido a sicco aliquantum passo; nec siccum penetraret, nisi subtilitatem acciperet ab humido, et acumen a calido, et retinentiam a frigido et detentionem; et hoc quidem facile est scire ex in-
267 ductis in praecedentibus libris. A specie autem habent qualitates et operationes multas et mirabiles, sicut quod aliqua[1] virtute purgat choleram, ut scamonea[ξ]); et aliqua virtute sua phlegma, ut ebulus; et alia melancholiam, ut sene[o]); et sic de aliis. Has enim virtutes non habent a primo componentibus elementis, neque ab ipsa compositione — quoniam compositio non dat virtutem proprie, sed virtuti[2] componentis ipsa dat modum agendi vel patiendi —; sed sunt operationes istae et qualitates a tota specie, — causatae a virtutibus coelestibus, et a virtute animae. Non enim unquam calidum purgaret, sed potius consumeret, nisi a virtute coelesti causaretur haec operatio.
268 Sicut enim in intellectu practico sunt formae, per se moventes corpus ejus, in cujus sunt intellectu[1]; et in aestimationibus animalium sunt formae, quae movent animalia, sicut in libro de anima[π]) determinavimus: ita sunt formae a motoribus orbium per figuras stellarum influxae generabilibus, quae sunt formae moventes etiam[2] per se ipsas ad quaedam, ad quae qualitates elementales per illum modum nullo modo movent. Experimento enim scimus formam feminae in intellectu existentem movere[ϱ]) ad venerea per se ipsam, et ipsa sibi movet in corpore instrumenta et membra, per quae exercetur coitus; et similiter forma artis per se ipsam movet et quaerit instrumenta convenientia fini suo. Et secundum hunc modum efficaciores sunt motores orbium — moventes formas influere suis materiis, quas movent motu[3] stellarum et coeli — quam sit anima ad influendum for-

ξ) *Conf.* §. 4. o) *Sunt Sambucus ebulus et Cassia senna Lin. cum confinibus.* π) Lib. III tract. IV cap. 3 sqq. ϱ) *scil.* corpus.

§. 266: 3 inferioribus *L*.
§. 267: 1 alia *L*; virtute sua *Edd.*; purgant *P*. 2 -tute *A*, -tus *Z*.
§. 268: 1 in quibus (quo *J*) in intell. *Edd.*; et *om. C*; in extimationibus *Z*. 2 *Om. P*; *om. C* ad quaedam .. qual. 3 a motu *P*; — et *om. Edd.*

mas tales corpori sibi coniuncto. Hae[1] autem formae, obtinentes 269
materias generabilium et corruptibilium, multis probantur effecti-
bus, in lapidibus praecipue et plantis. Smaragdus enim[2] nuper
apud nos visus est parvus quidem quantitate, sed mirabiliter
pulcher. Cuius cum[3] virtus probari deberet, astitit, qui diceret,
quod, si circa bufonem circulus smaragdo fieret, et postea lapis
oculis bufonis exhiberetur, alterum duorum fieri[4]: quod aut lapis
frangeretur ad visum bufonis, si debilem haberet lapis virtutem;
aut bufo rumperetur, si lapis esset in naturali suo vigore. Nec
mora, factum est, ut dixit, et[5] ad modicum temporis interval-
lum, dum bufo aspiceret lapidem, nec[6] visum averteret ab ipso,
crepitare coepit lapis, sicut si[7] avellana rumperetur, et ex-
siluit ex anulo una pars eiusdem: et tunc bufo, qui ante[8]
stetit immobilis, coepit recedere ac si absolutus esset a lapidis
virtute[σ]).

Sunt autem multi alii effectus lapidum et plantarum, qui ex- 270
perimento sciuntur vel[1] accipiuntur in eisdem, in quibus student
magici[2], et mira per eos operantur. Et hoc intendit Plato[τ]),
dicens formas separatas per se esse moventes. Non enim voluit
dicere separatas, quae nullo modo coniunctae sunt secundum
esse[2]; sed potius separatas dixit, quae, licet sint in materia, non[3]
tamen movent per hoc, quod sunt in materia, sed[4] per virtutem
intellectualium formarum, id est, superiorum, quae per se mo-
vent, et non per qualitates aut per mixturas elementorum. Et 271
istae operationes sunt, quae nec compositorum elementorum[1]
sunt, nec compositionis ipsius secundum se, sed sunt formarum,
secundum quod influxae sunt ab intellectualibus et separatis sub-
stantiis. Ad harum igitur trium naturarum indagationem quali-

σ) *Qua in re quo modo deceptus fuerit Alb., nescimus.* τ) *Quae a Platone siquid video aliena ex magico quodam libello Platoni supposita deprompta videntur. M.*

§. 269: 1 Hec *Z.* 2 *Om. P*; — et *pro* sed *Edd.* 3 cum cum *repetit P*, *om.* quod; — bofonem *C*; — fiet *P.* 4 *Om. Edd.* 5 *Om. L.* 6 nunc *P*; *lacunam offert C*; — verteret *L*; — crepidare *A.* 7 *Om. Edd.*; — exhibuit, *om.* et, *A*; — *om. C* ex anulo. 8 autem *C.*

§. 270: 1 sciuntur vel *L offert unus*; — eisdem *A*, eosdem *Reliq.*; — magi *A*; — per eas *V.* 2 *L*; se *Reliq.*; — *om. C* quae nullo ...... separat. 3 *Om. L.* 4 *J*; et *Reliq.*

§. 271: 1 *Om. C* Et ..... elem.

tates et compositiones et operationes specierum ponimus plantarum, specialiter inducentes de quibusdam, ut ex his per[2] similem indagationis modum de aliis curiosior expertor inveniat.

Capitulum II.

De aniso absinthio auricula muris alterana aristologia asa abrotano apio aneto agrimonia et allio et altea et artemesia et atriplice[1].

272 (*Pimpinella anisum Lin.*) Anisum alio nomine feniculum romanum vocatur[v]). Habet autem folia[2] sicut feniculum per lineas divaricata, nisi quod sunt parum latiora quam folia feniculi. Causa autem talium foliorum in aniso et feniculo et aneto et herba, quae meu (*Meum athamanticum Jacq., germanice Bärwurz.*) vocatur[3] — a quibusdam autem dicitur radix ursi —, et similiter in camomilla, et cotula fetida (*Anthemis cotula Lin.*) — in omnibus enim his una est dispositio foliorum, quae quasi in nulla aliarum invenitur plantarum —; et causa quidem est, quod herbae istae sunt calidae siccae fere omnes[4], et ideo humidum, quod est in ipsis, acuitur, et efficiuntur folia quasi linealiter producta per calidum, et in multa divisa per siccum. Et sunt omnes istae fortissimi[5] viroris et declinantis ad nigredinem quandam propter terrestreitatem ipsarum, et sunt concavae sicut cannae propter multum spiritum conten-
273 tum in ipsis. Et ideo[1] anisum est aperitivum cum aliqua parva stypticitate, et resolutivum ventositatum, et praecipue si assetur. Anisum etiam provocat lac in ma-

v) Est semen feniculi romani. *Avic. vet. cap.* 1, *Plemp. pag.* 27: Anitsun.

§. 271: 2 *Om. V*; *om. Edd.* de ... inveniat.
§. 272: 1 et *ultimo loco Codd. omnes*; *prioribus C L Edd. soli*; etc. *add. P*, *om.* alterana, aristol., aneto, artem.; et hujusmodi *add. Edd.* 2 folium *A C V Z.* 3 et *add. A*; — nisi *pro* ursi *L.* 4 cal... omn. sunt *L*; et fere omnes *A*, *om. sequentibus usque ad* fortissimi viroris; — lineariter *L.* 5 -simo *L*; — quandam ipsarum *add. Edd.*; ipsius *A.*
§. 273: 1 *Om. P* Et ideo *atque* parva.

millis, et urinam multam, et menstrua, et purgat matricem a fluxu humiditatum albarum, et incitat ad coitum, stringit ventrem, aperit oppilationes renum, et expellit venena. Et herba, quae dicitur carvi (*Achillaea millefolium Lin.*φ) quae etiam divaricata habet folia sicut fila quaedam[2], communicat ei in omnibus dictis operationibus.

(*Artemisia absinthium Lin.*) Absinthium[1] est herba ha- 274
bens folia divaricata, sed lata aliquantulum, magnae amaritudinis; habet tamen stypticitatem cum acuitate[2] aliqua, et viror eius non est tam intensus sicut feniculi. Est autem multarum specierum. Est autem generaliter ex duabus substantiis compositum. Ex eo enim, quod contrahit[3], necesse est, ipsum componi ex substantia terrestri frigida; et ex[4] eo, quod solvit, oportet, ipsum esse ex substantia subtili calida. Est autem naturaliter calidum et siccum, et est aperitivum et stypticum, sed stypticitas eius fortior est quam amaritudo ipsius. Est autem proprietas eius, quod servat pannos a tineis et incaustum ab alteratione et[5] chartas librorum a corruptione: et hac de causa quidam aspergunt inde[6] mortuos, ne foeteant cito. Habet etiam virtutem herbae, quae vocatur aloes[7], et ideo asperguntur ex eo cubilia feminarum. Facit etiam bonum colorem. Tamen[8] etiam cum succo eius temperatur incaustum; nec corrodunt mures librum, qui scribitur cum eo. Et alias multas in medicina habet operationes.

(? *Veronica officinalis Lin.*) Auricula muris est her- 275
baχ), quae formam habet auriculae muris, quasi nullius odoris,

φ) Carvi (*i. e. Carum Carvi Lin.*) est proximum dispositionibus anisi Avic. vet. cap. 141 De Carvi (*quae verba Editioni alias laudatae desunt*). *De* carvi *Alberti conf.* §. 318. χ) *Avic. vet. cap.* 18; *Plemp. pag.* 55: Adhsan olfâr, Myosotis; μυὸς ὦτα *Dioscoridis* (*Edit. Sprengel. II pag.* 488), *quorum uterque eodem nomine plures plantas, easque admodum dubias, comprehensus est. Cui*

§. 273: 2 sicut folia predicta, *om.* dictis oper., *A.*
§. 274: 1 *Sic Alb. Autograph. Animal. lib. XXII cap. de Equo, lib. XXIII de Falc. cap.* 20, *ubi tamen cap.* 23 absintium *reperitur*, *et Codd. nisi quod* absintheum *A hicet in* §. 280; abscinthium *L lib. I* §. 184. 2 acumine *Edd.* 3 contra hic necesse est comp. ips. *V.* 4 *Om. A.* 5 et — et *om. C*; cartas *scribunt* Codd. 6 in *A L.* 7 aloe *J.* 8 *E conj.*; cum etiam cum *C V Z*; cum etiam *J P*; etiam cum ... inc. ne corrodant *A*; cum suc. etiam ejus si temp. inc., non *etc. L*; — qui cum eo scrib. *L et P, qui om.* cum.

et habet pilos in foliolis[1] suis, ac si sit auricula, et expanditur super terram, florem habens azulinum[2]. Naturaliter est[3] frigida et humida, et habet virtutem absinthii in multis suis[4] operationibus: et hoc dicitur solum his duabus plantis convenire, quod videlicet sint oppositarum qualitatum secundum naturam, et in multis habent unam operationem[ψ]). Est autem haec[4] herba rubificativa et desiccativa. Valet multum epilepticis bibita. Etiam[3] quando fit sternutatio ex ea, vehementer valet torturae[ω]); eius enim[5] sternutatio mundificat cerebrum.

276 (*Anchusa tinctoria Lin.*[α]). Alterana herba est ab alterando dicta, eo quod unctum cum[1] ea corpus alteratur multum, et cum aceto mixta in rubeum tingit colorem. Est autem frigida et sicca, et primo quidem inunctum cum ea corpus deforme reddit, et secundo incipit recedere[2] deformitas et in tertia vice iterata quotidie inunctio incipit redire ad decorem, et in quarta vel quinta die redit nitidissimus[3] decor corpori.

quae vires attributae sunt, ad Anagallidem pertinere videntur. M. — Nec Alberti planta minus dubia, quam quum a Myosotide arvensi, quam Meyer esse voluit, recedit caule prostrato, ab Hieracio pilosella flore minime aurantiaco-citrino, pro Veronica, quam Caesalpinus quoque Dioscoridis dixit, habuerim. ψ) *Quae Avic. negavit, haec Alb. affirmavit, Arabismo veteris interpretis deceptus, qui verbis:* Inquit Musaihach, juvamentum ejus est juvamentum absinthii (*quae scil. pro* calida et sicca *habebatur*); *addit:* Et est res, quae non est inventa in duabus plantis simul: *quae vero interpretanda sunt:* Res, quam ille dicit minime hisce duabus plantis convenit, *i. e.* vera non est. *M.* ω) Est morbus faciei convulsivus, quo os ad unum latus torquetur. *M.* α) *Quum, quae sequuntur, verba sint paulo mutata Platearii lit. A cap.* 26 de Alcanna, *nec ullum autorum,* de Alterana *locutum sciam, nisi qui postea Albertum rescripsit, Conradum Megenberg; vix dubito, nomen cum etymologia, quoad vires laudatas haud absona, ortum esse ab autore quodam* alt[s]ana scribente *pro alkanna. Platearius, cujus verba sunt:* Alc. herba est in transmarinis partibus, et in Sicilia reperitur copiose, *procul dubio cum radice* Alcannae verae *i. e. Lawsoniae inermis, quam* §. 324 Ciprum *appellavit Alb., radicem* Alc. spuriae *i. e. Anchusae tinctoriae commutavit, quae redit in* §. 365.

§. 275: 1 foliis ... sint *L.* 2 *A V Z Avic. vet.*; asulin. *L*; afuliu. *P e correct.*; azurin. *J*; *C lacunam exhibet.* 3/3 *L offert unus.* 4/4 *Om. P.* 5 corture ejus, ejus enim *etc. V.*

§. 276: 1 *L*; *om. Reliq.* 2 reced. inc. *Edd.*; — difformitas *A.* 3 mundiss. *et in marg.* al. vividiss. *V*; lucidiss. *Plat. et Edd.*; — corpori *offerunt uni L et V qui, om.* decor, *in marg. addit* al. decor.

(*Aristolochiae Lin. spec.*) Aristologia[1] etiam est herba 277
multarum et mirabilium operationum. Et sicut dicit Dioscorides[β]) est multorum modorum. Quaedam enim est longa, et quaedam rotunda, et quaedam sicut palmites[2] vitis; et in herba ista est masculus et femina. Est autem folium eius sicut volubilis, et est boni odoris cum acuitate, et est declinans ad rotunditatem. Et est tenera, ex una radice plurimos emittens ramos longos, et intra florem eius est[3] substantia rubea foetida, quae pilei habet figuram. Masculinae autem folia sunt longiora quam feminae. Thyrsi[4] autem eius sunt ad quantitatem palmi. Habet autem florem purpureum foetidum, et super ipsum est aliquid simile flori piri[γ]), et radix eius est ad grossitiem digiti, in longitudine palmi, et
folia eius sunt[5] fere sicut folia sempervivae. Et est 278
natura calida et sicca, et est abstersiva, aperitiva, subtiliativa, attenuativa et attractiva, ita quod etiam extrahit[1] spinas et alia carni infixa. Abstergit autem dentium sordes et morpheas, et clarificat colorem, et distillata in aurem cum melle acuit auditum, et purgat sordes auris, et prohibet saniem generari in eis. Confert etiam epilepticis, et mundificat pectus. Cum mirra autem et pipere bibita tam longa quam rotunda purgant superfluitates, quae sunt in matricibus parturientium, et provocant menstrua, et extrahunt foetum. Et alias plurimas habet in medicinis operationes.

Asa[1] duarum est specierum, foetida (*Ferula asa foe-* 279
tida Lin.) videlicet et odorifera (*Benzoen officinale Heyn.*), non fortem habens odorem. Est autem ignea herba, sed foetida est calidior; propter quod etiam est

β) *Apud Avic. vet. cap.* 50; *Plemp. pag.* 127: Zarawend, Aristolochia.
γ) porri *Avic. cujus spatham quodammodo refert floris limbus cucullatus.*

§. 277: 1 astrologia *L* §. 164; aristolochiae *J* §. 482; herba est *A P Edd.* 2 palmes *Edd.* 3 *Om. Edd.*; — rubea et *A*; — pillei *A*; — mascule *Edd.* 4 *Vox cujus variae lectiones jam in* §. 165 *allatae sunt, hic et in* §. 407, 428 *a Codd. nunc* thy-, thi-, ty-, ti- *promiscue exhibetur*; — sunt *om. Edd.*; — palmi *L Avic.*; palme *Reliq.* 5 *Om. P*; fere sunt *Edd.*; — sempervivą *L.*
§. 278: 1 attrah. *A C.*
§. 279: 1 Assa *V Avic.*; odor. hab. *V.*

sicca in natura. Disrumpit autem ventositates[2] ex resolutione sua, et cum hoc est inflativa, quia calor eius[3] humores convertit in vapores, et resolvit sanguinem congelatum in ventre; et quando ministratur in cibariis, facit bonum colorem[4], et abscidit verrucas, quae sunt sicut clavi. In epilepsia vero habet operationem pyoniae. Cum autem dissolvitur in aqua et fit ex ea gargarismus, clarificat vocem statim. Nocet autem stomacho et hepati. In coitu autem fortitudinem praebet, et provocat menstrua et urinam, et confert solutioni[5] ventris antiquae et frigidae. Posita etiam supra morsum canis rabidi[6] et aliorum venenosorum, aut bibita, confert multum.

280 (*Artemisia abrotanum Lin.*) Abrotanum[1] est herba divaricata, habens folia minora quam absinthium vel ruta. Et est calida et sicca[δ]). Sicut dicit Galenus, flos eius magis consequitur finem in operationibus absinthii, quam ipsum absinthium. Cum autem decoquitur cum oleo aliquo aperitivo et calido, facit nasci barbam, quae est tardae nativitatis. Stringit etiam[2] gingivas, provocat menstrua, et extrahit foetum, et frangit lapidem in vesica et in renibus, et oleum eius calefactum confert coartationi matricis et difficultati urinae. Stratum in domibus fugat vermes venenosos.

281 (*Apium graveolens Lin.*) Apium est herba, latiora et maiora habens folia[1] quam petrosilinum, et est multorum generum. Aliud enim est montanum, aliud est silvestre et aliud est domesticum, et aliud est[2] aquaticum, et quoddam est, cuius crus est concavum, declinans ad albedinem[ε]).

δ) *Quae sequuntur, nec ut in Edd. quae praecedunt, Galeno tribuit Avic. vet. cap.* 69; *Plemp. pag.* 264: Khitsum, Abrotanum. ε) *Quae species ab Avic. vet. cap.* 56; *Plemp. pag.* 170: Kerefts, Apium, *propositae, nec eaedem sunt, quarum Dioscorides meminit, nec hodie extricandae.* A. silvestre *autem* smyrnium *esse, quod Fraas in:* Flora classica *pro Smyrnio olusatro et perfoliato Lin. habuit, in* §. 441 *edocimur.*

§. 279: 2 -tatem *V.* 3 talis *A.* 4 odorem *Avic.* 5 -cionem *A.* 6 rapidi *CP*; rabiosi *Avic. vet.*

§. 280: 1 abrotanus *Edd.*; abrotamen .. divarifata *C*; — ruta, est autem *AP.* 2 *Om. P.*

§. 281: 1 *Om. C*; lat. hab. fol. et maj. *Edd.* 2 *LP*; est *om. Reliq. ter, L ultimo loco qui correctura commutatus* est; et al. est dom. *om. J.*

Est autem calidum et siccum[3], et est resolutivum inflationum, et aperitivum oppilationis: et ideo facit sudare et sedat[4] dolorem. Domesticum etiam odorem ori confert bonum. Est autem malum capiti, quia excitat epilepsiam. In physicis autem[5] ligaturis dicitur, quod, si suspendatur radix in collo, confert dolori dentium. Confert etiam hepati et spleni; sed movet eructationem propter resolutionem ipsius. Non est autem velocis digestionis et descensionis, et in semine ipsius est[6] aliquid, quod provocat nauseam, nisi assetur. Dixit autem Galenus, quod apium convenit comedere cum lactuca, quia[7] temperat frigiditatem ipsius. Semen autem[8] eius confert hydropisi. Calefacit etiam[9] hepar, et mundificat ipsum. Cum autem provocet urinam et menstrua, malum est praegnantibus; et linita super inguina, provocat urinam retentam, praecipue si succus eius cum vino albo claro temperetur[10]. Et alias multas habet operationes. Dixerunt autem quidam, quod malum est nutricibus lactantibus, quia excitat coitum, et quod est subtile descendit de mamillis ad coitum.

(*Anethum graveolens Lin.*) Anetum[1] est herba fere 282
sicut feniculum in foliis et flore, sed brevior est truncus eius, et rami habent florem croceum ad modum coronae dispositum. Est autem calidum et siccum[ζ]), et est maturativum frigidorum humidorum, et est sedativum dolorum, et carminativum ventositatum, et similiter oleum ejus; et quod est siccum, vehementius resolvit; et provocat somnum, et similiter eius oleum[2]; et assiduatio comestionis eius debilitat visum; et si sorbeatur semen aneti in sorbitionibus lac facientibus, facit abundare lac, et alias multas habet operationes.

ζ) *Avic. vet. cap.* 72; *Plemp. pag.* 279: Sjibiths, Anethum.

§. 281: 3 sicc. et cal. *Edd.*; — inflat. *om. V.* 4 sedare *J*; — dol. dentium *add. L nec Avic.* 5 etiam *P.* 6 *A Edd* ; — aliquod *J*; ad .. nesceam *L.* 7 quod *A.* 8 *LP*; etiam *Reliq.*; — hydropici *L.* 9 *V*; enim *Reliq.*; et *Avic.* 10 albo temp. et claro *Edd.*

§. 282: 1 *Sic Alb. Autogr. Animal. lib. XXIII de Falc. cap.* 23; *et L P ubique*; anhetum *A C V passim, Edd. ubique.* 2 *Om. J* et quod .... oleum.

283 (*Agrimonia eupatoria Lin.*) Agrimonia[1] est herba folia habens fere sicut potentilla[2]. Sed in una costa emittit ex utroque[3] latere multa folia sicut nux et fraxinus, et habet florem croceum, et[4] cum germinat, producit de medio sui quasi virgam, quae est sicut iuncus. In longitudine illius sine[5] siliqua et capsa producit grana seminis sui, quae sunt inferius acuta et superius grossa sicut pyramis[6], et habent pilos spinosos, per quos adhaerent vestibus transeuntium. Est autem frigida et sicca, utilitates multas habet in medicinis et magicis, et praecipue contra fistulam et vulnera et ulcera[η]).

284 (*Allium Lin.*) Allium est herba colorem habens porri in virore, sed acutior est in sapore, et habet folia rotunda concava. Radicem autem habet divaricatam sicut porrum. Et id, quod est super radicem, in quo est virtus germinis eius, est dentatum, multos habens dentes[1], quorum quilibet involvitur in spica propria, cum tamen omnes simul dentes eius spicam habeant communem, in qua involvuntur. Et sunt dentes eius quasi sint[2] duae pyramides basibus coniunctis: sed inferior pars non terminatur in punctum[3] sicut superior, sed est sicut pyramis abscissa[θ]). Est autem multarum specierum. Aliud enim est[4] domesticum[ι]), et aliud porrinum, et aliud silvestre. In silvestri autem[5] sunt stypticitas et amaritudo. Praeter autem[6] dictas species est, quod nominatur allium serpentis. Id autem, quod vocatur porrinum, est compositae virtutis inter allium et porrum. Est autem quodlibet istorum calefactivum et resolutivum et exsiccativum[7], et maxime silvestre; resolvit autem in-

η) *Quae ab Avic. aliena unde hauserit Alb., nescimus.* θ) *Dilucide describuntur bulbi gemmulae sive bulbilli*, dentes *antiquitus vocati, inter bulbi materni tunicas vel vaginas enati, singulique tunicis propriis inclusi.* Folia concava *A. schoenoprasum nec A. sativum indicare videntur, sed de speciebus quum Alberti tum Avicennae dubito.* ι) *Avic. vet. cap.* 75: De alleo; *Plemp. pag.* 292: Thsum, Allium.

§. 283: 1 *Alb. Autogr. Animal. lib. XXII cap. de Equo, et Codd. nisi quod L in argum.* agrem. 2 *A et lib. V* §. 116 *B*; potenticela *Reliq. utroque loco.* 3 casta em. ex utraque *C.* 4 *Om. P*; — ducit *L*; — sui quandam virg. *V.* 5 sive *J*; — ex capsa *L.* 6 -mus *V.*

§. 284: 1 dent. hab. *P*; — in *om. A*; in prop. spic. *L*; — omnes *om. P*; — simul *om. V.* 2 sicud *A.* 3 *E conj.*; punctura *Codd. et Edd., de qua voce conf. indic.* 4 *Om. L*; — porrin. *om. C lacuna relicta*; porricinum *A.* 5 enim *Edd.* 6 ante *A.* 7 *Om. Edd.* et resol. et exsicc. *atque postea* est.

flationem valde, et est adustivum cutis, et ulcerativum. Crudum facit dolorem capitis, sed[8] elixum vel assum sedat dolorem dentium; et collutio facta ex decoctione eius, admixto olibano, multum confert dolori dentis[9]. Decoctum etiam clarificat pectus et vocem, et solvit ventrem, et adiuvat digestionem, et alia multa operatur utilia.

(*Althaea officinalis Lin.*) Altea[1] graeco nomine di- 285
citur a iuvamento multiplici, quod est in ea[κ]). Est autem calida cum aequalitate. Vocatur etiam bismalva, eo quod habet folia sicut malva, sed est[2] maior ea, habens crura longa plurima ex radice una. Vocant autem[3] quidam eandem malvaviscum. Est autem lenitiva et maturativa et mollificativa et resolutiva[4], tam ipsa, quam semen et radix eius: haec enim sunt in una secum virtute. Mollificat autem apostemata[5], et prohibet ea, et maturat ea, quae sunt sanguinea, et confert scrophulis, et cum adipe anseris confert doloribus iuncturarum. Decoctio[6] eius mundificat superfluitates foetorum. Stringit autem ventrem; et quando bibitur[λ]) semen eius cum vino et oleo, prohibet nocumentum venenorum.

(*Artemisia vulgaris Lin.*) Artemesia[1] herba est nota et 286
usitata, habens aliquantulum folia divisa in multa, et est alti stipitis, calida et sicca, contra sterilitatem, quae est ex humiditate, valens[μ]). Portata etiam et alligata cruribus, tollit lassitudinem itinerantium.

(*Atriplex hortense Lin.*) Atriplex[1] est herba nota, quae 287

κ) *Avic. vet. cap.* 76; *Plemp. pag.* 295: Chitthmy, Althaea. λ) linitum cum aceto et oleo *Avic.* μ) *Haec et Plat. lit. A cap.* 24 *profert et Bartholom. Angl. lib. XVII cap.* 16, *qui verbis:* dolorem pedium ex itinere mitigat, *ultimae sententiae ansam dedisse videtur.*

§. 284: 8 *Om. C*; — collusio *L.* 9 dentium *CV.*

§. 285: 1 *Altea Alb. Autogr. Animal. lib. XXII cap. de Equo*; — alcea *C*; alceo *Edd. hoc uno loco.* 2 *Om. P*; maj. est *L.* 3 *L*; etiam *AP*; *om. Reliq.*; — candam *om. V*; — malvaviscus *PV*, iviscum *A*, viscum *L*, viscera *CEdd.* 4 moll. et resol. *om. V.* 5 apostema *P.* 6 autem *add. V*; *dein* eciam *exhibens pro* autem.

§. 286: 1 *Ita Alb. Autogr. Animal. lib. XXIII de Falc. cap.* 23; arthemesia *L ubique, hic ACV, in argum. A*; arthemis. *PEdd. ubique, in arg. CV, lib. I* §. 184 *Codd. omnes praeter C qui* archemista; — est herb. *L.*

§. 287: 1 attrip. *A* §. 434, — crisolacan. *L* §. 434, *hic* -lachan., chrysolocan. *J* §. 434; chrisolochan. *Megenberg Buch der Natur.*

crisolocanna[ν]) alio nomine vocatur, cujus folia sunt lata, et semper[2] ac si sint farina aspersa. *Frigida est*[3] *et humida*, parvi nutrimenti propter aquositatem ipsius. Si autem folia ejus[4] sub olla nova sub terra ponantur, ita quod evaporare non possint, vapor saepius reflexus[5] figuram foliis dat ranarum.

Capitulum III.

De barba iovis betonica basilico boragine et beta et basilicone[1].

288 (*Sempervivum tectorum Lin.*) Barba iovis herba est vehementis frigiditatis, cuius folia superiori extremitate vicem[2] habent foliorum, et inferius[3] extenduntur in cortice, sicut folia cypressi. Sed sunt lata folia barbae iovis, et spissa et humida, conferentia[4] calefactioni hepatis. Qui autem incantationi student, dicunt ipsam fugare fulmen tonitrui: et ideo[5] in tectis plantatur.

289 (*Betonica officinalis Lin.*) Betonica[1] est herba nota, flore azurino, lata aliquantulum et longa habens folia, stipite[2] sive crure longo; *calida et sicca*[ξ]). Hanc multum quaerunt nigromantici sicut et verbenam, dicentes, eam habere signa divinationis, quando decerpitur[3] adiurata carmine Aesculapii.

290 (*Arum maculatum Lin.*) Basilicus[1] est herba, quae dra-

ν) *Avic. vet. cap.* 153: De chrysolocanna; *Plemp. pag.* 264: Khatthaf, Atriplex, *atque pag.* 223: Tsermakh, Atriplex. ξ) *Plat. lit. B cap.* 8.

§. 287: 2 aspera *add. A*, *quod ex sequente* aspersa *ortum videtur.* 3 *Om. Edd.* 4 ipsius *A.* 5 vap. ej. refl. saep. *Edd.*

§. 288: 1 basilico *om. ACP V*; et beta et *om. P qui scripsit* basilicon etc.; et *ante* beta exhibent *CL V ind.* — *Conf. etiam* §. 294 *not.* 7. 2 *L V*; in super. *AJ*; — extremitatem *ACP Edd.*; — vicem *om. J*, vitem *ACZ*; filorum *pro* fol. *J.* 3 *E conj.*; exterius *Codd. et Edd. Conf.* § 56. 4 et ferentia *C.* 5 *Om. L.*

§. 289: 1 *Sic Alb. Autogr. Animal. lib. XXIII de Falc. cap.* 21; vetonica *L lib. V* §. 118; bethonica *P ubique*, *V in argum.*, *hic in marg.*, *C hic*; betania *V ind. in arg.* 2 in stip. *J*; — sine *Z*; set *A.* 3 decrepitur *CZ*; ad juramenta *CP Edd.*

§. 290: 1 Basiliscus *Z in argum.*, *L J utroque loco.*

contea[2] vel serpentaria[3] dicitur, habens folia longa, et in medio lata, sed stricta ad utramque extremitatem. Florem autem habet croceum, et facit in semine multa grana, sicut botrus, et sunt primo viridia, et postea rufa, quando sunt matura. Primum autem in siliqua[o]) profert ea, quae est sicut posterior pars serpentis, in fine sicut cauda serpentis, et habet in stipite suo varietatem serpentis[4]. Et valet contra serpentis morsum succus eius, et etiam dicitur, quod portata tutat[5] a serpentibus omnibus.

(*Borrago officinalis Lin.*) Borago[1] herba est in foliis 291
sicut arnoglossa, et habet folia aspera, et stipitem totum lanuginosum, florem iacinctinum, ut stellam[2] dispositum in quo est compositio quinque quinariorum. Quorum primus est[3] exterior, qui fuit theca floris, et est viridis (*calyx*), secundus autem est iacinctinus, qui est folia floris (*coronae laciniae*)[4], et postea sunt quinque parvulae eminentiae in flore ipso, et sunt quasi primae[5] extremitates foliorum (*coronae valvulae*) iacinctinae superius, et inferius albae; post illas ad intrinsecus floris sunt quinque virgulae iacinctinae longae et rectae (*stamina*); et in medio illarum est una virgula longior eis (*pistillum*), et illae sunt spicae floris. Est autem herba humida et calida temperata, et ideo boni sanguinis dicitur esse generativa.

(*Beta vulgaris Lin.*) Beta[1] autem est herba, quae a qui- 292
busdam blitus[π]) vocatur, herba duarum specierum. Quaedam

o) *i. e.* spatha. π) Blitus *ante Alb* , *e. g. in Caroli Magni Capitulari*

§. 290: 2 *Alb. Autogr. Animal. lib. XXII cap. de Lupo:* comedunt .. draconteam ad acuendos dentes; dracontium *Avic. vet. in cap.* De luf, *de quo conf.* §. 374. *Codd.:* dracontee *ABPV lib. III* §. 29, *ubi C* dragancee, *L* draguntee; *hic* draconte*a A*, dragustea *C*, dragustia *Edd.*; draguntea *LP et*, qui *in marg. add.* al. atagus *V*; §. 374 dragantee *Omnes.* 3 *Sic Alb. Autogr. Animal. lib. XXIII de Falc. cap.* 21; *et hic L*; *et lib. III* §. 15 *Codd. omnes praeter V qui* serpentane; *hic vero* serpentina *Edd.*, serpentana *Codd. praeter L.* 4 *Om. P* et ..... serp. 5 *L*; curat *Reliq.*; — morsum *atque* a *om. C.*

§. 291: 1 borrago *A hic et* §. 434, *lib. IV* §. 116 *LP*; bo et agime *V ind. in argum.*; — herba quedam *add. P.* 2 still. *L*; — deposit. *CJP*; — est dispositio *AP Edd.* 3 *Om. P*; — teca *ACP.* 4 *Verba* et est viridis, ... floris *L exhibet unus*; *A vero post* et postea sunt *supplevit* quinque folia floris deinde quinque *etc.* 5 primo *C*; — extrem. ipsorum *add. A*; et jacint. *CV Edd.*

§. 292: 1 *Ita Alb. Autogr. Animal. lib. XXII cap. de Cane*; *Codd. lib. I* §. 139 boca *C*, bota *Edd.*, *hic* betha *A*; *alias* beta; — hlitus *C*; §. 246 blicus *CV Edd.*

enim est viridis in cruribus foliorum suorum, et quaedam rubea, et haec est maior et melior[2]. Habet autem utraque folia lata[3] sicut plantago, nisi quod longiora sunt. Et est frigida et humida, temperate tamen, et ideo cum petrosilino commixta esui competit, et est mollis, et facilis digestionis, quando decocta est in cibis.

293 (*Ocimum Lin.*) Basilicon[1] est herba delectabilis odoris, fere sicut odor vini. Et est duorum modorum: quaedam enim habet folia parva (*O. minimum Lin.*), sicut maiorana; et quaedam maiora (*O. basilicum Lin.*), fere sicut menta. Et est calida et sicca.

Capitulum IV.

De camomilla cepa croco cicere camphora cimino caulibus coriandro ciparo calamento cardamomo centaurea cucurbita cucumere citrulo cucumere asini cicuta carvi corona regis cirpo carecto cicorea centinodia canna et cipro et cauda equi et canuca[1].

294 (*Matricaria chamomilla Lin.*) Camomilla est herba in foliis sicut cotula[2] foetida (*Anthemis cotula Lin.*), nisi quod strictiora habet folia. Fila enim foliorum suorum, quae costae vocantur, minus lata sunt costis cotulae. Habet autem album[3]

de villis, Amaranthum blitum Lin. significabat; postea altera planta cum altera confundebatur et pro eadem habebatur, e. g. a Matthaeo Sylvatico. M.

§. 292: 2 rubea *add. C.* 3 *Om. J*; — sicut planta *Edd.*

§. 293: 1 basilicio *hic ACEdd.*, *in argum. et* §. 319, *nec ceteris locis, Edd.*

§. 294: 1 custo *C*, costo *Z*, casto *V ind. pro* croco; — ciminum *L*, vocem *om. CP Edd.*; — caule *A*; — citrulus *L*, *om. CP Edd.*; — cucum. asin. *om. CLPVEdd.*; — carco sive achillea *pro* carvi *V*; — carecto *om. A*; — et cipro *om. V*; et — et — et *L Edd. uni exhibent*; — *P*, *qui om.* caul., *ultima sic profert* centaur., carvi, cucurb., cucum., cicorea, cor. regis, etc. 2 *Scribunt:* cocula *lib. III* §. 103 *CVEdd.*, *hic C et*, *qui in marg. add.* al. corula *V*; cotilla *hic Edd.*, *lib. VI* §. 272 *CP V Edd.*, *ubi* cotulla *L*, quotula *A*. 3 *L*; *om. Reliq.*

florem aromaticum, et ipsa[4] etiam herba est tota aromatica, et fit ex ea oleum camomillae. Sunt autem trium specierum camomillae. Licet enim herba sit similis omnium, tamen alia est[ϱ]), cuius flos est albus, et alia[5], cuius flos est citrinus, et alia, cuius flos est purpureus. Est autem calida et sicca, et secundum Galenum propinqua est virtuti rosae in subtiliatione. Est enim[6] aperitiva subtiliativa mollificativa et resolutiva cum pauca attractione: forte enim nihil[7] attrahit omnino. Sedat autem apostemata calida mollificando et resolvendo, et lenificat dura non multum stricta, et bibitur propter[8] apostemata viscerum spissa. Et confortat membra nervosa omnia, confert enim multum lassitudini, eo quod calor eius similis est calori animalis. Et est confortativa cerebri, et evacuat materias capitis, eo quod resolvit absque attractione. Aufert icteritiam. Si autem praegnans sedeat in aqua ipsius, educit embryonem et secundinam. Et confert iliacae[9] passioni, et alias plurimas nobiles habet operationes.

(*Allium cepa Lin.*) Cepa[1] est in colore porri et sapore, 295
habens folia rotunda et concava, radicem circularem grossam, et haec[2] vocatur cepa; et in ipsa est maior virtus germinis eius post semen eius. Est autem in cepa[σ]) acuitas incisiva et amaritudo et stypticitas. Et cum comeditur, longum eius est acutius[τ]) inferiori[3] circulari; et in tunicis inferioris circuli quod est rubeum est acutius, quam quod est album, et siccum est acutius[4] humido, et crudum est acu-

ϱ) *Quas species, non nisi radiorum sive colore sive absentia distinctas, Alb. ab Avic. vet. cap.* 122: De camemilla; *Plemp. pag.* 67: Babunegi, Chamaemelum; *hic a Dioscoride* (περὶ Ἀνθέμιδος) *mutuarunt.* σ) *Avic. vet. cap.* 123; *Plemp. pag.* 72: Badsal, Caepa et bulbus. τ) Comestum vero ex eo, quod est longius, est acutius. *Avic. vet.*; *quae Plemp. vertit* esculenta longa est acerrima. *Quae Alb. ad caulem a bulbo distinguendam interpretatus est.*

§. 294: 4 *Om. Edd.* 5 est *add. L.* 6 autem *P Edd.* 7 *Praecedentia capituli verba L semel jam sub initio capit. prioris proposuerat.* 8 *Avic. vet.*; post *Codd. et Edd.* 9 yliate *L.*

§. 295: 1 *Alb. Autogr. Animal. lib. XXII cap. de Furone* (*ubi Ed.* exceptis *pro* ex cepis), *de Mure*; — sepe *L* §. 80, 82, 316; cepe *C P Edd. et paulo post C V Edd.* 2 hic *L*; — post sem. ei. *om. C*; semen *om. A.* 3 in inf. *V*, in superiori *P ex correctura.* 4 *Om. A.*

tius assato. Est autem[5] calidum et humiditatis superfluae. In operatione autem est incisivum et[6] subtiliativum, et cum stypticitate, quam habet, abstergit et aperit fortiter, et inflat, et attrahit sanguinem ad exteriora, et ideo rubificat cutem; et cum non est coctum, non nutrit, vel[7] parum nutrit; et cum decoquitur, generat
296 humorem grossum nutrientem. Semen autem eius delet morpheam, et cum fricatur ex eo in circuitu alopeciae[1] confert valde, et ipsum cum melle eradicat verrucas. Cepa autem est de numero eorum[2], quae nocent intellectui, eo quod generat humorem malum, et multiplicat salivam; confortat autem stomachum debilem, et facit cibi[3] appetitum, aperit orificia haemorrhoidarum, et commovet coitum, et aqua eius lenit ventrem. Aqua autem eius linita[4] super morsum canis rabidi confert, aut etiam, quando[5] emplastretur super morsum eius. Quidam etiam dixerunt, quod ipsum generat in stomacho humorem plurimum frangentem nocumenta venenorum, et alias plurimas habet virtutes.

297 Crocus est duorum modorum. Unus (***Carthamus tinctorius* Lin.**[υ]) est[1] olus altum habens aculeos et folia lata: et hic non est bonus, neque bene tingit, neque condit cibaria, et facit nauseam. Alius[2] est hortensis (***Crocus sativus* Lin.**), qui habet radicem dentatam sicut lilium, et in illa est virtus germinis eius, et herba eius est sicut gramen[3] magnum longum, quod in humidis crescit locis, et diffunditur super terram, et flos eius non elevatur a terra, et egreditur[4] continue flos post florem; et flos ille est croceas et rubeas habens partes[φ]): et hoc[5] est, quo ut-

υ) *De quo Alb. non usus est Avic. vet. cap.* 157: De croco hortulano; *Plemp. pag.* 116: Wards, Croci Indici pollen. *Laudatur nomine usitato:* Crocus orientalis *Alb. Autogr. Animal. lib. XXIII. de Falc. cap.* 19. φ) *Et his et sequentibus verbis patet, hic ab Alberto aeque ac a Plateario, aliisque*

§. 295: 5 Et aut *L*; — humidum *A*. 6 *Om. L Edd.* 7 et *C*.
§. 296: 1 et *add. C*; allop. conf. valde in circuitu *Edd.*; — et *om. P*. 2 ea *C*; *om. V Z*; — nocet *Z*. 3 sibi *A L*. 4 lenita *L*; — rapidi *C V*. 5 aut quando et. *L*; autem etiam quando *Reliq.*, *quare A et e correct. C repetunt* confert, confert; — ejusdem *L*.
§. 297: 1 *Om. L*. 2 aliud *V*. 3 germen *C V Edd.* 4 *Edd. add.* a mä *Z*, a materia *J*. 5 hic *pro* hoc *L*.

untur homines in cibis. Recens[χ]) autem boni odoris melius est in genere illo[6], praecipue quando super pilos[ψ]) floris eius est valde parum albedinis: flos enim non habet folia nisi sicut pili vel fila[7] stricta. Praecipuus autem est, qui non velociter tingit, et est grossi floris et sani; qui non cito inviscat tangentem, nec cito frangitur in partes. Est autem natura calidus et siccus. In operatione autem 298
est stypticus et resolutivus et maturativus[1], et propter stypticitatem est conglutinativus, et eius caliditas est temperata. Dicit autem Galenus, quod[2] ejus caliditas est fortior stypticitate sua. Et eius oleum est calefactivum. Dixerunt autem quidam[ω]), quod crocus nunquam alterat humorem, sed conservat eum in statu, in quo est secundum aequalitatem, et rectificat humorem putrefactum, et confortat viscera. Potus autem ipsius colorem facit bonum[3], resolvit apostemata, et ex eo linitur erysipila[4], gravat caput, et confortat ebrietatem, et inducit somnum, et obtenebrat sensum, et cum bibitur in vino, inebriat, et facit sine causa ridere, confortat enim cor et laetificat ipsum. Eius autem oleum odoratum facit anhelitum facilem, et confortat instrumenta eius. Aliquantulum etiam facit nauseam, et deiicit[5] appetitum, eo quod sapor eius est oppositus acetositati, quae in stomacho facit appetitum; confortat tamen stomachum propter id caliditatis, quod est in eo. Dixerunt etiam[6] aliqui, quod crocus est bonus spleni. Excitat autem coitum, et provocat urinam, et confert duritiei matricis, et eius constrictioni[7]. Dixerunt

florum nomine designata fuisse florum stigmata. Plantam vivam florentemque, si ipse vidisset Alb., accuratius certe descripsisset. χ) *Avic. vet. cap.* 130; *Plemp. pag.* 123: Zaaferân, Crocus. ψ) in capreolo *Plemp. Vox autem arabica, siquidem* schâron *pronuncias, crines, si* schûron, *croci significat stigmata venalia, quae dein descripsit Alb. M.* ω) Alkanzi inquit, *Avic. vet.*

§. 297: 6 suo *Edd.*; — est *om. P*; — parum *om. Edd.* 7 folia *C.*

§. 298: 1 *L*; *om Reliq.* et mat. 2 *Om. Edd.* eius ...... quod. 3 *L verba* et rectif. .... bonum *ad finem sententiae removit post* laetificat ipsum. 4 erisipilla *A*, heris. *Edd.*¦, erisipila *Reliq. ubique fere.* 5 sedat *A.* 6 autem *Edd.*; *om. L.* 7 constitut. *Edd.*

etiam[8] aliqui, quod accelerat partum in potu datus. Dicunt etiam, quod bibitus aliquando interficit laetificando.

299 (*Cicer arietinum Lin.*) Cicer[1] est de genere leguminis, minora habens folia quam faseolus vel faba, et maiora quam lens vel vicia. Est autem granum ejus pyramidale[2]. Est autem duorum modorum, rubeum videlicet et album[α]); invenitur etiam aliquando cicer nigrum. Adhuc autem est cicer domesticum et cicer silvestre. Et[3] silvestre quidem melius et digestibilius et calidius, et operationes domestici potentius faciens, quam ipsum domesticum; sed nutrimentum domestici[4] melius est, quam nutrimentum silvestris. Quaelibet autem species eius est calida et sicca et linitiva et inflativa, et[5] nutrimentum, quod praebet cicer, fortius est quam nutrimentum fabarum, et magis solidum, praecipue tamen nutrit pulmonem, humidum autem plus nutrit de superfluitatibus[β]) quam siccum. Linitum autem et comestum facit bonum colorem. Conferre etiam dicitur dolori dorsi. Eius etiam infusio confert doloribus molarium[6], et apostematibus gingivae calidis et duris, et apostematibus post aurem. Clarificat autem[7] vocem, eo quod melius quam aliqua res nutrit pulmonem: et ideo ex farina ciceris[8] fiunt sorbitiones. Eius etiam decoctio confert hydropisi[9] et icteritiae, eo quod est aperitivum, et praecipue nigrum. Cum autem comeditur[10] cicer, neque in principio mensae neque in fine dandum est, sed in medio. Decoctio etiam nigri frangit lapidem in vesica et in

α) *Avic. vet. cap.* 132; *Plemp. pag.* 135: Hhimmeds, Cicer. β) plus est generativum superfluitatum, *Avic.*

§. 298: 8 autem *Edd.*; — aliqui *om. A.*

§. 299: 1 *Alb. Autogr. Animal. lib. XXII cap. de Bistarda, de Ericio* (*Hericio Ed.*) cicer nigrum, *lib. XXIII de Falc. cap.* 21. 2 *Verba:* Est ... pyramidale, *vulgo inter* album *et* invenitur *leguntur. Huc revocavi, quum quia illo loco sententiam perturbant, tum quia ad ipsius Alberti plantae descriptionem, nec ad Avicennae specierum enumerationem pertinent. M.* 3 *Om. L*; — est *add. A post* quidem. 4 *Om. P.* 5 *Om. C.* 6 *Avic.*; molarum *Codd. et Edd.* 7 etiam *C Edd.* 8 ejus *V.* 9 -pisis *C*; -picis *Edd.*; -pici *L ut ubique*; — et *pro* eo quod *L.* 10 *Om. Edd.*

renibus cum oleo amigdalino et raphano et apio. Omnis[11] autem species eius extrahit foetum, et vehementer provocat coitum, et eius infusio extendit membra coitus, quando bibitur a ieiuno. Hippocrates autem dixit, quod in cicere sunt duae substantiae, quae separantur in decoctione: quarum una est salsa, et haec lenit naturam; et altera est dulcis, et haec provocat urinam. Et dulcis quidem[12] substantia est inflativa et addens in coitu. Et in pluribus operationibus dictis convenit cum eo pisa.

(*Camphora officinarum Lin.*) Camphora[1] de se va- 300
riam habet sententiam auctorum. Antiquissimi enim hanc[2] perhibent, esse herbam γ) Indiae, quae in fine veris colligitur, et succus eius exprimitur, de quo faeculentum[3] residens abiicitur; quod autem supernatat, congelatur et in modum umbrosi[4] crystalli pervium efficitur. Constantinus autem dicit δ), quod est gumma arboris Indiae. Melius autem his dicit Avicenna ε), dicens, quod est succus a ligno arboris expressus[5], vel per se sicut gumma egrediens, et venit de insulis Indiae. Dicunt autem, hanc arborem esse[6] magnam, et magnam praestare umbram et utilitatem hominibus. Sed leopardi multi adhaerent ei et congregantur circa eam, sicut[7] haberent ad lignum amicitiam naturalem; et ideo non nisi determinato tempore accipi potest cum discedunt leopardi. Est autem arbor marina et spongiosa. Lignum autem eius, quod affertur[8], est frangibile leve, et in rimis eius ad-
haeret aliquid de vestigiis camphorae. Camphora autem 301

γ) *Primus, ni fallor, Platear., qui tamen, nescio quanam deceptus similitudine, eadem ad Dioscoridem refert. Cujus verbis* Orientem patriam *addidit Barthol. Angl. De nat. rer. lib. XII cap.* 8. δ) *Constant.* De gradibus *Oper. vol. II pag.* 370. ε) *Avic. vet. cap.* 133; *Plemp. pag.* 159: Kafûr, Caphura. *Cujus priora verba Alb. non rescripsit, sed interpretatus est.*

§. 299: 11 omnes — extrahunt — provocant *A.* 12 quedam *V.*

§. 300: 1 camphora *hic Codd. et Edd.*; camfora *A B Edd., et, quem locum serius reperi, Alb. Autogr. Animal. lib. XXII cap. de Leopardo.* 2 enim *om. P*;— Indye *L.* 3 feculentatum *A Edd.* 4 umbrose *Codd., quod C scripsit* umb°se, *unde* umbo se *Z*, umbosae *J*;— parvum *L Edd.*, primum *A.* 5 Cons. aut. dicit, est gum. arb. expr. per se *etc. Edd., om. intermediis, pauca mutavit J.* 6 *Om. Edd.* 7 sicud si *V.* 8 al. auffertur, *in marg. add. V*;— lene *Edd.*;— et in ramis et in rimis *V*; in ramis *Edd. et Avic. vet., sed Alpag.* in concavitatibus.

est multiplex secundum terras, a quibus venit. Melior autem post gummam est, quae est sublimatio alterius[ζ]. Est autem frigida et sicca, et usus eius accelerat canitiem. Cum aceto autem prohibet fluxum sanguinis e naribus. Facit etiam vigilias, et confortat sensus calefactorum. Confert etiam in medicinis ophthalmiae[1] calidae, abscidit coitum, et generat lapidem renum et vesicae, et
302 constringit fluxum cholericum. Est autem mirabile de camphora, quod odorata a maribus[1] tollit appetitum coitus[η], et odorata a feminis, auget coitus tentationem. Et[2] huius causa est, ut puto, per accidens, quoniam in maribus frigiditas eius retinet calorem in cerebro, qui retentus[3] multiplicatur in ipso, et consumit coitus materiam, quae maxime a cerebro descendit. Et huius simile est, quod rosa odorata frequenter facit sternutationem, quia frigiditas eius repercussam[4] retinet cerebri vaporositatem, quae multiplicata facit motum sternutationis. In feminis autem est frigidum cerebrum, et ideo camphora odorata condensat humidum descendens ab ipso; et si[5] restringit calorem cerebri feminarum, ille non est multus, et ideo non potest consumere humidum, sed tantum movet ipsum[6], quod motum descendit, et incitat ad coitum.

303 (*Cuminum cyminum Lin.*[ϑ]) Ciminum[1] est herba, habens folia stricta et longa, accedentia secundum aliquid ad naturam

ζ) *Quum Avic. inter species camphorae eam quoque dixerit,* quae est permixta ex ligno suo et ex eo, quod sublimatum est ex ligno ejus; *Alb. hanc ceteris speciebus opponere videtur, nisi forte legis, quae Meyer proposuit:* quae est sublimata ex ligno ejus. — *Plempium autem fefellit, qui* calidam *dixit camphoram neque vero* frigidam. η) *Quam in rem versum leoninum servaverunt Platearius et Barthol. Anglic.:* Camphora per nares castrat odore mares. *Contrarium vero camphorae vim in feminas nullibi alias legisse memini. M.* ϑ) *Florum color nobis quidem est albido-rubescens*, nec citrinus, *quare de planta dubitaveris, nisi in* §. 306 *idem Coriandri color, de qua planta dubitari nequit,* croceus *diceretur. Utrum vero memoria, an exsiccatis floribus autor falsus sit, ignoro.*

§. 301: 1 optal. *AP*; ophtal. *Reliq.*

§. 302: 1 narib. *A.* 2 *Om. AP Edd.* 3 detent *A* 4 -cussa *A.* 5 sic *Edd.*; — cerebro *A.* 6 *Om. P.*

§. 303: 1 *Sic Alb. Autogr. Animal. lib. XII cap. de Cane, de Equo, de Furone*; cymin *V in argum.*, Cuminum *L hic*; — acced. *om. P.*

aneti; et semen eius est in modum[2] columnalem, longum, sed flos eius est citrinus. Sed ciminum multiplex est secundum loca, a[3] quibus venit. Herbae enim, sicut et ceterae plantae, maximas habent virtutes a locis, in quibus crescunt. Secundum colorem autem invenitur diversificari in duo semen cimini. Est enim aliud nigrum[ι]), et aliud citrinum, et hoc vocatur persicum. Adhuc autem aliud est silvestre, et aliud domesticum. Nigrum autem fortius est citrino[4]. Est autem calidum et siccum, et expellit ventositates, et resolvit; et in virtute eius est incisio et exsiccatio et aliqua stypticitas. Cum autem facies lavatur ex aqua eius, clarificat eam; si tamen nimis saepe iteretur lotio, citrinat eam. Pulchritudinem etiam faciei inducit usus eius moderatus[λ]). Silvestre autem ciminum, cuius semen simile est semini[5] lilii, consolidat vulnera, cum ex eodem vulnera implentur. Cum autem miscetur[6] aceto ciminum tritum, et fit odoramentum ex eo, aut licinium immixtum ponitur in nares, abscidit fluxum sanguinis per nasum. Potatum cum vino valet contra morsum venenosorum.

(*Brassica oleracea Lin.*) Caulis[1] est herba, quae in 304
usu cibi sumitur communiter. Est[2] autem stipite longo, ruborem habente. Folia eius magna sunt et lata, et cum aduruntur frigore, rubescunt, sicut et crus sive truncus eius. Est autem corpus caulis — quod est in cruribus eius et foliorum cotyledonibus — humidius quam ipsa substantia foliorum suorum[μ]). Est autem multiplex caulis, silvestris videlicet et

ι) *Quatuor species ratione locorum natalium habita commemorat Avic. vet. cap.* 140; *Plemp. pag.* 166: Kemmun, Cymiuum. κ) *Quae species quamvis ab Avicenna propositae sint, non tamen dubito, quin Albertus, pariter ac sequentis saeculi pharmacopolae,* domestico *Cuminum,* sylvestri *vero Carum Carvi Lin. intellexerunt, idque eo magis, quoniam* Carvi, *infra* §. 318 *occurrens, Achillaea Millefolium est. M.* λ) *Glossam puto e margine in textum irrepsisse. Quae sequuntur Alb. ab Avic., hic a Dioscoride mutuatus est, qui plantae suae semen tribuit, non lilio, sed nigellae s. μελανθίῳ simile. M.* μ) *Avic. vet. cap.* 143; *Plemp. pag.* 172: Kiranb, Brassica. *Species sunt Dios-*

§. 303: 2 admodum *V*; — columpnale *L*. 3 ex *A*. 4 aliud est domest., et al. silv. et nigr. aut. *etc.*, *om.* est *L*; — citerno *A*. 5 -ne *C*. 6 miscentur *L*; *om. C*.

§. 304: 1 *Alb. Autogr. Animol. lib. XXVI cap. de Pulice.* 2 Habet *C*.

domesticus — et silvestris quidem[3] est petrosus — et marinus et aquaticus. Et in genere quidem silvestris calidior est quam domesticus[4]. Marinusν) autem declinat ad salsedinem et amaritudinem[5], et ideo laxat ventrem, et proprie coctus cum carne pingui. Et folia eius sunt[6] similia aristologiae, quae ex una et eadem oritur radice. Silvestris autem[7] petrosusξ) est amarior, et acutior, et remotior a proprietate cibi hominis, quam dome-
305 sticus. Caulis tamen est grossi nutrimenti, ingrossans sanguinem, cum non miscetur cum[1] aliquo dissolvente grossitiem ipsius, et inflat, inflatione pertingente usque ad partes furculae et lateris, et facit dolorosum corpus. Caulis tamen universaliter est calidus et siccus, sed caliditas ipsius minor[2] est sua siccitate. Et in operationibus[3] est maturativus lenitivus desiccativus, proprie quando decoquitur sic, quod aqua prima, in qua bullivit, effunditur ex ipso. Cinis autem stipitum eius est fortis desiccationis, et sedat dolores. Nutrimentum autem caulis est parvum, et humidius nutrimento lentium, et sanguis eius est malus; sed cum decoquitur cum pingui carne et gallis o), efficitur parum melioris nutrimenti. Exsiccat autem linguam, et provocat somnum[4], et tamen retardat ebrietatem, et clarificat vocem, et alias multas secundum diversas medicorum praeparationes facit operationes.

306 (*Coriandrum sativum Lin.*) Coriandrum[1] est herba satis

coridis, quibus Avic. aquaticam, *Nenufaris synonymum, addidit, de quo conf.* §. 395. ν) *Quae Dioscoridis species, Alberto et Avicennae certe ignota, pro* *Convolvulo soldanella vulgo habetur. Dioscorides vero de pampinis satis obscure dixit, quae ab omnibus Avicennae interpretibus ad radicem referuntur. Editionis arabicae locum prorsus corruptum censuit Meyer.* ξ) *Brassicam sylvestrem ab aliis* petraeam *vocari, auctor est Plinius, lib. XX cap.* 9 (36) §. 92. *M.* o) gallinis *Avic. vet.*

§. 304: 3 quidam *A hic et paulo post*; — est porosus *C P V Edd.* 4 -sticum *C V.* 5 *Om. C Edd.* et amar. 6 *Om. Edd.*; — nascitur *A pro* oritur. 7 *L*; *om. P*; etiam *Reliq.*

§. 305: 1 *Om. C L V Edd.* 2 major *A.* 3 suis *add. Edd.* 4 sitim *A*; — cum, *quod pro* tamen *scripserat, expunxit P*; diversos *Edd.*

§. 306: 1 *Alb. Autogr. Animal. lib. XXII cap. de Cane*; *in argum.* coliand. *C*, caliand. *V ind.*, coryand. *V*; — herba est *L.* — *Verba descriptionis Alberti:* Folium — album., *hic inserui, quae a Codd. et Edd. ad finem fere* §. *verbis:* Cum autem coquitur, *praeposita, atque ita Avic. verbis inepte immixta sunt.*

communis. Folium autem eius est divaricatum, et flos croceus[π]), et semen rotundum fere sicut violae, et album. De qua dixit Galenus[ρ]), quod virtus eius est composita — in ea enim est terreitas[2] dominans, et aqua tepida —, et quod in ea sit ponticitas parva post stypticitatem ipsius. Avicenna autem vult, aqueitatem, quae in ipso est, esse frigidam, non tepidam, nisi sit[3] propter substantiam subtilem calidam permixtam ei[4], quae tamen velociter separatur ab ipso. Est autem coriandri[5] naturalis qualitas frigiditas et siccitas, sed[6] secundum Galenum declinat ad caliditatem. Cum autem coquitur[σ]), separatur substantia eius calida subtilis a frigida, et ideo multitudo succi eius bibita interficit cum infrigidatione. In[1] operationibus autem suis est in ipso 307
stypticitas et stupor: et succus eius cum lacte sedat fortem pulsationem. Galenus tamen quaerit, qualiter coriandrum sit frigidum, cum resolvat scrophulas? Omnis enim resolutio scrophularum est per calidum. Ad hoc respondet[2] Avicenna, quod ex proprietate speciei, et non qualitatum elementalium, habet resolvere scrophulas; aut quia forte in ipso, sicut diximus, est substantia quaedam subtilis penetrans in profundum, quae resolvit eas; cum autem bibitur succus eius, velociter resolvitur ab ipso calidum, et remanet substantia eius frigida, agens in corpus bibentis eum. Eius autem proprietas est prohibere vaporem, ne ad caput ascendat: et ideo ponitur in cibum eius, qui epilepsiam patitur ex vapore stomachi. Multitudo autem humidi[3] ipsius et sicci permiscet et confundit sensum, et humidum eius facit somnum. Ob-

π) *Conf.* §. 303 *not.* ϑ. ρ) *Avic. vet. cap.* 144; *Plemp. pag.* 174: Kuzbara, Coriandrum. σ) *Sic Alb. obscuriora Avicennae vet. verba emendavit*; dum in potionem apparatur *Plemp.*

§. 306: 2 terrestritas *L*; — aquea *A*; aqueitas *Avic. vet.*; — in eo *CLV Edd.*; — habet *pro* sit *A*; — stipticitationem *C.* 3 *Om. A.* 4 *L Avic.*; *om. Reliq.* 5 -andum *CP*; natur. qual. cor. *Edd.*; in coriandro nat. caliditas *A.* 6 *L Avic.*; licet *Reliq.*; — declinet *AP.*

§. 307: 1 et in *L.* 2 -dit *A.* 3 *Om. A CP Edd.*; — sic *A*, ficti *V pro* sicci.

scurat etiam visum. Pulvis[τ]) tamen[4] eius cum lacte mulieris distillatus sedat percussionem oculi; et quando ex foliis eius fit emplastrum, prohibet cursum materierum[5] ad oculum. Quod autem ex coriandro est frigidum[υ]) et siccum, frangit virtutem coitus et[6] erectionem virgae, et desiccat sperma. Cum autem ex succo eius bibitur circa quatuor uncias, interficit sicut venenum, quoniam facit hominem tristem et syncopizantem: et ideo cavendum est valde, ne[7] de eo multum sumatur.

308 (?*Acorus calamus Lin.*[φ]) Ciparus[1] est herba, quae in foliis est similis[2] porro vel segetibus viridibus, nisi quod alicubı est longior, et alicubi brevior. Dicitur autem, quod ciparum indum cum croco mixtum abradit pilos. Radix autem cipari est alba, et est disposita sicut galanga, nisi quod in colore non est similis ei. Cum autem radix illa est

τ) succus *Avic.* υ) humidum *Avic. vet.*; recens *Plemp* φ) *Descriptionem* cipari *quum e duabus partibus compositam inveniamus; altera, quae Avic. vet. cap.* 149; *Plemp pag* 210: Tsoad, Cyperi radix *est*, *neglecta*, *ad alteram*, *quae Alberti est*, *respiciemus*, *addentes*, *quae eadem fere de* cipari *in* §. 114 *dixit:* radicem similem esse radici Galangae, sed colore albo diversam atque herbam esse satis notam apud nos. *Quum vero* cyperum *Avic. pro Cypero longo Lin.* habeatur, *ejusdemque plantae radix usque ad nostra fere tempora pro Galangae usitata fuerit, eandem esse crediderem, quam descripsit Albertus, nisi et color et verba* est herba apud nos satis nota *prohiberent*, *quibus planta aut in hortis aut in pratis Germaniae virens indicari videtur. Plantarum germaniarum autem unam Acorum calamum Lin. foliis gramineis*, *radice subalba fragranti ad verba nostra accedentem invenio. Quibus de causis etiam de* cappari, *quam in* §. 114 *semel substituit cod. V, aut de* caparo *argumenti* (*conf. not.* 1) *cogitari nequit. Nec obstabit ejusdem plantae altera descriptio in* § 76 *ex aliorum scriptis alio nomine ab Alb. repetita.*

§. 307: 4 *Om. Edd.*; — distillatum *Edd*, -latur *A C V*; — percucionem *P.* 5 -riarum *V.* 6 *Om. A.* 7 *Om. L.*

§. 308: 1 *Scribunt:* in argum. cipparo *P*, cipari *L*, cypari *Edd.*, caparo *et in marg.* ciparo *A*, capari *V ind.*, capiti *C*; *hic* ciparus *C L P V*; cyparus *Z*; cyparis *J*; ciparum *A*; ciperum *aliae*, cyperum *aliae Avic. vet. editiones. Lectionem* cipar. *retinuit per* §. *totum L*; *Reliq. tertio loco, ubi tamen P om.* vocem, cypari, *secundo loco vero pro* ciparum *scripserunt* succi parum *A C P Z*, sicca parum *V*; *quae lectiones vocis* ciparum *vestigia prae se ferunt*; *dein pro* indum *expunxit C*, *scripserunt* intum *V*, Indicum *A*; cyparum Indicum *restituit J. Eadem planta in* § 114 ciparis *nominata est.* 2 simil. est *A J P*; — porio vel segittibus *C*; segitibus *L.*

spissa, gravis[3], et difficilis ad frangendum, aromatica, et eius herba est brevis, et eius acredo[4] est vehemens, tunc est bona in virtute sua. Est autem in ipsa stypticitas parva, et exsiccat[5] sine mordicatione, et aperit orificia venarum, et extenuat ventositatem et adurit sanguinem, et[6] efficit colorem bonum, et odorem oris facit bonum, consolidat[7] fissa et putrida, quae sunt difficilis consolidationis; ipsius tamen multitudo inducit lepram. Extrahit etiam lapidem, et frangit eum, et confert frigori matricis valde, et alias multas habet operationes.

(*Calamintha officinalis Mönch.*) Calamentum χ) est 309
herba similis in foliis et sapore ysopo vel origano; sed stipes sive crus eius est quadratum[1], non rubeum et in hoc differt ab origano, cuius crus rubeum est. Est autem calamentum[2] substantiae subtilis, sive sit montanum sive fluviale, has enim duas habet species. Et subtiliat fortiter sua acuitate et amaritudine, et maxime silvestre, et ideo est rubificativum et ulcerativum, et cum bibitur solum, provocat sudorem, et calefacit vehementer per hoc quod extrahit[3] ex profundo corporis, et incidit et exsiccat, et quando comeditur et bibitur post

χ) *Redit nomen Alb. Animal. lib. XXII de Castore. Avic. vet. cap.* 158, *Plemp. pag.* 246: Faudhsengj, Pulegium Origanum et Calamintha. *Quae Avic. de virtutibus quatuor vel plurium specierum plurimaque a Dioscoride recepta tradidit, Alb. in unum fere contraxit. Quo nomine quas Labiatarum species descripserint Dioscorides et Avic. non satis constat. De Theophrasti planta conf. pag.* 94 *not.* ζ. *De Alberti planta vix dubito, quum et nomen usque ad nostra tempora pervenit et descriptio haud male usurpetur et ceterae Labiatarum species similes atque indigenae fere omnes aliis nominibus descriptae sint, nisi forte ad Clinopodium vulgare Lin. respicis, quae tamen sapore infirmo rejicienda est. De specie magis vulgari C. acinos quominus cogitemus, caule huius rubro prohibemur.*

§. 308: 3 granis *Edd.*; et *om. A.* 4 acedo *Edd.*; — et tunc *A.* 5 exsiccans *V*; — mordificatione *A.* 6 *Om. L.* 7 consolida ulcera fis. *A*; — fixa *Edd.*; — sunt *om. V Edd.*

§. 309: 1 quadrata *C*; quod *a lacuna exceptum Edd.* 2 calefactivum *A*; — *Lacunas offerunt Edd. et pro* sive fluviat *et pro* Et subtiliat, *quarum vestigia quoque inveniuntur in C*; — resolvit *pro* subtiliat *A P.* 3 attrah., *paulo post lacunam replevit manus recentior verbis* exsiccat valde et cum comeditur *C.*

ipsum continuis diebus serum[4], confert elephantiae. Potus etiam[5] calamenti confert leprae non sua resolutione tantum, sed etiam sua incisione et subtiliatione; succus autem eius interficit[6] vermes in aure. Fortem etiam habet virtutem in extractione humorum grossorum ex pectore, quando comeditur cum ficubus, et confert dolori laterum. Recenter etiam positum in aceto si odorat syncopizans, sanatur. Cum ficubus etiam comestum confert hydropisi; tritum autem aut[7] decoctum et cum melle bibitum, foetum interficit. Et provocat menstrua. Dixerunt autem quidam, quod montanum silvestre ψ), calamentum abscidit coitum, et prohibet pollutionem. Valet etiam[8] contra venena, et suffumigatio de foliis eius facta expellit vermes venenosos, et alia multa operatur secundum diversas medicorum praeparationes.

310 (*Elettariae Withe. et Amomi Lin. spec.*) Cardamomum est semen herbae, quae etiam cardamomum[1] vocatur. Et semen eius est duorum generum: quoddam ω) enim est nigrum, magnum sicut cicer nigrum α), quod cum frangitur, interius habet granum album, mordicans[2] linguam sicut cubebae, et est aromaticum; aliud autem est parvum β) sicut lens, aromaticum etiam. Est autem utrumque calidum et siccum naturaliter, et dicitur conferre vomitui, dicitur etiam conferre capiti[3] humido in hoc, quod exsiccat ipsum.

311 Centaurea[1] est herba valde communis, et est duarum specierum. Una enim est maior (?*Centaureae Lin. spec.*)

ψ) montanum, et proprie silvestre *Avic. vet.* ω) Cardam. magnum *Offic., quod Am. angustifolii Sonnerat. fructus esse fertur.* α) *Avic. vet. cap.* 159; *Plemp. pag.* 254: Khordamâna, Cardamomum. β) Cardam. parvum *Offic. qui fructus Elett. cardamomi Whit. dicuntur; nisi fortasse aliae species Avicennae tempore in usu fuerint.*

§. 309: 4 semen *Edd.*; *om. P*; aqua casei *Avic. vet.* 5 enim *Codd. et Edd.* 6 *Om. P et in marg. add.* occidit; — Fortem *ex verbis Avic. restitui*; Forte *Codd. et Edd.*; et *pro* etiam *Edd.*; *C verba* succus .... virtutem *semel jam post* resolutione *inseruerat.* 7 vel *L.* 8 valde valet *A Edd.*
§. 310: 1 Cartamomum *V hic*, cardomonio *in argum.* 2 -dificans *A C Edd.*; — cubebis *L*; *om. C* aliud ..... aromaticum. 3 *Om. A.*
§. 311: 1 Centarea *L lib. I* §. 176.

et haec habet folia tripodi similia$^{\gamma}$), et haec habet duas species, quoniam quaedam[2] vergit ad citrinitatem in stipite suo, quaedam autem est viridis. Minor autem centaurea (*Erythraea centaurium Pers.*) est alia species[3] eius, quae habet folia sicut ruta, et est saporis amarissimi fere sicut scamonea, et habet florem rubeum lucidum, et profert eum ad modum coronae imperfectae$^{\delta}$), et nascitur in fine veris. Est autem omnis species eius calida et sicca, et in qualibet[4] est abstersio et stypticitas et[5] acredo magna et exsiccatio. Et mirum narratur de ea, quod etiam, si coquatur[6] cum carne incisa, quod coniungit eam. Recens autem mundificat vulnera, et sigillat ulcera antiqua; et sicca trita in emplastro consolidat fistulas[7] et ulcera antiqua. Confert etiam oppilationi hepatis et duritiei splenis; provocat etiam menstrua, et extrahit foetum, et interficit vermes, et plura alia operatur secundum praeparationes medicorum.

(*Cucurbita pepo Lin.*) Cucurbita[1] autem est herba aquosa, 312
multum lata habens folia propter multam aquositatem suam[2]; et ideo, nisi continue habeat ad radicem eius aquam stillantem, arescit. Repit autem anchis sicut vitis, et crescit subito, ita quod Hermes dicit, quod si cucurbita in cinere ossium humanorum oleo olivae irrigato plantetur in loco umbroso, infra novem

γ) sicut alethil *Avic. vet. cap.* 162; *quem locum Plemp. pag.* 255: Khenthaurîun, *vertit:* et grossa habet duas species albam et citrinam, in quarum capitibus est viriditas ceu acacalis. Crassum centaurium s. magnum scapos emittit candidos quorum capita sunt virentia; *in Edit. arabica locus desideratur*; *Dioscorides vero lib. III cap.* 8 *folia juglandi* (καρύᾳ βασιλικῇ) *similia dixit. Quum vero, quae pro* C. majori *Dioscoridis vulgo habetur*, *Centaurea centaurium Lin.*, *a Germania prorsus aliena sit, alias ejusdem generis species hic dictas esse nisi certum, veri tamen simillimum est. Quarum quaenam Alberti tempori a medicis germanicis usurpari soleret, me nescire fateo. M.*
δ) *i. e. flores profert sublastigiatos. Utramque speciem in fine veris nasci perhibet Avic.*

§. 311: 2 quidem *V*; — in *om. A V.* 3 *Om. C L P Edd.* 4 ejus *add. V*; est *om. L.* 5 *Om. P.* 6 quod si decoquatur *V.* 7 *L Avic.*; fistula *C*; -lam *Reliq.*; — *om. P* durit. splen.; — preparationem *Edd.*

§. 312: 1 Cucurbitae salsae *ovium pabulum Alb. Autogr. Animal. lib. XXII cap. de Ovi*; curcubita *V in argum. et* §. 52. 2 *L*; suam aquos., *om.* multam, *Reliq.*; — distillan., *om.* eius, *A.*

dies habebit florem et germen[ε]). Est autem natura humida et frigida[ζ]). Et profert grana sui germinis in vase magno, quod[3] cum maturum est, medium est inter testam et lignum, cum ipsa tamen nihil ligneitatis habeat[4] in cruribus et foliis
313 suis. Cum autem recens est[1] vas illud, est comestibile, habens humorem insipidum, et est parvi nutrimenti, quando elixatur, sed nutrimentum eius non est malum[2], et velocis descensionis a stomacho, nisi in stomacho corrumpatur: de facili enim corrumpitur, sicut et ceteri fructus. In vase autem ipso est quaedam substantia rara, ex qua sugunt grana eius; et sunt grana in ipso[3] sine ordine, sed substantia illa est sicca. Et in hoc differt a pepone, qui multa habet[4] in se grana inordinate, sed natant in quodam humido, quod creatur in concavo eius interius. Nutrimentum autem cucurbitae fit laudabile, si cum citoniis permiscetur, quando coquitur[5]. Est autem cucurbita nutrimenti convertibilis in id, cui associatur in stomacho: si enim cum sinapi comedatur[6], nascitur ex ea humor malus acris, et si cum sale, generatur ex ea salsus, et si cum stypticis, generatur ex ea humor stypticus, et sic de aliis. Est autem omnino mala cucurbita melancholicis et phlegmaticis, et bona cholericis[7]. Nocet autem stomacho multum, et pracipue puerorum et adolescentium, et ad colon[8] affert nocumentum maximum, et nocet intestinis. Et multas alias habet operationes.

314 (*Cucumis sativus Lin.*) Cucumer est herba repens anchis[1] sicut cucurbita, sed vult extendi magis super terram, quam

ε) *A addit, quae Pallad. lib. IV cap.* 9 §. 8 *brevius de Cucumere tradidit:* Oleum eciam valde est inimicum huic herbe, unde si ponatur juxta eam, contrahuntur folia ad oppositum. Similiter tonitrus multum inimicatur huic herbe, ita quod ex illa parte, unde venit tonitrus, semper se vertit ad oppositum, unde nocet ei. ζ) *Avic. vet. cap.* 179; *Plemp. pag.* 264: Kharaa, Cucurb.

§. 312: 3 *L V*; et *Reliq.*; — cum *om. L*; tamen *C*; — maturatum *V*; — medium quod est *C*. 4 habet *Edd.*

§. 313: 1 *Om. C Edd.* 2 malis *L*. 3 ipsa *L*; — illa *om. A*. 4 habent *C*; — ordinate *Edd.*; — natat *C V L Edd.*; — creatur *L*, caus. *Reliq.* 5 decoq. *A*. 6 -edetur *C*; -edentur *V*; — generatur sassus ex ea *P*. 7 *Om. Edd.* et phleg. .. chol. 8 colora *L*; — affert nutrim. *A*.

§. 314: 1 herba representantis *C P Edd.*; — erigatur super lignis, quibus rep. *A*.

quod erigatur lignis, super quaė repat. Habet autem crura nodis multis coniuncta[2] sicut et cucurbita; et in hoc convenit etiam cum pepone et citrulo. Et florem habet[3] croceum, et cucurbita album. Et est fructus sive pomum eius, quod cucumer vocatur; et habet figuram columnalem; et granulosum corticem, qui primo est viridis, et postea declinat ad citrinitatem; et non induratur sicut cucurbita, sed in interioribus suis absque ordine in substantia rara habet grana sua sicut cucurbita. Sed sunt minora granis cucurbitae, et sunt in figura sicut nuclei malorum aut pirorum, nisi quod sunt maiora, et sunt[4] sicut grana citruli aut peponis. Et quando maturum est cucumer, si suspendatur filo, et infigantur in eo grana ordei, infra paucos dies pullulant ex cucumere melius quam seminata in terra, et producunt herbam longam citius, quam si in terra essent seminata. Est autem frigidum et humidum[η]), et eius chymus[5] est malus et paratus ad putrefactionem, et ideo febres pravas et putridas inducit. Sedat autem choleram, et ideo a quibusdam comeditur in aestate. Sed melones (*Cucumis melo Lin.*), quae alio nomine pepones vocantur, et[6] in herba et flore fere sunt sicut cucumer, velocius corrumpuntur quam cucumer. Et quando cucumer est[7] maturum, est in eo aliquid abstersionis, sed semen eius melius est citruli semine.

(*Cucumis citrullus Lin.*[ϑ]) Citrulus[1] autem est pepo vi- 315
ridis plani corticis; sed pepo communiter est croceus, et inaequalis superficiei, quasi sit ordinate compositus ex semicirculis rotundis. Omnium autem horum nutrimentum discurrit in venis crudum et putrescens, et ideo generant[2] febres chronicas. Hoc

η) *Avic. vet. cap.* 180; *Plemp. pag.* 264: Khithsa, Cucumis longior et arcuatus. ϑ) *De quo quae exhibet Alb., unde sumserit, nescimus, quum autorum, quos sequi solet, praeter Isaac. Jud. Lib. diaet. particularium partic.* 3 *et Pantegni lib. V cap.* 19 *nullus ne nomen quidem protulerit.*

§. 314: 2 commixta *V*; mult. modis coni. *L*; — etiam conv. *Edd.*; etiam *om. P.* 3 *Om. L.* 4 *Om. A*; — susp. cum filo *V.* 5 chimus *Codd.*; est *om. Edd.* 6 que *C*; cum *pro* et in — et veloc. *A*; fl. et herb. *A Edd.*; herb. etiam in fl. *L*; — sicut cucumer *Edd.* 7 est cuc. *A P* et, *om.* est *ultimo loco, Edd.*

§. 315: 1 citrull. *A in arg. et per* §. 314; citrol. *C* semel; — sed pepo autem *P.* 2 *L*; generat *Reliq.*

autem habet boni, quod, quando habentes syncopim odorant ipsum, reviviscunt. Et sedat[3] sitim, et folia eius conferunt morsui canis rabidi.

316 (*Momordica elaterium Lin.*) Est autem praeter eum, qui dictus est, cucumer asininus, et hic in veritate est arbor, cuius fructus collectus[ι]) et in panno suspensus in fine aestatis, postquam citrinus effectus est, — ut[1] per pannum illum currat aqua eius, et coletur in vas, quod subtus paratum est — et exsiccatur super cinerem, et[2] umbroso loco ponitur dilatatus super tabulam, ut perfecte siccetur. Et cucumer[κ]) quidem fructus bonus est, quando est[3] citrinus rectus veram habens amaritudinem; succus autem est bonus, quando est albus levis[4], qui est similis cepae, antiquatus per annum. Est autem iste fructus calidus et siccus[5], subtilis et resolutivus, et radix eius et folia et fructus omnia sunt abstersiva et resolutiva[6]. Et iste cucumer mirabiles habet operationes in medicorum praeparationibus; praecipue autem evacuat aquositatem hydropis[7] sine nocumento, quando de radice eius datur in potu. Sed hoc habet nocumentum, quod suppositus corrumpit foetum in matrice[8].

317 Cicuta[λ]) est herba venenosa, folio et radice similis[1] petrosilino, nisi quod costae, foliorum sunt minores[2] et strictiores (*Conium maculatum Lin.*). Fortioris tamen virtutis est aquatica (*Cicuta virosa Lin.*). Est autem calida et sicca[μ])

ι) Est arbor, cujus colligitur succus hoc modo, *Avic. vet. cap.* 181. *Sed jam Alpagus annotavit:* alia litera, fit ejus succus hoc modo. *Quibuscum consentiunt et Edit. arab. et Plemp. pag.* 264: Khithsa alhhimar, Cucumis silvestris. *Est σίκυς ἄγριος Diosc., planta Alberto ignota.* κ) *sc. asininus, de hoc enim Avicenna sequentia tradidit.* λ) Cicuta *Alb. Autogr. Animal. lib. XXIII de Falc. cap.* 21; herba benedicta quam quidam cicutam vocant *ibid. lib. XXII cap. de Equo, ubi maledictam intellexeris, quod alias et infra quoque in* §. 470 *Gei synonymum est.* μ) *Platear. lit. C cap.* 22.

§. 315: 3 sedant *V.*

§. 316: 1 et *ACLV*; coletur *Avic.*, colatur *Codd. et Edd., quod si legas, constructio verborum claudicat. Alb. autem, quae Avic. de succo praeparando dixerat, de fructu profert.* 2 in *add. LP.* 3 *L*; *om. Reliq.*; *proximo loco om. P* est. 4 levis antiquatus *Avic.*; lenis — antiquate *Codd. et Edd.*; quidem *pro* qui est *A.* 5 succ. *C.* 6 et resol. *om. PV*; — Et istud *Codd.* 7 -pisis *P*; — quando dat. in potu de rad. eius *L.* 8 suppos. fet. in mat. interficit *Edd.*

§. 317: 1 simili *C.* 2 *Om. Edd.*; — et constrict. *P*; — fortiores *C.*

naturalibus suis qualitatibus, et sunt operationes eius dissolvere[3] et attrahere et consumere. Radix tamen eius maioris est virtutis, deinde folia, ultimo vero loco semen. Inanit autem consumendo spiritus et mortificando membra.

(*Achillea millefolium Lin.*) Carvi est herba[1], quae 318
alio nomine achillea vocatur[ν]), habens folia capillaria sicut feniculum, sed sunt[2] subtiliora. Et est[3] aromatica. Flos autem eius est albus coronalis, durus in tactu, sicut esset compositus ex capitibus clavorum[4]. Est autem calida et sicca, quae pulverizata in cibis digestionem confortat, et ventositates evacuat, et in salsamento posita herba ipsa provocat appetitum.

(*Hypericum perforatum Lin.*) Corona regis est herba, 319
habens folia multa in stipite uno, quae sunt folia sicut[1] folia maioranae vel basiliconis[ξ]), et sunt omnia perforata multis foraminibus, propter quod et ipsa alio nomine perforata vocatur, graece autem dicitur ypericon[2]. Et operatione naturali cor confortat et hepar et renes mundificat, ulcera[3] et praecipue anthraces curat, et venena fugat.

(*Scirpi, Caricis, Junci Lin. etc. spec.*) Cirpus[1] est 320
iuncus[o]) in locis palustribus crescens, sicut et carectum (*Iris pseudacorus Lin.*), et[2] est latius cirpo. Est autem cortex eius valde viridis, et plenus medulla, quae est[3] rarae substan-

ν) *Alb. nomine germanico* Garwe *deceptus* carvi *veterum pro* Achillea *habuit, cui tribuit vires, quas illo nomine Platear. lit. C cap.* 19 *Caro carvi Lin. adscripserat.* ξ) *De* basilicone *conf.* §. 293. *Quae de* operatione *tradidit Alb., unde sumpta sint, nescio. Quodammodo congruunt cum verbis Constantini Afric. De Gradib. pag.* 378. o) *Plantas omnes junceas promiscue utroque nomine comprehendi et e sequentibus et e verbis lib. I* §. 113 *atque II* §. 38 *patet. De* carecto *autem in* §. 355 *agetur.*

§. 317: 3 solv. *V.*
§. 318: 1 membra *C.* 2 *L V*; sed *om. C*; et licet *CZ*; licet sint *Reliq.* 3 *Om. P.* 4 formatus *add. Codd. et Z*; — viridis *pro* in cibis *A.*
§. 319: 1 *Om. L*; sic. fol. *om. J*; — basilicon̄ (= -liconis?) *L*; -licio *Edd. om. V* vel basil.; -licon *Reliq.* 2 hypericon *Edd.* 3 ultima *C V Edd.*; — antraces *Codd. et Edd.*
§. 320: 1 *Sic CP V* hic; scyrpus *Edd. in argum.* et hac §., *A paulo post, ceteris locis Omnes* scirpus; — *scribunt autem pro* juncus §. 283 iunctus *A*; lib. IV §. 80 utrus *et* iunctus *C*, utens *et* iungus *L*; urcus *et* iuncus *P V Edd.* 2 *Om. Edd.* 3 planus. Medulla autem est *A.*

tiae, et haec quando in vino ponitur, aquositatem vini ad se trahit propter similitudinem complexionis; propter quod falsa opinio putat[4], quod separat aquam immixtam in vino: et hoc idem puto facere carecti medullam. Haec herba in se nodum nullum habet omnino, et succus eius est indigestus et aquosus valde.

321 (*Cichorium intybus Lin.*) Cicorea[1], quae et sponsa solis[π]) vocatur, est herba in terra dura et conculcata iuxta vias nascens, durissimo stipite, sed tamen non ligneo, folia non habens multum lata, florem habens azurinum[2] sive iacinctinum, qui dionisia[3] vocatur. Et hic expandit se ad solis ortum, et claudit se ad solis occasum, sicut alii plurimi[4] flores faciunt. Est autem herba infrigidans, et valens febre aestuantibus secundum medicorum praeparationem.

322 (*Polygonum aviculare Lin.*ϱ) In similibus autem locis crescit centinodia[1], quae est sicut gramen magnum in foliis: sed crura habet composita ex infinitis nodis: propter quod et[2] centinodia vocatur. Serpit autem super terram, non adhaerens plantis, iuxta quas nascitur: et in hoc differt a volubili, quae circumvolvit se plantis iuxta se positis. Haec dicitur stringere[3] fluxum sanguinis ex naribus, et ad multa alia utilis esse in medicinis corporum humanorum.

π) *Quod nomen e floribus, solem per diem quasi oculis aspicientibus, alii quoque plantae in* §. 451 *impertitum, nostrae aeque ac* dionysiae *synonymum attribuitur a Platear. lit. S cap.* 20. *Quae quum a ceteris, tum sec. Vincent. lib. IX* (*X*) *cap.* 59 *a Plat. ipso* frigida *iudicatur, errore certe hujus in editione* calida *dicitur.* ϱ) *De* polygono *Diosc. quum in* §. 466 *agatur Alb., hic secutus esse videtur, quae de eadem planta dixerunt et Plin. lib. XXVII cap.* 12 (91) §. 113: Non attollitur a terra .., similis graminis. Succus eius infusus naribus supprimit sanguinem ..., *quae quidem unde hauserit nescimus, et Platearii:* ... haec fluxum ventris sive sanguinis restringit, *cujus de Polygono caput in editione desideratum a Vincent. lib. XI* (*XII*) *cap.* 120 *servatum est.*

§. 320: 4 purat *CZ*, *unde J* propter quod phlegma purg. et sep.; — mixtam *Edd.*

§. 321: 1 Cichori (achori *Ed.*) *Alb. Autogr. Animal. lib. XXII cap. de Equo*; *quem autem contra Codd. et Edd. omnes sequi dubitavi*; — *in argum.* citorea *L*, cycoria *V*; — et *expunxit P*; est *C*; etiam *A*; *om. V.* 2 citrin. *V*; asurin. *L.* 3 dionysia *CVEdd.* 4 plures *A.*

§. 322: 1 *Alb. Autogr. Animal. lib. XXIII de Falc. cap.* 21; cencimodia *L lib. II* §. 39; — locis *om. L*; — cent. crescit *P.* 2 *Om. ACPEdd.* 3 distinguere *Edd.*; — *om. A* human.

(*Saccharum officinarum Lin.*) De canna autem mellis dictum est in capitulo de zucaro. De cannis autem satis scitur per ea, quae dicta sunt de arundine[σ]). Cannae enim sunt[1] multarum specierum, sed in India (*Bambusa arundinacea Willd.*) tale habent incrementum, quod sexaginta pedes in altum excedunt, et magnae sunt ita, quod fiunt inde naves et aedificia. 323

(*Lawsonia inermis Lin.*) Ciprus[τ]) autem invenitur nominata a theologis, quae perraro invenitur a philosophis descripta: sed[1] si qua plantarum sic dicitur, constat quod a Cipro insula[2] denominatur. Dicunt autem hanc esse plantam altam sicut arbor[3], quae semen album habet, quod in oleo decoctum et[4] postea expressum emittit ex se unctuosum humorem, quo in ungendis corporibus ad subtilitatem pellis[5] et emundationem sudoris utuntur puellae regales. 324

(*Equisetum hiemale Lin.*) Cauda equi est herba concava nodosa in vallibus[υ]) nata, et coniunguntur nodi eius per barbulas quasdam (*vaginas dentatas*), quas emittit inferior pars super superiorem, ita quod quaelibet pars eius in inferiori parte est plana, et infixa[1]. Et in superiori est barbata, et infigitur ei[2] ea pars, quae est super eam. Est autem herba aspera cana[3], ad pallorem declinans, multa talia proserens ex una radice, sicut cauda equi disposita. Est autem frigida et sicca vehementis exsiccationis, et praecipue illa[4], quae in silvis iuxta radices arborum exoritur, et est valde iuvativa ad fluxum sanguinis, et alias[5] multas habet utilitates secundum diversas medicorum praeparationes. 325

σ) *Conf.* §. 260 et 79. τ) *Est* Kopher *Hebraeorum, quae bis in Cantico canticorum occurrit,* κύπρος *LXX Interpret., Diosc., aliorum (quare retinerem lectionem* cyprus, *quam hic proferunt C V Edd., in arg. L P Edd., nisi dein Omnes de* Cipro *insula scripsissent),* el-'henna *Arabum. Conf.* §. 276, *ubi* alcannae *tribuuntur quae ad* el-'hennam *plurima pertinent.* υ) *Avic. vet. cap.* 205; *Plemp. pag.* 306: Dhsaneb alcheil, Equisetum. *Nec tamen*, *quam volubilem dixit Avicenna, planta est Dioscoridis neque Alberti, quae et figura et colore differt.*

§. 323: 1 *Om. C*; — sed inter alias Indica *J*; — habet *A P Edd.*
§. 324: 1 *Om. P.* 2 sic *add. A.* 3 arborem *A.* 4 eciam *add. V.* 5 pellem *V*; — emendat. *L.*
§. 325: 1 parte in plano est inf. *A.* 2 sibi *L.* 3 caua *C.* 4 *Om. Edd.* 5 *P*; *om. Reliq.*

326 (?*Gnaphalii et Filaginis Lin. spec.*) Canuca[1] est herba in sabulosis et sterilibus locis nascens, et habet folia cana[2] mollia sicut lana, et in tactu est mollis sicut[3] lana, et est parva, frigida et sicca: et cum spargula et carduo[4] benedicto bibita, cum fuerit in vino decocta, mirabilem habet effectum in[5] exsiccanda fistula: sed cum bibitur, debet aspergi pulvis agrimoniae pulverizatae super locum fistulae.

Capitulum V.

De diptanno et dauco.

327 (*Dictamnus albus Lin.*) Diptannus[1] est herba communis satis, calida et sicca χ), quam, ut tradunt, cervi[2] iaculati toxicatis prodiderunt. Extrahit enim venenum comesta et superlinita.

328 (*Daucus carota Lin.*) Daucus est creticus et daucus asininus; herba habens divaricata folia fere sicut carvi[1], sed sunt latiora, et ipsa herba est maior; et habet florem album coronalem, in cuius medio est flos alius puniceus valde parvus ψ): et hic[2] confricatus puniceo tingit colore. Est autem herba aliquantulum

φ) *Ita* canucam, *quam, nisi forte sit* coniza *i. e. Pulicaria vulgaris Gärt., sibi ignotam dixerat Meyer, et e descriptione et e loco natali et e viribus explicandam censui. De* conyza *quae retulit Vinc. lib. IX (X) cap.* 63 *longe differunt. Nomen autem si revera* canucam *scripsit, pro foliis canis sibi finxisse videtur Alb.* χ) *Thom. Cantipr. lib. XII. cap.* 11, *qui ad Isid. et Platear. respicit.* ψ) *Quae de colore florum mediorum abortientium jam a Dioscoride observata, unde receperit Alb. nescimus, quum nec ceteri autores locum exhibeant, nec Avic. Cujus cap.* de Dauco *Ed. vet. cap.* 218, *Plemp. pag.* 107: Doukhau, *ad aliud caput respicit, quod, siquid video, primus protulit Plemp. pag.* 100: Gjezar, Daucus.

§. 326: 1 Canna *hic et* §. 453; Carnica *P hic et in arg.*; cumica *V Edd. in arg.*; *L ubique aut* canicta *aut* canuta *scripsisse videtur.* 2 cava *Edd.*, curva *A.* 3 sine *vel* sive *L.* 4 cardo *L Edd.* 5 ad Z; ad -candas fistulas *J*; in -cando fistulam *A.*

§. 327: 1 *Scribunt:* dyptann. *V*, diptamus *Edd.*; *in arg.:* pitanno *C*, dripimo *V ind.*, diptano *P.* 2 crini *C*; — taxitatis *P*; — enim *V praebet unus.*

§. 328: 1 al. cānu *V in marg. add.*; — est *om. A*; — est minor *P.* 2 hoc *L Edd.*

aromatica, calida et sicca, et est in multis cum carvi conveniens: sed flos eius est mollis[3] et magis coronalis quam carvi, et est succus herbae consolidativus valde et vulnerum et ulcerum.

Capitulum VI.

De eruca epithimo[1] endivia enula elleboro nigro et albo et esula.

(*Eruca sativa Lin.*) Eruca[ω]) est herba in foliis fere 329
sicut sinapis. Et est calida et sicca[α]), et temperata est in his fere: propter quod in hortis[2] plantatur; et quando cum beta est mixta, temperat betae frigiditatem et humorem. Est autem duorum modorum, hortensis videlicet[3] et silvestris. Semen autem erucae est[4] quod ponitur in decoctione loco sinapis. Est autem in operatione sua styptica lenitiva, tamen sola comesta gravat caput: sed hoc nocumentum aufertur ab ea, quando miscetur cum lactuca vel endivia vel[5] portulaca aut cum beta. Confert autem lactantibus, quia facit lac abundare, et iuvat ad cibi digestionem. Silvestris autem facit abundare urinam, et[6] commovet coitum per hoc, quod facit[7] virgae erectionem: et hoc praecipue facit semen eius; et alia multa operatur.

(*Ajuga chamaepitys Schreb.*[β]) Epithimum[1] est herba, 330

ω) *Redit Animal. lib. XXII cap. de Damna, de Leopardo, de Mure.* α) *Avic. vet. cap.* 231; *Plemp. pag.* 100: Gjirgjir, Eruca. β) *Quam plantam olim celebratam ab Alberto hic indicari, persuasum habeo, quum Labiatarum indigenarum, ad quas et odore serpylli et nomine aperte refertur, haec una sit species annua* — quae non germinat plantata —, *quae laciniis foliorum angustissimis ad pineam assimilet. Incerta autem est et longe alia quam hoc nomine e Diosc. protulit Avic. vet. cap.* 229; *Plemp. pag.* 43: Efithsîmum, Epithymum.

§. 328: 3 molis *A.*
§. 329: 1 et epith. et thimo *Edd.*; eruca et thero cum end. *L*; endiv *om. P*; — enula cam'pana *V*; — eusreboro nig. et aloe *V ind.* 2 oras *C.* 3 scilicet *V.* 4 *Om. C Edd.*; *deleverunt P V.* 5 et — beta et conf. *P.* 6 *Om. P.* 7 *Edd. e sequentibus addunt, quae mox recurrunt,* semen ejus.
§. 330: 1 Epith'm. *C V*; — *V in arg.* -thym.; §. 433 epicimus *A*, -thimus *Reliq.*

cuius crura sunt brevia valde, et folia sua sunt parva acuta fere sicut pineae folia; et sapor eius est acutus, et odor eius sicut serpilli, et est pungitivi saporis[2]; et grana profert pro semine, quae sunt rubea aliquantulum. Et thimus[3] est eiusdem figurae sed inferior eo in virtute. Et bonum quidem et melius harum herbarum[4] est, quod venit a Creta et a Jerusalem, et hoc declinat ad rubedinem. Quod autem in nostris habitationibus nascitur, est vehementer viride et non germinat plantatum, neque perfecte convalescit. Est autem utraque istarum[5] herbarum calida valde et sicca; et sedant inflationes et removent aegritudines oppilationum, et conferunt spasmo et melancholiae et epilepsiae, sed conturbant cholericos. Et alias multas bonas operationes habent[6].

331 Endivia[1] est herba duarum specierum[γ]), quae similes sunt in figura, silvestris videlicet, et hortulana[2]. Et hortulana (*Cichorium endivia Lin.*) est adhuc duarum specierum: quaedam enim habet[3] folia lata, et quaedam strictiora. Et procedit cursu lactucae[δ]); tamen aliquantulum magis est aperitiva, et magis nutritiva, et minus extinguit[4] quam lactura, et est amarior ea, et magis iuvativ¦a hepatis, et habet aliquid spinositatis in extremitate foliorum. Et [silvestris][5] sunt duo modi, ut quidam dicunt, quorum unus habet lac, quem[6] vocant rostrum porcinum (*Leontodon taraxacum Lin.*), et alter caret lacte, quem vocant caudam porcinam[ε]). Est autem frigida et humida, sed hortulana frigidior[7] est quam agrestis; et utraque in aestate etiam amarior,

γ) *Avic. vet. cap.* 233; *Plemp. pag.* 112: Hindaba, Intybum. δ) *i. e. sec. Plemp.*: fereque se habet ut lactuca; *quae verba ad omnes species respiciunt.* ε) *Planta admodum dubia. Nomen, quod redit et lib. III* §. 9 *et Animal. lib. XXIII de Falc. cap.* 21 *ab aliis autoribus* Peucedani *aut cum Simone Januensi* Milii solis *i. e. Lithospermi officinalis Lin. synonymum, nusquam autem Compositarum species est.*

§. 330: 2 odoris *A.* 3 *Om. Edd.*; — figure *om. L.* 4 specierum *A*; — jehrusalim et hic *L*; hec *V.* 5 *Om. Edd.*; — sedant, *om.* et, *C Edd.* 6 *L P*; op. bon. hab. *V*; op. hab. bon. *Reliq.*; bonas *om. C.*

§. 331: 1 endiva *V in argum.*; — spec. *om. C.* 2 ortolana *P V ubique*; *om. A* et ortul. 3 habent *C.* 4 sitim *add. A.* 5 *E conj. adjeci.* 6 quam *P*, quod *V*; *secundo loco* quam *P V.* 7 superior *C Edd.*; — est *pro* etiam, *om.* et, *A.*

et tunc parum declinat ad calorem, sed nihil imprimit calor eius. Operationes autem eius sunt aperire venas et viscera[8], et est in eis stypticitas aliquantula, et eius aqua cum cerussa et aceto est epithema[9] mirabile ad infrigidandum, quicquid infrigidari debet. Sedat autem nauseam et choleram, et confortat stomachum, et lac silvestris abstergit maculam oculi, confert quartanis, et emplastrata super puncturam scorpionis et aliorum[10] parvorum venenosorum confert, et alia talia facit in medicinis.

(?*Inula helenium Lin.* ζ) Enula campana dicitur, quia flo- 332
rem rubeum pyramidalem facit ad modum campanae. Et herba ipsa lata habet folia, quae quasi omnia expansa sunt super terram, sicut folia consolidae maioris (*Symphytum officinale Lin.*). Et haec[1] est herba multorum modorum, et in istis modis est quod est silvestris, et hortulana. Est autem calida et sicca, sed in ea quasi semper est humiditas[2] superflua, quae non permittit eam statim calefacere corpus, quando coniungitur ei. Confert autem omnibus laesionibus et doloribus frigidis et commotionibus inflationum et ventositatum; et in[3] ipsa est virtus rubificativa et abstersio ultima. Emplastrum etiam factum ex radice sua et foliis confert doloribus iuncturarum frigidis et contusioni[4] lacertorum. Fit etiam ex ea vinum enulatum, quod sic fit: quia sumuntur ex ea radices[5], et forte folia eius, et ponuntur in musto[6]; et cum hoc bullierit super herbae radicem, bibatur post duos vel tres menses,

ζ) *Lutei quidem sunt, radii flosculi sed disci certe rubicundi. Nomen romanum jam apud Dioscoridem occurrens, ad Campaniam plantae patriam nec ad tintinnabuli formam referendum est. Quacum speciem alteram a Dioscoride descriptam confusit Avic. vet. cap.* 240; *Plemp. pag.* 270: Râtsin, Helenium. *Alb. plantam aut vivam non vidit, aut veram non habuit.*

§. 331: 8 oppilationes viscerum *Avic.*; *unde scripsi* viscera *pro* ulcera *Codd. et Edd.*, *quae non sunt aperienda sed claudenda*; — cerusa *Codd. et Edd.* 9 -thima *A*; -timia *P*; -cimia *V*: epythima *L*; epythimia *C*; — potest *V Edd. pro* debet, *quod om. L*; cujus infrigidatio quaeritur *Avic.* 10 animalium *A*; vermium *Avic.*; — parv. *om. V.*

§. 332: 1 *Om. A C Edd.* 2 *A exhibet unus*; — permittitur *C.* 3 *Om. C.* 4 *P V Avic.*; concussioni *A C L Edd.*; — laterum *Edd.*; — Fit autem *C.* 5 *Om. A.* 6 mixto *V*; — radice *A.*

et mundificat pectus et pulmonem. Et[7] qui assuete utitur enula, non indiget, ut omni hora mingat. Valet etiam contra morsum[8] venenosorum vermium.

333 (*Helleborus niger Lin.*) Elleborus[1] est duarum specierum, niger videlicet, et albus. Niger[η]) autem habet acuitatem fortiorem quam albus[2]. Hi autem, qui colligunt eum, praeservantur a nocumento ipsius comestione allii et potu vini fortis: Folia autem herbae sunt similia quasi foliis[3] ebuli[ϑ]), et foliis herbae, quae alexandrina vocatur et quae a quibusdam vocatur herba luporum (?*Aconitum lycoctonum Lin.*[ι]), eo quod lupos et canes interficit pulverizata super cibum

334 ipsorum. Habet autem elleborus niger crus breve, quod in se habet venas nigras: et ipsum crus declinat aliquantulum ad purpureitatem; et ex parte cuiuslibet cruris eius sunt duo capita quasi capita ceparum egredientia. Quod autem de eo[1] administratur sunt venae, de quibus dictum est. Nascitur autem in siccis locis iuxta rimas[2] murorum vel lapidum ut frequentius. Et cum franguntur radices, servantur non[3] ponderosae frangibiles, in se habentes vacuitates, in quibus sunt pelliculae quaedam similes telis araneae. Et habet acutum saporem, et mordicat[4] linguam. Est autem herba haec calida et sicca, et in operatione est resolutiva et subtiliativa et fortis abstersionis, adeo

η) *Avic. vet. cap.* 242; *Plemp. pag.* 296: Charbekh atswed, Hell. niger. *Plurima Dioscoridis sunt.* ϑ) aldulb *Avic. vet.*, Platani *Plemp. et Dioscor.* ι) *Quam plantam ab Alberto aut germanico nomine* Wolfswurz, -kraut, *aut graeco* λυκοκτόνον *in latinum translato designatam crediderim cum Meyero, qui monuit, hoc apud Matthaeum Sylvaticum* Aconiti, alexandrinam *autem* Agni casti *synonymum esse. In Vocab. simpl. quidem* alexandrum *Petroselini*, alhesandrea cardui nigri, *quam Dipsacum interpretati sunt, synonyma reperiuntur, quae a nostris sunt aliena. Vix autem vocem ex arabico lycoctoni nomine,* alhasel, *corruptam credes.*

§. 332: 7 *Om. P*; — mungat *C*. 8 *Om. L*.

§. 333: 1 *Alb. Autogr. Animal. lib. XXII cap. de Equo, de Mure*; elebor. *P ubique, L fere ubique.* 2 album *L Edd.*; — Hi enim *A*. 3 herbe *add. A*; — ebuli et fol. *om. CP*; — alexandria *A V*.

§. 334: 1 *Om. A* de eo. 2 ruinas *V*; — nec *pro* ut *C Edd.*, *quod expunxit V*. 3 *E conj.*; et servantur sunt *C*; et sumantur sunt *Z*, et sumuntur sunt *J*; — porose *A*; ponderose *Reliq.*; non ponder. *Avic. vet.*; minime cariosus (*sc.* helleb.) *Plemp.* 4 hec *hic add., post* herba *om. Edd.*; — herba *om. A*.

quod corrodit carnem mortuam. Haec autem herba habet hoc, quod si plantatur iuxta radicem vitis, vinum illius[5] vitis fit resolutivum. Et de proprietate ellebori est, quod etiam permutat corpus a sua complexione, et facit ipsum acquirere[6] complexionem bonam iuvenilem. Convenit non castratis et mulieribus, sed potius virilibus et viraginibus mulieribus et fortibus adolescentibus, qui habent carnes teneras in corpore et multum sanguinem. Tempore autem martii magis convenit quam alio tempore, et post hoc in septembri; et in gaudio et laetitia summi debet. Qualiter[7] autem et quantum sumitur, determinat medicus. Linitus autem cum aceto delet morpheam et verrucas, et linitus cum lacte excoriat scabiem. Fit etiam ex eo licinium, et immittitur in fistulas, et post dies tres extractum[8] eradicat fistulatam carnem: confert paralysi et doloribus iuncturarum, et evacuatio per ipsum facta curat fortiter dictas aegritudines. Et quando coquitur cum aceto, sedat sonitum aurium: et quando colluitur[9] os ex aceto illo, sedat dolorem dentium; et confortat auditum debilem, quando instillatur auri. Confert etiam melancholiae, quae est cum homo solus aliena loquitur[10]; et confert epilepsiae, et alias multas bonas habet operationes.

Elleborus autem albus *) est in foliis, et herba sicut niger, 335
nisi quod habet venas albas in cruribus; et radices eius similantur radicibus alteae; et est amarior albus quam niger, et habet plurimas venas procedentes a radice una. Nascitur autem in locis montuosis, et colligitur in tempore messis radix eius et exsiccatur. Et habet radicem planam albam, et bene frangibilem, nec mordicat fortiter statim linguam, et attrahit salivam: si autem vehementer mordicat[1], abiiciatur, quia praefocativus est. Est autem ca-

*) *Quam plantam Alb. nomine deceptus priori similem fecit, omissis verbis, quibus Veratrum album Lin. aperte descriptam invenit apud Avic. vet. cap.* 243; *quod Plemp. pag.* 297: Charbekh abjed, Helleb. alb.

§. 334: 5 vin. ill. vit. *om. C.* 6 addiscere *CP Edd.* 7 qualibet *A Edd.* 8 *Om. Edd.* 9 coluitur *L*; — cum aceto *A Edd. et e correct. V.* 10 loq. sol. al. *A P Edd.*

§. 335: 1 fortiter *add. Edd.*

lidus et siccus sicut et niger[2]. Et cum mus comedit ipsum, moritur; artificio enim[3] hoc mures interficiuntur. Et immiscetur[4] in lacte et melle, et tunc mures comedunt et moriuntur. Quando autem decoquitur[5] cum carne, dissolvit eam. Est autem incautum valde uti elleboro, et forte inducit spasmum mortalem. Pulverizatus autem odoratus excitat sternutationem. Habet autem[6] etiam hoc elleborus, quod acuit visum, et confortat fortiter eum, qui salubriter[7] utitur eo. Est autem superfluum eius venenum hominibus et porcis et canibus, in tantum quod etiam[8] stercus eius, qui usus est elleboro, interficit gallinas.

336 (*Euphorbia Lin.*) Esula est[1] non herbae species, sed genus[μ]). Et[2] habet folia sicut linaria, sed differt in hoc, quod esula lactescit[3], et non facit linaria. Et est ruptiva pellis, et multas in solvendo habet medicorum arte operationes.

Capitulum VII.

De faba faseolo fenugraeco fungo feniculo fumo terrae et frumento[1]).

337 (*Vicia faba Lin.*) Faba[ν]) est herba alti et quadrati stipitis, folio lato, et floris albescentis ex rubeo. Est autem faba granum multorum colorum[2] et multarum qualitatum secundum diversitatem terrarum, in quibus nascuntur; sed egyptia faba[3] et nabathia sunt magis probatae in virtutibus fabarum[ξ]). Pro-

μ) *Cujus species quaedam lib. III.* §. 20 *descripta est.* ν) *Redit Alb. Animal. lib. XXII cap. de Equo, XXIII de Falc. cap.* 21. ξ) *Quas species aeque ac quae de effectibus dicta sunt, Alb. hausit ex Avic. vet. cap.* 245; *Plemp. pag.* 86: Bakhili, Fabae. *Qui in cap.* 451 Lupinum fabam egyptiam esse *dixit. Conf.* §. 375.

§. 335: 2 et citrinus *add. V.* 3 *Om. L.* 4 misc. *C*; — lacte *om. V.* 5 coquitur .. solvit *V.* 6 *P*; *om. Reliq.* 7 *L*; *om. Reliq.* 8 *Om. P.*
§. 336: 1 autem *Edd.* 2 Sed *P.* 3 laccessit *C*, lacressit *V*; — quod non *A V.*
§. 337: 1 f go, fenic. *om. V ind.* 2 corporum *L.* 3 folia *P*; folia vel faba *A*; *om. C Edd.*; — Nabachia *Edd. hic et postea.*

ducit etiam[4] haec herba (*Vicia faba Lin.*) siliquam longam, in qua secundum ordinem sunt multa semina, sugentia ab ipsa per cotyledonem iuxta fissuram[5] siliquae: et in hoc convenit cum cicere et pisa et multis aliis leguminibus. Sed in hoc differt, quod in siliqua fabae inter fabas est quaedam substantia rara terrea alba[6] commixta, in qua sunt grana distincta, sicut est in cucurbita; et hoc non est aequaliter in omnibus siliquis, sed in quadam plus, et in quadam minus. Nec stipes fabae in uno loco producit siliquas fabarum sed secundum totam longitudinem stipitis producit siliquas[7] in omni parte quadrati sui in circuitu, sive emittat stipes ramos, sive non. Nabathia autem faba est[8] magis styptica quam ista, sed egyptia est magis humida. Vult autem hoc genus leguminis semper[9] seminari in excellenter humida terra; et quae est sterilis ex nimio humore, efficitur substantialis[10], cum in ea seminatur faba, eo quod sibi faba attrahit humorem superfluum. Cum autem est 338
faba viridis et recens, multarum est valde superfluitatum. Et si non essent tardae ad digerendum et multum inflarent, non minus nutrirent quam pultes ordei: sed tamen sanguis fabarum est grossior[1] et fortior. Ad usum tamen meliores sunt grossae fabae, sicut et in omni genere granorum, ceteris paribus existentibus, melius est grossum quam parvum. Albae etiam meliores sunt, si tamen sunt[3] grossae, quae a gurgulionibus non sunt perforatae[o]); et deteriores earum sunt recentes. Rectificantur[4] autem, cum diu stant in infusione, et artificiose decoquuntur, ita quod aquae primae bullitionis effundantur, et comedantur cum pipere et asa et sale et oleo et origano et similibus. Secundum qualitates enim naturales appropinquant aequalitati[5], declinantes aliquantulum ad frigiditatem

o) *De curculionibus i. e. Bruchi speciebus adhuc summopere laeduntur.*

§. 337: 4 *C*; enim *Reliq.* 5 fixur. *Edd.* qui *om.* et pisa; pissa *A V.* 6 *Om. P* ter. alba. 7 aliq. *V*; — emittit *C.* 8 autem est faba, et est *A*; — quam alia *L*; ista *Reliq.* 9 *L*; *om. Reliq.* 10 sbâlis = substant. *V*; sterilis *Reliq.*

§. 338: 1 gross. est *A Edd.*; — Ad esum A. 2 *Om. L.* 3 *Om. A*; — a gurgulio rubet gros. *C*; — deter. eorum *L.* 4 -catur — decoquitur *V*; — cum *e conj.*; quamdiu *Codd. et Edd.*, *sed:* rectificatio est prolongatio infusionis *Avic.*; — ebull. *Edd.*; — effund. et confund. *C.* 5 -tate *A C Z.*

et siccitatem: et est in eis[6] superflua humiditas loci, praecipue quamdiu virides sunt: virides enim secun-
339 dum veritatem sunt frigidae et humidae. In operando autem in corpus animalium abstergunt parumper, et inflant valde: tamen decoctio earum vehementer iterata cum aqua removet earum inflationem. Cum enim decorticantur et molliuntur infusione diutina, et iteratur decoctio earum in vase sine motu[1], removetur inflatio, et cum moventur in vase frequenter, tunc magis inflant. Et huius causa est, quod[2], dum commoventur, exspirant calorem hepsesis; cum autem non commoventur[3], calor ille manens in eis adurit et consumit ventositatem. Frixae autem fabae parum inflant propter adustionem venti, sed[4] sunt tardae digestionis propter duritiam assationis. Generatur autem ex faba caro mollis et sanguis grossus: mollis quidem caro propter humiditatem superfluam, quae est in eis; sanguis autem grossus propter terrestreitatem ventosam fabae. Hippocrates tamen[5] dicit, bonum esse nutrimentum fabae,
340 et per eam conservari sanitatem. Ex proprietate autem fabae est, quod divisa in duo media et posita super fluxum sanguinis ex incisione confert multum[1]. Gallinae etiam nutritae fabis cessant ovare. Et generant somnia perturbantia, et pruritum faciunt, et praecipue recentes. Cortices etiam[2] emplastrati super capillos subtiliant eos; et si fiat ex eis emplastrum super inguen[3] et femur infantis, prohibet ortum pilorum in inguine; et quando saepe iteratur idem emplastrum super locum rasum, retardat ortum pilorum in loco illo. Abstergunt etiam morpheam in facie, praecipue[4] quando sunt cum cortice suo, et pannos et lentigines; et faciunt colorem bonum. Et gravant caput. Et quamvis sint[5] tardae digestionis, sunt tamen velocis descensio-

§. 338: 6 *CL V*; ea *Reliq.*; — praecipue *om. C.*

§. 339: 1 earum *add. A*; — frequenter *om. Edd.* 2 quia *A.* 3 *L*; mov. *Reliq.* 4 et *A*; duritiem *Edd.* 5 autem *Edd.*; — et *om. C*; — servari *P Edd.*

§. 340: 1 *Om. P.* 2 et *C.* 3 inguinem *Edd* 4 *Om. A* 5 sit *V*; sunt *L*; — tardae *om. C.*

nis e[6] stomacho. Et multa alia sunt, quae diversimode praeparatae operantur in corpore humano.

(*Phaseolus vulgaris Lin.*) Faseolus[1] est species legu- 341
minis et grani[2], quod est in quantitate parum minus quam faba, et in figura est columnale sicut faba, et herba eius minor est aliquantulum quam herba fabae. Et sunt faseoli multorum colorum, sed quodlibet granorum habet maculam nigram in loco cotyledonis. Sunt autem frigidi et sicci[π]) faseoli in substantia[3], et est in eis[4] superflua humiditas sicut etiam in faba, et parum declinat ad caliditatem: sed tamen rubei sunt calidiores, et sunt velocioris digestionis et velocioris descensionis quam faba, et magis nutrientes, et magis[5] inflant: humor enim faseolorum est humidus phlegmaticus; et faciunt videre somnia mala sicut faba, sed sunt boni[6] pectori et pulmoni, et generant grossum humorem et sanguinem: sed sinapis prohibet nocumentum eorum, et similiter acetum cum sale et pipere et origano; et multa alia faciunt in corpore humano.

(*Trigonella foenum graecum Lin.*) Fenugraecum est 342
herba nota, et est multum ramosa, parvis foliis, et[1] nigro semine parvo. Et est calidum et[2] siccum[ϱ]), nec tamen remotum ab humiditate superflua[3] extranea. Et ejus virtus est digestiva et lenitiva, et quod congregatur in[4] ipso, est cum caliditate et viscositate: et viscositas eius prohibet dominium nocumenti caliditatis eius. Calor enim eius agit facile, et humor eius est malus. Confert autem fissuris et apostematibus propter mucilaginitatem[5] suam, et facit colorem bonum, et odorem oris

π) *Avic. vet. cap.* 253; *Plemp. pag.* 181: Loubîja, Lobia seu Smilacis hortensis fructus. ϱ) *Avic. vet. cap.* 251; *Plemp. pag.* 138: Hholoba, Foenum graecum.

§. 340: 6 de *Edd.*; in *P*; — praepar. *om. C.*
§. 341: 1 fasiolus *P ubique per* §.; faceolus *L* §. 299, *V hic et lib. III* §. 8; fasceolus *V in argum.*, *J* §. 299; phaseolus *A* §. 299, faleolo *V ind. in argum.* 2 granum *P*; — *om. Edd.* et in .... faba. 3 in subst. *om. P.* 4 foliis *A*; — sicut que in *C*; sic. et. est in *V.* 5 *C Avic.*; minus *Reliq.*; — humor autem *V*; — humidus et pheg. *L P.* 6 utilia *A.*
§. 342: 1 ex *V.* 2 *Om. P.* 3 et *add. L.* 4 *Om. A C*; — cum *om. V*; — ejus *om. A.* 5 mucillag *P Edd.*; muscillag. *Reliq.*; — odoris *L*; — oris *om. V*; odor. ejus *P Edd.*, *quod A supra lineam correxit.*

bonum, sed sudorem capitis facit malum. Resolvit apostemata dura phlegmatica, et lenit et maturat ea[6]; mundat furfures ex capite, quando fit ablutio de ipso. Comestum autem gravat caput, clarificat vocem, et[7] pulmoni aliquod tribuit nutrimentum, et lenit pectus et guttur. Cum autem supponitur[8] cum adipe anatis, confert duritiei matricis; facit etiam generationem matricis facilem, etsi[9] difficilis sit generationis, et est bonum habentibus haemorrhoidas, et facit stercus boni odoris, tamen facit foetere urinam et sudorem. Et alia[10] plurima operatur bona.

343 Fungi[1] sunt multorum modorum, tam ex diversitate locorum, in quibus nascuntur, quam etiam in colore et sapore et odore et ceteris accidentibus. Omnes autem diversitates istas satis aestimamus esse notas sensui, et sciuntur[2] causae eorum ex in antecedentibus habitis[σ]). Meliores tamen, qui sunt in nostro climate, sunt quidam fungi parvi et rotundi ad modum pilei[3] (*Agaricus campestris Lin.*), qui in principio veris apparent, et in maio deficiunt, qui est finis veris. Nunquam enim inventum[τ]) est, quod illi aliquem interfecerint[4], aut etiam
344 multum laeserint subito. In genere autem fungorum illi, qui sunt sicci, minus sunt mali quam humidi. Secundum qualitatem tamen naturalem omnes sunt frigidi et humidi secundum impressiones, quas faciunt in corpore hominis. Generant autem humorem grossum et malum. Melius autem, quod fieri potest de eis[1] est, ut elixentur cum piris humidis et siccis, et quod bibatur super eos vinum bene[2] purum. Generant autem in capite stuporem et apoplexiam, etiam qui non interficiunt. Et accidit ex eis praefocatio anhe-

σ) Lib. II §. 86—87; lib. IV §. 67. — *Inveniuntur Animal. lib. XXII cap. de Equo:* fungus, quem quidam vesicam lupi vocant (*Lycoperdon bovista Lin.*); *ibid. lib. XXIII de Falc. cap.* 21: fungus mirti. τ) *Avic. vet. cap.* 275; *Plemp. pag.* 248: Futthor, Fungi.

§. 342: 6 *Om. Edd.* 7 *Om. P*; — aliquid *L*; — nocumentum *V*. 8 ponitur *Edd.* 9 etiam si *A*; — diff. est *L*. 10 talia *P*; *om. Edd.* et ... bona.

§. 343: 1 autem *add. A.* 2 *Addunt:* et *A*; esse *CP Edd., quod a V expunctum, ex voce* cause *facile oriri potuit.* 3 pillei *ACLV*. 4 -ficerent *CL*.

§. 344: 1 *Om. L* de eis. 2 *Om. Edd.*

litus[3]: hoc tamen magis accidit ex interficientibus. Ac-
cidit autem ex[4] eis, qui non interficiunt, cholerica
passio, et sunt difficilis digestionis, et multi nutri-
menti et mali sunt fungi, et faciunt possidere difficulta-
tem urinae. Illi autem, qui nascuntur vicini iuxta fer-
rum aeruginosum vel aes[5] aeruginosum, sunt mortiferi.
Aliquando etiam sunt mortiferi, licet non statim interficiant, illi
qui nascuntur iuxta alias res putridas, aut iuxta
habitationem alicuius reptilium venenosorum, aut iuxta
quasdam speciales arbores, quae in proprietate habent
fungos corrumpere, sicut est oliva. Signum autem
mortiferi fungi est, quod in superficie eius est quae-
dam humiditas viscosa corrupta, et quod cito alteratur,
et corrumpitur inter manus colligentium fungos. In nostris 345
autem habitationibus invenitur fungus (*Agaricus muscarius
Lin.*), qui latus est et spissus, aliquid ruboris habens in super-
ficie, et in illo rubore habet multas ampullas elevatas, quarum
quaedam[1] fractae sunt, quaedam non: et ille mortalis est, et
statim interficiens, et[2] vocatur fungus muscarum, eo quod in lacte
pulverizatus interficit muscas. Et alia plurima mali, et nihil
boni faciunt fungi in corpore hominis.

(*Foeniculum officinale All.*) Feniculum[1] est herba ha- 346
bens multum divaricata folia, sicut si sint quaedam fila, et trun-
cum et magis ramos[2] habet concavos sicut livisticum, et habet
florem croceum, et coronaliter disponit fructum sicut anetum et
sambucus. Et est multorum generum, silvestre videlicet et hor-
tulanum; et quoddam habet semen sicut coriandrum[υ]), quod-
dam autem habet semen[3] oblongum latum et non rotundum.
Silvestre autem in genere est calidius et siccius hortu-
lano. Est autem aperitivum oppilationis, et acuit visum:
sed[4] hoc magis[5] facit gumma eius. Democritus[φ]) autem[6]

υ) *Avic. vet. cap.* 281; *Plemp. pag.* 270: Razijanegj, Foeniculum. φ) Da-

§. 344: 3 hanelitus *A*; — set *pro* hoc *V*. 4 ab *V*; — colica passio *Edd.* 5 *Om. V* vel aes aerug.; — alii *pro* Aliq. *V*.
§. 345: 1 quidam *L*. 2 qui *A*; — fung. *om Edd.*
§. 346: 1 *Ita Alb. Autogr. Animal. lib XXIII de Falc. cap.* 20, 21, 23; — herba *om. Edd.*; — mult. *om. A*. 2 magis *L qui unus profert* sic. levist.; — ram. magn. *A P Edd.*; — disponi *J*. 3 *Om. V* sicut ... sem. 4 et *A Edd.* 5 *L*; maxime *Reliq.* 6 *Om. V*; — tradit *C*; sem. ejus fenic. *Edd.*

tradidit, quod vermes venenosi sicut serpentes et alia similia pascuntur semine feniculi, ut eorum visus confortetur. Dixit etiam[7], quod, cum serpentes primo egrediuntur de cavernis in principio veris, fricant oculos suos herba feniculi, ut illuminentur oculi eorum. Et quod humidius est in feniculo hortulano, facit exuberare lac in mamillis; et quando bibitur cum aqua frigida, confert nauseae et inflationi stomachi. Est tamen tardae digestionis, et eius nutrimentum est malum; provocat etiam urinam et menstrua, et frangit lapidem, et hoc facit magis[8] silvestre; et iuvat renes et vesicam, et quando comeditur radix[9] cum semine suo, stringit ventrem. Decoctio autem eius cum vino confert morsui venenosorum vermium.

347 (*Fumaria officinalis Lin.*) Fumus terrae est herba viridis parvorum valde foliorum cum rubeo flore parvo, et est herba multum amara[1] sicut absinthium. Est autem frigida et sicca χ). Purificat autem sanguinem et aperit, et habet stypticitatem aliquam, et ideo est in ea[2] frigiditas; et quia amarissima est, oportet quod in ea sit caliditas: et sic composita est ex oppositis[3], sed tamen frigus eius est fortius calore eius. Bibitur autem contra pruritum et scabiem, stringit gingivas[4], confortat stomachum, et aperit oppilationes hepatis, lenit ventrem, et[5] provocat urinam, et alia multa operatur.

348 (*Triticum sativum Lam.*) Frumentum ψ) est de genere granorum, quod melius est inter cetera grana, et convenientius. Est autem[1] herba habens calamum concavum album et magnum et longum; sed tamen longum et magnum excellenter habens

mocrates *Plemp. Fortasse est, quem autorem saepius laudant* Geoponica, *ubi tamen haec non reperiuntur, quae exhibet Plin. lib. XX cap.* 23 (95) §. 254. χ) *Avic. vet. cap.* 282; *Plemp. pag.* 275: Sjahteregj, Fumaria. ψ) *Redeunt et triticum nomine* frumenti *et* spelta *in Alb. Animal. lib. XXII cap. de Equo.*

§. 346: 7 autem, — fricantur *C.* 8 *L*; maxime *Reliq.* 9 ejus *add. A.*

§. 347: 1 valde *add. A Edd.* 2 in eo *Edd. utroque loco.* 3 *Edd.*; contrariis *A*; compos. *Reliq.* 4 ginginnus *V*; gingulos *C*; singulas *L.* 5 *Om. P.*

§. 348: 1 enim *V*, *om.* alb. et; — *Om. P* long. sed tam.

calamum minus ponit in semine. In calamo autem[2] concavo solido quatuor facit nodos propter digestiones, de quibus in antehabitis dictum est[ω]). A quolibet autem nodo emittit folium propter nutrimenti purgationem, et in folio illo[3] vestit calamum iuxta nodum, ut defendatur a nocumentis. Calamus autem ipse ex duabus componitur substantiis, quarum una est dura extrinseca, et altera est[4] pellis tenuis intrinseca. Et talem composi- 349
tionem[1] habet arundo, sed cannae aliae, sicut[2] cannae feniculi livistici et valerianae et sileris montani, non habent talem compositionem, sed exterius habent substantiam duram fuscam, et interius substantiam albam mollem, exteriori substantiae adhaerentem. Et tales cannae non sunt similes arundini in duritia et colore vel folio, et frumentum magis accedit ad similitudinem arundinis, licet calamus eius non sit ita durus et solidus; et in folio habet similitudinem cum arundine, sed in radice nullam habet affinitatem cum ea[3], quia radices frumenti sunt parvae divaricatae, sed radices arundinis sunt magnae et concavae. Grana autem sua profert in spica, quae est multarum siliquarum, ita quod quodlibet granum eius est in pluribus siliquis, et[4] granum eius est in circuitu calami sui, qui multum subtiliatur in medio aristae, ubi sunt grana, et habet in se sedes granorum, ex quibus sugunt grana, quando accipiunt incrementum. Haec etiam herba habet, quod multum trahit nutrimentum[5], et ideo oportet, quod primo, cum est in herba post pullulationem, praecidatur[6] aut ferro aut dentibus bestiarum, ne nimis luxuriet, quia aliter deficeret in semine ferendo. Est autem granum magnum semen 350
eius et[1] solidum et grave columnale, in altera parte quasi in duo divisum, et hoc vocatur venter eius, et in altera, quae est dorsum[2], est continuum; et est rubei corticis, desiccatae et bene digestae et bene commixtae farinae. Et est calidum et humidum, bene nutriens, et nutrimentum eius multum adhaeret mem-

ω) Lib. II §. 37—43.

§. 348: 2 enim *L.* 3 *Om. A*; — folio illa *C*; folia illa *Edd.*; — a *om. C.* 4 in *C.*

§. 349: 1 *M.*; generationem *Codd. et Edd.*; — alie cann. *AP Edd.* 2 sunt *A*; — canne *om. L*; — talem *om. C.* 3 *Om. P* cum ea. 4 *Om. Edd.* gran. .... et. 5 -menti *Edd.* 6 -ciditur *L.*

§. 350: 1 *Om. P*; — granum *pro* grave *A*; — quo *pro* quasi *C.* 2 deorsum *CPV Edd.*

bris eius, quod nutritur ex ipso[α]). Masticatum etiam maturat apostemata. Tamen quando[3] bene separatar a furfure, tunc facit oppilationes, eo quod natura nimis trahit ipsum in nutrimentum: et ideo melius est, quod fiat ex eo panis cum furfure suo, quia iste facilius descendit a stomacho, licet non sit adeo nutriens — vel nutritivus — sicut ille, qui a furfure est depuratus. Furfur etiam[4] ipsius est ablutivus et abstersivus sordium, quando fit ablutio cum ipso.

351 (*Triticum spelta L.*) Granum autem, quod dicitur spelta[1], pro certo est de genere frumenti, et operatur eadem, quae operatur frumentum, licet spica eius sit alterius figurae, et granum eius aliquantulum minus quam granum frumenti. Habet tamen farinam albiorem quam frumentum, et quando bene depuratur, generat oppilationes sicut frumentum; quando autem granum secundum se elixatur, gravis est digestionis propter duritiem[2] ipsius. Confortat autem cor praecipue, et facit bonam consistentiam corporis. Sed saturitas eius magis est nociva quam aliae saturitates.

Capitulum VIII.

De gauda gentiana gladiolo gelovex gerguers, sive milio et panico, et gramine[1].

352 (***Reseda luteola** Lin.*[β]) Gauda herba est, qua utuntur tinctores, et herba est crescens ad quantitatem cubiti[2] vel

α) *In quibus Alb. ex plurimis, quae in* Isaaci Judaei Libro diaetarum particularium *inveniuntur, pauca recepisse videtur.* β) *Quae planta eodem nomine per totam occidentalem Europam appellatur, qui germanico atque italico Isatidis tinctoriae nomine admodum accedit. Redit in Alb. Autogr. Animal. lib. XXII cap. de Equo:* gāda herba, qua tinctores utuntur.

§. 350: 3 mast. est maturativum apostematum, quando autem *A*; — minus *pro* nimis *CL*. 4 autem *A Edd.*; quoque *P*; — fit *om. A*; sit *L*.
§. 351: 1 spalta *L*; — genere nutrimenti *A Edd.*; — quam oper. *V*; *om. C* eod. q. oper.; *om. J* et .... frum.; — *om. Edd.* eius .... granum. 2 -tiam *AP*; — autem *CL*; etiam *Reliq.*
§. 352: 1 et gent. et glad. *V ind.*; — gelonex *J*, *om. Reliq.*; *om. P* sive .. pan. 2 tubici *V*.

amplius, folio longo, quod est in figura folii salicis, et aliquantulum est longius et strictius. In medio autem dorso folii[3], ubi est vena nutrimenti folii, est vena citrina declinans ad albedinem; et est folium vehementis viroris[4], plus quam folium salicis. Flos autem eius est sicut lanugo quaedam tritici aut siliginis[γ]), et habet virgam unam exilem erectam sicut agrimonia et beta, circa quam producit semen suum in siliquis parvis; et est semen nigrum, fere sicut semen aquileae. Est autem herba frigida et humida, tingens in colorem viridem, in cuius tincturam si lana vel pannus iacinctinus infundatur, efficitur viridis; et si pannus vel lana alba immittatur, erit color croceus. Utilitas autem eius ad medicamina aut nulla est, aut inexperta.

(*Gentianae Lin. spec. complures.*) Gentiana[δ]) est herba, 353
quae a radicibus suis immediate emittit[1] folia lata, similia foliis nucis, inter herbas autem sunt similia aliquantulum foliis arnoglossae; et declinat aliquantulum ad rubedinem color ejus, et quando crus aliquod habet, tunc invenitur illud concavum planum, in grossitudine digiti, et longitudine duorum cubitorum aliquando; et folia[2] sua elongata ab invicem, et fructum suum in capitibus illius profert; et radix eius longa, similis radici[3] aristologiae. Nascitur autem ut frequentius in montibus et umbrosis locis et[4] humidis. Nominatur autem gentiana,
eo quod primus, qui invenit virtutum[5] eius efficaciam, rex 354
fuit gentium[ε]). Maximum autem, quod accipitur ex ea, est succus eius. Infunditur enim aqua usque ad quinque dies, deinde coquitur, postea desiccatur, et[1] de-

γ) *Stamina Graminearum more e flore perparvo dependent.* δ) *Avic. vet. cap.* 288; *Plemp. pag.* 93: Gjentthiana, Gentiana. *Planta, de qua hic nihil nisi Avic. verba afferuntur, ab Alberto ipso* §. 478 *descripta esse videtur. Cujus folia ab Avic. non ad folia Iuglandis pinnata integra sed ad eorum foliola, foliis Plantaginis quodammodo similia comparata, ab Alberto autem, ut comparatorum foliorum diversitati mederetur vocem* aliquantulum *adjectam esse, patet.* ε) Gentianam invenit Gentius rex Illyrorum *Plin. lib. XXV cap.* 7 (34) §. 71.

§. 352: 3 *Om. A.* 4 nitoris *V*; — ejus *om ACP Edd.*; — est *om. A*; — lanugo quod *L*; — trit. vel *A Edd.*

§. 353: 1 immitt. *CV*; mitt. *Edd.*, *quae postea om.* aliquant. 2 Aliqu. et fol. *L.* 3 radice *C.* 4 *Om. L.* 5 tutis *P*; — -tutem *Edd. et A qui add.* et effic.; — ejus *om. P.*

§. 354: 1 *Om. L.*

inde congelatur, et ultimo inspissatur sicut mel. Herba autem haec eo melior[2] est, quo fuerit rubicundior et durior radix eius, et quae quasi lignescit. Est autem secundum naturales suas[3] qualitates calida et sicca, et in effectu eius aperitiva et styptica aliquantulum; radix autem praecipue est aperitiva et subtiliativa et abstersiva. Radicis autem succus abstergit morpheam et sanat plagas et ulcera corrosiva. Bibita etiam multum iuvat eum[4], qui cecidit ex alto loco et collisus est. Succus etiam valet pleuriticis[5]. Et est aperitiva oppilationum hepatis et splenis, frigiditate causatis[6]: propter quod valet stomacho frigido. Provocat urinam et menstrua. Supposita autem extrahit foetum per abortum, et ultima medicina est contra morsum scorpionis, et confert[7] morsui vermium venenatorum, et morsui canis rabidi et omnium luporum ζ), quando bibuntur ex ea cum vino duae unciae.

355 (*Iris Lin.*) Gladiolus est herba ad modum gladii disposita, et habet tantum folia ex radice, et non stipitem[1], et est duorum generum. Quoddam enim (*I. germanica Lin.*) crescit in siccis[2] locis, et hoc habet florem altum iacinctinum mollem et aromaticum; et quoddam (*I. pseudacorus Lin.*) crescit in locis aquosis, et habet florem similiter altum, sed croceum paludosi[3] odoris cum aliquantula aromaticitate, radicem autem habet nodosam, totam in superficie terrae quasi denudatam iacentem, et est alba radix[4]. Est autem frigida et humida, valens duritiei et tumoribus splenis, emplastrata cum melle et oleo super ipsum. Attendendum[5] etiam est, quod locus, in quo crescit multitudo gladioli aquosi, vocatur carectum, et aliquando per metonymiam

ζ) *i. e.* animalium rapacium *secundum Alpagi castigationem.* Drachmas duas *laudat Avic.*

§. 354: 2 melius *CLP V*; — dignior rad. *C*; — quae *om. A.* 3 *Om. P*; *om. Edd.* aperit. et ..... est. 4 *Om. Edd.* 5 pleuretic. *Codd.* 6 frigiditatem causantium *J.* 7 *A Codd. et Edd. om. ex Avic. restituit M.*; — morsui, *om.* verm. *C*; morsum — et contra morsum *Edd.*; — verm. alatorum. *A*; — rapidi *CV*; — bibitur *V.*

§. 355: 1 stipite *A.* 2 ortis *A*; — locis *L et ad marg. P*; *om. Reliq.*; — et hic *L.* 3 palludosi *CL V.* 4 *Om. A.* 5 *Positionem ultimam:* Attendendum — vocatur, *ubique* §. *sequenti postpositam suo loco restituit M*; — methonomiam *L P*; metenom. *V*; metonom. *Reliq.*

locus pro locato ponitur, et[6] gladiolus aquosus carectum vocatur.

(*Pini pineae Lin. semen.*) Gelovex[1] non est herba sed potius nux, quae est in pomo pini η), sic nominatur; et est melioris nutrimenti quam nux communis, licet sit tardioris digestionis. Nos autem de pino in antehabitis ϑ) diximus. 356

(*Panicum Lin.*) Gerguers[1] est genus milii, quod quidem tres species habere ι) dicitur, sed apud nos duae sunt notae: illa videlicet, quae vulgariter milium (*P. miliaceum Lin.*) vocatur[2]; et illa, quae vocatur panicum (*P. vel Setaria panis Jessen* ϰ). Est autem herba utraque foliis et calamo maior quam frumentum (*Triticum L.*) Et illud[3], quod vocatur vulgariter milium, est cum spica divaricata, et grana eius sunt in siliquis parvis pendentia. Illa vero, quae dicitur panicum, est habens spicam simul stantem in culmo uno, et in illo est multitudo granorum. Similatur autem rizi[4] in virtute sua. Panicum autem in omnibus suis dispositionibus [melius est[5]] quam milium, nisi quod est fortius constrictivum. Est autem frigidum et siccum, et est in eo stypticitas; exsiccat etiam sine mordicatione, et evaporatio[6] facta ex ipso sedat dolores. Generat autem sanguinem malum, et minus nutrit quam grana reliqua, ex quibus fit panis, et est tardae digestionis, et generat lepram. Cum autem ex eo[7] vaporatur dolor ventris pungitivus, sedatur dolor. 357

η) *Avic. vet. cap.* 287: De gelouz; *Plemp. pag.* 93: Gjillauz. ϑ) §. 186. ι) *Avic. vet. cap.* 295: De geguars; *Plemp. pag.* 101: Gjawarts, Milium. *Specierum autem, quas proposuit, tertiam omnino neglexit Avic.* ϰ) *Quo nomine speciem hanc designandam in libro:* Deutschlands Gräser und Getreidearten Leipzig 1863 pag. 248—50, *proposui, quam in tres et* italicum *et* germanicum *et* viride *distribuerat Linnaeus.*

§. 355: 6 ideo *add. A*; — carrectum *V in argumento cap.* 4; *lib. III* §. 106 carel'i *C*; are'el'i *P*; catecum *Edd.*

§. 356: 1 gelonex *Edd.*, golevex *A.*

§. 357: 1 *In argum.:* girguers *V*, gergues *P*, gergrues *C et in nota marginali praenuncia A, qui in textu* gorvers; — IX *pro* duo *L*; — millii *V lib. III* §. 38; — pannicum *Edd.* 2 *Om. V*; — vocatur *om. Z.* 3 *Om. L.* 4 rixi *C*, risi *Edd.*, ziro *V.* 5 *Quae verba ex Avic. vet. restituta, Plemp. recte in contrarium vertit*; est quasi *A.* 6 stiptiporatio, *om. verbis* stypticitas ..... evaporatis, *L.* 7 hoc *Edd.*; — ventris pinguius *C.*

358 Gramen[λ]) est herba minuta, et longa habens folia valde viridia, emittens ex se calamum gracilem, in cuius extremitate in[1] circuitu facit semen suum in sedibus calami in siliquis parvis. Consolidat autem plagas, et eius decoctio extrahit lapidem[μ]), et est calidum et siccum. Et magis est aptum delectationi visus in viridariis, eo quod[2] delectat visum, et sternit terram, ut munde sedeatur in ea. Vult autem habere terram solidam et contritam et siccam, quia in illa efficitur subtile gramen et delectabile. In pingui autem terra et molli nimis luxuriat, et commiscetur aliis herbis non delectabilibus; et ideo qui viridaria faciunt[3], terram malleis in gramine percutiunt, et conculcant gramen ante tempus veris fortiter[ν]).

Capitulum IX.

De hermodactilo et humulo[1].

359 (*Colchicum autumnale Lin.*[ξ]) Hermodactilus[2] herba est, cuius folia sunt expansa super terram; et habet aliquando florem album, et aliquando citrinum, et incipit florere cum primis[3], et floret etiam in autumno post alias herbas; et habet radicem habentem grossitiem capitis fere sicut porrum[4], in qua est aliqua aquositas, quae tamen exsiccatur, quando effoditur et suspenditur: et tunc illa aliquando est alba, et haec est[5] melior; aliquando autem nigra vel rubea, et haec est mala. Est autem calidus et siccus hermodactilus, et tamen

λ) *Alb. Autogr. Animal. lib. XXII cap. de Equo, XXIV cap. de Ceto.* μ) *Avic. vet. cap.* 313; *Plemp. pag.* 209: Neghem, Gramen. ν) *En prima, quam novi, pratorum pro viridariis colendorum disciplina. Conf. lib. VII tract. I cap.* 14 §. 2. *M.* ξ) *Albertum hoc Dioscoridis* colchicum *in oculis habuisse docent et descriptio* radicis *i. e. bulbi et florendi tempus et vires desiccati, quum tamen Avic. vet. cap.* 354; *Plemp. pag.* 214: Tsurengjân, Hermodactylus, *plantas orientales non satis cognitas pro illo habuerit.*

§. 358: 1 et *L.* 2 *Om. C* delectat — quod. 3 *Om. C.*
§. 359: 1 *Om. P* et hum. 2 -dacculus *postea* -daccilus *L.* 3 prunis *Edd.*; — herbas *om. V.* 4 porcum *L*; pomum *Edd.*; — qua *A*; quo *Reliq.*; — tam. *om. Edd.* 5 *L*; *om. Reliq.*; — autem *om. L*; autem est *V.*

est in ipso humiditas superflua. Et dicunt aliqui, quod in albo est caliditas[6] subtilis, et in aliis virtus fortis caloris. Persuadent autem[7] hoc, quod dicunt, ex eo quod solvit. Alii autem ex contrario dicunt, quod, si esset in ipso[7] fortis calor, mordicaret ulcera. Non autem invenitur in ipso mordicatio aliqua[8]. Constat autem omnibus, quod in 360
ipso est virtus solutiva, quamvis etiam in ipso[1] sit stypticitas. Confert etiam podagrae, et statim sedat dolorem more emplastri superpositus. Cum autem frequenter ponitur eius emplastrum super apostemata, indurat ea, et in lapideam convertit naturam. Confert autem omnibus doloribus iuncturarum, praecipue in hora fluxus, sed malus est stomacho, debilitans ipsum. Et rubeus et niger retinent[2] medicinas laxativas in stomacho, et attrahunt nocumentum maximum. Solvit autem aliquantulum, et auget coitum, praecipue cum zinzibere et mentastro et cimino. Rubeus autem et niger sunt venenosi.

(*Humulus lupulus L.*) Humulus[1] est herba longissima 361
habens brachia sicut vepres, et involvendo se repit super plantas vicinas, et operit eas et suffocat. Et brachia eius sunt[2] aculeata parvis ut lanugo aculeis, et sunt aspera in tactu, et sunt torta. Et habet per tota brachia sua folia tenuia lata et aspera[3], sicut folia vitis nisi quod sunt divisa, sed sunt triangulis circumposita. Et habet florem siccum album vergentem ad citrinitatem°), et ille non[4] cadit ab ipso, sed intra eum generatur et maturatur granum eius valde parvulum[5], ita quod flos est et vice floris et vice[6] siliquae seminis. Qui flos[7] propter siccitatem suam conservatur per longitudinem maximam temporis in virtute sua, ita quod vulgaris opinio est, quod nunquam putrescit; et

o) *Sunt strobilorum squamae bracteaeque.*

§. 359: 6 *Restitui ex Avic.*; humiditas *Codd. et Edd.*; — humid. subtil. *L*, *om.* superflua ..... calid. 7 *Om. P.* 8 *Om. A* in ipso; — *om. L* aliqua.
§. 360: 1 proprio *V.* 2 retinet *L.*
§. 361: 1 hinnul. *C ubique*, *L in arg.*; hynnul. *V*; hymnul *V ind. in arg.*; — *in marg. add. A* vel lupulus. 2 *Om. Edd.*; — sicut *pro* ut *V.* 3 *L*; aspersa *Reliq*; — sunt *om. A*; — composita *Edd.* 4 *Om. P*; — intra ipsum cum *Edd.*; — matur. et gen. *L.* 5 parvum *C*; — flos *om. A recte forsitan* 6 *Om. A.* 7 etiam *add. A.*

est acuti odoris fortis, et est calidus et siccus, dissolutivus viscositatum et incisivus, et conservat[8] a putredine liquores, quibus inmiscetur, sed gravat caput. Et totum, quod est in usu de herba[9] ista, est flos eius.

Capitulum X.

De iusquiamo.

362 (*Hyoscyamus niger Lin.*) Iusquiamus[1] graeco nomine vocatur herba, quae longa et lata valde et aliquantulum villosa habet folia, et circumposita triangulis; et sunt folia mollia in tactu, et in medio profert stipitem ramosum. Est autem trium colorum: est enim[2] albus, et hic habet album florem vergentem ad citrinitatem; et est niger, et hic habet florem sanguineum; et est rubeus, et hic habet florem croceum[π]). Est autem[3] in eo humiditas unctuosa in semine, et hoc[4] disponitur in stipite eius et ramis stipitis per longitudinem in theca dura aspera angulosa multum in superiori suo; et est in illa semen opertum cum sciphulo[5] quodam, qui est in duritie minori, quam sit testa vel lignum. Niger autem venenosus est, et similiter rubeus, sed non tantum. Albus etiam veneno non caret, sed tamen aliquando ministratur. Est autem frigidus et sic-
363 cus secundum omnes species suas. In operatione autem est[1] stupefactivus, et sua stypticitate abscidit fluxum sanguinis; et sedat dolores percussivos[2], temperatus autem cum impinguantibus impinguat, eo quod coagulat sanguinem. Resolvit duritiem testiculorum, et confert

π) Et flos quidem nigri est armeni (subpurpurei *Plemp.*) coloris et flos rubei est citrinus. *Avic. vet. cap.* 360; *Plemp. pag.* 79: Bengj, Hyosc. *Unde utroque hoc loco* florem *pro* colorem *Codd. et Edd. restitui.*

§. 361: confortat *J*; — miscetur *Edd.*; — grava *A*; — caput *L*, corpus *Reliq.* 9 de herba de *L*.
§. 362: 1 Hyoscyamus *Alb. Autogr. Animal. lib. XXIII cap. de Passere, de Falc. cap.* 23. 2 autem *Edd.*; — hic *om. P priore, A secundo loco*; — *om. J* album .... habet. 3 *Om. P*; — in ea *A*. 4 hic *L*; hec *CEdd.*; quod *A*. 5 ciphulo *P*; ciful. *Reliq.*; — etiam *pro* in *Edd.*; — vel lignis *C*.
§. 363: 1 *Om. V*. 2 -ssionis *L*.

erysipelae. Folia dormire faciunt comesta, et permutant rationem. Eius etiam succus linitus super apostemata mamillarum confert; [confert[3]] dolori matricis, et abscidit fluxum sanguinis ex ea. Est autem venenum, quo et ratio permiscetur et memoria destruitur, et in maniam[4] convertitur homo; sed optimus est cibus passeris semen eius[ϱ]). Qui autem in nigromanticis student, tradunt characterem iusquiami pictum debere esse in homine, quando faciunt daemonum[5] invocationes.

Capitulum XI.

De lactuca vera et asini[1], et lingua avis et bovis et arietis, et lilio lente luf lupino lappa et lappatio.

(*Lactuca sativa L.*) Lactuca est herba lata habens folia, 364
et est nota. Et est frigida et humida[σ]): et humiditas sua est quasi media inter caules et atriplices et blitas, et non est in ea abstersio, neque stypticitas, neque solutio, eo quod non est salsa, sed quasi[2] insipiditatem habet commixtam cum parva dulcedine. Et sanguis generatus ex ea melior est eo, qui generatur ex aliis oleribus. Et quae nutribilior est, est quae[3] est elixata. Et illa, quae non est abluta, melior est, quia omnibus oleribus frigidis ablutio addit inflationem; et est velocis digestionis, et quando datur inter bibendum, prohibet

ϱ) *Quam historiolam Vinc. lib. XVI (XVII) cap.* 120: De passere, *Thomae Cantiprat.* (*in libro V procul dubio, quam non in manibus habui*) *attribuit, qui Aristotelem autorem laudavit inaniter ut saepius.* σ) *Avic. vet. cap.* 452; *Plemp. pag.* 299: Chats, Lact., *Dioscoridis fere sunt verba.* Succus *et* lactucae *laudatur ab Alb. Animal. lib. XXVI cap. de Lanificio, de Pediculo*; *et* lactucae silvestris *lib. XXV cap. de Dracone.*

§. 363: 3 *Inserui vocem quam omissam demonstrant et Avicennae verba et res ipsa.* 4 in insaniam *Edd.*; — passeribus *C.* 5 demonis *L.*

§. 364: 1 lactuca *repet. Edd.*; *om. P* vera et asin. et; de ling. *A Edd. pro* et, *quod om. V text.*; — et ariet. et *om. P ordinem ceterorum immutans*; — lilio, *om.* et, *L*; — lappa *om. A.* 2 *Om A*; — cum *L profert unus.* 3 et nutr. est, que *C.*

aegritudines ebrietatis. Et illa quidem, quae est silvestris (*Lactuca scariola et virosa Lin.*[τ]), in virtute est papaveris nigri. Domestica autem[4] facit somnum, et removet vigilias, et valet alienationi: sed Galenus[υ]) praecipit, eam circa[5] noctem sumi, et cum aromatibus temperari. Sed multum comesta obtenebrat visum, propter frigiditatem sanguinis ex ea generati. Semen eius exsiccat sperma, et succus eius stringit libidinem, quae oritur ex stinco[6] sumpto[φ]), et prohibet pollutionem, et alia multa operatur.

365 (*Anchusa tinctoria Lin.*[χ]) Lactuca asini similis est lactucae verae in foliis, sed folia eius radici adhaerent, et est plus pilosa, et aliquantulum plus ad nigredinem declinans, et color radicis eius declinat ad rubedinem, et tingit terram et manum tangentis colore rubeo; et oritur in terra bona et pingui, et est ex substantia aquea et terrea, et est calida et sicca[1], aperitiva et abstersiva. Dixit etiam[2] Paulus, quod in ipsa est virtus attractiva, in tantum quod extrahit surculos carni infixos. Mundificativa est capitis et palpebrarum et hepatis, et provocat menstrua, et interficit embryonem vivum, et extrahit mortuum foetum, et confert apostematibus duris matricis, supposita, vel sedendo in aqua eius; et est res magis convenienter provocans menstrua quam alia.

366 Lingua avis[ψ]) herba est folia habens longa, et ante acuta sicut lingua avis; et est calida et humida; et est constrictiva in foliis et consolidativa, et confert tremori cordis, sed addit in coitu.

τ) *Utramque speciem a Dioscoride, cujus verba sunt, distinctam vix crediderim. M.* υ) Galen. alim. facult. lib. II cap. 40 (*de Lactuca*). φ) *Avic. vet. cap.* 640; *Plemp. pag.* 54: Itskhankhur, Stincus. χ) *Avic. vet. cap.* 453; *Plemp. pag.* 300: Chats alhimâr, anchusa. *Ubi de Anchusa Diosc. agitur. Quam plantam Alb. alio nomine in* § 276 *laudavit.* ψ) *Avic. vet. cap.* 437; *Plemp. pag.* 180: Litsân aladsafier, Ling. avis. *Minime herba est, sed fructus Fraxini orni Lin.*

§. 364: 4 aut *om.* facit *Z*; affert *J.* 5 contra *ACPZ.* 6 exstincto *CVZ*; oritur sumpto cibo et *J*; — sumptus etiam *A*; — pollutioni *L*; al. pullulationem *V in marg. add.*

§. 365: 1 *Om. V*; — et *om. Edd.* 2 autem *C*; — Plinius *J.*

§. 366: 1 ovis *A in argum.*

Lingua bovis[ω]) est herba lata habens folia, et canna eius est plana; et rami cannae eius habent figuram pedum locustarum, et color eius est commixtus ex viridi et citrino; et super folia eius sunt puncta in quibus fundantur spinae[1] quaedam, quae sunt sicut pili exeuntes ab eis. Est autem proxima aequalitati in calore, sed humida est aliquantulum supra temperamentum; tamen quidam dixerunt eam[2] esse frigidam et humidam. Bona autem est melancholiae et tremori cordis, et confortativa est ipsius, et laetificativa in vino[3] ministrata. 367

(*Plantago Lin.*) Lingua arietis[α]), ut dicit Dioscorides, est duorum modorum, maior et minor; et folia maioris sunt latiora foliis minoris. Et est composita ex duabus substantiis, aquae videlicet[1] et terrae: et ex aqueitate infrigidat, et ex terreitate constringit. Fructus autem eius est semen, et hoc est siccius quam folia eius, et minus infrigidat. Radix autem[2] eius siccior est, et[6] frigus eius minus, quam sit stupefactio ipsius, et siccitas eius est infra mordicationem ipsius[3], et ideo optima est ad ulcera, et est subtilis, et tunc proprie quando siccatur. Et frigida est et sicca, ut dicit Galenus. Et folia eius sunt constrictiva et repercussiva cum aqueitate frigida; et ideo iuvant cursum sanguinis. 368

Et siccitas eius, ut diximus, non est mordicativa[1], et ideo consolidat ulcera optime, et ad haec nihil est melius ea; et est aperitiva propter abstersionem, quae est in ea. Incantator etiam[2] dicit, quod radix eius collo pueri appensa impedit scrophulas[β]). Emplastrata etiam super ele- 369

ω) *Avic. vet. cap.* 438; *Plemp. pag.* 180: Litsân althsawr, Buglossum. *Planta chorosanica, Alberto certe ignota, quam neque cum Plempio pro Buglosso, neque cum Sontheimero ad Ibn Baithar pro Boragine habere possum. M.* α) *Avic. vet. cap.* 439; *Plemp. pag.* 180: Litsân alhhamel, Plantago. Ἀρνόγλωσσον *Diosc. Quod nomen ab Alberto intellectum non est, qui nec* arnoglossae *synonymum adducit nec* plantaginis, *quo saepe usus est et in hoc opere et Animal. lib. XXII cap. de Equo et lib. XXIII de Falc. cap.* 19. β) Strumas *laudat Plemp. Quae Avicennae verba quum incantatori tribuantur,*

§. 367: 1 *Om. C.* 2 *A L*; *om. Reliq.* 3 al. modo *add. V.*
§. 368: 1 *L*; *om. Reliq.*; — ex *om. P.* 2 *L P Edd.*; etiam *A C V*; — siccior *P*; — et est *A.* 3 ejus — est adulterata *V*; — exsiccatur *P.*
§. 369: 1 mordificat. *Codd. et Edd.*; — ad hoc *L.* 2 et incant. *C*; — in collo *L.*

phantiam prohibet augmentum ipsius, et facit eam detumescere. Et decoctio radicis[3] eius, ore colluto ex ea, confert dolori dentium; et hoc idem facit masticata radix eius. Et quod mirabile videtur, si bibantur tres radices eius, hoc est succus radicum eius, cum quatuor unciis vini, aliquando curat tertianam; et si quatuor radicum succus cum quatuor unciis vini bibatur, aliquando curat quartanam. Posita etiam[4] super morsum canis rabidi valere dicitur multum.

370 (*Lilium candidum Lin.*) Lilium[1] est herba multa et longa habens folia ex radice sua, ex qua egreditur crus longum altitudine duorum cubitorum, vel parum minus vel plus; et istud[2] est foliis vestitum, quae subtus extenduntur in corticem eius, et ideo maculosum est, abstractis illis ab eo. Superius autem in crure illo producit flores multos, forte decem, et ad minus tres, qui[3] cotyledonibus longis infiguntur cruri eius, ac si sint ramuli quidam[4], in quos crus in supremo dividitur. Nec est siliqua viridis[5] et theca, in qua flos generatur, sicut in papavere: sed ipsa floris folia a viridi transeunt in album colorem; et tunc flos aperitur ex parte anteriori. Flos autem habet folia sex, et in medio profert virgulam longam, quae habet nodum[6] sicut clavus aut terminus; et illa stat in medio lilii, et est crocea, et circa eam stant breviores quaedam et debiliores virgulae, omnes habentes croceos nodos molles, cum tamen folia lilii sint alba.

371 Componitur autem ex terreitate subtili, et ex illa habet aliquid amaritudinis; et ex aqueitate, quae est aequalis complexionis γ). Est autem calidum et siccum, et radix eius est abstersiva desiccativa, et oleum eius est[1] vehementius subtile et lenificativum, eo quod flos eius est subtilior sua radice. Radix etiam mundat[2] fa-

patet, huic tribui ab Alberto quae magica et superstitiosa apud scriptores invenit. γ) *Avic. vet. cap.* 447; *Plemp. pag.* 215: Tsutsen, Lilium et Iris.

§. 369: 3 *Om. A C P Edd.* 4 *Om. V.*
§. 370: 1 *Ita Alb. Autogr. Animal. lib. XXII cap. de Equo, de Furone*; lylium *A* §. 297, 431. 2 illud *V*; ista *P Z*; altera *C*; *om. J*; — vestita *P e rasura.* 3 qui in cotyl., *om.* longis, *A.* 4 quidem *V.* 5 viride *Edd.* 6 *Om. Edd.* longam q. h. nodum; *om. C A P* quae h. nodum; — linea *pro* termin. *A.*
§. 371: 1 est est *L.* 2 mundificat — tersam *L*; decoram *A*; planam *P in marg.*; *om. Reliq.*; — contradict. *C.*

ciem abluendo, et reddit eam tersam, et removet contractionem rugarum. Folia autem et semen eius[3] contrita, et cum vino emplastrata super erysipelam, multum conferunt. Radix etiam confert exustioni[4], quae fit per aquam calidam: eo quod est exsiccativa et lenitiva et abstersiva cum aequalitate, et similiter folia decocta consolidant. Fit etiam ex radice eius decoctio ad dolorem dentium, et quando decoquitur radix eius cum oleo rosarum, non est ei aliquod par medicamentum ad dolores matricis. Aperit radix eius orificia haemorrhoidarum: et oleum eius confert contra morsum venenosorum, et est tyriaca contra coriandrum et fungos, et extrahit foetum[5] de matrice.

(*Ervum lens Lin.*) Lens est genus leguminis, quod assum- 372
itur communiter ad cibum[1]. Est autem herba eius parva, habens folia parvula ad modum orobi, et flos eius est rubeus declinans ad albedinem aliquantulum, et profert castam unam brevem, in qua sunt aliqua grana seminis eius, et sugunt ex ipsa casta, sicut etiam[2] facit cicer et pisa. Est praeter domesticam[3] lens silvestris[δ]), et haec est mala usibus hominum. Est autem herba longa parva, plurium[4] stipitum. Optima autem est, quae velociter maturatur, et est alba, lata sicut sphaera, fortiter compressa, quae, cum cadit in aquam, non denigrat eam; et oportet, ut bene maturetur in decoctione. Est autem in com- 373
plexione aut aequalis caliditatis et siccitatis, aut parum declinans ad calorem: et ideo non infrigidat corpus. Est autem inflativa et composita ex virtute abstersiva et constrictiva, et facit videre somnia mala. Et stypticitas corticis eius est plurima, et inspissat sanguinem, ita quod non permittit eum currere[a] in venis: et

δ) *Medicaginem falcatum Lin.*, Lentem majorem repentem *Tabernaemontani esse dicerem, nisi jam apud Avic. vet. cap.* 449; *Plemp. pag.* 236: Adets, Lens,' *occurreret. M.*

§. 371: 3 est *C*; *om. L V Edd.*; — et *om. V.* 4 adust. *A Avic.* 5 mortuum *Edd. add.*

§. 372: 1 pro cibo *Edd.*; — Et est h. *L*, *qui* unus *profert* parva; — parvula hab fol. ad mod. *V.* 2 et *L Edd* ; — faciunt *A.* 3 *J*; -cum *Relig.* 4 -rimum *CL*; — stipticum *L.*

ideo minorat urinam et menstrua, et generatur ex ea humor melancholicus et aegritudines melancholicae, et forte generat cancrum, et est mala venis[ε]); et multa comestio eius facit lepram, et obtenebrat visum; et est difficilis digestionis, et mala stomacho; et quando miscentur ei dulcia, tunc mirabiles et magnas generat oppilationes: et ideo dulcibus non est miscenda. Sed temperatur, ita quod faciat[1] bonum nutrimentum, per ea[ζ]), quae aequalia sunt, et tamen contrariarum dispositionum ad ipsam. Et aqua prima, in qua decoquitur, solvit ventrem; secunda autem aqua ipsius stringit eum[2]. Lens autem silvestris est amara et provocat urinam et menstrua, quae ambo stringit lens domestica. Plurima etiam alia praeparata et mixta[3] cum diversis medicinis facit.

374 (*Ari L. spec. orientales.*[η]) Luf[1], ut dicit Dioscorides[ϑ]), est duorum modorum herba, plana videlicet, et crispa. Plana autem habet folia draconteae similia, sed parum minora, et habent in se diversa vestigia venarum; et radix eius est unius palmi, similis pistillo mortarii; et grana[2] fructus eius sunt citrina, et sicut uva. Crispa[3] autem est in foliis sicut oliva. Plana autem propter similitudinem serpentariae vocatur luf serpentis. Ambae autem herbae[4] sunt calidae et siccae. Fortius autem, quod est in hoc genere herbae, est semen eius; magis autem adiuvans in medicina radix ipsius[5]. Est autem aperitiva oppilationum, et incisiva humorum grossorum viscosorum, et in ipsa est abstersio[6]; sed tamen in his crispum est fortius plano. Facit autem spuere, et convenit asthmati[7], et confert ulceribus et cancro; ex eius tamen comestione generatur humor grossus. Crispa autem commovet coi-

ε) nervis *Avic.* ζ) hordei kist (cremorem *Plemp.*) *laudat Avic.* η) De *Aro maculato Lin. conf.* § 290. ϑ) *Avic. vet. cap.* 442; *Plemp. pag.* 179: Louf, Dracontium Arum et Arisarum.

§. 373: 1 facit *A.* 2 *Om. P.* 3 permixta *A.*

§. 374: 1 *Codd. praeter L passim scribunt* lief; Liet *V.* 2 et *add. V*; — sui fr. sunt *L*; sicut *pro* sunt *C.* 3 temporisata *V.* 4 hee *A.* 5 ejus *A.* 6 *Om. A* et … abst. 7 spasmati *V.*

tum cum vino, et mundificat renes, et confert haemorrhoidibus. Et dicitur, quod, cum ex uvis[8] crispae sumuntur triginta grana cum aceto mixta aut vino, eiicit foetum, et si fit[9] ad modum glandis et supponitur, facit abortum; et forsitan arefactus flos eius per solum odoratum facit abortum. Confricatum autem corpus per radicem eius vipera non mordet; et multa alia operatur.

(*Lupini Lin. sp. plures.*) Lupinus est genus leguminis 375
compressae figurae sicut lens, et est amarum[ι]). Et silvestre quidem[1] est fortius in omni operatione sua quam domesticum, sed minus est in quantitate. Et est granum calidum et siccum, est[2] etiam stypticum fortiter. Et lupinus amarus est abstersivus et resolutivus sine mordicatione[3]; et si abluatur amaritudo eius, est grossus. Naturaliter[4] autem est malus et difficilis digestionis, generat humorem crudum, ex eo quod non bene digeritur; quando autem cum bonis rectificantibus ipsum est conditus, tunc est plurimi nutrimenti[5]. Infunditur autem primo, ut removeatur amaritudo eius, deinde decoquitur[6]. Et pro certo medicinae vicinior est quam cibo. Subtiliat autem capillos, et abstergit pannos et morpheas[7] et faciem, et tunc maxime, quando decoquitur cum aqua pluviali donec dissolvatur. Farina autem eius cum farina ordei sedat dolorem vulnerum, et confert igni persico[8]; aperit oppilationes hepatis et splenis, quando decoquitur cum aceto et melle; confert etiam doloribus mulierum, quia provocat menstrua, et[9] extrahit foetum cum ruta et pipere tam suppositus quam bibitus, et multa alia facit.

(*Lappae Lam. spec.*) Lappa[x]) est herba latissimorum fo- 376

ι) *Avic. vet. cap.* 451; *Plemp. pag.* 286: Tormuts, Lupinus. x) *In paucis fortasse Barthol. Angl. lib. XVII cap.* 93, *ubi* lappa *et* lappatium *confusa sunt, Alberto autor fuit. De viribus nescio quem autorem habuerit.*

§. 374: 8 viis *Edd* ; fructu *Avic.* 9 sit *L Edd.*; — aborsum *Codd. et Edd. ut saepius*; — arescens *A*; — per solidum *CP et, qui in marg. add.* al. solum, *V.*

§. 375: 1 quidam *A V*; — omni *om. A.* 2 et *A L.* 3 *L*; inordinat. *Reliq.* 4 *L*; Universal. *Reliq.* 5 nocum. *CZ*; juvam. *J.* 6 coq. *A P Edd.* 7 -pheam *Edd.* 8 persicco *L.* 9 *Om. V*; — positus *C.*

liorum, in humidis crescens; et sunt inferiora eius folia latiora quam superiora; et in stipite brevi, quem habet, profert nodum totum spinosum mollibus spinis, quae curvae[1] sunt aliquantulum propter quod adhaerent vestibus tangentium. Et in illo nodo globoso est[2] granum parvum et nigrum, et cibus est in ea parvarum avium. Est autem frigida et humida, ad multa[3] valens secundum diversas praeparationes medicorum.

377 (*Rumex aquaticus Lin. cum affinibus.*) Lappatium autem[1] acutum habet longa folia stricta, longiori stipite erectum; et est calidum et siccum[λ]), acutum habens saporem et mordicativum.

Capitulum XII.

De malva mandragora marmacora marmorea majorana melliloto menta mentastro et marrubio[1].

378 (*Malva rotundifolia Lin.*) Malva[μ]) est herba habens folia sicut luna, quae amphicircos[2] est, et sicut superficies, quae est portio maior semicirculo, et circumferentia deficit ad cotyledonem folii; et habet crura sua longa super terram expansa. Florem autem[3] albidum in modum pyramidis formatum, qui hoc habet proprium, quod inclinatur ad solem ubicunque fuerit, in mane quidem ad orientem, et in sero ad occidentem, et in meridie stat erectus. Et huius[4] causa est, quod est subtilis, substantiae humidae, humore subtili[ν]), qui, cum extrahitur per solem, con-

λ) *Plat. lit. L cap.* 8, *ubi quod om. Edit.* calidum *exhibetur et a Vinc. lib. IX cap.* 93 *et a Barth. l. c.* μ) *Redit Alb. Animal. lib. XXIII de Falc. cap.* 21. ν) *Alb. non secutus est Avic. vet. cap.* 199: De cubeze; *Plemp. pag.* 302: Chobbâza, Malva; *sed Plat. lit. M cap.* 4.

§. 376: 1 qui curvi *Codd. et Edd.*; -- aut *pro* propter *P.* 2 habet *V*; — *om. Edd.* in ea; — parv. animalium *A.* 3 *Om. Edd.* ad multa.
§. 377: 1 *Om. P*; — mordificat. *A P Edd.*
§. 378: 1 marmac. *om. C P Edd.*; — marmor. *om. P*; — major. marmor. *Edd.*; — et marrub. major. *etc. P.* 2 *L*; amfic. *A C*, anf. *P*; anfitireos *Edd.*; amphitrites *V.* 3 eciam *Edd.*; — piramis — quod se inclinat *A.* 4 *Om. P.*

trahitur[5] et inclinatur ad eam, et alia pars inflectitur super partem contractam: et hoc est idem in pluribus floribus[6]. Est autem frigida et humida[7], mollificans et laxans, et supposita, ut dicunt, statim eiicit foetum.

(*Mandragora Mill.*) Mandragora[ξ]) est herba, cuius radix 379
iabro[1] vocatur. Et est radix magna, habens similitudinem cum forma hominis, ut dicit Avicenna: et ideo etiam mandragora[2] vocatur, quod sonat hominis imago. Est autem radix lignea[3], cinericia, et invenitur aliquando nigra. Est autem frigida et sicca; et radix ejus[4] est fortiter desiccativa, et cortex radicis ejus est debilis. Est autem narcoticam habens virtutem, et habet lacrimam et succum, sed succus eius est fortior lacrima[5] ipsius. Est[o]) autem in mandragora masculus et femina: et mas (?*M. vernalis Bertol.*) quidem habet folia similia foliis bliti[6]; sed femina (?*M. autumnalis Bertol.*) habet folia sicut lactuca, sed asperiora aliquantulum. Et habet virtutem constringendi et mortificandi: 380
hanc enim pueri, cum invenissent aliquando, comederunt, et plures eorum mortui sunt: quibusdam autem eorum cito succursum fuit cum butyro et melle et vomitu. Qui autem secandus est et membris mutilandus, bibat ex ea cum vino, et tunc dormiens secabitur sine sensu. Dens autem etiam[1] elefantis coctus cum ea per sex horas mollescit, et obedit tangenti sicut molle. Maculae etiam fricatae de[2] foliis eius delentur: et de lacte eius delentur lentigines et pannus absque

ξ) *Avic. vet. cap.* 463 *et potius* 368: De jabrol; *Plemp. pag.* 177: Lofâh, Pomum Mandragorae, *et potius pag.* 156: Jebrohh, Mandragorae radix. o) *Sententiarum in Avic. Ed. vet. omissarum haec a Plempio nostris verbis longior, altera de dente elephantis a Vincent. Bellov. lib. IX (X) cap.* 97 *inter verba Avic. referuntur. Avic. autem species diversas descripsit, ubi nostrates marem et feminam e varia radicis forma distinguebant.*

§. 378: 5 *Om. Edd.* per s. contr. 6 *Om. P.* 7 humida frigida *J*; — dicitur *A.*

§. 379: 1 labro *Edd.*, labra *A.* 2 mandrago *Edd.* 3 et *add. P*; — invenit *J.* 4 ejus *exhibent uni hic L Edd., altero loco L V*; — fortior *J.* 5 *A L Avic.*; succo *C P Edd*; lacrima .. fort. succo *V.* 6 blitis *A qui mox om.* folia.

§. 380: 1 *L*; etiam *om. C Edd.*; autem *om. Reliq.*; — elefas *Alb. Autogr. Animal. lib. XXII*; elephantis *C V*; — decoctus *A.* 2 *Om. L*; cum *Avic.*; — et lentig. *L*; — sine *pro* absq. *Edd.*

mordicatione. Radix etiam eius trita cum aceto et posita[3] cum aceto super erysipelam, sanat eam. Statim autem facit somnum[4], et posita in vino inebriat vehementius: et hoc facit praecipue masculus. Et illa habet folia albida, et non habet crus. Multus autem[5] usus mandragorae et odoramentum eius facit apoplexiam, praecipue masculae. Supponitur etiam aliquid de lacrima eius, et educit foetum; et semen mandragorae mundificat matricem, quando bibitur; et si misceatur cum sulphure, quod ignis non tetigit, et sedat[6] super ipsum mulier, abscidit fluxum matricis. Lac autem mandragorae solvendo educit phlegma et choleram. Et cum puer parvus errando mandragoram assumit, accidit ei vomitus et
381 solutio ventris, et fortasse moritur. Quae autem perniciosa est, quando sumpta est, antecedit mortem, quam inducit, praefocatio matricis in femina, et rubedo faciei et exitus oculorum in omnibus[1], et tumor faciei sicut esset ebrius. Cura autem est[2] cum butyro et melle et vomitu, sicut diximus. Habet autem mandragora poma quaedam, quae trita et oleo communi mixta[3] decoquuntur; et quod postea inde colatur, est oleum mandragoratum. Et multa operatur alia a dictis secundum diversas medicorum praeparationes.

382 (?*Melissa officinalis Lin.*[π]) Marmacora[1] est herba communium foliorum[2], et flos eius declinat ad viriditatem, sicut facit flos lilii, antequam aperitur, et est boni odoris, aromaticus. Est autem secundum Damascenum calidior quam maiorana, et est sicca, et in effectu est[3] subtilis resolutiva, sedativa ventositatum, aperitiva oppilationum phlegmaticorum, et inebriat velociter, cum

π) *Avic. vet. cap.* 466; *Plemp. pag.* 190: Marw mahhuz, Apiastrum. *Pro* viriditate *Alb.*, virore *Plemp.* duritiem *laudat Ed. vet.*, *quae etiam postea* Dioscoridem *substituit* Damasceno. Melissam officinarum *esse Plemp. contendit, quem secutus sum.*

§. 380: 3 postea *Edd.* 4 aut. somn. inducit *Edd.* 5 habet *add. L*; — masculus *V*; — etiam *om. P.* 6 sedeat *L.*
§. 381: 1 al. in hominibus *Z ad marg. add., quod L commutavit in* omnibus. 2 hujus est *P.* 3 oleo commixta *V*; — decoquitur *A.*
§. 382: 1 marmorata *C*; marmacara *Edd.* 2 florum *A*; — aperiatur *L.* 3 *Om. P.*

ponitur in vino, et multum gravat caput, confortat autem stomachum, et aperit oppilationes viscerum, et[4] exsiccat humiditatem stomachi, et confortat viscera.

Marmorea ρ) autem herba est, cuius succus si bibatur ab ali- 383
qua, secundum quod testantur[1] magorum praestigia, idem illud faciet et dicet, quod fecit et dixit, qui collegit ipsam.

(*Origanum majorana Lin.*) Maiorana est herba, parva ha- 384
bens folia[1] sicut basilicon minus[2], et habet odorem acutiorem et sicciorem. Et non[3] profert folia de radice sua, sed stipitem parvum[4] sicut basiliconis, et in illo profert ramulos parvulos suos per omnia sicut basilicon. Mures autem ita[5] insidiantur radicibus eius, quasi quaerant in ipsis aliquid iuvamenti. Est autem herba calida et sicca; in operatione autem[6] subtilis et aperitiva et resolutiva cum fortitudine. Et oleum eius est calefactivum et subtiliativum et acutum. Aqua σ) etiam eius linita post ventosas super locum ventosarum[7] prohibet albedinem ipsius. Confert oleum eius paralysi declinanti per collum ad dorsum, et decoctio eius confert in principio hydropisis, et alia multa bona operatur studio medicorum praeparata.

(*Meliloti Lin. spec. plures.*) Mellilotum[1] est herba, et 385
flos eius proprie mellilotum vocatur, in quo est figura lunaris τ). Et ipsa herba habet folia fere sicut trifolium[2], sed sunt parva, et crura eius sunt longa, et habent duritiem, tamen cum quadam raritate substantiae suae. Et est aliquantulum flos eius declinans ad albedinem, cum tamen sit croceus; inveni-

ρ) *Planta dubia, quam Menzelius in Indice multilingui pro* Faba inversa *i. e. Anagyride foetida habet.* σ) *Avic. vet. cap.* 473. *Locum ab Alberto paulo contractum Plemp.* (*pag.* 196: Merzangjousj, Majorana) *sic vertit:* Majoranae succus cucurbitulis inditus, et post avulsas cucurbitulas membro illitus, delet cicatrices albas, quae post scarificationem relinqui solent. τ) *Avic. vet. cap.* 456: De meliloto; *Plemp. pag.* 25: Iklil almelik, Sertula campana seu Melilotus.

§. 382: 4 *Om. Edd.*
§. 383: 1 prestantur *L*; — inde *pro* idem *P*.
§. 384: 1 *Om. Edd.* qui coll. ips. Maiorana .... folia. 2 unus *V*, ramus *Edd.* 3 tamen *CP Edd.*; tamen non *A*; — est *pro* prof. *V*. 4 parum *L qui unus verba* basiliconis .... sicut *profert.* 5 *Om. Edd.* 6 est *add. C.* 7 ventositatum *L*; linita super ventosas, *omissis reliq. A.*
§. 385: 1 meliloto *J in argum.*; — *om. A* ejus, *om. P* est herba .... mellil. 2 -folii *C*; sicut folia trifolii *Edd.*; — et habent *L*; et habet *Reliq.*

tur tamen quaedam eius species albi floris υ). Et sapor eius est amarus, et odor eius, licet[3] a principio sentiatur debilis, tamen confortatur, et est aromaticus. Est autem calidum et siccum, et pro certo compositum est ex substantia frigida et ex substantia calida, sed caliditas est dominantior[4] frigiditate sua: et propter hoc dixit Dioscorides, quod esset aequalis in calido et frigido. In effectu autem est parum stypticum cum[5] resolutione, et ideo bene digerit; et sicut dixit Dioscorides, est liquefactivum superfluitatum φ) et subtiliativum et confortativum membrorum. Confert etiam multis infirmitatibus secundum praeparationem medicinalem.

386 (*Mentha sativa Lin. cum affinibus.*) Menta[1] est herba nota, ad rubedinem declinans in stipite sicut origanum; et aliquando est viridis, sed quae in aquis nascitur (*M. aquatica Lin.*), rubet in foliis et stipite. Est autem calida et sicca, et propter locum suae generationis est in ea humiditas superflua, et subtilioris est substantiae inter omnia olera, quae comeduntur. Florem autem suum incurvat ad latera; et hoc habet proprium menta, quod sata inter olera, et praecipue inter caules, prohibet generari ab oleribus animalia noxia. Est autem in ipsa virtus calefactiva et styptica; et hoc habet, quod, si[2] frusta ipsius ponuntur et dimittuntur in lacte, non caseatur lac; et cum bibitur succus eius cum aceto, abscidit cursum sanguinis ab interioribus.

387 Mentastrum[1] (*Mentha sylvestris Lin.*) autem non est simile mentae nisi in figura foliorum, sed est multo[2] majus ea, et stipes eius est quadratus. Nec est in eo[3] aliquid ponticitatis sicut in menta; et in mentastro quidem est cale-

υ) Et ex eo quidem aliud est album et aliud citrinum *Avic. vet.* φ) *Haec verba a Plemp.* Pythagorae, *sequentia ab utraque Ed.* aliis *tribuuntur.*

§. 385: 3 sed *L.* 4 dominatior *Edd.* 5 *Om. V*; — dicit *Edd.*

§. 386: 1 Menta *Alb. Autogr. Animal. lib. XXIII de Falc. cap.* 19—21, m. nigra *cap.* 19, m. romana *cap.* 23; mentha *Z*, *J* §. 293, mentum *V lib. I* §. 191. 2 *Om. P*; frustra *CP*; — non incaseatur *V*.

§. 387: 1 mentastrum montanum *Alb. Autogr. Animal. lib. XXII cap. de Elefante*; mencast. *V lib. II* §. 75; menthastr. *Z.* 2 multum *A*; — magis ea *Edd.*; — eius *om. L.* 3 *Om. P* in eo.

factio et resolutio et exsiccatio[4], impediens operationes
corporis naturales. Succus autem mentae cum melle in- 388
stillatus auri fugat dolorem ipsius, et prohibet sputum sanguinis, et fluxum et coagulationem lactis in mamillis modo emplastri superposita[1], et sedat mamillarum apostemata et[2] confortat stomachum, et calefacit eum, et sedat singultum, et digerit, et prohibet vomitum phlegmaticum et sanguineum. Adiuvat autem ad coitum propter inflationem et humiditatem hortulanam, quae est in ipsa, et haec[3] non est in mentastro; et oppilat vasa spermatis; et quando menta cum succo suo supponitur ante horam coitus, impedit impraegnationem; et confert morsui canis rabidi, et propriam habet ad hoc virtutem; sedat etiam passionem cholericam, quando frusta[4] eius bibuntur cum granis granati.

Marrubium[1] est herba, quae alio nomine prassium[2] vocatur, 389
et habet folia hispida rugosa fere sicut urtica mortua, et est duorum modorum[3], marrubium album videlicet et nigrum. Album (*Marrubium vulgare Lin.*) est in foliis quasi aspersum[4] tenuissimo pulvere albo sicut atriplex; nigrum (*Ballota nigra Lin.*χ) autem fuscum sine tali respersione. Est autem calidum et siccumψ), clarificans vocem[5], et mundat pectus, et habet virtutem contra haemorrhoidas inflatas, et ad alia multa praeparatur a medicis.

χ) *Quae species eisdem nominibus, addito* prasii *quoque synonymo, et in Vocab. simpl. et in Casp. Bauhini Pinace et apud alios inveniuntur.* ψ) *Platear. lit. M cap.* 14.

§. 387: 4 desic. *Edd.*; — naturale *A*; -ralis *P Edd.*
§. 388: 1 suppos. *A V.* 2 *L*; *om. Reliq.* 3 *Avic.*; ipso, et hoc *Codd. et Edd.*; idem *A*, *pro* non; — quando mentastrum *C.* 4 frustra. *P.*
§. 389: 1 marrubium *et passim* marub. *et* marubium rubeum *Alb. Autogr. Animal. lib. XXII cap. de Equo, lib. XXIII de Falcon. cap.* 20; — marub. *Edd.* 2 passum *L.* 3 durorum nodor. *Edd.* 4 *L*; respers. *Reliq.* 5 voces *C L Edd.*; — mundat *V*, -dans *C*, -dificat *L*, ficans *A P Edd.*

Capitulum XIII.

De napone napello napello Moysi nasturcio narcisso nenufare nigella et nepita[1].

(*Brassica napus et rapa Lin. var. rapiferae.*[ω]) Napo est
390 radix, quae comeditur, et est longa. Et olus eius est[2] fere sicut capistrum[3]: sed napo est radix longa, et rapa est radix circulariter diffusa in superficie terrae. Est autem napo in figura pyramidis[4], et folium in cruribus habet aliquid rubedinis. Et est inflativum multum, et ideo commovet[5] ventrem.

391 (*Aconitum Napellus Lin.*[α]) Sed napellus[1] est napo marinus, in littore maris crescens, et est venenum pessimum et perniciosum, quod in summo caliditatis est et siccitatis. Linitum autem delet maculas cutis, et cum in potu[2] sumitur rectificatum studio medicinae, valet contra lepram. Est autem venenum homini bibenti ultra dimidiam unciam[β]), et ut puto etiam[3] hôc minus interficit hominem. Et quod admiratione dignum est, est[4] quod mus quidam parvulus pascitur[γ]), et invenitur iuxta ipsum: et ille mus est tyriaca contra venenum napelli; sed omnium confectionum medicinalium nulla resistit ei nisi diamuscus[5]. Coturnices autem cibantur napello, et non moriuntur.

392 Napellus autem Moysi[δ]), ut dicit Joannes Damasce-

ω) *Conf.* §. 424. α) *Albertus, qui Avic. vet. cap.* 500; *Plemp. pag.* 84: Bisj, Napellus, *secutus est, plantam nomine deceptus pro* napo *seu* brassica *illa* marina *habuisse videtur, quam antiquitus laudaverunt autores.* β) Drachmam unam *statuit Avic. vet.*, drachm. dimidiam *Plemp.* γ) *De quo conferas quae sequuntur.* δ) *Planta admodum dubia est Avic. vet. cap.* 501; *Plemp. pag.* 89: Bisj mousj buka, Napelli mus et Antithora. *Plemp., qui prioribus verbis animal illud, ultimo vero plantam designari voluit, verba Avic. longe a nostris*

§. 390: 1 napelle *V ind.*; *om. P* nap. Moysi *atque* et nepita; Moysi, *om.* nap., *CV ind.*; narciscomella, *om.* narc. nenuf. nigella *V ind.* 2 *Om. V.* 3 *L*; rapist *Reliq.* 4 *LP*; pyramis *Reliq.*; — fol. in circuitu *A.* 5 *L*; movet *Reliq.*

§. 391: 1 napelli gummi *Alb. Autogr. Animal. lib. XXV cap.* 2 (*cap.* De natura et divers. veneni *etc. Edd.*); vapellus *V lib. V* §. 114; — napo maximus *V.* 2 potum *CEdd.*; cum impositum *L.* 3 *Om. APEdd.* 4 *Om. LPEdd.*; autem *add. C.* 5 *L*; dyam. *Reliq.*

nus, est herba, quae[1] iungitur napello, et cuius stipes non exaltatur in altum. Et dicit, quod est tyriaca contra napellum, et quicquid operatur boni napellus in delendis maculis et conferendo leprae, hoc etiam operatur napellus Moysi. Avicenna autem dicit, quod napellus Moysi non est[2] planta, sed animal quoddam, quod nascitur in napello, et moratur[3] in ipso, et est tyriaca contra napellum sicut et mus, qui pascitur[4] ipso. Moysi autem dicitur, eo quod Moyses huius naturalem virtutem dicitur invenisse[δ]). Delet autem maculas, et confert leprae, et est tyriaca etiam contra omne venenum, et praecipue contra[5] venenum viperae.

393 (*Lepidium sativum Lin.*) Nasturcium[1] est herba communis, quae inter cibos hominum est; et habet folia divaricata, minora quam absinthium; et virtus eius[2] est similis sinapi et semini raphani coniunctis. Habet autem acuitatem, et est calidum et siccum. Est autem resolutivum et maturativum cum lenitate, et exsiccat putredinem vacui ventris. Retinet autem capillos cadentes et[3] bibitum et linitum. Confert autem[4] apostematibus et carbunculis cum aqua et sale, et cum melle eradicat ignem persicum[5], et confert omni mollificationi nervorum; mundat pulmonem, et confert asthmati propter incisionem ipsius et subtiliationem, et calefacit stomachum et hepar, et confert grossitiei splenis; tamen est malum stomacho propter mordicationem[6] suam. Auget coitum, et multiplicat[7] menstrua, et eiicit foetum: sed tamen si non teratur et cum frigatur[8], retinebit ipsum.

differentia tradidit, quae tamen dubia remanent. Alb. suo modo nomen illud interpretatus est. Pro Mousj *exhibet Edit. vet.* Mosen. ε) *Avic. vet. cap.* 510; *Plemp. pag.* 171: Hhorf, Nasturtium.

§. 392: 1 quo *C*, nascens cum napello *Avicenna.* 2 *Om. C* non est; — quo nasc. *C.* 3 *Ex Avic.*; moritur *Codd. et Edd.* 4 in *add. V.* 5 *Om. C* omne ... contra; *om. Edd.* venenum .. contra.

§. 393: 1 *Sic Alb. Autogr. Animal. lib. XXIII de Falc. cap.* 19, 20, *lib. XXII cap. de Equo*; n. aquaticum *ibidem et in cap. de Mure*; — nasturt. autem *Edd.* 2 *Om. P.* 3 *Om. Edd.* 4 etiam *Edd.*; — et cum *L.* 5 per siccum *C.* 6 inordinationem *CP V Edd.* 7 *Om. C*; — et *pro* sed *A*, *om.* non. 8 fricatur *L*; frixae *Avic.*; et confringatur *Reliq.*; — retinet *Edd.*

Confert etiam puncturae venenosorum, et multa alia operatur, si diligenter preparatur[9].

394 (*Narcissi Lin. spec.*) Narciscus[1] est herba similis in foliis porro[2] aliquantulum, cuius radix est extractiva[3] de profundo ζ) eorum, quae infixa sunt corpori, et abstergit et lavat et exsiccat. Ipsa autem herba delet morpheam et pannum, et desiccat vulnera, et facit ea vehementer cohaerere[4]; et cum bibuntur ex eo quatuor unciae η) cum aqua mellis, eiicit foetus mortuos et vivos, et alia multa operatur.

395 (*Nymphaea Lin.*) Nenufar[1] est herba aquatica, latissimum habens folium, in superficie stantium aquarum natans, cuius flos proprie nenufar vocatur. Et est duorum modorum, croceus (*Nuphar luteum Sm.*), et albus (*Nymph. alba Lin.*): et ideo quia[2] aquaticus est, vocatur θ) a quibusdam caulis aquae, et granum eius vocatur granum sponsi. Radix autem indici nenufaris ι) in multis habet operationes mandragorae. Et cum duplicis sit coloris radix eius, albi videlicet et nigri, fortius est, quod[3] habet radicem albam. Est autem flos praecipue frigidus et humidus. Praeparatur autem a medicis[4] radix contra morpheam et ulcera; sed etiam affert somnum, et aufert dolores capitis frigidos[5]; sed cum hoc debilitat caput, minuit pollutiones et desiderium coi-

ζ) *Avic. vet. cap.* 511; *Plemp. pag.* 204: Nargjits, Narcissus. η) Drachmas quatuor *Avic.* θ) Galenum *autorem laudat Avic. vet. cap.* 515 (*bis*); *Plemp. pag.* 206: Nilûfar, Nymphaea. ι) *non indici, sed vulgaris, ut ex Avicenna patet.*

§. 393: 9 *L*; -ratum *Reliq.*, *quare C V Edd. om.* si, *A addidit* sit.

§. 394: 1 Narciscus *Avic. vet.*, *C L Edd. utroque loco; P in arg.;* Narcissus *A V ubique, P hic. In tam dubia re inusitata scribendi ratio majoris momenti videtur quam vulgaris.* 2 *E Dioscoride restitui pro* nardo *Codd. et Edd.*, *quum neque ullus autorum cum hoc narcissum comparaverit, neque raro Codd.* p *pro* n, *sigla* ᵓ *pro* d *interpretati sint.* 3 *A P;* extracta *Reliq.;* — extracta *pro* infixa, abstringit *pro* abstergit *L.* 4 *Om. Edd.;* — ex ea *V.*

§. 395: 1 *Scribunt: lib. II* §. 106 venifar *C*, ennisar (?) *et in marg.* al. nenufar *V*; §. 111 nenifar *C*, neufar *L et idem* §. 128; *lib. III* §. 105 nenifar *C P V*, nenufar *Reliq.;* §. 106 nenifar *P*, nephar *V*, nenufar *C Reliq.* 2 quod *C L V Edd.;* — sponse *A.* 3 qui *A.* 4 medicinis *C;* — radix *om. A.* 5 dolorem — frigidum *V;* — set tamen deb. *A.*

tus, cum de ipso bibitur drachma[6] cum syrupo de papavere. Et congelat sperma, et maxime radix eius. Syrupus eius etiam confert febribus acutis, et est vehementis extinctionis.

(*Agrostemma githago Lin.*) Nigella est herba nota, quae 396
nascitur in frumento, parvis foliis, longo crure et viridi et lanuginoso, rubeo flore, qui exit de siliqua viridi, sicut exit rosa, et figura floris eius est[1] pyramidalis. Intra[2] florem autem concrescit testa tenuis valde et dura, et in illa sine ordine stat semen eius nigrum[3], sicut semen rosae est sine ordine in theca[4] sua. Sed testeum est illud vas seminis, quod non est vas seminis rosae, et est valde frangibile et tenue. Est autem calida et sicca[x]), incisiva et abstersiva et resolutiva ventositatum et inflationum. Ultime[5] abscidit verrucas inversas et colorem pallidum et morpheam. Cum aceto resolvit apostemata dura. Confert coryzae[6] et capitis doloribus. Et decoctio eius cum aceto confert doloribus dentium, ore ex ea colluto, et proprie cum ligno pini. Confert doloribus oculi et matricis, diversis praeparationibus praeparata secundum artem medicorum, sicut traditur in simplici medicina. Suffumigatio etiam[7] ex ea facta interficit vermes venenosas. Fullones etiam quidam tradunt quod farina eius lavat[8] laneos albissime et mundissime, sicut herba, quae vocatur borith (*Salsola fruticosa Lin.*[λ]).

(*Nepeta cataria Lin.*) Nepitam[1] dicit Plinius esse her- 397
bam, quae fortissima est in deoppilando et confortando: sed cum

x) *Avic. vet. cap.* 523; *Plemp. pag.* 279: Sjunîz, Melanthium. λ) *Quam plantam et fortasse quoque plantas confines herbam* borith *Hebraeorum esse, ex verbis Maimonidis patet, qui eam* uschnan *Arabum esse docuit* (*conf.* Rosenmüller Biblische Naturgeschichte Vol. I pag. 112), *quo nomine* اشنان *etiam hodie hoc plantarum genus in Egypto designari Husson confirmavit, conf.* Sontheimer Zusammengesetzte Heilmittel der Araber, Freiburg 1845 p. 269.

§. 395: 6 dragma *Codd.*; dracma *Edd.*; una *add. A*; — de *pro* cum *Edd.*
§. 396: 1 et est figura ejus *A.* 2 in terra *V*; — crescit *L.* 3 et *add. L.* 4 intheca *L*; teca *V.* 5 -ma *A*, -mo *JL.* 6 corize *Codd. ubique*; colicae *J.* 7 autem *Edd.* 8 pannos *add. A*; — borich *L.*
§. 397: 1 Nepicam *C*; Neptea *L. ubique.*

mulso tradita sudorem facit[μ]). Fabulose etiam traditur quod de ea impraegnantur cattae[2].

Capitulum XIV.

De origano ordeo orobo orpino ozimine[1] et oculo porci.

398 (*Origanum vulgare Lin.*) Origanum[ν]) est herba rubentem habens stipitem, folia non[2] magna fera sicut basilicon maius, florem rubeum, et granum[3] suum profert in modum coronae. Virtutes autem eius sunt[4] sicut virtutes ysopi domestici; et est odor eius multum acutus, sed fortius silvestre quam hortense. Est autem calidum et siccum, et est resolutivum et carminativum et subtiliativum et adustivum aliquantulum, et est vehementis abstersionis, et[5] in ipso est acuitas. Est etiam[6] bonum concavitati dentium, confert doloribus ancharum[ξ]), masticatum sedat dolorem dentium, et sanat fluxam gingivam[7] propter adustivam suam virtutem; confert hepati et stomacho, et[8] provocat urinam et menstrua, et interficit ascarides.

399 (*Hordeum sativum Jessen*[o]). Ordeum[1] est granum, cuius herba est calamus cum nodis, sicut et alii calami; sed calamus eius est grossior et latioris folii quam alicujus alterius bladi; spica autem ejus est[2] spinosa quasi in quolibet grano. Est autem[3]

μ) *Cujus vires similes non tamen easdem Plinius Valerianus lib. IV cap.* 22 *laudavit.* ν) *Redit nomen Alb. Animal. lib. XXII de Equo et quae vix alia planta* Origanum agreste *ibid. lib. XXVI cap. de Formica. Avic. vet. cap.* 531; *Plemp. pag.* 246: Faudhsengj, Pulegium Origanum et Calamintha. ξ) utriusque anchae *Avic. vet., i. e.* coxarum. o) *Quo nomine in libro pag.* 523 *citato omnes hordei culti formas conjunxi.*

§. 397: 2 cattus *et* cathus *Alb. Autogr. lib. XXII;* tacte *CV*, cate *L*, catte *Reliq., quod A commutavit ad* cacte.

§. 398: 1 *Om. V ind.* 2 autem *C.* 3 germen *A.* 4 *Om. C* eius sunt. 5 etiam *add. A.* 6 et est *C; — om. V* ancharum .. dol. 7 et sedat fluxum gingivarum *A.* 8 *Om. Edd.*

§. 399: 1 Ordeum *Alb. Autogr. Animal. lib. XXII cap. de Camelo, de Equo, lib. XXIII cap. de Passere, de Falcon. cap.* 20. 2 *L; om. Edd.* ejus; *om. Reliq.* est; — spin. quia *ACL Edd.* 3 *Om. L.*

longissima spica, aequalis magnitudinis per totam longitudinem suam, et suum proprium est, grana non habere in siliqua, sed nuda stant in spica sua[4], quodlibet habens suam sedem, per quam trahit nutrimentum a calamo suo. Est autem granum[5] magnum album longum, in utraque parte acutum, sed superius est acutius propter calorem, qui[6] spiravit superius in lineam longam spinalem. Et cortex eius est albus durus grossus, propter sui terrestreitatem materialem et decoctionem caloris. In ipsa autem est farina, et non est ita subtilis sicut farina aliorum granorum, sed est grossior et[7] grossioris commixtionis. Dicit autem Avicenna, quod siligo est species ordei, praeterquam in cortice[π]); et forte dixit hoc propter ventositatem, quae est in utroque: sed in aliis non habet similitudinem, nec in figura, nec in sapore. Est autem granum hoc frigidum et siccum, et 400
in ipso est[1] abstersio, et eius nutrimentum minus est nutrimento tritici. Aqua autem ordei est nutribilior quam substantia ipsius; aqua autem siliginis est[2] humidior quam ordei. Omnis autem aqua siliginis et ordei est inflativa: tamen potus melior nullus invenitur infirmis quam aqua ordei, quae ptisana vocatur, quia humectat arefacta, et extinguit incensa, et restaurat[3] deperdita, et confortat debilia in infirmo. Et in emplastris diversis utilis est ordei farina, et tamen aqua eius est mala stomacho propter frigiditatem; et ad alia multa praeparatur a medicis.

(*Vicia avium Lin. etc.*[ρ]) Orobum[1] est herba, quae a qui- 401
busdam vocatur vicia avium. Et habet figuram in folio et crure et anchis viciae, et in flore similiter: sed casta seminis eius non

π) sine cortice. *Avic. vet. cap.* 534. *Quae verba Plemp. pag.* 282: Sjaîr, Hordeum, *sic refert.*: Quoddam est ejus genus corticis expers, quod eosdem pene atque alterum edit effectus; *paulo post, ubi Ed. vet.* alselech *scripsit*, hordei corticem *interpretatus.* ρ) *Specierum indigenarum vulgatissimam hic e permultis et figura et usu similibus proposui, dubitans cum Meyero, num* orobum *Diosc., quae Ervum Ervilia Lin. habetur, ante oculos habuerit Albertus.*

§. 399: 4 *Om. L.* 5 suum *add. V.* 6 qui exsp. *J*; quod spirar. s. in ligneam *V*; quia propter cal. exsp. *A*; — exsp. *Reliq.*, *om.* qui. 7 *Om. A Edd.* grossior et; — *om. V* commixt.
§. 400: 1 *AV*; abst. est *L*; *om. Reliq.* 2 et *A P Edd.* 3 restituit *A.*
§. 401: 1 orolium *C*, orobium *Edd. hoc uno loco et J in argum.*, *ubi V ind.* oropum.

est adeo longa sicut viciae. Et valet contra venenum: est autem delectabilissimus pastus boum, ita quod bos cum iocunditate comedit ipsum; propter quod Heraclitus dixit[σ]), quod si felicitas esset in delectationibus[3] corporis, boves felices diceremus, cum inveniant orobum ad comedendum.

402 (***Sedum telephium*** *Lin.*) Orpinum[τ]) est herba, quae communiter crassula[1] vocatur. Habet autem folium quasi mentastro simile, et est in quantitate mentastri, frigida et humida existens. Quae[2] circa augem solis collecta[υ]) — hoc est, in vicesimo gradu geminorum, vel parum ante vel post abscisa —, diu erigitur suspensa in aëre sine terrae nutrimento; et sicca in[3] parte una, convalescit in altera, si plantetur. Quod[4] contingit propter viscositatem humidi sui naturalis, ex quo spiritus vitalis non de facili exspirare potest. Valet autem calefactioni hepatis, et infrigiditat vehementer, et ideo[5] obscurat visum, et abscidit urinam et menstrua, et impedit coitum, et minuit pollutionem.

403 (***Ocimum basilicum*** *Lin.*) Ozimen[1] est herba quaedam, quae si statim dum seminata est[2] perfundatur, pullulat cito[φ]).

404 (***Tragopogon porrifolius*** *Lin.*[χ]) Oculus porci est flos,

σ) *Apud quendam suspicor ecclesiae patrem. M.* τ) *Alb. et nomen, quod Franco-Gallis hodie* orpin, *et experimentum recepit a Thom. Cantipr., qui lib. XII cap.* 18 *plantam* calidam et hum. *dixit, de ceteris medicis effectibus tacens; et* diem decimam ante solstitium *laudavit, atque rem* secretum naturae *praedicavit, quibus Alberti verba oppugnant.* υ) Aux, augis, est istud punctum, in quo sol est, dum maxime appropinquatur nobis, ut est circa festum sancti Viti. *Ita Vocabularius breviloquus, impressus Basileae* 1478 *in fol. A cl. meo collega Nesselmann doceor, Arabum* Aug, *Persarum* Aukidem *esse, quod Graecorum* Aphelion; *nostris temporibus terrae aphelion incidere in primum diem Julii mensis; Alberti tempore incidisse in diem* 20 *vel* 21 *Junii mensis sive ad calendarii Juliani normam in ejusdem mensis diem* 10 *vel* 11. *M.* φ) *Verba sunt Palladii lib. V (Aprilis) cap.* 3 §. 5. *Est autem* Basilicon §. 292. χ) *Quam plantam aperte descriptam habeo, quamvis nomina nusquam recurrant, nisi in Vocab. simpl., ubi eis nomen germanicum* vredels tunghe (oghe *alii*) *additur, quod alias vix notum idem esse*

§. 401: 2 *L*; irrationalis *A*; indcābilis *CP*, in delectabilibus *P in marg. et Reliq.*
§. 402: 1 tressula *V lib. II* §. 110. 2 quo *P*; — in vigesimo *J.* 3 etiam *Edd.* 4 et hoc *Edd.* 5 *L V*; *om. Reliq.*
§. 403: 1 azimen *A*; oximen *J hic* oximine *in argum., ubi V* orimete. 2 seminatur *Edd.*; — cito *om. A.*

qui flos campi vocatur, crescens in altis locis siccis iuxta vias, habens radicem delectabilem, propter quod comeditur, et a porcis in pastum effoditur; et habet stipitem parum[1] altum, in cuius supremo est flos rutilans ipse multum, et[2] exsiccatus retinet eundem colorem. Folia autem habet parva et stricta, et profert florem in theca valde fusca. Est autem calidus et siccus temperate.

Capitulum XV.

De psillio portulaca polio polipodio porro piretro pipere aquae petrosillino pyonia pastu columbae pede locustae pede corvi papavere pentafilon pulegio[1].

(*Plantago psyllium Lin.*) Psillium est herba, cuius semen 405
psillium vocatur[2]. Et est duorum modorum, aestivum videlicet, et hiemale[ψ]). Melius autem in[3] hoc genere seminis est magis grossum, quod in aqua submergitur. Est autem frigidum et humidum. Valet autem contra apostemata calida et formicam[4], et erysipelam cum aceto; lenit etiam pectus, et eius mucilago[5] cum oleo rosaceo[6] confert cholericae[7] siti multum. Quod autem mirabile videtur est, quod id, quod frigitur[8] ex ipso, ad pondus duarum un-

videtur ac nomen fridelsougc (*vel* -auga), *quod invenitur in* Hildegardis Libro subtilitatum (*in* Migne Patrologia. Tom 137. Parisiis 1837) *lib. II cap.* 131, *cui codex Guelpherbytianus* (*in* Sitzungsber. der Wiener Akademie. Tom 45 *a me descriptus*) *in marg. synonymum* oculus consulis *addidit.* ψ) *Avic. vet. cap.* 537; *Plemp. pag.* 73: Bezer khatthûna, Psyllii semen.

§. 404: 1 *M e conj.*; parvum *Codd. et Edd.* 2 etiam *A*; *om. V*; ipse rutil. mult. et *L*.

§. 405: 1 *Om. CLPV ind. Edd.* polipod.; *om. P praeterea et* polio pip. aq. *et alia, atque sic porrexit:* piretro, porro, petrocill., pede columbe, pede corvi etc. 2 sem. sic voc. *A*. 3 *Om. A*. 4 fornicam *Edd.*; fornica *V*. 5 muscill. *CP*; mussill. *L*; mustil. *V*; mucill. *Edd. ubique.* 6 rosata *CPV hic et saepius. Alb. Autogr. Animal. et* rosacium *lib. XXII cap. de Lupo, de Ovi*; *et* rosaceum *ibid. de Leone atque lib. XXIII de Falc. cap.* 18; *et* rosatum *cap.* 23 *exhibet.* 7 colice *L*; sui *pro* siti *V*. 8 *E conj.*; frixum *Avic. vet.*, tostum *Plemp.*; fluit *Codd. et Edd.*

ciarum involutum in oleo rosaceo, stringit ventrem, et confert dysenteriae, praecipue puerorum; et in eodem pondere mucilaginosum ipsius et ipsa mucilago involutum[9] in oleo violaceo solvit. Bibitum autem sedat febrium inflammationem. Adhuc[ω]) autem positum in sacculis lineis in aqua frigida linguam asperam[10] prius rasam conservat ab asperitate, et positum sub lingua sedat sitim. Adhuc autem ipsum est, in quo servatur camphora, ne evaporet; et in hoc convenit cum semine lini.

406 (*Portulaca oleracea Lin.*) Portulaca[1] est herba, quae crura sua expandit super terram, habens folia valde spissa, similia in figuris[2] foliis perforatae, et succus eius est viscosus. Est autem frigida et humida[α]). Est autem in ipsa stypticitas, et resistit fluxui sanguinis multum, et cholerae[3] resistit vehementer. Eâ etiam confricantur[4] verrucae, et eradicat eas proprietate suae speciei et nulla qualitate, quae sit in ea. Delet stuporem dentium, si masticetur ab eo, qui habet stupidos, eo quod lenit[5] asperitatem; nimius autem usus eius facit pannum in oculo. Confert stomacho et hepati inflammatis; sed deiicit appetitum cibi. Abscidit desiderium coitus: tamen in complexione calida et sicca addit in coitum. Et si assetur portulaca et comedatur, abscidit solutionem ventris, et confert febribus acutis.

407 (*Teucrium polium Lin.*) Polium quidem[1] est herba, similitudinem tamen habens fruticis. Et quaedam species est stycados[2], et est maius et minus, sed minus est acutius et amarius[β]). Et sunt in eo thyrsi et flores, et ipsum

ω) *Quae sequuntur e Plat. lit. P cap.* 11 *rescripserat Thom. Cantiprat. lib. XII cap.* 23. α) *Avic. vet. cap.* 538; *Plemp. pag.* 82: Bakhlat alhamkha, Portulaca. β) *Plantam Dioscoridis, quae sine dubio eadem ac Alberti est, longe aliam esse, quam Avic., e synonymo patet; sive* stoechados *legis cum Avic. vet. cap.* 539; *sive* seriphii, *quae est Artemisiae species, cum Plemp. pag.* 97: Gjaâda, Polium.

§. 405: 9 -ta *L*; — solvit multum *add. A.* 10 aspersam *CEdd.*; — posita *A.*
§. 406: 1 portulata *CV* §. 329. 2 figura *A.* 3 colice *A.* 4 fric. *L.* 5 lavat *A.*
§. 407: 1 quidam *V.* 2 *Sic Alb. Autogr. Animal. lib. XX cap. de Cani*; sticad. *Codd.*; stic. est *A Edd.*; — *om. V* sed minus.

est[3] pilosum album declinans ad citrinitatem; et usque ad mensuram palmi a terra est totum plenum semine, et eius caput est sicut sphaera pilosa[4] albis pilis, gravis odoris cum quadam aromaticitate, et est ipsius quaedam amaritudo, praecipue in minori, quod est montanum. Est autem utrumque calidum et siccum. Est autem subtiliativum et aperitivum oppilationum intrinsecarum, consolidativum plagarum et ulcerum. Et licet naturaliter[5] sit malum stomacho, tamen confert et[3] spleni et icteritiae nigrae et hydropisi, et provocat ventrem et urinam, et confert ascaridibus valde, et valet contra venenum.

Polipodium autem non est herba, vel aliquid herbae, sed 408 lignum γ).

(*Allium porrum Lin.*) Porrum δ) est herba nota, quae in 409 terra habet caput, ex quo divaricat radices, et emittit folia. Radices autem habet ut[1] pilos, et folia intensae viriditatis et fere sicut allium[2], ex medio capitis inferioris emittens longum stipitem, qui propter multum spiritum ipsius superius est concavus. Et acuitur super illam concavitatem sicut pyramis (*i. e. spatha*), cuius acutum longe a basi producitur, et in concavo illo suum semen in modum sphaerae generatur, et tunc in croceitatem convertitur, et stipes eius lignescit, et aperitur concavum eius, et decidit super[3] pars acuta (*i. e. spatha*), et semen egreditur divaricatum, ita quod quodlibet granum seminis (*i. e. flores capsuliferi*) cum sua siliqua habet specialem cotyledonem ad stipitem, ac si sint clavi quidam infixi in stipitem[4] in capitibus rotundis sursum porrectis. Habet autem hoc porrum, quod folia non ha-

γ) *Avic. vet. cap.* 539, *Plemp. pag.* 83: Betsfanegj, Polypod. *Ubi quae de caudice in officinis usitato dicta sunt, ab Alberto Platearii Dioscoridisque verbis sine causa opposita sunt.* δ) P. nomen est heteroclitum, quod in singulari dicitur hoc porrum et in plurali porri. *Barthol. Angl. lib. XVII cap.* 133, *quem secutus Alb.* porrum *et hic et* §. 239 *et lib. VII* §. 138, porros *vero lib. I* §. 156, *lib. III* §. 9, *Autogr. Animal. lib. XXII cap. de Equo dixit.*

§. 407: 3 *Om. P.* 4 et *addit A*; — pilis, *in marg.* al. spinis, *V.* 5 *L*; univers. *Reliq.*; — et *om. A.*
§. 409: 1 et *V.* 2 *M e conj.*; et fusce sicut acidum *Codd. et Edd.*; *nisi quod V* accidum. 3 supra *P*; semper *Edd.*; superior *M e conj.* 4 -te *A.*

bet concava, cum fere omnia alia sui saporis concava habent[5] folia. Omne autem genus huius saporis crescit ex tunicis quibusdam. Et id, quod competit usibus hominum, est pars alba, quae est sub terra, eo quod ita[6] alba est et frigiditate terrae et humore temperata; superior enim pars foliorum viridis valde est acuta et acris, ita quod excitat lacrimas et odorata et comesta diu. Est autem calidum et siccum[7] excitans et generans choleram.

410 (?*Allium ursinum Lin.*) Est autem silvestre porrum[ε]), et hoc calidius et siccius est, quam hortulanum. Gravat autem caput, et facit videre somnia mala, et corrumpit dentes et gingivas, et maxime cinis eius. Comestum[1] autem ab animali, bove vel ove, totam immutat carnem eius in suum saporem, ita quod tunc, si interficiatur, tota caro sapit[2] porrum; si autem vacca comedat ipsum, etiam lac vaccae habet saporem porri per duos dies ad minus. Propter mordicationem autem ipsius est nocivum stomacho et inflativum: et ideo oportet, ut in[3] duabus aquis elixetur. Est autem tardae digestionis, provocat urinam et menstrua, et commovet coitum, et maxime semen eius torrefactum, licet noceat renibus et vesicae.

411 (*Achillea ptarmica Lin.*[ζ]) Piretum[1] est herba longo crure et[2] parvis et acutis foliis, adhaerentibus stipiti suo, et est nota; cuius radix habet quantitatem digiti, et est acuta[η]), mordicans linguam. Est autem[3] calidum et siccum.

ε) *Plantam, quam Avic. breviter ab antecedente distinxit, a nostris facile diversam credes. E nostris vero eadem detrimenta afferunt armentis et Alliaria officinalis et Teucrium scordium et Alliorum species, quorum fortissimam proposuimus.* ζ) *Quam plantam, quae* Pyretri *vel* Pseudopyrethri *nomine olim appellabatur, hic descriptam esse vix dubitaverim. Nam Anacyclus officinarum Hayn. et A. pyrethri Link., quae sunt* Piretrum verum *veterum, foliis* 2—3*plo pinnatifidis et caulibus brevioribus a nostra discrepant.* η) *Avic. vet. cap.* 551; *Plemp. pag.* 231: Aakhirkharhha, Pyrethrum.

§. 409: 5 habcant *V.* 6 *L*; illa *Reliq.*; est *om. Edd.* 7 et *add. Edd.*; — exsiccans *L.*

§. 410: 1 -sta *ACPZ.* 2 ut *add. A.* 3 *Om. J*; — duab. aliquis *A Edd.*

§. 411: 1 *Ita Alb. Autogr. Animal. lib. XXIII de Falc. cap.* 19. 2 et *AP*, parvis *L*, etiam parvo *Reliq.*; — fol. adhẽntibus *L.* 3 Et est *L.*

Extrahit autem phlegma masticatum, et virtus eius est adustiva; et cum ex eo cum oleo abstergitur corpus, extrahit sudorem, et[4] confert mollificationi nervorum antiquae et ipsum et[5] oleum eius, cum ipso fricatur corpus et ungitur. Vehementer aperit oppilationes colatorii[ϑ]) et narium; et eius decoctio confert dolori dentium frigido; et decoctio eius in aceto si teneatur in ore, confirmat dentes motos.

(*Polygonum hydropiper Lin.*) Piper aquae est olus, 412
quod in aqua nascitur, et habet saporem piperis[ι]). Et calefacit, sed minus quam piper, et multas habet piperis virtutes.

(*Petroselinum sativum Hoffm.*) Petrosilinum[1] in multis 413
habet figuram et virtutem apii, nisi quod costae et folia eius sunt minora. Est autem calidum et siccum[κ]), plus medicina quam cibus. Confortat digestionem, et provocat urinam, et ideo[2] confert contra lapidem tam ipsa herba quam[3] radix et semen eius.

(*Paeonia Lin.*) Pyonia[1] est herba, quae in aliquo si- 414
milis est in foliis suis foliis ellebori[2]. Et est mas (*P. corallina Retz.*) et femina[λ]), sed femina (*P. officinalis Willd.*) habet latiora folia et costas foliorum quam masculus. Educit autem multa folia alta et erecta de radice una, et illa sunt valde rubicunda, quando primo pullulant, et in hoc convenit pyonia cum livistico[3]; deinde paulatim tendunt in virorem, secundum

ϑ) *i. e.* os cribrosum. *Meyer ex Avic. vocem restituit, quum inanes sint Codd. lectiones:* collī *P*, operationes calli *C*, colli *Reliq.* ι) *Avic. vet. cap.* 554; *Plemp. pag.* 244: Folfel almâ, Hydropiper. *Conf.* §. 480. κ) *Avic. vet. cap.* 56: De apio (*conf. supra* §. 281), *ad quod remittimur in cap.* 555; *Plemp. pag.* 246: Fetthratselîun, Petroselinum. λ) *Avic. vet. cap.* 557; *Plemp. pag.* 247: Fawanîa, Paeonia, *nec pag.* 239: Aud aldsalib, Paeonia.

§. 411: 4 *Om. J.* 5 etiam *L.*

§. 413: 1 *Ita Alb. Autogr. Animal. lib. XXII cap. de Capro, lib. XXIII de Falc. cap.* 14; petrocillin. *P fere ubique, L saepius*; -sillin. *Codd. saepius*, -selin., -silium, -sillum *Codd. et Edd. passim.* 2 *Om. Edd.* 3 ipsa *add. A.*

§. 414: 1 peon. *hic Codd. omnes et* §. 279 *L, ubi V errore* pron.; *prioribus locis Codd. aut* pion., *quod hic quoque in argum. A V ind. Edd., aut saepius* pyon., *L lib. III* §. 8 *errore* pyola. *In Autogr. non reperitur.* 2 -boro *A, om.* suis fol.; suis elleb. *L P V, om.* fol.; — masculus *V.* 3 lentisco *V.*

quod magis incrementum accipiunt processu[4] temporis. Habet autem haec herba in utroque sexu florem valde rubicundum, latis foliis plus quam rosa, et profert ipsum in theca rotunda, quae est fere sicut theca floris nenufaris[5]; et haec aperitur in quatuor partes, et emittit florem, et ipsa curvatur versus stipitem ex siccitate: et tunc in flore crescit theca alia[6] oblonga, in qua fit semen ejus. Et hoc est grana nigra, lucentis nigredinis, quae cum maturata sunt, theca per[7] se aperitur, et est interius rubea: et tunc decidunt grana. Mas autem in hac herba[8] habet radices grossas ad quantitatem digiti, quae habent stypticum saporem. Sed femina dividit radicem in multas divisiones et stipitem similiter, si[9] tamen stipitem habeat, quoniam stipes eius videtur esse costa foliorum eius, et dividitur superius costa potius in folia, quam folia adhaereant ei. Et hoc commune est pluribus herbis: et ideo non[10] ita

415 fluunt folia sicut arboris. Est autem[1] herba calida et sicca vehementer, et sunt in effectibus eius exsiccatio et stypticitas cum resolutione aperitione subtilitate incisione et[2] abstersione; et quando masticatur una hora, apparet post eam acuitas ad stypticitatem declinans. Abstergit autem vestigia nigra in cute, confert podagrae; confert etiam epilepsiae, adeo quod collo suspensa grana seminis eius compertum est multis[3] valuisse. Isaac audem Judaeus[4] dicit[μ]), quod suffumigatio facta ex semine eius confert daemoniacis et epilepticis, et sanat eos. Fructus eius et bibitus cum melle rosaceo[5] confert vehementer. Bibita etiam quindecim grana ipsius cum mellicrato[ν]) multum valent contra incubum. Semen etiam[6] eius confortat stomachum,

μ) quidam judaeus *Avic.*, *qui hunc paeoniae indicae effectum negat.*

ν) *μελίκρατον est aqua mulsa.*

§. 414: 4 per processum *Edd.*; — tempore *A*; — haec *om. A C L*; — valde, *om. L*, *qui repetit* et profert; — rosa *om. C.* 5 -fari *Edd.*; — et hoc *V Edd.*; hic *L.* 6 aliqua *Edd.*, *om.* ejus; — Et habet grana *A.* 7 *Om. Edd.* 8 hec autem herba, *om.* mas, *Edd.*; — florem *pro* saporem *V*; — et *Edd. pro* Sed. 9 et *C*; tamen *om. P.* 10 ut *C Edd.*; — arbores *C V Edd.*

§. 415: 1 *Om. P*; — effectu *A.* 2 *Om. A*; — declinans *om. C.* 3 multum *Edd.* 4 rūdēs *L*; *om. P* autem Judaeus; — seminibus *Edd.* 5 rosato *C*; *conf.* §. 405 *not.* 5; — confert multum *Edd.*; — etiam *om. A V.* 6 autem *P Edd.*

et radix eius valet ictericis, et aperit oppilationes hepatis. Radix decocta et bibita cum vino ad quantitatem amigdali mundificat et educit superfluitates[7] foetorum, et plures habet alias utilitates.

Pastus columbarum vel[1] camelorum[ξ]) dicitur herba, cuius semen columbae quaerunt, et cameli herbam. Est autem herba habens granum[2] sicut mirtillum, et in virtutibus etiam est propinquum eidem, sed in colore est magis cinereum; et medulla grani decorticati assimilatur in colore et gustu lenti decorticatae[3], in qua est aliquantulum dulcedinis. Est autem calida et humida. In operatione autem[4] est subtilis, et est venenum omnibus vermibus venenosis, et decoctio eius denigrat capillos. 416

Pes locustae[o]) est herba similis oleri iameni (*Amarantus blitum Lin.*). Datur autem in cibum extenuatis, et confert multum, et contra febrem habet effectum crisolocannae (*Atriplex hortense Lin.*). 417

(*Ranunculus Lin. spec.*) Pes corvi habet similitudinem pedis corvi propter scissuram foliorum eius, et habet florem[1] croceum lucentis croceitatis. Confert autem solutioni antiquae radix eius decocta[π]); et dicit Paulus[2], quod confert colicae, et efficit operationes hermodactili absque nocumento. 418

(*Papaver Lin.*) Papaver[ϱ]) est duarum specierum, hortense (*P. somniferum Lin.*) videlicet et campestre (*P. rhoeas Lin.*). Et est album (*var. semine albo*) et nigrum 419

ξ) *Avic. vet. cap.* 560, *Plemp. pag.* 267: Raj alhhamâm, Peristeroboscum. *Herba dubia, quae a Plempio nomine hoc insolito appellata,* ab *Ibn Baithare pro* Peristerione *Dioscoridis i. e. Verbena habita est.* o) *Avic. vet. cap.* 561; *Plemp. pag.* 271: Rigl algjorâd, Pes locustae. *Herbam nobis ignotam, de qua nec Ibn Baithar nisi Avicenna verba attulit, Vocabularius simpl. Spinaciam, quam vero suo nomine ab Avic. prolatam* §. 434 *exhibet, alii aliam esse voluerunt.* Olus jameni *verbotenus* olus terrae Jemen *seu Arabiae felicis est.* π) *Avic. vet. cap.* 562; *Plemp. pag.* 271: Rigl algorâb, Pes corvinus sive Coronopus. Paulus Aegineta *est, qui laudatur. Conf. lib. V* §. 215 *not.* ψ. ϱ) *Redit. Alb. Animal. lib. XXIII cap. de Cardueli, de Falc. cap.* 23.

§. 415: 7 -tatem *V*; — operatîones *pro* utilitat. *A P Edd.*
§. 416: 1 columbe *V ind.*; et *pro* vel *C Avic.* 2 grana *A P Edd.*; — mitillum *V*, mirtillani *C*, myrtilli *Edd.* 3 -cati *A C.* 4 *Om. V.*
§. 418: 1 ejus *add. C.* 2 Plinus *J*; — operationem *A C.*

(*var. sem. nigro*), sed melius et sanius est album[σ]). Habet autem folium latum, et crus longum, in quo sunt capita sua. Habet florem[1] varium ex rubeo colore et albescente aliquantulum, et habet florem magnum, et profert ipsum sub fructu suo in nodulo uno, qui est sub capite suo, et profert eum in siliqua, quae aperitur ex parte cruris eius, et cadit flore aperto[2]; sed campestre habet florem totum rubicundum. In capite autem suo habet thecas ordinatas multas per circuitum, et costa cuiuslibet thecae incipit in crure suo per venam unam albidam, et terminatur superius[3], et cum omnes venae ibi conveniunt, faciunt superficiem circularem, aut tot divisiones habentem, quot sunt venae capitis, et hoc induratur, minus tamen quam testa, sed plus quam crus[4] papaveris. In thecis autem illis habet semina sua, quae sugunt de thecis illis; et cum cadunt[5], implent mediam papaveris concavitatem, et sunt semina rotunda non omnino, sed habentia
420 quasi puncturam quandam in parte una. Est autem naturaliter[1] papaver frigidum et siccum secundum plus et minus in diversis speciebus eius; et sunt etiam[2] omnes species eius infrigidativae, nec multum sunt glutinativae, et nigrum papaver cum hoc est ingrossativum. Et est[3] quoddam papaver marinum, cornutum (*Glaucium corniculatum Curt.*), cuius anterior pars est sicut cornua tauri: et hoc est abstersivum et incisivum. Flos autem campestris papaveris mundificat vestigia ulcerum in oculis animalium. Est autem nigrum praecipue somniferum et stupefactivum, et alias multas operationes in corpore humano habet[4]. Est autem papaver zizania[υ]) avenae, et adurit eam et exsiccat trahendo[5] nutrimentum eius a radice ipsius. Quid autem sit avena, notum est omnibus hominibus habitantibus in

σ) *Avic. vet. cap.* 565; *Plemp. pag.* 293: Chasjchâsj, Papaver. τ) *Miraberis, ab Alberto* thecas *i. e. carpella singula, stigmataque confluentia rite destincta, quem neque loculi late confluentes fefellerunt, neque* venae *i. e. sulci, carpella indicantes, a* crure *i. e. carpophoro circumascendentes effugerunt.* υ) *i. e.* vitium.

§. 419: 1 *L V*; folium *Reliq.*;— eum *pro* ipsum *A*;— *om. Edd.* in nodulo ..... suo. 2 -te *C.* 3 *Om. P.* 4 plus *C.* 5 cadit *Edd.*;— non omnino *om. P.*

§. 420: 1 *L*; univers. *Reliq.*;— sed *V Edd. pro* secund. 2 *Om. A V.* 3 Est etiam *A*;— *om. Edd.* cornutum. 4 hab. operat. *etc. CP*; mult. al. operat. hab. *etc. L.* 5 attrah. *A.*

sexto et[6] septimo climate, quoniam est species bladi, de qua fit panis, et[7] conveniens cibus equorum.

(?*Potentilla reptans Lin.*) Pentafilon[1] graeco nomine 421
est herba, quae latine vocatur quinquefolia[φ]), eo quod quinque et quinque folia simul habet[χ]) circa nodum unum[2]. Et est fortis exsiccationis sine acuitate et adustione et mordicatione[3], et valet ad fluxum sedandum, quando fit ex eo emplastrum, et diversis valet apostematibus. Folia eius cum vino bibita valent epilepticis, quando triginta diebus fuerit potio[4] continuata. Succus radicis valet contra dolorem hepatis[5] et icteritiam, cum bibitur per aliquot dies cum sale et melle. Confert etiam radix ejus[6] solutioni haemorrhoidarum, et similiter decoctio radicis eius. Succus tamen radicis eius est medicamen perniciosum.

(*Mentha pulegium Lin.*) Pulegium[1] est herba parva, quae 422
expanditur super terram, foliolis[2] quasi folia maioranae, et odore aromatico, qui accedit ad odorem ysopi. Et est calida et sicca, et pastus bonus ovium et attractiva. Per naturam suam est autem dissolutiva[ψ]).

φ) *Dioscoridem rescripsit Avic. vet. cap.* 549; *Plemp. pag.* 209: Nitthafîlon *et pag.* 305: Chamtsat aurakh, Quinquefolium. *Planta admodum dubia.* χ) *Verba* et quinque (*quae expunxit V delevit P, om. et A et cum prioribus* eo q. quinq. *C*) *Germanismo pro* quina *scripta crediderim, aeque ac in* §. 57 duo et duo, *quamobrem ea recepi.* ψ) *Haec et alia apud Platear. lit. P cap.* 16 *inveniuntur, Plemp. quidem pulegii in cap. de Calamento meminit, quod in* §. 309 *laudavimus, nec tamen quae cum verbis ab Alberto hic prolatis congruunt nec in Ed. vet. nomen occurrit.*

§. 420: 6 vel *V*; in *C*; et in *AP*. 7 est *add. AP*.
§. 421: 1 Pentafilōn *L*. 2 imum *C*. 3 et in ordinat. *C*. 4 *Om. AC*. 5 *Om. L*; — aliquos *ACPZ*. 6 *Om. Edd.* radix ejus *atque* et.
§. 422: 1 Pulegium *Alb. Autogr. lib. XXIII de Falc. cap.* 22; *sed cap.* 20 polegium *et lib. XXII cap. de Capre* poleg. silvestre. 2 foliis *C*; — sicud *A*; — quasi foliis *J*.

Capitulum XVI.

De radice rapa raphano rizo et[1] ruta et rubea tinctorum.

423 (*Raphanus sativus Lin.*[ω]) Radix est speciale nomen herbae, cuius radix est valde magna, et ideo autonomastice[2] radix vocatur[α]). Et est figurae pyramidalis, et olus eius[3] sicut capistrum[4], et sapor radicis eius est aliquantulum acutus, sed non sicut sapor raphani. Et est inflativa valde, calida, et iuvans digestionem post cibum.

424 (*Brassica rapa Lin. var. radicibus globosis.*[ω]) Rapa est herba[β]). Radix eius fere tota est in superficie terrae sicut sphaera compressa, et olus eius sicut capistrum; et tam rapa quam olus sunt aliquantulum rubea. Et sunt frigida et humida,

ω) *Easdem, quas* §. 423—425 *proposui, radicum rapacearum species indicavit Petr. de Cresc. lib. VI cap.* 80, 97—99. *Nec tamen hîc nomina, quae jam antiquitus confusa, in Diario botanico: Bonplandia* 1857 *p.* 4: Ueber Raphanus und Raphanis beim Theophrast, *demonstravi, satis bene distinguuntur.* Naponem §. 390 *a* rapa, §. 424, *certis finibus non distingui, Petrus jam monuit, recte quidem, nisi hanc forte B. oleraceae var. caulorapam esse dicis, quam super terram nec tamen* in superficie terrae *enascentem hic desideramus.* Radix, *quae scilicet* calida *neque frigida esse dicitur, Raphanum esse volui, nec vero aliam* post coenam *edi jubebis. Qua fortiorem non habeo, nisi Armoraciam quam et e foliis descriptis* raphanum *dixeris. Sed obstant, quae in cultis rarissime observantur, et color floris croceus, qui* albus *est, et quae semini ex Avic. tribuuntur vires. Hae enim certe ad* raphanum *pertinent, quum Armoraciae semina, quae enascuntur rarissima in usu nunquam fuerint. Color autem croceus ad Brassicas spectat, nisi Raphani flores albo purpureas aeque ac in Cimini et Coriandri, conf.* §. 303 *not.* ϑ, *indicatas credis. Qua fortasse difficultate inductus Meyer pro* radice *Raph. radiculam pro* raphano *Raph. sativum proposuit, neglecta minori illius, nec* valde magna radice. α) Animal. lib. XXIII de Falc. cap. 20: (*ad solvendum*) sume illam, quae radix vocatur, in qua non sit aliqua adhuc pullulans vena viridis. β) *De qua planta Avicennae verba primus retulit Plemp. pag.* 280: Sjelgjem, Rapa, *e cod. romano; quum Ed. vet. cap.* 671, *codicesque reliqui ad cap.* De Left, Napo *referant, quod non invenitur.*

§. 423: 1 et *priore loco uni exhibent L atque P, qui omisit* rubea tinctorum *et* rapa;— rub. ꝯstorum *V ind.*, quercorum *C.* 2 -nomatice *L*; antonomatice *CP*; antonomasice *AZ.* 3 est *add. P.* 4 *L*; rapistr. *Reliq. hic et* §. 424;— radicis *om. C.*

valde inflativa, nisi in decoctione regantur per effusiones aquarum, in quibus primo bullit. Est autem mollificativa ventris.

(*Cochlearia armoracia Lin.*[ω]) Raphanus[1] autem in hoc 425
genere fortius est. Sed tamen quod nos raphanum dicimus, Graeci radicem dicunt. Et est radix maior et longior ea, quae communiter radix vocatur, habens folia longa et lata, erecta, non expansa[2] super terram, maiora satis quam enula campana, licet sint in eadem figura. Et est sapor eius acutus. Flos autem eius est croceus, et fructus eius est semen, et hoc est fortius[γ]) quod est in eo, et deinde cortex, et postea folium[3], et deinde caro radicis eius. Silvestris etiam fortior[4] est quam domesticus, magis autem temperatum in hoc genere est elixatus. Est autem calidus et humidus[1]. Ge- 426
nerat ventositates, sed semen eius solvit eas, et idem fere est in semine radicis et rapae. Et est in eo subtiliatio fortis, et proprie in semine eius. Elixatus autem[2] est nutribilior, et nutrimentum eius est phlegmaticum et paucum, et in ipso est substantia putrescens velociter. Facit autem nasci pilos in alopecia[3], si misceatur cum farina lolii. Cum melle emplastratus diminuit maculas, et vestigia plagarum, et multiplicat pediculos in corporibus. Semen autem eius cum aceto eradicat cancrum integre et impetiginem. Nocet autem capiti et dentibus et palato et oculis: dicit tamen Benmesauge[δ]), quod folia eius acuunt visum. Elixatus autem confert praefocationi[4] factae ex fungis mortiferis. Est autem malus stomacho, faciens eructare; et post cibum lenit ventrem, faciens cibum penetrare: ante cibum autem

γ) *Avic. vet. cap.* 576; *Plemp. pag.* 248: Fugjol, Raphanus. δ) filius Mesaugue *Avic. vet. i. e. Mesue major.* Bemvesange *Edd.*; *veram lectionem exhibent dilucide L V et qui add.* vel ebemesuo *A*, *minus distincte C P.*

§. 425: 1 Rafan. *Alb. Autogr. Animal. lib. XXIII de Falc. cap.* 17, 19, 21, raphan. *ibid. lib. XXII cap. de Equo. Retinui vulgatam, quum Codd. quoque utramque proferant*, raphan. *hic quidem L P*, §. 446 *A*, §. 299 *omnes praeter A*; rafan. *ceteri.* 2 *L*; exp_sa *V*; sparsa *Reliq.*; — satis mala campana *A.* 3 folia *A.* 4 fortius *A*; — temperatus *V Edd.*

§. 426: 1 et *add. V.* 2 tamen *J.* 3 alopitia *Avic. vet.*; allopitia *J*; allopaciu *A*; allopicia *Reliq. hic et postea*; — cum far. *Avic. Edd.*; ex far. lol. cum melle. Empl. *Codd. nec Avic.* 4 -onem *C.*

facit cibum natare, et non quiescit, et ideo de facili facit vomitum. Semen autem eius cum aceto facit nauseam, et similiter semen[5] rapae. Aqua autem eius est bona hydropisi. Contra morsum viperae valet, et si ponatur frustum[6] eius super scorpionem, moritur: et ideo dicit Democritus, quod, qui habet manum infectam maturato semine raphani, sine sui[7] nocumento tractat serpentes. Hermes etiam[8] tradit in alkimicis, quod si succus raphani misceatur succo lumbricorum terrae concussorum, et per pannum expressorum, et in ipso extinguatur gladius, ferrum sicut plumbum incidet gladius ille. Apud nos etiam maniacus[9], raphano contuso cum succo ligato super caput eius rasum, infra triduum recepit beneficium sanitatis.

427 (*Oryza sativa Lin.*) Rizum[1] est granum, quod habet granum simile grano ordei et calamum[2] et spicam et folium similiter, et est altitudine aequale sibi. Sed granum rizi est fuscum, paleare, parum[3] oblongum, compressum ex rotundo columnali. Est autem calidum et siccum[ε]), sed siccitas ipsius manifestior est quam caliditas; verumtamen calidius est frumento, ut dicunt quidam. Nutrimentum praebet[4] declinans ad siccitatem, magis autem et melius nutrit, quando decoquitur cum lacte et oleo amigdalino, quia tunc removetur ab eo exsiccatio et constrictio, et proprie cum[5] infunditur nocte una in aqua furfuris. Est autem ex eis, quae tarde infrigidantur, et est in eo abstersio. Decoctum vero cum aqua stringit ad aliquem terminum[6] et efficit augmentum in spermate, quando in aqua decoquitur: stringit autem ma-

ε) *Avic. vet. cap.* 569; *Plemp. pag.* 65: Oruz, Oryza.

§. 426: 5 enim *C*; — *om. J* autem. 6 frustrum *P*. 7 suo *Edd.* 8 autem *P Edd.*; traddidit *P*; — alchim. *scribunt hic C L P V, sed secutus um Alb. Autogr. Animal.*; — *om. A* et .. expressorum, *addit postea* ferr. aliud. 9 mamacus *Edd.*; — concusso *C V Edd.*; — recipit *Edd.*

§. 427: 1 risum *Edd. ubique, hic L P, in argum. A L, lib. III* §. 21 *C P V*; *lib. VI* §. 357 rixi *C*, ziro *V*. 2 *L*; habet calamum (*e correct. V*, granum *C L*) similem calamo ordei et spic. *etc. Reliq.* 3 parvum *L*. 4 prebens *V*; — majus *L*; — coquitur *A*. 5 tamen *C Edd.* 6 *P V*; trium *C Edd.*; ad amtium *L*; str. aliquantulum *A*; usque ad terminum *Avic*

xime, quando frigitur[7] in suo cortice, destructa aquositate sua; et proprie, quod infunditur[8] in aqua furfuris, est in quo destruitur siccitas eius.

(*Ruta graveolens Lin.*) Ruta[1] est herba nota, cuius folia 428
sunt sicut thyrsi quidam et sunt viridia hyeme et aestate. Et[2] flos eius est croceus, et semen eius ex quibusdam globulis, habentibus quatuor partitiones. Et crus eius lignescit, et efficitur aliquando arbor satis magna. Est autem amara valde, et[3] domestica et silvestris; sed silvestris est vehementioris nigredinis[ζ]). Convenientior autem erit domestica, quae apud ficulneam plantata nascitur. Est autem calida et sicca et est[4] incisiva resolutiva carminativa mundificativa venarum ulcerativa et styptica, et[5] delet morpheam cum nitro posita super eam. Removet odorem alliorum et ceparum. Resolvit apostemata, et maxime gumma eius. Bibita confert paralysi et[6] emplastrata. Ipsa etiam acuit visum, et proprie succus eius cum succo feniculi et melle, collyrio facto ex ea, aut[7] comesta; digerit etiam et facit appetitum cibi, et confortat stomachum, et confert spleni. Exsiccat sperma, et abscidit ipsum, et deiicit desiderium concubitus. Confert rigori febrium comestio eius, et inunctio olei eius. Resistit venenis. Et bibat, qui timet, ne in potu sumat venenum[8] et pungi a venenosis, pondus unius unciae de semine eius cum foliis suis cum vino, et proprie si bibitur cum nuce et bolo, contritis omnibus et commixtis. Multum autem de ipsa sumere et

ζ) *Avic. vet. cap.* 573; *Plemp. pag.* 221: Tsedhsâb, Ruta. Ruta silvestris, *quae Peganum harmala Lin., agitur seorsim Avic. vet. cap.* 340 De Harmel; *Plemp. pag.* 133: Hharmal, Ruta silvestris.

§. 427: 7 *ACV*; nisi praeparetur frixione *Avic.*; fridatur *Z*; frigidatur *J et, qui ad marg. add.* frangitur, *P*; stringitur *L.* 8 -datur *CLV Edd.*

§. 428: 1 *Ita Alb. Autogr. Animal. lib. XXII cap. de Gali, Mustela; lib. XXIII de Falc. cap.* 20, 21, 23 *ibidemque cap.* 20 ruta agrestis *laudatur, quae lib V* §. 115 *reperitur*; rutha *L posteriore parte, CP Edd. plerumque*; ruca *V lib. II* §. 79 *et VI*, §. 149 *alias* ruta; — quidam dicunt et *C*; ut quidam dicunt et *Edd.* 2 *Om. AP Edd.* 3 est *V*; *om. L* et silv. 4 est autem *CPV Edd.* 5 *Om. L*; — cum vitro *Edd.*; — leporum *P pro* ceparum, *cui L addidit* et. 6 *Ubique omissum restitui ex Avic.* 7 autem *P*; cibi *om. A.* 8 venenosum *L.*

maxime de silvestri est perniciosum. Plurima autem alia[9] facit, diversis praeparationibus medicorum praeparata.

429 (*Rubia tinctorum Lin.*η) Rubea tinctorum est herba pontici[1] saporis, tingens in ruborem, quae abstergit cum aequalitate, et ponitur super[2] impetiginem et sanat eam, et cum aceto linitur etiam super morpheam albam et sanat eam, et mundificat cutem ab omni vestigio, et tantum provocat urinam, quod quandoque sanguinem mingere facit, et quando supponitur, provocat menstrua et eiicit foetum, et plura alia facit.

Capitulum XVII.

De sandice squilla squinanto stycados spinachia semine lini stafisagria scamonea scolopendria sysamo semurione solatro salomonica secacul sinapi semperviva silere montano saturegia salvia solsequio saxifraga spargula et satiria[1].

430 (*Isatis tinctoria Lin.*ϑ) Sandix est herba tinctorum, rubeam habens radicem, et folia fere sicut lactuca, nisi quod stri-

η) *Eadem certe planta est, quae lib. I* §. 179, *II* §. 79 Rubea major, *lib. VI* §. 86 Rubea *vocatur. De* rubea compestri *Alb. conf. pag.* 86 *not.* ϑ. *Sequuntur verba Avic. vet. cap.* 575; *Plemp. pag.* 242: Fuwa aldsabâghin, Rubia.

ϑ) *De planta vix dubito, quum et in Vocab. simpl. sub B* 31 sandix *Isatidis synonymum sit, additis quidem* saponariae *synonymis, et apud Matthaeum Sylvaticum legatur:* Sandax est herba, de qua tingitur blavus (*i. e. coeruleus*) color, *et eadem fere a Vinc. Bellov. lib. XXI cap.* 141: De Sandice *exhibeantur. Romanis pigmentum quoddam arte factum fuisse, nemo ignorat.*

§. 428: 9 folia *L.*

§. 429: 1 potili *Edd.*, potui *CP.* 2 supra *C*; — et salvat *P*; — et *pro* etiam *P Edd.*

§. 430: 1 De sandix *Z*; — squin. *atque* spinach. *om. P V ind. Edd.*; — scolop. et similibus incipientibus de S. *V ind.*, *om. ceteris*; — semur. *om. L*; — simul *C pro* silere; sponsa solis *A pro* solseq., *quod om. V*; — et satir. *om. L*; — solsequio etc. *P*, *om. sequent. et mutato ordine priorum:* salom. satur. salv.

ctiora sunt et acutiora, et sunt laevia plana. Et commolitur[2] rota dentata super eam circuente, et tunc adhibetur ad tincturam, per globulos confecta et arefacta.

(*Scilla maritima Lin.*) Squilla est herba, quae vocatur 431
cepa muris, eo quod interficit mures[ι]), et eius folia sunt sicut lilii, et est pungitiva acuta fortis, sed[1] decoctio et assatio ipsius frangunt eius fortitudinem. Cum autem assata est[2], tunc forma ipsius est sicut forma persici desiccati, et color eius citrinus declinans ad albedinem. Et quaedam species ipsius[3] est venenosa mortalis, et quidam putaverunt eam esse napellum, sed erraverunt. Quae autem bona est, est[4] boni odoris[κ]), splendida, in cuius sapore est dulcedo cum acuitate et amaritudine. Calida autem est et sicca, et est resolutiva, attractiva sanguinis ad exteriora et superfluitatum similiter, et est adustiva, ulcerativa[5], subtiliativa valde humorum grossorum, incisiva plus quam calefactiva, et ipsius acetum confortat corpus debile, et acquirit ei sanitatem. Et confirmat dentes motos, et confert foetori oris, et ejus comestio acuit visum. Incantator autem dicit[λ]), quod, si suspendatur super eum, qui habet splenem durum, quadraginta diebus, liquefacit splenem. Et confert hydropisi, et icteritiae et provocat urinam et menstrua, ita quod etiam provocat abortum. Dicit autem[6] incantator, quod, si suspendatur super portas, prohibet introitum venenosorum. Et est tyriaca[7] venenosis, et interficit ea.

Squinantum[1] est herba habens florem, qui et squinan- 432
tum vocatur. Et est duorum generum, campestre et aqua-

ι) *Avic. vet. cap.* 592; *Plemp. pag.* 33: Itskhil; *atque iterum cap.* 649; *Plemp. pag.* 231: Ondsol, Scilla, *ubi reperiuntur quae hic de foliis dicta sunt.* κ) colorem *laudat Avic.* λ) Et dicitur *Avic.*, *cujus magica praecepta et hic et paulo post* incantatori *tribuuntur, aeque ac in* §. 369.

§. 430: 2 commollitur *P*; et cum mollitur *V*; — tunc ad'etur *C*; adheretur *Edd.*; habetur *V*; adderetur *P*.
§. 431: 1 *V*; et *Reliq.*; — frangit *L*, *om.* ejus.; ips. frang. ipsius *P*. 2 fuerit *A*; — et calor *J*, *om.* desicc. 3 eius *L*; — ipsam *pro* eam *A*; — et errav. *Edd.* 4 *Om. Edd.* 5 *Om. J*; — valde *L unus profert.* 6 etiam *A P*. 7 causata *Z*; contraria *J*.
§. 432: 1 squinatum *J hic et infra.*

ticum, et venit de Arabia. Et una non habet fructum, altera (*Junci et Cyperacearum Lin. spec. variae*) habet fructum nigrum. Campestre autem arabicum (*Andropogon schoenanthus Lin.*) rubeum fortis odoris est melius in genere illo. Flos autem eius aliquantulum[2] declinat ad rubedinem, et cum finditur, fit purpureum, mordicans linguam, et adurens eam sua acuitate. Est autem frigidum totum, et eius radix est vehementioris stypticitatis, et eius flos calefacit parumper. Quidam autem dicunt, quod sit calidum et siccum[ν]). Et est stypticitas in ipso, et ideo confert flos eius fluxui sanguinis, ex quacunque causa sit[3]; et eius radix est resolutiva attractiva, et constringit naturam. Et in ipso sunt digestio et lenificatio, et aperit orificia venarum, et sedat dolores intrinsecos, et proprie in matrice, et resolvit[4] ventositates. Semen eius facit dormire, et stupefacit. Et multa alia bona[5] operatur praeparatum arte medicorum, de quo non est nobis intentio.

433 (*Lavandula stoechas Lin.*) Stycados[1] est herba habens spicam, sicut est spica ordei[ξ]), sed eius folia sunt longiora, et et ejus stipites sunt cineritii sicut in herba, quae vocatur epithimus[o]), et est herba carens semine. Acutus autem est stipes cum amaritudine pauca, compositus ex substantia terrea frigida et substantia ignea subtili. Est autem stycados calidus et siccus, et resolvit et subtiliat amaritudine sua, et aperit oppilationes, et abstergit, et in ipso est[2] stypticitas parva, et confortat corpus et viscera, et prohibet putrefactionem, et eius syrupus maxime confortat nervorum debilitatem, et ideo debilis in nervis

μ). *Dioscoridis capita de* Schoeno *et de* Schoeno palustri (*Junco*) *una conjunxit Avic. vet. cap.* 593; *Plemp. pag.* 34: Idschir, Juncus. ν) *Palustrem* frigidum, *arabicum* calidum *dixit Avic.* ξ) *Avic. vet. cap.* 596; *Plemp. pag.* 43: Isthochôdos, Stoechas. *Planta ad Dioscoridis verba descripta, quem* folia foliis Thymi longiora *dicentem Avic. non intellexit.* o) *Conf.* §. 330.

§. 432: 2 *Om L*; — findit *P*; funditur *Edd.*; infund. *L*; tunditur *A*; — adunans *V pro* adur. 3 fit *P*; — attriva *C.* 4 solvit *C.* 5 *Om. P*; — praeparata *A P*, *om. Edd.*; — qua *Codd. et Edd. praeter P.*
§. 433: 1 Sticad. *V paulo post.* 2 *Om. C Edd.*; — putrefactioni *V.*

eo assidue debet uti. Confert etiam herba haec[3] melancholiae et epilepsiae, sed turbat cholericum, et facit eum vomere, et facit sitim, et plura alia operatur.

(*Spinacia oleracea Lin.*) Spinachia vocantur folia her- 434 bae, quae est sicut borago, nisi quod est spinosa. Et est semen eius valde spinosum, et flos eius sicut plantaginis[π]). Et est frigida et humida[ρ]). Est autem lenificativa herba haec, et melius facit nutrimentum quam crisolocanna hoc[1] est atriplicis. Est autem in hac herba virtus abstersiva lavativa[2], et vincunt folia choleram. Sed forte stomachus terretur[3] a iure ipsorum, et ideo auferri debent a iure suo, et per se comedi. Conferunt autem anhelitui[4] et pulmoni calido, et conferunt sanguineis dorsi doloribus, et leniunt ventrem.

(*Linum usitatissimum Lin.*) Semen lini satis scitur[σ]). 435 Linum enim est herba stipite alto, foliis in stipite parvis, pulcherrimae et lucidae viriditatis, flore azurino. Et semen suum profert in nodis pyramidalibus, et habet distinctiones ordinatas in nodi sillis[1] per venas et cavernulas, in quibus est semen illud. Est autem virtus huius seminis proxima[2] foenugraeci[τ]). Est autem calidum et aequale inter humidum et siccum. Et ipsum semen est rubeum tenue, sicut compressa pyramis. Et licet naturaliter sit aequale inter humidum et siccum, tamen in ipso est humiditas superflua. Est autem maturativum abstersivum, et inflativum propter suam humiditatem, et est sedativum dolorum, minus tamen quam camomilla. Lenit autem apostemata calida interiora et exteriora, prohibet spasmum, et proprie[3] contractionem unguium cum

π) *E conj. scripsi post* boraginis *Codd.* (borrag. *A*); *quam lectionem aperte falsam correctura leviore in veram commutatam esse vix dubitaveris.* ρ) *Avic. vet. cap.* 599; *Plemp. pag.* 60: Itsfanach, Spinaceum olus. σ) *Redit Animal. lib. XXII cap. de Cane, de Equo; lib. XXIII cap. de Cardueli.* τ) *Avic. vet. cap.* 601; *Plemp. pag.* 85: Bezr kettân, Sem. lini.

§. 433: 3 *Om. L*; *om. J* facit .. et.
§. 434: 1 hec *Edd.* 2 laxativa *J*; — folia ejus chol. *A.* 3 teretur *Edd.* 4 anhelitum *J.*
§. 435: 1 *Om. A C*; — semen illius *V.* 2 ·mi *L*; — fenugreco *V.* 3 precipue contra contract. *J*; — unguinum *C.*

aqua et melle permixtum, et est malum stomacho, et est digestionis difficilis et pauci nutrimenti, et multa alia operatur.

436 (*Delphinium staphisagria Lin.*) Stafisagria[1] alio nomine dicitur uva passa montana. Et est granum nigrum sicut cicer nigrum, sed est minus illo; et in monte Libano invenitur de ea plurimum[2]. Est autem calida et sicca, adustiva in operatione, et corrosiva et acris in gustu. Interficit pediculos, praecipue cum arsenico, propter quod etiam[3] herba pedicularis vocatur. Masticatur ad extrahendum phlegma de cerebro et dentibus, et cum bibuntur ex ea quindecim grana cum mellicrato, facit vomere chymum crudum viscosum. Sed in bibitione eius est timor, nisi fuerit cum rectificantibus, et in quantitate temperata[4], quia ulcerat vesicam: sed cum fuerit rectificata, mundat eandem. In aceto autem cocta, et colluto ore cum[5] ea, curat dolores dentium.

437 (*Convolvuli Lin. species.*[φ]) Scamonea[1] est succus volubilis cuiusdam, cuius virtus durat per triginta annos. Melior autem est et efficacior, quae est varia, ad albedinem declinans, et est, quasi sit fragmentum[2] ostraci, et est pulverizabilis facile et velociter solubilis, quae, cum resolvitur in aqua[3], facit eam sicut lac. Et melior quidem et tutior est, cum assatur[4] in pomo, et cum qua aliquid miscetur apii, quoniam tunc removetur eius malitia. Quandoque autem assata[5] in pomo permiscetur cum aniso et dauco et solvitur cum oleo amigdalino. Est autem calida et sicca, et est caliditas

v) *Avic. vet. cap.* 617; *Plemp. pag.* 196: Miubezegi, Staphis agria.

φ) *Avic. vet. cap.* 631; *Plemp. pag.* 217: Tsakhmunîa, Scammonium. *Quod nunc Convolvulacearum nunc Asclepiadearum nunc Apocynearum orientalium resinam esse Clamor Marquart in Archiv der Pharmac. Tom.* 7 *et* 10 *docuit.*

§. 436: 1 *Ita et uno loco* stafysagria *Alb. Autogr. Animal. lib. XXIII de Falc. cap.* 18 - 21, 23, *lib. XXVI cap. de Pediculo* (*ubi Ed. saepius* saxifragia); — scaphisa *V ind. in argum.*; — passa *om. Edd.* 2 -rima *C Edd.* 3 *Om. V*; hec *add. Edd.* 4 *Om. C.* 5 ter *Edd.*

§. 437: 1 Scamonia *L lib. V* §. 75. 2 fracment. ostiri *A*; ostrati *L Edd.* 3 aquam *V.* 4 assat *J*; — aliquid *L unus offert*; admisc. *Edd. et*, *om.* qua, *C*; commisc. semen apii *A*; apium *J*; cum qua miscetur aqua apii *Avic.*, *unde fortasse legendum est* aqua *pro* aliquid. 5 assa *L.*

eius[6] maior sua stypticitate, et in ipsa est abstersio et resolutio, et est inimica stomacho et hepati. Mundificat autem[7] morpheam et albaras et pannum. Est autem ex eis, quae nocent cordi, licet emplastrata super caput[8] et iuncturas conferat dolori utriusque. Est autem conturbativa, et facit nauseam, et destruit appetitum cibi, et facit sitim. Solvendo autem educit choleram fortiter. Et[9] ipsa etiam nocet intestinis, et supponitur ad abortum, et interficit foetum; et in his tamen variatur secundum diversitatem regionum; et alia multa operatur, praeparata studio medicorum.

(*Scolopendrium officinarum Lin.*) Scolopendria[1] apud 438
nos est ea, quae dicitur lingua cervina, quae est frigida et humida, habens folia longa, lineis per transversum distincta, quae sunt coloris[2] paleae, quasi sint de substantia sicca terrea in superficie folii natante et exsiccata. Sed Avicenna dicit, quod scolopendriam quidam dicunt esse plantam petrosam, quae nascitur in locis, ubi plurimi sunt fontes[3]; et alii dixerunt, quod est species squillae; et tertii dixerunt, quod non est squilla, sed herba per se χ). Secundum Arabes autem est herba, quae est calida et[4] sicca, cuius operatio est subtiliare, resolvere sine plurima caliditate, et in hoc[5] magnifice confert spleni et singultui et[6] ictericiae. Frangit etiam lapidem in renibus et vesica. Incantator etiam dicit ψ), quod suspensa super[7] mulierem, impedit impraegnationem.

(*Sesamum orientale Lin.*) Sysamum[1] est herba, et semen 439

χ) et dicitur aliud *Avic. vet. cap.* 633; Alii aliud ajunt *Plemp. pag.* 219: Tsokhulufenderîun, Scolop. ψ) *Conf. pag.* 561 *not.* λ.

§. 437: 6 sua *A*; — maior s. siccitate *A et Avic.* 7 *L*; tamen *Reliq.*; — morpheas *C*; — et alboras *V*. 8 super membra *A*. 9 *L*, *om. Reliq.*; — variat *A*; diversificatur *Avic.*

§. 438: 1 Scalop. *L ubique*; — que vocatur *A*. 2 -lores *J*; — subst. terre sicca *L*. 3 forices *C Edd.* 4 *Om. L* cal. et. 5 *L*; hec *Reliq.* 6 *Om. A Edd.*; — lapides *L*. 7 *L*; in *Reliq.*; — prohibet et imped. *V*.

§. 439: 1 *Ita Alb. Autogr. Animal. lib. XXIII de Falc. cap.* 18, *et alio loco* ossa sysamina, *sed ibid. lib. I tract. II cap.* 1: sisam̄ est quoddam semen parvum; — syzam̄um *postea vero* sisam̄i, *et in argum.* sizamo *L*; sisamo *A P Edd. in argum.*; *et postea semel C V*; sys. *Codd. et Edd.*; — *om. V Edd.* sem. eius. Sed.

eius. Sed semen eius est pluris unctuositatis quam aliquod aliorum seminum ω), et ideo facile fit rancidum. Dixerunt autem quidam, quod oleum eius non confert ad impinguationem et humectationem, nisi[2] melancholicis. Est autem semen, quod vocatur ersimum[3], species quaedam sysami abominabilis saporis α). In utroque tamen corpus ipsius grani fortius est oleo ipsius. Est autem calidum parum[4] et humidum plus, non tamen multum ultra temperamentum. Et est glutinativum et[5] lenificativum aequalis calefactionis, et similiter oleum eius et decoctio eius; est etiam mollificativum, est tamen[6] oleum eius ingrossativum, sed cum torretur, minoratur vel tollitur hoc nocumentum; resolvit livorem percussionis, et sanguinem congelatum[7], et cum excorticatur semen eius, est impinguativum et prolongat capillos et lenit eos; et quando in oleo eius decoquitur mirtus[8], con-
440 servat capillos, et facit eos fortes et duros. Est autem malum stomacho, faciens nauseam, et prosternit desiderium, eo quod satiat[1] velociter. Sed quando comeditur cum melle, removetur eius malitia, et est tardae digestionis, et mollificat viscera, et eius nutrimentum est valde unctuosum, et facit sitim, et velociter descendit, quando est cum cortice, et cum excorticatur, tardatur eius descensio. Confert intestino colon[2], et infusio quidem sysami est vehemens in provocatione menstruorum, adeo quod eiicit foetum. Et quando frigitur[3] et comeditur cum semine papaveris et semine lini eiusdem quantitatis, auget sperma et provocat coitum.

441 Semurion β) est apium silvestre, et de ipso[1] prosecuti sumus.

ω) *Avic. vet. cap.* 645; *Plemp. pag.* 226: Tsimtsim, Sesamum. α) *Est Avic. judicium de Dioscoridis, ni fallor,* Erysimo, *quod pro Sisymbrio polycerato habetur. M.* β) *Avic. vet. cap.* 648: De Semurion; *Plemp. pag.* 229:

§. 439: 2 in *add. Edd.* 3 ersymum *C Edd.*; exsimum *V*; — sp. quaed. balsami *L.* 4 parvum *V.* 5 *Om. A.* 6 autem *V*; — sed cum corticatur *A.* 7 congelat *A*; — eius *om. A C L Edd.*
§. 440: 1 faciat *CL.* 2 colori *A.* 3 figitur *L.*
§. 441: 1 eo *A.*

(*Solanum Lin.*) Solatrum[1] est herba nota, habens folia 442
multum viridia, et habet semen, ac si esset uva, propter quod etiam a quibusdam uva lupi vocatur. Est autem multarum specierum, tamen[2] apud nos folia per omnia sunt similia, et crus eius non magnum, et[3] crescit in locis duris umbrosis. Uva autem eius invenitur duorum modorum, citrina videlicet (*aut S. villosum Lam. aut miniatum aut humile Bernh.*) et nigra (*S. nigrum Lin.*). Est autem frigidum et siccum, stupefactivum et infrigidativum$^{\gamma}$). Quoddam autem genus eius facit somnum, et stupefacit sicut opium, sed[4] est debilius, et invenitur quoddam quod est mortificans.
Emplastratum[1] autem valet apostematibus calidis tam 443
intrinsecis quam extrinsecis; et aqua eius valet posita super erysipelam et formicam, et cortex radicis eius est vehementis exsiccationis; si tamen nimis[2] bibatur ex aqua eius, inducit maniam; si autem bibatur de radice eius parum[3] cum vino, attrahit somnum. Sanat aqua eius etiam fistulas oculi. Omnes autem species quando supponuntur[4], abscidunt fluxum menstruorum, et infrigidant, et prohibent pollutionem, et plurima facit alia.

Salomonica[1] est herba Salomonis, quae invenitur in 444
montibus Spahan[2]. Est similis aneto humido, et folia eius sunt sicut malvae, et pomula eius valde parvula, et

Tsemnrniûn; Smyrnium. — *Unde corrigendae videntur Codd. lectiones:* semarion *A*, samireon *C*, samirion *LPVZ*, samition *J*; *in argum.* semarione *A*, samysione *V*, samirione *C*, satyrione *Edd.*, *om. L P. Conf.* §. 281.
γ) *Avic. vet. cap.* 650; *Plemp. pag.* 232: Inab althsaaleb. δ) *Avic. vet. cap.* 578: De rehan salomonica; *Plemp. pag.* 267: Rihhân, Tsolîmân, Ocimum caryophyllatum. *Planta jam Avicennae dubia fuit, quam volubilem ab aliis, ocymum caryophyllatum* (gjemtsafram) *ab aliis habitam commemoravit, Ocimum basilicum Lin. censet Sontheimer ad Ibn Baithar. Laudantur montes prope* Ispahan Persiae, *non* Hispaniae, *ut Math. Sylvaticus putavit* (*voce* Salamonica), *qui certe lectione* Saphan (*CP V*), *quod est* Hispaniae *nomen, deceptus fuit.* Saphari *A Edd.*

§. 442: 1 solacri *V lib. III* §. 15; — rara *V pro* virid. 2 cum *CLP Edd.* 3 *Om. L*; — una *J pro* Uva. 4 et *Edd.*
§. 443: 1 emplastrum *Edd.* 2 minus *P Edd.* 3 *Om A.* 4 ponunt. *L.*
§. 444: 1 Salamon. *C.* 2 *Om. Edd.*; sunt *add. A*; — involvuntur *A.*

involvitur in circuitu super arbores sicut volubilis. Est autem subtilis in effectu, exsiccativa et[3] resolutiva, confert erysipelae et podagrae propric linita cum aceto, et linitur super puncturam scorpionis.

445 (*Pastinaca secacul Russ.*) Secacul[1] est herba, quae est species yringi (*Eryngium ? campestre Lin.*), habens acutas spinas, et quaeritur in pastum asini, et crescit in[2] duris aridis iuxta vias. Est autem calidus et humidus, movens ad coitum[ε]).

446 (*Brassica nigra Koch.*) Sinapis[1] est olus notùm, parvi seminis et magni et ramosi oleris, foliis non multum latis. Est[2] autem calida et sicca[ζ]). Incidit autem phlegma, et oleum eius calidius est oleo raphani, et fugiunt ex fumo eius vermes venenosi. Et est silvestris et hortulana. Sed silvestris[η]) generat humorem malum, et abstergit et resolvit; sed in cibis hominum sunt folia eius et radices elixata. Mundificat[3] autem faciem, et aufert occultationes et vestigia sanguinis mortui; et emplastrum[ϑ]) est sorditiei bonum, et exsiccat linguam et confert alopeciae. Dixerunt etiam quidam, quod, si bibatur a ieiuno, intellectum efficit bonum. Et purgat cerebrum[4], turbat pectus, confert praefocationi matricis, et facit desiderium coitus, et alia multa praeparatum et commixtum diversis medicamentis.

447 (*Vinca minor Lin.*) Semperviva[ι]) dicitur alio nomine pervinca, quae ideo semperviva dicitur, quia in hieme eandem, quam in aestate habuit, retinet viriditatem. Expanditur autem

ε) *Avic. vet. cap.* 667; *Plemp. pag.* 278: Sjekhâkhul, Secacul. ζ) *Avic. vet. cap.* 678; *Plemp. pag.* 295: Chardal, Sinapis. η) *Dubia Avic. planta.* ϑ) silvestris *add. Avic.* ι) *Animal. lib. XXII cap. de Equo redit nomen, quando alias* barbae jovis, §. 288, *synonymum est. Ab Alberto vero hic ut saepius nomen germanicum* Immergrün *latine redditum videtur.*

§. 444: 3 *LP*; *om. Reliq.*

§. 445: 1 seracul *C*, seracus *A Edd.*, seracia *V*; *atque in argum.*: serato *A*, seracia *V*, secatia *Edd.*; — iringi *A*, hyringi *Edd.* 2 in locis duris *A*; in dur. terris *L*; — aridis *om. P.*

§. 446: 1 Sinapis *Alb. Autogr. Animal. lib. XXII cap. de Damma*; synapis *P*, *in argum. C V Z*, *lib. III* §. 83 *L Z*; *lib. V* §. 114 *C L P V*; — et ramos *C*; — et oleris *V*. 2 et *C*. 3 mundat *L*; — occultationem *Avic. vet.* 4 et *add. L*; — et desideriis, *om.* facit, *Edd.*; — multa operatur *add. A P.*

super terram longis costis, et in foliis est similis buxo, nisi quod
folium eius est maius et spissius et viridius[1]. Est autem frigida
et sicca herba ista.
(*Laserpitium siler Lin.*) Siler montanum[1] est herba sicut 448
feniculum, et folia eius fere sunt sicut folia valerianae, et[2] se-
men eius maius est semine feniculi; et est eiusdem figurae fere
et[3] quasi earundem proprietatum. Est autem calidum et sic-
cum. Dicunt autem, quod hoc caprae et quaedam alia animalia
comedunt, quando coire volunt, et statim concipiunt[ϰ]).
(*Satureja hortensis Lin.*) Saturegia[1] est herba habens 449
folia sicut ysopus, sed stipitem habet[2] breviorem et ramosiorem,
florem azurinum albescentem aliquantulum. Et est calida et
humida, provocans venerem[λ]).
Salvia est duplex, silvestris[1] et domestica[μ]). Virtus 450
autem domesticae (*Salvia domestica Lin.*) est in foliis, et sil-
vestris est in radice. Silvestris autem[2] salvia (*Teucrium sco-
rodonia Lin.*[ν]) alio nomine dicitur ambrosia deorum, eo quod,
sicut tradunt fabulae, dii facti sunt immortales ex eius come-
stione. Salviae autem est folium magnum respectu[3] suae quan-

ϰ) *Redit haec planta Animal. lib. XXIII de Falc. cap.* 21, *et eadem esse videtur, de qua lib. XXII cap. de Cervo, in Autogr. haec leguntur:* femine herbe silesys (!) vocate uterum per esum preparant, ut facilius concipiant. *Nam* siscleos *synonymum fecerunt* silerem *et Plat. lit. S cap.* 11 *et alii et Avic. vet. cap.* 629 Siseleos, *Plemp. pag.* 216: Tsitsalîuts, Seseli. *Fabulae ansam dederunt Dioscoridis lib. III cap.* 53 De Seseli massiliensi *verba:* Ceterum ad partum adjuvandum capris ceterisque pecudibus datur in potu, *quae apud Avic. haec sunt:* datur in potu animalibus et multiplicat partus ipsorum. *Fontem unde Albertus hauserit non reperimus.* λ) *Isid lib. XVII cap.* 9 §. 42: pronos facit in venerem, *unde rejicienda lectio:* ventrem *LP.* μ) *Albertus Plat. lit. S cap.* 34 *secutus esse videtur, qui tamen salviam silvestrem* eupatorium *neque vero de radicibus dixit.* ν) *Proposui quam autores omnes fere* salviam agrestem, *Francus in Flora Francia* (Edit. I Argentor. 1685) *etiam:* ambrosianam, ambrosiam male aliis, *dixerunt.*

§. 447: 1 nitidius *CP Edd.*
§. 448: 1 selemont *L*, sycere mont. *V in argum.* 2 *L*; sed *Reliq.*, *qui om.* et folia ..... valer. 3 *Edd.*; et *om. A*; et fere quasi *Reliq.*
§. 449: 1 *Sic Alb. Autogr. Animal. lib. XXIII de Falc. cap.* 20, 21 *et Codd. hic, in argum. vero* -reya *V;* -rica *C*, -rea *Edd.*; -reia *L*, *quod hic Edd.* 2 habent *A.*
§. 450: 1 *Alb. Animal. lib. XXII cap. de Castore, lib. XIII de Falc. cap.* 21 *et Codd.*; salivia *C lib. VII* §. 121;— dupl. est *P*;— silvestris *M. e conj. pro* ortensis *Codd. et Edd.* 2 enim *L.* 3 *Om. C*;— habens ramum *Edd. pro* respectu;— aspersum *AP Edd.*

titatis, et asperum et rugosum, et flos eius est azurinus. Sed virtus germinis eius magis est in ramulis eius quam in semine, et dicitur, quod frequenter arescit, postquam semen protulerit[4]: et ideo decerpuntur flores eius, ne germinet. Est autem calida et sicca, consumens et confortans, et confert paraliticis et epilepticis. Bufo etiam delectatur radice salviae et foliis eius, sed fugatur complantatione[5] rutae cum salvia.

451 (*Calendula officinalis Lin.*[ξ]) Sponsa solis sive solsequium est herba habens folia spissa, sed non magna, florem citrinum[1], qui claudit se sole occidente, et aperit oriente. Frigida et humida est[2]. Trita confert morsui venenatorum, posita super vulnus. Sed succus eius confert oppilationibus splenis et hepatis.

452 (?*Pimpinella saxifraga Lin.*[ο]) Saxifraga[1] est herba parvula, in arenosis locis nascens, calida et sicca, frangens lapidem in renibus et in vesica, quando sumitur. Radix eius confert etiam iliacis, sumpta in sorbello ovi.

453 (?*Spergula arvensis Lin.*[π]) Spargula[1] est herba longos habens stipites cum foliis valde strictis[2], sicut sunt folia pini, sed sunt mollia; et est stipes[3] eius rubeus. Et est frigida et

ξ) *Hic Alb. Thomae Cantiprat, lib. XII cap.* 26, *quod omissis tantum verbis*, ut dicit Platearius, *verbotenus fere receperat, non Platearii plantae, quae est* Cicorea §. 321, *sed alii plantae tribuit, de qua synonyma Vocabularii simpl.* Kalendula, solsequium majus, aureola, Gardryngele *nos certiores faciunt.* ο) *Alb. iterum Thomae Cantipr. lib. XII caput* 27 *omissis verbis*: ut dicit Platearius, *integrum recepit. Planta quae sit diu dubitavimus et Meyer et ipse. Nec hodie alia nominis determinandi ratio mihi est, nisi verba illa lib. IV* §. 64, *quibus arenosa Germaniae borealis loca, quae Digitariam Festucam ovinam aliaque graminula cum miseris* Saxifragae *nostrae plantulis alunt, egregie descripta esse, persuasum habeo.* π) *Quam et nominis et foliorum mollium causa e gregre similium Alsinearum Paronchiearum Scleranthearum aliarum ut exemplar hic proposuimus.*

§. 450: 4 *L*; -tulit *Reliq.*; — germinent *A Edd.* 5 cum plant. *A.*

§. 451: 1 habens *repetunt C V Edd.*; — occid. sole *Edd.*; — aperit sole *Edd.*; aperit se *A P.* 2 *Om. A P.*

§. 452: 1 *Ita Alb. Autogr. Animal. lib. XXII cap. de Equo, lib. XXIII de Falc. cap.* 19, 21 (*nec aliis locis ubi* saxifragiam *pro* staphisagria *posuit Ed.*); *hic* saxifragia *Edd.*; -fragium *L.*

§. 453: 1 *Hic:* Sperg. *A J L et in marg. P nec* §. 326, Sp_g. *P in text., C V*; — herba est *C*; herba *om. Edd.*; — longa *P.* 2 disticis *L* = distichis, *quod e praecedente* valde *fortasse ortum, genuinum vix habuerim* 3 stipticitas *C.*

sicca, valens contra fistulam per modum superius dictum de canuca.

(*Orchis mascula Lin.*) Satiria[1] est herba, quae folia habet fere sicut lanceola, sed sunt guttata nigris guttis; et stipitem suum altius erigit, qui[2] tamen est gracilis; et in ipso stipite profert florem iacinctinum, occupantem superiorem partem stipitis eius, ita quod multi flores eius simul sunt. Radicem habet inferius divisam[3] in duos nodulos, qui sunt sicut grana cucurbitae nisi quod sunt breviora. Et maior[4] et plenior ex illis excitat multum venerem; alter autem impedit eam[ρ]): et ideo etiam satiria vocatur. 454

Capitulum XVIII.

De tubere tapsia thimo testiculo vulpis et testiculo canis[1].

(*Tuber cibarium Pers. et alii fungi subterranei.*) Tuber est genus fungi. Et componuntur[2] ex substantia terrea plus, et ex substantia aquea minus[σ]); et in ipsis est aëritas et subtilitas pauca; et sunt privati sapore omnes tuberes, et in hoc differunt a fungis. Meliores autem sunt arenosi albi, in quibus non est odor malus, et sicci deteriores sunt humidis; illi etiam, qui decorticantur et scinduntur cum cultello[3], et tunc elixantur cum aqua et sale, et postea coquuntur cum oleo et speciebus condientibus, sunt meliores. Deterius tamen in illo genere est fungus sub arbore natus, ut diximus superius, et qui nascitur in terra mala infecta putredine. Sunt[4] tuberes grossi 455

ρ) *Cujus rei autoritas nos effugit.* σ) *Avic. vet. cap.* 692; *Plemp. pag.* 169: Kema, Tuber.

§. 454: 1 satyria *V in arg., Edd. ubique*; — sunt guttaga *C.* 2 et *A*; — confert *V.* 3 etiam *addit L.* 4 breviora et majora. Et *A P*; lenior *A.*

§. 455: 1 *Om. P* et test. can. 2 -nitur *V*; — *om. A* et in ipsis .... pauca. 3 cum cult. *L profert unus.* 4 autem *add. A*; — valde *om. P Edd.*

valde, et praebent nutrimentum grossum melancholicum. Eorum autem tyriaca est vinum purum, et species condientes eos: cum vino enim et speciebus elixati, et postea assati, generant nutrimentum[5] grossum non malum; sed tamen remanent insipidi. Timetur autem[6] ex comestione eorum paralysis et apoplexia. Sed eorum aqua, sicut est, abstergit oculum, sicut dicit Mahometh[7] medicus. Sunt tardae digestionis, impedientia[τ]) et gravantia stomachum, et faciunt incurrere colicam et difficultatem urinae.

456 Tapsia[υ]) est herba trutanorum[1]. Contrita enim facit inflari faciem et corpus, ac si homo esset leprosus; et curatur fricatione panni in aceto infusi[2], aut succo sempervivae, aut cum unguento, quod vocatur populeon.

457 (*Thymus vulgaris Lin.*) Thimon sive thimus[1] est herba parvis foliis et parvo stipite, cuius odor est fere sicut serpilli, et semen eius fortis est caliditatis[φ]). Provocat autem[2] et educit embryonem mortuum, et solutione educit sanguinem et humorem cholericum. Extrahit etiam vermes et ascarides.

458 (*Orchidearum Lin. spec.*[χ]) Testiculus vulpis[1], ut videtur Avicenna velle, est quaedam species satiriae, de cuius[2] figura

τ) *Alb. hic Avicennam vet. secutus* tubera *neutra exhibuit, quos antea* tuberes *dixerat.* υ) *Pro* Thapsia *veterum medio aevo plantae diversissimae venditabantur, tum Umbelliferae, tum Euphorbiaceae. Quamnam Alb. intellexerit, incertum est. Gummi rutae agrestis habetur ab Avic. vet. cap.* 704: De tefisie; *Plemp. pag.* 288: Taftsiâ, Thapsia. Trutani *autore Dufresne sunt ignavi, qui per provincias passim vagantes mendaciis ac strophis suis omnibus illudunt.* φ) *Avic. vet. cap.* 708; *Plemp. pag.* 292: Thsumun, Thymus. χ) *Specierum huc facientium frequentissima in Germania est Platanthera bifolia Richard. Nec satis constat de planta Avic. vet. cap.* 711; *Plemp. pag.* 296: Chodsa althsaaleb. Satyrium. *De* satiria *conf.* §. 454.

§. 455: 5 vel humorem *add. A.* 6 *Om. P.* 7 -meth *P*; -met *V*; -mech *Reliq. scripsisse videntur*; Machomech *A*; Musaia *Avic.* — Sunt autem *add. A.*

§. 456: 1 -tannorum *Edd.* 2 *Om. P* in ac. inf.

§. 457: 1 thimo s. thimius *L*; chimon s. chimis *C*; — tymo *P in argum.* Tymum (tunum *Ed.*) enim flos vocatur *Alb. Autogr. Animal. lib. XXIV cap. de Timallo* (Tunallus *Ed.*); — fere *om. V*; — eius *om. C.* 2 etiam *Edd.*

§. 458: 1 wolpis *V ind.* 2 satiric decus *V*; sat de qua supra *A*; — fig. *L*, specie *Reliq.*

supra dictum est. Illa autem species, quae proprie vocatur testiculus vulpis, est bona in gustu et dulcis. Natura autem est hic testiculus calidus et humidus, et ratione loci est in ipso humiditas superflua. Confert autem[3] spasmo et tetano, quae sunt in dorso et posterioribus, et[4] paralysi. Facit autem cum vino sumptus appetitum coitus, et adiuvat ad ipsum, et in hoc stat[5] loco stinci[ψ]).

(*Orchis militaris Lin.*) Testiculus etiam canis est alia 459
species satiriae, et est in foliis et stipite sicut testiculus vulpis[ω]), et radix istius[1] est duorum modorum: habet enim unum globum superius, et alterum inferius; et unus est mollis, et alter est plenus, et in illo est humiditas superflua. Et est calidus et humidus, resolutivus apostematum, et mundificativus vulnerum, et prohibitivus dilatationis[2] formicarum, et aperitivus fistularum, et incarnativus; et si ante coitum mas[3] sumat maiorem testem, id, quod concipitur ex coitu, fit frequentius masculus; si autem femina[4] sumat minorem, et concipiat, quod conceptum est, fit magis femina. Dicitur autem, quod maior auget coitum, siccus[5] autem abscidit ipsum: et sic uterque amborum destruit operationem alterius.

ψ) *Est Scincus officinalis Laur.* ω) *Avic. vet. cap.* 712; *Plemp. pag.* 296: Chodsa alkelb, Cynosorchis.

§. 458: 3 etiam *Edd.* 4 *A P Avic.*; ex *Reliq.* 5 in *add. L*, *quod expunxit V*; — loco struci *C.*
§. 459: 1 illius *V.* 2 *Ex Avic.*; dilationes *Codd. et Edd.* 3 quis *A*, vir *Avic.* 4 *om. A Edd.*; mulier *Avic.* 5 *A Avic.*; succus *CLP V Edd.*; — et si — destruit sic *Edd.*; — operaciones *V.*

Capitulum XIX.

De urtica viola volubili virga pastoris vena tinctorum ungula caballina verbena et vicia[1].

460 (*Urtica et Lamium Lin.*) Urtica est herba[2] tres habens species apud nos. Quaedam enim est urtica mortua, et quaedam viva. Viva autem est urtica communis (*U. dioica Lin.*) quae maior est,
461 et urtica graeca[α]) (*U. urens Lin.*), quae minor est. Est autem mortua per omnia in figura et colore similis urticae maiori, nisi quod non[1] adurit, neque est tantae quantitatis. Et mortua[2] (*L. album Lin.*) habet stipitem quadratum et florem album, et profert eum in quolibet loco stipitis sui; sed sub flore semper sunt folia duo, aut etiam duo rami urticae, et in tali loco rami per circuitum profert multos flores in quatuor lateribus stipitis, sed[3] nullum in angulis. Folia autem sunt magna, et stipes efficitur altus, et habet pilos quosdam sicut lanugines, sed raros. Urtica autem minor est mortua (*L. purpureum Lin.*), quae non adurit, sed tamen habet odorem siccum stypticum, trahentem ad ponticitatem[4]. Quod autem non adurit, ideo est, quia est[5] frigida.
462 Graeca vero[1] est parva stipite et foliis, et multo plus adurit quam magna. Vim autem urendi[2] utraque magis habet in foliis, et deinde in stipite: sed cum conteritur utraque, amittunt adustionem propter humorem. Est autem semen valde parvum et minutum, quasi in foliis quibusdam urticae alligatum: emittit enim[3] filum quoddam ad longitudinem duorum digitorum aut palmi aliquando, et[4] in illo sunt semina, ac si filum sit tractum per illa. Duas autem[5] habet pelles, interiorem et exteriorem: et illae

α) *Redit Alb. Autogr. Animal. lib. XXIII de Falc. cap.* 18, 23, *de Gallo*; *lib. XXII cap. de Equo*: urt. greca, succus (siccus *Ed.*) urt., urticarum syme, que sunt circa stipitem.

§. 460: 1 virga past. *post* tinct. *repetens om. P* verb. et vicia; — ,tinct. et similibus incipientibus de V. *V ind.* 2 *Om. P*; duas *Edd. pro* tres. *Enumerantur autem* quatuor, *quod an scripserit Alb.?*

§. 461: 1 *Om. P.* 2 *M. e conj.*; utraque *Codd. et Edd.*, *male quum hic de floribus albis alterius postea de amentis alterius loquatur.* 3 *Om. C.* 4 stipticit *P.* 5 *Om. L.*

§. 462: 1 autem *L.* 2 adurendi *V*; — et *om. L*; — sed tamen cum teritur *V*; convertitur *A*; — amittit *L recte fortasse.* 3 aliquando *add. V.* 4 eciam *V*; — in illa *A*; — fil. esset *V.* 5 *Om. Edd.*

sunt, ex quibus est operatio, sicut ex lino et canabo; sed interior pars est terrestris, et illa comminuibilis est, et non filabilis in pannum. Sed pannus urticae pruritum excitat, quod non facit pannus lini vel canabi. Est autem urtica calida et sicca[β]); 463
sed semen eius[1] minus habet caliditatis quam ipsa. In operationibus autem est attractiva ulcerativa[2] resolutiva cum virtute adurente. Quidam tamen dicunt, caliditatem eius non esse adurentem, sed fortiter abstersivam et aperitivam. Et in ipsa quidem non est mordicatio[3] fortis, et quando coquitur cum carne, caro impedit eius operationes. Rumpit apostemata, et confert eis[4]. Semen autem eius et cinis emplastrata conferunt cancro et ulceribus, quae fiunt ex morsu canis, et praecipue cum sale. Folia autem[5] eius contrita abscidunt fluxum sanguinis ex[6] naribus, et semen eius confert stricturae narium, et aperit oppilationes fortiter: et[7] ex semine eius factum emplastrum facit facilem dentium eradicationem. Cum aqua ordei decocta folia eius mundificant pectus, educendo humores grossos; semen tamen[8] in removendo asthmate est fortius. Excitat coitum, et praecipue semen eius cum vino, et aperit orificium[9] matricis, ut facile sperma recipiat. Idem autem operatur comesta cum cepis et ovis. Supposita autem urtica cum ruta[γ]) provocat menstrua, et aperit matricem. Folia etiam[10] eius recentia loco emplastri posita reducunt matricem exeuntem. Solvit etiam ventrem tam ipsa quam semen eius decorticatum et bibitum in vino, et multa alia operatur admiranda[11].

(*Viola odorata Lin.*) Viola[δ]) est herba habens[1] folia multa 464
ex sua radice, lata quidem proportione suae quantitatis, et magni viroris et obscuri. Florem autem[2] habet azurinum, et semen

β) *Avic. vet. cap.* 719; *Plemp. pag.* 50: Angjora, Urtica. γ) cum myrrha *Avic.* δ) Syrupus violaceus *laudatur Alb. Animal. lib. XXIII de Falc. cap.* 21.

§. 463: 1 est *add. V.* 2 *Om. ACP Edd.*; — non *pro* cum *AC Edd.* 3 inordinat. *Edd.* 4 *Om. L.* 5 *L*; etiam *Reliq.* 6 e *Edd.*; — ejus *om. L.* 7 *Om. A*; — factum *om. L.* 8 ejus *add. A.* 9 -cia *Edd.* 10 autem *L.* 11 ad mirandum *L.*
§. 464: 1 *Om. J.* 2 *Om. Edd.*

eius collectum est[3] in panniculo sine distinctione et ordine, et est lucentis albedinis fere sicut milium, nisi quod minus est, et aliquantulum magis oblongum. Sunt autem vicinae operationis radix et[4] herba et flos: omnia enim haec sunt frigida et humida[ε]). Quidam etiam[5] tradiderunt, ipsam esse calidam: sed non est dubium, quin folia eius sint frigida. Generativa autem est aequalis sanguinis, confert apostematibus, sedat dolores capitis odorata et linita. Valet pectori et[6] pleuresi, confert inflationi stomachi, solvendo educit choleram, et praecipue sicca, et syrupus lenit naturam cum facilitate, et confert eminentiae ani, et alia multa laudabilia operatur praeparata studio medicorum.

465 (*Convolvulus sepium Lin.*) Volubilis est herba foliis moderatis, quae sunt nitida[1] aliquantulum, et lucidae viriditatis; et est longa valde involvens se super plantas sibi vicinas[2] et ipsas operiens. Est autem parum declinans ad caliditatem[ζ]), et habet plurimum siccitatis, quod ostendit eius tortura, et est lenificativa. Est autem resolutiva et aperitiva[3]. Quaedam autem est species eius, quae vocatur funis[4] pauperum[η]), et haec terrestris est et[5] aquea, habens ex terreitate sua constrictionem et ex aqueitate lenitionem et mundificationem. Est autem quaedam species eius, quae vocatur volubilis magna, et lac ipsius abradit pilos, et interficit pediculos. Folia autem eius, quae dicitur funis pauperum, consolidativa sunt vulnerum magnorum, nec est eis par in illo effectu: coquuntur enim in vino, et emplastrantur[6] super ea cum aceto. Sunt autem medicina adustionis ignis. Est etiam[7] volubilis bona pectori et pulmoni, et mundi-

ε) *Avic. vet. cap.* 720; *Plemp. pag.* 69: Beneftsegi, Viola nigra seu purpurea. ζ) *Avic. vet. cap.* 729; *Plemp. pag.* 183: Leblâb, Convolvulus. η) *Quam Avicennae plantam Plempius Hederam esse putat.*

§. 464: 3 ejus *C.* 4 *Om. Edd.*; — haec *om. A.* 5 *M. e conj.*; enim *Codd. et Edd.*; eam *V pro* ipsam; sunt *L.* 6 *Om. C V Edd.*

§. 465: 1 nuda *P*; virida *L.* 2 et temperatas *add. L*; — aperiens *C V.* 3 *Om. A* Est ... aper. 4 funus *vel* finis *V.* 5 *Om. P Edd.* 6 coquitur .... emplastratur *A.* 7 et est *A.*

ficat asthma. Aqua etiam eius educit solvendo choleram adustam; et quando non decoquitur, est fortior. Quaedam tamen est volubilis, cuius succus est scamonea[ϑ]): et illa est mala, et educit sanguinem et interficit.

(*Dipsacus fullonum Mill.*) Virga pastoris[ι]) est carduus 466
quidam, cuius folia sunt lata et spinosa, et[1] stipes altus et
spinosus totus, in cuius supremo exeunt[2] quinque per modum
barbae, et haec sunt longa terrestria et spinosa. Et de medio
ipsorum pullulat magnus culmus[3] spinarum longarum ante re-
curvarum sicut essent hami, et sunt curvabiles et tenaces; et
de medio spinarum illarum ex foraminibus, quae sunt inter spi-
nas, egreditur flos eius[4] rubeus, lucidaë et albescentis parum ru-
bedinis; et post florem in ipsis fit semen eius, quod est granum[5],
aliquantulum oblongum; et postquam siccatur, invenitur stipes
in loco, ubi est globus spinarum, concavus per totam longitudi-
nem usque ad hamos[6]. Et inveniuntur in concavitate illa telae 467
quaedam, ac si sint aranearum, et vermiculi ex putrefactione
humoris eius nati, et hos[1] pro optimo pastu quaerunt phylome-
nae[2], et facilius cantant quando dantur eis. Ipsa autem spinosi-
tas optime pectit[3] lanositatem pannorum laneorum. Sed semen
eius est cibus parvarum avium, et quando inveniunt cantant,
quamvis aspera[4] sit hiems. Est autem in hac herba mas et
femina[κ]) et est agrestis et domestica secundum diversitatem
proprietatum, quas in antehabitis de talibus differentiis assigna-
vimus. Masculus tamen et agrestis (*D. silvestris Mill.*) est
fortior, praeterquam in pectendis laneis[5]: in his enim dome-
sticus magis valet. Est autem in virga pastoris styptici- 468

ϑ) *Conf.* §. 437. *Nec tamen Alb. hic verum invenisse videtur.* ι) *Redit Animal. lib. XXIII cap. de Cardueli.* κ) *Avic. vet. cap.* 730; *Plemp. pag.* 230: Adsa alraj (*i. e.* baculus pastoris), Polygonum. *Dioscoridis* polygonon *est, cujus vires Alb. Avicennae autoritate inductus plantae longe diversae tribuit.*

§. 466: 1 de medio et *add. Edd.* 2 folia *add. A, quam vocem potius e prioribus supplendam, quam a Codd. omissam crediderim*; — ad modum *L Edd.* 3 cumulus *A*; — long. aut incurvar. *A P Edd.* 4 *Om. V*; — lucide albedinis et parum rubescentis *Edd.* 5 glanum *C V*, glavum *Edd.* 6 vmes *V*; vermes *C P Edd.*

§. 467: 1 *L*; hoc *P V*; hec *Reliq.* 2 *Ita Alb. Autogr. Animal. hist. lib. XXIII*; filomene *C L P V*; philom. *A Edd.*; — datur *A P V Edd.* 3 petit, *om.* optime, *Edd. et postea* petendis *C Edd.* 4 *Om. Edd.*; — masculus *V.* 5 lanis *A.*

tas, tamen[1] pars aquea est ipsi plurima. Quidam tamen existimaverunt, ipsam esse exsiccativam, eo quod prohibet multitudinem effusionis materiarum[2]. Est autem valde conferens apostematibus ulceratis, et consolidativa vulnerum recentium. Succus etiam eius exsiccat aures fluentes, et[3] interficit vermes, quae sunt in eis. Aqua eius confert sputo sanguinis, prohibet fluxum sanguinis[4] ex matrice, et sanat ulcera intestinorum. Dioscorides autem dixit[5], quod provocat urinam, et sanat illum, qui retinet eam: sed hoc, ut puto, non est verum.

469 Venae tinctorum[λ]) quaedam sunt plantae, quae extenduntur sicut venae, et utuntur eis tinctores pannorum. Sunt autem calidae et siccae et fortiter abstergentes[1], et succus earum acuit visum, et abstergit, quod est coram oculo, cum aqua et albumine ovi. Confert ictericiae factae ex oppilationibus, et proprie cum aniso et vino albo.

470 (*Asarum europaeum Lin.*) Ungula caballina est herba, quae vulgo vocatur herba leporis, eo quod lepus pascitur illa. Et habet folium intensae viriditatis, durum et lucens aliquantulum, et est circulare portione[1] maiore semicirculo[μ]), et fere est sicut folium malvae. Et sua radix habet saporem gariofilorum[2], et in hoc convenit cum ea, quae benedicta et alio nomine gariofilata[ν]) vocatur (*Geum urbanum Lin.*). Sed radix ungulae caballinae est minor, et plus habet de sapore gariofilorum. Et

λ) *Avic. vet. cap.* 732; *Plemp. pag.* 234: Orukh aldsabbâgîn, Chelidonium. Orukh *autem tam radices quam venae sunt. Quam plantam, quamvis Avic. ex Dioscoridis capite de Chelidonio nonnulla recepit, longe aliam esse facile apparet. M.* μ) *i. e.* circuli partem semicirculo maiorem praebet. *E descriptione facile plantam agnosces, quae Germanis hodieque* Haselwurz *i. e.* leporis radix *s.* herba, *nusquam vero alias* ungulae caballinae *nomine deprehenditur, quae omnibus Tussilago farfara Lin. esse solet.* ν) benedicta sive gariofilata *et alio loco* gariophilata *Alb. Autogr. Animal. lib. XXII cap. de Equo.*

§. 468: 1 *M. e conj.*; cum *Codd. et Edd.*; — in ipsi *V*; — ipsi *om. P.* 2 -rierum *C.* 3 *Om. P.* 4 *Om. C* prohibet . sang. 5 dicit *A L*; existimavit *Avic.*; — retinent *A P Edd.*

§. 469: 1 *Avic.*; abstringen. *Codd. et Edd.*

§. 470: 1 proport. *P ex correct.*; actione *A Edd.* 2 *Add. Edd., quae infra suo loco repetuntur,* et est calida et sicca.

est calida et sicca, et aliorum multorum operativa secundum praeparationes medicorum.

Verbena[1] (*Anagallis Lin.*) est herba parvis foliis, in siccis 471
crescens, duris stipitibus et siccis. Et est duorum modorum: una enim habet florem parvulum croceum (*A. arvensis Lin.*), et altera habet parvulum[2] eiusdem figurae azurinum (*A. phoenicea Lam.*). Est autem calida et sicca: et quaeritur diligenter[3] ad plures usus magorum. Et haec vino decocta cor laetificat, et[4] gargarizata oris tollit putredinem.

(*Vicia sativa Lin.*) Vicia est herba sicut legumen, cuius 472
costae sunt[1] longae et implexae sibi mutuo; folia per omnia similia orobo, parva, et flos eius rubeus; et profert semen suum in castis longis. Est autem cibus equorum, sed non praestat eis forte nutrimentum. Et est ventosa frigida; et est expertum a rusticanis, quod, si vicia cruda et viridis superius[2] secetur, et radices virides cum aliquanto stipitis in terra putrescant[3], impinguabit terram sicut laetamen. Si autem aruit iam, quando secatur, exsiccat eam et macerat, quamvis in terra putrescens remaneat.

Capitulum XX.

De yreos ysopo humida et ysopo sicca[1].

(?*Iris florentina Lin.*) Yreos[2] est herba, quae vocatur 473
lilium coeleste[ξ]) apud Latinos, et habet folia parva, et stipitem mediocrem, et florem in ipso, qui compositus est ex albo et citrino et coelesti et purpureo, et propter hanc varietatem vocatur yreos. Et est radix eius nodosa sicut radix gladioli, et quando antiquatur, perforatur a

ξ) *Alb. plantae, de qua rescripsit Avic. vet. cap.* 359; *Plemp. pag.* 50: Iritsa, Iridis radix; *radicem tantum cognovisse videtur.*

§. 471: 1 *Ita Alb. Autogr. Animal. lib. XXIII de Falc. cap.* 19, 21, 23; berbena *Edd. lib. V* §. 118 *et lib. VI* §. 289; vervena *L ibidem et in argum.*; -- siccis locis *V*; et siccis et cresc. *L.* 2 *Om. A.* 3 et que frequenter diligitur *A*; et qua *Z*; diligenter *om. Edd.* 4 *P exhibet unus.*
§. 472: 1 *Om. Edd.*; — rubrus *CPZ.* 2 *Om. Edd.* 3 et *add. L*; — terram *om. Edd.*; — *pro* sicut *V in marg. add.* al. super.
§. 473: 1 De ys. hum. ys. sic. et yreos *P*; *om. Edd.* et ys.; et sicca, *om.* ys. *L*; et humida sicca *CZ*; *add. A* et proprietatibus earum. 2 hyreos *J ubique.*

vermibus; et haec radix a medicis yreos[3] consuevit appellari. Et quod melius reputatur in operatione, est durum et spissum, solidum, breve, declinans aliquantulum ad rubedinem, et aliquantulum est[4] boni odoris, et non flagrat ex eo odor limi, et est mordicativum linguae, et movet
474 sternutationem cum fortitudine. Est autem secundum naturam comparatione corporis hominis calida et sicca, digestiva et aperitiva, abstersiva mundificativa. Et succus eius resolvit cum aqua mellis, et educit phlegma grossum, purgat pannum[1] et lentigines, et praecipue cum elleboro aequalis sibi quantitatis adiuncto, et elixata lenit[2] apostemata et scrophulas. Confert vulneribus sordidis, et facit carnem nasci in fissuris vulnerum[3], si pulverizetur, et induit ea carne. Bibita cum vino confert spasmo et contritioni[4] lacertorum; facit dormire, et sedat antiquum dolorem capitis, et ablutio oris ex decoctione ipsius sedat dolorem dentium. Et oleum eius cum aceto sedat sonitum auris, et prohibet rheumatismos antiquos; et oleum eius solum prohibet foe-
475 torem narium, attrahit tamen lacrimas ad oculos. Sedat autem[1] dolorem lateris et pleuresis, et confert tussi causatae ab humiditate grossa, et peripneumoniae et anhelitus difficultati et squinanthiae, et expellit superfluitates in pectore[2] retentas, quarum expulsio est difficilis. Haec[3] autem facit maxima sua subtilitate et apertione. Collutio tamen oris ex ea facta nocet uvulae. Sedat dolorem hepatis et splenis, bibita cum aceto, et confert hydropisi. Aperit orificia venarum, quae haemorrhoidae dicuntur, et aufert[4] plurimum pollutionem, et provocat menstrua, et cum supponitur cum melle, facit abortire. Et eius oleum iuvativum est matricis, et[5] solvendo educit aquam citrinam et

§. 473: 3 yr. apud medicos *A.* 4 *L*; *om. Edd.* ad .., est; *om. Reliq.* est; — odor limi *Edd. Avic.*; lini *C L V*; lylii *A*; lilii *P*; — mordificat. *Codd. praeter L.*

§. 474: 1 *Om. Edd.* 2 *Om. A.* 3 *Om. V* et .... vuln. 4 nutritioni *C.*

§. 475: 1 tamen *P*; — dolores *L*; ex *A pro* ab; — perypneum. *Codd. praeter P.* 2 *L*; corp. *Reliq.* 3 hoc *L.* 4 affert *L P Edd.* 5 succus ejus *add. A.*

choleram et phlegma; et in febribus eius oleum removet frigus et tremorem, et quando bibitur cum aceto, confert omnibus venenis.

Ysopus humida[o]) non est herba, sed sordicies con- 476
gregata super lanam iliorum[1] ovium apud Armenos, et aliquando sternitur super herbas titimallorum eiusdem regionis, et accipit virtutem[2] et lac eorum; et aliquando est fluens, et cum coquitur, siccatur et defertur. Est autem calida et humida, et maturativa et[3] resolutiva: et resolvit apostemata et duritias diversas, et confert frigiditati hepatis et linita et bibita.

(*Hyssopus officinalis Lin.*) Ysopus autem sicca[o]) est 477
herba duorum modorum, hortulana videlicet et montana. Et profert multos stipites ex una radice, et illi quidem[2] sunt duri, et folia sunt parvula, non tamen multum brevia, et flos eius azureus est. Est autem calidus et siccus, et subtilis substantiae sicut origanum. Et eius potus colorem efficit bonum, et eius gumma abstergit vestigia in facie, resolvit apostemata dura cum vino bibita; et eius decoctio cum aceto et oxymele sedat dolorem dentis; et vapor decoctionis eius cum ficubus confert sonitui in aure. Confert etiam[3] pectori et pulmoni decoctus cum ficubus et melle. Infusio autem ipsius bibita confert hydropisi. Solvendo autem educit phlegma[4] et ascarides et vermes; et quando miscetur cum yreos, confortatur solutio ipsius.

o) *Arabes, Graecorum et οἴσυπον et ὕσσωπον ad* Zoufa *corrumpentes et confundentes, illum vocavere humidum Avic. vet. cap.* 366; *Plemp. pag.* 218: Zoufa rathb, Oesypum, *hanc siccam Avic. vet. cap.* 367; *Plemp. pag.* 218: Zoufa tabits Hyssopus. *Nec tamen quae illi de Tithymalo, nec que huic tribuuntur omnia Dioscoridis sunt; nec planta Avicennae ipsa, quam pro Thymbra spicata Lin. habuit Sprengel, Dioscoridis et Alberti planta est.*

§. 476: 1 yliorum *CLPV*; — herbas citrinall. *C*, citunnall. *V*. 2 ejus *add. A*; — et *om. V*. 3 *Om. AEdd.* mat. et; — duricies *PEdd.*; — conf., *om.* et *P*.

§. 477: 1 Oleum ysopinum *Alb. Autogr. Animal. lib. XXIII de Falc. cap.* 20; hyssopi *Edd. lib. I* §. 176; videlicet *om. P*. 2 *L*; *om. Reliq.*; — non tamen *om. P*; azurinus *A Edd.* 3 *L*; *om. Reliq.*; et conf. *C Edd.* 4 fleugma *L*; — sol. ejus *Edd.*

Capitulum XXI.

De ziduario zizania zinzibere canino zirumbere et zedoaria[1].

478 Ziduarium[2] est herba proveniens in omni climate. Sed orientale, quod nascitur in terra minoris latitudinis quam sit quartum clima, est melius et efficacius. Est autem herba lata folia habens[3] et longa et multa, et emittit stipitem altum concavum, in cuius supremo est flos coronalis, et semen suum coronaliter disponit[4]: sed germen suum magis habet in radice quam in semine; et radix eius optima est citrina, fuscae citrinitatis, et amara. Et est calidum et siccum, incisivum et consumptivum ventositatum, et confert iliacae passioni. Si autem sint puncturae[5] in praecordiis, consumit eas; sed si alibi sunt in membris, cavendum est ab eo, ne faciat eas ad cor transire.

π) *Quae planta apud Avicennam quidem non est alia nisi* Zedoaria §. 482. *Ad quam Edit. vet. cap.* 748: *De* Zeduar *sine mora lectorem relegans, non hoc sed arabicum plantae nomen* algeduarserz *posuit, quod nullo loco redit. Quare Albertus, hoc duce desertus, Thom. Cantipr. lib. XII cap.* 31 *secutus est, qui Constantini atque Plstearii vestigia premens praeter ea,· quae verbotenus fere ab Alb. recepta sunt, haec profert:* Zedoarium, ut dicit Platearius, sive zytualdum calidum est et siccum. Est autem herba in Oriente, circa cujus radices cytualdum nascitur. Provenit eciam in partibus Ytalie. Eligendum est colore citrinum, acutum et amarum saporem habens. Contra ventositates ... transire ad cor. Salsamentum pulveris ejus appetitum excitat, et contra sincopim valet. — *Quaenam planta indigena ab Alberto pro* Zedoaria *hic descripta sit, nescio. Neque* Zedoaria germanica *medii aevi, quae est Calamus aromaticus, in* §. 77—78 *descripta; neque, quas Vocab. simpl.* wilt Zeduar *dixit, Bryoniae dioica et alba cum descriptione conveniunt, Rumices denique quae olim* Zitterwurz *appellabantur et jam supra* §. 377 Lapathi *nomine descriptae sunt, et* flore coronali *carent. Nec tamen alia adesse videtur, nisi fortasse de Gentiana lutea Lin. et similibus cogites, quae et floribus et minutissimis seminibus conveniunt nec alio loco nisi* §. 353 *Avicennae verbis descriptae sunt.*

§. 478: 1 zinzimbere *V*; — canis *L*; *om. P V Edd* canino; — *om. P V* zirumb.; — ziz. zinjibe canis zinebre zincibere *V ind.* 2 Zidoar. *L ubique*; Zeduar. *P in argum.* 3 fol. hab. *P*; lata et longa fol. habet et m. *L*; lata et fol. hab. longa et m. *V*; lata fol. et longa hab. et m. *C.* 4 -ponitur *L*; -positum *A*; — germen est *add. P* 5 pinct. *C.*

(*Lolium temulentum Lin.* ϱ) Zizania[1] est herba, quae crescit in frumento, et alio nomine vocatur lolium. Et est frumento similis, sed comesta oppilat et inebriat et convertit[2] in amentiam. Et est adustiva tritici, quia trahit nutrimentum eius, sicut[3] et papaver est zizania avenae, et caulis vitis zizania, quia adurit eam. 479

(*Polygonum hydropiper Lin.* σ). Zinziber[1] caninum est herba similis herbae quae vocatur piper aquae. Et eius folia sunt sicut folia salicis, nisi quod sunt citrina aliquantulum; et eius virgulta sive stipites sunt rubea, habentia saporem zinziberis, et ipsum interficit canes. Calidum autem est et siccum, et recens contritum cum semine suo abstergit vestigia, quae sunt in facie, et lentigines, et resolvit etiam sic cum[2] semine contritum apostemata dura, etiam cum fit ex eo emplastrum. 480

(*Curcuma zerumbet Roxb.* τ) Zirumber[1] est herba similis ciparo, sed est maior et minus odorifera. Et est calida et sicca, resolutiva ventositatum. Est autem impinguativa, et abscidit odorem vini et alliorum et ceparum et porri. Est autem laetificativa cordis, et retinet vomitum; stringit etiam ventrem, et confert ventositatibus matricum; confert etiam morsui venenosorum vermium valde. 481

ϱ) *Avic. vet. cap.* 750: De zinzania; *Plemp. pag.* 129: Ziwân, Lolium.
σ) *Avic. vet. cap.* 742: De Zingib. can. (*cujus verba a textu editionis arabicae longe recedunt. M.*); *Plemp. pag.* 119: Zengjebîl alkelb, Zingiberī caninum. *Qui quum reddet:* est hydropiper (*neque* similis); *Avicennae plantam eandam esse, quae* §. 412 *dicta est, liquet. Quum vero* zingiber *verum antiquitus notum hic ab Alberto praetermitti certe non potuerit, aut verba non pauca a scribis omissa, aut* zingiber caninum *ab autore pro vero descriptum credas. Sequenti* § *quidem codices nonnulli neque mali* zingiberis *nomen praefigunt, est vero Avicennae* zerumbet. τ) *Avic. vet. cap.* 741: De Zurumbet; *Plemp. pag.* 118: Zurunbâd, Zedoaria. *Codd. arab. Plempii non* herbam *dixerunt, sed alius* radices *alii* lignum. *Conf. autem notam sequentem.*

§. 479: 1 Zizannia *L ubique, C V hic.* 2 etiam *add. A L; expunxit V* et inebriat *atque* etiam. 3 *Om. V*; — est *om. Edd.*
§. 480: 1 Zinzinber *Alb. Autogr. Animal. lib. XXIII de Falc. cap.* 18, Zinziber *ibid. cap.* 21; zinzebere *L*; *conf.* §. 478 *not.* 1. 2 *L*; siccum *Reliq.*; — etiam *L offert unus.*
§. 481: 1 Zirumber *C Edd. in argum., hic CP V Edd.*; *in argum.* zyziber *A*, zinzibere *L*, zincbre zinzibere *V ind.*; *hic* zingiber *A L*.

482 (*Curcuma zedoaria Roxb.*) Zedoaria[1] est herba habens frusta radicis, quae sunt similia aristologiae[v]). Et crescit aliquando cum napello, et tunc melior est, et eius vicinitas debilitat plantam napelli. Haec autem planta resistit napello: et ideo est fortis, et est tyriaca venenorum[2] omnium, viperae et napelli et omnium aliorum.

Capitulum XXII.

De tribus formis[1], quibus omnes plantarum attribuuntur operationes.

483 Licet non omnes in praehabitis dixerimus[2] plantarum diversitates et operationes, tamen ex inductis satis patet, quod omnes illae diversitates operationum, quas in quinto huius scientiae libro posuimus, plantis conveniunt, et[3] eas omnes efficiunt in corporibus animalium, quorum ipsae sunt proprius cibus, sicut dixit Hesiodus. Si autem causas omnium ipsarum in singulari prosequeremur, procederet liber in immensum. Sed hoc sufficit commonere[4], quod — quia materia nihil agit per se sed omnia patitur, et non sunt nisi tria formaliter in plantis, — omnem plantae operationem alicui trium formaliter attribui[φ]). Formae autem, quae sunt in plantis, aut sunt complexionales aut coelestes aut

v) *Avic. vet. cap.* 739: De Zedoaria; *Plemp. pag.* 100: Gjedwâr, Antithora. *Quum vero praeterea apud Avic. vet. cap.* 748: De Zeduar *inveniatur, quod quidem nil nisi haec verba praebeat:* Inquit Dioscorides est algeduarserz quod existimo, *nec alio loco hoc nomen redeat, Albertus* Zeduarium §. 478 *a* Zedoario *distinguens in errorem inductus esse videtur.* Authores Arabes, *inquit Plemp.*, probatissimi adserunt idem esse ac antithora (*quam Alb. Avicennam secutus tertio loco* §. 392 *descripsit*). Unde perperam hanc confundunt cum Zurunbâd, quae vulgo Zedoaria vocatur. *Utramque exposuit* Ainslie Materia indica Tom. I pag. 490. φ) Lib. I §. 97 sq.

§. 482: 1 Zodiara *L*; zedoara *A*; zodoara *C V Edd.*, *P hic*, *A in arg.*, ubi zedera *V ind.* 2 -nosorum *A*.

§. 483: 1 plantarum *add. V.* 2 *L V*; indux. *Reliq.* 3 ut *C.* 4 Cognoscere *L*; *om. Edd.*; — quia *expunxit P*; oportet omnem ..... attribui *J perperam scripsit.*

animales ex anima vegetabili, quae est in eis: haec[5] enim imprimit in omnem naturam, sicut in antehabitis libris de animarum operibus habitum est.

Et forma quidem[1] complexionalis est in eis duplex, absoluta 484
videlicet et comparativa. Absoluta vero est sicut calor et frigus et humor[2] et siccitas. Et istae absolutae formae variantur maxime secundum duo, quae sunt in plantis. Quorum unum est elementi componentis quantitas secundum virtutem. In una enim plus caloris est[3] et in altera plus frigoris secundum virtutem quantitatis componentis elementi[4] — quod parum, sicut superius probatum est χ), alteratur ab actione elementi — et minus quam
in aliquo alio complexionato. Alterum autem, secundum quod 485
variatur ista forma in agendo, est loci natura, in quo crescit. Plantae enim qualitates[1] habent locorum, in quibus crescunt, et ideo secundum diversitates climatum variatur actio qualitatum plantarum. Est autem accidens loci varians plantas secundum omnem diversitatem locorum, quam ostendimus in libro de natura locorum[2] et locatorum ψ). Plantae quippe radicitus terrae adhaerent, et habent plus de qualitate loci quam cetera, quae sunt mobilia de loco ad locum. Quamvis enim mineralia sunt[3] secundum locum etiam immobilia, tamen sunt dura, non sugentia locorum humores, et ideo non tot quot plantae acquirunt locorum proprietates, quae et[4] molles sunt primitus — et maxime herbae —, et sugunt nutrimentum suum ex locis sicut a ventre quodam.

Comparatae autem istae eaedem qualitates et[1] acuuntur et 486
franguntur. Calor enim acuitur sicci dominio; frangitur autem et hebetatur in aquea humiditate: et inde fit, quod aliquando duae plantae habent duas caliditates aequales secundum essen-

χ) Lib. V §. 70 sq. ψ) De natura locor. Tract. II cap. 3, 4. *Conf. supra lib. I* §. 165 *sq.*

§. 483: 5 hoc *L.*
§. 484: 1 est *hic posuerunt P Edd.*, *utroque loco C*; quidem que est complexio *A*; — in eis est *L*; — scilicet absoluta *Edd.*; — comparata *Codd. et Edd. praeter L.* 2 humiditas *C.* 3 *CL*; *om. Reliq.* 4 est *add. L*, *om.* sicut.
§. 485: 1 equalit. *Codd. et Edd. praeter AJ*; — et ideo *LV praebent uni*, *quare CJP* enim cum qual. habeant. 2 *Om. P*, quam ..... locor. 3 sint — suggescentia *C*; *om. Edd.* Quamvis .... locum, *quare J* quae *pro* tamen. 4 etiam *Edd.*
§. 486: 1 *Om. P.*

tiam, et tamen inaequaliter agunt secundum eam[2], quia caliditas unius acuta est, et alterius fracta. Inde etiam fit, quod una fortius agit in profundo, et altera fortius in superficie. Quae enim est in subtili humido, fortius penetrat in profundo, et illi[3] adhaeret, et in eo congregatur virtus eius; et quae adhaeret grossó sicco, forte maior est, et tamen non pertingit nisi ad superfi-
487 ciem, eo quod penetrare non potest grossa siccitas ipsius. Hoc autem modo etiam frigidum comparatur ad siccum et humidum, quoniam, licet omnis qualitas activa fortificetur in grossa substantia, postquam receperit eam, tamen ipsa grossities eius impedit penetrationem: et ideo minus[1] agit in aliam aliquando quam minor vel aequalis, quae est in substantia subtili. Adhuc autem illa qualitas activa, quae est in substantia subtili[2], licet forte maior sit quam alia, quae est in substantia grossa, tamen non[3] perficiet actionem suam, quia evaporabit cum subtili humido, in quo est, antequam consummare possit actionem ipsam; sed sicca diutius aget, quia retinebitur in grossa substantia ipsa qualitas activa. Et tales modi multi sunt qualitatum activarum et passivarum in plantis secundum omnes species activorum et passivorum, quae[4] in quarto meteororum[ω]) a nobis sunt dictae.

488 Coelestes autem sunt operationes plantarum a formis suis specificis[1], quae dantur eis per motum coelestem, et maxime motum planetarum in orbe declivi. Hae enim variantur valde secundum intersecationes et angulos signorum et stellarum in ipsis positarum, et planetarum, quae moventur in ipsis. Super[2] eandem enim rem alio circulo oritur aries, et alio cancer, et alio libra, et alio capricornus, et[3] aliis circulis secant eam lumina
489 aliorum signorum. Si enim nos[1] imaginaremur pyramidem luminis egredientem super plantam a signo arietis, et pyramidem luminis egredientem[2] a signo cancri, et alias pyramides aliorum luminum: nullo modo uno[3] incident in rem, super quam oriun-

ω) Meteor. lib. IV tract. I, II.

§. 486: 2 eas *J*; — est, alterius autem *A*. 3 ille *P*
§. 487: 1 magis *A*. 2 *Om. L* Adhuc .... subtili. 3 non tamen *P L*; — perf. operation. *A*. 4 eciam *add. A*; — dicta *A*.
§. 488: 1 -ficatis *Edd.*; — per modum *V*. 2 non *C*. 3 de *add. Edd.*
§. 489: 1 *Om. P*; — imaginemur *Edd.*, *om.* super plant. 2 *Om. C*; super plantam *iterum add. P*. 3 *Quae quum pro* non uno eodemque modo *dicta ab ultimis* § *verbis demonstrentur; retinendum est* uno, *quod om. V*; — incidens *CZ et, qui correxit* -dente *P*; — -dentes *J*.

tur et occidunt, eo quod una pyramidem habet ad solstitialem aestivum, et alia punctum pyramidis suae ponit[4] in puncto solstitii hiemalis, et tertia in aequinoctio uno, et quarta in altero, et sic est de quolibet signo; et cum puncta pyramidum non reducantur ad idem spatium, non possunt bases luminum[5] eodem modo incidere rei generatae.

Est autem huius et alia causa, quoniam[1] etiam signa non 490
tantum differunt situ, sed etiam figura et proprietate et natura; et horum omnium diversitas descendit in basem luminis eius in terra[2]. Adhuc autem non solum est haec diversitas in signis, sed in[3] quolibet gradu signorum, et accipit magnam variationem ex situ et comparatione[4] planetarum et stellarum in ipsis, et omnis ista virtus unita[5] descendit per lumen pyramidale in locum generationis et in[6] materiam generandi, et confert ei virtutem formativam speciei. Et ideo dixit Aristoteles, quod motus coeli est tanquam vita quaedam[7] existentibus[α]) omnibus.

Haec autem virtus coelestis adhuc variatur secundum situm 491
loci, in quo est generatio. Latitudo enim illius maior et minor variat pyramidem in basi[1] sua et angulo diametri pyramidis, sicut in antehabitis libris docuimus[β]). Forma autem speciei generati[2] licet sit simplex in essentia; resultant tamen in naturalibus potentiis eius virtutes principiorum, a quibus ipsa fluit: et ideo multa operatur, quae ad qualitates suas primas vix reduci possent.

Forma autem animae imprimit et formalis est etiam[1] re- 492
spectu huius formae coelestis, et quicquid in orbe est creatum[2], est in umbra animae vegetabilis, et super formas coelestes influit anima vegetabilis. Hoc autem alibi probatum est[γ]), et ideo[3] hoc sufficit ad praesentem intentionem, quod, licet anima plan-

α) *Locum vix genuinum frustra quaesivimus.* β) Lib. II §. 64 sq. γ) Lib. III §. 4.

§. **489**: 4 positum *L*; — tertia cum *L*, tertia est in *V*; — quarto *V*. 5 longum *V*.

§. **490**: 1 quando *P Edd.* 2 terram *Edd.* 3 eciam *C*; — *om. L paginam concludens* gradu sign. 4 operat. *C*; — plan tar. *Edd.* 5 unica *V*, sumpta *A*. 6 *Om. Edd.* 7 *Om. A*; omn. exist. *A C Edd.*

§. **491**: 1 base *A P Edd.*; — diameter *A C*; — libris *om. A*. 2 -rate *Edd.*

§. **492**: 1 et *L*. 2 causat. *A P Edd.*; — *om. L* et super .... veget.; *om. P* et, *in marg. suppl.* etiam. 3 et in eodem *V*; — hic *A*; — quia licet *L*.

tarum occultae sit vitae, tamen ipsa est, quae informat et[4] coelestes virtutes in plantarum corporibus existentes, et informat etiam complexionales. Et ideo ista principia multa agunt in vegetabilibus, quoniam[5] unumquodque eorum non solum agit in se solum consideratum, sed multa genera acquirit actionum, comparatum unicuique aliorum et colligatum ei[6] in eodem subiecto. Et ideo illi, qui augurandi habent scientiam, in generatis quaerunt divinationem sicut in stellis secundis, sicut dixit Ptolemaeus[δ]). Multa enim in eis contingunt, quae expresse signant virtutes coelestes; et quando illae cognoscuntur, cognoscitur coeli habitudo, sicut id, quod est causa et prius, cognoscitur ex suo causato, quod est posterius. Explicit liber sextus[7].

δ) *Nescio an Ptolemaei de judiciis lib. I cap.* 2 *huc pertineat; quoad verba certe non, at sensus convenire videtur. M.*

§. 492: 4 *Om. A.* 5 *M.*; quando *Codd. et Edd.* 6 e a *L.* 7 *Quam clausulam ubique omissam restitui.*

Incipit

Liber Septimus

De Vegetabilibus,

qui totus est digressio;

et est:

De mutatione plantae ex silvestritate in domesticationem[1],

cujus:

Tractatus I.

De quatuor, quae faciunt domesticam plantam[2].

Capitulum I.

De stercorizatione[3] plantae stercore, quod laetamen vocatur.

Nos iam in praecedentibus libris huius scientia omnia ex 1
maxima[4] parte determinavimus, quae videntur plantarum naturam demonstrare: sed quia, sicut ad plantam redit iuventus eius, ita redit ad ipsam altera vitae suae habitudo, oportet nos ostendere ipsum modum mutationis in planta, qualiter videlicet habitudinem vitae mutat de statu in statum[5], quando de silvestri fit

§. 1: 1 vegetabilium *Codd.*; — qui est digr. declarans *Edd.*; — et est *om. A*; ecce *L*; — a *A*, et *C V ind. Edd. pro* ex; — silvestri *L*; — et domesticatione *A Edd.* 2 cujus *atque* est *om. C*; domesticationem plant. *V ind.* 3 stercoratione *A Edd.*; — stercore *om. V ind.* 4 magna *A*; — demonstrari *C.* 5 habitud. variet. vite mutando statum in stat. *A.*

domestica sive hortensis, et de hortensi fit silvestris. Hoc[6] enim scire non solum delectabile est studenti naturam rerum cognoscere, quinimmo est utile ad vitam et civitatum permanentiam. Licet[α]) enim natura sola sit etiam[7] principium rerum naturalium, tamen in omnibus his, quorum substantiae sunt transmutabiles, multum iuvatur[8] arte et cultu, ut in melius vel peius transmutentur. Hac igitur consideratione[9] loquemur de agris et eorum cultu et hortis et viridariis et pomariis et ceteris, per quae fit cultus plantarum, et removentur a silvestritate ad[10] domesticationem.

2 Sunt autem maxime quatuor, quae circa hoc[1] consideranda sunt: cibus videlicet et aratio, sive fossio, seminatio et insitio. Circa haec[2] enim student omnes agriculturae praecipue.

3 Cibus autem, ut in aliis probatum est, non est aliquod simplex elementum: oportet igitur cibum plantarum commixtum esse[β]). Si enim simplici planta nutriretur, ex alio nutriretur, et ex alio constaret substantia ipsius, quod omnino irrationabile[1] est. Adhuc autem cibus non est habilis[2], qui ad membra plantae deduci non possit: propter quod indiget planta rigato cibo, ut hoc conferatur ei irrigatione[3], quod animalibus confertur per potum, qui vehiculum est cibi decurrentis ad membra. Cibus
4 igitur proprius plantarum erit commixtum aliquid humidum. Res autem commixta humida, integritate et salute consistens, non est in via mutationis ad aliud, sed salvatur in se ipsa[1]: propter quod nihil nutritur a nutrimento in sua specie et suo esse salvato, sed potius ab eo, quod iam aut corruptum est et destitit[2] ab esse proprio, aut est in via ad illud. Propter quod animalibus creatus[3] est venter, in quo cibus corrumpitur, et extrahi-

α) *Quae sequuntur Petr. lib. II cap.* 13 (12 *Edd. lat.*) *exhibuit.* β) Lib. I §. 32, 97—99, lib. II §. 30, alia loca; Meteor. lib. IV tract. II cap. 2.

§. 1: 6 hec *A C Edd.*; — quin ymo *V*; quoniam ymo *A*. 7 etiam *P V*; que *Reliq.*; que princ. est *L*; que est prin. *A*; *om. Petr. et* quae *et* est. 8 imitatur *L*; — in *om. V*; — transmutetur *Codd. et Edd. praeter A L*. 9 locutione *L*; — loquimur *A L P*; loquamur *Petr.*; — et de eorum *A*. 10 in *L*.
§. 2: 1 hec *A P Edd.*; — et *om. Edd.*; — arracio *C*; — que fossio *V*. 2 hoc *V*; — agricultores *V Petr.*
§. 3: 1 innaturale *A*. 2 *L*; aliquis *Reliq.*; — perduci per se possit *Petr.* 3 rigat. *L*.
§. 4: 1 ipso *A*. 2 destructum *A*; — ad aliquid *Petr. Germanismus est* (auf dem Wege dazu) *pro* incipit corrumpi. 3 *L P Petr.*; causatus *Reliq.*

tur ab eo id, quod nutrit animal, humidum nutrimentale. Ipsa enim extractio humidi[4] ipsius, quod attrahitur in cibum, corruptio est eius, quod nutrit, quando[5] in ventrem ingestum est per manducationem. Ostendimus enim, omnem corruptionem, quae est secundum naturam, sic fieri, quod extrahitur humidum, et remanet siccum decidens[6] in cineres, sicut cito incineratur omne stercus animalium. Cum igitur ventrem non habeant plantae, sed terra pro ventre utantur[7], oportet in terra circa plantam esse putrescentem cibum plantae, et tunc attrahi a radicibus eius humidum, et illo cibari.

Hoc[1] autem probant opera rusticorum, qui stercore, quod 5
lactamen proprie vocant, omnium plantarum fimant genera; quod non ad radicem distillat nisi rigatione pluviae aut aquae desuper fusae. Hoc autem laetamen in genere duos habet humores: unum quidem superenatantem[2] et aëreum, qui non facile est incorporabilis plantae, sed potius attrahitur et incenditur[3] a sole; alterum autem habet adunatum et immixtum subtili sicco, quod est in ipso, et hic[4] est vere cibus plantarum. Plantae autem generaliter corpus siccius et durius est[5] quam corpus animalis, et tali indiget cibo, qui terrestreitate indurabilis et siccabilis sit. Ultimus enim cibus nutriens similis est nutrito, sicut in antehabitis libris saepius[6] probatum est γ).

Indicatur autem et hoc accidente[1] plantarum, quae nimis 6
pingui et humido nutriuntur laetamine. Contrahunt enim fructus earum saporem ex laetamine, et substantiae earum[2] contrahunt nascentias et putredines; ex laetamine autem, quod adunatum[3] cum suo terrestri habet humiditatem et bonam permixtionem[4], convalescunt et roborantur, et fructus proferunt congruos et utiles. Adhuc autem si nimis humidum et pingue sit laetamen,

γ) *Conf.* §. 3 *not.* β.

§. 4: 4 *CLV*; ips. hum. *Reliq.*; — est corrup. *APJ*; est *om. Z.* 5 *E conj.*; quod *Codd. et Edd.*; *pro* quod nutr. *verba* qui nutrit *voci praecedenti* cibum *annexit J.* 6 decrescens *A.* 7 utuntur *Edd.*

§. 5: 1 Hec *PPetr.* 2 supernat. *AEdd.*; — non *om. P.* 3 *L*; inciditur *PEdd. Petr.*; incidit *C*; vincitur *A*; — habet *om. Edd.* 4 hoc *Codd. et Edd.* 5 *Om. Edd.* 6 sepe *A.*

§. 6: 1 dispositione *L.* 2 ipsarum *A.* 3 -tam *P*; coadun. *Petr.* 4 permixtum *Edd.*; — convalescit et roboratur et fructus profert *A*, *om.* et utiles; conferunt *L.*

aquosam[5] planta contrahit humiditatem plurimam, et luxuriabit in foliis et[6] mollibus ramusculis infecundis, et non sufficientem proferet fructum, et ille, quem profert, erit aquosus et inconveniens. Hoc ostendunt omnes silvestres plantae, quae nutrimentum siccum[7] habent et terrestre: fructus enim omnium illarum calidiores et sicciores sunt, et fortioris odoris sunt quam hortensium, quae cibantur laetamine aqueo.

7 Adhuc autem in praehabitis dictum est[δ]), fructus causari[1] ex humido unctuoso. Hoc autem[2] non est, nisi quod terrestreitati fortissimae permixtum est. Hoc igitur est, quod maxime cibat et mutat[3] sapores et modos fructuum. Propter quod stercus avium non aquaticarum et praecipue columbarum praecipit Palladius[ε]) permisceri[4] cum laetamine. Stercus enim hoc[5] fervens est valde, et suo calore in laetamine superfluam consumit humiditatem, et tunc magis congruit plantarum pasturae. Ideo etiam asininum et equinum et ovinum et caprinum a rusticis stercus assumitur: haec enim animalia squibaliores[6] et siccas habent egestiones, quae per inductas rationes magis congruunt laetamini plantarum. Hac de causa praecipitur caveri a stercore porcino, quod tam ex specie quam ex[7] accidente, quia siccum non est, plantis affert magnum nocumentum.

8 Sic igitur in communi disposito laetamine, oportet quod ipsum laetamen sit in via corruptionis potius, quam sit iam[1] incineratum, quoniam incineratum jam ad terrestreitatem cineream deductum est calore naturali; et hoc nullo modo congruit assumi in cibum alicuius viventis. Sed optime congruit, quod iam per putrefactionem resudat ad superficiem suum naturale humidum[2];

δ) Lib. III §. 111—112. ε) Pallad. lib. I cap. 33.

§. 6: 5 -sum *L*; a quo jam *Petr.*; planta *om. P.* 6 *Om. Edd.* 7 sicut *C.*
§. 7: 1 creari *P Petr.* 2 enim *A*; — commixtum *A P Edd.* 3 nutrit *V.* 4 commisc. *V.* 5 *Om. C*; — et letam. *L pro* in; — pallure *C Edd.*; cibo *Petr.* 6 *P V*, squilialiores *C L*; vel squibalitas, *addunt C V*; squibalitas *Edd.*; siliquaraliores vel sicc. *A*; squib. et *om. Petr*; squibalas rariores *M. e conj.*, *qui verisimilia scribere, quam contra* Codd. *omittere maluit. Equidem quum majorem fidem codicibus, quam Alberto latine scribenti habeam, recepi vocem illorum inauditam, quam interpretatus sum* magis formatas *vel* globosas; *nam uno, quem indicant Lexica, loco, Veget. lib. I cap.* 47, stercoris pilulae squibala, *quae sunt σκύβαλα, nominantur;* — egest. quae *e conj.*; et *Codd. et Edd.*; — rationes *om. C Edd.* 7 ab *V*; — quod *L*; — succum *V*; — plante *Edd.*
§ 8: 1 *Om. A*; — *om Edd.* jam *atque* est. 2 superf. suam nat suum hum. *A.*

cum enim hoc humidum nutriat, quamdiu hoc ad radicem resu-
dat[3] plantarum, tamdiu debitum plantis praebet nutrimentum.
Propter quod neque recens omnino laetamen quaeritur, neque
quod iam vetustate incineratum est; sed[4] quod est annuum vel
per tres partes anni habens residentiam, optimum esse pronuntia-
tur a cultoribus plantarum. Recens enim adhuc in se claudit
humorem[5]; vetustum autem in toto amisit; sed illud[6], quod jam
sudat, in administrando est humorem suum in nutrimentum. Pro- 9
pter quod etiam peritiores medicorum consumptorum habitacula
praecipiunt sub tali laetamine fieri[1]. Fomentum enim huius lae-
taminis a fumigatione sua[2] aliquid carnibus eorum per poros
praebet humectationis. Hoc autem etiam ostendunt industriae
alkimorum[3], quia optimas quasque maturationes in clibano lae-
taminis praecipiunt fieri; vocantes clibanum laetaminis calorem,
qui cum tali, de quo dictum est[4], humido exspirat ad fimi su-
perficiem. Adhuc autem sicco laetamine posito et non bene cor-
rupto videmus arescere multas plantarum, nisi multo prohibean-
tur humido aqueo per continuam irrigationem. Quia siccus calor,
qui ex tali fimo circa radices generatur, incendit vitales radices
plantae, et exsiccat et in ariditatem[5] convertit totam plantam.
Propter quod ex omnibus his colligitur, laetamen, quod plantae
mutat habitudinem, esse debere in dispositionibus inductis.

Capitulum II.

Quod laetamen variat[1] plantae naturalem habitudinem[ζ]).

Sic igitur administratum laetamen mutat plantae naturam 10
plus, quam cibus mutat animal, quod cibatur ex illo. Animal

ζ) *Petr. lib. II cap.* 13 (12 *Edd. lat.*).

§. 8: 3 resudit *P*; quamdiu *L*. 4 si *C*; — *voces* per *atque* residentiam *L unus profert*. 5 suum *add. A*; — a toto *A*. 6 id *V*; — dat *L*; *om. A C P Edd.* sed ... sudat; — *om. A P Edd.* est.

§. 9: 1 sub tali let. fieri precip. *L*; *Annon* supra — laetamen *legendum sit?* 2 *Om. V*. 3 alchim. *V Edd.*; alchym. *C*; alchimicorum *A L et e correct. P*; — optime quaslibet *A*. 4 *Om Edd.*; fumi *C L V*. 5 -tate *C*.

§. 10: 1 naturaliter *add. V*.

enim magis diversum est, et longius a se alterat[2] cibum[η]), quam planta. Et ideo cum laetamen hoc sit cibus plantae[3], et vicinior et similior sit cibus ille plantae, quam animali cibus suus[4]; citius mutabitur ex cibo, quam aliquod animalium. Adhuc autem jam[5] saepius habitum est, quod planta terram habet pro ventre, et in terra primam cibus plantae recipit assimilationem[ϑ]). Propter quod citius attrahit[6] ad se plantarum mutationem. Virtutes enim terrae praecipue sunt virtutes plantarum[ι]), et secun-
11 dum terrae mutationem erit et[7] plantarum mutatio. Nec est aliquis modus ita conveniens ad mutandum plantae naturam, sicut per laetamen et laetaminis contemperationem[1]. Jam enim ostendimus, quod in planta non sunt tot numero digestiones sicut in animali[κ]); scimus autem, quod similium in corpore facilior est mutatio quam hetherogeneorum[2]: et ideo videmus quasdam plantarum ex cibo non modo mutari ad alterum modum saporis fructuum suorum, sed etiam frequenter transeunt[3] in alias species ex continuitate cibi et laetaminis altera, quam suae[4] congruat
12 speciei, sicut superius diximus de tritico et siligine[λ]). Hoc autem ostendit artis industria, quoniam, siquis in arbore[1] perforatis ramis, qui sunt iuxta ramusculos, a quibus dependent[2] fructus, impleat pulveribus optime contritis foramina, ita quod pulveres ipsi sint ex speciebus multum aromaticis, et obstruatur foramen[3] ex utraque parte optime cum cera forti et spissa, fructus erunt in sapore aromatici, pulverum saporem retinentes, qui tamen ad fructuum substantiam non perveniunt nisi per vaporationem. Oportet igitur, quod multo magis laetamen, cuius humor per

η) *i. e., siquid video*, animal cibum assimilando magis alterat et removet ab ea, quam antea habuit, natura. *Conf.* lib. IV §. 127. ϑ) Lib. I §. 115, alia loca. ι) *Plantae majorem terrae partem inesse, quam ceteris corporibus vivis autor demonstravit lib. I* §. 45, 96, 115 *etc.* κ) Lib. IV §. 127 sq. λ) Lib. II §. 26, alia loca.

§. 10: 2 attrahit *A.* 3 *Om. P.* 4 *L*; sit cibus quam animal *C*, cibus sit quam cibus animalis *V*, sit cib. quam animalis *Reliq.*, *om. ceteris.* 5 *Om. Edd.*; — terra plantam *A*; in terram prim. *CP V Edd.*; primum *A Petr* 6 trahit *L.* 7 *Om. A P Edd.*

§. 11 1 comparat. *V* 2 -niorum *CP V.* 3 transiunt *L*; — et contin. *Edd.*; contin. vel mutatione *add. A.* 4 sua *A*; — congregat *V*; con3ruit *Reliq.*; — sicut *om. C.*

§. 12: 1 orbe *J.* 2 *V Petr.*, dependet *Reliq.*; — foraminibus *V.* 3 *L*; *om. Reliq.*; — in sap. *om. C*; erunt saporis *V.*

substantiam ingreditur corpus plantae et fructuum[4], mutet naturalem habitudinem ipsius.

Oportet autem cavere diligenter, ne laetamen congestum 13
super terram fumet ad flores et fructus, aut etiam ad gemmas plantarum, et insuper ne fumet ad ipsa plantarum corpora. Fumus enim ille et siccus[1] et incensus est et foetidus, et per poros ad interiora plantarum pertingit, et plus corrumpit quam malus[2] cibus, sicut et animalium corpora corrumpunt huiusmodi fumi et odores. Hoc autem iam experti sumus in vitibus, sub quibus sarmenta et paleae et ovorum testae congestae fumabant ad gemmas et ad flores et fructus: et multae ex his perierunt omnino, quarundam autem gemmae inutiles effectae[3] sunt, et quarundam flores; siquae autem aliquid uvarum protulerunt, omnino postea aruit et exsiccatum est. Talis enim fumus maxime nocet his[4], quae rarae substantiae sunt, plantis, sicut est vitis; sicut etiam plus nocet viris quam feminis propter raritatem corporis virilis. Fumus enim hic indigestus et non alteratus pertingit intra corpus, et ideo corrumpit naturas tam plantarum quam animalium. Propter quod praecipitur a cultore plantarum, id, quod ex herbis[μ]) ex locis plantarum eradicatum est, longius proiici ab ipsis, ne corruptionis suae foetore plantis praebeat[5] nocumentum. Idem autem considerans Palladius turrim, in qua laetamen maturatur, longe poni praecipit ab agro, qui plantis excolitur inserendis aut plantandis[ν]).

Oportet autem nos non latere, ex eadem causa paludes in 14
turribus talibus ab agricultoribus fieri. Sicca enim palea et sarmenta et stercora non apte maturantur, sed potius corrumpuntur, et corrumpunt per fumum suum, quem[1] emittunt; humefacta

μ) *Germanismus est* (was von Pflanzen) *pro* quod herbarum inutilium, *quae hic* plantis *opponuntur*, *quare rejiciendae lectiones* ac locis *A*, et locis *P Petr.* ν) Stercorum congestio propter odoris horrenda a praetorii ut avertatur aspectu *praecipit Pallad. lib. I cap.* 33. *Quorum congestioni sive cumulo* turris *nomen imposuit Alb.*

§. 12: 4 fructum *C Edd.*; — nat. humiditatem *Petr. Edd.*
§. 13: 1 succus *Edd.* 2 *Om. V*; — corrumpuntur *Edd.*; — fumo *J.* 3 facte *AP*; — flores *om. A*; — aut si que *A*; — pertulerunt *Edd.* 4 *Om. A*; — *om. Edd.* sic. est vit. 5 prebet *C*; afferat *Petr.*
§. 14: 1 quam *V*, *qui om.* est corrumpunt.

autem laxius[2] resolvuntur in superficiebus, et efficiuntur molliora, per quorum spongiositatem exsudet ad superficiem naturale humidum, et maturetur in plantarum conveniens nutrimentum. Huius autem indicium[3] est, quod plantae etiam sicut animalia attrahunt humidum quasi[4] cibi sui vehiculum. Et, cum non potent[5] ut animalia, paludalis potus earum permiscetur laetamini, qui faciat, ipsum in plantis undique fluere, et ipsarum partes
15 infundendo[6] nutrire et mutare. Nec obstat, quod videmus, quosdam[1] rusticorum praeparare loca cultuum suorum per incensos caespites et ligna, et tunc melius terram fructificare in plantis: hoc enim non fit propter plantas, sed ad temperandam[2] duplicem terrae malitiam. Friget enim terra, et ex frigiditate sterilis hoc modo aliquid caloris concipit, quo semina in ea iactata melius convalescant. Similiter autem et humida nimis — et ex hoc infecunda[3] — ex incensione et immixto cinere — in cuius poris aqua non tenetur, sicut in quarto meteororum ξ) dictum est — contrahit siccitatem temperatam, per quam magis habilis efficitur ad fructificandum.

16 Ex omnibus igitur dictis constat, laetamen esse unum eorum, quae praecipue plantam mutant a silvestritate in domesticationem. Silvestritas enim plantae nihil aliud est, nisi neglectus cultus eius et sapor fructus eius, qui humanis usibus non competit; et domestica dicitur, quando per cultum eius sapor ad delectationem et utilitatem hominum redigitur[1]. Hoc autem fieri per laetamen, probant ea, quae in animalibus videmus accidere. Quaecunque enim animalium sunt domestica, plurium sunt carnium propter nutrimenti abundantiam, et multarum[2] sunt quantitatum, et diversorum colorum propter nutrimenti diversitatem; et sapor carnium eorum est alius quam silvestrium. Oportet

ξ) Lib. IV tract. I cap. 4.

§. 14: 2 latius — exsudat — maturatur *A*. 3 iudic. *CZ*. 4 quia et *A*; et *Petr*. 5 *LPPetr.*; potens *CZ*, potans est *A*, potest *V*, possint *J*; — non paludalis *A*; Palud. enim *Petr*. 6 in infund. *C*; in fund. *L*; in sudando *V*.

§. 15: 1 *ALPetr. et e correct. P*; quorundam *A supra lineam et Reliq.* 2 -randum *V*; — Frigit *C et, qui in marg. correxit, P*; Frigescit *V*. 3 *A V*; fecunda *Reliq.*; — ex *V*, et *Edd.*, *om. Reliq.*; — intensione et mixto *V*.

§. 16: 1 regreditur *V*; — Hec *CEdd.*; — enim fieri *Edd*. 2 magnar. *L*; — qualitatum *Petr*.

igitur, proportionaliter hoc etiam[3] in plantis accidere ex nutrimenti administratione.

Capitulum III.

De aqua maturante laetamen, qualis esse debeat[1].

Non autem[2] praetereundum est, quod laetamen mutat qui- 17
dem plantarum naturales sapores et habitudines praedicto modo, maturatum aqua paludali, sicut diximus. Aqua enim fluente non maturatur bene neque irrigatur planta, quoniam illa quidem frigiditate sua constringit poros laetaminis, ne exspiret in eo calidum aut humidum naturale ad superficiem, et conservat a putredine. Similiter autem eadem frigiditate constringit poros radicum, et non[3] sinit eos aperiri in tractum nutrimenti convenientis. Similiter autem fluxu suo lavat id, quod est terreum in laetamine suo[4], et eodem fluxu, quicquid nutrimenti est circa radicem, lavat et deducit: et ideo in fortiter fluentibus aquis paucas aut nullas videmus nasci plantas. Terrestreitas[5] enim fundi lavatur et deducitur, nec remanet nisi lapis durus et frigidus, in quo planta nasci non potest vel nutriri.

Aqua autem stans fixum in se recipit solis radium, et ca- 18
lefit[1]: et illo calore coadjuvat ad laetaminis maturationem et radicum apertionem et pullulationem seminum. Aqua autem[2] haec — neque stagnea neque fontalis neque fluvialis, capta et effusa — sufficientem habet convenientiam: sed potius aqua, quae descendit in pluviis et roribus ex[3] nubibus super terram. Haec enim

§. 16: 3 esse, *om.* accidere, *V*;— plantas *C*.

§. 17: 1 generalis *pro* qualis *V*, *quem secuti sumus, quum codicum alii alia exhibeant, ita ut argumentum, quod in C P V ind. desideratur, aut in autographo omissum aut mox amissum credideris*; De aqua, que exigitur ad letamen et plantarum irrigationem *L*; Qualiter letamen melius maturatur et preparatur *A*; Quod letamen variat plante naturalem habitudinem *Z*; Quod letamen mutat plantarum naturales sapores et habitudines *J*; De aqua, quae convenit maturitati letaminis et nutrimento plantarum *Petr. lib. II cap.* 14 (13). 2 enim *Edd.* 3 *Om. A*;— ea *C L V Z*. 4 *Om. A*; *om. J* fluxu .... eod. 5 et terrestritas *C V*; educitur *Edd. Petr.*

§. 18: 1 -facit *L*; — et in illo *L P*; — coadunat *C Edd.*; — aperitione *Codd.* 2 *V*; enim *Reliq.*, *om. A L P* hec; *om. Edd.* neque. 3 *L V Petr.*, et *Reliq.*

est calida et vaporabilis, et ideo palus ex illa convenientissime fit iuxta laetamen, quia calore — sicut diximus — maturat, et vaporabilitate permiscet subtili commixtione, et confert ei levitatem et motum, quibus elevari possit in venas et partes organicas plantarum. Si autem aqua lacunalis aut fontium vel certe[4] fluviorum adhibetur in loco paludum, oportet quod stet sub radio solis, priusquam laetamen iniiciatur, et commisceatur cum terra fortiter et[5] moveatur, ita quod ex motu spumam faciat, et vaporabilis fiat propter dictam causam.

19 Aqua autem nivium et grandinum, nisi diu stet, antequam ad plantas effluat, plurimum infert[1] plantis nocumentum sua frigiditate. Est enim in ea frigiditas mortificans radices, et congelans humidum laetaminis: et hoc nocumentum non de facili aufertur. Cuius signum est, quia terrae nivosae[2] parum proferunt germinis: et quod proferunt, est immaturum. Et licet calefiat aliquando aqua per solem, tamen nocumentum, quod intulit prima frigiditate[3], non aufertur, quia hoc fuit mortificativum. Hoc autem[4] videmus in terris grandinatis[o]) et agris, quoniam infra tres annos vix postea referuntur ad cultum. Sed aqua pluviae, licet sit frigida, tamen excellentiam frigoris non habet, et habet[5] caliditatem ex nube, ex qua descendit, et vaporabilitatem. Ros autem est calidus et humidus et dulcis, qui[6] de facili movetur ad membra plantarum.

20 Palus tamen, de qua dictum est, non erit sita iuxta plantas prope[1], quoniam nimis infusa planta impeditur a fructu convenienti. Sed potius imbibita laetamini — iuxta quod etiam in turri poni praecipitur a Palladio[π]) — convenienter[2] nutrit plantam cum pluvia descendente, quia pluvia descendens ad radices plantae eam deducit, et ibi calore terrae fumat[3] in radices plantarum, et sugitur humor eius calore naturali radices. Haec est causa,

o) *Est Germanismus* (verhagelt) *pro* grandine contusis, *ad quae respondet uterque locus, quem protulit Du Cange Glossar.* π) *Conf.* §. 13 *not. ν.*

§ 18: 4 terre *A L*; — adheretur *Edd.*; — paludis *L Petr.* 5 *Om. C.*
§. 19: 1 *L*; fluat pl. fert *Reliq.* 2 vinose *Edd.* 3 -ditas *A.* 4 mort. secundum enim vid. *V*; — et in agris *P*; — revertuntur *L*; reduc. *Petr.* 5 *Om. C* et hab.; — a nube — vaporabilitate *A.* 6 et *C.*
§. 20: 1 proprie *A V.* 2 quia conv. *A*; — *om. P* descendente *atque* pluvia. 3 firmat, *in marg.* al. fumat *V*; — sugitur cicius calore *A.*

quod aquae purae macilentae[4] cum impetu fluentes steriles efficiunt terras, quas influunt; aquae autem lacunosae et paludosae faciunt eas pingues, et praecipue quando ex pluviis calidis accipiunt incrementum, per[5] quod exeunt ab alveo in agros, sicut Nilus, qui crescit ex pluviis sub aequinoctiali descendentibus, quae sunt calidae et humidae, et ideo optime irrigat sata Egyptiorum. Alia autem aqua gravis est, potius descendens a parti- 21
bus laetaminis et a radicibus plantarum, quam vaporet[1] in ipsas, et ideo non est adeo conveniens. In lacunis tamen, in quibus stetit aqua, medicamen accipit[2] ex continuo radio solis: et ideo putrescentes in fundo eius herbae quasi in naturam convertuntur laetaminis. Propter quod etiam lutum, de fundo talium lacunarum paludalium acceptum, pinguem reddit agrum et fecundum, habens effectum laetaminis in ipso. Omnino autem convenientissimum plantarum nutrimentum est laetamen in palude temperata humiditate putrefactum, et ex convenienti stercore commixtum, propter causas inductas.

Sed aqua salsa prae omnibus cavenda est, ne admisceatur 22
laetamini aut plantis, quoniam illa exsiccativa est et adustiva, et omnino[1] contraria plantarum pullulationi. Licet enim[2] acredo salis fracta sit in humido aqueo, tamen torrore solis revertitur in acredinem et amaritudinem, et tale nutrimentum omnino plantae refugiunt et animalia. Habet autem in se insuper siccitatem potentialem ex combusta salis terrestreitate, et ex hoc contrahit poros plantarum, et obturat et exsiccat laetamen, ita quod suum humidum non valet exsudare in plantarum cibationem.

Adhuc autem aquae metallorum, quae per mineras[1] decur- 23
runt, aut quae per fistulas metallinas diu et longe fluxerunt, sunt inconvenientes, quoniam ex natura metalli corrodunt potius, quam infundant interiora laetaminis et plantarum.

Horum[1] autem omnium causae manifestae sunt in his, quae 24

§. 20: 4 mascellente *C*; macillente *V*; — cum *Petr.*, in impetu *Codd. et Edd. nost.*; — efficiuntur *C.* 5 propter *P Edd.*; — exeunt a balneo *A*; — ad agr. *Edd.*

§. 21: 1 vaporat *Edd.*; vaporetur *Petr.* 2 recip. *Edd.*; — et cont. *C.*

§. 22: 1 ideo *C.* 2 eciam *A*; — facta sit *J*; cum *pro* tamen *Z*; — vertitur *Edd.*; convert. *Petr.*

§. 23: 1 minerias *C*; minimas *Edd.*; — aut fistul., *om.* que per *CPV Edd. Petr.*

§. 24: 1 Omn. aut. hor. *A Edd.*; *om. L* omn.

tradidimus de diversitatibus aquarum in libro meteororum ϱ). Aqua igitur maturans laetamen est aqua paludalis ex pluviis et roribus congregata; aut, si illa non habetar, sit aqua lacunalis, sub sole diu calefacta et fortiter mota. Si autem nec illa parata est, sit aqua de fontibus aut fluviis hausta, fortiter commixta et sub sole calefacta.

Capitulum IV.

De quatuor utilitatibus arationum sive fossionum in domesticandis plantis [1].

25 Arationes autem et fossiones [2] in genere quatuor conferunt utilitates. Quarum una est terrae apertio [3], secunda autem est eiusdem adaequatio, tertia agri commixtio, quarta autem comminutio σ).

26 Terram enim [1] aperiri necesse est, quia aliter nec semina in se iäcta recipit, nec ea, quae in se habet, sufficienter exspirans emittit: et ideo aperiri oportet terram in omni mutatione plantarum, quando de silvestritate in domesticationem mutantur. Soliditas quippe superficiei superioris — per pondus ipsum terrae et per [2] conculcationem hominum et bestiarum, adhuc autem per imbrium ictus et fluxum facta — impedit, ne aliquid aut in se ab exteriori recipiat, aut etiam aliquid ab interioribus [3] suis emittat, unde planta in ea fixa aut germinet, aut mutetur a dispositione una in aliam. Propter quod proscindi [4] terram oportet aut aratro aut fossorio.

27 Similiter autem nisi sit adaequata, non bene mutabit plan-

ϱ) Lib. II tract. III. σ) *Petr. lib. II cap.* 15 (14 *Edd. lat.*).

§ 25: 1 *Om. Edd.* quatuor; — fossationum *V ind., om.* arat. sive. 2 fossationes *Edd., om.* autem. 3 aperitio *A P*; — autem *om C V Petr.*; est comm. *V.*

§. 26: 1 autem, *A P Edd.* enim aperire *V*; iniecta *Edd.*; — silvestreitate *Codd.* 2 *L unus profert*; — et adhuc aut. *L.* 3 exter. *A*, *om.* aliquid *atque* in ea; — emittit *Edd.*; — confixa *V.* 4 prescid. *L*; - fossario *A Edd.*

tam, sed potius contrariae in ea dispositiones[τ]) forte corrumpent[1]. Cum enim continue id, quod est in superficie terrae, suo pondere et fluxu humoris tendat ad inferius in[2] terrae viscera, est terra inferius ad duos vel tres pedes magis pinguis quam in superficie. Et ideo oportet inferiorem superius elevari, et superiorem deprimi per arationem vel fossionem, ut adaequata[3] virtus sua, in una virtute unita, moveat plantarum radices, et fecundet. Adhuc autem beneficium radiorum coelestium tangit primitus superficiem. Sed cum[4] non sit retinens aliquid, evanescit, et per redundantiam conservatur in inferiori terrae. Et hoc adaequatur, quando inferius superius ponitur, et e converso. Et multae aliae adaequationes virtutum terrae fiunt per fossuram et arationem.

Commixtio etiam est necessaria, quoniam, nisi partes quae- 28
libet sibi permixtae[1] sint, non erit ipsa proprius locus generationis plantarum. Plantae enim, quae commixtarum sunt virtutum, locum suae generationis quaerunt esse commixtum. Nec potest fieri, quod sit[2] aequaliter humidus ager, et aequaliter[υ]) siccus, et aequaliter frigidus, et aequaliter calidus, nisi fiat hoc beneficio fossurae et arationum[3].

Comminutio autem est necessaria propter subtiliationem 29
ipsius. Nisi enim comminuatur, non subtiliabitur; et nisi subtilietur, non erit conveniens cibus et[1] materia plantarum. Propter quod praecipit agricultor Palladius[φ]), quod non aretur tempore, quo terra lutum[2] — aut lutulenta — est, quia tunc in pulverem non redigitur, — nec est tempus congruum arationi tempus[3] extremae siccitatis, quia tunc glebae magnae non dividuntur —; sed potius tempore[4], quo parum mollita est terra, nec tantum habeat humoris, quod contineant se partes ipsius. Tunc enim proprie comminuitur et aptatur seminibus et plantis pro-

τ) *Conf. lib. I* §. 2. υ) *Conf. indicem.* φ) Pallad. lib. II cap. 3 §. 3.

§. 27: 1 corrumpunt *A Petr.*; — id *om. P.* 2 *Om. A.* 3 *L Petr. et e correct. P*; adequetur *Reliq.*, *quare* et unitur *A*, ut unica *V*; — virt. eius *V*; virt. sua et *J.* 4 si tamen *C*; — per *L V*; propter *Reliq.*; — per abundantiam *J.*

§. 28: 1 commix. *A.* 2 *Om. L* quod sit; — *om. A* hoc. 3 arationis vel arationum *V.*

§. 29: 1 in *L.* 2 lutus *CPZ*; lutosa *A Pall.*; — lutulentum *J*; luculenta *ACPZ.* 3 *Om. C* congr. ar. temp. 4 *Om. Edd.*; — quando *J.*

30 pter causas inductas. Hac autem[1] de causa periti in agricultura
ter vel quater eundem agrum arari praecipiunt, dicentes quamlibet
de tribus vel quatuor arationibus addere fructibus proportiona-
liter sui numeri quantitatem: ut quidem secunda aratio addat
alteram fructui partem, et tertia addat[2] tertiam, et quarta quar-
tam; et ultra non progreditur, quia sufficienter per quatuor ara-
tiones est terra subtiliata, et ad cibum plantarum praeparata. Hac
etiam de causa praecipiunt periti in rusticatione, glebas magnas
in agris malleis comminui, quia aliter, ut diximus, non conve-
31 niunt generationi plantarum. Quod autem diximus de tribus vel
quatuor arationibus, variatur secundum agri[1], qui colitur, natu-
ram. Fortis enim et glutinosus et adulterinis herbis repletus
non excolitur ad emundationem[2] et subtiliationem, nisi quatuor
arationibus. Poroso[3] autem, et subtilem et bonam et mundam
terram habenti, forte sufficit una aratio vel duae aut ut[4] multum
tres ad plus. Propter quod etiam praecipit Palladius χ), primo
terram considerari, quoniam, si forte labor[5] fructus excellat uti-
litatem, relinquenda est; si autem fructus excedat laboris meri-
tum, insistendum dicit[6] esse cultui.

32 Sunt autem agri, qui non arando sed fodiendo temperantur,
et hi sunt, quorum multa est pinguedo in profundo, ad[1] quod
vomer aratri pertingere non potest. Ad hos[2] enim oportet ad-
hibere fossorium, quod profundius terram sulcat quam vomer
aratri. Compertum enim est operatione[3] rusticanorum, usque
ad decem pedes pluviae humorem pinguedinem superficiei terrae
secum deferre[4], cum distillat in profundum. Amplius autem,
sicut videmus, animalia aquatica, quae sub terra profunde gene-
rantur in lacubus subterraneis, venenosa esse, eo quod lucis ex-
pertia sunt, et vaporibus spissis nutrita: ita etiam id[5] pingue,
quod in profundo terrae latet, incongruum est et grossum et fri-
gidum, nisi ad superficiem aliquando tollatur, et lumine solis

χ) Pallad. lib. I cap. 2 et 7.

§. 30: 1 *P*; *om. Reliq.*; — aut quat. *Edd.* 2 addit *C.*
§. 31: 1 *Om. C.* 2 *L Petr.*; emendat. *Reliq.* 3 porosam *J Petr.* 4 *Om. C.* 5 lapor *L*; *om. Edd.* 6 datum *CP*, *quod delevit V*; datur causa cultui *L.*
§. 32: 1 *L*; *om. Reliq.* 2 hoc *A Edd.*; — adhibere *A*; adhiberi *Petr.*; adh're *C*; adherere *L V*; addere *Edd.* 3 comparat. *C Edd.* 4 differre *L.* 5 et *Petr.*; ita est etiam quod pingue *L.*

lustratum subtilietur et dissolvatur et spirituale fiat, quo vaporabili[6] spiritu ad radices et semina pertingere et penetrare possit, et usibus laborantium adaptari.

Non autem omnis ager, in quo planta domesticatur[1], foditur 33
vel aratur. Cum enim antiqui Egyptii agrum primo mensuris geometricis distinxerunt[2], quatuor agrorum genera esse dixerunt, in quibus plantae domesticantur per cultum; sativum videlicet, et consitum, et compascuum[3], et novalem. Ex his autem duos tantum arando et fodiendo coluerunt, sativum videlicet et novalem[4]; vocantes sativum, qui seritur continue singulis annis, vel in eodem anno pluries; novalem autem, qui alternis annis, aut tertio intermisso, aut quarto, aut quinto, aut etiam[5] sexto, aut forte septimo anno quiescit. Et hos[6] fodere et arare praecepe-
runt propter causas, quas diximus. Compascuum autem et con- 34
situm aut[1] non fodiendos, aut non continue fodiendos esse, praeceperunt. Compascuum enim[2] vocabant eum, qui prata ferebat in pastum animalium; consitum autem eum, qui[3] arboribus erat consitus, quae portabant fructus salubres usui hominum. Et compascuum quidem[4] nullo modo; consitum autem non fodiebant, nisi forte parum circa radices, et non ubique. Cuius cultus nos inferius dicemus rationem. Sed hic[5] dicere sufficit, quod sativus et novalis agri[6] fodiendi et arandi sunt, quia aliter semina in eis non bene convalescunt propter causas, quas diximus.

§. 32: 6 vel facto *add. A*; — posset *CLVEdd.*
§. 33: 1 -cata *A.* 2 distruxer. *C.* 3 pascuum *C.* 4 *A Petr.*; compascuum *L*, pascuum *Reliq.* 5 et *L*; *om. V Petr.* 6 hoc *Z*, hunc *J*; — quas caus. quas *C.*
§. 34: 1 *Om. A J Petr.*; — aut . . fodiendos *L P exhibent uni.* 2 autem *L.* 3 ab *add. A*; — qui portab. *V.* 4 quidam *A*; *om. Petr.* 5 hoc *P.* 6 *J*; ager *Petr.*; novales agri *Codd. Z*; — *om. Edd.* et arandi.

Capitulum V.

Qui agri[1] sativi, et qui consiti, et qui compascui, et qui novales dicuntur, ut sciatur qui sunt arabiles, et qui non[ψ]).

35 Diversificantur[2] autem in arando et cultu sativus et novalis agri, quoniam sativus virtutem habet magnam et feracem fructificandi, in tantum quod, si continue non maceretur in partu, propter[3] pinguedinem nimiam luxuriabit in spuria diversarum plantarum, quod[4] postea sine magno labore emundari non poterit; aut forte exuberabit in humore, ita quod ipse humor nimis abundans submerget seminum virtutem. Et siquidem adeo ferax est, quod timetur luxuria adulterinarum plantarum, continue seritur omni[5] anno, aut forte in anno pluries, eo quod calidus et humidus est talis ager, et soli calido expositus, qui etiam, sole ab aequinoctiali descendente, calorem terrae ad pullulationem seminum sufficienter immitttit[6]. Sicut enim diximus in meteororum libro[ω]), calor solis commiscet inferiora superioribus ad generationem eorum, quae in terra nascuntur: et ideo, quando solis calor inferiorem terrae humorem elevat in superficiem agri siccam[7], efficitur ager continue calidus et humidus; et est ille ager semper porosae terrae, et bonae commixtionis[8], et facilis cultus, et parvo labore multam profert fructuum ubertatem; et
36 ille proprie vocatur ager sativus. Quando autem, vincente calore solis, elevatum de profundo humidum non commiscet agrum et mollificat eum, sed consumitur, et plus consumit sol[1] de humiditate vel humore, quam elevat: efficitur ager pulverulentus

ψ) *Petr. lib. II cap.* 16 (15 *Ed.*), *minuto argum.* ω) Meteor. *et* lib. III tract. V *et* lib. IV tract. I cap. 1–4 *et* tract. II cap. 1—2 *huc faciunt.*

§. 35: 1 *Addunt:* dicuntur *V ind.*, sint *P*; — et compasc. *C*, *om.* qui; et qui nov. et compasc. *L*. 2 Si verificantur *Edd.*; — novalis ager *A.*, ag' *CLP*; — et facilem *A*; et fortem *V*. 3 per *V*; quod *CZ*; ob *J*; quod propter *A*. 4 et *L*; — emendari *ACV Edd.*; — exuberab. *om. ACP Edd.*; — cum humore *Edd.*; — subjungit *C*; — virtutum *L*. 5 cum *ACP Edd.*; — calid. est et *V*. 6 intermittit *C*. 7 agri vel sativi *A*; — ager *om. Edd.*; — *C repetit verba nonnulla praecedentia.* 8 digestionis *A*; multum *Edd.*

§. 36: 1 *Om. A*; — quem *V*.

et sabulosus et salsus et pessimus, qui non recipit bonitatem per cultum, sed potius siccitate redigitur in eremi solitudinem, in qua nulla plantarum recipere potest ad bonum usum mutationem[α]). Adhuc autem si tanta sit solis debilitas, ut nihil de pro- 37
fundo terrae ad superficiem elevari possit, sed potius comprimitur[1] continue ager frigiditate mortificante: quantumcunque ille colatur, non reddit fructum plantarum nisi forte silvarum, eo quod silvarum arbores in valde magnam profunditatem dirigunt radices, ubi est calor fumans ex superiori terrae constrictione. Ad tantam autem profunditatem nec fossio pertingere potest, nec aratio, nec seminatio: et ideo tales agri nec[2] arabiles, nec sativi dicuntur. Omnia enim haec, quae in superficie terrae nascuntur, ex vaporibus de subtus ad superficiem pertingentibus oriuntur, sicut scitur ex his, quae bene considerata sunt in libro meteororum[β]). Sativus igitur ager optimus est, qui vapore pertingente, et non consumpto superius est calidus et humidus, mollem habens[3] superficiem et porosam, quae et cultui facilis et ferax est seminibus in eam iactis.

Est autem hoc[1] imaginari per similitudinem caloris balneo- 38
rum. In his enim siquis calore moderato — movente quidem humidum sed non consumente — usus fuerit, diffundetur humidum naturale, immixtum cibali humido, per corpus suum et extendet carnes eius et impinguabit eas. Si autem calore immoderato et diu utatur, exspirabit humidum eius, et destituetur et macerabitur[2] corpus. Simile autem per omnem modum est in agris soli obiectis[3], dummodo malitia aliqua terrae per accidens non impediat. Propter quod dixit Palladius[γ]), maxime eligendum esse pinguem et rarum[4] agrum, qui calore rarificatus non dissolutus sit, et humido multo spirituali ad superficiem reflexo impinguatus sit. Secundi autem meriti[5] dicit esse pinguem et densum.

α) *i. e. mutatio, qua plantae usui hominum aptiores evadant.* β) Meteor. lib. II tract. II cap. 6. γ) Pall. lib. I cap. 5 §. 6, *qui* eligendum pinguem ac resolutum agrem, secundi meriti spissum *dixit.*

§. 37: 1 set post exprim. *A;* — agri *L Edd.*; ager loci *Petr.* 2 non *A*, *om.* tales; — *om. V* agri. 3 habent *C;* — *om. P* et por. quae et; que eciam *V;* que est *A;* — cultu *L Petr.*

§. 38: 1 hic *C L Edd.;* — imaginandum *L.* 2 maturab. *A.* 3 agris solidis *A;* — dum *P.* 4 esse *add. Edd.;* — sit *om. C;* — spiritu *A.* 5 m̄ti *C;* modi dixit *A.*

Hic enim etsi[6] densus sit, aratione est subtiliabilis et rarefactibilis. Et tunc[7] efficitur conveniens pinguis et densus. Hic enim labore quidem cultus, tamen[8] cultoribus non negligentibus ad
39 vota respondebit. Cum autem hae duae dispositiones magis inveniantur in agro culto: pinguis et rarus magis vineis congruit. Eo quod vites[1] rari ligni sunt, et ex denso non ita sugere possunt; adhuc autem plurimo indigent calore et humore vineae: propter quod non confert[2] ad vites terra densa, quae et calorem impedit ad radicem pertingere et humorem. Pinguis autem et densus frugibus magis congruit, quae[3] solidum exigunt fundum et cibum, propter grani siccitatem et soliditatem.

40 Solida autem nimis[δ]) et macra, et melancholica quadam ariditate, nec frugibus[1] competit nec vineis. Haec enim repressam in intimam[2] sui profunditatem habet humiditatem; et haec humiditas parum spirat, nisi forte ad arborum ex profundo generationem; et harum fructus aut nulli sunt propter frigus, aut immaturi et inconvenientes: et ideo plantae in tali terra non do-
41 mesticantur. Ea autem, quae nimio calore siccitatem patitur, prae omnibus peior est. Illa enim et in profundo et in superficie[1] destituta est humido: et ideo haec eremus vocatur, eo quod redacta sit in solitudinem; nec profert aliquid propter adustionem et salsuginem sabuli, nisi forte herbas valde[2] minutas et siccas ex aliquo modico vapore alicuius temperati temporis generatas. Propter quod optimus agricultor Palladius[γ]) dicit, illud deterrimum terrae genus esse, quod est siccum simul et[3] spissum, macrum et frigidum, calidi exspiratione: macrum qui-

δ) *sc.* terra. *Albertum positionem novam incipientem neglexisse, quae praecedunt, credendum est, nisi priore loco contra Codd. pro* pinguis et densus *legas* pinguis et densa. *Petr. exhibet:* Sola autem nimis macra — competunt. Haec — habent. *Quae minus placent.*

§. 38: 6 Hoc en. si *A*; — a ratione *Edd.*; — aref. *pro* raref. *A C P Edd.* 7 cum *C*; — conv. pinguii et denso *Codd. et Edd.*; *M. conjecrat* con. pingui et raro. *Sed de* denso *agunt, quae seq.* 8 Hoc — tamen *L*, cum *Reliq.*

§. 39: 1 *L V*; vitis *Reliq.*; — sint *C V Petr.*; — sit et .. non unita *Edd.*; — possint *L*; — autem *V exhibet unus.* 2 convenit *A P*; communiter *C Z*; congruit *J.* 3 in *add. V*; — extinguunt *L*; — *om. C* et solidit.

§. 40: 1 frugoribus *P.* 2 *V*; viciniam *A*, vicinam *Reliq.*; — *om. C* habet humidit.

§. 41: 1 perficie *C*; — reducta *Edd.* 2 *Om. V.* 3 eciam *add. V*; — et frigid. frigidum quidem *A.*

dem sabulo sine terrae admixtione, aut ieiunum glarea[4], aut arenosum pulvere, lapidosum, aut uliginosum, quod nullus humor infundit, aut salsum, aut amarum. Hic est ager[5] more pestiferi fugiendus: eo quod nunquam ad vota respondebit.

Capitulum VI.

De medicamine agri, ut fiat sativus[ε]).

Sunt tamen quidam agri[1], in se quidem frigiditate aut hu- 42
more steriles, qui cultus primo accipiunt medicamen[ζ]), et postea
in eis optime plantae, praecipue fruges, proveniunt. In talibus
enim terris argilla fossa[2] terrae frigidae immiscetur; et ex ar-
gilla quidem terra frigida accipit fecunditatem, eo quod argilla
calida est et sicca, proprietatem habens masculi. Terra autem
frigida est et humida, eo quod frigus inducit humidum; et cum
calidum siccum permiscetur frigido et humido[3], fit temperamen-
tum. Et tunc terra illa ferax ita diu efficitur, quamdiu per illu-
viones imbrium non distillavit ab ea argilla; et tunc plantae in
talibus terris ad nutum veniunt, mutantes[4] silvestrium proprie-
tates in domesticarum qualitates, tam in quantitate fructuum,
quam etiam in qualitate. Sed[1] terra sicca salsa et amara nun- 43
quam accipit medicinam. Quicquid enim ingeri potest tali ter-
rae, totum in adustionem et siccitatem et salsedinem convertitur.
Propter quod etiam terram[2] ad Iovem exclamasse in fabulis poë-
tarum legitur, conquestam de incendio Phaëtontis, et non con-
questam de gelicidio Saturni, sciens malitiam, quae ex frigore

ε) *Petrus* §. 42—51 *in libr. II cap.* 17 (16) *recepit.* ζ) *i. e.* in quibus, postquam medicinam culturae acceperunt, fruges optime proveniunt.

§. 41: 4 glacea *Z*, glacie *J.* 5 Hic enim ager est *V;*— pestifero *L.*
§. 42: 1 arbori *A.* 2 fosse *A;*— ministretur *Petr.* 3 frigido frigida *C*, *om. CP* et hum.;— quamdiu *om. L.* 4 imitantes *Edd.*, *om.* fructuum;— etiam in *om. C;* etiam *om. A P Edd.*
§. 43: 1 Si *C V Edd.* 2 terra *A P Edd.;*— conquesta *P Edd.;*— fetoncis *L pro* Phaët.;— suam *Edd. pro* sciens.

est, posse temperari, non autem adustionem, quae est[3] ex siccitate salsuginis.

44 Similiter autem si ex humore terra infecunda est, aliquod recipit temperamentum. Foditur enim fossatis per transversum, ad quae primo[1] descendat humor superfluus. Et postea defluit ab agro et tunc recipit temperamentum: sicut fit de agro, quem Egyptiorum antiquissimi subcoeninum[2], hoc est, sub coeno positum, vocaverunt. Propter quod etiam periti eorum omnes fossas agrorum ad unam maiorem et decliviorem[3] derivari praeceperunt per transversas arationes et fossas, ut per decliviorem ager[4] a superfluo emundetur humore, eo modo quo etiam minutiones[η]) et evacuationes aliae[5] corpora curant animalium — ex humore et non ex qualitate tantum infirmatorum[6]. Sicut enim haec duplex[7] causa est aegritudinis in animalis corpore, quod videlicet
45 aut qualitate aut humore infirmatur: ita est etiam in agro. Et ideo, cum terra frigiditate sola — vincibili tamen[1] — est sterilis, studet agricola infundere alterantem argillam; si autem ex humore solo impeditur eius fecunditas[2], studet evacuantibus eam redigere ad cultum, per modum fossarum, qui dictus est. Sed terra, quae iam longa siccitate destituta et[3] combusta est, desperata est, sicut animalis corpus mortuum et incineratum. His igitur modis ager sativus iuvatur ad domesticationem plantarum, praecipue in frugum cultu; quoniam de vineis sermo erit posterius, cum de agro consito tractabitur.

46 In talibus autem non optimis agris, qui medicina plurima et continua indigent, diligenter observanda sunt tempora cultus et sationis. In terris autem[1] frigidis autumnalem tempestive

η) *Sunt* venarum sectiones.

§. 43: 3 *Om. Edd.*
§. 44: 1 primum *A V.* 2 subsceninum *et* sub ceno *L P V Edd. et* §. 66 *C L P V;* subteninum *C hic;* subcenuum *et postea* subcenius *A*, subceneus *Petr. infra, qui hunc locum omisit. Vocis autoritas me effugit. Lectio* cenositatem *quam offert V* §. 66 *not.* 5 *autoris non est.* 3 est *add. V.* 4 agri *A;* — emendetur *Edd.;* mundetur *Petr.* 5 alia *A.* 6 *E conj.;* -matiū *L;* -matum *C V;* -mata *Reliq.* 7 hoc dicitur *A;* — est *om. A Edd.;* — in animalibus *Edd., om.* corp.; — infirmat *A;* infirmantur *J;* — est *om. C P.*
§. 45: 1 *Om. J;* tamen non est fertilis *A;* — alterando *L, om. V.* 2 solo solo ejus fec. *C;* solo est infec. *A Edd.* 3 *A;* siti destit. combusta *Reliq.;* combusta et desp. *L. Conf.* §. 49.
§. 46: 1 enim *V.*

oportet fieri sationem, ut planta aliquid roboris ante[2] hiemis saevitiam accipiat: quoniam si tenella aut in grano latitans ad glacialem hiemis pervenerit frigiditatem, ipsa gelante glacie mortificabitur, et a fructu optata destituetur[3]. Hoc autem maxime est in eo agro, qui cum frigiditate etiam est siccus. Nisi enim tunc tempestive praeveniatur[4] satio, non habebit robur contra hiemem macra et tenella plantatio. In agro autem calido et 47
pingui differenda est satio, quantum potest prae frigore hiemis. Quoniam[1], si praeveniatur in tali agro satio, ante seminum et fructuum formationem luxuriabit in herba; et cum totum in herba posuerit[2] humidum substantiale, non habebit verno tempore, unde producat semina. Serotina autem eius satio non accipit ab hiemis frigore[3] aliquod nocumentum, eo quod locatum sit semen in agro calido et pingui, qui ab hiemis frigore laedi non potest: quin[4] potius plantula impinguatur, et retinetur a frigore hiemis, ne luxuriet; et tunc, verno superveniente calore, multiplicia formabit ex[5] se semina, et fructus in maxima producet ubertate.

Similiter autem[1] considerandum est in agris multum frigidis 48
et humidis, qui circumpositi sunt maribus et paludibus multis. Hos enim non expedit seminari autumno, sed verno tempore[2], quoniam seminati in autumno nimium profunduntur humore frigido, et seminum farina abluitur et perit ita, quod evanescunt in vere, et a fructu destituuntur. Sed verno tempore sata multiplex habent humidum affluens et vaporosum, tam ex agri fundo, quam ex locis adiacentibus; et cum calor solis convaluerit, cito crescunt et fructificant. Et huius signum est, quod videmus 49
tales agros in siccitate[1] temporum, quae alios agros impedit, optime fructificare. Temporis enim siccitas nimio[2] agri humori

§. 46: 2 aut *C;* — yemps sevicina *L;* sevitiem *Edd.* 3 -tuitur *P.* 4 *Vox, quae statim redit, stet intacta. Quae si sec Du Cange Glossar. ad* impediatur *interpretaretur, sententiam in contrarium mutaret. Nisi enim satio praecipitetur, ita ut seges prae hieme altius excreverit, neque* robur habebit, *neque* luxuriabit; *quare tali dein opponitur* satio serotina. *Fortasse legendum est aut* praecipitatur *aut* praeveniat.

§. 47: 1 qui *CZ;* quod *J Petr.* 2 -erat *A.* 3 frigiditate *A.* 4 quoniam *A;* quin post *Edd.* 5 a *A;* — producet *Petr.;* producit *Codd. et Edd.*

§. 48: 1 *Om. V;* — qui certum pos. *A pro* circumpos. 2 sed *repetit C;* sed verno — *usque ad* — destituuntur *om. Edd* ; — evanescant *V.*

§. 49: 1 -tatem temp. quod *Edd.;* qui *L.* 2 nimia *V.*

coniuncta facit temperamentum, et annonae[3] reddit ubertatem. Propter quod etiam superius diximus, tales agros per sationem fabae vel lini, si aliquando infecundi sunt, redire ad ubertatem, eo quod talia radicitus evulsa superfluam ipsius temperant humiditatem. Propter quod etiam studium culturae circa huiusmodi agros est, ut per congestos aggeres affluentem[4] redundantiam impediant aquarum, ne agri operiat superficiem; et per fossata in extremitate agrorum aperta eam, quae iam influxit, aut per pluvias venit, educant aquae abundantiam.

50 Nullo autem ingenio, ut dictum est, curari valet terra ex adustione longa et ex[1] siccitate sterilis effecta. Raritas enim sua humorem inductum non retinet; siccitas autem laetamen absumit appositum, et amaritudo innata impedit seminum aut plan-
51 tarum nutrimentum. Frequenter tamen super huiusmodi salsugine[1] superficiem quandam terrae lenis et pinguis, quae alluvione maris adducta est, invenimus, aut forte quae longa putredine herbarum ibi est generata. Flumina enim in mare intrantia, pucherrimam[2] secum trahunt terram, quam eradunt ex terris optimis, quae, dum ad mare pervenerit, refluxu[3] proiicitur super salsuginem littoris. Et dum[4] hoc fit continue tempore longo, superficies talis terrae feracissima est in fructibus[5], quae non in profundum figunt radices, sed arbores, quae usque ad salsuginem figunt radices[6], nutrire non potest. Et ideo talis terra frugum quidem[7] fert copiam, sed arbores aut nullae aut valde parvulae nascuntur in ea. Huius autem signum est, quod videmus maria[8], quae bis in die naturali influunt et refluunt iuxta littora sua tales habere agros; maria autem stantia omnino iuxta
52 littora sua sunt sterilia. Dubitabit autem fortasse aliquis, utrum talis ager alluvione aquarum et maris allatus etiam[1] ipse aliquando redigendus sit in salsuginem, et sterilis futurus? Si enim hoc ita sit, olim debebant omnes agri talibus adiacentes

§. 49: 3 auctione *Z*, auctiorem *J*. 4 affluenciam et *A*; — aperiat *C*.
§. 50: 1 *CP*; *om. Reliq.*
§. 51: 1 -ginem *CLV Edd.*; — levis *C*. 2 *P qui dein* attrahunt; plurimam *Reliq.* 3 fluxu *P*. 4 cum *V*; — continuo *CPV*. 5 frugibus, quae vero *J*. 6 *Verba* sed arb. ..... rad. *LV offerunt uni*, commune *V pro* quae, emergunt *L pro* figunt, *anne autor scripserit* immergunt? *Suppleverunt*: quia illas *A*, eas vero quae in profundum figunt *Petr*. 7 *Om. V*; — valde *om. A Petr*. 8 *Om. Edd.*; quae *om. C Edd.*
§. 52: 1 *L*; et *Reliq.*

maribus esse[2] steriles et infecundi. Sed hoc solvitur ex hoc, quod diximus, continuam[3] secundum temporis successum fieri terrae talis alluvionem, et dum una vincente maris salsugine infecunda efficitur, altera super illam apportatur, ut sic continue et superficies fecunda sit, et fundus continue salsugo[4] sterilis. Et huius[5] signum est, quia si tota allata maneret fecunda, olim usque in profundum debebant agri illi esse fecundi ex tam longa alluvione per mare et flumina per longitudinem temporis apportata. Demonstrat autem etiam[1] hoc et accidens agri et 53
nomen. Saepe enim superficies unius agri cum semine iacto in eo[2] natat super agrum alterum; propter quod interpellant iudices, cuius secundum rationem sit fructus proveniens. Nominatur autem ab incolis etiam[3] terra haec terra natatilis, eo quod levior est[4] quam salsugo de subtus iacens, et per impetum maris saepe de loco in locum transponitur. Quamvis enim[5] omnis terra secundum se mergatur sub aqua, tamen terra dulcis et rara natat super aquam spissam et salsam, sicut scitur ex his, quae in antehabitis libris physicis[6] determinata sunt. Cuius argumentum est evidens, quod loca iuxta littora maris[7] sita continue exaltantur, praecipue si maria sint fluentia bis in die naturali[ϑ]).

ϑ) *Conf. lib. IV* §. 22, 52. *Patet, de litore germanico oceani septentrionalis pingui agi, unde ex Frisia orientali agro Bremensi confini mirabilia multa de agris ab aquis jactatis narrantur. Conf.* Kohl Nordwestdeutsche Skizzen, Bremae 1864.

§. 52: 2 *Om. C.* 3 -nuum *C V Edd.*; — magis *Edd. pro* maris. 4 salsugine *A.* 5 hoc *L*; — est, quod *A P Edd.*; — ablata *C L V Edd.*; — esse *om. J*; — infecundi *L.*

§. 53: 1 *E conj.*; et *Codd. et Edd.* 2 ea *A V*; — propterca *L*; — appellant iudices eius *A.* 3 *Om. L.* 4 leviorem *C*; livorem *Z*; tam levis terra *J*, *om.* est; — et *om. J*; — transportatur *A.* 5 *Om. A.* 6 fuerunt *V.* 7 magis *Edd.*

Capitulum VII.

De cultu[1] agri montuosi et valliculosi, per quem fit plantarum domesticatio[1]).

54 Agri autem in convexitatibus montium siti frequentissime patiuntur siccitatem et macredinem, quoniam pingue, quod est in ipsis, defluit ad valles. Et ideo valles quidem pinguissimae, convexa autem montium sunt[2] arida, propter quod plantae in eis non bene domesticantur per cultum. Propter quod etiam talia loca praecipiuntur ab agricolis per transversum sulcari, ut in sulcis stet retenta pinguedo, quae decurreret[3] in praeceps, si ex directo sulcus descenderet. Propter quod etiam fiunt retinacula per materias ex transverso ante[4] agrum positas, ne humus defluat, postquam fuerit exarata. Quidam autem subtiliori ingenio humum hanc serunt non exaratam, sed duram; et[5] postquam seminata est humus, evertunt eam super semina aut aratro, aut ligone, aut alio fossorio; et non arant eam nisi semel, nec comminuunt in ea magnas glebas, quoniam, si arata saepius comminueretur, cum pluvia, quae impetu descendit ex convexo[6] montis, tota portaretur
55 ad vallem; et periret, quod seminatum est. Semen igitur in tali agro tenue et non[1] bonum debet esse, tum propter cultus defectum, tum propter impossibilitatem retinendi pinguedinem et humorem, ex quibus semina convalescunt. Et ideo etiam[2] fimus laetaminis sub terra in montibus non ponitur, sed potius in superficie, ne terra, in intimis mota, per humorem et impetum descendat in vallem; nec laetamen aequaliter spargitur in montis latere per totum, sed altius plus laetaminis ponitur, et secundum quod declinat convexitas, de laetamine ponitur minus et minus. Inferiora enim per se descensu humoris pinguescunt, superiora autem pinguedine continue per abluvionem[3] destituuntur. Dum autem plus

1) *Petr. lib. II cap.* 18 (17 *Ed. lat.*).

§. 54: 1 cultura *P*; — vallicosi sed quem *Edd.*; super quem *V ind.* 2 *Om. C.* 3 decurret *CL*; — succus *C V*, fructus *L pro* sulcus. 4 autem *C*; — cum *A pro* postquam. 5 sed *A Edd.*; — fossario *P V*; — *om. P* nisi semel; — continuant *L.* 6 annexo *C Edd.*

§. 55: 1 *Om. P*; — debet *L Petr.*; decet *Reliq.*; — esse, tamen *A.* 2 *Om. C*; — fumus *P*; — post *Edd. pro* potius. 3 alluv. *Codd. et Edd.*; — dest. unde autem *A.*

laetaminis ponitur, ubi[4] plus de humore abluitur laetaminis, et
minus in loco, ab quem plus laetaminis per alluvionem imbrium
apportatur, fit quaedam temperamenti aequalitas, quo[5] convexitas
montium in agrum redigitur sativum. Vallis autem continue ad 56
se de montibus defluentem[1] recipit pinguedinem, et ideo aut parum
aut nihil vult recipere in se positi[2] laetaminis, quoniam,
sicut dictum est, eâ, quae defluit a montibus, pinguedine luxuriat
pinguissima vallis.

Fructus autem convenientiores sunt montium quam vallium, 57
quoniam et[1] reverberatio solis ad montem maior est, et humor
moderatus citius obedit digestioni, et loca ipsa montium sunt
loca[2] vaporosa. Qui vapor maturantem adiuvat calorem[3], sicut
patet in his, quae dicta sunt in libro meteororum[x]). Ex his ergo 58
advertere est, quod quaecunque[1] plantae aromaticos et calidos
et siccos habent fructus, has magis congruit in montibus plantari
et seminari, propter loci calorem et siccitatem; quaecunque
autem[2] solidos et humidos habent fructus, his magis competit
seminari in vallibus quam in montibus. Propter quod vina et[3]
aromata meliora sunt in montibus, et in genere frugum avena
melius quam triticum vel siligo provenit in montibus. Frumentum[λ])
autem et ordeum et siligo et adoreum[4] melius proveniunt
in vallibus propter suorum granorum soliditatem.

In valliculoso autem agro[1] necesse est, fieri fossatum in 59
medio vallis magnum, et multa parva ad ipsum descendentia,
per quae[2] humoris impetus effluat, ne venientes de monte torrentes
submergant semina, quae iacta sunt in valle.

Sic ergo[1] agro culto, domesticum seminibus et radicibus 60

x) Met. lib. II tract. II cap. 7—12. λ) *Priora sunt Triticum sativum, Hordeum sativum, Secale cereale, de* adoreo *autem conf* §. 127 *not. v.*

§. 55: 4 nisi *C;*— letamen *Codd. et Edd.;* — etiam minus *L;* — loco ubi plus *A.* 5 quod *L;* et, *in marg.* al. quod, *V.*
§. 56: 1 effluent. *V;* fluent. *Edd.;* defluentibus *A.* 2 in se ipso siti *C.*
§. 5· 1 *Om. V Petr.* 2 *Om. P Petr.* 3 calores *C.*
§. 57: 1 quicunque *P;* est quodcunque *C.* 2 enim *Edd.* 3 *Om. P.* 4 *L P Edd.;* odoreum *C;* ordeum *V;* *om A* et sil et ador.; *om Petr.* et ador.
§. 59: 1 grano *C Edd.;*— est esse foss. *A* 2 quedam *A;* — defluat *Petr.*
§. 60: 1 *L;* autem *Reliq.*

plantae ingerit nutrimentum: et ideo planta tunc domestica efficitur, cum ager sativus, ut dictum est, temperatur. Cum enim terra venter et mater sit vegetabilium, oportet ut, ipsa ad cultum redacta, semina etiam secundum agrum suas mutent dispositiones. Sicut enim venter secundum suas[2] dispositiones digerit cibum, et facit eum cholericum aut phlegmaticum aut sanguineum, et postea per dispositiones cibi alteratur corpus: ita etiam terra secundum suas dispositiones alterat cibum plantarum, et per cibum consequenter secundum suas dispositiones movet plan-
61 tarum substantias. Et sicut arte medici[1] dispositiones laudabiles acquirit venter, et tunc ad laudabiles dispositiones mutat cibum et corpus: sic[2] sapiens agricola ad laudabiles dispositiones mutat agrum per cultum: quo laudabiliter disposito, etiam plantae laudabiles acquirunt[3] dispositiones. Eadem autem est comparatio[4] inter partum et matricem, et agrum et plantam, quoniam, licet operator sit sperma masculi, qui[5] sicut artifex movet et format partum, tamen, quia sanguis menstruus trahitur in nutrimentum partus, in multis sequitur matris[6] et matricis dispositionem. In agris autem et plantis hoc est plus quam in matrice et partu, quia in plantis[7], sicut in antehabitis expositum est[μ]), non est masculus et femina, sed permixtae sunt hae virtutes in eodem. Propter quod terrae dispositio tota est, quae alterat plantam ad domesticae[8] plantae vel silvestris dispositionem.

μ) Lib. I §. 39—50, 89 sq.

§. 60: 2 duas *V*; Sicut - dispositioues *om. Edd.*; sicut venter *restituit J.*

§ 61: 1 Et sic arte medicine *A.* 2 sicut *L.* 3 accipiunt *A.* 4 operatio *Edd Petr.* 5 est *add. A*, *om.* sit. 6 matrix *Edd.* 7 planta *A.* 8 domesticationem *A*; -- vel *om. Edd.*

Capitulum VIII.

De novalibus agris[1] et eorum cultu[ν]).

Ager autem, qui novalis ab antiquis sapientibus vocatur, 62
duplex est: unus enim, qui novalium[ξ]) erat, ager autem[2] non, sed tunc primum ad cultum redactus; alter autem, ad quem[3] necesse est interpositis quibusdam quietibus suam redire novitatem, sicut est ager, qui duobus annis seminatus[4] in tertio quiescit aut in quarto aut in quinto aut in sexto aut in septimo. Usque ad hunc enim terminum invenimus diversificari quietes[5] agrorum. Novalis enim, qui, uno seminatus anno, pluribus annis quiescere vult, aut[6] duobus aut tribus aut pluribus, ita quod forte decem annis vult quiescere: pro certo malus est, et cultui et cultori ad vota et mercedem non respondens laboris.

Studium autem, quod habetur in agro novalium, quae[1] nunc 63
primo ad cultum sunt redacta, est exstirpatio stirpium silvestrium, quarum radices, nisi exstirpentur, omnem sugunt agri humorem, et non permittunt semina nutriri, et ad debitum vegetari. Propter quod etiam praecipitur[o]), agrum non seri diversis seminibus, ne unum adurat aut exsiccet alterum, attrahendo[2] ad se nutrimentum. Exstirpatis autem illis, seritur ager; et primo quidem propter non exhaustam virtutem terrae — quam contraxit[3] longa in ipsa putrefactione herbarum et stirpium diversarum — diu ferax est, aut sine omni, aut cum parvo laetamine. Deinde oportet adhiberi laetamen, si ferax debeat permanere; et nisi sit pinguissimus ager, oportet aliquam interponi interpolationem, praesertim quando cum substantia herbali et paleari plantae se-

ν) De cultu agri novalis. *Petr. lib. II cap.* 19 (18). ξ) *i. e.* alia novalium terrarum. o) *Levitici cap.* 19 *vers.* 19; *conf. Spreng. Gesch. d. Botanik vol. I pag.* 176.

§. 62: 1 agri *CP*; — cultus *P*. 2 *L*; aut *CP Edd.*; ante *V*; qui nunquam erat ager antea, sed — est redact. *A*; *Petr. haec ut dubia om.* 3 *L Petr.*; ad *om. A Edd.*; quod *CPV Edd.* 4 est *add. A*, seminatur *Petr.*, seminatis *Edd.*; — *om. AP Edd.* aut in quinto; in *om. CL ultimis tribus locis, V ultimo.* 5 quietis *A*; — nov. autem *Edd. Petr.*; enim *om. P.* 6 aut *om. V primo, C secundo loco, dein* aut — vel *V*, vel — aut *Edd.*; — vult *om. P.*
§. 63: 1 qui *L*; — prima *A*, primum *Petr.* 2 extrah. *L*. 3 contexit *CPV Edd.*; — herb. aut *A*, ac *Petr. pro* et; omni *om. ACP Edd.*

minatae aut metuntur aut radicitus evelluntur. Extracta enim pinguedine agri et virtute, necesse est, ut nudus ager soli opponatur[4] tertio vel alio anno, cuius calore et lumine virtutem
64 accipiat germinandi, sicut habuit in prima seminatione. Spiritus enim vivificus plantae dum per semina et plantas attrahitur[1], humore et spiritu vivificis terra destituitur; et determinato tempore quiescens ad agrum iterum[2] revocatur, sicut revocatur ad uterum virtus concipiendi per quietem inter partum et partum. Ad unum enim agrum citius redit, et ad alterum tardius, secundum quod magis et minus ager[3] fecundus et calidus et humidus et pinguis et porosus et subtilis invenitur. Hoc autem ostendit et[4] ipsum nomen, quoniam novale est, quod redit ad virtutem pristinam per quietem innovatum[5]. Omnium enim corporum physicorum testantur haec opera. Quae enim[6] cum labore et expensa virtute perficiuntur, nisi quiete interposita restaurum accipiant, dissolvuntur et corrumpuntur.

65 Quicunque enim agri[1] continuatis sationibus fructificant, continue ex coelo et humore suorum principiorum accipiunt innovationem, quibus instaurati semper possunt perficere pullulationem: et ideo continue seminantur. Quicunque autem ager continuo humore non modo infusus est, sed etiam coopertus[2] illo in maiore parte anni; hoc est, in hieme et in vere — quando debent pullulare semina — et in autumno — quando serendus erat — aut coopertus est, aut nimio humore frigido et grosso infusus: hic ab Egyptiis, qui primitus agros distinxerunt, vo-
66 catur ager subcoeninus aut coenulentus[3]. Et ille neque novalis est[1] neque sativus, quia in aestate, quando in superficie siccatur, scinditur magnis scissuris lutum, quod est in superficie ipsius[2], et aqua frigida grossa, quae cooperuerat eum, est in inferiori[3] parte luti eius; et hoc impedit pullulationem bonarum plan-

§. 62: 4 appon. *L*; expon. *Petr.*

§. 63: 1 -hatur *AP*; extrahatur *Edd.* 2 *Om. L.* 3 agit *Z*; est *add. A.* 4 *Om. C*; — est *om. Edd.* 5 innova, cum *Z*; vocatur *J*; — Omnium eorum *C.* 6 *Om. C*; — expensa *P*; expnsa *L*; expansa *Reliq.*

§. 64: 1 ager *ACPZ*; — humore suo *L.* 2 est *add. V*; — ille *A*; — et quando *V.* 3 tenulent *et* §. 128 semulent. *P*; cenul. *Reliq.* *Conf.* §. 44 *not.* 2.

§. 65: 1 *Om. C*; neq. sativ. est *Edd.*; — superf. ipsius *add. Edd.*; — secatur *A P Edd.* 2 ejus *A.* 3 superiori *L V Petr.*

tarum, sicut ostendimus supra in quarto libro huius scientiae π). Siquae etiam nascerentur plantae in tali agro, silvestres remanerent — quia[4] acidae vel amarae sunt in sapore propter grossitiem et frigiditatem et cruditatem[4] humoris —; et etiam semine et fructu destituerentur propter defectum subtilis humidi, ex quo causantur semina et fructus; adhuc autem quia tempus aestatis non est ad pullulationem fructuum, sed ad maturitatem et exsiccationem. Et ideo pronuntiant de hoc agro cultores[6], quod deserendus est, quia nulla utilis planta in eo mutari potest ex silvestri ad convenientes domesticis plantis[7] proprietates.

Alium autem agrum uliginosum esse dixerunt antiqui cultores, de quo etiam[1] ratiocinati sunt, quod cultu ad novalem agrum redigi non possit. Hic[2] autem est, quem uligo sicca continue obtinet — hoc est siccitas pulverulenta —, et hic est, qui eremi[3] habet naturam. Cum enim partes in superficie non habeat[4] solidas et continuas, non radicabit in eo et[5] florebit aut fructicabit aliqua perfectarum plantarum. Superius enim in quarto libro ρ) ostensum est[6], quod planta quaerit locum solidae continuitatis, in quo radicetur et floreat et fructum faciat. In uliginoso[7] enim tota superficies est porus et porus σ); et siquid esset subtilis humoris in fundo, totum evaporat; nec retinetur aliquid in superficie, quod reflexum continuetur[8] et constet, ut planta perfecta formetur ex ipso. Et ideo quia talis ager plantam non suscipit, non potest etiam per arationes aut fossas ad hoc redigi[9], ut in eo fiat aliqua domesticatio plantarum: et ideo relinquendus esse censetur, et in piscinas et lacunas redigendus. 67

Haec igitur de aratione sive[10] fossione, per quae fit dome-

π) Lib. IV §. 80. ρ) Lib. IV §. 64. σ) *Germanismus est pro* est poris confertis obsita. *Conf. pag.* 555 *not.* χ.

§. 65: 4 et *L.* 5 al. cenositatem *add. V*; — et in semine *Codd. praeter L*; — subtilis *om. V*; — ex co creantur *Edd.* 6 cultores de hoc agro quod serendus non est *A*; de hoc agricultores *Petr.* 7 domestice plante *Edd.*

§. 66: 1 *L V*; *om. P*; et *Reliq.*; — quod cultum *CZ.* 2 hec *A P Edd.*; hoc *L utroque loco*; — quem *L V uni praebent*; — cont. detinet *V.* 3 hyemus *A.* 4 habent *A C Z*; habet *J.* 5 aut *A*; — fructificavit aut perf. *L.* 6 *Om. C.* 7 -nosa *V*; — est *om. Edd.*; — porus et poma *V*; — siquid esse *C V Z*; est *J.* 8 -tinetur *L*; -tineatur *Petr.*; — forme formetur *C.* 9 *L V Petr.*; dirigi *Reliq.*; — fossiones *pro* fossas *proposuit M. recte fortasse.* 10 Hoc — arat. fuit sive *L*; dicta a nob. sufficiant *A*; predicta *Edd.*; sint *e conj.*, sunt *Codd. et Edd.*

sticatio plantarum, dicta sint a nobis. Ex his enim[11] et reliqua possunt cognosci.

Capitulum IX.

De seminatione convenienti, per quam plantae fiunt domesticae ex[1] silvestribus[τ]).

68 Dicamus autem nunc de seminatione. De seminis autem natura et virtute iam in praecedentibus dictum est[υ]). Sed quod hic attendendum est, hoc est, quod seminis substantia duo continet. Quorum unum est virtus formativa, quam habet e coelo cum calore et spiritu — qui instrumentaliter formativae[φ]) deserviunt, calor quidem digerendo et segregando et subtiliando, spiritus autem vehendo virtutem. Alterum autem, quod habet semen, est substantia farinalis[2], quae, immixto sibi humido, suscipit formationem et figurationem in plantam et plantae organa.

69 Attendendum est igitur[1] in omni seminatione; ut seratur semen, quando adiutorium maius habet e coelo. Hoc autem est, quando iuvatur calido[2] humido et vivifico lumine solis et lunae simul. Luna enim, quia[3] terrae vicina est, regit omnia terrea ad pullulationem, et praecipue propter hoc quod ipsa movet lumine solis temperato, quod in ipso sole aliquantulum intemperatum est[4]. In sole enim est coniunctum sicco, et ideo est aliquantulum adustivum humidi seminum[5]. Et ideo novella semina et plantas teneras aliquando obumbrant a fervore[6] solis hi, qui hortos prudenter excolunt. Sed in luna est lumen eiusdem solis conjunctum[7] frigido temperato et humido, ut ex lumine solis ha-

τ) De seminatione in communi. *Petr. lib. II* 21 (20). υ) Lib. III tract. I.
φ) *sc.* virtuti.

§. 67: 11 autem *A*.
§. 68: 1 a *Edd.* 2 *L*; formalis *Reliq. hic et in* §. 70; — planta *CL V Edd. Petr.*
§. 69: 1 autem *A*; est *om. L P*; — ut secatur *C Edd.*; — habet *om. C.* 2 et *add. V.* 3 *L V*; que *Reliq.* 4 est temper. *L.* 5 seminis *A P.* 6 calore *A*; — hi *om. C.* 7 solis cum frig. *Edd.*

beat caliditatem moventem, et ex frigido temperato[8] recipiat temperamentum, et ex humido moveatur siccitas ipsius. Incenso 70
igitur primo lumine in luna, cum ipsa est calida temperate[1] et humida, iacienda sunt semina; quia tunc convenientius iuvatur virtus eorum a luna per rationes iam inductas. Movebit enim tunc lumen virtutem formantem[2], et calor eius et spiritus iuvatur a temperato calore lunae, et ab humido lunae iuvatur materia farinalis, quae est formanda. Nec oportet attendere[3] ad alias stellas, quoniam virtus illarum communicatur lumini solis et lunae per applicationem lunae ad eas, quae applicatur omnibus respectibus earum[4] quolibet mense per accessum et recessum. Et 71
ideo ab antiquis sapientibus χ) luna regina coelestis militiae vocata est, et vitrea Dianae lampas. Et ratio quidem nominis prioris est, quia, vicina nobis exsistens, plus influit super inferiora quam alia coelestis virtus; et applicans se omnibus in spatio mensis, quolibet mense perficit mutuato lumine, quod omnia perficiunt in spatio multorum annorum. Propter quod egregius philosophus Aristoteles dixit ψ) quod luna facit in mense, quod sol facit in anno, hoc est hiemem et aestatem et ver et autumnum, quoniam a prima ascensione[1] usque ad dimidiationem luminis eius est calida et humida sicut ver, et[2] a dimidiatione luminis eius usque ad plenitudinem est calida et sicca sicut aestas, et a plenitudine usque ad dimidiationem secundam est frigida et sicca[3], et a dimidiatione secunda usque ad defectum est frigida et humida corrupto et senili humore phlegmatico. Propter quod, si satio fiat tempore, quo est calida et sicca, exsiccabitur humidum substantiale seminum[4], quod formari debuit in organa plantae, et non perveniet[5] plantae perfectio. Si autem tempore illo fiat[6]

χ) *Quinam fuerint, nescio.* ψ) Arist. De Generat. animal. lib. IV cap. 2 medio.

§. 69: 8 lune *add. A*; — siccitas eius *A.*
§. 70: 1 *Om. A*; — iaciencia *C*; iaccentia *Z*; — tunc *om. Edd.*; quia cum *C.* 2 formativam. Calor enim *P Petr.*, *om.* et. 3 ascendere *Edd.*; quando *CP V Edd.* 4 que *add. C.*
§. 71: 1 *Sic in* §. 93 *L V Edd.*; *Reliq. quidem et infra et utroque* § *hujus loco* accensione vel *C Edd.* accessione. 2 *Om. V Edd.*; — ut *C pro* usque; — eius *Edd. pro* est. 3 *A hîc* sicud autumpnus, *et post* phlegmatico *addit* sicud hyems; — dimidia secunda *Edd.* 4 seminis *A hîc et paulo post.* 5 *P V Petr.*; proveniet *A C L*; provenit *Edd.*; — *om. C* perfectio. 6 fiet *A Petr.*; fit *Edd.*; *om. C.*

satio, quo est frigida et sicca, nec movebitur calor seminum, nec iuvabitur humidum: et ideo satio non erit conveniens. Si autem tempore, quo est corruptae senectutis[7] frigida et humida exsistens, putrescent forte semina, et non proveniet utilitas sationis. In prima autem ascensione omnia iuvantur et proveniunt utiliter.

72 Et ideo etiam[1] dicitur vitrea lampas Dianae, a fratris luce succensa. Dianam enim numen aëris fabulantur esse poëtae, qui aër spiritualiter exsistit in corporibus animatorum. Lampas autem huius spiritus corpus lunare est, quod lucem conceptam et temperatam a sole fratre profundit in spiritus animatorum. Et movet eos, ut moti[2] proferant virtutes ad naturales operationes, quas sol frater, si per se[3] moveret, dissolveret propter nimiam sui intemperantiam et siccitatem. Ideo enim frigus lunae peroptime obsequitur, quia — continens[ω]) extrinsecus, et accendens[4] intrinsecus temperate — et movet interius spiritus ad naturales operationes, et non sinit eosdem[5] dissolvi per evaporationem: quia frigus temperatum circumstans extrinsecus reprimit et reflectit spiritus, ut in interioribus confortentur. Maxime autem hoc est in plantis, quae non agunt nisi naturales operationes, et non sensibiles, sicut in huius scientiae primo libro probatum est[α]). Sensu enim magis confortantur extra, et naturalia magis vigent in interioribus. Attendendum igitur est[6], ut in accensione lunae seminetur istis rationibus.

73 Oportet autem etiam considerare partem[1] circuli declivis, in qua moventur lumina vivifica; cum in circulo declivi sit generatio et corruptio vegetabilium, sicut ostensum est in secundo peri geneseos[β]). Non est tamen in omnibus partibus causa generationis, sed potius in quarta, quae est ab ariete in cancrum. Omnis ergo satio perficienda[2] est, antequam sol accipiat arietem; quia tunc semina in matricibus suis sol[3] inveniens evocabit ea, et

ω) *i. e.* coërcens. α) Lib. I §. 10 sq. β) De gener. et corrupt. lib. II tract. III cap. 4, 5.

§. 71: 7 quo est *repetit V.*
§. 72: 1 enim *C*; — frigidis *CP Edd.*, frigida *Petr. pro* fratris 2 *Om. A.* 3 solus *add. A*; — per nimiam *Edd.* 4 accedens *A C P Edd. Petr.* 5 easdem *V*; — per vapor. *L.* 6 est *om. C.*
§. 73: 1 *E conj.*; quartam *Codd. et Edd.*; — autem *om. P.* 2 *E conj.*; perfecta *Codd. et Edd.* 3 *L V*; *om. A*, non *Reliq.*, *quare Petr. add.*: sed in matrice terrae.

vivifico lumine movebit. Et autumnales quidem[4] sationes tunc radicatae movebuntur in debitam suae substantiae quantitatem et flores[5] et seminum formationem. Vernales autem seminationes, etiam tunc in matrice terrae iacentes, tunc pullulabunt, et[6] coadiutae sole temperato florebunt et germinabunt ante tempus aestivae siccitatis.

Nec oportet, ut multum observentur venti, quoniam, licet 74
auster evocet terram, et pullulare faciat plantas, tamen[1] aquilo, quando non est mortificantis frigiditatis, continet[γ]) virtutem seminum, ne evaporans dissolvatur. Et sic utrique proficit seminationi respectibus diversis[2].

Sed quod multum cavendum[1], est quod ager non seratur 75
diverso simul semine. Vix enim contingit, quin unum semen magis contrahat quam alterum: et tunc unum adurit alterum, et aliquando per oppositum tractum utrumque impeditur a germine. Videmus enim, quod planta iuxta elleborum vel scamoneam posita contrahit[2] proprietates eius, et zizania iuxta triticum posita adurit ipsum. Similiter facit corilus vel caulis vitem, et sic est[3] de aliis multis. Et sic etiam absque dubio diversitas seminis[4] subtile humidum, quod est in agro, contrariis virtutibus corrumpit; quod non bene[5] proficit ad fructum domesticum: sicut etiam diversitas seminum animalium — quando unum coit cum femina[6] alterius speciei — corrumpit utrumque, ita quod neutrum proficit fecunditati, propter quod cavendum est ab huiusmodi[7] diversitate.

Amplius autem si ultra mensuram semina iaciantur in agro, 76
macilenta erunt et non proficientia. Sed si seratur ager secundum proportionem cibalis humidi, quod est in ipso, ita quod radices et dilatari et confortari possint: tunc etiam planta exsurgens fortis erit, et perficiens fructum, qui[1] quaeritur ex labore

γ) *i. e.* coërcet.

§. 73: 4 quidam *V*; — tunc a radice *A*. 5 floris *A Edd.*; fl. in sem. *P*. 6 tunc *add. L*; — coadiuto *Edd.*; coadiuvante *Petr.*; coadunite *C*.

§. 74: 1 set *A*. 2 *L*; *om. Reliq.* Et ..... div.

§. 75: 1 est cavend., est *A*; cav. est, est *J*. 2 trahit *V*. 3 vitem etiam est *V*; — aliis *V Petr. exhibent uni.* 4 *Om. L*. 5 nondum prof. *A*. 6 femella *A*; — fecundati *C*. 7 huius *C V*, illius *Edd.*

§. 76: 1 quod *CZ*; quem quaerit *P*.

culturae. Haec igitur diligenter esse attendenda etiam[2] naturalis persuadet ratio, et non tantum experientia cultus.

77 Oportet etiam attendere, ne forte vel ipsa semina iacta sint[1] corrupta. Et ideo praecipitur ab agricultore Palladio), ne semina iacta vetustiora sint quam annua. Si enim vetustatem habeant[2] ultra annum, nimis exsiccata sunt, et virtus formativa, proprio subiecto humoris radicalis destituta[3], evanuit: et ideo talia raro proficiunt ad cultum. Haec igitur de seminatione[4] dicta sint paucis.

Capitulum X.

De insitione[1], per quam plantae mutantur ad domesticarum plantarum dispositiones[ε]).

78 Insitio vero fit multis modis, sed ea, quae maxime proficit, ut per eam rudis[2] silvestrium dispositio mutetur in domesticam et usui convenientem dispositionem, est: quod insitio fiat similium in similia secundum genus, et non secundum speciem[3], sicut piri in pirum, et mali in malum, et sic de aliis. Si enim diversa genere[4] in diversa inserantur: nutrimentum multum — ad aliam[5] dispositionem — alteratum, vix bene nutriet, et forte corrumpet plantam insitam per rationem, quam diximus[ζ]) de corruptione seminum animalium et agrorum[6], quando diversa genere semina
79 permiscentur. Est tamen plantarum ad invicem inter omnia animata plurima similitudo. Licet enim arbores speciebus suis differant, tamen lignum unius speciei arboris[1] non multum distat

δ) Lib. I cap. 6 §. 12. ε) De insitionibus et insectionibus per quas plantae silvestres domesticantur *Petr. lib. II cap.* 23 (22), *ubi redeunt* §. 78—88. ζ) *Conf.* §. 75.

§. 76: 2 *L V*; et *Reliq.*; — naturalia *A.*
§. 77: 1 sit *C.* 2 *C V*; habent *Reliq.* 3) radicum desiccata *A*; — ad cultum *L profert unus.* 4 *Om. C Edd.* de semin.; — sint *V*; sunt *Reliq.*
§. 78: 1 incisione *C L P hic et saepissime, V passim.* 2 videlicet *V.* 3 species *V.* 4 genera *A hic et paulo post*; — diversa et diversa *V, om.* genere. 5 *Om. L*; alteram *Petr.* 6 scilicet *add. A.*
§. 79: 1 *Om. A*; — differt *Edd.*

a ligno speciei alterius. Et hoc contingit ideo, quia[2] forma substantialis plantarum inter animata plus est immersa materiae, et quasi in nullo vel[3] modico elevata super eam: propter quod etiam vita eius occulta est, sicut in primo libro huius scientiae ostendimus. Hac igitur de causa fit, quod arboris unius nutrimentum habet digestionem sufficientem primam[4], ut nutriat aliam; et secunda digestio, adhibita per aliam, convertit succum in saporem et figuram fructus, secundum quod convenit[5] secundae: et ideo etiam, quando dissimiles sibi plantae inseruntur, convalescunt et fructificant. Optima tamen insitio est, ut diximus, similis, quantum fieri potest, in similem.

Quia autem omnis insitio est per infixionem[1] unius in aliam 80
et per fortem alligationem — ita quod insita quasi venas radicales spargat in eam, cui inseritur —: fit, quod illa[2], cuius mollities tanta est, quod citius conteritur, quam infigi et colligari valeat, non possit inseri alicui plantae. Et ideo herbae, molles habentes stipites, et olera nulli plantae — quamdiu tales sunt — inseri possunt. Adhuc autem quoniam plantae tales molles omni anno crescunt et putrescunt[3] in stipite et ramis, inseri non possunt: quoniam inserta non cito radicatur in ea, cui inseritur, sed oportet, quod processu temporis confortetur, et continuetur cum ea[4], cui inserta est. Haec igitur est causa, quod mollis planta nec in mollem nec in duram, nec in similem nec[5] in dissimilem inseri potest. Adhuc autem neque ea[1], quae multum 81
dura est, convenienter inseritur. Multum enim dura non de facili ex[2] se in aliud lignum venas radicales emittit, propter ariditatem durae, et difficultatem perforationis: et ideo tales insitiones frequenter male proveniunt. Sed[1] inserentes quaerunt parva 82
flagra recentia, in quibus est multa succositas et parva duritia, quae quidem sustinere possit colligationem, et tamen[2] facile aperiatur a calore naturali. Haec enim, cum inseritur, cito[3] aperit

§. 79: 2 quod *C.* 3 in *add. A*; — super ipsam *Edd.* 4 per prim. *V.* 5 venit *AC Edd. Petr.*; — etiam *om. P.*

§. 80: 1 *L V ad marg. Petr.*; influxion. *V text. et Reliq.* 2 illud *A*; — mollit. cuius *P Edd.* 3 *Om. A* et putr.; — *om. L dein* et. 4 *Om. C*; — insertus *AP.* 5 neque *C*; — *om. A* nec in dissim.

§. 81: 1 *M. e conj.*; in ea *Codd. et Edd.*, in eam *Petr.* 2 ab *A.*

§. 82: 1 Sic enim *A.* 2 rarum *C*; cum *A Z*; quae *J*; *om. Petr.* 3 cum cito *C*; *om. Edd.* cito . .... et.

se versus eam, cui inseritur, et emittit[4] in eam venas radicales, per quas sugit melius nutrimentum, quam sugeret de terra: et ideo tunc convalescit insita multo melius, quam si in terram[5] esset infixa. Et haec est ratio insitionis.

83 Oportet autem[1] scire, quod quatuor modi insitionum sunt possibiles, quos in natura nostrarum plantarum sumus experti optime provenire, et cito mutare plantam a silvestritate et sapore et figura.

84 Unus quidem, qui prior omnibus est[1] et simplicior, est quod flagra eius arboris omnia ultra medium medullae ex transverso incidantur, et tunc alligetur, quod incisum[2] est — sicut vulnera ligari consueverunt —, et circumponatur aut cera aut lutum ad pluviae et extrinsecorum nocumentorum defensionem. Statim enim consolidato vulnere, superior pars emendatum in sapore proferet[3] fructum, propter digestionem succi in nodo factam sicut in quinto huius scientiae libro determinatum est η).

85 Secundus autem modus, qui compositior est isto, est, quod una et eadem arbor abscidatur in trunco, et[1] apte et bene planetur incisio, et flagrum — superius acceptum in eadem arbore — trunco suo reinseratur: tunc enim convalescens insita proferet[2] fructum alterius generis in sapore et quantitate et figura, quam prius protulerat ϑ). Et est sententia eorum, qui multa de insitione probaverunt, quod iste modus insitionis fecit diversitatem omnem, quae est in malis et piris et ceteris fructibus. Tanta enim[3] est vis nodi et conversionis pororum, qui prius recte ascenderunt, quod succum ex nodo et poris retentum dirigunt ad aliam formam plantalem, quae forma monstratur in quantitate et sapore fructus.

86 Tertius modus insitionis est communis[1], qui flagrum unius

η) Lib. V §. 68. ϑ) *Qua ratione fructus majores quidem et succo pleniores evadunt, minime vero figura immutantur.*

§. 82: 4 omittit *P.* 5 terra *L Petr.*
§. 83: 1 enim *L*; — incisionis *L.*
§. 84: 1 est *om. L priore, C P V Edd. sequenti loco.* 2 insitum *P Edd.*; — cora *A*, sera *V pro* cera. 3 -ferret *A*; -fert *Petr.*; — in de^to h. sc. libro *A.*
§. 85: 1 *L*; *om. Reliq.*; aparte *Edd.*; — plantetur *L*; — insitio *V Edd.* 2 profert *A Petr.* 3 *Om. C*; — prope *A pro* prius; — recte *A V proferunt uni.*
§. 86: 1 -nius *Z*; -nior *J*; *om. Petr.*; — quod *A.*

arboris inseritur in truncum alterius, et convalescit in eo[2], et fructificat per modum, qui saepius determinatus est. Et is[3] modus, quo fuerit magis similium, eo erit et melius et citius convalescens.

Hi autem modi sunt earum arborum, quae[1] rectos habent 87
poros, et per tunicas ligneas a radice accipiunt incrementum.

In vite autem et in quibusdam aliis, quae ex medulla cre- 88
scunt, quartus est modus insitionis, quod videlicet gemma vitis unius exciditur usque ad medullam, profundato vulnere et transverse utrinque obliquato, et tantundem de gemma alterius vitis eruitur et loco[1] illius imponitur de alia vite prius excisa gemma, et fit colligatio sicut in aliis: et tunc convalescit et fructificat. Et fieret hoc[2] forte etiam in aliis arboribus: sed non est expertum apud nos nisi in vite.

Isti igitur sunt quatuor modi insitionum, qui[3] optime proveniunt inter alios.

Dissimilium autem in dissimilia[1] insitio tanta facit mirabilia, 89
siquis experiri desiderat, quod etiam Empedocles[ι]) ex hoc putabat[2] casu esse totum opus naturae. Dixit enim casu esse, quod pirus fert[3] pira, olea autem olivas; quia possunt etiam alios fructus ferre, cum casus se obtulerit. Accepit autem persuasionem ex insitione dissimilium in dissimilia. Videmus[4] enim, quod persica insita in fagum spinosam faciunt esculam, et quercus abscisa ex[5] putredine sua profert vites[κ]), et multa alia apparent ei, qui talia exercitat[6].

Olus autem, si inseri debeat, oportet, quod ante[1] lignescat 90

ι) *Specialia haec neque inter ipsius Empedolis reliquias, neque in vastis Sturzii commentariis de doctrina Empedoclis inveni. M.* κ) *Quibus de rebus conf. lib. V* § 64 *et* 58

§. 86: 2 ea *A V*; — quod *pro* et *Edd.* 3 iste *V*; — fuit *C Edd.*; — eo *L V*, et *C Edd.*; etiam *A*; *om. P*; - erit et *V*; et *om. Reliq.*

§. 87: 1 qui *A*; acceperunt *V*.

§ 88: 1 et de loco *C P*; — loco alterius *A C P Edd.*; — de aliqua vite *Edd.* 2 hec *C Edd.*; Et hoc forte et. in aliis est arb. *L*; et *C pro* etiam. 3 que *V*.

§. 89: 1 in dissimilium *C*; et dissimilium *Edd.* 2 putabit *C*; — putabat ex hoc casu *A* 3 profert *Edd.*; - pirum *A*; — alios etiam *C P*. 4 *V ad marg.*; videns *V text. et Reliq.* 5 a *L*. 6 *M e conj.*; exercitatur *L*; experitur *V*; excitatur *Reliq*, *unde A* circa talia; attendit *J*; qui experiri desiderant et in talibus exercitantur *Petr.*

§. 90: 1 aliquando *P*; aut *L*.

truncus eius, ut insitionem valeat sustinere. Sed hoc, quod in arboribus facit insitio quoad domesticationem plantarum, hoc facit in herbis et oleribus transplantatio. Cum enim primo seminantur quaedam olera, extraneos habent sapores, et non perveniunt[2] ad debitam quantitatem, eo quod una praeripit alteri nutrimentum propter spissam eorum seminationem. Cum autem transplantantur[3], tunc diutius stat in eis succus, et longius a se invicem distant: propter quod abundantius trahunt nutrimentum[4], et melius digerunt. Et tales herbae sunt caulis caputium porri et lactuca et multa alia.

91 Tempora etiam insitionum et transplantationum sunt attendenda: quoniam insitio fit aut hieme, calefacto ad ignem loco insitionis, ut dissolvatur a[1] congelatione; aut in principio veris insitio fit, quando succus de medulla incipit ad exteriora moveri. In hieme enim succus intra est, et aliquid spirans, licet parum, vegetat flagrum insitum. In vere autem ab interiori motus infundit flagrum insitum et vegetat ipsum. Melius autem tempus, ut aestimo[2], est vernum quam hiemale.

92 Sed in transplantatione olerum duo maxime attenduntur: quod videlicet olus recens sit et iuvenile[1], adhuc habens in se virtutem crescendi et germinandi; et quod tempus consequens aliquid habeat humoris et temperati frigoris, ne exsiccetur[2] a calore solis. Et ideo transplantatas continue rigant plantas, et aliquando obumbrant ne exsiccentur per solem.

93 In omnibus autem his praecipue attenditur aetas lunae, ut videlicet fiant ista post lunae[1] ascensionem, propter causam, quae in praecedentibus dicta est[λ]): quia videlicet tunc luna movet calido et humido temperatis, et optime plantas vegetat ad vigorem et fructum. Sed tamen secandae aut metendae[2] sunt plantae post inceptum defectum lunae. Post plenilunium enim[3] secandae aut metendae sunt plantae omnes, quia tunc siccitas earum fa-

λ) *Conf.* §. 69—72.

§. 90: 2 proven. *Edd.* 3 -tatur *C*; — et *L pro* tunc; — habundā trahunt *C*. 4 *AL*; *om. Reliq.*; — caules *A*.
§. 91: 1 *Om. Edd.*; congelatio *J*. 2 estivo *C*; extimo *Z*; — et *A pro* est.
§. 92: 1 et non senile *A*, *qui om.* in se. 2 -centur *V*.
§. 93: 1 primam *add. V*. 2 metande *C*. 3 *Om. CLEdd.*

ciet ad hoc, quod melius sine putredine et corruptione conservantur. Et ideo lignarii aedificatores suadent, ligna aedificiorum secari post plenilunium.

Iste est igitur modus per insitionem et transmutationem[4] mutandi plantas a silvestribus ad domesticas. His enim modis utimur in cultu agri consiti.

Capitulum XI.

De cultu agri[1] consiti, in quo utimur insitionibus et transplantationibus[μ]).

Ipse[2] ager consitus vult quidem in superficie esse siccus, 94
sed subtus in visceribus desiderat habere terram humectatam,
ad quam radices arborum dirigantur. Magna quippe corpora
arborum multum desiderant cibum, praecipue domesticarum, quarum fructus magnus et plurimus singulis annis desideratur. Ad
fumalem[3] vero et vaporalem aquae et humoris spiritum et odorem germinant tam in comis ramorum quam in pomis fructuum.
Oportet circa autumnum effodere[1] terram circa arbores us- 95
que ad denudationem radicum magnarum, et aliquid imponi laetaminis, ut hoc ipsum cooperta radice, continue per pluviae fluxum radicibus sit[2] apportatum. Ex hoc enim emendato nutrimento iocundior efficitur arbor, et redit ad ipsum aliquid[3] iuventutis ex tali cibo. Propter quod in loco inter duas aquas sito optime proveniunt arbores; aut in loco, qui est super rivos. Et talium arborum planior et subtilior est cortex, et rami magis confortati et exaltati quam aliarum. In loco etiam[1] declivi, ad 96

μ) *Sequentia profert Petr. lib. V cap.* 1; *priora paululum alterata, plurima verbotenus at mutato ordine sparsa.*

§. 93: 4 *Om. P* et transm.
§. 94: 1 agri *om. V ind.* 2 autem *add. V*; — esse succus *C*; — terram humefactam *V*. 3 fimal. *CL Edd.*; — spirit. et humorem *V*; — germinat *CL V Edd.*
§. 95: 1 fodere *V Petr.* 2 *L*; *om. Reliq.*, *quare A* apportetur. 3 nutrimenti *add. Edd.*
§. 96: 1 enim *A C P Edd.*; — de mont. *V Petr.*

quem fluit humor a montibus et pinguedo, propter similem humoris abundantiam in vallis visceribus optime colitur ager consitus; et nobilitat arbores sua bonitate locus talis. Si autem aliud[2] haberi non possit, per canalia inducatur rivus, qui quandoque clausus ad radices arborum inundet et reddat terrae vi-
97 scera humecta. Si autem nec hoc fieri apte possit, nec terra sit bona, provenient arbores cito spissos et hispidos cortices habentes, qui sua spissitudine incrementum et fructum arboris impediunt. Sed et nascuntur super eas[1] aliae plantae capillares virides[ν]). Studium autem est, radere aliquid de hispiditate corticis, et deponere viridia desuper nata, et saepius stercorare[2] radices maiores, et findere eas bene apte, et imponere[3] lapidem in fissuram, ut melius trahendo possint restaurare tempore humido sitim, quam ex ariditate agri patiuntur.

98 Oportet autem in omni arbore agri consiti attendere, ne spuria in arbore nata, aut ex radicibus iuxta stipitem erumpentia dimittantur, quoniam illorum nutrimentum subtrahitur arbori, et cum convaluerunt et multiplicata fuerunt[1], arescet arbor, primum quidem in ramis, postea etiam in stipite. Oportet igitur talia in principiis amputare. Amputanda etiam sunt, quaecunque in ramis et virgis aruerunt[2], ne vicina sibi corrumpant arboris membra. Considerare etiam oportet quantitatem nutrimenti, quam[3] potest praestare locus generationis arboris. In ea enim proportione oportet defalcari[4] de virgis et ramis, quod non relinquantur nisi tot, quot nutrimentum sufficiens possunt sugere ex loco. Si autem ita non fiat, erunt arbores intermissis annis ferentes fructus, et non satisfacient cultoribus ad voluntatem.

99 Quod autem diligentissime habet attendere cultor agri consiti, est quod[1] non permittat ultra modum stipites arborum exaltari et ingrossari, sed post modicam altitudinem per incisionem[2]

ν) *Sunt Lichenum praesertim Usneae species.*

§. 96: 2 *Om. C*; — incatur rimus *C*; — quando clausus *L*; — inundat *A*.
§. 97: 1 eis *A*. 2 terrorizare *V*; stercorate *C*; sepius sunt rorande *A*; — scindere *A V*. 3 et eciam ponere *A*; — nec melius *CP*; — possit restaurere *V*.
§. 98: 1 *C*; -rint *Reliq.* 2 aruerint *V Petr.* 3 *E conj.*; quod *Codd. et Edd.* 4 defalcari debet *A*; — et de ramis *Edd.*; — possint *V*; possit *Petr.*
§. 99: 1 dilig. attend. habet agricultor, quod *Edd.* 2 *M.*; insit. *Codd. et Edd.*

studeat, quod stipes dividatur in[3] ramos, et rami in virgas, et virgae in flagra. Fructus enim maxime fertur ex[4] virgis et flagris, et quando luxuriat planta in stipite alto et magno, minus expendit[5] in fructu, et non satisfacit ad vota. Hoc tamen humori loci proportionandum est, quia, si ille plurimus fuerit, oportet maiorari stipitem et ramum in sustentamenta plurimi fructus. Considerandum etiam est[6], ut tanta quantitas sit in ramis et stipite, quanta sufficiat ad[7] erectionem virgarum a terra, et susten tationem fructus. Aliter enim incassum ferret fructum, quem decidens in terram arbor emitteret in suae vitae et existentiae detrimentum.

Prae omnibus autem antedictis cavendum est[1] ab animalium 100
ingressu, quoniam illa cortices[2] rodunt arborum, ex quo continue arbor destituta siccatur, aut nimis nodosa efficitur, ita quod curvitas eius et substantiam impedit crescere, et fructificare non permittit. Si autem et[3] terra nimis conculcata est, aut magnas habet herbas et profundas radices habentes, plurimum generat impedimentum. Consolidata enim ultra modum terra non permittit ad radices descendere humorem, et sua compressione implet et obturat[4] poros radicis, quod trahere non possunt nutrimentum. Impedit etiam evaporationem, quae ab inferioribus fit, ad radices pertingere, eo quod vaporis debilis calor tantam virtutem spissitudinis loci penetrare non valet[5]. Huic autem impedimento fossione succurritur, non[6] aratione, quoniam aratri continuus sulcus multam infert radicibus laesionem. Herbae au- 101
tem magnae, quae radicibus usque ad ima pertingunt, praeripiunt nutrimenta arboribus, eo quod habeant radices molles, vel molliores et rariores quam arbores, et ideo citius trahunt nutrimentum. Oportet autem eradicari illas, et radicitus evelli. Sed forte quia loco denudato penitus ab herbis indelectabilis efficeretur, dimitti[1] possunt gramina subtilia sicut fila, quae non nisi

§. 99: 3 per *A.* 4 et *Z*; *om. J.* 5 expandit *V*; — non facit .. Hoc .. loci satis prop. *A*; Hoc tamen tota humore *L.* 6 *L*; *om. Reliq.* 7 *J L*; *om. Reliq.*; erectioni *A*; — et sustentationi *A P V.*

§. 100: 1 *Om. A* 2 *A*; radices *Reliq*; — arbor desiccatur aut minus *C*, *om.* destituta. 3 *Om. A*; -- ramis *C pro* nimis; — *om. P* habet *atque* habentes. 4 obdurat *A*; — poros, quod radices *Edd.* 5 possit *Edd.* 6 autem *add. V.*

§. 101: 1 evelli, quia loco demitteretur, dimitti etc., *A*, *om. intermediis.*

de suprema superficie et non de loco radicum arborum[2] trahunt nutrimentum. Horum enim graminum nocumentum aut omnino nullum est, aut non tantum, de quo sit curandum.

102 Quod autem plurimum nocet agro consito, generatio est erucarum, quae sunt vermes longi[1], corrodentes folia et quicquid viroris est in foliis. Oportet igitur, ut in ianuario, antequam vivificentur, ova earum[2] amputentur de ramusculis arborum, et igni comburantur; quia conculcatione aut concussione vix omnia deleri possunt, sed[3] ignis cuncta absumit. Idem autem[4] est de aliis impedimentis vermium quocunque modo in agro consito subtus in terra aut in ramis arborum exorientium.

103 Agro igitur consito praedictis modis exculto, si ager sit[1] nimis humidus, proferent arbores fructus vermiculosos; eo quod humidum conceptum indigestum et molinsim[2] passum putrescit interius. A qua putredine, cum subtile humidum vaporare incipit, animal de genere vermium procreatur, quod postea arboris fructum[3] corrodit et inutilem reddit. Cuius signum est, quod semper in loco seminis, ubi[4] subtilior est humor, vermis generatur. Oportet igitur — si possibile est —, ut[5] proportionaliter exsiccetur locus, ut plantae non ultra modum cibentur. Si autem forte faciliter fieri non poterit, perforentur stipites arborum iuxta terram, ubi ad stipitem uniuntur radices[6] maiores, ut per foramen illud distillet humor superfluus: et tunc curabuntur fru-
104 ctus. Si autem e contrario aridus est locus, et proprietates habens eremi, ita quod cultu curari vix potest, arbores efficientur spinosae, et fructus afferent[1] parvos et aridos: et ideo a talibus locis plantae praecidendae sunt. Haec igitur de agro consito in communi dicta sufficiant.

§. 101: 2 *L V*; *om. Reliq.* et .... arborum.
§. 102: 1 longe *AP*. 2 eorum *A*. 3 si *L*. 4 quidem autem *C*, hoc quidem *Edd.*; Quidem est autem etiam de *P*; Quidam autem sunt *L*; — quoque modo *Edd.*; quorum modo *C*.
§. 103: 1 *L*; est *Reliq.*; — fruct. vermiculos *C*. 2 mollissimi *V Edd.*; mollis in *C*; molliter *Petr.*; aqua putr. *A L Petr.*; ex qua *Edd.* 3 fructus .. inutile *V*. 4 nisi *Edd.* 5 *L Petr.*; quod *J*; *om. Reliq.*; — non *om. C*. 6 radices in radices *add. Edd.*; — distillet humor ille *A*; stilletur *Petr.*; distilletur *Reliq. contra Alberti usum.*
§. 104: 1 fructos afferet *A*; — aridos *L*; acidos *Reliq.*

Capitulum XII.

De agri compascui cultura et domesticatione[1].

Ager autem, qui[2] compascuus vocatur, prae omnibus faci- 105
lius colitur. Hic enim pratis aptus, si excedit in humore, gramina[3] lata aspera et incidentia (*Carices*) profert, quae non bonum animalibus praebent pastum. Et ideo fossatis[4] profundis, ad quae descendit humor, curandus est huiusmodi ager eo modo, quo superius dictum est[ξ]). Si autem aridior est, in tali loco ponenda sunt prata, quae irrigari possint rivis[5] ad minus semel in anno in principio veris, quando vapores terrae infusi de facili convertuntur in gramina. Et ideo[6] iuxta praeterfluentes aquas optime talis ager disponitur, dummodo fundus non sit nimis arenosus. Tunc[7] enim, egrediente aqua de alveo, irrigantur, et ubertatem accipiunt incrementi.

Contingit autem aliquotiens, ut nimia spissitudo graminis su- 106
perficiem agri operientis involvatur super faciem[1] ipsius, et per modum panni spissi iacens desuper[2], quae impedit nativitatem graminis subtus, et convertitur pratum in putredinem et corruptionem, et corrumpit foena: et tunc alia cura non est, nisi post[3] gelu in fine februarii, quando sicca sunt prata, |incendatur pratum; tunc enim, consumpto panno operiente, optima in aprili proveniunt gramina.

Cum autem secantur foena, oportet ibidem[1] exsiccari, ante- 107
quam congregentur in cumulos, quoniam viride gramen congestum putrescit, et exspirans naturalem calorem cum humido suo in putredinem convertit etiam alia, quae congesta sunt cum eo. Quando autem ad solem expanditur, tantum consumit calor solis,

ξ) *Conf.* §. 44.

§. 105: 1 *L*; De agro compascuo *Edd.*; De cultu agri comp. *V*; De agro, qui dicitur compascuus, et qualiter preparari et juvari debeat *A*; *argum. om. CP V ind.* 2 qui pascuatur *P*, *in marg. addens* et compascuus. 3 g͡mina *V*; g'mina loca *C*; germina loca aspersa *Z*; germina longa *J*; *et sic saepius confunduntur* germen *et* gramen. 4 fossa *L*. 5 *Om. V*. 6 secundo *C*; ideo preter juxtafluentes *A*. 7 cum *A*, *om. dein* et.
§. 106: 1 superficiem *Z*; involvat superficiem *J*. 2 iacens super ipsum *A*; — graminis desuptus *Edd.* 3 prius *L*.
§. 107: 1 idem — congregantur *L*; cumulentur in cum. *V*.

quantum evaporat ex ipso: et tunc exsiccatum servari poterit in pastum animalium. Scimus autem[2], quod nimis ultra mensuram exsiccata ad pastum non prosunt, quoniam omne, quod nutrit, nutrit humore[3], qui est in ipso: et ideo cum humidum superfluum, quod vaporat in gramine, exsiccatum est, statim tollendum est a sole[4], ne nimio calore solis etiam extrahatur naturale humidum ipsius. Haec[5] est causa, quod nimis inveterata foena non prosunt, eo quod nullum quasi sit in eis nutrimentale humidum.

108 Cautela etiam opus est, ne animalia permittantur libere super prata in pastum, quoniam in conculcatione et pastura prata plurimum laeduntur.

109 Loca autem vaporosa alta licet minus feracia sint graminum[1], tamen optima sunt foena, quae a[2] talibus locis acquiruntur. Subtilia enim sunt et calida aromatica, bene habentia[3] decoctum et digestum humidum naturale, et optime proveniunt animalibus data in pastum. Ab aliis enim[4] locis humorosis phlegmaticus accipitur cibus, facile putrescens in ventribus et venis animalium; et si humectant in quadam pinguedine animalia, est[5] humor ille intrinsecus adhaerens membris animalium, et laxas
110 carnes generans. Et hoc ostendit maxime pastus animalium humidorum, sicut sunt oves, quae[1], quando pascuntur in palustribus, putrescunt in visceribus, et vermes contrahunt in hepatibus suis, et passim moriuntur; quando autem in[2] siccis et salsis pascuntur, aut in montibus et[3] siccis et eremis, optime valent et multiplicantur, eo quod nutrimenti siccitate ovium naturalis temperatur humiditas, et tunc sanae redduntur oves. Palustris autem pratorum pastus aut non convenit animalibus, aut[4] vaccis et bobus et bubalis secundum genus suum convenit in pastum. Haec enim — melancholicae et durae carnis existentia — molli pastu temperantur et augentur utiliter[5]. Haec tamen etiam animalia in locis temperatis, dummodo abundant[6] pascuis, melius

§. 107: 2 enim *Edd.* 3 humorem *P.* 4 *Om. A* a sole. 5 eciam *add. A.*

§. 109: 1 gramina *Edd.* 2 *Om. Edd.*; in *A.* 3 que *add. V.* 4 autem *AP.* 5 tamen *add. A*; — extrins. *Codd. praeter P*; — et laxat *C Edd.*

§. 110: 1 *Om. A.* 2 *Om. A*; soliis *C pro* salsis. 3 aut *V*; *om. L dein* et. 4 ut *P qui erasit* aut non. 5 *Om. Edd.*; — Hec enim *Codd. praeter L.* 6 -dent *A C V Edd.*

nutriuntur et salubrius, et fortiores ad laborandum carnes accipiunt. Sed quae[7] ad esum parantur, ut mactentur, melius pascuntur in humidis, ut humido pastu durae carnes eorum temperentur.

Gramen autem[1] communior est planta, quae colitur in agro compascuo, et quae[2] melius et conveniens est nutrimentum animalium, eo quod gustu dulcis est planta haec, et habet quandam cum grano bladi similitudinem naturalem. Propter quod etiam[3] graminibus iam habentibus spicas et semina, quidam colligunt ipsa semina, et fit[4] ex eis satis conveniens pastus hominis[o]). Trifolium autem etiam propter sui dulcedinem in agro compascuo colitur; et licet sit delectabile animalibus, non tamen adeo conveniens cibus est animalibus sicut gramen[5]. Diversa tamen animalia diversum desiderant pastum, sicut asinus yringum[π]) et bos orobum, et capra rubi extrema. Sed videtur gramen esse eis[6] commune edulium sicut est panis homini. Cum autem nimis inveterata sunt foena et indurata, aut abiicienda sunt aut elixatione aquae et modico sale mollienda. Tunc enim ex sale excitatur appetitus animalium, et elixatione nimis exsiccatum reducitur humidum, ut praebeat animalibus pastum. 111

112 Gramina etiam ipsa antequam secentur[1], non permittenda sunt indurari usque ad maturitatem suorum seminum, quoniam, quando maturata[2] sunt semina, exsiccata est substantia graminum, et nulla vel modica virtus est in eis, eo quod tota transivit in semina. Secanda igitur sunt ante seminum plenam formationem, quia tunc habent humidum victum[3] a calido, et non consumptum, sed totum adhuc exsistens in substantia eorum. Si autem ante hoc tempus secarentur, antequam videlicet appareat in eis aliqua for-

o) *Quum hodie tum antiquitus* G l y c e r i a e *f l u i t a n t i s semina ita collecta, in Saxonia inferiori* Grasgrütze, *alias* Schwadengrütze *vocata et adhibita sunt.* π) *Conf. lib. VI* §. 445. yring. *Codd. omnes.*

§. 110: 7 etiam *Z*, cum *J*; — ad eum *C*.

§. 111: 1 enim *P Edd.*; est aut. com. est *C*. 2 in *add. L*; — conveniens *L*, communius *Reliq.*, *sed conf. paulo post.* 3 *L V*; in *Reliq.* 4 *Om. C.* 5 gramina *A*. 6 eis gram. esse *V*; eius esse *CEdd.*; eisdem *A*, *om.* esse.

§. 112: 1 secantur *A*. 2 non maturata *Z*; quoniam non matura *CP*. 3 nucum *CP*, nudum *Edd.*; — adhuc *om. V*.

matio seminum, humidum eorum aqueum et crudum, molinsim[4] passum, non praeberet animalibus pastum salutarem.

Haec igitur de agro compascuo dicta sint[5] a nobis, eo quod ex his per simile iudicium et aliae possunt de facili plantae cognosci.

Capitulum XIII.

A quibus dispositionibus[1], et in quas mutatur planta silvestris, quando domesticatur[ρ]).

113 Restat autem nunc[2] dicere, ex quibus et in quas planta silvestris in domesticatione dispositionibus transmutetur. Ex his autem, quae in quinto huius scientiae libro[3] determinata sunt[σ]), scimus plantas silvestres esse spinosas et scabrosas in corticis substantia, et parvorum et multorum foliorum, et plurimorum et in quantitate minorum fructuum, et acutiorum[4] et calidorum et siccorum succorum. Et haec omnia etiam[5] non dubitamus accidere plantae propter suum nutrimentum: et ideo planta in omnibus his dispositionibus mutatur per nutrimentum cultioris[6] agri in oppositas dispositiones.

114 Spinositas enim provenit ab humido nutrimentali incenso, quod cogitur ad superficiem pertingere a medulla ipsa sua incensione. Et haec[1] in domestica mutatur per abundantiam humidi, quod non patitur calorem in eo acui, sed frangit eum[2], et quod non sinit terrestre congregari, sed infundit et currere ipsum facit in poros plantae.

115 Huius autem eiusdem humidi abundantia fluit in maiorem

ρ) *Petr. lib. II cap.* 24 (23), *omisso* §. 118. σ) Lib. V §. 65.

§. 112: 4 mollinsim *CP V*, mollissimi *Edd.*, molissim *A*; — prebet *C*; preben t *Edd.* 5 sunt *V*; — indicium *Edd.*

§. 113: 1 De aliquibus dispos. *Edd.*; — domesticantur *C.* 2 adhuc *A.* 3 *Om. V*; — esse *om. C.* 4 acutorum *A*; — *om. V Petr.* et calid. 5 *L*; *om. Reliq.*; — nisi propter *A*; — omnibus suis *A.* 6 *M.*; cultoris *Codd. et Edd.*

§. 114: 1 hoc *A*; — domesticam *CJP V*; — et non *CP Edd.*; que non *Petr.* 2 *Om. Edd.*; — quod *om. L Petr.*; non *om. A.*

foliorum dilatationem. Hoc etiam facit, ut maiores sint fructus domesticarum; et quia humor silvestrium tenuis et subtilis est propter parvum[1] earum nutrimentum, erit humor domesticarum spissus et viscosus, ad phlegmaticitatem accedens, propter eius 116
abundantiam et laetaminis ministrati commixtionem. Tenue autem et subtile[1] facile dispergitur a calore, et dividitur in plurima: et ideo numero[2] sunt plurimi fructus arborum silvestrium, et non vermiculati, sed integri[3] in arboribus diutissime perseverantes. Quoniam subtile et tenue non putrescit facile, nec de facili claudit porum suae vegetationis, per quem sugit ex arbore, praecipue cum in eodem humido sicut in proprio subiecto sit calor acutus. Abundans autem et spissum et viscosum humidum per magnas partes fluit in unum, et non facilis est[4] divisionis, eo quod calidum eius est hebes: et ideo fiunt ex ipso magni quidem[5], et non tot numero fructus sicut ex tenui[6] subtili et acuti caloris existenti. Et cito hebes eius calor permittit claudi porum, per quem sugit etiam[7] ex arbore, ita quod multi talium fructuum cadunt etiam ante tempus maturationis, et de facili contrahunt vermes.

Quod autem emendat[1] succum et digerit in domesticis, nodi 117
praecipue sunt insitionum, qui tenent in torturis suis et transversalibus poris humidum, donec ad suavem maturetur saporem. Et talis quidem est transmutatio earum, quae[2] per insitionem domesticatur arborum. Illae[3] autem plantae, quae sunt de genere granorum et olerum, ex solo cultu et cibo domesticantur in hoc, quod substantiae suae et molliores et maiores[4] efficiuntur, et sui sapores et humores minus efficiuntur acuti propter causam, quam iam saepius[5] determinavimus. Subtilitas enim corticis, quae est in domesticis et planities absque dubio ex bonitate et abundantia provenit nutrimenti.

Haec igitur de cultu agrorum sativorum et consitorum[1] et 118

§. 115: 1 parum *Edd.*; — eorum *Codd. et Edd.*
§. 116: 1 tenui et subtili *L.* 2 numeri *A.* 3 *V Petr.*; integre *Reliq.*; — facile *om. C.* 4 *L*; est fac. *A*, *om. Reliq.* 5 magici quidam *C.* 6 et *add. A.* 7 *L*; *om. Reliq.*; — cibi *A pro* talium.
§. 117: 1 emundat *C P V Petr.*; — siccum *L*; — modi *A pro* nodi. 2 *Om. A C Z*; — domesticarum *A Edd. Petr.* 3 Alie *L.* 4 *Om. Edd.* et maiores. 5 sepe *A.*
§. 118: 1 consitivorum *C Edd.*; — et pascua *C*; — sint *Edd.*; sunt *Codd.*

compascuorum dicta sint. Campus enim, qui[2] non colitur, ager proprie non dicitur, eo quod aut nomen agri[3] a graeco agros nomine, quod villam sonat, derivetur; aut si a[4] latino sermone ager vocabulum accipit, ager ab agendo dicitur, eo quod campus, ubi[5] semper per cultum aliquid agitur, ager proprie nuncupatur. Non autem aliquid colendo campum agitur, nisi praedictis modis agatur.

Capitulum XIV.

De plantatione[1] viridariorum[r]).

119 Sunt autem quaedam[2] utilitatis non magnae aut fructus loca, sed ob delectationem parata, quae potius cultu carent, et ideo ad nullum dictorum agrorum reducuntur. Haec autem sunt, quae viridantia sive viridaria vocantur[3]. Haec autem, quia ad delectationem duorum maxime sensuum praeparantur, hoc est visus[4] et odoratus; ideo potius privatione eorum, quae maxime cultum parant, praeparantur.

120 Visus enim in nullo adeo delectabiliter sicut in subtili et capillari non longo gramine reficitur. Hoc autem impossibile est fieri, nisi in humo macra et solida. Oportet igitur locum, qui[1] ad viridarium paratur, primo bene liberari a radicibus adulterinis, quod vix fieri potest, nisi, primum effossis radicibus, optime planetur locus, et ubique fortiter infundatur aqua ferventissima[2], ut reliquiae radicum et seminum in terra latentium exustae germinare nullatenus valeant. Et deinde caespite macro subtilis graminis totus locus impleatur, et ipsi caespites fortissime compercutiantur ligneis malleis et latis, et conculcentur

r) *Petr. Cresc. lib. VIII cap.* 1, *omisso* §. 119, *leviter mutato* §. 120.

§. 118: 2 Tempus enim, quo *A* 3 ager *Edd.*; — sonet *L.* 4 *Om. P*; — nomine vel sermone .. accipitur *A* 5 nisi *CZ.*
§. 119: 1 plantationibus *Edd.* 2 quidam *A Edd.*; — set oblectacionem *C*; set de oblectatione *V.* 3 que viridaria dicuntur sive viridancia *A.* 4 hoc est vis. praepar. *L*; — et ideo *V.*
§ 120: 1 qui locum *C Edd.*; — parat, .. liberare *Edd.* 2 fluentiss. *A*; — latencia *C V.*

gramina a[3] pedibus in terram, donec aut non appareant, aut vix aliquid de ipsis possit considerari: tunc enim paulatim erumpent capillariter, et superficiem ad modum panni viridis operient.

Studendum est autem, ut caespis[1] tantae sit mensurae, ut 121
post caespitem per quadratum in circuitu omnis generis aromaticae herbae, sicut ruta et salvia et basilicon, plantentur, et similiter omnis generis flores, sicut viola aquilea lilium[3] rosa gladiolus et his similia. Inter quas herbas et caespitem in extremitate caespitis per quadrum elevatior sit caespis florens et amoenus et quasi per medium[4] sedilium aptatus, cum quo reficiendi sunt sensus, et[5] homines insideant ad delectabiliter quiescendum.

In caespite etiam contra viam solis plantandae sunt arbores, 122
aut vites ducendae, ex quarum[1] frondibus quasi protectus caespis umbram habeat delectabilem et refrigerantem. In arboribus tamen illis plus quaeritur[2] umbra quam fructus, et ideo non multum curatur de earum fossura et fimatione, quae caespiti multum ferrent nocumentum. Cavendum etiam est[3] in his, ne sint arbores nimis spissae aut plurimae secundum numerum; quoniam ablatio aurae posset corrumpere sanitatem, et ideo viridiarium liberum aërem cum umbra vult habere. Adhuc autem considerandum est, ne sint arbores amarae, quarum umbra generat infirmitates, sicut est nux et quaedam aliae. Sed sint[4] arbores dulces, aromaticae in flore, et iocundae in umbra, sicut sunt[5] vites et piri et mali et mala punica et lauri et cypressi es huiusmodi.

Post caespitem vero[1] sit magna herbarum medicinalium et 123
aromaticarum diversitas, ut non tantummodo[2] delectet ex odore secundum olfactum, sed et flores diversitate reficiant visum, et ipsâ multimodâ sui diversitate in admirationem trahant[3] se aspicientes. In quibus ruta pluribus locis admisceatur, eo quod pul-

§. 120: 3 *Om. A*;— donec non *Edd. om* aut.

§. 121: 1 cepis *C*;— et post .. quadrum *A*;— generis *om. J.* 2 *Om. L.* 3 et *add. Codd. et Edd.* 4 modum *Petr.*; — cum quo *L*; ut in quo *V*; in eum quo *C Edd.*;; modo quo *A*; — faciendi sunt *C.* 5 *L*; ut *A*; *om. Reliq.*; — insedeant *A.*

§. 122: 1 ipsarum *L.* 2 querit *L*; queretur *Edd.*; — de earum *om. C*; eorum *A V Z*; — fumatione *V.* 3 est ergo *A*; est autem *Petr.* 4 sunt *L.* 5 *Om. Edd.*

§. 123: 1 *L*; *om. Reliq.* 2 *L*; div., tant. non *A*; ut non modo *P Z*; tamen non modo *C*; — delectent *J Petr.*; — secund. effectum *A.* 3 trahunt *Edd.*; — se aperientes *C V.*

chrae est viriditatis, et ipsâ suâ amaritudine extra viridarium fugat animalia venenosa.

124 In medio autem caespitis nihil sit arborum, sed potius ipsa planities libero gaudeat aëre et sincero, quia et ille aër salubrior est, et etiam aranearum telae extensae de ramo arboris ad ramum impedirent et inficerent vultus transeuntium, si arbores in medio caespis[1] plantatas haberet.

125 Si autem possibile sit, fons purissimus in lapide receptus derivetur in medium, quia ipsius puritas multam affert iocunditatem. Ad aquilonem etiam et ad orientem viridarium sit patulum[1] propter illorum ventorum sanitatem et puritatem. Ad oppositos autem[2] ventos, meridionalem et occidentalem videlicet, sit clausum, propter eorum ventorum turbulentiam et impuritatem et infirmitatem. Quamvis[3] enim aquilonaris impediat fructus, miro tamen modo conservat spiritus, et custodit sanitatem[4]. Delectatio enim quaeritur in viridario, et non fructus.

§. 124: 1 cespitis *AP*; cepis *C*.
§. 125: 1 pauculum *A*. 2 eciam *A*. 3 quum *C*. 4 conservat et custodit spiritus sanit. *P*.

Tractatus II.

Septimi Libri Vegetabilium.

In quo tractatur:

De plantis in speciali, quae usibus hominum domesticantur[1].

Capitulum I.

De his, quae seruntur in agro sativo campestri[2].

Habitis his, quae communiter de diversitate cultus triplicis 126
agri dicenda videbantur, nunc in isto secundo tractatu huius septimi libri vegetabilium volumus in speciali de [cultu][3] quarundam, quae magis in usu sunt, plantarum aliqua dicere, ut melius sciatur plantarum domesticatio. Primum autem dicemus de his, quibus magis utimur in agro sativo. Cum autem hic duplex sit[4], campestris videlicet et hortulanus, dicemus de his, quibus utimur in utroque, et primo de his, quas inserimus in campestri sativo agro.

(*Triticum sativum Lam.*[v]) Dicimus[1] igitur, quod tri- 127

v) Alb. abhinc Palladium ducem sibi sumsit, cujus ne verba quidem repetat sed sententias explicet rationibusque confirmet: quare illius loci quidem adduci, non autem literis conspicui reddi possunt. Conf. iam Pallad. lib. X cap. 2. *A Palladio recepit et hic* adorei *et paulo post,* §. 128, farris *nomina quas Tritici sativi varietates credidisse videtur, nec Trit. speltae, in lib. VI* §. 351 *descriptae, synonyma cognatasve species.*

§. 126: 1 *Om. JPV* sept. l. veg.; — agitur *V ind. pro* tractatur; — tract. de his, que *P*; — De plantis *L exhibet unus*; *om. J* In quo .... spec. 2 camposi *A in rubrica,* campensi *et hic A et bis ad finem* §. *A Edd. et, voce in campestri commutata, P,* căpessi *C ultimo loco.* 3 *M. e conj. addidit.* 4 est *Edd.*; — ortensis *A*; ortolanus *L fere ubique.*

§. 127: 1 dicemus *A*, dicamus *P Edd.*; — et ordeum *V*; *quod A supra lineam adscriptum postea denuo delevit.*

triticum et adoreum — quod species tritici est sic vocata, eo quod primo ad os hominis est aptata[2] in cibum —, mense septembri, sole in libra existente, sunt serenda tempore sicco et aura serena, quantum hoc observari potest. Satio autem haec protrahitur[3] aut anticipatur, secundum quod terra magis et minus est[4] calida et humida, ita tamen quod tam triticum quam adoreum ante hiemem radices accipiant solidas, in quibus subsistere possint. Terra autem sit humida et spissa et bene cretosa sive argillosa. Haec enim terra melius triticum nutrit et adoreum[5]. Ordeum (*Hordeum sativum Jessen*[φ]) autem vult habere magis solutum agrum et siccum: nam mori dicitur, si[6] in coenulentum agrum seminetur. Avena (*Avena sativa Lin.*) autem siccum quaerit agrum. Et haec duo grana[7], ordeum videlicet et
128 avena, in principio veris volunt seminari. Siligo (*Secale cereale Lin.*) autem et triticum et adoreum et far non bene fructificant in grano, nisi radices validas[1] habeant, quae per hiemen in terra sint solidatae[χ]). Messis autem tritici et siliginis est, quando spicarum multitudo aequaliter alba est facta[2], et calamus induratus et albidus. Ordeum autem metendum est, antequam grana nimis arefacta decidant[ψ]). Facilius enim decidunt quam grana tritici aut[3] adorei vel siliginis aut farris, eo quod nulla siliqua continentur, sed nuda in spicarum sedibus sunt locata: et ideo arefacta sede de facili decidunt. Avena autem similiter, cum albescit, metenda est, post messionem siliginis et tritici et ordei[4]. Sed ordei et avenae culmi aliquantulum post messionem iacebunt[5] in agro, donec compluantur: hoc enim modo feruntur grandescere in farina, et citius per tribulas[6] a calamis, cum triturantur, separari.

φ) *Pallad. lib. XI cap.* 1 §. 2. χ) *Quae de tritico et adoreo solis dixit Pallad. lib. X cap.* 2. *De* siligine *conf. pag.* 94 *not.* ϑ. ψ) *Pallad. lib. VII cap.* 2 §. 1.

§. 127: 2 adaptata *A P Edd.* 3 -hatur *V.* 4 minus hum. et cal *V, om.* est; — ita quod cum tam tr. quam quod ad *CP*; tamen *om. A Edd.*; — accipiat *Edd.*; — possit *CP V Edd.* 5 *Om. V* et ador. 6 nam moritur si est *A*; — seminatur *Edd.* 7 genera *Edd.*

§. 128: 1 *Om. A.* 2 *L V*; frigida *CP Edd.*; est et rigida *A.* 3 et *A*; — ordei *V.* 4 adorei *A.* 5 jaeebant *C Edd.*; jaceant *V et e correctura P.* 6 tribulos *Edd.*; — a calidis *CP Edd.*, *ubi V in marg. add.* al. siliquis.

(*Vicia sativa Lin.*[ω]) Vicia autem seri vult in terra arata 129
et procisa non in aurora, quando ros est, sed post duas vel[1] tres horas, cum sol incaluerit et absorbuerit rorem, quoniam compertum est, viciam rorem non posse sustinere, sed nimis ex eodem resolvi et evanescere virtutem ipsius. Seminata ergo in aestu[2] solis cooperiatur ante noctem, ne rore sequentis noctis similia damna patiatur. Cavendum etiam[3] est, ne ante seratur, quam luna sit in ultima quarta sui circuli, hoc est post vicesimam primam lunam. Compertum est enim, quod ante[4] satam[α]) limaces prosequuntur et devorant. Habet autem hoc vicia proprium, quod viridis messa[β]), si cum eo, quod in terra remanet, ager statim aretur, laetaminis more[5] terram impinguat et fecundat; si autem exaruerint radices eius, antequam terra aretur, succum aufert[6] ab agro.

(*Vicia faba Lin.*[γ]) Cum autem omne genus leguminis in 130
sicca terra seri desideret[1], faba sola pinguem et stercoratum quaerit locum. Ager[2] autem fabae primo est serendus, et postea arandus, tertio sulcandus, ut tradunt antiqui. Et late spargenda est[3] faba, ut plus possit dilatari in stipitibus. Luna autem plena melius seritur faba. Et, ut dicunt, hoc genere leguminis inter omnia terra quidem minus laeditur: sed tamen non eo fecundatur, nisi forte per accidens[4] ager multum humidus, ut in antehabitis dictum est[δ]). Post magnum autem frigus faba[5] male seminatur. Et cum metenda est, vellicetur ante lucem[ε]), et antequam luna procedat exorta; excussa et refrigerata ponatur in salvo[6], et tunc gurguliones aut nullo modo habebit aut minus infestos.

(***Pisum sativum et Cicer arietinum*** *Lin.*[ζ]). Pisum au- 131

ω) *Pallad. lib. II cap.* 6. α) *i. e.* eam quae prius sata fuit. β) *Pallad. lib. I cap.* 6 §. 14. γ) *Conf. lib. VI* §. 337—342. *Pallad. lib. XII cap.* 1. δ) Lib. VI §. 337. ε) *Pallad. lib. VII cap.* 3. ζ) *De* piso, *quam antea*

§. 129: 1 aut *A L.* 2 ortu *A*; — rorem *V*; roris *A*; rore sequenti *J*; noctis *L profert unus.* 3 autem *Edd.*; est *L exhibet unus.* 4 eam *add. A*; — limates *C*; lunares *L P*, quando sativi lunares *Edd.*; — persequuntur *V*; — devorantur *A.* 5 viridis metenda est. Si tamen eo ... remanet nimis more *A*, *om. intermediis*; — areatur *C.* 7 affert *A V.*

§. 130. 1 -derat *Edd.*; — solum *A*; — quaerit *om. Edd.* 2 gravum *J*; serendum .. arandum . sulcandum *C Edd.*; — et tertio *P.* 3 *L*; *om. Reliq.* 4 sit *add. A.* 5 alba *J*; — melle *V.* 6 salivo (?) *P.*

tem et cicer[1] serendum est terra facili et soluta, loco tepido, et aura humida. Et colligi habet castis[2] pisorum et ciceris exsiccatis, et granis fortiter induratis, luna decrescente, postquam multum processerit in defectu.

132 (*Ervum lens Lin.*) Lens autem vult locum[η]) rarum et resolutum, aut pinguem et resolutum, et siccum: humore enim superfluo luxuriando corrumpitur. Crescente autem luna continue satis bene seminatur. Cum autem lens valde cito pullulet[1] et incrementum accipiat, oportet quod, si ager fimandus est, prius quam seratur, cum[2] fimo arido misceatur, et cum in illo quatuor vel quinque diebus quieverit, tunc aspergatur in agrum.

133 (*Linum usitatissimum Lin.*[ϑ]) Lini semen aut bissi in agro pingui vult seminari, et[1] luna iam exsiccata. Exhaurit autem linum terrae ubertatem. Lunae vero siccitas confert lino exilitatem. Propter quod etiam aliqui agro sicco et macro linum spisse seminant, ut stupa[2] gracilior fiat.

134 Est autem generaliter de omnibus hoc cavendum, quod dum florent, nullo modo tangantur a cultore. Quaecunque[ι]) autem horum habent semina singula in siliqua una, sicut frumentum et ordeum et cetera grana frugum, octo florent diebus, et deinde per quadraginta dies, deposito flore, grandescunt usque ad maturitatem perfectam[1]. Quaecunque vero plura habent semina in siliqua una, sicut faba pisum cicer[2] et similia, quadraginta diebus florent, simulque grandescunt.

135 Cum autem grana, quae dicta sunt, messa fuerint, generaliter dicitur de omnibus esse compertum, quod in stipulis suis diutius[1] conservantur quam expressa, adhuc autem si de loco in

Alb. aeque ac Pallad. lib. XI cap. 14 §. 9 pisam *dixit, conf. Pallad. lib. X cap.* 6, *Petr. lib. III cap.* 20 (De Riso *Ed. lat.*). *De* cicere *conf. lib. VI* §. 299, *Pallad. lib. VI cap.* 4, *Petr. lib. III cap.* 4. η) *Conf. lib. VI* §. 372—3. Lenticula *Pallad. lib. III cap.* 4 *et Petr. lib. III cap.* 13. ϑ) *Conf. lib. VI* §. 435, *Pallad. lib. III cap.* 22 *et lib. XI cap.* 2. ι) *Pallad. lib. VI cap.* 1.

§. 131: 1 etiam *L pro* et cicer. 2 caseis *V*; cosas *CPZ*; capsis *J*; siliquis *Petr.*; *conf. lib. I* §. 177 *not.* 10.

§. 132: 1 -lulat *Edd.*; — accipit *J*; — agit *C pro* ager; — fumandus *V Petr.* 2 de *C.*

§. 133: 1 ut *A*; *om. L.* 2 seminat ut stipa *C*; stuppa *L.*

§. 134: 1 *Repetit L* Quecunque — perfectam. 2 *Om. Edd.*; et ex *Z*; — diebus *L*; dies *Reliq.*

§. 135: 1 dulcius *V*, melius, *A om.* suis.

locum singulis annis transponantur, ut aëre sincero perflentur. Hoc tamen quidam dicunt gurguliones in seminibus generare. Adhuc autem cavendum est[κ]), ne pavimentum, super quod ponitur, humidum sit, aut rarum; sed solidum et[2] bene planum, ne muribus praebeat habitaculum per foramen. Insuper etiam diligenter attendendum est[3], ne sit locus excedens in frigore aut calore, quia utrumque segetes corrumpit, et perdit in eis virtutem naturalem.

Capitulum II.

De his, quae per cultum domesticantur in agro hortulano[λ]).

Ager autem sativus, qui hortensis vocatur, irriguus et pinguissimus esse desiderat, ita ut aut fontem in se habeat, aut puteum, aut piscinam. Quodsi[1] nullum horum habeat, fiant foveae multae per hortum parvae in quibus pluviarum humor aliquamdiu retineatur. Fimum etiam habeat in se in[2] cumulo iacentem, ex quo continue stercoretur. Paleas autem et pulveres habeat inimica[3]; quia ex illis herbae hortenses et perforantur in foliis et exsiccantur. Aerem autem quaerit liberum, et humidam auram, ut herbas continue producat recentes. Areae[4] autem in hortis angustae faciendae sunt et longae et altae, ut multum virtutis[5] in se areola retineat. Dicit autem agricultorum communis[6] opinio[μ]), quod nulli horti fossatis cingendi sunt, quia fossatum ab horto tollit humorem. Seruntur autem horti communiter mense martio, et bene veniunt herbae. Nos autem experti sumus, quod melius proveniunt, si mense[7] septembri sicut et triticum serantur, et citius habentur herbae in futura aestate. 136

κ) *Petr. lib. III cap.* 2 De horreis. λ) *Pallad. lib. I cap.* 34; *Petr. lib. II cap.* 2. μ) *Pallad. l. c.*

§. 135: 2 *L Petr. et, expuncto* aut, *quod Reliq. praebent, V.* 3 *Om. A*; — et perdunt *A.*

§. 136: 1 Quia si *P*; Etsi *Petr.* 2 *Om. Edd.* 3 ĩimita *vel* ĩinuta *V*; — et *om. A*; — perforentur *L.* 4 vel areole *add. V*; — autem *om. J.* 5 aëritatis *non male proposuit M.*; *Pallad. vero* spatia inter areas altiora esse *jussit ut humor affluat*; — contineat *A.* 6 omnis — fossati *A*; — *om. P* ab horto. 7 memsem *A*; — et *om. A P Edd.*; — seruntur *L.*

137 (*Brassica oleracea Lin.*[ν]) Caulis quidem omnem modum aurae[1] patitur, sed terram vult habere pinguem et bene fossam, non argillosam, neque glarea aut[2] arena vel sabulo immixtam, quia illa horret[3] caulis vehementer, nisi continuata irrigatio succurrat siccitati fundi. Optime provenit sarculatione et transplantatione[4], sicut et lactuca; et rare vult plantari, quia sic melius convalescit. Hieme autem, postquam pruina correpta est, melior est ad comedendum[5].

138 (*Allium porrum Lin.*[ξ]). Porrum autem serendum est loco amplo et profunde fosso et pastinato[1]. Si autem rarius seritur, capita maiora habebit. Melioratur autem multum transplantatum[2]. Sed quod in vere seritur, aut in octobre aut etiam in ianuario sequentis anni transplantatur[3]. Et profunde in terra non erectum ponendum est, sed inclinatum, abscisis a medietate foliis, et aqua immixta stercori rigandum: tunc[4] dulcius erit et albius. Adhuc autem si valde grande porrum facere volueris, plura semina porri in unum strictum foramen pone[5], et omnium pullulatio in unum grande porrum concrescit.

139 (*Allium sativum Lin.*[ο]) Allium autem mense martio aut novembri bene seritur. Terram quaerit[1] argillosam albam bene fossam et mollem raram, sed stercus non quaerit. Rarum seminandum est. Sarculatum[2] frequenter, et altiori terra positum melius crescit. Si herba nata[3] conculcatur, magna capita habebit. Si luna latente sub terra seritur, itemque[4] eadem luna latente vellicatur, effossum odoris foeditate carebit. Acceptum autem de terra durabit diu, si aut[5] paleis coopertum, aut fumo suspensum servetur.

ν) *Pallad. lib. III cap.* 24 §. 5, 6; *Petr. lib. VI cap.* 22. ξ) *Pallad. lib. III cap.* 24 §. 11, 12. ο) *Pallad. lib. XII cap.* 6 §. 2, *Petr. lib. VI cap.* 3.

§. 137: 1 mod. ante dictum *A.* 2 neque *P Edd.*; — arena vel stercore *A.* 3 abhorret *P*; — continua *A.* 4 *Om. A* et transpl.; — lact. rare *P*, *om.* et; — quia sicut *L* 5 manducandum *Edd.*
§. 138: 1 pasturato *L*; — autem *om. P.* 2 *Edd. add. quae mox sequuntur* et profunde in terram; — in *om. A P priore, Edd. secundo loco*; octobri *V Edd.* 3 *A*; -tatum *J*; -tata *Reliq.*; — Etiam prof. *L.* 4 enim *add. A.* 5 ponat *A*, *om.* et; — crescit *L.*
§. 139: 1 et querit terram *A.* 2 *Pallad. et Petr.*; sulcatum *Codd. et Z*; sulcandum *J.* 3 Sed h. n. si *A.* 4 tuncque *A*; si non *add. V.* 5 autem *C*; — funo *L.*

(*Brassica rapa Lin.* π). Rapa autem seritur in iulio, 140
terra bene putrida ex laetamine, et soluta; quae tamen non sit spissa sed[1] rara, ut grandescens terram non inveniat obstantem. Locus sit humidus et amplus. Et quando herba eius nata fuerit, abscidatur, et deprimatur rapa sub terram ad spatium palmi, et operiatur: tunc magna erit. Seritur etiam[2] rapa ultima parte augusti, et eodem tempore seritur radix[3] (*Raphanus sativus Lin.* ϱ) in locis siccis et porosis et pinguibus et aequalibus, bene in profundum fossis. Meliores tamen[4] proveniunt, quando in aliquantulum arenosis serantur radices. Si autem alibi seruntur, bene[5] rigari volunt. Sata autem radix statim operienda est sine laetamine, sed si paleae misceantur terrae, fungosae fiunt σ). Suavem autem saporem habebunt[6], si aqua salsa fuerint respersae, et frequenter cum illa irrigatae. Grandescunt autem, quando folia auferuntur, et freqnenter terra operiuntur. Fertur etiam, quod, si semina in melle per diem et noctem iaceant, quod[7] ex acribus dulces fiunt radices.

(*Apium graveolens Lin. et Petroselinum sativum Hoffm.* τ) 141
Mense autem aprili aut iunio circa solstitium, aut, quod melius esse[1] expertum est, in septembri apium seritur et petrosilinum cum irrigatione in quocunque loco. Magnas autem[2] radices habebunt et folia permaxima, si de semine, quantum tribus digitis capi poterit, in linteolo[3] ponatur, et interretur[4] in fossa rara. Sic enim omnia semina illa faciunt herbam in unum ex omnibus coactam. Crispitudinem habebunt, si concussa[5] aut conculcata, quando exoriuntur, fuerint semina. Vetustiora etiam in his[6] herbis citius nascuntur semina et recentia tardius: et hoc videntur

π) *Pallad. lib. VIII cap.* 2 §. 1, 2. ϱ) *Pallad. lib. IX cap.* 5 §. 1; *Petr. lib. VI cap.* 9. σ) Laetamen non est ingerendum, sed potius paleae: quia inde fungosae sunt *Pall.* (*Alb. et Petr. recte* fiunt, *quod sribendum*). τ) *Pallad. lib. V cap. III* §. 1.

§. 140: 1 si *L*; — inveniet *CZ*. 2 *E conj.*; autem *Codd. et Edd.* 3 *P repetit* Seritur radix. 4 enim *J*; — seruntur arenosis *Edd.* 5 dum *Edd.* 6 fuerit respersa *A*; — rigate *P*. 7 quia *A*; — ex atribi *V*; — radices *om. A*.

§. 141: 1 et *A*, *om.* apium *atque* et. 2 aut *L*; autem magnos *V*. 3 linthеolo *CV*. 4 *L*; nutriretur *Reliq.*; — fossata sicut *C*, fossa sicut *Edd.*, *om.* rara; al. folia *add. V in marg.*; — sic etiam *L*. 5 contusa *C*; — et concul. *A*; fuerint *om. C*. 6 *Om. Edd.*; — in verbis *C*; — semina *om. A*; et sem. *J*; sem. etiam *L*.

habere proprium. Petrosilinum autem hoc habet[7], quod in locis asperis melius provenit.

142 (*Lactuca sativa Lin.*[υ]) Lactuca toto anno bene seritur loco laeto[1] irriguo et pingui, transplantata dilatatur et dulcescit, et truncus eius ingrossatur[2], et folia crispa fiunt.

143 (*Lepidium sativum Lin.*[φ]) Nasturcium similiter omni tempore ponitur in quocunque loco[1] et qualicunque coelo[2]. Nec desiderat fimum, sed humorem videtur diligere, non tamen perit, si desit. Et hoc habet proprium, quod[3] melius provenit, si cum lactuca satum fuerit.

144 (*Anethum graveolens Lin.*[χ]) Anetum loco frigido seri desiderat, auram tepidam quaerit, et rarius serendum est, et saepius rigandum, si pluvia non fuerit.

145 (*Foeniculum officinale All.*[ψ]) Feniculum desiderat, loco seri aperto et modicum saxoso: et ideo iuxta muros et parietes optime provenit.

146 (*Mentha piperita Lin.*[ψ]) Menta autem e contrario quaerit locum aquosum, terram coenulentam[1] et non pinguem, ut bene proveniat.

147 (*Pastinaca sativa Lin.*[ω]) Pastinaca autem loco pingui et laxo — sive[1] seratur, sive plantetur — poni debet. Exaltata autem area, melius confortatur in terra, sicut et ceterae radices.

148 (*Atriplex hortense Lin.*[α]) Atriplex mense aprili seri et saepe rigari desiderat. Semen etiam[1] suum statim cum spargitur tegendum est. Melius provenit rarius seminatum semen

υ) *Pallad. lib. II cap.* 14 §. 1. φ) *Pallad. lib. II cap.* 14 §. 5. χ) *Pallad. lib. III cap.* 24 §. 5, *Petr. lib. VI cap.* 6. ψ) *Pallad. lib. III cap.* 24 §. 9. ω) *Et Pallad. lib. III cap.* 24 §. 9, *quem secutus Alb* de plantanda pastinaca *locutus est, et Columella, qui eandem* deponi *i. e. surculis propagari jussit, vivacem quandam plantam nec nostram biennem designasse videntur.* α) *Pallad. lib. V cap.* 3 §. 3, 4.

§. 141: 7 autem habet proprium *A*; -- aspersis *Codd. et Edd.*
§. 142: 1 *Pallad.*; loco lato *L*; *om. Reliq* 2 dilatatur *C.*
§. 143: 1 *Om. C*; quocunque *V.* 2 *M. e Pallad.*; tempore *Codd. et Edd.*; — desiderant *L.* 3 et *CZ.*
§. 146: 1 cenudentam *C.*
§. 147: 1 laxosum seratur *C.*
§. 148: 1 *LV*; et *P*; et fimum *CEdd.*; et fimo statim conspergitur *A*; statim non sparg. *Edd.*; — tegend. est *V praebet unus.*

eius, et[2] succo laetaminis paludoso adiutum. Ferro dicitur atriplex semper amputandus[3], quia tunc pullulare non cessat.

(*Brassica nigra Koch.*[β]) Sinapis mense octobri seritur 149
in terra bene arata et[1] congesta, et sarculari saepe quaerit — ut pulvere respergatur —, et rigetur[2]. Herba autem eius robustior erit transplantata, sed minus ponit in semine. In semine autem suo album est vetustius et[3] melius.

(*Cucurbita pepo Lin.*[γ]) Cucurbita mense aprili seritur, 150
pingui solo et humido, ad quod semper stillet aqua. Hermes autem dicit, quod in cineribus ossium humanorum plantata, et oleo rigata, nono die habet fructum. Et[1] quod mirabile est, semina, quae in vase cucurbitae sunt in sublimi nata, faciunt cucurbitas longas et exiles; quae autem in medio eius nascuntur, faciunt grossas; et quae in profundo iacent, faciunt latas. Quae autem servari debent ad semina, oportet relinquere in sua vite usque ad hiemem, et deinde in fumo suspendi, quia aliter putrescunt semina.

(*Cucumis sativus et melo Lin.*[δ]) Cucumer et pepo mense 151
martio seminantur, altis sulcis, raro[1] semine iacto. Et quod mirum est, herbis aliis secum natis[2] iuvantur, et suis similiter: et ideo non est sarculanda terra, in qua seruntur. Si autem semina in ovino lacte et mulso iacuerint[3], albi fiunt cucumeres et dulces; longi autem et teneri, si aquam in vase discooperto sub eis ponis, ita ut ad eas spirare possit: et hoc idem est cucurbita. Fertur autem, quod, si flos cucumeris cum capite vitis suae amputetur, et cannae, cuius[4] omnes nodi perforati sunt, inseratur,

β) *Pallad. lib. XI cap.* 11 §. 2. *Qui haec fere omnia de semine vero contrarium docet, si cum Schneidero legis:* in sinapi vetus semen inutile est; *idem si cum Vincent. Bellov. legis* utile. *M.* γ) *Pallad. lib. IV cap.* 9 §. 16 *qui* iam vitis *et* viticulae *nominibus usus est pro cucurbitae ramulis.* δ) *Pallad. lib. V cap* 9 § 6—9 de melonibus *et* cucumeribus, *Petr. lib. VI cap.* 21 de cucumere et citrullo.

§. 148: 2 in *A*; — paludosum *A*; — adjectum *Codd. et Edd.; sed Pallad. l. c.:* juvetur succo laetaminis. 3 est *add. A, om.* ferro dicitur.
§. 149: 1 *Om. L*; — ne *A pro* ut. 2 fingetur *A*; fovetur *Pallad.* 3 et vet. est mel. *A atque, om.* et, *P.*
§. 150: 1 *Om. A.*
§. 151: 1 rare *C L Edd.* 2 *L et ad marg. V*; semen nat. *CZ*; seminat. *V in textu et Reliq.*; — in terra *L.* 3 et *add. A*; — ac teneri *CL.* 4 eius *A*; — cucumis *L*, cucumeris *VZ, om. J*; — nimiam conceditur *C.*

cucumer convalescit, et in nimiam extenditur longitudinem. Oleum autem sic timere dicitur, quod, si[5] iuxta ponitur, statim sicut hamus in oppositum curvatur. Adhuc autem quotiens tonat, velut quodam[6] timore perterritus convertitur: et ideo sensum habere hanc herbam, Protagoras asserebat.

152 Istae sunt herbae, quae frequentius in hortis[1] plantantur. Ad delectationem autem plantatur salvia et ysopus et ruta frequentius. Et hae herbae magis propagantur de abruptis ramusculis et[2] in terra positis, quam seminentur[ε]): tamen seminata optime proveniunt, sicut experti sumus. Verno autem tempore sunt transplantandae, aut in septembri, et assidue irrigentur si non[3] habeant imbrem. Florentes hae herbae a quibusdam floris[4] humore dicuntur arescere[ζ]). Sed lignescunt antiquatae, nisi[5] rami earum omni anno bis terra usque ad folia cooperiuntur. Quando autem indurati sunt rami et lignei facti, non bene pullulant, nisi iuxta radices abscidantur: tunc enim innovatis ramis[6] redit ad has herbas iuventus.

153 Cura autem hortorum est contra vermes, quod fuligo undique spargatur[η]): huius[1] enim siccitas et amaritudo necat vermes. Cor noctuae si in nido formicarum reponas[2], omnes ab horto fugabis; et si vias earum cinere vel crèta implebis, de extra hortum in hortum non intrabunt[3]. Si semina, quae in[4] horto spargenda sunt, vino[ϑ]) fuerint madefacta, herbae eorum ab eruca non laedentur. Cicer autem inter olera serendum est propter multa portenta[5], quae in eis operatur. Ut autem[6] ipsa olera animalia infesta non generent, mentam[7] inter olera, et maxime

ε) *Conf. Pallad. lib. IV cap.* 9 §. 13, *Petr. lib. VI cap.* 100 De ruta.

ζ) *Verba quae a Petr. ita redduntur* Si permittatur florere, citius arescit; *ad haec interpretanda videntur* arescunt humore in florem enascentem subducto.

η) *Pallad. lib. I cap.* 35 §. 2 *sqq.; Petr. lib. VI cap.* 2.

ϑ) sempervivae succo *Pallad. et Petr.*

§. 151: 5 *Om. P;* — statim situm in oppos. *A;* statim oppositionem *J,* velut hamus plicetur *Pallad.* 6 quod *L; om. Edd.* timore; — Pitagoras *A.*

§. 152: 1 herbis *P.* 2 *Om. A* de abr. ram. et. 3 enim *L;* — imbrem fluentem hee *A.* 4 plurimo *A;* flegmatico *Edd.;* flo' *Reliq.;* — rumore *aut* humore *L.* 5 ubi *L;* si *Petr.;* — terra *om. Edd.;* — cooper. *e conj.,* oper. *AP,* non oper. *Reliq.* 6 herbis *A;* — has *om. P.*

§. 153: 1 hujusmodi *V;* — *om. C* et amar. 2 *V;* -natur *Reliq.* 3 de extra non intra hn̄t *L.* 4 *Om. Edd.* 5 multam partem *A.* 6 jam *P;* — ipsa *om. Edd. Petr.;* — non *om. Edd.;* non infecta non *A.* 7 urentem *et supra lineam* rumicem *A.*

inter caules plantabis[ι]). Aliis etiam[8] modis horti seruntur et curantur, quae melius experimento quam scriptura discuntur.

Capitulum III.

De his, quae domesticantur in pomariis[1].

Nunc autem dicamus de his, quae in agro consito domesti- 154
cantur frequentius. Hoc autem dupliciter fit in usu agriculturae, pomariis vineisque videlicet[2]. Primo ergo de pomariis, postea[3] de vineis sermonem faciemus.

Pomarium autem patulum sit ad meridiem, eo quod ille 155
ventus evocat plantas et aperit; aquilonaris autem necat et claudit. Terra autem[1] sit porosa et dulcis; arbores autem ad minus triginta pedum spatio a se invicem distantes, bene circumseptae, ne bestiis laedantur. Dupliciter autem plantantur, nucleis scilicet et insitione. Sed quae nucleis plantatae sunt, feraciores sunt, quam quae ramorum plantantur infixione vel insitione. Et[2] plantandae quidem arbores per infixionem scrobem habeant ante infixionem per duos menses apertam, in qua combusta sint stramenta; et ramus infixus sit ad brachii hominis quantitatem, plani[3] corticis et viridis ligni, nec nodosus, neque laesi in aliqua parte ligni, qui, quando de sua absciditur[4] arbore, contra solem versus, ad orientem vel meridiem abscidatur. Si autem iuvenis arbor cum radice infoditur, citius producit fructus; et huius rami et virgae abscidendi sunt, ne id, quod est in radice, statim exsugant[5], et postea radix arescat.

ι) *Pallad. lib. I cap.* 35 §. 9.

§. 153: 8 in *C;* autem *Z;* — multis *A pro* modis; — horti *om. Edd.;* — quod — docetur *A.*

§. 154: 1 in agro consito scilicet in pomariis *V*, nec *V ind.;* etc. *add. Edd.* 2 videl. et vineis *L.* 3 secundo *A.*

§. 155: 1 autem *om. CP Edd. hic, P secundo loco;* — ac *L pro* et; — spatio sint ab invicim —, ut a best. non ledantur *A.* 2 *Om. A P Edd.;* — scobam *A*, scribe *CP Edd.;* — habebant *C.* 3 pleni *A;* — nec *L;* non *Reliq.;* — lesus *A CP V;* — in aliquo *A L;* — parte *J V exhibent uni.* 4 -sciduntur *L;* — ad *om. A L.* 5 exsurgat *Edd. et, qui correxit C.*

156 (*Prunus avium et cerasus Lin.*[x]) Cerasus quidem[1] quaerit aërem frigidum et terram humidam: et ideo in tepidis regionibus parva provenit haec arbor. Calorem autem non potest sustinere. In montibus frigidis vel collibus laetatur[2]. Vult fossas profundas et assiduas fossiones, et putari[3] in eo putrida et superflua. Ex fimo degenerat. Si putrescat ex humido, fac foramen in stipite, per quod effluat superfluus humor. Si in pruno[4] inseratur cerasus, recuperat gummam, quam amiserat[λ]). Vitis per cerasum perforatam[5] ducta, et dimissa, donec unum lignum fiat, et postea post cerasum abscisa, uvas dicitur ferre maturas, quando cerasa sunt matura.

157 (*Prunus domestica Lin.*) Pruna similiter volunt habere locum evocabilem facilem et humidum[μ]), et auram tepidam, licet etiam sustineant frigidam; loco lapidoso et glareoso[1] iuvantur. Laetamen recusant, quia ex hoc fructus cadentes et vermiculosos[2] faciunt. Humore frequenti et assidua fossione iuvantur. Si autem inserenda sunt, in simili specie aut in persico[3] inserantur. Fisso ligno trunci melius convalescunt quam sub cortice. In fine martii talis fiat insitio. Si autem seri ossibus debent, macerentur primo[4] lexiva per triduum, ut cito pullulent, et mense februario serantur[5]. Servantur autem pruna, sicut cerasa et fere omnis fructus fissus et exsiccatus ad solem usque ad cor-

x) *Fefellit nos memoria priorem eamque frequentiorem speciem lib. VI* §. 88 *non adscribentes. Pallad. lib. XI cap.* 12 §. 4—8, *Petr. lib. V cap.* 6.
λ) *Quae cum sequentibus a Palladio aliena sunt, nisi fortasse orta e verbis lib. XI cap.* 12 §. 6: In cerasis servandum est et in omnibus gummatis, ut tunc inserantur, quando hic (vel *add. Codd. mel.*) non est, vel desinit gumma effluere. Cerasus inseritur in se, in pruno *etc.* μ) gaudent loco laeto et humido *Pallad. lib. XII cap.* 7 §. 13; *Petr. lib. V cap.* 21.

§. 156: 1 autem *Edd.* 2 lecatur *C;* locatur *P Edd.* 3 amputari *Edd.;* — fumo *CP Edd.;* — generat *L;* — facit foramen *P Edd.* 4 *P e corr.;* pino *L;* pricipio *A;* primo *C;* primo anno *V;* persicum *Edd.* 5 -rata *V;* -ratum *Edd.*

§. 157: 1 -rioso *L;* gareoso *C Edd.;* arenoso *A;* — letamen *L Petr.;* gramen *A C P Edd.*, gramen letaminis *V. Unde Palladii locus* si juvantur laetamine excusant, *qui jam Gronovium et Gesnerum exercuit, corrigendus est. M. Conf. Schneideri edit.* Scriptorum rei rusticae Tom. III P. II p. 197. 2 vermiculos *Edd.* 3 sperico *C;* — inserentur *L;* inseruntur *V;* — Fixo *Edd.* 4 *L V;* post *Reliq.;* — lexivia *V*, lixivia *Edd.*, lixivio *Petr et Pallad. edit. Schn., ubi tamen aliae lectiones sunt* lexivo, lexibo, ex libo. *Conf. Du Cange Glossar.* 5 seruntur *C L V Edd.;* — *om. A* autem pruna; — fixus *Edd. hic et saepius;* fusus *L.*

rugationem; et deinde in loco sicco et fumoso repositus super crates, vel suspensus super fumum.

(*Pyrus communis Lin.*[ν]) Raro et dulci solo convalescit 158
pirus, si est irriguus[1]: sic enim et bene floret et turgens accipit pomum. Si autem plantandus est per insitionem, mense februario et martio in truncum piri silvestris inseratur; potest tamen et inseri spinae et[2] orno et fraxino, ita quod satis bene provenit. Surculus autem piri[3], qui inseritur, natus debet esse ante solstitium praecedentis anni. Truncus autem silvestris novembri mense fossa profunda debet poni, ut bene comprehendat succum radicibus, antequam fiat insitio. Pira autem colligenda melius durant, si in ultima lunae quadratura colligantur, hoc est a vicesima secunda usque ad vicesimam octavam. Ut autem haec arbor[4] convalescat, multum quaerit humorem, et assiduae fossionis culturam. Multum autem proficiet, si in secundo anno semper laetamen adiungas. Si autem haec arbor languescit[5], scinde radices, et impone cuneum de quercu. Si vermes generat[6], infunde fel taurinum circa radices. Inter paleas autem pira servantur diu, aut etiam[7] fissa et ad solem exsiccata.

(*Pyrus malus Lin.*[ξ]) Malus mense februario aut[1] martio 159
inseritur in sui generis truncum; sed etiam convalescit et fructificat, se inseratur in prunum aut[2] persicum vel salicem vel spinam vel sorbam. Vult habere humidum solum, aut rigationibus adiuvari. In locis obscuris, ad quae ventus non pervenit, super tabulas palea[3] strata poma reponantur, et palea munda cooperiantur, et diu servantur.

(*Juglans regia Lin.*) Nux in fine februarii[o]) serenda[1] est 160
in loco humido montano et frigido et lapidoso[2]. Aqua autem simplici per duos dies maceranda est, antequam seratur[3]. Po-

ν) *Pallad. lib. III cap.* 25 §. 1 – 12, *cujus omnia fere sunt.* ξ) *Pallad. lib. III cap.* 25 §. 13 *sqq.* o) extremo Ianuario vel Februario *Pallad. lib. II cap.* 15 §. 14, *Petr. lib. V cap.* 48.

§. 158: 1 si enim irrig. sit *V.* 2 *Om. A Edd.;* — orcio *A C P V;* ortio *Edd.;* — fraxio *Edd.* 3 pini *Edd.* 4 Ut arbor hec *P.* 5 lignescit *Codd. et Edd.; sed Pallad.* si languida arbor est *etc. M.* 6 generet *A C Edd.* 7 *Om. P;* — scissa *V.*
§. 159: 1 vel *C Edd.;* — si *L pro* sed. 2 et *Edd.;* in *add. A;* — vel sorbam *L profert unus.* 3 super palleas *A, om.* tab.
§. 160: 1 inser. *Edd.* 2 frig. lapideo *A.* 3 serantur *L.*

nitur autem carina[4] ipsius subtus versa et acumine suo converso ad aquilonem, supposito lapide, a quem reflexa radix cogatur non simplex, sed multiplicata terrae infigi. Latior erit arbor, si saepius transferatur. Biennis autem in frigidis et triennis[5] in calidis vult transferri regionibus. Fertur autem, quod, si cinis[6] circa radices spargatur, in fructu facit alterum duorum vel utrumque, scilicet aut[7] corticis sive testae teneritudinem, aut nuclei
161 magnitudinem et densitatem. Profunda sit fossa, in quam transplantatur[1] pro arboris maxima quantitate. Longo spatio ab aliis vult separari, eo quod fluxus foliorum eius nocet et sui generis arboribus et aliis omnibus. Cortex etiam eius findatur[2] ab alto stipitis usque ad imum, ut putrescentia in ipsa durescant; et hoc expedit fere omnibus arboribus. Foveas circa nucem facias frequenter, ne antiquitate[3] cava fiat nux. Inseritur autem in sui generis truncum, aut etiam in trunco[4] pruni. In paleis autem[5] aut in arena obrutae nuces diu servantur, vel etiam obrutae suis foliis aridis. Adhuc autem virides nuces cum testa, deposito[6] putamine, in melle demerge, et post annum virides invenies.

162 (*Corylus avellana Lin.*[π]) Avellanae autem, quae in corilis crescunt, mense februario[1] sunt ponendae, aut ramo, aut nuce sua: sed ramo sive trunco melius proveniunt, in loco macro frigido sabuloso. Matura autem colligenda est mense Iulio.

163 (*Amygdalus persica Lin.*[ρ]) Ossa persici in loco fosso et complanato[1] mense februario sunt ponenda, distantia per duos pedes ad minus. Ponenda autem sunt acumine deorsum verso, per duos palmos sub terra; et licet proveniant in omni loco, tamen poma durabiliora et meliora faciunt, si in calida regione in arenoso loco et humido plantentur. In frigidis vero, nisi[2] prius aliquid defendens ab eis ventum plantetur, intereunt in

π) *Pallad. lib. III cap.* 25 §. 31. ρ) *Pallad. lib. XII cap.* 7.

§. 160: 4 *Pallad.* (latus, id est carina) *et Petr.;* canna *Codd. et Edd.; om. P* transversa; — cacumine *L.* 5 tenuis *L.* 6 quod cicius *C;* quod si citius *Edd.;* cineres .. spergantur *A.* 7 ad *P.*

§. 161: 1 -tantur *L.* 2 fund. — ad unum *Edd.* 3 antiquata *A.* 4 truncum *A.* 5 eciam *A;* — obrupte *Edd.* 6 dispos. *A Edd.;* — in viscere demerge *A.*

§. 162: 1 -ruarii *A V saepius;* — aut vice sua *C V;* — vel *Edd. pro* sive.

§. 163: 1 -plantato *Edd.;* — *om. A* sunt ponenda *atque dein* autem. 2 ubi *C V;* — prius *V;* post *Reliq.*

germine. Fossione multa liberentur[3] ab herbis. Biennem plantam istam oportet transferri[4] in fossam non profundam, neque longe una ab alia distare debent, ut se invicem a solis caumate defendant. Suis autem foliis sunt stercorandae[5] persici, et putandae ita, ut putrida tollantur: si enim viridia ipsius resecantur, arescit. Magna autem poma feret[1] persicus, si, dum floret, 164
rigata fuerit per triduum abundanter lacte caprino, ita quod tres sextarii lactis in qualibet rigatione ponantur. Contra pruinam oportet ingeri stercus persico, aut aquam[2], in qua faba est cocta: hoc enim magis prodest. Servantur autem fissa, eiectis ossibus, ad solem exsiccata. Fertur autem, quod, si ossa persici ponantur in terra[3], et post septem dies, quando aperta sunt, nuclei tollantur, et inscribantur quo[4] volueris, et reponantur in testis[5], et colligentur testae, et reponantur, persica inscripta nascentur.

(*Sorbus domestica Lin.*[σ]) Sorbi autem seruntur mensibus 165
februario et martio et ianuario in locis frigidis: sed in calidis mense octobri vel novembri. Locum humidum quaerit[1], montanum et frigidum, et solum pinguissimum. Si transferatur, debet planta esse confortata, et in fossa profunda imponi spatiis distantibus ab aliis propter arboris dilatationem, ut ventis frequentibus agitetur[2]: hoc enim maxime prodest huic arbori, et hoc habet proprium. Vermes autem quidam rufi et pilosi sectantur[3] medullam huius arboris, quorum si aliqui cremantur in loco vicino arbori, fugient alii, vel peribunt. Si autem in fructu minoratur, cuneos immitte radicibus, sicut diximus de piro, aut fiat fovea[4] circa eas, et impleatur cinere. Servantur autem collecta duriora, et scissa per medium, et ad solem exsiccata, sicut fere omnis fructus. Postea enim[5] in aqua ferventi reviviscunt, et saporem suavem praestabunt.

(*Morus nigra Lin.*[τ]) Morus autem a semine optime con- 166
valescit, a medio februarii per totum martium. Locum quae-

σ) *Pallad. lib. II cap.* 15 §. 1—5. τ) *Pallad. lib. III cap.* 25 §. 28.

§. 163: 3 liber. multa *P et, om.* ab herb., *L;* liberantur *A.* 4 -ferre *L.* 5 defend. suis foliis. Sunt sterc. *L nec Pallad.*

§. 164: 1 ferret *C L Edd.; om. A* autem poma feret. 2 aqua *C V Z;* — haec *C Edd.* 3 terram *V;* — aperti *A.* 4 quae *J L;* — reponentur *A.* 5 *E conj ;* nucleis *Codd. et Edd.*

§. 165: 1 quer⁻ *C;* querunt *Edd.;* - *om. L* et frigid. 2 agatur *A.* 3 *L V Pall.;* secuntur *A,* secantur *C Z,* secant *J; vocem correctura corrupit P.* 4 fiant fovee *V;* — impleantur *A.* 5 autem *Edd.*

runt[1] calidum et sabulosum, et saepe fodi volunt, et fimari, et[2] intervallis competentibus ab aliis separari arboribus.

167 (*Amygdalus communis Lin.*[v]) Amigdala mense februario nova et grandia eligantur ad ponendum[1], et sata multo melius quam insita proveniunt. In aqua autem ponenda sunt duobus diebus, antequam ponantur[2]. Area autem, in qua ponentur, fodienda est ad altitudinem duorum pedum, ut sit rara tellus et mollis, et nuces imponendae spatio palmi, cacumine inferius verso, intervallis duorum pedum separatae. Amant autem[3] terram duram siccam calculosam, et auram serenam et calidam, eo quod mature florent. Et ideo cum timetur, ne pruina laedantur, nudentur[4] radices eius, et albis lapidibus parvis cum arena grossa operiantur; et quando non timetur de pruina, arena submoveatur, et reponatur humus. Spectare autem volunt hae arbores ad meridiem. Cum autem convaluerint satae amigdali, transferantur et distinguantur intervallis competentibus, ut dilatari possint[5]. Putanda est etiam mense novembri, resecando[6] tam arida superflua, quam nimis[7] densa. Servanda etiam praecipue est haec arbor a pecore, quia[8], si corrodatur, amarescunt fructus eius. Tempore floris non[9] circumfodiatur, quia flos excutitur fossura. Haec arbor hoc habet proprium, quod in senectute plus fructificat, eo quod humor eius tunc a calore non exsiccatur sicut in iuventute. Si aridum sit tempus, ter[10] in mense rigentur, et liberentur ab herbis circa nascentibus. Terra etiam[11], in qua plantatur, sit immixta laetamini. Teneras autem nuces procreabit, si ante[12] florem radicibus ablaqueatis aqua calida rigentur per dies aliquot. Matura sunt amigdala, quando cortex, qui circa testam[13] est, aperitur et decidere incipit. Decoriata autem si aqua salsa laventur, candida fiunt et plurimum durantia. Inseritur autem[14] etiam haec arbor tam in se, quam in persico,

v) *Pallad. lib. II cap.* 15 §. 6.

§. 166: 1 querit *A.* 2 *L*; *om. Reliq.*; — *om. P* separari.

§. 167: 1 ad pondera *Edd.* 2 ponentur *V.* 3 *L*; etiam *Reliq.* 4 nudantur *V*, mundantur *A*, mundentur *C.* 5 possit *CPVZ.* 6 et resecanda *A.* 7 ramus *P*; ramis *Reliq.*; *sed Pallad.* ut superflua et arida et densa tollamus. *M.* 8 *Om. Edd.*; — corrodantur *L*; — eius *om. P.* 9 nisi *Edd.* 10 tibi *A*; cui *Edd.*; — immmerse *ACEdd.*; — erigentur *CPZ*; erigantur *AJ*; — circa *om. A.* 11 autem *Edd.*; — plantantur *L.* 12 si autem fl. *A.* 13 *L*; terram *Reliq.* 14 eciam *A.*

mense februario, tam in trunco, quam sub[15] cortice. Sed insitio eius non est ita utilis sicut satio ipsius.

(*Ficus carica Lin.*[φ]) Ficus a ramo infixo[1] convalescit et 168
in martio et in septembri. Sata etiam provenit, sed non bene. Quaerit[2] locum mollem et humidum et pinguem, et calidam auram: et ideo aut perit in frigidis terris, aut non fructificat. Invenitur autem ficus fatua[χ]) in lapidosis locis[3] et altis crescere. Servatur autem ficus macerata melle, et postea ad solem desiccata.

(*Olea europaea, Laurus nobilis, Myrtus communis,* 169
Punica granatum Lin.) Olivae autem quaerunt loca montium[1] non multum devexa et pinguia; et crescunt satae oleae, et a ramis infixae tempore verno. Eodem autem modo crescit et laurus. Sed mirtus quaerit locum salsum eremi proprietatem habentem. Malum autem granatum vult locum calidum arenosum et pinguem, fere sicut vitis.

Ferunt etiam haruspices[ψ]), quod contra nebulas et rubigi- 170
nem valeant paleae per sativos agros in diversis locis combustae. Valet etiam combustio aliorum purgamentorum. Contra grandinem autem[1] et fulgur dicunt valere, si secures et gladii cruentati minaciter contra coelum eleventur. Quod tamen fabulam reputat, qui scit, quod tonat pro naturae necessitate. Dicunt etiam[2] haruspices, a monstris tutari hortum et campum, si vite alba (*Clematis vitalba Lin.*[ω]) cingatur, aut noctua mortua alis extensis in circuitu super hortum erigatur, aut ferramenta, quibus horti et campi coluntur, in circuitu erigantur uncta sebo[3] ursino.

φ) *Pallad. lib. IV cap* 10 §. 23—36. χ) *i. e. var. caprifica, de qua conf. lib. VI* § 103. ψ) *Pallad. lib. I cap.* 35 §. 1—2 ω) *Conf. lib. VI* §. 245. *Apud Pallad. aut eandem plantam aut Bryoniam albam designat.*

§. 167. 15 *L*; in *Reliq.*
§. 168: 1 *L*; insita *A*; infixa *Reliq.*; et *om. A P V.* 2 *A add.* eciam 3 *L*; *om. Reliq* ; — et aliis *A*; — Servantur *A C Z*; — exsiccata *A*.
§. 169: 1 *V add.* et.
§. 170: 1 eciam *A*; fulgura *Edd.* 2 autem *Edd* ; — tutari *L*; curari *Reliq.* 3 sepo *more temporum et Codd. et Edd.* et *Alb. Autogr. multis locis.*

Capitulum IV.

De domesticandis vitibus in vineis.

171 Campi plani vites quidem habent frondosiores, et uberiores in quantitate vini: sed montes habent nobiliores[1], et melius vinum et minus[α]). Vinea autem in frigidis regionibus et temperatis situanda est ad meridiem et orientem, quia ex illis nobilitatur vinum; in calidissimis autem intemperanter regionibus valet, si convertitur ad aquilonem. Locum pinguem clivosum desiderat vitis, et si rarus sit et porosus, nigro lapide facile putrescente immixtus, optime provenit. Propter quod nigros lapides molles, qui tegulae vocantur, terunt[2] et miscent terrae. Valet etiam[3] rubeus, sed non sicut niger ad fuscitatem declinans. Aquilo autem ventus vites fecundat, et auster nobilitat. Habet autem[4] vitis proprium, quod loca saporem et naturam eius immutant multum propter ligni raritatem.

172 Valet autem[1] multum vitibus, si circumfodiantur, ut locum circa eam imber habeat[β]). Et fimetur omnibus sarmentis ab ea purgatis, ut sole aestuante provocetur in gemmas[2]. Sed hoc non tenet in locis frigidis, ubi radix algore laederetur, si nuda appareret: prae omnibus enim lignis propter sui raritatem timet ventos et frigus et tempestatem. Fodienda est etiam vitis in februario vel martio, ut herbae eam adurentes auferantur. Fodienda est autem altitudine duorum pedum, vel parum plus, vel minus. Fimus eius[3] fit ex sarmentis eius et silice[4] et foliis vitis, quia compertum est, hunc fimum optimum esse ad vites.

α) *Pallad. lib. II cap* 13 *perpauca sequentibus similia obtulit.* β) *Pallad. lib. II cap.* 1, *cap.* 13 §. 7.

§. 171: 1 mobil. *V*; — et *om. Edd.* 2 quos terunt *A*, *om. antea* quod. 3 et *add. C V.* 4 eciam *C*; — ejus *om. A*; — mutant *A P V*; — multum *L profert solus.*

§. 172: 1 *L*: *om. Reliq.*; — circumfodiatur *V*; eciam *A pro* et. 2 geminas *P*; — Licet hoc *L*; — tenetur *A C P*; algore adureretur *A*. 3 etiam *Edd.* — silice *C P V.* 4 filice *A L. De quo fimi genere quid dicam dubito. Silices quidem ab Alberto: De mineral. lib. I tract. II cap.* 3 lapides durissimi *dicuntur, ita ut de* tegulis mollibus *in* §. 171 *et* 178 *laudatis cogitari nequeat, sed a Palladio lib. II cap.* 13 §. 3 *vineis utiles vocantur. Fortasse* stercore *legendum est, quod et a Palladio lib. III cap.* 9 §. 14 vinaceae admixtum *et a Petr. lib. IV cap.* 15 *et ab ipso Alberto* §. 180 *inferri jubetur. De* filice *omnes tacent.*

Putandae autem sunt mense februario, in quarum putatione 173
tria attendenda sunt praecipue, spes videlicet fructuum, palmitum
successio, et locus, quo[1] vitis servetur. Putatur enim ita ali-
quando vitis, quod uno vel duobus annis fructificat, et postea
perit propter sarmentorum nimiam multitudinem; aliquando au-
tem[2] ita succiditur, quod palmitum defectus impedit fructus uber-
tatem; aliquando autem putatur in loco inconvenienti, et dum
viti necessaria membra praeciduntur, perit. Habet autem hoc
vitis, quod, si maturius putetur, plura generabit sarmenta, et[3]
pauciores fructus; si autem tardius, plurimos fructus habebit.
Similiter autem attendendum[1] est, quod post bonam vindemiam 174
pauciora relinquantur sarmenta, quia tunc vitis debilis est, et in
plura non potest distribuere humorem[2] et e contrario post par-
vam vindemiam plura sunt relinquenda propter oppositam ratio-
nem. Et hoc valde notabile est, quod in omni genere culturae
— putandi videlicet et inserendi et recidendi[3] — duris et acutis
ferramentis est utendum. Fodienda est[4] etiam vitis, dum clausus
est oculus eius: non enim videt fossorem suum, nisi siccetur.
In gemma[5], quae oculus vocatur, vitis putanda non est, sed su-
perius, quia aliter lacrima, quae fluit ex vite praecisa, extinguit
vitem[6]. Et vulnus sit rotundum γ) vel[7] oblongum, et ex trans-
verso, et recurvata vite.

Nova autem vinea[1] ponitur mensibus februario et martio et 175
toto vere. In frigidis quidem regionibus ponenda est diebus ca-
lidis in terra pingui, quae sit immixta[2] lapidibus contritis fuscis
aut rubeis. Sarmenta autem, quae ponenda sunt, non sint[3] sole
usta, aut vento siccata, sed statim posita; aut, si servantur, sint
obruta sub terra; et sarmenta ponenda sint ad mensuram cubiti
unius. Eligenda δ) autem sunt nec de summo vitis, nec de imo,
sed de medio, quae[4] quinque gemmarum spatiis a vite disten-

γ) *Pallad. lib. III cap.* 12 §. 5. δ) *Pallad. lib. III cap.* 9 §. 6—9.

§. 173: 1 in quo *V*, — Plantatur en. *Edd.*; — enim *om. P*; — ita *V praebet unus*; — vitis *om. L*; — que uno *AP Edd.* 2 defectus *ex sequentibus addit A.* 3 etiam *L.*

§. 174: 1 intelligend. — relinquentur *A.* 2 suum *addit A*; — plurima *AP Edd.* 3 reddendi *CP Edd*, fodiendi *A.* 4 *Om. Edd.*; — vitis, cum *V.* 5 gemmam *L.* 6 *Om. L.* 7 et *A.*

§. 175: 1 vite pon. mense *A.* 2 commixta *P Edd.* 3 sunt *C*; — serventur *V.* 4 *Om. A C Edd.*; — discindantur *A.*

duntur. Haec enim pariunt[5] facile. Eligenda etiam sunt de vite fecunda, et novello palmite, nihil duri in se habente, quia aliter cito putrescit. Ponendae autem sunt vites distantia trium pedum vel amplius ab invicem[6] secundum vitium quantitatem.

176 Adhuc autem cum putatur vitis[ε]), nec in summo servanda sunt flagra, neque in imo, sed in medio; et ex utraque parte vitis aliquod flagrum relinquatur, quia summa multos ferunt pampinos et anchas, et parvum[1] et paucum fructum; ima autem nimietate fructus nimis vitem exhauriunt; sed media tenent vitem in viribus suis et servant[2]. Omnia autem vetera et scabrosa et cortex pendens a vite rescindantur[3], quia ex reciso cortice spisso minor erit faex in vino. Si vitis laeditur ferro[4], vulnus stercore ovino vel caprino liniatur, et cum terra adiacente ligetur[ζ]).

177 Gramina autem tollenda sunt, et omnis herba, praecipue autem caulis et corilus tolli debent[1], quia vites adurunt. Graeci autem sapientes dixerunt[η]), evellenda esse spuria et gramina ex hortis et vineis[2] mense iulio, cum sol est in cancro, quae est domus lunae, et luna sexta, quando est in capricorno, quia tunc non[3] renascuntur ablatae herbae. Hi[4] etiam tradunt, quod, si bidentes et ligones cuprei fiant[5], et sanguine tingantur hircino, et post ignis ardorem non aqua temperentur sed hircino sanguine, gramen per eas erutum non reviviscet.

178 In frigidis autem terris oportet pampinare vites, hoc est aliquos[1] de pampinis decerpere tali tempore[ϑ]), cum[2] rami vitis adhuc ita sunt teneri, quod crepant digitis stringentibus. Tunc enim citius maturescunt uvae et pinguiores fiunt; sed in ardentibus locis potius operiendae sunt uvae quam pampinandae.

ε) *Pallad. lib. III cap.* 12 §. 6. ζ) *Pallad. lib. IV cap.* 7 §. 5. η) *Pallad. lib. VIII cap.* 5. ϑ) *Pallad. lib. VI cap.* 2 §. 2.

§. 175: 5 *L*; non pereunt *Reliq.*; — Elig. autem *A*; — novella *Edd.*, tenello *V.* 6 *L*; *om Reliq.*

§. 176: 1 parum *CPVEdd.* 2 connservant *Edd.* 3 rescindatur *CL*; — recisso *CLV*; rescisso *AP.* 4 *L Pall.*; frigido *Reliq.*; — ligentur *CZ.*

§. 177: 1 *L*; delenda *A*, tollenda *Reliq. om. supra* sunt. 2 *L*; vineas *CV*; evell. sunt spur. vitis ex ort. et vineas *P*; *om. Reliq.* et vin.; — quando sol *Edd.*; — cancro, qui *P.* 3 *L V praebent uni.* 4 *L*; Idem *Reliq.*; — tradit *Edd.* 5 *Pallad.*; fuerint *A*; fiunt *Reliq.*; — tangantur hyrcino *P*; yrcino *et dein* yrcinio *L*; — reviviscit *Codd. praeter L.*

§. 178: 1 -quas *C*; -quid *Edd.*; — deserpere *P.* 2 tamen *CZ*; quando *J*; — tenera *CLZ*; — crepat *CP.*

Uvarum autem maturitas cognoscitur[ι]), si, expressa uva, 179
arilli, qui in ea sunt, fusci et quasi nigri[1] apparent: tunc enim sufficienter iam in uva decocti sunt. Uvas etiam[2] si servare voluimus[κ]), oportet quod illae colligantur, quae nec acerbitate sunt nimis durae, neque maturitate iam fluentes; sed mediae, quae perlucidae sunt, durant melius. Et tunc quidam dicunt, quod racemi earum calida pice tingantur, et tunc suspensae, etiam[3] durabunt diutius.

Pali autem[λ]), qui[1] affiguntur vitibus, sic debent proportio- 180
nari, quod magnis vitibus magni affigantur pali, et parvis parvi. Distantia vero quatuor pedum affigendi sunt, ut[2] circumfodi possit vitis. Ab aquilone vero ideo figendus[3] est, ut ab illa parte ex eo vitis aliquam habeat protectionem. Laetamen vineis in aridis et frigidis terris, sicut in septimo climate, oportet multum apponi, quia aliter non fructificabunt; in aliis autem locis calidis non tantum, quia saporem vini mutat, et substantiam inspissat, et facit turbidum vinum[4], quod facile colorem amittat.

In vindemiis autem, cum vinum colligitur[1], tempus serenum 181
est observandum, quia, si imber infuderit vinum, saepe per vascula transponendum est, postquam bullierit[2], quia sic aqua pondere suo residebit, et vinum depurabitur. Fertur etiam, quod, si iunci[3] medulla imponitur, quod aquositatem ad se trahit, et vinum fortificabit. Cella autem vinaria ad aquilonem aperta[μ]), et lumen modicum[5] habere debet, et claudi ad meridiem; obscura sit, ab omni foetente et vaporante remota; pavimentum habeat solidum et siccum. Et si vinum immaturum fuerit, in vasis[6] algori hiemis exponatur: tunc enim restrictus in se ipsam calor naturalis vini aliquam confert maturitatem.

ι) *Pallad. lib. X cap.* 11. κ) *Pallad. lib. X cap.* 17. λ) *Pallad. lib. IV cap.* 7 §. 2. μ) *Pallad. lib. I cap.* 18.

§. 179: 1 sicci *A.* 2 autem *Edd.*; — voluerimus — quae nec a cruditate — neque nimia matur. *L nec Pallad.*; — quod nec *CZ.* 3 *E conj.*; *om. A*; *om. L* tunc susp. et.; et *Reliq.*

§. 180: 1 quod *CPZ.* 2 et *C.* 3 vero iterum affig. *L.* 4 subst. in suam substanciam et fac. tale vin. *A.*

§. 181: 1 collitur *V*; — cum imber *A*; — infundit *V.* 2 -luerit *L V*; — -luerunt *C*; -lierunt *P Edd.*; — *om. A* et vin. depur.; — depurabit *Edd.* 3 vinci *Z*, vincae *J*; — quod *om. L.* 5 *L praebet unus*; — omni fetido *A.* 6 invasit *P.*

182 Si autem de debili[1] vinum forte facere volueris[ν]), alteae folia vel radices teneras decoctas immitte, aut buxi folia, quantum manus capere poterit, aut apii semen cum cineribus sarmentorum, quos flamma subtiles[2] effecit: et tunc vinum fortificabitur. Vinum autem suave de duro fiet, si faeces dulcis vini vino duro immisceantur[3]. Vinum autem ad potandum optimum fiet, si feniculi vel[4] saturegiae competentem quantitatem immiscueris et vinum turbaveris. Vitibus etiam[5] ista proprietas inesse dicitur[ξ]), quod, si alba vel nigra vel rubea in cinerem per ignem redigantur, et cineres illi vino immisceantur[6], unaquaeque vitis suo colore vinum inficiat, ita videlicet ut ex nigra fiat vinum fuscum, et candidum ex alba. Oportet autem, ut[7] quantitas magna cineris immisceatur, ut videlicet subdecuplum cineris in decuplum vini misceatur. Vinum etiam turbidum[8] clarificari dicitur, si arena pura albis lapillis abundans, cum ovis distemperata, immittatur.

183 Sic ergo[1] in agro consito plantae domesticantur. Quae autem fiunt in agro compascuo, iam sufficienter per antedicta determinata sunt.

184 Sufficiant igitur ista ad scientiam vegetabilium, quoniam de unoquoque eorum secundum singula dicere est infinitum. Quaecunque autem in communi quaeruntur[2] de ipsis, per ea, quae dicta sunt, sufficienter poterunt agnosci.

Explicit liber septimus vegetabilium[3].

ν) *Pallad. lib. XI cap.* 14 §. 11 *et* §. 4—6. ξ) *Pallad. ibid.* §. 10.

§. 182: 1 vino *add. A.* 2 steriles *C*; — effecit *V*; efficit *Reliq.*; — fortitur *V.* 3 misc. *L*; — Vinum etiam *ACP.* 4 illis *L*; — satulege *C*; sacutegie *A*; saculege *Reliq.*; satureiae *Pallad. Conf. lib. VI* §. 449. 5 *L*; autem *Reliq.*; — alba vitis vel *A.* 6 misc. *ACLP*; — namque vitis *P*; — calore *V*; — inficiat *M. e conj.*; inficiet *L*; inficeret *Reliq.* 7 quod *A*; — scilicet *P*; — sub decupla *A*; — in *om. AL.* 8 cucurbitum *P*; — clarificare *L*; — arena perluta *Z*; pluta *J*; — cum novis *L.*

§. 183: 1 si igitur *C.* 2 feruntur *Edd.* 3 Explicit. *C om. ceteris*; — Expl. lib. VII veg. Alberti *P*; — Expl. Alberti Magni de veg. liber sept. *Edd.*; — Expl. lib. sept. et ultimus veget. et plantarum secundum venerabilem doctorem et egregium philosophum Albertum Episcopum Ratisponensem. *L*; — Expl. lib. sept. veget. Domini Alberti magni ordinis fratrum Predicatorum. Deo gracias. Amen. *V*; — Laudetur deus cum benedicta sua matre in secula seculorum. Amen. Expl. lib. sept. veget. etc. Alberti magni. *A.*

Epilogus.

His addimus verba, ex autographo descripta, quibus Albertus insequenti, id est ultimo historiae naturalis libro finem imposuit.

Iam expletus est liber animalium et in ipso expletum est totum opus naturarum in quo sic moderamen tenui, quod dicta perypatheticorum prout melius potui, exposui: nec aliquis in eo potest deprehendere, quid ego ipse sentiam in philosophia naturali. sed quicunque dubitat, comparet his, quae in nostris libris dicta sunt, dictis perypatheticorum et tunc vel reprehendat vel consentiat, me dicens scientie ipsorum fuisse interpretem et expositorem. si autem non legens et comparans reprehenderit, tunc constat ex odio eum reprehendere vel ex ignorantia, et ego talium hominum parum curo reprehensiones.

Explicit opus naturarum.

Appendices editorum.

Capitulum I.

Codices operis manu scripti.

Codices operis manu scriptos octo in bibliothecis servatos reperire atque omnes explorare contigit, quos singulos paucis iam describemus.

(A) Codex Argentinensis a cl. Meyero collatus atque his verbis descriptus est. Codex papyraceus est forma binaria columnis binis, literis saeculi XV fortasse medii scriptus, paginis non numeratis. Librorum tractatuum capitulorum tituli atque argumenta margini prius adscripta suis deinde locis repetita sunt. Correcturae aut supra lineas scriptae aut ipsis lineis insertae sunt creberrimae, quae quamvis saepissime obiter legenti arrideant, tamen nec emendatorem satis sagacem nec codicem meliorem comparatum ostendunt. Quare quum pluris eas Meyerus aliquamdiu habuerit, nobis iam nullius pretii videntur. In eodem codice opus nostrum praecedunt haec opera literis paulo minoribus accuratioribusque, sed eiusdem fortasse scribae manu conscripta:

1. Alberti Libri de mineralibus tract. I. et II.
2. Alberti Liber de spiritu et respiratione.
3. Alberti Liber de longitudine et brevitate vitae.
4. Alberti Liber de nutrimento et nutrito.
5. Aristotelis Liber de proprietatibus elementorum.

Ultimum opus, cui verba haec: „Explicit de causis proprietatum elementorum, quas habent ex natura locorum" finem imponunt, Meyerus dignum existimat, quod accuratius inspiciatur, quippe quod ab antiqua latina huius operis Aristotelici editione (Venetiis apud Juntas 1552, fol. 110 seqq.) magnopere abhorreat. Sed considerandum erit, quintum atque ultimum caput tractatus I libri I operis eiusdem Albertini inscribi: „De proprietatibus elementorum quae causantur ex locorum diversitate."

(B) Codex bibliothecae universitatis Basileensis, signatus F. I. 16, forma quaternaria mediocri, foliis 36 membranaceis non numeratis, columnis binis, bracteis ligneis et corio hircino tectus. In bractea anteriore verba „Alb. Magn. de Vegetab. ex lib. Carthus." leguntur. Quae ultima verba aetate fere deleta, indicant librum cum aliis libris ex vetusto Carthusianorum monasterio Basileensi in universitatis bibliothecam pervenisse. Nihil continet nisi libros quinque priores operis „de Vegetabilibus et plantis". Foliis 36 membranaceis non numeratis, columnis binis, literis saeculi XIV exeuntis scriptus videtur. In marginibus nec glossas nec emendationes nec quidquam nisi signa capitula indicantia vides. Inferiori margini inscripta sunt manu eadem, atramento vero minus obscuro tituli argumentaque, quae omnia fere obsoleta et detersa immo multis locis margine postea reciso plane deperdita sunt. — Haec sunt quae de codice clarissimus botanices professor Basileensis Car. Frid. Meissner nobiscum benigne communicavit, postquam inter scripta ab Ern. Meyero nobis transmissa de codice diligenter ab eo tractato ne verbum quidem deprehendimus. Codex procul dubio et forma et aetate et scriptura, cuius specimen in literis nobis dedit Meissner, prope ad autographa Alberti accedit, de quibus in insequenti capite III plura dicemus et specimen exhibebimus, verbis autem saepius longius aberrat multaque omisit, ita ut quarto loco habendus esse videatur.

(C) Codex latinus bibliothecae imperialis Parisiensis 6516, qui olim fuit cod. Colbert 2237, regius 54053, membranaceus, forma binaria, columnis binis, paginis non numeratis, literis minusculis saeculi XIV. Nil nisi opus nostrum continet. Literis sat distinctis exaratus, omnium fere unus emendationibus caret, nisi quod marginibus glossulae quaedam literis saeculi XV inscriptae sunt, inanes et nihili aestimandae. Lacunis mendisque squalet, quare inter meliores non habendus est. Textus vero quum ad verbum et in altero codice Parisiensi et in editione Z, de quibus iam dicemus, repetitus sit, per ultimos libros leviores lectiones neglEximus.

(V) Codex bibliothecae imperialis Parisiensis signatus: codex S. Victor 94, forma binaria, foliis 281, senis papyraceis cum membranaceis binis alternantibus, columnis binis, literis saeculi XV haud male scriptus. Continet haec Alberti opera:

1. De spiritu et respiratione.
2. De sensu et sensato.
3. De iuventute et senectute.

Ad quae opus nostrum inde a folio 165 accedit. Verba codicis praecedentis vetustioris C repetit, ita ut nullius momenti esset, nisi diligentissime atque sexcenties marginibus eadem manu inscripta essent verba et omissa et emendata. Quae plurima cum verbis codicis L, de quo jam dicemus, congruunt atque codicem optimum comparatum indicant, quamvis non desint, quae conjecturarum speciem prae se ferant. Librorum et capitulorum argumenta omnium optima atque plenissima et suo quodque loco profert, et in indice ad finem libri adjecto (V. ind.) passim commutata vel minus correcta repetit. Quem codicem liberalitate bibliothecae Parisiensis cum priore acceptum, totum sedulo contuli, ibique non in prioribus tantum libris sed etiam in ultimis, quos Meyerus olim iam per virum doctum Parisiis conferendos curaverat, multas optimasque lectiones reperi, quare huius codicis auctoritatem plurimis locis cum codice Anglico altero L congruentis saepissime secutus sum. Anglicum hunc Parisiensi, utrumque ceteris praeferre non dubitavi.

(L) Codex collegii Bailliolensis Oxoniae signatus Nr. 101*)

*) „Coxe. Catalogus codicum manuscriptorum, qui in collegiis aulisque Oxoniensibus hodie asservantur. Oxoniae 1852.“ Ubi quod descriptum est alterum opusculum de vegetabilibus ad finem codicis No. 112 eiusdem collegii exstans, neque ad opus nostrum pertinet neque ad Albertum. Scholia id complectitur in opus illud Pseud-Aristotelicum de plantis perbrevia lectu difficiliora lacunis deformia nec ullius momenti habenda.

membranaceus est, forma quaternaria oblonga, paginis non numeratis, literis saec. XV ineuntis minoribus bene scriptus, nihil nisi opus nostrum continet. Litera initialis ornata est effigie Alberti, quem in horto sedentem atque librum quendam legentem vel fortasse explicantem vides. Codex omnium optimus, correcturarum omnino fere expers, ita ut ex archetypo quodam egregio diligentissime transscriptus esse videatur. Textum praebet reliquis multo meliorem, quem totum atque integrum recepissem, nisi et saepius verborum ordo et passim singulae voces ita ab ceteris codicibus recederent, ut non genuinae ducendae sint, sed emendationis consilio attribuendae. Adeo autem ab ingenio auctoris hae emendationes non recedunt, ut sensus ubique fere incolumis servetur. Scriptura libri quamvis tam aequalis sit ut totum eadem manu exaratum appareat, tamen posterior pars, inde ab lib. V § 41, a priore parte et colore atramenti et compendiorum modis et ratione orthographica satis differt, nam quod antea „ruta" postea „rutha" scriptum est, ut de aliis taceam. Ergo posteriorem partem nec ex eodem, sed ex viliori quodam archetypo, nec eodem tempore exscriptam dixerim.

(P) Codex domus Sancti Petri Cantabrigiae, papyraceus, forma quaternaria, foliis non numeratis, literis minoribus haud satis aequalibus saeculi XIII ultimi vel XIV ineuntis, compendiis permultis scriptus opus nostrum continet inde ab ultimis libri I verbis (§ 205) usque ad finem. Saepissime cum codice L congruit, passim tamen codicibus reliquis similior nec lacunarum expers est. Codici ergo tertium auctoritatis locum adiudicare non dubito, ita ut codicibus L et V eum paulo inferiorem, ceteris longe meliorem habeam.

(O) Codex collegii Orielensis Oxoniae Nr. 28, membranaceus, foliis 214, forma quaternaria, literis saeculi XV ineuntis scriptus, anno 1455 Ricardi Hoptonii erat. Praecedunt nonnulla:

1. Alberti De mineralibus libri V.
2. Alberti Liber de scientia falconum secundum antiquos.
3. Alberti Libellus de sensu communi et septem potentiis animae.
4. Summa causarum problematum Aristotelis.

Sequitur opus de vegetabilibus initio mutilum, inde a lib. I § 59 integrum. Sed textus lectori oblatus, lacunis mendisque abundans vilissimus est, a ceteris codicibus non recedens, nisi quod vel verba omittit vel peiora exhibet. Desunt titula atque argumenta omnia. Multis locis collatis nusquam inveni, quod ad rem faceret. Specimina pauca in libri I § 110—127 exhibita videbis, quibus fides codici satis derogabitur.

Codicem Ambrosianum denique, quem in bibliotheca Mediolanensi asservatum nobis indicaverant catalogi, vir clarissimus amicissimusque Philippus Jaffé exploravit, quum Mediolani anno 1861 versaretur, nec nisi fragmentum esse recognovit. Codex est membranaceus, signatus: H 129 inf. Literae difficiles minus placent. Compluria Alberti opera continet, quibus libri de vegetabilibus finem imponunt. Cuius operis tertia fere pars inest. Integri enim esse videntur libri tres priores et quarti tractatus primus. Inde a lib. IV tract. II cap. 3 medio desunt reliqua. Quod fragmentum non curavimus quum propter loci longinquitatem aditus ad illud esset difficilior.

(Petr.) Petrus de Crescentiis primis post Albertum temporibus anno circiter 1305 Alberti doctrinas de plantis educendis atque enutriendis sedulo in suum „Opus ruralium commodorum" congessit, et praecipue libro suo secundo de agrorum hortorumque cultura ingeniose substruxit. In quo negotio quum operis Albertini codicem quendam ad verbum fere transscripserit, ita ut perpauca mutaret, raro inverteret ordinem: opus latine a Petro conscriptum codicis loco habendum est. Sed et a Meyero et a me perlustratum rariores et exiguos fructus editioni nostrae tulit, nisi fortasse librum septimum excipias, cui emendando minus satisfaciunt codices nostri. Nam editiones operis Petri latinae, quae permultae iam antea a Meyero (Gesch. der Botanik IV, pag. 139) in tres familias diligenter discriptae atque merito vituperatae sunt, adeo non inter se consentiunt, ut ab Alberto plus auxilii accipiant, quam ei praebeant. Nec codicem operis nostri bonum sequuntur, quum a verbis codicis C atque editionis Z raro recedant, nisi quod locos difficiliores vel scribarum negligentia corruptos aut emendatos aut certe politos inveniis. His ergo fides minima habenda est. Quapropter lectiones ex variis Petri editionibus congregatas et schedis nostris iam adscriptas omisimus et tantummodo graviores melioresque typis exprimi voluimus. Sententiae vero a Petro exscriptae his fere locis inveniuntur, quibus fortasse verba quaedam Alberti hic illic dispersa ex libris Petri III et V addi possunt. Respondent Alberti verbis verba Petri:

Alberti de Vegetab.		Petri opus rural.	
lib. I	§ 77, 163.	lib. II	cap. 12 fine.
	§ 182—187.		cap. 2.
	§ 188—198.		cap. 9.
	§ 201—202.		cap. 10.
lib. II	§ 6—123.		cap. 2—6.
lib. III	§ 12, 54.		cap. 6 medio.
lib. IV	§ 49—76.		cap. 25.
	§ 77.		cap. 11.
	§ 85—93.		cap. 12 initio.
	§ 109—110.		cap. 6 fine.
lib. V	§ 2—6.		cap. 1.
	§ 25—27, 40—43.		cap. 7.
	§ 57, 63—69.		cap. 8.
lib. VI	§ 16—18.	lib. V	cap. 2.
	§ 132.	lib. III	cap. 13.
	§ 155—163.	lib. V	cap. 19 De olea.
	§ 169—180.		cap. 23 De palma.
	§ 264—271.	lib. VI	cap. 1 initio.
	§ 479.	lib. III	cap. 12 De lolio.
	§ 483—487.	lib. VI	cap. 1 fine.
lib. VII	§ 1—89.	lib. II	cap. 13—23 initio.
	§ 94—104.	lib. V	cap. 1.
	§ 113—117.	lib. II	cap. 24.
	§ 120—125.	lib. VIII	cap. 1.
	§ 132.	lib. III	cap. 13 De lenticula.

Perlustrantibus nobis, quae de his operis nostri adiuvamentis dicta sunt, satis constabit: duos codices (O. Ambros.) nullius pretii, tres (L. P. V.) optimos habendos esse, unum (C.) cum editionibus (Z. J.) et Petri de Crescentiis editionibus (Petr.) ad unum communem fontem redire, ad quem etiam reliquus uterque (A. B.) prope accedat, passim meliora passim praviora praebens, alter (A.) coniecturis depravatus, alter (B.) vetustate et auctoritate superior. Juvat paucos addere locos quibus meliores lectiones praebent vel L. solus II 57^4, V 48^4, 49^5, 67^6, 87^6, VI 11^3, 34^2, 44^{4*}), vel V. solus V 50^4, VI 34^9, vel L. et V. III 26^2, 66^1, V 51^4, 87^2, VI 102^9, vel L. et P. VI 44^{3*}), vel C. L. P. V. III 89^4), V 15^8), quibus plurimas addendas in notis invenies.

Capitulum II.

Editiones veteres.

(Edd. J Z.) Editiones operis nostri duae binaria forma olim impressae exstant. Utraque eodem ordine parva quae dicuntur naturalia continet, quorum partem XV opus de Vegetabilibus conficit.

(Z) Quarum editionum prior tituli loco exhibet hoc argumentum folio primo impressum: „Tabula tractatuum parvorum naturalium Alberti Magni episcopi Ratispon. De ordine predicatorum. De Sensu et Sensato. De Memoria et Reminiscentia. De Somno et Vigilia. De Motibus animalium. De Etate sive de Juventute et Senectute. De Spiritu et Respiratione. De Morte et Vita. De Nutrimento et Nutribili. De Natura et Origine anime. De Unitate intellectus contra Averroem. De intellectu et intelligibili. De Natura Locorum. De Causis et proprietatibus Elementorum. De Passionibus Aeris. De Vegetabilibus et plantis, fol. 122—179. De Principiis motus processive. De Causis et processu universitatis a Causa prima. Speculum Astronomicum de Libris licitis et illicitis.“ Quibus Adriani Cadubriensis regularis canonici versus aliquot ad lectorem adiiciuntur. In fine libri haec leguntur: „Venetiis impensa heredū quondā dn̄i Octaviani Scoti civis Modoetiēsis: ac sociorum. Die io. Martii. 1517.“ Eadem in officina, quae quidem iam antea anno 1498 metaphysica, anno 1506 logica Alberti opera in lucem ediderat, impressa sunt dein annis 1517—1518 volumen unum quo „Alberti naturalia ac supranaturalia (i. e. metaphysica) opera“, atque anno 1519 duo volumina nempe:

*) Ubi in notis scribas 4 pro 5, 3 pro 2.

„Alberti De anima libri XXVI" et „Alberti Duae partes summae theologicae". Quorum trium voluminum titulis addita sunt verba „per Marcum Antonium Zimara". Has ergo Zimarae editiones praecedit volumen nostrum, quod et ipsum in dedicatione operi praeposita Zimarae nomen exhibet. Quo factum est, ut omnia haec volumina a Zimara edita existimentur, nomineque editionis Zimarae ab eruditis laudentur. Falso tamen, quum posteriora modo volumina ab eo curata sint. Nostrum enim volumen, quod primum ex naturalibus publici iuris factum est, quomodo editum sit in „Epistola ad lectorem" libro ipso praecedente his verbis docemur: „Non modica laude digni semper extiterunt: qui mortalium animos publico aliquo beneficii genere demereri contenderent. Quae certe operis in lucem nuper editi causa fuit. Quum enim in celebri illa divi Joannis in viridario: Patavina Bibliotheca lateret Albertus et re et cognomento Magnus: non sunt passi rei litterarie amantissimi patres: Regulares canonici: preclara opera delitescere: sed emendatissime castigata: tum parva ipsius naturalia: tum illa item contra Averroistas: in plura exemplaria transfundi curaverunt." Quibus respondent verba Adriani Cadubriensis folio primo impressa: „Edidit haec nuper ... Canonici Candida turba chori." Nec obstant verba haec, quibus porro Marcus Antonius Zimara dedicationem suam exorsus est: „Partum hunc nostrum qualemcunque, hoc est in Alberti opus de Causis castigationes et lucubrationes in lucem edituri ad communem omnium eorum utilitatem, qui in artes liberales incumbant, cui potius quam tibi nuncuparemus, habemus neminem."

Haec verba qui bene consideraverit, non dubitabit quin volumen nostrum ab Zimara editum non sit, qui quidem castigationes atque emendationes tractatui illi: „De Causis" sedulo apposuit, reliquorum vero scriptorum curam neque professus est neque egisse videtur. Editorum instar potius fuerunt Canonici Regulares, duce Adriano Cadubriensi. Quos ab amicissimo atque eruditissimo C. Hopfio, professore nec non bibliothecario universitatis Regiomontanae edocti sumus, canonicos Patavinos ordinis Sancti Augustini fuisse, quorum in monasterio, divo Johanni in viridario addicto, quod hodie S. Giovanni in verdura nominatur, bibliothecam prae ceteris admirabilem saeculo XVI

Bernardus Scardeonius in Historia Patavina[1] asservatam dixit. Eorum vero in numero Zimara nusquam adscriptus invenitur, qui in Santo Pietro Gelatinensi in agro Hydruntino natus, artium et medicinae doctor, philosophiam 1519 Patavii postea Romae docuit et Patavium reversus annis 1525—1532 philosophiae professor ordinarius fuit.

Editio ergo librorum Alberti de vegetabilibus, quam in voluminis supradicti foliis 122—179 impressam, Meyerum secuti litera Z designavimus, neque a Zimara curata est, quem in aliis editorem diligentem invenimus, nec nisi verba codicis illius Patavini, compendiis creberrimis difficilia mendis lacunisque plena diligentissime repetere videtur, ita ut codicis potius imaginem quam editionis speciem prae se ferat. Qui tamen codex melioribus non annumerandus est, atque ad codicem C, de quo diximus, tam prope accedit, ut eum fere editionis exemplar credideris, nisi perpaucis locis edoctus sis, utrumque potius ex eodem fonte derivatum esse, atque codicem Patavinum passim cum Basileensi conspirare.

(J) Alteram editionem Petrus Jammy Francogallus, frater ordinis Sancti Dominici superorum iussu curavit, opera Alberti plurima in volumina XXI congerens, quibus titulus est:

„Beati Alberti magni Ratisbonensis episcopi ordinis praedicatorum opera, quae hactenus haberi potuerunt, sub Th. Turco, N. Rodulphio, J. B. de Marinis, eiusdem ordinis magistris generalibus, in lucem edita studio et labore Petri Jammy. Lugduni 1651.“

Quorum volumen primum vitam Alberti atque opera logica, quartum ethica et politica, secundum tertium quintum sextum naturalia complectuntur. E quibus quintum anno 1661 impressum parva illa naturalia, atque paginis 342—507 opus de vegetabilibus continet. Verba prioris editionis immutata quidem, at satis negligenter repetita invenias, nisi quod loci difficiliores lacunaeque ab editore suo iudicio polita, commutata, expleta sunt. In quibus vir doctus atque acutus passim verum tetigit, plerumque vero quum a verbis tum a sententia Alberti longius aberravit. Codices non adhibuit, quare nullius momenti sunt, quae profert. Propterea harum lectionum mentionem non facturus essem, nisi

[1] Graevii Thesaur. tom. VI. part. III. pag. 100.

ab Ernesto Meyero olim sedulo adscripta lectori probarent quantopere opus a Jammy editum corruptum sit et a verbis Alberti alienum.

Capitulum III.

De autographis Alberti libris.

Codices duo Alberti autographi hucusque prorsus neglecti in bibliotheca Coloniensi, olim a cl. Wallraf collecta, servantur. De quibus vir eruditissimus Dr. Ennen urbis Coloniensis archivarius qui, quam bene de archaeologia meritus sit, non est cur addam, haec nobis scripsit:

„Codices ambo antiquitus in monasterio ordini St. Dominici asscripto pro genuinis habiti atque traditi sunt, quos ipse Gelenius (De Magnitudine Coloniae 1645, pag. 463) duos codices B. Alberti Magni propria manu conscriptos dixit. Quos postea monasteriis abolitis Wallraf popularis noster acquisivit urbique nostrae hereditate reliquit. Quorum codex alter interpretationem Alberti in evangelium S. Matthaei foliis 250 formae maximae inscriptam complectitur, ultima vero folia nonnulla evulsa amisit. Cuius libri tegumentum ligneum est, corio opertum, saeculo XV exeunte perfectum, in quo artifex lineis certo et audaci artificio incisis imaginem effinxit sedentis Alberti mitra episcopali ornati. In pagina prima literis saeculi XVI ineuntis inscripta inveniuntur haec verba: „Albertus Magnus manu sua vel calamo conscripsit.“ Codicis utriusque literis, lineis, compendiis, vocibus variis sedulo comparatis, non dubito, quin uterque eodem manu scriptus sit.“

Haec Dr. Ennen, qui alterum codicem, libros de animalibus continentem, liberali magistratus Coloniensis auctoritate ad me transmisit, quem ipse ad opus edendum adhiberem.

Liber est formae quaternariae minoris, membranaceus, bracteis quernis crassioribus tectus, quae corio, lineis impressis ornato, obductae sunt. Folium primum verba haec literis saeculi fortassis XIV conscripta exhibet: Liber fratris Berchtoldi de Mosburch ordinis praedicatorum. Huic nomini recentioribus literis interpretationis loco subscripta est vox Verburch, sed non recte. Inferiori eiusdem paginae parti literis multo recentioribus addita sunt verba: libri de animalibus propria manu Alberti Magni ante Trecentos annos conscripti.

Initio desunt folia duo vel tria, incipit enim textus verbis „sunt oraculis" quae in lib. I tract. I cap. 2 editionum extant. Inde autem omnia usque ad finem integra adsunt, nisi quod semel vel forte bis singula folia pluribusque locis scidulae minores marginibus decisae desiderantur. Omnia vero, quae ita interciderunt, verba in editionibus servata sunt, e quibus comparavi eam, quam Jammy in operum Alberti volumine sexto paravit. Nec tamen omnino editionibus respondet codex noster, qui non XXVI sed XXVIII libros complectitur. Quod quomodo factum sit si quaeramus: duo opuscula olim ab Alberto seorsim edita ibi numero librorum inserta invenimus. Qui sunt liber de origine animae, quem numero XX exhibet codex noster et liber de principiis motus progressivi, quem numero XXII invenimus. Priori libro novum capitulum adhuc ineditum addidit scriptor, quo coniungeretur libris praecedentibus, ibique ad marginem paginae inferiorem suo more hoc argumentum adscripsit:

„Incipit liber vicesimus de animalibus et abhinc totum est digressio, quod deinceps tractabitur. Tractatus primus huius libri est de generatione et statu anime secundum naturam. Cap. 1. De his, de quibus adhuc restat inquirere in scientia animalium et secundum quem modum est procedendum."

Nec haec verba, nec quae sequuntur, a quoquam nisi ab auctore ipso componi potuisse res ipsa docet, nec profecto imitator ausus esset tria opera admodum nota atque saepius iam exscripta in unum cogere atque ordinem librorum turbare. Nec causas occultas dubiasve crediderim, cur Albertus ipse opusculum utrumque, quod antea separatum ediderat, tandem huic operi inseruerit. Utrumque enim inter libros illos desideratur, quos ipse opus naturale exordiens pollicitus est (cf. pag. 676); utrumque libris de animalibus maxima ex parte absolutis conscriptum est. Quum vero Albertus libris de animalibus finem imponens, libros hos verbis disertis (cf. pag. 661) omnium ultimos dixisset; haec recentiora opuscula locis prioribus inserenda fuerunt, quibus aptiores inveniri non potuerunt, quam quibus in autographo reperiuntur. Librorum numeri autem a XX inde hoc modo commutandi fuerunt.

Liber qui antea:		
defuit:	est XX	De natura et origine animae.
XX	- XXI	De natura corporum animalium.
defuit:	- XXII	De principiis motus progressivi.
XXI	- XXIII	De perfectis et imperfectis et causa imperfectionis.
XXII	- XXIV	De natura animalium sigillatim. De homine et de quadrupedibus.
XXIII	- XXV	De avibus.
XXIV	- XXVI	De natura natatilium.
XXV	- XXVII	De serpentum natura.
XXVI	- XXVIII	De parvis animalibus sanguinem non habentibus.

Haec tamen commutatio leviter passimque tantum facta est, ita ut pristinorum numerorum vestigia haud dubia resideant. Quae quum ita sint, apparet codicem autographa ab ipso auctore postea in unum redacta continere. Permulta alia praeterea librum autographum demonstrant. Multi loci emendati inveniuntur, ut non errores scribarum correcti, sed auctoris emendationes appareant. Sexcenties porro singulae voces quum in textu tum in argumentis capitulorum librorumque ab editoribus aut omissae aut corruptae, in codice nostro optime scriptae deprehenduntur. Scriptura codicis singularis, a vulgari longe distans, et cum altero codice congrua, fama de eo tradita, locus denique ipse, ubi servatus est, Albertum auctorem indicant, qui Coloniae tamdiu et usque ad mortem commoratus est.

Sed ut melius intelligantur, quae dicta sunt, specimina duarum paginarum codicis addidimus arte photolithographica tam accurate efficta, ut ab ipso autographo vix distingui possint. Quae paginae in editione, quam Jammy curavit, inveniuntur altera in paginis 243—244, altera in pagina 623, ubi haec verba praesertim a codicis verbis recedunt.

Desiderantur in editionis paginae 243 linea 22 post venenum: citius, in linea 46 post sanguis: et proprius, in linea 56 post subtilius: ex, in fine: Explicit Septimus, in pagina 244 argumenti verba nonnulla leviora, quae sunt: Incipit —

qui est — cuius tractatus I est, in columnae alterius linea 44 post consuetudinem: et doctrinam. Porro legitur in pag. 243 linea 46 calorem pro colorem, in linea 47 in pro de, in linea 51 foecundum pro frigidum; in paginae 244 columnae prioris linea textus 6 minus sint pro sint minus, in linea 35 vel audacia pro et audacia; in columnae alterae linea 15 multa pro multum (multu Cod.), in linea 23 est manifestum quam in aliis pro quam in aliis est man., in linea 26 sisticia pro systicia, in linea 36 Valachia pro malakya, in linea 37 maris pro maioris, in linea 40 est differentia pro differentia est.

Altero vero loco desiderantur in paginae 623 columnae alterius linea 7 post ter: in nocte, in linea 19 post humeris: ad caudam, in linea 34: quia ante deposita. Perperum scripta sunt in linea 1: deo raro invenitur pro ideo invenitur (scribas inveniatur), in linea 4: sicut pro nisi, in linea 7: illis pro illa, in lineis 10—12: mitescit — mansuescit — deponit pro mitescet — scet — net, in linea 29: adversari pro aversari, in linea 42: immoderate praecipitat se pro se ipsum inconsiderate praecipitat, in linea 45: sequente pro inseq., in linea 52: currendo pro torrendo [1], in linea 55: praecavendum est pro est praecav., in linea ultima: sunt pro sint.

Jam considerandum erit, quid hic liber Alberti autographus ad emendandum opus nostrum valeat. Imprimis ergo personarum plantarum aliarumque rerum nomina, quae in libris de vegetabilibus inventa, permulta in libris de animalibus recurrunt, quomodo ab Alberto ipso scripta sint, pro-certo diiudicari potuit. Quae voces magno labore magnaque patientia singulae electae ex iis praecipue locis, qui ad medicinas canibus equis falconibus adhibendas pertinent, magni quidem momenti fuerunt, quum et in editione librorum de animalibus et in codicibus atque editionibus librorum de vegetabilibus admodum corrupta et depravata reprehendantur. Sed multis in locis plus valuissent, nisi ipse autor his in minutiis parum sibi constitisset. Nec minus

[1] Alberti verba haec sunt: Falco .. altissime ascendit et deorsum torrendo veniens ictum in caput aquilae dedit etc. Cf. verba cap. 3 de Falcon.: „ita ut sonum quasi torrentis venti descendens excitet". Dictum ergo est pro fremens.

ad genuinam Alberti scripturam ex dubiis et depravatis locis eruendam adiuverunt me ductus literarum et compendiorum diligentius inspecti, quorum saepe apud Albertum insolentior adeoque ambigua est forma et species. Nec sine fructu contemplati sumus librorum tractatuum capitulorum titulos et argumenta, non suae quodque parti praefixa, sed ad imas paginas relegata, quin etiam passim omissa, ita ut quae extant omnia absolutis demum libris vel capitulis adscripta videantur. Quae omnia additis speciminibus facile intelligi possunt.

Denique ad definiendum quodammodo tempus quo libri de vegetabilibus scripti sint, valde nobis hic codex profuit. Qua de re in sequenti capite agemus.

Capitulum IV.

De tempore quo libri de vegetabilibus conscripti sint.

Tempus, quo opus nostrum conscriptum sit, nec in ipso opere nec in aliis auctoris scriptis ne levissimo quidem verbo indicatum est, quodammodo autem ex iis coniectari potest, quae de temporibus ceterarum naturalis operis partium aut constant aut probari possunt. Auctor enim ipse et opus naturale incipiens in quarto capitulo libri primi Physicorum, quod in prima Praelibandorum nostrorum particula rescriptum invenies, partes undeviginti de scientia naturali certo ordine scribendas enumeravit, et postea opera haec singula incipiens variis locis de ordine proposito et interdum commutando ita disseruit, ut alia opera perfecta atque absoluta significet, alia se perfecturum esse profiteatur. Quae si verba spectas, apparet opera singula eo ordine exhibita esse, quem Jourdainium et Ernestum Meyerum secuti, in exitu primae Praelibandorum particulae proposuimus, ita quidem, ut quum partes primae I—VIII, tum partes ultimae, XVIII, quae est de vegetabilibus, et XIX, quae est de animalibus, locos eis primum adsignatos teneant (nisi quod liber de generatione, quem secundo loco proposuerat ad quintum remotus

[1] Conf. Jourdain Geschichte der Aristotelischen Schriften im Mittelalter. Aus dem Französischen von Stahr. Halle 1831. pag. 34. — E. Meyer Geschichte der Bot. IV pag. 30.

est), medii vero libri IX–XVII sedes inter se vario modo commutaverint. Postea tandem duo illa opuscula, de quibus diximus, in autographo iam laudato animalium historiae inserta sunt.

Perpauca autem verba in hac operum serie inveniuntur apta ad tempora designanda, quibus singula absoluta sint, nec ea dubitationum expertia. Primam partem quidem ex verbis, quibus incipit: „Intentio nostra est satisfacere fratribus ordinis nostri nos rogantibus ex pluribus iam praecedentibus annis," longe post annum 1223 inchoatam scimus, quo scilicet Albertum triginta annos natum ordini S. Dominici se ascripsisse satis constat. Quum vero in parte sexta „De meteoris" cometes anni 1240 describetur et in parte quarta „De mineralibus" res anno 1245 gestae commemorentur; primae operis partes aut non multis annis ante aut post annum 1240 coeptae videntur.

Nec desunt verba, quae vel ad seriora tempora respicere videantur. Nam in opere quarto: „De causis proprietatum elementorum," petrefacta Lutetiae reperta proposuit, quae ipse quidem, si iis credamus, quae pro certo tradita habemus, non ante annos 1245 — 1248 observare potuit. His enim annis Lutetiae versatus est, ut discendo docendoque studium theologiae absolveret et doctoris honorem reciperet. Sed Albertum priore iam tempore Lutetiam adiisse biographi nonnulli sibi persuaserunt, nec id fieri potuisse negamus, siquidem de iuventute studiisque Alberti perpauca comperta habemus.

Accedit quod Thomas Cantipratensis Alberti discipulus, ordinis eiusdem Praedicatorum frater opus „De naturis rerum" inscriptum, simile operi Albertino materie pondere multo inferius, circa annum 1240 edidisse videatur, in quo Alberti nomen ne inter auctores quidem historiae naturalis reperitur. Thomas enim in prologo et: „Jacobum de Vitriaco quondam Aquonensem episcopum, nunc vero Tusculanum praesulem et Romanae curiae cardinalem" commemorat, qui annis 1227 — 1240 his muneribus fungebatur, et haec dicit: „cum labore nimio et sollicitudine non parva annis fere XV operam dedi ut inspectis diversorum philosophorum et auctorum scriptis, ea quae .. memorabilia et congrua moribus inveniam, in uno volumine et hoc in parvo brevissime compilarem." Atqui quum illis temporibus studium naturalis historiae omnium extremum fere fuerit, Thomas, qui 15 annos natus, anno 1216 ad apostolicam S. Augustini regulam se contulerat, non ante vicesimum vel duodevicesimum aetatis suae annum hoc opus incipere itaque ante annum tricesimum tertium vel tricesimum quintum 1234—1236 nullo modo perficere potuit. Albertum autem anno 1233, triginta duos annos natus adiit, postquam anno praecedente ordini novo S. Dominici se adscripsit. Adde quod Thomas librorum copiam, quam se adhibuisse dicit, vix alio loco tam magnam habuit, quam Lutetiae, ubi ab Alberto discedens annis 1236—1240 literis studuit. Haec considerantibus nobis satis constabit Thomam librum illum aut Lutetiae aut post annum 1240 Lovaniam reversum absolvisse. Nec in altero opere „Bonum universale de apibus" inscripto, quod anno 1261 absolvit [1], Alberti opus de animalibus laudavit, quamvis de Alberto theologo saepius narravit. Unde efficitur hoc Alberti opus illo tempore aut nondum publici iuris factum fuisse, aut ad Thomam virum naturae curiosum nondum pervenisse. Nec ab Alberto Thomae opus De naturis rerum expressis verbis laudatur, quamvis multis locis adhibitum et passim emendatum esse videtur. Qua de re conferas notas nostras ad pag. 404, 406—7, 424, 546, 570, 582 et alias in indice personarum indicatas.

Albertus igitur usque ad illos annos, quo Thomam discipulum habuit, opera naturalia neque scripsisse neque intendisse videtur, immo ea fortasse „a fratribus ex pluribus iam annis rogatus" in lucem edidit, ut fabulas atque errores in libro Thomae conspicuas reprimeret, qua de re videant, qui singulos Thomae libros cum libris Alberti comparaverint, nos enim e libro Thomae typis nondum expresso libros de vegetabilibus solos a Meyero olim exscriptos accuratius comparare potuimus.

Itaque Albertus circa vel potius post annum 1240, quo quinquaginta septem annos natus fuit, haec opera naturalia inchoasse videtur. Octavam quidem partem „De anima", minime vero eas, quae illam procedunt, partes ante annum 1250, ultimam partem de animalibus ante annum 1250 inchoatam et multo post annum

[1] Quo in libro laudantur anni: nuper 1252 lib. I. cap. V part. 2, nuper 1251 lib. II cap. III part. 25, 1255 lib. II cap. 29 part. 21, annus praesens 1261 ibid. part. 22, annus praesens 1258 lib. II cap. 57 part. 40. Thomam de Aquino lib. I cap. XX part. 10 in cathedra Parisiensi perseverare et Humbertum magistrum ordinis praedicatorum dicit, qui uterque anno 1263 munus deposuit.

1260 absolutam scimus, reliquas vero partes et libros de animalibus plurimos ante annum 1256 conscriptos putamus.

De quibus fusius iam dicemus incipientes a libris de animalibus.

Albertus postquam per multos annos in inferiore Germania, quam annis 1254—55 ordinis magister provincialis totam peragravit, et praecipue quidem Coloniae versatus est, nisi quod annis 1245—48 Lutetiam adiit; annis 1256 et fortassis 1257 curiae papali in Italia adscriptus fuit. Inde ab anno 1260 in superiore Germania per plures annos commoratus est, a calendis aprilis 1260 usque ad ver 1262 episcopi Ratisbonensis munere invitus fungens, annis 1263—64 per Alemanniam quae est Germaniae superioris et Bohemiam crucem praedicans, Ratisbonae atque Herbipoli saepius peregrinans.

His autem annis libros de animalibus priores absolvisse, ultimos conscripsisse videtur. Nam libri de vegetabilibus res in inferiore solum Germania observatas exhibent, ut myrtum Germanicam in fine Daniae frequentem, lib. VI § 42, fucos maris Germanici, lib. II § 42 in itineribus annis 1254—55 ab Alberto magistro provinciali procul dubio collectos.

In libris de animalibus vero saepissime res in superiore Germania obviae laudantur: Alemannia lib. II tr. I cap. 2, lib. VII tr. I cap. 5; Danubius lib. IV tr. II cap. 3, 4; lib. VIII tr. IV cap. 4; lib. XXIV cap. de Alec, Esoce, Naso; Germania superior, quae Suevia est lib. VIII tr. II cap. 6, et lib. XVII tr. I cap. 3 ubi expressis verbis dicitur: „terra nostra, quae est Germania superior.“ Praeterea autem in lib. VII tr. I cap. 6 medio haec verba leguntur, quae Albertus eo tantum tempore scribere poterat, quum episcopus Ratisbonensis esset: „quod expertus sum in villa mea super Danubium[1]“. Quae villa non alia fuit nisi episcopi Ratisbonensis, quae Donaustauf nominatur. Quum enim Albertus nullo alio quam episcopi iure hanc villam possideret, tam accuratus vir vocem „quondam“ addidisset, si defunctus demum episcopi munere haec verba scripsisset.

His autem accedunt verba in lib. VII tr. I cap. 6 obvia: „habitatio nostra est valde frigida fere 47 gradus latitudinis

[1] Haec de piscibus disserens Albertus, nec de avibus, ad quas Sighart in operis sui (Albertus magnus. Regensburg 1857.) pag. 351 haec verba retulit.

habens ab aequinoctiali" atque paulo post: „terra nostra quae est latitudinis 47 graduum", quibus qui locus indicetur plane nescimus. Mediam enim Helvetiam, Rhaetiam, Stiriam percurrit gradus 47. Quibus locis Albertum habitasse vix credendum est, quem episcopatu defunctum in variis Bavariae locis Ratisbonae Herbipoli alibi degisse denique ad Coloniam revertisse constat. Nec facile quisquam regiones illas valde frigidas dixerit, id quod Albertus de habitatone sua refert. Quare verosimillimum duco, Albertum vitio quodam memoriae adductum esse, ut illum numerum pro 49 gradu scriberet, qui ipse Ratisbonam tangit.

Cum quibus haud male convenit Jourdainio (lib. laud. pag. 329), qui opus De proprietatibus rerum a Bartholomaeo Anglico ante annos 1260 — 1269 absolutum dixit. Qui autor quum primus Alberti libros et alios et de vegetabilibus scriptos adhibüerit, tum ignoravit eos qui sunt de animalibus.

Repugnare quidem videntur verba Vincentii Bellovacensis, qui quum Speculum suum naturale anno 1250 absolutum dicat, tamen in libri XVII (qui est editionum plurimarum XVI) capite 71 exeunte, ubi „De diversis generibus falconum" agit, haec refert: „Sed multo ampliora de haec materia reperies per Albertum tradita in libro suo de animalibus. Haec in epistola praedicta de nobilibus avibus et alia multa de medicina earum leguntur." Quae verba sic construenda videntur: „Haec praedicta in epistola de nobilibus" etc., nam nos quidem frustra quaesivimus, quonam priore loco huius epistolae mentionem fecisset. Quam epistolam non diversam esse a capitibus illis XXIV de falconibus, quae Albertus libro XXIII De animalibus inseruit, sententiae ipsae a Vincentio receptae docent, quae omnes copiosius expositae ibi reperiuntur.

Constat ergo hanc certe partem operis De animalibus Vincentio notam fuisse, nec tamen constant, quae Ernestus Meyer (Gesch. der Botanik IV pag. 34) verbis Jourdaini (lib. laud. pag. 288) satis ambiguis in errorem inductus, contendit: opus hoc Alberti, quod ante annos 1255—1262 perfectum esse non potuerit, a Vincentio saepissime adhibitum esse. Nec assentior verbis, quibus et Jourdain et Meyer huic difficultati mederi studuerunt: aut Albertum annis 1245—1248 Lutetiae auditoribus suis commentaria quaedam tradidisse, quae postea aucta et emendata ad corpus librorum, quod hodie possidemus, accrevissent, aut Vincentium, quum annum 1250 referret, non laboris historicae enarrationis finem designasse, aut, quod Meyer mavult, opus anno 1250 quidem confecisse postea autem auxisse.

Non enim dubito, quin Vincentio et opus de animalibus praeter tractatum illum de falconibus et reliqua pleraque Alberti opera naturalia ignota fuerint, quibus tam multa contineantur, quae rescripta Speculum illud naturale summopere ornassent. Nec mehercle nobis obloquetur, qui bene observaverit: librum Alberti de anima ab Vincentio in librorum XXV cap. 62 — 88, XXVI cap. 12 — 19, 23, 33 — 42, 53, 60 — 101, XXVII cap. 1, 11, 33, XXVIII cap. 11, 26, 29, 42 — 62, 77, XXIX cap. 31, 36 — 37 copiosissime adhibitum esse, ex aliis vero Alberti libris ne verbum quidem promptum esse, qui tamen de animalibus de mineralibus de plantis de anatomia de physiognomia de locis de multis denique aliis rebus meliora praebent, quam quae ex variis auctoribus hinc inde compilavit Vincentius. Quare mihi persuasum habeo, omnia quoque, quae Parvorum naturalium nomine circumferuntur Alberti opera Vincentio ignota fuisse. Neque nisi unus Alberti locus est, de quo, unde a Vincentio receptus sit, hucusque dubito. Quae sunt verba Alberti nonnulla de situ aurium animalium et quadrupedum et avium in lib. XXII (XXI edd.) cap. 10 recepta. Haec autem ab eis, quae ab Alberto in Hist. animal. lib. I tr. II cap. 4 et libr. XII tr. III cap. 2 dicta sunt, adeo differunt, ut ea ex aliquo alius operis loco hausto videantur.

Quo errore refutato tractatum quidam illum de falconibus, qui vel hodie seorsim liber Alberti de falconibus inscriptus in bibliothecis nonnullis asservatur, minime vero totum De animalibus opus, ante annum 1250 ab Alberto conscriptum atque seorsim editum dicemus. Qua in opinione miro modo a codice autographo confirmati sumus.

Multa enim sunt, ex quibus colligamus, magnum hoc de animalibus opus non uno tenore sed paullatim conscriptum, nec a primis libris inchoatum esse. Nam et literae variarum partium inter se valde differunt et compluribus locis nonnullae paginae usque ad ultimos margines literis minoribus et arcte compressis confertae sunt, quae aut in sequente aut in ipsa media pagina excipiuntur maioribus literis sat distinctis et commode exaratis quae vix paginas repleant, ita ut nemo dubitet, quin his posterioribus paginis prius confectis verba illa minoribus literis conscripta postea praeposita sint. Scriptura autem ab initio usque ad lib. XII tr. I cap. 3 satis aequalis est, nisi quod initio libri VIII cuius specimen addidimus minor evadat, id quod sedulo scribenti evenire solet. Dein vero inferiore paginae parte subito literae crescunt, quas paginis nonnullis repletis ad minorem illam scripturam relabi vides. Quae eadem res et aliis locis et in libri XXIII capitulo de Bubone, et in cap. de Gyrofalcone et in cap. VI de Falconibus redit. Nec eundem, quem nunc tenent locum, ab initio tenuisse videntur capitula de Falconibus, quae in specimine autographo tractatus 4 numero inscripta videas.

Omnium vero, quae in codice autographo continentur, primum tractatum de falconibus conscriptum putamus, quam unam partem librorum quinque ultimorum, qui de singulis animalibus agunt, in capitulos distributam et literis permagnis atque speciosis conscriptam invenies. Quae literae in altera pagina speciminis a nobis adiecti depictae diligentiori stylo iunioris scriptoris tribuendae videntur.

Nec negligenda sunt illa opuscula, quae loco librorum XX et XXII codici nostro autographo inserta in pag. 674 diximus. Utrumque enim ante annum 1258 scriptum videtur, utrumque ad alios libros refert. Videamus quid lucis inde nobis affulgeat. Albertus enim duos libros Romae et in inferiori Italia ortos dixit. Ad Papam autem Anagniae tunc sedem apostolicam habentem evocatus, Italiam in vere anni 1256 adiit, ibique magister palatii Vaticani creatus theologiam docuit, neque ante mensem martii anni 1258 in Germania reversus reperitur, quo quidem tempore Coloniae diplomata quaedam hucusque servata signavit [1].

Annis 1256—57 ergo libri illi conscripti videntur, quum Albertum neque antea, nisi iuvenem Paduae literis studentem, neque postea Italiam adiisse scimus, nisi fortasse anno 1260 epi-

[1] Quae diplomata quum anni numerum 1257 exhibeant, recte clar. Ennen in Historia Coloniensi monuit, priores annorum dies usque ad diem 25 Martii Coloniae tunc annis praeteritis adnumeratas esse. (Ennen und Eckertz Quellen zur Geschichte der Stadt Köln 1865 No. 381, 383, 384. Ennen Geschichte der Stadt Köln 1865.)

scopus Ratisbonensis nominatus Romam denuo profectus sit, ut a Papa consecraretur. Quo tamen tempore ille otium laboris certe non invenisset, quem calendis martii 1260 Coloniae praesentem et paenultima martii die episcopum Ratisbonam ineuntem bene scimus.

Quorum opusculorum alterum fuit, quod „De principiis motus progressivi" inscriptum in autographa animalium historia postea loco libri XXII insertum in pag. 674 diximus. Quo in opusculo haec verba inveniuntur: „De modo huiusmodi motus licet iam in libro de motibus animalium hoc, quod nos sensimus, tradiderimus, tamen quia in Campania nobis iuxta Graeciam iter agentibus pervenit ad manus nostras libellus Aristotelis de motibus animalium, et hîc ea, quae tradidit, interponere curavimus, ut sciatur, si in aliquo ea, quae de proprio ingenio diximus, deviant a peripateticorum principis subtilitate", quibus opus illud XVI „De motibus animalium" antea confectum indicatur.

Porro autem eodem in opusculo praeter libros de anima, de motibus animalium alios id laudavit (tr. II cap. 11 med.), „quod in aliis libris animalium de natura et anatomia cordis determinatum est," et (tr. II cap. 7 init.) id, quod „admodum diximus in scientia de cordis anatomia et natura." Quae verba minime ad librum „De motibus animalium," expressis iam verbis saepius laudatum, in quo de motu quidem cordis fusius agit, referenda sunt, sed ad libri De animalibus I tr. III cap. 4, quod inscriptum est: „De dispositionibus cordis et modis eius et anatomia"; ita ut primus animalium liber illo opusculo aetate certe superior existimandus sit. Neutiquam vero de ultimis libris idem valet, nam in prooemio libri XXIII laudantur ea, quae in lib. de anima et de motibus animalium et in lib. de principiis motus animalium dicta sunt." Itaque ante annum 1256 nec ultimos conscriptos, nec fortasse priores in certum ordinem iam redactos putes, quos autor verbis tam incertis nec suo more addito libri numero laudavit.

Alterum vero opusculum, quod Romae conscriptum esse, ab ipso Alberto edocemur, „De unitate intellectus contra Averroem" ad rem nostram nihil faceret, nisi in cap. 7 verbis „in libro nostro quem de natura animae et generatione fecimus" et in cap. 1 verbis „de his iam in libro de immortalitate animae sufficientes posuimus probationes" et verbis „in libris de statu animae post mortem" ad opus illud respiceret, quod „De natura et origine animae" inscriptum loco libri XX in autographo nostro posuit (cf. pag. 674). Idem enim opus titulo „De origine et immortalitate animae" signatum Norimbergae 1493 impressum est, et in tractatu secundo de immortalitate agit, nec aliud Alberti opus de immortalitate agens reperitur[1]. Ante annum 1256 igitur liber de natura animae absolutus est et eius in tr. I cap. 3 laudantur verbis „quae late in vegetabilibus nostris disputata sunt libri De vegetabilibus, atque pluribus locis „liber 15 atque 16 de animalibus".

Itaque et opus De vegetabilibus et libri De animalibus priores 16 vel fortassis 19, qui scilicet libros Aristotelicos de generatione et de partibus animalium et de historia animalium illustrant, ante annum 1256 conscripti esse videntur, ultimi vero libri, in quibus Albertus suo marte animalia et peregrina et, quae ipse sedulo observavit, indigena descripsit, post annum 1260 absoluti atque multo postea, quam evulgatum fuit opus, illis de quibus diximus operibus aucta sunt.

Capitulum V.

Plantae Albertinae ad systema Endlicherianum disposita.

Hodiernum nomen priore — Albertinum secundo loco posuimus. De singulis cf. indicem rerum.

† exoticam plantam indicat, quam Albertus non nisi ita ut importatur mercimonio vidit.

Cryptogamae.

Phyceae.

1. Zygnemata et Confervae aquae dulcis — Filum viride, Pannus viridis.
2. Fuci marini — Herbae aquaticae.

Lichenes.

3. Usneae, Alectoriae, Everniae etc. species — Capillaris planta.

Fungi.

4. Lycoperdon bovista L. — Vesica lupi Animal.
5. Tuber cibarium Pers. — Tuber.
6. Agaricus campestris L. — Fungi parvi.
7. — muscarius L. — Fungus muscarum.
8. Agarici, Boleti L. varii — Fungus.

[1] Meyerus in Historiae botanices part. IV pag. 32 perperam librum de unitate in libro de natura animae laudatum dicit.

Hepaticae et Musci.

9. Species arboribus parasitae — Natura quaedam, Viror humidus (? Fontinalis antepyretica — Herbae aquaticae).

Equisetaceae.

10. Equisetum hiemale L. etc. — Cauda equi.

Filices.

11. Scolopendrium officinarum L. — Scolopendria.
12. Species variae — Filix.

Phanerogamae.

Monocotyledoneae.

Gramineae [1].

13. Oryza sativa L. — Rizum.
14. Panicum miliaceum L. — Milium.
15. Setaria panis Jess. (P. italicum et germanicum et viride L.) — Panicum.
16. Digitariae Scop. variae — Gramina parva.
17. Arundo donax L. — Arundo magna.
18. — phragmites L. — Arundo parva.
19. Avena sativa Jess. — Avena.
20. Glyceria fluitans L. — Graminum semina.
21. Festuca ovina L. — Gramina parva.
22. Lolium temulentum L. — Zizania.
23. Triticum sativum L. — Triticum.
24. — spelta L. — Spelta, Adoreum.
25. Secale cereale L. — Siligo.
26. Hordeum sativum Jess. — Ordeum.
27. — murinum L. — Graminis species.
28†. Saccharum officinarum L. — Zucarum.
29†. Andropogon schoenanthus L. — Squinantum.
30. Sorgha Pers. frumentacea — Granum siricum.
31†. Bambusa arundinacea Willd. — Canna in India.

Cyperaceae et Juncaceae.

32. Scirpi, Carices, Junci varii — Cirpus, Juncus, Squinantum, Gramina aspera.
33.? Eriophorum L. — Cirpus lanuginem ferens.

Liliaceae.

34. Colchicum autumnale L. — Hermodactilus.
35. Lilium candidum L. — Lilium.
36†. Aloe soccotrina L. etc. — Aloe.
37. Scilla maritima L. — Squilla.
38. Allium cepa L. — Cepa.
39. — porrum L. — Porrum.
40. — schoenoprasum L. — Allium [2].
41. — ursinum L. — Porrum silvestre.

Irideae.

42. Iris florentina — Yreos.
43. — germanica } — Gladiolus.
44. — pseudacorus } — Gladiolus.
45. Crocus sativus L. — Crocus hortensis.

Amaryllideae.

46. Narcissi L. spec. — Narcissus.

Orchideae.

47. Orchis mascula L. — Satiria.
48.? — militaris L. — Testiculus canis.
49.? Platanthera bifolia L. — Testiculus vulpis.

Zingiberaceae.

50†. Zingiber officinarum L. — Zingiber.

[1] Cf. Bladum, Fruges, Frumentum, Gramen. [2] De Allio sativo cf. pag. 482 ϑ.

51†. Amomi et Elettariae L. spec. — Cardamomum.
52†. Curcuma zerumbet Roxb. — Zirumber.
53†. Curcuma zedoaria Roxb. — Zedoaria.
54†. Alpinia Galanga Sw. — Galanga.

Musaceae.

55†. Musa paradisiaca L. etc. — Arbor paradisi.

Lemnaceae.

56. Lemnae L. variae — Lens paludum.

Aroideae.

57. Arum maculatum L. — Basilicus.
58†. — spec. orientales — Luf.
59. Acorus calamus L. — Calamus, Ciparus.

Palmae.

60. Phoenix dactylifera L. — Palma.
61†. Cocos nucifera L. — Nux indica.
62†. Borassus flabelliformis L. — Bdellium.
63†. Areca catechu L. — Vovet.

Dicotyledoneae.

Coniferae.

64. Juniperus communis L. — Juniperus.
65. — sabina L. — Sabina[1].
66. Cupressus sempervirens L. — Cypressus.
67. Pinus abies Du Roi } — Pinus.
68. — picea Du Roi } — Pinus.
69. — silvestris L. — Picea.
70. — pinea L. — Pinus proprio nomine.
71. — cembra L. — Terebintus.
72†. Cedrus libanotica Lk. — Cedrus.
73. Taxus baccata — Thamariscus[1].

Piperaceae.

74†. Piper nigrum L. — Piper.
75†. — cubeba L. — Cubeba.

Juliflorae.

76. Myrica gale — Mirtus[2].
77. Betula alba L. — Fibex.
78. Alnus glutinosa L. — Alnus.
79. Corylus avellana L. — Avellana, Corilus.
80. Quercus robur L. — Quercus.
81. — escula L. — Ilex.
82. Fagus silvatica L. — Fagus.
83. Castanea vesca L. — Castanea.
84. Ulmus campestris L. — Ulmus.
85. Morus alba L. } — Morus.
86. — nigra L. } — Morus.
87. Ficus carica L. — Ficus, Ficus fatua.
88†. — sycomorus — Ficus pharaonis.
89. Urtica dioica L. — Urtica major.
90. — urens L. — Urtica greca.
91. Cannabis sativa L. — Canabus.
92. Humulus lupulus — Humulus.
93. Salix alba L. etc. — Salix.
94. Populа alba et canescens L. — Populus.
95. — tremula L. — Tremula.

[1] Thamariscum VI 228, *qui etiam in Vocabul. simpl. cap. t* 3 ywenholdt (Eibenholz) *interpretatus est, Taxum esse nec Juniperum sabinam persuasum iam habeo.*

[2] Mirtilli ab Alberto laudanti fortasse Vaccinii uliginosi L. fructus sunt, fruticis Myricae simillimae.

Chenopodeae.

96. Atriplex hortensis L. — Atriplex, Crisolocanna.

97. Spinacia oleracea L. — Spinachia, ?Pes locustae.

98.? Blitum capitatum et virgatum L. — Lactuca agrestis.

99. Amarantus blitum L. — Olus jamenum.

100. Beta vulgaris L. — Acelga, Beta, Blitus.

101†. Salsola fruticosa L. — Borith.

Polygoneae.

102†. Rhei L. species — Reubarbarum.

103. Rumex aquaticus L. etc. — Lappatium, ?Ziduarium.

104. Polygonum aviculare L. — Centinodia.

105. — hydropiper L. - Piper aquae, Zingiber caninam ?Persicaria[1].

Laurineae.

106†. Cinamomum zeilanicum Nees — Cinamomum.

107†. — var. Laurus cassia L. — Cassia lignea.

108. Laurus nobilis L. — Laurus.

109†. Camphora officinarum L. — Camphora.

110†. Benzoin officinale Hayne — Asa odorifera.

Santalaceae.

111†. Santalum album L. — Sandalum album et citrinum.

112†. Aristolochia longa, rotunda L. } — Aristologia.

113. — Clematitis L. } — Aristologia.

114. Asarum europaeum L. — Ungula caballina.

Gamopetalae.

Plantagineae.

115. Platagines L. variae — Plantago.

116. — psyllium L. — Psillium.

Valerianeae.

117. Valeriana officinalis L. — Valeriana.

Dipsaceae.

118. Dipsacus fullonum L. } — Virga pastoris.

119. — silvestris L. } — Virga pastoris.

Compositae[2].

120. Inula helenium L. — Enula campana.

121. Pulicaria L. — ?Policaria.

122. Anthemis cotula L. — Cotula fetida.

123. Achillea millefolium L. — Carvi, Millefolium.

124. — ptarmica L. — Piretrum.

125. Matricaria chamomilla L. — Camomilla.

126. Artemisia absinthium L. — Absinthium.

127. — abrotanum L. — Abrotanum.

128. — vulgaris L. — Artemesia.

129.? Tanacetum vulgare L. — Yppia Animal.

130.? Filago et Gnaphalium L. — Canuca.

131. Calendula officinalis L. — Sponsa solis.

132. Centaurea L. — Centaurea maior.

133. Cardui L. spec. variae — Carduus.

134. Cnicus benedictus Gaertn. — Carduus benedictus.

[1] Quo nomine Albertus fortasse et hanc et alias Polygoni species locis udis obvias designavit.

[2] Species dubia v. Cauda porcina.

135. Carthamus tinctorius L. — Crocus.
136. Lappa L. — Lappa.
137. Cichorium endivia L. — Endivia.
138. — intybus L. — Cicorea.
139. Leontodon taraxacum L. — Rostrum porcinum.
140. Lactuca sativa L. — Lactuca.
141, — scariola et virosa L. — Lactuca silvestris.
142. Tragopógon porrifolius L. — Oculus porci.

Rubiaceae.

143. Galii et Asperulae L. spec. — Rubea campestris.
144. Rubia tinctorum L. — Rubea tinctorum.

Lonicereae.

145. Lonicera periclymenum L. — Caprifolium.
146. Sambucus nigra L. — Sambucus.
147. — ebulus L. — Ebulus.

Jasmineae.

148†. Jasminum sambac. L. — Sambacus.

Oleaceae.

149. Olea europaea L. — Olea, Oliva.
150. Fraxinus excelsior L. — Fraxinus.
151. — ornus L. — Ornus.

Apocyneae.

152. Vinca minor L. — Pervinca.
153. Nerium oleander L. etc. — Oleander.

Asclepiadeae.

154†. Calotropis procera R. Br. — Aletafur.

Gentianeae.

155. Gentiana lutea L. etc. — Gentiana, ?Ziduarium.
156.? — acaulis L. etc. — Herbae parvae amarae.
157. Erythraea centaurium L. — Centaurea minor.

Labiatae.

158. Ocimum basilicum L. } — Basilicon.
159. — minimum L. }
160. Lavandula spica L. — Nardus spicata.
161. — stoechas L. — Stycados.
162. Mentha sativa L. } — Menta et Mentastrum.
163. — aquatica L. }
164. — silvestris L. }
165. — pulegium L. — Polegium.
166. Salvia officinalis L. — Salvia domestica.
167. — ros marinus Spen. — Ros marinus.
168.? — sclarea L. — Centrum galli Animal.
169. Origanum vulgare L. — Origanum.
170. — maiorana L. — Maiorana.
171. Thymus vulgaris L. — Thimus.
172. — serpyllum L. — Serpillum, Sesebra.
173. Satureia hortensis L. — Saturegia.
174.? — thymbra L. — Epygadrium.
175. Hyssopus officinalis L. — Ysopus sicca.
176.? Melissa officinalis L. — Marmacora, Turego.
177. Calamintha officinalis Mch. — Calamentum.
178. Nepeta cataria L. — Nepita.
179. Lamium album L. } — Urtica mortua.
180. — purpureum L. }
181.? Leonurus cardiaca — Brancha lupi Animal.
182. Betonica officinalis L. — Betonica.
183. Marrubium vulgare L. — Marrubium album.
184. Ballota nigra L. — Marrubium nigrum.
185. Teucrium polium L. — Polium.
186. — scorodonia L. — Salvia silvestris.

187. Aiuga chamaepitys — Epithymum.

Verbenaceae.

188. Vitex agnus castus L. — Agnus castus.

Asperifoliae.

189. Borrago officinalis L. — Borago.
190. Symphytum officinale L. — Consolida major.
191. Anchusa tinctoria L. — Alterāna, Lactuca asini.

Convolvulaceae.

192. Convolvulus sepium et ? arvensis L. — Ligustrum, Volubilis.
193. — scammonium L. etc. — Scamonea.
194. Cuscutae L. spec. — Cuscuta.

Solanaceae.

195. Hyoscyamus niger L. — Jusquiamus.
196. Solanum nigrum L. } — Solatrum.
197. — miniatum Bernh., villosum Lam. etc. } — Solatrum.
198. - melongena L. — Melangena.
199. Mandragora autumnalis, vernalis Bertol. — Mandragora.
200. Lycii L. spec. — Licium.

Scrophularineae.

201. Linaria vulgaris L. — Linaria.
202. Veronica officinalis L. — Auricula muris.

Bignoniaceae.

203. Sesamum orientale L. — Sysamum.

Primulaceae.

204. Anagallis arvensis } — Verbena.
205. — phoenicea L. } — Verbena.

Ebenaceae.

206†. Diospyros ebenum Retz. etc. } — Ebenum.
207†. Ebenoxylon Lour. } — Ebenum.

Styraceae.

208†. Styrax officinalis L. — Storax.

Ericaceae.

209.? Vaccinium uliginosum L. — Mirtus, v. pag. 686[2].

Dialypetalae.

Umbelliferae[1].

210. Eryngium campestre L. — Yringum.
211. Cicuta virosa L. } — Conium.
212. Conium maculatum L. } — Conium.
213. Apium graveolens L. — Apium.
214. Petroselinum sativum Hoffm. — Petrosilinum.
215. Pimpinella anisum L. — Anisum.
216. — saxifraga L. — Saxifraga.
217. Foeniculum officinale All. — Feniculum.
218. Meum athamanticum Jacq. — Meu.
219. Ligusticum levisticum L. — Livisticum.
220. Laserpitium siler L. — Siler montanum.
221†. Opopanax chironium Koch. — Opopanacum.
222. Anethum graveolens L. — Anetum.
223. Pastinaca sativa L. — Pastinaca.
224. — secacul L. — Secacul.
225. Cuminum cyminum L. — Ciminum.
226. Daucus carota L. — Daucus.
227. Coriandrum sativum L. — Coriandrum.

[1] Conf. Tapsia.

228†. Smyrnium olus-atrum et perfoliatum L. — Semurion, Apium silvestre.
229†. Ferula asa foetida L. — Asa foetida.
230. Galbanum officinale Don. — Galbanum.

Araliaceae.

231. Hedera helix L. — Edera.

Ampelideae.

232†. Cissus vitiginea Spreng. — Amomum.
233. Vitis vinifera L. — Vitis.

Loranthaceae.

234. Viscum album L. — Planta parasita, quae habet humorem viscosum.

Crassulaceae.

235. Sedum telephium L. — Crassula, Orpinum.
236. Sempervivum tectorum L. — Barba Jovis.

Myristiceae.

237†. Myristica moschata L. — Macis, Muscata.

Ranunculaceae.

238. Clematis vitalba — Vitalba.
239. Aconitum lycoctonum L. — Herba alexandrina.
240. — napellus L. — Napellus.
241. Ranunculus flammula L. — Flammula.
242. — acris et bulbosus L. — Pes cornicis, Pes corvi.
243. Helleborus niger L. — Elleborus.
244. Aquilegia vulgaris L. — Aquilea.
245. Delphinium staphisagria L. — Stafisagria.
246. Paeonia officinalis Willd. — Pyonia femina.
247. — corallina Retz. — Pyonia mas.

Resedaceae.

248. Reseda luteola L. — Gauda.

Papaveraceae.

249. Chelidonium majus L. — Celidonia.
250†. Glaucium L. spec. — Papaver marinum cornutum.
251. Fumaria officinalis L. — Fumus terrae.
252. Papaver somniferum L.
253. — rhoeas L. etc. — Papaver.

Cruciferae.

254. Nasturtium officinale R. Br. — Nasturcium aquaticum Animal.
255. Lepidium sativum L. — Nasturcium.
256. Cochlearia armoracia L. — Raphanus.
257. Isatis tinctoria L. — Sandix.
258. Brassica oleracea L. — Caulis, Caputium.
259. — napus et rapa L. — Napo, Rapa.
260. Raphanus sativus L. — Radix.
260[b]. — raphanistrum L. — Rapistrum.
261†. Sisymbrium polyceratium L. — Ersimum.
262. Eruca sativa Lam. — Eruca.
263. Cheiranthus cheiri L. — Viola crocea.

Cappariddeae.

264. Capparis spinosa L. — Capparis.

Nymphaeaceae.

265. Nymphaea alba L. etc. — Nenuphar album.
265[b]. Nuphar luteum Sw. — Nenuphar croceum.

266†. Nelumbium speciosum Willd. — Faba egyptiaca.

Cistineae.

267†. Cistus creticus L. etc. — Laudanum.

Violarieae.

268. Viola odorata L. — Viola.

Cucurbitaceae.

269. Momordica elaterium L. — Cucumer asininus.
270. Cucumis colocynthis L. — Coloquintida.
271. — melo L. — Melo s. Pepo.
272. — sativus L. — Cucumer.
273. — citrullus L. — Citrulus.
274. Cucurbita Pepo L. — Cucurbita.
275. Bryonia alba L. — Viticella.

Portulaceae.

276. Portulaca oleracea L. — Portulaca.

Caryophylleae.

277.? Stellaria media Vill. — Myr, Yppia Animal.
278. Spergula arvensis L. — Spargula.
279. Saponaria officinalis L. — Saponaria.
280. Agrostemma githago L. — Nigella, Git.

Malvaceae[1].

281. Althaea officinalis L. Altea.
282. — rosea L. — Arbor malvae.
283. Malva rotundifolia — Malva.
284.? — alcea L. — Alcea Animal.

Tiliaceae.

285. Tilia grandifolia et parvifolia L. — Tilia.

Hypericineae.

286. Hypericum perfoliatum L. etc. — Corona regis.

Tamariscineae.

287†. Tamarix L. spec. — Atharafa.

Balaniteae.

288†. Balanites aegyptiaca De Cand. — Belenum.

Aurantiaceae.

289. Citrus medica L. — Cedrus italorum.
290. — var. — Pomum Adae.
291. — aurantium L. — Arangus.

Acerineae.

292. Acer L. spec. — Platanus.

Ilicineae.

293. Ilex aquifolium L. — Taxus.

Rhamneae.

294. Zizyphus vulgaris L. — Iuiuber.

Euphorbiaceae[2].

295. Euphorbia L. — Esula, Titimalus.
296†. — officinarum L. etc. — Euforbium.
297. — lathyris L. — Esula major, Titimalus.
298. Buxus sempervirens L. — Buxus.
299. Ricinus communis L. — Arbor mirabilis.

Iuglandeae.

300. Iuglans regia L. — Nux.

Anacardiaceae.

301†. Pistacia lentiscus L. — Lentiscus, Mastix.
302†. Semecarpus anacardium L. — Anacardus.

[1] Conf. Bombax. [2] Conf. Tapsia.

Burseraceae.

303†. Boswellia serrata Stockh. etc. — Thus.

304†. Balsamodendron gileadense Kth. — Balsamum.

305†. — myrrha Ehrb. — Mirra.

Diosmeae.

306†. Dictamnus albus L. — Diptamnus.

Rutaceae.

307. Ruta graveolens L. etc. — Ruta.

Lineae.

308. Linum usitatissimum L. — Linum.

Combretaceae.

309†. Terminalia chebula L. — Mirabolanus.

Lythrarieae.

310†. Lawsonia inermis L. — Alcanna, Ciprus.

Myrtaceae.

311†. Caryophyllus aromaticus L. — Gariofilus.

Granateae.

312. Punica granatum L. — Malum granatum s. punicum.

Pomaceae.

313. Pirus malus L. — Malus.

314. — communis L. — Pirus.

315. — cydonia L. — Citonius, Coctanus.

316. Mespilus germanica L. — Mespilus.

317. Crataegus oxyacantha L. — Spina fagina s. major.

318. Sorbus domestica L. — Sorbus.

Rosaceae.

319. Rosa L. — Rosa, Rosarius.

320. Rosa arvensis L. — R. campestris.

321. — canina L. — Tribulus.

322. — rubiginosa — Bedegar.

323. Rubus fruticosus L. etc. — Alaz, Ramnus, Rubus.

324.? Potentilla anserina L. — Potentilla.

325.? — reptans L. — Pentafilon.

326. — tormentilla Schrk. — Tormentilla.

327. Agrimonia eupatoria L. — Agrimonia.

328. Geum urbanum L. — Benedicta.

Amygdaleae.

329. Amygdalus communis L. — Amygdalus.

330. — persica L. — Persica.

331. Prunus avium L. } — Cerasus.

332. — cerasus L. } — Cerasus.

333. — var. amarella — Amarenum.

334. — domestica L. — Prunus.

335. — insititia L. — Cinus.

336. — spinosa L. — Acacia, Spina nigra.

337. — armeniaca L. — Prunum armenum.

Papilionaceae[1].

338. Lupinus albus L. — Lupinus.

339. Genistae L. spec. — Genesta.

340.? Ononis spinosa L. — Dumus.

341. Cytisus laburnum L. — Arbor trifolii.

342. Meliloti L. spec. — Mellilotus.

343. Trigonella foenum graecum L. — Fenugraecum.

344. Trifolii L. spec. — Trifolium.

345.? Medicago falcata L. — Lens silvestris.

346. Glycyrrhizae L. spec. — Liquiritia.

247†. Astragalus creticus L. etc. — Dragantum.

[1] Conf. Legumen.

348. **Ervum lens L. — Lens.**
349. Cicer arietinum L. — Cicer.
350. Vicia faba L. — Faba.
351. — sativa L. — Vicia.
352.? — sepium, cracca L. — Orobum.
353. Pisum sativum L. — Pisa, Pisum.
354. Phaseolus vulgaris L. — Faseolus.
355†. Pterocarpus santalinus L. fil. — Sandalum rufum.
356†. Caesalpinia sappan L. — Brisilium.
357†. Tamarindus indica L. — Thamarindus.
358†. Cassia fistula L. — Fistula.
359. — senna L. etc. — Sena.
360†. Aloexylon agallochum Lour. — Aloes lignum.

Mimoseae.

361†. Acaciae L. spec. — Sethyn.
362†. Mimosae L. spec. — Gummi arabicum.

Dubiae restant.

363. Aferadiles Animal.
364. Aferesius arbor Avic.
365. Alga Animal.
366. Ceduarium Animal.
367. Cepa silvestris Avic.
368. Cotharicon Animal.
369. Dyralium Animal.
370. Erraficulis Animal.
371. Fleonus s. Herba ursi.
372. Gambari Animal.
373. Gerula Animal.
374. Herba meropis.
375. Lingua avis.
376. Lingua bovis Avic.
377. Malangi.
378. Marmorea Avic.
379. Melga.
380. Morus assenica Avic.
381. Napellus Moysi Avic.
382. Nardus Avic.
383. Nenuphar indicum Avic.
384. Nux henden Avic.
385. Olibanum.
386. Oliva ethiopiae Avic.
387. Pastus columbae et camelorum Avic.
388. Peredixion Avic.
389. Policaria maior et minor.
390. Ruta agrestis.
391. Salomonica.
392. Senabrud Avic.
393. Seneciones Animal.
394. Sparagus Avic.
395. Tapsia.
396. Ulna Avic.
397. Vargavariton.
398. Venae tinctorum Avic.

Index personarum atque librorum laudatorum.

Literis erectis autores ab ipso Alberto laudati indicantur.

Index rerum.

Voces Albertinae erectis literis, voces a nobis usitatae obliquis literis impressae sunt. Plantarum animaliumque nomina et e nostro opere et e libris Alberti De animalibus collecta omniaque maiori litera initiata sunt. Numero libri et paragraphi nostri crassiori gravior locus indicatur.

Addenda et emendanda.

Corrigas quaeso, quae nonnullis locis relicta sunt, vestigia orthographiae vetustioris olim a Meyero inceptae, a me tamen ad usitatas formas redactae, velut: Methaphysica, hetherogeneus, Prothagoras, cathena, erysipila *pro* erysipela, y *et* j *cum* i *passim commutata. In notis scribas* est *aut* dicitur *pro* audit.

Pag.	25	Lin.	9	*scribas*	§. 95	*nec*	§. 96.
-	72	-	1 not.	-	Jussieui	-	Jussiaei.
-	75	-	12	-	fruticem	-	fructicem.
-	—	-	13	-	arbnstum	-	arbustam.
-	—	-	3 not.	-	§. 154	-	§. 15.
-	77	-	3 not.	-	emendare —. Audit	-	emendandam. — Est.
-	91	-	21	*adde notam: Petrus capitulum X in lib. II cap.* 9 (8 *Edd.*) *recepit.*			
-	92	-	2 not.	*scribas*	Cap. II	*nec*	Cap. VII.
-	94	-	11 not.	-	Fraas	-	Fraus.
-	115	-	1 not.	-	ineunte	-	ineneunte.
-	131	-	20	-	interius[3]	-	superius.
-	—	-	11 not.	-	2	-	3.
-	—	-	12 not.	-	3 L, superius *Reliq.*	-	2 interius L.
-	133	-	13	-	Dubitabit	-	Dabitabit.
-	134	-	2 not.	-	Caesalpiniae	-	Coesalpiniae.
-	—	-	4 not.	-	temporis	-	tempore.
-	136	-	19	-	calor	-	color.
-	157	-	1	-	corruptivi,	-	, corruptivi.
-	228	-	11	-	salsae	-	falsae.
-	246	-	4-6 not.	-	$41\frac{1}{3}$-$45\frac{1}{3}$	-	41-45.
-	—	-	11 not.	-	Titulos	-	Titulus.
-	249	-	11	*adde:* §. 77 est Petri lib. II cap. 11.			
-	263	-	14	*adde:* Petrus §. 109-110 in lib II cap. 4 ultimum recepit.			
-	—	-	21	*scribas*	fructificant	*nec*	fructicant.
-	277	-	10	-	terrae	-	terra.
-	296	-	24	-	in aliqua	-	aliqua.
-	359	-	15	*conferas verba Barthol.* lib. XVII cap. 20.			
-	373	-	9 not.	*deleas: Lin.*			
-	378	-	7 not.	*scribas*	de Cato	*nec*	de Cuci.
-	383	-	2 not.	-	fibex	-	filex.
-	394	-	9	-	laudanum	-	ladanum.
-	403	-	18	-	muscata[1]	-	muscata.
-	404	-	6 not.	-	§. 125	-	§. 123, 124.
-	421	-	6 not.	-	Venae — sunt	-	Vence — sun.
-	423	-	21	-	Olea	-	Oliva.

Pag. 424	Lin. 6	*scribas*	vocatur v	*nec*	vocatur.
- 439	- 1 not.	-	colorem	-	colorum.
- 456	- 7 not.	-	§. 229	-	230.
- 457	- 7	-	Stackh.	-	Lin.
- 466	- 2 not.	-	suos locos relatae	-	suo loco relatas.
- 469	- 3 not.	-	(XIV)	-	(XII).
- 479	- 28	-	Benzoin	-	Benzoen.
- 487	- 1	-	tract. II	-	tract. I.
- 496	- 15 not.	-	§. 77	-	§. 76.
- 507	- 7	-	Lam.	-	Lin.
- 540	- 6	-	rapistrum	-	capistrum, Rapistrum *enim, in Vocabul. simplicium* Raphani raphanistri *L. nomen, certe retinendum est. Voce* olus *in errorem inductus fui, quae apud Albertum non herbam foliaque sed caulem enascentem florentemque designat. Ergo lectio codicis L.* capistrum, *quam* caputii *synonymum credidi cum lectione vulgari* rapistro *commutanda est.*
- 545	- 25	*scribas*	sepium Lin.	*nec*	avium Lin.
- 551	- 9 not.	-	cap. 19	-	cap. 14.
- 556	- 6-7	-	rapistrum (sicut in pag. 540).		
- 563	- 1 not.	-	pro	*nec*	post.
- 567	- 22	-	Salomonica δ	-	Salomonica.
- 569	- 15	-	officinalis Lin.	-	domestica Lin.
- 616, 617 not.		-	§. 63 — §. 67	-	§. 62 — §. 66.

Montanariu genus falconu nobilitatis
re et capite et brevis caude et valde spi
brevium respectu quantitatis sue et corpus et m
tudine quod frequenter respicit pedes. et est
et quod complectitur permutationes pennarum in an
prima et fusca varietate. est autem hic fal
iste et ideo tenetur falconariis qui ad plu
regis egipti quod raro teneatur in manu n
aliis autem temporibus teneatur in camera obscu
ut summe sui accendatur. et teneatur in ma
quibus mitescet ad manum falconarii
qui autem vexatur non est ei mirum a falcon
hi autem genus falconis unum est in ispullis
eo et habet pedes valde pallentes et
figura quando stat ab humeris ad caudam
aliquantulum in dorso compressa. hoc genus f
prode magis aliquando extra revocatur. se
eis et aliquando lacerat faciem eius
unus falconum invadit alium et ideo op
et non audiant si pacientur dissilare
alium falconis. et si etiam revocat
non oportet ... caveat ne
miculum falconariis reddere. ipse au
quamvis est audacie in invasione mag
et acceditur. et a sapiente falconario
ut unus adferetur aves frequen
consideratione ... in nocte. et tal
fodis. falcone est montanario ...
vocatur. aquila ... per ... volante.
in parva ... stimulat ... a
cum aliquando ... vertone n
... in caput aquile d
... montanario ...
... duo falconum genera. et ...
... genere ... falcones ...
... qui multas ... et adeo ...
... et delicate oculo

C. viij. de genere falconum quod vocatur m

ata est. aū breue ⁊ spissū ualde ⁊ca-
is ualde rotundi ⁊ magis ⁊ fortis ꝯtui
pidū ⁊ fortiū ungium ⁊ hē hꝫ ꝯsue-
⁊ extū talis coloris aurei ⁊ ille color
clarior ⁊ magis pallescat ⁊ ꝯposita
ūt fiū ⁊ maior mox ⁊ uagdū ꝯstans
at mores et ⁊ tod ꝑcipiū ē prolonga
ola ⁊ tēpe aucupationis siue uenatoꝝ
l ⁊ talla bis uel t ī nocte ignis clar
ē ꝑducta tēpa nō erit abadū ē qꝛ
benefica. ⁊ mansuetet ⁊ ura ꝯponet
ꝯsuetudinē qꝛ ꝯtꝫ magis fragile u aliꝗ.
itr siue alterius licet sit uel uo breui
squamosa tīnus sic ē ꝑtib. et
piramidalis. si ymaginet piramis
uū ē q ꝑcipue ꝯdignat ī ꝯuasioē
ꝯ ⁊ lacat falconariū ī capite uel fa-
conarii ⁊ aliquī īuadit canē ⁊ aliquī
lconariū ī tali casu ualde ē par-
ocatione dari ꝯponit ura inuitari
tuuari n̄ redunt ad reuocatoriū
lic capiat. qꝛ ꝯposita uiā ꝑ sē addo-
mestī n̄ ē abuiēdū hꝫ genꝰ falconis
auiū ita q aliquī aqlā inuadit
cauēdū ꝑcipue ꝑ tolo iuceus. qꝛ si
mittētꝰ. qꝛ ī caliue ura eī. serpen
tisū uel ī alpibꝰ ꝯda dūtꝫ uidit
uiēte. ꝑdāqꝫ ī serpēte aue qꝑdam
ꝑripuit. adhuc uō nō tamen falco
ꝑda ꝑiaptā inchoat accipe. sꝫ
uset. altissime ascendio ⁊ ꝯ.sū
⁊ serpū ꝑ cunit ⁊ aqlā. abhi g
ū. Iste falco ferpuu īcut qꝫ ꝑ
gaudet ī forma sua ⁊ idē serpuet.
iat uulnare uiā aue ⁊ ꝯdido qꝫ
ficat aliquī ꝯlectat q ibi obli-
auit. hꝫ igit ꝯnuō tamarto dea siue

tanariū.

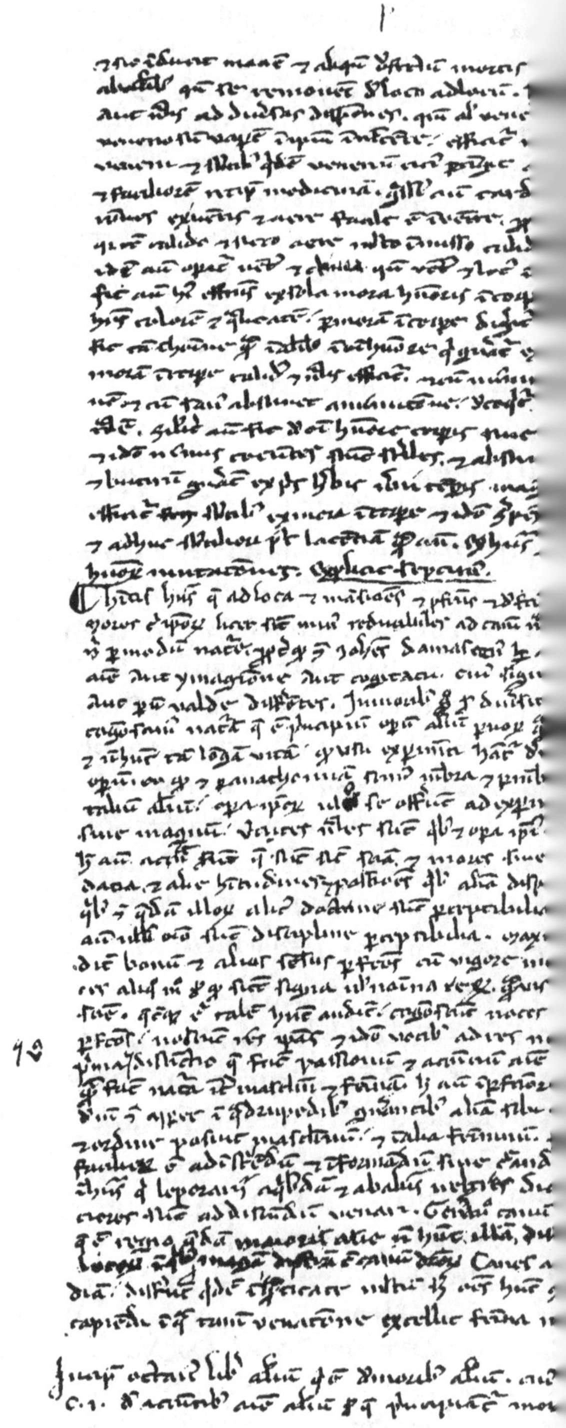

Photolithographie der

·8·

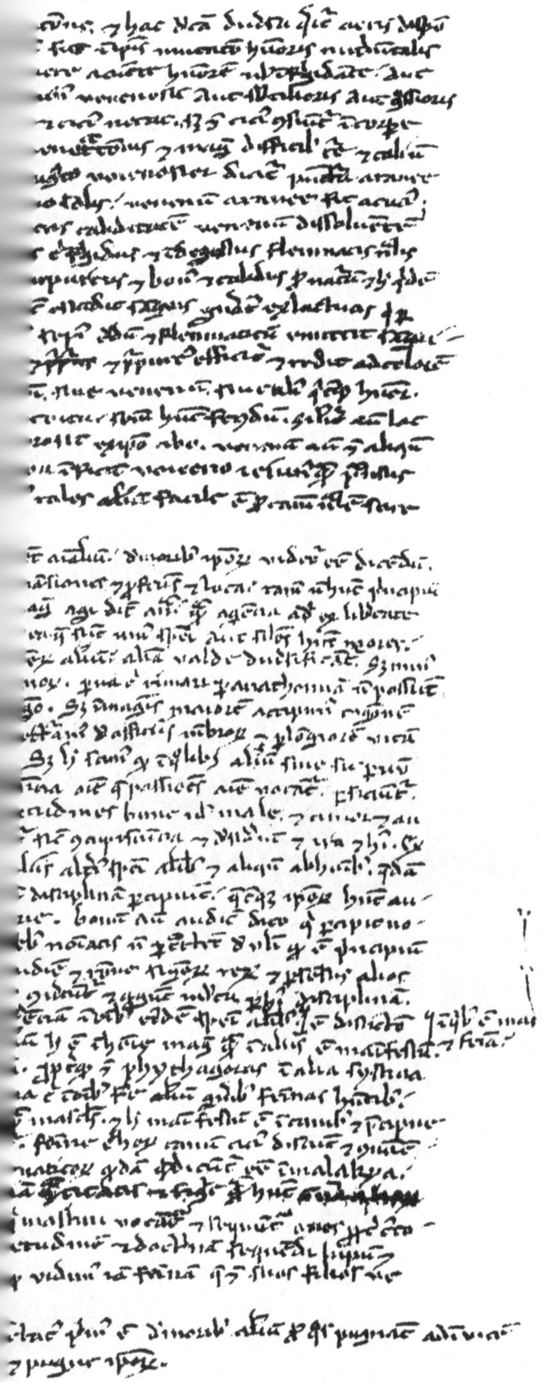

r. Burchard. Berlin.